Springer-Verlag Berlin Heidelberg Gmbh

Handbibliothek für Bauingenieure

Ein Hand- und Nachschlagebuch für Studium und Praxis

Herausgegeben von

Robert Otzen

Geheimer Regierungsrat,
Professor an der Technischen Hochschule zu Hannover

I. Teil: Hilfswissenschaften .... 5 Bände
II. Teil: Eisenbahnwesen und Städtebau .. 10 Bände
III. Teil: Wasserbau.................... 8 Bände
IV. Teil: Konstruktiver Ingenieurbau ...... 4 Bände

Inhaltsverzeichnis.

I. Teil: Hilfswissenschaften.

1. Band: Mathematik. Von Prof. Dr. phil. H. E. Timerding, Braunschweig. Mit 192 Textabbildungen. VIII und 242 Seiten. 1922. Gebunden RM 6.40
2. Band: Mechanik. Von Dr.-Ing. Fritz Rabbow, Hannover. Mit 237 Textabbildungen. VIII und 203 Seiten. 1922. Gebunden RM 6.40
3. Band: Maschinenkunde. Von Prof. H. Weihe, Berlin-Lankwitz. Mit 445 Textabbildungen. VIII und 228 Seiten. 1923. Gebunden RM 6.40
4. Band: Vermessungskunde. Von Prof. Dr. Martin Näbauer, Karlsruhe. Mit 344 Textabbildungen. X und 338 Seiten. 1922. Gebunden RM 11.—
5. Band: Betriebswissenschaft. Von Dr.-Ing. Max Mayer, Duisburg. Mit 31 Textabbildungen. IX und 219 Seiten. 1926. Gebunden RM 16.50

II. Teil: Eisenbahnwesen und Städtebau.

1. Band: Städtebau. Von Prof. Dr.-Ing. Otto Blum, Hannover, Prof. G. Schimpff †, Aachen, und Stadtbauinspektor Dr.-Ing. W. Schmidt, Stettin. Mit 482 Textabbildungen. XII und 478 Seiten. 1921. Gebunden RM 15.—
2. Band: Linienführung. Von Prof. Dr.-Ing. Erich Giese, Charlottenburg, Prof. Dr.-Ing. Otto Blum und Prof. Dr.-Ing. Kurt Risch, Hannover. Mit 184 Textabbildungen. XII und 435 Seiten. 1925. Gebunden RM 21.—
3. Band: Unterbau. Von Prof. W. Hoyer, Hannover. Mit 162 Textabbildungen. VIII und 187 Seiten. 1923. Gebunden RM 8.—
4. Band: Oberbau und Gleisverbindungen. Von Regierungsbaurat Dr.-Ing. Bloss, Dresden. Erscheint im Herbst 1926.
5. Band: Bahnhöfe. Von Prof. Dr.-Ing. Otto Blum, Hannover, Prof. Dr.-Ing. Risch, Hannover, Prof. Dr.-Ing. Ammann, Karlsruhe, und Regierungs- und Baurat a. D. v. Glinski, Chemnitz. Erscheint im Jahre 1927.

6. Band: Eisenbahn-Hochbauten. Von Regierungs- und Baurat C. Cornelius, Berlin. Mit 157 Textabbildungen. VIII und 128 Seiten. 1921. Gebunden RM 6.40

7. Band: Sicherungsanlagen im Eisenbahnbetriebe. Auf Grund gemeinsamer Vorarbeit mit Prof. Dr.-Ing. M. Oder † verfaßt von Geh. Baurat Prof. Dr.-Ing. W. Cauer, Berlin; mit einem Anhang „Fernmeldeanlagen und Schranken" von Regierungsbaurat Dr.-Ing. Fritz Gerstenberg, Berlin. Mit 484 Abbildungen im Text und auf 4 Tafeln. XVI und 459 Seiten. 1922. Gebunden RM 15.—

8. Band: Verkehr und Betrieb der Eisenbahnen. Von Prof. Dr.-Ing. Otto Blum, Hannover, Oberregierungs-Baurat Dr.-Ing. G. Jacobi, Erfurt, und Prof. Dr.-Ing. Kurt Risch, Hannover. Mit 86 Textabbildungen. XIII und 418 Seiten. 1925. Gebunden RM 21.—

9. Band: Eisenbahnen besonderer Art. Von Prof. Dr.-Ing. Ammann, Karlsruhe, und Regierungsbaumeister H. Nordmann, Steglitz. Erscheint im Jahre 1927.

10. Band: Aufgaben und Technik des neuzeitlichen Straßenbaues. Von Prof. Dr.-Ing. E. Neumann, Stuttgart. Erscheint voraussichtlich Ende 1927.

III. Teil: Wasserbau.

1. Band: Grundbau. Von Prof. O. Franzius, Hannover. Unter Benutzung einer ersten Bearbeitung von Regierungsbaumeister a. D. O. Richter, Frankfurt a. M. Mit etwa 300 Textabbildungen. Umfang etwa 220 Seiten. Erscheint voraussichtlich Ende 1926.

2. Band: See- und Seehafenbau. Von Prof H. Proetel, Aachen. Mit 292 Textabbildungen. X und 221 Seiten. 1921. Gebunden RM 7.50

3. Band: Flußbau. Von Regierungs-Baurat Dr.-Ing. H. Krey, Charlottenburg.

4. Band: Kanal- und Schleusenbau. Von Regierungs-Baurat Friedrich Engelhard, Oppeln. Mit 303 Textabbildungen und einer farbigen Übersichtskarte. VIII und 261 Seiten. 1921. Gebunden RM 8.50

5. Band: Wasserversorgung der Städte und Siedlungen. Von Prof. O. Geißler, Hannover, und Geh. Reg.-Rat Prof. Dr.-Ing. J. Brix, Charlottenburg. Erscheint voraussichtlich im Jahre 1927.

6. Band: Entwässerung der Städte und Siedlungen. Von Geh. Reg.-Rat Prof. Dr.-Ing. J. Brix und Prof. O. Geißler, Hannover. Erscheint voraussichtlich Ende 1927.

7. Band: Kulturtechnischer Wasserbau. Von Geh. Reg.-Rat Prof. E. Krüger, Berlin. Mit 197 Textabbildungen. X und 290 Seiten. 1921. Gebunden RM 9.50

8. Band: Wasserkraftanlagen. Von Prof. Dr.-Ing. Adolf Ludin, Berlin. Erscheint im Jahre 1927.

IV. Teil: Konstruktiver Ingenieurbau.

1. Band: Statik. Von Prof. Dr.-Ing. Walther Kaufmann, Hannover. Mit 385 Textabbildungen. VIII und 352 Seiten. 1923. Gebunden RM 8.40

2. Band: Der Holzbau. Von Dr.-Ing. Th. Gesteschi, Berlin. Mit 533 Textabbildungen. X und 421 Seiten. 1926.

3. Band: Der Massivbau. (Stein-, Beton- und Eisenbetonbau.) Von Geh. Reg.-Rat Prof. Robert Otzen, Hannover. Mit 497 Textabbildungen. XII und 492 Seiten. 1926. Gebunden RM 37.50

4. Band: Eisenbau. Von Prof. Martin Grüning, Hannover. Erscheint voraussichtlich Ende 1926.

Handbibliothek für Bauingenieure

Ein Hand- und Nachschlagebuch für Studium und Praxis

Herausgegeben

von

Robert Otzen

Geh. Regierungsrat, Professor an der Technischen Hochschule zu Hannover

IV. Teil. Konstruktiver Ingenieurbau. 2. Band:

Der Holzbau

Von

Dr.-Ing. Theodor Gesteschi

Springer-Verlag Berlin Heidelberg GmbH

1926

Der Holzbau

Grundlagen der Berechnung und Ausbildung von Holzkonstruktionen des Hoch- und Ingenieurbaues

Von

Dr.-Ing. Theodor Gesteschi
Beratender Ingenieur in Berlin

Mit 533 Textabbildungen

Springer-Verlag Berlin Heidelberg GmbH
1926

ISBN 978-3-662-34374-6 ISBN 978-3-662-34645-7 (eBook)
DOI 10.1007/978-3-662-34645-7

Ursprünglich erschienen bei Julius Springer in Berlin 1926
Softcover reprint of the hardcover 1st edition 1926

Vorwort.

Der Aufforderung des Herausgebers, ein Werk über Holzbau zu schreiben, ist der Verfasser gern gefolgt, da ihm diese Aufgabe wegen der zahlreichen Neuerungen und Fortschritte auf diesem Gebiete reizvoll und lohnend genug erschien. Eine „Handbibliothek für Bauingenieure“ ist nach dem heutigen Stande des Bauwesens ohne wissenschaftliche Behandlung der gesamten Holzkonstruktionen kaum denkbar, um so mehr als die beiden letzten Jahrzehnte dem Holzbau neue Wege erschlossen und ihn konstruktiv wie wirtschaftlich auf ganz neue Grundlagen gestellt haben.

Bei Lösung dieser Aufgabe hat der Verfasser es für nötig gehalten, zunächst die anatomischen, physikalischen und technischen Eigenschaften des Holzes, sein Verhalten unter den verschiedenen äußeren Einflüssen vor und nach dem Fällen, die Mittel zur Verlängerung seiner Lebensdauer, seine Festigkeitseigenschaften und schließlich die Zurichtung des Holzes bis zu seiner unmittelbaren Verwendung als Baustoff eingehend zu erörtern.

Diese „Grundlagen des Holzbaues“ mußten ausführlich behandelt werden, da ohne ihre Kenntnis der Ingenieur nicht mit dem nötigen Verständnis an einen Entwurf herangehen kann, dessen gründliche Durcharbeitung wieder Vorbedingung für eine gute Bauausführung ist.

In dieser Beziehung verhält sich der Holzbau ebenso wie der Eisen- und Eisenbetonbau, bei welchen gleichfalls die Erforschung des Baustoffs der Förderung der baulichen Ausgestaltung vorangehen mußte, und hier gehen Materialforschung und Konstruktion noch dauernd Hand in Hand.

Von den neueren Bauweisen sind die wichtigsten besprochen worden, und wenn auch eine Reihe von Holzverbindungen gesetzlich geschützt ist, so enthalten letztere doch konstruktive Gedanken und Grundsätze, die ohne weiteres für andere Bauweisen angewendet werden können, und deren Kenntnis für den Holzkonstrukteur unbedingt erforderlich ist; sie wirken außerdem befruchtend auf die weitere Entwicklung des neuzeitlichen Holzbaues.

Die älteren, zimmermannmäßigen Bauweisen, auf welche sich die neuzeitlichen, ingenieurmäßig durchgebildeten gründen, sind so weit behandelt worden, als sie neben letzteren noch Geltung haben; sie werden zum Teil wohl nie durch andere Konstruktionen ersetzt werden können, da ihre Grundgedanken in vielen Punkten den heutigen Anschauungen vollkommen gerecht werden.

Die Dachkonstruktionen konnte der Verfasser kürzer fassen, da er diese in einem Sonderwerk[1]) ausführlich behandelt hat. Das war um so mehr möglich, als ihre Grundformen auch für andere Tragwerke, z. B. Brücken, gelten und deshalb ganz allgemein erörtert werden mußten. Von einer Besprechung der innerhalb ihrer Spannweite gestützten Dachbinder (Dachstühle), der Hängwerk- und Sprengwerkbinder konnte aus dem angegebenen Grunde

---

[1]) Gesteschi, Th.: Hölzerne Dachkonstruktionen, ihre Ausbildung und Berechnung. 3. Aufl. Berlin: Wilhelm Ernst & Sohn, 1923.

ganz abgesehen werden. Auch wurde im Rahmen dieses Buches von einer Durchrechnung größerer Dachkonstruktionen, wie das in dem angegebenen Werk geschehen ist, Abstand genommen. Endlich sind hier durchweg andere Ausführungsbeispiele zur Besprechung gelangt, so daß die „Hölzernen Dachkonstruktionen" in ihrer Eigenart als selbständiges Werk nicht berührt werden. An einzelnen Stellen, wie z. B. bei Berechnung der Bolzenverbindungen und der Erörterung einiger anderer Holzverbindungen, ist der Verfasser dem in den „Hölzernen Dachkonstruktionen" eingeschlagenen Gedankengang gefolgt.

Dem Zweck des Buches entsprechend sind sämtliche Gebiete des Holzbaues mit ihren besonderen statischen und baulichen Eigenschaften behandelt worden. Wenn es hierbei dem Verfasser gelungen ist, seine Ausführungen durch eine große Zahl mustergültiger und eigenartiger Holzbauten neuester Ausbildung, ohne welche eine sachgemäße Behandlung dieses Stoffes wohl kaum erreicht werden kann, zu belegen, so verdankt er diese Möglichkeit dem besonderen Entgegenkommen einer Reihe unserer führenden Sonderfirmen, die weder Mühe noch Kosten gescheut haben, die Entwurfsstücke zusammenzustellen; die betreffenden Firmen sind am Schlusse des Buches besonders benannt.

Auch hat der Verfasser verschiedene eigene Entwürfe aufgenommen, die in ihrer Art gleichfalls bemerkenswerte Anordnungen darstellen (vgl. Seite 273, 289, 298, 316, 333, 362, 372).

Erwähnt muß noch werden, daß ausschließlich ausgeführte Bauwerke berücksichtigt worden sind.

Der Verfasser hofft, mit dem vorliegenden Werk alles das über den Holzbau gebracht zu haben, was dem heutigen Stande dieses Fachgebietes entspricht und was für den Ingenieur, dem Entwurf und Ausführung obliegen, wissenswert ist. Seine langjährigen Erfahrungen setzen ihn hierbei in die Lage, zu beurteilen, was für die Praxis wichtig oder minder wichtig ist und dementsprechend das eine oder andere Gebiet eingehender zu behandeln oder aber kürzer zu fassen.

Aus seinem Werk „Hölzerne Dachkonstruktionen" hat der Verfasser entnommen die Abbildungen 82, 85, 87, 90—95, 99, 101, 102, 105—109, 113, 116, 117, 136, 146, 165—176, 178—184, 186—188, 190, 191, 193, 222, 223—228, 230—232.

Die Quellen, die am Schlusse ausführlich zusammengestellt sind, konnten im Text (Fußnoten) gekürzt angegeben werden.

Berlin, im Juli 1926.

Dr.-Ing. **Theodor Gesteschi.**

Inhaltsverzeichnis.

Berichtigungen.

Seite 28, Zeile 35:	soll	heißen	Sommereiche statt Sonneneiche.
„ 41, letzte Zeile:	„	„	Leichtentflammbarkeit statt Schwerentflammbarkeit.
„ 136, Überschrift 9:	„	„	Der Bandeisendübel statt Die Bandeisendüdel.
„ 136, unter Abb. 140:	„	„	und — Verbindung statt und — Kerbindung.
„ 136, Fußnote [1]):	„	„	Meltzer statt Metzer.

A. Allgemeines über den Holzbau.

Die ältere Zimmermannskunst hat Jahrhunderte hindurch im Hoch- und Tiefbau Tragwerke geschaffen, die heute noch die Bewunderung der Ingenieurwelt erregen.

Die von jeher an die Bau- und Handwerksmeister gestellte Aufgabe war, Räume zu überspannen, sei es bei Hochbauten als Dächer und Decken, sei es im Ingenieurbau als Brücken.

Im ersteren Falle handelte es sich nur darum, Witterungseinflüsse abzuhalten, im letzteren Falle aber waren Verkehrswege über Flüsse und Einschnitte zu führen.

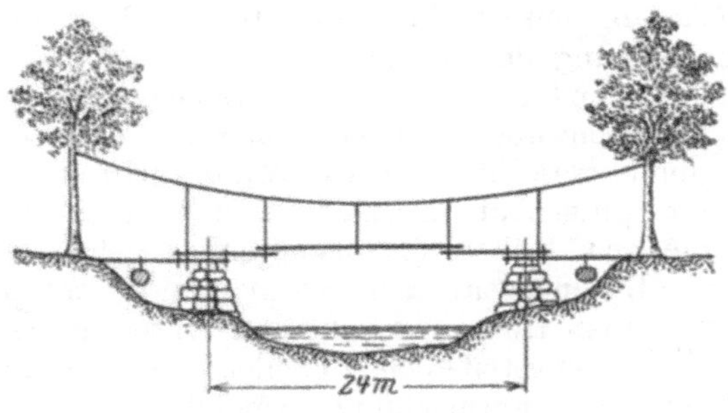

Abb. 1. Seilhängwerkbrücke.

Die einfachste Form von Tragwerken zur Überdeckung von Räumen, die aus vorgeschichtlicher Zeit stammen[1]), war das Balkenwerk, bestehend aus frei an den Enden aufliegenden Holzbalken; auch eingespannte und mehrfach unterstütze oder durchlaufende Balken wurden bereits verwendet. Durch Schrägstellung der Stützen entstand das Sprengwerk und aus dem Dreiecksprengwerk durch Aufnahme des Schubes mittels eines untergelegten Spannbalkens die einfachste Form des Hängwerks, der Urform des heutigen Fachwerkbalkens.

Auch das Kragwerk dürfte in vorgeschichtlicher Zeit, wo der einfache Balken nicht mehr ausreichte und Stützen oder Sprengwerke nicht anwendbar waren, benutzt worden sein; denn in diesem Sinne ist das Kragwerk seit langem bei allen Völkerschaften verbreitet und zwar in Form der Gerberträger, oft in Verbindung mit einem Seilhängwerk (Abb. 1).

Die Seile sind aus Weinreben gewunden; Weinreben verknüpfen auch die Hölzer untereinander. Der Kragbalken besitzt Gegengewichte aus Steinen, die in Körben aufgehängt sind. Die Steinpfeiler für die Kragbalken sind aus Felsstücken ohne Mörtel hergestellt[2]).

Das hölzere Sprengwerk hat schon frühzeitig eine hohe Ausbildung erfahren und wurde wahrscheinlich schon im grauen Altertum verwendet, sobald der einfache Balken bzw. Kragbalken für die nötige Spannweite nicht mehr ausreichte.

---

[1]) Lang, G.: Zur Entwicklungsgeschichte der Spannwerke des Bauwesens. Riga 1890.

[2]) Eine alte japanische Holzbrücke mit beiderseits von den Ufern vorgekragten Balken zeigt Fig. 22, S. 18 der Schrift: Mehrtens: Der Brückenbau sonst und jetzt. Sonderabdruck aus der Schweiz. Bauzg. 1898, Bd. 32, Nr. 10 bis 16. Zürich 1899.

Bekannt sind die beiden hölzernen Jochbrücken, auf denen Cäsar 55 und 53 v. Chr. zwischen Köln und Koblenz mit seinen Legionen über den Rhein gegen Gallien zog.

Bei Trajans Donaubrücke, erbaut im Jahre 104 n. Chr. durch Apollodorus von Damaskus[1]), wurde schon ein gut gegliedertes Bogensprengwerk von 36 m Lichtweite angewendet, so daß angenommen werden muß, daß eine allmähliche Entwicklung des hölzernen Sprengwerks vorangegangen ist.

Die alten Bauwerke wurden nur nach handwerksmäßigen Erfahrungen ausgeführt, woraus sich naturgemäß ein großer Aufwand an Baustoff ergeben mußte, wenn die Bauwerke die gefühlsmäßige Sicherheit gewährleisten sollten.

Aus dem Altertum und Mittelalter sind keine Versuche zur Berechnung der Bauteile bekannt; die ersten Anfänge der Festigkeitslehre sind erst neueren Datums.

Als Schöpfer der eigentlichen Baumechanik ist Navier zu betrachten[2]), der als erster 1821 die elastische Linie zur Bestimmung der Spannungen und damit zur Berechnung der Stärkeabmessungen der Träger anwendete.

Eine Reihe neuerer Autoren vervollkommnete die theoretischen Grundlagen der Festigkeitslehre und Statik und wandten sie zur Berechnung von Eisenkonstruktionen vollwandiger und fachwerkartiger Systeme an.

Damit nahm der Eisenbau einen ungeahnten Aufschwung und gab am Anfang unseres Jahrhunderts dem bis dahin zurückgebliebenen Holzbau neue Anregung und Wege.

Stephan und Hetzer versuchten mit vollem Erfolg den bis dahin nur in Eisen ausgeführten Fachwerk- bzw. Vollwandträger in Holz herzustellen und andere Firmen wie Tuchscherer, Kübler u. a. vervollkommneten später den „Eisenbau in Holz“, so daß in neuerer Zeit Spannweiten erzielt wurden, die man früher für unausführbar gehalten hätte[3]).

Die neuzeitlichen Holzbauweisen machen es möglich, Bauwerke bei geringstem Holzverbrauch und unter möglichster Ausschaltung von eisernen Verbindungsteilen herzustellen. Sie erlauben ferner, nicht nur die mit der beliebigen Formgebung verbundenen schönheitlichen Gesichtspunkte, sondern auch die Wirtschaftlichkeit zu berücksichtigen.

Seitdem die alten Vorurteile betreffs der größeren Feuergefährlichkeit gegenüber den Eisenbauten überwunden und durch Brandversuche[4]) erwiesen ist, daß Holzbauten in dieser Beziehung den Eisenbauten nicht nachstehen, werden heutzutage in vielen Fällen Holzkonstruktionen wegen ihrer billigeren Herstellung den Eisenkonstruktionen vorgezogen.

Daneben bleiben natürlich die älteren Holzbauweisen, die für bestimmte Fälle, z. B. bei Brücken, Gerüsten u. dgl. unübertroffen sind, bestehen und viele ältere Baumethoden und Einzelheiten werden gleichzeitig mit den neueren Bauweisen angewendet.

Bei den älteren Bauweisen handelte es sich um gefühls-, erfahrungs- und handwerksmäßiges Bauen, wobei man sich über den Kräfteverlauf und die Beanspruchung des Holzes meist keine Rechenschaft ablegen konnte.

Demgemäß mußten die Stärken der Bauteile so angenommen werden, daß

---

[1]) Mehrtens: Der Brückenbau sonst und jetzt, S. 7.

[2]) Navier: Leçons sur la résistance des matériaux et sur les établissements des constructions en terre, en maçonnerie et en charpente. Paris 1826.

[3]) Sängerfesthalle in Dresden: Stützweite 78 m, ausgeführt 1925 von der Firma Ernst Noack, Dresden. — Westfalenhalle in Dortmund: Freie Spannweite 76 m, ausgeführt 1925 von der Firma Carl Tuchscherer, A.-G., Breslau. — Sängerfesthalle in Eßlingen: Stützweite 60 m, ausgeführt 1925 von der Firma Karl Kübler, A.-G., Stuttgart.

[4]) Feuersicherheit von Beton, Eisenbeton, Eisen und Holz. Herausgegeben vom Deutschen Beton-Verein. Berlin: Wilhelm Ernst & Sohn 1911.

sie mit Sicherheit die Belastungen auszuhalten imstande waren. Deshalb zeigen auch die älteren Holzbauten einen Mehraufwand an Baustoff gegenüber den heute angewendeten Bauarten. Hierbei war vielfach an manchen Stellen, insbesondere in den Verbindungen der Knotenpunkte, nicht einmal die Sicherheit vorhanden, die erforderlich gewesen wäre, um größere Formänderungen, wie sie ältere Bauwerke oft zeigen, zu verhüten.

Die neuzeitlichen Berechnungsmethoden, deren Entwicklung mit neueren Untersuchungen über die Festigkeitseigenschaften des Holzes Hand in Hand ging, gestatten dem Ingenieur, an allen Stellen eines Bauteils die wirklichen Beanspruchungen zu ermitteln und damit die Holzstärken so zu bemessen, wie sie tatsächlich erforderlich sind. Es ist also an keiner Stelle ein Übermaß an Baustoff vorhanden; die Konstruktionen zeigen vielmehr in allen Punkten eine nahezu gleiche Sicherheit, ein Umstand, der den Grundsätzen der Wirtschaftlichkeit im Bauen entspricht.

Eine weitere günstige Folge der den neueren statischen Methoden entsprechend durchgebildeten Knotenpunktverbindungen ist die Herabminderung des Eigengewichts durch Vermeidung von überflüssigem Baustoff, also toter Last, wieder zugunsten der Stoffersparnis und der Verringerung der Formänderungen, die für die Dauer der Holzbauten von ungünstigem Einfluß sind.

Auf gewissen Gebieten ist der Holzbau seit jeher unentbehrlich. So müssen zur Überdeckung von Räumen in chemischen Fabriken Holzkonstruktionen verwendet werden, da Eisen durch die Dämpfe und Gase der Chemikalien schnell zerfressen wird.

Ganz ähnlich verhält es sich im Eisenbahnwesen.

Da Holz von den Rauchgasen der Lokomotiven nicht angegriffen, sondern im Gegenteil konserviert wird, werden in letzter Zeit für Lokomotivheizhäuser, Gleishallen usw., wo früher fast nur Eisen angewendet wurde, in ausgedehntem Maße Holzkonstruktionen genommen[1]).

Bei den neueren Bahnhofshallen (Hauptbahnhof Kopenhagen, erbaut 1912, Bahnhof Lindau, erbaut 1922 und Hauptbahnhof Stuttgart, der fast vollendet ist) hat es sich gezeit, daß auch in Holz architektonisch hervorragende Bauwerke hergestellt werden können, die außerdem viel billiger als in Eisen werden.

Hallen in Eisenbeton kommen bei größeren Weiten nicht in Betracht, da sie wegen der beträchtlichen toten Last bedeutende Abmessungen erhalten und sich deshalb zu teuer stellen.

Daß die Lebensdauer des Holzes hierbei erheblich größer als die des Eisens ist[2]), zeigt die im Jahre 1848 mit Bohlenbögen erbaute Halle des alten Münchener Hauptbahnhofs[3]), die heute noch als Schalterhalle in Benutzung ist.

Ein besonderer Vorzug der Holzbauten besteht darin, daß sie ohne Schwierigkeit abgeändert werden können.

Gerade beim Bahnhofsumbau in Stuttgart zeigte sich die Eigenschaft der leichten Umbaumöglichkeit von Holzkonstruktionen. Das beim Abbruch des im Jahre 1868 hergestellten und 1890 bedeutend erweiterten Ausladeschuppens gewonnene Holz konnte restlos wieder verwendet werden, da es ohne Spuren

---

[1]) Gesteschi, Th.: Der neuzeitliche Holzbau im Eisenbahnwesen. Bautechnik 1923, H. 12, S. 89. — Dgl. 1924. H. 12, S. 110.

[2]) Die eiserne Gleishalle des Bahnhofs Friedrichstraße in Berlin wurde nach 33 Jahren abgebrochen. Hierbei zeigte sich eine Zunahme der Verrostung nach dem Scheitel der Halle hin; einzelne Eisenteile waren bis zu 30% des ursprünglichen Querschnitts abgerostet, trotzdem die Halle alle elf Jahre gestrichen wurde. (Schächterle, K.: Ingenieurholzbauten bei der Reichsbahndirektion Stuttgart. Berlin 1925.)

[3]) Gottgetreu, R.: Lehrbuch der Hochbaukonstruktionen. II. Die Arbeiten des Zimmermanns, S. 221. Berlin: Wilhelm Ernst & Sohn 1882.

von Fäulnis und Schwamm vorzüglich erhalten war. Nach sorgfältiger Entnagelung ließ man die vollkommen lufttrockenen starken Hölzer durch die Säge laufen und verwendete die so gewonnenen Kanthölzer zu den in neuerer Holzbauweise ausgeführten Schuppen, Verladebühnen und Dächern, wodurch bedeutende Kostenersparnisse erzielt wurden.

Auch in der Herstellung der neueren Holzbauweisen ist gegenüber den älteren Baumethoden ein Fortschritt eingetreten durch Einführung und Vervollkommnung von Sondermaschinen für Holzbearbeitung, wie Sägemaschinen (Gatter-, Band- und Kreissägen), Fräs- und Bohrmaschinen. Hierdurch wird einerseits die fabrikmäßige Bearbeitung des Rohstoffs ermöglicht und beschleunigt und andrerseits die Genauigkeit der Verbindungen erhöht, wodurch die Holzbauweise wirtschaftlich gestaltet wird.

Wie erwähnt, stellen sich die Kosten der Holzbauten im Vergleich zu Eisen- und Eisenbetonbauten fast stets erheblich niedriger.

Im Jahre 1914 hat die Generaldirektion der Württembergischen Staatsbahnen für Lokomotivheizhäuser Vergleichsentwürfe in Eisen-, Eisenbeton- und Holzausführung aufgestellt und bindende Angebote eingeholt.

Hierbei ergab sich der Baukostenaufwand auf 1 m² Dachgrundfläche wie folgt:

für Holztragewerke mit Holzeindeckung	12 Mk.
für Eisenkonstruktion mit Bimsbetondecke . . .	20 „
für Eisenbetonausführung	22 „

Demnach stellte sich die Ausführung in Holz auf 60% der Ausführung in Eisen und nur auf 55% der Ausführung in Eisenbeton.

Unter diesen Umständen mußte die Entscheidung der Eisenbahnverwaltung zugunsten der Holzbauweise ausfallen.

In der heutigen Zeit dürften sich die Preisverhältnisse ähnlich gestalten.

B. Das Holz als Baustoff.

I. Der anatomische Aufbau und das Wachstum des Holzes.

1. Allgemeines.

Der Aufbau des Holzstammes ist nach den einzelnen Richtungen verschieden, deshalb sind zur Erkennung seines Gefüges im allgemeinen drei senkrecht zueinander stehende Schnittrichtungen zu betrachten (Abb. 2).

1. Der Hirnschnitt oder Querschnitt *ABG*, ein Schnitt senkrecht zur Stammachse, ist der wichtigste Schnitt; er zeigt das Hirnholz des Stammes.

2. Der Spiegelschnitt, Strahlschnitt, Radialschnitt oder radialer Längenschnitt *ABCDEF*, ein Schnitt durch die Stammachse und einen Halbmesser (Radius) des Querschnittkreises.

3. Der Sehnenschnitt, Fladenschnitt, Tangentialschnitt oder tangentialer Längenschnitt *BCHG*, ein Schnitt parallel zur Stammachse durch die Tangente an den Querschnittkreis.

Die Baumarten lassen sich botanisch in drei Gruppen einteilen, nämlich in:

Palmen und Baumgräser, die zu den bedecktsamigen Spitzkeimern, d. h. einkeimblättrigen oder einsamenlappigen Pflanzen (Monokotyledonen) gehören;

Nadelhölzer oder Zapfenträger (Koniferen), die zu den mehrkeimigen, aber nacktsamigen Pflanzen (Gymnospermen) gehören;

Laubhölzer, die zu den zweikeimblättrigen oder zweisamenlappigen Pflanzen (Dikotyledonen) gehören.

Das Holz der Pflanzen besteht aus einem Gefüge von pflanzlichen Zellen, dem sogenannten Zellgewebe, welches bei den einzelnen Baumarten verschieden ist.

Die Palmen und Baumgräser kommen für unsere Gegenden als Bauholz nicht in Betracht und sollen daher nur kurz gekennzeichnet werden. Sie bestehen aus unregelmäßig zwischen Grundgewebe zerstreuten Gefäßbündeln, d. h. Leitzellen mit dicht angereihten Stützzellen (s. später bei den Nadel- und Laubhölzern). Diese Hölzer besitzen weder Jahrringe noch Markstrahlen, also auch nicht das regelmäßige Dickenwachstum der beiden anderen Baumgruppen; vielmehr erfolgt das Dickenwachstum bei der überwiegenden Mehrzahl der Spitzkeimer zunächst lediglich in der Keimspitze, worauf nach ihrer Erstarkung bei Palmen und Baumgräsern ein fast ausschließliches Längenwachstum folgt, mit nachträglicher Einschiebung von Verdickungsbündeln in sehr verwickelter Weise.

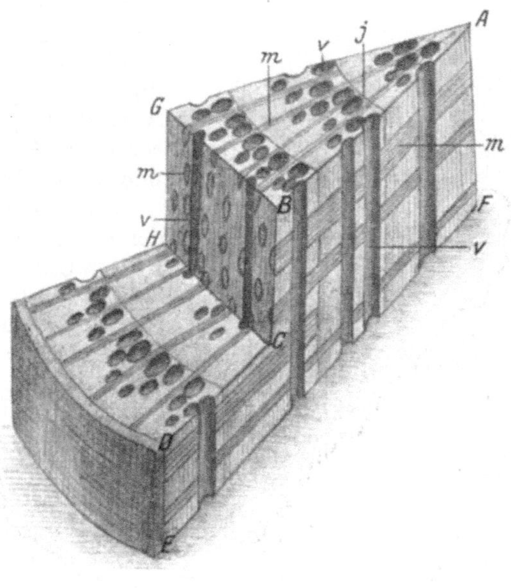

Abb. 2. Holzkeil mit Anordnung des Holzgefüges. *ABG* Hirnschnitt, *ABCDEF* Spiegelschnitt, *BCHG* Sehnenschnitt. *v* Gefäß, *m* Markstrahl, *j* Jahrringgrenze.

Palmenholz findet wohl zu Möbeln und Drechslerwaren, als Bauholz aber nur dort Verwendung, wo keine anderen Bäume wachsen, also in den Oasen der großen Wüsten, während in den übrigen Teilen der Tropen als Bauholz andere Holzarten vorgezogen werden.

Von den Baumgräsern, d. h. grasartigen Hohlstengeln von beträchtlichen Abmessungen mit meist verkieselten Außenteilen, ist das Bambusrohr (bambusa) am hervorragendsten. Es ist schnellwüchsig und leicht bei verhältnismäßig hoher Festigkeit und liefert in den südlichen Breiten (bis herauf nach Süd-Japan) den Umwohnern Nahrung, Kleidung, Geschirr, Papier, Matten, Körbe, Stricke, Werkzeuge und Baustoffe, Baugerüste, auch Wasserleitröhren und Steigröhren für Pumpen; eine beträchtliche Menge wird auch nach Europa ausgeführt und als Stöcke, Schirmstangen, Schwimmstangen, neuerdings auch zum Fahrrad-, Wagen- und Flugzeugbau, sowie im Heere für tragbare Brücken verwendet.

Manche Bambusarten der Tropen erreichen in der Regenzeit eine Höhe bis zu 40 m schon innerhalb 40—60 Tagen. Der Mosobambus erreicht in Japan eine Höhe bis zu 25 m und bis 32 cm Dicke.

Die Halme besitzen an den Blätternarben durchgehende stark verkieselte Scheidewände, die sogenannten Knoten, die sehr zur Versteifung beitragen. Die Außenseite der Halme ist sehr fest und hart, weil die Zellwände verkieselt sind und außen die verholzten Gefäßbündel sehr dicht beisammen stehen. Sie bilden im Querschnitt einen Ring, der sich nach innen in einzelne getrennt stehende Gefäßbündel auflöst, deren Zwischenräume, wie bei den Palmen, durch das Grundgewebe (Mark) ausgefüllt sind; die inneren Teile sind deshalb weniger fest als die äußeren, so daß die Biegefestigkeit sehr groß ist bei außerordentlich geringem Gewicht, was für Sparren (Japan), Pfosten, Masten u. dgl. zweckmäßig ist.

Festigkeitsversuche mit Bambus sind von Baumann[1]) durchgeführt worden. Als eigentliche Bauhölzer kommen nur Nadel- und Laubhölzer, die nachstehend näher erörtert werden, in Betracht.

2. Nadel- und Laubhölzer.

a) Die Zellen.

Bei den vorher gekennzeichneten Palmen und Baumgräsern, die nur aus Mark und Gefäßbündeln bestehen, fehlt die Rinde, während bei den Nadel- und Laubhölzern eine solche vorhanden ist, die mit dem Bast den aus „Holz" bestehenden Stamm, ferner die Äste und Wurzeln umschließt. Sie zeigen ein regelmäßiges Dickenwachstum in sogenannten Jahrringen (s. später) und unterscheiden sich hierdurch von den Spitzkeimern. Das Grundgewebe (s. S. 5) ist hier auf eine meist sehr dünne Markröhre zusammengeschrumpft, die von den das Holz bildenden Zellen umgeben ist.

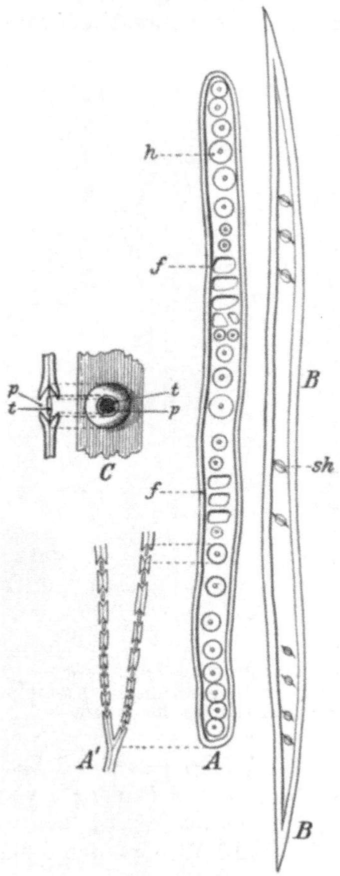

Abb. 3. Leitzellen des Kiefernholzes. V.: 200—400.
A Frühholzleitzelle in radialer Ansicht, *A'* in tangentialer Ansicht. *B* Spätholzleitzelle. *h* Hoftüpfel. *f* Einfache oder Fenstertüpfel. *sh* Spalthoftüpfel. *C* Hoftüpfel im Querschnitt (links) u. Aufsicht (rechts). *p* Porus. *t* Torus.

Die Holzzellen zerfallen in drei Gruppen, deren jede ihre besondere Aufgabe hat und zwar: Leitzellen und Gefäße zur Wasserleitung, Stützzellen oder Holzfasern zur Stützung und Aussteifung des Stammes und Nährzellen oder Speicherzellen zur Ernährung des ganzen Baumes.

Zuweilen fehlt eine Zellengruppe ganz; in diesem Falle wird sie durch besonders geformte Ausbildung eines Teiles einer anderen Gruppe ersetzt, der dann aber meist für seine ursprüngliche Aufgabe ganz oder teilweise ausscheidet (z. B. die breitfaserigen Leitzellen der Nadelhölzer als Ersatz der Stützzellen, s. später). Aber auch dann erfüllen die Zellen die drei genannten Hauptaufgaben.

Jede Zelle besteht äußerlich aus der Zellhaut, die oft aus mehreren Schichten besteht. In ihrem Innern enthalten die Zellen entweder nur Luft oder Luft und Wasser oder nur Zellsaft oder aber alle drei Bestandteile.

Der Zellsaft ist im allgemeinen eine wässerige klare Flüssigkeit von saurer Gegenwirkung (Reaktion), in der verschiedene anorganische, besonders aber organische Stoffe gelöst sind. Von der Art dieser Stoffe hängt es ab, welche Bedeutung dem Zellsaft für das Leben der Pflanze zukommt.

Leitzellen und Gefäße, auch Wasserzellen genannt, dienen als Leitbahnen für das aus den Wurzeln nach den Zweigen und Blättern aufsteigende Wasser und der in ihm gelösten anorganischen Nährsalze, Farbstoffe, sowie des so wichtigen Stickstoffes, den die Pflanzen nicht unmittelbar aus der

[1]) Baumann, R.: Versuche über die Elastizität und Festigkeit von Bambus, Akazien-, Eschen- und Hikoryholz. Mitteil. üb. Forsch.-Arb., H. 131. Berlin: Julius Springer 1913.

Luft, sondern nur aus dem Boden aufnehmen können. Im Safttrieb leiten sie auch den Inhalt der Nährzellen nach den Knospen.

Die Leitzellen (Tracheïden) (Abb. 3) sind demnach Gruppen von Zellen, deren Längenerstreckung in der Richtung der Stämme, Äste und Zweige liegt. Wagerechte Richtung zeigen nur die Leitzellen der Äste mancher Nadelhölzer; ihre Anzahl ist aber verschwindend klein gegenüber den lotrecht gerichteten im Verband aneinandergereihten Hauptleitzellen der Baumstämme. Ihre Verbindung untereinander erfolgt durch die in den Seitenwänden der Leitzellen liegenden einfachen und gehöften Tüpfel, die genau aufeinander passen und mit Schließhäuten (Membranen) versehen sind. Die Enden dieser Zellen sind mehr oder weniger abgeschrägt, so daß sie in gutem Verband übereinandergreifen und bei den Nadelhölzern auch die Stützzellen zu ersetzen vermögen.

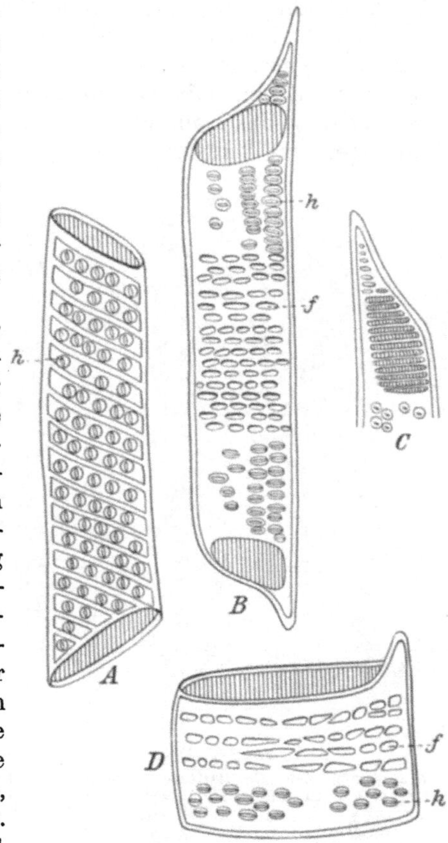

Abb. 4. Verschiedene Gefäße.
V.: 400.

A Von der Linde mit spiraligen Verdickungsleisten.
B Von der Rotbuche mit ringförmiger Durchbrechung.
C Desgl. mit leiterförmiger Durchbrechung.
D Weites, kurzes Gefäßglied der Eiche. (Die offenen Durchbrechungsstellen sind schraffiert.)
h Hoftüpfel an den Berührungsflächen mit anderen.
f Einfache Tüpfel an den Berührungsflächen mit Markstrahlen.

Für den Wasserbedarf der Nadelhölzer sind diese, ihren Hauptbestandteil bildenden Leitzellen ausreichend, für Laubhölzer mit ihrer starken Verdunstung durch die Blätter aber nicht; deshalb ist bei letzteren die Anzahl der Leitzellen eingeschränkt bzw. ein Teil derselben ist durch Gefäße (Tracheen) ersetzt, die durch Aneinanderwachsen (Zellfusion) mit Auflösung oder Durchbrechung der oberen und unteren Enden der weitesten unter den Leitzellen entstanden sind und mehr oder weniger lange, den Aufstieg des Wassers sehr erleichternde Röhren bilden (von einigen mm bis zu 3, ja 5 m Länge), ihre Wände sind ausgesteift entweder durch Querwände oder gleichmäßige Verdickung oder streifen-, ring- oder schraubenförmig verlaufende bzw. bandartige Leistenverstärkungen (Abb. 4 u. 5). Die Enden der Gefäße sind entweder gitterförmig durchbrochen oder derart offen, daß die oberen und unteren Wände zu einem weiten Ring eingeschrumpft sind. Manche sind zum Teil lochartig, zum Teil leiterförmig durchbrochen.

Eine besondere Art von Zellen sind die Füllzellen (Thyllen), das sind solche Gefäße, welche ganz oder teilweise durch dünnwandige Ausstülpungen benachbarter Nährzellen in die Hohlräume der Gefäße verstopft sind. In diesen Verstopfungen werden Nährstoffe und anorganische Ausfüllungen (kristalliner kohlensaurer Kalk und amorphe Kieselsäure) abgelagert; erstere tragen zur Anhäufung von Vorräten für die trockene Jahreszeit (Tropen), letztere zur Dauer und Steifigkeit der Hölzer bei. In gefällten Stämmen wird durch die organischen Nährstoffe aber Wurmfraß und Fäulnis begünstigt, sie müssen daher tunlichst entfernt werden.

Die eigentlichen Leitzellen sind dünnwandig und weitlichtig (weitlumige sogenannte Leitungstracheïden). Bei Nadelhölzern ist dies besonders im Frühholz nötig, sie heißen dort Rundfasern; nachdem aber der Bedarf für die Wasserleitung gedeckt ist, werden sie bei weisem Forstbetrieb immer dickwandiger, flacher und enger, so daß sie als Ersatz der Stützzellen dienen und dann Breitfasern (Fasertracheïden) heißen. Bei Laubhölzern ist diese Verdickung zu Breitfasern nicht nötig; wegen des größeren Wasserbedarfs im Frühjahr sind aber deren Gefäße im Frühholz weiter als im Spätholz.

Stützzellen oder Holzfasern (Festigungsgewebe, Libriformfasern oder Sklerenchymzellen) sind schmale, aber dickwandige langgestreckte und zugespitzte Zellen mit engem leeren Hohlraum (Abb. 6 u. 5). Sie dienen zur Aussteifung des Baumes; ihre Enden stehen daher in gutem Verband untereinander, um den Stamm zug-, druck- und biegungsfest zu machen. Sie sind

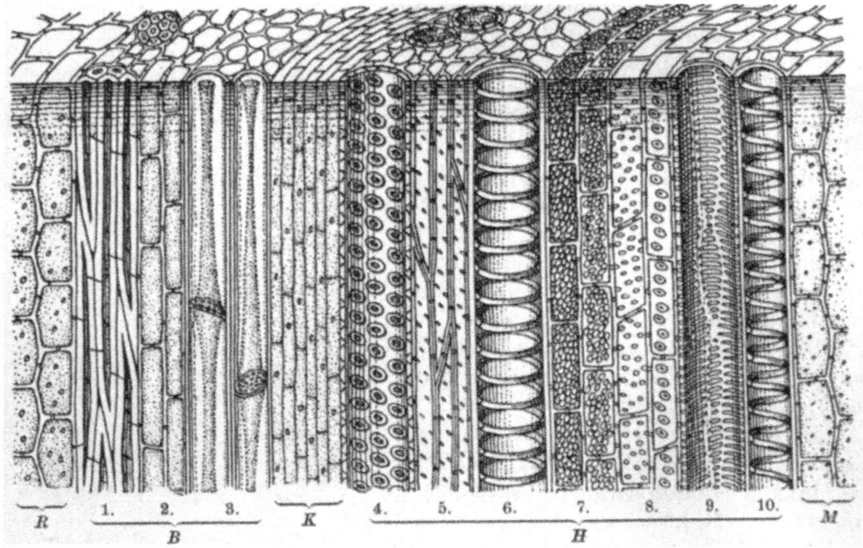

Abb. 5. Übersichtlicher Spiegelschnitt durch Gefäße von Laubbäumen.
R = Rindenzellen; *B* = Bastteil: 1. Bastfasern, 2. Bastzellen, 3. Siebröhren; *K* = Verdickungsschicht (Kambiumring); *H* = Holzteil: 4. Tüpfelgefäß, 5. Stützzellen (Holzfasern), 6. Ringgefäß, 7. Nährzellen mit Stärkekörnern, 8. Leitzellen, 9. Netzgefäß, 10. Schraubengefäß; *M* = Markröhre.

ziemlich gleichmäßig im Jahrring der Laubbäume verteilt. Bei den Spitzkeimern finden sie sich nur als Begleiter der Gefäßbündel, bei Nadelhölzern gar nicht, da sie hier durch die Breitfasern ersetzt werden (s. vorher). Ihr Querschnitt ist meist vieleckig, so daß sie sich dicht aneinanderschmiegen können.

Mit Prosenchymzellen (ineinandergeschobene Zellen) werden alle langgestreckten Zellfasern, also Leit- und Stützzellen, gemeinsam bezeichnet.

Die Nährzellen (Parenchymzellen) oder Speicherzellen enthalten die Stoffe zur Ernährung der übrigen Zellen, zur Regelung des Stoffwechsels und zur Aufspeicherung der Nährstoffe während der Winterruhe. Im Kernholz ist der Inhalt dieser Zellen abgestorben oder zur Bildung von Kernstoffen (Gummi, Harze, Gerbstoffe) verwendet; die Wände der Nährzellen sind im Gegensatz zu den Leitzellen und Gefäßen stets einfach getüpfelt. Je nach ihrer Form unterscheidet man kurze, im Längenschnitt meist rechteckige wie im Mauerverband (wagerecht) nebeneinanderliegende Nährzellen, die in den schmalen Markstrahlen liegen, daher auch Mauerzellen genannt (Strahlenparenchym), und langgestreckte Nährzellenfasern, die in manchen breiten Markstrahlen vorkommen (Abb. 7); selten treten sie als lotrecht stehende Nährzellenfasern oder Strangnährzellen (Strangparenchym) unregelmäßig auf. Der Hauptteil der Nährzellen liegt aber in den Markstrahlen.

Das Übereinandergreifen der verschiedenen Zellen einer Pflanze nennt man das Zell(en)gewebe (s. S. 5).

Die Zellen eines Gewebes schließen sich, solange sie jung sind, eng aneinander. Später spaltet sich aber nicht selten die gemeinsame Scheidewand der Länge nach, so daß kleine Lücken entstehen. Diese Lücken sind im lebenden Holzteil mit Luft gefüllt und dienen mit zur Herbeischaffung des zur Ernährung notwendigen Sauerstoffs; im Kernteil füllen sie sich jedoch oft mit Kernstoffen, die die Zellen gummiartig verleimen, durch Wasserzufuhr aber zähflüssig werden und die bedeutend verminderte Druckfestigkeit des nassen Holzes bedingen; bei Nadelhölzern bilden sie sich oft zu Harzgängen aus.

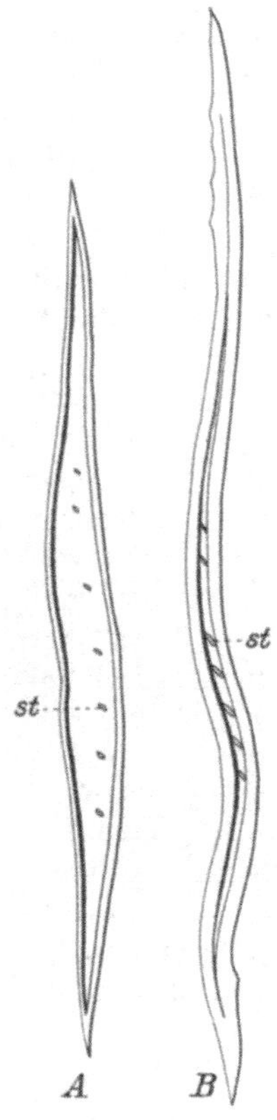

Abb. 6. Stützzellen. V.: 200.
A Schwächer verdickt (Linde).
B Stärker verdickt (Rotbuche).
st Spalttüpfel.

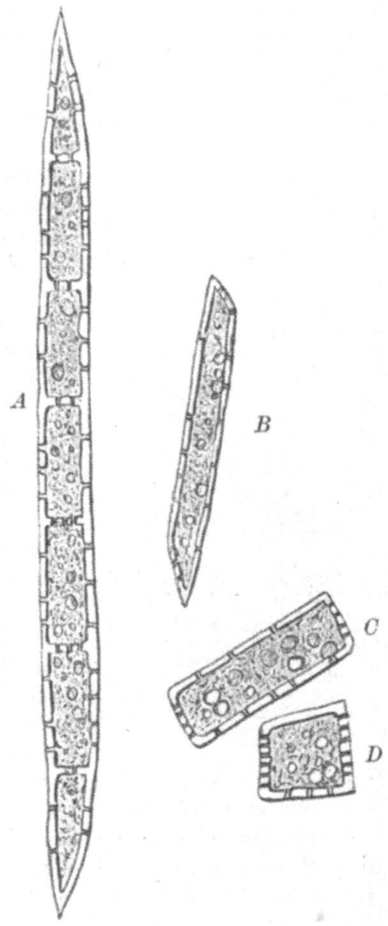

Abb. 7. Nährzellen. V.: 400.
A Holznährzellenstrang aus dem Holz der Esche.
B—*D* Markstrahlennährzellen,
B der Rotbuche, *C* und *D* der Eiche.

Zwischen Holzteil und äußerer Rinde oder Borke befindet sich die Verdickungsschicht (Kambiumring) und die innere Rinde oder der Bast (Abb. 5). Letzterer besteht aus Siebröhren, aus Bastzellen und aus Bastfasern.

Die Verdickungsschicht besteht aus einem Ring von teilfähigen Zellen, die zur Zeit des Wachstums nach innen Holzzellen, nach außen aber Bastzellen abstoßen, ferner durch Neubildung von Nebenmarkstrahlen (s. später) den sich stetig vergrößernden Umfang des Stammes geschlossen erhalten.

Die Siebröhren liegen hinter der Verdickungsschicht (nach außen) und dienen zur Zuleitung der Nährstoffe aus den Blättern abwärts nach den Wurzeln und seitwärts nach den Markstrahlen hin. Letztere verlängern sich mit dem Dickenwachstum stetig durch Zuwachs in ihrer Längenrichtung. Da die Hauptmarkstrahlen mit der Zunahme des Umfanges immer weiter auseinanderrücken, müssen zur Ernährung der lotrechten Fasern neue Markstrahlen, die Nebenmarkstrahlen, eingeschaltet werden, die nicht wie die Hauptmarkstrahlen von der Markröhre ausgehen, sondern je nach Bedarf im Holzkörper beginnen. Sämtliche Markstrahlnährzellen erhalten ihre Eiweißnahrung aus den Siebröhren.

Zwischen und hinter den Siebröhren liegen zartwandige Bastzellen, die wie die Leitzellen des Holzteils Wasser führen, sowie die dickwandigen englichtigen Bastfasern, die den Stützzellen des Holzteils entsprechen. — Nach außen hin sind die Bastfasern durch die Korkzellen der Rinde abgeschlossen (Abb. 5); die Korkzellen sind mit einer fast luft- und wasserdichten Zellhaut umgeben und schützen als Rinde wegen ihrer schlechten Wärmeleitung das Innere gegen Austrocknung durch Sonnenstrahlen und gegen Winterfrost.

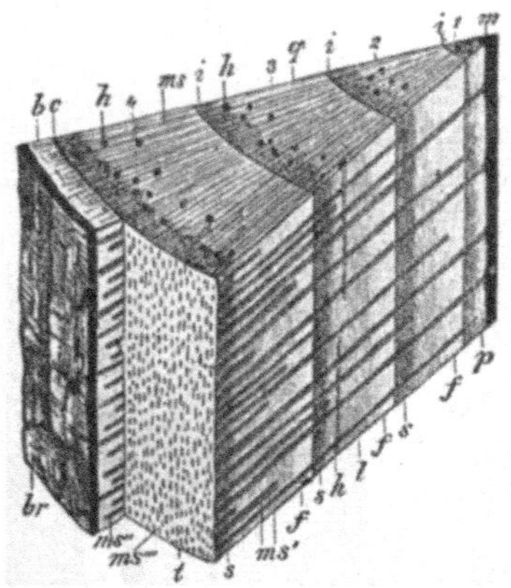

Abb. 8. Keilausschnitt aus einem vierjährigen Kiefernstamm. Verkl. 1 : 5.
h Harzgänge, *m* Markröhre, *ms* Hauptmarkstrahlen, *ms'* Nebenmarkstrahlen, *ms''* Baststrahlen, *ms'''* Markstrahlen im Sehnenschnitt, *b* Bast, *br* Rinde, *c* Verdickungsschicht, *i* Grenzen der Jahrringe 1, 2, 3 und 4, *f* Frühholz, *s* Spätholz, *p* ursprüngliche (primäre) Holzteile.

Abb. 8 zeigt den Keilausschnitt eines vierjährigen Kiefernstammes, in welchem die Einzelheiten des Zellengefüges zu ersehen sind.

Die Größe der Zellen ist sehr verschieden, meist aber kleiner als 0,1 mm, also mit bloßem Auge kaum oder gar nicht wahrnehmbar. Am größten sind die Gefäße, deren Weite zwischen 0,02 bis 0,5 mm schwankt, auch im nämlichen Holzkörper. Bei Eichen haben die weitesten 0,2 bis 0,3 mm Durchmesser, sind daher am gehobelten Hirnschnitt als „Poren" erkennbar; ihre Länge ist im allgemeinen um so kleiner, je weiter sie sind und schwankt zwischen 1 cm und 2, ja 5 m. Die meisten haben höchstens einige Zentimeter Länge; bei Robinie kommen 1 m, bei Eiche sogar 2 m lange Gefäße vor.

Die Leitzellen sind enger, mit bloßem Auge im Hirnschnitt nicht zu erkennen; ihre Länge ist durchschnittlich 1 mm.

Die Stützzellen erreichen 0,3 bis 1,3 mm Länge, die Bastfasern meist über 1, manche über 10 mm Länge (Lein-, Hanf-, Lindenbast), aber nur geringe Dicke, 0,01 bis 0,03 mm. Der Durchmesser der Nährzellen schwankt zwischen 0,01 und 0,09 mm, ihre Länge ist nicht viel größer als ihr Durchmesser. Sie sind mit bloßem Auge nicht mehr wahrnehmbar.

b) Das fertige Holz und das Wachstum des Baumes.

Mit der Verholzung und Austrocknung der älteren Teile des Stammes lagert sich in dessen Zellen auch ein Teil der aus dem Boden aufgezogenen Mineralien (auch Farbstoffe) ab, ferner Gerbstoffe, Harz, Gummi und andere Schutzstoffe, wodurch sich diese Holzteile verfärben (oft erst nachträglich an der Luft) und sich dadurch mehr oder weniger deutlich von den helleren, jüngeren Jahrringen unterscheiden. Man bezeichnet diese inneren, am Wachstum nicht mehr teilnehmenden Jahrringe als Kernholz; es enthält die wertvollsten und dauerhaftesten Holzteile. Die äußeren, noch an der Saftbewegung teilnehmenden Jahrringe bezeichnet man als Splintholz.

Bäume, deren Kernfarbe sich scharf und deutlich vom hellen Splint abhebt, heißen Kernholzbäume. Tritt kein Farbenunterschied auf und sind nur die inneren Ringe trockener (saftärmer), so werden solche Bäume nach Nördlinger Reifholzbäume genannt. Gewöhnlich werden aber Bäume mit ungefärbtem Kern als Splintholzbäume[1]) bezeichnet.

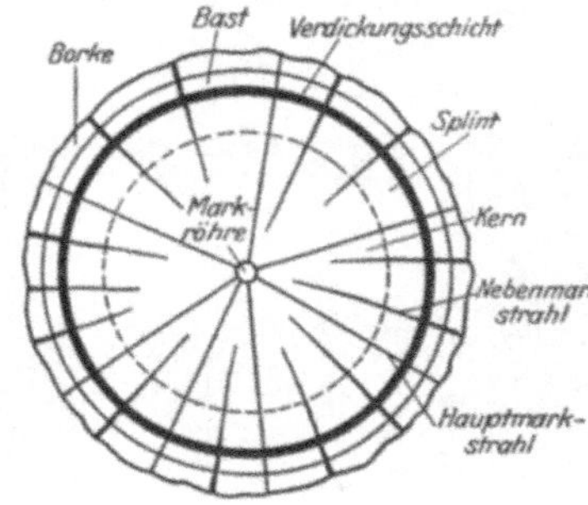

Abb. 9. Schematischer Querschnitt eines Nadel- oder Laubholzstammes.

Splint im Sinne von noch an der Saftbewegung teilnehmenden jüngeren Jahrringen haben alle Nadel- und Laubholzbäume, desgleichen Kern im Sinne von älteren, wenig oder gar nicht an der Wasserleitung beteiligten inneren Jahrringen.

Abb. 9 zeigt den schematischen Querschnitt eines Nadel- oder Laubbaumstammes mit Rinde, Bast, Verdickungsschicht und Holzteil, wobei im letzteren die Haupt- und Nebenmarkstrahlen angedeutet sind, ferner die oft unbestimmte, daher nur gestrichelte Grenze zwischen innerem, trockenem Kern und äußerem, wasserreicherem und saftleitendem Splint. Das Verhältnis zwischen Kern- und Splintstärke ist bei den einzelnen Baumarten verschieden.

Der Kreislauf der Zellsäfte und das Dickenwachstum erfolgt in der Weise, daß die Wurzelfasern aus dem Boden Wasser, Stickstoff und Nährsalze aufsaugen und diese durch die Leitzellen bis zu den Spitzen der Zweige und Blätter aufsteigen. Letztere nehmen aus der Luft Kohlensäure und Sauerstoff auf und verwandeln sie mit Hilfe des Wassers, der Nährsalze und des Stickstoffs unter Einwirkung der Sonnenbestrahlung in Nährstoffe, nämlich Eiweißkörper (Protoplasma) und Kohlenhydrate (Stärke), die in der inneren Rinde (nicht im Splint) nach abwärts geführt werden. Durch die Leitzellen des Bastes und die Siebröhren gelangen sie einerseits in die Nährzellen der Verdickungsschicht (s. S. 9) und der Markstrahlen und andererseits hinab zu den Wurzeln, die sie zu neuem Wachstum und zum Hinaufbefördern von Wasser und Nährstoffen durch den Splint nach den Zweigen und Blättern befähigen und so den Kreislauf der Säfte während der wärmeren Jahreszeit schließen. Im Winter ruht dieser Kreislauf der Säfte und setzt erst wieder ein, wenn der Boden entsprechend erwärmt ist.

Alsdann beginnt der Safttrieb, d. h. ein lebhaftes Aufsteigen von Wasser und Nährsalzen nach den Zweigen und Knospen, die sie zu neuer Blätter- und Blütenentwicklung bringen. Eiweiß und Kohlenhydrate, sowie fette Öle, werden, soweit sie nicht während des Wachstums zum Ausreifen der Holzzellen gedient haben, im Winter in den Nährzellen (Speicherzellen) des Holzteils aufgespeichert und im Frühjahr von dem aufsteigenden Wasser gelöst und nach den Knospen geführt. Da die Wasserzufuhr von Wichtigkeit ist, um so eher als ein Teil des Wassers durch die Blätter verdunstet, wird die Lebenstätigkeit des Baumes in sehr trockenem Sommer gehemmt, wobei eine zweite Ruhepause eintritt.

Das wichtigste Kohlenhydrat ist die Stärke ($C_6H_{10}O_5$).

Die Ansammlung der Nährstoffe in den Nährzellen während der Ruhepausen geschieht in zweierlei Weise, und zwar entweder in Form von Stärke-

[1]) Lang, G.: Das Holz als Baustoff. S. 66.

körnern (Stärkebäume), die ruhig liegen bleiben, oder in Form von Zuckerlösung, in die sich die Stärke in der Kälte teilweise verwandelt und die dann dem Gefrieren weniger unterliegt; oder die Stärke verwandelt sich in öliges Fett (Fettbäume), welches gleichfalls gegen Kälteschaden wirkt.

Abb. 10. Querschnitt durch Kiefernholz. V.: 11.

Zu den Stärkebäumen zählen die Eiche, Esche, Ahorn und die meisten anderen Harthölzer, zu den Fettbäumen die meisten Nadelhölzer, ferner Birke, Linde, Roßkastanie, Pappel, Weide und andere Weichhölzer.

Die Teilung der Zellen der Verdickungsschicht beginnt oben an den Sprossen und geht allmählich am Stamm nach unten; sie endet bei uns spätestens in der ersten Septemberhälfte, während sie in den Wurzeln noch länger dauern kann. Die abgetrennten Zellen schieben sich ineinander, was zur Festigkeit des Baumes beiträgt, aber auch manchmal den sogenannten Drehwuchs erzeugt.

Bei den Nadelhölzern trennen sich vom Verdickungsring nur dünnwandige, weitlichtige Leitzellen ab, in denen der Wasseraufstieg so leicht vor sich geht, daß im Sommer ein weiterer Bedarf nach Leitröhren nur in geringem Umfang vorhanden ist und statt dieser dünnwandigen Leitzellen sich mit fortschreitender Wäime dickwandigere Rundfasern und schließlich englichtige Breitfasern (s. S. 8) entwickeln, die dem Stamm Steifigkeit und Festigkeit verleihen und dunkler aussehen.

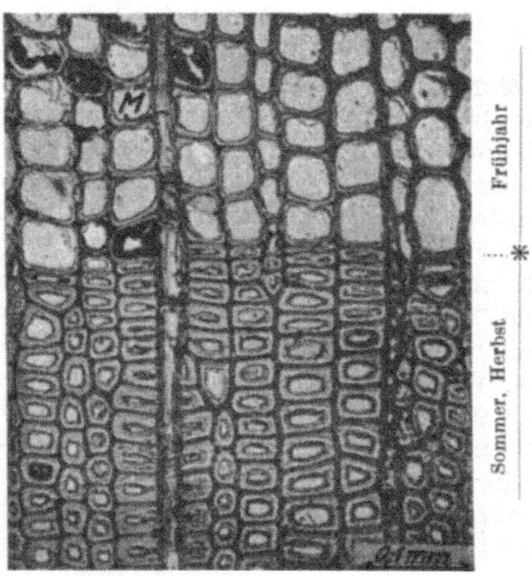

Abb. 11. Querschnitt durch Kiefernholz. V.: 140.

Bei den Laubhölzern wird der Wasseraufstieg hauptsächlich durch die Gefäße besorgt, die daher im Frühjahr zahlreicher als im Sommer sich bilden und oft so weitlichtig sind, daß man sie im Hirnschnitt mit bloßem Auge als Poren erkennen kann; sie verleihen diesem Teil der Jahrringe ein helleres Aussehen als den Sommertrieben, in denen die dickwandigen und eng aneinandergereihten Stützzellen der Holzfasern vorherrschen. Da sich an diesen dichten Spätholzring im nächsten Frühjahr unmittelbar die helleren Schichten des folgenden Jahrringes anschließen, so folgt, daß die einzelnen Jahrringe des Hirnholzschnittes sich mehr oder weniger deutlich voneinander abheben, daß aber auch innerhalb jedes Jahrrings zwei Schichten mehr oder weniger scharf sich unterscheiden lassen, das hellere **Frühholz** und das dunklere **Spätholz**. Abb. 10 und 11 zeigen den Jahrringbau des Nadelholzes (Kiefer) und Abb. 12 und 13 den des Laubholzes (Esche). Das Frühholz ist naturgemäß nicht so fest als das Spätholz. Breite Frühholz- und schmale Spätholzzonen liefern ein viel minderwertigeres Holz als bei umgekehrtem Verhältnis. In unseren Breiten stimmt gewöhnlich die Zahl der Jahrringe mit der Anzahl der Lebensjahre des Baumes überein, aber es kommen auch ausnahmsweise „falsche Jahrringe" vor, die von Störungen des Wachstums durch Witterungseinflüsse und Insektenfraß herrühren.

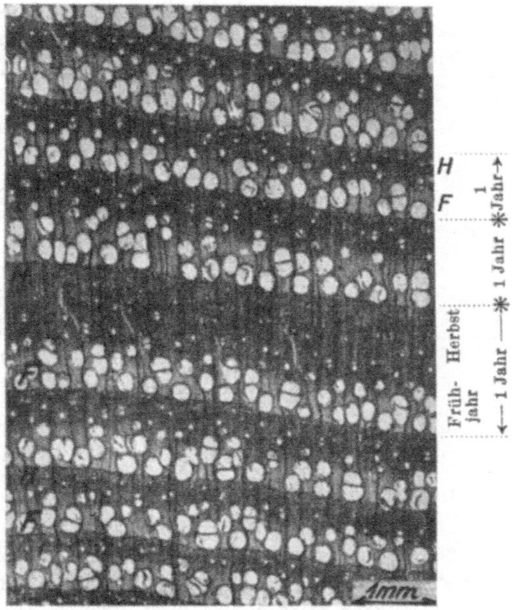

Abb. 12. Querschnitt durch Eschenholz. V.: 11.

c) Besondere Merkmale der Nadel- und Laubhölzer.

Die **Nadelhölzer** unterscheiden sich von den Laubhölzern dadurch, daß sie keine Gefäße und keine Stützzellen haben. Die Stützzellen werden durch die dickwandigen engen Leitzellen des Spätholzes, die **Breitfasern** (s. S. 8), deren Steifigkeit und Festigkeit besondere Stützzellen überflüssig machen, ersetzt. Der Bau der Nadelhölzer ist somit viel einfacher als der der Laubhölzer, und wegen ihres schlanken Wuchses und Fehlens starker Äste eignen sie sich zum Bauholz viel besser als die meisten Laubhölzer.

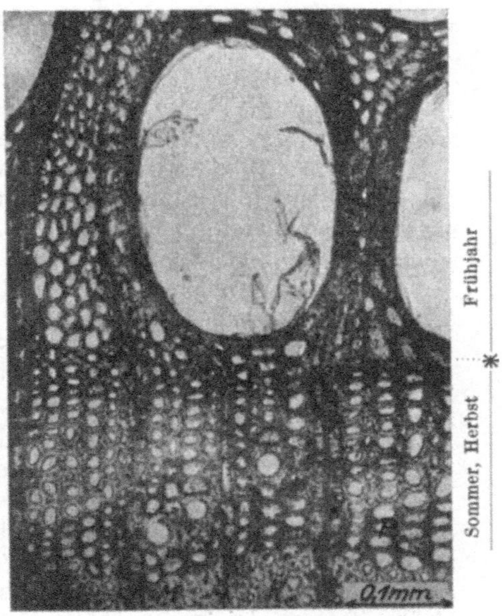

Abb. 13. Querschnitt durch Eschenholz. V.: 140.

Die Gefäße mancher Laubhölzer sind, wie bereits bemerkt, im Hirnholzschnitt als Poren zu erkennen. Auch bei den Nadelhölzern sieht man zuweilen porenartige Flecke (Abb. 10), die aber **Harzgänge** vorstellen und erst durch das Ausschwitzen des Harzes mit unbewaffnetem Auge erkennbar sind; sie machen sich aber schon vorher durch ihren Harzgeruch und ihre Klebrigkeit bemerkbar. Bei den Weißtannen fehlen die Harzgänge und auch die sogenannten Harzgallen (siehe später) gänzlich. Das Harz entsteht vermutlich als Ausscheidung bei der Verholzung und findet sich in allen Nährzellen, aus denen es zum Teil in die Zwischenzellräume austritt; diese werden hierdurch erweitert und zu 15 bis 70 cm lange Röhren umgestaltet, in denen es unter solchem Drucke steht, daß es beim Anschneiden heraustritt. Die Harzgänge treten sowohl lotrecht zwischen den Rund- und Breitfasern (s. S. 8 u. 12) als auch wagerecht in den Markstrahlen auf. Die Harzgallen sind flache Harzablagerungen im Jahrringumfang von wechselnder Größe; sie können Handbreite und bis 7 mm Stärke erhalten und sind für die Verwendung des Holzes oft recht unangenehm, um so mehr als sie beim Bearbeiten häufig nicht zu sehen sind.

Bei den Laubhölzern ist eine vollständige Trennung der Zellen vorhanden in Leit-, Stütz- und Nährzellen. Die Gefäße sind oft so weit, daß sie im Hirnschnitt, wie mehrfach erwähnt, als Poren sichtbar sind (Abb. 12 u. 13). Nach ihrer Verteilung im Jahrring unterscheidet man ringporige und zerstreutporige Laubhölzer. Bei den ersteren sitzen die Gefäße meist in den Frühholzzonen (Abb. 12), bei den letzteren nimmt die Lichtweite der Gefäße vom Früh- bis Spätholz allmählich ab. Bei den ringporigen Laubhölzern erkennt man deshalb die Jahrringe deutlicher als bei den zerstreutporigen. Die Harzgänge fehlen bei den Laubhölzern ganz, obwohl manche Harz führen. Die Markstrahlen enthalten nur Nährzellen, oft aber in solcher Menge, daß sie im Hirnschnitt als breite Strahlen deutlich hervortreten, während sie bei den Nadelhölzern in der Regel nur mit der Lupe zu erkennen sind.

Die ringporigen Laubhölzer sind als Bauholz die wichtigsten.

d) Die Fällzeit der Bäume.

Nach Lang ist für Fettbäume die günstigste Fällzeit die Zeit des Überganges der Stärke in Fett (s. S. 12). Da die Nadelhölzer im Winter, zur Zeit der Saftruhe, längere Zeit Fettgehalt aufweisen, so gilt der Winter in der Ebene und im Hügelland von alters her als die günstigste Fällzeit[1]. Im Sommer tritt meist eine zweite Zeit der Saftruhe ein, die sich zum Fällen eignet und im Hochgebirge sogar die einzig mögliche Fällzeit ist. Um ganz sicher zu sein, daß man die Sommerruhepause richtig trifft, dient für Fettbäume die sogenannte „Jodprobe", die auf der Eigenschaft des Jodes beruht, Stärke sofort blau bis violett (bei Anwesenheit von Gerbstoff) zu färben. Diese Probe ist aber, insbesondere bei ausgetrocknetem älteren Holz, nicht immer so leicht auszuführen, damit eine einwandfreie Blaufärbung erkannt werden kann. Zeigt die Jodprobe keine Färbung, ist also keine Stärke vorhanden, dann kann man annehmen, daß der Baum zu richtiger Zeit gefällt ist.

Ergeben sich starke Blaufärbungen, so wird man solche Hölzer, falls sie für Dauerbauten bestimmt sind, durch Flößen (siehe später) auslaugen müssen. Das Flößen bietet auch sonst die Möglichkeit, das Holz gegen Schäden ungünstiger Fällzeit oder Nonnenfraß („Nonnenholz") zu schützen.

Stärkebäume enthalten gerade im Winter Stärke, falls diese nicht in Zucker übergegangen ist. Nur in letzterem Falle ist also die Winterfällzeit vorzuziehen, andernfalls diejenige Sommerzeit, in welcher die Stärke in Fett übergegangen ist. Diese Zeit ist aber sehr kurz und wechselt jährlich, so daß es schwierig ist, sie richtig zu treffen. Bleibt die Stärke aber im Splint, so ist letzterer minderwertig und dem Wurmfraß und der Fäulnis ausgesetzt. Falls es nicht gelingt, die Stärke dem Baum vor oder nach dem Fällen zu entziehen, so ist das Holz zu Dauerbauten unbrauchbar. Am meisten leidet die Eiche darunter und, da der Splint dann weggehauen werden muß, verteuert sich dieses Holz sehr.

Die Dauerhaftigkeit des Splints kann daher nur durch Entziehung aller Nährsäfte aus den gut verholzten Zellen erzielt werden. Für Stärkebäume ist

[1] Nach Gayer-Fabricius (Die Forstbenutzung, S. 92, 395) ist der Einfluß der Fällzeit auf die Dauer des Holzes von keinem wesentlichen Einfluß. Alle Unterschiede zwischen dem im Winter und Sommer gefällten Holz sind vielmehr auf die Behandlung des Holzes nach dem Fällen zurückzuführen, die allerdings im Holzhandel und Holzgewerbe durch die Fällzeit wieder stark beeinflußt wird.

also diejenige Sommerzeit die beste Fällzeit, in welcher die Stärke in Fett verwandelt ist.

Falls also der Baum Stärke enthält, muß sie künstlich entfernt werden.

Als erstes Mittel kommt, wie schon erwähnt, das Flößen in Frage, kommt aber nur für Nadelhölzer in Betracht, da bei Harthölzern die für die Dauer des Holzes höchst wertvollen Gerbstoffe ebenfalls mit ausgelaugt würden.

Als zweites Mittel kommt in Frage das schon von alters her ausgeübte Ringeln der Bäume längere Zeit vor dem Fällen, wobei ein Rindenring mit allen leicht ablösbaren Bastgeweben auf etwa Handbreite (5 bis 8 cm hoch) abgeschält wird. Das Ringeln hat aber auch viele Gegner, so daß es sich nur in einzelnen Gegenden erhalten konnte. Nach ausgedehnten Versuchen von Mer[1]) ist das Ringeln sehr zu empfehlen. Der Stamm muß dicht unterhalb der Baumkrone geringelt werden, um ein Abströmen der Nährstoffe aus den Blättern nach den Wurzeln und den unterhalb des Ringes liegenden Markstrahlen zu verhindern; etwaige unterhalb des Ringes sich befindliche Zweige, Knospen und schlafende Augen, die durch den aufsteigenden Saftstrom zum Ausschlagen gebracht werden, sind hierbei zu entfernen, da sie in ihren Blättern neue Nährstoffe erzeugen würden. Infolgedessen wird der Stamm unterhalb des Ringes austrocknen, da der Aufstieg der Feuchtigkeit aus den Wurzeln allmählich nachlassen wird. Nach Mer ist auch die Ringelung am Stammfuß zu empfehlen, am besten aber die doppelte Ringelung am Stammfuß und unterhalb der Krone. Die beste Zeit des Ringelns ist der Mai, da er die nährstoffärmste Zeit für die Speicherzellen des Stammes ist.

Auf Windbruchholz läßt sich nur die nachträgliche Ringelung anwenden und zwar die doppelte Ringelung, die beim liegenden Stamm keine Schwierigkeiten macht.

e) Wuchsfehler des Holzes.

Die Anforderungen, die an gutes Bauholz gestellt werden müssen, sind hohe Festigkeit und Dichtigkeit.

Dazu ist erforderlich, daß das dichte und feste Spätholz der einzelnen Jahrringe möglichst kräftig entwickelt ist, während das lockere Frühholz möglichst fehlt.

Deshalb ist beim Wachstum des Baumes zu verhüten, daß der Boden im ersten Frühjahr zu sehr von der Sonne erwärmt und die Wurzeln zum Austreiben des lockeren Frühholzes angeregt werden; solcher Boden trocknet dann im Sommer meist zu sehr aus, um kräftiges Spätholz entwickeln zu können. Unter solch ungünstigen Wachstumsbedingungen entsteht schnellwüchsiges, daher leichtes, lockeres, also minderwertiges Holz von geringer Festigkeit.

Neben dem Fehler des Vorherrschens lockeren Frühholzes in den einzelnen Jahrringen kommen Drehwuchs, krummer und einseitiger Wuchs vor, wozu noch oft allzu große Ästigkeit der Waldbäume, ferner Astwunden hinzutreten.

Die genannten Fehler können wohl nicht ganz beseitigt, aber doch wesentlich eingeschränkt werden.

Der Drehwuchs entsteht durch Aneinanderreihung der Längsfasern des Holzes in einer mehr oder weniger stark gekrümmten Schraubenlinie statt in lotrechter Richtung.

Eine geringfügige Verdrehung ist bei den meisten gutgewachsenen Bäumen vorhanden, die aber für Bauholz nicht von Belang ist, so daß nur gröbere, ins Auge fallende Drehwuchsfehler in Betracht kommen. Es kommt sowohl Rechts- als Linksdrehung vor. Hierbei ist als Rechtsdrehung die Schrauben-

[1]) Lang, G.: Das Holz als Baustoff. S. 83.

linie zu verstehen, bei welcher die Windung der Längsfasern am sichtbaren, also vorderen Stammteil von rechts unten nach links oben ansteigt; bei Linksdrehung ist die Windungsrichtung umgekehrt. Der Drehwuchs vermindert die Zug- und Druckfestigkeit des Holzes, da neben den Zug- und Druckspannungen noch wagerechte Spannungen entstehen, die bei Druckbelastung zum Ausknicken oder bei der geringen Scherfestigkeit des Holzes zum Aufspalten, bei Zugbelastung aber zu starkem Recken der Fasern führen müssen. Über die Ursachen des Drehwuchses gehen die Meinungen der Botaniker sehr auseinander. In den meisten Fällen dürfte die Ursache in der Wirkung einseitigen Windes und der Sonne zu suchen sein. Demnach wird solcher auftreten bei freistehenden Bäumen und solchen am Waldesrande oder an Waldblößen, während bei Bäumen des Waldinnern, die in geschlossenem Stande unbeengt

Abb. 14. Kiefer mit einseitigem Wuchs.
W = vorherrschende Windrichtung.

aufwachsen, Drehwuchs nur auftreten wird, wenn zu irgendwelchen Zeiten einzelne Strecken freigelegt waren.

Unter Säbelwuchs versteht man eine leichte Krümmung am Stammfuß; er bildet besonders bei Lärchen die Regel, kommt aber auch sonst häufig vor. Als Ursache ist im Hochgebirge das Ausbreiten der Wurzeln über steile Abhänge zu vermuten, das zunächst zum Ansatz des Stammfußes senkrecht zur steilen Böschung führt, worauf schlanker Übergang ins lotrechte Wachstum folgt.

Auch Windwirkungen und Vererbungen mögen die Ursachen von Säbelwuchs sein.

Einseitiger oder exzentrischer Wuchs entsteht durch einseitigen Winddruck am West- und Ostrande von Wäldern, falls keine Drehwirkungen hinzukommen, wobei die dahinterstehenden Bäume einen Gegendruck erzeugen. Hierbei passen sich die Längsfasern den Biegungsbeanspruchungen an, wobei das lotrechte Wachstum des Baumes nicht gestört wird. Die Zellen auf der Windseite *W* (Abb. 14) werden hauptsächlich auf Zug, die der Leeseite *L* auf

Druck beansprucht. Hierbei fügen sich die Zellen der Windseite zu einem guten Zugverband ineinander, d. h. sie erzeugen dort ein Holz, das zwar weich (gegen Druck) und undicht, aber elastisch dehnbar und doch zugfest ist; auf der Leeseite wirken die Druckbeanspruchungen aus Eigengewicht und Biegung zusammen und erzeugen daher ein dem Druck widerstehendes hartes Holz mit breiten Spätholzringen, die gegen Ausknicken sichern, aber nur geringe Zugspannungen auszuhalten haben. Die Zugfestigkeit dieser Holzfasern ist daher geringer als die der Fasern auf der Zugseite. Die Markstrahlen, die bei gleichmäßig entwickelten Stämmen geradlinig sind, erscheinen bei einseitigem Wuchs entsprechend gekrümmt. Häufig findet man einseitigen und Drehwuchs vereinigt; solche Bäume sind doppelt minderwertig, da sie weder gute Bohlen und Bretter noch Balken geben, weil sie sich verziehen. Dagegen kann man Stämme mit einseitigem Wuchs als Vollbalken oder zu Hochkantbohlen verwenden, wobei das zugfeste Holz auf die Zugseite zu legen ist.

Zu große Ästigkeit ist der häufigste und schädlichste Wuchsfehler, der von dem Mangel an richtiger Erziehung der Stämme herrührt. Bei Nadelhölzern muß verhindert werden, daß sich die Äste im unteren Stammteil, die bei jungen Bäumen ohne Bedeutung sind, zu stark weiterentwickeln. Wenn glatte Stämme erzielt werden sollen, müssen diese Äste beizeiten entfernt werden. Stehen die Bäume eng genug, so besorgt der Wind dieses „Reinigen", indem die Bäume beim Schwanken sich gegenseitig am Unterholz reiben. An der Aststelle werden die Längsfasern unterbrochen, wodurch die Zug- und Druckfestigkeit des Holzes an dieser Stelle leidet. Tatsächlich erfolgt der Bruch der Bauglieder in der Regel an einer Aststelle. Werden die unteren Äste beizeiten abgefegt oder abgeschnitten (geästet), so wachsen die Längsfasern der folgenden Jahrringe wieder geradlinig und die Schwächung ist wesentlich geringer, als wenn man die Äste bis zum Fällen des Baumes stehen läßt. Die drei Äste in Abb. 14 sind fast schon zu lange stehen geblieben; doch geht die Störung des geradlinigen Verlaufes der Längsfasern nicht über zwölf Jahrringe hinaus, so daß sie im Vollbalken wenig stören, wohl aber in den mittleren Brettern. Wenn die Äste aber erst später abbrechen, sind diese Stämme minderwertig.

Nach Lang[1]) sind als „astrein" die Stämme zu bezeichnen, deren Astansätze auf mindestens 10, besser 16 bis 20 m Höhe zeitig genug entfernt sind.

Die Astschichten liegen um je einen Jahrestrieb, dessen Länge zwischen 25 und 70 cm liegt, auseinander.

Nicht nur die Nadelhölzer, sondern auch die Laubhölzer bedürfen der Pflege und Astreinigung.

Einen weiteren Fehler stellen die Astwunden dar, die durch Offenstehenlassen der Wunden an abgebrochenen Aststumpfen entstehen.

Insbesondere ist die Buche gegen Verletzungen durch Astbrüche und andere Verwundungen sehr empfindlich, da sie diese Wunden nicht durch Harzausfluß von selbst zu schützen vermag, wie die harz- oder gummihaltigen Bäume; sie entwickelt vielmehr erst dann Füllzellen, wenn die Fäulnispilze schon bis zum Kern vorgedrungen sind.

Es ist also ein häufiges Nachsehen und Wundverstreichen mit Teer oder Zement erforderlich.

Harzgallen (s. S. 14) stellen im allgemeinen keinen Wuchsfehler dar, da die Holzfasern, die hier häufig etwas kräftiger sind, um die Harzgallen herum ausweichen. Nur wenn sie angeschnitten werden, tritt naturgemäß durch das Durchschneiden dieser Holzfasern eine Verschwächung des Querschnitts ein.

---

[1]) Lang, G.: Das Holz als Baustoff, S. 232.

II. Die physikalischen Eigenschaften des Holzes.

1. Die äußeren Kennzeichen.

Die äußeren Kennzeichen des guten Holzes lassen sich zunächst durch Auge, Ohr, Geruch und Gefühl (Nageldruck) wahrnehmen.

Mit dem Auge ist zu erkennen, ob die Farbe des Holzes gesund ist; hierzu gehört allerdings viel Erfahrung. Zuweilen wird auch durch künstliche Färbung gesundes Holz vorgetäuscht.

Die äußere Astreinheit ist keine sichere Gewähr für das Innere sowie etwaigen Drehwuchs, einseitigen (exzentrischen) Wuchs, Verhältnis von Kern- und Splintholz, von Früh- und Spätholz im Jahrring, Strahlen- und Ringklüfte, sowie äußere Schädigungen durch Bohrwürmer, Wildfraß, Faulstellen und dergleichen. Ein geübtes Auge kann auch nicht die innere Astreinheit, verstockte und gut überwachsene örtliche Fäulnisstellen größerer Stämme erkennen, die die Tragfähigkeit der Bauteile beeinträchtigen. Selbst in Brettern sind die Astlöcher vielfach durch Zapfen ersetzt, die mit genauen Maschinen eingesetzt werden.

Ein wichtiges Hilfsmittel zur Prüfung des Holzes bildet das Gehör. Gesundes trockenes Holz ist ein guter Schalleiter, besonders in der Längsrichtung. Man legt das Ohr an das Zopfende und läßt alle Stellen am Stammende mit einem leichten Hammer anschlagen. Heller, fast metallischer Klang gibt die Gewähr für gesundes trockenes Holz. Nasses Holz zeigt matteren Klang als gut ausgetrocknetes, ist aber immer noch von dem dumpfen Klang der Fehlerstellen unterscheidbar.

Der Geruch des Holzes, als dessen Träger die Gerbstoffe, fette und ätherische Öle gelten, läßt gleichfalls gesundes Holz von solchem unterscheiden, welches von Fäulnis und Pilzen angegriffen ist (Pilzgeruch). Hierzu gehört aber auch einige Übung.

Das Gefühl ist ein unsicheres Erkennungsmittel, weshalb an Stelle der gefühlsmäßigen Feststellungen in neuerer Zeit meist Prüfungen durch Meßwerkzeuge vorgenommen werden (s. später).

2. Die Härte. Bestimmung durch Meßwerkzeuge.

Das einfachste Mittel zur Bestimmung der Härte des Holzes ist die Fingernageldruckprobe, bei welcher die Prüffläche vorher glatt zu hobeln ist, um die Größe des Eindrucks zu erkennen. Diese Methode ist jedoch von der Verschiedenheit des Fingerdrucks abhängig und daher ungenau.

Genauere Ergebnisse erhält man durch Meßwerkzeuge, wobei allerdings die Feststellung der Härte eines Baumstammes keinen Schluß auf die innere Beschaffenheit desselben zuläßt.

Eine zweckmäßige Vorrichtung sellt der von Janka zuerst in Anwendung gebrachte Brinellsche Apparat dar. Dieser besteht aus einer Halbkugel von 1,128 cm Durchmesser mit einem Größtkreis von genau 1 cm^2 Fläche. Sie wird mittels einer Druckvorrichtung in das Holz voll eingepreßt; die hierzu erforderliche Kraft in kg auf 1 cm^2 ergibt dann das Maß der Härte.

Auch Baumann[1]) verwendet eine ähnliche Methode, um die Härte an verschiedenen Stellen eines Holzkörpers festzustellen, ohne erst einen Probekörper herausarbeiten zu müssen. Hierzu bedient er sich des „Schlaghärteprüfers", der an der zu prüfenden Stelle von Hand gegen das Holz gedrückt

[1]) Baumann, R.: Die bisherigen Ergebnisse der Holzprüfungen in der Material-Srüfungsanstalt an der Technischen Hochschule Stuttgart. Mitt. üb. Forsch.-Arb. H. 231, p. 23 und 90.

wird. Dieser trägt vorn eine Stahlkugel von 10 mm Durchmesser, die dem Schlag eines Hammers ausgesetzt ist, der durch eine vom Druck der Hand gespannte Feder gegen die Kugel geschleudert wird. Je weicher das Holz ist, desto größer wird der Eindruck, den die vor dem Versuch leicht mit Farbe eingeriebene Kugel beim Schlag erzeugt. Die Größe der Kugeleindrücke liefert also ein Maß für die Widerstandsfähigkeit des Holzes.

Um die Härte des Holzes an den verschiedenen Stellen der Jahrringe zu prüfen, bestimmt Baumann die „Kegeldruckhärte".

Hierzu verwendet er eine Kegelspitze (90° Spitzwinkel), die mit 2,2 kg gegen die Querschnittfläche gedrückt wird, so daß ausreichend kleine Eindrücke entstehen. Als Härtezahl wird das Verhältnis von Anpreßdruck in kg zu Grundriß der Eindruckfläche in mm^2 angesehen.

Gute Ergebnisse liefert ferner die Nadel von Büsgen, die in einem Gestell geführt wird und einen Teller trägt. Sie wird so lange belastet, bis sie eine bestimmte Eindringungstiefe erreicht. Das hierzu erforderliche Gewicht wird als Maß der Härte bezeichnet.

Die besten Ergebnisse ergibt die Prüfung mittels des Sandstrahlgebläses, nämlich die Bestimmung des Maßes der Abnutzung bzw. des Gewichtsverlustes; sie muß in einer Versuchsanstalt ausgeführt werden. Diese Methode wurde 1900 von Gary eingeführt und weiter ausgebildet. Sie liefert genaue Unterschiede der Härte an den verschiedenen Teilen einer Holzfläche. Gary benutzte Dampfdruck mit Vertrocknung, da sonst das Feuchtwerden des Holzes von Einfluß wäre.

Ein ähnliches Verfahren ist schließlich die Schleifprobe, die insbesondere für die Prüfung des Holzpflasters in Frage kommt.

Die Meßergebnisse sind in allen Fällen von der Feuchtigkeit des Holzes abhängig.

Manche Hölzer lassen sich im feuchten Zustande leichter bearbeiten als im trockenen und umgekehrt.

Allgemein kann gesagt werden, daß die Härteeinteilung der Hölzer von verschiedenen Umständen abhängt und die Grenzen der Härten sehr verschieden sind. Eine genaue Einteilung läßt sich daher nicht angeben, da die Untersuchungen je nach Herkunft und Standort der Hölzer verschieden ausfallen werden.

Nördlinger[1]) teilte die Hölzer auf Grund von Vergleichsversuchen in folgende acht Härteklassen ein:

a) Steinhart: Pockholz, Ebenholz und andere tropische Hölzer, besonders Grenadilleholz, Grünherz, Quebracho und das Kameruner Eisenholz Bongosi.

b) Beinhart: Beinholz, Sauerdorn, Buchs, Rainweide, Syringe und viele Eukalyptusarten.

c) Sehr hart: Mandelbaum, Weißdorn, Schwarzdorn und die Hartriegelarten.

d) Hart: Maßholder und andere Ahorne, Hainbuche, Wildkirsche, Mehlbaum, Kreuzdorn.

e) Ziemlich hart: Esche, Maulbeerbaum, Stechpalme, Platane, Zwetsche, Zerreiche, Robinie, Ulmenarten, Legföhre.

f) Etwas hart: Silberahorn, Edelkastanie, Rotbuche, Nußbaum, die Eichenarten, Birn- und Apfelbaum, Vogelbeer.

g) Weich: Kiefer (Föhre), Fichte und Tanne, Roßkastanie, Erle, Birke, Hasel, Wacholder, Traubenkirsche, Rhusarten, Mandel- und Salweide.

h) Sehr weich: Weymutkiefer, Taxodium distichum, Espe und andere Pappeln, Weißlorbeer- und Knackweide, Linde, Sequoia.

---

[1]) Nördlinger: Die gewerblichen Eigenschaften der Hölzer. Stuttgart 1890.

3. Das Raumgewicht.

Unter Raumgewicht versteht man allgemein das Gewicht der Raumeinheit eines festen Körpers einschließlich aller Poren, Hohlräume und deren verschiedenartiger Ausfüllung durch Luft, Wasser, Säfte, Mineralien usw.

Bei Holz wechselt das Raumgewicht nicht nur mit seinem Gefüge, sondern auch mit seinem Feuchtigkeitsgrad. Man muß deshalb für Holz folgende drei Unterscheidungen einführen[1]):

a) Grüngewicht oder Frischgewicht, das Raumgewicht eines frischgefällten Holzstückes.

b) Luftrockengewicht, das Raumgewicht eines an der Luft gut ausgetrockneten Holzstückes.

c) Trockengewicht oder Darrgewicht, das Raumgewicht eines im Trockenofen künstlich von Wasser ganz befreiten (gedarrten) Holzstückes.

Genau bestimmbar ist nur das „Trockengewicht“, da bei den anderen Stufen der Wassergehalt zu sehr wechselt und nicht im voraus, sondern erst nach den anderen Prüfungen bestimmbar ist.

Auf dem Brüsseler Kongreß des „Internationalen Verbandes für die Materialprüfungen der Technik“ 1906 wurde als Maßstab für Holzvergleichungen das Trockengewicht angenommen.

Die künstliche Trocknung des Holzes hat äußerst vorsichtig zu erfolgen unter sehr langsamer Steigerung der Hitze und gutem Abzug der erzeugten Wasserdämpfe. Trocknet man nasses Holz zu rasch ohne Sauglüftung, so entstehen im Holz derartige Dampfspannungen und Lockerungen des Gefüges, daß seine Festigkeit stark abnimmt, ja ein völliges Mürbewerden eintreten kann. Das völlige Austrocknen ist daher nur für wissenschaftliche Zwecke nach genauen Regeln durchzuführen, während man für Bau- oder Möbelholz höchstens nur bis auf 10 bis 12⁰/₀ Wassergehalt, entsprechend den unteren Grenzen der Luftfeuchtigkeit, herabgehen wird; aber auch dann nur, wenn aus irgendwelchen Gründen die Zeit zum Lufttrocknen nicht abgewartet werden kann, denn dickere Hölzer reißen beim künstlichen Trocknen leicht auf.

Das Lufttrockengewicht hängt von der Feuchtigkeit der Luft ab, und da das Holz, wenigstens in seinen äußeren Schichten, den Wassergehalt wechselt, wird es je nach der Witterung verschieden ausfallen.

Grünholz (Frischholz) hat etwa $n = 35$ bis 50% (i. M. 45%) Wassergehalt, je nach der Jahreszeit und bedarf einer zweijährigen Lagerung, um genügend lufttrocken zu sein, damit es als Bauholz verwendet werden kann. Als lufttrocken wird ein Holz bezeichnet, welches zwischen $n = 11$ und 20% Wassergehalt besitzt. Hierbei ist n immer in Prozenten des Darrgewichts (Trockengewichts) ausgedrückt.

Als Normalfeuchtigkeitsgehalt lufttrockenen Holzes für Festigkeitsprüfungen sind auf dem genannten Kongreß 15% des Trockengewichts vereinbart worden.

Außer den angegebenen Gewichtsunterscheidungen spricht man ferner noch von Naßgewicht, welches je nach Eintauchzeit und -tiefe stark schwankt.

Eine völlige Durchtränkung aller Poren und Zellen mit Wasser kommt nie vor. Diese würde das Holz zum Sinken bringen, da das spezifische Gewicht der reinen Holzmasse 1,56 beträgt; letzteres ist für alle Holzarten gleich. Floßholz hat einen Wassergehalt von 45 bis 60% des Trockengewichts, und Holz über 60% Wassergehalt wird als „wassersatt“ bezeichnet[2]).

---

[1]) Lang, G.: Das Holz als Baustoff, S. 14.

[2]) Nach Gayer-Fabricius (Die Forstbenutzung, S. 52) nimmt Holz nach Monaten oder Jahren so viel Wasser auf, daß alle Lufträume im Holz mit Wasser gefüllt sind. Sein Gewicht, das sogenannte Sättigungsgewicht, ist dann größer als 1 (Wasser) und kleiner als 1,56, so daß es stets untersinkt.

In nachstehender Zahlentafel sind die Raumgewichte der wichtigsten Holzarten im frischen, lufttrocknen und gedarrten Zustande angegeben[1]).

Raumgewichte von Hölzern.

Nr.	Holzart	Gewicht kg/m³ im grünen Zustande (45 % Wassergehalt)	Gewicht kg/m³ im lufttrockenen Zustande (10—15 % Wassergehalt)	Gewicht kg/m³ im künstlich getrockneten Zustande (bis etwa 110° C)
1	Eiche	900—1300	700—1000	640
2	Pechkiefer	—	780—1030	—
3	Weißbuche	920—1250	620—900	690
4	Buche (Rotbuche)	850—1100	600—900	560
5	Esche	700—1140	540—940	610
6	Yellowpine	—	700	—
7	Ahorn	830—1050	530—810	610
8	Ulme	900 i. M.	700 i. M.	510
9	Lärche	800 i. M.	620 i. M.	440
10	Erle	600—1000	450—700	425
11	Kiefer	900 i. M.	650 i. M.	780
12	Tanne	900 i. M.	600 i. M.	500
13	Fichte	900 i. M.	400—600	430
14	Pappel	610—1100	350—700	350
15	Linde	580—880	320—600	410

4. Das Verhalten des Holzes bei Abgabe und Aufnahme von Wasser.
(Schwinden und Quellen.)

Bei lufttrockenem Holze enthalten die Hohlräume der Zellen wenig oder gar keine Feuchtigkeit, sind vielmehr meist mit Luft gefüllt; die Wände der Zellen enthalten aber 10 bis 20, im Mittel 15 % Feuchtigkeit. Im grünen und wassergelagerten Holz dagegen sind nicht nur die Wände der Holzzellen wassergesättigt, sondern auch deren Hohlräume enthalten mehr oder weniger Saft und Wasser, soweit diese Hohlräume nicht mit wasserabweisenden Stoffen gefüllt sind, wie z. B. die Gefäße vieler tropischer Hölzer (Thyllen) oder die Zellenzwischenräume vieler unserer Nadelhölzer. Zellwände, die keine wasserabweisenden Stoffe enthalten, sind sehr empfindlich gegen Zufuhr äußerer Feuchtigkeit und quellen dadurch auf. Erst wenn sie mit Feuchtigkeit gesättigt sind, füllen sich bei weiterer Wasserzufuhr auch die Hohlräume mit Feuchtigkeit, nachdem die Luft daraus verdrängt ist. Das Aufquellen der Wände bringt viel stärkere Raumvergrößerungen hervor als das Ausfüllen der Hohlräume, deshalb die rasche Steigerung des Quellens bis zu etwa 25—35 % Wassergehalt, während von da aufwärts nur noch geringe Steigerungen eintreten. Umgekehrt wird beim Austrocknen wassersatter Hölzer das Schwinden anfänglich gering sein und erst unterhalb obiger Werte des Wassergehalts sich stark geltend machen.

Die künstliche Trocknung von Tischlerholz soll nicht unter 10 bis 12 % gehen (s. S. 20), da sonst das Holz an der Luft rasch wieder aufquillt. Die meisten Hölzer sind sehr empfindlich gegen wechselnde Feuchtigkeit der Luft, und zwar um so mehr, je größer ihre Hirnholzflächen im Vergleich zu den Langholzflächen sind, am stärksten also bei dünnen Hirnholzscheiben mit leeren Gefäßen. Lange Rundhölzer nehmen weniger schnell Wasser auf als

[1]) Förster, M.: Lehrbuch der Baumaterialienkunde, H. 3. Das Holz, S. 356. — Krais, P.: Gewerbliche Materialienkunde, Bd. 1: Die Hölzer, S. 354. — Über Gewichte ausländischer Hölzer vgl. Vespermann, H.: Bauhölzer und ihre Verbreitung im Welthandel, S. 16 bis 19.

zersägte Balken, Bohlen und Bretter, die bei wechselnder Feuchtigkeit der Luft ständig „arbeiten", d. h. abwechselnd schwinden und quellen, was für manche Holzverbände höchst nachteilig ist, besonders wenn der Spielraum hierzu fehlt.

Die Schwindmaße sind bei verschiedenen Hölzern sehr verschieden, was von dem Zellenbau und den etwa vorhandenen Zellfüllstoffen abhängt. So gilt z. B. Mahagoni für ein Holz mit geringstem Schwindmaß, während Eiche und besonders Buche stark, unsere Nadelhölzer meist ziemlich stark schwinden.

Nach R. Hartig betragen die Schwindmaße und zwar die Raumverminderungen in Prozenten der ursprünglichen Raumgrößen für einige Nadelholzarten:

Holzart	Darrgewicht	Schwindmaß
Lärche	0,62—0,55	12,1 %
Kiefer	0,51—0,45	11,2—12 %
Fichte	0,48—0,43	13,1—13,5 %
Weißtanne	0,45—0,42	11,5 %

Das Schwindmaß ist in den drei Hauptrichtungen des Holzes sehr verschieden und beträgt nach Nördlinger[1]) für unsere einheimischen Bauhölzer für das gesamte Schwinden vom grünen bis zum lufttrockenen Zustande im Durchschnitt

		Verhältnis
in der Längsrichtung	0,10 %	1
„ „ Spiegelrichtung	3—5 %	30
„ „ Umfangrichtung	6—10 %	60

d. h. in der Längsrichtung ist das Schwindmaß sehr gering und kann für die meisten Bauverbände vernachlässigt werden. In der Spiegelrichtung (Querrichtung) aber ist es nur halb so groß als im Umfang und daraus erklärt es sich, daß bei der geringen Zugfestigkeit im Spiegel, bei raschem Austrocknen nasser Hölzer, ein Aufreißen in der Spiegelrichtung eintreten muß. Für trocken gelagerte und dann erst verarbeitete Hölzer sind die Schwindmaße erheblich kleiner.

Nach Versuchen von Kaiser[2]) mit Tannenholz ergab sich als Schwindmaß in der Faserrichtung vom grünen (Wasserlagerung) bis zum lufttrockenen Zustand 0,143 %.

Bei Lagerung der Probekörper im Freien ergab sich ein höchstes Längenschwindmaß von 0,075 %. Hieraus schließt Kaiser, daß für in Wasser gelagertes Tannenholz als größtes Quell- und Schwindmaß 0,12 bis 0,15 %, für Bauhölzer, die nicht dauernd im Wasser stehen, aber dem Einfluß der Witterung ausgesetzt sind, etwa die Hälfte, also 0,06 bis 0,07 % angenommen werden kann.

Am besten werden die Quell- und Schwindmaße in Prozent der Abmessungen der Darrprobe ausgedrückt.

Die beim allzu raschen Austrocknen auftretenden Schwindrisse werden Luftrisse genannt; sie zeigen sich zuerst am Hirnholz, da dort die Austrocknung rascher erfolgt als am Langholz. Man sucht dies dadurch zu verhindern, daß man die Hirnenden mit Schutzanstrichen versieht. Letztere haben aber wieder den Nachteil, daß sie die Austrocknung zu sehr verlangsamen und daß sie u. a. zur Verdeckung minderwertigen Holzes mißbraucht

[1]) Nördlinger: Die gewerblichen Eigenschaften der Hölzer. Stuttgart 1890, S. 34. Ferner Krais, P.: Gewerbliche Materialienkunde. Bd. 1: Die Hölzer, S. 345 und 527.

[2]) Bauing. 1921, Heft 9, S. 237.

werden können. Deshalb wird man sich gegen Luftrisse oft besser durch geeignetes Nageln und nötigenfalls durch Klammern schützen. Das beste Mittel gegen Luftrisse ist aber das Ringeln der Bäume mindestens ein halbes Jahr vor dem Fällen (vgl. S. 15).

Bei der Wasseraufsaugung eines gut ausgetrockneten Holzes beginnt sofort das Quellen, während das Schwinden nassen Holzes (über 20% Wassergehalt) erst dann eintritt, wenn der Wassergehalt der Zellen annähernd verdunstet ist, was erst bei einem Wassergehalt unter 20% eintritt; bis dahin bleibt das von den Zellwänden aufgenommene Wasser unverdunstet. Diese Wände sind also gespannt und ziehen sich bei einem Wassergehalt unter 20% zusammen, und dann erst beginnt das meßbare Schwinden des Holzes.

Nachstehende Zusammenstellung enthält die Schwind- und Quellmaße der wichtigsten Bauhölzer[1]).

Schwind- und Quellmaße.

Holzart	Wassergehalt des grünen Holzes in Gewichtsproz. i. M.	Schwindung in % i. M. linear		Quellen bei Wassersättigung in %, linear Größtwerte:		Gewichtszunahme in % infolge Durchnässung
		‖ Faser	⊥ Faser und Halbmesser	‖ Faser	⊥ Faser und Halbmesser	
Rotbuche .	32	0,25	8,0	0,20	8,1	60—100
Eiche . . .	30	0,35	7,6	0,40	7,6	60—90
Erle	41	0,40	5,1	0,30	4,2	80
Fichte . . .	45	0,08	6,2	0,08	6,2	70—170
Kiefer . . .	40	0,12	4,5	0,12	5,7	75
Lärche . . .	26	0,08	6,3	0,08	6,3	60
Tanne . . .	37	0,10	6,1	0,10	8,1	80—120
Ulme . . .	34	0,12	6,2	0,19	7,0	65

Wie bereits Seite 22 gesagt, ist das Schwindmaß am Umfang (tangential) und im Spiegel (radial) verschieden. Infolge dieser verschiedenen Raumänderung erhalten die Balken und Bretter beim Austrocknen Risse. Bretter unterliegen außerdem noch durch das verschiedene Schwindmaß der in verschiedener Richtung durchschnittenen Teile an den Breitseiten dem Verziehen oder Krümmen, was im allgemeinen mit „Werfen“ bezeichnet wird (Abb. 17).

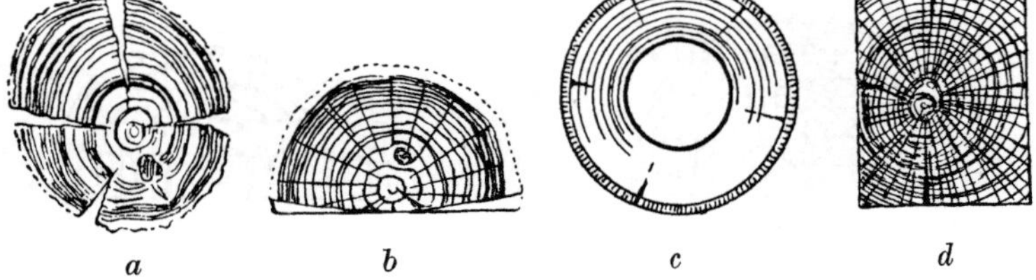

a *b* *c* *d*

Abb. 15. Rißbilder verschiedener Hölzer.

Bei gefällten Bäumen, die in der Rinde langsam an der Luft trocknen, ist das Schwindmaß sehr gering, so daß keine Risse entstehen. Entrindete Stämme reißen, da der Splint stark eintrocknet, während der Kern in Ruhe bleibt, sehr bald auf. Zunächst reißt der äußerste Jahrring an der am stärksten ausgetrockneten Stelle, dann der nächste usw. bis der Riß den Kern erreicht hat. Auf diese Weise entsteht der Kernriß oder die Trockenspalte (Abb. 15a). Halbholz reißt in der Rinde zumeist nicht auf; es bilden

[1]) Foerster, M.: Lehrbuch der Baumaterialienkunde, Heft III: Das Holz, S. 361. — Krais, P.: Gewerbliche Materialienkunde. Bd. 1: Die Hölzer, S. 344.

sich zuweilen schwache Kernrisse. Fehlt die Rinde, so wölbt es sich an der Schnittfläche und die Kernseite läßt oft kurze, kräftige Risse erkennen, während der Umfang ohne Risse bleibt (Abb. 15 b).

Viertelholz krümmt sich nach den beiden Richtungen, zeigt aber nur im Splint feine Risse.

Ausgebohrtes Holz (Röhren) bleibt im allgemeinen rissefrei, da der entfernte Kern das regelmäßige Schwinden nicht behindert; zuweilen zeigen sich am Umfang feine Risse (Abb. 15c).

Vierkant beschlagenes Holz reißt weniger als Rundholz, weil ein großer Teil des weichen Splints fehlt (Abb. 15d). Aus einem ähnlichen Grunde zeigen quadratische Balken weniger Risse als rechteckige. Liegt der Kern nicht in der Mitte, so reißt das Holz in der Nähe des Kern ziemlich stark, wobei die Risse radial verlaufen (Abb. 16 a).

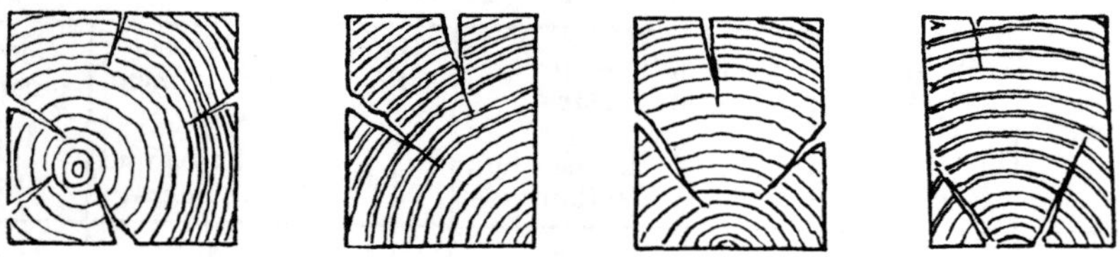

a *b* *c* *d*

Abb. 16. Rißbilder von Kanthölzern.

Wenn der Mittelpunkt des Stammes bei Schnittholz gerade in die Ecke fällt, so bleiben die beiden angrenzenden Seiten ohne Risse, während die der Kernecke gegenüberliegenden Seiten aufzureißen pflegen (Abb. 16 b). Liegt ferner der Kern nahe an einer Seite des Schnittholzes so treten die Risse an den Splintseiten auf (Abb. 16 c u. 16 d).

Wird ein Baumstamm in Bretter zerlegt, so unterliegen die am meisten Splint enthaltenden am stärksten dem Schwinden. Die Bretter werden infolgedessen außen dünner, während der Kern fast unverändert bleibt. Geht ein Sägeschnitt genau durch die Mitte des Kerns (Abb. 17 a), dann krümmen sich sämtliche Bretter und zwar um so mehr, je mehr Splintholz sie enthalten; das äußerste also am meisten.

a *b*

Abb. 17. Schwinden und Werfen von Brettern.

Gehen aber die Sägeschnitte so, daß das mittlere Brett den vollen Kern enthält, so schwindet es nur an den Enden und bleibt im übrigen eben, d. h. es wirft sich nicht. Alle übrigen Bretter werfen sich aber um so mehr, je weiter sie vom Kern entfernt sind (Abb. 17 b).

Ist der zerschnittene Stamm außerdem drehwüchsig, verlaufen also die Fasern nach einer Schraubenlinie, so verziehen sich die Bretter außerdem noch in der Längsrichtung, indem sie sich zu drehen suchen; sie werden hierbei windschief.

Man kann auch Bretter künstlich krümmen, wenn man die eine Breitseite befeuchtet, die andere aber erwärmt. Die feuchte Seite wird hierbei gewölbt, die erwärmte Seite hohl.

5. Das Verhalten des Holzes bei Erwärmung.

Die Wärmeveränderungen des Holzes sind, ähnlich wie bei den Schwind- und Quellerscheinungen, in der Faserrichtung erheblich geringer als quer zur Faser (radial).

So betragen die Wärmeausdehnungszahlen (d. h. die Verlängerungen der Längeneinheit = 1 m bei Erwärmung um 1° C) für verschiedene Holzarten nach Villari zwischen 2 und 34° C:

Wärmeausdehnungszahlen.

Holzart	in der Radialrichtung	in der Längsrichtung	Verhältnis
Buchs	0,0000614	0,00000257	25 : 1
Tanne	0,0000584	0,00000371	16 : 1
Eiche	0,0000544	0,00000492	11 : 1
Fichte	0,0000341	0,00000411	6 : 1

Die Ausdehnungszahl des Holzes beträgt demnach im Mittel **0,000004 für 1° C.** Da die Ausdehnungszahl für Eisen bzw. Stahl (nach allen Richtungen) 0,000012 beträgt, so ist die Ausdehnungszahl für Holz somit nur $^1/_3$ der Ausdehnungszahl für Eisen bzw. Stahl. Demnach brauchen Wärmeänderungen bei statischen Untersuchungen nicht berücksichtigt zu werden.

Um den Einfluß der Erwärmung auf Holz genau zu erhalten, muß der Versuch mit vollkommen trockenem Holz in vollkommen trockener Luft vorgenommen werden. Ist dies nicht der Fall, wie beim Holz des lebenden und frisch gefällten Baumes oder beim lufttrocken verarbeiteten Holz, so zeigt sich stets durch Erwärmung eine Raumverminderung, statt Verlängerung des Stabes, oder Verkürzung, weil mit der Erwärmung des Holzes stets ein Wasserverlust und damit eine Schwindung Hand in Hand geht, die der Ausdehnung durch die Erwärmung nicht nur entgegenwirkt, sondern ihr sogar weit überlegen ist.

Anders verhält sich dagegen Holz in gefrorenem Zustande. Während nichtgefrorenes Holz durch Abkühlung (wegen Wasseraufnahme) sich ausdehnt, wird gefrorenes Holz durch weitere Abkühlung noch weiter zusammengezogen; schließlich treten im gefrorenen Holz Sprünge und Spalten auf, wie bei einer tief abgekühlten Eismasse. So entstehen Sprünge im Holzpflaster und an lebenden Bäumen (Frostspalten). Holz, das von 0° an erwärmt wird, folgt in seinen Raumänderungen den Gesetzen der Wasserabdunstung; Holz, von 0° an abgekühlt, folgt den Gesetzen der Wärmeabnahme, bei Erwärmung bis zu 0° der Wärmezunahme[1]).

III. Die technisch wichtigsten Holzarten.

1. Die Nadelhölzer.

Die für das Bauwesen wichtigsten Nadelhölzer sind die folgenden:

a) Die Fichte, Picea excelsa Lk.[2]), auch Rottanne (Süddeutschland) und Grähne (in den früheren Ostseeprovinzen) genannt, ist in Deutschland der verbreitetste und neben Kiefer zu Bauzwecken am meisten verwendete Nadelholzbaum.

Sie ist der schlankste unserer Nadelholzbäume, ein Splintholzbaum (s. S. 11), dessen Stamm bei freiem Stande stark abholzig ist, d. h. sich stark nach oben verjüngt bis zu einer dünnen Spitze, hat flache, sich weit ausbreitende

---

[1]) Gayer-Fabricius: Die Forstbenutzung, S. 85. [2]) Nach Link.

Wurzeln und unterliegt daher oft strichweise dem Windbruch. Die Fichte ist im deutschen Mittelgebirge (neben der Buche) wohl der verbreitetste Waldbaum mit im Alter dicker, zerklüfteter, gerbstoffreicher Borke und bei guter Pflege auch von hoher Astreinheit. Sie eignet sich für hohe Masten, Balken, Bretter und Bohlen und liefert als Fettbaum bei richtiger Fällzeit oder vorheriger Ringelung ein dauerhaftes Holz. In bezug auf Wetterfestigkeit steht sie hinter der Kiefer, da sie nicht so harzreich ist, und besitzt im allgemeinen auch etwas geringere Härte und Festigkeit.

b) Die Weißtanne oder Edeltanne, Abies pectinata D.C.[1]) ist gleichfalls ein Splintholzbaum wie die Fichte, ihr Holz hat auch große Ähnlichkeit mit letzterer und läßt sich am bearbeiteten Stamme nur mit dem Mikroskop von ihr unterscheiden, nämlich dadurch, daß der Hirnschnitt keine Harzgänge zeigt und der Spiegelschnitt keine Leitzellen in den Markstrahlen. Letztere bestehen daher nur aus Nährzellen. Die lebenden Bäume sind leicht zu unterscheiden von Fichte und Kiefer durch die breiten flachstehenden Nadeln, wie bei Eibe, aber unten mit zwei weißen Streifen (Wachspünktchen) statt der gelben Färbung der Eiben. Die Krone läuft nicht so spitz aus wie bei der Fichte, die Verjüngung ist daher geringer, was für Balkenholz noch besser ist. Sie besitzt aber geringeren Harzgehalt als die Fichte, weshalb ihr Holz als weniger dauerhaft gilt. Die Tanne schwindet weniger als die Fichte.

In Süddeutschland wird sie höher geschätzt, was daher rührt, daß sie in wärmerem Klima besser gedeiht als die Fichte. Das Holz wird im Alter grau, während das Holz der Fichte weiß bleibt (Fußböden). Die Rinde der Tanne ist in der Jugend glatt, dunkelgrün, später grauweiß, die der Fichte rötlich, daher die in Süddeutschland üblicheren Bezeichnungen Weiß- und Rottanne. Der stattliche gleichmäßige Wuchs macht die Weißtanne beliebt als freistehenden Parkbaum, daher der Name Edeltanne. In Süddeutschland findet man die besten Tannen im Schwarzwald und in den Vogesen.

Die übrigen Nadelhölzer sind durchweg Kernholzbäume (s. S. 11).

c) Die Kiefer, Föhre, Fuhre, Forche oder Forle, Pinus silvestris L.[2]), in Süddeutschland und Österreich noch allgemein Föhre (auch Forche und Forle), in Niedersachsen Fuhre genannt; im Ostseegebiet heißt sie noch vielfach Fichte.

Die Kiefer ist nächst der Fichte der weitestverbreitete Nadelholzbaum der gemäßigten Zone, wird nach Norden hin immer vorherrschender, gedeiht auf allen Bodenarten, selbst auf dem dürrsten Sandboden, und liefert im Alter ein Kernholz, das nächst der Eiche und Lärche für besonders wetterbeständig gilt, ist daher bei Wasserbauten wohl am verbreitetsten. Das trifft jedoch nur für gut gewachsene ältere Stämme zu, während jüngere zu viel Splint enthalten und, falls sie nicht zur Fettzeit gefällt sind, wenig Dauer besitzen.

Die Farbe des oft bis handbreiten Splintes ist gelblich bis rötlichweiß, wie die des frischen Kernholzes, welches sich beim Austrocknen bräunlichrot färbt und sich dann vom Splint scharf abhebt. Die Jahrringe sind etwas wellig, die Harzgänge zahlreich, größer und deutlicher als bei anderen Nadelhölzern, oft in der Mitte des Jahrringes reihenweise geordnet, im ersten Frühholz meist fehlend. Die Markröhre ist oft ziemlich weit, bis 4 mm, manchmal aber verschwindend klein.

Die Markstrahlen bestehen aus dünnwandigen Nährzellen, die oben und unten durch Leitzellen mit zackigen Wänden und kleinen Hoftüpfeln begrenzt sind. Je nach Standort und Bodenfeuchtigkeit ist bald die Frühholz-, bald die Spätholzzone des Jahrringes kräftiger entwickelt, so daß Raumgewicht

---

[1]) Nach De Candolle. [2]) Nach Linné.

und Festigkeit zwischen weiten Grenzen schwankt und unter das guter Fichten sinken kann.

Abarten der europäischen Kiefern sind:

Die Gotlandkiefer, die für besonders gut gilt, aber wohl mit der ostpreußischen übereinstimmt.

Die österreichische Schwarzkiefer, die von dem harzreichen Holz der gemeinen Kiefer nicht zu unterscheiden ist.

Die Zirbelkiefer oder Arve, Pinus cembra L., die kreisrunde Jahrringe zeigt, breiten Splint und sehr leichtes, weiches und leichtspaltiges Holz besitzt, das wenig schwindet und gut Politur annimmt. Es kommt nicht als Bauholz, wohl aber für Tischler-, Drechsler- und Holzschnitzerarbeiten in Betracht.

Die Weymutkiefer (Strobe), Pinus strobus L., eine amerikanische Abart der Zirbelkiefer, hat hohen Harzgehalt, gleichmäßiges gut stehendes Holz und wird als Tischlerholz verwendet. In der Jugend enthält sie weniger Harz und ist von geringerer Dauer.

Die Strandkiefer, Pinus pinaster, bedarf warmes Klima und besitzt gutes Kernholz.

Die amerikanischen Abarten der Kiefer besitzen sehr gutes Holz. Es sind dies folgende:

Die Pechkiefer (Pitchpine), Pinus australis oder palustris, auch Pinus ponderosa, wächst an der Ostküste der Vereinigten Staaten. Sie ist in älteren Jahren so harzreich, daß sie sich fettig anfühlt und keinen Anstrich verträgt, hat ferner so sehr vorherrschendes Spätholz, daß sie als druck- und wetterfesteste Nadelholzart gilt und zum Schiff- und Wasserbau, auch zu Fensterrahmen (Amerika) hoch geschätzt ist.

Die Gelbkiefer (Yellowpine), Pinus mitis, ist der Pechkiefer sehr ähnlich, besitzt aber mehr rötlich leuchtende Farben, während die Pechkiefer dunkelbraun ist. Sie ist etwas weniger dauerhaft, gehört aber immer noch zu den besten Kieferarten und wuchs früher im Südosten der Vereinigten Staaten (Florida) massenhaft. Bei uns ist ihr Holz sehr begehrt als Tischlerholz zu Türen, Fensterrahmen, Fußböden usw. Auch dieses Holz verträgt Ölanstrich schlecht, sondern nur Lack.

Die Rotkiefer (Redpine), Pinus resinosa, stammt aus Kalifornien und Kanada, ist aber jetzt fast verschwunden.

d) Die Lärche, Larix europaea D.C. oder decidua, ist den europäischen Nadelhölzern bezüglich Festigkeit, Harzgehalt, Dauer und Schönheit überlegen. Sie gedeiht besonders gut in den Hochalpen (Schweiz, Tirol — Graslärche, Steinlärche) und in den Karpathen, auch im mährischen Gesenke (Schlesien), während sie in den Niederungen Deutschlands nur auf ihr zusagendem Boden Anpflanzung verdient, aber im Wiener Wald gut fortkommt.

Auch in Sibirien kommt sie sehr häufig vor. Das Lärchenholz ist für Tischlerarbeiten sehr bevorzugt und wird deshalb als Bauholz meist zu teuer.

e) Die Douglastanne oder -fichte (Oregonpine), Pseudotsuga Douglasii, stammt aus Amerika, wo sie Höhen bis 100 m erreicht. Sie wird seit etwa 100 Jahren auch in Europa gepflanzt und wächst sehr schnell, liefert breite Jahrringe mit vorherrschendem Spätholz, besitzt große Dauer und Festigkeit und kommt an Güte dem Lärchenholz nahe.

f) Die Küstensequoie, Sequoia sempervirens, auch Rotholz (Redwood) genannt, kommt an der kalifornischen Küste noch massenhaft vor und liefert ein sehr gutes Bauholz mit schmalem Splint, bläulichrotem Kern, ist harzarm und ohne Harzgänge, aber sehr gerbstoffreich, daher sehr dauerhaft.

2. Die Laubhölzer.

Die ringporigen Laubhölzer sind als Bauholz wichtiger als die zerstreutporigen, zu ihnen gehören die folgenden:

a) Die Eiche, Quercus L., ist der wichtigste einheimische Laubbaum für Dauerbauten. Die Eiche gedeiht am besten in größeren Abständen, da sie Licht, Luft und Raum benötigt. Sie braucht ferner guten Boden und entwickelt dann breite Jahrringe mit vorherrschendem Spätholz von großer Festigkeit, Dauer und derben Fasern, das sogenannte grobe Eichenholz, im Gegensatz zu dem engringigen milden Eichenholz geschlossener Waldbestände. Im Gegensatz zu den meisten Nadelhölzern, die im geschlossenen Waldbestand besser gedeihen als im freien Stand, wachsen die Eichen und meisten anderen Hartholzlaubbäume besser im freien Stand, wo sie allerdings besonderer Pflege bedürfen.

Die Eiche gehört zu den ringporigen Kernholzbäumen mit kräftigen Markstrahlen und hellem Splint, der sich deutlich von dem dunkleren durch Gerbstoffgehalt gebräunten Kern abhebt; sie ist ein Stärkebaum (s. S. 12), dessen Splint daher von Wurmfraß und Fäulnispilzen stark befallen wird, wenn ihm nicht durch geeignete Fällzeit und Ringelung die Nährstoffe entzogen werden. Der Splint gilt daher als minderwertig und wird für Bauholz meist ausgeschlossen, so daß sich Eichenholz sehr teuer stellt. Bei längerer Lagerung dunkelt der sonst hellere Splint stark nach, so daß er vom Kern kaum zu unterscheiden ist, falls sich noch kein Wurmfraß eingestellt hat, von dem der Kern nicht befallen wird.

Im Wasser bewirkt die Gerbsäure der Eiche allmählich ein Schwarzwerden des Holzes, da sie mit den Eisensalzen des Wassers feste Verbindungen eingeht, was das Holz schwarz und steinhart macht. Solche schwarze Stämme, die bei hohem Alter als „deutsches Ebenholz“ zu Möbeln sehr wertvoll sind, werden Moor- oder Wassereichen genannt.

Durch Einpressen von gerbstoffhaltigen Flüssigkeiten werden schon seit langer Zeit Versuche zum Färben des lebenden Baumes zur gleichzeitigen Erhöhung von Dauer und Wert gemacht.

Von der großen Anzahl von Eichenarten sind die folgenden zu nennen:

Die Traubeneiche oder Wintereiche, Quercus sessiliflora Sm.[1]), auch Steineiche genannt.

Die Stieleiche oder Sonneneiche, Quercus pedunculata Ehrh.[2]), die sich nur durch ihre ebenen, glänzenden Blätter, Blüten und Wuchsform von der Traubeneiche unterscheidet. Linné faßt beide unter „Quercus robur“ zusammen. Die Stieleiche kommt mehr in der Ebene auf feuchtem Boden vor, während die Traubeneiche mehr im Mittelgebirge auf sandigem Boden wächst; auch ist der Wuchs der Stieleiche knorriger, während die Traubeneiche schlanker ist.

Die ungarische Eiche, Quercus conferta, kommt in Südosteuropa vor und ähnelt der Stieleiche, ist aber noch krummwüchsiger, härter und dauerhafter, aber stark reißend, daher mehr für Wasserbauten geeignet. Im Holzhandel kommt auch die slawonische Eiche vor.

Die südeuropäische weichhaarige Eiche oder Schwarzeiche, Quercus pubescens Willd.[3]), die nach Wiesner fester, dichter, härter, schwerer und dauerhafter als die Stieleiche sein soll.

Die japanische Eiche, die 1906 aus Japan eingeführt wurde und der Traubeneiche ähneln, aber geradfaseriger sein soll und im Eisenbahnwagenbau verwendet wird.

---

[1]) Nach Smith. [2]) Nach Ehrhart. [3]) Nach Willdenow.

b) Die **Edelkastanie**, Castanea vesca, gedeiht nur in wärmeren Ländern, besonders in Südeuropa, Nordafrika und der ganzen gemäßigt warmen Zone Asiens, ist dort häufiger als die gleichfalls dort vorkommende immergrüne Eiche oder Steineiche und besitzt als Bauholz noch wertvollere Eigenschaften als letztere; sie ist ringporig und unterscheidet sich von der Eiche nur durch das Fehlen der breiten Markstrahlen und weniger dichtes Zusammenstehen der Ringporen.

Die echte Kastanie kommt auch in geschützten Lagen Süddeutschlands (Baden) vor, wo sie auch „Käste" genannt wird.

c) Der **Maulbeerbaum**, Morus, kommt als **schwarzer Maulbeerbaum**, Morus nigra L., in Vorderasien, als **weißer Maulbeerbaum**, Morus alba L., in China vor. In Südeuropa dient er als schattiger Alleebaum und zur Seidenraupenzucht. Unter der Einwirkung des Lichtes wird das Kernholz rotbraun wie altes Mahagoniholz und ist daher für Tischlerarbeiten sehr gesucht. Als Bauholz ist er sehr wertvoll wegen seiner Härte und Dauer. Unter der chinesischen Mauer befinden sich gut erhaltene Stammpfähle, die vor 2500 Jahren eingerammt worden sind. Der frische Schnitt ähnelt dem Eichen- oder noch mehr dem Tiekholz.

d) Das **Tiekholz** (Teakwood), Tectona grandis L., wird auch als „indisches Eichenholz" bezeichnet, da es ähnlichen Bau wie dieses, aber hellere bräunlich rote Farbe hat; es wird aus Hinterindien, Ceylon und Java eingeführt und wird für Tischlerarbeiten im Eisenbahnwagenbau, ferner im Schiffbau und Seehafenbau verwendet, da es dem gefürchteten Bohrwurm (Teredo navalis) besser als unser bestes Eichenholz widersteht. Das Wachstum ist sehr langsam, seine volle Reife erlangt es erst im Alter von 80 bis 200 Jahren. Wegen des guten Austrocknens sollen die Stämme schon 2 Jahre vor dem Fällen geringelt werden.

e) Das **Quebrachoholz** (sprich: Kebradscho), aus den La-Plata-Staaten stammend, hat im Kern besonders hohen Gerbstoffgehalt (16 bis 20%), weshalb es in unseren Gerbereien statt der Eichenrinde viel benutzt wird. Als besonders schweres, festes und dauerhaftes Bauholz wird es in seiner Heimat hauptsächlich zu Eisenbahnschwellen verwendet, während es wegen seiner Krummwüchsigkeit und Schwere zu Balken und Stützen weniger geeignet erscheint. Der hohe Gerbstoffgehalt greift Eisen (Schrauben, Nägel usw.) an.

f) Der **Schotendorn**, **Robinie**, Robinia pseudoacacia L., wird meist fälschlich als „Akazie" (Lagatsche) oder auch als „falsche Akazie" bezeichnet. Der Baum wurde 1601 durch **Robin** aus Nordamerika in Paris eingeführt, in Deutschland erst 1763 und zwar zunächst nur als Zierbaum. Er besitzt ein sehr festes, dauerhaftes und ziemlich hartes Holz mit schmalem hellgelben Splint, nur 2 bis 5 Jahrringe breit, und hell- bis dunkelbraunen Kern mit bis 15 mm breiten Jahrringen und Ringporen, die aber als Füllzellen meist verstopft sind. Vierzigjährige Bäume liefern vortreffliches Grubenholz; in Amerika wird es zu Bahnschwellen verwendet. Überall wo Eiche wegen zu mageren Bodens schlecht gedeiht, dürfte der Schotendorn einen guten und besonders raschwüchsigen Ersatz liefern, und da der Baum sehr anspruchslos ist, empfiehlt er sich zur Aufforstung von Ödflächen außerordentlich.

g) Die **echte Akazie**, Acacia, ist ein Baum oder Strauch der warmen Zone (Westindien, Australien) und besitzt ebenso dauerhaftes Holz wie der Schotendorn, ist von dunkelkastanienbrauner Farbe (Rosenholz, Jakarandaholz, Pferdefleischmahagoni, Veilchenholz, Schwarzholz). Das Holz wird zu Kunsttischlerarbeiten, Furnieren usw. verwandt und ist als Bauholz zu teuer. In Mexiko soll die Akazie auch als Bauholz verwendet werden.

h) Die Ulme, Ulmus, oder Rüster ist der Robinie im Holze sehr ähnlich und wurde früher als Bauholz verwendet. Besonders ist die Feldulme oder Korkrüster, Ulmus campestris oder suberosa, für Werkholz, Gewehrschäfte und Wagenbau sehr geschätzt, kommt aber als Bauholz, da sie zu teuer ist, selten in Betracht.

i) Die Esche, Fraxinus excelsior, hat im Kernholz hellbraune Farbe und zeigt im Frühholz gleichstarke Porenringe wie das Eichenholz; ihr Splint ist gelblichweiß, aber breiter als bei Eiche. Die Markstrahlen sind kaum erkennbar. Auf gutem Boden wächst die Esche sehr rasch. Sie besitzt ein festes, schweres, hartes, zähes und biegsames Holz und wird als Tischlerholz viel verwendet, während sie als Bauholz zu teuer ist. Sie gehört zur Familie der Ölbaumgewächse, während die Eberesche, Sorbus aucuparia (zerstreutporig), zur Familie der rosenartigen Gewächse gehört; auch diese kommt nur für Tischlerarbeiten (Möbel, Drechslerwaren) in Betracht.

k) Der Hickorybaum, Carya alba. Die heimischen Arten, die Nußbaumhölzer (Juglandaceae), Walnußbäume, die zu den zerstreutporigen Laubhölzern gehören, kommen als Bauholz nicht in Frage, da sie zu wertvoll sind.

Wichtiger sind daher die nordamerikanischen Carya-Arten, die an den großen Seen und im Alleghanygebirge bis nördlich zum Lorenzstrom beheimatet sind.

Insbesondere ist der weiße Hickorybaum sehr geschätzt, der auf gutem Boden ein sehr festes, hartes, dichtes, derbfaseriges sowie außerordentlich zähes, elastisches, dauerhaftes und schwerspaltendes Holz liefert, welches daher mit Vorliebe zu Futterklötzen für das Rammen von Eisenbetonpfählen verwendet wird. Seit 1629 werden Versuche gemacht, den Hickorybaum auch in Deutschland zu pflanzen, die in neuerer Zeit von Erfolg begleitet sind. Das beste Hickoryholz liefern die Westhänge des Alleghany, wo schöne glattschaftige und vollholzige Stämme bis 1,20 m Durchmesser bei 24 bis 30 m Höhe nicht selten sind; ihr Alter wird auf 200 Jahre geschätzt, da sie sehr langsam (auf trockenem Boden) wachsen. Es gibt jedoch auch minderwertige Arten dieses Baumes, die, auf sumpfigem Boden gewachsen, wenig dauerhaft sind und dem Wurmfraß unterliegen und die früher vielfach nach Europa verschifft wurden.

Zu den zerstreutporigen einheimischen Laubhölzern gehören außer der unter i) genannten Eberesche und den unter k) genannten Nußbaumhölzern die folgenden:

l) Die Rotbuche, Fagus silvatica, die etwa 40% unserer deutschen Laubholzbestände einnimmt, in Polen aber schon selten wird und erst am unteren Pruth nach Osten bis zum Kaukasus weiter vordringt. Die Buche besitzt ein rötlichweißes, dichtes hartes und schweres Holz, ist leicht spaltbar und in gedämpftem Zustande auch leicht zu biegen (Wiener Möbel). Sie ist ferner unter Wasser sehr dauerhaft und wird daher vielfach zu Rammpfählen verwendet (Rathaus Hannover). Im Trockenen dagegen ist sie als Stärkebaum dem Insektenfraß und bei wechselnder Feuchtigkeit der Fäulnis ausgesetzt und reißt auch stark beim Trocknen. Wegen dieser Übelstände wurde Buchenholz früher in manchen Gegenden als Bauholz ganz ausgeschlossen und hauptsächlich als Brennholz benutzt. In neuerer Zeit jedoch wird es wieder verwendet, indem man ihm durch Tränkung mit fäulniswidrigen Stoffen seine unangenehmen Eigenschaften zu nehmen sucht. Hierzu dient für Möbel, Fußböden und alle Zwecke, die Geruchlosigkeit verlangen, das Tränken mit Paraffin, meist in Benzin gelöst, welches sich nachher verflüchtigt, ferner für Eisenbahnschwellen und Holzpflaster die Tränkung mit Kreosotöl oder gereinigtem Teeröl (s. später).

Allerdings nimmt gutes Buchenholz, da es zu den Splintbäumen zählt und selbst die innersten Jahrringe, wenn auch beschränkt, an der Wasserleitung im lebenden Baum teilnehmen, bei der Tränkung sehr viel mehr Teeröl als andere Harthölzer, z. B. Eichenholz, auf, weshalb diese teuer wird. Die Tränkung gestaltet sich jedoch seit Einführung von Rüpings Sparverfahren (s. später) erheblich günstiger, da der Verbrauch an Teeröl hierbei auf etwa die Hälfte herabsinkt. Buchenholz ist ferner wegen des großen Wassergehalts des grünen Holzes zwei Gefahren ausgesetzt, und zwar der Neigung zum Aufreißen und der Ansteckung durch eingeschmuggelte Schwellen mit faulem Kern auf dem Stapel. Beiden Gefahren sucht man jedoch durch geeignete Gegenmaßnahmen (Einschlagen von ∽- oder Z-förmigen Klammern in das Hirnholz und Lagern der gefällten Bäume in der Sonne, oberes Ringeln vor dem Fällen und Flößen der Stämme) zu beseitigen[1]).

m) Die Rostbuche, Fagus ferruginea, gedeiht in Nordamerika und Kanada und besitzt rostbraunes Holz; sie hat noch größere Festigkeit als die Rotbuche und ist in Europa anpflanzungsfähig.

n) Die Weißbuche oder Hainbuche, Carpinus betulus L., ist das schwerste und festeste unserer einheimischen Hölzer, wird aber wegen ihrer geringen Wetterbeständigkeit als Bauholz wenig verwendet, sondern nur zu Werkzeug- und Maschinenteilen (Radkämmen)[2]).

IV. Die Zerstörung des Holzes.

1. Zerstörung durch atmosphärische und mechanische Einflüsse.

Von den zerstörenden Einflüssen kommt zunächst die Feuchtigkeit in Betracht, die durch die Luft, durch Beregnung und durch den Wassergehalt des Bodens, insbesondere Feuchtigkeitsschwankungen, in das Holz gelangt. Da das Holz sehr hygroskopisch ist, ist es hierbei gleichgültig, ob die Feuchtigkeit flüssig oder dampfförmig mit dem Holz in Berührung kommt.

Insbesondere wirkt Durchnässung mit nachfolgender ungenügender Austrocknung schädlich.

Im Zusammenhang damit steht die Gefahr des Pilzwachstums, für welches Feuchtigkeit mit geringem Luftzutritt einen günstigen Nährboden darstellt (s. unter 2.). Während Trockenheit und dauernde Durchnässung (Holz unter Wasser) für Holz unschädlich sind, wirkt Wechsel von Trockenheit und Feuchtigkeit schädlich, indem das Holz morsch wird. Dem Wechsel von Trockenheit und Feuchtigkeit sind insbesondere die zu Wasserbauten verwendeten Hölzer ausgesetzt (Schwankungen des Wasserspiegels). Je wärmer dabei die Luft ist, um so rascher schreitet die Zerstörung fort, weshalb die Lebensdauer des Holzes in kalten Tälern, in großer Meereshöhe und in nordischen Gegenden erheblich größer ist als in warmen Gegenden.

Im Boden geht das Holz bei Wechsel von Trockenheit und Feuchtigkeit sehr rasch zugrunde; Kalk- und Humusboden sind hierbei am verderblichsten.

Wasserleitungsröhren, die meist in beständig feuchten, tieferen Erdschichten liegen und auch von innen feucht gehalten werden, sind dauerhafter als Holz, welches auf der Erdoberfläche (Eisenbahnschwellen) liegt.

Holz, welches im Freien verwendet wird, also den Witterungseinflüssen ausgesetzt ist, verfällt allmählich der Vergrauung, d. i. die allmähliche Auf-

---

[1]) Der falsche Kern der Rotbuche, s. Lang, G.: Das Holz als Baustoff, S. 165.

[2]) Über außereuropäische Holzarten vgl. ferner: Lang, G.: Das Holz als Baustoff, S. 177. — Krais, P.: Gewerbliche Materialienkunde, Bd. 1: Die Hölzer, S. 654. — Vespermann, H.: Bauhölzer und ihre Verbreitung im Welthandel, S. 59.

lösung bzw. Absplitterung durch die Einwirkung des Sauerstoffs und der Kohlensäure der Luft, des Windes, der Niederschläge, der Wärmeschwankungen und der Besonnung. Es findet eine allmähliche Ablösung der Zellen an der Oberfläche statt, wobei die Gerbstoffe oxydiert werden. Von wesentlichem Einfluß ist hierbei das Klima; im feuchten Klima (Meeresküste) erfolgt die Zerstörung rascher als im Binnenklima.

Befindet sich Holz in ständig hoher Luftfeuchtigkeit unter ungenügendem Sauerstoffzutritt, so vermodert es, es wird stockig und erstickt. So ist Holz z. B. in Gruben, Schächten, Kellern usw. dieser Zerstörung im hohen Grade ausgesetzt.

Der Vertorfung und Verkohlung fällt ferner Holz anheim, wenn es sich in stehendem Wasser unter beschränktem Sauerstoffzutritt oder unter Erdschichten befindet. Das Holz, das sein Gefüge zwar behält, verliert an Gewicht und Härte und geht in eine weiche braune Masse, Torf, über; aus Torf entsteht dann Braun- und Steinkohle, wenn eine Überlagerung mit Sand- und Tonschichten hinzukommt.

Zerstörend auf Holz kann ferner Frost wirken, falls Wasser in die Risse des Holzes gelangt. Da gefrierendes Wasser seinen Rauminhalt vergrößert, so übt es dann eine sprengende Wirkung aus. Ebenso kann auch Wasser, welches sich in den Zellräumen befindet, gefrieren und auf diese Weise unsichtbare Zerstörungen erzeugen. Gefrieren und Wiederauftauen wird um so schädigender wirken, je öfter es sich wiederholt.

Zu den mechanischen zerstörenden Einflüssen gehören u. a. bei Wasserbauten die Stöße der Schiffe, welche die Dalben, Reibepfähle, Streichbalken, Schwimmfender vor Brückenpfeilern, Landungsstellen aufzunehmen haben, wodurch diese ständig abgescheuert und abgesplittert werden, bis sie nach allmählicher Schwächung schließlich ganz brechen.

Hölzerne Poller, Anbindepfähle und Dalben erleiden oft durch Reibung der an ihnen befestigten Schiffstrossen, namentlich der Stahltrossen, erhebliche Beschädigungen. Ebenso ist das Treibeis imstande, die Außenschicht der im Wasser stehenden Pfähle vollständig abzuscheuern. Pfähle von Leitwerken in Wasserstraßen werden nicht selten durch Schiffsstöße beschädigt oder abgebrochen.

Ferner können dauernde mechanische Einwirkungen auf Bauteile und Anlagen unmittelbar und mittelbar zerstörend wirken. Holzpflaster und hölzerne Brückenbahnen werden durch Menschen- und Wagenverkehr abgenutzt. Auch kleinere mechanische Beschädigungen, namentlich mit spitzen Werkzeugen, wie Beschädigungen der Telegraphenstangen durch Kletterhaken oder der Wasserbauhölzer durch Bootshaken, können die Zerstörungen erheblich beschleunigen, indem die Löcher oft Eingangspforten für Fäulnispilze werden.

2. Zerstörung durch Holzschädlinge.

a) Pilze[1]).

Hierher gehören die Bakterien und Fadenpilze, die zu ihrer Ernährung auf schon vorhandene organische Substanzen angewiesen sind.

Die Bakterien haben für die Holzzerstörungsprozesse keine wesentliche Bedeutung. Sie kommen, wie überall, auch in der bearbeiteten Holzsubstanz vor und können hier nur bei ausreichender Feuchtigkeit vegetieren; eine vollständige Zersetzung des Holzes bewirken sie in der Regel nicht. Diese Aufgabe fällt einzig und allein den Fadenpilzen zu, die in ihrem weit verzweigten Fadensystem das starre Zellengerüst des Holzes nach allen Richtungen hin

---

[1]) Troschel: Handbuch der Holzkonservierung, S. 46 (bearb. v. R. Falck).

durchwachsen, während andrerseits die weichen Zellverbände der höheren tierischen Organismen (mit ihren saftreichen Blutbahnen) vorzugsweise der Verwesung durch die einzelligen, leicht beweglichen Bakterien unterliegen.

Die fäulniserregenden Bakterien sind Flüssigkeitsbewohner, die Fadenpilze, mit wenigen Ausnahmen, Luftbewohner. Das eigentliche Vegetationsgebiet der holzzerstörenden Myzelien (Pilzwurzeln), die nur in feuchtigkeitsgesättigten Lufträumen ungehemmt fortwachsen können, sind die Grenzschichten zwischen festem Stoff und feuchter Luft, wie sie in dem Zellgerüst der grünen Pflanzen, insbesondere der Holzsubstanz, natürlich gegeben sind. Diese Holzzellen müssen also, wie dies bei feucht gelagertem Holz der Fall ist, feuchte Luft enthalten. Wenn sie aber, wie das bei längerer Lagerung im Wasser eintritt, mit Wasser gefüllt werden, dann können die Fadenpilze nicht mehr in die Tiefe des Holzstoffes eindringen. Das beweisen am besten die Jahrtausende alten Holzpfähle der Pfahlbauten, die zugleich dartun, daß die Bakterien unter den für sie günstigen Bedingungen das Holz nicht zersetzen können.

Die Fadenpilze nehmen mit Hilfe schlauchförmiger, meist gegliederter und vielverzweigter Fäden (Hyphen), deren Gesamtheit „Myzelium“ genannt wird, ihre Nahrung aus dem geeigneten organischen Stoff auf und leiten sie in alle Teile des gesamten Pilzkörpers (Thallus) vornehmlich an die Stellen, wo Neubildungen oder Umbildungen im Gange sind. Aber nur die am höchsten organisierten Pilze, die Basidiomyzeten, sind imstande, sich von dem Holzkörper zu ernähren und diesen dadurch vollkommen zu zerstören.

Auch unter den Askomyzeten leben viele Arten auf totem Holz, unter diesen der Bläuepilz (Cerotostoma pilifera) des Nadelholzes. Die Sporen dieses Pilzes keimen leicht und das Myzel wächst schnell in radialer Richtung in das Holz, dieses dabei bläulich färbend; sie verbrauchen aber nur die Inhaltstoffe der Zellen und lassen das Zellengerüst und die Festigkeit älteren Holzes unversehrt (s. unter V, 1). Schon im lebenden Baume und auf dem Waldboden wird das Holz von einer großen Zahl holzzerstörender Pilze befallen und zersetzt.

Am wichtigsten sind die Erreger der Zersetzungsprozesse, die das bereits gefällte und bearbeitete Holz befallen und sich dann vorzugsweise nach dem Einbau desselben entwickeln. Es sind dies die Erreger der sog. Schwammkrankheiten des Holzes, deren Bekämpfung ein wichtiges Gebiet des Holzschutzes bildet.

Die Zerstörung des Holzes erfolgt, wie erwähnt, durch die vegetativen Organe des Pilzes, die Myzelien, welche aber verborgen im Holzkörper leben, so daß es früher nur in vereinzelten Fällen gelungen war, sie genauer zu beobachten und zu beschreiben.

b) Tiere[1]).

Das Holz der Pflanzen ist mancherlei Angriffen durch Tiere ausgesetzt, und zwar benagt die holzigen Wurzeln lebender Pflanzen der Engerling des Maikäfers, die stärksten Wurzeln der Kiefer und Fichte zerstört die Larve des großen braunen Rüsselkäfers, ebenso wie die Wurzeln des vereinzelt im Bestande abgestorbenen Stammes u. a.

Das Holz der Äste und des Stammes wird von den Larven der Holzwespen, der Bockkäfer und von Schmetterlingsraupen bewohnt; in Rinde, Bast und Splint hausen Borkenkäferlarven, und mancherlei Beschädigungen, die sich allein auf die Rinde erstrecken, sind bedeutungsvoll für das Wachstum des darunter gelegenen Holzes, da sie häufig zu krebsartigen Erscheinungen, Überwallungen und Maserbildungen führen.

[1]) Troschel: Handbuch der Holzkonservierung, S. 147 (bearb. v. K. Eckstein).

Die Lebenstätigkeit der Feinde des Holzes, welche dem Tierreich angehören, ist auf die Zerstörung des Holzes gerichtet, wobei die Tiere ihren Naturtrieben folgend für den eigenen Schutz sorgen, sich eine Wohnung bauen, Brutplätze für die Nachkommen schaffen oder zur eigenen Erhaltung das Holz als Nahrung verwenden.

Die Zerstörung des lebenden Holzes ist ohne weitere Folgen, wenn dieselbe sich auf einen verhältnismäßig geringen Teil des befallenen Stammes erstreckt; die entstandene Wunde verheilt durch „Überwallung". Ist die Zerstörung des lebenden Holzes gleichbedeutend mit einer Unterbindung des Safttriebes, so tritt der Tod der Teile des Baumes ein, welche durch die Beschädigung von der Saftzufuhr abgeschnitten sind. Manche Schädlinge zerstören nicht die Holzmasse; sie senken vielmehr ihre feinen Saugorgane verhältnismäßig tief in den Holzkörper und üben durch die nunmehr erfolgende Entziehung von Saft eine Reizwirkung auf den Stamm aus, wodurch Maserbildungen oder Wundstellen entstehen.

Die von den im Holze brütenden Borkenkäfern angelegten Gänge sind im Innern schwarz gefärbt; diese Färbung hat auch das umgebende Holz mehr oder minder weit ergriffen, wodurch dasselbe unbrauchbar wird.

Die im Holz verlaufenden Gänge werden oft erst sichtbar, wenn das betreffende Stück bereits zugeschnitten ist, da man äußerlich die Anfangsstelle des Ganges nicht sieht und auch keinen Anhaltspunkt dafür haben kann, in welcher Richtung und wie tief er sich in das Holz erstreckt.

Die Bekämpfung der Feinde des Holzes erfolgt, soweit sie im Walde zu geschehen hat, nach den Regeln eines besonderen „Forstschutzes", d. h. nach den Vorschriften, welche auf Grund besonderer zoologischer Forschung und technischer Erprobung von Vertilgungsmaßregeln sich als zweckmäßig erwiesen haben.

Viel schwieriger gestaltet sich die Bekämpfung der Feinde, welche das Holz auf den Lagerplätzen der Holzhändler, den Speichern der Industriellen befallen, weil hier stets Holz zum Ablagern und Austrocknen angesammelt ist, das den Eier legenden Weibchen willkommene Brutstätten darbietet.

Deshalb ist eine wichtige Regel, jederzeit alles Holz sofort zu entfernen, dessen Verwendung im Umfang des betreffenden Betriebes ausgeschlossen ist, damit Schädlingen keine Stätte zum Einnisten gegeben ist. Sind auf dem betreffenden Lagerplatz bereits Schädlinge vorhanden, dann sind diese Hölzer bald nach der Fortpflanzungszeit der Schädlinge zu beseitigen, um die an dieses Holz abgelegten Eier, sowie die daraus entstehenden Larven unschädlich zu machen.

Auf die einheimischen zoologischen Gruppen der Tiere sind die Feinde des Holzes sehr ungleichmäßig verteilt.

Unter den Säugetieren kommen das Rot- und Damwild und einige Nagetiere in Betracht. Die holzzerstörenden Vögel sind allein durch den Specht vertreten (siehe später), am zahlreichsten sind die schädlichen Insekten.

Die Säugetiere, welche durch Verbeißen, Hegen und Benagen der Rinde im Walde an jungen Bäumen großen Schaden machen können, spielen, soweit es sich um technische Verwertbarkeit des Holzes handelt, nur eine geringe Rolle.

Das Rotwild schält, d. h. es reißt die Baumrinde ab, um sie zu verzehren, am meisten die der Fichte und Eiche, ferner jene von Tanne, Esche, Rotbuche, Hainbuche und Ahorn.

Die nachteiligen Folgen des Schälens sind Verunstaltungen des Schaftes, Rotfäule u. a. Überwallung erfolgt bei Laubholz rascher als bei Nadelhölzern, stets bleiben aber Schäden und Faulstellen zurück; am schwersten erholen sich Ahorn und Fichte. Die geschälten Stämme sind am (unteren) Stammende auf 2 bis 3 m zu Nutzholz untauglich.

In ähnlicher Weise wie das Rotwild schält auch das Damwild.

Unter den Vögeln befallen der Schwarzspecht und der große Buntspecht nur absterbende Bäume, indem sie die hier lebenden Larven von Borken- und Bockkäfern und andere Insekten suchen; ihre Tätigkeit ist daher, soweit es sich nicht um gesunde Stämme handelt, belanglos.

Der große Buntspecht befällt aber auch gesunde Stämme, vor allem die Kiefer, aber auch die Eiche, Linde und Akazie.

Bei der Kiefer entstehen Überwallungen als starke Ringwulste (Wanzenbäume).

Die Insekten befallen die Bäume als vollkommen entwickeltes Insekt (Imago) oder als Larve. Die Zerstörung des Holzes seitens der Imago erfolgt zum Zwecke der Brutpflege, indem sie Gänge frißt, in welchen die Eier abgelegt werden; von den Larven wird das Holz zum Zwecke der Ernährung vernichtet. Die Insekten dringen in das Holzinnere in geraden oder vielfach geschlungenen Gängen ein, sich gleichzeitig ernährend und in der Nahrung einen Weg bahnend.

Die Vernichtung eines Schädlings kann nur durch tatkräftige, fortgesetzt angewendete, rücksichtslose Durchführung der Bekämpfungsmaßregeln erreicht werden.

Zu den Wassertieren[1]) gehören die Muscheln und Krebse, die das Holz der Schiffe, Flöße und Pfahlwerke angreifen. Diese Unterwasserschädlinge leben mit wenigen Ausnahmen nur im Seewasser.

Zwei Arten von Muscheln haben sich als Holzzerstörer besonders bemerkbar gemacht, nämlich die Fingermuschel und die Bohrwürmer.

Eine Art der Fingermuscheln, die krause Fingermuschel, kommt in verschiedenen Stellen der Nord- und Ostsee, ferner im Mittelmeer, im Roten Meer und an der Küste von Kalifornien vor. Der Name rührt von einem fingerförmigen Zapfen her, der zwischen den Muschelschalen am hinteren Ende des Kopfes hervorgestreckt und wieder eingezogen werden kann. An der Vorderseite des Tieres klaffen die Schalen auseinander und lassen den runden Fuß sehen, mit dem das Tier saugen und sich festhalten kann. Die weißen Muschelschalen sind reihenweise mit scharfen Zähnchen besetzt gleich einer Raspel, so daß die Muschel durch Drehbewegungen des Körpers Holz abschaben kann.

Weit gefährlicher als die Fingermuschel ist der ihr verwandte Bohrwurm, der in allen Meeren mit wenigstens 1 $^0/_0$ Salzgehalt heimisch ist. Er besitzt keine vollen, sondern nur zwei halbringförmige mit scharfen Zähnchen besetzte Schalen, die das verdickte Kopfende des wurmartigen Tieres umschließen und das Bohr- oder richtiger Raspelwerkzeug des Bohrwurms darstellen. Die Größe der Larve am Ende ihrer Entwicklung ist die eines Stecknadelkopfes; zu dieser Zeit bohrt sie sich in das Holz ein. Die Eintrittsöffnungen an der Oberfläche des Holzes zeigen dieselbe Größe. Im Innern erweitern sich die Bohrgänge bald beträchtlich und erreichen an unseren Küsten im Mittel einen Durchmesser von 6 bis 7 mm; als Größtwert kann etwa 12 mm angenommen werden, in den Tropen 5 cm. Die Durchschnittslänge der Bohrwürmer beträgt etwa 25 cm, doch sind bei uns auch schon Längen von 1 m und darüber gefunden worden; sie sind genau so lang wie die von ihnen gegrabenen Gänge. Der Bohrwurm greift alle Hölzer, auch die ausländischen Harthölzer, an und ist daher sehr gefährlich; seine Anwesenheit ist meist gar nicht festzustellen, da die kleinen Eintrittsöffnungen durch Schlick, Tang und Muscheln ganz verdeckt sind.

Von den holzzerstörenden Krebsen ist die Bohrassel, auch Splintwurm

---

[1]) Troschel, E.: Handb. der Holzkonservierung, S. 207 (bearb. von E. Troschel).

genannt, am meisten verbreitet (im Wasser mit nicht unter 1% Salzgehalt). Sie greift ebenso wie der Bohrwurm harte und weiche Hölzer an, die ihr als Nahrung dienen. Die ausgewachsenen Bohrasseln sind etwa 3 mm lang; sie können erheblichen Schaden anrichten, wenn sie in großen Massen auftreten und jahrelang an denselben Hölzern nagen.

In Frankreich und England wird, oft in Begleitung der Bohrassel, ein anderer Vertreter der Krebse, der sog. Bohrkrebs angetroffen, dem ebenfalls das Holz nicht nur als Wohnung, sondern auch als Nahrung dient.

V. Die Konservierung des Holzes[1]).

1. Vorbehandlung im Walde und nach dem Fällen.

Maßnahmen zur Erzielung gesunden Holzes haben schon am lebenden Baum im Walde einzusetzen, wo er schon von Feinden (Wild, Insekten und Pilzen) umgeben ist.

Die größten Schädlinge sind die Insekten, indem Käfer und Larven die Rinde zerstören und so Eingangspforten für Pilze schaffen, während andererseits die Raupen die Blätter abfressen und den Baum seiner Ernährungsorgane berauben; zugleich geben sie an den verletzten Blätterstielen gleichfalls den Pilzsporen Gelegenheit, sich festzusetzen. Der Baum wird krank und schwächlich und verliert gegen seine Schädlinge an Widerstandsfähigkeit. Zum Schutz gegen Emporkriechen der Käfer und Raupen bringt man an den Bäumen Gürtel aus einer Klebemasse an; ferner ist es erforderlich, das dem Baume benachbarte infizierte, am Boden liegende Laub zu entfernen und zu verbrennen.

Die gefährlichsten Feinde sind aber die Pilze, die sich entweder als Sporen an verletzten, von Rinde und Bast befreiten Stellen des Stammes festsetzen oder durch die Wurzeln in den Baum eindringen.

Da kranke und schwächliche Bäume den Pilzen wesentlich geringeren Widerstand entgegensetzen als gesunde, so sind diese zu fällen und zu entfernen, weil sie sonst die Brutstätte für Pilze und damit den Ausgangspunkt für weitere Zerstörung des Baumbestandes bilden können.

Mit noch größerer Aufmerksamkeit wie bei den lebenden Bäumen muß das geschlagene Holz beobachtet werden, da es mit seinen Wundflächen der Pilzinfektion ausgesetzt ist und für diese in noch nicht getrocknetem Zustand den günstigsten Feuchtigkeitsgrad besitzt.

Das beste Mittel, das allerdings nicht immer anwendbar sein wird, um das frisch geschlagene Holz vor den Angriffen der Insekten und Pilze zu schützen, ist die Entfernung aus dem Walde, wo das am Boden liegende modernde Laub, Moos u. dgl. eine große Infektionsgefahr bedeutet. Muß man aber das Holz im Walde lagern lassen, so beläßt man am besten dem Holz seine schützende Rinde und bestreicht die Schnittfläche (Hirnholz) gegen Pilzgefahr mit Teeröl, Chlorzink oder nach Falck mit Dinitrophenolnatrium (Mykantin); ebenso beläßt man die Zweige und das Laub, da die Blätter eine große Verdunstungsfläche bilden und das Austrocknen des Stammes beschleunigen und damit seine Widerstandsfähigkeit gegen Infektionen erhöhen.

Die Erkennung von Fehlern bei frisch geflößtem Holz ist sehr schwierig, da solche Hölzer oft derart mit Schlamm und Schlick bedeckt sind, daß Schäden, wie z. B. Ringschäligkeit, Kernfäule, faule Äste, nicht zu erkennen sind. Bei frisch geflößtem Holz empfiehlt es sich, dies nur unter Vorbehalt abzunehmen und die endgültige Abnahme erst dann folgen zu lassen, wenn das Holz einigermaßen getrocknet ist.

---

[1]) Troschel, E.: Handb. d. Holzkonservierung, S. 217 (bearb. v. J. Dehnst).

Eine Erscheinung, der bei der Abnahme der Hölzer oft eine zu große, manchmal aber auch eine zu geringe Bedeutung geschenkt wird, ist die schon S. 33 erwähnte Verblauung des Holzes. Namentlich bei Kiefern, die bei nassem Wetter geschlagen und verarbeitet wurden, tritt eine Verblauung oft nach ganz kurzer Zeit auf; es ist dies die Folge einer Infektion des Holzes durch den Bläuepilz (s. S. 33). Es wäre aber verkehrt solche Hölzer von der Abnahme ganz auszuschließen, denn wenn derartige Hölzer rasch getrocknet und getränkt werden, so wird der Bläuepilz abgetötet; die Hölzer lassen sich noch, wenn auch schwerer und mit größerem Aufwande von Tränkungsstoff wie normales weißes Holz, imprägnieren und sind durch den Befall von Blaufäule in ihrer Festigkeit in den ersten Stadien des Wachstums des Pilzes noch nicht beeinträchtigt (vgl. Versuche von Rudeloff, S. 61).

Ist rasche Trocknung und Tränkung solcher Hölzer aber nicht ausführbar und bleiben sie noch längere Zeit in rohem Zustande, dann wächst der Blaufäulepilz in kurzer Zeit zusehends und das angeblaute Holz wird „stark blau". Solches Holz läßt sich auch nach dem Trocknen nur schwer und unvollständig tränken und ist in seiner Festigkeit beeinträchtigt. Ungetränkt wird es in kurzer Zeit unbrauchbar, besonders wenn es, wie z. B. das Raupenfraßholz, nicht ganz normaler Herkunft ist.

Man würde also unter derartigen Verhältnissen besser tun, solche nassen, stark verblauten Hölzer von der Abnahme auszuschließen oder doch nur zu einem Minderpreis anzunehmen.

In feuchten Jahreszeiten geschlagenes Holz oder Holz, das aus Betriebsgründen bald nach der Ablieferung getränkt werden soll, überhaupt alles feuchtes Holz läßt sich nur schwer imprägnieren (Buchenholz). Ganz verschieden von solchem noch saftfeuchtem Holz verhält sich solches, das schon einmal vollständig ausgetrocknet war und dann wieder naß geworden ist. Dieses läßt sich ebensogut oder noch besser imprägnieren als trockenes Holz. Der Grund ist darin zu suchen, daß der Rückstand des ausgetrockneten Holzsaftes und des sonstigen Zellinhalts durch das von außen kommende Wasser nicht mehr oder nur langsam aufquillt, also auch die Poren und Saftgänge im Holz nicht mehr versperrt. Dagegen sind bei saftfeuchtem Holz die einzelnen Teile der Poren (Tüpfel) noch elastisch und verschließen die Zellen gegen eindringende Flüssigkeit mehr oder weniger vollständig.

Um ungenügend getrocknete Hölzer einwandfrei imprägnieren zu können, empfiehlt es sich, diese durch „Heizung mit künstlichem Zug" künstlich zu trocknen. Die der Heizung entströmenden Feuergase von 300 ^{0} C Wärme können durch Mischen mit Frischluft beliebig abgekühlt werden.

Das zu konservierende Holz ist mit größter Sorgfalt auszusuchen, vorzubereiten und zu stapeln, da nur dann der Erfolg einer sachgemäßen, künstlichen Konservierung sicher ist. Da dieses früher häufig wenig beachtet wurde, blieben Schäden auch nicht aus.

2. Konservierungsverfahren ohne antiseptische Mittel.

Eines der ältesten Konservierungsmittel, welches schon den Römern bekannt war, ist das Ankohlen des Holzes. Dieses Mittel wird bei Pfählen, die mit der Erde in dauernder Verbindung stehen und daher zuerst durch Fäulnis zerstört werden, verwendet. Bei dem Verkohlen der Oberfläche des Holzes wird durch die Wärme noch eine sterilisierende Tiefenwirkung ausgeübt, die bei stärkeren Hölzern, welche im Innern nicht vollständig gesund sind, natürlich nur unvollkommene Wirkung hat. Außer der Wärme wirken noch die bei der trockenen Destillation des Holzes entstehende Essigsäure und das Holzteer sterilisierend.

Dieses Verfahren ist nur für untergeordnete Zwecke (Zaunpfähle, Rebpfähle usw.) und für vollkommen gesundes Holz zu empfehlen.

Ein zweites Mittel ist das Wässern des Holzes. Durch das Lagern im Wasser werden dem Holz die Protoplasma und eiweißenthaltenden Zellsäfte, die die Nahrung für holzzerstörende Pilze bilden, entzogen (ausgelaugt). Man hat mit dieser Methode auch gute Erfolge erzielt, aber nur bei wirklich gesunden Hölzern. Bei kranken Hölzern wurde durch die große Menge aufgesaugten Wassers das Pilzwachstum nur so lange aufgehalten, als die Hölzer voll Wasser waren; bei dem folgenden Austrocknen des Holzes wurde aber bald der für das Pilzwachstum günstige Feuchtigkeitsgehalt erreicht und damit setzte die holzzerstörende Tätigkeit der Pilze wieder ein. Das Wässern des Holzes kann somit keinen sicheren Schutz gegen Fäulnis bieten.

Ein weiteres Mittel stellt das Kochen und Dämpfen des Holzes dar. Dieses Mittel richtet sich sowohl gegen die Zerstörung des Holzes durch Pilze als auch gegen das Reißen.

Um das oft jahrelang dauernde Austrocknen des Holzes von der Luft zu umgehen, hat man es mit kochendem Wasser behandelt und dann künstlich getrocknet. Dadurch erreicht man, besonders bei Eiche, daß das Reißen, Schwinden und Werfen nicht mehr auftritt. Diese Methode wird in Tischlereien für wertvolle Hölzer mit Erfolg angewendet, ist aber bei größeren Mengen zu teuer.

Das Dämpfen und Kochen des Holzes zwecks Saftentziehung ist gleichfalls unvollkommen, außerdem wird das Gefüge des Holzes verändert, so daß die Festigkeit leidet. Dieses Verfahren kommt deshalb für große Hölzer nicht in Betracht.

Die Anwendung des Dämpfens und Kochens ist für gewisse Verwendungszwecke von Vorteil.

So kann Eichenholz durch Auskochen von Saftbestandteilen befreit und durch darauffolgendes Trocknen in verhältnismäßig kurzer Zeit so „gealtert“ werden, daß es z. B. in der Parkettfußbodenfabrikation verwendet werden kann. Ferner kann Buchenholz, durch Dampf erhitzt, in heißem Zustande gebogen werden (Wiener Möbel, vgl. S. 30).

Endlich werden auch große Mengen von Buchenholz mit Wasser, unter Zusatz von Soda oder Natronlauge, unter Druck gekocht, um das Holz nach dem Trocknen zu Möbeln zu verarbeiten. Bei letzterem Verfahren wird allerdings auch das Gefüge des Holzes sehr verändert, bleibt aber für Möbel und Fußböden trotzdem brauchbar.

Diese Verfahren sind aber immer nur in kleinen Stücken unter großer Vorsicht anwendbar, wie es in der Imprägniertechnik nicht möglich ist. Konservierungsmethoden ohne Anwendung eines Antiseptikums können hiernach nur geringen Erfolg haben, weil die im Holz vorhandenen Pilze dabei nicht abgetötet werden und nach einiger Zeit wieder aufleben können, und weil ferner durch Rissebildung Eingangspforten für neu von außen kommende Pilze und Sporen geschaffen werden.

Schließlich sind noch Anstriche zu erwähnen, die nur für völlig gesundes Holz in Betracht kommen. Hier erfüllen sie aber in vielen Fällen ihren Zweck und zwar dann, wenn diese Hölzer in gedeckten, trockenen Räumen aufbewahrt werden, wo Pilze meist keinen Zutritt haben. Das trifft hauptsächlich für Tischlerwaren zu, wo Anstriche außerdem zur Verschönerung dienen. Als Anstrichmittel kommen in Betracht Firnisse aus Leinöl oder ähnlichen Stoffen, oder Lacke, ferner Gemische von beiden ohne oder mit Zusatz von Füllstoffen aus dem Mineralreich oder künstlich hergestellten Stoffen.

3. Konservierungsverfahren mit Anwendung eines antiseptischen Mittels.

Das einfachste Verfahren ist die Aufbringung von Anstrichen aus konservierenden Stoffen.

Ein seit langer Zeit verbreitetes und billiges Anstrichmittel ist der Teer, welches allerdings wegen seiner schwarzen Farbe unschön wirkt.

Besseres Aussehen zeigen die aus Teer gewonnenen Öle, die vor allem möglichst schwer verdunstbar, dabei dünnflüssig und reich an bitumenartigen Stoffen sein müssen. Zu diesen Anstrichmitteln gehören in erster Linie die verschiedenen Sorten Karbolineum, welches ein hochsiedendes Teerdestillat darstellt, das noch durch Einlösen von Steinkohlenteerbitumen verbessert werden kann.

Im Freien ist der Erfolg solcher oberflächlicher Anstrichmittel zeitlich beschränkt, ganz besonders bei dicht gewachsenem Holz, weil alle Anstrichmittel nur in geringe Tiefen des Holzes eindringen.

Eine andere Konservierungsmethode stellt das Eintauchverfahren dar. Da erfahrungsgemäß durch den Anstrich der Oberfläche Holz nur geringe Mengen des Anstrichmittels aufzunehmen vermag, ein nachhaltiger Schutz deshalb nicht gewährleistet ist, hat man Holz in die Tränkflüssigkeit gelegt und darin längere Zeit liegen lassen. Wenn auch hier einige Erfolge erzielt wurden, dringt doch die Tränkflüssigkeit, insbesondere bei dichten Holzarten, nicht genügend tief ein. Bei Anwendung von Tränkflüssigkeit in erhitztem Zustande wurde ein besseres Eindringen in das Holz erreicht, aber nur bei locker gewachsenen Hölzern.

Bei den verschiedenen Verfahren werden in besonderen Apparaten Steinkohlenteer oder wässerige Salzlösungen an das Holz gebracht, jedoch wird bei keinem Eintauchverfahren, auch unter Anwendung von Luftleere und Druck, die nicht durch besondere Maschinen erzeugt werden, eine vollkommene Durchtränkung der durchtränkbaren Teile des Holzes erreicht, vielmehr ist die Durchtränkungstiefe eine nur sehr geringe.

Bei dem Boucherie-Verfahren wird der Saft frisch geschlagener, saftvoller Hölzer durch Tränkungsflüssigkeit verdrängt, indem am Stammende des wagerecht liegenden und nicht entrindeten Baumes eine Rohrleitung angeschlossen wird; mittels deren Kupfervitriollösung unter gelindem Druck in den Stamm geleitet wird. Die Flüssigkeit tritt am Zopfende heraus und wird hier in einer Rinne gesammelt. Durch dieses Verfahren gelingt es, eine große Menge Tränkungsflüssigkeit in das Holz einzubringen und durch den ganzen durchtränkbaren Teil, den Splint, zu verteilen, also eine wirksame Konservierung zu erreichen. Ein Nachteil dieses Verfahrens ist der, daß man nur frisch geschlagenes Holz, also nur im Walde selbst und auch nur in rohem Zustande imprägnieren kann; deshalb ist dieses Verfahren nur für Stangen in großem Maßstabe angewendet worden. Bei der Verarbeitung z. B. zu Schwellen würde eine große Menge imprägnierten Holzes als Abfall verloren gehen. Auch hier gelangt die Flüssigkeit wegen des geringen Druckes nicht in das dichter gewachsene Holz. Deshalb wurde dieses Verfahren später unter Anwendung geschlossener Apparate mit hohem Flüssigkeitsdruck weiter ausgebaut; aber auch dieses Verfahren hat sich nicht bewährt, weshalb es in den Großbetrieb keinen Eingang gefunden hat.

Ein anderes Verfahren ist das von Bréant, welches von anderen Autoren weiter ausgebildet wurde. Bei diesem kommt das Holz in einen Kessel, der luftleer gepumpt und unter Erhaltung der Luftleere dann mit der Tränkungsflüssigkeit gefüllt wird. Auf diese Flüssigkeit läßt man dann einen hohen

Druck (bis zu 9 at) wirken, wodurch die Flüssigkeit die durchtränkbaren Teile des Holzes vollkommen durchsetzt.

Als Tränkungsflüssigkeit wird hier eine Mischung von wässeriger Zinkchloridlösung mit Steinkohlenteeröl oder letzteres allein verwendet.

4. Die Tränkungsarten der Gegenwart.

Als erstes Verfahren ist die Tränkung mit Chlorzinklösung allein zu nennen.

Die Tränkung zerfällt in drei Stufen:

Das Dämpfen des Holzes, die Herstellung der Luftverdünnung und das Einlassen der Chlorzinklösung, die Anwendung der Druckpumpe.

Das in luftdicht verschlossenem Tränkungskessel erfolgende Erhitzen durch Dampf hat den Zweck, das Holz möglichst aufnahmefähig zu machen und es hauptsächlich an den Stirnseiten von Sand, Staub und Pflanzenschleim zu reinigen.

Nach Entfernung des Dampfes wird im Tränkungskessel eine Luftverdünnung von mindestens 60 cm Quecksilberstand am Vakuummeter erzeugt, dann der Tränkungskessel ohne Verminderung der Luftverdünnung mit Chlorzinklösung von 65^0 C Wärme gefüllt; schließlich wird nach erfolgter Füllung mittels Pumpen die Lösung in das Holz gedrückt und der Druck bis auf mindestens 7 at Überdruck gesteigert. Die Menge der aufgenommenen Tränkungsflüssigkeit wird durch Wägung kontrolliert.

Dieses Verfahren kommt hauptsächlich für Eichen-, Kiefern- und Buchenholz (Schwellen) in Betracht und ist durch die „Ausführungsvorschriften der preußischen Staatsbahnverwaltung“ genau festgelegt. Außer Chlorzinklösung allein wird als Tränkungsflüssigkeit auch noch diese mit einem Zusatz von karbolsäurehaltigem Teeröl verwendet.

Ein weiteres Verfahren ist die Tränkung mit erhitztem Steinkohlenteeröl.

Diese Tränkung zerfällt in zwei Stufen:

Das Trocknen des Holzes bzw. das Entziehen des Wassers aus dem Holze durch das erhitzte Teeröl unter Mitwirkung der Luftpumpe, das Eindringen des Teeröls in das Holz vermittels der Druckpumpe.

Das Holz wird wieder in einem luftdicht verschlossenen Tränkungskessel unter Luftverdünnung mit dem auf 105 bis 115^0 C erhitzten Teeröl in Verbindung gebracht, worauf nach Trocknung des Holzes die Druckpumpe unter Vollfüllung des Kessels in Bewegung gesetzt wird.

Die vorbeschriebenen Verfahren, die als Volltränkungsverfahren bezeichnet werden, haben sich (insbesondere bei Schwellen) sehr gut bewährt, wenn sie auch wegen des Verbrauchs großer Mengen Tränkungsstoffes hohe Kosten verursachen. Es sind deshalb verschiedene Verfahren entstanden, die darauf hinausliefen, am Tränköl zu sparen, durch Mischen desselben mit leicht verdunstbaren Flüssigkeiten (Benzin, Benzol, Terpentinöl) und durch Erwärmen mit oder ohne Zuhilfenahme von Luftleere, wodurch das Verdünnungsmittel aus dem Holze abdestilliert und wieder gewonnen werden sollte. Diese Verfahren, die als Spartränkungsverfahren bezeichnet werden, haben sich aber alle nicht bewährt.

Auch die Konservierung von Holz mit Dämpfen von Teeröl hat sich als unbrauchbar erwiesen.

Bessere Ergebnisse erzielten die Verfahren, bei denen etwa die Hälfte der für das Holz bestimmten Ölmenge mehr in das Holz eingedrückt und nachher durch Luftleere wieder aus dem Holz entfernt und zurückgewonnen wird (Verfahren von Northeimer und Heise).

Ein anderes Sparverfahren, die sogenannte Doppeltränkung, besteht darin, daß das (lufttrockene) Holz vor der eigentlichen Öltränkung mit Wasser oder anderen wässerigen Flüssigkeiten (Zinkchlorid-, Zinksulfat- und Wiesesalzlösungen) behandelt wird. Hierdurch wird eine gleichmäßige Verteilung der beschränkten Menge Öls erreicht. Dieses Verfahren beruht darauf, daß die bereits eingetrockneten Zellsäfte (Protoplasma) durch Zufuhr von Wasser nicht mehr so schnell gelöst werden (s. S. 37), also den Durchgang des Öls durch die Tüpfel nicht verhindern. Das Verfahren der Doppeltränkung unter Anwendung von Chlorzink gehört zu den besten Konservierungsmethoden.

Die glänzendsten Erfolge wurden jedoch mit dem Rüping-Verfahren erzielt. Dieses Verfahren beruht darauf, daß die Poren des Holzes zunächst mit ziemlich hoch gespannter Preßluft gefüllt werden. Dann wird unter höherem Druck Öl in den Kessel und in das Holz eingepreßt, mit der Maßnahme, daß die Preßluft während dieser Operation aus dem Holz nicht entweichen kann. Wenn die gewünschte Menge Öl in das Holz hineingedrückt ist, wird das Öl aus dem Kessel entfernt, wobei schon ein großer Teil des in dem Holz befindlichen Öles mittels der Preßluft herausgeschleudert wird. Eine weitere Menge Öl wird aus dem Holz unter Zuhilfenahme von Luftleere herausbefördert, die die noch im Holz befindliche Luft zur weiteren Expansion bringt. Bei Buchenholz muß das Verfahren zweimal hintereinander durchgeführt werden, wodurch aber auch ein vorzügliches Ergebnis erzielt wird.

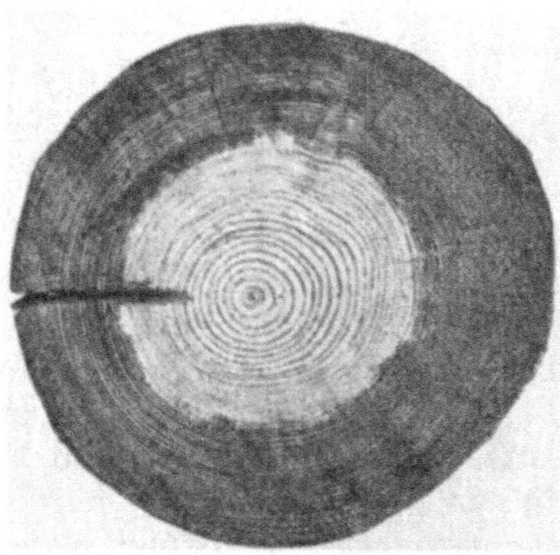

Abb. 18. Querschnitt einer nach dem Rüping-Verfahren imprägnierten Telegraphenstange.

Das Rüping-Verfahren hat sich für alle in Frage kommenden Holzarten vollkommen bewährt. Vorbedingung für gute Erfolge ist jedoch gesundes und trockenes Holz, während blaue und nasse Hölzer sich nicht befriedigend durchtränken.

Bei dem kombinierten Verfahren der Rüping-Rütgerswerke können auch nasse Hölzer imprägniert werden, indem dem Rüping-Verfahren ein Trocknungsprozeß vorgeschoben wird, derart, daß die Hölzer in heißem Öl hinreichend lange unter geringer Luftleere erhitzt werden. Hierdurch soll das Wasser des Holzes verdampft und in gleicher Weise wie bei dem Volltränkungsverfahren mit erhitztem Teeröl entfernt werden. Nachdem der Trocknungsprozeß durchgeführt ist, wird das Öl abgelassen und das Rüping-Verfahren in der vorbeschriebenen Weise durchgeführt.

Abb. 18 zeigt den Querschnitt einer nach dem Rüping-Verfahren imprägnierten Telegraphenstange. Aus der Abbildung ist zu ersehen, wie das Splintholz in seiner ganzen Tiefe von Teeröl durchtränkt und nur der Kern frei von Öl geblieben ist.

5. Konservierungsverfahren zum Schutz gegen leichte Entflammbarkeit.

Die bisher behandelten Konservierungsverfahren sollen hauptsächlich Schutz gegen Angriffe von Pilzen, also gegen Fäulnis bieten. Zu gleicher Zeit sind diese Konservierungsmittel auch ein Schutzmittel gegen Angriffe von Insekten, z. B. ist die Teerölimprägnierung das einzige Mittel, welches sich bei Seebauten gegen die Angriffe der Bohrtiere bewährt hat.

Bei der Anwendung von Imprägnierungsmitteln gegen Feuer kann es sich nur um einen Schutz gegen Schwerentflammbarkeit handeln, da Holz ein organischer Stoff ist, der schließlich bei Bränden zersetzt wird, wenn die Temperaturen gewisse Grenzen überschreiten und lange genug einwirken. Es kann daher nie von „feuersicherem“ bzw. „nicht verbrennbarem“ Holz gesprochen werden, da es mit allen Hilfsmitteln der neuzeitlichen Chemie nur gelingen wird, eine mehr oder weniger große „Schwerentflammbarkeit“ des Holzes zu erzielen.

Ein solcher Schutz genügt aber vollauf in der überwiegenden Mehrzahl aller Fälle in der Praxis. Im übrigen schreitet die Verbrennung des Holzes von außen nach innen nicht mit gleicher Schnelligkeit fort, da dem angebrannten Holz in der oberflächlich entstehenden schwarzen Kohleschicht ein Schutzmittel für die darunter liegenden Schichten erwächst. Da der Verbrennungsvorgang einen Oxydationsprozeß darstellt, bei welchem die Bestandteile (Kohlenstoff und Wasserstoff) des auf seine Entzündungstemperatur erhitzten Holzes sich mit dem Sauerstoff der Luft verbinden, so bezwecken die Konservierungsmittel die Fernhaltung des Luftsauerstoffs vom Holz durch geeignete Stoffe und zwar auf zweierlei Weise:

a) durch Umhüllung der Holzfaser mit in der Hitze schmelzenden indifferenten Stoffen;

b) durch Umhüllung der vom Feuer bedrohten Holzteile mit indifferenten Gasen, welche den Luftsauerstoff fernhalten.

Ebenso wie beim Schutz des Holzes gegen Pilzangriffe kommen zunächst Oberflächenanstriche in Frage, die aber nur wirkungsvoll sind, wenn sie nicht zu dünn aufgetragen werden; ferner müssen sie sorgfältig unterhalten werden, damit sie nicht durch mechanische Einflüsse u. dgl. schon zum großen Teil zerstört sind, wenn sie in Wirksamkeit treten sollen.

Da diese Anstriche zum großen Teil Geheimmittel sind, soll von einer Aufzählung solcher Abstand genommen werden. Es soll nur gesagt werden, daß in gewissen Fällen, namentlich dann, wenn schon eingebautes Holz noch nachträglich, z. B. gegen Flugfeuer, geschützt werden soll, ein sachgemäß zusammengesetzter Schutzanstrich wohl seinen Zweck erfüllen kann. Eine sorgfältige Unterhaltung der Anstriche, namentlich die Ausbesserung beschädigter Stellen, ist aber unerläßlich.

Zu dieser Gruppe von Schutzmitteln gehört auch der Kalk- und Zementputz auf Rohr- oder Drahtgeflecht, der eine recht hohe Schutzwirkung besitzt.

Aus den gleichen Gründen, die einen bloßen Anstrich in den meisten Fällen als unzureichend erscheinen lassen, wird auch die Imprägnierung mittels eines Eintauchverfahrens eine unvollkommene Wirkung haben, da die in Frage kommenden Salzlösungen sich ohne Anwendung von Vakuum und Druck nur ganz oberflächlich in das Holz einführen lassen.

Eine volle Wirkung der zum Feuerschutz verwendeten Chemikalien kann erst erwartet werden, wenn man dieselben unter Anwendung der Vakuum-Druckimprägnierung (s. vorher) möglichst tief in das zu schützende Holz einführt. Zuweilen sucht man auch den Schutz gegen Pilze und gegen Entflammbarkeit (Grubenhölzer) zu verbinden.

Als Stoffe, die das Holz durch Zersetzung in der Hitze und Bildung einer indifferenten Gashülle schützen sollen, kommen in Betracht die Ammoniaksalze, die Karbonate und Bikarbonate, die Sulfite, sowie gewisse Sulfate (z. B. Alaun).

Zu den die Fasern durch glasähnliche Überzüge schützenden Körpern gehören die Borsäure, sowie ihre Salze, die Phosphate, gewisse Wolframate u. a. Auch Natrium- und Magnesiumsulfat werden häufig verwendet; ihre Wirkung beruht größtenteils auf ihrem hohen Gehalt an Kristallwasser, welches in der Hitze allmählich verdampft und so die Holzfasern gewisse Zeit zu schützen vermag. Die meisten der genannten Stoffe sind auch in den Anstrichen enthalten[1]).

Eine feuersichere Imprägnierung von Bauhölzern ist natürlich nur vor dem Einbau möglich. Soll Holzwerk nachträglich in einem fertigen Gebäude schwer entflammbar gemacht werden, so ist dies nur durch Oberflächenanstrich möglich,

VI. Die Grundlagen der Festigkeitsberechnung.

1. Allgemeines.

Nach dem Vorhergehenden ist der Aufbau der Hölzer so beschaffen, daß ihr Gefüge und ihre Festigkeit nach den einzelnen Richtungen ganz verschieden ist. Da die allgemeinen Regeln der Festigkeitslehre isotrope, d. h. nach allen Richtungen hin physikalisch sich gleichartig verhaltende Körper (z. B. Schmiedeeisen und Stahl) voraussetzen, so sind diese Regeln nicht ohne weiteres auf Holz anzuwenden, sondern es ist erst auf Grund von Versuchen zu ermessen, wie weit die Voraussetzungen der Festigkeitslehre für die Berechnung der Holzkonstruktionen als zutreffend angenommen werden können.

Für die Elastizitätsverhältnisse der isotropen Körper gilt das Hookesche Gesetz ($\varepsilon = \alpha\,\sigma$), welches besagt, daß die Dehnungen den Spannungen proportional sind. Dieses Gesetz gilt für Holz nur mit Annäherung innerhalb gewisser Beanspruchungsgrenzen. Die weitere Voraussetzung der Festigkeitslehre, daß ebene Querschnitte während der Beanspruchung eben bleiben, kann gleichfalls als angenähert zutreffend angenommen werden, mit Ausnahme bei Belastungen in der Nähe des Bruches, wo sie nicht mehr gilt.

Wegen der gekennzeichneten Verhältnisse sind die Beanspruchungen nach den verschiedenen Richtungen der Hölzer besonders zu berücksichtigen.

Es ist zu unterscheiden zwischen Druck- und Zugspannung in der Faserrichtung und quer zu ihr. Bei der Druckspannung quer zur Faserrichtung ist ferner zu unterscheiden zwischen Spiegel- und Umfangrichtung. Außerdem ist bei der Beurteilung der Festigkeit ins Auge zu fassen das Auftreten von Schwindrissen, von Ästen, von krummlinigem und einseitigem (exzentrischem) Wuchs und besonders auch der Feuchtigkeitsgrad des Holzes.

Die verschiedenen Bedingungen des Wachstums, Bodens, Klimas und der Einfluß der angegebenen Wuchsfehler führen bei ein und derselben Holzart und sogar demselben Holzstamm zu außerordentlich verschiedenen Versuchsergebnissen. Hierzu tritt noch der Einfluß der mehr oder weniger vollkommenen Versuchseinrichtungen, die von verschiedenen Forschern benutzt worden sind. Bei zahlreichen älteren Versuchen fehlen meist noch nähere Angaben über Wuchsform, Raumgewicht, Feuchtigkeit und Geschwindigkeit der Belastung, die alle von größerem Einfluß auf die Versuchsergebnisse sind.

Bahnbrechend wurden erst die Versuche von Bauschinger, dessen Anregung die heutigen Prüfungsvorschriften und die Gründung des „Internationalen Verbandes für die Materialprüfungen der Technik“ zu verdanken sind. Um die Verschiedenheit der Versuchsergebnisse infolge der Verschiedenheit der Versuchsdurchführung zu beseitigen, wurden durch Rudeloff einheitliche Vorschläge über Holzprüfung für diesen Verband ausgearbeitet und auf dem Brüsseler Kongreß 1906 mit wenigen Änderungen als maßgebend anerkannt.

---

[1]) Über verschiedene Feuerschutzverfahren (Gautschsches, Nickelmannsches Verfahren und Verfahren der Bauholzkonservierung G. m. b. H.) vgl. Troschel, E.: Handbuch der Holzkonservierung, S. 448.

2. Druckfestigkeit.

Bei gerade gewachsenem Holz findet eigentliches Zerbrechen erst nach weitgehender Formänderung statt, so daß namentlich bei Beanspruchung quer zur Faser von einer eigentlichen Druckfestigkeit nicht gesprochen werden kann.

In Abb. 19 ist die Abhängigkeit der Zusammendrückung von der Belastung für Beanspruchung in, schräg und quer zur Faserrichtung für Fichtenholz nach Versuchen von Baumann[1]) wiedergegeben. Ebenso zeigt Abb. 20 die Zusammendrückungen für Gotthardtanne bei verschiedenen Winkeln des Druckes zur Faserrichtung. Da hiernach bei einer gewissen Beanspruchung die Zusammendrückung sehr rasch wächst, so erscheint damit die Tragfähigkeit in der Regel erschöpft.

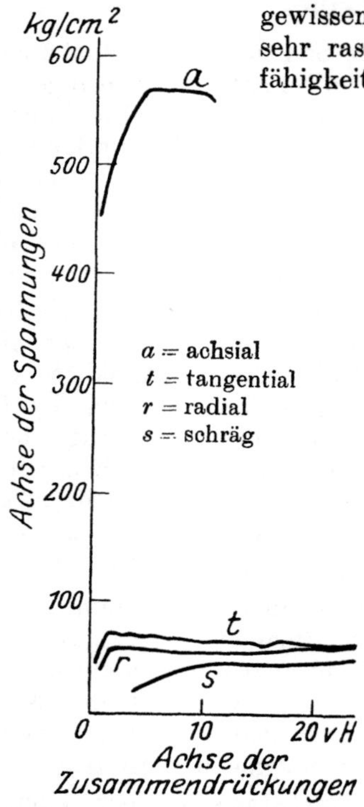

Abb. 19. Schaubild für Druckversuche mit Fichtenholz.

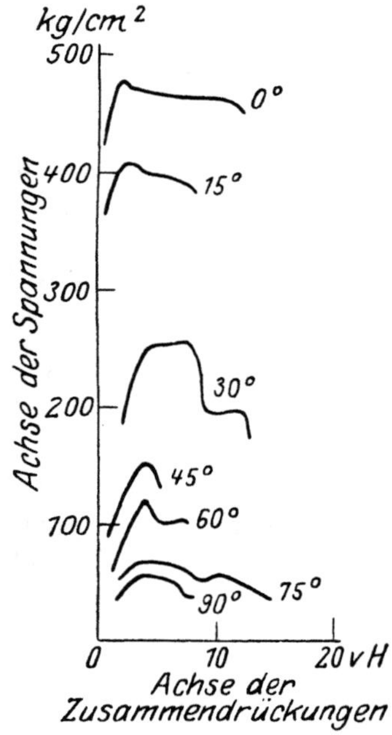

Abb. 20. Schaubild für Druckversuche mit Gotthardtanne.

a) Druck längs zur Faser.

Die Schaubilder zu Druckversuchen in der Faserrichtung von Würfeln und Vierkanten verlaufen nach Lang[2]) fast durchweg gemäß Abb. 21, welche den Versuchsverlauf für einen Fichtenwürfel darstellt. Wird nicht längere Zeit vorher belastet, so steigt die Dehnungslinie anfänglich fast lotrecht an, bis alles gut anliegt, geht dann in eine sehr schlanke Kurve über, die man bis zu etwa $^3/_4$ der Scheitelhöhe B (der sogenannten P-Grenze) fast als Gerade ausgleichen kann, neigt sich dann bis zur stärksten erreichbaren Belastung (Bruchlast) etwas stärker und bleibt nun bei weichen Hölzern eine Strecke weit (hier BC) fast wagrecht; bei spröden Hölzern fällt sie meist scharf ab und zeigt beim Weiterrücken mehr oder weniger schrägen Verlauf, der hier nicht verfolgt ist. Vielmehr hat Lang gemäß der Anregung von Percy W. Smith[3]) versucht, die Wiederausdehnung nach der Entlastung zu

---

[1]) Baumann, R.: Mitteil. üb. Forsch.-Arb., H. 231, S. 20.

[2]) Lang, G.: Das Holz als Baustoff, S. 268. [3]) The Engineer 1914, I., S. 391/3.

bestimmen, indem er nach Smiths Vorgang zunächst rasch, aber gleichmäßig, den Gesamtdruck bis auf $^3/_4$ verringert und dann möglichst plötzlich entlastet hat. Smith hat hierbei den durch gestrichelte Linien angedeuteten Verlauf der Dehnungslinie erhalten, wobei zu bemerken ist, daß seine Prüfmaschine elektrisch angetrieben war und gleichmäßige wie plötzliche Veränderungen der Pressung gestattete. Bei Langs 30-t-Presse von Amsler mit Handkurbelantrieb ließ sich beides nicht so sicher ausführen; er erhielt daher nicht die Spitze *F*, sondern die ausgezogene Linie *CDE*, die zuerst fast lotrecht, dann etwas schräg nach links verläuft. Erst bei *E* trat völlige Entlastung ein, und dann dehnte sich der Körper wieder stark aus, was die Kurve *EG* ergab, die beim Abheben der Druckplatte vom Probekörper noch unter die Grundlinie hinabgeht, weil sein Schnellmesser nicht die Bewegung der Druckkörper, sondern der oberen Druckplatte anzeigte (vgl. oben); bei Smith ergab sich die Linie *FEH*, so daß *AH* die bleibende Zusammendrückung darstellt und zeigt, daß trotz der Bruchbelastung den nicht zerstörten Holzfasern noch sehr viel Federkraft innewohnt.

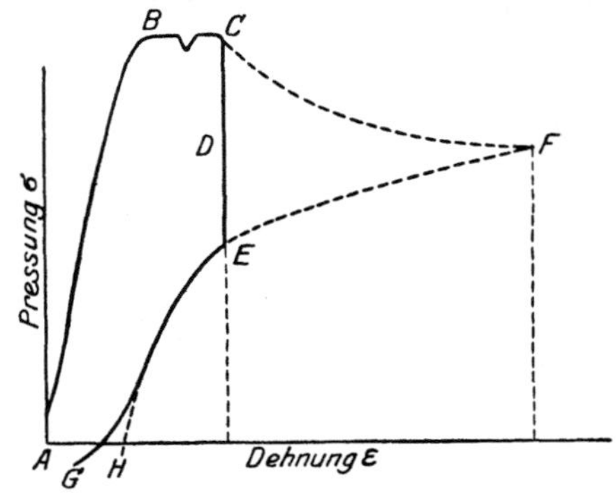

Abb. 21. Dehnungslinie für Druck in der Faserrichtung. Fichte.

Der Einfluß der Höhe des gedrückten Körpers ist bei Holz je nach dem Faserverlauf verschieden. Bei Beanspruchung längs zur Faser erfolgt die Zerstörung durch Ausknicken der einzelnen Fasern bzw. Jahrringe (Abb. 22), bei Druck quer zur Faser ein Gleiten der Jahrringe aufeinander (Abb. 23). Demgemäß müssen verschiedene Holzarten, verschieden beschaffenes Holz und Körper verschiedener Faserrichtung in bezug auf den Einfluß der Höhe voneinander abweichende Ergebnisse liefern. Im allgemeinen ist aber die Druckfestigkeit längerer Stücke, die sogenannte Säulenfestigkeit, um etwa

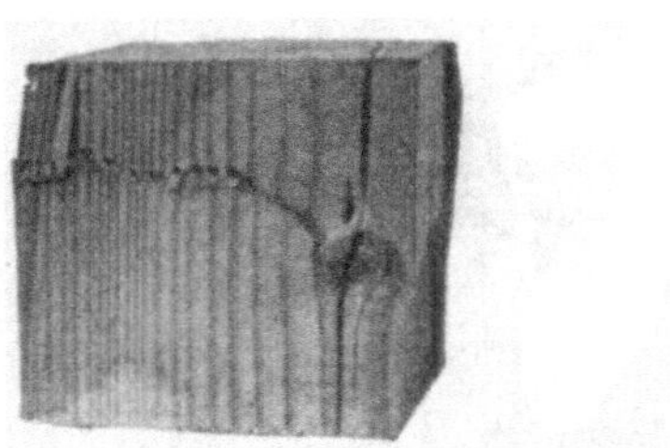
Abb. 22. Zerstörung eines Tannenwürfels bei Druck längs zur Faser.

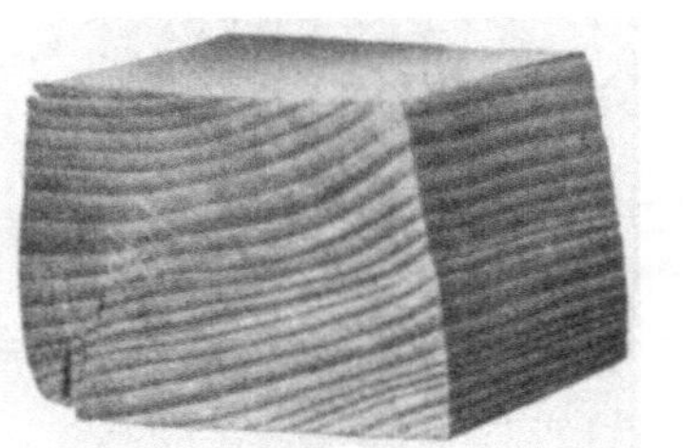
Abb. 23. Druckversuch mit einem Buchenwürfel quer zur Faser.

10% kleiner als die Würfelfestigkeit. Bei Verwachsungen ist dieser Einfluß noch weit größer. Da die Festigkeit des Holzes mit dem Wassergehalt abnimmt (vgl. auch S. 61), also vom Wassergehalt und damit vom Raumgewicht abhängig ist, da es ferner umständlich ist, den Wassergehalt von lufttrockenem Holz (nach der Festigkeitsprüfung) zu bestimmen, haben verschiedene Forscher versucht, eine Beziehung zwischen Raumgewicht, Festigkeit und Härte des Holzes aufzustellen, um aus dem Raumgewicht auf die Festigkeit zu schließen.

Janka[1]) fand für österreichisches Fichtenholz auf Grund zahlreicher Ver-

[1]) Janka: Mitt. aus dem forstlichen Versuchswesen Österreichs 1909, H. 35; ferner Lang: Das Holz als Baustoff, S. 23 u. f.

suche, daß die Druckfestigkeit (in der Faserrichtung) mit dem Raumgewicht (Darrgewicht) nahezu linear wächst und mit steigendem Wassergehalt (in Prozenten des Darrgewichts ausgedrückt) hyperbolisch abnimmt (vgl. weiter unter 6. c.).

Auch Baumann führte Versuche aus, um einen Zusammenhang zwischen Raumgewicht und Festigkeit festzustellen. Er hat für einige Holzarten die Werte der Zug-, Druck- und Biegefestigkeit sowie die Dehnungszahl (meist aus Biegeversuchen) in Abhängigkeit von dem Raumgewicht aufgetragen.

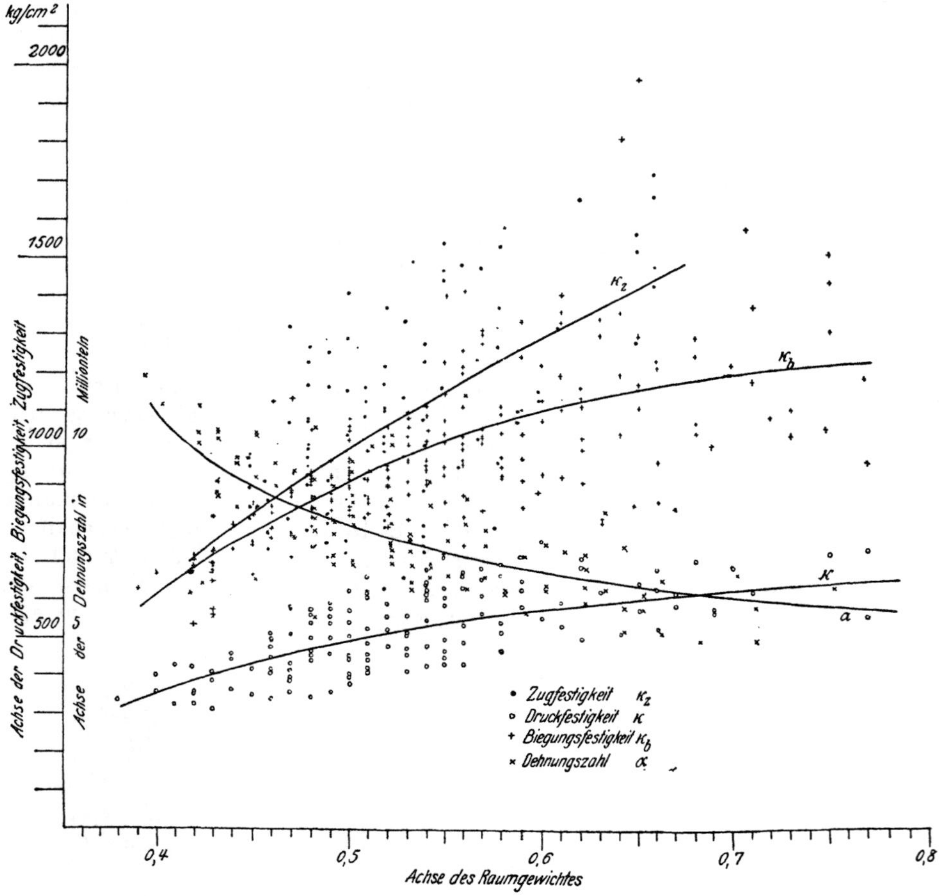

Abb. 24. Zusammenhang zwischen Druck-, Zug-, Biegefestigkeit, Dehnungszahl und Raumgewicht. Kiefer.

Hierbei fanden nur solche Probekörper Verwendung, an denen wesentliche Mängel, Verwachsungen usw., nicht beobachtet worden sind. Die Druckfestigkeiten gelten für Würfel (vgl. auch S. 45 unten).

Abb. 24 zeigt die Werte für Kiefer; in die Zeichung sind die Einzelwerte eingetragen. Wie aus ihnen hervorgeht, ist zwar im großen und ganzen eine Beziehung zwischen Widerstandsfähigkeit und Raumgewicht vorhanden, doch treten sehr bedeutende Schwankungen auf. Dies gilt auch hinsichtlich der Dehnungszahl.

Demnach besteht nach Baumann ein festes Verhältnis zwischen Zug-, Druck- und Biegefestigkeit nicht. Auch für die Durchschnittswerte kann eine solche unveränderliche Verhältniszahl nicht angegeben werden. Im allgemeinen steigt das Verhältnis Zugfestigkeit : Druckfestigkeit mit wachsendem Raumgewicht.

b) Druck quer zur Faser.

Die Festigkeit der Hölzer, besonders der Nadelhölzer, quer zur Faser ist um so geringer, je mehr das Frühholz in breiten Jahrringen vorherrscht.

Schon Winkler hat auf den Unterschied zwischen Längs- und Querfestigkeit hingewiesen und Versuche hierüber zusammengestellt.

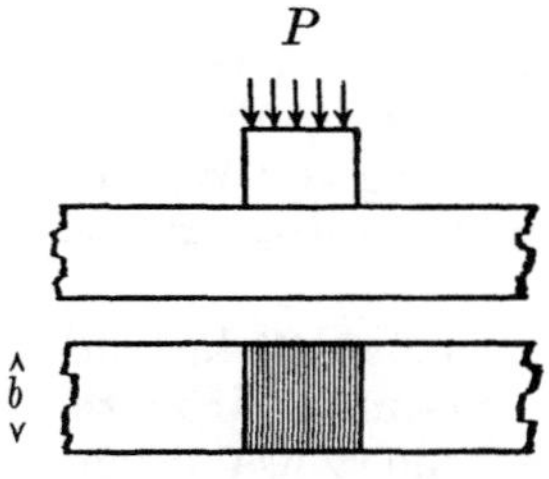

Abb. 25. Schwellendruck.

Es ist bei dieser Art der Beanspruchung zu unterscheiden zwischen:

α) Vollbelastung einer Holzschwelle über seine ganze Breite b nach Abb. 25 (Schwellendruck);

β) Teilbelastung einer Schwelle über einen Teil seiner Breite b nach Abb. 26 (Stempeldruck).

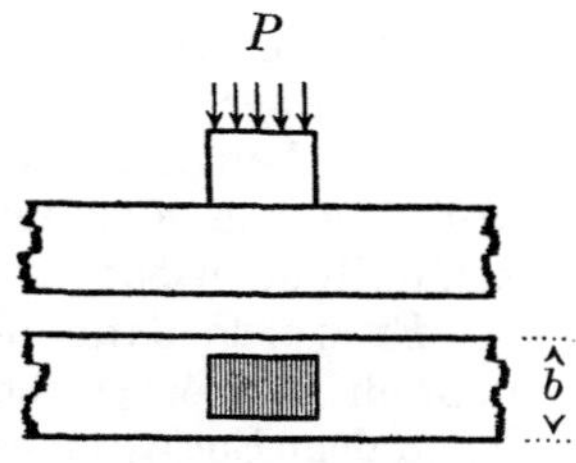

Abb. 26. Stempeldruck.

Hierbei ist wieder ein Unterschied in der Querfestigkeit je nach der Faserrichtung und -lage zur Druckfläche (Abb. 27) zu machen.

Gelegentlich des Einsturzes eines Brückengerüstes in München hat Föppl Versuche mit Vollbalken auf Schwellendruck ausgeführt. Die Mittelwerte von je sechs Zahlenwerten gibt Föppl wie folgt an[1]):

	Längsfestigkeit		Querfestigkeit			
			Quetschgrenze		Last für 10% Zusammendrückung	
	trocken	naß	trocken	naß	trocken	naß
Für Fichtenwürfel in kg/cm² . .	249	193,2	26,3	22,45	29,8	25,6
Verhältniszahlen	100	78	100	85	100	86

Trocken bedeutet hier Lufttrockenheit, also wahrscheinlich $n = 15\,\%$, für naß ist kein Wassergehalt in Prozenten angegeben, auch kein Abwägen erfolgt, sondern nur gesagt, daß diese Würfel vor der Prüfung drei Tage ins Wasser gelegt wurden, wobei man durch allmähliches tieferes Eintauchen eine möglichst vollständige Wassersättigung herbeizuführen suchte.

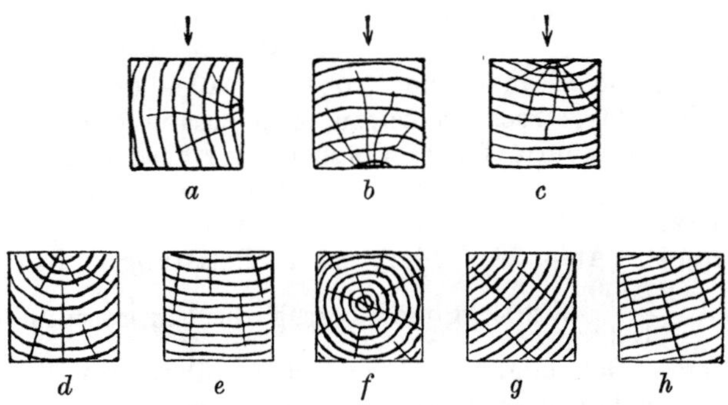

Abb. 27. Faserrichtung zur Druckrichtung.

Aus diesen Zahlen ergibt sich, daß die Abminderung der Querfestigkeit durch Nässe annähernd gleich ist der in der Längsrichtung, daß also in beiden Fällen die Querfestigkeit von Fichtenholz annähernd $^1/_8$ bis $^1/_9$ der Längsfestigkeit beträgt.

Aus anderen Versuchen findet Föppl $^1/_{10}$ bis $^1/_{11}$ bei Fichtenholz, dagegen bei Eichenholz fast $^1/_3$.

Bei Nadelhölzern ist zweifellos der Widerstand gegen Zusammendrückung in der Richtung Abb. 27a größer als in der Abb. 27b bis e, folglich auch bei Vollbalken (Abb. 27f). Halbholzbalken, hochkantig gepreßt, werden sich

[1]) Mitt. aus dem mechan.-techn. Laboratorium der Kgl. Techn. Hochschule München 1904, H. 29, S. 7/25.

daher einseitig ausbiegen, ebenso Querschnitte wie Abb. 27g und h (vgl. auch Abb. 23).

Lang zerdrückte einen Kiefernwürfel mit kräftigen Spätholzringen, 6,2 cm Kantenlänge und 0,463 Lufttrockengewicht. Er wurde in wassersattem Zustand zerdrückt bis zur Quetschgrenze $= 25{,}8\ \mathrm{kg/cm^2}$ und erlitt hierbei eine Zusammenpressung auf 3,14 cm.

Ein Fichtenwürfel von 6,08 cm Seitenlänge, naß, mit $n = 52{,}7\,{}^0/_0$ Wassergehalt, quer zerdrückt, ergab eine Druckfestigkeit $= 25\ \mathrm{kg/cm^2}$, also nur etwa $^1/_{12}$ Längsfestigkeit; er preßte sich dabei unter Ausquetschung von Wasser von 6,08 auf 4,23 cm, also um 1,85 cm zusammen. Beim Entlasten wuchs seine Höhe wieder auf 5,5 cm.

Er wurde dann nochmals in Wasser gelegt und wieder bis etwa $25\ \mathrm{kg/cm^2}$ gepreßt, wobei er sich auf 4,15 cm, also um fast 2 cm zusammendrückte. Nach dem Entlasten erfolgte Rückgang auf 5,92 cm, also bleibende Zusammendrückung nur 0,16 cm.

Das Aufquellen nach rascher Entlastung erfolgte so schnell und unter Wiederansaugung von Wasser, daß dies als klarer Beweis dafür gelten kann, daß der Wechsel der Feuchtigkeit in den Zellwänden fast ausschließlich zur Erscheinung des Schwindens und Quellens führt, nicht aber der Wechsel des Wassergehalts im Innern der Zellen (vgl. auch S. 21). Denn durch das Zusammenpressen wurde ja nur das Wasser aus dem Zellinnern herausgedrückt, nicht das der Zellwände. Letztere konnten also wohl durch äußeren Druck zusammengepreßt werden, behielten aber ihre Elastizität und schnellten nach sofortiger Entlastung fast auf die ursprüngliche Höhe zurück. Daß aber diese Wiederausdehnung nicht infolge des zurückgesogenen Wassers, sondern lediglich infolge Wiederausdehnung (Zurückfederung) der Zellwände stattfand, deren Hohlräume dann das ausgepreßte Wasser wieder ansogen, erhellt daraus, daß die Wiederausdehnung nach dem Entlasten aufhörte, sobald man die Probe so lange unter der Presse ließ, bis auch die Zellwände getrocknet waren, also zusammengeschrumpft blieben.

Abb. 28. Belastung von Eichenschwellen auf Stempeldruck.

Lang führte ferner Versuche zur Feststellung des Verhaltens von Hölzern auf Stempeldruck aus. Er belastete zwei Eichenschwellen $15 \times 15 \times 40$ cm (Sattelhölzer) durch je eine Fichtenstütze von $11{,}5 \times 11{,}5 = 132\ \mathrm{cm^2}$ Querschnitt (Abb. 28). Bei 27 t Belastung, also einer mittleren Pressung $\sigma = \frac{27000}{132} = 204\ \mathrm{kg/cm^2}$ betrug die Einpressung der Fichtenstützen $2^1/_2$ bis 6 cm. Das ungleiche Eindrücken rührt von dem Ausknicken der 129 bzw. 135 cm hohen Stützen her. Man sieht, daß sich die Ränder scharf eingedrückt haben und außerdem Längsrisse entstanden sind, die bei weiterer Steigerung der Belastung, wenn die Stütze nicht vorher ausgeknickt wäre, zur Zerstörung der Schwelle durch Stauchung und Aufspalten geführt hätten. Bei ähnlichen Versuchen trat stets ein Aufspalten der Enden des Sattelholzes sowohl in der Dicke als in der Quere ein.

Eingehende Versuche über den Einfluß der Faserrichtung auf die Festigkeit liegen von Baumann vor[1]).

Baumann untersuchte zwei Würfel aus einer gleichförmig aussehenden Bohle von Gotthardtanne herausgearbeitet.

---

[1]) Baumann, R.: Mitteil. üb. Forsch.-Arb., S. 71.

In Abb. 29 sind die Ergebnisse der Druckversuche zeichnerisch dargestellt und zwar, da im Stamm drei Hauptrichtungen unterschieden werden müssen, in einem räumlichen Koordinatensystem. Als lotrechte Ordinaten sind die Werte der Druckfestigkeiten aufgetragen. Als Abszissen verlaufen von hinten nach vorn die Winkel zwischen Druckrichtung und Faserrichtung. Im Ursprung (Nullpunkt) ist also die Druckfestigkeit in der Faserrichtung aufgezeichnet. Von links nach rechts verlaufen als Abszissen die Winkel zwischen der Druckrichtung und den Jahrringen. Als Jahrringe gelten dabei jeweils die Linienzüge, die auf den Seitenflächen der Probekörper sichtbar sind.

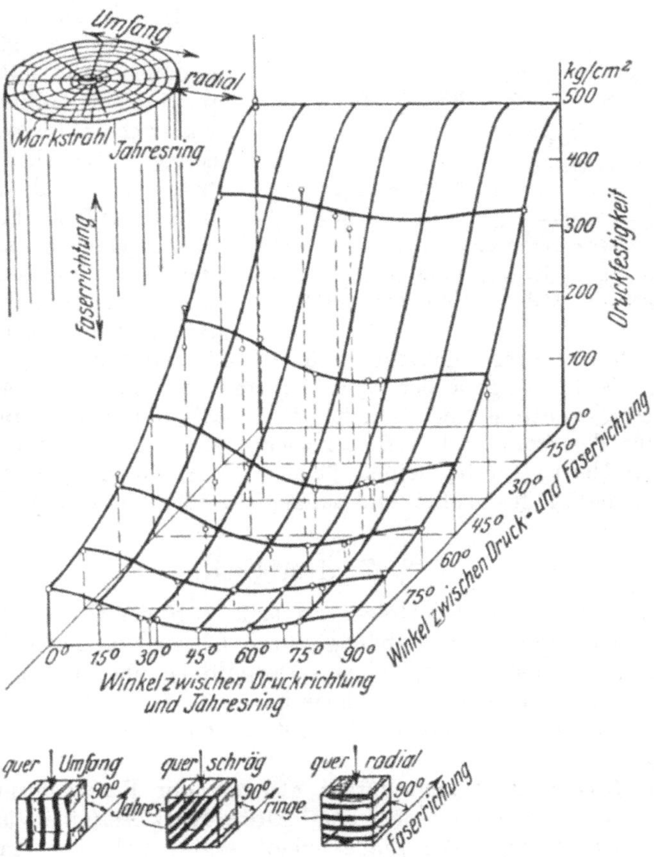

Abb. 29. Abhängigkeit der Druckfestigkeit von der Faserrichtung. Gotthardtanne.

Demgemäß erscheint vorn im Bilde die Druckfestigkeit quer zur Faserrichtung und zwar links diejenige in tangentialer, rechts diejenige in radialer Richtung, wie die zu Abb. 29 beigefügten Skizzen andeuten.

Wird zunächst diese vorderste Linie betrachtet, so zeigt sich, daß die Druckfestigkeit quer zur Faser, wie bekannt, viel kleiner ist als diejenige in der Faserrichtung und sodann, daß die Druckfestigkeit tangential größer ist als radial, am kleinsten aber in einer zwischen beiden gelegenen Richtung, in der die Jahrringe unter etwa 45° zur Druckrichtung stehen. Der Probekörper wird dabei längs der Jahrringe abgeschoben, die Jahrringe gleiten gewissermaßen aneinander ab.

Wird sodann der Einfluß der Faserrichtung betrachtet, wie er im Bilde durch die von hinten nach vorn verlaufenden Linienzüge zum Ausdruck gelangt, so zeigt sich, daß schon verhältnismäßig kleine Abweichungen der Druckrichtung von der Faserrichtung die Druckfestigkeit bedeutend zu vermindern vermögen; die Linienzüge fallen steil ab.

Noch ausgeprägter sind diese Einflüsse bei Probekörpern größerer Höhe zu erwarten. Zur Klarstellung sind in Abb. 30 die Ergebnisse der Versuche mit Probekörpern aufgezeichnet, bei denen der Druck parallel mit den Jahrringen, aber unter verschiedenen Winkeln gegen die Faserrichtung wirkte und deren Höhe doppelt so groß war als die Seite der quadratischen Grundfläche. Zum Vergleich ist gestrichelt die Linie aufgezeichnet, die für die gleichartig entnommenen würfelförmigen Körper erlangt worden waren. Der Unterschied ist namentlich bei schräger Faserrichtung nicht unbeträchtlich, derart, daß die höheren Körper kleinere Festigkeit ergeben (bis um etwa 25 $^0/_0$ der Würfelfestigkeit, vgl. hierzu Abb. 20). Die Versuche von Baumann haben ferner ergeben, daß bei den Nadelhölzern die Druckfestigkeit in radialer Richtung ausgesprochen kleiner ist als in tangentialer, am kleinsten in schräger Richtung (Winkel zwischen Druckrichtung und Jahrring etwa 45^0, vgl. S. 49). Bei den Laubhölzern trifft dies zum Teil (z. B. bei Esche) ebenfalls zu; andere Laubhölzer, z. B. Eiche, Ahorn, Linde, zeigen dagegen das entgegengesetzte Verhalten, ergeben also radial die größte und tangential oder schräg die kleinste Druckfestigkeit.

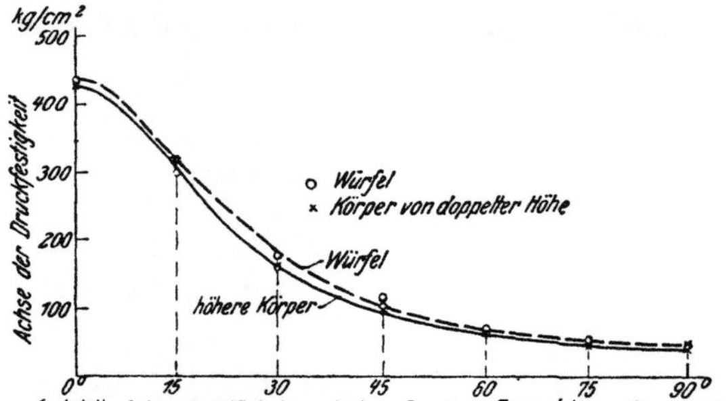

Abb. 30. Abhängigkeit der Druckfestigkeit von der Faserrichtung und von der Körperhöhe. Gotthardtanne.

3. Zugfestigkeit.

Die Zugfestigkeit der Hölzer ist sehr von der Form der Probestäbe abhängig; die Zerstörung tritt häufig durch Überwindung der Scherfestigkeit (Ausschlitzen) vor dem Zerreißen ein. Deshalb ist die Ausführung von Zugversuchen für Hölzer besonders schwierig.

Man führte sowohl Zugversuche mit Flachstäben als auch mit Rundstäben aus.

Die Zugfestigkeit hängt ferner ab von der Faserrichtung, außerdem vom Auftreten versteckter Äste, dem Alter, Kurzfaserigkeit und besonders vom Feuchtigkeitsgrad. Die Zugfestigkeit ergibt sich stets größer als die Druckfestigkeit; es erscheint aber namentlich in Hinblick auf die Ästigkeit, die bei Zug viel ungünstiger als bei Druck wirkt, nicht geraten, die zulässige Zugspannung des Holzes so wesentlich höher als die für Druck anzunehmen.

Die Federung (Elastizitätsmaß) für Zug findet sich bei tadellosen Probestücken ebenfalls größer als für Druck, läßt aber durch Äste noch viel stärker nach als bei Druck.

Nach Versuchen von Lang[1]) ergeben sich nebenstehende Elastizitätszahlen.

Aus dieser Zusammenstellung ist zu ersehen, wie starke Unterschiede bei verschiedenem Alter, Wachstum und Feuchtigkeit auftreten können, ferner daß meist $E_z > E_d$ ist.

Winkler fand als Mittel älterer Versuche für alle Holzgattungen $E = 110\,000$ kg/cm^2 mit Spielraum zwischen 20000 und 200000 kg/cm^2.

---

[1]) Lang, G.: Das Holz als Baustoff, S. 288.

Elastizitätszahlen für verschiedene Hölzer nach Lang.

Holzart	Elastizitätszahl kg/cm² Zug E_z	Druck E_d
Sehr altes Eichenholz (Jahrhunderte alt), sehr trocken	86100	75000
Desgl. sehr kurzfaserig	71200	—
Sehr altes trockenes Kiefernholz	82500	67200
Desgl.	84300	72000
Mittelgutes frisches Eichenholz, sehr trocken ($n=10^1/_2$%)	102400	—
Gutes frisches Kiefernholz	174200	145200
Gutes Fichtenholz, sehr trocken	146400	116000
Gutes Buchenholz, sehr trocken	113600	139800
Gutes Bang (Chlorophora excelsa)	123800	—

Die Zugfestigkeit quer zur Faserrichtung ist so gering, auch wegen Ringklüften und Spiegelrissen so unsicher, daß sie am besten = 0 gesetzt wird.

Über den Einfluß der Faserrichtung auf die Zugfestigkeit hat Baumann Versuche ausgeführt[1]) und zwar mit Holz von Gotthardtanne aus derselben Bohle, die für die Seite 49 beschriebenen Druckversuche benutzt wurde.

Der Zug mußte wegen Schwierigkeiten in der Herstellung der Probekörper in allen Fällen parallel zu den Jahrringen (tangential) ausgeübt werden. Die Zugrichtung bildete mit der Faserrichtung Winkel zwischen 0 und 90°. Abb. 31 zeigt die Ergebnisse und läßt erkennen, daß der Einfluß der Faserrichtung bei Zug noch bedeutend größer ist als bei Druck. Insbesondere äußert schon eine geringfügige Abweichung der Stabachse von der Faserrichtung eine sehr bedeutende Wirkung. Ist der Winkel zwischen beiden z. B. nur 15°, so sinkt die Zugfestigkeit auf weniger als die Hälfte herab. Die geringste Zugfestigkeit hat sich bei diesen Versuchen nicht für die Beanspruchung quer, d. h. unter 90° zur Faser (tangential), sondern für eine solche schräg zur Faser ergeben und zwar bei einem Winkel von ungefähr 75°; doch ist der Unterschied der Werte für 75° und 90° nicht groß.

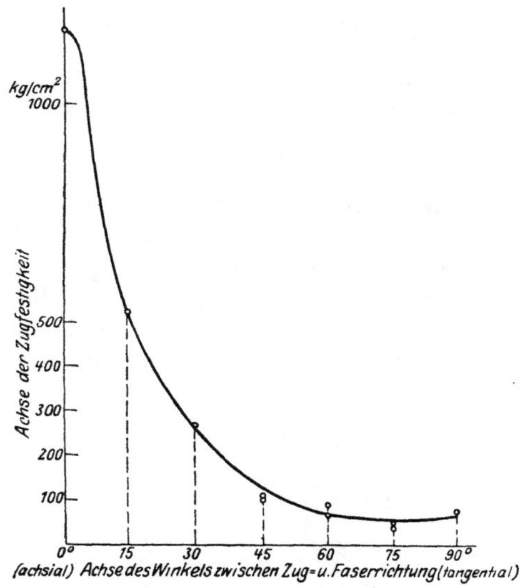

Abb. 31. Abhängigkeit der Zugfestigkeit von der Faserrichtung. Gotthardtanne.

Bei Linde ergab sich ein ähnlicher Einfluß der Faserrichtung.

4. Scherfestigkeit.

Reine Scherversuche sind um so schwieriger auszuführen, je größer der Unterschied in Bau und Festigkeit der Früh- und der Spätholzzonen der Jahrringe ist, also besonders schwierig bei Nadelhölzern.

Winkler gibt wohl die vollständigste Zusammenstellung älterer Zahlenwerte für Scherfestigkeit und findet sie parallel zur Faser durchschnittlich zu $^1/_9$ bis $^1/_{12}$ der Biege- oder $^1/_6$ bis $^1/_8$ der Druckfestigkeit.

Für größere Stücke darf man nach Lang die Scherfestigkeit in der Faserrichtung höchstens $^1/_7$ bis $^1/_{10}$ der Druckfestigkeit setzen.

[1]) Baumann, R.: Mitt. üb. Forsch.-Arb., S. 71.

Die Scherfestigkeit quer zur Faserrichtung ist wesentlich größer als die in der Längsrichtung, aber viel schwieriger zu prüfen, da hier Biegespannungen der Längsfasern und Abknicken derselben durch Querpressung nicht zu vermeiden sind. Zerstörung von Holzverbänden durch eine Querabscherung kommt fast nie vor, wohl aber starke örtliche Zusammenpressungen, sowohl bei zu kleinen Auflagerflächen von Balken, als bei den Strebenversatzungen an hölzernen Hängesäulen, die mehr auf Querdruck als auf Querabscherung hinauslaufen.

5. Biegefestigkeit.

Die Schwierigkeiten, welche sich bei Zug- und Scherversuchen ergeben, haben dahin geführt, daß man sich häufig auf die leichter auszuführenden Druck- und Biegeversuche beschränkt, wobei aber zu beachten ist, daß bei Biegeversuchen Zug- und Druckfestigkeit, Querdruck, Längs- und Querscherfestigkeit gleichzeitig von wichtigem Einfluß sind, und zwar die Scherfestigkeit längs der Faser um so mehr, je größer das Verhältnis $\frac{h}{l} = \frac{\text{Trägerhöhe}}{\text{Stützweite}}$ ist.

Folgt man, um die Elastizitätsverhältnisse bei Biegung zu erklären, dem Gedankengang von Lang[1]), so ergeben sich folgende Überlegungen.

Die Berechnung nach der Navierschen Biegeformel $\sigma_b = \frac{P l}{4 W}$ für eine Einzellast P in der Mitte, wie sie bei Biegeversuchen angenommen wird, führt bei Holz zu großen Fehlern, weil hier das Hookesche Gesetz, wie bereits S. 43 erwähnt, nur in engen Grenzen gilt, die sog. P-Grenze daher selten scharf wird und weil außerdem die Zugfestigkeit meist höher ist als die Druckfestigkeit. Letzterer Umstand scheint im Widerspruch mit der Beobachtung zu liegen, daß die Zerstörung der Probestäbe meist auf der Zugseite beginnt. Dieser Widerspruch ist aber leicht durch folgende Gründe zu widerlegen. Erstens ist das Verhältnis zwischen Spannung und Dehnung kein scharf geradliniges, sondern vermutlich annähernd ein hyperbolisches, und zweitens ist das Zugelastizitätsmaß meist größer als das für Druck. Die Naviersche Biegeformel gibt als Spannungsverteilung ein verschränktes Trapez (Abb. 32a), dessen Kreuzungspunkt M (Nullinie) in halber Balkenhöhe liegt. Die Randspannungen $\sigma - = AD$ (Druck) und $\sigma + = BC$ (Zug) haben hierbei gleich große Zahlenwerte. Die Berücksichtigung der genannten beiden Umstände führt aber zu einer Tieferlegung der Nullinie O und zu einer krummen Begrenzung der wagerechten Zug- und Druckspannungen, so daß nach Abb. 32b $\sigma - = AE$ (statt AD) und $\sigma + = BF$ (statt BC) wird, wenn die Flächen OAE und OBF gleich groß werden und gleiche Drehmomente haben sollen. Bedenkt man noch, daß in der Nähe der Bruchgrenze das Elastizitätsmaß rascher abzunehmen pflegt, so wird vor dem Bruch die Kurve EOF von E ab und ebenso von F ab steiler, erhält also einen Wendepunkt zwischen O und F. Diese Kurve ist in Abb. 32b nicht eingezeichnet, da sie an der Tatsache nichts ändert, daß bei Biegeversuchen stets die Zugseite stärker, die Druckseite

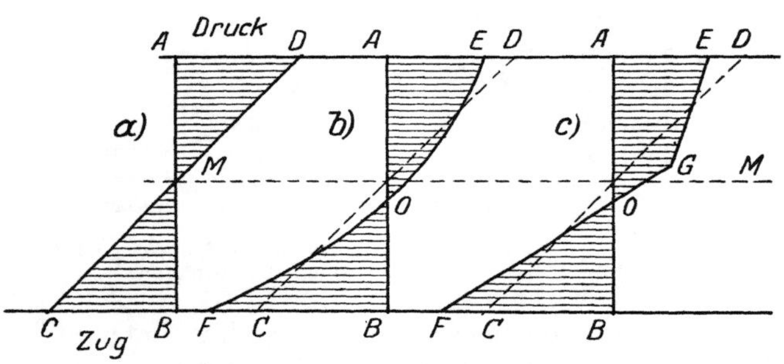

Abb. 32. Spannungsverteilung bei Biegung.

[1]) Lang, G.: Das Holz als Baustoff, S. 303 ff.

weniger stark beansprucht wird als die Biegespannung σ_b, die nach der vorgeschriebenen Biegeformel errechnet wird.

Man kann nur sagen, das berechnete σ_b ist eine Randspannung, die gar nicht vorkommt, die aber zwischen den wirklichen Randspannungswerten $\sigma -$ und $\sigma +$ liegt. Ähnliche Überlegungen sind schon von Winkler[1]) angestellt worden, der als Annäherung, die das Berechnen wesentlich erleichtert, an Stelle von Abb. 32b die Abb. 32c setzt und auch den oben erwähnten Grenzfall einer Wendekurve angenähert durch einen gebrochenen Linienzug darstellt.

Den erwähnten scheinbaren Widerspruch, daß bei Biegung zuerst Zerstörung der Zugfasern eintritt, hat auch Baumann neuerdings durch Versuche widerlegt, indem er feststellte, daß tatsächlich zuerst Ausknicken bzw. Faltenbildung der Druckfasern eintritt, die dann auf die Vergrößerung der Zugspannungen Einfluß nimmt (siehe später unter Linie II).

Bei den allgemein zugrunde gelegten zulässigen Beanspruchungen ist es jedoch nach den Versuchsergebnissen gestattet, wie bisher üblich, nach der Navierschen Biegeformel zu rechnen.

Der Bruch erfolgt in der Regel durch Zerreißen der unteren Fasern in der Mitte, teils mit kurzem Querbruch, teils mit langfaserigem Bruch.

Die Frage, ob das Holz mit dem Alter an Biegefestigkeit verliert oder gewinnt, ist dahin zu beantworten, daß langandauernde ruhende Lasten die Bruchfestigkeit bei Holz rascher als bei Eisen und Beton herabsetzen. Dies stimmt auch mit den Erfahrungen an Jahrhunderte alten Balkendecken überein, die sich trotz Lastverminderung ständig stärker durchbiegen[2]).

Nach Versuchen von Lang ergaben sich die nach der Navierschen Biegeformel berechneten Spannungen beim Bruch für Kiefer zwischen 427 und 812 kg/cm², für Fichte zwischen 370 und 549 kg/cm², wobei zu bemerken ist, daß meist weitringiges Fichtenholz mit schwachen Spätholzzonen zur Prüfung kam, während die Güte des Kiefernholzes stark wechselte, auch Äste, Harzgallen u. a. von Einfluß waren. Der Querschnitt betrug meist 6 bis 12 cm, die Stützweite wechselte von 54 bis 96 cm; die meisten Proben brachen durch Abscheren am Auflager oder Zerreißen der Zugfasern.

Auch Baumann suchte einen Zusammenhang zwischen den durch Rechnung und durch Versuch gewonnenen Biegebeanspruchungen zu ermitteln. Nach seinen Versuchen[3]) ergibt sich, daß eine allgemeine Beziehung zwischen Zug-, Druck- und Biegefestigkeit nicht besteht, was mit dem verschiedenartigen Aufbau des Holzes und den damit zusammenhängenden verschiedenen Festigkeitseigenschaften nach den einzelnen Richtungen in Verbindung zu bringen ist. In der Regel ergibt sich die Biegefestigkeit 1,4 bis 2 mal so groß als die Druckfestigkeit und kleiner als die Zugfestigkeit. Der Unterschied zwischen der in der üblichen Weise ermittelten Biegefestigkeit und der Zug- oder Druckfestigkeit rührt vorwiegend daher, daß die bei der Ableitung der Biegegleichung gemachten Annahmen in der Nähe des Bruches auch nicht angenähert mehr zutreffen.

Um den Zusammenhang der genannten Festigkeitsarten festzustellen, schlägt Baumann das folgende zeichnerische, von Ritter[4]) herrührende und von Bach[5]) auf Gußeisen angewendete Verfahren ein.

Bach ermittelt aus Zug-, Druck- und Biegeversuchen für Gußeisen gleicher Herkunft die Verlängerungen, Zusammendrückungen und Durchbiegungen bei verschiedenen Belastungsstufen, sowie Zug- und Biegefestigkeit. Durch Auf-

---

[1]) Winkler, E.: Hölzerne Brücken, S. 26 u. 305.
[2]) Lang, G.: Das Holz als Baustoff, S. 307.
[3]) Baumann, R.: Mitt. üb. Forsch.-Arb., S. 65 ff.
[4]) Ritter: Anwendungen der graphischen Statik. I, 1888, S. 134 ff.
[5]) Bach, C. und R. Baumann: Elastizität und Festigkeit. 9. Aufl. S. 300 ff.

tragen der Spannungen als Abszissen und der Dehnungen bzw. Zusammendrückungen als Ordinaten erhält er auf der Zug- und Druckseite die Linien für die Verteilung der Spannungen und ferner bestimmt er durch Gleichsetzung der ermittelten Zugfläche mit der Druckfläche, die flächengleich abgeschnitten wird (da $Z = D$), die Randspannung für Druck und damit die Biegefläche.

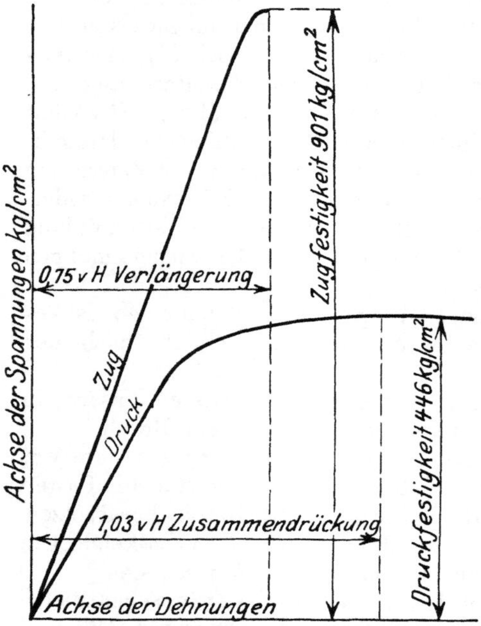

Abb. 33a. Dehnungs- bzw. Zusammendrückungslinien für Kiefernholz.

Nun kann auch aus den inneren Kräften das Biegemoment berechnet werden, welches mit dem Bruchmoment gut übereinstimmt (Abweichung 3,3 %). Die Nullachse liegt im Augenblick des Bruches um 8 % der Querschnittshöhe aus der Mitte nach der Druckseite hin.

Baumann erhält auf ähnliche Weise für Kiefernholz folgende Ergebnisse [1]).

Abb. 33a zeigt die Dehnungen bzw. Zusammendrückungen für Zug- oder Druckbeanspruchung in Abhängigkeit von den Spannungen (für Kiefernholz), und zwar bis zur Überwindung der Widerstandsfähigkeit. Sodann zeigt Abb. 33b die zu verschiedenen biegenden Momenten gehörigen Spannungen im gebogenen Balken nach dem vorher angegebenen Wege.

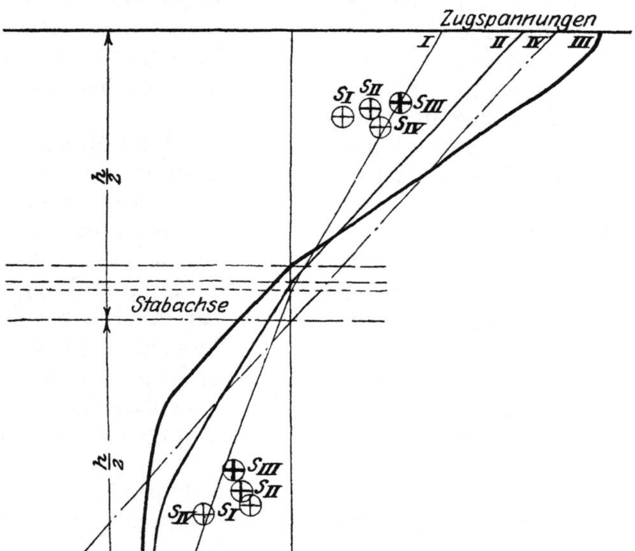

Abb. 33b. Spannungslinien im gebogenen Balken.

Linie I zeigt noch geradlinigen Verlauf der Spannungen auf der Zug- und Druckseite. Der Unterschied im elastischen Verhalten bei Zug- und Druckbeanspruchung (Abb. 33a) bewirkt Verschiebung der neutralen Achse nach der Zugseite hin.

Linie II. Die Druckspannung ist so weit gestiegen, daß auf der Druckseite Faltenbildung (s. S. 53) zu beobachten war. Der Verlauf der Spannungslinie ist auf der Druckseite sehr stark gekrümmt, auf der Zugseite noch fast geradlinig.

Linie III. Die Spannung auf der Zugseite erreicht den Wert der beim

[1]) Bach, C. und R. Baumann: Elastizität und Festigkeit, S. 305.

Zugversuch ermittelten Zugfestigkeit; der Stab bricht daher. Auf der Druckseite hat die Faltenbildung stark zugenommen.

Linie IV. Spannungsverteilung nach der üblichen Gleichung für das Biegemoment, das der Linie III entspricht.

Zu beachten ist ferner das Wandern der Nullinie nach der Zugseite hin.

In Abb. 33c sind über den Biegemomenten die jeweils nach Abb. 33b ermittelten größten Zug- und Druckspannungen aufgetragen. Die Zugspannungen sind, wie bei Abb. 33a, stets höher als die Druckspannungen. Zwischen beiden verläuft die der üblichen Rechnung entsprechende Gerade. Das Umbiegen der Druckspannungslinie nach rechts verursacht Umbiegen der Zugspannungslinie nach oben. So kommt es, daß zwar der Bruch des gebogenen Stabes eintritt, wenn die Spannung auf der Zugseite die Höhe der Zugfestigkeit erreicht, daß aber trotzdem die Widerstandsfähigkeit gegen Druck dadurch Einfluß nimmt, daß sie das stärkere Wachsen der Zugspannungen bedingt. Die rechnungsmäßige Biegefestigkeit ergibt sich im vorliegenden Fall zum 1,7-fachen der Druckfestigkeit.

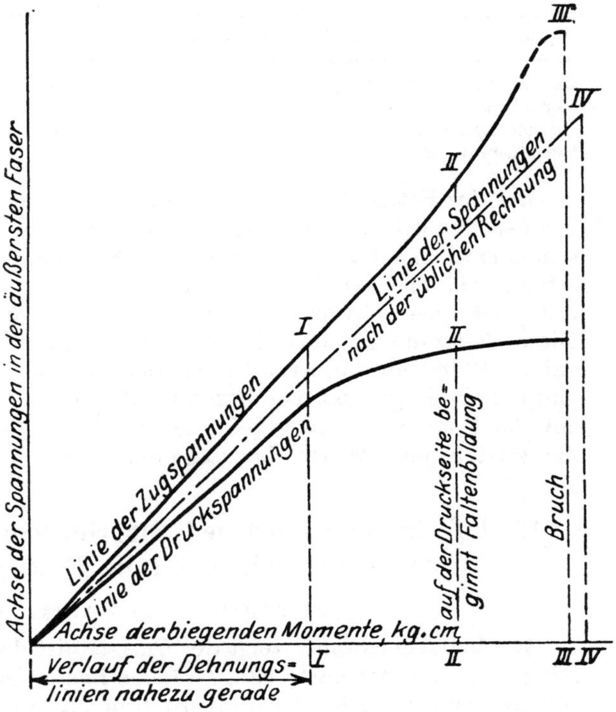

Abb. 33c. Spannungslinien für die gemäß Abb. 33b ermittelten größten Werte.

Die Übereinstimmung des nach Abb. 33a u. 33b abgeleiteten Bruchmomentes ist eine sehr gute. Nach den vorhergehenden Abbildungen wurde ein größtes Moment ermittelt von 15830 kgcm, beim Biegeversuch wurde beobachtet 16250 kgcm, so daß der Unterschied nur 2,6 % beträgt. Dieser Unterschied tritt auch in Abb. 33b durch den Abstand der Enden der Linien III—III u. IV—IV zutage.

Hiernach scheint die Annahme des Ebenbleibens der Querschnitte auch für Holz zulässig.

Was den Einfluß der Faserrichtung auf die Biegefestigkeit betrifft, ergibt sich nach Versuchen von Baumann[2]), daß schon geringfügige Abweichungen der Faserrichtung von der Stabachse sehr bedeutende Festigkeitsabnahme zur Folge haben; der Einfluß ist aber nicht so groß, wie er bei Zugversuchen gefunden wurde.

Allgemein kann gesagt werden, daß für Probekörper, bei denen die Faserrichtung der Stabachse parallel ist oder bei denen zwischen beiden nur ein geringer Winkel auftritt, die Widerstandsfähigkeit gegenüber Zug, Druck und Biegung weit auseinander liegt, während diese Werte bei stark schräger Faserrichtung (von etwa 30° ab) mit ziemlich guter Annäherung zusammenfallen.

Bei Linde war allerdings das Zusammenfallen dieser Werte bei schräger

[1]) Baumann, R.: Mitt. üb. Forsch.-Arb., S. 87.

Faserrichtung nicht zu beobachten, indem die Biegefestigkeit der Zug- und Druckfestigkeit überlegen war.

Was die gleichzeitig ausgeführten Elastizitätsversuche betrifft, so haben Versuche mit Stäben, deren Fasern quer und schräg zur Stabachse verlaufen, bedeutende Verschiedenheit der Ergebnisse beim Holz der Gotthardtanne, geringere Unterschiede für Lindenholz, und für Kiefernholz gar keine ergeben.

Biegeversuche mit Stäben aus Gotthardtanne, bei denen die Faserrichtung verschiedene Winkel mit der Stabachse bildete, haben gezeigt, daß schon geringe Abweichungen des Faserverlaufes von der Stabachse erhebliche Steigerung der Dehnungszahl, d. h. der Nachgiebigkeit des Probekörpers zur Folge haben.

Baumann bestimmte die nachstehenden Verhältniszahlen der Dehnungszahl und Biegefestigkeit für eine Abweichung der Faserrichtung von 15° und 30°, je bezogen auf den Wert für 0°.

Winkel zwischen Stabachse und Faser . . .	0°	15°	30°
Dehnungszahl in Milliontel	7,37	13,55 und 13,70	44,79 und 34,96
Verhältniszahlen	1	1,8 „ 1,9	6,1 „ 4,7
Biegefestigkeit kg/cm²	851	650 „ 595	263 „ 226
Verhältniszahlen	1	1 : 1,3 „ 1 : 1,4	1 : 3,2 „ 1 : 3,8

Bei der Betrachtung dieser Verhältniszahlen ist im Auge zu behalten, daß bei der Ermittlung der Biegefestigkeit jeweils an einer Stelle mit ganz bestimmtem Winkel zwischen Jahrring, Faserrichtung und Stabachse der Bruch erfolgt, während bei den Elastizitätsversuchen zu der Durchbiegung alle Stabteile beitragen, obwohl für sie diese Winkel von Punkt zu Punkt wechseln. Dieser Umstand ist auch für die Übertragung der hier erlangten Ergebnisse auf die Stäbe mit kürzeren Verwachsungsstellen von grundlegender Bedeutung und hat zur Folge, daß bei diesen im allgemeinen der Einfluß der Verwachsung auf die Festigkeit größer gefunden wird als auf die Dehnungszahl, während die vorstehenden Werte das Gegenteil ergeben.

6. Einfluß des verschiedenen Jahrringbaues, von Wuchsfehlern und von Feuchtigkeit auf die Festigkeit des Holzes.

a) Einfluß des Jahrringbaues.

Wie bereits erwähnt, zeigt der Querschnitt durch Nadelholz hellere weichere Ringe und dunklere harte Ringe. Beide Bestandteile gehen entweder allmählich (Fichte, Abb. 34) oder fast unvermittelt (Kiefer, Abb. 10) ineinander über.

Um die Härte des Holzes an den verschiedenen Stellen der Jahrringe zu ermitteln, hat Baumann die Kegeldruckhärte (s. S. 19) bestimmt, und zwar dehnte er seine Versuche über sechs Jahrringe von bosnischem Fichtenholz aus. Der Verlauf der Härtezahlen ist in Abb. 35 dargestellt. Er zeigt, daß die Härte des Frühholzes *F* nur ein Bruchteil derjenigen des Spätholzes *H* ist; der kleinste beobachtete Wert beträgt 2,24, der größte 15,2 kg/mm².

Zur weiteren Klarstellung wurden dem Holz eines und desselben Jahrringes an verschiedenen Stellen 0,5 bis 1,2 mm dicke und 5 bis 9 mm breite Flachstäbe durch Spalten entnommen und an diesen die Zugfestigkeit ermittelt. Dabei fanden sich folgende Werte:

Frühholz	Spätholz
480 kg/cm²	1594 kg/cm²
430 „	1116 „
604 „	1352 „
490 „	1490 „
Mittel 505 kg/cm²	1388 kg/cm²

Bei Prüfung von Stäben aus anderen Jahrringen stieg die Zugfestigkeit bis zu 2343 kg/cm², d. i. etwa der gleiche Wert wie für ausgeglühtes Kupfer.

Stäbe von 15 mm Durchmesser aus der gleichen Bohle, die wegen ihres größeren Querschnittes Holz von mehreren Jahrringen enthielten, haben 517, 558 und 684, im Mittel 586 kg/cm² Zugfestigkeit ergeben. Diese Werte entsprechen ungefähr der hier vorliegenden, durch das Verhalten der Kegeldruckprobe gekennzeichneten Zusammensetzung der Jahrringe aus festeren und weniger festen Teilen (Abb. 35), wenn man berücksichtigt, daß die Zugfestigkeit des ganzen Jahrringes kleiner sein muß als die Summe der Festigkeiten seiner Teile, weil der Augenblick des Bruches und damit die Bruchlast durch den weniger zähen Teil bestimmt wird, und deshalb die Festigkeit des zäheren Teiles nicht voll ausgenutzt werden kann.

Abb. 34. Querschnitt durch Fichtenholz. V.: 11.

Gleiche Versuche mit Oregonpine, das engere Jahrringe, eine viel schmälere Frühholzzone und fast unvermittelten Übergang zwischen Früh- und Spätholz aufwies, ergaben für das harte Spätholz im Mittel 4408 kg/cm² (wie bei gutem Flußeisen), und Versuchsstäbe von 15 mm Durchmesser, deren Querschnitt mehrere Jahrringe umfaßte, ergaben 1122 und 1217 kg/cm² Zugfestigkeit.

Die Ergebnisse der Versuche lassen die bedeutenden Unterschiede in der Festigkeit der harten und weichen Teile der Jahrringe sowie die große Wider-

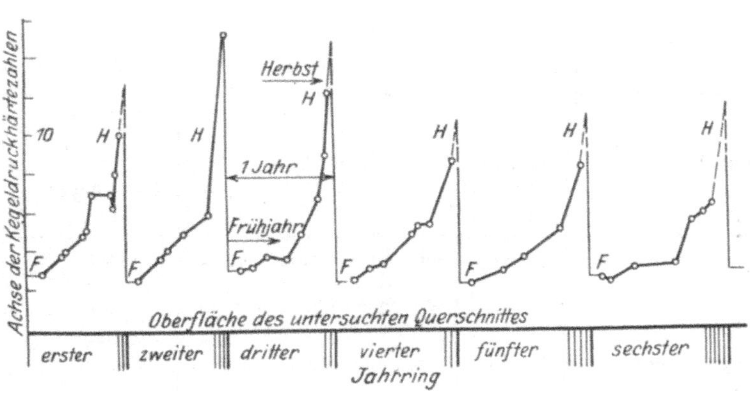

Abb. 35. Härtelinien für Früh- und Spätholz in den verschiedenen Jahrringen.

standsfähigkeit der harten Teile zahlenmäßig erkennen. Sie zeigen auch, daß ein Urteil über die Festigkeitseigenschaften des Holzes nur erlangt werden kann, wenn man das Verhältnis berücksichtigt, in dem die harten und die weichen Teile an dem Aufbau der einzelnen Jahrringe des Holzes beteiligt sind. Dieses Verhältnis kann für die Jahrringe ein und desselben Stammes verschieden sein, also unmittelbar nebeneinander liegende Jahrringe können zum Teil wenig, zum Teil viel Spätholz aufweisen. Demnach kann feinjähriges Holz, wie Baumann durch Versuche mit Pitchpineholz nachgewiesen hat, geringere Festigkeiten ergeben, wie solches mit breiten Jahrringen, und zwar tritt dies ein, wenn bei den schmalen Jahrringen der Anteil des harten Spätholzes geringer als bei den breiten Jahrringen ist.

Maßgebend für die Beurteilung der Holzfestigkeit ist hiernach bei sonst gleichem Holz nicht die Breite, sondern das Verhältnis der harten und weichen Teile der Jahrringe.

Ähnliches Verhalten zeigen auch gewisse Laubhölzer[1]).

Baumann führte ferner Versuche über den Festigkeitsunterschied von Kern- und Splintholz aus.

Hierbei ist hervorzuheben, daß gleichzeitig der vorher besprochene Einfluß des Jahrringbaues im Auge zu behalten ist, der eine weit größere Wirkung auf die Festigkeit als der Einfluß der Verkernung haben wird. Soweit aus den Versuchen ein Schluß gezogen werden kann, ist bei gleichartigem Aufbau die Zugfestigkeit des Splintholzes im allgemeinen eher größer und die Druckfestigkeit dagegen kleiner als für Kernholz. Die Biegefestigkeit ergibt sich nicht selten für das Kernholz größer als für Splintholz.

b) Einfluß von Wuchsfehlern.

Zu den Wuchsfehlern sind im allgemeinen zu rechnen Verwachsungen, schräger Faserverlauf, Astbildung, Drehwuchs, Windbruch, ferner Harzgallen und harzige Stellen (s. auch S. 15).

Die Verwachsungen erstrecken sich meist nur auf einen kleinen Teil der Länge des Versuchskörpers und zeigen in der Regel an jeder Stelle in anderem Sinne eine Abweichung vom geraden Faserverlauf.

Baumann hat den Einfluß von Verwachsungen auf das elastische Verhalten durch ein zeichnerisches Verfahren ermittelt[2]).

In nachstehenden Übersichten α bis ζ seien die wichtigsten Ergebnisse seiner Festigkeitsversuche zusammengestellt.

α) Probekörper mit schrägem und schwachgekrümmtem Faserverlauf.

Versuchsart	Holzart	Bemerkung	Verhältnis zum geradfaserigen Stab	
			Dehnungszahlen	Festigkeiten
Biegeversuche	Kiefer	schwach gekrümmter Faserverlauf, ∢ zwischen Stabachse und Faserrichtung etwa 15°	1,69 : 1	0,67 : 1
Zugversuche	Tiekholz	schräger Faserverlauf	—	0,83 : 1
Druckversuche Würfel	Esche	„ „		0,84 : 1
Körper von doppelter Höhe	„	„ „		0,71 : 1

[1]) Näheres siehe Baumann, R.: Mitt. üb. Forsch.-Arb., S. 94.
[2]) Baumann: Mitt. üb. Forsch.-Arb., S. 98 ff.

β) Probekörper mit Verwachsungen.

Versuchsart	Holzart	Bemerkung	Verhältnis zum geradfaserigen Stab	
			Dehnungszahlen	Festigkeiten
Biegeversuche	polnische Kiefer		0,98 : 1	0,67 : 1
	Kiefer		0,98 : 1	0,87 : 1
	„			0,52 : 1
	„			0,35 : 1
	„			0,62 : 1
	„	Kern verwachsen u. harzig Splint geradfaserig		1,39 : 1
Hier ist die dichtere Ausbildung des harzigen Kernholzes von überwiegendem Einfluß				
Biegeversuche	Esche		1,67 : 1	0,48 : 1
	„		1,41 : 1	0,63 : 1
	Linde		1,84 : 1	0,73 : 1
Zugversuche	Kiefer	stark grünlichblau gefärbt		0,57 : 1
	Esche			0,29 : 1
Druckversuche	„	Raumgewichte 0,97 : 1		0,71 : 1
	„	1,04 : 1		0,83 : 1
	„	—		0,95 : 1

γ) Probekörper mit Ästen.

Versuchsart	Holzart	Bemerkung	Festigkeit kg/cm²	Verhältnis zum geradfaserigen Stab	
				Dehnungszahlen	Festigkeiten
Biegeversuche	Kiefer	verwachsen	506	1,14 : 1	—
	„	Ast		1,07 : 1	—
	Esche	Ast auf der Zugseite	849	1,06 : 1	
	„	„ „ „ Druckseite (nahe an der Mitte)		1,13 : 1	
Druckversuche	Tiekholz	Ast	—	—	0,79 : 1
	Linde	„	—	—	0,84 : 1

Nach Versuchen von Lang[1]) ergibt sich für den Einfluß von Ästen auf die Druckfestigkeit parallel zur Faser nachstehende Zahlentafel.

Einfluß von Ästen auf die Druckfestigkeit parallel zur Faser.

Holzart	Wassergehalt in %	Raumgewicht	Druckfestigkeit mit Ästen	Druckfestigkeit ohne Äste	Verhältnis
Buche	12		523	752	0,70 : 1
Fichte	11	0,475	452	495	0,91 : 1
„	11,3		257	370	0,69 : 1
„	12,3		436	527	0,83 : 1
„	12		484	497	0,97 : 1

Die vorletzte Spalte enthält die Zahlen der Druckfestigkeiten aus benachbarten geradfaserigen und astfreien Stammteilen.

Seitz[2]) ließ an der Materialprüfungsanstalt der Technischen Hochschule Stuttgart Versuche über den Einfluß von Ästen auf die Druckfestigkeit.

[1]) Lang, G.: Das Holz als Baustoff, S. 268.
[2]) Seitz, H.: Grundlagen des Ingenieurholzbaues, S. 9.

senkrecht zur Faser durchführen. Er verwendete Würfel aus Kiefernholz, die aus ein und demselben Stabe entnommen waren, und zwar lagen Würfel 1 und 2 sowie 4 und 5 je benachbart. Würfel 1, 5 und 7 wiesen fest verwachsene Äste von etwa 1 bis 2,5 cm Stärke in verschiedenen Lagen auf, während Würfel 2 und 4 ohne Äste waren. Aus nachstehender Übersicht sind die verschiedenen Beanspruchungen bei bestimmten Zusammendrückungen zu ersehen, die zeigen, daß der vorhandene Astwuchs die Festigkeit des Holzes senkrecht zur Faser nicht beeinträchtigt, sondern diese sogar zum Teil nennenswert erhöht hat.

Einfluß von Ästen auf die Druckfestigkeit von Kiefernholz senkrecht zur Faser.

Versuchskörper	Beanspruchung in kg/cm² bei einer Zusammendrückung von					
	1 mm	2 mm	3 mm	4 mm	5 mm	6 mm
Würfel 1 (astig)	24	35	40	43	46	49
„ 2 (astfrei)	15	22	24	25	27	32
„ 4 (astfrei)	16	20	22	23	24	28
„ 5 (astig)	19	24	25	28	29	32
„ 7 (astig)	18	22	24	26	27	32

Die an zwei weiteren Würfeln 3 und 6 vorgenommenen Druckversuche parallel zur Faser ergaben Festigkeiten von 314 bzw. 337 kg/cm² bei etwa 22% Feuchtigkeitsgehalt.

δ) Probekörper mit Drehwuchs.

Da das Holz in verschiedenen Abständen von der Stammitte ganz verschiedene Beschaffenheit hatte, so war es nicht möglich, den Einfluß des Drehwuchses allein auf die Festigkeitseigenschaften festzustellen.

Biegefestigkeit des ganzen Stabes $\sigma_B' = 584$ kg/cm².

	Rechtes Stabende	Linkes Stabende	Verhältnis
Dehnungszahl $\alpha =$	17,14	10,21	1,68 : 1
Zugfestigkeit $K_z =$	702	1520	0,46 : 1
		1038	0,68 : 1
Druckfestigkeit $K =$	443	674	0,66 : 1
Raumgewicht	0,53	0,71	0,75 : 1

ε) Probekörper mit Windbruch.

Unter Windbruch versteht man eine Verletzung des lebenden Baumes durch Windschaden, die im Laufe der Zeit äußerlich wieder zugewachsen (überwallt) ist. An diesen Stellen pflegt namentlich bei Nadelbäumen Harz auszutreten, das das Holz in der Nähe der Bruchstelle durchtränkt (verkient).

Hier wurden nur Biegeversuche mit polnischer Kiefer vorgenommen, welche ergaben:

	Windbruch	geradfaserig	Verhältnis
	Versuch 1		
Dehnungszahl	4,48	7,71	1,10 : 1
Biegefestigkeit	812	924	0,88 : 1
	Versuch 2		
Dehnungszahl	8,78	8,01	1,10 : 1

Biegefestigkeit des ganzen Stabes, bezogen auf die Bruchstelle $\sigma_B' = 519$ kg/cm².

Die Versuchsergebnisse zeigen, daß Stellen mit Windbruch nur unvollkommen verwachsen, so daß die Biegefestigkeit bedeutend vermindert wird. Auf die Größe der Dehnungszahl vermag die geschädigte Stelle infolge ihrer geringen Länge nur verhältnismäßig kleinen Einfluß auszuüben.

ζ) Probekörper mit Harzgallen und harzigen Stellen.

(Vgl. auch S. 13 u. 17.)

Harzgallen treten hauptsächlich bei Kiefernholz auf und sind, solange sie klein sind, ohne wesentliche Bedeutung.

Anders liegen die Verhältnisse bei großen Harzgallen, die einen wesentlichen Teil des Probekörpers ausmachen.

Harzige Stellen treten ebenfalls vorwiegend bei Kiefernholz auf, derart, daß größere oder kleinere Stellen von Harz getränkt sind.

Biegeversuche (Kiefer).
Verhältnis der Stelle mit Harzgalle zum geradfaserigen Holz.

1. Versuch
Dehnungszahl . . . . 1,05 : 1
Biegefestigkeit . . . . 0,78 : 1

2. Versuch
Dehnungszahl . . . . 0,99 : 1
Biegefestigkeit . . . . 0,69 : 1

3. Versuch
Dehnungszahl . . . . 1,04 : 1
Biegefestigkeit . . . . 0,97 : 1

4. Versuch
Dehnungszahl . . . . 0,94 : 1
0,96 : 1

Zugversuche (Kiefer).
Verhältnis der Stelle mit Harzgalle zum geradfaserigen Holz.

1. Versuch . . . . . . 0,77 : 1
2. Versuch . . . . . . 0,92 : 1
3. Versuch . . . . . . 1,03 : 1
4. Versuch . . . . . . 1,08 : 1

Druckversuche wurden nicht vorgenommen.

c) Einfluß von Feuchtigkeit.

Über das Verhalten von Holz in physikalischer Beziehung bei Aufnahme von Wasser (Schwinden und Quellen) wurde schon S. 21 das Wesentlichste mitgeteilt.

Mit der Zunahme von Feuchtigkeit nimmt die Festigkeit des Holzes ab. Versuche von Bauschinger[1]) mit Kiefernholz lieferten folgende Zahlenwerte.

Wassergehalt in %	Druckfestigkeit kg/cm²	Schubfestigkeit kg/cm²	Biegefestigkeit kg/cm²
10	360	75,5	455
12,5	362	60,5	437
16	291	55	400
27	267	48	368

Versuche von Rudeloff[2]) mit lufttrockenem und nassem Kiefernholz (Splint) ergaben ohne und mit Blaufärbung im Durchschnitt ein Verhältnis von lufttrockenem zu nassem Holz

ohne Blaufärbung . . . . . . 1 : 0,46
mit „ . . . . . . 1 : 0,47.

Janka[3]) führte zahlreiche Versuche mit österreichischem Fichtenholz durch, woraus sich für die Abnahme der Druckfestigkeit, wenn man die dem Wassergehalt $n = 10\,\%$ für völlig lufttrockenes Holz (in Zimmern mit Zentralheizung)

1) Baumann: Mitt. üb. Forsch.-Arb., S. 120.
2) Mitt. aus den Techn. Versuchsanstalten zu Berlin 1897, S. 1 ff., 1899, S. 209 ff.
3) Lang: Das Holz als Baustoff, S. 28.

Wassergehalt n	zulässige Druckbeanspruchung kg/cm²
10	100
15	78,5
20	60
25	50
30	46
40	42
50	41
60	40

entsprechende zulässige Druckbeanspruchung = 100 setzt, nebenstehende Zahlenreihe ergibt.

Hieraus folgt, daß die zulässige Beanspruchung bei lufttrockenem Holz ($n = 15\,^0/_0$) nur noch $78{,}5\,^0/_0$, bei luftfeuchtem Holz ($n = 20\,^0/_0$) nur noch $60\,^0/_0$, bei sehr feuchtem Holz ($n = 25\,^0/_0$) nur noch $50\,^0/_0$, bei Grünholz ($n = 40\,^0/_0$) nur noch $42\,^0/_0$ und bei wassersattem Holz ($n > 50\,^0/_0$) nur noch $40\,^0/_0$ des ganz lufttrockenen Fichtenholz betragen darf. Bei noch stärkerem Wassergehalt nimmt die Festigkeit etwas zu (für $n > 100\,^0/_0$ bis zu $10\,^0/_0$ des Kleinstwertes, der zwischen $n = 50$ und $100\,^0/_0$ liegt).

Ferner hat Baumann [1]) über den Einfluß des Feuchtigkeitsgrades Festigkeitsversuche ausgeführt. Biegeversuche haben ergeben, daß die bleibenden Durchbiegungen außerordentlich stark zunehmen und zwar um so mehr, je höher die Belastungen sind. Der Einfluß der Wasseraufnahme auf die Federung (Elastizität) ist weit kleiner, liegt aber in der gleichen Richtung. Weiter vgl. die angegebene Quelle.

Über den Einfluß der Feuchtigkeit bei Druck längs und quer zur Faser vgl. die Versuche Föppls S. 47.

7. Festigkeitszahlen und zulässige Beanspruchungen.

a) Festigkeitszahlen.

Aus dem vorher Gesagten geht hervor, daß die Festigkeitszahlen innerhalb weiter Grenzen schwanken.

Die von Bauschinger und Tetmajer ermittelten Elastizitäts- und Festigkeitszahlen bilden seit Jahrzehnten die Grundlage für die Festigkeitsberechnung von Holzkonstruktionen und mögen daher nebenstehend mitgeteilt werden [2]).

Weitere Festigkeitszahlen gibt ferner Melan [3]), die nachstehend angeführt werden mögen.

Mittelwerte der Festigkeitszahlen in kg/cm² nach Melan für fehlerloses, astfreies, lufttrocknes Holz.

Holzart	Elastizitätszahl E	Zugfestigkeit σ_B	Druckfestigkeit σ_{-B}	Biegefestigkeit σ'_B	Schubfestigkeit ‖ zur Faser	Schubfestigkeit ⊥ zur Faser	Ungefähre Elastizitätsgrenze
Kiefer . .	für Zug 105000—130000 für Druck 100000—118000	720— 970	230—302	500	61	210	für Zug = $0{,}6\,\sigma_B$ für Druck = $0{,}4\,\sigma_{-B}$ für Biegung = $0{,}5\,\sigma'_B$
Fichte . .		600— 750	280—440	560	67	219	
Tanne . .		550— 800	280—350	600	63	273	
Lärche . .		710— 960	330—500	600	72	247	
Eiche . . .		700—1000	350—450	620	75	270	
Buche . .		700—1100	380—420	650	85	290	

[1]) Baumann: Mitt. üb. Forsch.-Arb., S. 120.

[2]) Über ältere Elastizitäts- und Festigkeitszahlen vgl. Winkler, E.: Vorträge über Brückenbau. Hölzerne Brücken, I. Heft: Balkenbrücken.

[3]) Melan, J.: Der Brückenbau. I. Band: Einleitung und hölzerne Brücken, 3. Aufl., S. 100 u. 101.

Mittelwerte der Festigkeitszahlen für Nadelholz und Eichenholz (lufttrocken) in kg/cm² nach Melan.

Beanspruchungsweise	Nadelholz	Eichenholz
Zugfestigkeit	730	920
Druckfestigkeit	330	400
Biegefestigkeit	550	620
Schubfestigkeit ‖ zu den Fasern .	65	75
Desgl. ⊥ zu den Fasern	230	270
Zugfestigkeit ⊥ zu den Fasern .	125	150
Druckfestigkeit ⊥ zu den Fasern .	40—70	120—150

Festigkeitszahlen nach J. Bauschinger und L. Tetmajer.

Die folgenden Angaben beziehen sich auf den ganzen Querschnitt (Kernholz und Splintholz zusammen).

Art der Beanspruchung	Feuchtigkeitsgehalt %	Elastizitätsmaß E kg/cm²	Proportionalitätsgrenze σ_P kg/cm²	Festigkeit σ_B kg/cm²
		Kiefer		
Zug parallel zur Faser	13	90000	—	790
Druck parallel zur Faser	18	96000	155	280
Biegung *)	23	108000	200	470
Schub **)	25	—	—	45
		Fichte		
Zug parallel zur Faser	16	92000	—	750
Druck parallel zur Faser	19	99000	150	245
Biegung *)	29	111000	230	420
Schub **)	38	—	—	40
		Eiche		
Zug parallel zur Faser	—	108000	475	965
Druck parallel zur Faser	—	103000	150	345
Biegung *)	24	100000	215	600
Schub **)	—	—	—	75
		Rotbuche		
Zug parallel zur Faser	—	180000	580	1340
Druck parallel zur Faser	—	169000	100	320
Biegung *)	17	128000	240	670
Schub **)	—	—	—	85

*) Der Stammkern liegt in der Querschnittsmitte.

**) Abscherung parallel zur Faserrichtung in einer durch die Stammachse gehenden Ebene. σ_S für das Kernholz = 0,75 σ_S für den ganzen Querschnitt.

Endlich mögen noch die neuesten Ergebnisse aus Versuchen mit lufttrockenem Holz angeführt werden, die Baumann[1]) vorwiegend im Hinblick auf die Bedürfnisse des Flugzeug- und Kraftwagenbaues vorgenommen hat. Eine Ermittlung des Feuchtigkeitsgehaltes jeder Probe hat Baumann nicht vorgenommen, denn die Aufgabe bestand in der Ermittlung der Festigkeitseigenschaften des Holzes in dem Zustand, wie es verarbeitet zu werden pflegt. Die Holzproben wurden jedoch längere Zeit in einem geschlossenen Raum gelagert, der im Winter leicht geheizt und im Sommer durch Vorhänge vor den Sonnenstrahlen geschützt wurde.

[1]) Baumann, R.: Mitt. üb. Forsch.-Arb., Heft 231.

Festigkeitszahlen nach Baumann. Mittel- und Grenzwerte für gerade gewachsenes Holz.

Es bedeutet: ⊥ Beanspruchung in der Faserrichtung (längs); ∥ Beanspruchung quer zur Faserrichtung, parallel zu den Jahrringen (tangential); ⫫ Beanspruchung quer zur Faserrichtung, senkrecht zu den Jahrringen (radial). Bei Biegungsversuchen ist die Richtung der auftretenden Zug- oder Druckbeanspruchung maßgebend.)

„ „ : $\frac{l}{h}$ das Verhältnis Auflagerentfernung zur Stabhöhe bei Biegungsversuchen.

A. Nadelhölzer.

Holzart	Beschaffenheit	Raumgewicht		Dehnungszahl α in Millionteln			Zugfestigkeit, kg/cm²								Druckfestigkeit, kg/cm²								Biegefestigkeit, kg/cm²	
									quer zur Faserrichtung								quer zur Faserrichtung							
							achsial		tangential		schräg		radial		achsial		tangential		schräg		radial			
		kleinster und größter Wert	Mittelwert	Zug	Druck	Biegung *A:* Belastung nach Abb. 36 a *B:* Belastung nach Abb. 36 b *C:* Belastung nach Abb. 36 c	Einzelwerte	Mittelwert	Einzelwerte	Mittelwert	Einzelwerte	Mittelwert	Einzelwerte	Mittelwert	Einzelwerte	Mittelwert	Einzelwerte	Mittelwert	Einzelwerte	Mittelwert	Einzelwerte	Mittelwert	Einzelwerte	Mittelwert
Fichte amerikanische	größt. ermittelter Wert der Dehnungszahl, kleinste ermittelte Festigkeitswerte	—	—	—	—	13,74 (= 1:72 800) (s. u.)	395	—	18 (s u.)	—	29	—	25	—	281	—	71 (s.u.)	—	29	—	43	—	440	—
	russische, geringwertig	0,39 bis 0,42	0,45	—	—	13,74 (= 1:72 800)	453 494 571	506	—	—	—	—	—	—	341 350	346	—	—	—	—	—	—	520	—
	—	0,44 bis 0,46	0,45	6,26 (=1:159 600)	6,16 (=1:162 400)	6,08 (= 1:164 500)	1435 1481	1458	18 26 35	26	—	—	93 90	92	540 570	555	71	—	39	—	58	—	948	—
	gut	0,58 bis 0,60	0,59	—	—	5,65 (= 1:177 000)	1215	—	—	—	—	—	—	—	567 584	576	—	—	—	—	—	—	1163	—
	kleinst. ermittelt. Wert der Dehnungszahl, größte ermittelte Festigkeitswerte	—	—	—	—	5,49 (= 1:182 100)	1684	—	55	—	54	—	93 (s.o.)	—	600	—	95	—	39 (s.o.)	—	58 (s. o.)	—	1163 (s.o.)	—
Kiefer	größt. ermittelter Wert der Dehnungszahl, kleinste ermittelte Festigkeitswerte	—	—	—	—	14,49 (= 1:69 030)	345	—	10	—	69 (s.u.)	—	19	—	308 (s.u.)	—	77	—	22	—	44	—	506	—
	geringwertig	0,41 bis 0,43	0,42	—	—	11,81 (= 1:84 700) $\left(\frac{l}{h} = 12{,}5\right)$	681	—	—	—	—	—	—	—	308 328	318	—	—	—	—	—	—	534	—

Kiefer	—	0,50 bis 0,55	0,54	⊥ 6,01 (=1:160 300) ‖ 197,1 (=1:5070)	⊥ 6,18 (=1:161 700) ‖ 224,7 (=1:4450)	6,45 (=1:155 100) A: 280,8 (=1:3560) B: 286,4 (=1:3490)	1157 1168 1275 1353 1437	1278	25 29 32 34 45	33	—	—	59 81 82 84	77	618 620	619	92 92	92	—	—	55 56	56	908 A:73 B:40	—
	südd. Forche, sehr gut	0,58 bis 0,61	0,60	—	—	—	1608 1608	1608	27 28 37 41	33	69 70	70	34 45	40	730 756 759 766	753	125 138	132	42 45	44	66 68	67	980 1005 1273 1375	1160
	kleinst. ermittelt. Wert der Dehnungszahl, größte ermittelte Festigkeitswerte	—	—	—	—	4,98 (=1:200 800)	1797	—	55	—	86	—	84 (s.o.)	—	766 (s.o.)	—	138 (s.o.)	—	45 (s.o.)	—	68 (s.o.)	—	2059	—
Lärche	—	0,54 bis 0,57	0,55	6,37 (=1:15 700)	7,00 (=1:142 900)	6,90 (=1:144 900)	1190 1215	1203	—	—	—	—	—	—	371 486 547	468	98 111	105	—	—	58 65	62	812 823	818
Oregonpine (Douglastanne oder -fichte)	größt. ermittelter Wert der Dehnungszahl, kleinste ermittelte Festigkeitswerte	—	—	—	—	9,72 (=1:102 900) (s. u.)	553 (s.u.)	—	18 (s.u.)	—	26 (s.u.)	—	13 (s.u.)	—	345 (s.u.)	—	72 (s.u.)	—	33 (s.u.)	—	68 (s.u.)	—	632	—
	geringwertig	0,45 bis 0,48	0,46	—	—	9,30 (=1:107 500)	759 898	828	—	—	—	—	—	—	455 470	463	72 80	76	—	—	67 72	70	845	—
	—	0,47 bis 0,54	0,51	—	—	9,72 (=1:102 900)	553 619 646 664	621	—	—	—	—	—	—	345 365	} 355	—	—	—	—	—	—	787 949	868
									18 22	20	26 35 40	34	13 17 22	17	628 648	} 638	100 102	101	33 34	34	48 55	52	—	—
	—	0,51 bis 0,54	0,53	⊥ 6,29 (=1:158 900) ‖ 94,7 (=1:10 560)	⊥ 6,23 (=1:160 400) ‖ 100,0 (=1:10 000) ‖ 111,5 (=1:8970)	7,10 (=1:140 900)	979 1200	1090	26 32	29	—	—	—	—	610 631	621	79 91	85	—	—	65 69	67	1028 940	984
	gut	—	—	—	—	5,41 (=1:184 800)	1213 1221	1217	—	—	—	—	—	—	660 688	674	149 150	150	—	—	83 93	88	1203	—
	kleinst. ermittelt. Wert der Dehnungszahl, größte ermittelte Festigkeitswerte	—	—	—	—	5,04 (=1:198 400)	1709	—	32 (s.o.)	—	40 (s.o.)	—	22 (s.o.)	—	688	—	150 (s.o.)	—	34 (s.o.)	—	93 (s.o.)	—	1372	—
Pitchpine (Pechkiefer)	—	0,55 bis 0,57	0,56	—	—	8,50 (=1:117 700)	1165 1186	1175	39	—	—	—	63	—	640	—	128	—	69	—	102	—	986	—
	—	0,62 bis 0,64	0,63	6,24 (=1:160 400)	6,46 (=1:154 900)	6,44 (=1:155 300)	1026 1126	1076	36	—	—	—	66	—	689	—	168	—	60	—	106	—	835 1084	960
	größte ermittelte Festigkeitswerte	—	—	—	—	—	1186 (s.o.)	—	39 (s.o.)	—	—	—	66 (s.o.)	—	707	—	187	—	74	—	106 (s.o.)	—	1260	—

Festigkeitszahlen nach Baumann. Mittel- und Grenzwerte für gerade gewachsenes Holz. (Fortsetzung)

Holzart	Beschaffenheit	Raumgewicht		Dehnungszahl a in Millionteln			Zugfestigkeit, kg/cm²								Druckfestigkeit, kg/cm²								Biegefestigkeit, kg/cm²	
		kleinster und größter Wert	Mittelwert	Zug	Druck	Biegung *A:* Belastung nach Abb. 36 a *B:* Belastung nach Abb. 36 b *C:* Belastung nach Abb. 36 c	achsial		quer zur Faserrichtung: tangential		schräg		radial		achsial		quer zur Faserrichtung: tangential		schräg		radial			
							Einzelwerte	Mittelwert	Einzelwerte	Mittelwert	Einzelwerte	Mittelwert	Einzelwerte	Mittelwert	Einzelwerte	Mittelwert	Einzelwerte	Mittelwert	Einzelwerte	Mittelwert	Einzelwerte	Mittelwert	Einzelwerte	Mittelwert
Tanne Gotthard-tanne	—	0,41 bis 0,58	0,47	—	—	11,14 (=1:89 770) 10,89 (=1:91 830) 10,38 (=1:96 340) 9,57 (=1:104 490) 9,52 (=1:105 000) 9,47 (=1:105 600) 7,50 (=1:133 300)	475 580 930	—	—	—	—	—	—	—	445 453	449	—	—	—	—	—	—	803 853 929 939	881
	—	0,47 bis 0,57	0,50	—	⊥ 6,04 (=1:165 700) ∥ 204,1 (=1:4900)	6,20 (=1:161 400) 6,13 (=1:163 200) A: 308,6 (=1:3240) B: 242,5 (=1:4120) C: 338,5 (=1:2950)	1155 1181	1168	76	—	—	—	—	—	480 483 484 491	486	82 85	84	22	—	40 42	41	929 971 A:53 B:54 C:38	950

B. Laubhölzer.

Holzart	Beschaffenheit	Raumgewicht: kleinster und größter Wert	Raumgewicht: Mittelwert	Dehnungszahl: Zug	Dehnungszahl: Druck	Dehnungszahl: Biegung	Zug achsial: Einzelwerte	Zug achsial: Mittelwert	Zug tangential: Einzelwerte	Zug tangential: Mittelwert	Zug schräg: Einzelwerte	Zug schräg: Mittelwert	Zug radial: Einzelwerte	Zug radial: Mittelwert	Druck achsial: Einzelwerte	Druck achsial: Mittelwert	Druck tangential: Einzelwerte	Druck tangential: Mittelwert	Druck schräg: Einzelwerte	Druck schräg: Mittelwert	Druck radial: Einzelwerte	Druck radial: Mittelwert	Biegefestigkeit: Einzelwerte	Biegefestigkeit: Mittelwert
Akazie	—	0,79 bis 0,86	0,82	11,08 (=1:90 250) 9,08 (=1:110 100) 8,28 (=1:120 800) 7,85 (=1:127 400)	5,78 (=1:173 000)	6,62 (=1:151 000)	1175 1397 1843	1472	—	—	—	—	—	—	740 770 800	770	195 197	196	—	—	177 195	186	1079	—
Buche	siehe Rotbuche																							
Eiche	größt. ermittelter Wert der Dehnungszahl, kleinste ermittelte Festigkeitswerte	—	—	—	—	16,34 (=1:61 190) (s. u.)	491	—	33 (s.u.)	—	—	—	129	—	237	—	101 (s.u.)	—	98 (s.u.)	—	110	—	253	—
	geringwertig	0,60 bis 0,62	0,61	14,91 (=1:67 060)	15,40 (=1:64 940)	16,34 (=1:61 690)	667 692	680	33 42 95	57	—	—	166 169	168	446 448	447	101	—	98	—	156	—	548	—
	teilweise Splint	0,73 bis 0,75	0,74 } 0,77	—	6,59 (=1:151 800)	6,55 (=1:152 700)	—	—	—	—	—	—	—	—	743 762	753	117	} 127	—	—	172	} 178	1422	} 1482
	Kern derselben Bohle	0,79 bis 0,81	0,80	6,39 (=1:156 500)	5,79 (=1:172 700)	5,93 (=1:168 600)	1644 1682	1663	—	—	—	—	—	—	813 869	841	136		—	—	184		1541	

	trocken	1,04 bis 1,05	—	—	⊥ 15,1 bis 11,3 (=1:66200) bis (=1:885000) ⫫ 97 bis 85 (=1:10810) bis (=1:11800) ∥ 207 bis 132 (=1:4830) bis (=1:7580)	—	—	—	—	—	—	—	—	—	—	—	—	—	—	—	—	—	—	—
	naß	1,09 bis 1,10	—	—	⫫ 102 bis 95 (=1:9800) bis (=1:10500) ∥ 201 bis 175 (=1:4980) bis (=1:5710)	—	—	—	—	—	—	—	—	—	—	—	—	—	—	—	—	—	—	—
	kleinst. ermittelt. Wert der Dehnungszahl, größte ermittelte Festigkeitswerte	—	—	—	—	5,93 (=1:168600) (s. o.)	1682 (s.o.)	—	99	—	—	—	169 (s.o.)	—	869 (s.o.)	—	136 (s.o.)	—	102	—	184 (s.o.)	—	1541 (s.o.)	—
Esche	größt. ermittelter Wert der Dehnungszahl, kleinste ermittelte Festigkeitswerte	—	—	—	—	20,64 (=1:48450) (s. u.)	303 (s.u.)	—	50 (s.u.)	—	54 (s.u.)	—	65	—	376 (s.u.)	—	107 (s.u.)	—	86	—	97	—	497 (s.u.)	—
	geringwertig	0,44 bis 0,47	0,46	24,90 (=1:40160)	24,26 (=1:41220) 23,28 (=1:42960)	20,64 (=1:48450)	303 353	328	—	—	—	—	—	—	376 408	392	107 110	109	—	—	108 111	110	497	—
	Splint [1])	0,56 bis 0,61	0,58	⊥ 10,96 (=1:91240) ∥ 95,00 (=1:10530) ⫫ 61,67 (=1:16220)	⊥ 9,49 (=1:105400) ∥ 92,31 (=1:10830) ⫫ 58,75 (=1:17020)	8,78 (=1:113900) 8,74 (=1:114400)	1200 1473	1337	50 95 113 113	93	54 116	85	80 126 129 142	119	445 467 513 514 521	492	127 139 140	135	149	—	110 109	110	1033 1086	1060
	Kern [1]) derselben Bohle	0,62 bis 0,71	0,66	⊥ 7,52 (=1:133000) ⊥ 6,60 (=1:151500) ∥ 96,77 (=1:10330) ⫫ 50,00 (=1:20000)	⊥ 7,46 (=1:134100) ∥ 90,91 (=1:11000) ⫫ 50,00 (=1:20000)	7,93 (=1:126100) 7,22 (=1:138500)	1481 1519	1500	55 107 140 158	115	63 113	88	65 87 115 126	98	548 578 593 606 633	592	129 142 162	144	—	—	134 153	144	1126 1352	1239
	—	0,72 bis 0,76	0,74	—	—	6,11 (=1:163700)	1505 1787	1646	—	—	—	—	—	—	810 831	821	—	—	—	—	—	—	1314	—
	kleinst. ermittelt. Wert der Dehnungszahl, größte ermittelte Festigkeitswerte		—	—	—	5,60 (=1:178600)	2179	—	158 (s.o.)	—	124	—	142	—	833	—	191	—	149 (s.o.)	—	153 (s.o.)	—	1776	—

[1]) Die Druckfestigkeit wurde an höheren Körpern ermittelt.

Festigkeitszahlen nach Baumann. Mittel- und Grenzwerte für gerade gewachsenes Holz. (Fortsetzung.)

Holzart	Beschaffenheit	Raumgewicht		Dehnungszahl α in Millionteln			Zugfestigkeit, kg/cm²								Druckfestigkeit, kg/cm²								Biegungsfestigkeit, kg/cm²	
									quer zur Faserrichtung								quer zur Faserrichtung							
							achsial		tangential		schräg		radial		achsial		tangential		schräg		radial			
		kleinster und größter Wert	Mittelwert	Zug	Druck	Biegung *A*: Belastung nach Abb. 36 a *B*: Belastung nach Abb. 36 b *C*: Belastung nach Abb. 36 c	Einzelwerte	Mittelwert	Einzelwerte	Mittelwert	Einzelwerte	Mittelwert	Einzelwerte	Mittelwert	Einzelwerte	Mittelwert	Einzelwerte	Mittelwert	Einzelwerte	Mittelwert	Einzelwerte	Mittelwert	Einzelwerte	Mittelwert
Hickory	—	0,75 bis 0,86	0,80	—	—	5,75 (=1:174 000) 5,49 (=1:182 100)	948 1628	—	115 124	120	—	—	176 178 224	193	546 651 566	558	—	—	—	—	—	—	1542 1562	1552
	—	0,71 bis 0,80	0,74	6,07 (=1:164 700) 6,04 (=1:165 600) 5,09 (=1:196 500) 4,88 (=1:204 900)	5,49 (=1:182 200)	6,88 (=1:145 000)	1843 2000 2047 2198	2022	—	—	—	—	—	—	609 667	638	188 222 270	227	—	—	153 200 215 267	209	997	—
Rotbuche	—	0,63 bis 0,77	0,69	—	—	—	1345	—	—	—	—	—	—	—	350 457 473 499	445	85 109 116	103	—	—	121 141 144	135	—	—
	künstlich getrocknet	0,65 bis 0,69	0,67	—	—	—	—	—	—	—	—	—	—	—	642 669 694 708 728 739	697	—	—	—	—	—	—	1049 1460 1479 1510 1742 1822	1510
Rüster (Ulme)	größt. ermittelter Wert der Dehnungszahl, kleinste ermittelte Festigkeitswerte	—	—	—	—	9,50 (=1:105 300) (s. u.)	628 (s.u.)	—	74 (s.u.)	—	50 (s.u.)	—	67 (s.u.)	—	351 (s.u.)	—	91 (s.u.)	—	74 (s.u.)	—	102 (s.u.)	—	878 (s.u.)	—
	geringwertig	0,56 bis 0,63	0,59	—	—	9,50 (=1:105 300) 9,30 (=1:107500)	628 960	794	—	—	—	—	—	—	351 366 382	366	—	—	—	—	—	—	878 930	904
									3 Jahre später geprüft															
									74 100 102 114	98	50 92 99 121	91	67 69	68	522 574	548	91 95	93	74 81	78	102 104	103		

	gut	0,65 bis 0,66	0,65	—	—	6,25 (=1:160 000)	2076 2120	2098	—	—	—	—	—	—	558 587	573	—	—	—	—	—	—	1315	—
	kleinst. ermittelt. Wert der Dehnungszahl, größte ermittelte Festigkeitswerte	—	—	—	—	6,25 (=1:160 000) (s. o.)	2120 (s. o.)	—	114 (s. o.)	—	121 (s. o.)	—	69 (s. o.)	—	587 (s. o.)	—	95 (s. o.)	—	81 (s. o.)	—	104 (s. o.)	—	1315 (s. o.)	—
Tiekholz	größt. ermittelter Wert der Dehnungszahl, kleinste ermittelte Festigkeitswerte	—	—	—	—	7,69 (=1:130 000) (s. u.)	969 (s.u.)	—	110	—	—	—	69	—	687 (s.u.)	—	138 (s.u.)	—	123 (s.u.)	—	149 (s.u.)	—	576 (s.u.)	—
	etwas gekrümmter Faserverlauf	0,71 bis 0,74	0,72	6,83 (=1:146 500)	6,55 (=1:152 600)	6,53 (=1:153 100)	1082	—	115	—	—	—	140 155	148	788 790	789	138	—	166	—	199	—	1074	—
Ostindisches	—	0,69 bis 0,78	0,72	—	—	6,40 (=1:156 300)	1139 1254	1197	—	—	—	—	—	—	687 731 755 772	736	162 168	165	123 127	125	149 150	150	1256 1270	1263
Java	—	0,76 bis 0,84	0,80	—	—	7,69 (=1:130 000)	969 1529 1550	1349	—	—	—	—	—	—	730 764 775 794 802	773	173 193	183	181 191	186	225 245	235	576 1023	—
	kleinst. ermittelt. Wert der Dehnungszahl, größte ermittelte Festigkeitswerte	—	—	—	—	6,40 (=1:156 300) (s. o.)	1550 (s. o.)	—	115 (s. o.)	—	—	—	155 (s. o.)	—	806	—	193 (s. o.)	—	191 (s.o.)	—	245 (s. o.)	—	1270 (s. o.)	—

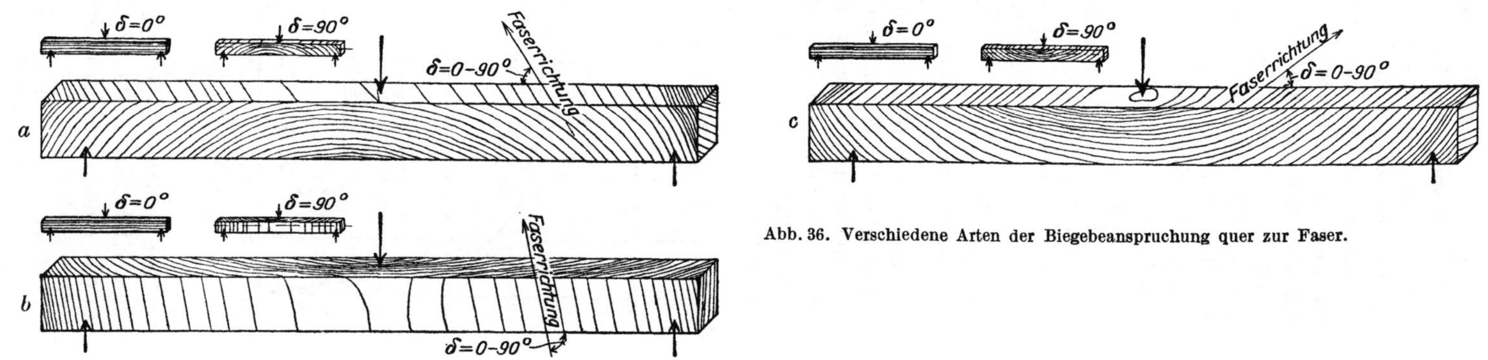

Abb. 36. Verschiedene Arten der Biegebeanspruchung quer zur Faser.

Eine besondere Rolle spielt die Druckfestigkeit des Holzes quer zur Faser (s. S. 47), deren Bedeutung insbesondere bei der Konstruktion von Lehrgerüsten zuerst erkannt wurde.

Gelegentlich der Ausführung des Lehrgerüstes für die Isarbrükke bei Grünwald ließ Mörsch[1]) Versuche mit Tannen- und Buchenholz von 14 bis 20 cm Querschnitt, auf die ein Hartholzstempel nach Abb. 37, also in ganzer Schwellenbreite wirkte, mit Hilfe einer Druckpresse ausführen und erhielt nebenstehende Ergebnisse:

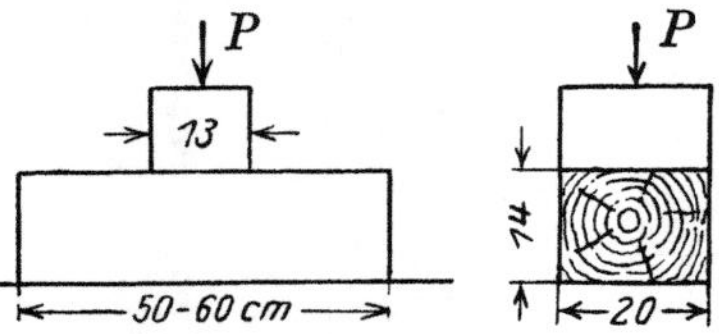

Abb. 37. Versuchsanordnung.

Druck kg/cm²	Einpressung mm
	Tannenholz
10	0
13	0
20	0,5
30	2,0
40	3 (Abreißen der Fasern)
50	vollständiger Bruch
	Buchenholz
20	0
30	0,2
40	0,5
50	0,7
60	1,0
70	1,75 (Beginn des Abscherens)
80	3,00
90	5,20
100	8,70 (Zerstörung)

Hiernach wurden 13 bis 15 kg/cm² als zulässige Beanspruchung des Tannenholzes quer zur Faser gewählt.

Eine weitere Klärung der Frage der Beanspruchung des Holzes senkrecht zur Faserrichtung liefern die Versuche von Trauer[2]), die er gelegentlich der Herstellung eines Gerüstes zur Verschiebung des eisernen Überbaues der Hindenburgbrücke in Breslau vornahm. Von den zahlreichen durchgeführten Versuchen mögen die hier in Betracht kommenden Ergebnisse angeführt werden. Bemerkenswert sind diese Versuche besonders deshalb, weil Trauer auch die Belastung eines Teiles der Schwellenbreite (Stempeldruck) in den Bereich seiner Betrachtungen gezogen hat.

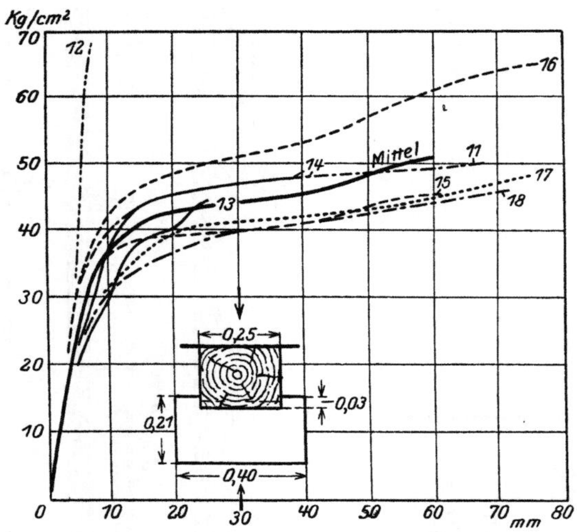

Abb. 38. Zwei sich kreuzende kieferne Schwellen.

Zunächst möge ein Versuch mit zwei sich kreuzenden kiefernen Schwellen mit teilweiser Überblattung mit den in Abb. 38 ersichtlichen Abmessungen erwähnt werden. Die mittlere Bruchfestigkeit ergab sich zu 51 kg/cm², die Zusammendrükkung 60 mm, stärkere Formänderungen (über 10 mm) traten bei rund 37 kg/cm² auf.

Ein weiterer Versuch sollte Aufschluß geben über die Druckfestigkeit von Kiefernholz, das nicht auf seiner ganzen Breite wie vorher, sondern durch einen kiefernen Stempel von kleinerem Durchmesser belastet wurde

[1]) Mörsch: Die Isarbrücke bei Grünwald. Schweiz. Bauzg. 1910 (Bd. XLIV). Nr. 23 und 24, auch Sonderabdruck. Zürich: Rascher & Cie.

[2]) Trauer: Druckversuche mit Holz. Eisenbau 1919, S. 139ff.

(Abb. 39). Die mittlere Druckfestigkeit betrug 75 kg/cm², die mittlere Stauchung 52 mm. Die Festigkeit ergab sich also gegenüber Belastung in ganzer Breite um rd. 50% höher.

Druckversuche parallel zur Faser mit kiefernen Stempeln von 20 cm Durchmesser und gleicher Höhe ergaben i. M. eine Festigkeit von 248 kg/cm².

Versuche mit je zwei kreuzweise übereinander gelegten, mit teilweiser Verblattung versehenen eichenen Schwellen wie beim ersten Versuch (Abb. 40) ergaben i. M. 144 kg/cm² Festigkeit bei i. M. 30 mm Stauchung. Die ersten Risse traten bei etwa 70 kg/cm² auf. Stärkere Stauchungen, über 5 mm, traten bei i. M. 80 kg/cm² auf.

Beim nächsten Versuch wurden zwei Eichenschwellen durch Kiefernstempel gedrückt (Abb. 41). Die Festigkeit betrug i. M. 220 kg/cm² bei 15 mm Stauchung. Die Erschöpfung der Festigkeit ist durch Bruch der Eichenschwellen herbeigeführt worden, die bei rd. 140 kg/cm² die ersten Risse, von oben nach unten verlaufend, aufwiesen, während beim Erreichen der Höchstlast diagonal verlaufende Radialrisse auftraten.

Auch hier zeigt sich, daß die Festigkeit bei Belastung nur eines Teiles der Schwellenbreite erheblich höher ist, rd. 50%, als bei Belastung der ganzen Breite. Stärkere Stauchungen, über 5 mm, traten bei i. M. 160 kg/cm² auf.

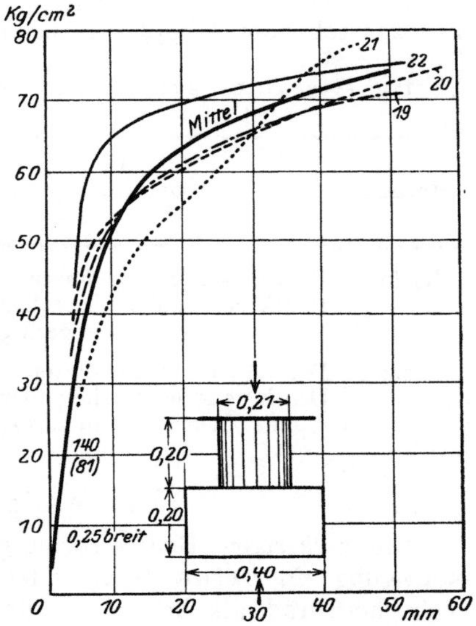

Abb. 39. Kieferner Stempel auf kieferner Schwelle.
19 und 20 ohne,
21 und 22 mit Blechzwischenlage.

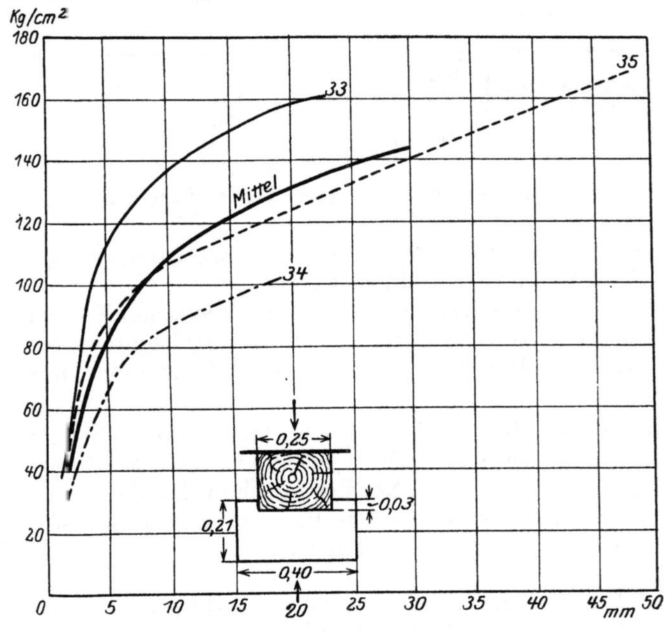

Abb. 40. Zwei sich kreuzende eichene Schwellen.

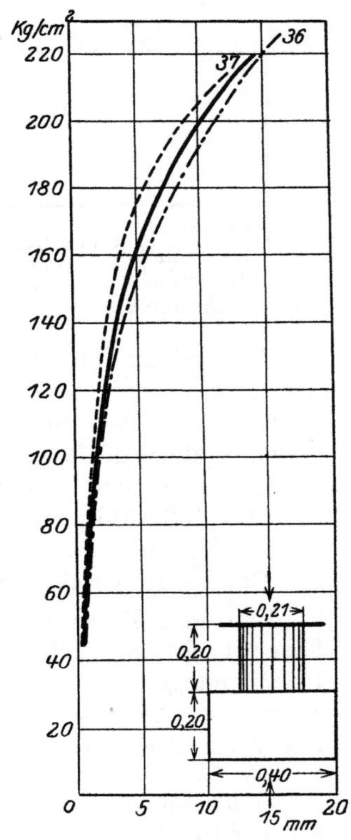

Abb. 41. Kieferner Stempel auf eichener Schwelle.

Druckversuche mit eichenen Stempeln von 20 cm Durchmesser und gleicher Höhe ergaben eine Festigkeit parallel zur Faser von 345 kg/cm^2.

Die aus den Trauerschen Versuchen sich ergebenden Festigkeitszahlen sind in nachstehender Übersicht zusammengestellt.

Festigkeitszahlen senkrecht zur Faser mit gesundem, lufttrockenem Holz nach Trauer.

Holzart	Art der Beanspruchung	Bruchfestigkeit kg/cm^2	Bemerkung
Kiefer	Druck parallel zur Faser	248	*) Stempelfläche höchstens halb so groß wie Quadrat aus Schwellenbreite
	Druck senkrecht zur Faser in voller Breite	51	
	Druck senkrecht zur Faser in geringerer Breite *)	75	
Eiche	Druck parallel zur Faser	345	
	Druck senkrecht zur Faser in voller Breite	144	
	Druck senkrecht zur Faser in geringerer Breite *)	220	

b) Zulässige Beanspruchungen.

Die zulässigen Beanspruchungen werden im allgemeinen unter Berücksichtigung einer etwa 4- bis 8fachen Sicherheit festgesetzt, also ein höherer Sicherheitsgrad als bei Eisen, da es sich hier nicht um einen Baustoff von so feststehenden Festigkeitseigenschaften handelt, wie es bei Eisen der Fall ist.

Nach den Vorschriften der Bauabteilung des preußischen Ministeriums der öffentlichen Arbeiten vom 24. Dezember 1919[1]) dürfen folgende Beanspruchungen zugelassen werden:

1.

Nr.	Holzart		Zulässige Beanspruchung parallel zur Faser kg/cm^2			
			Zug	Druck	Biegung	Abscherung
1	2		3	4	5	6
1	Eichenholz	gesundes trockenes Holz von einwandfreier Beschaffenheit	100	80	100	10
2	Kiefernholz		100	60	100	10
3	Fichtenholz		90	50	90	8
4	Tannenholz		80	50	80	8

Dauernd durchnäßtes Holz hat wesentlich geringere Widerstandsfähigkeit (vgl. S. 61).

2. Bei Bauten für vorübergehende Zwecke (Rüstungen, Ausstellungshallen u. dgl.) dürfen die Zahlen um 25% erhöht werden.

3. Stützen und gedrückte Bauglieder müssen nach der Eulerschen Formel mit $E = 100\,000$ kg/cm^2 eine sieben- bis zehnfache Knicksicherheit besitzen ($J_{min} = 70\,Pl^2$ bis $100\,Pl^2$). Die untere Grenze von J gilt aber nur für Bauten zu vorübergehenden Zwecken.

In diesen Bestimmungen ist die Beanspruchung des Holzes senkrecht zur Faser noch unberücksichtigt gelassen. Sie wird jedoch in den künftigen Bestimmungen berücksichtigt werden, die im „Normenausschuß der deutschen Industrie“, Arbeitsausschuß für einheitlich-technische Baupolizeibestimmungen, mit Ausnahme der Knickfrage, bereits durchberaten sind.

[1]) Bestimmungen über die bei Hochbauten anzunehmenden Belastungen und über die zulässige Beanspruchung der Baustoffe mit Erlaß vom 24. Dezember 1919. Berlin: Wilhelm Ernst & Sohn 1920. Vgl. ferner Ellerbeck: Erläuterungen zu den preußischen Hochbaubelastungsvorschriften 1919, 2. Aufl. Berlin: Wilhelm Ernst & Sohn 1921.

Nach dem Entwurf 1 (Normenblatt E 1052) vom 15. August 1921 sind für Holz die nachstehend angeführten Beanspruchungen festgesetzt worden.

I. Allgemeines.

1. Zulässige Beanspruchungen in kg/cm² nach Festsetzung des Arbeitsausschusses für einheitlich-technische Baupolizeibestimmungen vom 15. August 1921.

	Art der Beanspruchung	Beanspruchung kg/cm²		Bemerkungen
		Laubholz (Eiche und Buche)	Nadelholz (Kiefer, Fichte u. Tanne)	
a	Druck in der Faserrichtung	90	60	Stützen und Druckstäbe sind nach DIN . . . auf Knickung zu berechnen
b	Örtlicher Druck rechtwinklig zur Faserrichtung auf ganzer Breite, ohne Kantenbelastung (Schwellendruck)	40	15	Überstand der Schwelle über dem Stempel in der Längsrichtung mindestens gleich dem $1^1/_2$ fachen der Schwellenhöhe
c	Örtlicher Druck rechtwinklig zur Faserrichtung auf einem Bruchteil der Breite, ohne Kantenbelastung (Stempeldruck)	60	25	Stempelfläche höchstens halb so groß wie das Quadrat aus der Schwellenbreite Überstand der Schwelle über dem Stempel in der Breitenrichtung mindestens 2 cm, wenn die gedrückte Fläche geradlinig begrenzt ist Überstand der Schwelle über dem Stempel in der Längsrichtung mindestens gleich dem $1^1/_2$ fachen der Schwellenhöhe
d	Zug in der Faserrichtung	115	100	
e	Zug in der Faserrichtung, Biegung¹)	100	90	
f	Druck in der Faserrichtung infolge Druck und Biegung	90—100 Je nach dem Anteil von Druck und Biegung geradlinig einschalten	60—90	Geradlinige Einschaltung wird erreicht, wenn man rechnet: für Laubholz mit der Beziehung $\frac{10}{9}\frac{P}{F}+\frac{M}{W}\leqq 100$ für Nadelholz mit der Beziehung $\frac{3}{2}\frac{P}{F}+\frac{M}{W}\leqq 90$ Im Schwerpunkt des Querschnittes darf die nach a zulässige Spannung nicht überschritten werden
g	Abscherung in der Faserrichtung	15	10	
h	Elastizitätszahl bei Druck in der Faserrichtung und bei Biegung	110000	110000	

¹) Die rechnerisch ermittelte Durchbiegung von Deckenbalken bei mehr als 7,0 m Stützweite darf $^1/_{500}$ der Stützweite nicht überschreiten.

Beim Bau von Kleinwohnungen, deren Verkehrslast auf Grund besonderer Gestattung ermäßigt worden ist, darf die rechnerisch ermittelte Durchbiegung von Deckenbalken, welche auf 2 Stützen ruhen, $^1/_{400}$ der Stützweite nicht überschreiten. Bei durchlaufenden Balken auf 3 oder mehr Stützen darf sich eine Durchbiegung von höchstens $^1/_{230}$ der Stützweite ergeben, wenn der betreffende Balken bei der Berechnung als auf den Stützen unterbrochen angesehen wird (vgl. DIN 104 Blatt 1—3, Holzbalken für Kleinhäuser).

2. Die vorstehenden zulässigen Beanspruchungen setzen lufttrockenes (im allgemeinen 15% Wassergehalt, bezogen auf das Darrgewicht) fehlerfreies Holz ohne erhebliche Astbildung im allgemeinen und ohne jede Astbildung im gefährlichen Querschnitt voraus; sie beziehen sich auf den ganzen Querschnitt, d. h. Kern- und Splintholz zusammen.

3. Die Beanspruchungen von nicht lufttrockenem Holz sind bis auf $^2/_3$ der unter 1 aufgeführten Werte herabzusetzen. Für dauernd durchnäßtes Holz sind die Beanspruchungen unter Umständen bis auf $^1/_3$ der obigen Werte zu ermäßigen.

4. Bei Bauhilfsgerüsten und sonstigen Bauten für vorübergehende Zwecke dürfen die nach Ziffer 1 und 3 zulässigen Beanspruchungen um $^1/_4$ erhöht und die Knicksicherheit um $^1/_5$ der sonst vorgeschriebenen Zahl ermäßigt werden. Dächer und Hallenbinder von mehr als 10 m Spannweite sind hiervon ausgenommen, selbst wenn sie vorübergehenden Zwecken dienen.

Die Sicherheit gegen Knicken darf bei Anwendung der zweiten Eulergleichung

$$\left(P_k = \pi^2 \frac{E J}{l^2}\right)$$

nicht unter 6 ermäßigt werden.

II. Belastungsannahmen und zulässige Spannungserhöhung.

1. Die unter I. angeführten zulässigen Beanspruchungen gelten bei gleichzeitiger ungünstigster Wirkung der ständigen Last, der Verkehrslast und der Schneelast. Bremswirkung oder Schrägzug, soweit sie von einem Kran herrühren, Riemenzug u. dgl. sind der Verkehrslast zuzurechnen.

2. Wenn außer den unter 1. genannten Lasten der Einwirkung der Windlast und der Bremskräfte von mehr als einen Kran, bei Tragweiten über 20 m Stützweite auch der Einfluß des Quellens und Schwindens gleichzeitig berücksichtigt werden, dürfen die zulässigen Beanspruchungen um $^1/_6$ erhöht und die im Abschnitt über „Knickfestigkeit" angegebenen Knicksicherheiten um $^1/_5$ ermäßigt werden.

Das Maß des Quellens und Schwindens von lufttrockenem Nadelholz in der Längsrichtung ist bei Holzstärken unter 10 cm mit 0,0005, bei größeren Holzstärken mit 0,0003 in Rechnung zu setzen.

3. Ist für sorgfältige Auswahl des Holzes und für eine den strengsten Anforderungen genügende Durchbildung, Berechnung und Ausführung des Bauwerks volle Sicherheit gewährleistet, und wird die Bauausführung durch einen zuverlässigen, mit der Standsicherheitsberechnung vertrauten Ingenieur überwacht, und die unter 1 genannte Lastwirkung vorausgesetzt, so ist bei Dächern, Hallenbauten und hallenartigen Gebäuden die Erhöhung der unter I. angeführten zulässigen Beanspruchungen um $^1/_6$ und die Ermäßigung der Knicksicherheiten um $^1/_5$ zulässig.

Falls auch die unter 2. genannten, also sämtliche möglichen Einwirkungen berücksichtigt werden, so dürfen die Beanspruchungen um $^1/_3$ gesteigert und die Knicksicherheiten um $^1/_3$ ermäßigt werden.

4. Maßgebend für die Querschnittsbestimmung ist stets derjenige Belastungsfall, der den größten Querschnitt ergibt.

Der Einfluß einseitigen Lastangriffs ist stets nachzuweisen.

Die Sicherheit gegen Knicken darf bei Anwendung der zweiten Eulergleichung in keinem Falle unter 6 ermäßigt werden.

Als zulässige Beanspruchungen für **Brücken** können nach Melan[1]) nachstehende Zahlen angenommen werden.

---

[1]) Melan, J.: Der Brückenbau. Bd. 1: Einleitung und hölzerne Brücken, 3. Aufl., S. 104.

Zulässige Beanspruchungen für Brücken nach Melan für gesundes, lufttrockenes, möglichst astfreies Nadelholz in kg/cm².

Art der Beanspruchung	Straßenbrücken				Eisenbahnbrücken			
	zeitweilige		dauernde		zeitweilige		dauernde	
	mittelbar belastet	unmittelbar belastet	mittelbar belastet	unmittelbar belastet	mittelbar belastet	unmittelbar belastet	mittelbar belastet	unmittelbar belastet
Zug	160	150	115	105	150	120	105	90
Druck	75	70	50	47	70	55	50	40
Biegung	**120**	**110**	**85**	**80**	**110**	**90**	**80**	**70**
Schub // Faser . .	15	15	10	10	13	10	10	8
Druck ⊥ Faser . .	20	16	16	12	16	12	12	10

Für Eichenholz können die Beanspruchungen um etwa $^1/_5$ vergrößert werden.

Zur Berechnung von Holzschwellen und -belägen hat die Deutsche Reichsbahn-Gesellschaft die folgenden Bestimmungen erlassen[1]).

Zulässige Spannungen für Holzschwellen und -beläge der Deutschen Reichsbahngesellschaft.

Holzart	Zulässige		
	Biegungsspannung kg/cm²	Druckspannung ⊥ Faser kg/cm²	Schubspannung ⊥ Faser kg/cm²
Fichten- und Tannenholz . . .	90	22,5	35
Kiefernholz	100	22,5	35
Buchen- und Eichenholz . . .	120	45	45

Hölzerne Querschwellen sind im allgemeinen nur für die Hauptkräfte (ständige Last, Verkehrslast, Fliehkräfte, Wärmeschwankungen) und nur auf Biegung, nicht auf Flächendruck zu berechnen. Bei Berücksichtigung auch der Wind- und Zusatzkräfte dürfen diese Werte um 10% erhöht werden.

Für die Berechnung hölzerner Hilfsgerüste (Hilfsbrücken, Stege, Arbeitsbühnen, Fachwerkkrane, Kranbahnträger u. dgl.) sind die nachstehenden behördlichen Bestimmungen[2]) maßgebend.

Vorschriften über die Berechnung von Hilfsgerüsten (Auszug).

Das Holz muß gesund und gerade gewachsen sein. Querschnittsverschwächungen sind in der Rechnung zu berücksichtigen.

Zulässige Beanspruchungen.

Kiefernholz.

Biegung, Zug und Druck parallel zur Faser	100	kg/cm²
„ „ „ „ senkrecht „ „	30	„
Abscherung parallel zur Faser	10	„

Eichen- und Buchenholz.

Zug und Biegung	150	„
Druck parallel zur Faser	110	„
„ senkrecht „ „	45	„
Abscherung parallel zur Faser	15	„

[1]) Vorschriften für Eisenbauwerke. Berechnungsgrundlagen für eiserne Eisenbahnbrücken. Verfügung der Hauptverwaltung vom 25. Februar 1925. Berlin: Wilhelm Ernst & Sohn 1925.

[2]) Besondere Vertragsbedingungen für die Anfertigung, Anlieferung und Aufstellung von Eisenbauwerken (Erlaß vom 14. Juni 1912, § 23).

Die Sicherheit gegen Knicken soll nach der Eulerschen Formel mit $E = 100000$ kg/cm² mindestens achtfach sein, wobei als Länge der Druckglieder die ganze Stablänge einzuführen ist.

Für verdübelte Balken kann im allgemeinen bei guter Ausführung die Tragfähigkeit zu 75 % der eines vollen Balkens von dem Gesamtquerschnitt der verdübelten Balken angenommen werden. Die baulichen Einzelheiten sind in jedem Falle besonders zu berechnen. Die Dübel müssen aus Hartholz oder Eisen hergestellt sein. Haben verdübelte Balken wandernde Lasten aufzunehmen (z. B. Krane), so sind die Dübel nicht schräg zu stellen, sondern so, daß sie in Ober- und Unterholz gleichmäßig eingreifen.

Bemerkenswert ist der Vorschlag von Seitz[1]) für die zulässigen Beanspruchungen der Nadel- und Laubhölzer. Seitz hat auf Grund der Versuche von Nördlinger, Bauschinger, Schwappach, Tetmajer, Rudloff, Janka, Lang, Stamer und Baumann eine große Zahl von Festigkeitswerten unter Berücksichtigung der niedrigsten, mittleren und höchsten Werte zusammengestellt und hieraus die in nachstehender Übersicht wiedergegebenen zulässigen Beanspruchungeu abgeleitet. Aus den Festigkeitszahlen, deren Unterschied ein Kennzeichen für die Zuverlässigkeit der Holzarten darstellt, ergibt sich, daß eine Unterscheidung der verschiedenen Nadelhölzer im allgemeinen nicht gerechtfertigt ist. Ferner können Wachstumsunregelmäßigkeiten leichterer Art unberücksichtigt bleiben.

Bei der Herleitung der zulässigen Beanspruchungen aus den Bruchfestigkeiten nimmt Seitz eine 3- bis 4fache Sicherheit gegenüber den Mittelwerten und eine 2fache Sicherheit gegenüber vereinzelt beobachteten besonders geringen Festigkeiten an. Ferner setzt er luftfeuchtes Holz (17 % Wassergehalt) voraus, so daß gegenüber lufttrockenen Holzes (15 % Wassergehalt) noch ein kleiner Sicherheitsfaktor in den Zahlen enthalten ist.

Zulässige Beanspruchungen nach Seitz für luftfeuchtes Holz.

Nr.	Art der Beanspruchung	Nadelholz kg/cm²	Laubholz kg/cm²
1	Zug parallel zur Faser	120	120
2	Druck parallel zur Faser	90	90
3	Biegung	120	120
4	Scherung parallel zur Faser	12	25
5	Zug senkrecht zur Faser	0	0
6	Druck senkrecht zur Faser		
	a) Bei vollbelastetem Querschnitt	12—20	20—25
	b) Bei Schwellen- und Stempelwirkung . .	20—30	40—50
		Die höheren Beanspruchungen gelten nur, wenn Zusammenpressungen ohne Nachteil in Kauf genommen werden können	

Die oben vorgeschlagenen Spannungswerte gelten nur für Konstruktionen, die vor Feuchtigkeit geschützt sind, und sind um $^1/_4$ zu ermäßigen, wenn Berechnung, Entwurf oder Ausführung nicht den strengsten Anforderungen entsprechen.

Bei der Möglichkeit der Durchfeuchtung sind die sonst zulässigen Spannungen unter 1 bis 3 um $^1/_3$, unter 4 bis 6 um $^1/_4$ zu ermäßigen.

Bei Baugliedern, die der völligen Durchnässung ausgesetzt sind, beträgt die Ermäßigung für Beanspruchungen nach Ziffer 1 bis 3 $^2/_3$, nach Ziffer 4 bis 6 $^1/_2$ der bei Verwendung im Trocknen zulässigen Werte.

Eine besondere Stellung nehmen die Knotenpunktverbindungen bei Ingenieurholzbauten ein. Wie Versuche zeigen, ist die Beanspruchung eine viel günstigere als bei gewöhnlichen Holzverbindungen, da einerseits die Belastung

[1]) Seitz, H.: Grundlagen des Ingenieurholzbaues, S. 28ff.

auf sehr kleine Flächen im Innern der Holzstäbe wirkt (Lochwanddrücke) und andererseits die Eintragung der vollen Kraft erst nach Wochen und Monaten erfolgt, während bei den durchgeführten Versuchen die Zerstörung oft in wenigen Minuten geschieht. Infolgedessen werden die Holzfasern erst allmählich zusammengepreßt und dadurch in die Lage versetzt, höhere Belastungen aufzunehmen und im Holz zu verteilen, wobei sie durch die benachbarten Holzteile am Ausweichen gehindert sind.

Das gilt insbesondere für die Beanspruchung quer zur Faser. Die Sicherheit gegen Bruch kommt hier erst in zweiter Linie in Frage, vielmehr ist die zulässige Beanspruchung, die man hier zulassen will, von der Formänderung abhängig, die der Konstrukteur noch als unbedenklich ansieht. Betrachtet man z. B. einen Dachbinder, so äußern sich die Formänderungen in den Knotenpunkten in einer Durchbiegung des gesamten Binders. Da aber die Formänderungen infolge anderer Ursachen, wie Schwinden senkrecht zur Faserrichtung und ungenaue Arbeit, viel größer sind, so braucht man den ersteren Formänderungen keine allzu große Bedeutung beizumessen, um so mehr, als man den Dachbindern in jedem Falle eine Sprengung von mindestens 5 bis 10 cm in der Mitte geben wird.

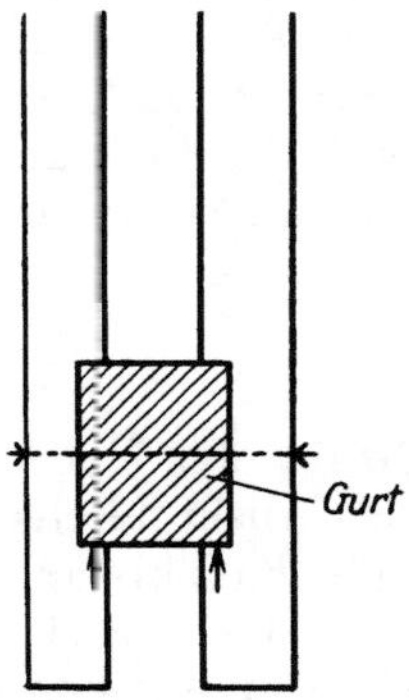

Abb. 42. Anschluß von Binderpfosten aus Zangen.

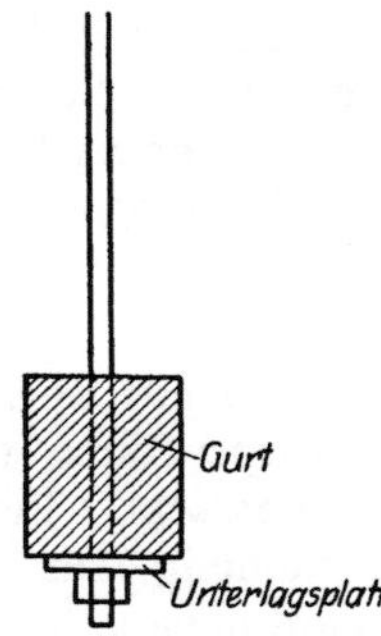

Abb. 43. Anschluß von Binderpfosten aus Rundeisen.

Im besonderen gilt das Gesagte auch für die Beanspruchung von Bindergurten durch Pfosten, aus eingelassenen Zangen bestehend (Abb. 42), ferner für Unterlagsplatten von Vertikalen aus Rundeisen mit beiderseitigen Muttern (Abb. 43).

Betrachtet man die Versuche von Trauer (s. S. 70), so ergibt sich für kieferne Schwellen von nur 40 cm Länge eine mittlere Druckfestigkeit bei Stempeldruck, der hier in Frage kommt, von 75 kg/cm²; stärkere Formänderungen (über 10 mm) traten bei rd. 37 kg/cm² auf. Da bei Bindern die Gurtungen durchlaufen und die Kraftwirkung sich auf längere Zeit verteilt, normalerweise aber nur eine Belastung infolge Eigenlast, die etwa gleich der halben Gesamtlast ist, in Frage kommt, wird man senkrecht zur Faser in den genannten Fällen eine Pressung von 40 kg/cm² und bei besonders großen Konstruktionen, bei ungünstigster Belastung, von 50 kg/cm² unbedenklich zulassen können.

Bei Annahme dieser Beanspruchungen haben sich nach Beobachtungen des Verfassers an vielen Dachkonstruktionen keinerlei Mängel gezeigt, und die hierbei auftretenden Einpressungen waren bedeutungslos.

In diesem Zusammenhange sei auf die Versuche von Graf verwiesen[1]), der die Zunahme der Pressung bei Verringerung der Belastungsbreite eines Stahlstempels feststellte, wenn die Balkenhöhe unter dem Druck sich in allen Fällen um das gleiche Maß vermindert. Bei Verminderung der Höhe der Balken aus Fichtenholz von 18/18 cm Querschnitt um 1% betrug z. B. die Pressung bei 12 cm Stempelbreite 24 kg/cm² und erreichte bei 1,4 cm Stempelbreite 71,5 kg/cm².

Lewe[2]) fand auf Grund von Versuchen das Verhältnis der Leibungsdruck-

[1]) Graf, O.: Beobachtungen über den Einfluß der Größe der Belastungsfläche auf die Widerstandsfähigkeit von Bauholz gegen Druckbelastung quer zur Faser. Bauing. 1921, S. 498.

[2]) Lewe, V.: Die Nachgiebigkeit als Gütemesser der Holzverbindungsmittel. Holzbau 1922, Nr. 13, S. 49 — Desgl., Druck quer zur Faserrichtung. Holzbau 1921, Nr. 6, S. 23.

Beanspruchungen von Runddübeln parallel, schräg (unter 45°) und senkrecht zur Faser zu 4 : 3 : 2 und gibt als zulässigen Leibungsdruck für Ringdübelverbindungen, gleichmäßig verteilt, folgende Werte an:

Zulässiger Leibungsdruck	parallel	zur Faser	120 kg/cm²
„ „	schräg	„ „ (45°) . .	90 „
„ „	senkrecht	„ „	60 „

Die Schaubilder für die Verschiebungen der drei Belastungsarten zeigen mit steigender Belastung zunächst einen fast geradlinigen Verlauf bis zu einer Stelle, an der die Kurven umbiegen, weil mit der steigenden Belastung die Verschiebungen unverhältnismäßig wachsen. Diese besondere Stelle, der Abkehrpunkt, welcher anzeigt, daß im Innern des Versuchskörpers bereits Zerstörungen stattfinden, liegt beim Leibungsdruck parallel zur Faser etwa bei 200 kg/cm², beim Leibuugsdruck unter 45° zur Faser etwa bei 140 kg/cm² und beim Leibungsdruck senkrecht zur Faser etwa bei 100 kg/cm². Man findet demnach auch hier, wie vorher, das Verhältnis von etwa 4 : 3 : 2 für die Leibungsdruck-Beanspruchung parallel, schräg und quer zur Faser.

c) Beanspruchung auf Knickung.

Bei auf Druck beanspruchten Stäben kommt neben der Gefahr der Überbeanspruchung durch Normalspannungen noch die Gefahr des Ausknickens in Betracht. Vielfach ist bei Druckstäben von Fachwerken die Knickbeanspruchung für die Querschnittbestimmung maßgebend, wobei die Druckspannungen, hervorgerufen durch die Stabkraft, in mäßigen Grenzen bleiben.

Nach den preußischen Bestimmungen[1]) wurde bisher nur nach der Eulerschen Knickformel gerechnet und eine sieben- bis zehnfache Knicksicherheit verlangt (s. S. 72), wobei als Knicklänge die Systemlänge (Netzlänge) einzuführen ist. Daneben ist in bestimmten Fällen (s. später) eine Nachprüfung der Knicksicherheit nach einem anderen Verfahren zu empfehlen und unter Umständen zu verlangen. In allen Fällen ist beiderseitige gelenkige Lagerung anzunehmen.

Berechnung nach Euler.

Es bezeichne

s_K die Knicklänge des Stabes,
J das kleinste Trägheitsmoment des gefährdeten Querschnitts,
F den Querschnitt des Stabes,
E das Elastizitätsmaß, $E = 100000$ kg/cm²,
i den Trägheitshalbmesser, $i = \sqrt{\frac{J}{F}}$,
λ den Schlankheitsgrad, $\lambda = \frac{s_K}{i}$.

Die Knickbelastung, d. i. die Kraft, welche die Knickung herbeizuführen imstande ist, beträgt dann nach der Eulerschen Gleichung

$$P_K = \frac{\pi^2 E J}{l^2}$$

und die Knickfestigkeit oder Knickspannung

$$\sigma_K = \frac{P_K}{F} = \frac{\pi^2 E J}{F l^2};$$

[1]) Bestimmungen über die bei Hochbauten anzunehmenden Belastungen und über die zulässigen Beanspruchungen der Baustoffe v. 24. Dezember 1919, ferner Erlaß des preußischen Ministeriums für Volkswohlfahrt v. 11. April 1922; ferner Ellerbeck: Erläuterungen zu den Hochbaubelastungsvorschriften 1919. Berlin: Wilhelm Ernst & Sohn 1920.

bei ν-facher Knicksicherheit ist die zulässige Belastung des Stabes

$$P = \frac{P_K}{\nu} = \frac{\pi^2 E J}{\nu l^2};$$

hieraus folgt das erforderliche Trägheitsmoment

$$J = \frac{\nu P l^2}{\pi^2 E};$$

für P in Tonnen und l in Metern ist

$$J = \nu \cdot 10{,}13\, P l^2 = \text{rd. } \nu \cdot 10\, P l^2.$$

Unter Zugrundelegung einer Knicksicherheit von 7 bzw. 10 (preußische Bestimmungen 1919) ist also

$$J_{\min} = 70\, P l^2 \text{ bzw. } 100\, P l^2.$$

Überschreitet die Knickspannung σ_K die Proportionalitätsgrenze des Baustoffs, so verliert die Formel ihre Geltung, da das unterhalb derselben als konstant angenommene Verhältnis

$$\frac{\text{Spannung}}{\text{Dehnung}} = \frac{\sigma}{\varepsilon} = E$$

veränderliche Werte annimmt, E also nicht mehr als Festwert eingeführt werden darf.

Dieser Fall tritt für Holz nach Versuchen von Tetmajer für $\lambda = \frac{s_K}{i} = 100$ ein. Unterhalb dieser Grenze ist die Formel von Tetmajer oder das ω-Verfahren anzuwenden.

Berechnung nach Tetmajer.

Für kleinere Stablängen, als dem Wert für $\lambda = \frac{s_K}{i} = 100$ entsprechen, ermittelte Tetmajer durch Versuche für Spitzenlagerung die Knickbelastung zu

$$P_K = F(293 - 1{,}94\,\lambda);$$

die Knickfestigkeit oder Knickspannung ist dann

$$\sigma_K = \frac{P_K}{F} = 293 - 1{,}94\,\lambda;$$

bei ν-facher Knicksicherheit ist die zulässige Belastung des Stabes

$$P = \frac{P_K}{\nu} = \frac{F}{\nu}(293 - 1{,}94\,\lambda).$$

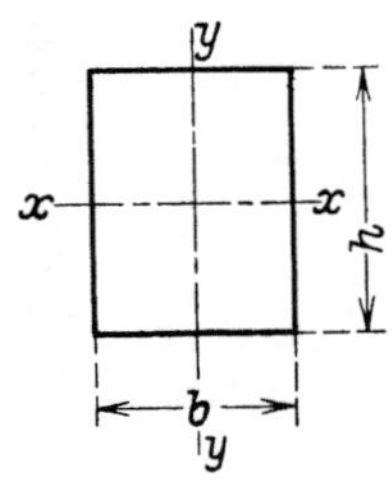

Abb. 44.

Bei Anwendung der Tetmajerformel kann man sich mit einer vier- bis fünffachen Sicherheit begnügen.

Für den meist verwendeten Rechteckquerschnitt (Abb. 44) ist der Trägheitshalbmesser

$$i_x = h\sqrt{\frac{1}{12}} = 0{,}289\,h,$$

$$i_y = b\sqrt{\frac{1}{12}} = 0{,}289\,b,$$

nach Tetmajer ist somit zu rechnen, wenn

$$s_K \leqq 100\, i$$

oder $$s_K \leqq 29\, h$$

bzw. $$s_K \leqq 29\, b \quad \text{ist.}$$

Berechnung nach dem ω-Verfahren

gemäß „Vorläufige Vorschriften der Reichsbahndirektion Stuttgart für Holztragwerke usw.“ [1]).

Bei gedrückten Holzstäben muß mit Rücksicht auf die Art der Anschlüsse die Einspannung an den Stabenden fast stets unberücksichtigt bleiben. Bei Abstützung von Zwischenpunkten gedrückter Bauglieder gegen festliegende andere Punkte darf die Knicklänge entsprechend verringert werden.

Bei mittigem Kraftangriff ist die errechnete Stabkraft mit der dem Schlankheitsgrad entsprechenden Knickzahl (s. untenstehende Zahlentafel) zu multiplizieren und dann hinsichtlich der zulässigen Spannungen wie ein Zugstab zu behandeln.

Für $\lambda < 100$ ist: $\sigma_K = 300 - 2\lambda$,

für $\lambda < 100$ ist: $\sigma_{d\,\text{zul.}} = \dfrac{300 - 2\lambda}{3{,}75 + 0{,}0075\,\lambda}$ (näherungsw. $= 80 - 2\,\varrho$),

für $\lambda > 100$ ist: $\sigma_K = \dfrac{1000000}{\lambda^2}$,

für $\lambda > 100$ ist: $\sigma_{d\,\text{zul.}} = \dfrac{1}{\lambda^2} \cdot \dfrac{1000000}{3{,}75 + 0{,}0075\,\lambda}$.

Knicksicherheit $\psi = 3{,}75 + 0{,}0075\,\lambda$.

Zahlentafel (vgl. Abb. 45).

Schlankheitsgrad $\lambda = s_K : i$	Knickspannung $\sigma_K = 300$ kg/cm² $\lambda < 100;\ \sigma_K = 300 - 2\lambda$ $\lambda \gtreqless 100;\ \sigma_K = \frac{1000000}{\lambda^2}$	Knickzahl $\omega = \frac{\sigma_{\text{zul.}}}{\sigma_K} \cdot \psi$	$\frac{\Delta\omega}{\Delta\lambda}$
0	300	1,00	
			0,009
10	280	1,09	
			0,011
20	260	1,20	
			0,013
30	240	1,33	
			0,015
40	220	1,48	
			0,017
50	200	1,65	
			0,022
60	180	1,87	
			0,027
70	160	2,14	
			0,035
80	140	2,49	
			0,046
90	120	2,95	
			0,065
100	100	3,60	
			0,083
110	82,6	4,43	
			0,093
120	69,4	5,36	
			0,103
130	59,2	6,39	
			0,114
140	51,0	7,53	
			0,124
150	44,4	8,77	
			0,135
160	39,1	10,12	
			0,150
170	34,6	11,62	
			0,160
180	30,9	13,22	
			0,172
190	27,7	14,94	
			0,186
200	25,0	16,80	

[1]) Schächterle, K.: Ingenieur-Holzbauten bei der Reichsbahndirektion Stuttgart, S. 16 u. 17. Berlin: Wilhelm Ernst & Sohn 1925.

Für die praktisch am häufigsten vorkommenden Stäbe von rechteckigem Querschnitt (Abb. 46) ist näherungsweis

$$\sigma_K = 80 - 2\,\varrho\,,$$

worin $\varrho = l:b$ das Verhältnis der freien Knicklänge zur Breite b der kleinen Querschnittseite bezeichnet.

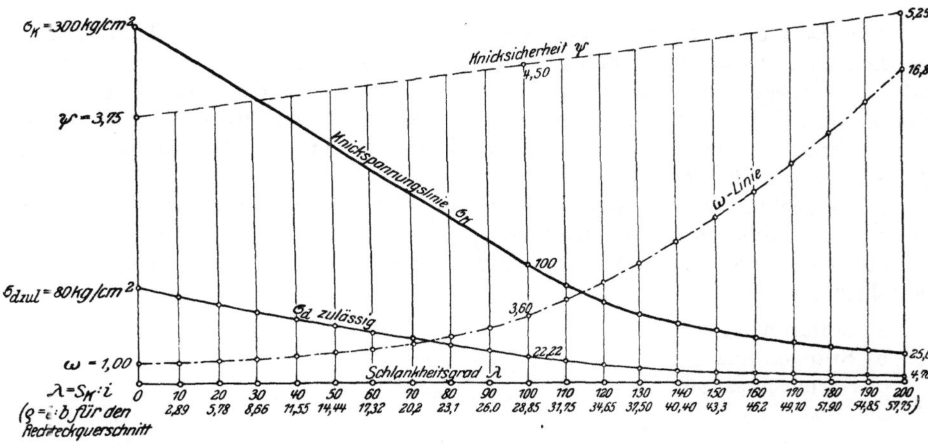

Abb. 45.

Für ein bekannt vorausgesetztes Seitenverhältnis $\frac{b}{a}$ läßt sich der erforderliche Querschnitt berechnen aus:

$$b = \frac{l}{80} + \sqrt{\left(\frac{l}{80}\right)^2 + \frac{P_K}{80}\cdot\frac{b}{a}}\,,$$

worin die Knicklänge l in Zentimetern, die größte Stabdruckkraft P_K in Kilogramm einzuführen ist.

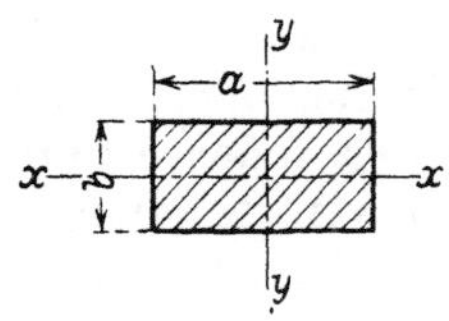

Abb. 46.

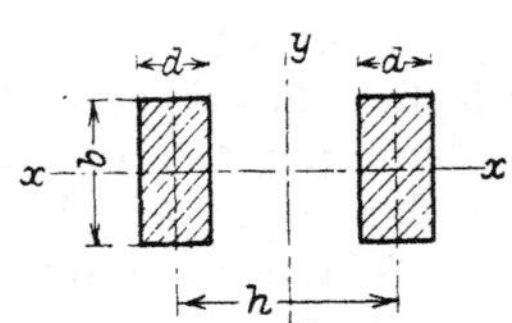

Abb. 47.

Für den quadratischen Querschnitt gilt:

$$b = \frac{l}{80} + \sqrt{\left(\frac{l}{80}\right)^2 + \frac{P_K}{80}}\,.$$

Geteilte Stäbe (Abb. 47) werden für Knickung in bezug auf die x-Achse wie Vollstäbe behandelt, wobei für a die Gesamtbreite der Einzelstäbe ($a = 2\,d$, $a = 3\,d$) das Schlankheitsverhältnis $\varrho = \frac{l}{b}$ gesetzt wird.

Für die Knickung in bezug auf die y-Achse ist die Knickfestigkeit des Einzelteils und die des Gesamtstabes zu berücksichtigen.

VII. Die Rohsorten des Holzes. Die Klasseneinteilung (Sortierung) des Stammholzes. Die Zerlegung des Blochholzes (Schneideholzes) im Sägewerk. Das zerteilte Holz im Handel und Gewerbe.

1. Die Rohsorten des Holzes[1]).

Die Bäume werden in der Regel im Wald in Stücke oder Teile zerlegt, in denen sie beförderungsfähig sind, um als Rohstoff für einzelne Gewerbe oder Gewerbegruppen zu dienen. Dem Holzhändler bleibt es dann überlassen, die weitere Zerlegung (Ausformung), den verschiedenen Zwecken entsprechend, vorzunehmen. Zuweilen kann die Ausformung den örtlichen Wünschen der Abnehmer gemäß weitergehen.

Die einzelnen Teile, in die ein Baum durch den Holzhauer zerlegt wird, nennt man Rohsorten (Waldsorten).

Mit Rücksicht auf die Form und Abmessungen unterscheidet man das Nutzholz in:

a) Stammholz,
b) Stangenholz,
c) Schichtnutzholz,
d) Nutzreisig.

Alles nach der Ausformung des Nutzholzes übrigbleibende Holz ist Brennholz.

Rein gewerblich unterscheidet man die Nutzhölzer in Vollholz, Schnittholz und Spaltholz. Vollholz besitzt noch die volle oder nahezu volle natürliche Stärke des Baumschaftes, Schnittholz ist mit der Säge in der Längsrichtung mehrfach geteiltes und Spaltholz durch Aufspalten des Stammes im natürlichen Faserverlauf entstandenes Halberzeugnis. Außer dieser Unterscheidung hat sich aber noch eine andere sowohl im Volksgebrauch wie im Schrifttum seit langem Geltung verschafft, nämlich die Einteilung der Nutzhölzer nach besonderen Gewerbegruppen: in Bauhölzer, Geschirrhölzer, Werk- oder eigentliche Nutzhölzer und Landwirtschaftshölzer. Unter Bauholz versteht man dann alles zum Hochbau, Brückenbau, Wasserbau, Erd- und Grubenbau, Straßen-, Eisenbahn- und Schiffsbau zur Verwendung kommende Holz. Das Geschirrholz begreift den Holzbedarf für die einfachen ländlichen Gewerke, wie Mahlmühlen, Windmühlen, Pochwerke, Eisenhämmer, Ölmühlen usw. Das Werk- oder eigentliche Nutzholz umfaßt den Holzbedarf aller übrigen holzverarbeitenden Gewerbe, wie der Schreiner, Wagner, Dreher, Schnitzarbeiter, Böttcher usw. Das Landwirtschaftsholz endlich umschließt die beim Feldbau und der Landwirtschaft gebrauchten Hölzer.

Im folgenden sollen an der Hand dieser Unterscheidung die einzelnen Nutzholz-Rohsorten näher betrachtet werden.

a) Das Stammholz begreift die geschlossenen Stücke ausgewachsener Bäume und wird in Nadelholzwaldungen, je nachdem es den ganzen Schaft oder nur einen Teil von ihm umfaßt, unterschieden in Langholz (Langnutzholz) und Blochholz. Was die Grenzen zwischen Stammholz und Stangenholz, ebenso zwischen Langholz und Blochholz betrifft, so besteht durchaus keine Übereinstimmung in den Gebräuchen der verschiedenen Wald- und Verwaltungsbezirke; auch der Meßpunkt, an dem die Stärkeerhebung vorgenommen wird, ist verschieden. Bei Laubholz wird der Unterschied zwischen Lang- und Blochholz meist ganz fallen gelassen.

---

[1]) Gayer, K. u. L. Fabricius: Die Forstbenutzung, 12. Aufl., S. 181.

Nachstehend möge den im Handel und Verkehr bestehenden Gebräuchen gefolgt werden.

Langholz. Man versteht darunter den von einem haubaren ausgewachsenen Baum stammenden astfreien, entgipfelten ganzen Schaft oder den größten Teil von ihm, und zwar in der Regel den unteren Teil, den Erdstamm. Ein Langholzstamm soll über 7 m lang sein und in der Mitte, ohne Rinde gemessen, einen Durchmesser von wenigstens 15 cm, und mit der Rinde wenigstens 18 cm haben. Eine möglichst bedeutende Länge und Zopfstärke bei hinreichender Geradschaftigkeit ist hier für die größte Zahl der einschlagenden Gewerbe wesentlich wertbestimmend.

Als Vollholz finden die Stämme ihre Verwendung vorzüglich bei fast sämtlichen Baugewerken; sie sind also ganz wesentlich Bauhölzer, in untergeordnetem Betrag auch noch Geschirrhölzer (Windmühlflügel, Pochstempel usw.). Als Schnittholz bringt ganz besonders der Schiffbau Stämme zur Verarbeitung (Schiffsbohlen usw.), außerdem auch der Hoch-, Brücken- und Bergbau. Als Spaltholz, wozu nur gutrissiges Holz ausgeformt werden kann, sind die Stämme, insofern es sich um Ausnutzung der Längen handelt, von geringerem Belang, sie finden dann meist als Werkholz und selten als Geschirrholz (für große Wasserradarme usw.) ihre Verwendung.

Blochholz, Abschnitte, Ausschnitte (Klötze, Bloche oder Blöcher) sind Rundstücke von Schäften (oder außergewöhnlich starken Ästen) ausgewachsener Bäume, die gewöhnlich den unteren, astreinen Teil des Schaftes ausmachen. Der Abschnitt geht bis zu 7 m, zuweilen auch 8 m Länge und muß in der Mitte, ohne Rinde gemessen, wenigstens 18 cm Durchmesser haben. Während also die Abschnitte an Länge gegen die Stämme zurückstehen, ist bei ihnen ein starker Durchmesser in erster Linie wertbestimmend.

Die Sorte der Abschnitte, Blöcher usw. beschränkt sich meist auf das Nadelholz, da man beim Laubholz, wie bereits bemerkt, in neuerer Zeit diese Sorte mit den Langhölzern unter der gemeinsamen Bezeichnung Stammholz zusammenwirft.

Als Vollholz stellen sie vor allem einen Teil der Bauhölzer dar, namentlich befriedigt sich daraus der Bedarf an Brunnenröhren, Pfahlhölzern, der Versatz- und Zimmerhölzer beim Bergbau, der Schwellenhölzer für Eisenbahnen, der kürzeren, teils krummen Schiffsbauhölzer; auch der Brücken- und Wegebau bedarf ihrer zum Teil. Als Geschirrholz (zu Zapfenlagern, Amboßstöcken, Stoßtrögen, Hammerstielen usw.) sind die Abschnitte der Masse nach von geringerem Belang. Als Schnittholz bilden die Abschnitte fast ihrem ganzen Betrag nach Werkholz; vor allem liefern die Nadelhölzer die Sägestämme für die gewöhnlichen Bretter, Bohlen, Latten usw. Diese Sägeklötze werden dann in Längen von 3, $3^1/_2$, 4, $4^1/_2$, 5, $5^1/_2$, 6, auch 7 m vom stärkeren Teil des Schaftes ausgeformt; im Handel und zur gewerblichen Anwendung sind Sägeklötze von $3^1/_2$ bis 5 m Länge am meisten beliebt und bezahlen sich besser als Klötze von größerer Länge. In ähnlichen Klötzen wird auch das Eichenschnittholz, dann das von Buchen, Pappeln (als Schreinerholz) ausgeformt, und hierher gehören außerdem das Resonanzboden-, Zigarrenkistenholz usw. Als Spaltholz sind die Abschnitte vorzugsweise Werkholz und befriedigen dann den Bedarf der Böttcher, Wagner, Dreher, der Span- und Spaltarbeiter (namentlich zu Schindeln usw.); es gehören hierher die Instrumentenhölzer, die Hölzer für Schnitzarbeiter, Büchsenschäfte usw.

b) Das Stangenholz umfaßt alle schwächeren Schäfte bis einschließlich 14 cm Durchmesser, 1 m oberhalb des unteren Endes mit Rinde gemessen. Man unterscheidet sie nach der Stärke meist in Derb- oder Nutzstangen und in Reiserstangen oder Gerten; die Grenze zwischen beiden ist nach dem örtlichen Gebrauch verschieden und geht für Gerten und Floßwieden bis 2 cm herab. An anderen Orten unterscheidet man die Stangen in entgipfelte, unentgipfelte und Kleinnutzstangen. Alle Stangen werden mit der Rinde gemessen.

Das Vollholz bildet bei den Stangen die Hauptware, und zwar als Werkholz für Wagner (gerade gewachsene Eichen, Birken usw. als Leiterbäume, Langwiede, Deichseln usw., krumm gewachsene für Pflugsterzen, Kutschenbäume usw.), auch Dreher, dann als

Landwirtschaftshölzer (Hopfenstangen, Baumstützen, Baumpfähle usw.). Als Schnittholz finden die Stangen seltener Verwendung (halbierte Zaunstäbe). Als Spaltholz sind die Stangen bloß Werkholz (Reife usw.).

c) Schichtnutzholz. Das Nutzholz wird auch in runden oder aufgespaltenen, kürzeren, dem Verwendungszweck entsprechenden Stücken, wie sie zum Teil bei der Brennholzausformung anfallen, ausgehalten und in Schichtmaße aufgestellt. Man unterscheidet je nach der Stärke und Zurichtung: Nutzscheitholz (Werkscheite, Nutzholzspälter, Müsselholz, Zeugholz, Planken), Spaltstücke, die aus Rundstücken von mehr als 15 cm Mittendurchmesser hervorgegangen sind, dann Nutzprügelholz, Nutzholzrundstücke, Roller, also unaufgespaltene Rundstücke von 6 bis 15 cm Mittenstärke.

Diese Sorten befriedigen zum Teil den Bedarf der Böttcher, Glaser, der Wagner, Dreher, Spaltarbeiter, Schnitzarbeiter, der Siebmacher und werden an manchen Orten in großer Masse zu Weinbergpfählen (sogenanntes Stiefelholz) verarbeitet. Das runde Schichtnutzholz ist heute seinem größten Betrag nach Papierholz.

d) Nutzreisig, bisweilen (Unterfranken) zum Schichtnutzholz gerechnet, ist in Raummaße eingebundenes oder zwischen Pfähle auf Haufen gebrachtes oder auch lose angebotenes Reiserholz von 7 cm und weniger Stärke am dicken Ende gemessen.

Das Nutzreisig ist teils Gipfel-, teils Ast- und Zweigholz von Kernwüchsen oder Stockausschlägen. Dazu gehören Heuheinzen, Christbäume, Faschinen zu Ufer- und Wegbauten, Erbsen-, Besen-, Zaun-, Deck- und Zierreisig, Gradierwellen, Korbflechtreisig und Schwarzdornstecken.

2. Die Klasseneinteilung (Sortierung) des Stammholzes[1]).

a) Langholz, Langnutzholz.

Wie Seite 82 angegeben, wird das Stammholz in Langholz und Blochholz unterschieden; diese Trennung kommt bei Laubholz meist in Fortfall. Man bezeichnet alle Bau- und Nutzholzstücke, die nicht in Schichtmaße aufgearbeitet und deren Rauminhalt einzeln angegeben wird, als Stämme.

Für das Nadelholz, das beim Handel mit Langnutzholz vorwiegend in Betracht kommt, geschieht die Abstufung der Wertklassen nach sehr wechselnden Grundsätzen; Stückzahl, Länge, Mittendurchmesser, Zopfstärke und Massengehalt sind in verschiedenen Kombinationen die Elemente der Sortierung; feste Handelsgebräuche haben sich nur in einzelnen Gebieten herausgebildet.

Für die Beurteilung der Verwendungsfähigkeit eines Stammes sind die Länge und die Stärke am Ablaß (Zopf) am geeignetsten, daher die auf diesen zwei Abmaßen beruhende Heilbronner Sortierung anerkannt vorzüglich ist. Anderswo stuft man die Wertklassen nach Länge und Mittendurchmesser oder nach letzterem allein oder nach dem Festgehalt allein ab; letztere, in den preußischen Staatsforsten für Nadelholz übliche Sortierung hat den Vorteil der Einfachheit im Betriebe und in der Buchführung.

Die Maßeinheit (m^3, fm) des Holzes ist um so teurer, je länger und stärker ein Stamm ist. Je größer der Wertunterschied zwischen zwei Stammklassen, desto notwendiger wird es, dazwischen eine oder mehrere weitere Klassen einzuschieben, um Preistarif und Gebrauchswert im Einklange zu halten; doch ist zu beachten, daß allzu viele Preisstufen die Arbeit der Sortierung, Schlagaufnahme, Verrechnung und Kontrolle bedeutend erschweren.

Die in den preußischen Staatsforsten seit 1. Oktober 1905 gültige Vorschrift bildet die Taxklassen für Rundhölzer wie folgt:

---

[1]) Hufnagel, L.: Handbuch der kaufmännischen Holzverwertung und des Holzhandels, 9. Aufl., S. 112.

I. Für Laubholz.

a) Wahlhölzer, das sind ausgesuchte Hölzer zu besonderen Gebrauchszwecken von vorzüglicher Beschaffenheit; sie sind um mindestens 25% höher zu bewerten als Stücke der Klasse A von demselben Durchmesser.

b) Klasse A: ausgesuchte, astfrei oder fast astfreie mit nur kleinen, den Gebrauchswert nicht beeinträchtigenden Fehlern und Schäden behaftete Stücke.

c) Klasse B: gewöhnliche, nicht mit erheblichen Fehlern behaftete Stücke.

Beide Qualitätsklassen A und B werden je nach der Mittelstärke unterteilt in

I. Klasse	60 cm und mehr	Mittendurchmesser,
II. „	50 bis 59 cm	„
III. „	40 „ 49 „	„
IV. „	30 „ 39 „	„
V. „	unter 30 „	„

Den einzelnen Regierungsbezirken bleibt es überlassen, beim Vorverkauf stehenden Laubholzes die Sonderung nach Güteklassen fortfallen zu lassen und lediglich die Tarifsätze der Klasse B in Anwendung zu bringen, um bei der Überweisung der Schläge Meinungsverschiedenheiten und Weiterungen bezüglich der Zuteilung zur A- oder B-Klasse tunlichst zu vermeiden.

II. Für Nadelholz.

a) Wahlhölzer. Wie bei I (zu a), mit dem Unterschiede, daß die Taxe nach der Güte und Seltenheit des Holzes, wenigstens aber zu 25% über der Taxe für Schneidehölzer des gleichen Forstbestandes anzusetzen ist.

b) Schneidehölzer, glatte Abschnitte mit mindestens 25 cm Zopfdurchmesser.

Soweit dieses Sortiment bereits eingeführt ist oder dessen Einführung für zweckmäßig erachtet wird, hat die Unterteilung in folgende Klassen zu erfolgen.

Sägeblöcke I. Klasse, das Stück über 2 fm,
„ II. „ „ „ „ 1 bis einschl. 2 fm,
„ III. „ „ „ bis einschl. 1 fm.

c) Gewöhnliche Rundhölzer. Es sind folgende Klassen zu bilden:

Bau- und Nutzholzstämme I. Klasse, das Stück über 2 fm,
„ „ „ II. „ „ „ von über 1 bis einschließlich 2 fm,
„ „ „ III. „ „ „ „ „ 0,5 „ „ 1 „
„ „ „ IV. „ „ „ bis einschließlich 0,5 fm.

Im übrigen behält es bei der Messung aller Holzarten mit Rinde sein Bewenden. Insoweit jedoch zur Verhütung von Insektenschäden oder aus anderen Gründen Nadelholzbäume auf fiskalische Rechnung geschält und entrindet zum Verkauf gestellt werden, hat auch die Holzvermessung im entrindeten Zustande zu erfolgen.

In Süddeutschland ist die sogenannte Heilbronner Sortierung handelsüblich, demgemäß werden die Preisklassen nach der Minimallänge und der Mindeststärke am Ablaß wie folgt gebildet:

	Minimallänge	Minimaldurchmesser am Zopf
I. Klasse	18 m	30 cm
II. „	18 „	22 „
III. „	16 „	17 „
IV. „	14 „	14 „
V. „	10 „	12 „
VI. „	8 „	7 „

Ähnlich sind die Abmessungen der für den rheinischen Langholzhandel bestimmten Hölzer; beispielsweise sind am Mannheimer Markte folgende Namen und Maße üblich:

„Holländer“ sind 18 m und mehr lang, mit 30 cm am Zopf,
„Meßholz“ ist 17 m und mehr lang, mit allen Mittendurchmessern,
„Mittelholz“ ist 14 bis 16 m lang, mit allen Mittendurchmessern,
„Kleinholz“ ist 8 bis 13 m lang, ohne vorgeschriebene Stärke, aber unter 26 cm Mitte.

Das Holz wird hier zumeist nach ganzen Flößen gehandelt, welche alle vier Sorten enthalten.

Hat ein Stamm die übliche Zopfstärke bei der zugehörigen Mindestlänge, ist er aber an diesem Punkt nicht abgeschnitten, sondern ein Stück länger, so wird dieses Zopfstück als sogenanntes „Draufholz“ bei manchen süddeutschen Forstämtern zu demselben Preise aufgerechnet, welcher der Klasse des fraglichen Stammes entspricht.

Unter dem Namen „Bodenfichten“ versteht man Stämme von mindestens 13,6 m Länge und von 20 cm Zopf aufwärts, welche zur Herstellung der Bohlen für Fahrzeuge dienen.

b) Blochholz, Schneideholz, Blöcher, Blöcke, Klotzholz, Klötzer, Abschnitte, Drümme.

Das Blochholz oder Schneideholz ist der Rohstoff der Sägeindustrie; insoweit sich die Sägemühlen mit der Herstellung von Baukonstruktionshölzern beliebiger Länge und Stärke beschäftigen, besteht kein Unterschied zwischen Langnutzholz und Schneideholz, eine gewisse Minimalstärke der Stämme vorausgesetzt. Auf solchen Betrieben ist die Beschäftigung mit Dimensionsholz vorherrschend; die Erzeugung von Sägewaren im engeren Sinne tritt mehr oder weniger zurück.

Klotzholz im gewöhnlichen Sinne sind Stammabschnitte von bestimmter Länge und Stärke, welche zur Herstellung von Bohlen, Brettern, Brettchen, Furnieren, überhaupt von Schnittholz, geeignet sind.

Die Länge der Hölzer hängt erklärlicherweise mit dem Längenmäß der üblichen Sägewaren zusammen; und da, wo für letztere noch das alte Maß gebräuchlich ist, formt man das Klotzholz in demselben Maße aus.

Beim Nadelholz ist die Länge von 4 m am verbreitetsten, daneben jene von 6 m beziehungsweise von 12 und 18′ alten Maßes; dann bestehen Längenklassen von 3 m aufwärts, in Stufen von 0,5 m: oder das Schneideholz wird in längeren Stücken belassen, die ein Vielfaches der Brettlänge sind.

Das im allgemeinen wertvollere Laubholz kann etwa von 1,5 m aufwärts in allen Längen auf Klötzer ausgeformt werden, insofern dies die Geradheit und Stärke des Stammes zuläßt; die Längenmessung geht bis auf Zehntelmeter.

Der Wert des Sägeholzes wird nach der Stärke, Astreinheit, Glätte, Vollholzigkeit, nach der Gleichmäßigkeit des Jahrringbaues, dem Umfange des Kernholzes im Vergleich zum Splint, endlich nach der Herkunft beurteilt.

Das augenfälligste, für die Sortierung geeignetste Merkmal ist die Durchmesser- oder Zopfstärke; mit zwei bis drei Stufen reicht man gewöhnlich aus. Bei gleichbleibender typischer Klotzlänge kann statt des Durchmessers auch der Festgehalt als Wertklassenbildner gewählt werden. Die übrigen Kennzeichen einer höheren Qualität lassen sich nicht leicht derart zweifellos festsetzen, daß nicht die Sortierung und die nochmalige Übernahme durch den Käufer umständlich würde und zu Streitigkeiten Anlaß gäbe.

Über die Klassifizierung in Preußen ist S. 85 das Nähere gesagt.

Baden sortiert Laubholzstämme in erster Linie nach Maßgabe des Durchmessers, in zweiter nach Beschaffenheit des Holzes, während bei Nadelstammholz Länge und Abmaß maßgebend sind. Die Taxe für Eiche lautet:

I. Klasse 60 und mehr Zentimeter stark;
- a) schön glatt, astfrei oder fast astfrei, vollholzig, fehlerfrei usw.,
- b) gewöhnliche Stücke ohne erhebliche Fehler,
- †b) Ausschuß.

II. 50—59 cm Mittendurchmesser, a, b und †b wie bei Klasse I.
III. 40—49 „ „ a, b und †b wie bei Klasse I.
IV. 25—39 „ „ IV† Ausschuß.
V. unter 25 cm „

Bei den anderen Laubhölzern werden nur unterschieden:

I. 40 und mehr cm Mittendurchmesser, a, b und †b, wie bei Eiche.
II. 25—39 „ „ a, b und †b, wie bei Eiche.
III. unter 25 cm †III Ausschuß.

In Württemberg wird, wie in Baden, für das Laubholz kein Unterschied zwischen Stamm- und Schneideholz gemacht.

Die bayerische Staatsforstverwaltung sortiert die Nadelholzblöcher nach Längen von 3, 3,5, 4, 4,5 m und Vielfachen davon, Kiefenklötzer in beliebigen Längen. Die Stärkeklassen sind:

†I. Wahlholz, hervorragend wertvolle, gewählte Blöcher,
I. von 35 cm Mittendurchmesser aufwärts,
II. 26—34 „ „ ,
III. 20—25 „ „ ,
IV. unter 20 cm „ .

Über die Sortierung von Stangenholz, Schichtnutzholz und Nutzreisig, die für Bauhölzer nicht in Frage kommen, vgl. die S. 82 und 84 angegebenen Quellen.

3. Die Zerlegung des Blochholzes (Schneideholzes) im Sägewerk[1]).

Zu den Werkzeugmaschinen der Holzbearbeitung gehören die Sägemaschinen, Hobelmaschinen und Fournierschneidemaschinen, Fräsmaschinen, Bohrmaschinen, Stemmaschinen, Holzdrehbänke u. a.

Die wichtigste Gruppe dieser Maschinen sind die Sägemaschinen.

Das in der Maschine arbeitende Sägeblatt unterscheidet sich von dem der Handsäge nur in bezug auf Form, Größe und Bewegungsart. Bei den Maschinen sind die Sägeblätter zumeist gespannt.

Nach der Bewegungsrichtung des Sägeblattes lassen sich die Sägemaschinen in zwei Hauptgruppen einteilen, und zwar:

a) in Sägemaschinen mit hin und her gehender Bewegung; hierher gehören die Gattersägen, Dekupier- und Laubsägemaschinen und die Quersägen;

b) in Sägemaschinen mit fortlaufender Bewegung; hierher zählen die Band- und Kreissägen u. a.

Die Sägen mit hin und her gehender Bewegung können nicht die gleiche Arbeitsleistung erzielen wie die mit fortlaufender Bewegung, da erstere die einseitig wirkende Zahnform besitzen. Ihre Wirkung äußert sich infolgedessen nur nach einer Richtung, während die Bewegung nach der entgegengesetzten Richtung einem Leergang gleichkommt.

Um diesen Nachteil einigermaßen zu beheben, hat man für diese Sägen eine Zahnform konstruiert, die beim Hin- und Hergang gleichmäßig wirkt.

Die wichtigsten Sägemaschinen der ersten Gruppen sind die Gattersägen (Abb. 48). Ihre Hauptaufgabe besteht darin, Baumstämme der Länge nach in Kanthölzer, Pfosten und Bretter, und diese wieder in Dickten und Furniere zu zerteilen. Bei diesen Sägemaschinen sind ein oder mehrere Sägeblätter in einen rechteckigen, geschlossenen Rahmen, das Gatter, eingespannt, dessen Antriebsvorrichtung in der sog. Lenk- oder Pleuelstange besteht. Das Gatter erhält eine lotrechte oder schwach geneigte, auf und ab gehende, oder eine wagerechte, hin und her gehende Bewegung. Im ersteren Falle spricht man von Vertikal-, im letzteren von Horizontalgattersägen.

Während die Längsseiten des Gatterrahmens, die Gatterschenkel, die Führung für seine gleichmäßige Bewegung enthalten, haben die Querseiten, die Riegel, die Sägeblätter unter verschiedenartiger Befestigung aufzunehmen. Die Sägeblätter sind je nach Beschaffenheit des zu schneidenden Holzes und der Art der Schnittware sowohl in bezug auf ihre Bezahnung als auch hinsichtlich ihrer Dimensionen sehr verschieden. Während die Zahnspitzenlinie

[1]) Großmann, J.: Gewerbekunde der Holzbearbeitung, Bd. II, 2. Aufl., S. 131 f.

bei allen Gattersägeblättern meist eine gerade ist, sind die Zähne der nur beim Niedergang wirkenden Sägen entweder rechtwinklige oder überhängende Dreieckszähne oder daraus abgeleitete Wolfszähne (Abb. 50). Soll die Säge jedoch nach beiden Richtungen gleichmäßig wirken, so müssen die Sägezähne entweder symmetrisch geformt sein, oder es muß das Sägeblatt Zähne erhalten, welche zur Hälfte beim Auf- bzw. Hingang, zur anderen Hälfte beim Nieder- bzw. Hergang der Säge zur Wirkung gelangen.

Abb. 48. Vollgattersäge (Vertikalgatter) mit vier Vorschubwalzen. (Bauart Kirchner & Co., A.-G., Leipzig-Sellerhausen.)

Führt ein Gatter nur ein meist in der Mitte eingespanntes Sägeblatt, so heißt es Mittelgatter (Blockgatter) (Abb. 49 a). Sind in einem Gatter zwei Sägeblätter eingespannt, so bezeichnet man es als Saum- oder Schwartengatter (Abb. 49 b). Dieses wird insbesondere verwendet, wenn von einem runden Holzklotz an zwei gegenüberliegenden Stellen segmentförmige Stücke, die sog. Schwarten (Schwartlinge), abgetrennt werden sollen. Ein solch besäumter Holzklotz wird zur Gewinnung einer sicheren, flachen Auflage um 90° gedreht und hierauf dem Voll- oder Bundgatter (Abb. 49 c) zugeführt; dieses führt mehr als zwei, ja selbst 10, 20 und noch mehr Sägeblätter, die den ganzen Holzklotz bei einmaligem Durchgang in Bretter und Pfosten zerlegen.

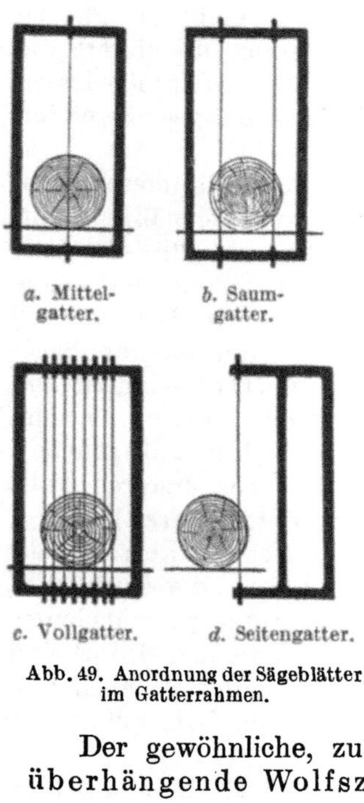

Abb. 49. Anordnung der Sägeblätter im Gatterrahmen.

Das Vollgatter ist unter gewöhnlichen Verhältnissen in einem Sägewerkbetriebe die wichtigste Holzbearbeitungsmaschine. Wenngleich sich seine Verwendbarkeit in der Hauptsache nur auf das Schneiden von Nadelhölzern beschränkt, können doch darauf auch Buchen und andere Harthölzer, selbst auch Eichen geschnitten werden. Für einen Dauerbetrieb zum Schneiden der Harthölzer eignet sich jedoch das Vollgatter nicht; es sei denn, daß hierzu eigene Sägeblätter bereitgehalten werden. Das Schneiden harter Laubhölzer erfordert nebst einem besonders aufmerksamen und gewissenhaften Schärfen und Schränken der Sägeblätter vor allem auch eine besondere Zahnform.

Der gewöhnliche, zum Schneiden von Nadelhölzern vorzüglich geeignete überhängende Wolfszahn (Abb. 50) ist für harte Laubhölzer ungeeignet.

Sollen die Sägeblätter nicht hart und schwer arbeiten, so darf der Sägezahn für Harthölzer nicht überhängen, Zahnspitze und Zahnbrust derselben müssen vielmehr im rechten Winkel zum Sägeblattrücken (Abb. 50) stehen. Des weiteren müssen die Vorschubwalzen, welche das Holz den Sägen zuführen, möglichst nahe an den Sägen liegen, um auch etwas krumme und kurze Blöche ohne Gefahr schneiden zu können. Stark gekrümmte Blöche sowie solche unter 2 m Länge sollten überhaupt nicht auf einem Vollgatter, sondern auf einem Horizontalgatter geschnitten werden.

Die Vollgatter werden für Stammdurchgangsweiten von 200 bis 1500 mm hergestellt. Die zumeist gebauten und in Verwendung stehenden Durchgangsgrößen der Gatter liegen jedoch zwischen 350 und 950 mm Breite.

Von größter Wichtigkeit für den Betrieb mit Gattersägen ist eine selbsttätige, geregelte Zuführung des Holzes zu den Sägen, die sog. Spaltbewegung. Diese wird mit dem Schiebezeug bewerkstelligt. Der Holzklotz wird auf zwei kurzen auf Grubenschienen laufenden Klotzwagen befestigt, durch diese sodann dem Gatter zugeführt und mittels einer Riffelwalze durch das Gatter hindurchgeleitet. Eine andere Art der Zuführung besteht darin, daß der Klotz sich durch die Drehbewegung von Riffelwalzen, welche vor und hinter dem Gatter angeordnet sind, der Säge langsam nähert. Diese Zuführung muß sich jedoch stets nach der Wirkung der Sägezähne richten. Sie erfolgt zumeist ruckweise, und zwar, wenn die Säge nur beim Niedergang schneidet, beim Niedergang, schneidet die Säge jedoch beim Auf- und Niedergang bzw. Hin- und Hergang, so muß der Vorschub auch demgemäß erfolgen. Die Vorschubbewegung kann entweder durch ein Schaltwerk, bestehend aus Rad- und Zahnstange, oder durch Führungswalzen, durch Friktionswellen, wie auch durch Kettenantrieb erfolgen.

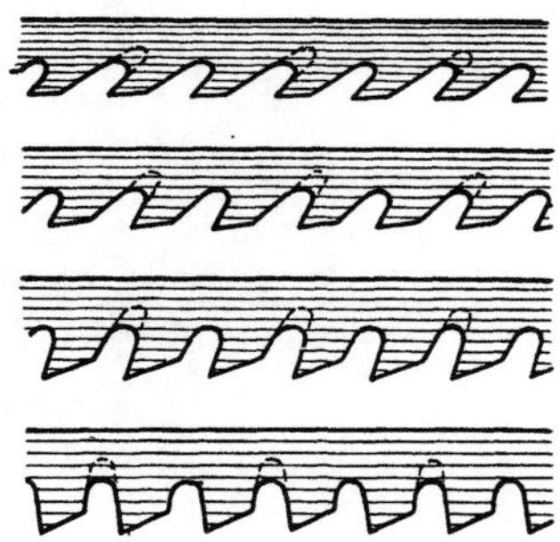

Abb. 50. Verschiedene Formen von Wolfszähnen.

Um besonders starke Blöche (Blöcke) abzuschwarten oder in Planken zu zerlegen, deren Stärken sich erst nach vorhergegangenem Probeschnitt in bezug auf die Brauchbarkeit des Holzes bestimmes läßt, verwendet man das Seitengatter (Abb. 49d). Dieses ist ähnlich den Handsägen. Die beiden Riegel sind in ihrer Mitte durch einen Steg verbunden; ihre linksseitigen Enden führen das Sägeblatt, während die rechtsseitigen Enden durch eine Eisenstange zusammengehalten werden, wenn nicht anstatt dessen ein zweites Sägeblatt angebracht ist.

Zum Zerteilen von Pfosten und besäumten Schwarten in dünne Bretter eignet sich am besten das Trenn- oder Spaltgatter. Die aufzutrennenden Pfosten oder dgl. werden hochkantig durch selbsttätigen Walzen- oder Zahnstangenvorschub den Sägen zugeführt, während gleichzeitig seitliche Druckwalzen die Hölzer fest gegen die treibenden Walzen andrücken. Der Zahnstangenvorschub besitzt gegenüber dem Walzenvorschub den Vorteil, daß er nie versagt und keine Eindrücke auf dem äußeren Brett hinterläßt, was bei geriffelten Walzen unvermeidlich ist.

Die Trenngatter können Schnittware von 5 mm Mindeststärke schneiden. Sie vermögen ferner bis zu 20 Sägeblätter und mehr aufzunehmen; da letztere oft nur 1 mm dünn sind, ist der Schnittverlust äußerst gering. Für weiche, harzreiche oder nasse Hölzer sind jedoch besonders schwache Sägen weniger geeignet; hier fördern dickere Blätter die Arbeit viel besser, weil die größere Schnittfläche das Abnehmen größerer Späne ermöglicht.

Die Vertikalgatter erreichen je nach ihrer Rahmenweite oft eine beträchtliche Höhe. Sie müssen deshalb einen schweren, gut angeordneten Unterbau erhalten, um die unvermeidlichen Erschütterungen hintanzuhalten. Zur Behebung solcher Nachteile werden die Gatter oft auch horizontal geführt und dann als Horizontalgatter (Abb. 51) bezeichnet. Diese finden vornehmlich zum Schneiden wertvoller und harter Hölzer zu Dickten und Furnieren Verwendung, da sie vor allem sehr dünne Sägeblätter zulassen und sich ihres sicheren Ganges wegen sehr wenig verlaufen. Die Horizontalgatter werden

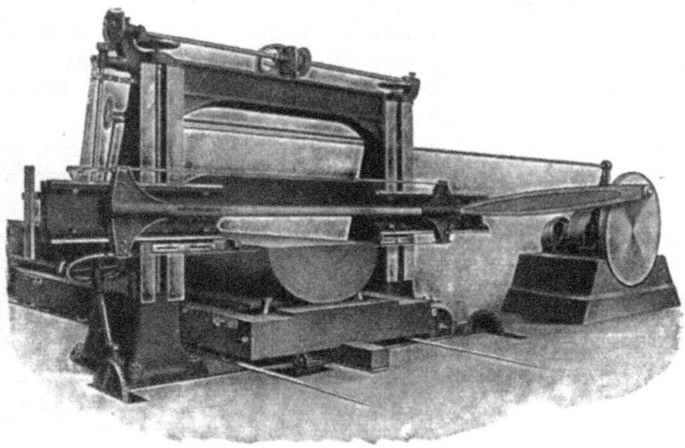

Abb. 51. Horizontalgattersäge. (Bauart Kirchner & Co., A.-G., Leipzig-Sellerhausen.)

für gewöhnlich in Durchgangsgrößen von 700 bis 1700 mm gebaut. Wenngleich solche heute auch für mehrere Sägeblätter angefertigt werden, arbeiten dieselben in der Regel doch nur mit einem Sägeblatt. Dieses ist an einer Seite des Gatterrahmens befestigt und bewegt sich mit bedeutender Geschwindigkeit; trotzdem beansprucht das Horizontalgatter aber wenig Kraft.

Abb. 52. Stammquersäge. (Bauart Kirchner & Co., A.-G., Leipzig-Sellerhausen.)

Die Säge schneidet beim Hin- und Hergang, wodurch ein stetiger Vorschub des Arbeitsstückes bedingt wird. Der Antrieb des Gatterrahmens erfolgt von einem seitlich aufgestellten Vorgelege aus mittels Lenkstange und einer als Schwungrad ausgebildeten, mit Gegengewicht versehenen Kurbelscheibe. Liegt das Sägeblatt horizontal, so wird der Holzklotz in dieser Richtung vorgeschoben; hat das Sägeblatt jedoch vertikalen Schnitt, z. B. bei Furniersägen, so muß der Bloch vertikal der Säge von oben oder unten aus zugeführt werden. Zum Einspannen der Hölzer dient ein aus Holz oder

Eisen gebauter Wagen, welcher mittels Rollen auf Schienen läuft und durch Getriebe und Zahnstange vor- und rückwärts bewegt wird.

Die Quersäge (Abb. 52) hat den Zweck, die Baumstämme auf bestimmte Längen zu zerstückeln, bevor sie in das Sägewerk gelangen. Zumeist findet sie auf dem Holzlagerplatz Aufstellung, also entfernt von den übrigen Maschinen eines größeren Sägewerkes. Ihr Antrieb kann deshalb nicht von der Haupttransmission, sondern mit Vorteil nur durch einen Elektromotor oder einen Benzinmotor erfolgen. Die auf Länge zu schneidenden Baumstämme werden auf einem Wagen — ähnlich dem der Horizontalgattersäge — der Säge zugeführt. In Form und Wirkung gleicht das ungespannte und ziemlich

Abb. 53. Bandsäge mit Laufwagen und selbsttätigem Seilvorschub. (Bauart Böttcher & Gessner, Altona-Bahrenfeld.)

dicke Sägeblatt dieser Maschine unserem gewöhnlichen Fuchsschwanz. Es schneidet nur beim Rückgang, also auf Zug. Die Auf- und Abwärtsbewegung der Säge erfolgt mittels eines Handrades und Schneckengetriebes. Die Geschwindigkeit der Sägewirkung kann durch ein Ventil reguliert werden. Vorteilhafte Führungen am Rücken des Sägeblattes hindern dasselbe an seitlichen Schwankungen und sichern eine tadellose Schnittfläche. In neuerer Zeit werden Quersägen konstruiert, welche Stämme bis zu 1 m Durchmesser zu durchschneiden vermögen. Die Sägeblätter besitzen deshalb oft eine Länge von $2^1/_2$ bis 3 m. Der Holzstamm wird durch zwei an der Maschine befestigte Klammerhaken festgehalten.

Quersägen ähnlicher Konstruktion werden auch zum Fällen von Baumstämmen benutzt. Da jedoch die Zuführung der motorischen Kraft auf weitere Strecken immer mit Schwierigkeiten verbunden ist, können sich diese Sägen nicht allgemein einbürgern. Ein rationelles Arbeiten mit diesen Maschinen ist nur außerhalb der Saftzeit, also in den Wintermonaten, möglich; aber selbst da muß das Sägeblatt fortlaufend gut mit Seifenwasser geschmiert und die Schnittfuge aufgekeilt werden.

Zu den Sägemaschinen mit fortlaufender Bewegung gehört die Bandsäge (Abb. 53). Sie vereinigt die Vorteile des gespannten Sägeblattes der Gattersäge mit einer fortlaufenden Bewegung des Blattes. Man versteht unter Bandsäge eine Maschine, bei der ein ziemlich dünnes, verhältnismäßig schmales, 5 bis 9 m bei Blockbandsägen selbst 10 bis 15 m langes Sägeblatt aus bestem Federstahl, dessen beide Enden durch Lötung vereinigt sind, über gewöhnlich 2 Triebscheiben (Bandsägerollen) gespannt ist und durch Inbetriebsetzung einer dieser Scheiben eine fortlaufende Bewegung erhält.

Abb. 54. Große schwere Blockbandsäge. (Bauart Böttcher & Gessner, Altona-Bahrenfeld.)

Die Bandsäge dient nicht nur zum Schneiden gerader und krummer Linien, sondern auch zum Zerteilen von Blöchen und Stämmen zu Pfosten u. dgl. Sie kann nur in Tätigkeit treten, wenn das Sägeblatt gespannt ist. Die untere Rolle ist zumeist fest gelagert und auf ihrer verlängerten Achse befinden sich die Voll- und Leerscheibe. Letztere erhalten ihren Antrieb mit Hilfe eines Riemens durch die Kraftquelle. Die obere Sägerolle ist dagegen samt ihres in Führungen verschiebbaren Lagers lotrecht verstellbar. Infolge der Spannung des Sägeblattes und der zwischen Sägeblatt und Scheibenwandung auftretenden Reibung wird diese Rolle mit in Drehung versetzt.

Von wesentlicher Bedeutung für die Haltbarkeit der Sägeblätter ist der Rollendurchmesser. Dieser sollte niemals zu klein gewählt werden. Der zweckmäßigte Rollendurchmesser ist 700 mm, womit eine Schnitthöhe von etwa 400 mm erreicht werden kann.

Während zum Ausschweifen krummer Linien und Verzierungen die Breite der Bandsägeblätter 3,5 bis 10 mm beträgt, sind die wichtigsten Breiten für gewöhnliche Arbeiten 16 bis 20, höchstens 30 mm. Die großen Blockbandsägeblätter haben bei Längen von 10 bis 15 m, Breiten von 80 bis 200 mm. Es wurden auch schon Bandsägen mit 250 mm breiten und $2^1/_2$ mm dicken Sägeblättern gebaut.

Zum Zerteilen von Blöchen und Stämmen zu Pfosten u. dgl. dient auch die Blockbandsäge (Abb. 54). Diese wird sowohl mit wagrechter wie lotrechter Lagerung des Sägeblattes gebaut. Die Blockbandsäge findet zumeist an Stelle der Gattersäge Verwendung. Sie ist hierfür um so geeigneter, als ihre Leistungsfähigkeit bedeutend größer, ihr Sägeschnittverlust aber wesentlich kleiner als der der Gattersäge ist. Während beim Horizontal- und Vollgatter mit einem Schnittverlust von 2,2 bis 3,8 mm gerechnet werden muß, beträgt dieser bei der Blockbandsäge nur 1,6 bis 2 mm.

Zum Nachteil der Blockbandsäge läßt sich jedoch mit ihr, selbst bei sorgfältigster Instandhaltung der Sägeblätter, kein so glatter und genauer Schnitt erzielen wie mit der Gattersäge. Die Blockbandsäge eignet sich deshalb meist nur für solche Betriebe, welche das geschnittene Material selbst verarbeiten. Ein weiterer Nachteil der Blockbandsäge ist der, daß sie zum Schneiden von harzreichen Hölzern wie Kiefer, Fichte usw. sowie wolligem, grobfaserigem Holze, wie das der Pappel, ungeeignet ist. Durch die Erwärmung des Sägeblattes beim Schneiden setzt sich das Harz daran fest und bringt so die Säge im Schnitt sehr leicht zum Verlaufen.

Abb. 55. Besäumkreissäge für Holzgestell. (Bauart Böttcher & Gessner.)

Während im allgemeinen die Gattersäge immer benutzt werden kann, ob nun das Holz weich oder hart, harzig oder wollig, naß oder trocken und die verlangte Schnittleistung groß oder klein sei, trifft dies bei der Blockbandsäge nur unter gewissen Voraussetzungen zu. Wenn auch die Schnittleistung einer Blockbandsäge 4- bis 6 mal so groß als die einer Horizontalgattersäge ist, also auch hierin das Vollgatter übertrifft, so wird sich dieselbe trotz alledem nur dort als vorteilhaft erweisen, wo genügende Mengen starker, schon etwas abgetrockneter Laubhölzer, zu einem fortlaufenden Betriebe zu schneiden sind.

Die einfachste Sägemaschine ist die Kreis- oder Zirkularsäge (Abb. 55 u. 56). Das Kreissägeblatt besteht aus einer auf einer Welle befestigten Stahlscheibe, an deren Umfang die Sägezähne angebracht sind. Die Zahnspitzenlinie bildet also stets einen Kreis.

Gewöhnlich sitzt auf der Welle (Spindel), auf welcher das Sägeblatt befestigt ist, eine Riemenscheibe; diese erhält ihren Antrieb von der Haupttransmission. Nicht selten wird bei elektrischem Kraftantrieb und bei mittlerem Kreissägeblattdurchmesser das Sägeblatt gleich auf der verlängerten Welle des Elektromotors befestigt und von diesem direkt angetrieben. Kleinere Sägeblätter werden häufig auch nur in die Spindel einer Drehbank eingespannt.

Diese einfache Bauart, verbunden mit einer äußerst raschen fortlaufenden Bewegung, macht die Kreissäge zu einer wichtigen, leistungsfähigen und vielseitig verwendbaren Sägemaschine.

Abb. 56. Kreisblocksäge mit selbsttätigem Wagen. (Bauart Kirchner & Co.)

Die Kreissäge wird nicht nur allein zum Längs- und Querschneiden gradliniger Schnitte benutzt, sondern findet auch zum Zurichten von Arbeitsstücken, zum Nuten, Fälzen, Schlitzen und Zapfenschneiden vielseitige und vorteilhafte Verwendung.

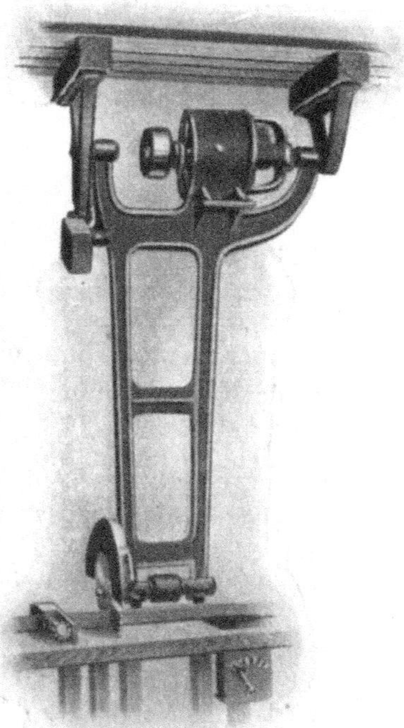

Abb. 57. Pendelsäge mit eingebautem Elektromotor. (Bauart Böttcher & Gessner.)

Die Größe, Dicke und Bezahnung des Sägeblattes richten sich nach der Art seiner Verwendung.

Während der Durchmesser eines Kreissägeblattes, das zum Zerschneiden ganz kleiner Arbeitsstücke dient, nur einige Zentimeter beträgt, haben andererseits Kreissägen, die zum Besäumen sowie Längs- und Querschneiden umfangreicher Blöcke dienen (Abb. 56), einen Blattdurchmesser von 1500 mm bis selbst 2 m; in Amerika geht man sogar noch weit über dieses Maß hinaus. Die am meisten in Verwendung stehenden Kreissägeblätter haben Durchmesser, die zwischen 250 bis 400 mm liegen. Dem größeren Blattdurchmesser muß die Blattstärke angepaßt werden, was aber einen großen Holzverlust mit sich bringt.

So beträgt bei einem Blattdurchmesser von 200 mm die Blattstärke 1,2 mm, die Schnittweite demnach 1,8 mm, bei 600 mm Durchmesser die Blattstärke 2,4 mm, die Schnittweite schon 3,6 mm; ein Kreissägeblatt von 1000 mm Durchmesser muß eine Blattstärke von 3,8 mm, bei 1500 mm Durchmesser eine solche von sogar 5,6 mm haben. Das ergibt mit der Schränkung der Sägezähne Schnittweiten bzw. Holzverluste von 5,4 bis 6,8 mm selbst bis 7,2 mm. Dies ist auch der Grund, warum die großen Kreissägeblätter in Deutschland nur geringen Eingang fanden. Bei dem enormen Holzreichtum Amerikas wurde aber die rationelle Leistung einer Sägemaschine mehr ins Auge gefaßt als der beim Schneiden sich ergebende Holzverlust.

Mißlich ist, daß mit der Kreissäge nur Hölzer geschnitten werden können, die ungefähr dem dritten Teil des Sägeblattdurchmessers gleichkommen. Die Zuführung des Arbeitsstückes erfolgt bei großen Sägen durch mechanisch bewegte Wagen, ähnlich wie bei den Gattersägen; bei kleineren Sägen erfolgt sie ausschließlich mit der Hand.

Bei allen bis jetzt besprochenen Kreissägemaschinen ist die Sägespindel samt dem auf ihr befestigten Sägeblatte in unverrückbarer Lage mit dem Maschinentisch verbunden. Das Arbeitsstück wird hierbei der Säge zugeführt. In allen größeren Holzbearbeitungsbetrieben finden aber heute zum Zerschneiden und Zerteilen von Brettern, Pfosten, Stämmen u. dgl. durch Querschnitte, Sägekonstruktionen Anwendung, bei denen das Arbeitsstück festliegt, während die Säge sowohl die Arbeits- als auch die Schaltbewegung auszuführen hat. Es sind dies die Pendelsäge, auch schwingende Kreissäge, Balanciersäge genannt (Abb. 57), sowie die Kappsäge. Die Zahnform dieser Sägen darf niemals überhängend sein, sondern muß stets ein gleichschenkliges, höchstens rechtwinkliges Dreieck bilden, da sonst Unglücksfälle unvermeidlich wären. Das Sägeblatt der Pendelsäge befindet sich in einem an der Decke oder an der Wand gelagerten, pendelartig beweglichen Rahmen, der mittels Handgriffes gegen das Holz geführt wird. Unter einer Kappsäge versteht man andererseits eine Querschnittkreissäge, bei welcher die beweglichen Arme in horizontaler Richtung liegen.

4. Das zerteilte Holz im Handel und Gewerbe[1]).

Mit Rücksicht auf die Form, die Verwendungsfähigkeit und die Ausformungsart kann man die Nutzhölzer in eine Einteilung bringen, die im Handel und Handwerk allgemein angenommen ist. Nach dieser gewerblichen Unterscheidung teilt man die Nutzhölzer ein in Vollholz, Schnittholz und Spaltholz.

A. Unter Vollholz (Rohholz) versteht man diejenigen Nutzholzsorten, bei denen die natürliche, volle Stärke des Baumschaftes mehr oder weniger ungeschmälert beibehalten wird. Je nachdem das Vollholz in seiner natürlichen Rundung zur Verwendung kommt oder in einer durch vier Beschlagflächen begrenzten Form, wird es weiter unterschieden in:

a) Rundholz, wenn es in seiner natürlichen Form völlig unverändert belassen wird, wie z. B. bei der Verwendung zu Brunnenröhren, Pfahlhölzern, Wellbäumen, Säulenholz, Amboßstöcken, Wagner- und Landwirtschaftshölzern usw.

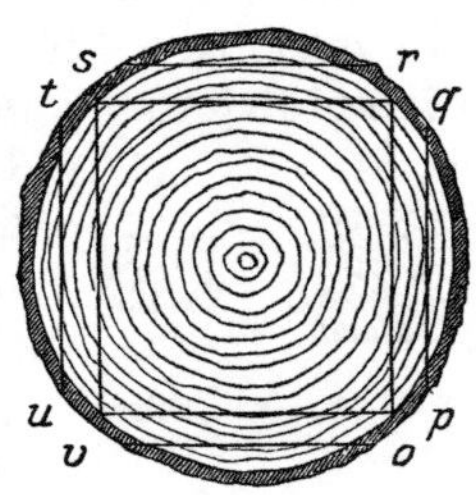

Abb. 58. Baumkantiges Vollholz *opqrstuv* mit Rinde, scharfkantiges ohne Rinde.

b) Balkenholz (Tramholz, Zimmerholz usw.), wenn ihm durch Bearbeitung eine mehr oder weniger scharfkantige, vierseitige Säulenform gegeben wird und die Kantenhöhe in der Mitte des Stückes über 15 cm beträgt. Findet die Bearbeitung derart statt, daß an den Kanten noch schmale Rindenbänder stehen bleiben, so spricht man von wahnkantigem („wahn-“ = „un-“) oder wald-, baum-, auch schalkantigem Vollholz (Abb. 58). Beim wahnkantigen Beschlag, der sich meist auf zwei Drittel der Stammlänge vom Stockende ab beschränkt, gehen 12—15% in die Späne. Entfällt dagegen die Rinde vollständig, so ist das Holz scharfkantig bearbeitet. Solche Hölzer unterscheidet man wieder in gezimmerte oder gebeilte Balkenhölzer, wenn die vier Ausformungsflächen durch Beschlag mit dem Breitbeil hergestellt wurden, und in besäumte oder besägte Balkenhölzer, wenn sie durch die Säge entstanden sind. Bei den

[1]) Gayer, K. und L. Fabricius: Die Forstbenutzung, S. 407.

sog. Plançons (Eichen) des Ostseehandels sind zwei Seiten scharf beschlagen, die dazwischen liegenden berindet. Obwohl gebeilte Balken als tragkräftiger gelten, weil weniger Faserbündel durchschnitten werden, so sind sie doch heute in der Hauptsache durch gesägte verdrängt, deren Abfälle noch zu Nutzholz verwertbar sind. Zum Balkenholz gehören alle Zimmerstücke des Vollholzes, die beim Hochbau, Brückenbau und Schiffbau zur Verwendung kommen. Die durchschnittlich heute gangbarste Stammholzware, die zu diesen Zwecken Verwendung findet, wird aus Stämmen gewonnen, die etwa 18 m Länge und etwa 22 cm mittlere Stärke (30—35 cm in Brusthöhe) messen.

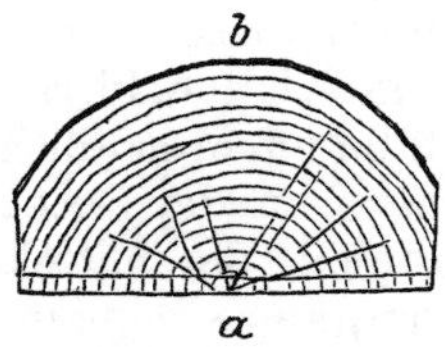

Abb. 59. Stückholz, durch Spaltung und Abkanten entstanden.

c) Stückholz, das sind Halbblöcke, entstanden durch Aufspalten von Rundstücken der Länge nach durch das Mark. Durch Abbeilen der beiden Enden wird jeder Schafthälfte der Querschnitt der Abb. 59 gegeben. In der Regel ist es nur das Eichenholz, das als Stückholz ausgeformt wird; seine Verarbeitung findet es gewöhnlich in der Tischlerei.

Zum Stückholz kann auch das sog. Kreuzholz (Viertelholz, quartier) gerechnet werden; eine besonders in Frankreich für Harthölzer übliche Form, die durch zwei im Mark sich rechtwinklig kreuzende Schnitte erhalten wird.

B. Unter Schnittholz versteht man die Nutzholzarten, die durch mehrfache Längsteilung der Baumschäfte mittels der Säge entstanden sind. Hier ist also die natürliche Stärke des Baumes nicht mehr nach jeder Richtung beibehalten. Wertgebend ist hier weniger die Länge der Stammabschnitte als deren Stärke; es sind vorzüglich die Starkholzstämme (40 cm und mehr). die bei dieser Ausformungsart hochwertige Ware liefern. Da durch die Säge zahllose Zellen an der Schnittfläche aufgeschnitten werden, so muß derartiges Holz in seinen gewerblichen und stofflichen Eigenschaften hinter gespaltenem Stückholz zurückstehen. Man unterscheidet gewöhnlich die im Handel vorkommende Schnittholzware wie folgt:

a) Kantiges Schnittholz oder Kantholz.

Auf dem Querschnitt quadratisch oder rechteckig (Abb. 60). Je nachdem ein oder zwei Stück aus einem Rundholz gewonnen sind, spricht man von einstieligem Kantholz oder Ganzholz (Abb. 61) oder zweistieligem Kantholz oder Halbholz (Abb. 62). Wird der Sägeblock durch Kreuzschnitte getrennt, so gibt er das Kreuzholz (Abb. 63).

Abb. 60. Kanthölzer.

α) Säulen-, Rahm- oder Stollenholz (Staffelholz, Eckholz, Rahmschenkel (2,5 bis 6 m lang; 5 auf 5 cm, 6 auf 6 cm, 7 auf 7 cm, 7 auf 10 cm, 7 auf 12 cm, 10 auf 10 cm, 10 auf 12 cm, 12 auf 12 cm, 14 auf 15 cm stark; durch Längsteilung stärkerer Stämme und Stammstücke im allgemeinen zwischen 4 und 15 cm stark und $2^1/_2$—6 m lang, auch durch Zerschneiden der Bohlen hergestellt.

β) Latten, durch Zersägen der Bretter erhalten, im allgemeinen unter 5 cm stark, 3—6 m lang, gewöhnlich 2—3 cm dick und 4—5 cm breit. Man unterscheidet Dachlatten, Wurflatten, Weinlatten, Spalierlatten, Gipslatten usw., je nach den Stärkemaßen. Spalierlatten sind z. B. 1,2 auf 2,5 cm und 2 auf 2 cm stark. Plafonierlättchen (zum Verschalen der Zimmerdecken) meist 1 cm stark und schon mit 30—50 cm Länge verwendbar. Hierher gehören auch die „fassonierten" Leisten.

b) Breites Schnittholz.

Auf dem Querschnitt ein mehr oder weniger langgedehntes Rechteck (Abb. 64). Die breite Schnittware unterscheidet man ebenfalls in scharfkantige (besäumte; Abb. 65a und b) und schalkantige (unbesäumte; Abb. 66).

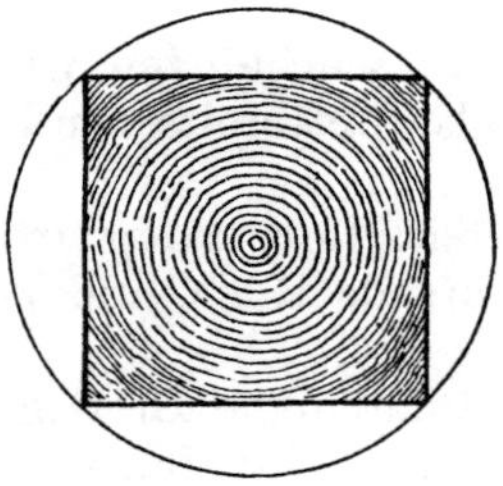

Abb. 61. Ganzholz.

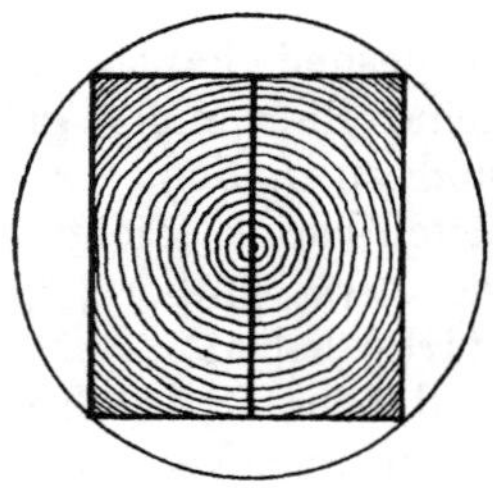

Abb. 62. Halbholz.

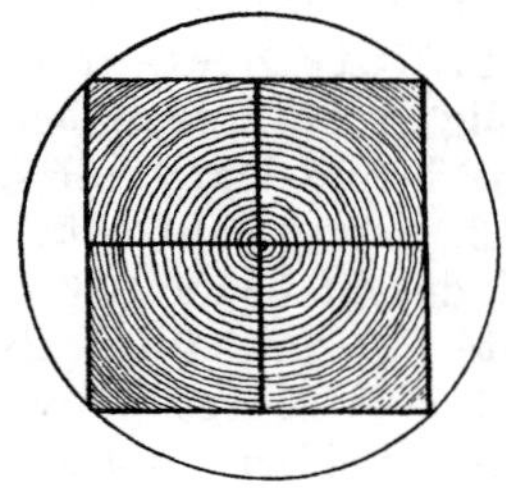

Abb. 63. Kreuzholz.

α) Bohlen, Planken, Battens, Pfosten, alle meist aus der ganzen Breite des Stammes sich ergebenden Schnittstücke von 40 mm und mehr[1]) Stärke. Sie sind gewöhnlich 3—6 m lang, 5—10 cm (ausnahmsweise auch bis zu 15 cm) dick, mit einer Breite zwischen 20 und 35 cm und mehr. Halbe Bohlen mit oft nur 8—10 cm Breite. Die Bohlen werden aus den besten Teilen des Stammes geschnitten.

β) Bretter, Borde, Dielen, Läden, von den Bohlen durch die geringere Stärke unterschieden, gewöhnlich 12, 15, 18, 24 mm dick; man unterscheidet öfter nach der Dicke: Falzbretter mit 30 mm Dicke, das gemeine Brett (auch Verschalungsbrett) mit 20 mm, das Tafelbrett mit 18 mm, Eichen-Tischlerbretter in Frankreich bis herab zu 12 mm, Schachtelborde 4—10 mm Dicke. Die Länge der Bretter ist in verschiedenen Gegenden verschieden; im Handel wird meist nach folgenden Längen gerechnet: 3, 3,5, 4, 4,5, 5 und 6 m; die 3 m langen Bretter gehen in Süddeutschland unter dem Namen Kanalborde. Die Breite der Bretter stuft sich im Handel folgendermaßen ab: 14, 15½, 17, 19, 21½, 24, 26½, 29, 31, 33 cm und mehr. Die größte Masse der vom heutigen Markt

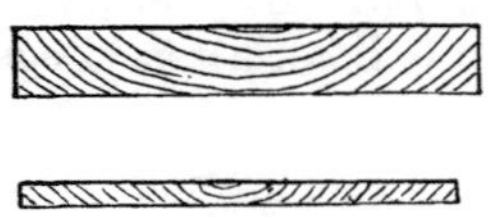

Abb. 64. Breites Schnittholz.

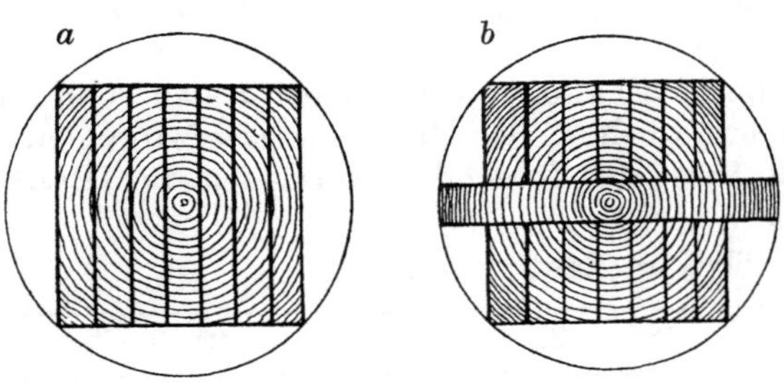

Abb. 65. Besäumte Schnittware.

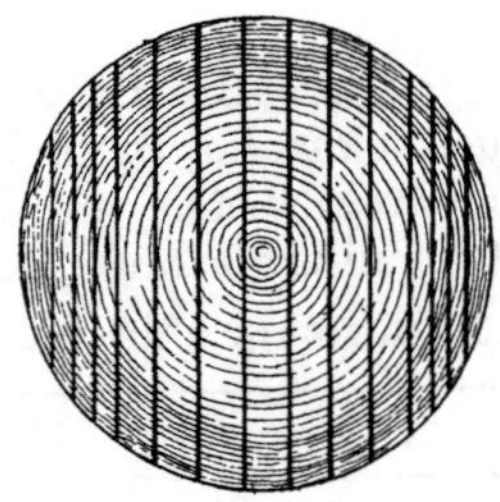

Abb. 66. Unbesäumte Schnittware.

begehrten Bretter sind solche mit 20—32 cm Breite. Die gute Brettware führt im Handel auch die Bezeichnung „feuerholzfreie“ Ware.

Außer nach den Abmessungen werden die Bretter nach ihrer Güte in Klassen eingeteilt, wofür Gesundheit, Astreinheit, Geradfaserigkeit, rißfreier

[1]) Der Handel hat das metrische Maß noch nicht allgemein angenommen, man bedient sich noch vielfach des alten Fußmaßes, vorzüglich des rheinischen mit zwölfzölliger Teilung. Daneben kommen aber auch noch viele örtliche Maße zur Anwendung. Die Holzhändler haben sich bisher fast allgemein einer Vereinbarung zur Herstellung eines einheitlichen Maßes widersetzt.

Zusammenhang, Schärfe der Kanten und Glätte des Sägeschnitts maßgebend sind. Nach den vom Verein südwestdeutscher Holzinteressenten aufgestellten Handelsgebräuchen gilt z. B. diese Sortierung:

1. Reine und halbreine Bretter, die gesund, astfrei, kantig, rißfrei und blank sein müssen; wenige kleine Äste, kleine Trockenrisse und bis 10% verwimmerte Stücke werden geduldet.

2. Gute Bretter müssen gesund, kantig und blank sein, dürfen wenige, mäßig große Äste haben; kleine Risse nicht größer als Brettbreite, und einzelne kleine Durchfalläste sind zu dulden.

3. Ausschußbretter dürfen hartes, leicht rotstreifiges Holz, mehr gröbere und durchfallende Äste, sowie etwas größere, geradlaufende Risse und Waldkante bis zur halben Brettstärke haben.

4. X-Bretter (Feuerbord oder Brennbord) enthalten die Bretter mit großen Fehlern: rotfleckiges, anbrüchiges, in kleineren Stellen faules Holz, stärkere Waldkante, grobastig; stark gefaulte oder brüchige Stücke sind aber ausgeschlossen.

Kanalbretter werden in drei Klassen: unsortiert, feuerholzfrei, Feuerholz und Brennbord mit ähnlichen Bedingungen sortiert.

C. Unter Spaltholz endlich versteht man diejenigen Nutzholzsorten, die durch Zerteilung der Stämme nach der Längsrichtung, also genau nach dem Lauf der Holzfasern, durch Aufspalten (Klöben, Klieben, Reißen usw.) hergestellt werden. Zum Spaltholz zählen die Daubhölzer, Weinbergpfähle, die Spaltlatten, Legschindeln, Dachspalten, die gespaltenen Zaunhölzer usw.

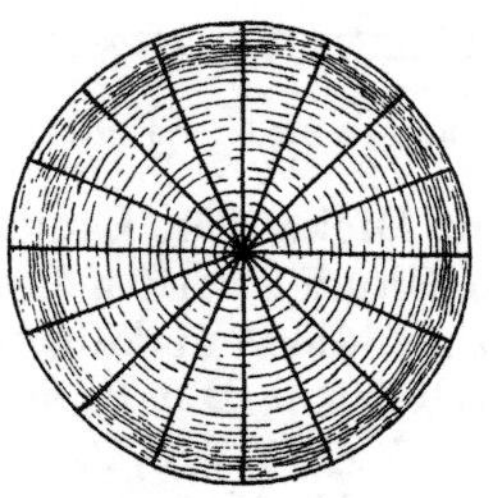

Abb. 67. Spaltware.

Das Spaltholz unterscheidet sich in seiner gewerblichen Verwendbarkeit vom Schnittholz besonders dadurch, daß, weil die Teilung hier niemals über den Span geht, der natürliche Zusammenhang der Holzfasern nicht unterbrochen ist, das Spaltstück also seine physikalischen Eigenschaften ungemindert beibehält. Da somit die Spaltflächen keine quer durchschnittenen Holzfasern darbieten, die dem Eindringen der Feuchtigkeit Gelegenheit geben, so ist Spaltholz auch weniger dem Werfen und Reißen ausgesetzt als das Schnittholz. Endlich geht die Arbeit des Spaltens viel schneller, erfordert einfachere Werkzeuge (Axt und Keile oder Spaltmesser) als das Zersägen und gibt gar keine Abfallspäne. Bei der Herstellung der Spaltstücke gilt durchgehends der Grundsatz, die Spaltung womöglich stets in der Markstrahlrichtung, somit von der Mitte aus, zu bewerkstelligen (Abb. 67).

Um den Holzhändlern die Beschaffung von Lagervorräten und damit ausgetrocknetem Bauholz zu ermöglichen, hat der Innungsverband deutscher Baugewerkmeister im Jahre 1898 die folgenden Normalien für Bauhölzer und Schnittholz aufgestellt[1]).

1. Normalprofile für Bauhölzer in Zentimeter.

8	10	12	14	16	18	20	22	24	26	28	30
8/8	8/10	10/12	10/14	12/16	14/18	14/20	16/22	18/24	20/26	22/28	24/30
—	10/10	12/12	12/14	14/16	16/18	16/20	18/22	20/24	24/26	26/28	28/30
—	—	—	14/14	16/16	18/18	18/20	20/22	24/24	26/26	28/28	—
—	—	—	—	—	—	20/20	—	—	—	—	—

2. Normalien für Schnittholz (Bretter, Bohlen, Pfosten, Latten). In Längen von 3,5, 4, 4,5, 5, 5,5, 6, 7 und 8 m. In Stärken von 1,5, 2, 2,5, 3, 3,5, 4, 4,5, 5, 6, 7, 8, 9, 10, 12 und 15 cm. Besäumte Bretter in Breiten von Zentimeter zu Zentimeter steigend.

[1]) Erlaß des preuß. Ministers der öffentl. Arbeiten v. 5. Juli 1898, Zentralbl. Bauverw. 1898, S. 373.

Im allgemeinen wird der Stamm mit Rinde gemessen, und zwar bezeichnet man mit Festmeter (fm) 1 cm³ feste Holzmasse, mit Raummeter (rm) 1 m³ geschichtetes Holz = 0,7 bis 0,8 fm.

C. Die Holzverbindungen.

I. Die Verbindungsmittel.

1. Leim.

Der Leim wurde früher fast ausschließlich vom Tischler verwendet, während der Zimmermann Leim überhaupt nicht benutzte.

Aber abgesehen von seiner Verwendung bei Fußböden, Treppen, Flugzeugen u. dgl., die ja nicht zu den Holzkonstruktionen im engeren Sinne gehören, wird heutzutage Leim in ausgedehntem Maße bei neueren Holzbauweisen (Hetzersche Bauweise) zur Verbindung von Brettern und Bohlen gebraucht. Es ist daher angebracht, über dieses Verbindungsmittel einiges mitzuteilen.

Warmleim, Tischlerleim. Für das Leimen von Holz ist der aus Leder gewonnene „Haut- oder Lederleim" dem Knochenleim vorzuziehen. Er soll von heller, durchscheinender Farbe, trocken und hart, von glasigem, sehnigem Bruch sein und darf keine Flecken, Blasen, noch übeln, fauligen Geruch haben. Das wichtigste Kennzeichen seiner Güte ist die Wasseraufnahmefähigkeit. Guter Leim darf 24 Stunden und länger in kaltem Wasser (etwa 12° C) liegend sich nicht auflösen, muß aber stark aufquellen und wird dies um so mehr, je besser und bindekräftiger er ist. Zur Benutzung wird dann derartig gequollener Leim erwärmt und zwar am besten nicht über offenem Feuer, sondern im Wasserbade. Es genügt, ihn auf 50 bis 60° C zu erwärmen. Kochen darf der Leim nie, weil er dadurch an Bindekraft wesentlich einbüßt.

Um eine haltbare Leimung auszuführen ist folgendes zu beachten. Der Leim ist an sich hygroskopisch und stets geneigt aus feuchter Luft Wasser aufzunehmen, er unterliegt dann der Fäulnis und die Wirksamkeit der Leimung wird aufgehoben. Es darf daher zwischen zwei zu verleimenden Holzstücken keine eigentliche Leimschicht verbleiben, die an den äußeren Rändern den Einwirkungen der Feuchtigkeit ausgesetzt sein würde. Vielmehr muß darauf gesehen werden, daß der Leim an der Oberfläche der zu verbindenden Stücke in die Poren des Holzes eindringt und sie verschließt. Aller Leim zwischen den Stücken ist so zu verdrängen, daß die Fuge mit dem bloßen Auge nicht wahrgenommen werden kann. Die zu verleimenden Stücke müssen deshalb auf das Genaueste zusammenpassen. Insbesondere dürfen bei langen zu verleimenden Fugen nicht die Enden auseinanderklaffen. Die Hölzer sind vor dem Aufbringen des Leims anzuwärmen, so daß die Luft in den Poren sich ausdehnt und zum Teil entweicht. Die Leimung ist in warmem Raume vorzunehmen und der Leim selbst ist warm aufzutragen. Beim Abkühlen würde er sich sogleich mit einer feinen Haut überziehen, die das Eindringen in die Poren verhindert. Die geleimten Stücke sind warm sofort durch Schraubenzwingen scharf zusammenzupressen, um auf diese Weise den Leim in die Poren hineinzutreiben und gleichzeitig alles Überflüssige aus der Fuge hinauszuquetschen. Eine dergestalt ausgeführte Leimung besitzt eine höhere Festigkeit als das Holz selbst. Namentlich bei den nicht ganz harten Holzarten werden eher die Holzfasern neben der Leimfuge abgerissen werden, als daß letztere sich spaltet. Leimfugen sollen im allgemeinen der Feuchtigkeit oder den Witterungseinflüssen im Freien nicht ausgesetzt werden. Witterungsbeständiger kann Leim durch einen Zusatz von etwas chromsaurem Kali oder Karbolsäure gemacht werden.

Kaltleim, Käseleim, Käsekitt (Kaseïnleim). Zum Verbinden von Brettern zu breiteren Tafeln und ähnlichen größeren Holzstücken wird häufig Käseleim verwendet, der eine bessere Widerstandsfähigkeit gegen Nässe besitzt als Tischlerleim. Er wird jedesmal frisch bereitet und ohne vorherige Erwärmung der zu vereinigenden Stücke verwendet. Auf etwa 20 dm^2 zu verbindende Flächen nimmt man 70 bis 90 g frischen Quark, der auf einem glatten Reibebrett mit einem Holzspachtel so lange durchgearbeitet und verrieben wird, bis er eine gleichmäßige Masse ohne jedes Körnchen darstellt. Auf etwa 80 g Quark wird eine gute Tischmesserspitze frisch gelöschten Kalkes allmählich unter stetem Verreiben und gleichzeitig etwas Wasser oder Milch zugesetzt, bis das Ganze eine teigige aber dabei doch noch so flüssige Beschaffenheit besitzt, daß der Brei in langen Faden sich ziehen läßt. Er wird dann sogleich mit dem Spachtel auf die vorbereiteten Flächen, die auf das Genaueste zusammenpassen müssen, ohne Erwärmung der Hölzer, aufgetragen. Die Hölzer, durch Schraub- oder Keilzwingen fest zusammengepreßt, müssen 8 bis 10 Stunden trocknen, ehe die Zwingen gelöst werden.

Um einen Vergleich zwischen warm- und kaltgeleimten Stücken, sowie Auskunft über den Einfluß der Trockenheit, des Anpressungsdruckes, der Leimdurchtränkung, der Leimdicke und vorübergehender Befeuchtung zu erhalten, hat Baumann umfangreiche Versuche durchgeführt[1]).

2. Hölzerne Verbindungsmittel.

Dollen sind prismatische oder zylindrische Holzstückchen aus hartem Holz (Eiche, Esche, Ahorn), die mit einer Hälfte ihrer Länge in das eine, mit der anderen Hälfte in das andere der beiden zu verbindenden Holzstücke fest eingetrieben, manchmal auch eingeleimt werden. Sie sind von außen her nicht sichtbar (Abb. 68a und b).

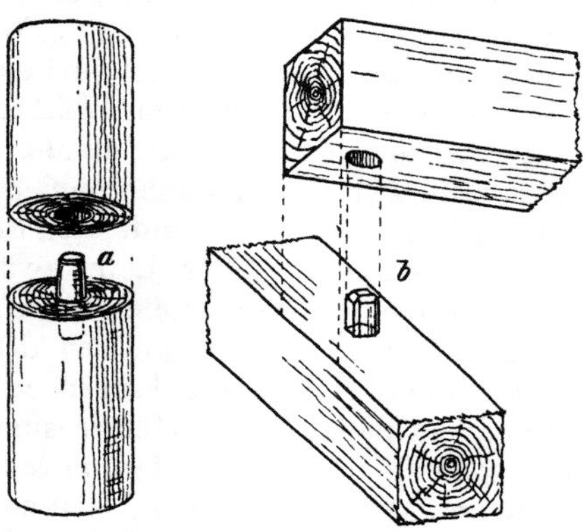

Abb. 68. Verbindungen durch Dollen.

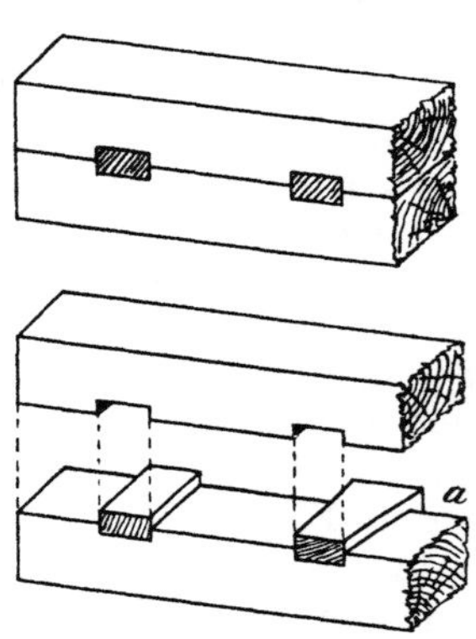

Abb. 69. Verbindung durch Dübel.

Dübel (auch Diebel, Dippel, Dobel, Abb. 69) sind prismatische Holzstücke, welche die Verschiebung zweier mit ihren Langseiten aufeinander gelegter Hölzer nach deren Längsrichtung verhindern sollen. Sie reichen fast stets durch die ganze Breite der zu verdübelnden Hölzer und erhalten dann also deren Breitenabmessung als Länge. Da sie beim Zusammentrocknen (Schwinden) des Holzes sich lockern, ist es vorteilhaft, ihnen eine schwach konische Form zu geben, die Einschnitte gleichfalls keilig zu gestalten und die Dübel von größerer Länge zu nehmen, um sie nach dem Austrocknen weiter ein-

[1]) Baumann, R.: Mitt. über Forsch.-Arb., S. 24 und 128ff.

treiben zu können, bis sie den Hohlraum völlig wieder schließen (Abb. 69 a). Auch die Dübel werden aus harten Hölzern gefertigt. Ihr Querschnitt ist quadratisch oder rechteckig; die Höhe beträgt etwa $^1/_6$ der Gesamthöhe der beiden verbundenen Hölzer. Über die Verwendung der Dübel siehe unter D. I. 1.

Keile werden teils doppelt (Abb. 70) teils einfach verwendet (Abb. 71). Im ersteren Falle werden Hölzer mit ihren parallelen Flächen durch das Antreiben der Keile voneinander entfernt und dadurch in bestimmte Verbindungen fester hineingezwängt, im anderen Falle werden Hölzer auseinander getrieben, sehr häufig gespalten und dadurch in ihrem angewiesenen Lager befestigt. Zu dem Beispiel Abb. 71 ist zu bemerken, daß die Richtung der Schneide des einzutreibenden Keils immer rechtwinklig stehen muß zur Faserrichtung desjenigen Holzes *a*, in dem die auszufüllende Höhlung sich befindet. Wenn in Abb. 71 die Richtung der Schneide um 90° gedreht würde, so würde das Brett *a* gespalten werden. Die Verbindung mit Doppelkeilen ist meist eine lösbare, die durch Einzelkeile nicht.

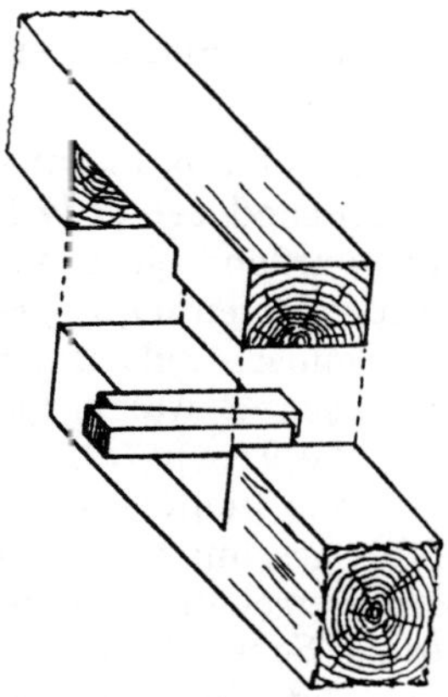

Abb. 70. Verbindung mit doppelten Keilen.

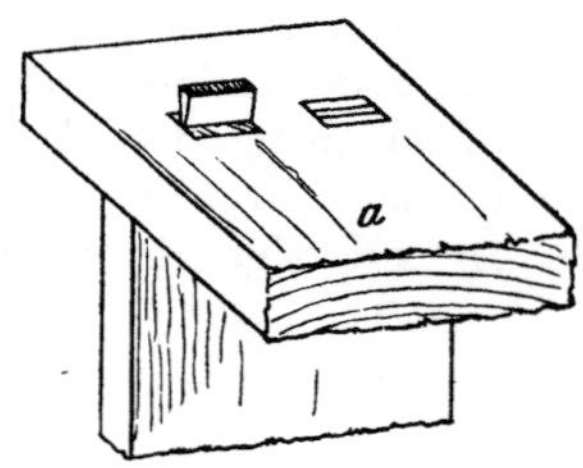

Abb. 71. Verbindung mit einfachem Keil.

Holznägel sind quadratisch zugeschnittene Holzprismen mit etwas abgefasten Ecken und einer stumpfen Zuspitzung an einem Ende. Sie werden aus elastischem Holz, das zäh und geschmeidig sein muß, hergestellt (Ahorn, Salweide) und zur Verbindung von Hölzern in vorgebohrte Löcher eingetrieben. Die Weite der Bohrung darf nicht größer sein als der Kreis, der in den quadratischen Nagelquerschnitt eingeschrieben werden kann. Die Nagelkanten müssen sich in das Holz einpressen. Wenn die Bohrung an beiden Mündungen konisch erweitert wird und die Nagelenden, ähnlich wie in Abb. 71 angedeutet, durch einen kleinen Keil auseinander getrieben werden, ist die Verbindung unlösbar.

Abb. 72. Verbindung durch Feder.

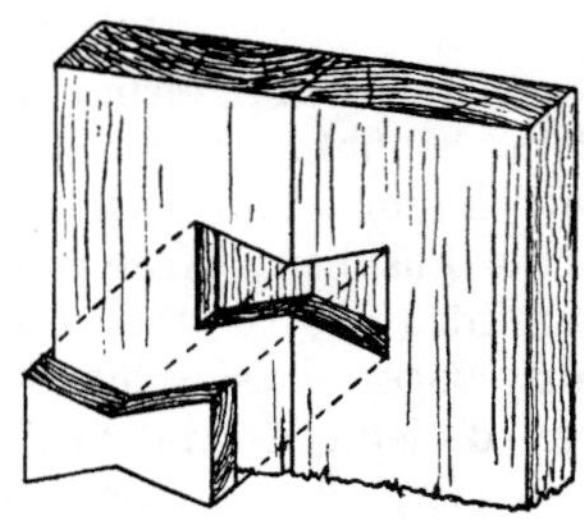

Abb. 73. Verbindung durch Klammer.

Federn dienen ebenso wie Dollen zur Verbindung zweier Hölzer, in denen zuvor Hohlräume (Nuten) zur Aufnahme des Verbindungskörpers geschaffen sind. Sie sind nach Herstellung der Verbindung nicht mehr sichtbar. In Anwendung kommen sie hauptsächlich bei Tischlerarbeiten, wenn Bretter nebeneinander zusammengefügt werden sollen. Die Federn müssen so aus hartem Holze geschnitten werden, daß die Holzfaser quer zur Längsrichtung der Feder und also auch der zu verbindenden Fuge gerichtet ist. Für lange zu verbindende Fugen bestehen die Federn also aus vielen nebeneinander eingesetzten Stücken (Abb. 72).

Klammern werden entweder hakenförmig, mit zwei Vorsprüngen in die zu verbindenden Hölzer eingreifend, oder nach Abb. 73 in sogenannter doppelt schwalbenschwanzförmiger Gestalt gefertigt. Eine genügende Wirksamkeit ist ihnen nur zuzuerkennen, wenn sie aus sehr zähem, hartem Holze bestehen.

3. Eiserne Verbindungsmittel.

Zu den eisernen Verbindungsmitteln gehören die Nägel, Schrauben, Schraubenbolzen, Klammern und Schienen.

Die Nägel bilden das weitaus am häufigsten verwendete und am leichtesten anzubringende Befestigungsmittel. An die Stelle der geschmiedeten Nägel, die in früherer Zeit ausschließlich mit der Hand gefertigt wurden, sind mit geringen Ausnahmen aus Draht oder Blech hergestellte Maschinennägel getreten. Die handgeschmiedeten Nägel (Abb. 74a) sind kantig, konisch zulaufend mit flachem großen Kopf; sie werden aus vierkantigem Stabeisen warm geschmiedet. In ähnlicher Form werden sie jetzt auch mit Maschinen fabrikmäßig gefertigt als sogenannte geschnittene Nägel, die aus keilförmigem Blech kalt (ohne Abfall) geschnitten und mit kalt gepreßtem Kopf versehen werden; Querschnitt flach rechteckig, Schneide mäßig stumpf, keilförmig zulaufend. In weitaus größtem Umfange werden die Drahtstifte (Abb. 74b), die zylindrische oder prismatische Schäfte besitzen und nur eine kurze Spitze erhalten, hergestellt. Die Köpfe haben die verschiedenartigsten Formen, flach, abgedacht, rund, kegelförmig. Die Schäfte sind rund, quadratisch, dreikantig. In der Zimmerei werden fast nur blanke eiserne Stifte verwendet. Verkupferte, verzinnte, verzinkte oder blau angelassene Stifte dienen besonderen Zwecken anderer Handwerkszweige. Für die Haltbarkeit der Nagelung ist die Form des Nagels und die Härte des Holzes, ferner auch die Richtung des Nagels zur Holzfaser von großem Einfluß. Der Nagel hält durch den Reibungswiderstand, der bekanntlich mit dem Drucke wächst, den die reibenden Flächen normal aufeinander ausüben. Konische Nägel pressen sich fester gegen das Holz, widerstehen also der ersten Lockerung stärker. Einmal gelockert und teilweise herausgezogen lassen sie schnell nach. Von den prismatischen Drahtstiften haften diejenigen am besten, deren Umfang bei gleichem Querschnitt am größten ist, also am besten die dreikantigen, dann die quadratischen, dann die runden. Für Nagelungen, die dauerhaft sein sollen, Fußböden, Dachlatten usw. sind mithin die kantigen Stifte vorzuziehen. Bei vorübergehenden Befestigungen, z. B. für Rüstungen, werden runde Stifte bessere Dienste leisten. Gebräuchliche Formen von Drahtstiften zeigt Abb. 74b.

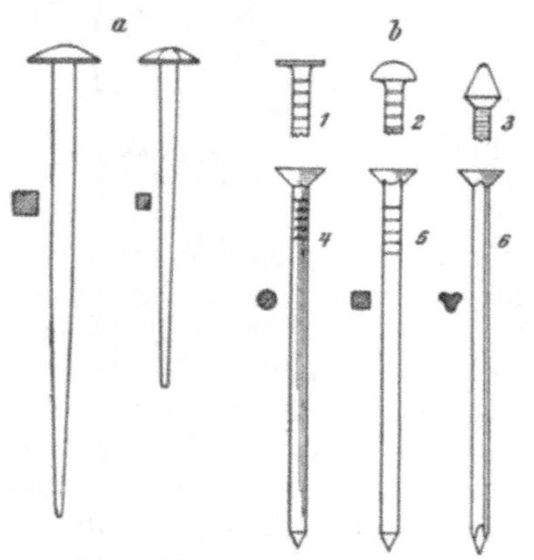

Abb. 74. Verschiedene Formen von Nägeln.

Der Einfluß, den die Härte des Holzes auf die Festigkeit des Nagels ausübt, läßt sich nach älteren Versuchen dahin bestimmen, daß die zum Herausziehen eines Nagels aus Tannen-, Kiefern- und Eichenholz nötigen Kräfte sich verhalten wie 1 zu 1,5 (bis 2,0) zu 2,5 (bis 3). Dabei sind die Nägel quer zur Faserrichtung eingeschlagen gedacht.

Nach Karmarsch beträgt die Haftfestigkeit eines eisernen Nagels in Kilogramm auf 1 mm^2 der eingedrungenen Oberfläche:

Bei der Holzgattung	Bei Eintreibung des Nagels		Verhältnis
	in die Hirnholzfläche kg	quer zur Faser kg	
Tannenholz	0,351	0,636	1 : 1,8
Lindenholz	0,351	0,665	1 : 1,9
Rotbuchenholz	0,687	1,060	1 : 1,54
Weißbuchenholz	0,826	1,162	1 : 1,4
Eichenholz	1,030	1,418	1 : 1,38

Je härter das Holz ist, um so geringer wird der Unterschied zwischen Hirn- und Langholznagelung.

Über den Einfluß der Eindringungstiefe gibt eine Tabelle Aufschluß, die nach Versuchen von Bevan aufgestellt und Rankines Handbuch der Bauingenieurkunst entnommen ist. Zum Herausziehen von Nägeln aus trockenem schwedischen Tannenholz war eine Kraft erforderlich:

Nagelgattung	Länge der Nägel mm	Stückzahl der Nägel auf 1 kg	Eindringungstiefe mm	Kraft zum Ausziehen kg
Drahtstifte	11	10000	10	10
„	13	7000	11	17
Rohrnägel	31	1360	12	26
Schindelnägel	50	306	38	144
Brettnägel	63	160	25	84
„	63	160	38	147
„	63	160	50	238

Beachtenswert sind hierbei besonders die drei letzten Angaben über die Festigkeit gleichgroßer Nägel. Dem Verhältnis der Eindringungstiefen von 2 : 3 : 4 steht eine Festigkeit gegenüber von etwa 2 : 3,5 : 5,6.

Bei hartem Holze macht sich oft ein Vorbohren nötig, um das Holz nicht zu sprengen. Für die Haltbarkeit der Nagelung ist dies von keinem Einfluß, wenn die Vorbohrung enger ist als der Nagelschaft und nur bis zu einem Teil der Eindringungstiefe reicht, zumal wenn nur in dem anzunagelnden Holzstück vorgebohrt wird. Als alte gute Regel ist zu beachten, daß der Schaft des Nagels mindestens dreimal so lang sein muß, als das zu befestigende Holz dick ist. Er soll also mit $^2/_3$ seiner Länge im haltenden Holz stecken.

Die Kräfte, die auf ein Herausziehen der Nägel hinwirken, erreichen oft eine sehr bedeutende Größe. Namentlich beim Werfen von Fußbodenbrettern, Dachlatten können Zugkräfte entstehen, denen kein senkrecht zur Fläche eingetriebener Nagel widerstehen würde. Es ist deshalb in allen solchen Fällen darauf zu achten, daß die Nägel unter etwas gegen die Oberfläche des Holzes geneigtem Winkel und zwar in abwechselnden Richtungen eingeschlagen werden, namentlich auch beim Annageln wagerechter Bretter an die Unterseite von Balken.

In den Handel gebracht werden nachstehende Sorten:

Geschmiedete Nägel unter den Bezeichnungen: Sparrennägel 120 bis 300 mm lang, 10 bis 12 mm dick, Bodennägel, Bodenspieker, 96 bis 110 mm lang, 4 bis 5 mm dick, ganze und halbe Lattnägel, 84 bis 96 mm und 72 mm lang, $2^1/_2$ bis 4 mm dick.

Geschnittene Nägel. Brett-, Latten- und Bohlennägel, 70 bis 130 mm lang für 3 bis 8 cm starke Hölzer; Mühlen-, Schiffs- und Leistennägel werden bis 500 mm Länge geliefert.

Drahtnägel oder Drahtstifte in mehreren hundert Abstufungen nach Länge und Stärke von 3 mm Länge bei 0,55 mm Dicke bis 260 mm Länge und 9,4 mm Dicke.

Schrauben. Man unterscheidet Holz- und Metallschrauben, nicht nach dem Stoff aus dem, sondern für den sie gefertigt sind. Holzschrauben sind also aus Metall hergestellt, aber zum Einschrauben in Holz bestimmt (Abb. 75).

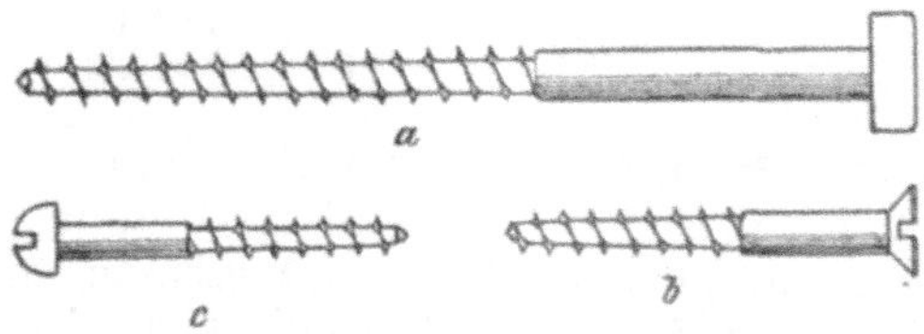

Abb. 75. Holzschrauben.

Die stets eingängigen Gewinde sind dünn und scharf auf dem etwas konischen Schaft aufsitzend und lassen zwischen sich einen weiten Zwischenraum. Die größten Holzschrauben werden mit viereckigem Kopf angefertigt (*a*), und sind bis 150 mm Länge im Handel zu haben. Zur Befestigung von Eisenteilen auf Holz werden Schrauben mit versenkten (*b*) oder Rundköpfen (*c*) verwendet, die für den Angriff des Schraubenziehers einen entsprechenden Einschnitt erhalten. Je härter das Holz ist, um so ausgiebiger ist ein Vorbohren nötig, das aber nie mit größerem Durchmesser geschehen darf, als der der Schraubenspindel ist. Das häufig beliebte Einschlagen der Schrauben ist nur

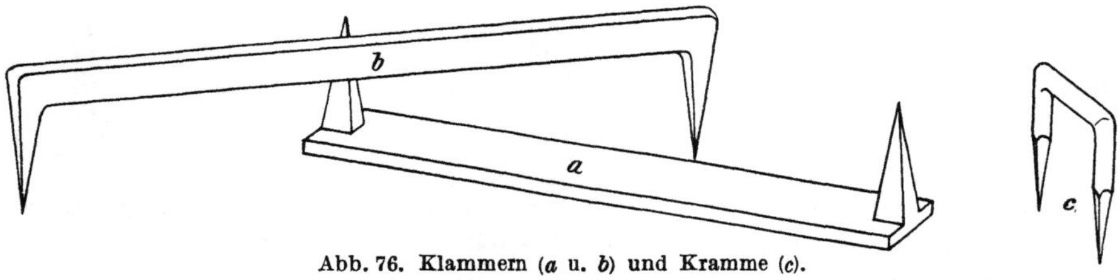

Abb. 76. Klammern (*a* u. *b*) und Kramme (*c*).

bis zu geringer Tiefe statthaft, wenn nicht die Haltfestigkeit der Schraube ernstlich leiden soll. Von sogenannten Schraubstiften, d. h. einfachen Nägeln, die im Kopf einen Schnitt gleich den Schraubenköpfen besitzen, ist als einem schwindelhaften Unfug zu warnen.

Die Klammern sind geschmiedete Flacheisen von 8 bis 10 mm Stärke und 25 bis 30 mm Breite, etwa 30 cm lang und an beiden Enden mit recht-

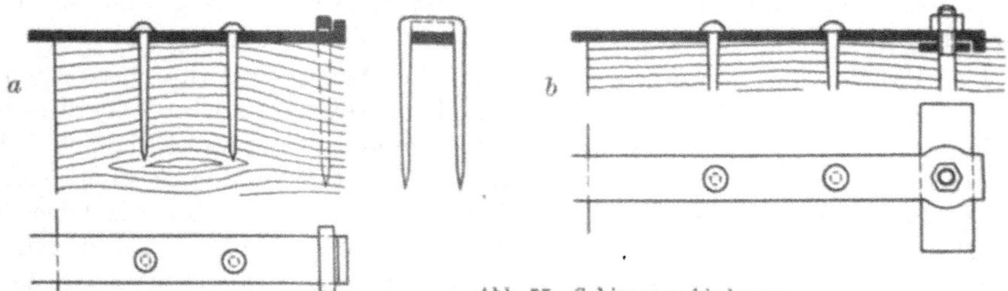

Abb. 77. Schienenverbindungen.

winkelig ansetzenden, etwa 6 cm langen Spitzen versehen. Sie dienen entweder zur dauernden Verbindung zweier Hölzer und werden dann meist nach Form *a* (Abb. 76) angefertigt, so daß die Flacheisen mit der breiten Seite auf dem Holze aufliegen, nachdem die schlanken Spitzen ganz in dieses eingetrieben sind. Als Gerüstklammer, zur vorübergehenden, leicht wieder lösbaren Verbindung zweier Hölzer verwendet man die Form *b*. Bei der hochkantigen Stellung des Eisens, die für dauernde Verbindung einen unerwünschten Vorsprung darstellen würde, ist die Klammer auch dann keinen Verbiegungen ausgesetzt, wenn Beilschläge in die Mitte zwischen den Spitzen fallen, die zur vorübergehenden Befestigung nur einige Zentimeter tief in das Holz einzudringen brauchen. Ähnlich den Klammern sind die Krammen, die nach Abb. 76c aus schwächerem Eisen geschmiedet werden und die zur Befestigung von Flachschienen, deren Enden etwas umgebogen sind, dienen.

Schienen sind solche oben genannte Flacheisen, die entweder mit umgebogenen Enden in das Holz greifen, oder durchlocht sind, um mittels Nägeln, Schrauben oder Bolzen sowie mit Krammen auf den Hölzern befestigt zu werden, über deren Fuge sie fortgreifen (Abb. 77a und b).

Während die besprochenen Verbindungsmittel untergeordneter Art sind und zum großen Teil für vorübergehende Zwecke Verwendung finden, kann die Verbindung durch Schraubenbolzen (Mutterschrauben), wenn sie sachgemäß ausgeführt und berechnet wird, als eine in jeder Beziehung einwandfreie und dauernde angesehen werden. Die Schraubenbolzen werden mit Kopf und Mutter (Abb. 78) oder auch bei sehr langen Bolzen mit beiderseitigen Muttern angewendet. Der Schaft ist zylindrisch und besitzt ein eingeschnittenes scharfgängiges Gewinde mit vier- oder sechskantiger Mutter. Um ein Einpressen der Mutter in das Holz beim Anziehen zu vermeiden, ist eine Unterlegscheibe nötig, die wesentlich größer als bei Eisenkonstruktionen sein muß, da sie gegen das Langholz gepreßt wird. Damit sich der Schaft beim Anziehen der Mutter nicht mitdreht, wird entweder der viereckige Kopf eingelassen oder ein Teil des Schaftes am Kopf viereckig ausgeführt. Das ist aber nur bei untergeordneten Verbindungen möglich, denn bei größeren Konstruktionen muß auch unter dem Kopf eine Unterlegscheibe angeordnet werden. Bei bedeutenden Zugkräften werden zuweilen Doppelmuttern verwendet. Die äußere Mutter preßt sich gegen die innere und sichert sie so gegen Lockerung.

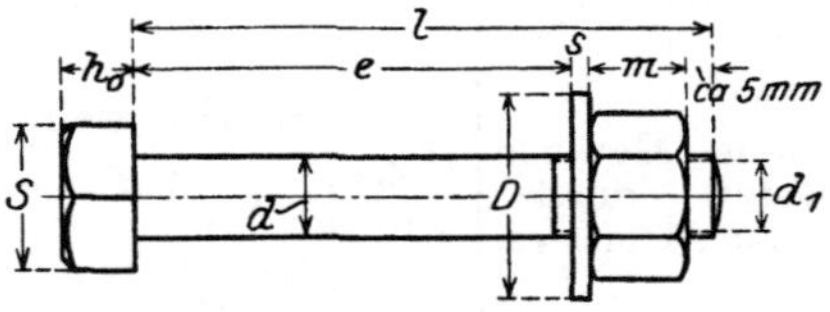

Abb. 78. Schraubenbolzen.

Die Schraubenbolzen für den Eisenhochbau, die natürlich auch für Holzkonstruktionen verwendet werden können, sind in ihren Abmessungen durch „Dinormen" des Normenausschusses der Deutschen Industrie (NDI) festgelegt und in nachstehender Tafel (S. 106) zusammengestellt (Abb. 78)[1]).

Als Unterlegscheiben kommen im Holzbau quadratische oder rechteckige Platten zur Verwendung, deren Größe und Stärke entsprechend der zulässigen Pressung des Langholzes zu bestimmen ist.

Bei Bestellung und Montage der Schrauben ist größte Sorgfalt auf die richtige Gewindelänge zu legen. Die Schraubenlänge beträgt, mit Unterlegscheibe nur unter der Mutter (Abb. 78),

$$l = e + s + m + 5\ \text{mm},$$

mit Unterlegscheibe unter Kopf und Mutter,

$$l' = e + 2\,s + m + 5\ \text{mm}.$$

Die Stärke der quadratischen Unterlegscheibe (Unterlagsplatte) bei Zugbolzen, die zur Aufhängung und zur Aufnahme schwerer Lasten dienen, beträgt etwa

$$s = 0{,}4\,d.$$

Um eine Lockerung der Mutter infolge Schwinden des Holzes zu vermeiden, können Federringe angeordnet werden. Die Federringe werden

[1]) Eisen im Hochbau. Herausgegeben vom Stahlwerks-Verband A.-G. Düsseldorf, 6. Aufl. Berlin 1924: Julius Springer. S. 97.

Rohe Sechskantmuttern. DIN 428
Metrisches und Whitworth-Gewinde.

Für Gewinde von 5 bis 10 mm Durchmesser

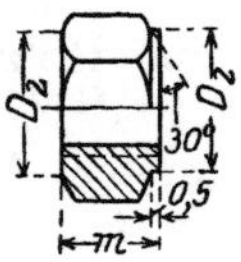

Für Gewinde von $^7/_{16}''$ bis 4″ Durchmesser

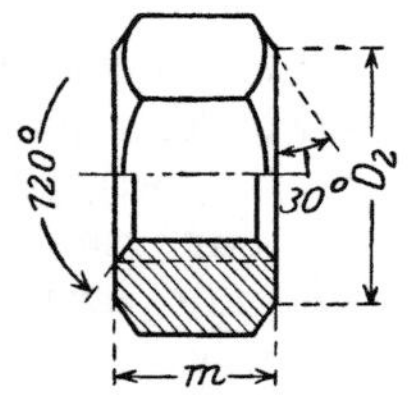

Die Muttern mit Withworth-Gewinde sind auf beiden Seiten unter 120° bis auf den Gewindedurchmesser ausgesenkt

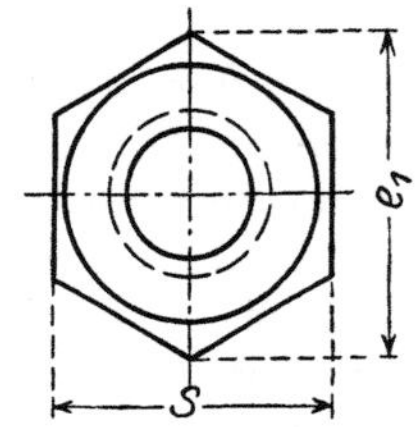

Bezeichnung einer rohen Sechskantmutter $^1/_2''$ Gewinde: Sechskantmutter $^1/_2''$ DIN 428

Maße in mm								Ergänzende Angaben nach Whitworth		
Schrauben-		Sechskantenmuttern-								
Nenndurchmesser	Gewindedurchmesser	Höhe m	Schlüsselweite S Größtmaß	Schlüsselweite S Kleinstmaß	Eckenmaß e_1 ~	Spiegeldurchmesser D_2 Kleinstmaß	Ansatzdurchmesser D_2 Kleinstmaß	Kopfhöhe h_0	Kerndurchmesser d_1	Kernquerschnitt $=\frac{d_1^2\pi}{4}$ cm²
5 mm	5,07	5	9	8,8	10,4	8,5	—	—	—	—
6 mm	6,09	6	11	10,7	12,7	10	10	—	—	—
8 mm	8,11	8	14	13,6	16,2	13	13	—	—	—
10 mm	10,14	10	17	16,5	19,6	16	16	—	—	—
($^7/_{16}''$)	11,11	11	19	18,4	21,9	18	—	8	8,79	0,607
$^1/_2''$	12,70	13	22	21,4	25,4	20	—	9	9,99	0,784
$^5/_8''$	15,88	16	27	26,4	31,2	25	—	11	12,92	1,311
$^3/_4''$	19,05	19	32	31,2	36,9	30	—	13	15,80	1,960
$^7/_8''$	22,23	22	36	35,2	41,6	33	—	16	18,61	2,720
1″	25,40	25	41	40,2	47,3	38	—	18	21,34	3,575
$1^1/_8''$	28,58	28	46	45,2	53,1	43	—	20	23,93	4,497
$1^1/_4''$	31,75	32	50	49,2	57,7	47	—	22	27,10	5,770
$1^3/_8''$	34,93	35	55	54	63,5	52	—	24	29,51	6,837
$1^1/_2''$	38,10	38	60	59	69,3	56	—	27	32,68	8,388
$1^5/_8''$	41,28	41	65	64	75,0	60	—	30	34,77	9,495
$1^3/_4''$	44,45	45	70	69	80,8	65	—	32	37,95	11,31
($1^7/_8''$)	47,63	48	75	74	86,5	70	—	34	40,44	12,82
2″	50,80	50	80	79	92,4	75	—	36	43,57	14,91
$2^1/_4''$	57,15	55	85	83,5	98	80	—	40	49,02	18,87
$2^1/_2''$	63,50	60	95	93,5	110	90	—	45	55,37	24,08
$2^3/_4''$	69,85	65	105	103,5	121	100	—	49	60,55	28,80
3″	76,20	68	110	108,5	127	105	—	53	66,90	35,15
$3^1/_4''$	82,55	75	120	118,5	139	115	—	58	72,57	41,36
$3^1/_2''$	88,90	78	130	128,5	150	125	—	62	78,92	48,92
$3^3/_4''$	95,25	82	135	133,5	156	128	—	67	84,40	95,95
4″	101,60	85	145	143,5	167	138	—	71	90,75	64,68

Die eingeklammerten Größen sind möglichst zu vermeiden.

Schlüsselweiten und Höhen der rohen Sechskantmuttern über 4″ sind nach den Abmessungen der blanken Muttern nach DIN 70 Bl. 2 auszuführen.

Gewinde: Metrisch nach DIN 13. Whitworth nach DIN 12.

Ausführung: Gepreßt, bearbeitete Stirnflächen sind besonders vorzuschreiben.

Die Muttern werden auf Bestellung auch mit gedrehten Auflageflächen als Ersatz für blanke Muttern geliefert.

Werkstoff: Flußeisen.

zwischen Mutter und Unterlegscheibe, bei Stoßverbindungen (s. später) zwischen Mutter und Eisenlasche gelegt. Der Wert der Federringe wird jedoch von mancher Seite als zweifelhaft angesehen[1], da beim Schwinden des Holzes die Federkraft nachläßt. Jedenfalls ist auch bei Verwendung von Federringen ein Nachziehen der Muttern von Zeit zu Zeit erforderlich.

Die Federringe können einfach (Abb. 79a) oder mehrmals gewunden sein (Abb. 79b). Sie müssen jedoch kräftig sein und am besten quadratischen Querschnitt besitzen[2]. Beim Zusammenbau der Holzkonstruktionen werden die Bolzen so stark angezogen, daß die Federringe ganz plattgedrückt werden.

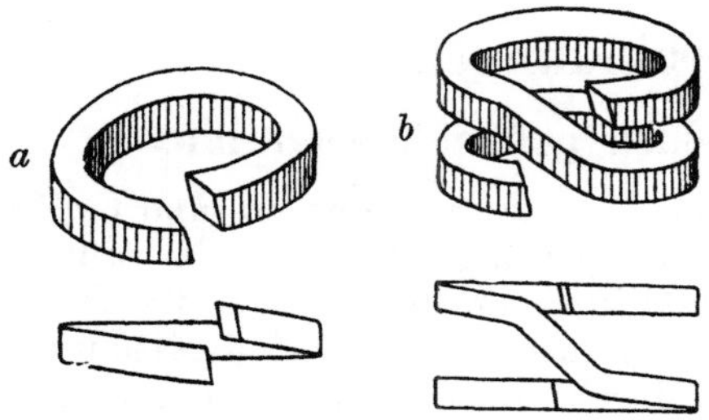

Abb. 79. Federringe.

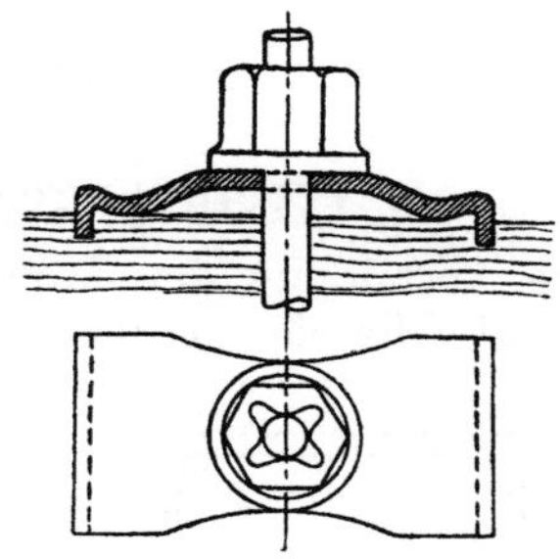

Abb. 80. Spannplatte.

Wenn das Holz schwindet, gelangen sie zur Wirkung. Bei sehr großen Kräften können Spannplatten aus Federstahl verwendet werden. Sie können auch mit der Unterlagsplatte vereinigt werden und erhalten zuweilen Hakenfüße (Abb. 80), die in entsprechende Nuten des Holzes eingreifen und beim Anziehen des Bolzens die Kräfte zum Teil in der Längsrichtung des Holzes, zum Teil quer zur Faser abgeben. Durch die Hakenfüße wird außerdem die Dehnung der Spannplatte beim Anziehen des Bolzens verhindert.

Eine andere Schraubensicherung durch eine rechteckige Unterlagscheibe aus Federstahl mit bis zur Bolzenmitte zurückgebogenen Flügeln zeigt Abb. 81a u. b[3]. Die eigentliche Unterlagscheibe sowie die beiden Flügel besitzen Verdickungen, die im geschlossenen Zustande aufeinander passen, ferner Aussparungen für den Bolzen. Die Schraubenmutter berührt beim Aufschrauben die Unterlagscheibe zunächst nur in zwei äußersten, einander diametral gegenüberliegenden Punkten (an der Pfeilspitze in Abb. 81a; der linke Berührungspunkt ist durch den Bolzenschaft verdeckt). Bei weiterem Anzug der Mutter werden die beiden oberen Flügel bis zur Berührung mit der mittleren dachförmigen Rippe der unteren Fläche herabgedrückt, um schließlich auf den schräg abfallenden Flächen der Rippe herunterzugleiten und hierdurch nach außen gedrängt zu werden (Abb. 81b). In dieser Lage findet eine Flächenberührung oben und unten statt.

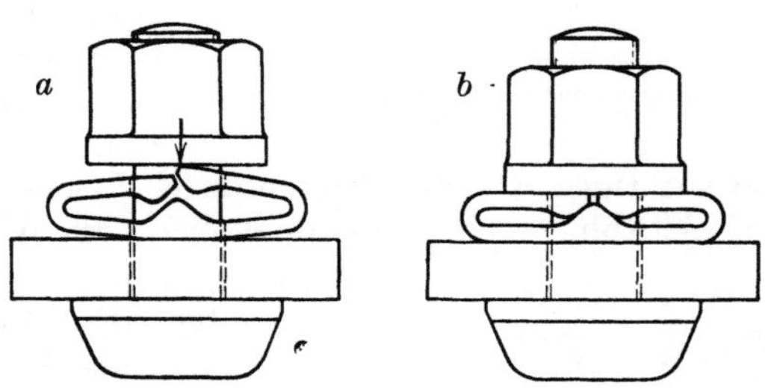

Abb. 81. Flügelspannplatte.

[1]) Vgl. Seitz, H.: Grundlagen des Ingenieurholzbaues, S. 118.

[2]) Schächterle, K.: Bauholz-Verbindungen. Der Holzbau (Beilage der Deutschen Bauzg.) 1920, S. 90.

[3]) Patent Nr. 232844 (Klasse 47a, Gruppe 11) vom 24. März 1911 der Georgs-Marien-Bergwerks- und Hütten-Verein Akt.-Ges. in Osnabrück.

Neue Konstruktionen müssen am Anfang nach etwa ein bis drei Monaten, später alle sechs Monate, dann nach etwa einem Jahr nachgezogen werden. Insbesondere ist dies der Fall, wenn fertiggestellte Bauten infolge Hitze und Luftzug zu schnell austrocknen und das Holz stark schwindet.

Das Bolzenloch muß gebohrt werden, und zwar nicht zu groß, damit der Bolzen nicht schlottert, und nicht zu klein, damit das Holz beim Durchtreiben des Bolzens nicht gesprengt wird. Es genügt, das Loch etwa 1 mm größer als den Bolzendurchmesser zu bohren, so daß der Bolzen mit leichten Hammerschlägen durchgetrieben werden kann.

II. Stoßverbindungen.

1. Verbindungen bei Fehlen größerer Zugkräfte.

Die Ausbildung der Stoßverbindungen hängt von der Art und Größe der Kräfte ab, die sie zu übertragen haben. Die Zugverbindungen erfordern eine sorgfältigere Ausbildung als die Druckverbindungen, bei welchen die Kräfte unmittelbar durch die Stirnflächen der zusammenstoßenden Hölzer, erforderlichenfalls unter Verwendung keilförmiger Zwischenstücke, gehen.

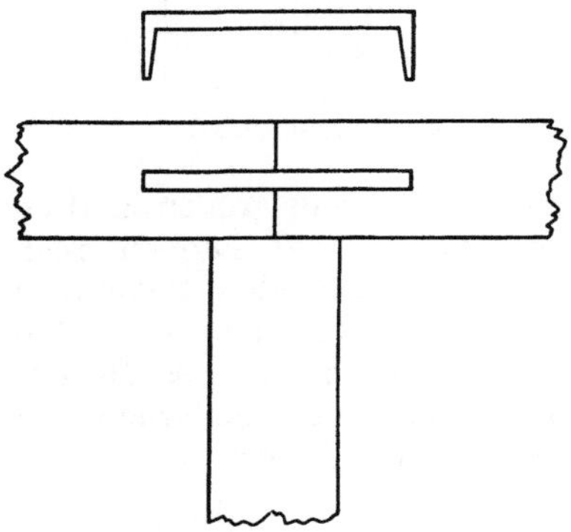

Abb. 82. Stumpfer Stoß. (Entnommen aus Gesteschi, Hölzerne Dachkonstruktionen.

Der stumpfe Stoß (Abb. 82) wird dort angewendet, wo die Stoßstelle unterstützt ist. Die geringen Kräfte werden durch Klammern oder Flacheisenbänder mit Nägeln oder Schrauben übertragen.

Bei der Aufpfropfung von Stützen aus Rund- oder Kantholz verwendet man einen eisernen Dorn (Dollen), der in beide Teile in vorgebohrte Löcher eingedrückt wird (Abb. 83a; vgl. auch Abb. 68). Eine Sicherung durch aufgenagelte Schienen (Abb. 83b), bei wichtigen Konstruktionen durch Eisen- oder Holzlaschen mit Bolzen (ohne Dorn) (Abb. 84) ist unbedingt erforderlich.

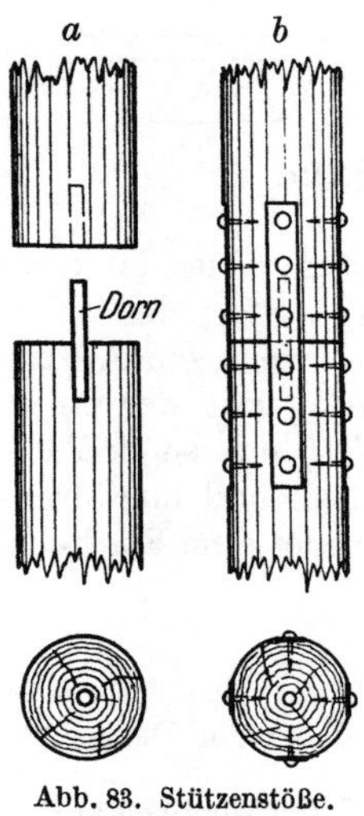

Abb. 83. Stützenstöße. *a* mit Dorn; *b* mit Dorn, Eisenschienen und Nägel.

Das gerade oder schräge Blatt oder die Verblattung (Abb. 85) wird gleichfalls besonders dann ausgeführt, wenn die Stoßstelle unterstützt ist, z. B. bei Verbindung zweier über dem Dachbinder zusammenstoßender Pfetten. Das schräge Blatt (Abb. 85b) hat gegenüber dem geraden Blatt (Abb. 85a) den Vorzug, daß die Hölzer nicht so leicht aufspalten. Die Verblattung wird durch ein oder zwei Schraubenbolzen gesichert. Größere Zugkräfte kann sie jedoch nicht übertragen, da die Bolzen, wie Abb. 85c zeigt, einschnittig auf Biegung beansprucht werden und infolgedessen nur wenig Wider-

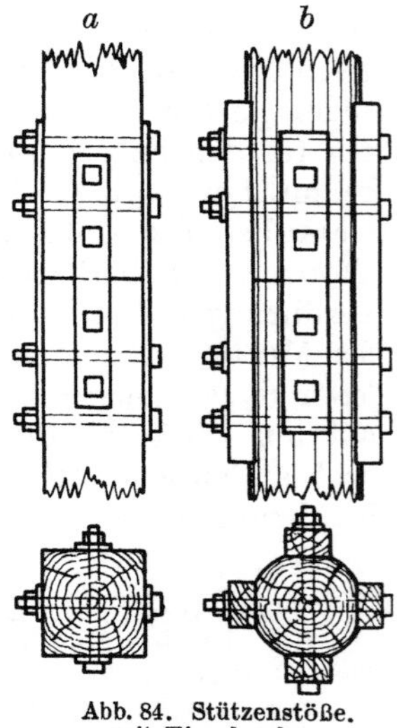

Abb. 84. Stützenstöße. *a* mit Eisenlaschen; *b* mit Holzlaschen.

stand gegen Entfernung der beiden gestoßenen Hölzer leisten können. Andere ähnliche Holzverbindungen, das Hakenblatt mit und ohne Keilen, Stoß mit eingesetztem Haken u. ä. können gleichfalls nur geringe Kräfte aufnehmen, wobei sich die Konstruktion noch wegen der kostspieligen genauen Bearbeitung verteuert, ohne daß der eigentliche Zweck erreicht wird.

Abb. 86 zeigt einen Stützenstoß mit geradem Blatt und Holzlaschen.

Der Scher- oder Schlitzzapfen (Abb. 87) wird gewöhnlich bei Druckverbindungen, also Verlängerung von Stützen, verwendet. Bei wichtigen Konstruktionen sind außerdem noch Eisen- oder Holzlaschen und Bolzen anzuordnen (Abb. 88). Er kommt ferner bei der Verbindung von Sparren im Dachfirst (s. später), also bei schräg zusammenlaufenden Hölzern in Betracht.

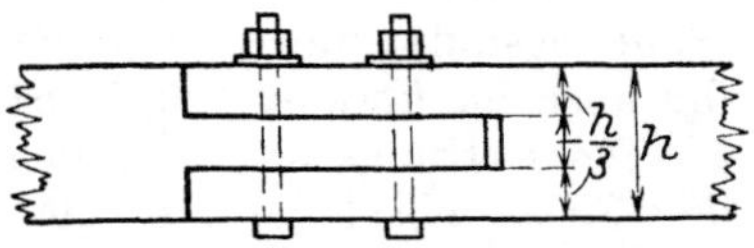

Abb. 87. Scher- oder Schlitzzapfen. (Aus Gesteschi, Hölz. Dachkonstr.)

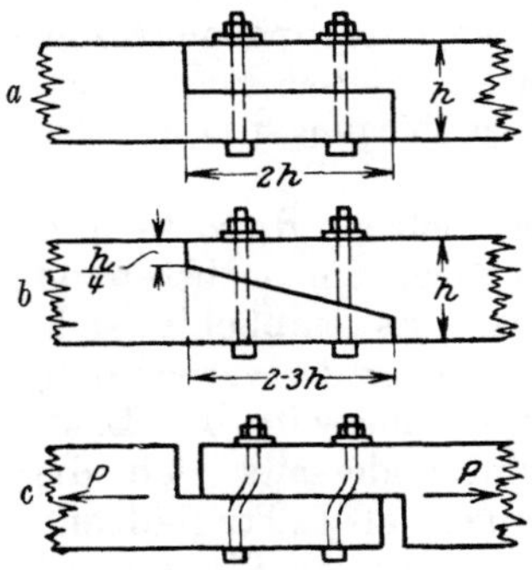

Abb. 85. Verblattung. (Aus Gesteschi, Hölzerne Dachkonstruktionen.)

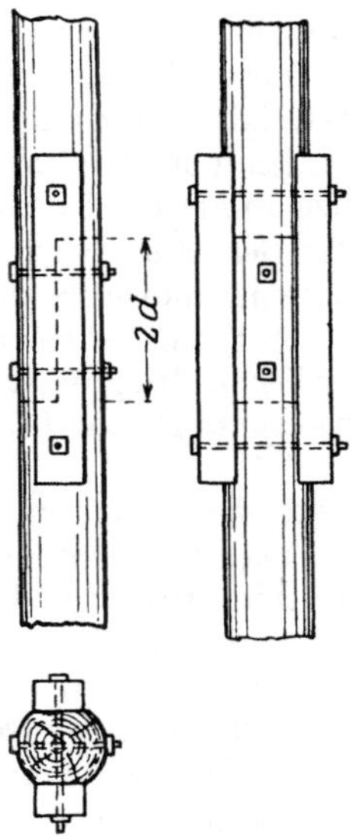

Abb. 86. Stützenstoß mit geradem Blatt und Holzlaschen.

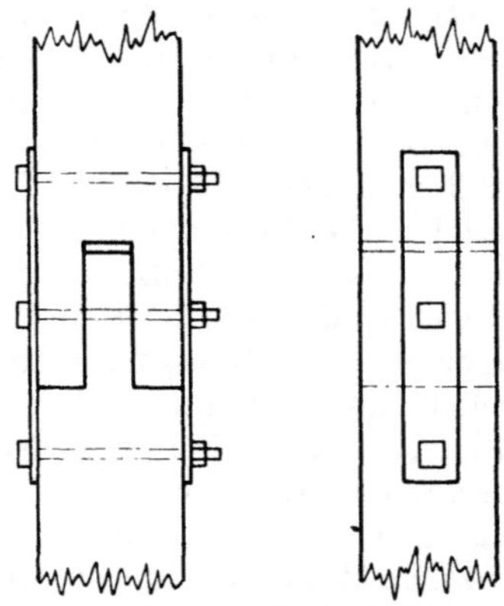

Abb. 88. Stützenstoß mit Schlitzzapfen und Eisenlaschen.

2. Die Verbindung mit Laschen und Bolzen bei Auftreten größerer Zugkräfte.

Die beste und einfachste Stoßverbindung, die sich insbesondere für die Aufnahme größerer Zugkräfte gut eignet und sich häufig billiger als alle anderen Verbindungen stellt, ist die Bolzenverbindung mit Flacheisenlaschen (Abb. 89).

Die Bolzen sind in diesem Falle auf Biegung zu berechnen, da angenommen werden muß, daß infolge Zusammentrocknen des Holzes die Löcher größer werden und die Bolzen sich deformieren können. Wenn auch die Zerstörung der Verbindung, wie Versuche gezeigt haben, nicht durch Bruch, sondern durch Abscherung der Bolzen stattfindet, vorausgesetzt, daß die verbundenen Hölzer stark genug sind, so erleiden die Konstruktionen durch die starke Verbiegung der Bolzen doch unerwünschte Formänderungen, so daß die Berechnung auf Biegung erfolgen muß. Der Bolzen überträgt hierbei seine Last auf eine elastische Unterlage von geringerer Druckwiderstandsfähigkeit.

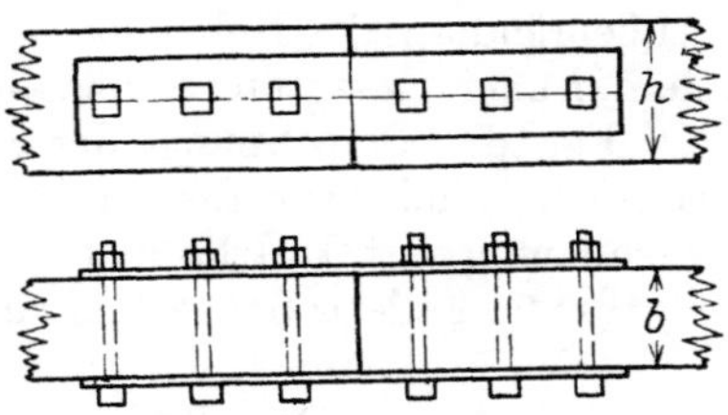

Abb. 89. Bolzenverbindung mit Flacheisenlaschen.

Die genaue Berechnung nach der Elastizitätstheorie, also unter Berücksichtigung der Formänderungen von Eisen und Holz, stößt auf mathematische Schwierigkeiten. Sie geht von der Annahme aus, daß die an einer beliebigen Stelle der Unterlage (Holz) auftretende, auf die Flächeneinheit bezogene Pressung p_x proportional ist einerseits der Eindrückung y daselbst, anderseits einer die Nachgiebigkeit der Unterlage kennzeichnende Festzahl C, der sog. „Bettungsziffer", also $p_x = C \cdot y$. Schnidtmann hat, von dieser Annahme ausgehend, für den Träger auf elastischer Unterlage eine Näherungsmethode[1]) aufgestellt, die an Stelle der elastischen Linie eine „Ersatzlinie" setzt, eine mathematisch bequem zu behandelnde Linie, die mit der elastischen Linie (Senkungslinie) nur in einigen charakteristischen Punkten übereinstimmt, sich ihr aber im übrigen möglichst anpaßt.

Die Bettungsziffer wurde für lufttrockenes Fichtenholz auf Veranlassung der Firma Karl Kübler im Materialprüfungsamt Stuttgart durch Versuche bestimmt und die Ergebnisse wurden von Jackson an der Hand von Bruchversuchen zur Berechnung des Bolzens nach der Schnidtmannschen Näherungsmethode ausgewertet[2]). Die unter Berücksichtigung der elastischen Unterlage von Jackson angewendete Berechnungsmethode zeigt für biegungsfeste Bolzen eine gute Übereinstimmung mit der bisher angewendeten Näherungsmethode, der Berechnung nach der gewöhnlichen Biegungstheorie. Hierbei zeigt sich, daß eine um so bessere Übereinstimmung stattfindet, je biegungsfester, also stärker die Bolzen sind.

Da bei den Bolzenverbindungen fast nur stärkere Bolzen, d. h. in der Regel nicht unter 25 mm (1″) in Frage kommen, so genügen die nachstehend entwickelten Berechnungsformeln stets für die Praxis. Es empfiehlt sich, schon deshalb stärkere Bolzen (von 25 bis 40 mm Durchmesser) zu verwenden, da sich dann möglichst wenig Bolzen ergeben, wodurch einerseits die Lastverteilung auf alle Bolzen annähernd gleich wird und anderseits sich die Laschen möglichst kurz ergeben. Solche Bolzen können als „Tragbolzen" bezeichnet werden, da sie vermöge ihres Biegewiderstandes Lasten übertragen, im Gegensatz zu den „Heftbolzen", welche die Hölzer, zwischen welchen die eigentlichen Lastträger, die Dübel, liegen, nur zusammenhalten sollen und infolgedessen der Hauptsache nach nur kleine Zugkräfte erhalten.

Damit die Bolzenverbindungen einerseits die erforderliche Sicherheit gegen Bruch besitzen und anderseits keine zu großen Formänderungen erleiden, die in den Tragwerken unerwünschte Sackungen und Verschiebungen zur Folge haben können, müssen sie zwei Bedingungen erfüllen: erstens darf die Beanspruchung des Bolzens selbst das zulässige Maß nicht überschreiten und zweitens soll der Lochwanddruck im Holz nicht eine solche Größe erreichen, daß nennenswerte Zusammendrückungen der Fasern, insbesondere an den Außenrändern des Bolzenloches, entstehen. Beide Beanspruchungen sind nach dem früher Gesagten voneinander abhängig.

Für die Berechnung der Bolzenverbindungen sind zwei Fälle zu unterscheiden, und zwar die Bolzenverbindung mit Eisenlaschen und die Bolzenverbindung mit Holzlaschen.

Beide Fälle sollen voneinander getrennt behandelt werden.

a) Die Bolzenverbindung mit Eisenlaschen.

Wie bereits angedeutet, erfolgt die Belastung des Bolzens durch einen elastischen Stoff, das Holz, welches, je nach der Durchbiegung des Bolzens,

---

[1]) Schnidtmann, W.: Beitrag zur Ermittlung von Fundamentpressungen. Stuttgart 1920: Konrad Wittwer, S. 6.

[2]) Jackson, A.: Ingenieur-Holzbau, S. 52ff.

diesen in anderer Weise belastet und hierbei selbst verschiedene Pressungen erhält. Denkt man sich die Last Q von vornherein in voller Größe auf den Bolzen wirkend (Abb. 90a), so kann im Anfangszustand I (Abb. 90b) die Belastung als eine gleichmäßig verteilte angesehen werden, wobei angenommen ist, daß der Bolzen sich noch nicht durchgebogen hat. Tritt nunmehr eine Durchbiegung des Bolzens ein, so rücken die Lastschwerpunkte, je nach der Zunahme derselben, allmählich nach außen (Zustand II und III) und schließlich erhält der Bolzen, je nach der Größe der Last und der durch sie erzeugten Durchbiegung im mittleren Teil einen Gegendruck von unten (Zustand IV). Je weiter die Lastschwerpunkte nach außen rücken, desto günstiger wird der Bolzen beansprucht und desto ungünstiger wird die Randspannung des Holzes. Für die Berechnung erweist sich die Annahme eines Belastungszustandes, der zwischen II und III liegt, und zwar in Form zweier Dreiecke (Abb. 91) als zweckmäßig, da diese Annahme die Berechnung vereinfacht und für die Ausführung brauchbare Ergebnisse liefert. Die Schwerpunkte der beiden Lastdreiecke liegen im Abstand $\frac{b}{6}$ von den Auflagern, wenn mit b die Stützweite des Bolzens be-

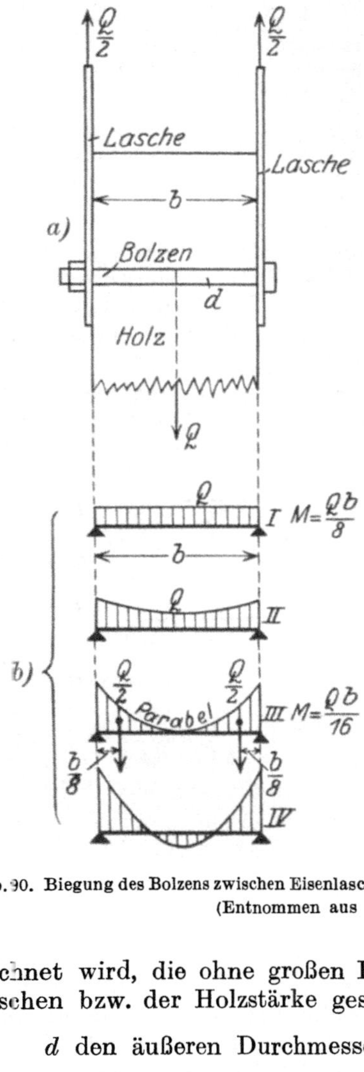

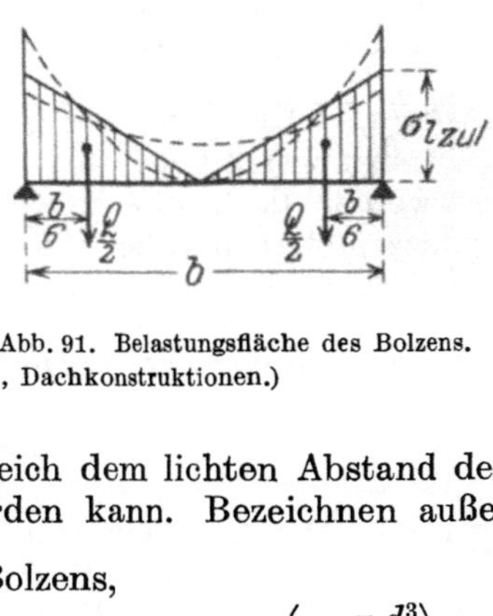

Abb. 90. Biegung des Bolzens zwischen Eisenlaschen. Abb. 91. Belastungsfläche des Bolzens.
(Entnommen aus Gesteschi, Dachkonstruktionen.)

zeichnet wird, die ohne großen Fehler gleich dem lichten Abstand der beiden Laschen bzw. der Holzstärke gesetzt werden kann. Bezeichnen außerdem

d den äußeren Durchmesser des Bolzens,

W das Widerstandsmoment des Bolzenquerschnitts $\left(= \frac{\pi\, d^3}{32}\right)$,

σ_{zul} die zulässige Biegebeanspruchung des Bolzens,

$\sigma_{l\,zul}$ die zulässige Druckbeanspruchung (Randspannung) im Bolzenloch,

so ergibt sich die Tragkraft des Bolzens auf Biegung aus der Beziehung (Abb. 91)

$$M = \frac{Q}{2} \cdot \frac{b}{6} = \sigma_{zul} \cdot W$$

zu

$$Q_1 = \frac{12\,\sigma_{zul} \cdot W}{b} \qquad \text{(I)}$$

und unter Berücksichtigung des Lochwanddruckes aus der Gleichung

$$Q = 2\,\sigma_{l\,zul} \cdot \frac{b}{2} \cdot \frac{1}{2} \cdot d$$

zu

$$Q_2 = \frac{\sigma_{l\,zul} \cdot b \cdot d}{2}. \qquad \text{(II)}$$

Will man die bei der Belastung Q_1 auftretende Randspannung σ_l ermitteln, so ist in Formel II zu setzen

$$\sigma_{l\,zul} = \sigma_l \quad \text{und} \quad Q_2 = Q_1;$$

dann ist

$$\sigma_l = \frac{2\,Q_1}{b \cdot d}. \qquad \text{(II a)}$$

Unter Vernachlässigung verschiedener günstiger Umstände, wie eine gewisse Einspannung des Bolzens in den Laschen bei festem Anschluß von Kopf und Mutter, Verkleinerung der auf die Bolzen entfallenden Last infolge Reibung zwischen Laschen und Holz, kann bei Verwendung flußstählerner (flußeiserner) Bolzen gesetzt werden $\sigma_{zul} = 1200$ bis $1400\ \text{kg/cm}^2$.

Für die Randspannung kann, da die Holzfasern im Bolzenloch am Ausweichen gehindert sind, ohne weiteres angenommen werden $\sigma_{l\,zul} = 125$ bis $150\ \text{kg/cm}^2$ Der letztere Wert entspricht etwa der Proportionalitätsgrenze von Nadelholz für Druck.

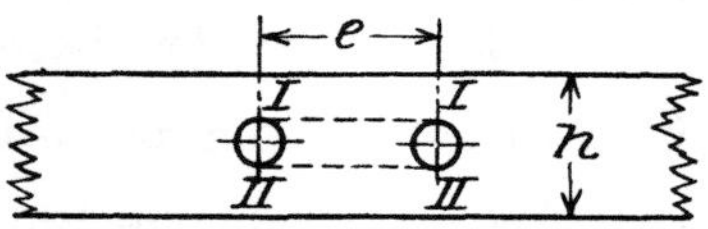

Abb. 92. Scherflächen im Holz.
(Entnommen aus Gesteschi, Dachkonstruktionen.)

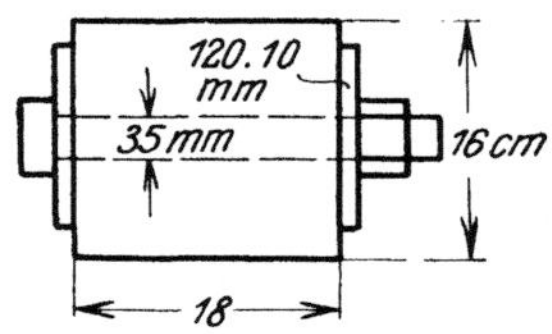

Abb. 93. Untergurtquerschnitt.

Der Abstand e der Bolzen ergibt sich aus der Bedingung, daß das Holz zwischen zwei Bolzen nicht in den beiden Faserschichten $I\,I$ und $II\,II$ (Abb. 92) abgeschert werden darf. Es muß also sein, wenn die zulässige Scherbeanspruchung des Holzes parallel zur Faser τ_{zul} ist

$$Q = 2 \cdot \tau_{zul} \cdot e \cdot b;$$

hieraus ist der erforderliche Bolzenabstand

$$e = \frac{Q}{2\,\tau_{zul}\,b}. \qquad \text{(III)}$$

Beispiel[1]). Der Untergurt eines Fachwerkbinders von □ 18/16 cm Querschnitt soll gestoßen werden. Die Zugkraft beträgt an dieser Stelle $U = 19{,}5$ t. Verwendet werden eiserne Stoßlaschen 120 · 10 und Bolzen von 35 mm Durchmesser (Abb. 93).

Querschnitt der Stoßlaschen

$$F = 2 \cdot 12{,}0 \cdot 1{,}0 = 24{,}0\ \text{cm}^2$$

$$\text{Abzug für Bolzenloch } 2 \cdot 3{,}6 \cdot 1{,}0 = 7{,}2\ \text{„}$$

$$\text{Nutzquerschnitt } F_n = 16{,}8\ \text{cm}^2$$

Beanspruchung der Laschen

$$\sigma = \frac{19\,500}{16{,}8} = 1160\ \text{kg/cm}^2.$$

[1]) Entnommen aus Gesteschi: Hölzerne Dachkonstruktionen, 3. Aufl.

Die Tragkraft eines Bolzens 35 mm Durchmesser mit einem Widerstandsmoment $W = 4{,}21\ \mathrm{cm}^3$ ergibt sich nach Formel I zu

$$Q_1 = \frac{12 \cdot 1200 \cdot 4{,}21}{18} = 3370\ \mathrm{kg},$$

nach Formel II zu

$$Q_2 = \frac{125 \cdot 18 \cdot 3{,}5}{2} = 3940\ \mathrm{kg},$$

maßgebend ist der kleinere der beiden Werte, also Q_1.

Auf jeder Seite des Stoßes sind somit

$$n = \frac{19\,500}{3370} = 6 \text{ Bolzen}$$

erforderlich.

Belastung eines Bolzens:

$$Q = \frac{19\,500}{6} = 3250\ \mathrm{kg}.$$

Biegebeanspruchung der Bolzen nach Formel I

$$\sigma = \frac{Q\,b}{12\,W} = \frac{3250 \cdot 18}{12 \cdot 4{,}21} = 1160\ \mathrm{kg/cm^2}.$$

Lochwanddruck (Randpressung) nach Formel IIa

$$\sigma_l = \frac{2 \cdot 3250}{18 \cdot 3{,}5} = 103\ \mathrm{kg/cm^2}.$$

Erforderlicher Bolzenabstand nach Formel III bei einer zulässigen Scherbeanspruchung $\tau_{\mathrm{zul}} = 10\ \mathrm{kg/cm^2}$

$$e = \frac{3250}{2 \cdot 10 \cdot 18} = 9{,}0\ \mathrm{cm}.$$

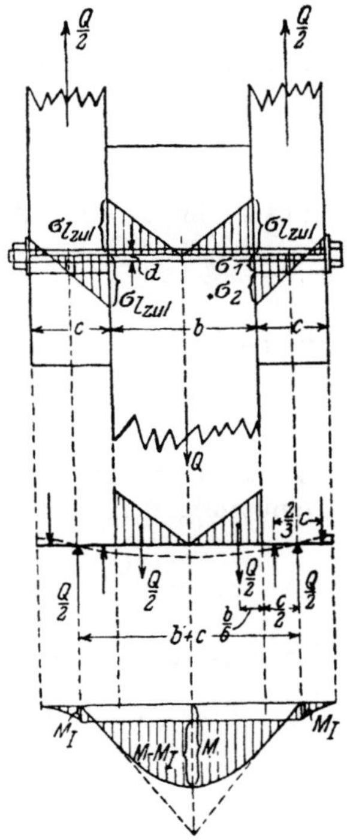

Abb. 94. Biegung des Bolzens zwischen Holzlaschen. (Entnommen a. Gesteschi, Dachkonstruktionen.)

b) Die Bolzenverbindung mit Holzlaschen.

Für das mittlere Holz gelten die früher angegebenen Benennungen; außerdem möge bezeichnen (Abb. 94):

c die Stärke der beiden Holzlaschen,
σ_1 die gleichmäßig verteilte Druckspannung in den Holzlaschen,
σ_2 die Randspannung bei Biegebeanspruchung der Holzlaschen;

demnach ist zu setzen: $\sigma_1 + \sigma_2 = \sigma_{l\,\mathrm{zul}}$, d. i. wie früher die größte zulässige Randspannung des Holzes (im Bolzenloch).

Die Last Q des mittleren Holzes erzeugt im Bolzen, der in der Mittellinie der beiden Laschen als frei aufliegend zu denken ist (Abb. 94), ein Moment

$$M = \frac{Q}{2}\left(\frac{b}{6} + \frac{c}{2}\right) = \frac{Q}{12}(b + 3\,c). \qquad \text{(I)}$$

Dieses Moment erfährt infolge der teilweisen Einspannung des Bolzens in den äußeren Holzlaschen eine Entlastung, die abhängig ist von der Kantenpressung σ_2 (s. vorher). Da die Last $\frac{Q}{2}$ in den Holzlaschen einen gleichmäßigen Lochwanddruck

$$\sigma_1 = \frac{Q}{2\,c\,d} \qquad \text{(II)}$$

erzeugt, so darf σ_2 höchstens sein:

$$\sigma_2 = \sigma_{l\,\mathrm{zul}} - \sigma_1; \tag{III}$$

dann ist das Entlastungsmoment bzw. Stützenmoment (Abb. 94)

$$M_I = \sigma_2 \cdot \frac{c}{2} \cdot \frac{1}{2} \cdot d \cdot \frac{2}{3} c = \sigma_2 \frac{c^2 d}{6}, \tag{IV}$$

und es bleibt ein von dem Bolzen aufzunehmendes Feldmoment

$$M - M_I = \frac{Q}{12}(b + 3c) - \sigma_2 \frac{c^2 d}{6}; \tag{V}$$

da ferner

$$\frac{Q}{12}(b + 3c) - \sigma_2 \frac{c^2 d}{6} = \sigma_{\mathrm{zul}} W,$$

so ist damit eine Bestimmungsgleichung für Q gegeben, aus welcher σ_2 unter Benutzung der Formeln II und III auszuschalten ist; es ist

$$\sigma_2 = \sigma_{l\,\mathrm{zul}} - \frac{Q}{2cd} \quad \text{und demnach} \quad \frac{Q}{12}(b + 3c) - \left(\sigma_{l\,\mathrm{zul}} - \frac{Q}{2cd}\right)\frac{c^2 d}{6} = \sigma_{\mathrm{zul}} W;$$

damit ist Q eindeutig bestimmt:

$$Q(b + 3c) - 2\sigma_{l\,\mathrm{zul}} c^2 d + Qc = 12\sigma_{\mathrm{zul}} W;$$

$$Q_1 = \frac{12\sigma_{\mathrm{zul}} W + 2\sigma_{l\,\mathrm{zul}} c^2 d}{b + 4c}. \tag{VI}$$

Die Tragkraft des Bolzens unter Berücksichtigung des Stützenmomentes M_I ergibt sich wie folgt:

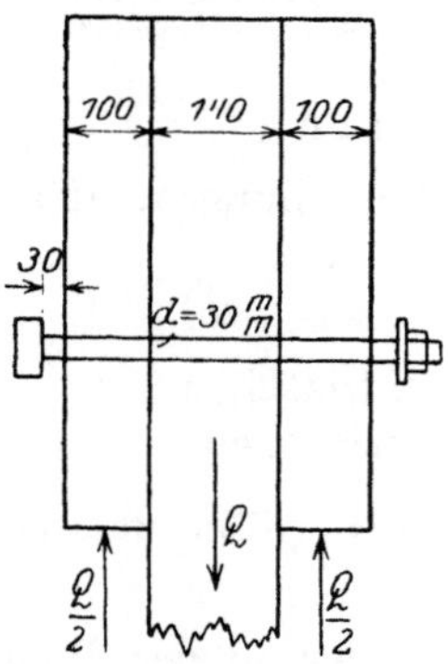

Abb. 95. Versuchsanordnung der Bolzenverbindung. (Entnommen aus Gesteschi, Dachkonstruktionen.)

$$M_I = \sigma_2 \frac{c^2 d}{6} = (\sigma_{l\,\mathrm{zul}} - \sigma_1)\frac{c^2 d}{6} = \sigma_{\mathrm{zul}} \cdot W;$$

unter Benutzung der Formel II ist

$$\left(\sigma_{l\,\mathrm{zul}} - \frac{Q}{2cd}\right)\frac{c^2 d}{6} = \sigma_{\mathrm{zul}} W,$$

$$\sigma_{l\,\mathrm{zul}} - \sigma_{\mathrm{zul}} W \frac{6}{c^2 d} = \frac{Q}{2cd};$$

hieraus ist

$$Q_2 = \frac{-12\sigma_{\mathrm{zul}} W + 2\sigma_{l\,\mathrm{zul}} c^2 d}{c}. \tag{VII}$$

Beispiel. Die abgeleiteten Formeln mögen auf eine im Materialprüfungsamt Stuttgart geprüfte Bolzenverbindung angewendet werden[1]). Die Versuchsanordnung ist in Abb. 95 dargestellt. Der Bolzendurchmesser beträgt 30 mm, sein Widerstandsmoment $W = 2{,}65$ cm³.

Nach Formel VI ist

$$Q_1 = \frac{12 \cdot 1400 \cdot 2{,}65 + 2 \cdot 150 \cdot 10^2 \cdot 3{,}0}{14 + 4 \cdot 10} = \frac{44\,500 + 90\,000}{54} = 2490 \text{ kg}.$$

[1]) Jackson: Ingenieur-Holzbau, Versuch X, S. 66.

Nach Formel VII ergibt sich

$$Q_2 = \frac{-44\,500 + 90\,000}{10} = 4550 \text{ kg}.$$

Der kleinere Wert Q_1 ist demnach maßgebend. Der Versuch zeigt bei dieser Belastung eine mittlere Verschiebung von etwa 0,7 mm. Nach Aufbringung einer größeren Belastung als 11 t wuchsen die Verschiebungen so rasch, daß die Maschine nicht mehr zum Einspielen gebracht werden konnte. Nach einer aufgetretenen Verschiebung von 100 mm wurde der Versuch abgebrochen. Für die Größtlast von 11 t wäre demnach die Bruchsicherheit

$$s = \frac{11\,000}{2490} = 4{,}4 \text{ fach}.$$

Da Kopf und Mutter nicht an den Laschen anlagen, wurden die günstig wirkenden Reibungswiderstände ausgeschaltet. Wäre dies nicht geschehen, so hätte sich die Bruchlast wesentlich höher ergeben; ebenso wären bei fest angezogener Mutter die Verschiebungen kleiner ausgefallen.

Wie bereits S. 108 bemerkt, ist bei Holzverbindungen dafür zu sorgen, daß die Bolzen von Zeit zu Zeit nachgezogen werden, da im Laufe der Zeit eine Lockerung der Verbindung eintritt. Das gilt nicht nur für die „Tragbolzen" der Bolzenverbindungen, sondern in noch höherem Maße für die schwächeren „Heftbolzen" der Holzverbindungen mit dübelartigen Einlagen (s. später). Bei Lockerung der Heftbolzen tritt ein Kanten der Einlagen (Kegeldübel, Ringdübel, Scheibendübel usw.) ein, so daß eine Lockerung hier weit schädlicher als bei Tragbolzen und den ihnen verwandten Rohrdübeln wirkt, bei denen das Verbindungsmittel in einem Stück durch die zu verbindenden Hölzer geht.

3. Die Verbindung mit Laschen und Dübeln.

Zur Übertragung größerer Zugkräfte werden vielfach eiserne Laschen mit aufgenieteten Dübeln in Form von Flacheisen oder kleinen Winkeln verwendet (Abb. 96), die in das Holz eingreifen. Diese Konstruktion erfordert jedoch Nietarbeit und verteuert daher die Stoßverbindung, ist aber trotzdem bei großen Zugkräften oft zweckmäßig.

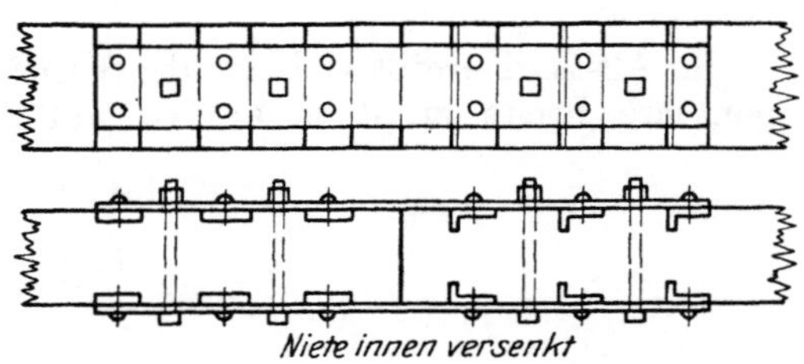

Abb. 96. Verbindung mit Laschen und angenieteten Dübeln.

Sehr gut ist die neuerdings vielfach ausgeführte Stoßverbindung mit Flacheisendübeln (Abb. 97), die nur durch die Stoßbolzen gehalten sind, wodurch die vorher erwähnte Nietarbeit gespart wird. Die Zugkraft der Hölzer wird mittels der eingelegten Flacheisen sowie durch die Bolzen auf die Laschen übertragen. Auf diese Weise werden die Bolzen auf Abscheren, also wesentlich günstiger als vorher beansprucht. Die Ausführung bietet keinerlei Schwierigkeiten.

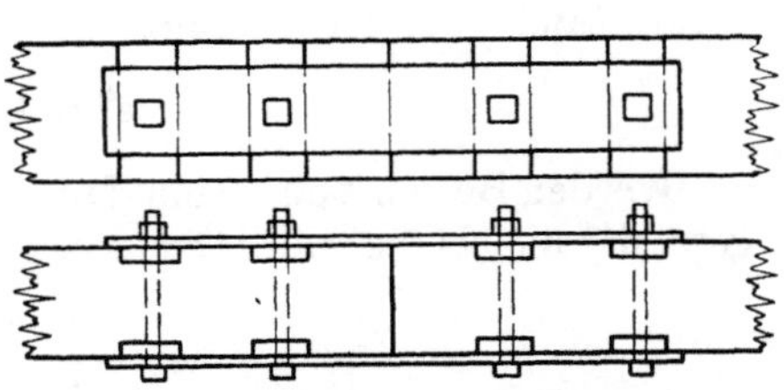
Abb. 97. Verbindung mit lose eingelegten Flacheisendübeln.

Beispiel[1]. Die zu übertragende Zugkraft sei 12 t und der Querschnitt der Hölzer □ 14/16. Werden die Flacheisen 2 cm eingelassen, so kann jedes bei einer zulässigen Druckbeanspruchung

[1]) Entnommen aus Gesteschi, Hölzerne Dachkonstruktionen, 3. Aufl.

des Holzes von $\sigma_{d\,\mathrm{zul}} = 60\ \mathrm{kg/cm^2}$ aufnehmen

$$\frac{Q}{2} = 2 \cdot 16 \cdot 60 = 1920\ \mathrm{kg};$$

je zwei gegenüberliegende Flacheisen nehmen somit auf

$$Q = 2 \cdot 1920 = 3840\ \mathrm{kg},$$

auf jeder Seite des Stoßes sind also $\frac{12{,}0}{3{,}84} = 3$ Paare Flacheisen erforderlich.

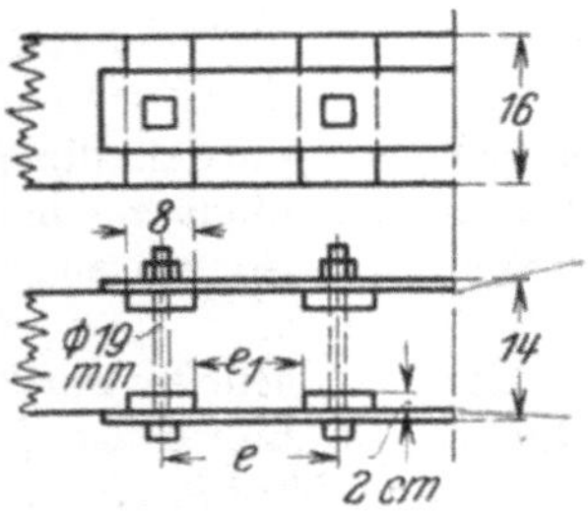

Abb. 98.

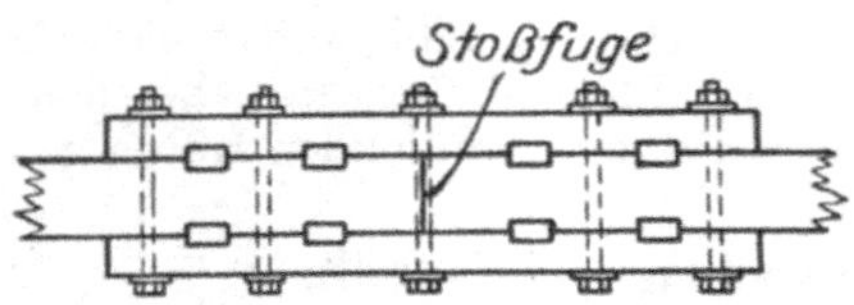

Abb. 99. Verbindung mit Holzlaschen und Dübeln aus Hartholz oder Flacheisen.
(Entnommen aus Gesteschi, Dachkonstruktionen.)

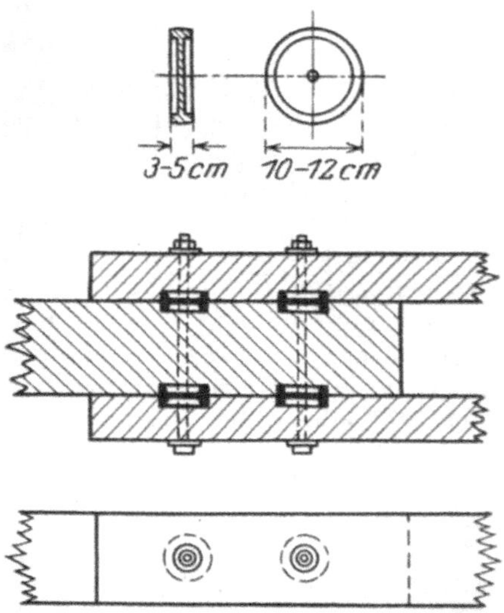

Abb. 100. Verbindung mit Holzlaschen und gußeisernen Scheiben.

Ihr Abstand ergibt sich aus der Scherfestigkeit des Zwischenstücks. Nimmt man ihre Breite zu 8 cm an, so muß sein mit $\tau_{\mathrm{zul}} = 10\ \mathrm{kg/cm^2}$ (Abb. 98)

$$e_1 \cdot 16 \cdot 10 = 1920,$$

$$e_1 = \frac{1920}{160} = 12\ \mathrm{cm},$$

$$e = 12 + 8 = 20\ \mathrm{cm}.$$

Abstand von der Stoßfuge

$$e' = 12 + 4 = 16\ \mathrm{cm}.$$

Werden Bolzen von 19 mm Durchmesser mit einem Querschnitt $F = 2{,}84\ \mathrm{cm^2}$ gewählt, so beträgt ihre Scherbeanspruchung

$$\tau = \frac{1920}{2{,}84} = 677\ \mathrm{kg/cm^2}.$$

Eine andere Stoßverbindung stellt die Verdübelung mit Holzlaschen und Dübeln aus Hartholz (Eiche) oder Flacheisen dar (Abb. 99). Die Verbindung wird durch schwache Bolzen zusammengehalten. Die Holzdübel können etwas Anlauf erhalten, so daß sie nachgetrieben werden können, falls Lockerung infolge Schwinden eintritt (vgl. auch Abschnitt D. I. 1.).

Ferner verdient eine ältere amerikanische Verbindung mittels gußeiserner runder Scheiben, die in die zu verbindenden Hölzer eingreifen, Erwähnung (Abb. 100[1]). Zum Zusammenhalten der Hölzer dient ein Bolzen, der durch ein Loch im Scheibenmittelpunkt geht. In Amerika werden keine besonderen Vertiefungen in die Hölzer eingearbeitet, sondern die scharfen Ränder der Scheiben drücken sich durch das Anziehen der Bolzen in das Holz ein. Besser ist es jedoch, die flachen Löcher durch einen Zentrumbohrer herzustellen, wie dies auch bei neueren Holzverbindungen geschieht.

III. Knotenpunktverbindungen durch zimmermannmäßige Aneinanderarbeitung.

1. Die Versatzung.

Bei der Versatzung stößt ein Holz schräg mit seinem Hirnende gegen das Langholz eines zweiten Holzes, wobei beide Hölzer entsprechend zugeschnitten und zusammengepaßt werden (Abb. 101 und 102). Sie kommt für den bündigen Anschluß schiefer Druckstreben in Frage. Bei größerem Neigungswinkel α und kleineren Kräften kommt die einfache Versatzung oder

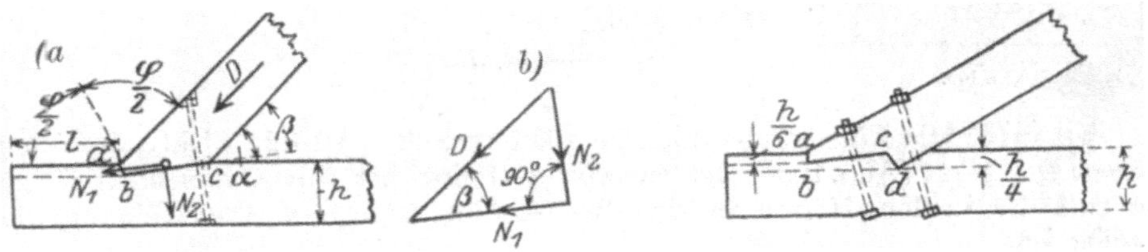

Abb. 101. Einfacher Versatz. Abb. 102. Doppelter Versatz.
(Entnommen aus Gesteschi, Hölzerne Dachkonstruktionen.)

der einfache Versatz (Abb. 101), bei kleinerem Neigungswinkel und insbesondere größeren Kräften der doppelte Versatz (Abb. 102) zur Anwendung. In letzterem Falle ist darauf zu achten, daß der zweite Einschnitt etwas tiefer geht als der erste, damit die wagerechten Schubkräfte nicht in derselben Faserschicht wirken und der zwischen den beiden Versatzeinschnitten liegende Zahn abgeschert wird. Der Versatz wird in der Regel durch ein oder zwei Bolzen gesichert, damit die Strebe beim Schwinden des Holzes nicht herausfällt und wieder angezogen werden kann. Der Bolzen entlastet außerdem die eigentliche Druckfläche ab (Abb. 101a), falls an dieser das Holz etwas nachgibt, indem durch seinen Zugwiderstand Reibung in der Fläche bc erzeugt wird. Der doppelte Versatz erfordert genaue Anarbeitung, trotzdem kann beim Schwinden des Holzes in einer der Druckflächen ab oder cd (Abb. 102) eine Fuge entstehen. Um dies zu vermeiden, treibt man oft an den Stirnflächen Hartholzkeile ein, die später nachgeklopft werden können.

Wird der Strebendruck D in die beiden Seitenkräfte N_1 und N_2 senkrecht zu den Versatzflächen ab und bc zerlegt (Abb. 101b), so ergibt sich die aus N_1 bestimmte Pressung in der Druckfläche ab, da die Reibung R in der Fläche bc (Abb. 101a) entlastend wirkt, wie folgt.

Nimmt man den Winkel $abc = 90^0$ an, so ist, wenn β den Winkel zwischen Strebenrichtung und Druckfläche bc bezeichnet,

$$N_1 = D \cos \beta,$$
$$N_2 = D \sin \beta.$$

[1]) Winkler, E.: Hölzerne Brücken. Heft I, Balkenbrücken, S. 58.

Ist $f = 0{,}5$ die Reibungszahl zwischen Holz und Holz, so beträgt die Reibung $R = N_2 \cdot f$; sie ist von N_1 abzuziehen, so daß auf die Fläche ab der Druck $T = N_1 - R = N_1 - N_2 \cdot f$ wirkt. Der Einschnitt ab ist so tief zu machen, daß die zulässige Druckbeanspruchung $\sigma_{d\,\text{zul}}$ nicht überschritten wird. Im allgemeinen beträgt er 2 bis 6 cm oder $\frac{1}{6}$ bis $\frac{1}{8}$ der Höhe des ausgeschnittenen Holzes.

Durch den Schraubenbolzen kann außerdem eine künstliche Reibung hervorgerufen werden. Wird in der Schraube eine Zugkraft Z erzeugt, so beträgt der Druck nunmehr

$$T_1 = N_1 - N_2 \cdot f - Z \cdot f,$$

worin nach Melan[1]) $Z = 200 \cdot d^2$ gesetzt werden kann. Hierbei ist allerdings angenommen, daß die Schraubenmutter stets nachgezogen wird. Diese Voraussetzung trifft jedoch bei neuen Holzkonstruktionen keinesfalls zu, da infolge Schwindens des Holzes der Bolzen fast spannungslos wird; jedenfalls muß dies zur Sicherheit angenommen werden.

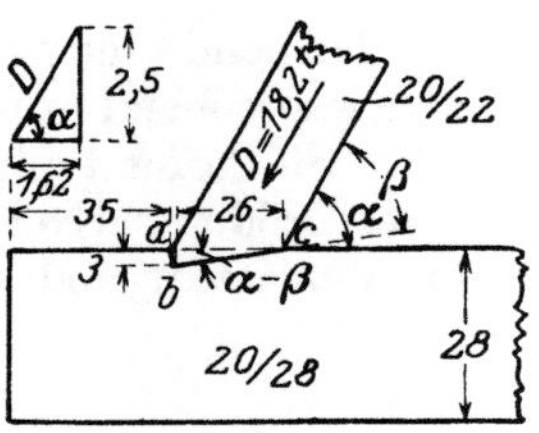

Abb. 103.

Die erforderliche Länge l des Balkenendes (Abb. 101a) ergibt sich bei einer zulässigen Scherbeanspruchung von $\tau_{\text{zul}} = 10\ \text{kg/cm}^2$ und einer Balkenbreite b zu

$$l = \frac{N_1 - R}{\tau_{\text{zul}} \cdot b}.$$

Beispiel 1[1]). Eine Strebe mit einem Querschnitt □ 20/22 wirkt mit einem Druck $D = 18{,}2$ t (Abb. 103). Der wagerechte Balken hat einen Querschnitt 20/28, so daß die beiden Hölzer in der Breite bündig liegen. Die Neigung der Strebe ist

$$\operatorname{tg} \alpha = \frac{2{,}50}{1{,}62} = 1{,}54 \quad \text{oder} \quad \alpha = 57^\circ.$$

Der Winkel β ergibt sich aus

$$\operatorname{tg}(\alpha - \beta) = \frac{3}{26} = 0{,}115; \quad \alpha - \beta = 6{,}5^\circ,$$

somit

$$\beta = \alpha - 6{,}5^\circ = 57 - 6{,}5 = 50{,}5^\circ$$

$$\sin\beta = 0{,}722 \qquad \cos\beta = 0{,}636.$$

Nach früherem ist

$$N_1 = 18{,}2 \cdot 0{,}636 = 11{,}6\ \text{t},$$

$$N_2 = 18{,}2 \cdot 0{,}772 = 14{,}1\ \text{t},$$

$$R = 14{,}1 \cdot 0{,}5 = 7{,}0\ \text{t}.$$

Auf die Druckfläche ab wirkt somit

$$T = 11{,}6 - 7{,}0 = 4{,}6\ \text{t}.$$

Da der Versatz 3 cm tief ist, ist die Pressung gegen ab

$$\sigma_{ab} = \frac{4600}{3 \cdot 20} = 77\ \text{kg/cm}^2;$$

in der Fläche bc ist

$$\sigma_{bc} = \frac{14100}{26 \cdot 20} = 27\ \text{kg/cm}^2.$$

---

[1]) Melan, J.: Der Brückenbau. I. Bd.: Einleitung und hölzerne Brücken. 3. Aufl., S. 119.

[2]) Entnommen aus Gesteschi, Hölzerne Dachkonstruktionen.

Die Scherspannung im Balkenende beträgt, wenn, etwas zu ungünstig, statt der wagerechten Seitenkraft von T diese Kraft selbst eingeführt wird,

$$\tau = \frac{4600}{35 \cdot 20} = 6{,}6 \text{ kg/cm}^2.$$

Beispiel 2[1]). Die Strebe eines Fachwerkunterzuges besitzt einen Querschnitt □ 22/24 cm und ist in dem Obergurt bzw. Untergurt von gleicher Breite $b = 24$ cm mit doppeltem Versatz eingelassen (Abb. 104). Die Strebenkraft beträgt $D = 29{,}3$ t.

Die Neigung der Strebe ist

$$\operatorname{tg} \alpha = \frac{4{,}0}{5{,}0} = 0{,}8 \text{ (Abb. 104b)} \quad \text{oder} \quad \alpha = 38^0\, 40'.$$

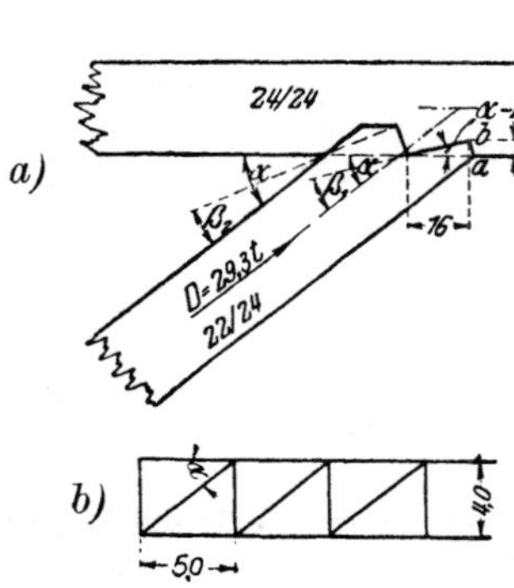

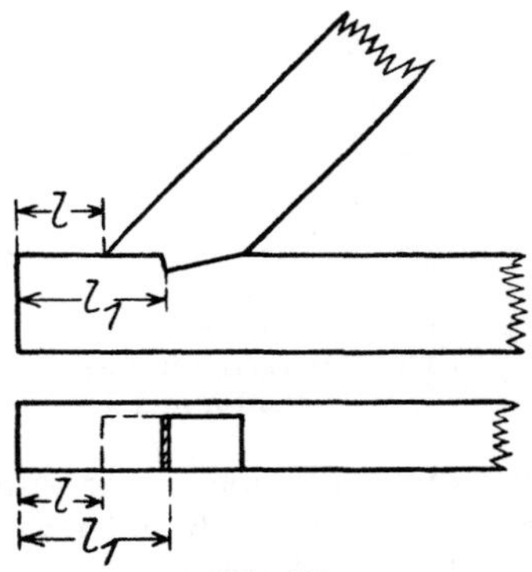

Abb. 104. Abb. 105.
(Entnommen aus Gesteschi, Hölzerne Dachkonstruktionen.)

Der erste Versatz kann $^1/_3$ der Strebenkraft, der zweite, da er doppelt so tief (= 8 cm) eingelassen ist, $^2/_3$ derselben aufnehmen; auf den ersten Versatz kommt somit

$$\frac{D}{3} = \frac{29{,}3}{3} = 9{,}8 \text{ t}.$$

Es genügt, nur für ihn die Beanspruchungen zu ermitteln:

$$\operatorname{tg}(\alpha - \beta_1) = \frac{4}{16} = 0{,}25,$$

$$\alpha - \beta_1 = 14^0,$$

$$\beta_1 = \alpha - 14^0 = 38^0\, 40' - 14^0 = 24^0\, 40',$$

$$\sin \beta_1 = 0{,}417; \qquad \cos \beta_1 = 0{,}909.$$

Ähnlich wie in Beispiel 1 ist

$$N_1 = 9{,}8 \cdot 0{,}909 = 8{,}9 \text{ t},$$

$$N_2 = 9{,}8 \cdot 0{,}417 = 4{,}1 \text{ t},$$

$$R = 4{,}1 \cdot 0{,}5 = 2{,}1 \text{ t},$$

$$H = 8{,}9 - 2{,}1 = 6{,}8 \text{ t},$$

$$\sigma_{ab} = \frac{6800}{4 \cdot 24} = 71 \text{ kg/cm}^2.$$

Da der Versatz noch durch zwei Bolzen gesichert ist, die die Reibung erhöhen, sind die Beanspruchungen in Wirklichkeit kleiner.

[1]) Entnommen aus Gesteschi, Hölzerne Dachkonstruktionen.

Wenn vor der Strebe nur eine geringe Balkenlänge l bleibt (Abb. 105), so kann die Versatzung zurückgesetzt werden, wodurch eine längere Scherfläche l_1 geschaffen wird. Ist die Druckstrebe schmaler als das Längsholz, so wird der Versatz nur so weit eingeschnitten, als die Breite der Druckstrebe beträgt, wobei die letztere mit dem Längsholz auf einer Seite bündig gelegt wird (Abb. 105).

2. Die Verzapfung.

Die Verzapfung wird wie die Versatzung dort ausgeführt, wo ein Holz mit der Stirnfläche gegen eine Längsfläche eines zweiten Holzes stößt, ohne über dieses hinwegzugehen. Bei ungleichen Holzbreiten werden die beiden Hölzer gewöhnlich auf einer Seite bündig gelegt (Abb. 106). Da die Ver-

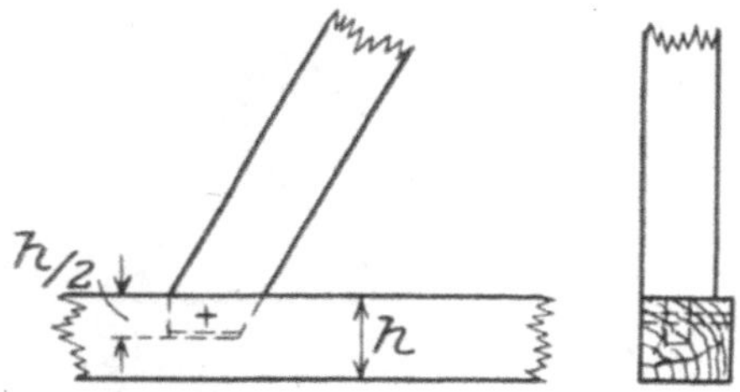

Abb. 106. Verzapfung mit Nagel.

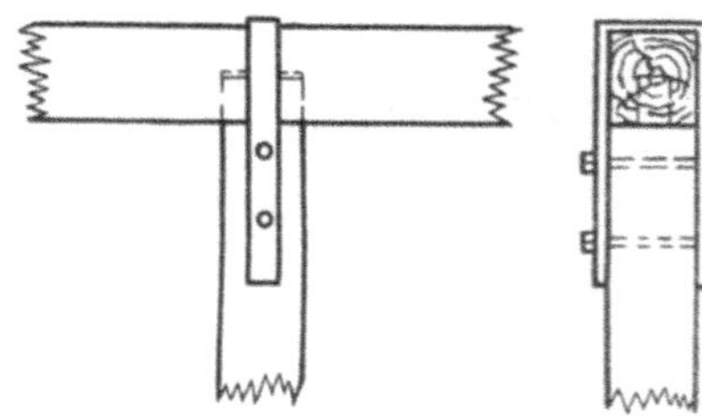

Abb. 107. Verzapfung mit Bügel.

(Entnommen aus Gesteschi, Hölzerne Dachkonstruktionen.)

zapfung nur bei kleinen oder zufälligen Druckkräften ausgeführt wird, genügt zur Sicherung ein Holz- oder Eisennagel. Der Zapfen kann auch ganz durch das Querholz hindurchgehen, außerdem kann das letztere durch einen eisernen Bügel und Bolzen mit dem anderen Holz verbunden werden (Abb. 107). Treffen sich die Hölzer an den Enden, so wird das Zapfenloch zum Schlitz,

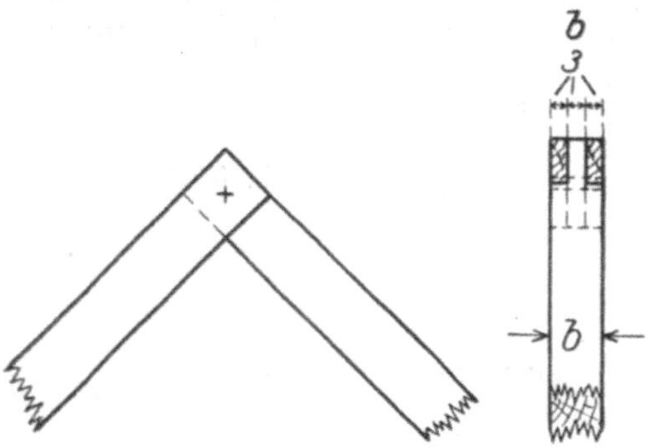

Abb. 108. Scher- oder Schlitzzapfen.

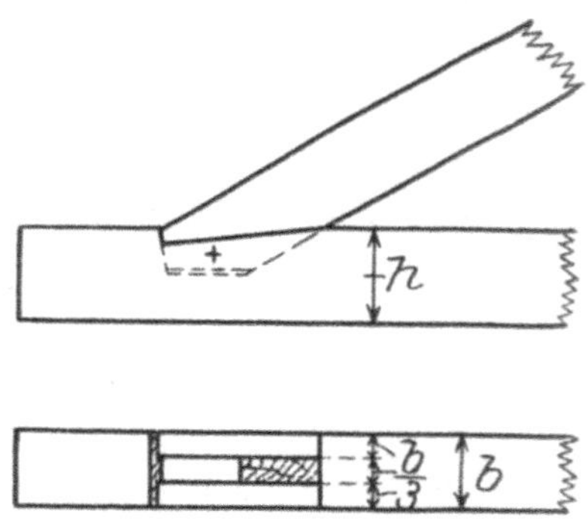

Abb. 109. Verzapfung mit Versatz.

(Entnommen aus Gesteschi, Hölzerne Dachkonstruktionen.)

und es entsteht der sogenannte Scher- oder Schlitzzapfen (Abb. 108), wie er bei den Dachsparren, wenn sie im First nicht unterstützt sind, angewendet wird; er wird gleich $^1/_3$ der Sparrenbreite gemacht. Der Zapfen kann auch mit einer einfachen Versatzung ausgeführt werden, wobei die Zapfenbreite wie vorher etwa $^1/_3$ der Holzbreite b gemacht wird (Abb. 109). Der Zapfen wird bei kleinen Konstruktionen mit einem Holznagel gesichert. Die Versatzung mit Zapfen anzuwenden, ist nicht zweckmäßig, da die Anordnung hierdurch verteuert wird, ohne die Verbindung wesentlich zu verbessern.

Schließlich ist noch der Grundzapfen mit einfachem (Abb. 110a) und doppeltem Keil (Abb. 110b) zu erwähnen, der wegen seiner Anwendung im

Grundbau so bezeichnet wird (vgl. auch Abb. 71). In dem zu befestigenden Holm wird eine schwalbenschwanzförmige Öffnung hergestellt und der rechteckig geschnittene Zapfen durch einen oder zwei Keile so auseinandergetrieben, daß er die Öffnung fest ausfüllt. Hierdurch wird der Holm gegen Abheben gesichert. Wegen der Richtung, nach der die Keile zu setzen sind, vgl. das S. 101 Gesagte.

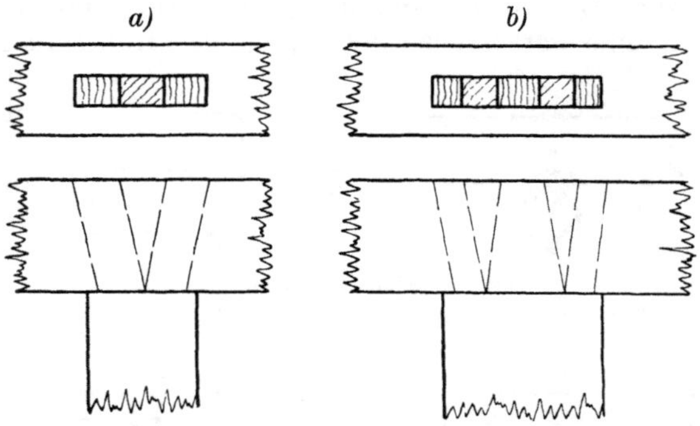

Abb. 110. Grundzapfen mit einfachem und doppeltem Keil.

3. Die Überblattung.

Die Überblattung wird meist bei gleich starken Hölzern angewendet, die in einer Ebene liegen und sich recht- oder schiefwinklig kreuzen.

Bei der vollen Überblattung (Abb. 111) werden beide Hölzer je zur Hälfte des schwächeren Balkens ausgeschnitten, bei der teilweisen Überblattung (Abb. 112) je der gleiche Teil von beiden Hölzern, und zwar etwa 2 bis 4 cm. Die überblatteten Hölzer werden durch einen Bolzen zusammengehalten.

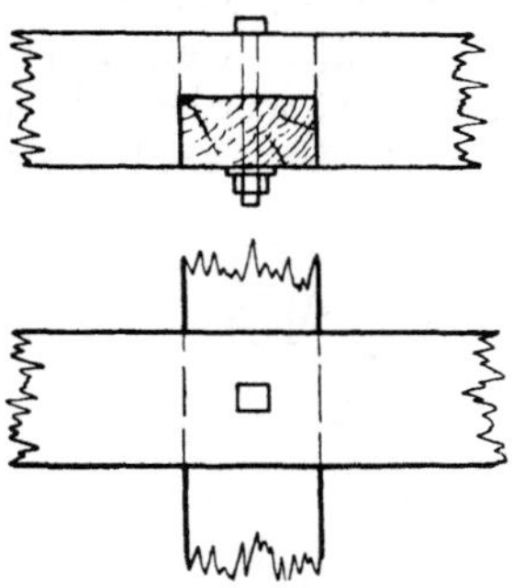

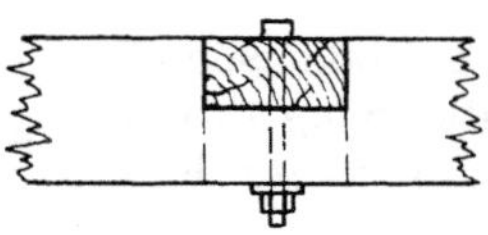

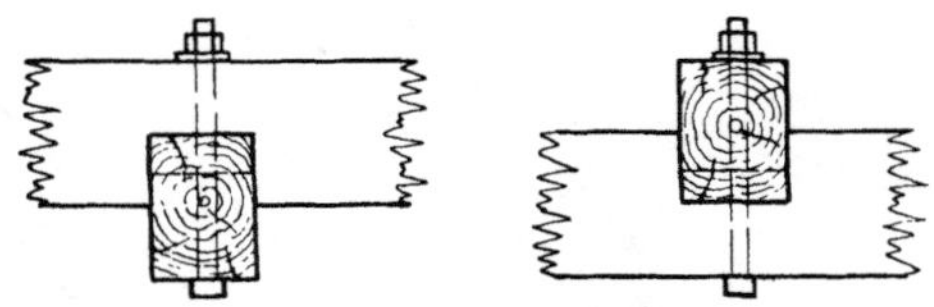

Abb. 111. Volle Überblattung.

Abb. 112. Teilweise Überblattung.

Bei der sogenannten Anblattung oder dem Blattzapfen (Abb. 113) wird nur das eine Holz ausgeschnitten, während das andere ungeschwächt bleibt. In Abb. 114 ist eine Anblattung mit Versatz dargestellt; das durchgehende Holz erhält nur den Versatzeinschnitt und bleibt sonst, wie bei der in Abb. 113 gezeigten Verbindung, ungeschwächt.

Sind kleine Zugkräfte aufzunehmen, so wird das schwalbenschwanzförmige Blatt (Abb. 115) angewendet.

Abb. 113. Anblattung. (Entnommen aus Gesteschi, Dachkonstrukt.)

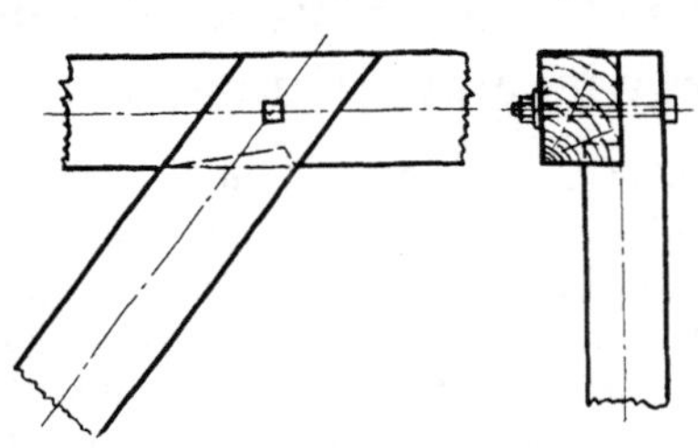

Abb. 114. Anblattung mit Versatz.

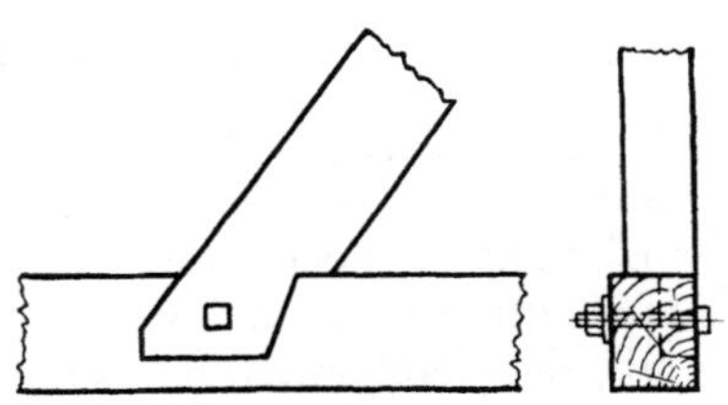

Abb. 115. Schwalbenschwanzförmiges Blatt.

4. Die Überschneidung und Verkämmung.

Bei der Überschneidung wird nur eines der beiden sich kreuzenden nicht bündig liegenden Hölzer etwa 2 bis 3 cm ausgeschnitten (Abb. 116). Die Verschiebung des nicht ausgeschnittenen Holzes wird nur durch den Bolzen verhindert. Damit eine Verschiebung in beiden Richtungen unmöglich gemacht wird, wird die Verkämmung (Abb. 117a und b) angewendet, bei welcher das eine Holz nicht ganz ausgeschnitten, sondern ein Kamm gelassen wird, der in eine entsprechende Öffnung des früher nicht ausgeschnittenen Holzes eingreift. Der Kamm kann in der Mitte (Abb. 117a) oder seitlich (Abb. 117b) angeordnet werden; im letzteren Falle behält der obere Balken eine größere Vorkopflänge l.

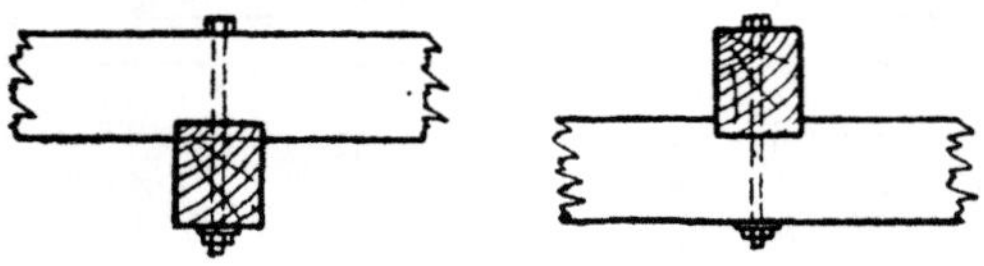

Abb. 116. Überschneidung.
(Entnommen aus Gesteschi, Dachkonstruktionen.)

Abb. 117. Verkämmung.
(Entnommen aus Gesteschi, Dachkonstruktionen.)

5. Die Aufklauung.

Läuft ein Holz gegen die Kante eines zweiten Holzes, so muß das erstere Holz aufgeklaut werden. Es wird mit einem gabelförmigen Einschnitt, der sogenannten Klaue oder dem Geißfuß, versehen (Abb. 118a). Die Achsen der beiden Hölzer können senkrecht oder schief zueinander stehen. Gegen seitliche Verschiebung muß diese Aufklauung durch Nägel geschützt werden. Vielfach werden auch die spitzen Kanten der Klaue gebrochen (Abb. 118b), wo-

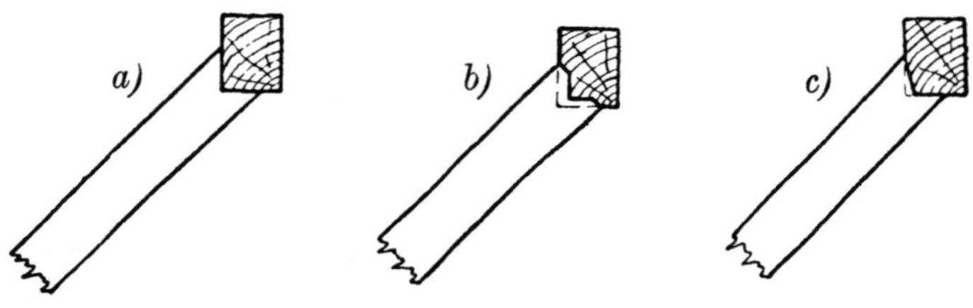

Abb. 118. Aufklauung. (Entnommen aus Gesteschi, Dachkonstruktionen.)

durch eine seitliche Verschiebung verhindert wird. Bei der viel angewendeten Anordnung nach Abb. 118c wird durch einen Ausschnitt im Längsbalken, in welchen das Schrägholz eingreift, gleichfalls eine seitliche Verschiebung des letzteren unmöglich gemacht.

IV. Neuartige Knotenpunktverbindungen durch besondere dübelartig wirkende Einlagen.

Die neuartigen Knotenpunktverbindungen zeichnen sich vor den älteren dadurch aus, daß sie die Möglichkeit bieten, größere Zug- und Druckkräfte, insbesondere aber erstere, einwandfrei aufzunehmen. Sie gestatten hierbei eine genaue rechnerische Bestimmung der im Holz und im Verbindungsmittel auftretenden Kräfte und die Ermittlung der in allen Teilen auftretenden Beanspruchungen. Deshalb ist es auch möglich, die neuartigen Tragwerke so zu bemessen, daß keine zu große Formänderungen und damit Sackungen auftreten, wodurch die Lebensdauer der Holzverbände erhöht wird. Die neuartigen Holzverbindungen werden hauptsächlich zu den Knotenpunkt- und Stoßverbindungen der Fachwerkträger, aber auch bei vollwandigen Trägern angewendet.

Wollte man früher bei den Füllgliedern der Fachwerke größere Zugkräfte anschließen, so mußte man eiserne Laschen mit Bolzen oder eiserne Knotenbleche zu Hilfe nehmen. Diese gestalten aber den Anschluß sehr schwierig, da es nicht immer möglich ist, die Kräfte in die Gurtstäbe zu leiten. Durch die Verteilung der Kräfte auf einen großen Raum treten außerdem Nebenspannungen auf, die wieder unerwünschte Formänderungen hervorrufen. Mit den neuen Verbindungsmitteln ist es aber möglich, die Kräfte unmittelbar in den Systempunkten des Fachwerknetzes zusammenzuführen und anzuschließen. Zuweilen werden auch Knotenplatten (Sperrholz) oder Knotenbleche, aber meist in Verbindung mit dübelartigen Einlagen, angewendet.

Von den neuzeitlichen Holzverbindungen mögen die wichtigsten nachstehend beschrieben werden[1]).

1. Der geschlitzte Ringdübel der Firma Carl Tuchscherer, Aktiengesellschaft Breslau (D. R. P.).

Der Tuchschererscher Ringdübel ermöglicht es, Stabanschlüsse für größere Zug- und Druckkräfte herzustellen[2]). Da es keine Schwierigkeiten macht, Zugstäbe an die Gurtungen anzuschließen, können die gleichen Fachwerkformen wie in Eisen hergestellt und die Stäbe mittig zusammengeführt werden.

Der Ringdübel besteht aus einem kreisförmig gebogenen Flacheisen, das an einem Ende mit einem ausgearbeiteten Zahn versehen ist, welcher in eine Lücke des anderen Flacheisenendes, nach Art von Feder und Nut, eingreift (Abb. 119 und 120, oben). In den beiden zu verbindenden Hölzern sind zwecks Aufnahme dieses Ringes kreisförmige Nuten von der Breite der Flacheisenstärke und der Tiefe der halben Flacheisenbreite eingefräst, in welche der Ringdübel eingelegt wird. Die Verbindung wird durch einen im Ringmittelpunkt befindlichen Schraubenbolzen zusammengehalten. Besteht der Ober- und Untergurt aus je einem Holz, so muß natürlich zur Erzielung eines symmetrischen Anschlusses die Diagonale aus zwei Hölzern bestehen, welche zu beiden Seiten der Gurthölzer liegen. Sind die Gurte aus je zwei Hölzern zusammengesetzt, so ist für die Diagonale entweder ein Holz zu verwenden, welches zwischen den beiden Gurthölzern liegt, oder sie muß aus drei Hölzern bestehen, von denen eines zwischen und die beiden anderen auf den Außenseiten der Gurthölzer liegen.

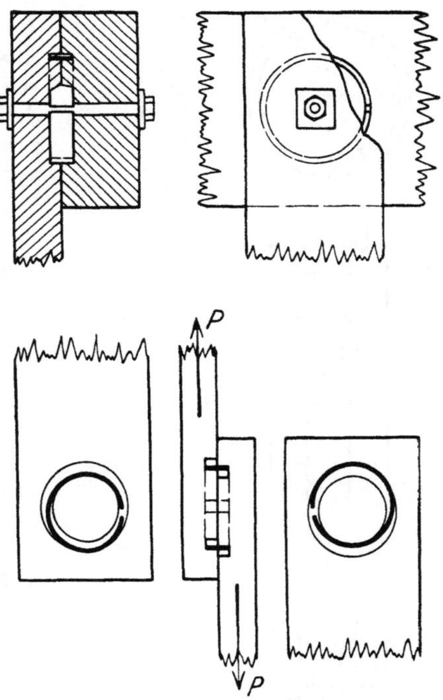

Abb. 119. Geschlitzter Ringdübel von Tuchscherer.

Suchen sich nun die Stäbe infolge der auf sie einwirkenden Kräfte gegeneinander zu verschieben, so wird der Ring gegen die Nutenwandung gepreßt. Bei ungenauer Ausführung des Nuten- oder Ringdurchmessers und bei ungleichmäßiger Nachgiebigkeit des Holzes wird der Ring sich so weit auseinander- oder zusammenbiegen, bis er mit seiner einen Hälfte an der Nuten-

[1]) Als ein Vorläufer der neuartigen Holzverbindungen kann die auf Seite 117 erwähnte Verbindung mit kreisförmigen gußeisernen Scheiben angesehen werden.

[2]) Vgl. auch: Der Holzbau 1920, Nr. 5 (Beilage der Deutschen Bauzg.).

wandung des Vorholzes, mit seiner anderen am Holzkern liegt (Abb. 119). Hierdurch wird eine Verteilung der Stabkraft auf Holzkern und Vorholz je zur Hälfte für alle Fälle gesichert.

Wäre der Ring geschlossen, so könnte er sich nicht auf- oder zusammenbiegen. Würde er dann z. B. nur am inneren Holzkern anliegen, gegen die Nutenwandung des Vorholzes dagegen Luft haben, so würde auch die ganze Stabkraft auf den Holzkern allein übertragen werden. Würde umgekehrt der Ring nur an der Wandung des Vorholzes anliegen, aber nicht am Holzkern, so hätte das Vorholz die ganze Stabkraft allein aufzunehmen. Es müßte also sowohl die Leibungsfläche der Nutenwandung als auch die Scherfläche des Außenholzes bei gleicher Sicherheit doppelt so groß sein als bei dem offenen Ring. Die Herstellung dieser Anschlüsse ist sehr einfach. Die Ringdübel eignen sich für jede Spannweite und zur Aufnahme von Einzellasten bis zu etwa 30 t und werden in Abstufungen von 2 cm in Durchmessern von 8 bis 30 cm ausgeführt. Die Tragfähigkeit der einzelnen Ringdübel ist bei einer Scherbeanspruchung des Holzes von 10 kg/cm² und einem Leibungsdruck von 80 kg/cm² berechnet und in nebenstehender Tabelle zusammengestellt[1]). Ein Ringdübelpaar von 30 cm Durchmesser überträgt demnach 28,27 t. Bei noch größeren Diagonalkräften muß die Diagonale in der bereits erwähnten Weise aus drei Hölzern bestehen, so daß zwei Ringdübelpaare zur Anwendung gelangen.

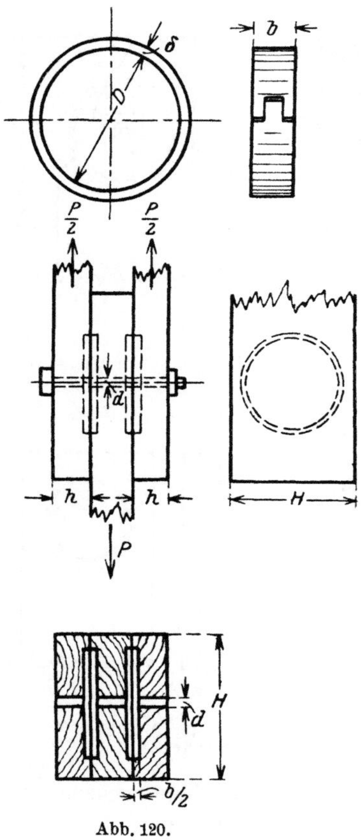

Abb. 120.

Ringdübel-Anschlüsse.

Es bedeuten (Abb. 120):

$P =$ Stabkraft für 2 Dübel

$\sigma =$ Zugspannung in der Faserrichtung 100 kg/cm²

$\sigma_L =$ Leibungsdruck $= 80$ kg/cm²

$b = 0{,}2\,D$

$\delta = 0{,}04\,D$

$\tau =$ Schubspannung // Faser $= 10$ kg/cm²

$P = 2 \cdot D \cdot b \cdot \sigma_L = \pi \cdot D^2 \cdot \tau$

Querschnittverminderung durch ein Ringpaar:

$$F_R = b\,(D + 2\,\delta),$$

Querschnittverminderung durch den Schraubenbolzen:

$$F_S = (2\,h - b)\,d,$$

Nutzbarer Querschnitt:

$$F_N = 2\,h \cdot H - F_R - F_S.$$

Bemerkungen zur Ringdübeltabelle:

Die Spalte für P ergibt sich nach der Formel:

$$P = 2 \cdot D \cdot b \cdot \sigma_L = \pi \cdot D^2\,\tau \qquad (1)$$

---

[1]) Vgl. auch Lewe: Die Berechnung des geschlitzten Ringdübels, System Tuchscherer. Der Holzbau 1920, Nr. 20.

D	b	δ	Schrb. $\phi\, d$	P in kg für $\sigma_L = 80$ kg/cm² $\tau = 10$ „ „	Verschluß-hölzer	$D+2\delta$	Querschnitt-verminderung vom Ring F_R	vom Bolzen $2h$-b	F_S	Voller Quer-schnitt $2\cdot h\cdot H$	Nutzbarer Quer-schnitt F_N	Gewicht des Ringes
cm	cm	cm										
8,0	1,6	0,35	0,5	2011	2·2,5/9	8,7	13,9	3,4	1,70	45	29,4	0,106
10,0	2,0	0,4	1,6	3142	2·4/12	10,8	21,6	6,0	9,60	96	64,8	0,205
12,0	2,6	0,5	1,6	4524	2·4/14	13,0	33,8	5,4	8,64	112	69,6	0,402
14,0	2,9	0,65	1,6	6158	2·4/16	15,3	44,4	5,1	8,2	128	75,4	0,68
16,0	3,2	0,65	1,6	8042	2·4/19	17,3	55,4	4,8	7,7	152	88,9	0,856
18,0	3,6	0,8	2,0	10179	2·5/20	19,6	70,6	6,4	12,8	200	116,6	1,34
20,0	4,0	0,8	2,0	12566	2·5/23	21,6	86,4	6,0	12,0	230	131,6	1,65
22,0	4,5	0,8	2,0	15205	2·5/25	23,6	106,2	5,5	11,0	250	132,8	2,03
24,0	5,0	1,0	2,0	18096	2·6/27	26,0	130,0	7,0	14,0	324	180,0	3,09
26,0	5,2	1,0	2,3	21237	2·6/29	28,0	145,60	6,8	15,6	348	186,8	3,47
28,0	5,5	1,2	2,3	24630	2·7/30	30,4	167,20	8,5	10,6	420	232,2	4,75
30,0	6,0	1,2	2,3	28274	2·8/30	32,4	194,40	10,0	23,0	480	262,6	5,54

z. B. für einen Ring von 200 mm ϕ

$$\left.\begin{aligned} P &= 2\cdot 20\cdot 4\cdot 80 = 12\,800 \text{ kg} \\ \text{bzw.}\quad &= 3{,}1416\cdot 20^2\cdot 10 = 12\,566 \text{ kg} \end{aligned}\right\} \tag{2}$$

und zwar wird der kleinere der erhaltenen beiden Werte genommen. Der zweite Teil der Formel bezieht sich auf das vom Ring eingeschlossene Kernholz, dem eine gleich große Vorholzfläche entspricht, so daß im ganzen bei einem Ringdübelpaar mit 4 Kreisflächen zu rechnen ist.

Die Spalte für die Berechnung der Querschnittverminderung durch ein Ringpaar bezieht sich nur auf einen der angeschlossenen Fachwerkstäbe, z. B. auf die beiden Diagonalhölzer, und ist deswegen vom Ring aus gleich:

$$F_R = b\,(D + 2\,\delta). \tag{3}$$

So errechnet sich z. B. für das Ringdübelpaar von 200 mm ϕ die Spaltenzahl wie folgt:

$$F_R = 4{,}0\,(20{,}0 + 2\cdot 0{,}8) = 86{,}4. \tag{4}$$

Bei Berechnung des nutzbaren Querschnitts in der vorletzten Spalte der Tabelle hat man außerdem noch die Holzverschwächung infolge des Schraubenbolzens abzuziehen, und zwar ist diese:

$$F_S = (2\,h - b)\,d. \tag{5}$$

Z. B. ergibt sich diese Ziffer für das Ringdübelpaar von 200 mm ϕ zu:

$$F_S = (2\cdot 5{,}0 - 4{,}0)\,2{,}0 = 12{,}0. \tag{6}$$

Die Zahl der vorletzten Spalte für den nutzbaren Querschnitt ergibt sich demnach nach der Formel:

$$F_N = 2\,h\cdot H - F_R - F_S. \tag{7}$$

Z. B. für das Ringdübelpaar von 200 mm ϕ

$$F_N = 2\cdot 5\cdot 23 - 86{,}4 - 12{,}0 = 131{,}6. \tag{8}$$

Der vorbeschriebenen Verbindungsart ähnlich ist die Bauweise von Professor H. Kreüger, Stockholm, mit geschlossenem Ringdübel[1]).

2. Der Ringflügeldübel der Firma Dehall, Deutsche Hallenbau-Aktien-Gesellschaft, München (D. R. P.).

Der in Abb. 121 in verschiedenen Ausführungen dargestellte Dübel besitzt in und quer zur Faserrichtung des Holzes verschieden große Druckflächen.

[1]) Gesteschi, Th.: Hölzerne Dachkonstruktionen, 3. Aufl., S. 137.

In Anpassung an die errechneten Kräfte wird der Dübel mit einem oder mehreren Flügeln verwendet. Bei Anschlüssen von winklig zueinander stehenden Stäben werden die Dübel in gekreuzter Anordnung benutzt. Das gleichlaufend mit den Fasern liegende Flacheisen des Dübels, dessen Länge etwa gleich dem dreifachen Ringdurchmesser ist, und das in Schlitze des geschlossenen Ringes eingreift, verringert den Druck quer zur Faser beträchtlich. Die mit doppeltem Flacheisen bewehrten Ringdübel ergeben bei Versuchen bis zu $50\,^0/_0$ höhere Bruchlasten als bei Ringen mit einfachem Flacheisen.

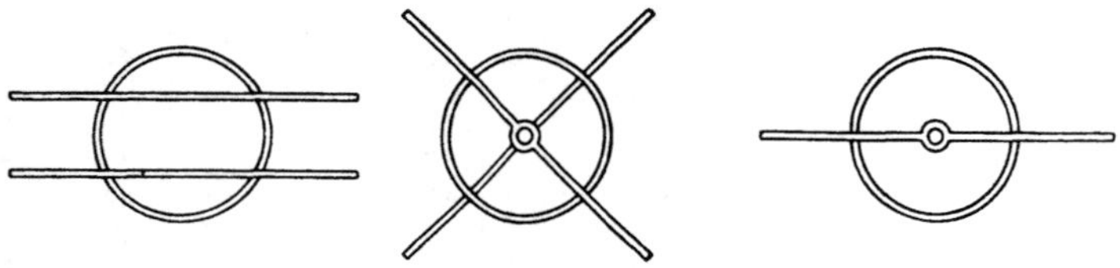

Abb. 121. Ringflügeldübel der Deutschen Hallenbau-Aktien-Gesellschaft.

3. Der Tellerdübel der Firma Christoph & Unmack A.-G. Niesky, Oberlausitz (D. R. G. M.).

Dieser Dübel stellt einen Ring mit T-Querschnitt aus Gußeisen dar (Abb. 122); der mittlere Stegteil wird in der Hohlfuge zwischen den zu verbindenden Teilen gelagert, während die Flanschen in maschinell hergestellten Nuten hineinpassen (Abb. 123). Die Stege haben die doppelte Wirkung, sowohl die Ringfestigkeit wesentlich zu erhöhen, als auch den Ring selbst am Verkanten zu hindern. Die Kräfte werden sowohl durch die äußere als auch innere Zylinderfläche übertragen, so daß der Kern und das Vorholz zugleich auf Abscherung beansprucht werden. Durch Schwinden des Holzes wird der Dübel hauptsächlich senkrecht zur Kraftwirkung beansprucht, weil das Schwinden in der Faserrichtung bedeutungslos ist, so daß die durch das Schwinden des Holzes entstehenden Dübelspannungen die durch die Kraftwirkung hervorgerufenen Spannungen zum Teil aufheben. Da die Drehmomente durch die Dübelstege aufgehoben werden, erfolgt die Verteilung der Scherbeanspruchung gleichmäßig, nicht nach der Dreiecksverteilung, wie bei einem der Verdrehung ausgesetzten Ring ohne Rippe.

Abb. 122. Tellerdübel von Christoph & Unmack.

Die Tragfähigkeit der Tellerdübel geht aus nachstehender Zahlentafel hervor.

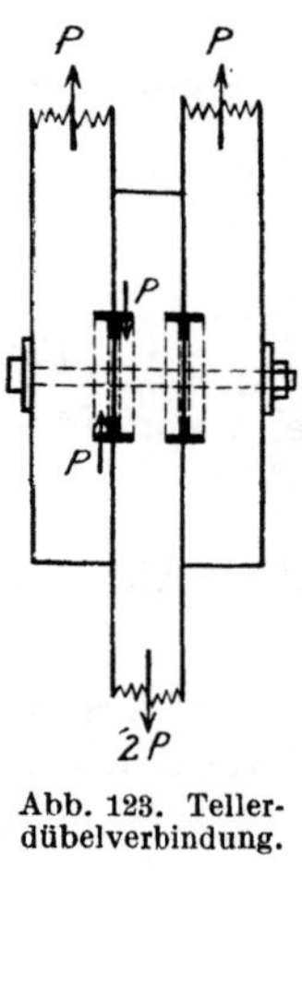

Abb. 123. Tellerdübelverbindung.

Tellerdübel-Anschlüsse (Abb. 124).

P = Tragkraft eines Dübels, in der Stabrichtung wirkend, $P = \frac{B \cdot D}{2} \cdot 85 + 750$ in kg,

P_1 = " " " , $\perp$ zur Holzfaser " , $P_1 = \frac{B \cdot D}{2} \cdot 45 + \frac{b \cdot d}{2} \cdot 25$ "

K bzw. K_1 = Bolzenspannung zum Zusammenhalten der anzuschließenden Stäbe.

$K = \frac{2 \cdot P \cdot B}{\pi \cdot D}$; $K_1 = \frac{2 \cdot P_1 \cdot B}{\pi \cdot D}$; $a \geqq \frac{D}{4 \cdot b}[D + 2b]$; $b \simeq \frac{d \cdot \pi}{12}$; $c \geqq \frac{D}{2} + \frac{a}{10}$; Querschnittschwächung durch einen halben Dübel $= B\sqrt{\delta\,[2D - \delta]}$.

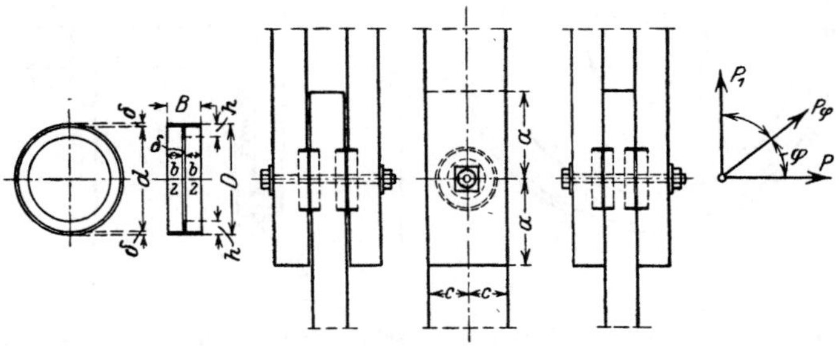

Ausführungsart I. Ausführungsart II.

Abb. 124.

Äußerer Durchmesser	Innerer Durchmesser	Breite		Rippenhöhe	Wandstärke	Gewicht des Dübels	Querschnittschwächung	Tragkraft eines Dübels		Bolzenspannung		Bolzen- Durchmesser	Bolzen- Beanspruch.	Größe der Unterlegscheiben	Querpress. durch den Bolzen	Kleinster Abstand	
D mm	d mm	B mm	b mm	h mm	δ mm	kg	cm^2	P kg	P_1 kg	σ kg	σ_1 kg	mm	kg/cm^2	mm	kg/cm^2	a mm	c mm
80	70	25	20	15	5	0,30	7,0	1600	625	318	124	10	721	45/45/5	18,0	120	52
100	90	30	25	15	5	0,48	9,4	2025	957	386	182	10	876	50/50/6	18,0	150	65
120	110	35	30	15	5	0,69	12,0	2535	1361	470	252	10	1065	55/55/6	17,5	180	78
140	129	40	34,5	15,5	5,5	0,92	15,5	3130	1863	568	338	13	725	60/60/7	17,5	210	91
160	148	45	39	15,5	6	1,32	19,5	3810	2340	682	419	13	871	60/60/7	21,0	245	105
180	168	50	44	16	6	1,65	23,1	4575	2950	810	521	13	1036	65/65/8	21,0	275	118
200	186	55	48	16	7	2,23	28,9	5425	3590	948	628	16	724	70/70/8	21,0	310	131
225	211	60	53	20	7	2,86	33,5	6485	4437	1100	754	16	840	75/75/9	21,0	330	146
250	234	65	57	20	8	3,84	41,0	7655	5323	1262	880	16	964	80/80/9	21,0	400	165
275	259	70	62	21	8	4,60	46,1	8930	6338	1455	1020	16	1110	85/85/10	21,0	440	182
300	280	75	65	21	10	6,40	58,0	10310	7337	1636	1165	20	832	90/90/11	21,0	495	200
325	305	80	70	25	10	7,60	64.0	11800	8518	1850	1335	20	943	100/100/11	19,1	540	217

Für eine um den Winkel φ von der Stabachse abweichende Kraftrichtung (Abb. 124, rechts) ergibt sich hieraus die Tragkraft des Dübels zu

$$P_\varphi = P\,(1 - \sin\varphi) + P_1 \sin\varphi.$$

4. Der Federringdübel des Ingenieurs Paul Schulz, Berlin. (D.R.P.) (Abb. 125)[1].

Die beiden miteinander verbundenen Stahlblechdübelscheiben haben eine voneinander abstrebende Federwirkung, legen sich also schon vor dem Anziehen des Bolzens in die eingefrästen Nuten der zu verbindenden Hölzer ein. Nach dem Anziehen des Bolzens bleibt demnach die Verbindung bei einem Schwinden des Holzes in Richtung des Bolzens unter Spannung. Die umgeschlagenen Ränder der Dübelscheiben federn ebenfalls; liegen sie also

[1]) Bauwelt, Heft 51 vom 17. Dezember 1925, S. 1210.

schon vor dem Anziehen des Bolzens satt an Vorholz und Kern an, so sind sie nach Anziehen des Bolzens in der Nut unter voller Spannung, so daß der Dübel beim Schwinden des Holzes auch in Richtung von Vorholz und Kern in Wirkung bleibt. Auch bei ungenauer Fräsung der Nuten sitzen die

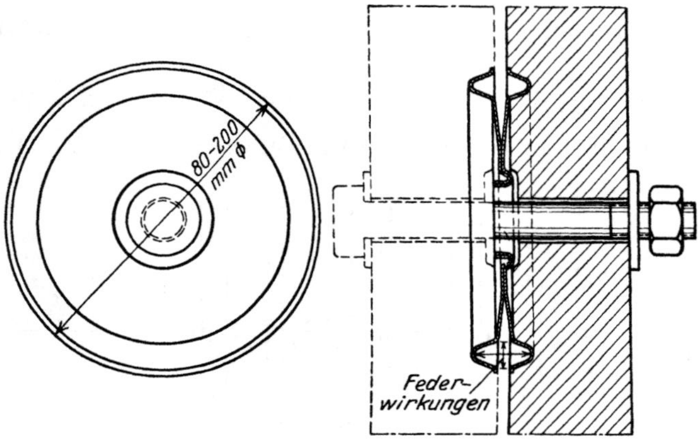

Abb. 125. Federringdübel von Paul Schulz. (Rechts: Dübel vor dem Anziehen des Bolzens.)

federnden umgeschlagenen Ränder der Dübelscheiben naturgemäß fest in den Nuten.

Versuche mit einer Dübelverbindung von 2 Paar Dübeln 160 mm Durchmesser (Abb. 126) ergaben eine Bruchlast von 16,4 t; ein Dübelpaar von 160 mm Durchmesser trägt demnach 8,2 t.

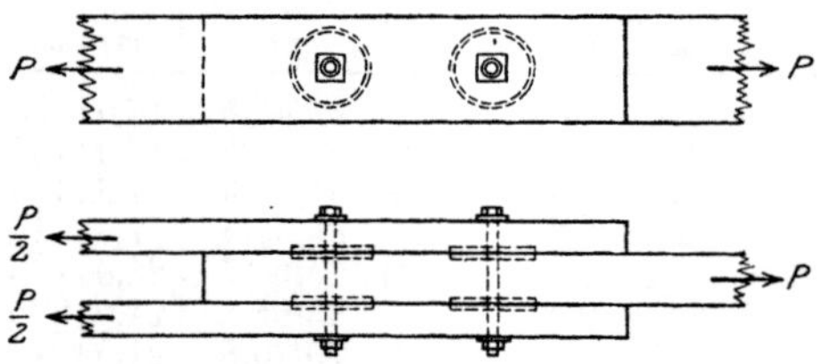

Abb. 126. Dübelverbindung beim Versuch.

5. Die Krallenscheibe der Firma Metzke & Greim, Berlin. (D. R. P.)[1]

Die sogenannten Krallenscheiben sind kreisrunde Scheiben aus Temperguß mit Zähnen auf einer Seite des Scheibenumfanges (Abb. 127). Die Krallenscheibe wird in zwei Größen hergestellt, und zwar Modell 1 mit 70 mm und Modell 2 mit 90 mm Durchmesser. Sie besteht aus einer runden Scheibe aus Temperguß von 3 mm Stärke mit einer bzw. mehreren kreisrunden Aussparungen. Diese Scheibe besitzt am Umfang einen Rand von 5 bzw. 6 mm Stärke und 3,5 mm Höhe, welcher keilförmige Zähne von 10,5 mm Höhe trägt. Die gesamte Scheibenhöhe ist 17 mm. Die eine Scheibe besitzt eine Nabe, welche in die Öffnung der anderen Scheibe eingreift. Mit der Seite, auf welcher die Zähne liegen, sitzen die Scheiben vollkommen in den zu verbindenden Hölzern, so daß in den Naben der Scheiben die Kräfte von einem Holz auf das andere übertragen werden. Die Verbindung wird durch einen Schraubenbolzen von 13 mm Durchmesser, der durch das Loch im Mittelpunkt jeder Scheibe geht, zusammengehalten.

Die Knotenverbindungen werden auf folgende Weise hergestellt.

---

[1] Gesteschi, Th.: Holzkonstruktionen nach Bauweise Metzke & Greim. Berlin 1924. Im Selbstverlage der Firma erschienen. — Derselbe: Neue Holzverbindung durch Krallenscheibendübel. Bauzeitung 1924. Beilage „Konstruktion und Bauausführung", Nr. 42 v. 24. Mai.

Zunächst werden die zu verbindenden Hölzer aufeinander gelegt, worauf durch sämtliche Hölzer das Bolzenloch von 13 mm Durchmesser gebohrt wird. Nun werden die Hölzer auseinander genommen und mittels Zentrumbohrers die Aussparungen für die Scheiben in 6,5 mm Tiefe zwangläufig ausgefräst, wobei das vorher gebohrte Bolzenloch als Führung für den gleich starken Zapfen des Zentrumbohrers bzw. Fräsers dient. Schließlich werden die Zähne mittels eines auf den Rand gehaltenen Aufsetzers durch zwei bis drei kräftige

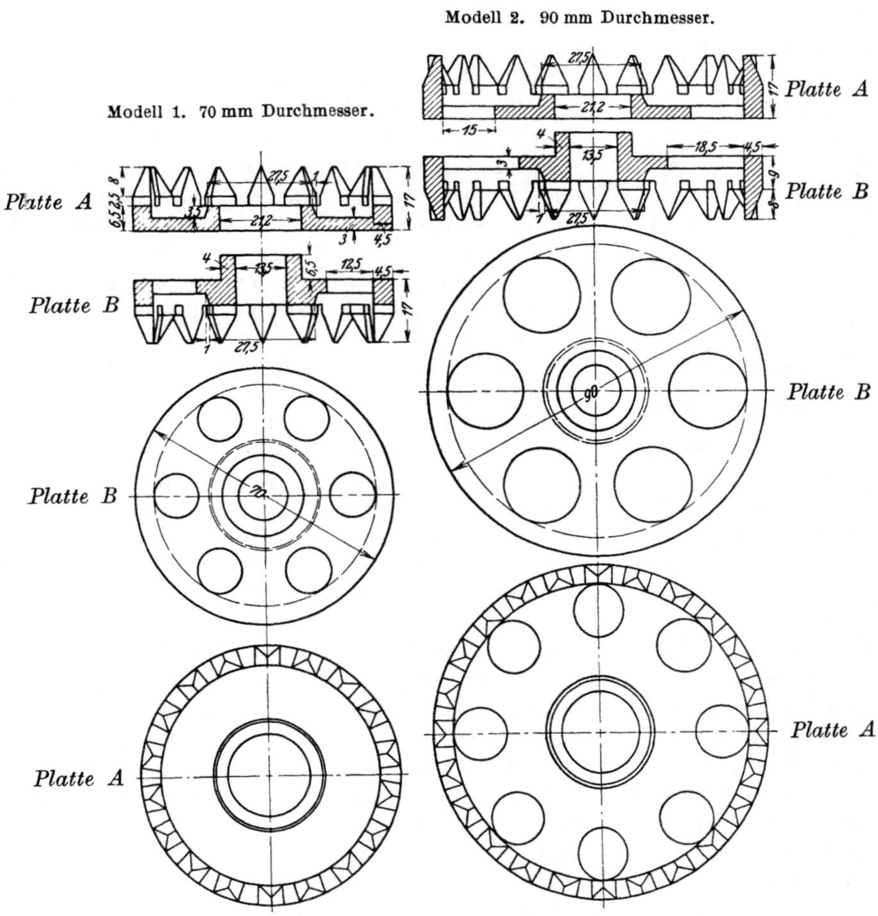

Abb. 127. Krallenscheibendübel von Metzke & Greim (neueste Ausführungsart).

Hammerschläge in die Holzfasern eingetrieben. Durch dieses Herstellungsverfahren wird erreicht, daß die Scheiben absolut mittig im Holze sitzen und der Bolzen zwanglos durch Holz und Eisen hindurchgeführt werden kann. Kopf und Mutter des Schraubenbolzens erhalten große Unterlagsplatten, um ein Eindrücken derselben in das Langholz beim Anziehen der Mutter zu vermeiden.

Die Krallenscheibe überträgt die Kräfte in das Holz z. T. am Umfang des ringförmigen Teiles der einen Scheibenhälfte und in der Leibung des ringförmigen Randes der anderen Scheibenhälfte (σ_l und σ_l' in Abb. 128) und z. T. mittels der Zähne, deren in der Kraftrichtung liegende Flächen gegen das Holz drücken. Letzteres wird, je nachdem die Kraft schräg oder senkrecht zur Faserrichtung wirkt, anders beansprucht, da die Festigkeit des

Holzes nach den bezeichneten Richtungen ungleich groß ist. Da das Holz in einer kleinen Fläche gedrückt wird, wobei die Holzfasern wegen der Nachbarschaft von unbelasteten Holzfasern nicht ausweichen können, so findet im Anfang der Belastung eine gewisse Verdichtung der Holzmasse statt, die das Holz anderseits befähigt, höhere Beanspruchungen auszuhalten, als seiner Würfelfestigkeit entspricht.

In dieser Hinsicht sei auf die Versuche der Firma Tuchscherer mit ihren Ringdübeln in den staatlichen Materialprüfungsanstalten Stuttgart und Berlin-Dahlem hingewiesen[1]). Diese Versuche haben ergeben, daß der Leibungsdruck parallel zur Faser proportional ist der Verschiebung fast bis zum Bruch, der bei 250 kg/cm² eintrat, nämlich bis zu 200 kg/cm². Bei Beanspruchung unter 45° zur Faserrichtung war diese Proportionalität fast bis zu einem Leibungsdruck von 150 kg/cm², und bei Beanspruchung senkrecht zur Faser bis zu einem solchen von 100 kg/cm² vorhanden. Die Festigkeiten waren dagegen mit etwa 200 kg/cm² in den beiden letzten Fällen nur wenig verschieden von derjenigen parallel zur Faser. Das Verhältnis der zulässigen Beanspruchungen kann daher nach diesen Versuchsergebnissen in den drei bezeichneten Richtungen wie 2 : 1,5 : 1 (4 : 3 : 2) angenommen werden (vgl. auch S. 77 u. 78).

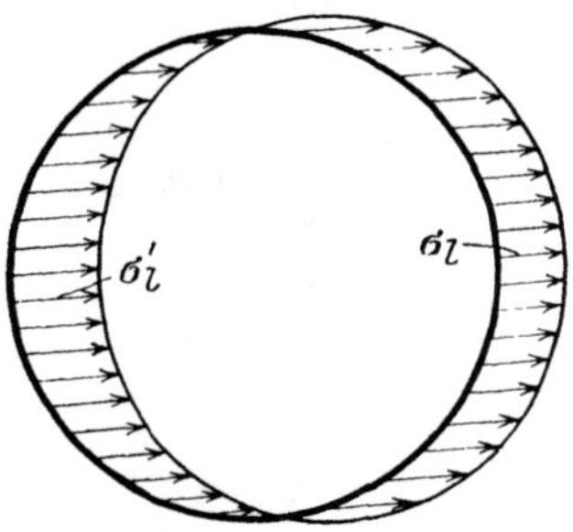

Abb. 128. Kräfteübertragung.

Die Schraubenbolzen nehmen an der Lastübertragung teil, und zwar einerseits, indem sie unmittelbar von den Naben der Krallenscheiben belastet werden und hierdurch Lasten auf das Holz übertragen, und anderseits, indem sie bei Durchbiegung mit Kopf und Mutter vermittels der Unterlagsplatten auf das Langholz pressen und so Zugkräfte aufnehmen[2]). Wie Versuche zeigen, kann der Anteil der Schraubenbolzen an der Lastübertragung zu etwa 20% angenommen werden.

Mit Rücksicht hierauf wird der zulässige Lochwanddruck parallel zur Faser zu $\sigma_l = 100$ kg/cm² in die Rechnung eingeführt. Demnach ist der tatsächliche Lochwanddruck nur 80 kg/cm². Nach dem Vorhergehenden kann ferner der zulässige Lochwanddruck senkrecht zur Faser zu $\sigma_l = 50$ kg/cm² und unter 45° (oder annähernd unter 45°) zu $\sigma_l = 75$ kg/cm² angenommen werden; dann beträgt das entsprechende Verhältnis dieser drei Beanspruchungen 2 : 1,5 : 1.

Die Krallenscheiben kommen in der Regel paarweise, in Gemeinschaft mit dem zugehörigen Bolzen zur Wirkung.

Die rechnungsmäßige Tragkraft zweier Krallenscheiben

von 70 mm Durchmesser beträgt $P = 2{,}9$ t,
" 90 " " " $P = 3{,}9$ t.

6. Der Doppelkegeldübel der Firma Karl Kübler A.-G., Stuttgart[3]). (D.R.P.)

Diese doppelkegelförmigen Dübel (Abb. 129) bestehen meist aus Gußeisen, können aber auch aus Holz oder Stahl hergestellt werden. Sie sind als in

[1]) Holzbau (Beilage der Dt. Bauzg.) 1921, Nr. 6; ferner Z. dt. Arch. u. Ing. 1922. Nr. 18, S. 76.

[2]) Vgl. hierüber auch Graf, O.: Untersuchungen über die Widerstandsfähigkeit von Schraubenverbindungen in Holzkonstruktionen (Mitt. aus der Materialprüfungsanstalt der Technischen Hochschule Stuttgart). Bauing. 1922. H. 4 u. 5, S. 100 u. 141.

[3]) Dt. Bauzg. 1919, S. 34 u. 45. Jackson, A.: Ingenieur-Holzbau. Stuttgart: Konrad Wittwer 1921. — Kersten, C.: Freitragende Holzbauten, S. 121. Berlin: Julius Springer 1921. — Gesteschi, Th.: Hölzerne Dachkonstruktionen, 3. Aufl., S. 118.

den gebohrten konischen Vertiefungen eingespannte Träger anzusehen. Die Fachwerkstäbe werden in den Knotenpunkten zentrisch zusammengeführt. Der Ausgleich der Kräfte erfolgt hier durch Überlags- und Zwischenhölzer, deren Faserrichtung parallel ist zu derjenigen des zugeordneten Stabes und durch die zwischen die Hölzer gelegten doppelkegelförmigen Einlagen (Abb. 130).

Diese Einlagen übertragen die Zug- wie Druckkräfte auf die einzelnen Zwischen- oder Auflagehölzer und ersetzen hier die im Eisenbau üblichen Knotenbleche.

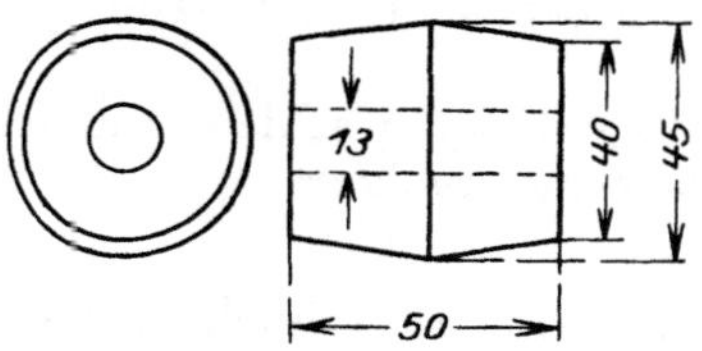

Abb. 129. Doppelkegeldübel von Kübler.

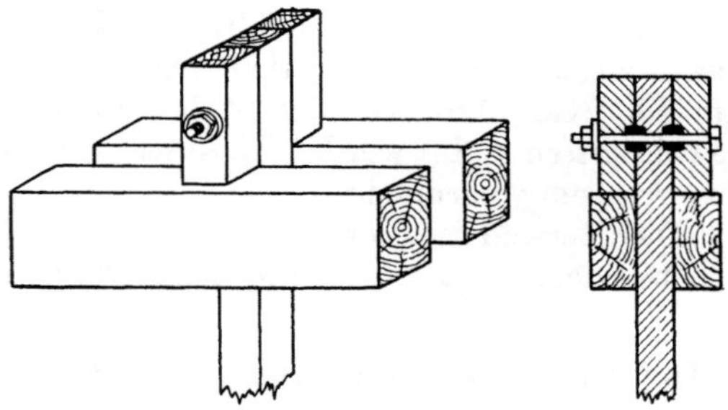

Abb. 130. Stabanschluß nach Kübler.

Die wagerechte und lotrechte Seitenkraft eines Strebendrucks wird unmittelbar auf die Auflagestücke der Hängesäule und das Einlagestück zwischen den Zuggurten (Abb. 131) übertragen. Durch diese Konstruktion wird der wesentliche Vorteil erzielt, daß Schwinderscheinungen senkrecht zur Faserrichtung sich vollkommen wirkungslos für die Formänderung der Konstruktion abspielen können.

Bei der Durchbildung der Knoten liegt die Mittelkraft der nicht mehr in einer Ebene liegenden Kräfte infolge symmetrischer Anordnung der Auflage- und Zwischenhölzer in der Grundebene des Stabsystems, so daß Verdrehungs - Spannungen unter allen Umständen vermieden werden. Es wird auf diese einfache Weise ein Gleichgewichtszustand im Knoten und in den Anschlüssen hergestellt, der ohne jede Exzentrizität und damit ohne die sonst unvermeidliche Nebenwirkung von Momenten zu erreichen ist. Zug - Beanspruchungen senkrecht zur Faserrichtung in den Hölzern sind ausgeschaltet, und es können die zulässigen Druckbeanspruchungen senkrecht zur Faser ohne weiteres eingehalten werden. Die Überlags- und Zwischenhölzer liegen ständig fest an.

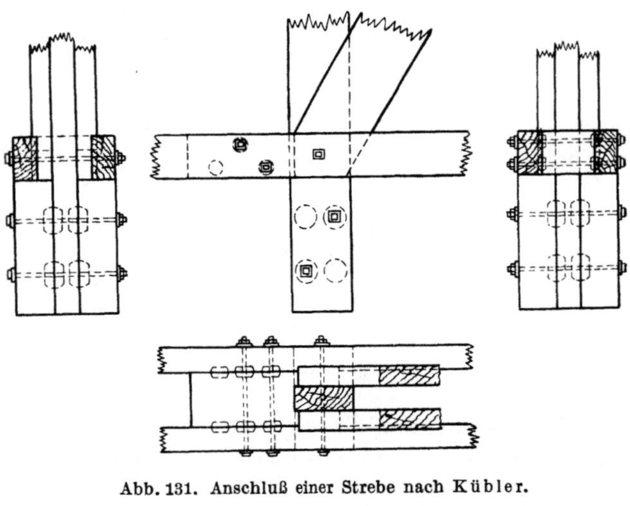

Abb. 131. Anschluß einer Strebe nach Kübler.

Die Einlagestücke sind genau wie Niete normalisiert. Ihre Zahl muß so groß sein, daß die zulässige Druckbeanspruchung des Holzes in der Faserrichtung, sowie senkrecht hierzu nicht überschritten wird. Die Abstände der Einlagestücke errechnen sich unter Zugrundelegung der zulässigen Scherbeanspruchungen des Holzes. Sie sind durchbohrt, um das Durchstecken von

Heftbolzen zu ermöglichen. Diese haben nur den Zweck, die einzelnen Konstruktionsteile senkrecht zur Kraftebene zusammenzuhalten. Eine Beanspruchung dieser Bolzen auf Abscherung findet nicht statt. Es ist auch nicht notwendig, bei jedem Einlagestück einen Heftbolzen anzuordnen, durchschnittlich genügen vielmehr für einen Knoten 1 bis 2 Stück. Die übrigen Bohrlöcher, die für die Einlagestücke hergestellt werden müssen, können aus Schönheitsgründen mit Holzzapfen ausgefüllt werden.

Im Schnittpunkt der Kräfte, im Knotenpunkt, ist ein Bolzen angeordnet; das Bohrloch für diesen wird größer als der Bolzendurchmesser hergestellt, um ein freies Arbeiten der Stäbe, die in diesem Punkt zusammenlaufen, zu gewährleisten. Es werden dadurch vor allem Zugspannungen senkrecht zur Faserrichtung vermieden.

Die Herstellung der Vertiefungen für die Einlagestücke geschieht ähnlich wie bei dem vorher beschriebenen Dübel mittels Zentrierbohrers.

7. Der Rohrdübel nach Bauweise „Cabröl" der Firma C. Brösel, Kassel.

Bei dieser Bauweise werden die Stäbe zum Tragwerk zusammengelegt und nach hierauf erfolgter maschineller Bohrung durch biegefeste Rohrdübel aus Eisen, Stahl oder Holz verbunden und zusammengehalten. Ähnlich wie bei Bauweise Kübler werden zwischen die Stabglieder Füllstücke eingelegt, die durch Rohrdübel mit den beiden Teilen der Gurte bzw. Gitterstäbe verbunden sind. Die Einzelheiten der Ausbildung einiger bemerkenswerter

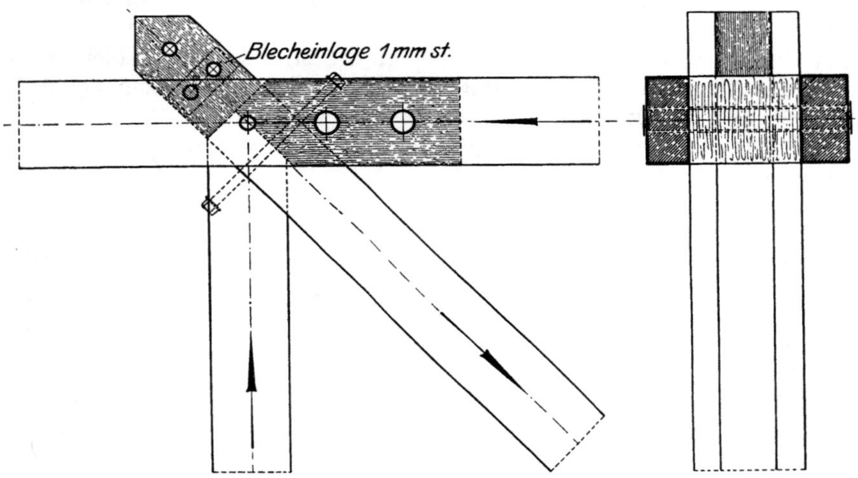

Abb. 132. Einfacher Fachwerkknoten nach Cabröl.

Fachwerkknotenpunkte zeigen die Abb. 132 bis 135. Abb. 132 stellt eine Knotenpunktverbindung für gewöhnliche Verhältnisse dar, Abb. 133 eine solche für größere Kräfte bei beschränkter Höhe. Abb. 134 zeigt einen Knotenpunkt mit Gelenkdübel und Einschubplatten und Abb. 135 eine Rohrdübelverbindung mit Knotenblech, Gelenkdübeln und Einschubplatten.

Aus wirtschaftlichen Gründen führt die Firma Brösel die Rohrdübel auch in Hartholz aus, da die sonst bedeutend tragfähigeren, umgebördelten Eisenrohrdübel wegen der hohen Eisenpreise teuerer werden.

Die Hartholzdübel werden aus bestem, jahrelang gepflegtem Eichen- bzw. Eschenholz glatt gedreht und in der Längsachse für eiserne durchgehende Bolzen von 16, 18 und 20 mm Durchmesser gebohrt. An den Enden erhalten die Bolzen genügend große Unterlagsplatten. Die Holzrohrdübel werden maschinell mit einem Durchmesser von 42, 51, 60, 70 mm usw. hergestellt. Ihre Berechnung erfolgt gemäß nachstehend angegebenem Verfahren. Ein zweischnittiger Hartholzrohrdübel hat hiernach eine Tragkraft

bei 42 mm Durchmesser von 1600 kg,
„ 51 „ „ „ 2370 „
„ 60 „ „ „ 3270 „

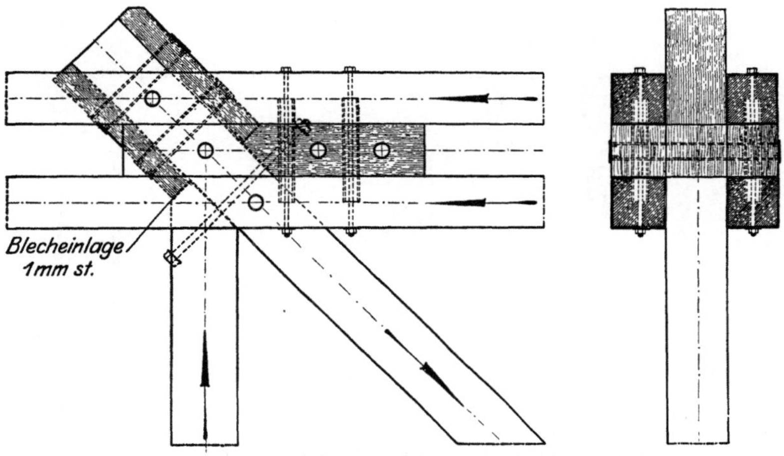

Abb. 133. Fachwerkknoten mit vierteiligem Obergurt nach Cabröl.

Dabei sind folgende Beanspruchungen zugelassen:

Biegung . . . . $\sigma_{zul} = 150 \text{ kg/cm}^2$,
Leibungsdruck . . $\sigma_{l\,zul} = 70$ „
Abscherung . . . $\tau_{zul} = 60$ „

Bei Biegung sowie Leibungsdruck senkrecht zur Dübelfaser ist etwa vierfache Sicherheit vorhanden, da die Tragfähigkeit senkrecht zur Faser des

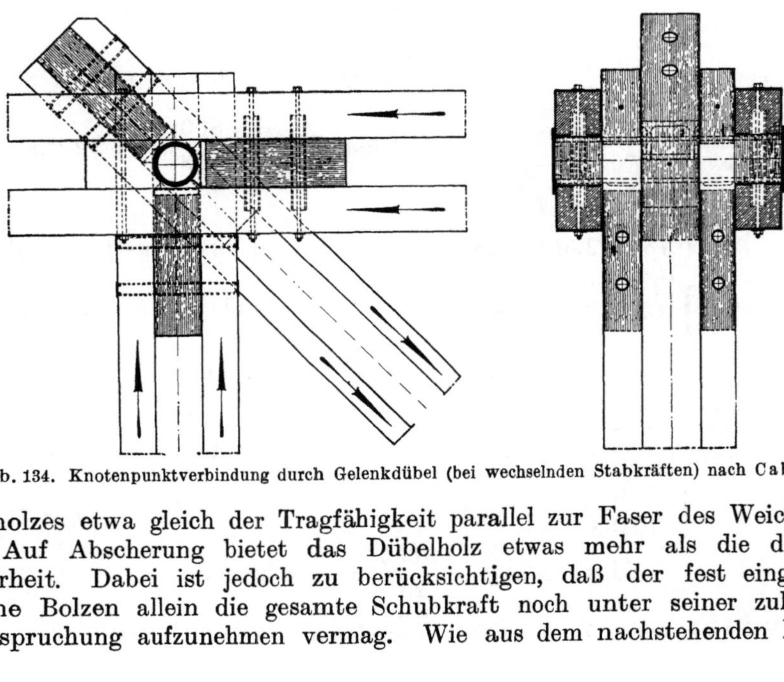

Abb. 134. Knotenpunktverbindung durch Gelenkdübel (bei wechselnden Stabkräften) nach Cabröl.

Hartholzes etwa gleich der Tragfähigkeit parallel zur Faser des Weichholzes ist. Auf Abscherung bietet das Dübelholz etwas mehr als die doppelte Sicherheit. Dabei ist jedoch zu berücksichtigen, daß der fest eingesetzte eiserne Bolzen allein die gesamte Schubkraft noch unter seiner zulässigen Beanspruchung aufzunehmen vermag. Wie aus dem nachstehenden Berechnungsverfahren ersichtlich, braucht der Dübel in die Außenstäbe nur auf eine gewisse Länge hineinzuragen. In der Ausführung wird es sich jedoch in verschiedenen Fällen empfehlen, den Dübel wegen des schnellen Abbindens auch in den Außenstäben ganz durchzuführen. Eine Durchbiegung des Dübels, wodurch Kantenpressungen entstehen, kommt hier praktisch nicht in Frage.

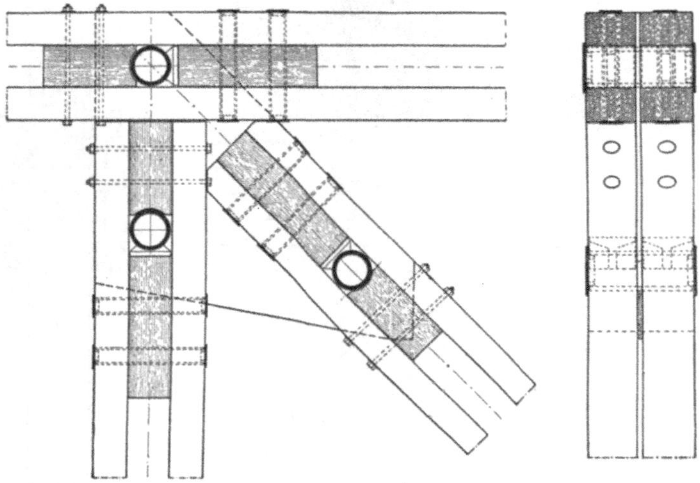

Abb. 135. Knotenpunktverbindung durch Gelenkdübel mit eisernem Knotenblech (bei wechselnden Stabkräften) nach Cabröl.

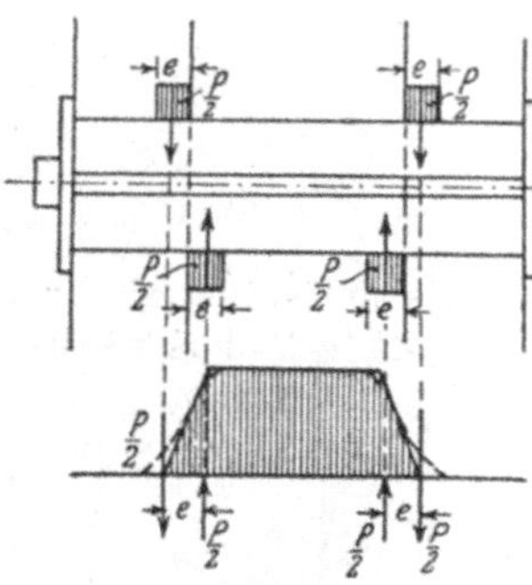

Abb. 136. (Entnommen aus Gesteschi, Dachkonstruktionen.)

Berechnung der Hartholzdübel (Abb. 136)[1]).

$d = 42$ mm $\varnothing$

$W = 0{,}7854 \cdot 2{,}1^3 = 7{,}27$ cm^3;

$M = 7{,}27 \cdot 150 = 1090$ cmkg,

$$e = \sqrt{\frac{2 \cdot 1090}{70 \cdot 4{,}2}} = 2{,}73 \text{ cm};$$

$$\frac{P}{2} = 2{,}73 \cdot 4{,}2 \cdot 70 = 800 \text{ kg},$$

$$\text{Abscherung} \quad \tau = \frac{800}{13{,}8} = 58 \text{ kg/cm}^2.$$

$d = 51$ mm $\varnothing$

$W = 0{,}7854 \cdot 2{,}55^3 = 13{,}08$ cm^3; $\quad M = 13{,}08 \cdot 150 = 1962$ cmkg,

$$e = \sqrt{\frac{2 \cdot 1962}{70 \cdot 5{,}1}} = 3{,}32 \text{ cm}; \qquad \frac{P}{2} = 3{,}32 \cdot 5{,}1 \cdot 70 = 1185 \text{ kg},$$

$$\text{Abscherung} \quad \tau = \frac{1185}{20{,}5} = 57{,}8 \text{ kg/cm}^2.$$

$d = 60$ mm $\varnothing$

$W = 0{,}7854 \cdot 3{,}0^3 = 21{,}2$ cm^3; $\quad M = 21{,}2 \cdot 150 = 3180$ cmkg,

$$e = \sqrt{\frac{2 \cdot 3180}{70 \cdot 6{,}0}} = 3{,}9 \text{ cm}; \qquad \frac{P}{2} = 3{,}90 \cdot 6{,}0 \cdot 70 = 1635 \text{ kg},$$

$$\text{Abscherung} \quad \tau = \frac{1635}{28{,}3} = 57{,}8 \text{ kg/cm}^2.$$

[1]) Vgl. Gesteschi: Hölzerne Dachkonstruktionen, 3. Aufl., S. 139.

8. Der Stahlstift der Firma Paul Meltzer A.-G., Darmstadt[1]).

Bei dieser Verbindungsart werden die Fachwerkglieder aus einzelnen dünnen meist quadratischen Stäben von 2,5/2,5 bis 6/6 cm Querschnitt hergestellt, die in entsprechender Anzahl zu einem quadratischen oder rechteckigen Gesamtquerschnitt des Stabes gruppiert und durch sich kreuzende Stahlstifte, welche in wenig engere Bohrungen eingetrieben werden, verbunden sind. Diese Stahlstifte besitzen weder Kopf noch Mutter, sondern werden nur durch Reibung gehalten. Gewöhnlich werden vier solcher Stäbchen in gewissen Abständen voneinander durch kleine Querhölzer gehalten. Setzt man solche Bauelemente zusammen, so erhält man die bekannten Fachwerkträgerformen (Abb. 137). Diese Aufteilung des üblichen massiven Balkenquerschnittes in dünne Hölzer ermöglicht eine wesentliche Vergrößerung des Trägheitsmomentes, also des Biege- und Knickwiderstandes bei dem gleichen Stoffverbrauch. Wie bereits erwähnt, paßt der Stahlbolzen genau in das Loch, in welchem er fast spannungslos sitzt, so daß dieses nicht wie bei der Nagelung oft in der unmittelbaren Nähe des

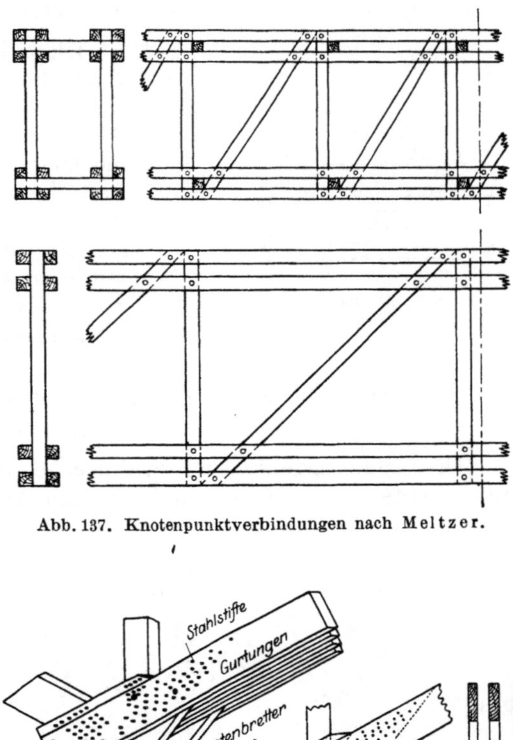

Abb. 137. Knotenpunktverbindungen nach Meltzer.

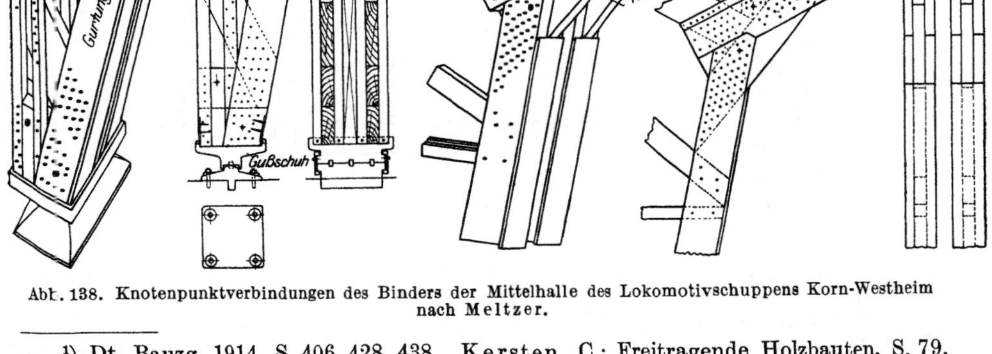

Abb. 138. Knotenpunktverbindungen des Binders der Mittelhalle des Lokomotivschuppens Korn-Westheim nach Meltzer.

[1]) Dt. Bauzg. 1914, S. 406, 428, 438. Kersten, C.: Freitragende Holzbauten, S. 79. Berlin: Julius Springer 1921.

Nagels einen Spaltriß erhält bzw. bei der Verschraubung die Schraube nicht in ein wesentlich größeres Loch eingetrieben zu werden braucht. Für billigere Konstruktionen hat sich Rotbuchenholz bewährt; für größere Beanspruchungen werden amerikanische und australische Harthölzer verarbeitet. Es können dünne und kurze Hölzer verwendet werden. Die dünnen Hölzer lassen die Herstellung in jeder Form zu, auch lassen sich leicht Verbindungen der Länge nach bewerkstelligen.

Eine Eigentümlichkeit der Knotenpunktverbindungen gegenüber den üblichen Fachwerkausbildungen besteht darin, daß sich die Stabachsen, also Systemlinien, nicht in einem Punkte schneiden. Hierdurch entstehen Nebenspannungen, die jedoch im allgemeinen innerhalb zulässiger Grenzen bleiben.

In Abb. 138 sind Knotenpunktverbindungen des Lokomotivschuppens Korn-Westheim der Reichsbahndirektion Stuttgart gezeigt[1]).

9. Die Bandeisendübel der Firma Stephan, Düsseldorf. (D.R.P.)

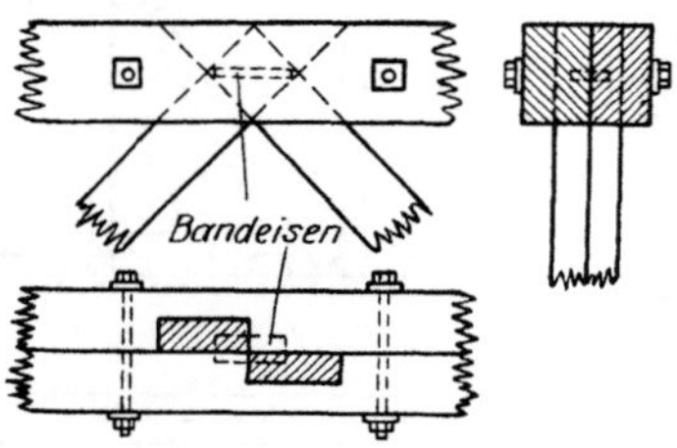

Abb. 139. Bandeisenanschluß nach Stephan.

Diese Verbindung dient zum Anschluß der Füllstäbe an die Gurtungen von Fachwerkbindern. Abb. 139 zeigt den Anschluß der Streben an den zweiteiligen Gurt. Zwischen die Diagonalen ist in Sägeschnitte ein Flacheisen bzw. Bandeisen eingelegt, welches zum Ausgleich der lotrechten Seitenkräfte der Diagonalen dient, während die wagerechten Seitenkräfte an die Gurtungen abgegeben werden. Zu diesem Zweck sind die Diagonalen in entsprechende Ausschnitte der Gurtungen eingelassen.

10. Das Bulldogg-Zahnblech von Ingenieur O. Theodorsen, Oslo, Norwegen[2]).

Die „Bulldoggen“ sind Stahlbleche mit spitzen und kräftigen Zähnen nach beiden Blechseiten, die sich beim Anziehen der Verbindungsbolzen nach

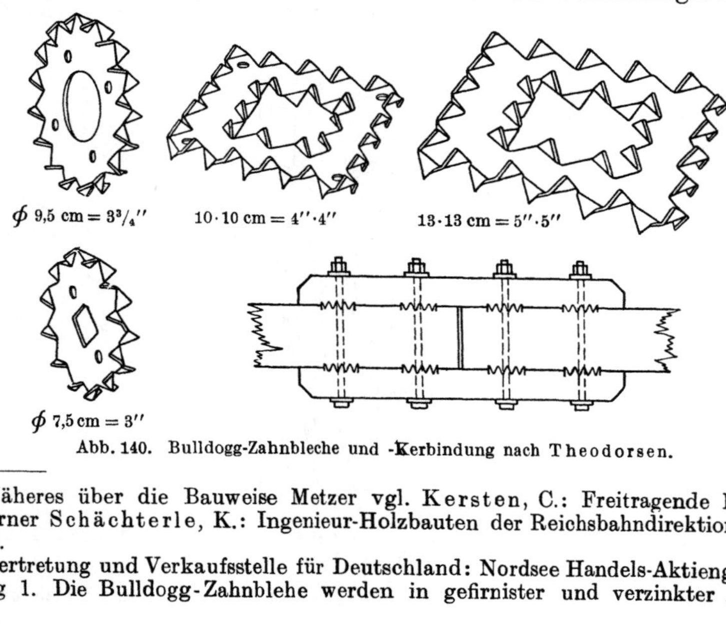

Abb. 140. Bulldogg-Zahnbleche und -Verbindung nach Theodorsen.

[1]) Näheres über die Bauweise Metzer vgl. Kersten, C.: Freitragende Holzbauten, S. 79; ferner Schächterle, K.: Ingenieur-Holzbauten der Reichsbahndirektion Stuttgart, S. 59 u. f.

[2]) Vertretung und Verkaufsstelle für Deutschland: Nordsee Handels-Aktiengesellschaft, Hamburg 1. Die Bulldogg-Zahnblehe werden in gefirnister und verzinkter Ausführung geliefert.

beiden Seiten in die Hölzer einschneiden (Abb. 140), so daß die Bleche fast vollständig in die Hölzer eingedrückt werden.

Die geringe Schrägstellung der Bulldogg-Zähne (Abb. 141, 1) bewirkt, daß sich das Blech nach beiden Seiten in das Holz sperrt, wenn letzteres austrocknet, also schwindet.

Die ebene Stopffläche (Abb. 141, 2) sichert das gleich tiefe Eindringen in die Hölzer ohne Rücksicht auf ungleiche Härte des Holzes und der Äste.

Die Zahnbleche werden aus bestem Siemens-Martin-Flußeisen in einem Stück gepreßt.

Die Bulldogg-Einlagen werden in vier Größen (Abb. 140) hergestellt. Die zulässigen Traglasten sind in nachstehender Zahlentafel zusammengestellt.

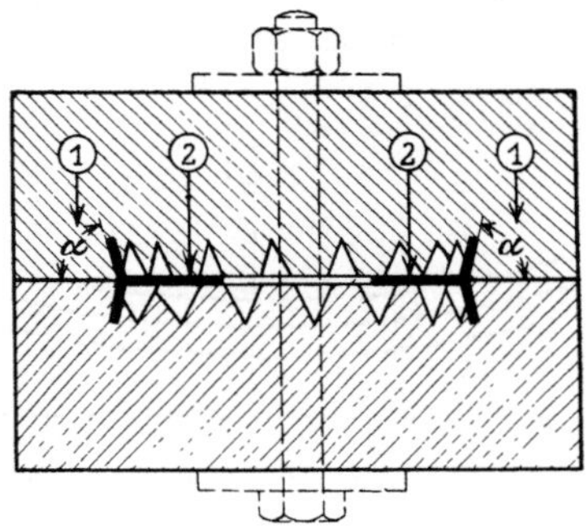

Abb. 141. Einzelheit der Verbindung.

„Bulldogg" in engl. Zoll Normale Größe in cm	3″ rund 7,5 cm rund			3³/₄″ rund 9,5 cm rund			4″ × 4″ 10 × 10 cm				5″ × 5″ 13 × 13 cm			
Nettogewicht für 100 Stck. abgerundet kg	4,2			6,7			9,0				20			
Blechstärke . . . mm	1,25			1,35			1,35				1,70			
Anzahl der Zähne nach jeder Seite	12			16			28				28			
Anzahl der Bulldoggs in jeder Packung	50 und 1000			50 und 500			25, 100 und 500				20, 100 und 200			
Bruttogewicht je Packung abgerundet kg	2,4 und 56			3,5 und 47			2,4, 10,5 und 55				4,2, 23 und 52			
Bolzenloch im Bulldogg	17 × 17 mm			35 mm rund			40 × 40 mm				52 × 52 mm			
Kleinste Holzabmessung .	8 × 2,5 cm			10 × 3 cm			11 × 4 cm				15 × 6 cm			
Kleinste Bolzenentfernung	11 cm			14 cm			17 cm				23 cm			
Abstand von Holzende bis Bolzen	7 cm			9 cm			11 cm				15 cm			
Bolzendurchmesser in mm	10	12	16	12	16	20	12	16	20	26	20	22	26	32
„ in engl. Zoll	³/₈	¹/₂	⁵/₈	¹/₂	⁵/₈	³/₄	¹/₂	⁵/₈	³/₄	1	³/₄	⁷/₈	1	⁵/₄
Größte Belastung für einen einschnitt. Bolzen mit 1 Bulldogg . . . . t	0,5	0,7	0,8	0,9	1,0	1,2	1,3	1,5	1,7	2,0	2,3	2,5	3,0	3,5

Bulldogg 9,5 cm rund paßt für 10 cm Holzbreite. Buldogg 10 × 10 cm wird am meisten gebraucht bei Holzbreiten von 11 cm und mehr.

Viereckige Unterlagscheiben mit Seitenlängen etwa $4^1/_2$ Bolzendurchmesser und in etwa halber Stärke des Bolzendurchmessers sind zu empfehlen.

Zweischnittige Bolzen mit zwei Bulldogg-Verbindern tragen zweifach; vierschnittige Bolzen mit vier Bulldogg-Verbindern tragen vierfach usw. Die Belastungen gelten für Fichte, Tanne, Kiefer und ähnliche Hölzer der üblichen guten Qualität bei Belastungen parallel der Faserrichtung. Bei stoßweise wirkenden Belastungen und ungünstigen Verhältnissen sind die Beanspruchungen entsprechend herabzusetzen.

Die Bulldogg-Verbinder 7,5 cm, 9,5 cm Durchmesser und 10 × 10 cm sind je etwa 1,5 cm dick, und die Verbinder 13 × 13 cm je etwa 2 cm dick; Blechstärke 1 mm.

D. Die Tragwerke im allgemeinen.

I. Der verzahnte und verdübelte Träger.

1. Anordnung der verzahnten und verdübelten Träger.

Die Tragfähigkeit eines aus dem Baumstamm gewonnenen Balkens ist durch das Widerstandsmoment seines Querschnitts begrenzt.

Bei schweren Belastungen und größeren Spannweiten wird man natürlich möglichst mit einem in der erforderlichen Länge erhältlichen Balken von größtmöglichem Querschnitt auszukommen suchen.

Für Ganzholz 1:1 ist der größte erhältliche Querschnitt in der Regel 32/32 cm, für Ganzholz 3:4 der größte Querschnitt 28/36 cm. Der hierzu nötige Stamm muß in beiden Fällen am Zopfende einen Durchmesser haben: bei vollkantigem Holz von 45 cm, bei baumkantigem Holz von 36 cm.

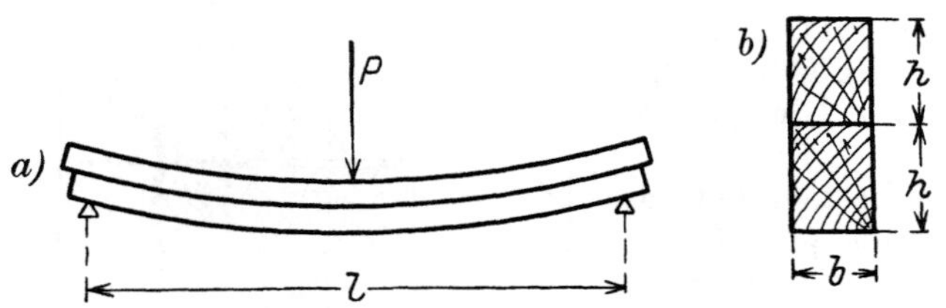

Abb. 142. Unverdübelte Balken übereinander.

Kommt man mit diesem Querschnitt nicht aus, so ist die Möglichkeit vorhanden, den Trägerquerschnitt durch Übereinanderlegen zweier (im Brückenbau auch dreier oder mehrerer) Balken zu vergrößern, wobei die Balken so zu verbinden sind, daß sie gemeinsam wirken, d. h. einen neuen Träger von größerem Widerstandsmoment ergeben. Wegen der Unvollkommenheit der Verbindung, die hauptsächlich in den Mängeln der Ausführung und in der Nachgiebigkeit des

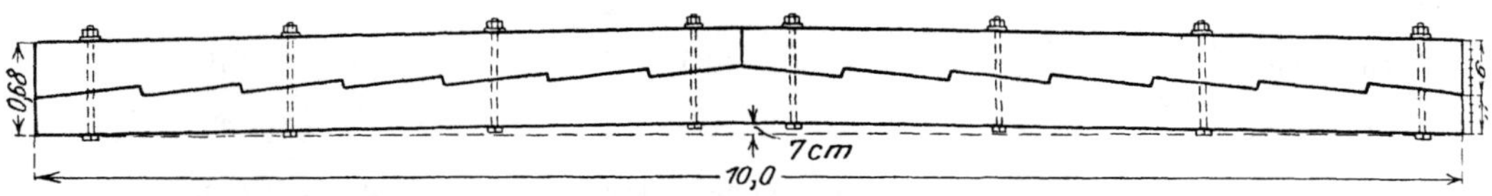

Abb. 143. Dreiteiliger verzahnter Träger.

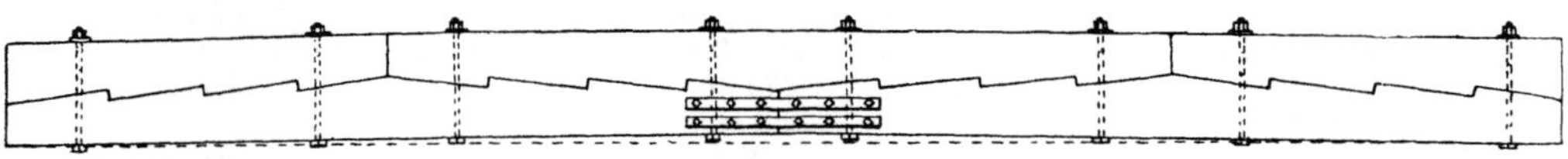
Abb. 144. Fünfteiliger verzahnter Träger.

Holzes liegt, wird nur eine geringere Tragfähigkeit erzielt, als dem Gesamtquerschnitt des Balkens, als einheitlicher Querschnitt gedacht, entspricht. Je besser aber diese Verbindung ausgeführt wird, ein desto größerer Wirkungsgrad ergibt sich für den zusammengesetzten Träger.

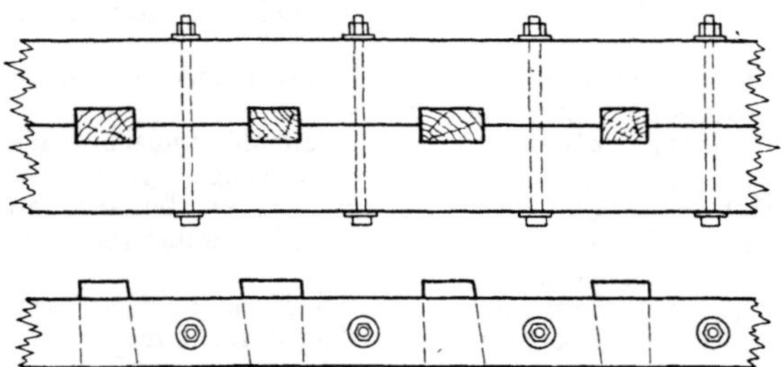
Abb. 145. Verdübelter Träger mit Querdübeln (einfache Keile).

Betrachtet man zunächst nur zwei übereinanderliegende Balken, die nicht verbunden sind (Abb. 142), so werden sie sich bei Belastung übereinander verschieben, indem sie sich einzeln durchbiegen. Jeder Balken würde nur die seinem Widerstandsmoment $W = \frac{b h^2}{6}$ entsprechende Last tragen, beide Balken zusammen also $W_0 = 2 \frac{b h^2}{6} = \frac{b h^2}{3}$. Diese Verschiebung wird durch die Verzahnung (Abb. 143 und 144) oder Verdübelung (Abb. 145 bis 147) an der Berührungsfläche der beiden Balken verhindert, und damit die beiden Balken zusammenbleiben, d. h. damit sich der obere Balken nicht vom unteren abhebt, werden sie außerdem verbolzt. Bei dem zusammengesetzten Träger wird die Berührungsfläche die neutrale Faserschicht, wo die Schubkräfte am größten sind. Diese Schubkräfte müssen durch die Verzahnung oder Verdübelung aufgenommen werden. Der Verbundbalken trägt jedoch aus den vorher angegebenen Gründen nicht die Last, die seinem Widerstandsmoment $W = \frac{b \cdot (2h)^2}{6} = \frac{2}{3} b h^2$ (Abb. 142b) entspricht, sondern nur einen bestimmten Teil derselben. Außer Verzahnung und Verdübelung wirken noch die Bolzen durch ihren Widerstand gegen Abscheren, ferner die Reibung, die durch festes Anziehen der Bolzen in der Berührungsfläche entsteht, der Verschiebung der beiden Balken aufeinander entgegen. Diese beiden Widerstände können aber wegen ihrer Unzuverlässigkeit nicht berücksichtigt werden.

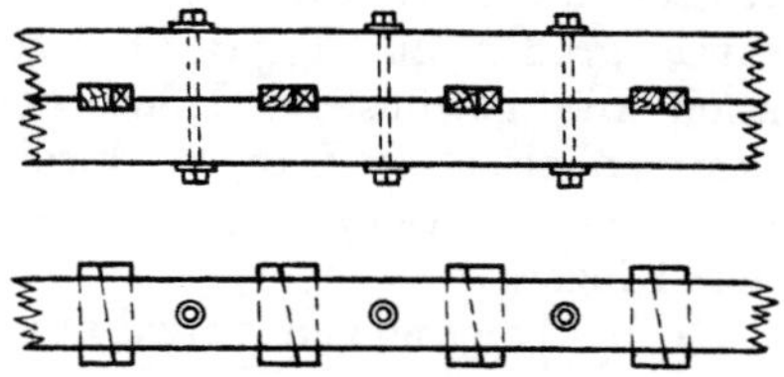

Abb. 146. Verdübelter Träger mit Querdübeln (Doppelkeile). (Entnommen aus Gesteschi, Dachkonstrukt.)

Die Verzahnung war besonders in früheren Zeiten als schwieriges Probe- und Meisterstück eines Zimmerers in hohem Ansehen, in neuerer Zeit ist jedoch ihre Anwendung selten geworden, denn die Verdübelung hat ihr gegenüber unbestreitbare Vorzüge.

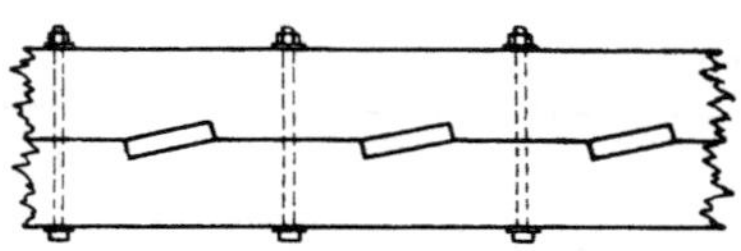

Abb. 147. Verdübelter Träger mit Längsdübeln.

Ein verzahnter Träger wird nach Abb. 143 aus drei oder nach Abb. 144 aus fünf Hölzern zusammengesetzt. Die Verwendung von noch mehr Teilen, wie sie wohl in älterer Zeit vorgekommen ist (Rathaussaal in Amsterdam[1])), hat keine Bedeutung mehr.

Bei der Verbindung aus drei Stücken (Abb. 143) liegt unten ein durchgehender Balken. Die beiden oberen stoßen in der Mitte zusammen. Die Zähne steigen mit ihren langen Seiten nach der Mitte zu an, dem Punkte, wo bei gleichförmiger Belastung das größte Moment liegt. Für stark einseitig belastete Balken würde solche Verzahnung mithin nicht mehr richtig angeordnet erscheinen. Bei Verwendung von fünf Teilen (Abb. 144) liegen in der unteren Zone zwei, in der oberen drei Hölzer. Das mittlere der letzteren wirkt lediglich verklammernd auf die beiden Hölzer der Unterzone, die infolge der auftretenden Biegespannungen auseinandergezogen werden. Eine sorgfältige Sicherung des Zusammenhalts der beiden unteren Balken durch eine kräftige Stoßverbindung ist daher außer der Verzahnung dringend notwendig. Eine Aufhebung der Schubkräfte findet zwischen dem oberen Mittelteil und den Unterbalken bei gleichförmiger Belastung gar nicht statt. Der Mittelteil überträgt vielmehr die Schubkräfte durch Druck auf die beiden oberen Seitenteile, die dann ihrerseits mit nach der Balkenmitte zu steigenden Zähnen versehen sind. Das Einlegen von Zinkblechen ist überall zu empfehlen und würde auch bei den einzelnen Zahneingriffen von Nutzen sein, um einen festen Anschluß zu erzielen. Wesentlich wird die schwierige Ausführung erleichtert und die Wirkung des Ganzen gesteigert, wenn Keile angeordnet werden (Abb. 148), durch deren festes Eintreiben eine innige Berührung der Zahndruckflächen sicherer und gleichmäßiger zu erreichen ist.

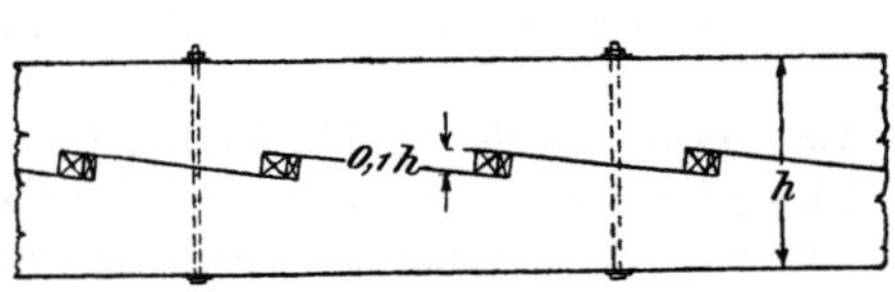

Abb. 148. Verzahnter Träger mit Keilen.

[1]) Vgl. Gottgetreu, R.: Lehrbuch der Hochbau-Konstruktionen. Zweiter Teil: Die Arbeiten des Zimmermanns. Atlas, Tafel XII.

Beim Zusammenarbeiten der Balken werden diese „gesprengt“, d. h. sie erhalten eine Durchbiegung der Mitte nach oben, die $^1/_{200}$ bis $^1/_{150}$ der Balkenlänge beträgt. Der Unterbalken in Abb. 143 muß zu diesem Zwecke mit Gewalt durchgebogen und so lange in dieser Lage gehalten werden, bis die Oberteile mit ihrem Zahneingriff fest eingelegt oder, bei Anordnung von Keilen, diese fest eingetrieben sind. Da beim Zurückfedern des gebogenen Holzes die Sprengung sich vermindert, so wird seine anfängliche Biegung etwas größer, bis $^1/_{100}$ der Länge vorzunehmen sein, damit der fertige Träger noch die gewünschte Höhe der Sprengung aufweist. Endlich ist ein Zusammenhalten des Ganzen durch Bolzen unentbehrlich. Es genügt ein Bolzen in jedem zweiten Zahn, und neben dem Stoß zweier in gleicher Zone liegender Hölzer.

Die Abmessungen verzahnter Träger werden meist nach folgenden Regeln angenommen: Als größte Länge gilt das Maß von 10 m. Die gesamte Höhe

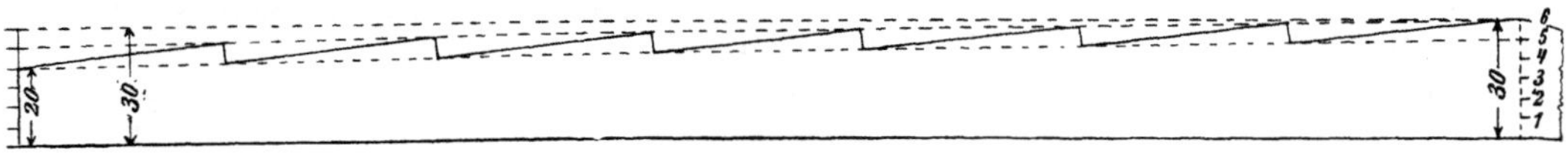

Abb. 149. Austeilung der Zähne des verzahnten Trägers.

des verzahnten Trägers ist $^1/_{12}$ bis $^1/_{15}$ der Länge, die Länge der einzelnen Zähne ist gleich der ganzen Trägerhöhe, die Höhe des Zahns der zehnte Teil seiner Länge. Die lange und kurze Seite der Zähne sollen rechtwinklig zueinander stehen. Selbst bei bester Ausführung ist die Tragfähigkeit eines solchen Trägers nur etwa 75 % (s. später) von derjenigen eines einheitlichen Balkens gleicher Breite und Gesamthöhe, d. h. mit anderen Worten, um einen einheitlichen Balken von der Höhe *h* zu ersetzen, braucht man einen verzahnten Träger von 1,15 *h* Höhe. Die Austeilung der Zähne ergibt sich aus Abb. 149. Aus zwei übereinanderliegenden Balken von ursprünglich je 30 cm Höhe wird danach nur ein verzahnter Träger von 50 cm Höhe gewonnen, und in diesem Verschnitt von $^1/_6$ des Holzmaterials liegt ein wesentlicher Nachteil der verzahnten gegenüber den verdübelten Trägern.

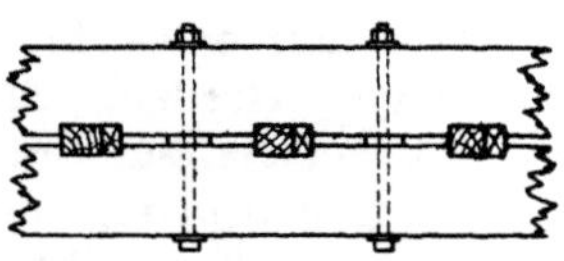
Abb. 150. Verdübelung mit Zwischenraum.

Die Verdübelung wird durch prismatische Holzstücke (Hartholz) gebildet, die in rechteckige Ausschnitte der beiden Balken eingepaßt werden. Statt der Klötzchen werden auch einfache (Abb. 145) oder Doppelkeile (Abb. 146) verwendet, um durch Antreiben derselben einen festen Anschluß der Dübel zu erreichen. Die Fasern der Dübel stehen meist senkrecht zur Balkenachse (Querdübel). Bei einer anderen Dübelanordnung (Abb. 147) werden prismatische Holzklötzchen, deren Fasern mit der Balkenachse gleichlaufen, in zahnartige Einschnitte der beiden Balken eingesetzt und durch Anziehen der Bolzen in diese Einschnitte fest eingepreßt (Längsdübel oder Zahndübel). Die Balken liegen entweder dicht aufeinander oder sie erhalten, bei Querdübeln, einen kleinen Zwischenraum (0,1 *h*), wobei an der Stelle, wo die Bolzen durchgehen, kleine Futterbrettchen anzuordnen sind (Abb. 150).

Bei Anordnung von mehr als zwei Balken werden die Dübel versetzt, so daß in einem Querschnitt nicht mehr als ein Dübel vorhanden ist.

Eine andere Art von Verdübelung kommt bei den in Österreich gebräuchlichen Klötzelholzträgern vor (Abb. 151). Bei diesen liegen die zu verbindenden Balken in einem größeren Abstand, wodurch die Dübel (Klötzel) eine größere Höhe erhalten; sie werden in die Balken, gewöhnlich mit der gleichen Faserrichtung, eingelassen und diese wieder durch Schraubenbolzen oder übergelegte eiserne Bänder miteinander verbunden. Für zwischen den Klötzeln liegende Bolzen sind wieder Futterhölzer anzuordnen, um eine Verbiegung der Balken durch Anziehen der Bolzen zu vermeiden.

Die Klötzelholzträger haben den Vorteil, daß bei ihnen an Trägerhöhe bedeutend gewonnen wird. Auch sind bei ihnen keine Hartholzdübel erforderlich; die Dübel können vielmehr aus Balkenabschnitten hergestellt werden, wodurch sich noch ein wirtschaftlicher Vorteil ergibt.

Der Durchmesser der Verbindungsbolzen ist bei den zusammengesetzten Trägern etwa gleich 0,1 der Balkenbreite zu machen. Unter Kopf und Mutter sind kräftige quadratische Unterlegscheiben von etwa dem drei- bis vierfachen Bolzendurchmesser d und etwa 0,4 d Stärke anzuordnen.

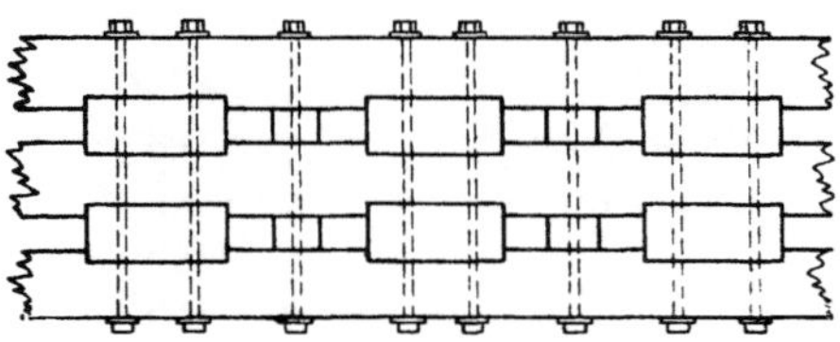

Abb. 151. Klötzelholzträger.

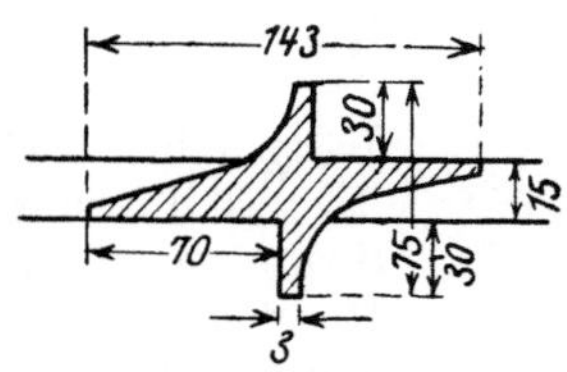

Abb. 152. Schulzscher Kreuzdübel (Gußeisen).

Außer den Dübeln aus Hartholz (Eiche, Esche, Ahorn) werden auch solche aus Gußeisen hergestellt. Hierzu gehören die bereits Seite 117 erwähnten amerikanischen Scheibendübel. Endlich können auch die bei den neueren Holzverbindungen (S. 122) besprochenen Einlagen in Betracht gezogen werden.

Zu erwähnen ist noch der gußeiserne Schulzsche Kreuzdübel, Abb. 152, der sich beim Anziehen der Bolzen in dreieckige Ausschnitte der Balken einpreßt[1]). Diese Dübel haben den Vorzug, daß bei ihnen die Kippgefahr wesentlich geringer als bei den sonst üblichen Rechteckdübeln ist. Die in Abb. 152 angegebenen Maße stammen von einer Dübelform, wie sie beim Umbau einer Eisenbahnbrücke verwendet wurde.

2. Berechnung der verzahnten und verdübelten Träger.

Denkt man sich die beiden übereinanderliegenden Balken von der Höhe h (Abb. 142b) unverbunden, so würden sie zusammen eine Last tragen, die dem Widerstandsmoment

$$W_0 = 2 \cdot \frac{b\,h^2}{6} = \frac{b\,h^2}{3}$$

entspricht. Denkt man sich dagegen die beiden Balken durch Verzahnung oder Verdübelung so starr verbunden, daß sie gegeneinander vollkommen unverschiebbar sind, so wäre ihr Widerstandsmoment gleich dem eines einheitlichen Balkens von der Höhe $2\,h$, also gleich

$$W = \frac{b \cdot (2\,h)^2}{6} = \frac{2\,b\,h^2}{3}.$$

Da die Verbindung der beiden Balken jedoch, wegen Mängel in der Ausführung und der Zusammendrückbarkeit des Holzes, nicht vollkommen unverschieblich ist, so wird der zusammengesetzte Träger nur eine Last aufnehmen, die einem bestimmten Teil von W entspricht.

[1]) Laskus, A.: Hölzerne Brücken. 2. Aufl., S. 138; ferner Henkel, O.: Verdübelung zusammengesetzter Tragbalken. Der Brückenbau 1919, Heft 21, S. 187.

Der verdübelte Träger, der hier ins Auge gefaßt werden soll, wird daher nur einen bestimmten Teil η der Tragfähigkeit des einheitlichen Balkens besitzen. Bezeichnet W_v das Widerstandsmoment des zusammengesetzten Trägers, so kann $W_v = \eta \cdot W$ gesetzt werden. Da das Widerstandsmoment der beiden unverdübelt, frei aufeinanderliegenden Balken zusammen $W_0 = \frac{b h^2}{3}$ und das bei vollkommener Verdübelung $W = \frac{2 b h^2}{3}$ beträgt (s. vorher), so muß η zwischen 0,5 und 1 liegen. Der Beiwert η heißt der Wirkungsgrad der Verdübelung und kann nur durch Bruchversuche für die einzelnen Verdübelungsarten bestimmt werden.

Nach den Versuchen von Lengeling[1]) mit zwei Einzelbalken ergaben sich für einige Verdübelungsarten folgende Wirkungsgrade:

Querdübel, keilförmig	Eichenholz	$\eta = 0{,}75$
	Gußeisen	$\eta = 0{,}80$
Längsdübel (Zahndübel)	Eichenholz	$\eta = 0{,}8$
keilförmig	Gußeisen	$\eta = 0{,}9$
Schulzscher Kreuzdübel		$\eta = 0{,}8$
Rundeisendübel, 50 mm ∅		$\eta = 0{,}85$
Flacheisendübel, 40·5 mm, hochkant stehend		$\eta = 0{,}67$

Nach Engesser[2]) kann bei zwei Einzelbalken mindestens ein Wirkungsgrad angenommen werden von:

für eichene	Querdübel	$\eta = 0{,}75$
„ „	Längsdübel	$\eta = 0{,}81$
„ eiserne	Dübel	$\eta = 0{,}83$.

Im folgenden soll die Berechnung der zusammengesetzten Träger nach Melan[3]) durchgeführt werden.

Es bezeichne bei zwei Balken (Abb. 153):

b die Breite des Balkens,
h_1 die Höhe des Einzelbalkens,
h die Höhe des Verbundbalkens,
σ die zulässige Spannung im einheitlichen Balken von der Höhe h, die sich ergibt zu $\sigma = \frac{6 M_{max}}{b h^2}$,
σ_0 ein kleinerer angenommener Wert für σ, um der mangelhaften Wirkungsweise bzw. Verschieblichkeit der Verbindung Rechnung zu tragen, zugleich die Randspannung bei Annahme, daß die Balken unverschieblich verbunden sind,
$\Delta\sigma$ der Spannungsunterschied in den der Berührungsfläche benachbarten Faserschichten, infolge Nachgebens der Verbindung und der daraus entstehenden geringen Überschiebung der Balken.

Wegen der gleichen Krümmung der elastischen Linie der Balken sind die Spannungsbilder der verbundenen Balken parallel (Abb. 153).

Da sich die Balken gemeinschaftlich, also mit gleichem Krümmungshalbmesser durchbiegen, so ist nach den Voraussetzungen der Biegetheorie der Spannungsabfall in ihnen der gleiche.

---

[1]) Ann. Gew. Bauwes. 1910, H. 9, S. 177. Verlag: F. C. Glaser, Berlin. Ferner Laskus, A., Hölzerne Brücken, 2. Aufl., S. 140.
[2]) Bauing. 1922, S. 229.
[3]) Melan, J.: Der Brückenbau. I. Bd.: Einleitung und hölzerne Brücken. 3. Aufl. S. 172 u. f.

Der Spannungsunterschied $\Delta\sigma$ ist einerseits abhängig von der Wirksamkeit der Verbindung, andrerseits von der Größe des Druckes, welcher auf die Verbindungsstellen wirkt. Immer ist jedoch die wirklich auftretende Randspannung σ größer als die Spannung σ_0, die sich rechnungsmäßig für den einheitlich wirkenden Querschnitt ergeben würde.

Da das Moment der inneren Kräfte, d. h. das Moment der Spannungsflächen des einheitlichen und des verbundenen Balkens gleich sein müssen,

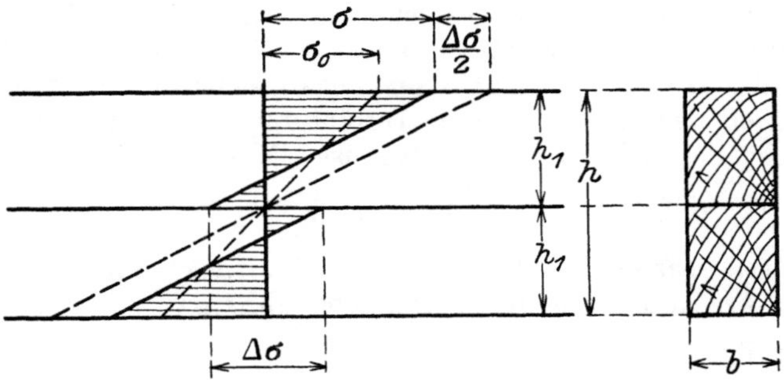

Abb. 153. Spannungsbild bei zwei Balken.

so ergibt sich bei zwei Balken (Abb. 153) das Moment der Biegespannungen für den gedachten Einheitsbalken zu

$$M_{\sigma_0} = 2\tfrac{1}{2}\sigma_0 \cdot h_1 \cdot \tfrac{2}{3} h_1 = \tfrac{2}{3}\sigma_0 h_1^2$$

und ebenso für den Verbundbalken

$$M_\sigma = \frac{2}{3}\left(\sigma + \frac{\Delta\sigma}{2}\right) h_1^2 - 2\,\frac{\Delta s}{2}\cdot h_1 \cdot \frac{h_1}{2} = \frac{2}{3}\sigma h_1^2 - \frac{1}{6}\Delta\sigma \cdot h_1^2,$$

da $M_{\sigma_0} = M_\sigma$ sein muß, folgt

$$\tfrac{2}{3}\sigma_0 h_1^2 = \tfrac{2}{3}\sigma h_1^2 - \tfrac{1}{6}\Delta\sigma \cdot h_1^2,$$

hieraus

$$\sigma_0 = \sigma - \frac{\Delta\sigma}{4}.$$

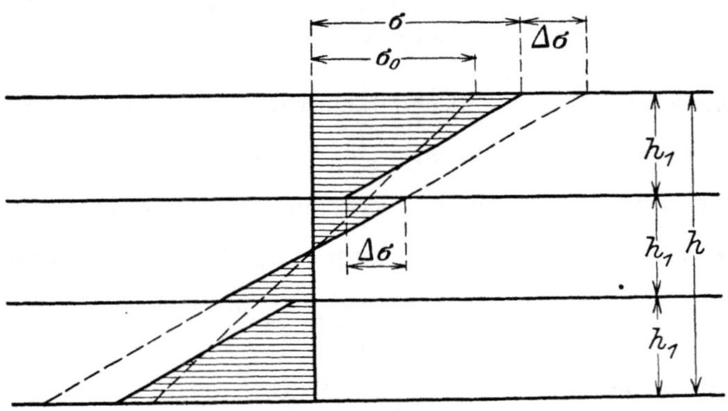

Abb. 154. Spannungsbild bei drei Balken.

In gleicher Weise ergibt sich bei drei Balken (Abb. 154):

$$M_{\sigma_0} = \tfrac{3}{2}\sigma_0 h_1^2,$$

$$M_{\sigma_0} = \tfrac{3}{2}(\sigma + \Delta\sigma) h_1^2 - 2\,\Delta\sigma \cdot h_1^2 = \tfrac{3}{2}\sigma h_1^2 - \tfrac{1}{2}\Delta\sigma \cdot h_1^2,$$

und da wieder $M_{\sigma_0} = M_\sigma$ sein muß, folgt

$$\sigma_0 = \sigma - \frac{\Delta\sigma}{3}.$$

Allgemein ergibt sich für einen aus n Balken zusammengesetzten Verbundträger

$$\sigma_0 = \sigma - \frac{n-1}{2 \cdot n} \Delta \sigma. \tag{1}$$

Diese Gleichung bestimmt den Zusammenhang der größten Randspannungen im gedachten einheitlichen und zusammengesetzten Träger von gleichem Querschnitt. Rechnet man daher die Tragfähigkeit wie bei einem einheitlichen Querschnitt, so darf zur Erzielung gleicher Sicherheit nur eine Spannung σ_0 zugrunde gelegt werden, welche kleiner als die zulässige Biegespannung σ des Holzes ist. Der Spannungsunterschied $\Delta \sigma$ wird um so größer sein, je größer der Druck in den Verbindungsstellen des Balkens, d. h. in der Stirnfläche des Zahnes oder Dübels ist. Man kann daher setzen

$$\Delta s = \beta \sigma_z,$$

wobei σ_z dieser spezifische Druck oder „Zahndruck" und β ein Beiwert ist, der von der Art und Güte der Verbindung abhängt.

Damit ergibt sich

$$\sigma_0 = \sigma - \frac{n-1}{2n} \beta \sigma_z. \tag{2}$$

Nach den Versuchen von Bock[1]) liegt der Wert für β zwischen 2 und 5, so daß bei guter Ausführung folgende Zahlen angenommen werden können:

für verzahnte Träger und solche mit Längsdübeln $\beta = 2$
für Klötzelholzträger $\beta = 3$
für Träger mit Querdübeln $\beta = 3$ bis 5.

Wie aus diesen Zahlen hervorgeht, besitzen die Träger mit Querdübeln den geringsten Wirkungsgrad.

Die Größe des Zahndrucks σ_z ist von dem Abstande und von der Tiefe der Balkeneingriffe abhängig. Eine hohe Annahme von σ_z, entsprechend einer größeren Länge der Zähne oder weiter gestellten Dübeln, entspricht einer stärkeren Herabminderung der zulässigen Spannung σ_0, so daß bei einer gewissen Grenze durch die Verbindung der Balken kein Gewinn mehr erzielt würde.

Da nämlich bei n ohne Zwischenraum verbundenen Balken von der Höhe h_1 das aufnehmbare Biegemoment $\frac{b(n h_1)^2}{6} \cdot \sigma_0$, bei unverbundenen Balken $\frac{n b h_1^2}{6}$ sein würde, so muß zur Erzielung eines Gewinns an Tragfähigkeit $n^2 \sigma_0 > n \sigma$ oder $\sigma_0 > \frac{\sigma}{n}$ sein; mit Einsetzung des obigen Wertes für σ_0 muß also sein

$$\sigma - \frac{n-1}{2n} \beta \sigma_z > \frac{\sigma}{n},$$

woraus sich ergibt

$$\sigma_z < \frac{2}{\beta} \sigma.$$

Bei mit Zwischenraum verbundenen Balken würde sich der zulässige Grenzwert von σ_z größer ergeben.

Andrerseits würde aber eine zu niedrige Annahme von σ_z zu eng gestellte Zähne oder Dübel erfordern und den baulichen Anforderungen widersprechen.

---

[1]) Bock, M.: Zerbrechversuche mit hölzernen Trägern. Wochenschr. d. österr. Ing.- u. Arch.-Ver. 1891, S. 21 u. 30.

Nach Melan sind folgende Annahmen zu empfehlen:

$$\left.\begin{array}{ll}
\text{für verzahnte Träger und Träger mit Längsdübeln} & \left\{\begin{array}{l}\sigma_z = 0{,}4 \text{ bis } 0{,}6\,\sigma \\ \sigma_0 = \sigma - \dfrac{n-1}{2n}\cdot 2\,\sigma_z\end{array}\right. \\
\text{für Träger mit Querdübeln} & \left\{\begin{array}{l}\sigma_z = 0{,}3\,\sigma \\ \sigma_0 = \sigma - \dfrac{n-1}{2n}\cdot 4\,\sigma_z\end{array}\right. \\
\text{für Klötzelholzträger} & \left\{\begin{array}{l}\sigma_z = 0{,}6\,\sigma \\ \sigma_0 = \sigma - \dfrac{n-1}{2n}\cdot 3\,\sigma_z .\end{array}\right.
\end{array}\right\} \quad (3)$$

Hiernach ergibt sich:

für 2 Balken, verzahnt oder mit Längsdübeln $\sigma_0 = 0{,}8$ bis $0{,}7\,\sigma$, i. M. $0{,}75\,\sigma$,
" 3 " " " " " $\sigma_0 = 0{,}73$ bis $0{,}60\,\sigma$, i. M. $0{,}67\,\sigma$,
" 2 " mit Querdübeln . . . . . . $\sigma_0 = 0{,}70\,\sigma$,
" 3 " " " . . . . . . $\sigma_0 = 0{,}60\,\sigma$,
" 2 " mit Klötzelverbindung . . . . $\sigma_0 = 0{,}55\,\sigma$,
" 3 " " " . . . . $\sigma_0 = 0{,}40\,\sigma$.

Der Beiwert von σ entspricht dem Wirkungsgrad η, der sich bei den Lengelinschen Versuchen (s. S. 142) etwas größer ergeben hat.

Zur Bestimmung der Abmessungen der Balken ergibt sich für verzahnte und verdübelte Träger (Träger ohne Zwischenraum) folgender Rechnungsgang.

Es bezeichne:

$M_{\max}$ das größte Angriffsmoment,
$Q_{\max}$ die größte Querkraft,
b die Breite des Trägers mit Abzug des Bolzenloches,
h die Höhe des zusammengesetzten Trägers,
σ_0 die zulässige rechnungsmäßige Biegespannung,
τ die zulässige Scherspannung in der Faserrichtung.

Die Biegespannung beträgt

$$\sigma_0 = \frac{6\,M_{\max}}{b\,h^2},$$

die in der Schwerachse des Trägers auftretende größte Schubspannung beträgt

$$\tau = \frac{3}{2}\,\frac{Q_{\max}}{b\,h};$$

hieraus folgen die beiden Bestimmungsgleichungen

$$b\,h^2 = \frac{6\,M_{\max}}{\sigma_0} = 6\,W_0$$

$$b\,h = \frac{3}{2}\,\frac{Q_{\max}}{\tau} = \frac{3}{2}\,F_0, \quad (4)$$

somit

$$h = 4\,\frac{W_0}{F}. \quad (5)$$

Die beiden letzten Gleichungen ergeben die Breite und Höhe des Trägers. Darin ist

$$W_0 = \frac{M_{\max}}{\sigma_0} \quad \text{und} \quad F_0 = \frac{Q_{\max}}{\tau}.$$

Die Spannung σ_0 folgt aus den Beziehungen 3.

Für Klötzelholzträger (Träger mit Zwischenraum) ergeben sich folgende Beziehungen:

Für zwei Balken mit der Gesamthöhe h, mit Einlagen von der Höhe $h_0 = \alpha_0 h$ (Abb. 155) ist das Trägheitsmoment

$$J = \frac{1}{12} b (h^3 - h_0^3) = \frac{1}{12} b h^3 (1 - \alpha_0^3),$$

das Widerstandsmoment somit

$$\frac{1}{6} b h^2 (1 - \alpha_0^3) = \frac{M_{\max}}{\sigma_0} = W_0 .$$

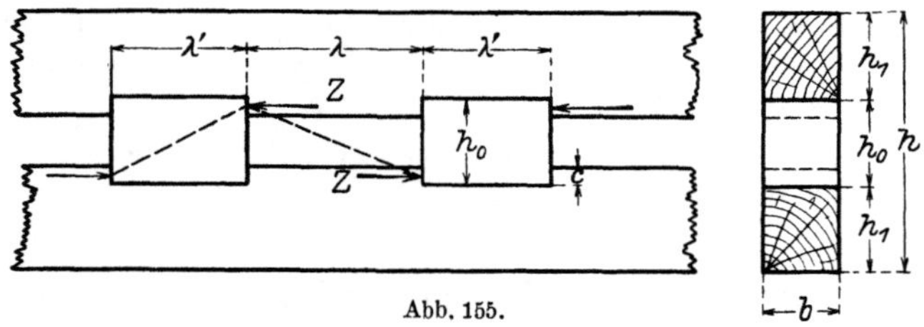

Abb. 155.

Die auf den Träger wirkende Querkraft Q wird zu einem Teil (S_1) aus den in den lotrechten Balkenschnittflächen auftretenden Schubkräften, zum anderen Teil (S_2) von der lotrechten Seitenkraft des Druckes Z auf die Klötzeleinlagen aufgenommen.

Nach Melan[1]) ist:

$$S_1 = 2 \frac{h_1^3}{h^3} (3 h - 2 h_1) Q ,$$

$$S_2 = Z \frac{h_0}{\lambda} \quad (\lambda = \text{lichter Abstand der Klötzeleinlagen}),$$

somit $$Q = S_1 + S_2 = 2 \frac{h_1^2}{h^3} (3 h - 2 h_1) Q + Z \frac{h_0}{\lambda}$$

und hieraus $$Z = \frac{3 - \alpha_0^2}{2} \frac{Q}{h} \lambda .$$

Der Zahndruck Z muß von dem Scherwiderstand des Balkens in der Fläche $b \lambda$ aufgenommen werden, daher ist bei der zulässigen Scherbeanspruchung τ

$$Z = b \lambda \tau = \frac{3 - \alpha_0^2}{2} \frac{Q_{\max}}{h} \lambda$$

und hieraus $$b h = \frac{3 - \alpha_0^2}{2} \frac{Q_{\max}}{\tau} = \frac{3 - \alpha_0^2}{2} \cdot F_0 , \tag{6}$$

nach vorhergehendem ist ferner

$$b h^2 = \frac{6}{1 - \alpha_0^3} W_0 ;$$

aus den beiden letzten Gleichungen folgt nun

$$h = \frac{12}{(3 - \alpha_0^2)(1 - \alpha_0^3)} \frac{W_0}{F_0} . \tag{7}$$

---

[1]) Melan: Hölzerne Brücken, S. 177.

In ähnlicher Weise leitet Melan für drei Balken die Werte für h und bh ab.

Allgemein setzt er nun

$$h = C_1 \frac{W_0}{F_0}, \tag{8}$$

$$bh = C_2 F_0, \tag{9}$$

worin $W_0 = \frac{M_{\max}}{\sigma_0}$ und $F_0 = \frac{Q_{\max}}{\tau}$ ist.

Für verschiedene Verhältnisse der Zwischenräume bzw. Balkenhöhe zur Gesamthöhe h ergeben sich folgende Werte für C_1 und C_2.

a) Für zwei Balken ohne Zwischenraum:

$$C_1 = 4, \qquad C_2 = 1{,}5.$$

b) Für zwei Balken mit einem Zwischenraum $h_0 = \alpha_0 h$:

$\alpha_0 = 0$	0,1	0,15	0,2	0,25	0,3	0,35	0,40
$C_1 = 4{,}0$	4,017	4,044	4,086	4,150	4,238	4,356	4,514
$C_2 = 1{,}5$	1,495	1,489	1,480	1,469	1,455	1,439	1,420.

c) Für drei Balken von der Höhe des Einzelbalkens $h_1 = \alpha_1 h$ (Abb. 156):

$\alpha_1 = 0{,}3$	0,29	0,28	0,27	0,26	0,25	0,24	0,23	0,22	0,21	0,20
$C_1 = 4{,}388$	4,472	4,564	4,666	4,777	4,899	5,035	5,184	5,350	5,533	5,739
$C_2 = 1{,}420$	1,412	1,403	1,394	1,385	1,375	1,365	1,354	1,343	1,332	1,320

Falls sich für bestimmte Annahmen von σ_0 und τ unzweckmäßige Werte für b und h ergeben, so ist das Verhältnis von σ_0 zu τ zu ändern, wobei ein Herabsetzen nur eines der beiden Werte zulässig ist.

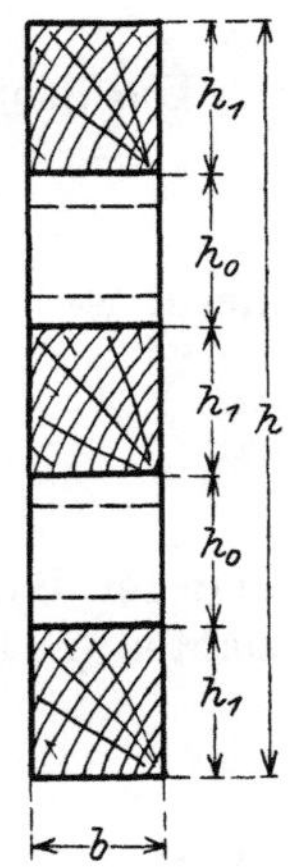

Abb. 156.

Nach Gl. 8 ist

$$h = C_1 \frac{W_0}{F_0} = C_1 \frac{M_{\max}}{Q_{\max}} \frac{\tau}{\sigma_0}.$$

Will man die Balkenhöhe vergrößern, so ist σ_0 kleiner anzunehmen, wobei aber der Balkenquerschnitt nach Gl. 9 konstant bleibt.

Wählt man die Höhe $h' > h$, so ist $b'h' = bh$ zu machen, wodurch σ_0 sich in $\sigma_0' = \sigma_0 \frac{h}{h'}$ ändert.

Will man dagegen die Balkenbreite vergrößern und die Höhe vermindern, so muß τ herabgesetzt werden und es bleibt infolge des unveränderten σ_0 das Widerstandsmoment, also bh^2, konstant. Wählt man $b' > b$ oder $h' < h$, so muß

$$b'h'^2 = bh^2 = C_1 C_2 W_0$$

gesetzt werden, wodurch

$$\tau' = \tau \frac{h'}{h}$$

vermindert wird.

Die Scherspannung τ ist im allgemeinen für Nadelholz zu 10 kg/cm² anzunehmen, für verzahnte Balken empfiehlt Melan wegen der Gefahr des Aufspaltens der Zähne nur mit $\tau = 8$ kg/cm² zu rechnen.

Über eine angenäherte Berechnung von Klötzelholzträgern aus unbehauenen Rundstämmen (Knüppelbrücken) vgl. die Seite 142 unter [3]) angegebene Quelle.

Die **Berechnung der Zähne und Dübel** erfolgt aus der zwischen den Balken auftretenden Schubkraft, die in den Stirnflächen der Zähne oder Balkeneinschnitte den Zahndruck Z hervorruft.

Bezeichnet

τ' die wagerechte Schubspannung in der Ebene der Balkeneinschnitte,

λ den Abstand dieser Einschnitte (Abb. 155) bzw. die Länge der Zähne,

so muß sein
$$Z = b\,\lambda\,\tau'.$$

Hiervon kann der Reibungswiderstand R, hervorgerufen durch die Verbindungsbolzen, in Abzug gebracht werden; wenn also m Bolzen auf die Länge λ kommen, so ist
$$Z' = b\,\lambda\,\tau' - m\,R.$$

Bei einer Höhe c des Balkeneinschnittes oder des Zahnes und der Pressung σ_z (Zahndruck) ist aber auch
$$Z' = b\,c\,\sigma_z,$$

demnach
$$\lambda = \frac{\sigma_z}{\tau'}c + \frac{m\,R}{b\,\tau'}.$$

Nimmt man nach **Melan** die Zugspannung der Schraubenbolzen mit 400 kg/cm² und die Reibungszahl mit 0,65 an, so wird bei einem Bolzendurchmesser d in cm der Reibungswiderstand
$$R = 0{,}65\,\frac{\pi\,d^2}{4}\cdot 400 = \text{rd. } 200\,d^2\ (\text{kg}).$$

Die Schubspannung ist nach vorhergehendem
$$\tau' = C_2\,\frac{Q}{b\,h};$$

hierin ist

für zwei verzahnte Balken $C_2 = \frac{3}{2}$,

„ drei „ „ $C_2 = \frac{4}{3}$

und für Balken mit Zwischenlagen für C_2 der in vorstehenden Zahlenübersichten (S. 147) angegebene Wert einzuführen. Damit ergibt sich
$$\lambda = \frac{h}{C_2\,Q}(\sigma_z\,b\,c + 200\,m\,d^2); \tag{10}$$

m ist 1 oder 2.

Die Länge λ' der Dübel bzw. Klötzel (Abb. 155) ist so groß zu machen, daß der Zahndruck Z aufgenommen wird. Beträgt die Scherspannung der Einlagen τ'', so muß sein
$$b\,\lambda'\,\tau'' > b\,c\,\sigma_z$$

oder
$$\lambda' > \frac{\sigma_z}{\tau''}\cdot c,$$

daneben
$$\lambda' \leqq \lambda.$$

Damit ergibt sich

für Längsdübel	mit $\sigma_z = 50$ kg/cm²	$\tau'' = 10$ kg/cm²	$\lambda' > 5\,c$,
„ Querdübel	„ $\sigma_z = 30$ „	$\tau'' = 10$ „	$\lambda' > 3\,c$,
„ Klötzeleinlagen	„ $\sigma_z = 70$ „	$\tau'' = 10$ „	$\lambda' > 7\,c$.

Die Höhe c der Zähne oder Balkeneinschnitte ist so groß zu machen, daß sich weder zu kurze Zähne noch zu eng gestellte Dübel ergeben.

Man mache
$$c = 0{,}1 \text{ bis } 0{,}2\, h_1 .$$
Die Zahnteilung oder Dübelentfernung ergibt sich auf folgende Weise.

Man berechne für einzelne Trägerquerschnitte λ nach Gl. 10 aus der größten Querkraft und trage bei verzahnten Trägern diese Länge, bei verdübelten oder Klötzelträgern $t = \lambda + \lambda'$ je zur Hälfte nach oben und unten als Ordinaten von der Trägerachse in den gewählten Trägerpunkten ab (Abb. 157). Der zwischen den so erhaltenen Kurven gezogene, aus Schrägen unter 45° und Lotrechten bestehende gebrochene Linienzug ergibt

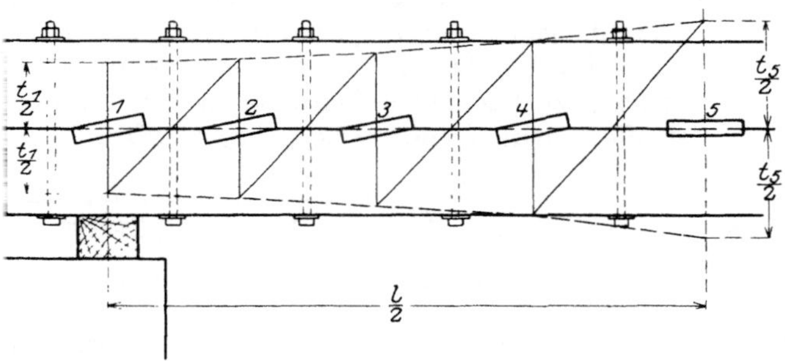

Abb. 157. Ermittelung der Zahn- oder Dübelteilung.

dann die Teilung der Zähne bzw. Dübel oder Klötzel in den Schnittpunkten der Lotrechten mit der Achse.

Eine andere Konstruktion zur Austeilung der Zähne bzw. Dübel gibt Laskus[1]) in seinem Werk „Hölzerne Brücken".

II. Der unterspannte, gespreizte und versteifte Balken.

Um mit einem gangbaren bzw. schwächeren Balkenquerschnitt auszukommen, kann er durch ein oder zwei Rundeisen, gegen welche er abgestützt wird, unterspannt werden. Hierdurch wird er in einen durchlaufenden Träger mit elastischen Stützen verwandelt (Abb. 158 u. 159). Die eisernen Zugstangen werden mit den Balkenenden möglichst nahe der Oberkante fest verbunden, wodurch der Balken eine außermittig wirkende Längskraft erhält. Der Balken stützt sich in einem oder mehreren Punkten auf kleine senkrecht zu ihm stehende eiserne oder auch hölzerne Pfosten, an deren unterem Ende das Zugband angreift.

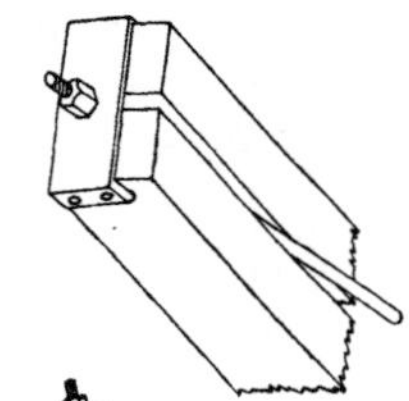

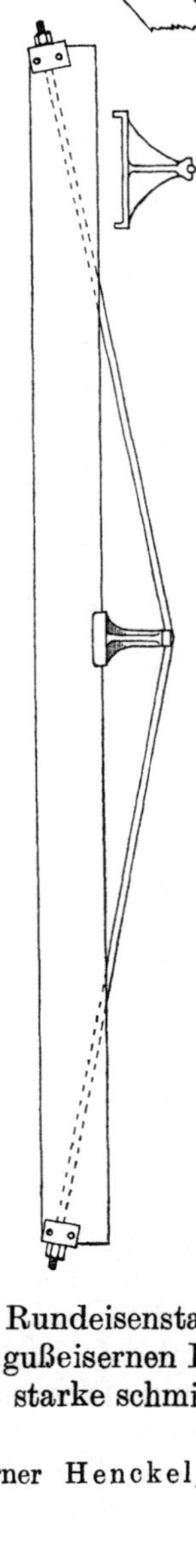

Abb. 158. Einfach unterspannter Balken.

Abb. 158 stellt eine Konstruktion dar, wie sie nicht selten für die Schienenträger eines fahrbaren Krahns verwendet wird. Der in diesem Beispiel angenommene Balken hat 5 m Länge und besteht aus zwei Halbhölzern von 20/28 cm Stärke. Zwischen beiden liegt die 36 mm starke Rundeisenstange, die in der Mitte gebogen ist und unter einem 30 cm hohen gußeisernen Bock hindurchgeht. An den Enden sind die Stangen durch 20 mm starke schmiede-

[1]) Laskus, A.: Hölzerne Brücken, 2. Aufl., S. 145. — Ferner Henckel, O.: Der Brückenbau 1919, H. 24, S. 190.

eiserne Bleche gesteckt und mit langen Muttern befestigt. Auch der gußeiserne Bock ist mit dem Holzbalken verbolzt und so gegen Kippen gesichert. Der so bewehrte Balken kann in seiner Mitte 6000 kg als Einzellast tragen. Ohne die Bewehrung würde schon eine Einzellast von 2500 kg als zulässige Grenze der Belastung anzusehen sein. Durch Anziehen der Schraubenmuttern kann der Balken von vornherein etwas nach oben durchgebogen werden, doch darf dies nur mit Vorsicht geschehen, um die Zugstangen nicht zu überanspruchen. Im vorliegenden Falle dürfte z. B. eine solche gewaltsame Durchbiegung der Balkenmitte nach oben nur etwa $3^1/_2$ mm betragen. Sollte bei wiederholten Belastungen durch Zusammenpressen der Holzfasern an den Berührungsstellen mit den eisernen Druckplatten ein Nachgeben und dauernde Durchbiegung der Trägermitte sich einstellen, so sind die Zugstangen wieder entsprechend anzuziehen, so daß der unbelastete Balken mindestens in die gerade Linie zurückgebogen wird.

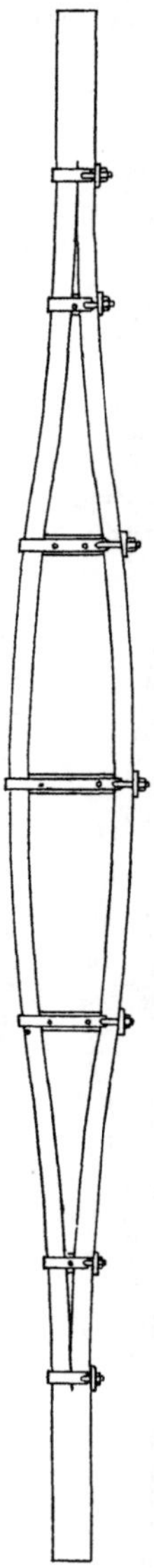

Abb. 161. Lavesscher Träger aus einem Balken gespreizt.

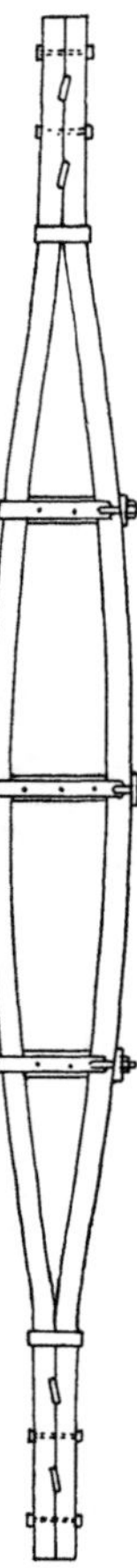

Abb. 162. Lavesscher Träger aus zwei Balken bestehend.

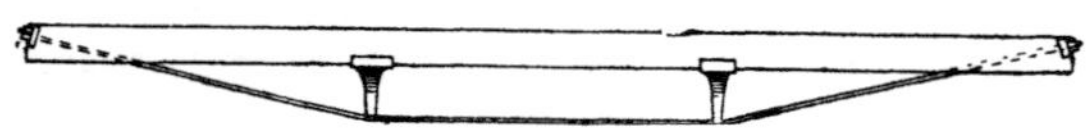

Ahb. 159. Doppelt unterspannter Balken.

Abb. 159 und 160 zeigen ähnliche Anordnungen. Bei langen Balken wird die Zahl der Unterstützungen vermehrt. Bei leichteren Konstruktionen werden die unterstützenden Spreizen ganz weggelassen und nach Abb. 160 die Mitte des Balkens auf einem

Abb. 160. Einfach unterspannter Balken ohne Mittelspreize.

Rundeisen gestützt, an dem die doppelten, auf beiden Seiten des Balkens angeordneten Zugstangen angreifen. Ein Nachteil in der Anwendung doppelter Zugeisen auf beiden Seiten des Balkens ist darin zu erblicken, daß ein gleichmäßig starkes Anziehen der beiderseitigen Zugstangen nur schwer zu erreichen ist.

Die unterspannten Balken sind streng genommen statisch unbestimmt, doch können sie in den meisten Fällen, in denen sie noch angewendet werden, nach den einfachen Regeln der Statik berechnet werden.

Ein weiteres Mittel, Balken tragfähiger zu machen, ist die Spreizung, wodurch sie ein erheblich größeres Widerstandsmoment erhalten. Die so entstehenden linsenförmigen Balken wurden zuerst 1864 von Laves angewendet und heißen nach ihm Lavessche Träger.

Laves ließ die Balken in der Mitte in Richtung der Fasern aufschneiden, die nicht aufgetrennten Enden gegen Aufspalten durch starke umgelegte Eisenbänder sichern und die beiden Balkenhälften in der Mitte durch eingesetzte Spreizen auseinander biegen (Abb. 161). Eine einfachere Art der Herstellung ermöglicht der aus zwei gebogenen Balken (Abb. 162) bestehende Träger. Die beiden Kanthölzer werden an den Enden durch Verzahnung oder Verdübelung mit Bolzen und Ringen fest verbunden.

Ein Nachteil der Lavesschen Träger besteht aber in ihrer Form, die die Anbringung wagerechter Decken und Fußböden umständlich macht. Eine Verbesserung wurde dadurch herbeigeführt, daß man nur dem oberen Balken eine Krümmung gab, den unteren dagegen gerade ließ. Aus solchen Trägern,

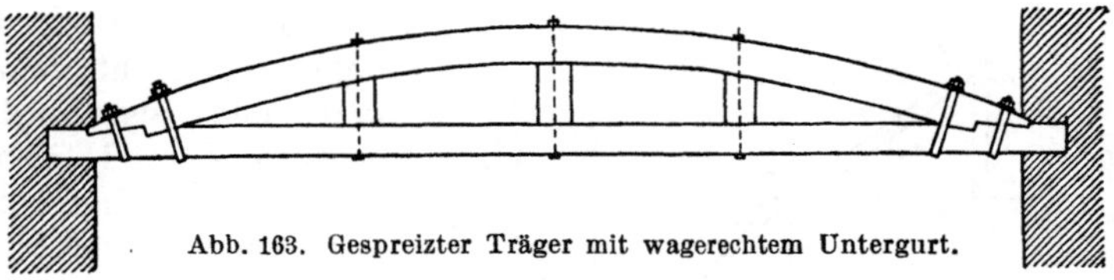

Abb. 163. Gespreizter Träger mit wagerechtem Untergurt.

deren allgemeine Anordnung Abb. 163 erkennen läßt, ist im Münchener Residenzschloß eine 10 m weit gespannte Decke hergestellt, deren Einzelheiten Abb. 164 zeigt[1]).

Aus dieser Abbildung sind die Verbindungen der gebogenen und geraden Trägerteile an den Enden durch doppelte Versatzung, Schraubenbolzen und

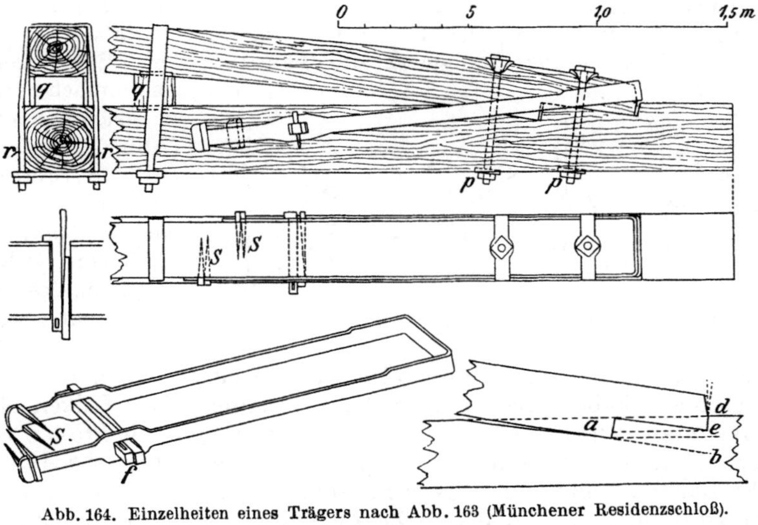

Abb. 164. Einzelheiten eines Trägers nach Abb. 163 (Münchener Residenzschloß).

Zugbänder ersichtlich. Die Zugbänder umfassen die Stirn der gebogenen Oberhölzer und können durch eiserne Keile *f* scharf angezogen werden. Danach erfolgt die weitere Befestigung durch Schraubenbolzen und Krammen bei *p* und *s*.

Eine dem Lavesschen Balken ähnliche Konstruktion ist in neuerer Zeit von O. Kaper ausgeführt worden, welcher zwischen die gespreizten Hölzer Bohlen stellt, wodurch er eine volle Wand zwischen Gurtungen erhält[2]).

III. Das Hängwerk.

Das Hängwerk dient ähnlich wie der unterspannte Balken (s. S. 149) dazu, die Stützweite eines Tragbalkens zu unterteilen und damit größere Weiten zu erzielen. Man kommt dann mit kleineren Balkenquerschnitten

---

[1]) Vgl. auch Gottgetreu, R.: Lehrbuch der Hochbaukonstruktionen. 2. Teil: Die Arbeiten des Zimmermanns, S. 117 u. 124. — Ferner Böhm, Th.: Handbuch der Holzkonstruktionen, S. 76 ff.

[2]) Gesteschi, Th.: Hölzerne Dachkonstruktionen, 3. Aufl., S. 174.

aus und ist außerdem in der Lage, den Balken an den Aufhängepunkten zu stoßen. Hierdurch kann man bis zu größeren Spannweiten gehen als dies bei einem einzigen Balken der Fall wäre. Das Hängwerk oder der Hängbock ist über dem Balken angeordnet und dient daher häufig zur Aufnahme eines Daches. Wenn es ausschließlich zu letzterem Zweck verwendet werden soll, so wirkt der eigentliche, wagerecht liegende Balken nur als Zugband, da er von dem Hängbock eine wagerechte Längskraft (Horizontalschub) erhält; er kann dann viel schwächer ausgebildet werden, als wenn er durch eine Decke belastet wird, da er nur sein geringes Eigengewicht zu tragen hat. Statt eines Balkens wird in diesem Falle häufig (bei Hallen) ein Rundeisen mit Spannschloß angewendet. Zuweilen erhält aber der wagerechte Balken erhebliche Belastungen, indem er Unterzüge oder Balkenlagen für belastete Decken unmittelbar aufzunehmen hat.

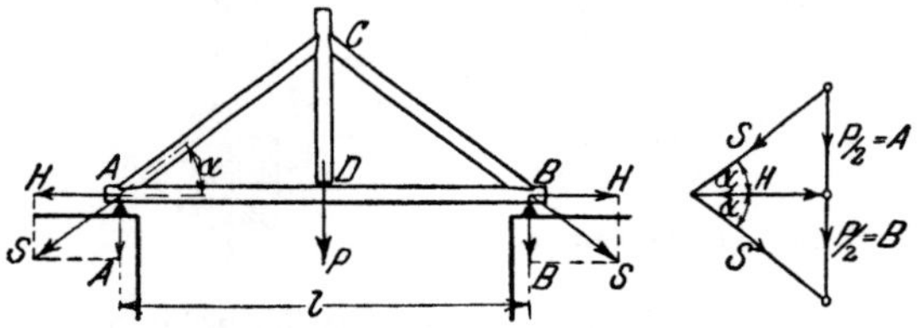

Abb. 165. Einfaches Hängwerk. (Aus Gesteschi, Dachkonstr.)

Je nach der Belastung der Decke muß dann der Balken in ein oder mehreren Punkten an dem Hängwerk aufgehängt werden. Man unterscheidet das einfache (Abb. 165), zweifache oder doppelte (Abb. 166), dreifache (Abb. 167) und vierfache, zuweilen auch ein fünffaches Hängwerk, je nachdem der Balken in ein, zwei, drei, vier oder fünf Punkten aufgehängt ist. In der Regel ist das Hängwerk symmetrisch ausgebildet und belastet, so daß die einander entsprechenden Stäbe gleichen Querschnitt erhalten. Der Balken AB heißt Haupttramen, Spannbalken oder Streckbalken, die Pfosten CD, DE, CF usw. Hängesäulen oder Hängepfosten, die Schrägstäbe AC, BC, AD usw. die Streben und der wagerechte Stab CC' bzw. DD' der Spann- oder Brustriegel (Abb. 165 bis 167). Die Ausbildung der Knotenpunkte ist schon

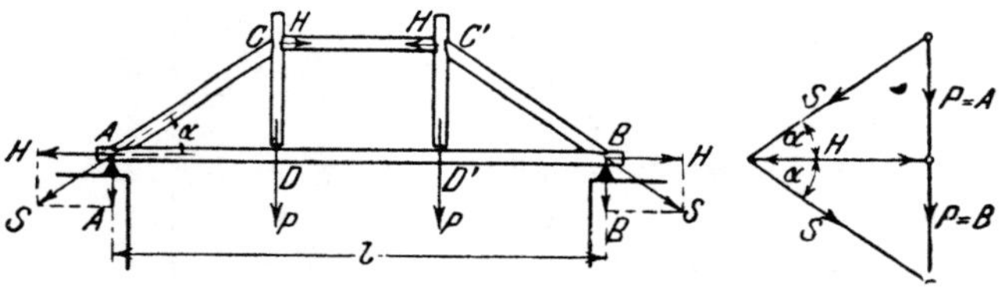

Abb. 166. Zweifaches Hängwerk. (Aus Gesteschi, Dachkonstrukt.)

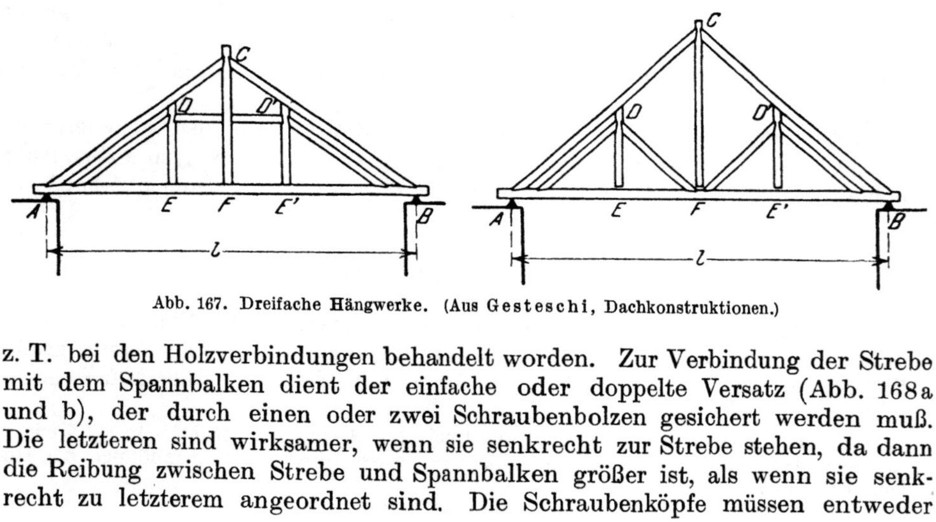

Abb. 167. Dreifache Hängwerke. (Aus Gesteschi, Dachkonstruktionen.)

z. T. bei den Holzverbindungen behandelt worden. Zur Verbindung der Strebe mit dem Spannbalken dient der einfache oder doppelte Versatz (Abb. 168a und b), der durch einen oder zwei Schraubenbolzen gesichert werden muß. Die letzteren sind wirksamer, wenn sie senkrecht zur Strebe stehen, da dann die Reibung zwischen Strebe und Spannbalken größer ist, als wenn sie senkrecht zu letzterem angeordnet sind. Die Schraubenköpfe müssen entweder in Einschnitte der Balken oder auf entsprechend keilförmigen Unterlagsplatten aus Eisen zu liegen kommen, um ein Abbiegen des Bolzenkopfes bzw. der

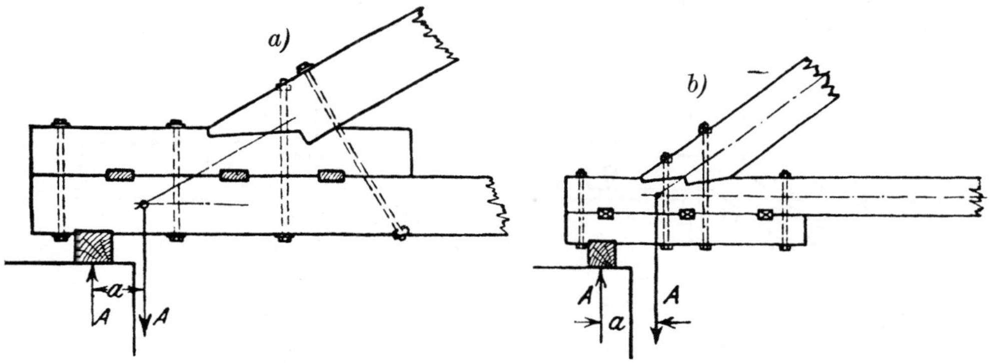

Abb. 168. Auflagerpunkt des Hängwerkes: *a)* mit Schuh, *b)* mit Sattelholz. (Aus Gesteschi, Dachkonstruktionen.)

Mutter zu vermeiden. Zuweilen läßt es sich nicht verhüten, daß die Systemlinien nicht über der Auflagermitte zusammenlaufen, so daß das Ende des Spannbalkens durch ein Moment $M = A \cdot a$ (Abb. 168a und b) auf Biegung beansprucht wird. Dieses Moment ist zu berücksichtigen, erforderlichenfalls ist der Spannbalken zu verstärken, und zwar entweder durch einen Schuh über (Abb. 168a) oder durch ein Sattel-

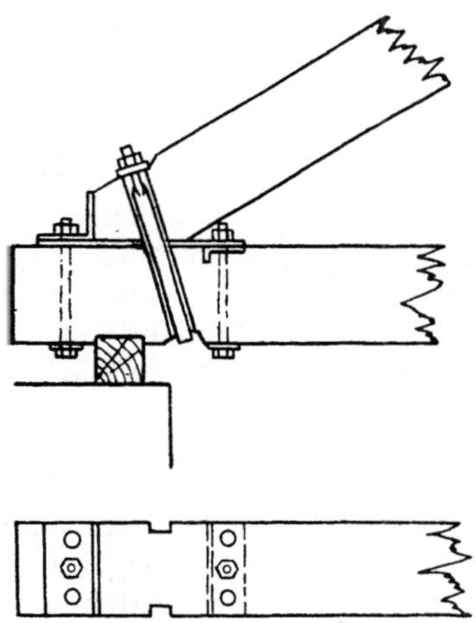

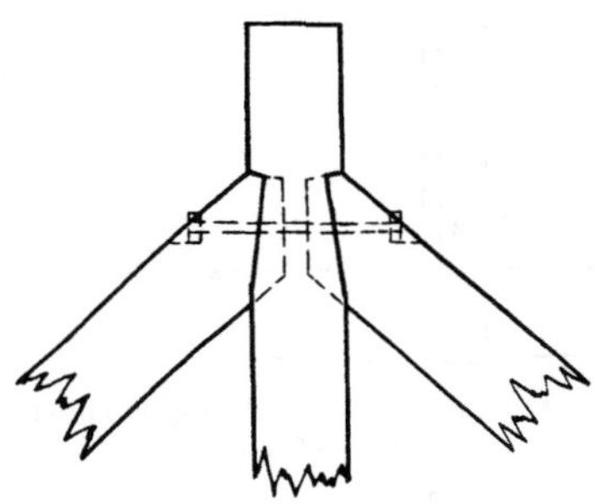

Abb. 169. Auflagerpunkt mit eisernem Schuh. Abb. 170. Verbindung der Streben mit der Hängesäule. (Aus Gesteschi, Dachkonstruktionen.)

holz unter demselben (Abb. 168b); die beiden Hölzer sind sorgfältig zu verbolzen und zu verdübeln. Wenn nötig, ist ein eiserner Schuh zu verwenden (Abb. 169), insbesondere dann, wenn das Balkenende zu kurz ist, um den wagerechten Schub auf den Spannbalken zu übertragen. Die Verbindung der

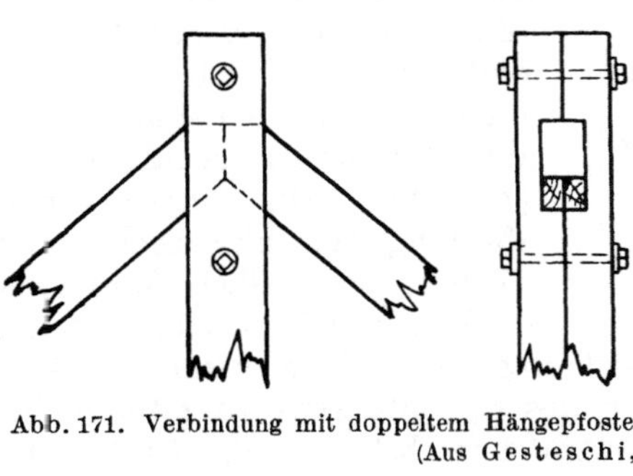

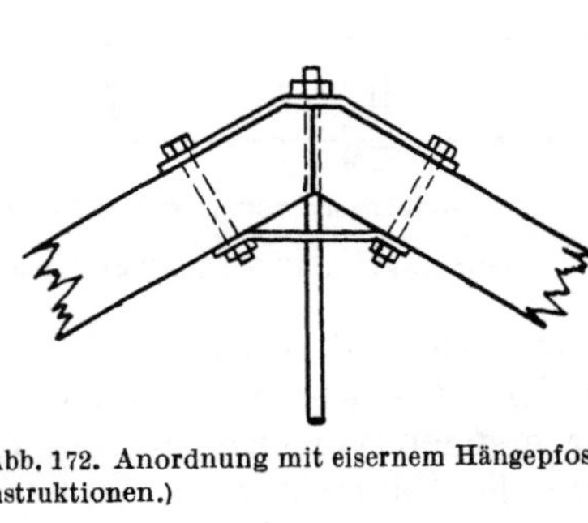

Abb. 171. Verbindung mit doppeltem Hängepfosten. Abb. 172. Anordnung mit eisernem Hängepfosten. (Aus Gesteschi, Dachkonstruktionen.)

Streben mit der Hängesäule geschieht beim einfachen Hängwerk durch einfachen Versatz ohne oder mit Zapfen (Abb. 170) oder durch doppelten Versatz. Es empfiehlt sich, die Verbindung durch einen wagerechten Bolzen zu sichern, um so mehr, als der Hängepfosten in der Querrichtung stark zu-

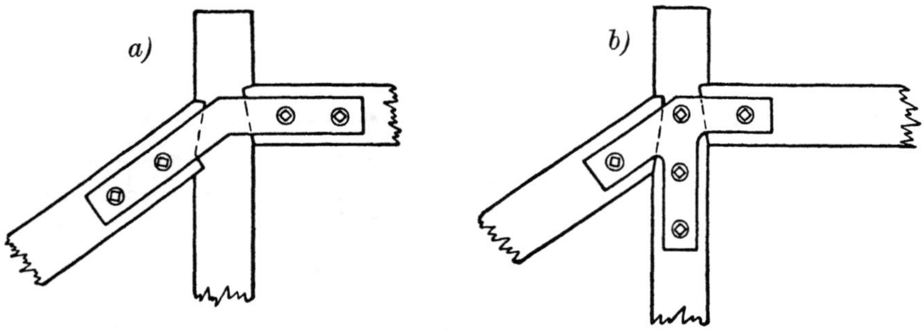

Abb. 173. Anordnungen mit Verstärkung durch Eisenlaschen.
(Aus Gesteschi, Dachkonstruktionen.)

sammentrocknet. Bei doppelten Hängepfosten kann die in Abb. 171 dargestellte Anordnung gewählt werden. Statt der Hängesäule aus Holz ist auch oft eine Rundeisenstange in Verbindung mit einer abgebogenen Eisenplatte zu empfehlen (Abb. 172). Ähnliche Anordnungen können auch beim doppelten Hängwerk ausgeführt werden. Abb. 173a zeigt eine Verbindung, bei welcher für die Strebe doppelter und für den Riegel einfacher Versatz gewählt ist. Der Knotenpunkt ist durch Flacheisenlaschen verstärkt. In Abb. 173b ist eine kräftigere Knotenpunkt-Verbindung, für schwere Lasten, dargestellt. Das Knotenblech kann aus einem größeren Blech ausgeschnitten oder auch geschmiedet werden. Die Aufhängung des Spannbalkens an den Hängpfosten erfolgt meist durch Hängeisen. Diese bestehen entweder aus Flacheisen, die in einem Stück um den Balken gelegt sind (Abb. 174), oder aus zwei Laschen, die in Rundeisen mit Gewinde endigen und durch ein Eisenquerstück gesteckt sind, welches durch Muttern gehalten wird (Abb. 175). Die erstere Verbindindung läßt sich nicht nachziehen, der Balken kann aber durch eine untergelegte Eisenplatte oder ein Hartholzstück höher gekeilt werden. Die letztere Aufhängung läßt sich dagegen nachstellen und ist daher der ersteren vorzuziehen; um ein Heben des Spannbalkens zu ermöglichen, muß die Hängesäule im Zapfen spielen. Am einfachsten ist die Aufhängung

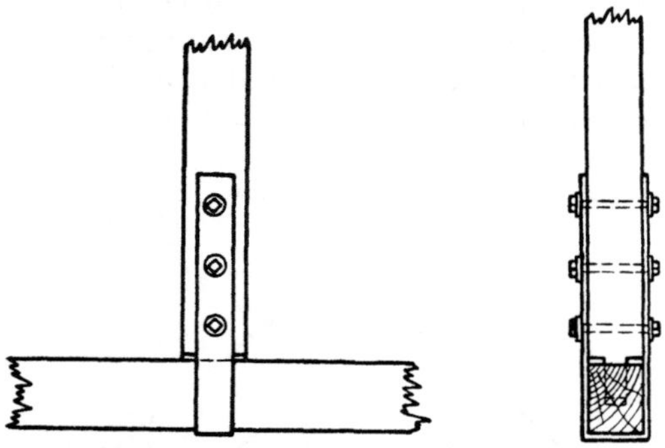

Abb. 174. Aufhängung des Streckbalkens mittels eines Flacheisens.

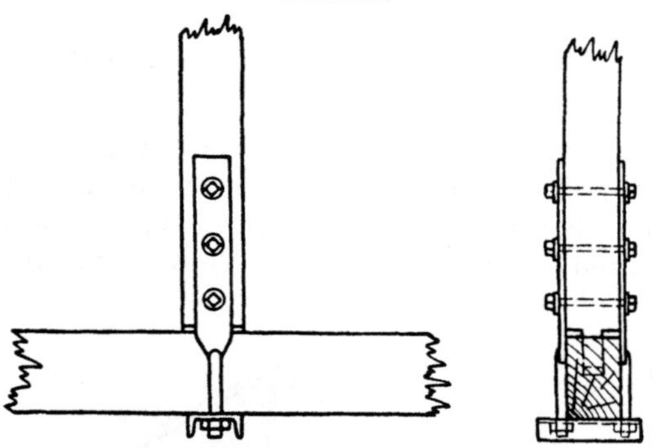

Abb. 175. Aufhängung mittels zweier Flacheisen und Querstück.
(Aus Gesteschi, Dachkonstruktionen.)

bei Verwendung von Hängepfosten aus Rundeisen (Abb. 176). Unter die Mutter ist eine Unterlagsplatte zu legen. Bei größerer Last kann eine Doppelmutter verwendet werden. Wenn der Balken an der Stelle der Aufhängung gestoßen ist, ist ein Sattelholz zu verwenden, welches mit den Balken verbolzt und verdübelt ist (Abb. 176).

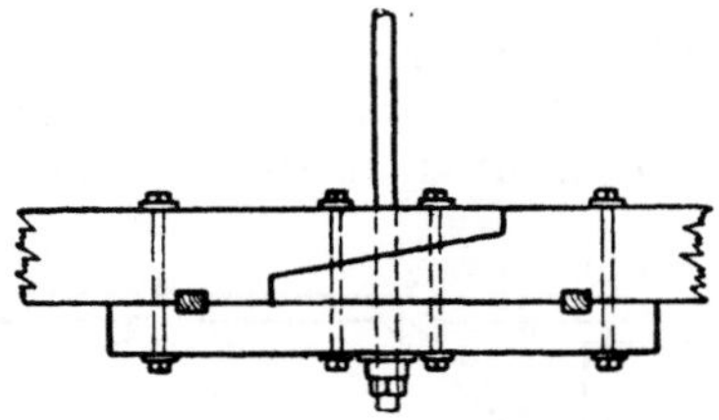

Abb. 176. Aufhängung bei Hängepfosten aus einem Rundeisen. (Aus Gesteschi, Dachkonstruktionen.)

Die statische Berechnung der Hängwerke wird meist unter der Annahme durchgeführt, daß sie steife Fachwerke darstellen, also Stabwerke mit gelenkigen Knotenpunkten. Dies trifft jedoch nur beim einfachen Hängwerk zu, während die mehrfachen, insbesondere das zweifache Hängwerk mit wagerechtem Brustriegel kein vollständiges Fachwerk darstellt, da die Ausfachung des Mittelfeldes fehlt und das Fachwerk daher beweglich ist. Nur bei symmetrischer Anordnung und Belastung ist der letztere Umstand belanglos, ein Fall, der im Hochbau bei Dächern häufig vorliegt bzw. angenommen werden kann. Die geringen Seitenkräfte durch Winddruck werden in der Regel durch die natürliche Steifigkeit der Knotenpunktverbindungen ohne weiteres aufgenommen. Das doppelte Hängwerk ist, streng genommen, erst standfest, wenn der Spannbalken als biegefest angenommen wird, so daß er den Formänderungen des Hängwerks Widerstand leistet (Abb. 177). Damit ergibt sich ein gemischtes System, bestehend aus dem gelenkigen Stabwerk $ACC'B$ (Abb. 166), dem sog. Stabbogen, und dem biegefesten Balken AB, dem sog. Versteifungsbalken. Der letztere läßt sich erst berechnen, sobald eine Stabkraft des Stabbogens bekannt ist. Das System ist daher innerlich einfach statisch unbestimmt und kann nur unter Berücksichtigung der elastischen Formänderungen des Stabwerks genau berechnet werden[1]).

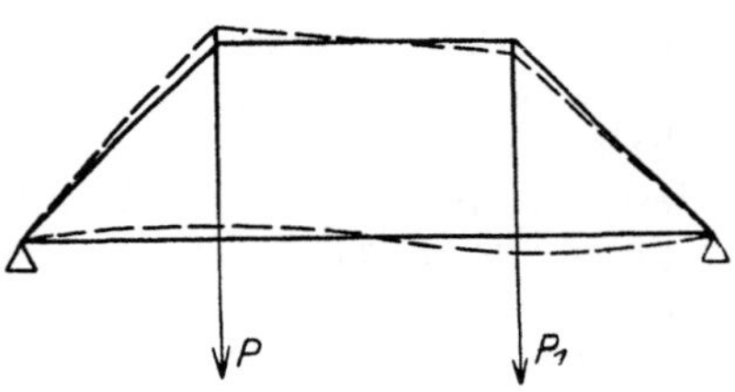

Abb. 177.

Wie bereits bemerkt, weicht man von dieser Auffassung im Hochbau meist ab und begnügt sich mit einer Annäherungsberechnung, um so mehr, als bezüglich Form und Belastung in der Regel Symmetrie vorliegt. Die Berechnung der Stäbe läuft dann auf die Aufgabe hinaus: eine Kraft nach zwei Richtungen zu zerlegen[2]).

IV. Das Sprengwerk.

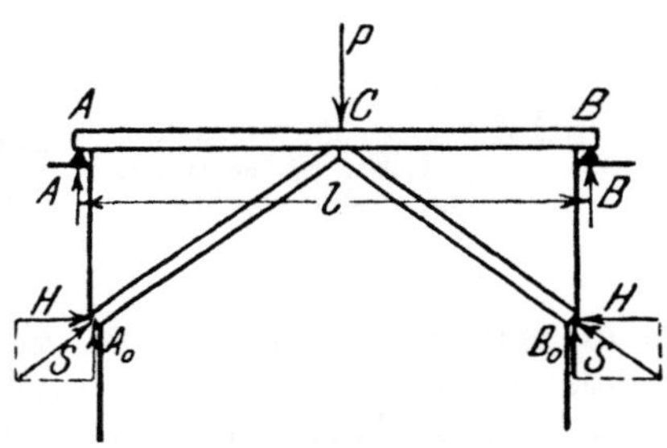

Abb. 178. Einfaches Sprengwerk. (Aus Gesteschi, Dachkonstruktionen.)

Im Gegensatz zu dem vorher behandelten Hängwerk wird beim Sprengwerk oder Sprengbock der Balken, der allein auf die Stützweite l nicht mehr tragfähig ist, in ein oder mehreren Punkten durch ein unter ihm liegendes Tragwerk unterstützt. Hiernach unterscheidet man wieder das einfache (Abb. 178), zweifache oder doppelte (Abb. 179 u. 180) und mehrfache Sprengwerk. Beim Spreng-

---

[1]) Müller, S.: Beiträge zur Theorie hölzerner Tragwerke des Hochbaues. Berlin: Wilh. Ernst & Sohn, 1907.

[2]) Über die Berechnung vgl. Gesteschi: Hölzerne Dachkonstruktionen, S. 47ff.

werk fällt die Hängesäule, die beim Hängwerk die Balkenlast auf die höherliegenden Strebenköpfe zu übertragen hat, fort, da der Spannbalken unmittelbar auf den Strebenköpfen ruht. Die Bezeichnungen der einzelnen Teile des Sprengwerks entsprechen denen des Hängwerks. Der Strebendruck wird in die Widerlager oder sonstigen festen Punkte geleitet, wo er bzw. sein Gegendruck sich in eine lotrechte Seitenkraft A_0 bzw. B_0 und eine wagerechte Seitenkraft H zerlegt (Abb. 178). Die wagerechte Seitenkraft, der sogenannte Horizontalschub, Seitenschub oder kurz Schub, muß hier durch das

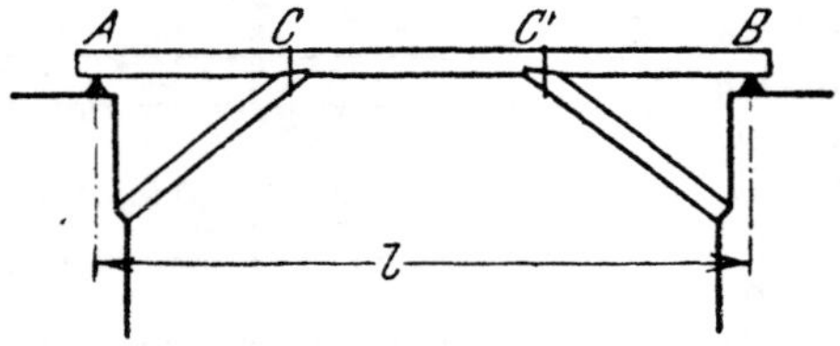

Abb. 179. Doppeltes Sprengwerk.

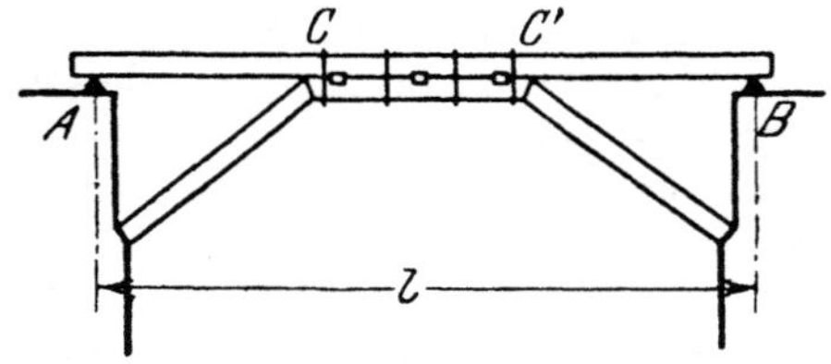

Abb. 180. Doppeltes Sprengwerk mit Spannriegel.

(Aus Gesteschi, Dachkonstruktionen.)

Widerlager aufgenommen werden, während er beim Hängwerk in den Spannbalken geht.

Im Hochbau ist es oft möglich, mehrere Sprengwerke nebeneinander anzuordnen, indem die Streben gegen eine gemeinschaftliche Stütze gesetzt werden (Abb. 186), so daß sich hier die wagerechten Schübe, gleichmäßige Belastung und symmetrische Anordnung vorausgesetzt, aufheben; die Stütze erhält somit nur lotrechte Lasten. Eine vielfach vorkommende Anordnung dieser Art ist die Unterstützung schwerbelasteter Pfetten, Rähme oder Unterzüge durch Kopfbänder (Kopfbüge), die in diesem Falle die Streben des Sprengwerks darstellen. Häufig werden allerdings diese Kopfbänder nur angeordnet, um einen Längsverband gegen Winddruck zu erzielen.

Beim doppelten Sprengwerk erhält der mittlere Teil CC' des Hauptramens durch die Streben eine Druckkraft. Bei dem in Abb. 180 dargestellten doppelten Sprengwerk ist deshalb unter dem Tramen (Streckbalken) zwischen

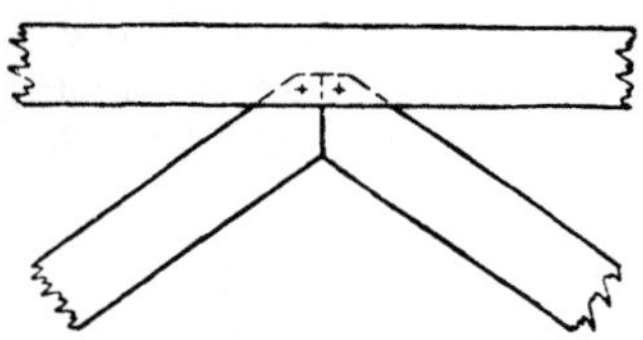

Abb. 181. Anschluß der Streben an den Spannbalken mit Schrägzapfen.
(Aus Gesteschi, Dachkonstruktionen,

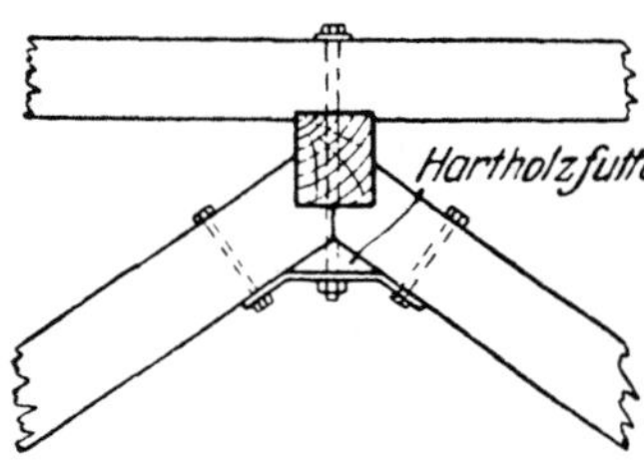

Abb. 182. Anschluß mit Unterzug.
(Aus Gesteschi, Dachkonstruktionen.)

den Streben ein Spannriegel eingefügt, der den Schub H aufnimmt und außerdem den Balken hier verstärkt; er wird mit letzterem verdübelt. Das mittlere Feld kann nunmehr größer gemacht werden als die beiden Endfelder; die Streben werden hierdurch kürzer und können steiler gestellt werden, wodurch der Widerlagerschub H kleiner wird.

Der Strebenkopf kann beim einfachen Sprengwerk so ausgebildet werden, daß die Streben stumpf zusammenstoßen und mit Schrägzapfen in den Spannbalken eingreifen (Abb. 181). Ist ein Unterzug vorhanden, so fassen die Streben diesen durch Klauen (Abb. 182). Die Verbindung ist durch eine gebogene eiserne Lasche mit Bolzen verstärkt. Beim doppelten Sprengwerk greifen die Streben durch einfachen oder doppelten Vorsatz, der verbolzt ist, in den Balken ein (Abb. 183). Eine Anwendung mit Unterzügen zeigt Abb. 184. Die Streben sind mit dem Spannriegel durch Flacheisenlaschen und Bolzen verbunden.

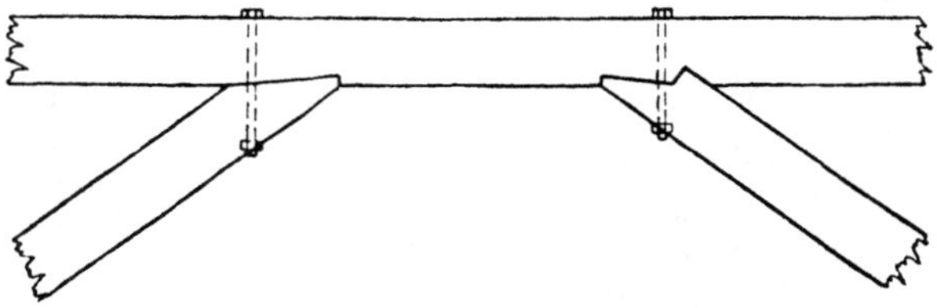

Abb. 183. Anschluß beim zweifachen Sprengwerk mit einfachem oder doppeltem Versatz.

Verbindungen mit gußeisernen Schuhen, wie sie oft im Brückenbau angewendet werden, zeigt Abb. 185.

Der Anschluß am Strebenfuß kann gegen eine Holzstütze nach Abb. 186 mit doppeltem Versatz und Verbolzung geschehen. Steht die Stütze an einer Wand als sogenannter Wandpfosten, Klebpfosten oder Klappstiel, so ist die Anordnung die gleiche, indem der Versatz nur an einer Seite ausgeführt wird (Abb. 187). Der Stiel verteilt den Druck auf das Mauerwerk. In Abb. 188 liegt eine Auflagerschwelle wagerecht auf dem Mauerwerk, die Strebe ist mit Zapfen in diese eingesetzt. Abb. 189 zeigt die Auflagerung der Strebe auf gemauerten Widerlagern von Brücken unter Verwendung eiserner

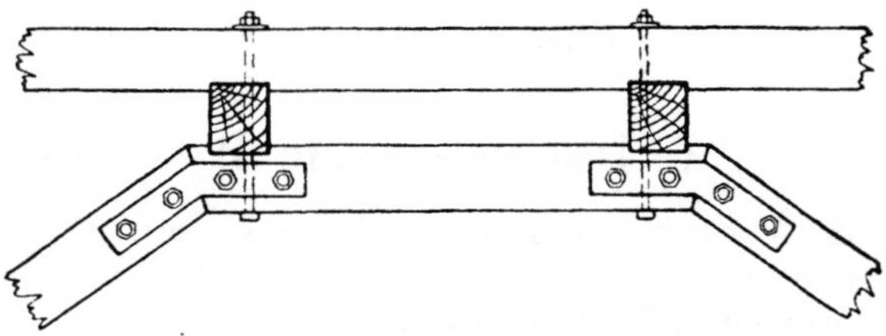

Abb. 184. Anschluß bei Verwendung von Unterzügen. (Aus Gesteschi, Dachkonstruktionen.)

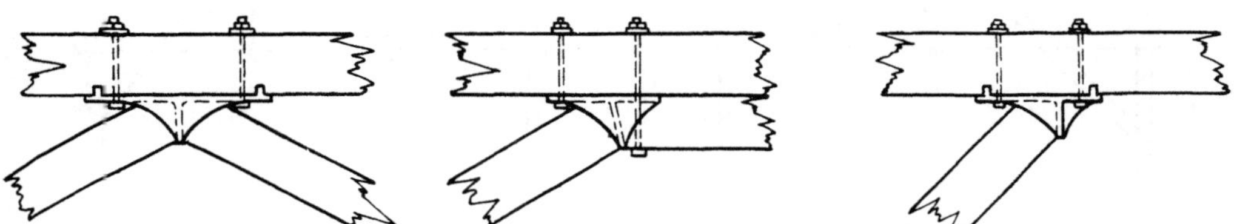

Abb. 185. Anschluß der Streben mit gußeisernem Schuh.

Schuhe. Bei Abb. 189 a besitzt die untere Querrippe zwecks Ablauf des eindringenden Wassers Löcher; bei Abb. 189 b wird der Strebenfuß nur durch vier Rippen gegen seitliche Verschiebung gehalten, ist im übrigen aber frei.

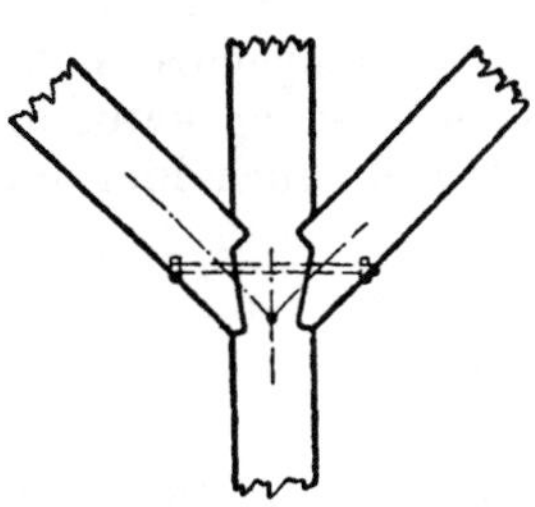

Abb. 186. Anschluß der Streben an eine Stütze.

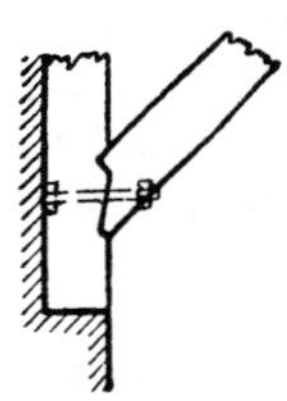

Abb. 187. Anschluß an einen Wandpfosten.

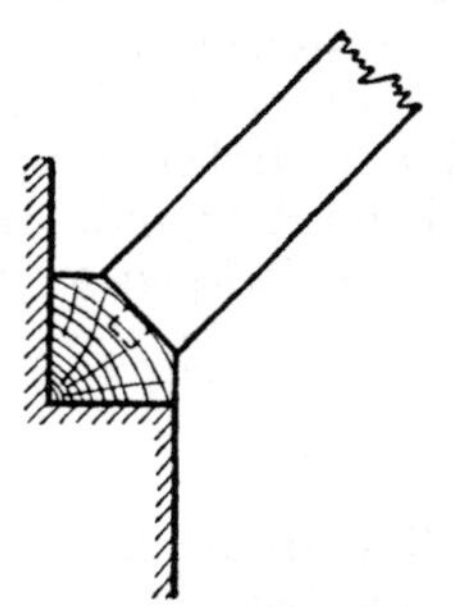

Abb. 188. Anschluß mittels einer Auflagerschwelle.

(Aus Gesteschi, Dachkonstruktionen.)

Bezüglich der Berechnung des Sprengwerks kann auf das Hängwerk verwiesen werden. Die Strebendrücke erhält man durch Zerlegung der Last P (Abb. 178) nach den beiden Strebenrichtungen beim einfachen, bzw. nach einer

Strebenrichtung und der Wagerechten beim doppelten Sprengwerk. Ebenso ergibt sich die lotrechte und wagerechte Auflagerkraft durch Zerlegung des Strebenwiderstandes nach diesen beiden Richtungen.

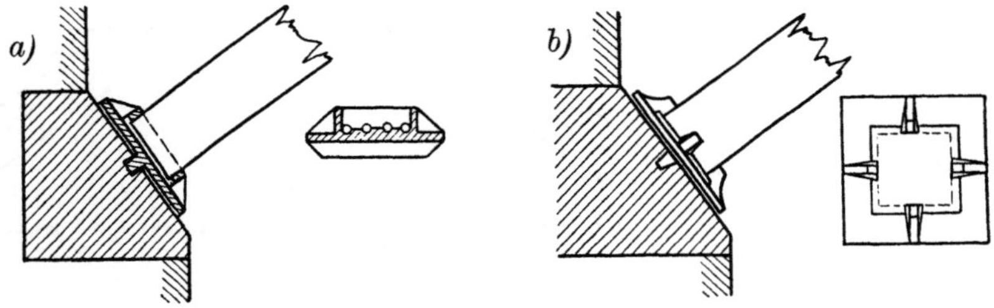

Abb. 189. Auflagerung des Strebenfußes mittels gußeisernen Schuhes.

V. Das vereinigte Häng- und Sprengwerk.

Das vereinigte Häng- und Sprengwerk oder Hängesprengwerk besteht aus einem Hängwerk über dem Spannbalken und einem Sprengwerk unter demselben (Abb. 190 und 191). Die Streben geben ihren ganzen Druck an die Widerlager ab, und der Spannbalken erhält durch diese weder Zug noch Druck, sondern hat lediglich nur seine eigene Belastung zu tragen. Die

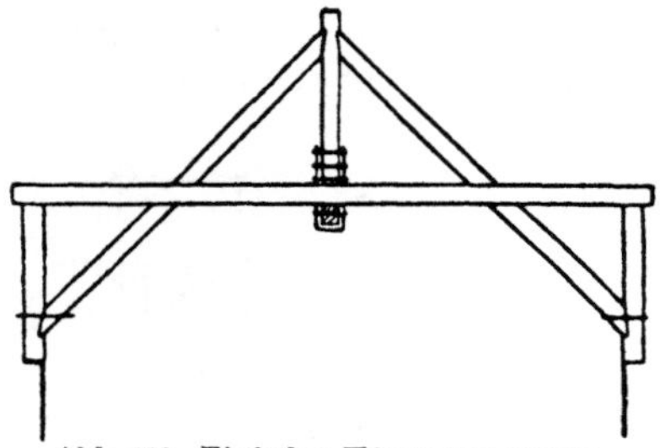

Abb. 190. Einfaches Hängesprengwerk.

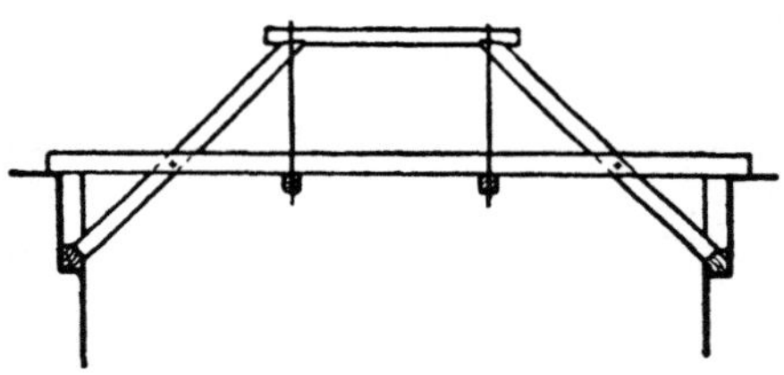

Abb. 191. Doppeltes Hängesprengwerk.

(Aus Gesteschi, Dachkonstruktionen.)

Einzelausbildung schließt sich eng an die des Häng- bzw. Sprengwerks an. Eine gewisse Abweichung zeigt der Spannbalken, der doppelt anzuordnen ist, damit die Streben in einem Stück durchgeführt werden können. Ist der Spannbalken unbelastet, wie es häufig bei Dachstuhlkonstruktionen der Fall ist, so spricht man einfach nur von „Zangen". Das Hängesprengwerk läßt sich auch so ausbilden, daß der Streckbalken und die Hängepfosten einfach und die Streben doppelt angeordnet werden. Die Berechnung kann ähnlich wie beim Hängwerk durchgeführt werden; es handelt sich auch hier nur um einfache Zerlegungen von Kräften.

VI. Der Howesche Träger.

Der Howesche Träger, der im Brückenbau fast stets als Parallelträger, im Hochbau (Dachbinder) auch als Trapez-, Dreieck- oder Vieleckträger ausgeführt wird, ist ein Ständer- oder Pfostenfachwerk mit gedrückten Streben (Diagonalen) und gezogenen Pfosten (Vertikalen). Howe hat (1840) die Anordnung vorgeschlagen, da der Anschluß von Zugstreben bei Holzkonstruktionen mit Schwierigkeiten verbunden ist, während die Pfosten aus Rundeisen mit beiderseitigen Gewinden und Muttern als Zugpfosten ausgebildet und durch Anziehen der Muttern bequem angespannt werden können. Der Howesche Träger muß für bewegliche Lasten mit gekreuzten Streben angeordnet werden, von denen, je nach der Laststellung, immer die gedrückte Strebe in Wirkung tritt, während die andere Strebe des Feldes spannungslos bleibt, da sie an die Gurte nicht (zugfest) angeschlossen ist.

Betrachtet man das Trägersystem Abb. 192, so erhalten die in der linken Trägerhälfte rechtssteigenden Streben D_1 bis D_4 bei Rechtsbelastung (Verkehrslast), die für sie die ungünstigste Belastung darstellt, stets Druck, während die linkssteigenden D_1' bis D_4' bei dieser Belastung Zug erhalten. Die Schrägen D_1 bis D_4 heißen „Hauptstreben“, da sie die Hauptkräfte erhalten, die Streben D_1' bis D_4' „Gegenstreben“, da sie nur bei Linksbelastung der linken Trägerhälfte in Wirkung treten und hierbei erheblich kleinere Druckkräfte als die Hauptstreben des betreffenden Feldes (bei Rechtsbelastung) bekommen[1]).

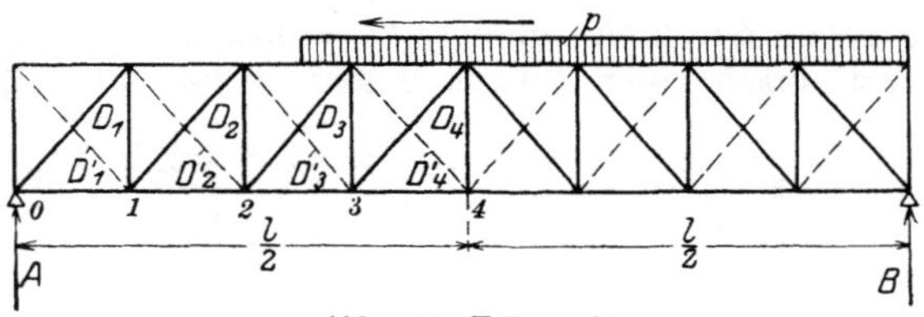

Abb. 192. Trägernetz.

Die Streben müssen durch Anspannung der Pfosten eine Druckvorspannung erhalten, die groß genug ist, um die bei einseitiger Belastung in den Gegenstreben auftretenden Zugkräfte vollkommen aufzuheben, da sonst ein Lockerwerden dieser Streben zu befürchten ist. Diese Anspannung ist ferner von Wichtigkeit, da auch bei ungenauer Arbeit und Schwinden des Holzes ein festes Anliegen der Streben an die besonders angeordneten „Stemmklötze“ oder „Druckklötze“ gewährleistet sein muß (Abb. 193). Die durch die Anspannung in den Streben erzeugten Druckkräfte werden infolge der einseitigen Belastung bei den Hauptstreben vergrößert und bei den Gegenstreben vermindert.

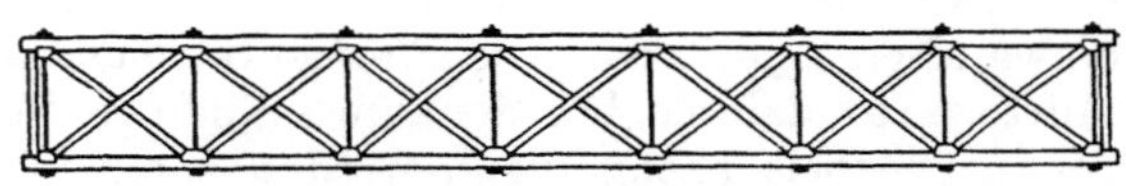
Abb. 193. Howescher Träger mit Druckklötzen. (Aus Gesteschi, Dachkonstruktionen.)

Der Howesche Träger wurde früher (bei Brücken) auch mit doppelter Felderteilung ausgeführt, indem ein zweites, um ein halbes Feld verschobenes System von gekreuzten Streben mit entsprechenden Rundeisenpfosten eingeschaltet wurde. Diese Trägerart kommt aber wegen ihrer schwierigen Ausführung wohl kaum noch zur Anwendung.

Der Howesche Träger mit einfach gekreuzten Streben ist innerlich vielfach statisch unbestimmt, doch genügt stets die angenäherte Berechnung, indem man ihn in zwei einfache Ständerfachwerke mit rechts- bzw. linkssteigenden Streben zerlegt und jedes Fachwerksystem für sich mit der halben Belastung berechnet. Rechnungsmäßig sind in der Regel nur in den mittleren Feldern, wo Spannungswechsel eintritt, Gegenstreben erforderlich, doch führt man der größeren Steifigkeit wegen in sämtlichen Feldern gekreuzte Streben aus.

Bei Dachkonstruktionen, wo fast stets gleichmäßige Belastung in Frage kommt, außerdem die Lasten viel geringer als bei Brücken sind, können die Gegenstreben fast immer fortgelassen werden. In den mittleren Streben der

---

[1]) Im Eisenbau werden im allgemeinen die Streben als Hauptstreben bezeichnet, welche infolge ständiger Belastung (Eigengewicht) Zug erhalten. In den Feldern (Mittelfeldern), in denen sie (infolge Verkehrslast) Druck erhalten würden, werden dann Gegenstreben eingebaut, die auf Zug beansprucht werden, während die Hauptstreben dieser Felder spannungslos bleiben. Diese Streben wurden deshalb früher allgemein aus Flacheisen hergestellt, während die Pfosten steif, also knicksicher ausgebildet wurden.

Binder oder Unterzüge treten dann in der Regel nur Druckkräfte oder aber so geringe Zugkräfte auf, daß diese schon durch einfache Hilfsmittel (Bolzen, Klammern u. dgl.) aufgenommen werden können.

Bei dem Howeschen Träger mit einfachem Strebenzug fällt außerdem die Schwierigkeit des Anspannens der Zugpfosten fort, die bei gekreuzten Streben genau nur durch Anwendung von Spannungsmessern, die eine Nachprüfung der Zugspannung der Pfosten ermöglichen, durchgeführt werden kann.

Besondere Stemmklötze sind hier nicht erforderlich, vielmehr werden die Streben durch einfachen oder doppelten Versatz an die Gurtungen angeschlossen und durch einen Bolzen gegen Herausfallen gesichert.

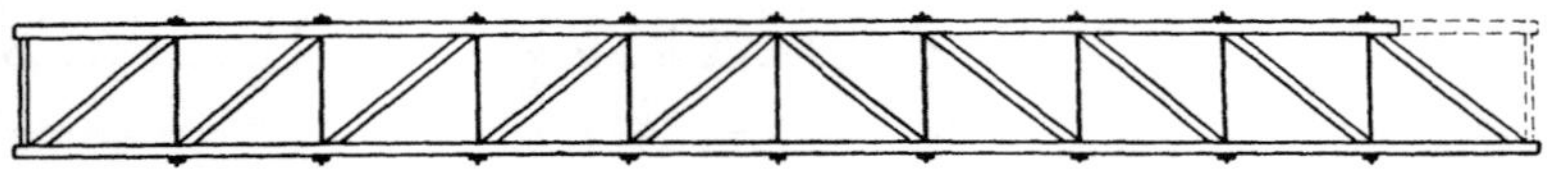

Abb. 194. Parallelträger mit einfachem Strebenzug.

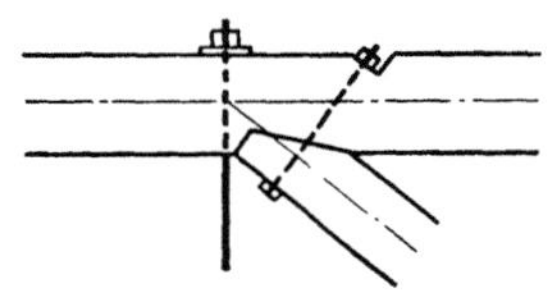

Abb. 194 zeigt einen Parallelträger mit einfachem Strebenzug; die Streben sind in der *linken* Trägerhälfte *rechtssteigend* und in der rechten Trägerhälfte linkssteigend angeordnet.

Das Fachwerksystem ist vollkommen klar, innerlich statisch bestimmt, und jede Stabkraft ist einfach zu ermitteln. Die Stabanschlüsse lassen sich einwandfrei ausführen. Die Pfosten bestehen aus Rundeisen mit beiderseitigen Muttern, so daß sie bei Senkungen infolge Schwindung des Holzes oder ungenauer Arbeit nachgezogen werden können. Das Nachziehen geschieht erst nach erfolgter Hebung des Trägers. Verbleiben dann noch zwischen den Stemmflächen der Schrägen und den Versatzeinschnitten der Gurtungen Fugen, so sind in diese Keile aus Eichenholz oder Eisen einzutreiben.

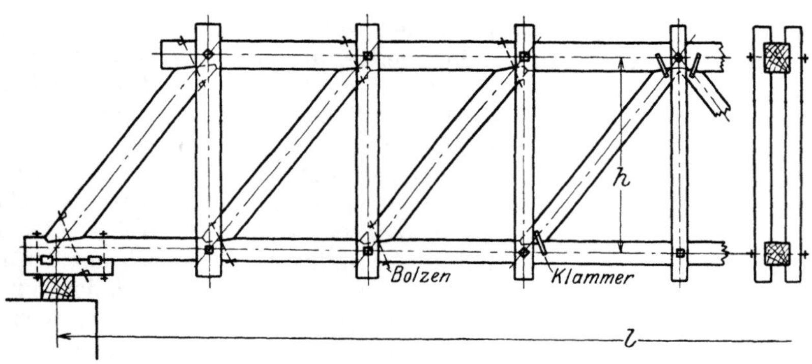

Abb. 195. Träger mit Pfosten aus Doppelzangen.

Die Pfosten können auch als Doppelzangen, die die Gurtungen umfassen, ausgebildet werden (Abb. 195). Diese Ausführungsweise wird hauptsächlich für kleinere Spannweiten und Belastungen, wo auf die Nachspannbarkeit verzichtet werden kann, in Frage kommen. Die Streben liegen in der Ebene der Gurtungen und greifen in diese mit Versatz ein. Sie können noch zur Sicherheit mit den Gurtungen, wie bereits erwähnt, durch Bolzen oder Klammern verbunden werden (Abb. 194 u. 195), so daß sie kleine, zufällige Zugkräfte aufzunehmen in der Lage sind.

Der Fachwerkträger kommt meist als Parallelträger zur Ausführung. Um ein Durchhängen zu vermeiden, welches für das Auge unschön wirkt, empfiehlt es sich, ihm eine leichte Sprengung $\left(\text{etwa } \frac{l}{100} \text{ bis } \frac{l}{50}\right)$ zu geben. Die Trägerhöhe (Systemhöhe) kann wie bei Eisenkonstruktionen je nach der Belastung zu etwa $^1/_8$ bis $^1/_{12}$ der Stützweite l gewählt werden. Bei größeren Spannweiten, in welchem Falle der Untergurt gestoßen werden muß, empfiehlt es sich, insbesondere bei schwerer Belastung, nicht zu geringe Trägerhöhe anzunehmen, damit die im Stoß zu übertragende Zugkraft möglichst klein wird [1]).

VII. Der Bohlenbogen [2]).

Bei der Überdeckung weiter Räume durch vier- und fünffache Hängwerke machte sich allmählich der Massenverbrauch starker Hölzer mit verwickelten Verbindungen sehr fühlbar. Nicht nur, daß die Kosten sehr bedeutend wurden, wirkten auch die vielen in der Luft schwebenden starken Hölzer sehr ungünstig und ließen, in der Perspektive gesehen, die Konstruktion nicht mehr klar genug überblicken.

Deshalb versuchte der Hofarchitekt Philibert de l'Orme 1561 [3]) beim Bau einer Halle in Paris zuerst, die mit Holzmassen überbürdeten Dachstühle durch eine leichtere und zugleich gefälligere Konstruktion zu ersetzen. De l'Orme stellte, statt der geraden Sparren, Bögen aus hochkantig nebeneinander genagelten und nach der Bogenlinie ausgeschnittenen Brettern oder Bohlen her, die in ihrer Stellung gegenseitig durch kurze Querriegel gesichert wurden.

Diese Bohlendächer erforderten viel geringere Holzmassen und wegen ihres geringeren Gewichts schwächere Mauerstärken als bei den bisher verwendeten Hängwerkdächern. Bald zeigte es sich aber, daß die Konstruktion durch das unverhältnismäßige Steigen der Arbeitslöhne und den bedeutenden Holzabfall teuer wurde. Um die Bohlenbögen zu verbilligen, wurden sie statt wie bisher in 1 m Abstand in 3,30 bis 3,80 m Mittenabstand angeordnet, wodurch die Hauptbinder sehr kräftig wurden. Die äußere gekrümmte Form der Bohlendächer gestattete infolge der großen Windangriffsfläche mit den gebräuchlichen Deckstoffen, wie Dachziegeln, Schiefern und selbst Schindeln, keine dichte Eindeckung, weshalb man sich veranlaßt sah, die Dachfläche durch Sparren in ebene Flächen umzuwandeln.

Als Baustoff sind ausgesuchte, möglichst viel Kernholz enthaltende Bretter erforderlich. Die Bretter werden in kurzen Stücken, welche nach der Bogenlinie ausgeschnitten sind, in mehreren Lagen mit versetzten Fugen zusammengelegt und mit hölzernen oder eisernen Nägeln oder bei sorgfältiger Ausführung durch kurze eiserne Schrauben verbunden (Abb. 196). Die Fugen gehen nach einem gemeinsamen Mittelpunkt, aus welchem der Bohlenbogen gezeichnet ist. Der Halbmesser muß möglichst groß sein, damit die Holzfasern nicht zu sehr überschnitten und zu breite Bretter nötig werden. Sämtliche Brettstücke erhalten gleiche Länge und werden nach einer Schablone

---

[1]) Über die statische Berechnung des Parallelträgers vgl. Gesteschi: Hölzerne Dachkonstruktionen, 3. Aufl., S. 56 ff.

[2]) Gottgetreu, R.: Lehrbuch der Hochbau-Konstruktionen. II. Teil: Die Arbeiten des Zimmermanns. — Geißler, F.: Aus der Entwicklung des Holzbaues usw. in C. Kersten: Freitragende Holzbauten, S. 36. — Breymann, G. A.: Allgemeine Baukonstruktionslehre. Bd. II: Die Konstruktionen in Holz. 6. Aufl.

[3]) Nach Rondelet: L'art de bâtir, Paris 1842 (vgl. Lang, G.: Die Entwicklungsgeschichte der Spannwerke des Bauwesens, S. 18) kommen Bohlenbögen schon 200 Jahre früher vor.

aus längeren Brettern geschnitten (Abb. 197), so daß die Krümmungen immer verwechselt liegen, weil dann die Schnittfuge zwischen zwei Brettstücken zugleich als Stoßfuge dienen kann und alle unnötigen Zwischenräume fortfallen. Die Größe der einzelnen Brettstücke hängt, wie schon erwähnt, von der Krümmung und der Breite der vorhandenen Bretter oder Bohlen ab, und man nimmt in dieser Beziehung 1,5 m als geringste und etwa 2,5 m als größte Länge der einzelnen, nach der vorgeschriebenen Rundung geschnittenen Brettstücke an. Die Brett- oder Bohlenstücke bleiben rauh, und nur in besonderen Fällen werden die äußeren Flächen der äußeren Lagen gehobelt.

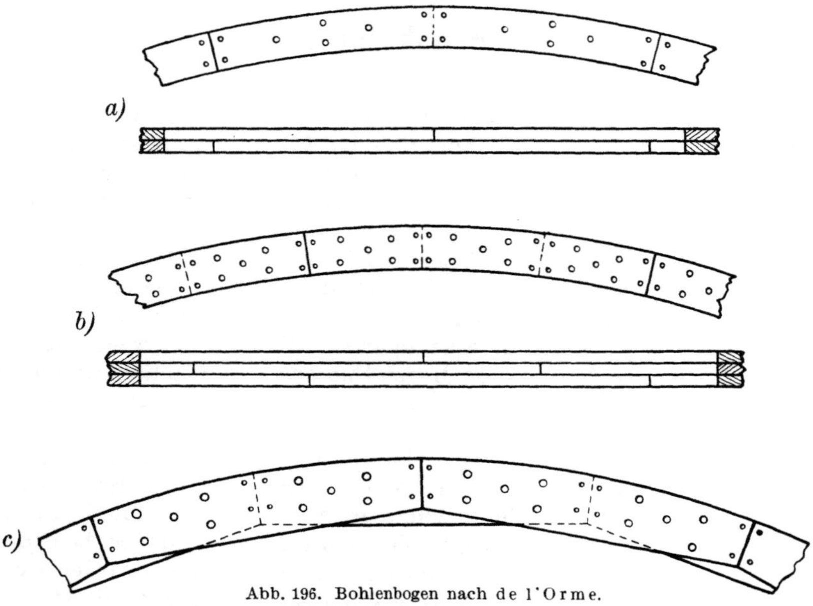

Abb. 196. Bohlenbogen nach de l'Orme.
a) Bogen mit zwei Brettlagen. *b)* Bogen mit drei Brettlagen.
c) Bogen aus einseitig beschnittenen Brettern zusammengesetzt.

Die Brettstücke werden auf dem Reißboden nach der aufgezeichneten Form, möglichst genau passend, aneinandergeschoben, die zweite Lage mit versetzten Fugen daraufgelegt und beide durch Nägel verbunden. Die Nägel müssen, wenigstens an den Stößen, eisern sein und wenigstens vier an jedem Stoß verwendet und umgenietet werden. Außerdem verbindet man die Brettlagen wohl durch hölzerne Nägel, in Entfernungen von etwa 20 bis 25 cm voneinander.

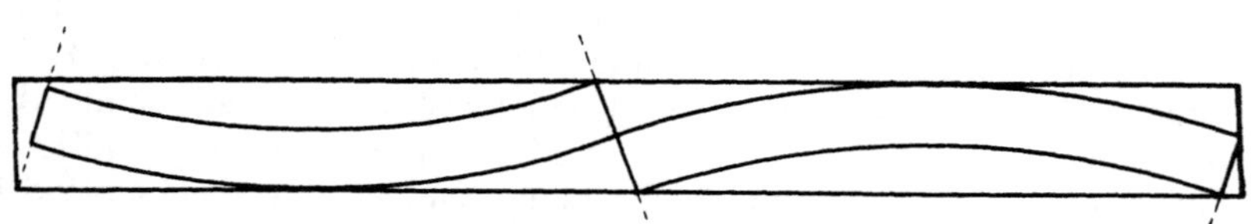

Abb. 197. Herausschneiden der Bogenstücke aus einem Brett.

Die hölzernen Nägel werden gewöhnlich von ganz trockenem Tannenholz gemacht, und zwar empfiehlt es sich, etwas ovalen Querschnitt zu wählen. Werden sie dann in die rund vorgebohrten Löcher eingetrieben, so muß die größere Achse des ovalen Querschnitts parallel zu den Holzfasern der Bretter liegen. Der durchgeschlagene Nagel wird auf der unteren Seite, mit der Fläche des Sparrens bündig abgestemmt und an diesem Ende verkeilt. Damit die Bretter hierbei nicht gespalten werden, müssen die Keile senkrecht zur Richtung der Holzfasern in die Nägel eingesetzt werden (Abb. 198).

Bei Spannweiten über 8 m empfiehlt es sich, überall eiserne umgenietete Nägel zu verwenden, und von 18 m Spannweite an an den Stößen Holzschrauben oder Schraubenbolzen anzuordnen.

Die Höhe der Bohlensparren soll mindestens 20 cm betragen, ihre Entfernung macht man in der Regel von Mitte zu Mitte 0,90 bis 1,25 m.

Je nach der Spannweite erhalten die Bohlenbögen folgende Stärken:

		bis 7,5	m	Spannweite	7	cm	stark,	bestehend	aus 2	Brettern,
von	7,5	„ 11,5	„	„	8	„	„	„	„ 2	„
„	11,5	„ 12,5	„	„	10	„	„	„	„ 2	„
„	12,5	„ 14,0	„	„	12	„	„	„	„ 3	„
„	14,0	„ 15,7	„	„	14	„	„	„	„ 2	„
								und 1 Bohle	von 6 cm	Stärke,
„	15,7	„ 17,3	„	„	18	„	„	bestehend	aus 3	Bohlen.

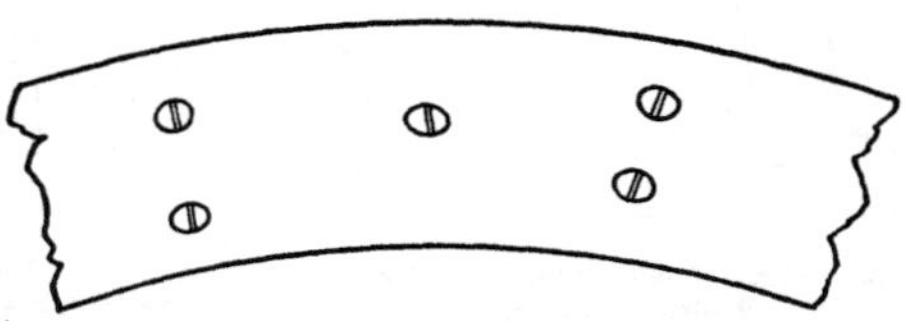

Abb. 198. Verbindung der Bretter durch ovale Holznägel.

Für je 3 m größere Spannweite wird der Bohlensparren um 2,5 bis 3,0 cm verstärkt, wobei an dem Grundsatz festzuhalten ist, jeden Sparren lieber aus zwei stärkeren, als aus drei schwächeren Brettern bzw. Bohlen zusammenzusetzen. Außerdem ist es ratsam, bei Spannweiten von 12 m und darüber dem vierten Sparrenpaar, als Bindersparren, eine größere und zwar die in obigen Angaben nächstfolgende Abmessung zu geben.

Die gegenüberliegenden Sparren werden in der Spitze durch Überblattung bzw. durch Schlitzzapfen verbunden, je nachdem die Sparren aus zwei oder drei Brettlagen bestehen (Abb. 199). Die Verbindung wird durch eiserne Nägel oder Schrauben gesichert, außerdem etwa 18 bis 24 cm unter dem inneren Scheitel in wagerechter Richtung ein Brett an beide Sparren genagelt.

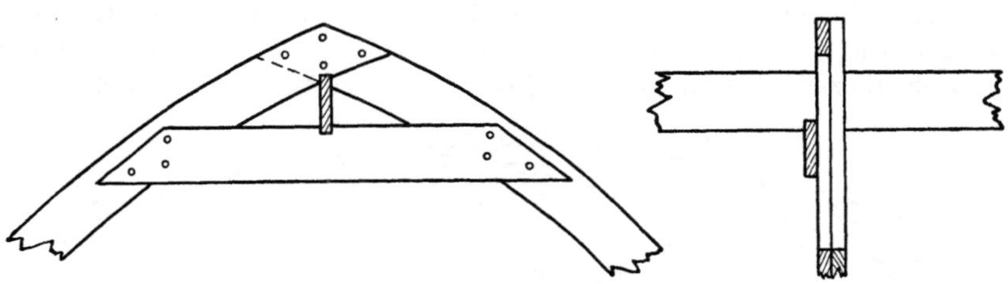

Abb. 199. Verbindung der Bohlensparren im First.

Zur Herstellung eines Längsverbandes wird zwischen Sparren und wagerechtem Brett eine etwa 6 cm starke Firstbohle hochkantig angebracht und in diese sowohl Sparren als auch Brett je 4 cm tief eingelassen. Außer diesem Firstverband werden noch Längsverbände durch innen aufgenagelte Windrispen oder durch Riegel zwischen den Sparren hergestellt.

Beim Rundbogen erfolgt die Längsversteifung auf die gleiche Weise, wie an den übrigen Stellen.

Mit dem Fuß stehen die Sparren entweder auf einem Balken oder einer Schwelle. Falls ein Balken vorhanden ist (Abb. 200), wird das Zapfenloch in einem Abstand von mindestens 9 cm vom Balkenende in der ganzen Höhe des Sparrens ausgestemmt, jedoch etwa 3 cm (auf jeder Seite je 1,5 cm) schmäler als die Sparrenstärke, falls der Sparren aus zwei Brettlagen besteht.

Hierdurch stehen die Sparren sämtlich ohne Rücksicht auf die ungleiche Tiefe der Zapfenlöcher, auf einer wagerechten Ebene. Besteht der Sparren aus drei Brettlagen (Abb. 201), so schneidet man auf einer Seite in der erforderlichen Höhe die eine Brettdicke fort und gibt dem Zapfenloch eine Breite gleich der übrigbleibenden Sparrendicke. Steht der Sparren auf einer Schwelle, so wird der Sparren gewöhnlich nur teilweise eingezapft und zugleich aufgeklaut (Abb. 202), damit vor dem Sparren noch 9 cm Holz stehen bleibt.

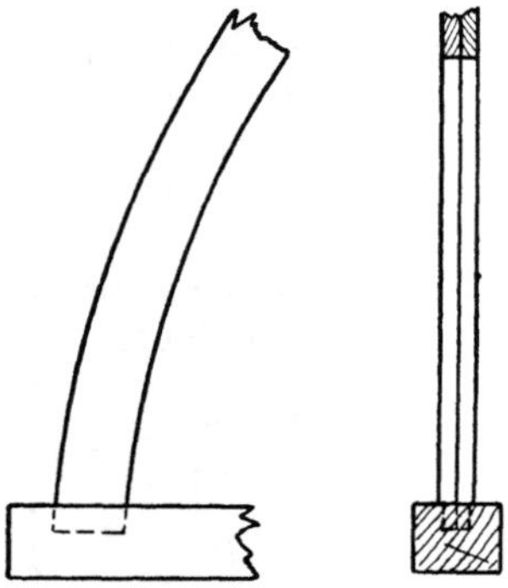

Abb. 200. Ausbildung des Fußes bei zwei Brettlagen.

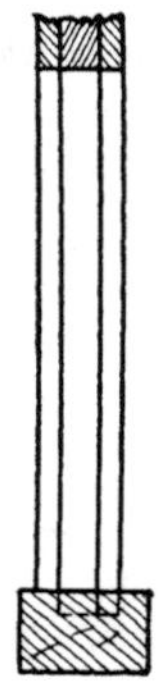

Abb. 201. Fuß bei drei Brettlagen.

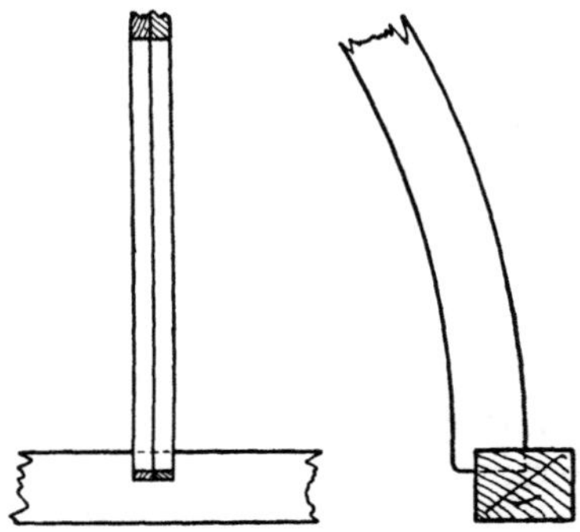

Abb. 202. Auflager auf einer Schwelle.

Als Form des Bohlenbogens wurde meist der Spitzbogen verwendet, da sich ein geringerer Horizontalschub, ein sicherer Sparrenstand und ein besseres Abfließen des Regenwassers ergibt als beim Rundbogen.

In Deutschland wurden die Bohlenbögen hauptsächlich durch Gilly 1801 eingeführt, welcher sie besonders für landwirtschaftliche Bauten, für Scheunen, Schuppen usw. empfahl.

Im Jahre 1819 machte der französische Ingenieur Oberst Emy den Vorschlag, den de l'Ormeschen Bohlenbogen zu verlassen und ihn aus möglichst langen 5,5 cm starken und 13 cm breiten Bohlen, welche mit ihren Breitseiten aufeinander liegen, herzustellen. Hierbei hat jeder Bogen höchstens zehn Fugen, jede Bohlenlage höchstens drei Fugen. Die Bohlenlagen sind durch Bolzen und umgelegte Eisenbänder verbunden (Abb. 203).

Abb. 203. Bohlenbogen nach Emy.

Diese Bögen haben gegenüber dem de l'Ormeschen Bogen den Vorteil, daß sie nicht soviel Holzverschnitt ergeben wie letzterer.

Das Biegen der Bohlen geschieht einzeln über einem Lehrgerüst, und die Schraubenbolzen werden erst eingezogen, wenn der ganze Bogen die richtige Form angenommen hat.

Der Emysche Bohlenbogen ist nicht nur bei Dachbindern, sondern auch bei Brücken vielfach ausgeführt worden. Ein Nachteil dieser Bauweise ist die geringe Steifigkeit bei einseitiger Belastung (Wind oder Verkehrslast), weshalb später mehrere Bögen übereinander angeordnet und gegenseitig durch Andreaskreuze und Strebenverbindungen verschiedener Art versteift wurden.

Auch das Biegen ganzer Balken zur Herstellung von Bogensprengwerkbrücken, welches in der zweiten Hälfte des achtzehnten Jahrhunderts aufkam, soll hier nicht unerwähnt bleiben (s. weiter unter J. III. 5).

Zur Erläuterung der Emyschen Bauweise möge der seinerzeit viel bewunderte Dachstuhl des großen Magazingebäudes zu Marac bei Bologne näher erläutert werden (Abb. 204). Das Tragwerk besteht aus Bogenbindern in je 3,00 m Abstand. Die Binder sind halbkreisförmig mit einer freien Spannweite von 19,50 m gestaltet. Über dem Bogen ist ein Dachsparren angeordnet, der sich außen auf einen Wandpfosten stützt; beide sind mit dem Bohlenbogen durch senkrecht zu letzterem stehende Doppelzangen verbunden. Diese Zangen sind seitlich in den Bogen je 1 cm tief eingelassen, um ein Gleiten der Bohlen übereinander zu verhindern. Zwischen je zwei Doppelzangen sind Eisenbänder und Bolzen angeordnet, welche die Bohlen zusammenhalten und sich dem Gleiten nach allen Seiten hin widersetzen. Die Bolzen haben 18 mm Durchmesser und sind 80 cm voneinander entfernt. Zwischen den 3 m entfernten Bindern sind sowohl im First als auch nahe der Traufe aus Andreaskreuzen bestehende Längsverbindungen angeordnet. Die geraden Verbandhölzer sind sämtlich 13 cm stark, wobei der Haupttragsparren durch ein verzahntes Sattelholz verstärkt ist. Die weiteren Einzelheiten gehen aus Abb. 204 hervor.

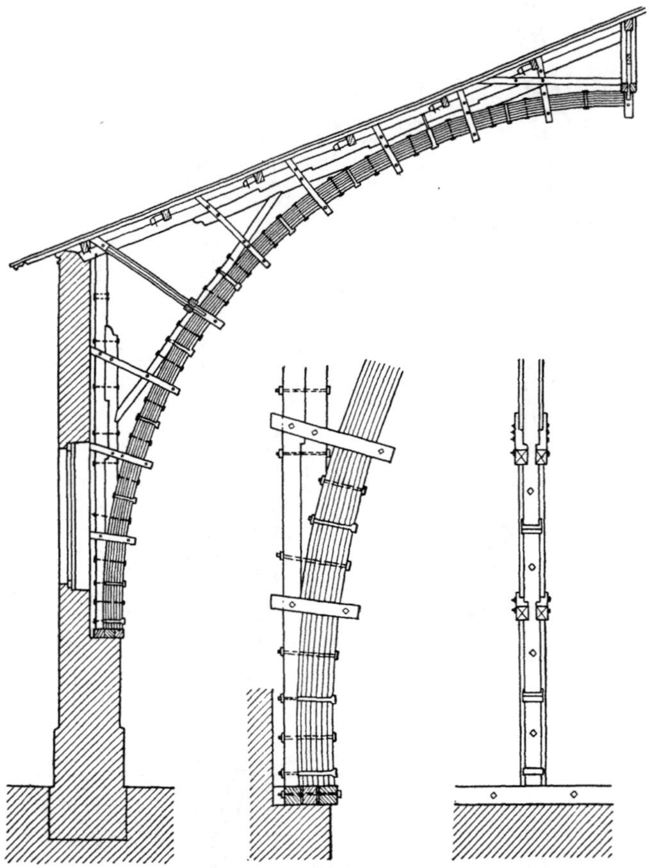

Abb. 204. Bogenbinder des Magazingebäudes zu Marac bei Bologne.

Eine weitere Anwendung des Emyschen Bohlenbogens zeigt der frühere, 1848 erbaute Zentralbahnhof in München[1]), dessen Binder 50 cm breit sind und aus 5 Bohlen von je 6 cm Stärke bestehen. Die freie Spannweite der Binder beträgt 26,5 m, ihr Abstand 4,8 m. Die Halle ist noch heute als Schalterhalle im Betrieb.

Ein bemerkenswertes Beispiel für eine Verbindung der de l'Ormeschen mit der Emyschen Bauweise stellt die Binderkonstruktion für eine Halle der französischen Abteilung auf der Wiener Weltausstellung 1873[2]) dar (Abb. 205). Hier tritt zum ersten Male der I-Querschnitt auf, der zur Erzielung größerer Steifigkeit insbesondere in seitlicher Richtung, gewählt wurde. Über den vier Lagen lotrechter Bretter 4,5/19 cm wurden oben und

[1]) Gottgetreu, R.: Die Arbeiten des Zimmermanns, S. 221.

[2]) Baukunde des Architekten (Deutsches Bauhandb., herausgeg. von der deutsch. Bauz.), Bd. I, 1. Teil: Der Aufbau der Gebäude, Berlin 1903, S. 275. — Zeitschr. d. österr. Ing.- u. Arch.-Ver. 1874.

unten je zwei Lagen wagerechter Bretter 2/30 cm angeordnet; der ganze Querschnitt wurde außer durch die Vernagelung noch durch lotrechte Bolzen zusammengehalten. Die Spannweite der Bogenbinder der Mittelhalle war 18,4 m.

Ein weiteres Beispiel ähnlicher Art, bei welchem Kastenquerschnitte zur Verwendung gelangten, zeigt die von Hofzimmermeister Ernst Noack, Dresden,

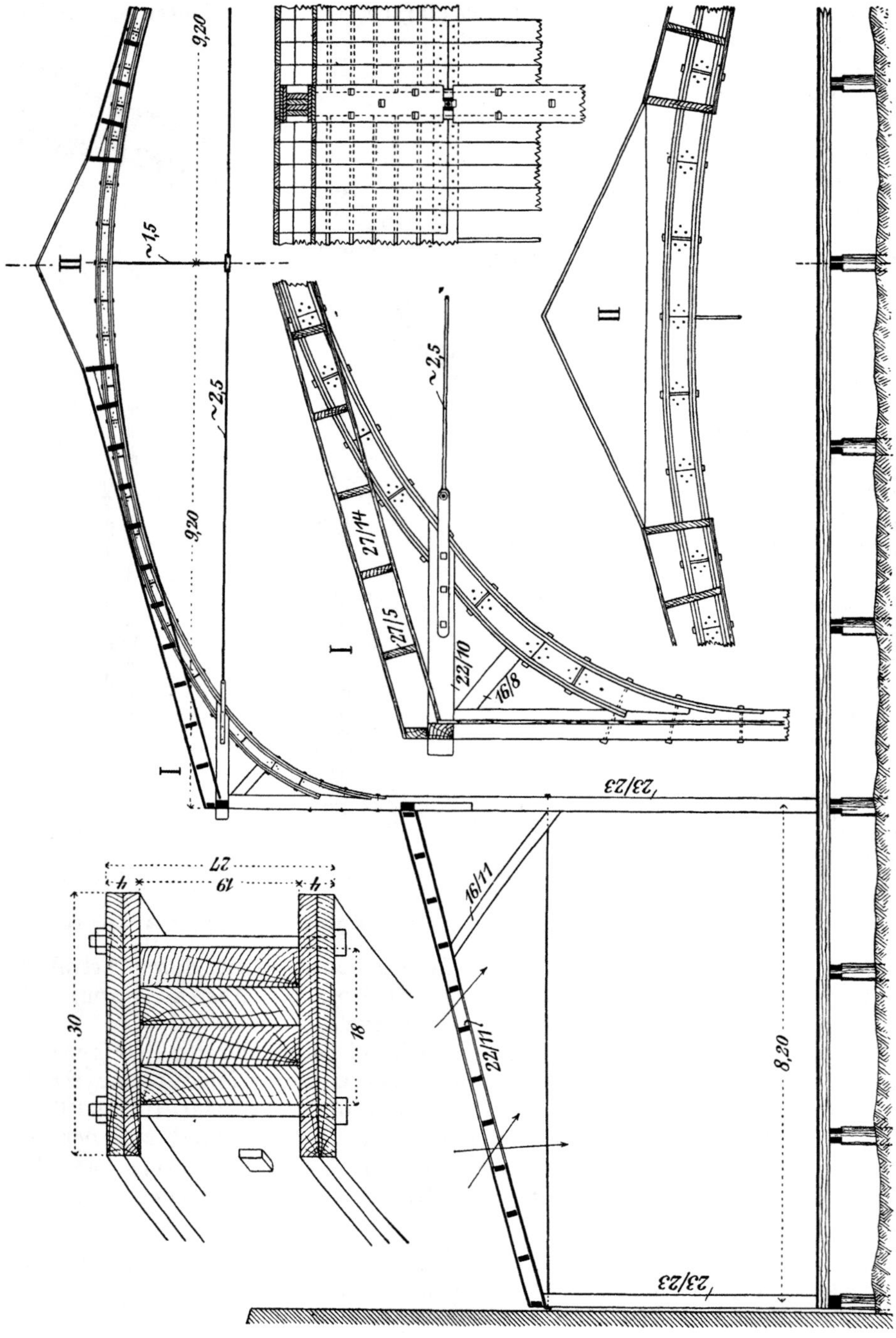

Abb. 205. Halle auf der Wiener Weltausstellung 1873.

entworfene und ausgeführte Kunstindustriehalle auf der III. Deutschen Kunstgewerbe-Ausstellung in Dresden 1906[1]). Abb. 206 zeigt den Querschnitt einer der beiden gleichen Seitenhallen von je 16,04 m freier Spannweite; in gleicher Weise war die Mittelhalle mit 17,54 m Lichtweite ausgeführt. Die Bohlenbögen werden oben und unten aus je einer dreifachen Lage flachliegender Bretter von 30 cm Breite und je 2 cm Stärke gebildet, an die sich die lotrechten Wände (Stege), aus je zwei Lagen Brettern 22/3 cm bestehend, anschließen.

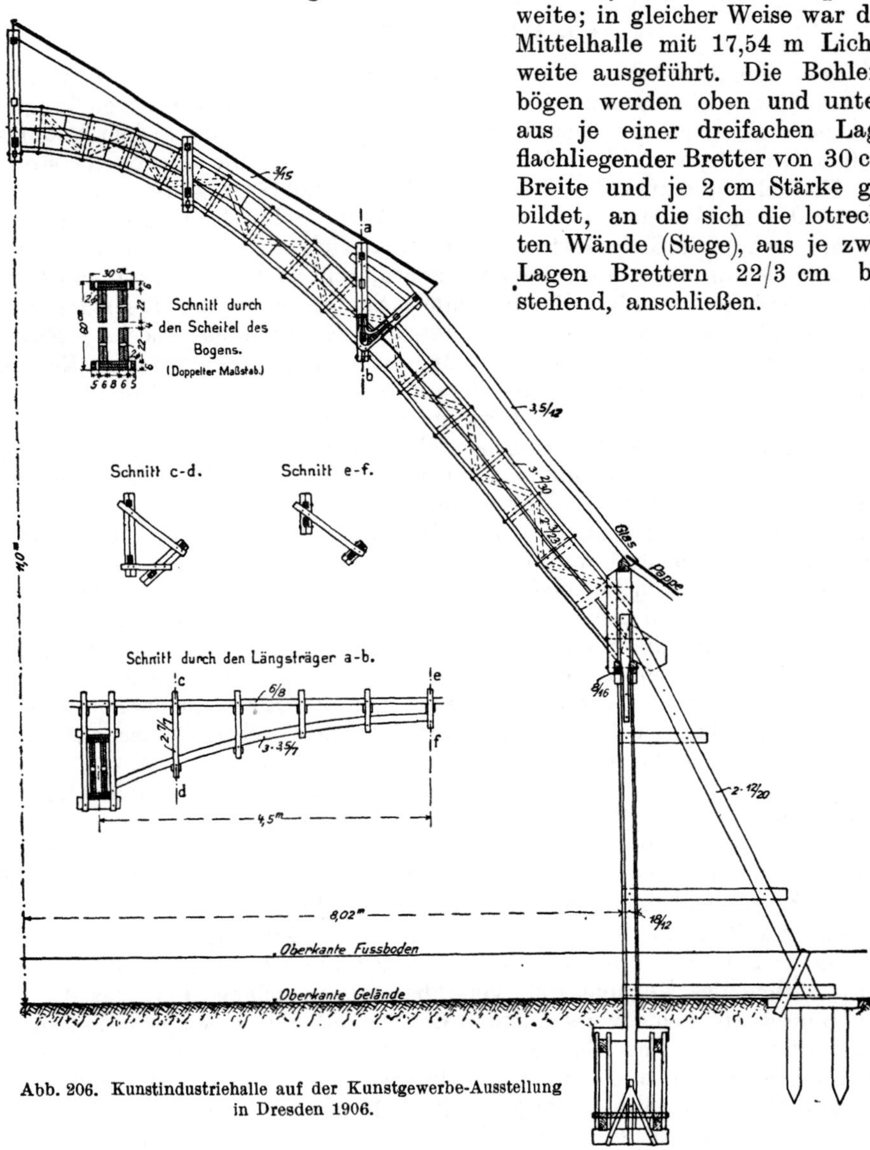

Abb. 206. Kunstindustriehalle auf der Kunstgewerbe-Ausstellung in Dresden 1906.

Zwischen den beiden 8 cm i. L. entfernten Stegen ist zur Versteifung und Verbindung der beiden ⊔-förmigen Querschnitthälften eine aus Pfosten 8/12 cm und Streben 8/8 cm bestehende Vergitterung eingebaut. Der Abstand der Pfosten beträgt 60 bis 70 cm; zwischen ihnen verlaufen die Streben abwechselnd steigend und fallend. Pfosten und Streben sind mit den Stegen reichlich verbolzt. Die oberen und unteren Gurtplatten treten auf jeder Seite 5 cm vor und sind dort, wo die Pfosten sitzen, durch lange, 20 mm starke Schraubenbolzen verbunden. Der Binderabstand beträgt abwechselnd 4,5 und 9,0 m. Weitere Einzelheiten vgl. die in der Fußnote angegebene Quelle.

[1]) Böhm, Th.: Handb. d. Holzkonstruktionen, S. 525.

VIII. Die neueren, ingenieurmäßig durchgebildeten Tragwerke.

1. Der Vollwandträger.

Die älteren, vorher besprochenen Tragwerke sind unter vorwiegender Mitarbeit des Zimmermanns, der die vom Architekten angegebenen Tragwerkformen und -arten zur Ausführung zu bringen hatte, unter dem hauptsächlichen Gesichtspunkt des Holzbedarfs entstanden. Die Einzelteile sind die im Handel vorkommenden Balken- und Verbandhölzer, seltener Rundhölzer, sowie die landläufigen Eisenteile wie Nägel, Schraubenbolzen, Flacheisenlaschen usw. Die Trägerarten entwickelten sich aus Jahrhunderte alter Erfahrung heraus ohne statische Berechnung, nur nach Gebräuchen und Gefühl; die Holzstärken standen für bestimmte Spannweiten und Belastungen fest.

Erst als die Statik mit dem Stein- und Eisenbau ihre höchste Entwicklung erlangt hat, wandte sich der Ingenieur, angeregt durch die Errungenschaften des Eisenbaues, wieder dem Holzbau zu. Die beim Eisen gewonnene Erkenntnis über die statische Wirkung von Vollwand- und Fachwerksystemen wurde mit Erfolg auf den Holzbau übertragen, der auf ganz neue Grundlagen gestellt wurde. Wenn man auch anfangs der Einführung dieser Neuerungen wegen der Feuersgefahr zweifelnd gegenüberstand, wurde doch bald erkannt, daß die Holzbauten den Eisenbauten gegenüber in dieser Hinsicht keineswegs im Nachteil waren.

Die beiden letzten Beispiele zeigen bereits das Bestreben, den Querschnitt der Tragwerke durch Anordnung von I- und Kastenquerschnitten steifer zu gestalten, um auf diese Weise größere Biegemomente aufnehmen zu können. Man findet hier zum erstenmal den der bisherigen Gepflogenheit entgegengesetzten Gedanken, die Tragwerke nach den im Eisenbau anerkannten Vorteilen entsprechend zu formen, d. h. aus Holz die gleichen Querschnitte herzustellen, die die größtmögliche Tragkraft ergeben.

Soweit die vollwandigen Träger in Frage kommen, ist dies dem Hofzimmermeister Otto Hetzer, Weimar († 1911) in vollkommenster Weise gelungen, indem er die I-Querschnitte aus dünnen Brettern mit Hilfe eines Bindemittels (Kaltleim) unter hohem Druck herstellte. Damit in unmittelbarem Zusammenhang steht die Formgebung dieser so gebildeten Träger zu Bogen und Rahmen durch Pressen in feuchtem Zustande.

Die ersten Bestrebungen Hetzers waren auf die Pflege und sachgemäße Vorbereitung des Holzmaterials gerichtet und es gelang ihm, das früher in der Bautechnik kaum verwendete Rotbuchenholz durch geeignete Behandlung, namentlich durch das Entziehen der Proteinstoffe für die verschiedensten Bauzwecke brauchbar zu machen (deutscher Fußboden). Die weiteren Bestrebungen waren darauf gerichtet, durch innige und dauerhafte Verbindung schwacher Hölzer zu einem einheitlichen Ganzen nicht nur Balken von besonders starken Abmessungen zu gewinnen, deren Beschaffung aus der Natur bei der zunehmenden Entwaldung immer schwerer wird, sondern auch Holzkörper in solcher Form herzustellen, wie sie von der Natur überhaupt nicht geboten werden, aber für technische Zwecke besonders erwünscht sind. Eine derartige innige Verbindung erzielte Hetzer durch einen von ihm erfundenen, seiner Natur nach dem Käseleim (siehe S. 100) verwandten Klebstoff und sehr starkes Zusammenpressen der damit verkitteten Holzstücke. Nach den bisher angestellten Versuchen hat sich ergeben, daß auch die stärksten jahrelang fortgesetzten Einwirkungen der Witterung die Festigkeit des Verbindungsmittels nicht verringern, und daß eine gewaltsam herbeigeführte Trennung der verbundenen Holzstücke nicht in der Fuge, sondern neben dieser erfolgt.

Hieraus ergeben sich nun die verschiedenartigsten Vorteile. Zunächst, wie gesagt, die Möglichkeit der Beschaffung von Balken in jeder gewünschten Stärkeabmessung, ohne daß es nötig wäre, die hohen Mehrkosten aufzuwenden, die für besonders starkes Bauholz verlangt werden. Sodann ist ein wesentlicher Vorteil dadurch gewonnen, daß solche aus schwachen Hölzern zusammengefügten Verbundbalken ganz frei von Kernrissen bleiben, denen jedes starke Bauholz sonst ausgesetzt ist, und die auf die Schubfestigkeit bei Biegebeanspruchung von Balken jedenfalls schädlich einwirken müssen. Ein weiterer Vorteil besteht in der Möglichkeit, an der obersten und untersten Schicht der auf Biegung zu beanspruchenden Balken, die bei Verwendung von gewöhnlichem Ganzholz dort die weicheren splintigen Holzteile aufweisen, bestes und widerstandsfähigstes Holz anzuordnen, in der Mitte dagegen, wo die Festigkeit des Kernholzes bei gebogenem Vollbalken nicht ausgenutzt werden kann, dieses durch geringeres Holz zu ersetzen, Abb. 207. Endlich kann sowohl die Form des Querschnitts der Balken, ähnlich den für Walzeisen ausgebildeten zweckmäßigsten Profilen, der jedesmaligen Beanspruchung mit Leichtigkeit angepaßt, wie auch in der Längsansicht der Träger diesen jede gewünschte Form gegeben werden. Aus einem gewachsenen Stamme ließe sich dies nicht herstellen.

Abb. 207. Hetzerscher Verbundbalken.

Von den mannigfaltigen Zusammensetzungen, die in dieser Weise möglich sind, gibt Abb. 208 *A* bis *F* einige Beispiele. *A* und *B* zeigt doppelt T-förmige

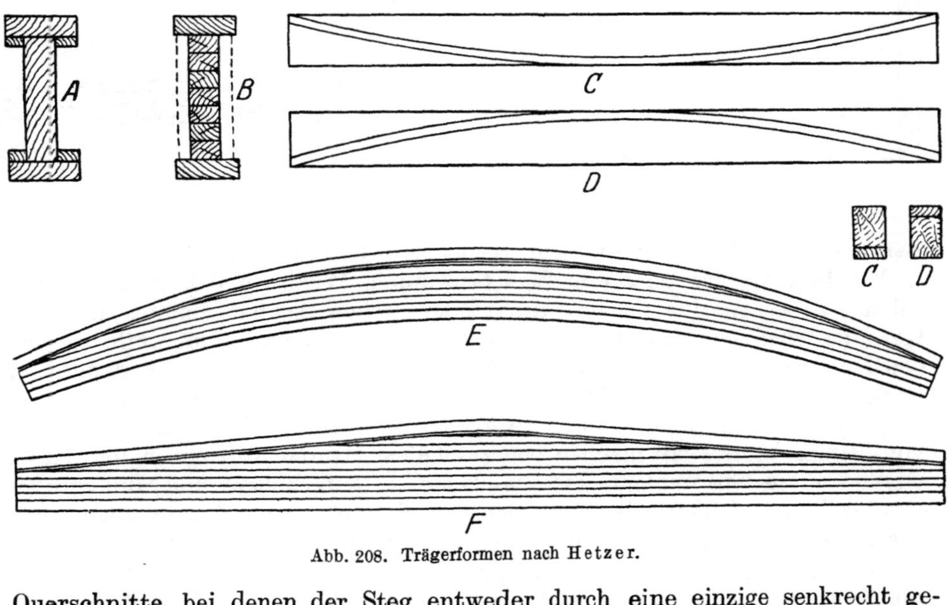

Abb. 208. Trägerformen nach Hetzer.

Querschnitte, bei denen der Steg entweder durch eine einzige senkrecht gestellte Bohle oder Übereinanderlegen vieler Lamellen gebildet ist. Die Träger *E* und *F* sind nach solchem Querschnitt gebildet und zeigen teils gekrümmte, teils gerade oder gebrochene Flansche. Bei der Verwendung erhalten diese Träger, wie aus Abb. 209 bis 211 ersichtlich ist, meist senkrechte Aussteifungen zwischen den Flanschvorsprüngen nach der punktiert gezeichneten Andeutung bei *B*. Besonders eigenartig ist die Anordnung der bei *C* und *D* gezeichneten Balken von hochkantig rechteckigem Querschnitt. Sie werden der Länge nach in einer kreisbogenförmigen Linie getrennt und nach Einlegen eines gebogenen Brettes wieder fest zusammengekittet und gepreßt. Daß sich hier, wo schräg durchschnittene Fasern gegen die Längsfasern des gebogenen Stückes gepreßt werden, bei dem außerordentlich hohen Druck, mit dem dies geschieht, die Holzteilchen besonders scharf ineinander drängen, ist erklärlich. Auffallend aber ist das bedeutende Tragvermögen solcher Balken, die bei den Probebelastungen erst unter höherer Belastung zerstört wurden als gewöhnliche Vollholzbalken von gleich hohem, aber doppelt so breitem Querschnitt. Neben größerer Tragfähigkeit zeigten die Verbundbalken auch bedeutenden Widerstand gegen Formänderungen, da die Durchbiegung etwa $^1/_3$ von derjenigen der gewöhnlichen Vollholzbalken betrug. Daß eine Wölbwirkung in den Balken D und eine reine Zugwirkung bei den Balken C innerhalb der Einlage stattfindet, die solche genau in der Richtung ihrer Fasern verlaufende Beanspruchung vorzüglich aufzunehmen vermag, ist nicht zu bezweifeln. Bei gewöhnlichen Ganzholzbalken verlaufen die Hauptspannungen nicht in der Faserrichtung und können daher eine Verschiebung und Trennung der Fasern schon bei geringeren Belastungen zur Folge haben. Sodann aber scheint die geringere Widerstandsfähigkeit von Balken aus

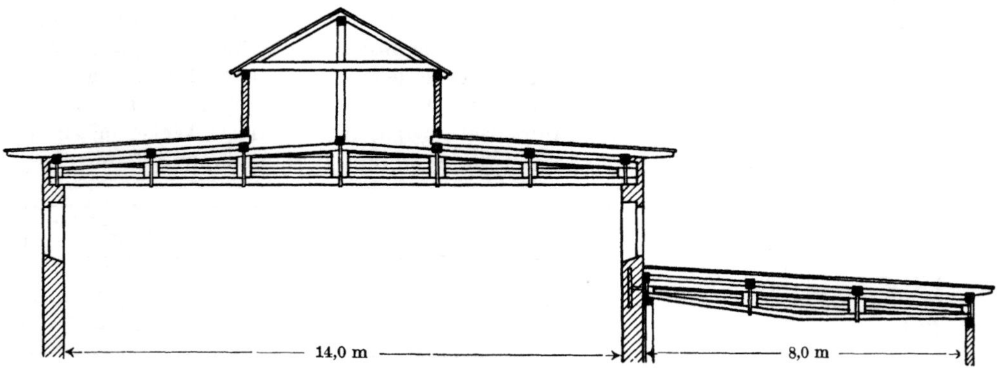

Abb. 209. Balkenbinder nach Hetzer.

starkem Ganzholz überhaupt auf denjenigen Grundeigenschaften des Holzes zu beruhen, die das unregelmäßige Schwinden, Werfen und Reißen zur Folge haben. Zwischen den Fasern des stärker schwindenden Splintes und dem Kern bestehen von Hause aus stets Anfangsspannungen, die, wenn sie eine gewisse Grenze überschreiten, zur Bildung der Risse führen, von denen kein starkes Holz frei bleibt. Daß solche Anfangsspannungen auch dann in geringerer Stärke vorhanden sind, wenn sie sich noch nicht durch Auftreten von Rissen bemerkbar machen, ist zweifellos. Durch Auftrennen der Hölzer werden diese Spannungen fast vollkommen aufgehoben und die größere Festigkeit von Balken, die aus solchen noch nicht durch Anfangsspannungen geschwächten Hölzern fest verbunden sind, wird somit erklärlich.

Von den mannigfachen Anwendungen der in Abb. 208 dargestellten Verbundhölzer geben die Abb. 209 bis 211 einige Beispiele. In Abb. 209 sind Träger vom Querschnitt B und mit einem gebrochenen Gurt nach Abb. 208 F verwendet, die als einfache Balken die Pfetten eines flachen Holzzementdaches aufnehmen. Die seitlichen Aussteifungen der beiden Gurtungen sind unter jeder Pfette angeordnet und in ihrer Lage noch durch schwache, umgelegte Bandeisen gesichert.

In Abb. 210 sind zwei mit gekrümmter unterer Gurtung gebildete fischbauchförmige Träger als Schenkel eines Dreigelenkbogens angeordnet. Der Schub wird durch Eisenanker aufgenommen.

In Abb. 211 ist das Muster von Abb. 208 *E* verwendet. Die gebogenen Träger sind hier bis auf die Fundamente der Halle hinabgeführt und auf gut verankerte Schwellenstücke so gelagert, daß der Schub durch die Fundamente aufgenommen wird. Die Verbindung mit dem Gespärre des Satteldaches erfolgt wie bei den früher besprochenen Bogendächern durch doppelte Zangenhölzer, die den Bogenträger umfassen.

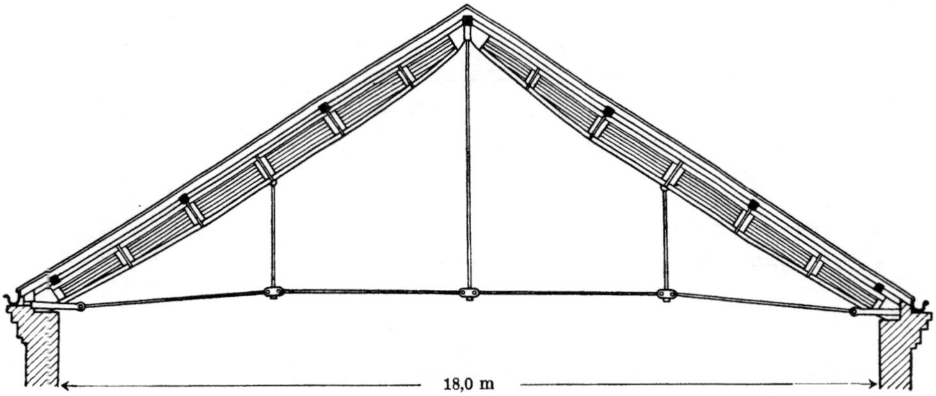

Abb. 210. Dreigelenkbinder nach Hetzer.

Ein Vollwandträger (Bogen) ohne Leimverbindung, sondern mit Verbindung durch Nagelung wird von der Firma Carl Tuchscherer, Aktiengesellschaft, Breslau, ausgeführt[1]). Der Vollwandbogen besteht aus hochkant gestellten Gurtlamellen mit einer flach aufgelegten Decklamelle und schräg

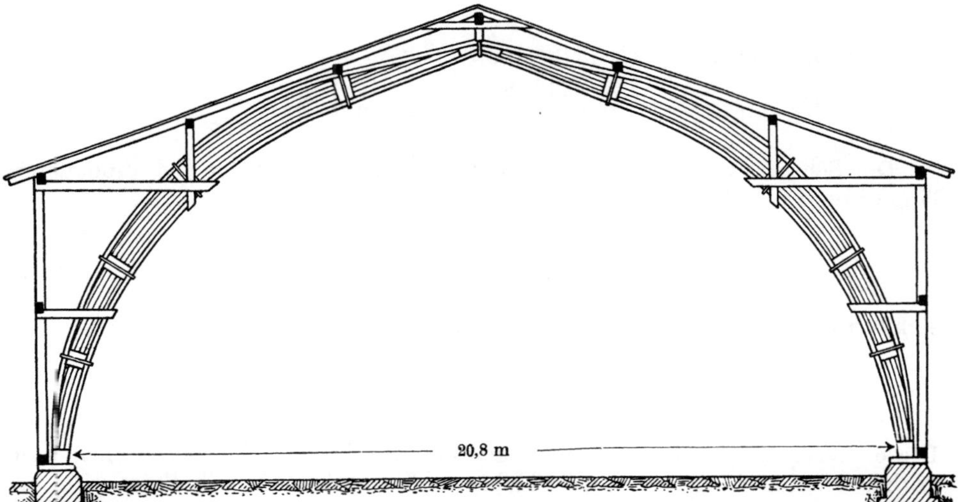

Abb. 211. Bogenbinder nach Hetzer.

sich überkreuzenden Stegbrettern (Abb. 212). Zur Aufnahme der Gurtspannungen sind nur die gebogenen Gurtlamellen wirksam, da die schräg gestellten Stegbretter infolge des unvermeidlichen Schwindens bald nicht mehr

[1]) Kersten, C.: Freitragende Holzbauten. (Vortrag von S. Voss, S. 112). Berlin: Julius Springer 1921. — Fiebig: Hölzerne Bogentragwerke. Dt. Bauzg. 1924 (Beilage Nr. 25), S. 196 u. f.

dicht nebeneinander liegen und zur Übertragung von Druckkräften nicht geeignet sind; sie dienen lediglich zur Aufnahme der Scherkräfte. Die Stöße in den bis zu 10 m lang zu nehmenden Gurtlamellen sind so gegeneinander zu versetzen, daß sie in jedem Gurtquerschnitt nur einmal vorkommen und sich gegenseitig um 2 m überdecken. Das Biegen der hochkant gestellten über einen Krümmungshalbmesser von 21 m gebogenen Lamellen bietet keine Schwierigkeiten. Die Nagelung der Lamellen untereinander muß so dicht sein, daß auf je 50 cm² Fläche ein Nagel kommt.

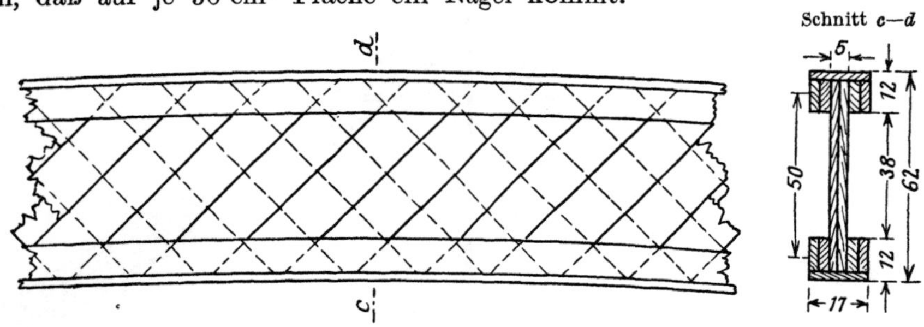

Abb. 212. Vollwandbogen nach Tuchscherer.

Der in Abb. 212 ersichtliche Querschnitt ist für eine Spannweite von 20 m ermittelt. Der wirksame Gurtquerschnitt beträgt

$$F = 2 \cdot 2 \cdot 3 \cdot 10 + 2 \cdot 17 = 154 \text{ cm}^2.$$

Bei einem ermittelten größten Moment $M = 2500$ kgm, einer größten Längskraft $N = 9210$ kg ist die größte Gurtkraft

$$G = \frac{250000}{50} + \frac{9210}{2} = 9605 \text{ kg}$$

und die Druckspannung ist

$$\sigma = \frac{9605}{154} = 62 \text{ kg/cm}^2.$$

Die Scherkraft zwischen Steg und Gurtlamellen beträgt auf eine Gurtlänge von 1 m mit $Q_{\max} = 2000$ kg

$$S = \frac{2000 \cdot 100}{50} = 4000 \text{ kg},$$

somit ist die rechnungsmäßige Scherspannung

$$\tau = \frac{4000}{2 \cdot 100 \cdot 10} = 2 \text{ kg/cm}^2.$$

Dieser Wert ist als höchstes zulässiges Maß für Nagelflächen, bei denen, wie vorher erwähnt, auf je 50 cm² Fläche ein Nagel kommt, aus Versuchen ermittelt worden.

Abb. 213 zeigt die von der Firma Tuchscherer mit Vollwandbogen von 56,5 m Spannweite im Kriege hergestellte Riesenflugzeughalle (Hafenhalle II) in Warnemünde von 150 m Länge während der Ausführung. Die Vollwandbogen haben eine Bauhöhe von 1,72 m, der Horizontalschub wird durch eiserne Zugstangen aufgenommen.

Diese Bogenbinder haben ein schönes Aussehen, sind aber verhältnismäßig teuer, da sie viel Holz und viel Nägel benötigten; auf 1 m² Binderfläche kommen ungefähr 3 bis 6 kg Nägel. Infolge der durch die Biegung des Holzes verursachten Vorspannungen mußte die Beanspruchung des Holzes auf etwa $^{3}/_{4}$ der sonst beim gewachsenen Holz zulässigen Spannungen herabgesetzt werden.

Auch andere Firmen stellen ähnliche Vollwandträger her, deren Zusammenhalt durch Nagelung, Verdübelung und Verbolzung erreicht wird (siehe unter E. IV. 3).

Abb. 213. Hafenhalle II in Warnemünde. (Ausführung: Carl Tuchscherer A.-G., Breslau.)

2. Der Fachwerkträger.

Der Vorläufer des Fachwerkträgers im allgemeinen ist der Howesche Träger, der sowohl als Parallelträger als auch als durch Streben ausgesteiftes, mehrfaches Hängwerk (Dachbinder) schon seit langer Zeit ausgeführt wird. Er kann als eine besondere Art des Fachwerkträgers angesehen werden, indem die Streben stets so gestellt werden, daß sie nur Druck erleiden, so daß besondere Zugverbindungen nicht erforderlich sind; das entspricht dem alten Brauch, die Hölzer nur auf Druck oder Biegung zu beanspruchen. Zu dieser Trägerart sind ferner im weiteren Sinne auch die Fachwerke zu rechnen, bei welchen statt der Rundeisenpfosten Zangen genommen sind, die an die Gurtungen angeblattet werden.

Da diese Trägerart bereits S. 160 besprochen ist, kann darauf verwiesen werden.

Soweit Balkenbinder in Frage kommen, hat die Firma Carl Tuchscherer, Breslau, das Verdient, zuerst Fachwerkbinder hergestellt zu haben, bei denen die Füllglieder, wenn auch kleine, Zugkräfte aufzunehmen in der Lage sind. Sie stellt die hier in Betracht gezogene Binderform ausschließlich als Parabelbinder her. Bei dieser Trägerart sind die Füllstäbe bei gleichmäßiger Vollbelastung spannungslos. Sie erhalten also nur bei einseitiger Schnee- und Windlast Druck- bzw. Zugbeanspruchungen, die aber so gering bleiben, daß für die Anschlüsse am Ober- und Untergurt je ein Bolzen genügt. Der Untergurt besteht aus zwei Bohlen, die an den Knotenpunkten mit den beiden zwischen ihnen liegenden, überblatteten Streben durch einen gemeinsamen Bolzen verbunden sind (Abb. 215c). Durch D.R.P. geschützt ist die Ausbildung des Obergurts aus geradlinigen, hochkant gestellten Bohlen, deren Stöße gegeneinander versetzt sind, so daß eine gegenseitige Überschneidung eintritt (Abb. 214). Die Dachhaut ist trotzdem durchlaufend rund und auf die Pfetten unmittelbar aufgenagelt, die von Binder zu Binder laufen. Der Anschluß der Streben an den Obergurt erfolgt mittels $3^{1}/_{2}$ cm starker Knotenplatten (wie in Abb. 215), die aus dreizehn Stück kreuzweise aufeinander geleimten Hartholz-Furnierplatten bestehen. Diese Platten besitzen eine sehr große Festigkeit. Diese Binder können bis 45 m Spannweite ausgeführt werden und sind sehr wirtschaftlich. Ein Beispiel dieses Systems zeigt Abb. 214, die den Binder für einen Lagerschuppen in Stahlhammer von 20 m Spannweite darstellt.

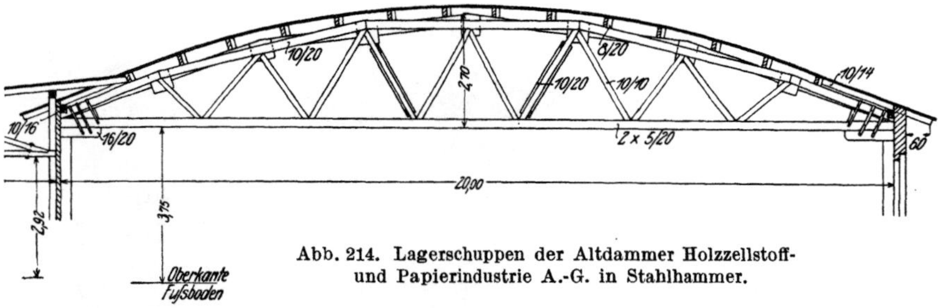

Abb. 214. Lagerschuppen der Altdammer Holzzellstoff- und Papierindustrie A.-G. in Stahlhammer.

Eine andere Art von Parabelbinder mit durchgehendem gebogenem Obergurt und eingekeilten $3^1/_2$ cm starken patentierten Knotenplatten aus Holz für den Strebenanschluß, wie vorher, zeigt Abb. 215. Der Obergurt ist aus einzelnen 3 und 4 cm starken Brettern zusammengesetzt, die zu einem

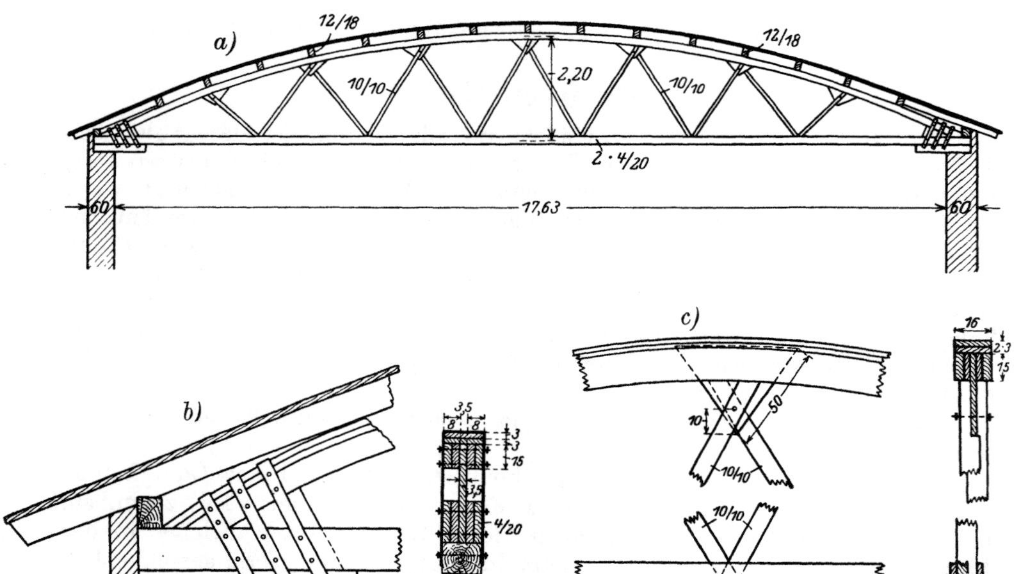

Abb. 215. Parabelbinder mit gebogenem Obergurt und Knotenplatten nach Tuchscherer.

einheitlichen Querschnitt miteinander gut vernagelt sind (Abb. 215b und c). Die Stöße der Lamellen sind über die ganze Obergurtlänge verteilt, so daß in einen Querschnitt höchstens ein Stoß fällt. Mit Rücksicht auf diese Stöße sowie auf die durch das Biegen des Holzes verursachten Vorspannungen ist die Druckbeanspruchung des Holzes auf etwa $^3/_4$ der sonst zulässigen Spannung vermindert.

Außer diesen Fachwerkarten führt auch die Firma Tuchscherer solche aus Kanthölzern und Bohlen in den gleichen Formen, wie sie bei Eisenbauten üblich sind, aus. Der Anschluß erfolgt hier mittels Ringdübeln (s. S. 123). Desgleichen werden auch mit den Seite 122 u. f. beschriebenen neueren Knotenverbindungen von den verschiedenen Firmen Fachwerkträger hergestellt. Beispiele hierüber gelangen bei den Dächern, Brücken usw. zur Besprechung.

Eine wichtige Rolle spielen ferner die gegliederten Bogenträger, die es wegen ihrer leichten, den statischen Forderungen genau angepaßten Ausbildung gestatten, größere Spannweiten zu überdecken.

Das besondere Verdienst, diese Bogenträger in den Holzbau eingeführt zu haben, gebührt dem ehemaligen Hofzimmermeister Philipp Stephan in Düsseldorf. Diese Bogenträger sind erheblich früher als die vorher besprochenen Fachwerkbalken angewendet worden. Schon im April 1902 ist die erste Veröffentlichung von Stephan über einen Exerzierschuppen in Neu-Ruppin mit allen Einzelheiten erschienen[1]).

Die geringe Steifigkeit und Beweglichkeit der Bohlenbogen wurde frühzeitig erkannt. Emys Schüler Ardant machte bereits wissenschaftliche Untersuchungen über die statische Wirkung des Emyschen Bogens[2]), ferner Belastungsproben mit de l'Ormeschen und Emyschen Bohlenbögen.

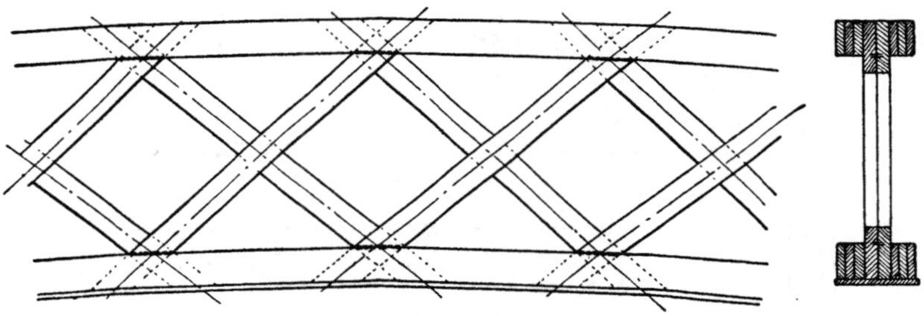

Abb. 216. Fachwerkbogen nach Stephan.

Aus den Ardantschen Versuchen ergab sich theoretisch hinreichende Klarheit über die Bedeutung der Biegefestigkeit von Bogenbindern, ohne daß damals schon die praktischen Folgerungen für die Ausbildung eines dem Biegemoment entsprechenden biegefesten Querschnitts gezogen worden wären. Erst Stephan verstand es, diese Aufgabe praktisch zu lösen, indem er statt des einfachen Bohlenbogens einen gebogenen Fachwerkträger konstruierte, dessen Ober- und Untergurt jeder für sich als Bretter- oder Bohlenbogen ausgebildet wurde. Stephan stellte hierbei seine Bretter lotrecht (Abb. 216), wobei er, dem Bogen folgend, diese Bretter nach einem patentierten Verfahren über die hohe Kante bog. Wenn auch das Hochkantstellen der Bretter keine statische Notwendigkeit ist, da die Gurte der Fachwerkbogen nur auf Zug oder Druck beansprucht werden, so bietet es doch hinsichtlich der Verbindung der Hölzer und des Anschlusses der Streben Vorteile. Die zur Herstellung der Bogengurte verwendeten Bretter werden in Längen von 6 bis 8 m genommen, so daß also nur verhältnismäßig wenig Stöße vorkommen. Zur Verbindung der beiden Teile eines Gurtes dienen flachliegende Brettlamellen, die mit den lotrecht stehenden Brettern fest vernagelt werden. Das Fachwerk zwischen den Bogengurten ist in der Regel einfaches oder doppeltes Strebenfachwerk, seltener Ständerfachwerk. Der An-

[1]) Dt. Bauzg. 1902, S. 195, 470. Geißler, F.: Die Bauweise Stephan in C. Kersten: Freitragende Holzkonstruktionen, S. 50.

[2]) Ardant, P.: Theoretisch-praktische Abhandlung über Anordnung und Konstruktion der Sprengwerke von großer Spannweite; deutsch von August von Kaven, Hannover 1847.

schluß der Streben erfolgt zug- und druckfest durch eine von den Dehnungen und dem Schwinden des Holzes unabhängige sehr einfache, bereits Seite 136 beschriebene, patentierte Dübelverbindung aus Flacheisen. Hierdurch wird die Mittelkraft der Strebenkräfte durch reine Druckspannung auf die Gurtung übertragen. Die lotrechten Seitenkräfte der Stabkräfte werden, wie schon Seite 136 bemerkt, durch den Dübel ausgeglichen. Die geringen auftretenden Nebenspannungen werden ebenfalls durch den Dübel aufgenommen. Auch sonstige geringe Nebenspannungen quer zur Faser werden infolge der guten Vernagelung der Füllhölzer mit den durchgehenden Gurtbohlen einwandfrei beseitigt.

Die Binder werden meist als Zweigelenkbogen mit Zugband in parabolischer oder annähernd parabolischer Form ausgeführt, für welche die Füllglieder bei gleichmäßiger Vollbelastung spannungslos sind.

Die allgemeine Anordnung des Stephanschen Bogenbinders für den Fall, daß die Dachfläche zylindrisch sich dem Verlauf des Bogens anschließt, ist aus Abb. 217 ersichtlich. Der Schub wird durch eine aus zwei zangenartig

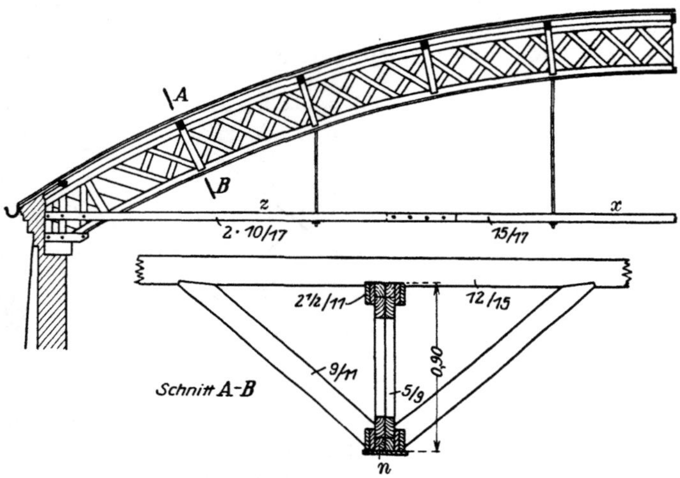

Abb. 217. Bogenbinder nach Stephan.

den Bogenfuß umfassenden Hölzern z bestehende Zugstange aufgenommen, die in der Mitte der Spannweite durch ein mit ersteren verbolztes einfaches Holz x ersetzt ist. Die Gitterstäbe von rechteckigem Querschnitt $^5/_9$ cm stark sind ohne Schwächung durch Überschneiden aufeinander gelegt und an den Punkten, wo ihre Enden sich kreuzen, durch eingelegte Bandeisendübel verbunden. Die Gurtbretter, in jedem Gurt zwei Stück $^{2,5}/_{11}$ cm an jeder Seite, sind über die gekreuzten Gitterstäbe gelegt und genagelt. Die entstehenden Hohlräume werden durch passende Futterstücke ausgefüllt, die sich im Querschnitt bei n kenntlich machen. Statt der Gitterstäbe ist an den beiden Auflagern des Bogens eine volle Verbretterung aus 25 cm breiten, $2^1/_2$ cm starken Brettern angeordnet, die sich in doppelter Lage kreuzen. Die geringere Stärke dieser doppelten Brettwandung gegenüber den stärkeren Gitterstäben erfordert auch hier eine Ausfutterung des übrigbleibenden Zwischenraumes zwischen den Gurtbrettern.

In dem hier vorliegenden Beispiel sind Pfetten in 2,4 m Entfernung unmittelbar auf der oberen Gurtung der Bogenbinder angeordnet, und tragen schwache gebogene Sparren, die dann die Dachschalung und Pappeindeckung aufnehmen. Die Binderentfernung der Halle ist 5,0 m. Der Längsverband wird durch die Pfetten und durch Kopfbänder, die von ersteren nach der unteren

Gurtung geführt sind, hergestellt, wie aus dem Querschnitt in Abb. 217 zu ersehen ist.

Die Stephanschen Bögen werden auch zu Dächern mit ebenen Dachflächen benutzt und dienen dann zur Unterstützung des über ihnen liegenden Dachgespärres, mit dem sie durch Doppelzangen verbunden sind. In Abb. 218 ist der Querschnitt des Bogens von solch einer Dachkonstruktion gezeichnet, die in einem Reithause zu Marienwerder ausgeführt wurde. Die zangenartigen Verbindungen zwischen dem eigentlichen Bogen und dem darüber

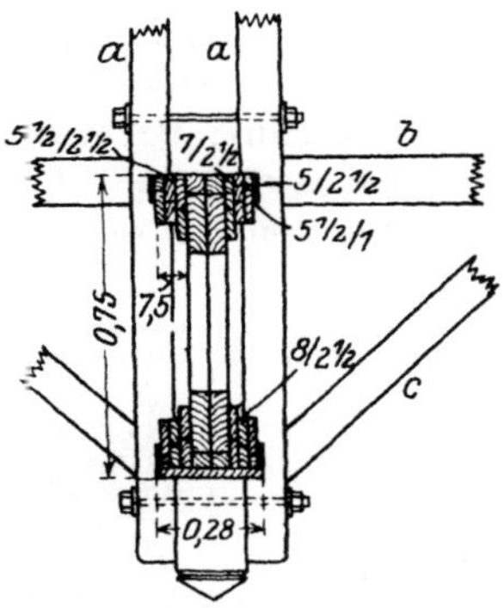

Abb. 218. Binderquerschnitt des Reithauses zu Marienwerder.

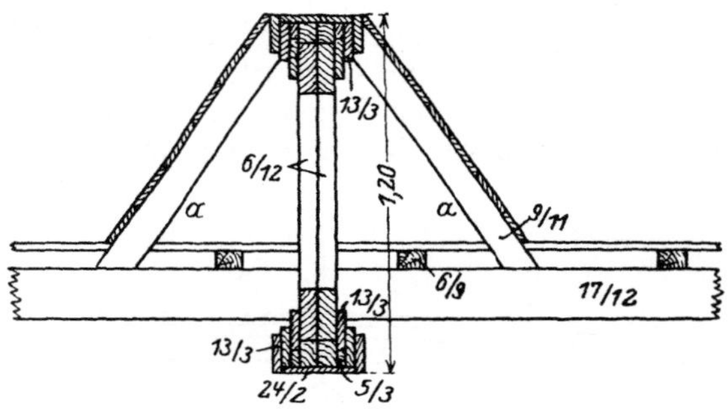

Abb. 219. Binderquerschnitt der Festhalle Breslau 1907.

befindlichen geraden Bindersparren sind mit *a* bezeichnet. Zwischen ihnen sind Riegelhölzer *b* zur Aussteifung der 5,34 entfernten Binder eingespannt und durch Kopfbänder *c* gestützt.

Abb. 219 ist einem anderen Beispiel, der im Jahre 1907 in Breslau erbauten Sängerbundesfesthalle von 33 m Breite und 111 m Länge entnommen. Hier sind die Pfetten auf die untere Gurtung der 5 m weit voneinander entfernten Bogenbinder gelagert, so daß die Bögen nach oben aus der Dach-

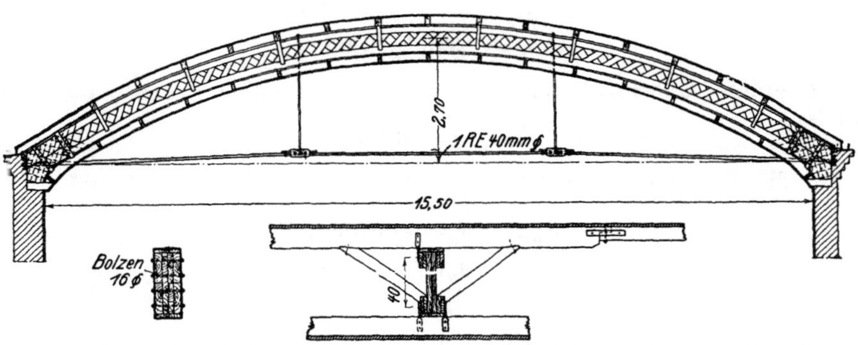

Abb. 220. Bogenbinder des Saalbaues der Stadt Oberglogau (Kreis Neustadt a. S.) nach Tuchscherer.

fläche heraustreten und durch die Verschalung der die obere Gurtung absteifenden Streben *a* als starke Rippen erscheinen. Die Entfernung der Pfetten war 2,15 m. Darüber lagen wieder schwache gebogene Sparren mit Schalung und Dachpappe.

Die Biegung der Gurtbretter in ihrer eigenen Ebene nötigt dazu, die Breite der Bretter zu beschränken. In den drei gezeigten Beispielen ist deshalb die größte Brettbreite zu 13 cm angenommen. Je kleiner der Halbmesser des Bogens, um so weniger breit dürfen die Bretter nur genommen werden. Die größere Höhe der Gurtungen ist dann durch Übereinanderstellen mehrerer Bretter zu erreichen, wie aus den Querschnitten Abb. 218 und 219 hervorgeht. Der Bogen des ersteren Beispiels hat einen mittleren Halbmesser von nur 10,4 m. Vier Lagen sind an jeder Seite der Gitterstäbe angebracht; außen ein dünnes, $5^1/_2$ cm breites Brettchen, dann drei Lagen von $2^1/_2$ cm starken Brettern, je aus zwei übereinander gestellten Brettern mit versetzten Fugen bestehend. Die Unterflächen aller Bögen und in Abb. 219 auch der obere Rücken sind durch ein flach gebogenes dünneres Brett verkleidet. Die Stephansche Bauart ist auch für Balkenbinder angewendet worden.

In ganz ähnlicher Weise stellt auch die Firma Carl Tuchscherer, Fachwerkbogenbinder her; ein Beispiel zeigt Abb. 220.

Der Bogen kann auch nach Howescher Art mit gekreuzten Streben und Rundeisenpfosten ausgeführt werden. Abb. 221 zeigt ein solches Beispiel, bei welchem die Gurte durch mehrere Lagen flachliegender Bretter gebildet sind[1]). Dieser Bogengitterträger besitzt eine Spannweite $l = 20{,}0$ m und eine Pfeilhöhe $f = 2{,}5$ m, ferner einen Binderabstand von 5,0 m.

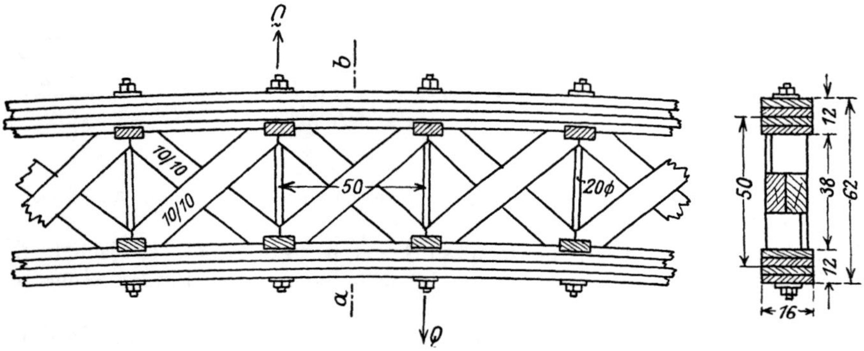

Abb. 221. Bogenträger nach Howescher Art.

Die Spannkräfte in den Gurtungen sind bei diesem Beispiel:

$$G_{max} = 9605 \text{ kg Druck,}$$
$$G_{min} = 396 \text{ kg Zug.}$$

Die größte Querkraft im Scheitel (für halbseitige Schnee- und Windlast) ist

$$Q_{max} = 2000 \text{ kg.}$$

Für die Gurtungen gewählt $^{16}/_{12}$ mit $F = 16\,(12 - 2) = 160 \text{ cm}^2$

$$J_{max} = J_y = 4086 \text{ cm}^4,$$
$$\sigma = \frac{9605}{160} = 60 \text{ kg/cm}^2.$$

Der Untergurt ist gegen seitliches Ausknicken durch Kopfbänder zu sichern, deren gegenseitige Entfernung mindestens sein muß ($J = 80\,Pl^2$)

$$l_0 = \sqrt{\frac{4086}{80 \cdot 9{,}6}} = 2{,}3 \text{ m.}$$

Die Gurtungen werden aus vier übereinanderliegenden, je 3 cm starken bis zu 8 m langen Brettern gebildet, die fest miteinander verleimt oder vernagelt sind (1 Nagel auf 50 cm² Fläche). Die Stöße dürfen in jedem Gurtquerschnitt nur einmal vorkommen und müssen sich mindestens 2 m überdecken.

---

[1]) Siehe Fußnote S. 171 (Fiebig).

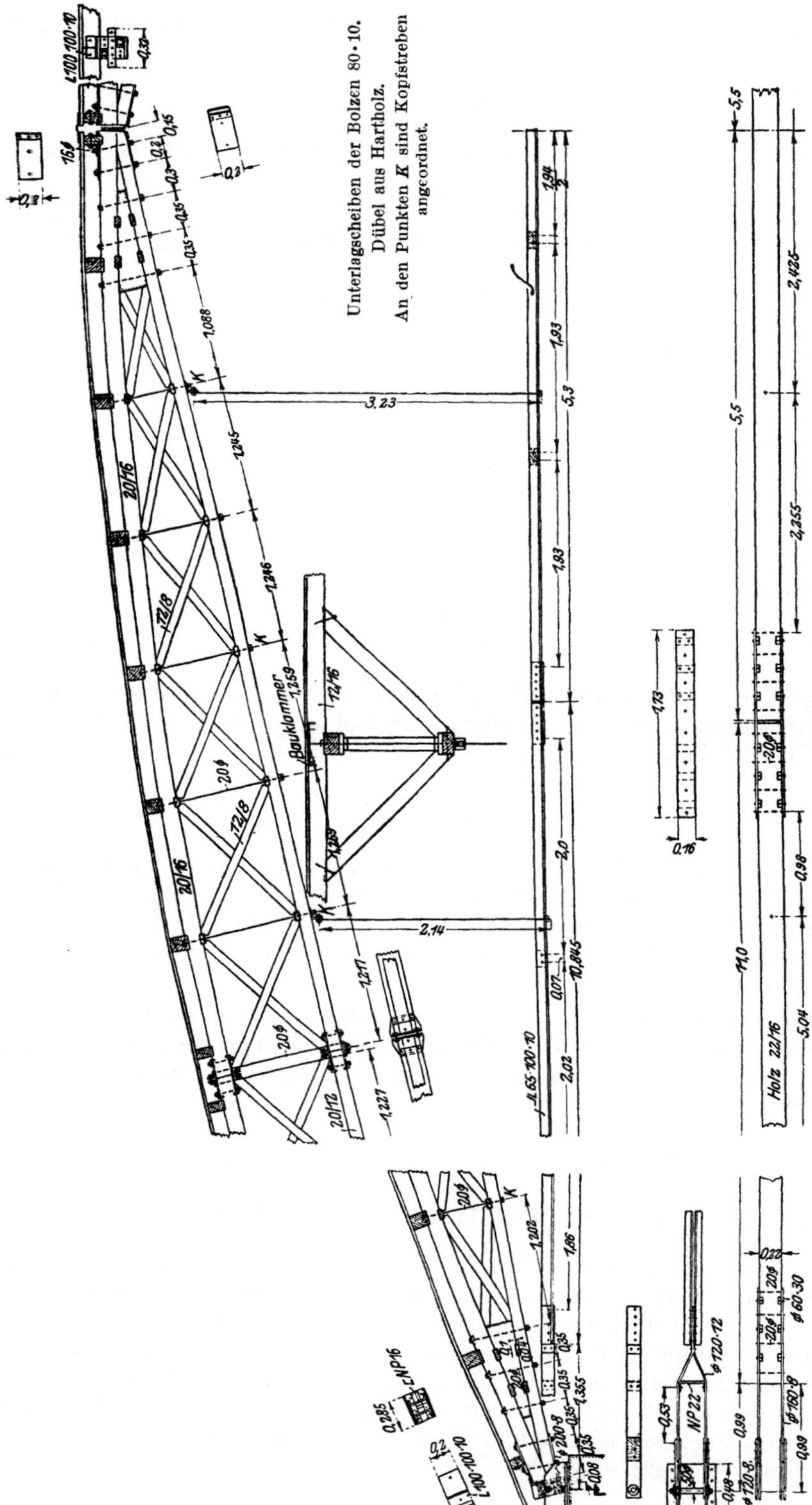

Abb. 222. Binder einer Flugzeughalle von 35 m Spannweite nach Ambi.
(Aus Gesteschi, Dachkonstruktionen.)

Der erforderliche Querschnitt der Rundeisenpfosten ergibt sich aus Q_{max} zu

$$f_e = \frac{2000}{1000} = 2,0\ \text{cm}^2.$$

Gewählt ein Rundeisen von 19 mm ($^3/_4''$) Durchmesser mit einem Kernquerschnitt

$$f_n = 1,96\ \text{cm}^2.$$

Unterlagscheiben 80·80·10 mm; Pressung gegen das Langholz der Gurtungen

$$\sigma = \frac{2000}{8 \cdot 8} = 31\ \text{kg/cm}^2.$$

Druck in der Strebe

$$D_{max} = 1,41 \cdot 2000 = 2820\ \text{kg}.$$

Knicklänge $l_k = 0,65$ m.

Gewählt $^{10}/_{10}$ auf 3 cm überblattet

$$J_{min} = \frac{10 \cdot 7^3}{12} = 286\ \text{cm}^4.$$

Knicksicherheit

$$\nu = \frac{286}{10 \cdot 2,82 \cdot 0,65^2} = 24\,.$$

Längs der Gurte werden die Scherkräfte durch eichene oder eiserne Dübel aufgenommen, die in den Gurt 2 cm tief eingreifen. Wandungsdruck an den Dübeln (Zahndruck)

$$\sigma = \frac{2000}{16 \cdot 2,0} = 62\ \text{kg/cm}^2.$$

Die Firma Ambi verwendet statt der Lamellengurte solche aus gebogenem Kantholz. Die Binder erhalten Segmentform indem der Untergurt der Bogenschenkel gerade durchgeführt wird. Abb. 222 zeigt den Binder einer Flugzeughalle von 35 m Spannweite, ausgeführt 1917. Das Zugband besteht aus $2 \angle 65 \cdot 100 \cdot 10$ [1]).

Im übrigen kann auch bei Bogenträgern der Anschluß der Füllstäbe nach einer unter den neueren Holzverbindungen (S. 122) beschriebenen Bauweise erfolgen. Anwendungen dieser Art werden noch später an geeigneter Stelle besprochen.

E. Die Dachkonstruktionen.

I. Die Belastung der Dächer.

Die Belastung der Dächer ist abhängig von der Art der Eindeckung und von der Dachneigung; Eindeckung und Neigung stehen in gewisser Beziehung, da durch sie die Dichtigkeit und somit Dauerhaftigkeit des Daches bedingt ist.

Zu der Belastung eines Daches gehört das Eigengewicht einschließlich der etwa anzuhängenden Lasten (Decken, Leitungen, Kranlasten usw.). Diese Lasten werden als ständige Lasten zusammengefaßt. Außerdem kommt als zufällige Belastung der Schnee- und Winddruck in Betracht; erstere Belastu wirkt lotrecht, letztere wagrecht.

---

1) Über die statische Berechnung dieses Binders vgl. Gesteschi: Hölzerne Dac konstruktionen, 3. Aufl., S. 158.

Endlich können auch Verkehrslasten (bei sehr flachen Dächern), sowie Belastung durch einzelne das Dach zu Ausbesserungszwecken betretende Menschen vorgeschrieben werden.

Die anzunehmenden Belastungen sind durch die jeweilig geltenden Baupolizeivorschriften festgelegt[1]).

Da das **Eigengewicht** in der Regel für 1 m² **Dachfläche** angegeben wird, muß dasselbe oft auf 1 m² **Grundfläche** umgerechnet werden.

Ist G das Eigengewicht für 1 m² Dachfläche, so ergibt es sich, bei einem Neigungswinkel α des Daches (Abb. 223), **auf 1 m² Grundfläche** bezogen, zu

$$G_1 = \frac{G}{\cos\alpha}.$$

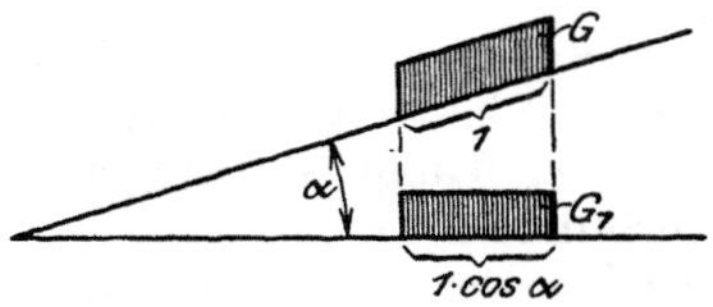

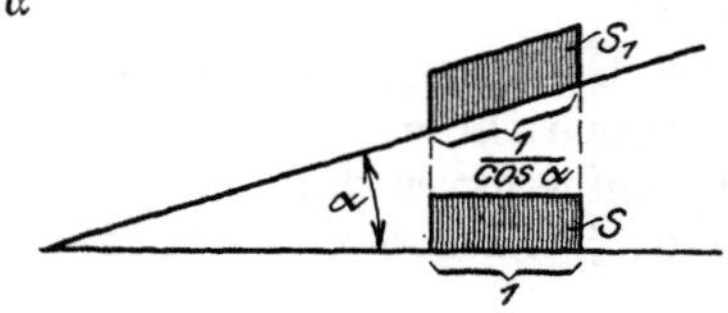

Abb. 223. (Aus Gesteschi, Dachkonstruktionen.) Abb. 224.

Die **Schneelast** ist in den Bestimmungen zu $S = 75\cos\alpha$ für 1 m² der Horizontalprojektion gegeben und muß daher oft **auf 1 m² Dachfläche** umgerechnet werden. Dieser Wert ergibt sich nach Abb. 224 zu

$$S_1 = \frac{S}{\dfrac{1}{\cos\alpha}} = S\cos\alpha = 75\cdot\cos^2\alpha.$$

Der **Winddruck** wird wagerecht angenommen und zwar zu $w_0 = 125$ bzw. 150 kg/m² senkrecht getroffener Fläche. Nach den ministeriellen Bestimmungen ist der Winddruck senkrecht zu einer unter dem Winkel α gegen die Wagerechte geneigten Ebene (Abb. 225; nach **Newton**) anzunehmen zu

$$N = w_0 \sin^2\alpha.$$

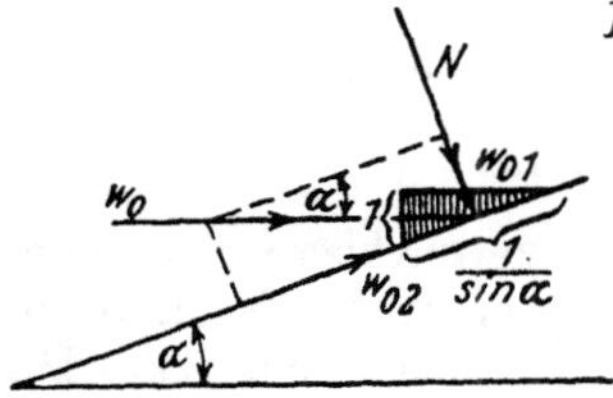

Abb. 225.

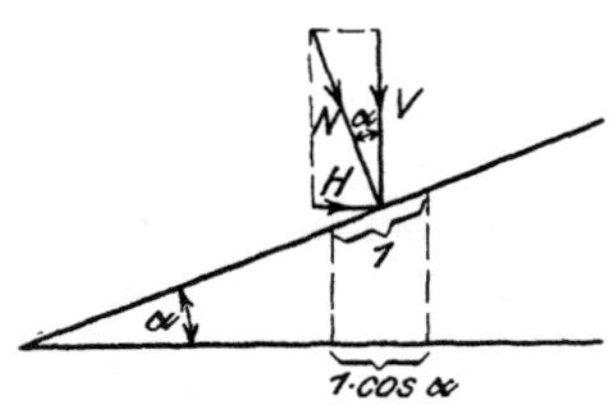

(Aus Gesteschi, Dachkonstruktionen.) Abb. 226.

Von diesem Wert ausgehend, erhält man die Seitenkräfte für 1 m² Dachfläche bzw. 1 m² Grundfläche zu (Abb. 226):

$$\left.\begin{aligned} V &= w_0 \sin^2\alpha\cdot\cos\alpha \\ H &= w_0 \sin^3\alpha \end{aligned}\right\}\ \text{für 1 m}^2\ \text{Dachfläche}$$

und durch Teilung mit $\cos\alpha$

$$\left.\begin{aligned} V &= w_0 \sin^2\alpha \\ H &= w_0 \sin^2\alpha\cdot\mathrm{tg}\,\alpha \end{aligned}\right\}\ \text{für 1 m}^2\ \text{Grundfläche.}$$

Diese Werte lassen sich für verschiedene Dachneigungen α aus Tabellen entnehmen[2]).

[1]) Für Preußen gelten zur Zeit die ministeriellen „Bestimmungen über die bei Hochbauten anzunehmenden Belastungen und über die zulässigen Beanspruchungen der Baustoffe" mit Erlaß vom 24. Dezember 1919 und die Ergänzungsbestimmungen vom 25. Februar 1925. Berlin: Wilhelm Ernst & Sohn.

[2]) Börner, F.: Statische Tabellen, 8. Aufl. Berlin: Wilhelm Ernst & Sohn, 1923.

II. Sparren.

Die Sparren liegen senkrecht zur Dachtraufe bzw. zum Dachfirst und werden bei den gewöhnlichen Dachkonstruktionen unmittelbar durch die Pfetten gestützt. Bei kleinen Spannweiten können die Pfetten fortfallen; in diesem Falle bilden je zwei gegenüberliegende Sparren mit dem Spannbalken sog. Gespärre, die für sich in der Querrichtung des Daches unverschieblich sind, während sie in der Längsrichtung durch die Lattung oder Schalung gehalten werden. Bei kleinen Spannweiten können die Sparren ferner unmittelbar auf den Wänden liegen und werden dann als Pultdach geneigt angeordnet.

Ihre Befestigung auf den Pfetten muß so beschaffen sein, daß sie sich in der Schrägrichtung nicht verschieben können. Sie werden daher auf die Pfette aufgesattelt und mit etwa 20 bis 25 cm (8, 9 und 10″) langen Leistnägeln, je nach der Stärke der Sparren, verbunden[1]).

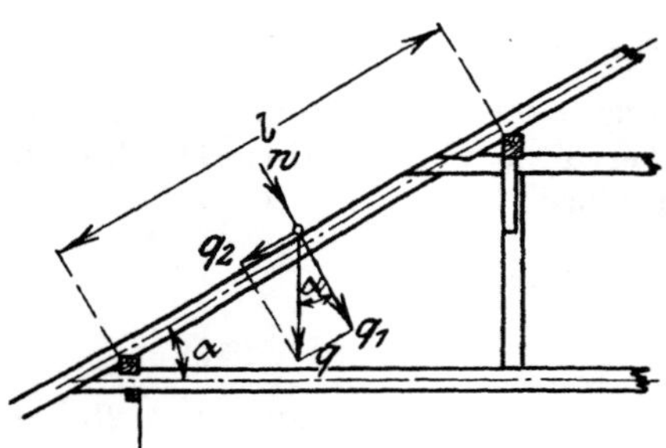

Abb. 227.
(Aus Gesteschi, Dachkonstruktionen.)

Die Sparren sind als schrägliegende Balken mit der Stützweite l zu berechnen (Abb. 227). Sie werden gleichmäßig durch Eigengewicht, Schnee und Wind belastet, und zwar wirken Eigengewicht und Schnee lotrecht, während der Wind senkrecht zur Dachfläche (s. S. 181) anzunehmen ist.

Bezeichnet $q = g + s$ die Belastung infolge Eigengewicht und Schnee auf 1 m Sparrenlänge, w die Belastung infolge Wind auf 1 m Sparrenlänge, a den Abstand der Sparren, ist ferner α der Neigungswinkel des Daches, so läßt sich q zerlegen in die Seitenkräfte (Abb. 227)

$$q_1 = q \cos \alpha \text{ senkrecht zur Dachfläche,}$$

$$q_2 = q \sin \alpha \text{ in der Dachfläche.}$$

Die letztere Seitenkraft kann als Achsialkraft vernachlässigt werden, da sie nur geringe Beanspruchungen in den Sparren hervorruft. Nach früherem beträgt die Windbelastung senkrecht zur Dachfläche $w = w_0 \sin^2 \alpha \cdot a$, worin $w_0 = 125$ bzw. 150 kg/m^2 zu setzen ist.

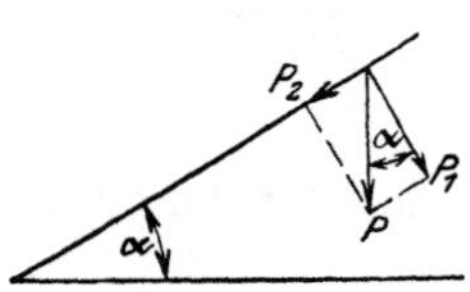

Abb. 228.
(Aus Gesteschi, Dachkonstruktionen.)

Der Sparren wird somit senkrecht zur Dachfläche durch $w + q_1$ gleichmäßig belastet, und es ist

$$M_{g+s+w} = \frac{(w + q_1) l^2}{8}.$$

Ist außerdem eine Einzellast P in der Mitte zu berücksichtigen, so ergibt sich auf ähnliche Weise (Abb. 228) $P_1 = P \cos \alpha$ als Belastung des Balkens von der Stützweite l (in der Schrägen gemessen), während $P_2 = P \sin \alpha$ als Achsialkraft wieder vernachlässigt werden kann.

Somit ist

$$M_P = \frac{P_1 l}{4}.$$

[1]) Vgl. Gesteschi: Hölzerne Dachkonstruktionen, S. 73.

Beispiel. Für ein unter 33° geneigtes Falzziegeldach sind die Sparren zu berechnen. Der Pfettenabstand beträgt, im Grundriß gemessen, $l_1 = 3{,}5$ m (Abb. 229), der Sparrenabstand ist $a = 0{,}9$ m.

Stützweite $l = \frac{l_1}{\cos\alpha} = \frac{3{,}5}{0{,}839} = 4{,}17$ m.

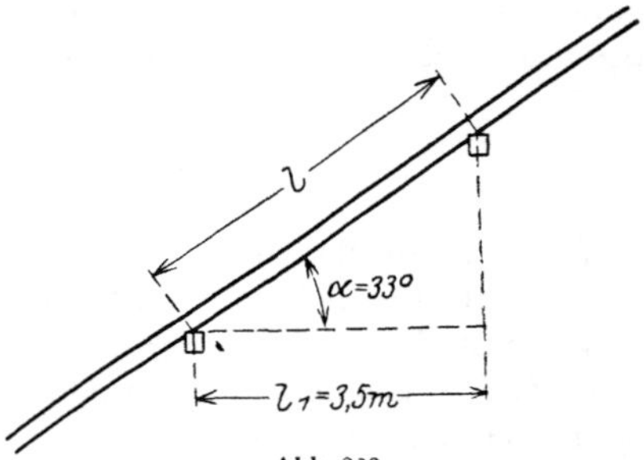

Abb. 229.

a) Vollbelastung
(Eigengewicht und Schnee).

Belastung für 1 m² Dachfläche:

Falzziegel einschl. Lattung und Sparren	65 kg/m²
Schnee $75\cos^2\alpha = 75 \cdot 0{,}839^2 =$	53 „
Gesamtlast	118 kg/m²

$$q = g + s = 118 \cdot 0{,}9 = 106 \text{ kg/m}$$
$$q_1 = q\cos\alpha = 106 \cdot 0{,}839 = 89 \text{ „}$$
$$q_2 = q\sin\alpha = 106 \cdot 0{,}545 = 58 \text{ „}$$
$$w = 125\sin^2\alpha \cdot 0{,}9 = 37 \cdot 0{,}9 = 33 \text{ „}$$
$$q_1 + w = 89 + 33 = 122 \text{ „}$$
$$M = \frac{122 \cdot 4{,}17^2}{8} = 266 \text{ kgm}$$
$$N = 58 \cdot 4{,}17 = 242 \text{ kg}$$
$$W_{erf} = \frac{26600}{100} = 266 \text{ cm}^3.$$

Verwendet □ $^{10}/_{14}$ mit

$$W_x = 327 \text{ cm}^3$$
$$F = 140 \text{ cm}^2$$
$$\sigma = \frac{26600}{327} = 81 \text{ kg/cm}^2.$$

Wollte man die Achsialkraft N berücksichtigen, so würde sich die Beanspruchung erhöhen um

$$\sigma_N = \frac{242}{140} = 1{,}7 \text{ kg/cm}^2 = \text{rd. } 2 \text{ kg/cm}^2$$

und es würde sein

$$\sigma_{max} = 81 + 2 = 83 \text{ kg/cm}^2.$$

Es zeigt sich somit, daß der Einfluß der Achsialkraft nur gering ist.

b) Eigengewicht und Einzellast $P = 100$ kg.

Eigengewicht für 1 m² Dachfläche (s. vorher) = 65 kg/m²

$$q = 65 \cdot 0{,}9 = 58 \text{ kg/m}$$
$$q_1 = 58 \cdot 0{,}839 = 49 \text{ „}$$
$$q_2 = 58 \cdot 0{,}545 = 32 \text{ „}$$

Einzellast $P = 100$ kg in der Mitte

$$P_1 = P\cos\alpha = 100 \cdot 0{,}839 = 84 \text{ kg}$$
$$P_2 = P\sin\alpha = 100 \cdot 0{,}545 = 55 \text{ „}$$
$$M = \frac{49 \cdot 4{,}17^2}{8} + \frac{84 \cdot 4{,}17}{4} = 107 + 88 = 195 \text{ kgm}.$$

Das Biegemoment ergibt sich hiernach kleiner als bei Vollbelastung und kommt daher für die Querschnittbemessung nicht in Frage.

Bei Dachneigungen unter 25^0 genügt es, die Belastung für 1 m² Grundfläche einzuführen. Der Winddruck wird gleichfalls auf 1 m² Grundfläche bezogen, während seine wagerechte Seitenkraft vernachlässigt werden kann.

III. Pfetten.

Die Pfetten dienen zur Unterstützung der Sparren, wenn solche vorhanden sind, oder sie nehmen unmittelbar die Lattung oder Schalung für den Deckungsstoff auf. Da sie parallel zum Dachfirst laufen, bilden sie auch einen Längsverband für die ganze Dachkonstruktion, indem sie die Binder gegeneinander absteifen. Eine Achse des Pfettenquerschnitts, meist die Hauptachse, steht entweder lotrecht oder sie steht senkrecht zur Dachneigung. Vielfach werden die Pfetten noch durch Kopfbänder, Kopfstreben oder Büge unterstützt, die zugleich einen weiteren Bestandteil des Längsverbandes darstellen, da sie umgekehrt lotrechte oder schräge Hölzer gegen die Pfetten absteifen.

Tragen die Pfetten unmittelbar die Lattung oder Schalung, fehlen also die Sparren (Abb. 230), so sind sie bei steilen Dächern durch Knaggen, die eingelassen und genagelt werden (Abb. 230a), gegen Abgleiten zu sichern, oder sie werden durch Schraubenbolzen befestigt (Abb. 230b). Der Pfettenabstand beträgt hier etwa 1 m. Zuweilen empfiehlt es sich, die Pfetten mit einem oder zwei Winkeln nach Abb. 231 zu befestigen. Das letztere ist insbesondere der Fall, wenn die Pfetten Kopfbänder haben und über den Bindern gestoßen sind.

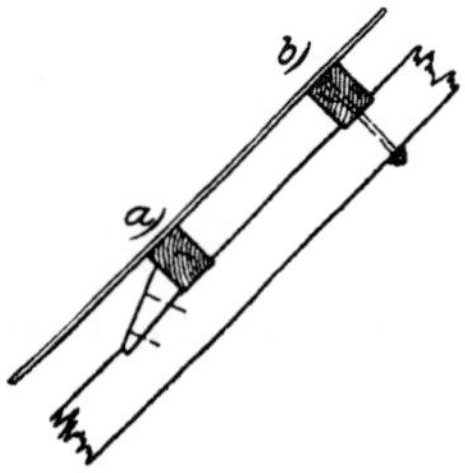

Abb. 230.

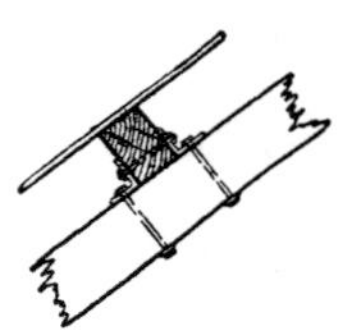

Abb. 231.

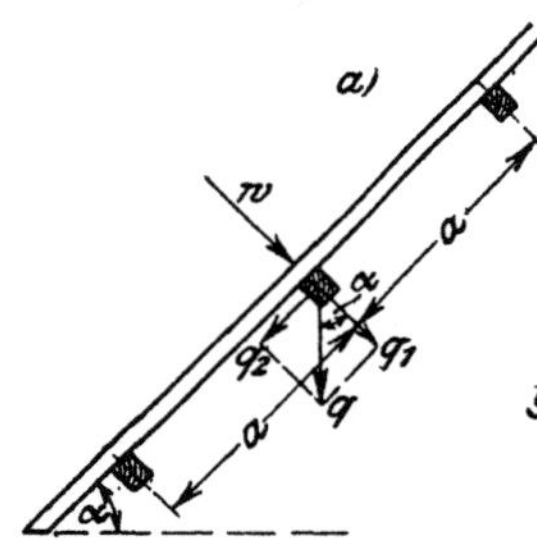

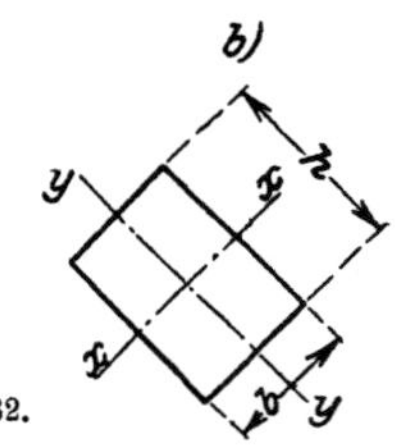

(Aus Gesteschi, Dachkonstruktionen.) Abb. 232.

Da die Belastung der Pfetten nach zwei Richtungen, nämlich lotrecht (Eigengewicht, Schnee- und Einzellast) und senkrecht zur Dachfläche (Wind), wirkt, ist ihre Beanspruchung eine zusammengesetzte. Die Berechnung erfolgt in der Weise, daß die Lasten nach den beiden Hauptachsen des Rechteckquerschnitts zerlegt werden und für jede Belastung die Beanspruchung bestimmt wird.

Stehen die Pfetten senkrecht zur Dachfläche (Abb. 232), so ist die Eigen- und Schneelast $q = g + s$ zu zerlegen in

$$q_1 = q \cos \alpha,$$
$$q_2 = q \sin \alpha,$$

zu q_1 kommt noch der Winddruck w. Bezeichnet nun

M_x das Angriffsmoment für die x-Achse (Abb. 232b),
M_y das Angriffsmoment für die y-Achse,

ferner W_x und W_y die zugehörigen Widerstandsmomente, so wird die größte Beanspruchung der Pfette

$$\sigma = \frac{M_x}{W_x} + \frac{M_y}{W_y} = \frac{1}{W_x}\left(M_x + M_y \cdot \frac{W_x}{W_y}\right);$$

wird $\frac{W_x}{W_y} = c$ gesetzt, so ist

$$\sigma = \frac{1}{W_x}(M_x + c \cdot M),$$

und das erforderliche Widerstandsmoment ergibt sich zu

$$W_x = \frac{M_x + c \cdot M_y}{\sigma_{\text{zul}}}.$$

Für das Rechteck wird zweckmäßig

$$c = \frac{b\,h^2}{h\,b^2} = \frac{h}{b} = \frac{M_x}{M_y}$$

angenommen. Dann wird

$$W_{x\,\text{erf}} = \frac{2\,M_x}{\sigma_{\text{zul}}}$$

und

$$W_{y\,\text{erf}} = \frac{W_x}{c} = \frac{2\,M_y}{\sigma_{\text{zul}}}.$$

Stehen die Pfetten lotrecht (Abb. 233), so bezieht man die Belastung am besten auf 1 m^2 Grundfläche. Der Winddruck ist dann in seine lotrechte und wagerechte Seitenkraft zu zerlegen.

Die Beanspruchung der Pfetten wird nun wie vorher

$$\sigma = \frac{M_x}{W_x} + \frac{M_y}{W_y},$$

woraus

$$W_{x\,\text{erf}} = \frac{2\,M_x}{\sigma_{\text{zul}}}$$

und $W_{y\,\text{erf}} = \frac{2\,M_y}{\sigma_{\text{zul}}}$.

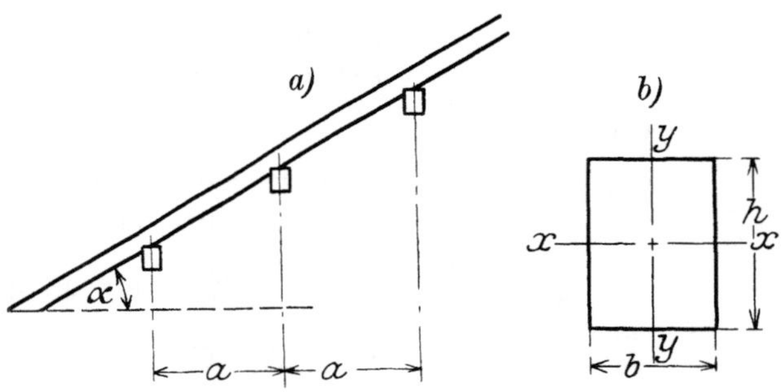

Abb. 233.

Bei Dachneigungen unter 25^0 genügt es auch hier, nur die Belastung für 1 m^2 Grundfläche einzuführen (vgl. S. 184), während die wagerechte Seitenkraft des Windes vernachlässigt werden kann.

Beispiel 1. Für ein unter 33^0 geneigtes Falzziegeldach (s. Beispiel S. 183) sind die Pfetten zu berechnen. Letztere stehen senkrecht zur Dachfläche und besitzen einen Abstand (in der Schrägen gemessen) von $a = 2{,}2$ m (Abb. 232). Der Binderabstand, gleich der Pfettenstützweite, beträgt $l = 5{,}0$ m.

a) Vollbelastung.

Belastung für 1 m^2 Dachfläche:

Falzziegeldach einschl. Lattung und Sparren . .		65 kg/m^2
Pfetten		12 „
Schnee	$75 \cdot \cos^2\alpha = 75 \cdot 0{,}839 =$	53 „
	Gesamtlast	130 kg/m^2.

$$
\begin{aligned}
q &= g + s = 130 \cdot 2{,}2 &&= 286 \text{ kg/m}\\
q_1 &= q \cos\alpha = 286 \cdot 0{,}839 &&= 240 \text{ „}\\
q_2 &= q \sin\alpha = 286 \cdot 0{,}545 &&= 156 \text{ „}\\
w &= 125 \sin^2\alpha \cdot 2{,}2 = 37 \cdot 2{,}2 &&= 81 \text{ „}\\
q_1 + w &= 240 + 81 &&= 321 \text{ „}
\end{aligned}
$$

$$M_x = \frac{321 \cdot 5{,}0^2}{8} = 1003 \text{ kgm},$$

$$M_y = \frac{156 \cdot 5{,}0^2}{8} = 488 \text{ kgm},$$

$$W_{x\,\text{erf}} = \frac{2\,M_x}{\sigma_{\text{zul}}} = \frac{2 \cdot 100300}{100} = 2006 \text{ cm}^3,$$

$$W_{y\,\text{erf}} = \frac{2\,M_y}{\sigma_{\text{zul}}} = \frac{2 \cdot 48800}{100} = 976 \text{ cm}^3.$$

Verwendet □ 18/26 mit $W_x = 2028 \text{ cm}^3$,
$W_y = 1404 \text{ cm}^3$.

$$\sigma = \frac{100300}{2028} + \frac{48800}{1404} = 50 + 35 = 85 \text{ kg/cm}^2.$$

b) Eigengewicht und Einzellast $P = 100$ kg.

Eigengewicht für 1 m² Dachfläche (s. vorher) $65 + 12 = 77 \text{ kg/m}^2$.

$$
\begin{aligned}
q &= 65 \cdot 2{,}2 &&= 143 \text{ kg/m}\\
q_1 &= q \cos\alpha = 143 \cdot 0{,}839 &&= 120 \text{ „}\\
q_2 &= q \sin\alpha = 143 \cdot 0{,}545 &&= 78 \text{ „}
\end{aligned}
$$

Einzellast $P = 100$ kg.

$$
\begin{aligned}
P_1 &= P \cos\alpha = 100 \cdot 0{,}839 = 84 \text{ kg},\\
P_2 &= P \sin\alpha = 100 \cdot 0{,}545 = 55 \text{ kg}.
\end{aligned}
$$

$$M_x = \frac{120 \cdot 5{,}0^2}{8} + \frac{84 \cdot 5{,}0}{4} = 375 + 105 = 480 \text{ kgm},$$

$$M_y = \frac{78 \cdot 5{,}0^2}{8} + \frac{55 \cdot 5{,}0}{4} = 244 + 69 = 313 \text{ kgm}.$$

Die Biegemomente ergeben sich hiernach kleiner als bei Vollbelastung und kommen daher für die Querschnittbemessung nicht in Betracht.

Beispiel 2. Bei dem im vorhergehenden Beispiel behandelten Dach mögen nun die Pfetten lotrecht stehen. Da die Belastung auf die Grundfläche bezogen wird, ist der wagerechte Pfettenabstand erforderlich; er beträgt (Abb. 233).

$$a = 2{,}2 \cdot \cos\alpha = 2{,}2 \cdot 0{,}839 = 1{,}84 \text{ m}.$$

Belastung für 1 m² Grundfläche:

Falzziegeldach einschl. Lattung, Sparren und Pfetten	$\frac{77}{\cos\alpha} = \frac{77}{0{,}839} = 92 \text{ kg/m}^2$,
Schnee	$75 \cdot \cos\alpha = 75 \cdot 0{,}839 = 63$ „
Wind	$125 \sin^2\alpha = 37$ „
Gesamtlast	192 kg/m².

$$q = 192 \cdot 1{,}84 = 353 \text{ kgm}.$$

Wagerechte Seitenkraft des Windes, auf die Grundfläche bezogen:

$$w_h = 125 \sin^2 \alpha \cdot \operatorname{tg} \alpha \cdot 1{,}84 = 24 \cdot 1{,}84 = 44 \text{ k/gm}.$$

$$M_x = \frac{353 \cdot 5{,}0^2}{8} = 1100 \text{ kgm},$$

$$M_y = \frac{44 \cdot 5{,}0^2}{8} = 137 \text{ kgm}.$$

$$W_{x\,\text{erf}} = \frac{2 \cdot 110000}{100} = 2200 \text{ cm}^3,$$

$$W_{y\,\text{erf}} = \frac{2 \cdot 13700}{100} = 274 \text{ cm}^3.$$

Verwendet man wegen des kleinen $W_{y\,\text{erf}}$ nur □ 18/22 mit

$$W_x = 1452 \text{ cm}^3,$$
$$W_y = 1188 \text{ cm}^3,$$

so wird

$$\sigma = \frac{110000}{1452} + \frac{13700}{1188} = 76 + 12 = 88 \text{ kg/m}^2.$$

Wie die beiden letzten Beispiele zeigen, ist es bei der vorhandenen Dachneigung wirtschaftlicher, die Pfetten lotrecht zu stellen. Vorausgesetzt ist allerdings, daß sich hierbei nicht bauliche Schwierigkeiten ergeben, die eine Schrägstellung der Pfetten (senkrecht zur Dachneigung) empfehlenswert machen.

IV. Binder.

1. Allgemeines.

Die Binder stellen die Hauptträger des Dachwerks dar. Sie haben die Aufgabe, die Pfetten, welche die aus Sparren und Dacheindeckung bestehende Dachplatte aufnehmen, zu stützen und diese Lasten auf die Außenwände oder, bei mehrschiffigen Hallen, auf Mittelwände oder -stützen zu übertragen. Außer den lotrechten Lasten (Eigen- und Schneelast) erhalten die Binder, wenn man von außergewöhnlichen Belastungen absieht, noch seitliche Lasten (Winddruck), die gleichfalls auf die Auflagerpunkte abgegeben werden müssen. Bei gewöhnlichen Bindern über ein- oder mehrgeschossigen Bauwerken nimmt die oberste Decke meist ohne weiteres diese Seitenkräfte auf und überträgt sie auf Zwischen- und Giebelwände. Bei Hallenbauten dagegen sind zur Ableitung der Windkräfte besondere bauliche Maßnahmen erforderlich, um die Halle gegen Winddruck standfest zu machen (s. unter F.) bzw. sind die Seitenwände so stark auszubilden, daß sie für sich dem Winddruck genügenden Widerstand zu leisten vermögen.

Nach der Auflagerung der Binder unterscheidet man Balken- und Bogenbinder; erstere besitzen ein festes und ein bewegliches Auflager, letztere zwei feste Auflager, welche gelenkig oder eingespannt sein können[1]).

Eine besondere Gruppe bilden die als durchlaufende Träger ausgebildeten Binder mit einem festen und mehreren beweglichen Auflagern.

Da die Wärmeausdehnungszahl des Holzes viel kleiner als die des Eisens ist, und außerdem die Knotenpunktverbindungen bei Holz nicht so starr als

[1]) Näheres über die Auflagerbedingungen vgl. Gesteschi: Hölzerne Dachkonstruktionen, S. 105 u. 147.

die Nietverbindungen der Eisenkonstruktionen sind, so sieht man bei Balkenbindern kleinerer und mittlerer Spannweite (bis etwa 25 m) in der Regel von der Anordnung eines beweglichen Auflagers ab. Auch Gelenke können unter Verwendung von Hartholzteilen erheblich einfacher als bei Eisenkonstruktionen gestaltet werden, wenn man nicht von der Anwendung eines besonderen Gelenkes überhaupt ganz absieht. Zuweilen werden auch die Gelenke unter Verwendung von Winkel-, Flacheisen und Gelenkbolzen, ähnlich wie bei eisernen Bindern, gebildet.

Die älteren zimmermannmäßig hergestellten Dachgespärre (Dachstühle) werden nach bewährten Regeln ausgeführt, indem die Sparren und Pfetten auf Zwischenwände oder Balkenlagen unmittelbar durch Stiele oder Streben abgestützt werden[1]). Die Anordnung von Kopfbändern (Kopfbügen, Kopfstreben) verleiht dem Dachstuhl fast immer genügende Steifigkeit gegen seitliche Kräfte (Windkräfte). Da die Holzstärken gebräuchliche Maße besitzen, erübrigt sich eine statische Berechnung in normalen Fällen oder sie braucht sich nur auf die Untersuchung der Sparren und Pfetten zu erstrecken.

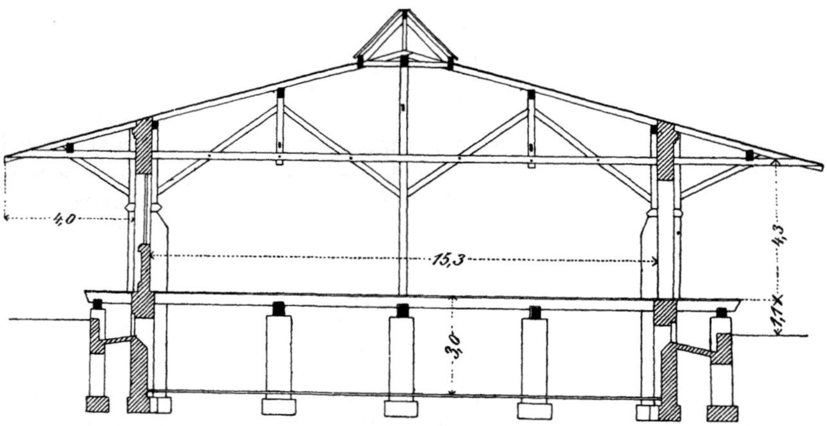

Abb. 234. Güterschuppen mit einer Mittelstütze.

Zur Überdeckung größerer Weiten werden Hängwerke verwendet, deren Seitensteifigkeit in Verbindung mit der übrigen Binderkonstruktion genügend gewährleistet ist. Die mehrfachen Hängwerke, die den Übergang zu den freitragenden Dachkonstruktionen bilden, gestatten schon die Überdeckung größerer Spannweiten, allerdings unter großem Holzverbrauch, worüber ältere Beispiele (Hoftheater in München mit 28,35 m und Reithalle in Moskau mit 44,50 m freier Spannweite) Zeugnis ablegen[2]).

Neben dem Hängwerk ist auch das Sprengwerk, insbesondere zu hallenartigen Bauten, in Verwendung und bei Spannweiten unter 10 m den neueren freitragenden Dachbindern meist wirtschaftlich überlegen. Abb. 234 zeigt einen Güterschuppen von 15,3 m Lichtweite mit einer Zwischenstütze in einfachster Ausführung. Das Dach ist hier ziemlich flach, wodurch der tote Raum gering wird.

Durch Anwendung flacher Dächer hat man auch in neuerer Zeit den durch die Binderkonstruktion entstehenden toten Raum zu verringern gesucht und hierdurch die Raumausnutzung immer mehr erhöht. Dieser Gesichtspunkt kommt besonders für zu heizende Räume in Betracht.

Ein Beispiel für eine wirtschaftliche Anordnung in alter Zimmermanns-

[1]) Vgl. Gesteschi: Hölzerne Dachkonstruktionen, 3. Aufl., S. 88.
[2]) Desgl. S. 96, 97.

bauweise gibt Abb. 235. Es handelt sich um einen im Jahre 1923 auf dem neuen **Hauptbahnhof Stuttgart** ausgeführten **Güterschuppen** von 20,50 m Breite[1]). Durch Anordnung von zwei Mittelstützen ist der Holzverbrauch geringer geworden als für einen durch Fachwerkträger in gleicher Spannweite überdeckten Schuppen. Dabei war die Werkstattarbeit einfacher und billiger; außer-

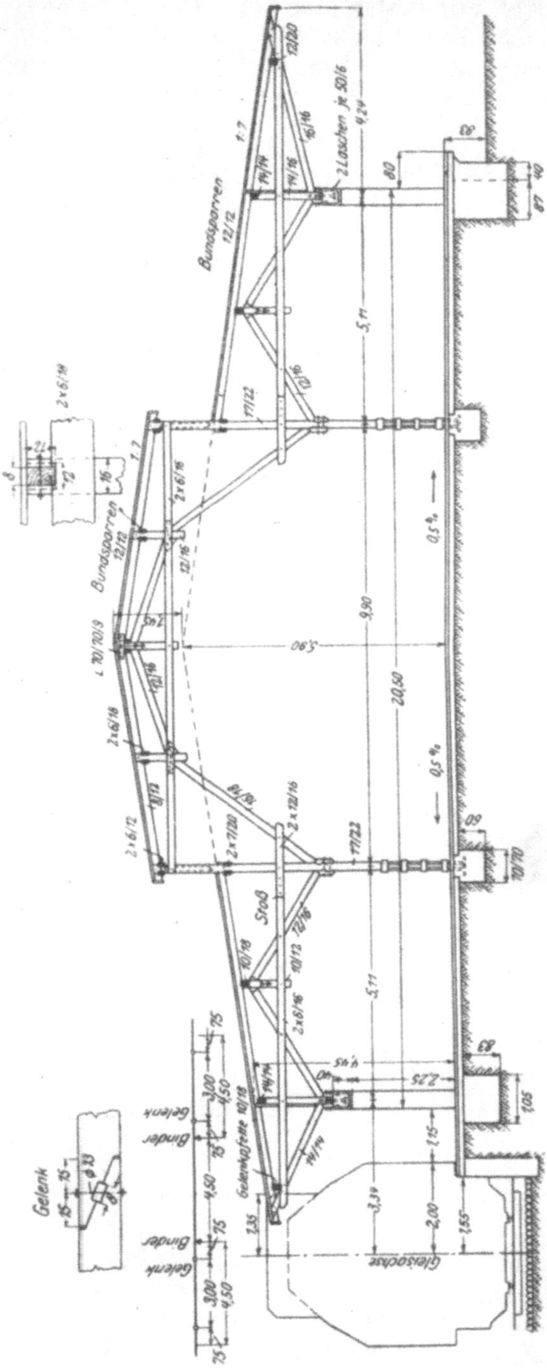

Abb. 235. Empfangsgüterschuppen mit zwei Mittelstützen auf dem neuen Hauptbahnhof Stuttgart.

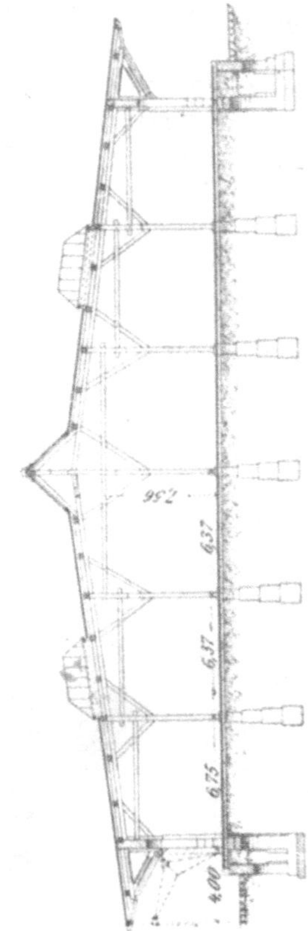

Abb. 236. Güterschuppen mit fünf Mittelstützen.

dem sind die Abmessungen der Hölzer für Altstoffverwertung günstiger. Der Abstand der Binder in Hängesprengwerkkonstruktion beträgt 4,50 m. Bemerkenswert ist ferner die Anordnung der Gelenkpfetten. Auch dieser Schuppen zeigt sehr geringe Dachneigung, also möglichste Raumausnutzung.

Eine 38,22 m weite Halle mit fünf Mittelstützen zeigt Abb. 236. Die Pfetten liegen ziemlich nahe, und zwar auf einem besonderen Bindersparren

[1]) **Schächterle, K.**: Ingenieur-Hochbauten bei der Reichsbahndirektion Stuttgart, S. 44.

(Bindergurt). Dieser bildet im Verein mit den langen, von den Stützen aus gehenden Streben eine Art Hängesprengwerk. Die Zangen zur Aufnahme der Strebenschübe reichen wegen der großen Entfernung der Außenwände nur über ein bis zwei Felder und sind in diesem Falle, wie sonst üblich, nicht zur Verankerung des Vordaches nach außen verlängert. Auch hier ist das Dach ganz flach und die Bauhöhe auf einen Kleinstwert vermindert.

2. Balkenbinder.

Die Balkenbinder können als Vollwand- oder als Fachwerkträger ausgebildet werden. Eine Vollwandkonstruktion nach Bauweise Hetzer, also aus zusammengeleimten Brettern bestehend, ist bereits in Abb. 209 (S. 170) gezeigt worden.

Ein Beispiel eines vollwandigen Pultdaches gibt das von der Firma Dehall, Deutsche Hallenbau-Aktien-Gesellschaft, München, ausgeführte Seitenschiff der Halle für Schiffahrt auf der Deutschen Verkehrs-

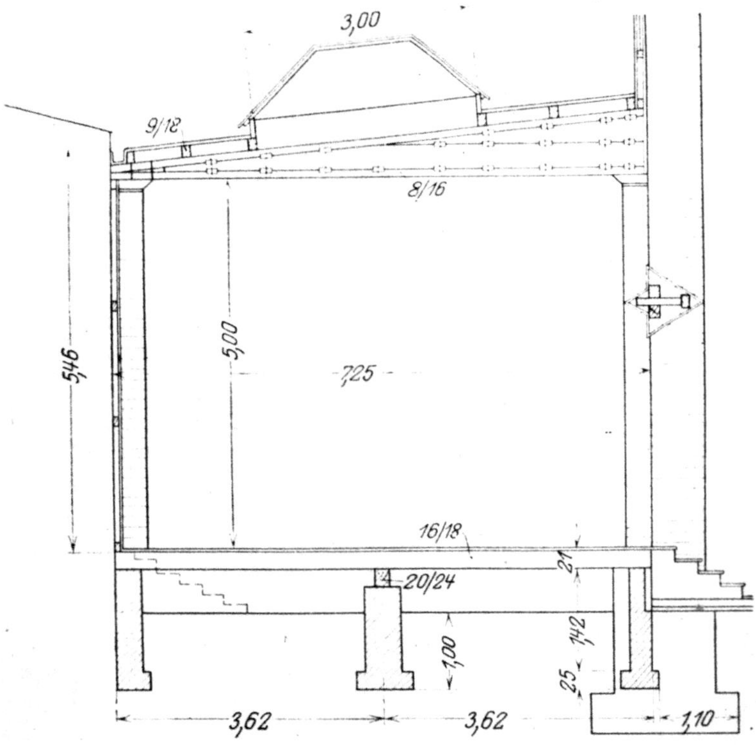

Abb. 237. Seitenschiff der Halle für Schiffahrt auf der Deutschen Verkehrsausstellung München 1925. (Ausführung: Deutsche Hallenbau-Aktien-Gesellschaft, München.)

ausstellung München 1925 (Abb. 237). Wie der Querschnitt des Binders in Feldmitte (Abb. 238) zeigt, besteht er aus einer Stegbohle 8/35, die mit den beiden Flanschenbohlen 8/16 durch Dehalldübel (s. S. 125) verbunden ist. Von der Bindermitte ab ist der Steg durch eine Dreieckbohle, die mit dem durchgehenden Steg gleichfalls durch Ringflügeldübel verbunden ist, auf eine Endhöhe von 65 cm (Trägerhöhe 81 cm) aufgesattelt. Der Binderabstand beträgt 5,2 m.

Die statische Berechnung des Binders ergibt folgendes:

Dachneigung $\alpha = 7^0$.

Doppelpappdach	$\frac{55}{\cos\alpha}$	$= 55$ kg/m²
Schnee	$75 \cdot \cos\alpha =$	75 „
Wind	$125 \sin^2\alpha =$	2 „
Binder		10 „
	Gesamtlast	142 kg/m².

Stützweite $l = 7{,}25$ m.

Belastung $Q = 142 \cdot 5{,}2 \cdot 7{,}25 = 5350$ kg.

$$M = \frac{5350 \cdot 7{,}25}{8} = 4850 \text{ kgm}.$$

$$W_{erf} = \frac{485000}{100} = 4850 \text{ cm}^3.$$

Der Querschnitt in Trägermitte (Abb. 238) besitzt ein Widerstandsmoment

$$W_{vorh} = \frac{16 \cdot 51^2}{6} - 2\,\frac{4 \cdot 35^2}{6} = 6940 - 1630 = 5310 \text{ cm}^3.$$

$$\sigma = \frac{485000}{5310} = 92 \text{ kg/cm}^2.$$

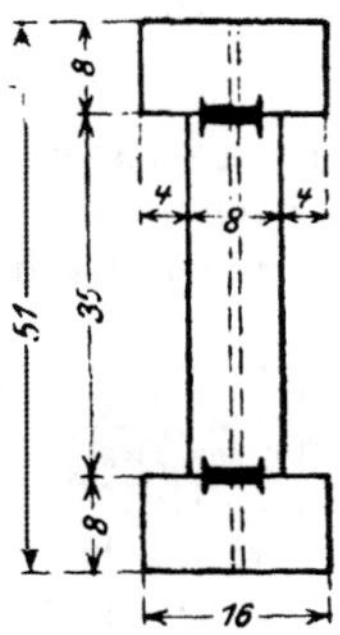

Abb. 238. Binderquerschnitt.

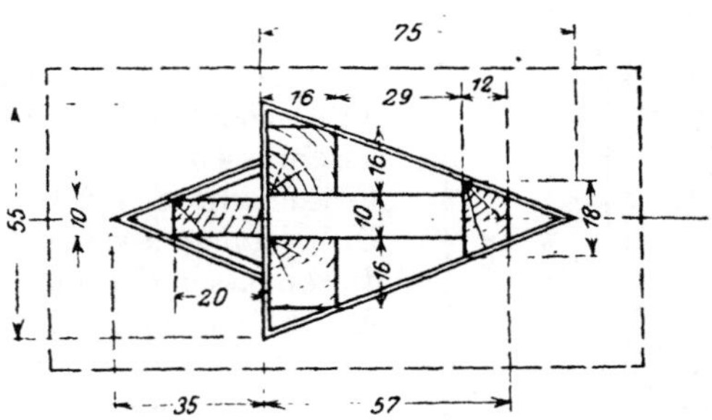

Abb. 239. Querschnitt der Hauptstütze.

Bemerkenswert sind noch die hölzernen Stützen, die aus Kanthölzern mit wagerechter Verschalung bestehen. Abb. 239 zeigt den Querschnitt der Hauptstützen; der tragende Teil der Außenstützen besteht entsprechend aus einem Kantholz 10/20 cm.

Ein weiteres Beispiel eines Vollwandbinders ist in Abb. 240 bis 243 dargestellt.

Es handelt sich um die Überdeckung des Kopfbahnsteigs der Bahnpostanlage am Rosenstein, die von der Firma Karl Kübler A.-G., Stuttgart, 1920 ausgeführt wurde.

Die Vollwandbinder bestehen aus je zwei Gurten $2 \times 7/12$, die durch einen Steg aus gekreuzt übereinandergenagelten, mit Feder und Nut versehenen Brettern von 3 cm Stärke verbunden sind (Abb. 241 u. 242). Der Anschluß des Steges an die Gurthölzer erfolgt durch Doppelkegeldübel (s. S. 130). Um die zwischen den Dübeln anschließenden Diagonalbretter besonders zu halten, ist noch zwischen den Gurthölzern eine zu ihnen gleichlaufende Feder 3/5 eingelegt (Abb. 242), die in die Wandbretter je 1,5 cm eingreift. Außen sind die Träger durch aufgenagelte lotrechte Leisten 4/12 cm versteift.

Der Binderabstand beträgt 3,41 bzw. 2,87 m. Die Länge der Träger mißt 10,95 m; ihre Auflagerung und Verankerung geht aus Abb. 241 hervor.

Abb. 243 zeigt eine Innenansicht des Kopfbahnsteigs.

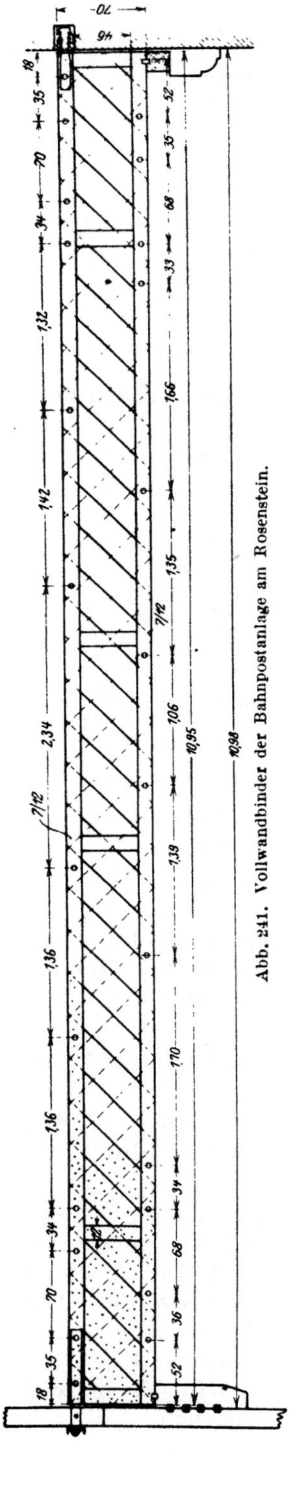

Abb. 241. Vollwandbinder der Bahnpostanlage am Rosenstein.

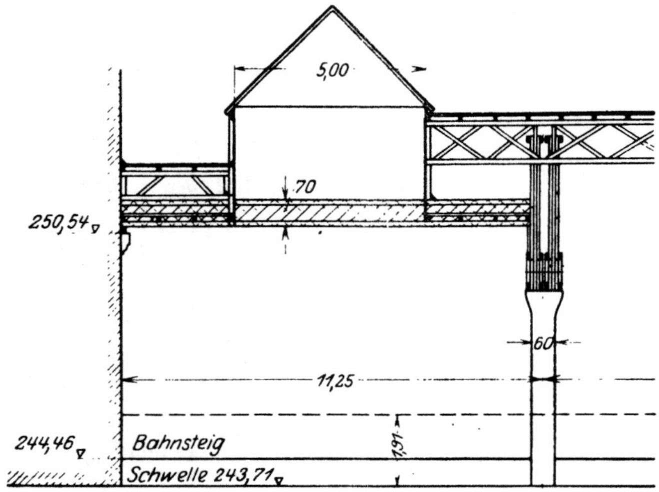

Abb. 240. Kopfbahnsteig der Bahnpostanlage am Rosenstein. (Ausführung: Karl Kübler A.-G., Stuttgart.)

Die Balkenbinder in Fachwerkausbildung unterscheiden sich der Hauptsache nach in den Stabanschlüssen. Zu diesen werden von einer Reihe von Firmen die S. 122 besprochenen Dübeleinlagen verwendet. Außer diesen lassen sich auch einfachere Anschlüsse erzielen, die meist von dem Grundsatz ausgehen, die Streben als Druckstäbe und die Pfosten als Zugstäbe auszubilden. Die verschiedenen Eigentümlichkeiten der Binderkonstruktionen sollen an einigen Beispielen besprochen werden.

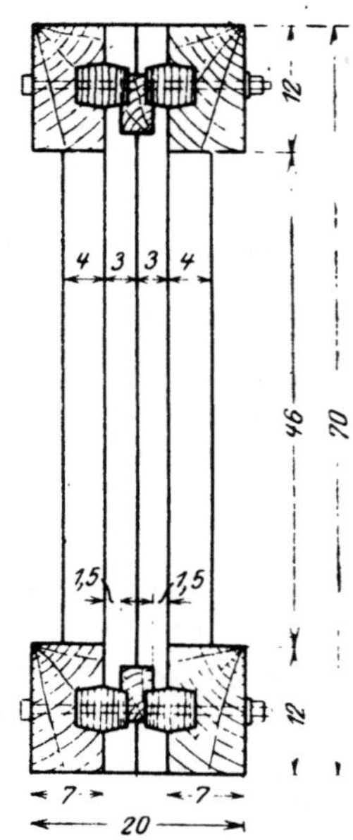

Abb. 242. Querschnitt des Vollwandbinders Abb. 241.

Das erste Beispiel zeigt eine Binderkonstruktion nach Howescher Art, die von der Firma Ambi, Arthur Müller, Bauten und Industriewerke, Berlin, 1925 ausgeführt wurde. Es handelt sich um das Dach einer Knabenschule in Wriezen a. d. Oder, dessen Binder außer der Bedachung noch eine Decke mit verschiedenen Klassenräumen zu tragen haben (Abb. 244). Wegen der Raumanordnung mußten Hauptbinder und Zwischenbinder in Abständen von 3,20 m vorgesehen werden. Die Zwischenbinder

(Abb. 245 a) tragen lediglich das Dach und die obere Zwischendecke mit einer Nutzlast von 100 kg/m² (Dachgeschoß).

An einem Zwischenbinder wird ein Rundlauf für die Turnhalle unter der Dachkonstruktion mit 1200 kg Nutzlast angebracht. Die Hauptbinder (Abb. 245 b), die als Zweigelenkbogen ausgebildet und später (s. Bogenbinder) besprochen

Abb. 243. Innenansicht des Kopfbahnsteigs der Bahnpostanlage am Rosenstein.

werden, erhalten als Auflasten die Dachlasten, die oberen Deckenlasten, die in Frage kommenden unteren Deckenlasten mittels der Unterzüge, sowie die Zwischenwände der Klassenzimmer und des Flurs (Abb. 244).

Die Eindeckung des Daches erfolgte als Kronendach. Die Hauptbinder sind als Doppelbinder, die Zwischenbinder einfach ausgeführt. Als Nutzlast für Klassenzimmer und Hörsäle wurden 350 kg/m² Grundfläche angenommen.

Die bauliche Ausbildung des Binders zeigt Abb. 246. Um die erforderliche Versatzfläche zu erhalten, sind am Auflager Ober- und Untergurt durch beiderseitig aufgelegte Hölzer 6/20 bzw. 7/18, die mit den Binderstäben verdübelt sind, verstärkt. Die Pfosten sind durch Rundeisen mit Kopf und Mutter und beiderseitigen Unterlagsplatten 150·150·10 bzw. 120·120·10 gebildet; oben sind Doppelmuttern angeordnet. Der Druck quer zur Faser beträgt hier 30 kg/cm². Der Untergurtstoß wird durch je drei Längsdübel 8/18/18 beiderseitig der Stoßfuge gebildet. Bei einer Untergurtkraft von 14100 kg beträgt demnach der Zahndruck

$$\sigma = \frac{14100}{3 \cdot 8 \cdot 18} = 33 \text{ kg/cm}^2$$

und die Scherspannung in den Dübeln

$$\tau = \frac{14100}{6 \cdot 18 \cdot 18} = 7{,}3 \text{ kg/cm}^2.$$

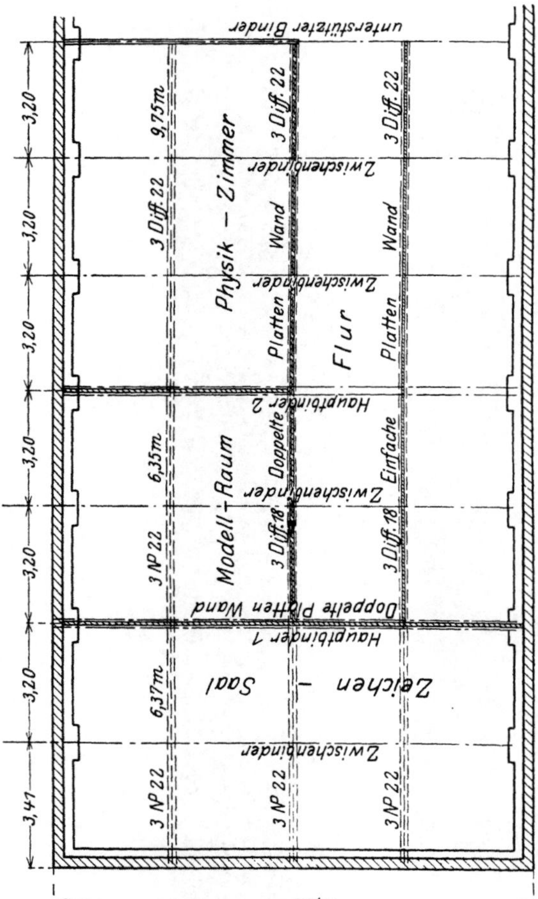

Abb. 244. Grundriß der an den Bindern anzuhängenden Decke der Knabenschule in Wriezen a. O. (Ausführung: Arthur Müller, Bauten und Industriewerke, Berlin.)

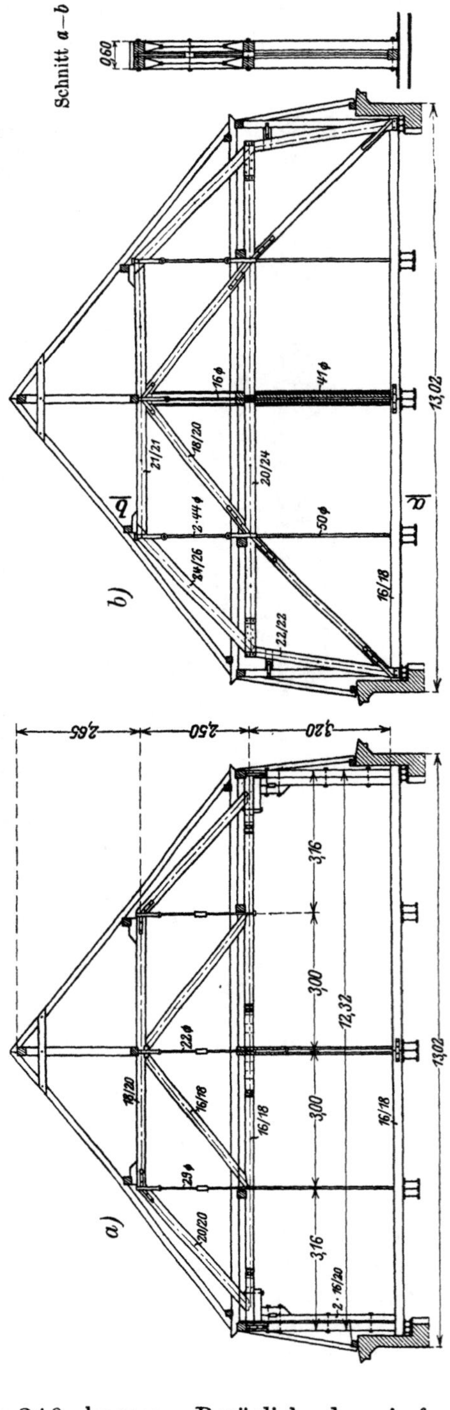

Zwischenbinder. Hauptbinder.

Abb. 245. Allgemeine Anordnung der Binder der Knabenschule in Wriezen.

Weitere Einzelheiten gehen aus Abb. 246 hervor. Bezüglich der Aufhängung der Decke sei auf den Hauptbinder (s. später) verwiesen.

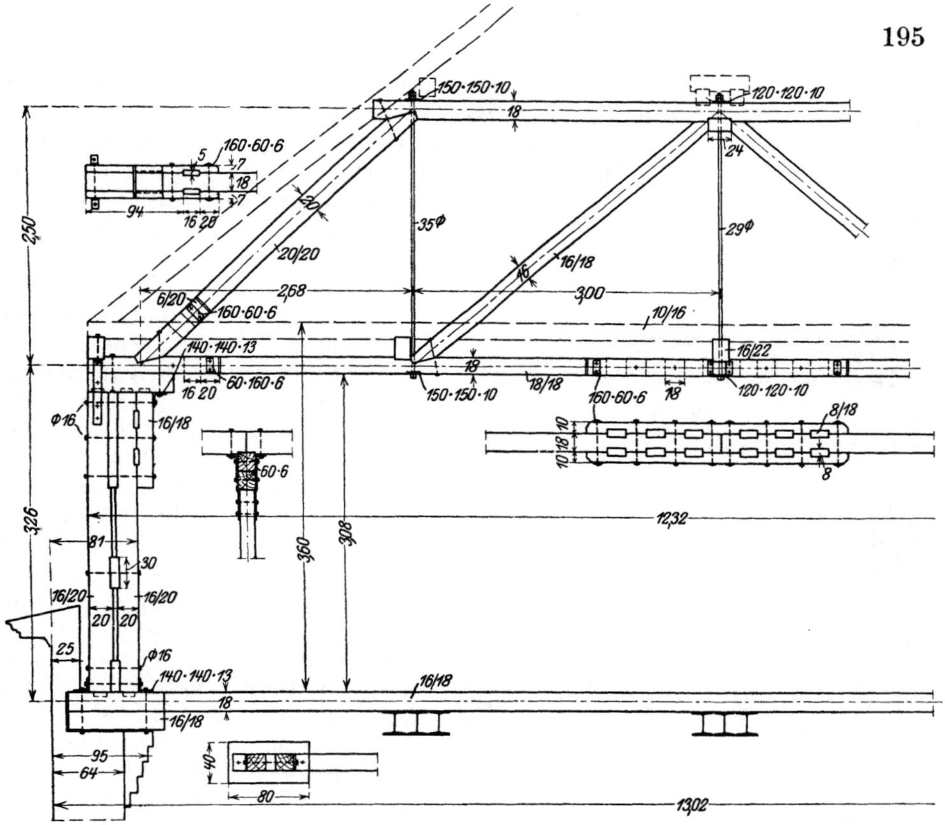

Abb. 246. Bauliche Ausbildung des Zwischenbinders mit Einzelheiten.

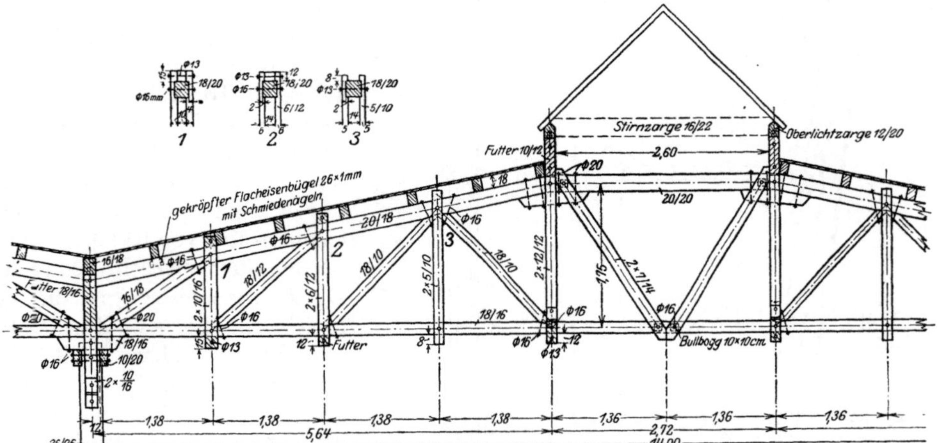

Abb. 247. Binder für eine Lagerhalle (Schuppen 1) am Hafen I in Bremen. (Ausführung: Adolf Sommerfeld, Berlin.)

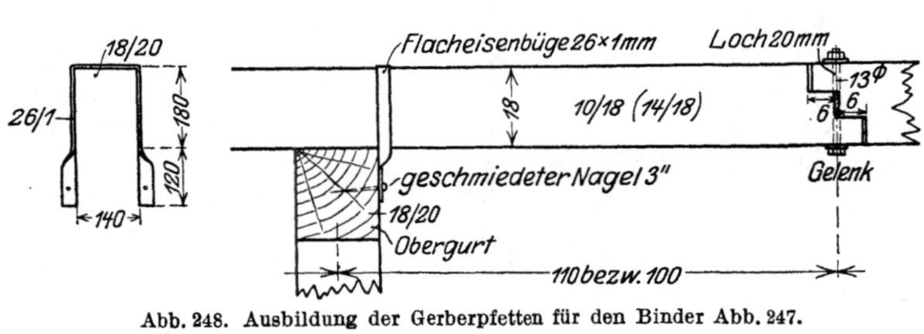

Abb. 248. Ausbildung der Gerberpfetten für den Binder Abb. 247.

Der nachstehend beschriebene Binder für einen **Lagerschuppen in Bremen**, ausgeführt 1925 von der Firma **Adolf Sommerfeld**, Berlin, zeigt denselben Grundsatz der Ausbildung, nur bestehen die gezogenen Pfosten aus Holz und sind an die Gurtungen angeblattet und mit zwei Bolzen gesichert (Abb. 247). Die gedrückten Streben sind mit Versatz an die Gurtungen angeschlossen und außerdem durch Bolzen verbunden. Für die Streben des Mittelfeldes, die zweiteilig sind, sind Zahnbleche „Bulldogg" (s. S. 136) verwendet, da diese Streben Zug aufzunehmen haben. Die Binderstützweite beträgt 13,76 m, ihr Abstand 7,50 m. Sie ruhen auf Holzstützen, die wegen der seitlichen Auflagerung der Binder exzentrisch belastet werden. Wegen der großen Binderentfernung sind Gerberpfetten angeordnet (Abb. 248).

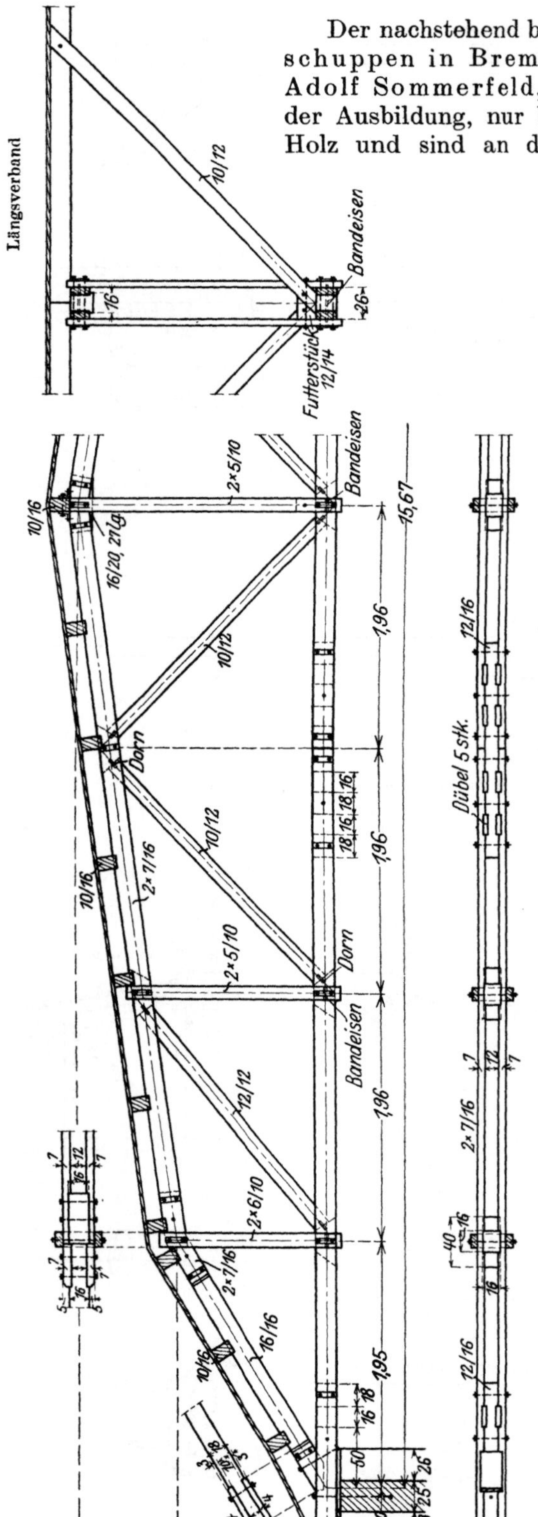

Abb. 249. Binder für eine Federschmiede in Johannisthal bei Berlin. (Ausführung: Arthur Müller, Bauten und Industriewerke, Berlin.)

Bemerkenswert sind die Stabanschlüsse des in Abb. 249 dargestellten und von der Firma **Ambi (Arthur Müller, Bauten und Industriewerke)**, Berlin, 1924 ausgeführten Binders für eine **Federschmiede** auf dem eigenen Werk in **Johannisthal**. Die Streben stoßen gegen trapezförmige Einlagestücke zwischen den beiden Gurthälften, die durch Bandeisen bzw. Flacheisenstreifen von 100 mm Breite an den Gurt angeschlossen sind. Diese Flacheisen greifen zugleich in die auf Zug beanspruchten beiden Teile der Pfosten dübelartig ein, und übertragen so die Zugkraft auf die Gurtungen. Die Verbindung wird durch zwei Bolzen mit Unterlagsplatten zusammengehalten. Eine Verschiebung der Streben auf den Einlagehölzern, die in die Gurthölzer eingelassen sind, wird durch eiserne Dorne verhindert.

Das folgende Beispiel (Abb. 250) zeigt eine größere Dachkonstruktion, nämlich den

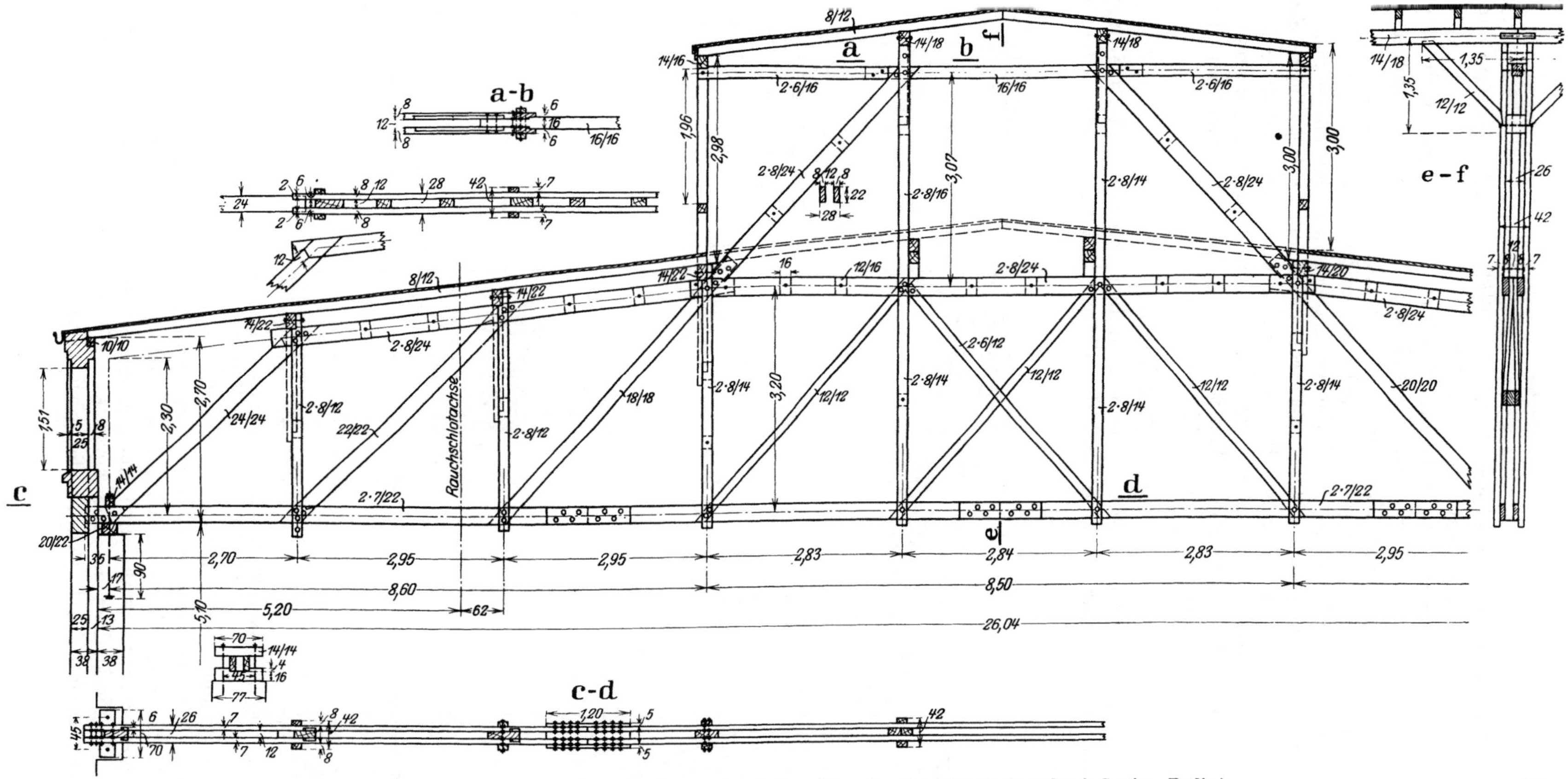

Abb. 250. Binderkonstruktion des Lokomotivschuppens in Freienwalde a. O. (Ausführung: Metzke & Greim, Berlin.)

Binder für einen von der Firma Metzke & Greim, Berlin, im Jahre 1925 ausgeführten Lokomotivschuppen in Freienwalde a. O.

Die Stützweite der Binder beträgt 25,60 m, ihr Abstand wechselt von 4,77 m bis 7,75 m. Der Anschluß der Füllstäbe und die Stoßverbindungen der Gurtungen sind durch „Krallenscheiben" (s. S. 128) bewerkstelligt.

Die statische Berechnung des Binders ist als einfach statisch unbestimmtes System durchgeführt, indem die Stäbe der Laterne als überzählige Stäbe in das System eingeführt wurden. Als statisch unbestimmte Größe ist die Stabkraft des Riegels des Laternenaufbaues angenommen. Sobald diese bekannt ist, lassen sich die Laternenstäbe durch einfache Kräftezerlegungen ermitteln. Die Kräfte der Laternenstäbe wirken dann als äußere Kräfte auf den eigentlichen Binder (statisch bestimmtes Hauptsystem).

3. Bogenbinder.

Auch die Bogenbinder können in vollwandige und fachwerkartige unterschieden werden. Die ersteren sind die älteren und haben ihren Ursprung

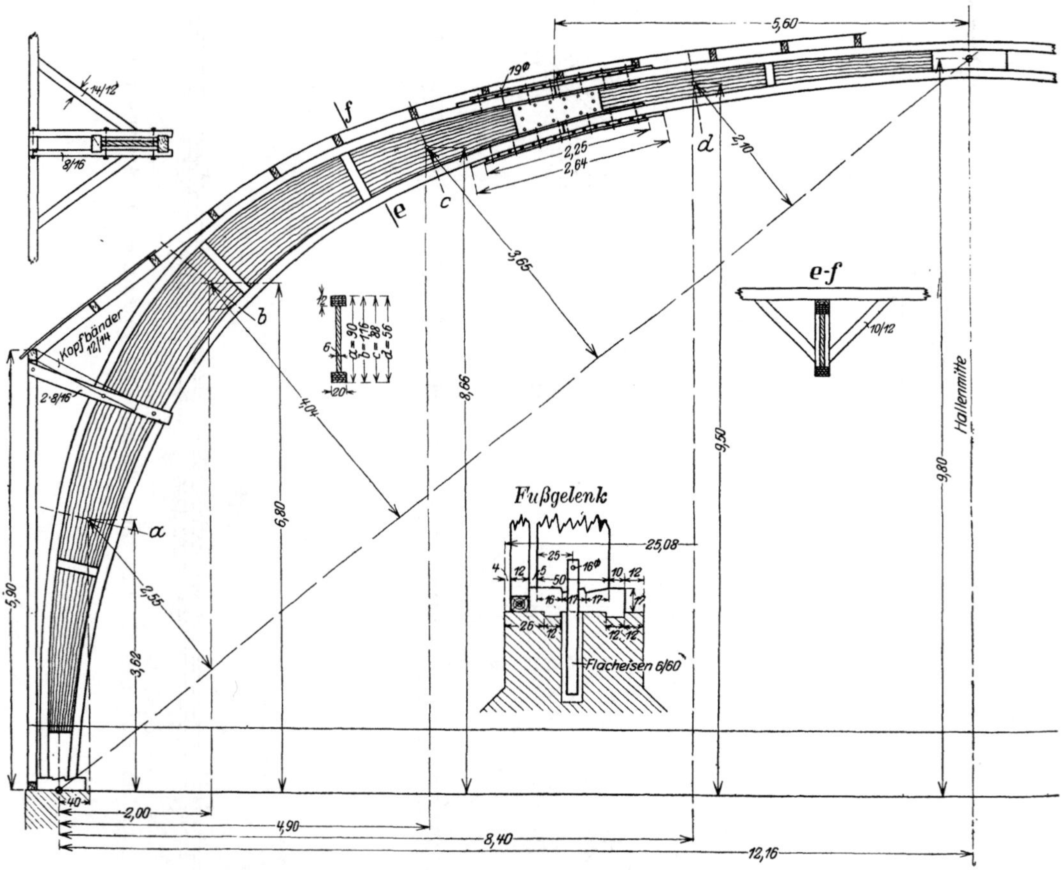

Abb. 251. Bogenbinder für eine Richthalle der Baugesellschaft m. b. H. Rossla a. H. (Ausführung: Otto Hetzer, A.-G., Weimar.)

in den Bohlenbogen (s. S. 161). Unter den neuartigen, ingenieurmäßig durchgebildeten Bogenarten sind die Hetzerschen die ältesten. Wie bereits S. 168 erläutert, zeigt sich bei ihnen zuerst der Gedanke, wie bei den vollwandigen Eisenkonstruktionen einen I-Querschnitt zu bilden. Hetzer benutzt als Bindemittel für die einzelnen Teile den Kaltleim und gibt den Vollwandträgern durch Pressen die gewünschte Bogenform.

Ein neueres Beispiel dieser Art ist in Abb. 251 dargestellt, welche einen von der Firma Otto Hetzer, Aktiengesellschaft, Weimar im Jahre 1824 ausgeführten geleimten Bogenbinder von 24,32 m Stützweite und 9,80 m Systemhöhe zeigt. Diese Dachkonstruktion überdeckt eine Montagehalle für die Baugesellschaft m. b. H., Rossla a. Harz. Die Eindeckung des Daches erfolgte mit doppelter Papplage. Der Binderabstand beträgt 5,20 m. Die größte Trägerhöhe mißt (bei *b*) 1,16 m, die Flanschbreite 0,20 m. Die statische Berechnung des Binders ist als Dreigelenkbogen durchgeführt, doch ist von einer besonderen Ausbildung des Scheitelgelenks abgesehen worden. Weitere Einzelheiten siehe Abb. 251.

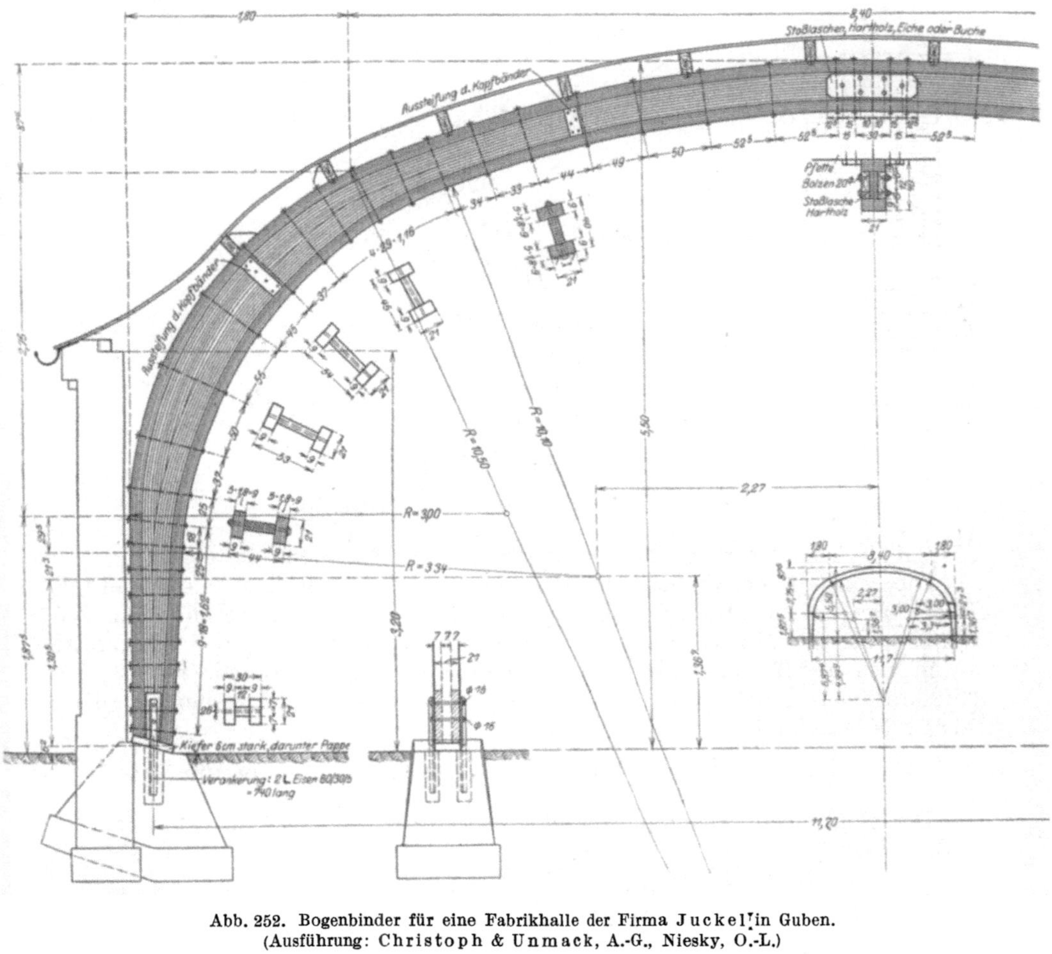

Abb. 252. Bogenbinder für eine Fabrikhalle der Firma Juckel in Guben. (Ausführung: Christoph & Unmack, A.-G., Niesky, O.-L.)

Bei der folgenden von der Unternehmung Christoph & Unmack, Aktiengesellschaft, Niesky (O.-Lausitz) für die Firma Juckel in Guben 1924 ausgeführten Dachkonstruktion (Abb. 252) wurden Binder ähnlicher Ausbildung verwendet, die jedoch nicht aus zusammengeleimten, sondern zusammengebolzten Bohlen bestehen. Die Binder sind als Dreigelenkbogen mit 11,70 m Stützweite und 5,30 m Pfeilhöhe ausgebildet. Die Trägerhöhe mißt im Scheitel 40 cm, erhöht sich im Viertelpunkt auf 54 cm und verläuft bis auf 30 cm im Fußpunkt. Die Eindeckung des Daches erfolgte mit doppeltgelegter Pappe über 2,5 cm starker Schalung auf Pfetten 7/16 cm. Der Binderabstand beträgt 4,0 m; die Höhe der Seitenwände 3,2 m; den größten

Binderquerschnitt zeigt Abb. 253. Die 1,8 cm starken Bohlen werden durch Bolzen von 26 mm Durchmesser zusammengehalten. Die Flanschbreite beträgt 21 cm, die Stegbreite 7 cm.

Die Beanspruchungen ergeben sich für ein größtes Moment und eine größte Normalkraft:

$$M = -5260 \text{ kgm},$$
$$N = -3685 \text{ kg}$$

wie folgt.

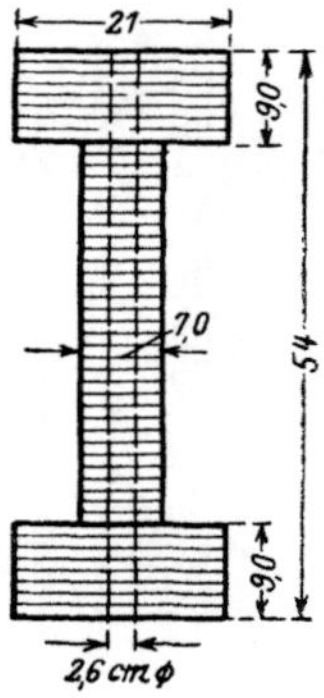

Abb. 253. Größter Binderquerschnitt.

$$J = \frac{21}{12} 54^3 - \frac{14}{12} 36^3 = 221130 \text{ cm}^4,$$

$$W = \frac{221130}{27} = 8190 \text{ cm}^3,$$

$$J_n = 221130 - \frac{2,6}{12} 54^3 = 187013 \text{ cm}^4,$$

$$W_n = \frac{187013}{27} = 6926 \text{ cm}^3,$$

$$F = 2 \cdot 9 \cdot 21 + 7 \cdot 36 = 630 \text{ cm}^2,$$

$$F_n = 630 - 2,6 \cdot 54 = 490 \text{ cm}^2,$$

$$\sigma_{d\,\max} = -\frac{526000}{8190} - \frac{3685}{630}$$

$$= -64,3 - 5,9 = -70,2 \text{ kg/cm}^2,$$

$$\sigma_{d\,\min} = -\frac{526000}{6926} + \frac{3685}{490}$$

$$= -75,9 + 7,5 = 68,4 \text{ kg/cm}^2.$$

Als größte zulässige Biegebeanspruchung wurden 80 kg/cm² festgesetzt.

Die gegenseitige Verbindung der einzelnen Holzlamellen erfolgt mittels Holzschrauben im Abstand von etwa 20 cm, welche entsprechend dem Zusammenbau der Hölzer eingeschraubt werden und etwa $^1/_4$ der Querkräfte aufnehmen und 2,6 cm starke Schraubenbolzen, deren Abstände mit $^3/_4$ der Querkräfte errechnet werden. Für den größten Querschnitt ergeben sich diese Abstände wie folgt:

$$h = 54 \text{ cm}; \quad e = 27 \text{ cm}; \quad Q = 870 \text{ kg}; \quad J = 221136 \text{ cm}^4.$$

Der gefährliche Bolzenquerschnitt liegt in einem Abstand von der neutralen Faser

$$x_0 = \sqrt{\frac{21 \cdot 27^3 + 2(21-7) \cdot 18^3}{3 \cdot 21 \cdot 27}} = 18,4 \text{ cm},$$

$$M_{\max} = \frac{3}{4} \cdot 870 \, \frac{21}{6 \cdot 221130} (27 - 18,4)^2 \cdot (27 + 2 \cdot 18,4) = 48,8 \text{ kgcm/cm},$$

$$\text{Bolzenteilung } a = \frac{1,726 \cdot 1400}{48,8} = 49,5 \text{ cm},$$

$$\text{Pressung } p = \frac{3}{4} \, \frac{870 \cdot 21 \cdot 27 \cdot 49,5}{221130 \cdot 2,6} = 31,9 \text{ kg/cm}^2.$$

In der Formel für a bedeuten 1,726 cm³ das Widerstandsmoment des Bolzenquerschnitts von 26 mm Durchmesser und 1400 kg/cm² die zulässige Biegebeanspruchung desselben.

Die Bolzenabstände werden zwischen den einzelnen Punkten allmählich zunehmend oder abnehmend angeordnet, je nachdem es die Grenzwerte, in den einzelnen Punkten errechnet, bedingen. Damit die Bolzen fest in ihren Löchern sitzen, ist das Bolzenloch gleich dem Durchmesser des Eisens gemacht. Unter Kopf und Mutter sind Unterlagsplatten von 10 cm Durchmesser und 0,8 cm Stärke gelegt worden.

Die vorstehend benutzten Formeln sind in der folgenden Untersuchung[1]) abgeleitet.

Nachweis der Tragfähigkeit von Bolzen bei Lamellenträgern zur Übertragung der Momentenunterschiede.

In Abb. 254 stellt *a* den Querschnitt eines Lamellenträgers und *b* das Kräftediagramm der Beanspruchungsdifferenzen infolge Biegung und *c* die Biegelinie des Bolzens dar. Letztere hat in der Nullinie des Querschnittes

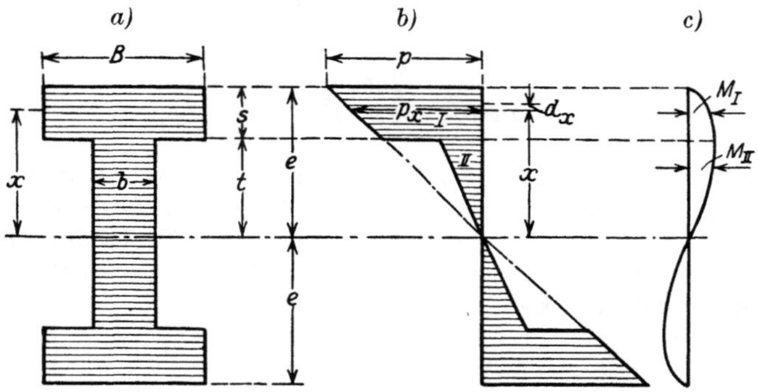

Abb. 254. Biegung des Bolzens bei Lamellenträgern.

eine Umkehrung, folglich sind der zweite Differentialquotient und das Moment des Bogens an dieser Stelle 0. Das gleiche gilt für $x = \pm e$. Nach Abb. 254 *a* und *b* kann die Schubkraft an einer beliebigen Stelle mit $p_{x_I} = p_B \frac{x}{e}$ bzw. $\frac{Q \cdot B \cdot x}{J}$ für den Flanschenteil und mit $p_{x_{II}} = \frac{Q \cdot b \cdot x}{J}$ für den Stegteil angesetzt werden und zwar für 1 cm Trägerlänge.

Die Bolzenmomente ergeben sich, wenn x der Abstand von der neutralen Faser, für den Teil s:

$$\left.\begin{aligned} M_{I_x} &= \frac{QB}{J}\,\frac{e+x}{2}\cdot(e-x)\cdot\frac{2e+x}{2+x}\cdot\frac{e-x}{3} - C(e-x) \\ &= \frac{QB}{6J}[2e^3 - 3e^2x + x^3] - C\cdot(e-x). \end{aligned}\right\} \qquad (1)$$

Für den Teil t ist das Moment:

$$M_{II_x} = \frac{QB}{J}\left[e - x - \frac{2t+e}{t+e}\cdot\frac{e-t}{3}\right]\frac{e^2-t^2}{2} + \frac{Qb}{6J}[2t^3 - 3t^2x + x^3] - C(e-x). \quad (2)$$

$$M_{II_x} = 0, \text{ wenn } x = 0; \qquad C = \frac{Q}{3J\cdot e}[B(e^3 - t^3) + b\cdot t^3].$$

---

[1]) Diese Untersuchung stammt von Oberingenieur W. Faust, Niesky.

$$M_{I_x} = \frac{Q}{6J}\left[2(B-b)t^3\cdot\frac{e-x}{e} - B\cdot e^2\cdot x\frac{e^2-x^2}{e^2}\right]. \tag{1a}$$

$$M_{II_x} = \frac{Qx}{6eJ}[B(3t^2e - e^3 - 2t^3) + b(2t^3 - 3et^2 + ex^2)]. \tag{2a}$$

M_{I_x} wird ein Größtwert, wenn $x_0 = \sqrt{\dfrac{B\cdot e^3 + 2(B-b)t^3}{3Be}}$. (3a)

$$M_{I\max} = \frac{QB}{6J}(e-x_0)^2\cdot(e+2x_0); \tag{3}$$

hierbei muß $x_0 \geqq t < e$ sein.

Ist x_0 nach Gl. 3a kleiner als t, so ergibt M_{II} das Maximum.

$$x_{0\,II} = \sqrt{\frac{B\cdot e^2 - (B-b)t^2\left(3-\frac{2t}{e}\right)}{3b}} \tag{4a}$$

und

$$M_{II\max} = \frac{Q\cdot b\cdot x_{0\,II}^3}{3J}. \tag{4}$$

Vorstehende Formeln bezogen sich immer auf 1 cm Trägerlänge mit gleichem Q zwischen zwei benachbarten Bolzen. Beträgt der Bolzenabstand a in cm, so muß sein, wenn W das Widerstandsmoment des Verbindungsteiles in cm^3, d dessen Breite in cm und σ_b dessen zulässige Beanspruchung in kg/cm^2 auf Biegung, σ_s auf Abscheren:

$$a \leqq \frac{W\cdot\sigma_b}{M_{\max}}. \tag{5}$$

Die größte Pressung des Holzes ist an der äußeren Faser des Trägers:

$$k = \frac{Q\cdot B\cdot e\cdot a}{J\cdot d} \text{ in } kg/cm^2 \leqq 1{,}25\,\sigma_d. \tag{6}$$

Hierbei ist σ_d die zulässige Druckbeanspruchung des für den Träger benutzten Holzes. Ergibt sich k größer als 1,25 σ_d, so ist a entsprechend zu verkleinern. Die durch den Bolzen zu übertragende Schubkraft beträgt

$$T = \frac{Q\cdot a\cdot S}{J} = \frac{Q\cdot a}{2J}[B(e^2-t^2) + b\cdot t^2], \tag{7}$$

$$\sigma_s \leqq \frac{T}{d^2\frac{\pi}{4}} \leqq 1000\ kg/cm^2.$$

Der Nachweis für σ_s kommt nie in Frage, da der Wert $\sigma_s = 1000\ kg/cm^2$ immer unterschritten wird.

Von der gleichen Firma wie die vorher beschriebene Ausführung stammt die 1922 hergestellte Dachkonstruktion für den Aufbau des Südostflügels der Metallgesellschaft Frankfurt a. M. (Abb. 255).

Die Stützweite der Binder beträgt 12,10 m, ihr Abstand 3,60 m. Sie sind als Dreigelenkbogen mit hochliegendem hölzernen Zugband und festen Fußgelenken ausgeführt, so daß das System einfach statisch unbestimmt ist. Die Eindeckung des Daches besteht im oberen flachen Teil aus Schiefer auf Pappunterlage, 2 cm starker Schalung und Sparren, die wiederum durch Pfetten unterstützt werden. Die Dachschalung ist mit Torfoleumplatten verkleidet, ferner ist in Höhe des Zugbandes noch eine freitragende Rabitzdecke an das Dach gehängt. Der mansardartige Teil des Daches ist wie der flache Teil eingedeckt, nur ist statt der Verkleidung mit Torfoleumplatten

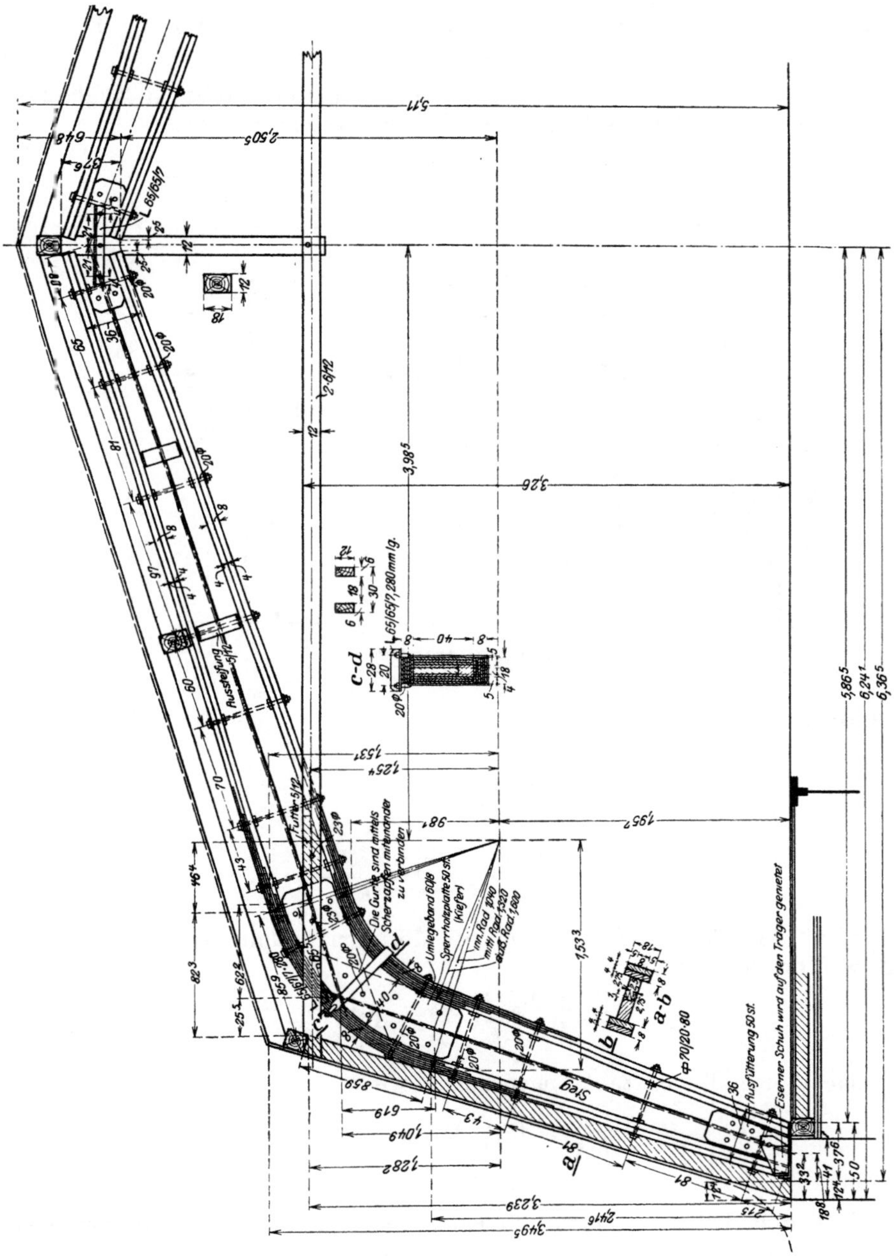

Abb. 255. Bogenbinder für die Dachkonstruktion der Metallgesellschaft Frankfurt a. M. (Ausführung: Christoph & Unmack, A.-G., Niesky, O.-L.)

eine 12 cm Schwemmsteinausrollung angeordnet und die Rabitzummantelung liegt unmittelbar unter den Sparren. Die Binder selbst erhielten gleichfalls eine leichte Rabitzummantelung.

Das Gewicht der Torfoleumplatten beträgt 5 kg/m² und das der Tuffsteine in der Mansarde 100 kg/m² Dachfläche.

Für die Berechnung auf Druck und Biegung ist die Formel benutzt

$$\sigma_{\text{zul}} = \frac{100\,\sigma_b + 60\,\sigma_d}{\sigma_b + \sigma_d} \geqq \sigma_b + \sigma_d\,.$$

Für die Flußeisenbolzen sind auf Biegung 1200 kg/cm² und für die Bolzenkantenpressung in der Faserrichtung 120 kg/cm² zugelassen.

Der Gang der Berechnung der statisch unbestimmten Größe X, Zugbandkraft $III-III$ (Abb. 256), soll im folgenden dargestellt werden.

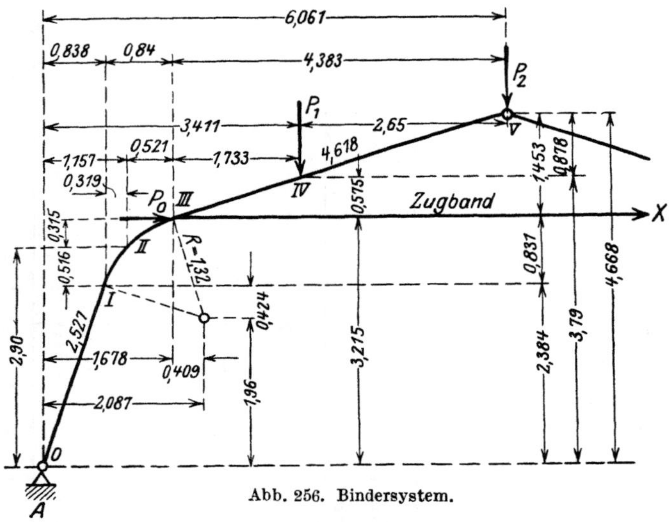

Abb. 256. Bindersystem.

Allgemein ist:

$$M = M_0 - X \cdot \overline{M},$$
$$S = S_0 - X \cdot \overline{S},$$

und

$$\Delta_x = \int \frac{M \cdot \overline{M} \cdot ds}{EJ} + \sum \frac{S \cdot \overline{S} \cdot s}{EF} = 0\,.$$

Der Einfluß der Normalkräfte kann bei der Ermittelung von X vernachlässigt werden, folglich ist

$$\Delta_x = 0 = \int \frac{M_0 \cdot \overline{M} \cdot ds}{EJ} - X \int \frac{\overline{M}^2 \cdot ds}{EJ}$$

oder wenn J überall konstant angenommen wird, ist

$$X = \frac{\int M_0 \cdot \overline{M} \cdot ds}{\int \overline{M}^2 \cdot ds}\,.$$

Hierin bedeuten M_0 das Moment für einen beliebigen Punkt im Belastungszustand $X = 0$, ferner $\overline{M}$ das in demselben Punkt erzeugte Moment durch $X = 1$ und ds ein differentiales Längenteilchen.

Ist $M_0 = 0$ und die Belastung erfolgt nur durch $X = 1$ allein, so ist der untere Horizontalschub $A_h = 1 \cdot \frac{1{,}453}{4{,}668} = 0{,}311$ und der horizontale Schub im Scheitel $1 - 0{,}311 = 0{,}689$. Mit Hilfe dieser Werte ergeben sich:

$$\overline{M}_I = 0{,}311 \cdot 2{,}384 \qquad = 0{,}743 \text{ m}$$
$$\overline{M}_{II} = 0{,}311 \cdot 2{,}90 \qquad = 0{,}904 \text{ „}$$
$$\overline{M}_{III} = 0{,}311 \cdot 3{,}215 = 0{,}689 \cdot 1{,}453 \qquad = 1{,}00 \text{ „}$$
$$\overline{M}_{IV} = 0{,}689 \cdot 0{,}878 \qquad = 0{,}605 \text{ „}$$
$$\overline{M}_V = 0{,}689 \cdot 0 \qquad = 0.$$

Werte $EJ \cdot w = \int_n^{n+1} \overline{M} ds$ (Abb. 257):

Für den Teil $O - I$ ist $EJ \cdot w = \frac{1}{2} \cdot 0{,}743 \cdot 2{,}527 \cong 0{,}94$ m²
„ „ „ $I - II$ „ „ $= \frac{1}{2} \cdot [0{,}743 + 0{,}904] \cdot 0{,}607 \cong 0{,}50$ „
„ „ „ $II - III$ „ „ $= \frac{1}{2} \cdot [0{,}904 + 1{,}00] \cdot 0{,}609 \cong 0{,}58$ „
„ „ „ $III - IV$ „ „ $= \frac{1}{2} \cdot [1{,}00 + 0{,}605] \cdot 1{,}826 \cong 1{,}468$ „
„ „ „ $IV - V$ „ „ $= \frac{1}{2} \cdot 0{,}605 \cdot 2{,}792 \cong 0{,}844$ „

$\sum = 4{,}332$ m²

Die Werte y und x ergeben sich ebenfalls aus dem $\overline{M}$-Diagramm, sie bezeichnen die lotrechten bzw. wagrechten Schwerpunktsabstände, von A gemessen, für die Trapeze $O - I$, $I - II$, $II - III$, $III - IV$, $IV - V$, auf das Bindersystem bezogen.

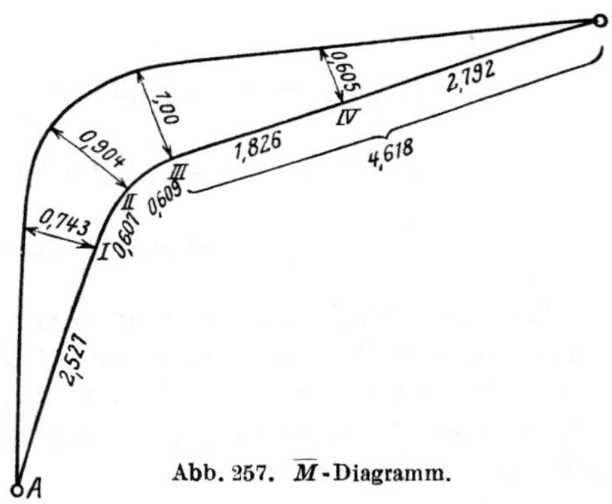

Abb. 257. $\overline{M}$-Diagramm.

Die Werte $EJ \cdot w \cdot \overline{M}$ ergeben sich aus der Integration von $\int_n^{n+1} \overline{M}^2 \cdot ds$, ebenfalls auf die einzelnen Längen $O - I$ usw. bis $IV - V$ bezogen und berechnen sich wie folgt für:

$$O - I: \quad \frac{0{,}743^2}{3} \cdot 2{,}527 \qquad = 0{,}465 \text{ m}^3$$

$$I - II: \quad \left[\frac{0{,}743 + 0{,}904}{2}\right]^2 \cdot 0{,}607 \qquad = 0{,}411 \text{ „}$$

$$II - III: \quad \left[\frac{0{,}904 + 1{,}0}{2}\right] \cdot 0{,}609 \qquad = 0{,}547 \text{ „}$$

$$III - IV: \quad \frac{1{,}0^2}{3} \cdot 4{,}618 - \frac{0{,}605^2}{3} \cdot 2{,}792 = 1{,}539 - 0{,}341 = 1{,}198 \text{ „}$$

$$IV - V: \quad \frac{0{,}605^2}{3} \cdot 2{,}792 \qquad = 0{,}341 \text{ „}$$

$\sum = 2{,}962$ m³

Die Werte $w_c = \sum \frac{\overline{M} \cdot y \cdot ds}{f} \cdot EJ$ ergeben die Winkeländerung im Scheitel beim statisch bestimmten Grundsystem nach **Kögler** (s. Z. d. B. 1907, S. 398 und Eisenbau 1912, S. 283, ferner Z. d. B. 1912, S. 286).

$$w_c = \sum w \cdot E \cdot J \cdot \frac{y}{f}; \qquad f = 4{,}668 \text{ m}.$$

$$\text{Anteil}\quad O-I\ :\quad 0{,}94 \cdot \frac{1{,}598}{4{,}668} = 0{,}320\ \text{m}^2$$

$$\text{„}\quad I-II\ :\quad 0{,}5 \cdot \frac{2{,}65}{4{,}668} = 0{,}283\ \text{„}$$

$$\text{„}\quad II-III:\quad 0{,}58 \cdot \frac{3{,}06}{4{,}668} = 0{,}376\ \text{„}$$

$$\text{„}\quad III-IV:\quad 1{,}468 \cdot \frac{3{,}479}{4{,}668} = 1{,}093\ \text{„}$$

$$\text{„}\quad IV-V\ :\quad 0{,}844 \cdot \frac{4{,}083}{4{,}668} = 0{,}738\ \text{„}$$

$$\sum = 2{,}810\ \text{m}^2$$

Die vorstehend nachgewiesenen Werte bezogen sich immer nur auf eine Binderhälfte und sind in der Summe aus Symmetriegründen zu verdoppeln.

Es ergibt sich somit

$$E J \sum w = 2 \cdot 4{,}332 = 8{,}664\ \text{m}^2$$

$$A_w = B_w = 4{,}332 - 2{,}810 = 1{,}522\ \text{m}^2$$

$$w_c = 2 \cdot 2{,}81 = 5{,}62\ \text{m}^2 = 2\, E J \sum \frac{\overline{M}\, y}{f} \cdot ds = 2 \sum w \frac{y}{f}$$

$$\sum w \cdot \overline{M} \cdot ds \cdot EJ = 2 \cdot 2{,}962 = 5{,}924\ \text{m}^3\,.$$

Die Einflußlinie von X wurde für lotrechte und wagerechte Kräfte zeichnerisch ermittelt und hieraus die Größe der Zugbandkraft für ständige Last, einseitige und beiderseitige Schneelast, ferner für Winddruck bestimmt. Endlich wurden die Momente, Normalkräfte und Querkräfte für die gleichen Belastungsfälle berechnet.

Der Trägerquerschnitt hat I-Form und besteht aus einem Steg aus 8 cm starken Bohlen, die in der Mitte mittels Kaltleim verbunden sind, und den aus Brettlamellen zusammengesetzten beiden Flanschen. Der Stoß der Gurte erfolgt da, wo die Momente klein sind. Als tragende Höhe wurde immer mit 4 cm gerechnet, da besondere Stoßdeckungen nicht ausgeführt sind. Die Verbindung der Gurtlamellen mit dem Steg erfolgt mittels Schraubennägel, mit je 2 Stück im Abstand von 20 cm und Bolzen von 20 mm Durchmesser. Hierbei wird angenommen, daß die Schraubenmängel $^1/_4$ und die Bolzen $^3/_4$ der Schubspannungen aufnehmen. Zur Berechnung der Bolzenentfernung ist also die Querkraft mit 0,75 zu multiplizieren. Die Bolzen erhalten im Steg beim Gurt zwecks Verminderung der Kantenpressung Flacheiseneinlagen von 2 cm Stärke und 8 cm Breite, durch welche die Bolzen hindurchgesteckt sind.

Die Berechnung der Bolzen wird zunächst nur auf 1 cm Trägerlänge vorgenommen und mittels den sich ergebenden Werten durch Einsetzen der zulässigen Werte die größte Bolzenentfernung bestimmt. In den Übergangspunkten wird diese vermittelt. Da die Schraubenbolzen mit großen quadratischen Unterlagsplatten ausgeführt sind, kann der Bolzen als eingespannt angenommen werden. Unter Bezugnahme auf die Abb. 258 und 259 folgt:

$$p \frac{e+t}{2\,e} \cdot \frac{(2\,e+t)}{(e+t)} \cdot \frac{e-t}{3} - M_0 = M_{\max}$$

M_0 kann $\frac{1}{2} M_{max}$ gesetzt werden, also

$$M_{max} = \frac{p(2e+t)(e-t)}{9e} = \frac{Q \cdot B \cdot e(2e+t)(e-t)}{9eJ} = \frac{QB(2e+t)(e-t)}{9J},$$

$$p = \frac{Q \cdot B \cdot e}{J}.$$

Das Moment des Bolzens muß in Stegmitte 0 sein, folglich:

$$p \cdot \frac{e+t}{2e}(e-t)\left(t + \frac{2e+t}{e+t} \cdot \frac{e-t}{3}\right) - Kt - \frac{k \cdot t^2}{3} = 0,$$

hieraus

$$k = p \frac{(e-t)(t^2+e^2+et)}{e \cdot t^2} - \frac{3K}{t} = \frac{QB}{J} \frac{(e-t)(t^2+e^2+et)}{t^2} - \frac{3K}{t},$$

$$a \leqq \frac{W \cdot \sigma}{M_{max}} \leqq \frac{\lambda d}{k}.$$

Die Bolzen von 20 mm Durchmesser haben $W = 0{,}7854$ cm³

$W \cdot \sigma = 0{,}7854 \cdot 1200 = 944$ kgcm,

$\lambda \cdot d = 120 \cdot 2 = 240$ kg,

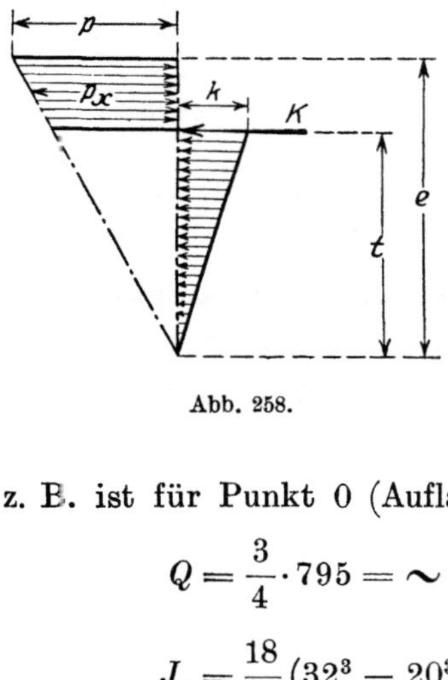

Abb. 258.

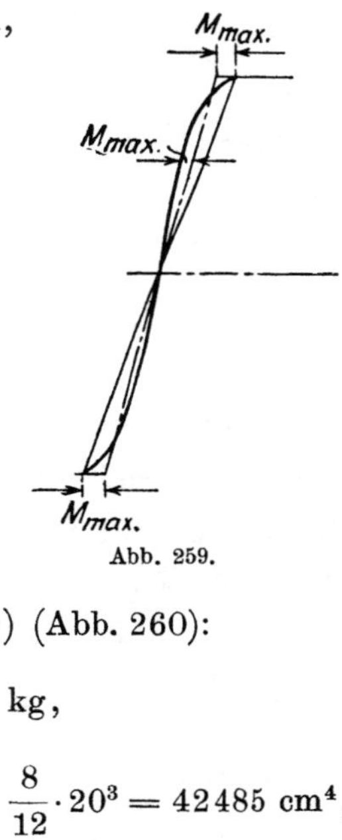

Abb. 259.

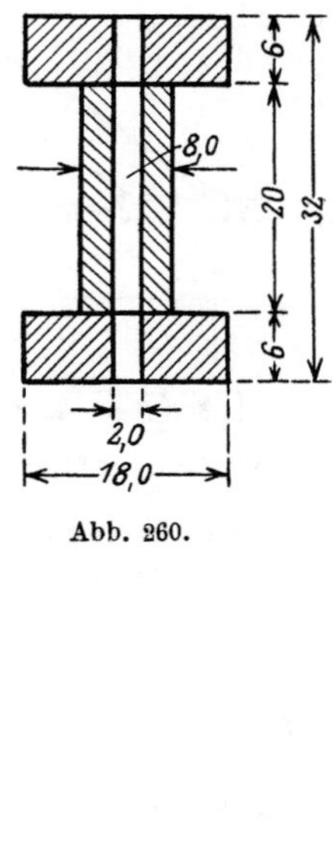

Abb. 260.

z. B. ist für Punkt 0 (Auflager) (Abb. 260):

$$Q = \frac{3}{4} \cdot 795 = \sim 600 \text{ kg},$$

$$J_0 = \frac{18}{12}(32^3 - 20^3) + \frac{8}{12} \cdot 20^3 = 42485 \text{ cm}^4,$$

$h = 32$ cm (ausgeführt 36 cm),

$e = 16$ cm, $t = 10$ cm, $B = 18$ cm, $a \leqq 78$ cm,

$$M_{max} = \frac{600 \cdot 18(2 \cdot 16 + 10)(16 - 10)}{9 \cdot 42485} \cdot 78 = 555 \text{ kgcm},$$

$$\sigma = \frac{555}{0{,}7854} = 707 \text{ kg/cm}^2,$$

$$k = \frac{60 \cdot 18}{42485} \frac{(16-10)(10^2 + 16^2 + 10 \cdot 16)}{10^2} - \frac{3 \cdot 8 \cdot 2 \cdot 80}{78 \cdot 10} =$$

$$= 7{,}88 - 4{,}92 = 2{,}96 \text{ kg/cm}^2,$$

$$\lambda = \frac{a \cdot k}{d} = \frac{78 \cdot 296}{2{,}0} = 115 \text{ kg/cm}^2.$$

Die Auflagerung der Binder erfolgt in einem eisernen Schuh, der mit dem Deckenträger des Obergeschosses fest vernietet ist.

Ein weiteres Beispiel eines Daches mit Bohlenbindern stellt die Überdeckung des Blutungs- und Entblutungsraumes der Forschungsanstalt Insel Riems bei Greifswald dar (Abb. 261). Die Dachkonstruktion, die von der Firma Ambi, Berlin, im Jahr 1925 ausgeführt wurde, besteht aus Bogenbindern von 11,0 m Spannweite und 0,95 m Abstand. Jeder Binder wird aus 2,10 m langen hochkantig gestellten bogenförmig zugeschnittenen Lamellen in der Weise gebildet, daß drei je 3 cm starke und 25 cm hohe Bretter nebeneinander gelegt werden. Das Bogendach besitzt eine untere Schalung (in Abb. 261 nicht gezeichnet), welche gerohrt und geputzt ist. Die einzelnen Bogenstücke sind mit den Breitseiten so aneinander genagelt, daß die Stöße sich auf eine Länge von 70 cm überdecken, so daß also auf jedes Bogenstück von 2,10 m Länge in der Mitte noch zwei Stöße zu liegen kommen.

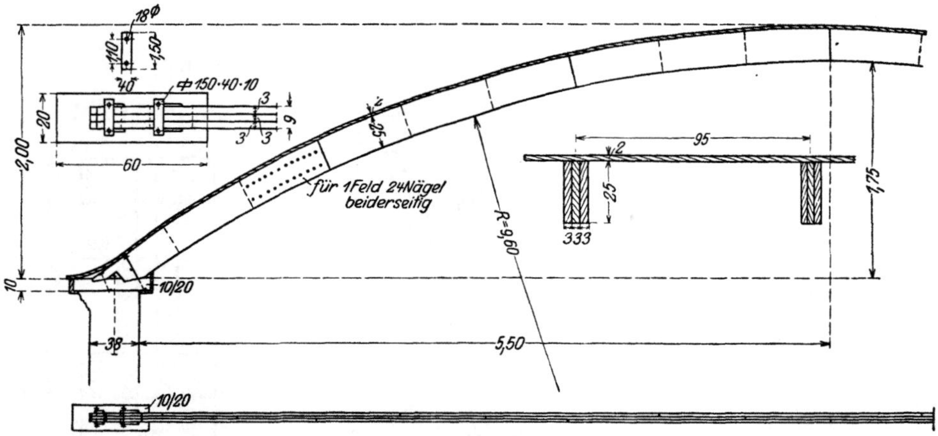

Abb. 261. Brettbogenbinder der Forschungsanstalt Insel Riems. (Ausführung: Ambi-Werke, Berlin.)

Nachstehend möge die statische Berechnung der Binder angeführt werden. Am Stoß, als schwächster Stelle, ist

$$F = 2 \cdot 3 \cdot 25 = 150 \text{ cm}^2$$

und

$$W = \frac{b\,h^2}{6} = \frac{6 \cdot 25^2}{6} = 625 \text{ cm}^3.$$

Die Pfeilhöhe des Bogens beträgt

$$f = 1{,}75 + \frac{0{,}25}{2} = \text{rd. } 1{,}87 \text{ m}.$$

Die mittlere Dachneigung ergibt sich aus

$$\operatorname{tg}\alpha = \frac{2f}{l} = \frac{2 \cdot 1{,}87}{11{,}0} = 9{,}34,$$

$$x = \text{rd. } 19^0.$$

Die ständige Belastung der Binder ist für 1 m Binder:

Eigengewicht des Binders	13 kg
Obere Schalung 20 mm	12 „
Untere Schalung 20 mm	12 „
Pappeindeckung	6 „
Deckenputz, gerohrt	15 „
	58 kg.

Als Nutzlast kommt Schnee und Wind in Frage, wobei die wagerechte Seitenkraft des Winddruckes bei derartig flachen Dächern außer acht gelassen werden kann. Es genügt, wenn nur die senkrechte Seitenkraft als Zusatz zur Schneelast genommen wird.

Schneelast $0{,}95 \cdot 75 \cdot \cos 19^0$	=	66 kg
Wind $0{,}95 \cdot 125 \cdot \sin^2 19^0 = 0{,}95 \cdot 125 \cdot 0{,}32^2$	=	rd. 12 „
		78 kg.

Es ist also

$$g = 58 \text{ kg/m}, \quad p = 78 \text{ kg/m} \quad \text{und} \quad q = g + p = 136 \text{ kg/m}.$$

Der größte Horizontalschub entsteht bei voller Belastung des Bogens mit q. Es wird

$$H_q = \frac{136 \cdot 11^2}{8 \cdot 1{,}87} = 1100 \text{ kg}.$$

Der kleinste Horizontalschub, also nur für Belastung durch Eigengewicht, wird

$$H_g = \frac{58 \cdot 11^2}{8 \cdot 1{,}87} = \text{rd. } 470 \text{ kg}.$$

Für halbseitige Belastung mit p wird der Horizontalschub

$$H_p = \frac{\left(58 + \frac{78}{2}\right) \cdot 11{,}0^2}{8 \cdot 1{,}87} = \text{rd. } 785 \text{ kg},$$

$$M_{p_{\max}} = \frac{78 \cdot 11{,}0^2}{64} = 147 \text{ kgcm},$$

$$Q_p = \frac{11}{8} = \frac{78 \cdot 11{,}0}{8} = 107 \text{ kg}.$$

Die größte Längskraft entsteht bei $x = \frac{l}{4}$. Sie wird

$$N_p = Q \cdot \sin 19^0 + H \cdot \cos 19^0 = 107 \cdot 0{,}32 + 785 \cdot 0{,}94 = 34 + 738 = 772 \text{ kg}.$$

Bei $x = \frac{l}{4}$ treten demnach folgende größte Beanspruchungen auf:

$$\sigma = \frac{772}{150} \pm \frac{14\,700}{625} = 5 \pm 24 = \begin{matrix} +\,29 \text{ kg Druck} \\ -\,19 \text{ kg Zug.} \end{matrix}$$

Die infolge der Querkraft an den Nagelreihen angreifende Scherkraft beträgt

$$S = \frac{107 \cdot 70}{12} = 625 \text{ kg}.$$

Zur Aufnahme dieser Scherkraft sind auf jeder Bogenseite mindestens 6 Stück $3^1/_2'' = 9$ cm lange Nägel erforderlich. Verwendet werden 12 Stück $3^1/_2''$ Nägel auf jeder Bogenseite.

Die Aufnahme des Horizontalschubes erfolgt durch 2 Stück 1,5 cm tiefe Versätze in dem Sattelholz 10/20.

Erforderliche Anschlußfläche:

$$\frac{1100}{60} = 19 \text{ cm}^2.$$

Vorhandene Anschlußfläche:

$$1{,}5 \cdot 2 \cdot 9 = 27 \text{ cm}^2.$$

Erforderliche Abscherfläche:

$$\frac{1100}{10} = 110 \text{ cm}^2.$$

Vorhandene Abscherfläche:

$$(14 + 24) \cdot 9 = 342 \text{ cm}^2.$$

Da die Binder durch die von oben und von unten angebrachte Schalung fest eingespannt liegen, kommt eine Berechnung auf Knickung nicht in Frage.

Eine andere Art von Bogendach, aus Brettern bestehend, ist das binderlose Bretterdach „System Broda", Abb. 262, welches von der Broda-Hallendach-Gesellschaft m. b. H., Breslau, ausgeführt wird. Bei diesem Dach

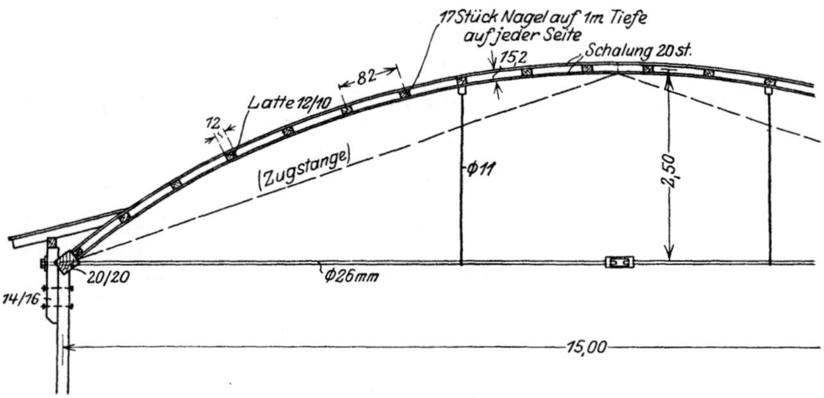

Abb. 262. Binderloses Bretterdach „System Broda" der Broda-Hallendach-Gesellschaft m. b. H., Breslau. Normal-Dachkonstruktion von 15 m Stützweite.

fehlen besondere Binder, indem ein aus Brettern durch Zwischenhölzer zusammengehaltenes Gewölbe gebildet wird. Es wird eine obere und untere Brettlage, bei welcher die Bretter in der Bogenform laufen und unmittelbar nebeneinander liegen, in der Weise angeordnet, daß die Bretter auf den längs laufenden Zwischenhölzern gestoßen sind. Die Stärke der Bretter beträgt etwa 20 bis 25 mm und das des Zwischenholzes etwa 12/8 bis 15/10 cm. Zur Nagelung werden besondere Nagelschrauben verwendet, die eine wesentlich größere Haftfestigkeit als gewöhnliche Drahtnägel besitzen. Die Nagelung vermittelt das Zusammenwirken der beiden Schalungen zu einem einheitlichen Querschnitt, indem sie die in Richtung der Bogenlinie auftretenden Schubkräfte der Schalungen auf die Zwischenhölzer überträgt.

Ist z. B. die Schnee- und Windlast für ein Dach von 10,5 m Spannweite und 1,5 m Pfeilhöhe $\left(\text{mittlere Dachneigung } \operatorname{tg}\alpha = \frac{1{,}5}{5{,}25} = 0{,}285;\ \alpha = 16^0\right)$ für einen Bogenstreifen von 1 m Tiefe

$$p = 75 + 10 = 85 \text{ kg/m}$$

und die Querkraft in $\frac{l}{4}$ bei halbseitiger Belastung mit p

$$Q_p = \frac{p\,l}{8} = \frac{85 \cdot 10{,}5}{8} = 112 \text{ kg},$$

so ist die Scherkraft zwischen Schalung und Zwischenholz (Abb. 263).

$$S = \frac{112 \cdot 90}{10} = 1008 \text{ kg}$$

und die Zugkraft in den Verbindungsnägeln oder -schrauben

$$Z = \frac{1008 \cdot 10}{\frac{2}{3} \cdot 15} = 1008 \text{ kg}.$$

Zur Aufnahme dieser Zugkraft verwendet man am besten 10 Nagelschrauben von 9 cm ($3^1/_2''$) Länge oder 5 Schrauben 8 mm ($^5/_{16}''$) Durchmesser mit $f_e = 5 \cdot 0{,}295 = 1{,}48$ cm² Kernquerschnitt.

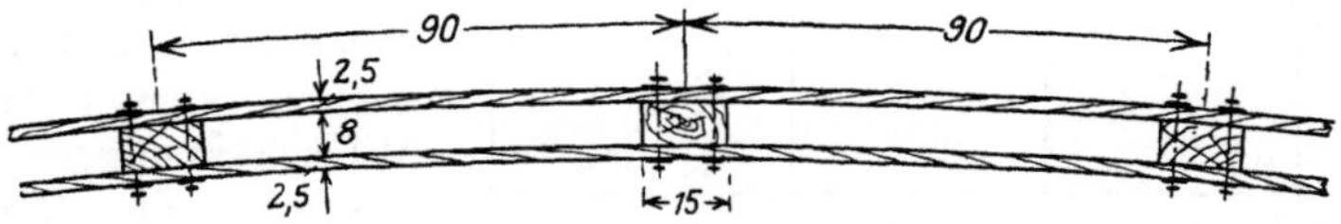

Abb. 263. Einzelheit des Broda-Hallendaches.

Außer mit Zugband von Kämpfer zu Kämpfer werden diese Bretterdächer noch mit Schräganker vom Kämpfer zum Scheitel (Abb. 262) ausgeführt, die nur bei halbseitiger Belastung zur Wirkung kommen; hierdurch wird eine Verminderung der Biegespannungen um 34% gegenüber der Ausführung ohne diese Schräganker erzielt.

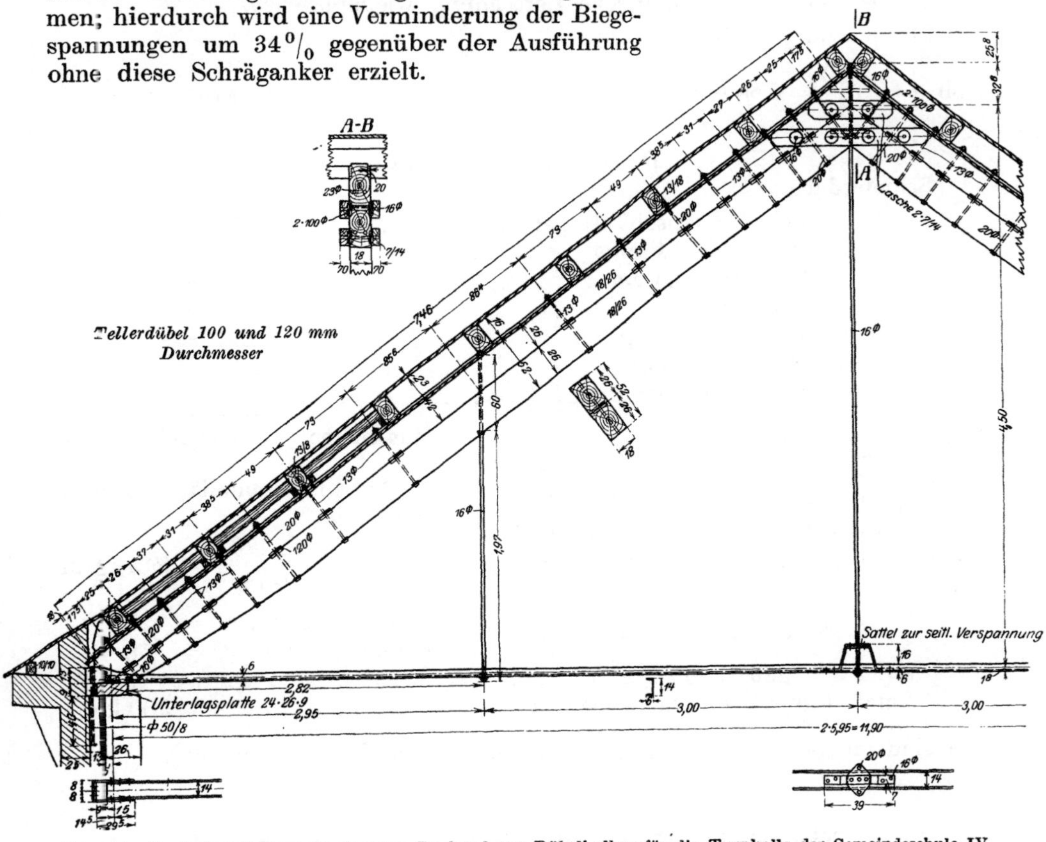

Abb. 264. Dreigelenkbinder mit eisernem Zugband aus Dübelbalken für die Turnhalle der Gemeindeschule IV in Berlin-Steglitz. (Ausführung: Christoph & Unmack, A.-G., Niesky, O.-L.)

Probebelastungen mit solchen Bretterdächern haben eine vierfache Sicherheit gegen Bruch ergeben.

Bei dem folgenden Beispiel (Abb. 264) ist der Vollwandbinder durch zwei verdübelte Balken gebildet; es stellt die Dachkonstruktion der Turnhalle für die Gemeindeschule VI in Berlin-Steglitz dar, die von der Firma Christoph & Unmack, Niesky O.-L., 1924 ausgeführt wurde.

Die Binder besitzen eine Stützweite von 11,90 m bei einem gegenseitigen Abstand von 4,0 m. Ihre Ausbildung erfolgte als Dreigelenkbinder mit eisernem Zugband aus ⊔ NP 14. Die Verdübelung der Balken ist durch Tellerdübel (s. S. 126) bewerkstelligt. Die Eindeckung des Daches geschieht mittels Schiefer auf einer Lage Pappe, 2,5 cm starker Dachschalung über Pfetten. Zwischen letztere kommt eine 8 cm starke Wickelstakung, darunter abermals eine Deckenschalung, 2 cm stark, und Rohrputz. Außer der Schnee- und Windlast werden die Binder durch Schwunggeräte und Rundlauf belastet.

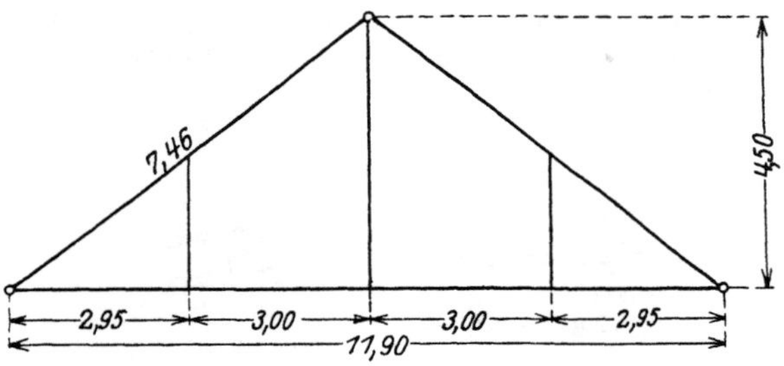

Abb. 265. Bindersystem.

Nachstehend sei die statische Berechnung wiedergegeben.

Dachneigung (Abb. 265)

$$\sin\alpha = \frac{4{,}50}{7{,}46} = 0{,}6035\,; \quad \sin^2\alpha = 0{,}365\,; \quad \cos\alpha = \frac{5{,}95}{7{,}46} = 0{,}7976\,; \quad \alpha = 37^0.$$

Belastungsannahmen.

Schieferdach:

Schiefer einschl. Nägel	32 kg/m²
Eine Lage Pappe	3 „
Schalung 2,5 cm	16 „
Sparren	11 „
Deckenschalung 2,0 cm	13 „
Rohrdeckenputz	20 „
8 cm Wickelstakung	75 „
Zusammen:	170 kg/m²

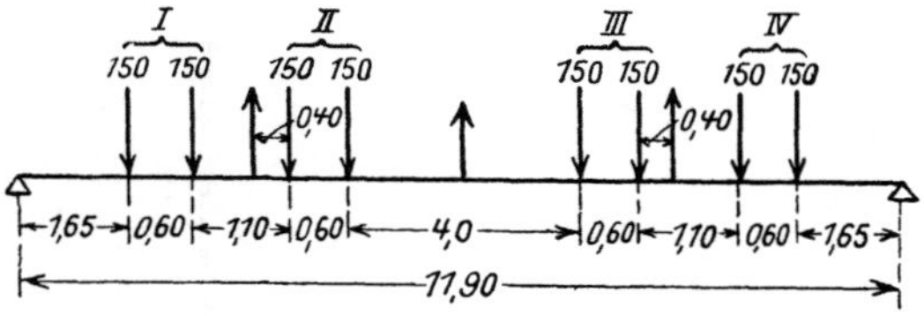

Abb. 266. Belastung durch Schwunggeräte.

Auf 1 m² Grundfläche gerechnet ergibt

$$l = \frac{170}{0{,}7976} = 213 \text{ kg/m}^2$$

Bindergewicht . .	= 20 „
Schnee 75 + 20 − 37	= 58 „
Wind $w = 125 \cdot 0{,}365$	= 46 „
Nutzlast durch ein Schwunggerät	= 300 kg.

Es sind im ganzen 4 Stück an einem Binder angehängt (Abb. 266).

Beanspruchungen.

Kiefernholz auf Zug und Biegung . . .	100 kg/cm²
„ „ Druck in Faserrichtung .	60 „
„ „ „ ⊥ zur „ .	25 „
„ „ Abscheren in „ .	10 „

Druckstäbe mit Biegung erhalten $\sigma_{\text{zul}} = \dfrac{100 \cdot \sigma_b + 60 \cdot \sigma_d}{\sigma_b \cdot \sigma_d} \geqq \sigma_b + \sigma_d$.

Pressung des Mauerwerkes aus Hartbrandsteinen in verlängertem Zementmörtel 15 kg/cm².

Binder.

Die horizontalen Windlasten werden von jedem Auflager zur Hälfte aufgenommen.

Belastungen (Abb. 267):

$$Q_1 = 4{,}0 \cdot 5{,}65 \cdot [213 + 20 + 58] \qquad = 6930\,\text{kg}$$

$$Q_2 = 7{,}46 \cdot 4{,}0 \cdot 46 \qquad = 1370 \text{ „}$$

$$\text{Zugstangen I und III: } S = 300 \cdot \frac{1{,}95}{2{,}95} + 300 \cdot \frac{2{,}30}{3{,}00} \qquad = 430 \text{ „}$$

$$\text{Zugstange II: } S' = 2 \cdot 300 \cdot \frac{0{,}70}{3{,}0} \qquad = 140 \text{ „}$$

$$\text{Knoten } A \text{ bzw. } B = 300 \cdot \frac{1{,}0}{2{,}95} \qquad = 100 \text{ „}$$

$$A_v = 6930 + 100 + 430 + 70 + \frac{1370 \cdot 5{,}77}{11{,}90} = 7530 + 665 = 8195 \text{ „}$$

$$B_v = 7530 + \frac{1370 \cdot 3{,}73}{11{,}90} = 7530 + 430 \qquad = 7960 \text{ „}$$

$$A_h = B_h = \frac{4{,}0}{2} \cdot 4{,}50 \cdot 46 \qquad = 414 \text{ „}$$

Zugkraft im Stab A—B:

$$H = \frac{(7960 - 100) \cdot 5{,}95 - 430 \cdot 3{,}0 - 6930 \cdot \frac{5{,}95}{2}}{4{,}50} - 414 \qquad = 5110 \text{ „}$$

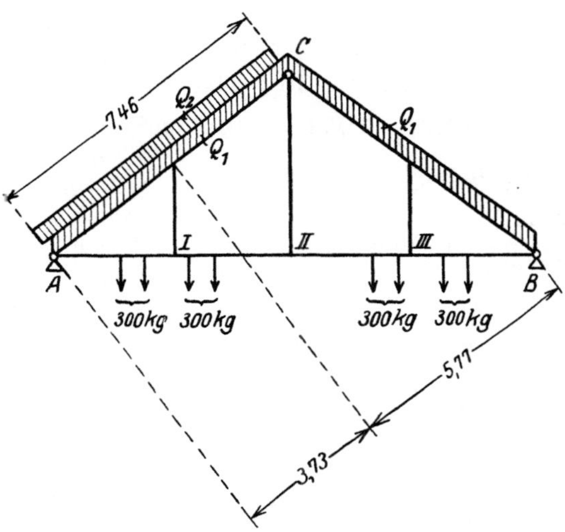

Abb. 267. Belastungsschema des Binders.

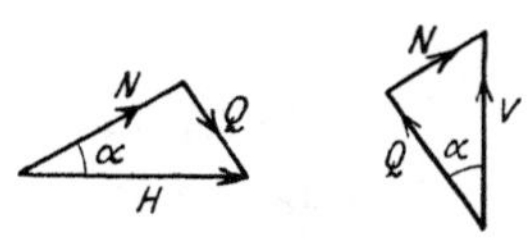

Abb. 268.

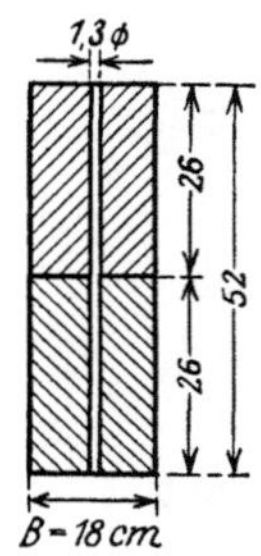

Abb. 269.

Moment im Stab A—C:

$$M \cong \frac{6930 \cdot 5{,}95}{8} + \frac{430 \cdot 5{,}95}{4} + \frac{1370 \cdot 7{,}46}{8} = 5160 + 640 + 1278 = 7078 \text{ kgm.}$$

Normalkraft an der gefährlichen Stelle (Abb. 268):

$$N = -[H \cdot \cos\alpha + V \cdot \sin\alpha]$$

$$V \cong 8195 - 100 - \frac{2{,}95}{5{,}95} \cdot 6930 = 8095 - 3440 \qquad = 4655 \text{ kg}$$

$$H = 5110 - 414 \qquad = 4696 \text{ „}$$

$$N = -[4655 \cdot 4{,}5 + 4696 \cdot 5{,}95] \cdot \frac{1}{7{,}46} = -[2810 + 3750] = -6560 \text{ „}$$

Gewählt Querschnitt Abb. 269 aus 2 verdübelten Balken 18/26. Da die zum Zusammenhalten dienenden Bolzen gleichen Durchmesser wie das Bolzenloch haben, kann der Querschnitt in der Druckzone ungeschwächt in Rechnung gesetzt werden. Es gelten sodann die Bedingungen:

$$B \cdot x^2 \left[1 - \frac{2\,N \cdot x}{3\,M}\right] - b\,(h - x)^2 \left[1 + \frac{2\,N \cdot (h - x)}{3\,M}\right] = 0\,.$$

Hieraus sind x und $h - x$ zu bestimmen.

Für die Kantenpressung gilt die Bedingung:

$$\sigma = \frac{2 \cdot N \cdot x}{B \cdot x^2 - b \cdot (h - x)^2} = \frac{3 \cdot M \cdot x}{B \cdot x^3 + b\,(h - x)^3}\,.$$

In diesen Gleichungen bedeuten:

B = Balkenbreite = 18 cm,

$b = B - 1{,}3 = 18 - 1{,}3 = 16{,}7$ cm,

x = Abstand der Nullinie von der am meisten gedrückten Faser.

In Zahlen ist:

$$0 = 0{,}18 \cdot x^2 \left[1 - \frac{2 \cdot 6560 \cdot x}{3 \cdot 7078}\right] - 0{,}167 \cdot (0{,}52 - x)^2 \left[1 + \frac{2 \cdot 6560 \cdot (0{,}52 - x)}{3 \cdot 7078}\right].$$

Es ergeben sich

$$x = 0{,}2765 \text{ m}, \qquad h - x = 0{,}2435 \text{ m},$$

$$\sigma = \frac{2 \cdot 6560 \cdot 27{,}65}{18 \cdot 27{,}65^2 - 16{,}7 \cdot 24{,}35^2} = \frac{3 \cdot 707\,800 \cdot 27{,}65}{18 \cdot 27{,}65^3 + 16{,}7 \cdot 24{,}35^3} = 94{,}5 \text{ kg/cm}^2,$$

$$F = 18 \cdot 27{,}65 + 16{,}7 \cdot 24{,}35^2 = 497{,}7 + 406{,}6 = 904{,}3 \text{ cm}^2.$$

Die reine Druckbeanspruchung beträgt demnach

$$\sigma_d = \frac{6560}{904{,}3} = 7{,}25 \text{ kg/cm}^2$$

und die Biegebeanspruchung

$$\sigma_b = 94{,}5 - 7{,}25 = 87{,}25 \text{ kg/cm}^2$$

und

$$\sigma_{\text{zul}} = \frac{100 \cdot 87{,}25 + 60 \cdot 7{,}25}{94{,}5} = 97 \text{ kg/cm}^2.$$

Zugspannung

$$\sigma_z = \frac{94{,}5 \cdot 24{,}35}{27{,}65} = 83{,}3 \text{ kg/cm}^2.$$

Querkräfte.

Querkraft am Auflager A

$$Q = V \cdot \cos\alpha - H \cdot \sin\alpha,$$

$$Q_A = \overbrace{(8195 - 100)}^{8095} \cdot \frac{5{,}95}{7{,}46} - \overbrace{(5110 - 414)}^{4696} \cdot \frac{4{,}50}{7{,}46} = 6450 - 2830 = 3620 \text{ kg}.$$

Die Querkraft an einer beliebigen Stelle vom Auflager bis zur ersten Aufhängung ist:

$$Q_x = 3620 - \frac{6930 \cdot x}{7{,}46} - \frac{1370 \cdot x}{5{,}95}\,.$$

Querkraft bei der ersten Aufhängestange 2,95 m vom Auflager:

$$Q_I = 3620 - \frac{6930 \cdot 2{,}95}{7{,}46} - \frac{1370 \cdot 2{,}95}{5{,}95} = 3620 - (\underbrace{2745 + 680}_{3425}) = 195 \text{ kg}$$

bzw. $$Q_I' = 195 - 430 \cdot \frac{5{,}95}{7{,}46} = 195 - 343 = -148 \text{ kg}.$$

Querkraft im First:

$$Q_C = -148 - \frac{6930 \cdot 3{,}0}{7{,}46} - \frac{1370 \cdot 3{,}0}{5{,}95} = -[148 + 2787 + 690] = 3625 \text{ kg}.$$

Diese Querkraft stimmt mit Q_A gut überein. Verteilung und Anzahl der Tellerdübel für eine Balkenhälfte durch Tellerdübel 12 cm ∅ mit $P = 2535$ kg Anschlußkraft:

Anzahl
$$n = \frac{3 \cdot 7078}{2 \cdot 2535 \cdot 0{,}52} = 8 \text{ Stück}.$$

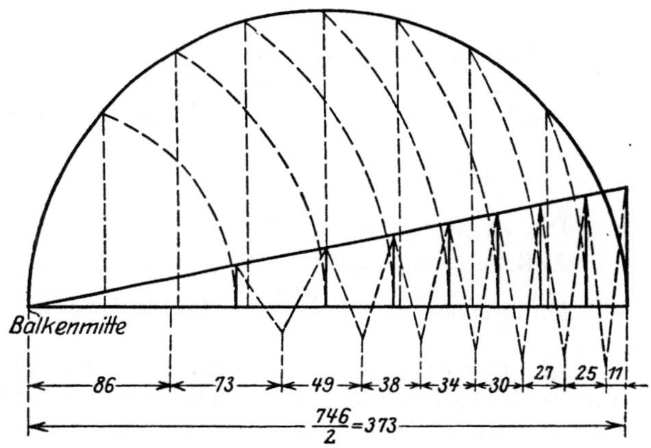

Abb. 270. Zeichnerische Ermittlung der Dübelteilung (in cm).

Die Verteilung der Dübel kann symmetrisch aus der Balkenmitte vorgenommen werden nach dem in Abb. 270 gezeigten Verfahren; es ergeben sich die Dübelabstände, vom Auflager A nach First C gerechnet, zu

$$0{,}11 + 0{,}25 + 0{,}27 + 0{,}30 + 0{,}34 + 0{,}38 + 0{,}49 + 0{,}73 + 1{,}72 + 0{,}73 + 0{,}49 + 0{,}38 + 0{,}34 + 0{,}30 + 0{,}27 + 0{,}25 + 0{,}11 = 7{,}46 \text{ m}.$$

Größte Zugkraft im ersten Vertikalstab

$$S_I = 430 + 3 \cdot 16 = 480 \sim 500 \text{ kg}.$$

Gewählt Rundeisen 1,6 cm ∅ mit Gewinde-Kernfläche

$$F_n = 1{,}311 \text{ cm}^2,$$

$$\sigma = \frac{480}{1{,}311} = 366 \text{ kg/cm}^2.$$

Vertikalstab im First:

Größte Zugkraft durch Rundlauf	500 kg
Gewicht des Zugbandes 3·16 =	50 „
	550 kg.

Gewählt Querschnitt wie vor

$$\sigma = \frac{550}{1{,}311} = 419 \text{ kg/cm}^2.$$

Zugband ⊔ NP 14:
Zugkraft (s. vorher): 5110 kg.
Momente durch Schwunggeräte (Abb. 271):

$$A = \frac{300 \cdot 1{,}0}{2{,}95} = 101{,}5 \text{ kg} \qquad C_1 = \frac{300 \cdot 0{,}70}{3{,}00} = 70 \text{ kg}$$

$$B_1 = \frac{300 \cdot 1{,}95}{2{,}95} = 198{,}5 \text{ „} \qquad M_1 = 101{,}5 \cdot 1{,}65 = 168 \text{ kgm}$$

$$M_2 = 198{,}5 \cdot 0{,}70 = 139 \text{ „}$$

$$B_2 = \frac{300 \cdot 2{,}30}{3{,}00} = 230 \text{ „} \qquad M_3 = 230 \cdot 0{,}40 = 92 \text{ „}$$

$$M_4 = 70 \cdot 2{,}0 = 140 \text{ „}$$

Da die Zugstange kontinuierlich durchgeht, können vorstehende Momente mit $^3/_4$ multipliziert werden.

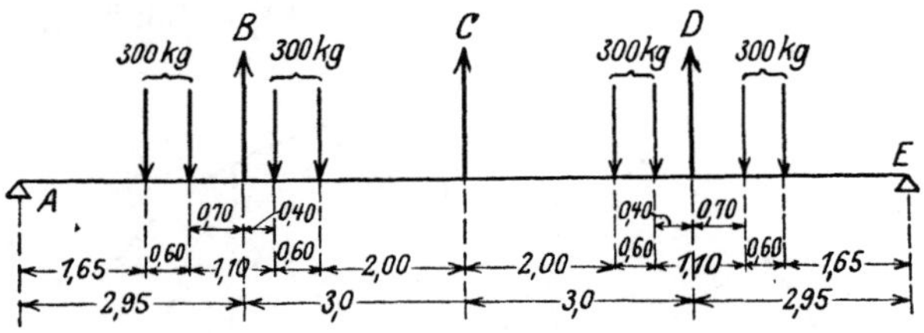

Abb. 271. Belastung durch Schwunggeräte.

Vorhanden] NP 14 mit $W = 14{,}8 \text{ cm}^3$; $F = 20{,}4 \text{ cm}^2$.

$$\sigma = \frac{3 \cdot 16800}{4 \cdot 14{,}8} + \frac{5110}{20{,}4}$$

$$= 851 + 250$$

$$= 1101 \text{ kg/cm}^2.$$

Die Zugstange ist in Bindermitte seitlich abzusteifen.

Auflagerplatte gewählt 22/26 mit $F = 572 \text{ cm}^2$.

Mauerpressung $\sigma = \frac{8195}{572} = 14{,}3 \text{ kg/cm}^2$.

Als Beispiel eines Bogenbinders in Fachwerkausbildung sei der Hauptbinder der bereits S. 192 u. f. beschriebenen Dachkonstruktion für die Knabenschule in Wriezen a. d. Oder, ausgeführt 1925 von der Firma Ambi, Berlin, erörtert (Abb. 245b u. 272).

Die Stützweite des Binders beträgt 12,36 m. Die ganze Systemhöhe ist $3{,}25 + 2{,}50 = 5{,}75$ m. Der Abstand zwischen den beiden Hauptbindern mißt $2 \cdot 3{,}20 = 6{,}40$ m (Abb. 244).

Der Binder stellt einen Zweigelenkbogen mit Zugstange dar, ist also einfach statisch unbestimmt. Als statisch nicht bestimmbare Größe ist die Spannkraft X der Zugstange eingeführt. Das statisch bestimmte Hauptsystem ($X = 0$) ist somit ein einfacher Balken, für den die Stabkräfte infolge der äußeren Lasten zeichnerich ermittelt wurden. Die Stabkräfte infolge des Zustandes $X = -1$ sind gleichfalls mittels eines Kräfteplanes bestimmt worden.

Die Elastizitätsgleichung zur Ermittlung von X lautet dann

$$X \sum S_1^2 \frac{s}{EF} = \sum S_0 S_1 \frac{s}{EF};$$

hieraus ist

$$X = \frac{\sum S_0 S_1 \varrho}{\sum S_1^2 \varrho},$$

worin $\varrho = \frac{s}{EF}$ gesetzt ist.

Es sind tabellarisch bestimmt

$$\sum \frac{S_1^2 s}{F} = 2 \cdot 15{,}91 = 31{,}82,$$

$$\sum \frac{S_0 S_1 s}{F} = 2 \cdot 193{,}06 = 386{,}12,$$

somit

$$X = \frac{386{,}12}{31{,}82} = 12{,}1 \text{ t}$$

für einen Halbbinder.

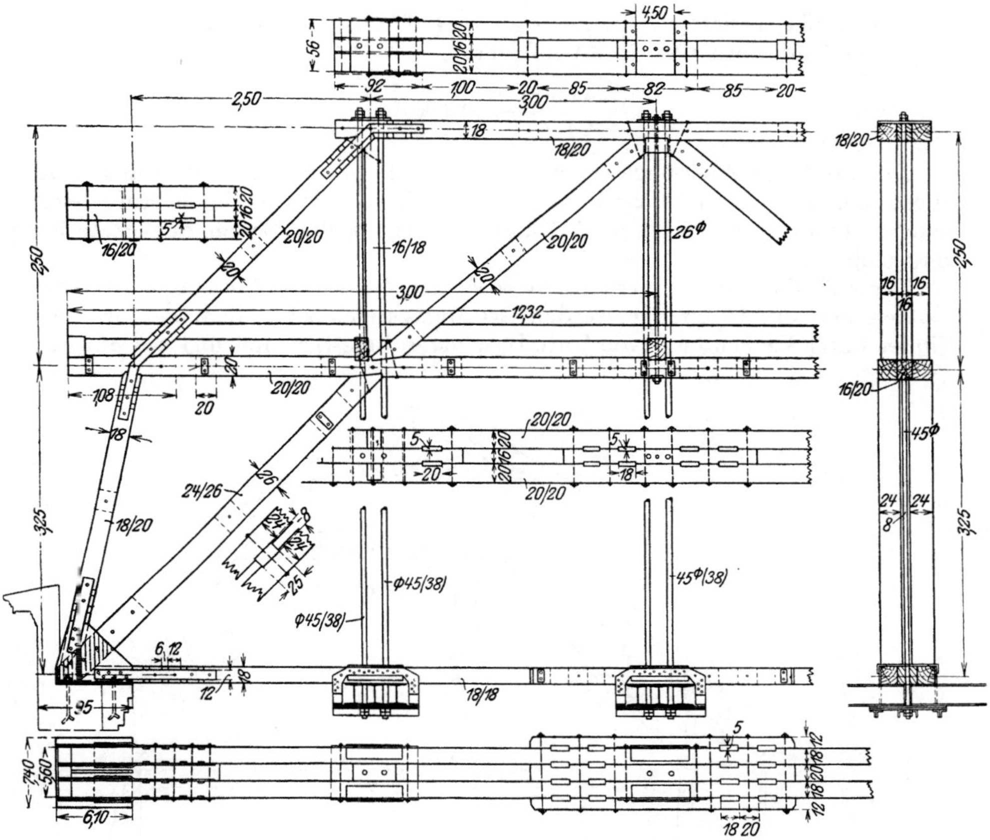

Abb. 272. Ausbildung des Hauptbinders der Knabenschule in Wriezen. (Ausführung: Ambi-Werke, Berlin.)

Nachdem X bekannt ist, ergeben sich die Stabkräfte aus der Beziehung

$$S = S_0 - S_1 X.$$

Der Anschluß der gezogenen Stäbe erfolgt durch Dübellaschen. Abb. 273 zeigt die Ausbildung des Auflagerschuhes mit angenieteten Dübellaschen. Der Untergurtstab, der Druck erhält, setzt sich stumpf in den Schuh, mit welchem er verbolzt ist. Der größte Auflagerdruck ist rd. 47 t. Die Pfeiler

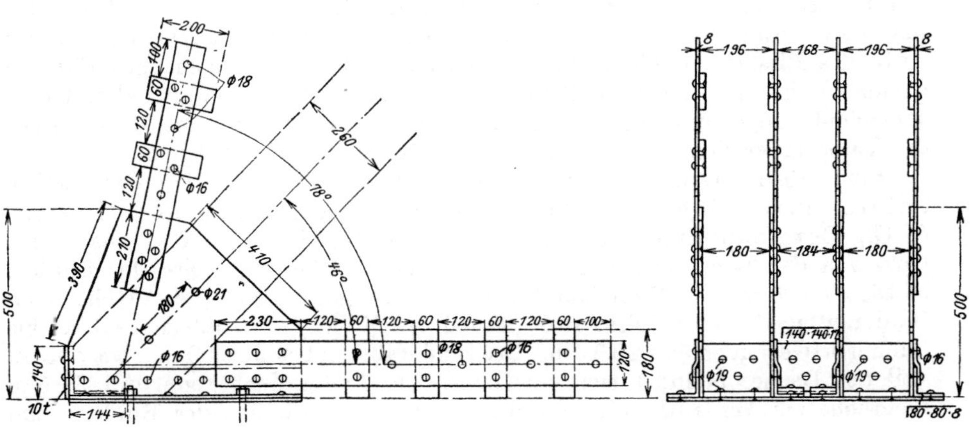

Abb. 273. Eiserner Auflagerschuh des Hauptbinders der Schule in Wriezen.

sind in Klinkermauerwerk in Zementmörtel 1:3 ausgeführt; sie werden beansprucht (Auflagerplatte 74 · 61 cm) mit

$$\sigma = \frac{47\,000}{74 \cdot 61} = 10{,}4 \text{ kg/cm}^2.$$

Der Stoß der Zugstange ist in Abb. 272 zu sehen. Die Verbindung wird durch ein Zwischenholz 20/18 von 2,8 m Länge sowie durch aufgelegte Zangen 12/18 und durch je 4 Dübelpaare zu beiden Seiten der Stoßfuge hergestellt.

Zur Aufnahme der unteren Decke sowie der Zwischenwände in den Klassenräumen und der Unterzüge werden Gestänge angebracht, die oben an dem Binder unter Verwendung von Unterlagsplatten befestigt sind und am unteren

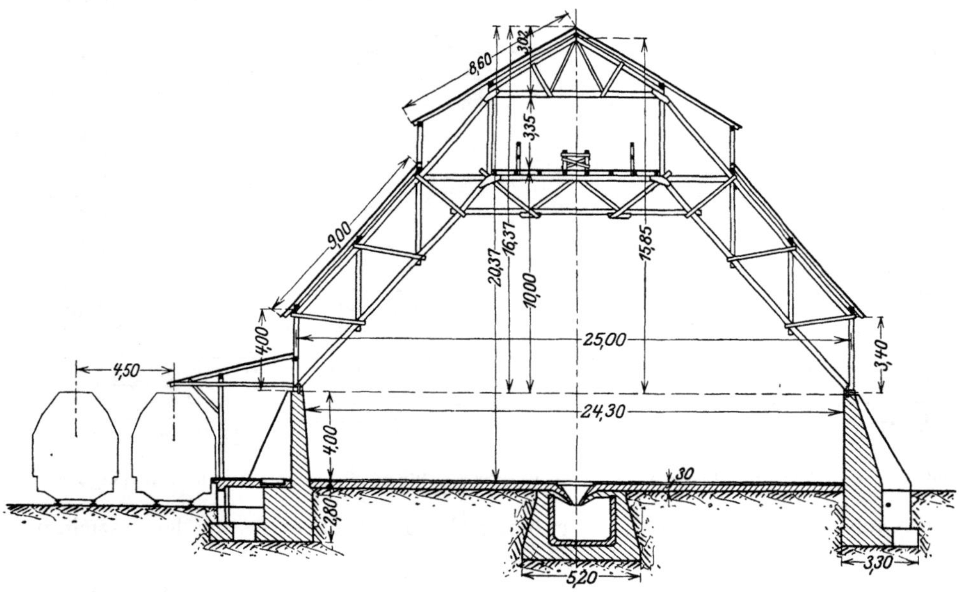

Abb. 274. Querschnitt des Chlorkaliumspeichers für die Preußische Bergwerks- und Hütten-A.-G., Berginspektion Vienenburg a. Harz, Schacht III. (Ausführung: Metzke & Greim, Berlin.)

Ende einen Schuh tragen, in den die Unterzüge hineingeführt sind. Die Gestänge bestehen bei dem einen Binder aus je zwei Rundeisen von 38 mm Durchmesser, bei dem anderen schwerer belasteten Hauptbinder 2 (Abb. 244) aus je zwei Rundeisen von 45 mm Durchmesser. Die obere Decke wird in der Mitte des Binders an einem 26 mm starken Rundeisen aufgehängt. Für die Rundeisen ist eine zulässige Beanspruchung von 1000 kg/cm² für den Kernquerschnitt angenommen, für die zulässige Beanspruchung des Holzes quer zur Faser unter den Unterlagsplatten der Hängestangen 30 kg/cm².

Eine größere Dachkonstruktion zeigt der in Abb. 274 u. 275 dargestellte Chlorkaliumspeicher für die Preußische Bergwerks- und Hütten-A.-G., Berginspektion Vienenburg a. Harz, Schacht III, ausgeführt 1924 von der Firma Metzke & Greim, Berlin. Die Stützweite des Binders beträgt 25,00 m, die Pfeilhöhe bis Mitte Untergurt 8,08 m, die Höhe vom Binderauflager bis Dachfirst 16,37 m und die Höhe von Fußboden-O.K. bis Dachfirst (Gebäudehöhe) 20,37 m. Der Binderabstand mißt 5,00 m. Im oberen Teil des Daches befindet sich ein Raum von 7,50 m Lichtweite und 3,35 m Lichthöhe zur Aufnahme einer Förderanlage. Die Gurtstäbe des Binders sind zweiteilig und bestehen bei den stärksten Querschnitten aus zwei Hölzern

8/24 ohne bzw. mit Zwischenholz 10·14 oder 10·20 cm (Abb. 275). Die Streben sind ein- bzw. zweiteilig und sind zwischen den beiden Gurthälften bzw. außen durch Krallenscheiben (s. S. 128) angeschlossen. Die Längswände, die aus Beton bestehen, haben neben dem Horizontalschub der Binder noch den Druck des aufgeschütteten Salzes aufzunehmen. Sie erhalten deshalb kräftige Strebepfeiler und außerdem unter dem Fußboden eine gegenseitige Verankerung von vier Rundeisen 18 mm Durchmesser auf 1 m Wandlänge.

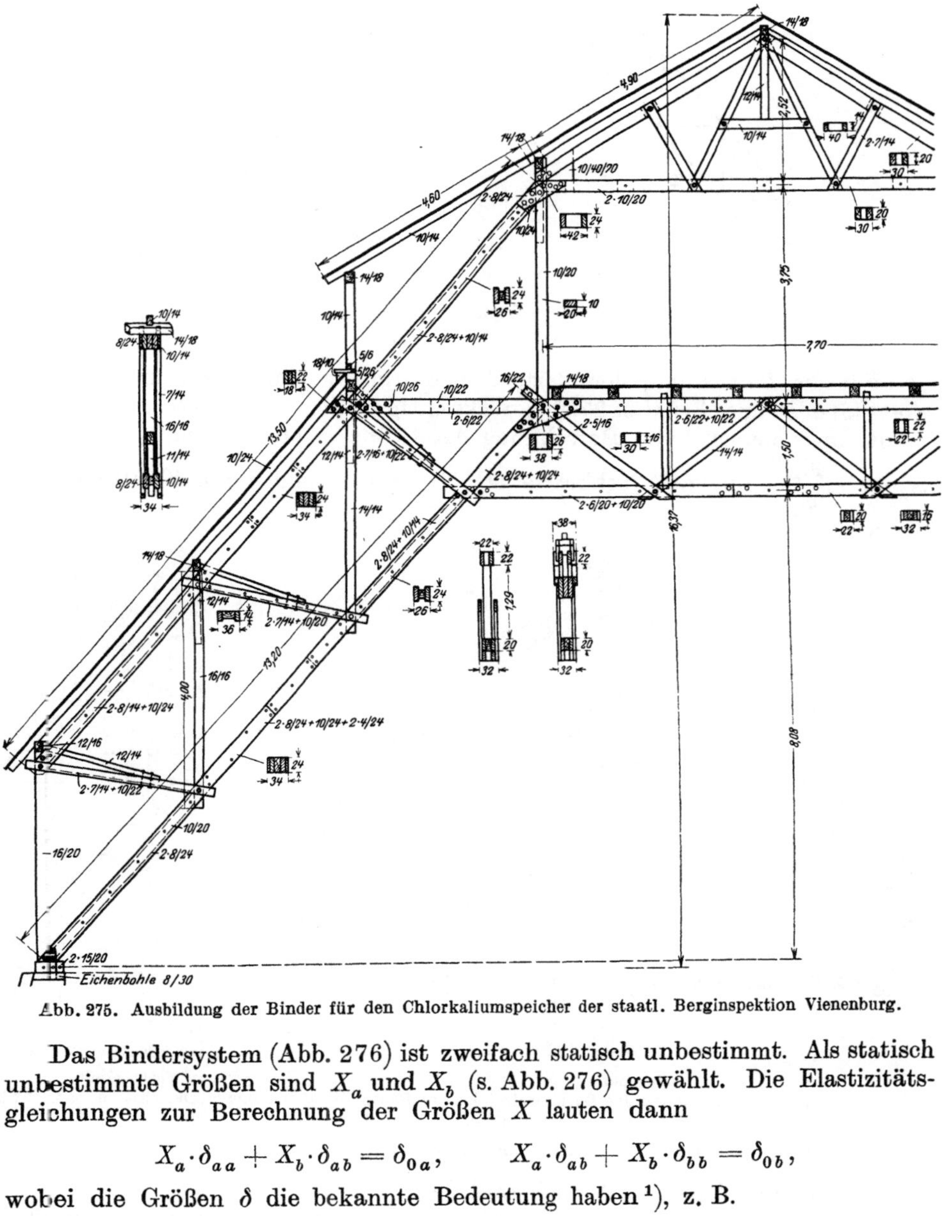

Abb. 275. Ausbildung der Binder für den Chlorkaliumspeicher der staatl. Berginspektion Vienenburg.

Das Bindersystem (Abb. 276) ist zweifach statisch unbestimmt. Als statisch unbestimmte Größen sind X_a und X_b (s. Abb. 276) gewählt. Die Elastizitätsgleichungen zur Berechnung der Größen X lauten dann

$$X_a \cdot \delta_{aa} + X_b \cdot \delta_{ab} = \delta_{0a}, \qquad X_a \cdot \delta_{ab} + X_b \cdot \delta_{bb} = \delta_{0b},$$

wobei die Größen δ die bekannte Bedeutung haben[1]), z. B.

$$\delta_{aa} = \sum S_a^2 s, \qquad \delta_{ab} = \sum S_a S_b s, \qquad \delta_{0a} = \sum S_0 S_a s,$$

[1]) Müller-Breslau: Die graphische Statik der Baukonstruktionen. Bd. II.1. Leipzig: Baumgärtner.

ferner

S_0 = Stabkraft im statisch bestimmten Hauptsystem (Zustand $X_a = 0$, $X_b = 0$),
S_a = Stabkraft für den Zustand $X_a = -1$ usw.,
s = Stablänge.

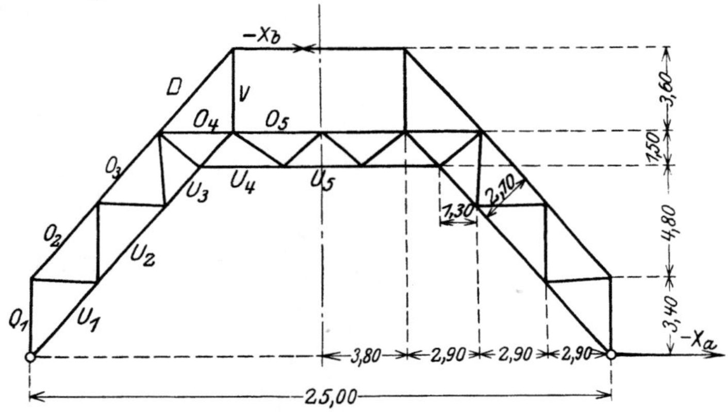

Abb. 276. Bindersystem.

Für die Berechnung der Werte δ sind nur die Gurtstäbe O und U, ferner die Stäbe D und V (Abb. 276) berücksichtigt. Der Stabquerschnitt ist konstant angenommen. Die Berechnung der Stäbe S erfolgte nach der Formel $S_m = \pm \frac{M_m}{h_m}$, nur die Stabkräfte O_1, D und V sind durch Kräftezerlegung ermittelt.

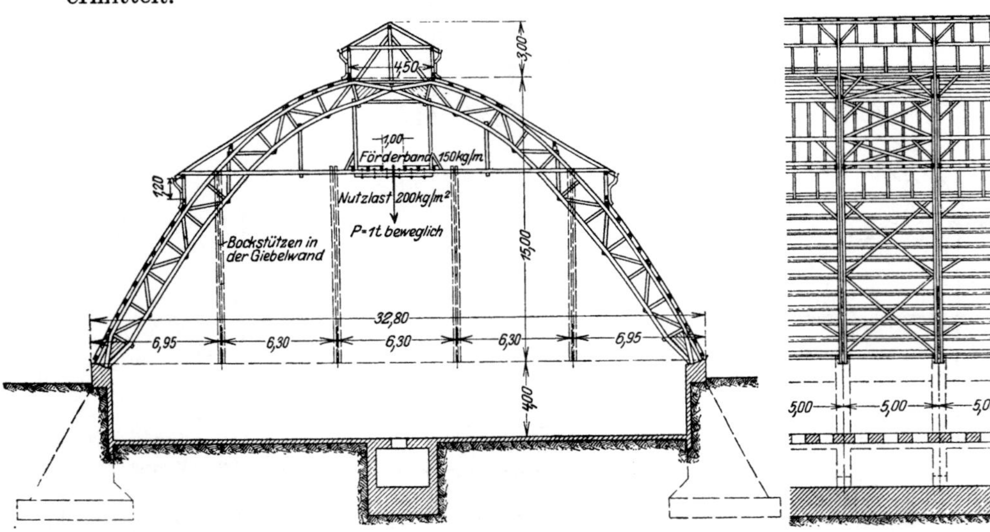

Querschnitt Längenschnitt

Abb. 277. Allgemeine Anordnung der Dachkonstruktion des Baues Op. 95 der Badischen Anilin- u. Sodafabrik, Ludwigshafen a. Rh. (Ausführung: Karl Kübler, A.-G., Stuttgart.)

Es sind folgende Belastungen berücksichtigt:

a) Ständige Last (Dach und Decke);
b) Förderanlage und Bagger ($V = 1300$ kg lotrecht und $H = 3000$ kg wagerecht, beide in der Mitte des Stabes U_5 angreifend);
c) Schnee einseitig (und beiderseitig);
d) Wind links.

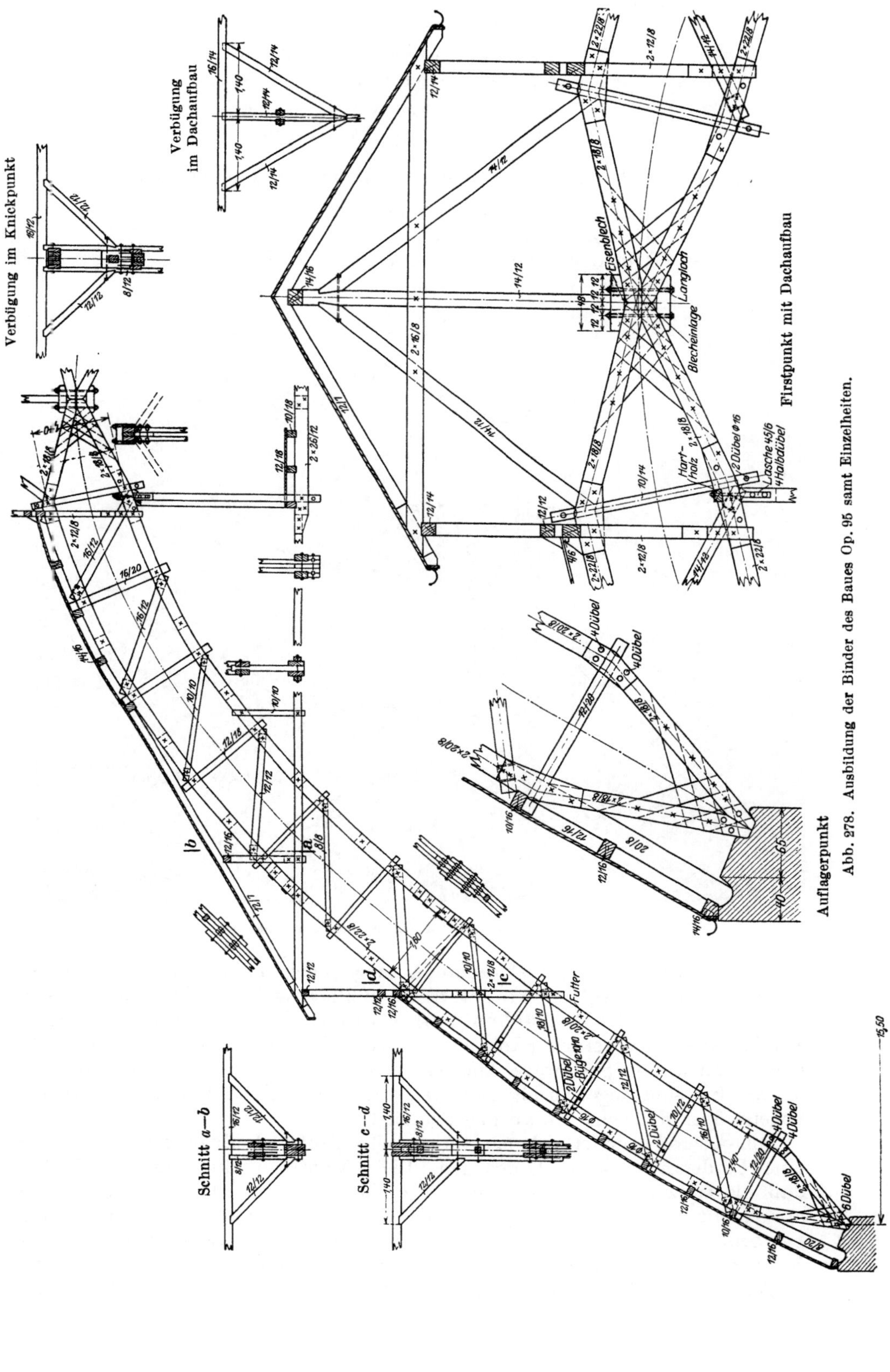

Abb. 278. Ausbildung der Binder des Baues Op. 95 samt Einzelheiten.

Es ergab sich

für a):	$X_a = 4{,}95$ t;	$X_b = 2{,}28$ t;
„ b):	$X_a = 1{,}98$ t;	$X_b = 0{,}37$ t;
„ c):	Schnee links	$X_b = -0{,}46$ t;
	„ voll	$X_b = -0{,}92$ t;
„ d):	$X_a = 2{,}4$ t;	$X_b = 0{,}33$ t.

Für die Berechnung der Wände und Pfeiler wurde angenommen:

Gewicht des Salzes 1200 kg/cm^3,
Böschungswinkel = 37^0,
Reibungswinkel zwischen Wand und Salz = 25^0.

Abb. 279. Aufstellung der Binder des Baues Op. 95.

Als letztes Beispiel für Bogenbinder möge noch die von der Firma Karl Kübler Aktiengesellschaft, Stuttgart, 1922 ausgeführte Dachkonstruktion des Baues Op. 95 der Badischen Anilin- und Sodafabrik, Ludwigshafen a. Rh., angeführt werden (Abb. 277 u. 278). Die Binder stellen Dreigelenkbogen von 31,0 m Stützweite und 14,7 m Pfeilhöhe dar; ihr Abstand beträgt 5,0 m. Sie sind bogenförmig gestaltet, indem die Gurthölzer des Fachwerkbogens über die hohe Kante gebogen sind.

Im Scheitel befindet sich ein 4,5 m weiter Lüftungsaufbau, ferner darunter eine Förderanlage samt Laufstegen. Die Kämpfergelenke sind so gebildet, daß die spitz zusammenlaufenden Gurte, die durch Futterhölzer entsprechend ausgesteift sind, in eine Vertiefung des Wandmauerwerks hineingeführt sind. Im Scheitelgelenk sind die gleichfalls spitz endigenden Bogenschenkel unter Verwendung einer Blechzwischenlage gegeneinandergelehnt und durch zwei wagerecht liegende, angebolzte Hölzer gegen Verschiebung gesichert (Abb. 278).

In den beiden Hölzern sind für die Bolzen Langlöcher vorgesehen, damit kleine Drehbewegungen im Gelenk ermöglicht werden. Die Gurte bestehen aus je zwei Hölzern 8/22 cm bzw. 8/20 in 8 cm Abstand; die Stöße derselben sind durch Hartholzdübel mit Holzlaschen und Bolzen hergestellt. Die Anschlüsse der Streben und Pfosten, die zwischen die Gurthölzer geführt sind, erfolgen durch Küblersche Kegeldübel (s. S. 130). Die Streben gehen nicht in die Systempunkte, sondern sind seitlich derselben angeschlossen.

Die Giebelwände werden gegen Winddruck durch Fachwerk-Bockstützen von 10 m Höhe und 3,50 m Fußbreite, die als unten eingespannte Freiträger wirken, gestützt; ihr Abstand beträgt 6,30 m (Abb. 277). Von innen haben sie den Salzdruck bei 3 m Schütthöhe aufzunehmen. Der Berechnung des Salzdrucks ist ein Gewicht $\gamma = 1250$ kg/m³, ein Böschungswinkel $\varrho = 40^0$ und ein Reibungswinkel $\delta = \frac{3}{4}\varrho = 30^0$ zugrunde gelegt.

Abb. 279 zeigt die Aufstellung der Binder.

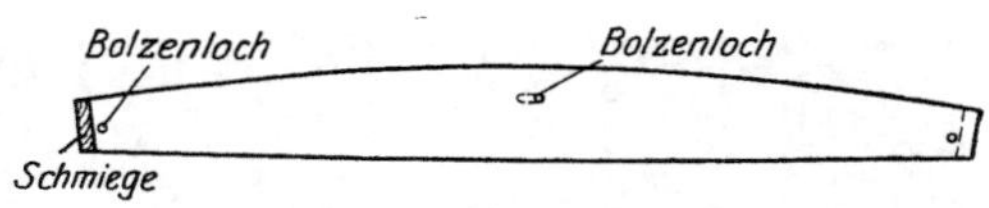

Abb. 280. Lamelle für das Netzwerk des Zollbau-Lamellendaches.

V. Das Zollbau-Lamellendach D.R.P.[1]).

1. Ausbildung.

Das Zollbau-Lamellendach weicht in seiner Ausbildung von den vorher besprochenen Anordnungen vollkommen ab. Die Dachhaut wird nicht mehr von einem Tragsystem aus Bindern, Pfetten und Sparren (oder ohne letztere) aufgenommen, sondern von einem unmittelbar unter ihr liegenden gleichartigen, gewölbeartig wirkenden Netzwerk unterstützt (Abb. 281).

Dieses Netzwerk besteht aus vollkommen gleichartigen Einheiten, den Lamellen, die einseitig bogenförmig begrenzt und an den Enden geschmiegt, d. h. so zugeschnitten sind, daß sie sich mit den ganzen Endflächen an die durchlaufenden Lamellen anlegen können (Abb. 280). Die Lamellen werden aus Brettern oder Bohlen handelsüblicher Ware fast ohne Verschnitt hergestellt. Sie werden aus den Brettern oder

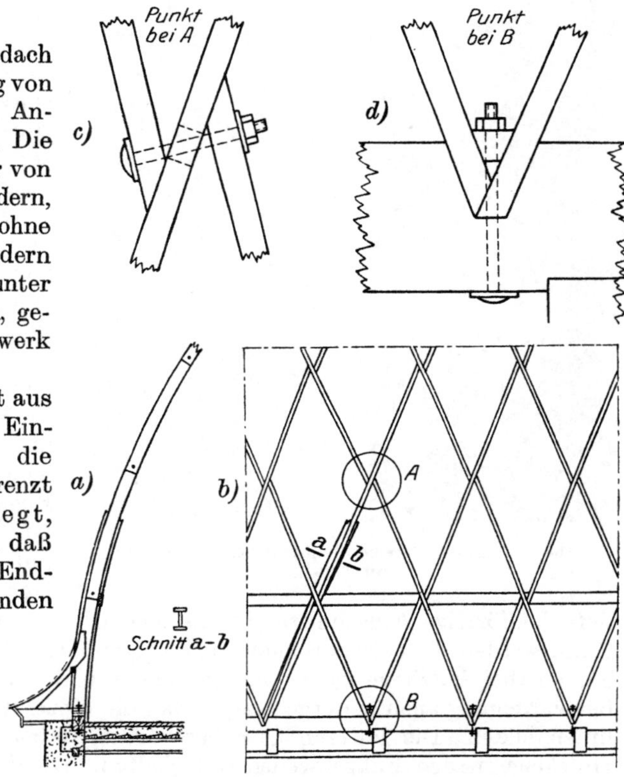

Abb. 281. Anordnung des Netzwerks samt Einzelheiten des Zollbau-Lamellendaches.

[1]) Berking, E. F.: Das Lamellendach. Volkswohnung, Heft 23 v. 10. Dez. 1921. — Eiselen, F.: Das Zollbau-Lamellendach. Holzbau (Beilage der Deutschen Bauztg.), Nr. 13 v. 27. Okt. 1923. — Otzen, R.: Die statische Berechnung der Zollbau-Lamellendächer. Industriebau 1923, Heft VIII/IX v. 15. Aug. u. 15. Sept. — Ausführung des Zollbau-Lamellendaches: Europäisches Zollbau-Syndikat zu Hamburg, Geschäftsstelle Berlin W 50.

Bohlen zunächst mit der Kreissäge abgelängt, erhalten dann mit der Bandsäge nach Schablonen die erforderliche Krümmung der oberen Leibung, und dann werden die Schmiegen angeschnitten; außerdem werden die Löcher für die Bolzen vorgebohrt. Stärke und Höhe der Lamellen werden nach der Größe der von ihnen aufzunehmenden Kräfte bemessen. Bei den üblichen Spannweiten bewegen sich die Abmessungen der Lamellen zwischen 2,5 bis 5 cm Stärke, 15 bis 30 cm Höhe und 2,0 bis 2,5 m Länge.

Die Anordnung des Netzwerkes samt Einzelheiten zeigt Abb. 281. In den normalen Knotenpunkten stoßen immer drei Lamellen zusammen (Abb. 281c), von denen die mittlere durchgeht, während die beiden benachbarten Lamellen sich mit der Schmiege an die erstere anlegen. Der Knotenpunkt wird durch einen Bolzen mit Unterlagsplatten zusammengehalten. Der Bolzen hat so viel Spielraum, daß er nur auf Zug beansprucht wird; letzterer erzeugt in den Schmiegen Druck und Reibung, wodurch der Knotenpunkt unverschieblich ist. An den Auflagerschwellen erfolgt die Verbindung gleichfalls mittels eines Bolzens unter Verwendung eines Einlageholzes (Abb. 281d). Durch Aufnageln von Brettlamellen kann der Querschnitt der Netzwerkstäbe I-Form erhalten (Abb. 281a u. b).

Abb. 282. Aufstellung eines Zollbaudaches mit leichter Rüstung.

Die Zollbaudächer werden im Querschnitt entweder segmentförmig oder spitzbogig ausgeführt, und zwar bis Spannweiten von etwa 30 m.

Die Aufstellung des Daches beginnt mit der Verlegung der Fußschwellen auf dem Unterbau, und zwar in derart geneigter Lage, daß sie den Bogenschub gut aufnehmen. Die Fußschwellen werden nur auf einzelne Stützpunkte gelagert und erhalten 4 bis 5 cm tiefe keilförmige Einschnitte, in die sich die unteren Lamellen einschieben. Dann werden die erforderlichen mehrlagigen Giebelbögen aufgestellt, die Firstbohlen (bei Spitzbogendach) verlegt und nun die Lamellen in der vorgeschriebenen Neigung aneinandergesetzt, so daß die einzelnen Lamellenzüge Schraubenlinien bilden. Die unteren Lamellen werden dabei, wie schon erwähnt, durch Holzkeile in den Fußschwellen festgehalten. Die Stoßstellen der sich kreuzenden Lamellen werden durch die Bolzen zunächst nur lose verbunden, so daß noch bis zum Schluß des Netzgewölbes eine gewisse Bewegungsfreiheit vorhanden ist. Die Aufstellung erfolgt ohne Lehrgerüst; es genügt eine Stehleiterrüstung oder eine leichte Hilfsrüstung mit daraufgestellter Rutschbühne (Abb. 282). Für gute Versteifung während der Ausführung ist Sorge zu tragen, damit die beabsichtigte Querschnittform des Daches richtig erhalten bleibt.

Öffnungen für Fenster, Schornsteine und sonstige das Dach durchbrechende Konstruktionen sind erst nachträglich auszuschneiden. Die Öffnungen werden durch Zargen begrenzt. Wird die Dachfläche an einer ganzen Fensterreihe zerschnitten, so wird in Fenstersturzhöhe ein Kantholz eingelegt, das als Fußschwelle für den oberen Dachteil gilt. Kehlbalkenlagen werden auf an den Lamellen befestigte tragende innere Längsbohlen aufgekämmt und mit äußeren Längsbohlen durch Bolzen verbunden. Die Kehlbalken können aber auch unmittelbar in die Knotenpunkte eingelegt werden, wobei man Ausgleichskeile verwendet und das Ganze verbolzt (Abb. 283).

Längenschnitt

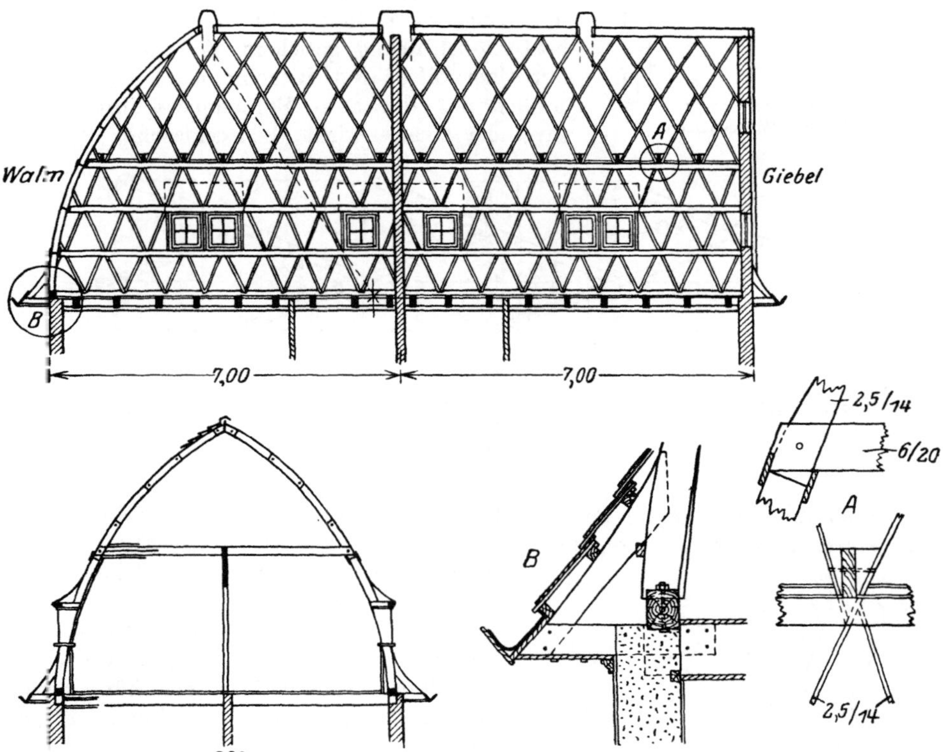

Querschnitt

Einzelheiten bei *A* und *B*.

Abb. 283. Dach eines Einfamilienhauses nach dem Zollbau-System (mit eingebauter Zwischendecke).

Zum Schluß wird auf die Dachkonstruktion die Lattung oder Schalung aufgenagelt. Die Deckung kann dann mit jedem der Dachneigung entsprechenden Baustoff erfolgen.

Die Zollbauweise erspart, da die Schablonen der einzelnen Lamellen durch Rechnung bestimmt und aufgetragen werden, jedes Aufreißen der ganzen Konstruktion in natürlicher Größe und Zusammensetzen auf dem Schnürboden. Das Zusammenbauen der einzelnen Teile ist dann so einfach, daß es auch durch ungelernte Arbeiter bei einiger Übung geschehen kann.

2. Statische Berechnung.

a) Das Stabnetz und seine statische Wirkung.

Die statischen Verhältnisse des Zollbau-Netzwerks, die wegen ihrer hochgradigen statischen Unbestimmtheit sehr verwickelt sind, wurden von Otzen,

Hannover, einer eingehenden Untersuchung unterworfen[1]). Otzen hat eine zweckmäßige Annäherungsberechnung aufgestellt, deren Entwicklung nachstehend wiedergegeben werden möge.

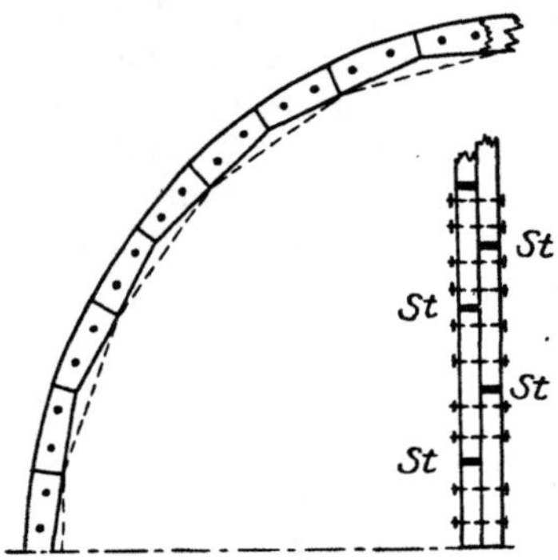

Abb. 284. Bohlensparren.

Um eine richtige Vorstellung von der Wirkungsweise der Kräfte des Netzwerks zu erhalten, empfiehlt es sich, die Konstruktion des Zollbau-Lamellendaches aus dem „Bohlensparren“ abzuleiten. Letzterer besteht aus einer Doppellage zusammengenagelter, gegeneinander versetzter Brett- bzw. Bohlenlamellen (Abb. 284). Bei diesen Sparren ist die unmittelbare Übertragung der Längskräfte in den Stoßstellen *St* nur bei bester Ausführung gesichert. Für die Aufnahme der Querkräfte und Biegemomente ist in den Stößen nur der eine Bohlenquerschnitt wirksam; der zweite wirkt als Decklasche.

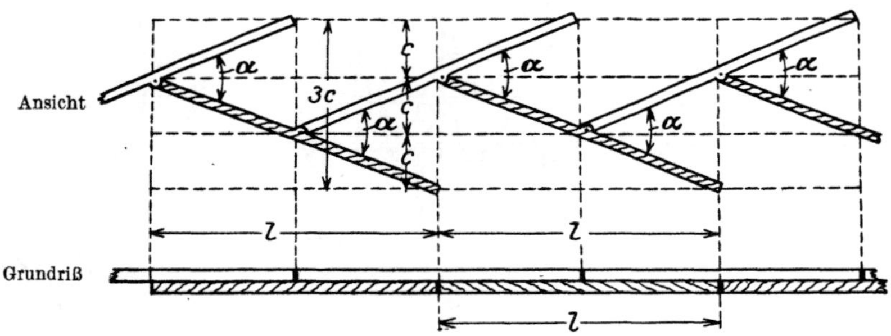

Abb. 285. Lamellenzug.

Beim Zollbau-Lamellendach sind die einzelnen Bohlen in den Stoßstellen um einen Winkel α gegeneinander gedreht (Abb. 285). Durch das Auseinanderklappen der Doppelbohlen und Nebeneinanderstellen mehrerer solcher Bohlen-Systeme (Abb. 286, x und y) entsteht das netzartige Flächengebilde. Die einzelnen Lamellen werden dadurch unabhängig voneinander und geben die in ihnen tätigen Längskräfte durch die genau in der Schmiege geschnittenen Hirnflächen auf die Nebenbohle ab, wobei der Verbindungsbolzen eine Verschiebung in diesen Hirnflächen verhindert (s. S. 224). Demnach können beide Querschnitte bei geeigneter Ausbildung der Knotenpunkte für die Übertragung der Längskräfte in Anspruch genommen werden.

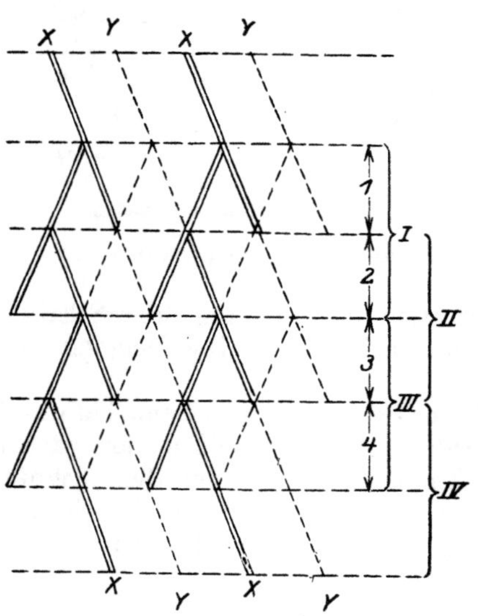

Abb. 286. Lamellennetz.

Die Querkräfte werden in den Knotenpunkten durch die Bolzenverbindung und die Reibung in den Hirnflächen aufgenommen; diese Reibung wird, wie schon erwähnt, durch die Zugbeanspruchung des Bolzens erzeugt.

Für die Aufnahme der Biegemomente ist folgendes zu beachten.

[1]) Vgl. Fußnote S. 223.

Die Netzfläche ist durch wagerechte Schnitte aufzuteilen in

Einheitszonen (Abb. 286, arabisch *1, 2, 3* usw.), in denen keine Knotenpunkte vorkommen, und in

Doppelzonen (Abb. 286, römisch *I, II, III* usw.), die über je zwei benachbarte Einheitszonen *1—2, 2—3, 3—4* usw. hinwegreichen.

In jeder Doppelzone ist je eine gleichgerichtete Lamellenschar in vollem Querschnitt vorhanden (in den Doppelzonen *I, III, V* usw., nach Abb. 286 also die linksfallenden; in den Doppelzonen *II, IV, VI* usw. die rechtsfallenden Lamellen); die andere Lamellenschar ist gestoßen.

b) Die Annäherungsberechnung.

Entsprechend dieser Entwicklung ist das Zollbaudach in erster Linie für geknickte und gekrümmte Querschnitte geeignet, bei denen eine Anpassung der Bogenform an die Stützlinie aus der gefährlichsten Belastung anzustreben ist. Das System ist eine Kombination von Fachwerk und biegefestem Stabwerk im Raum mit einem hohen Grad statischer Unbestimmtheit; in jedem Knotenpunkt des statisch bestimmten Grundsystems (Gelenke in allen Knotenpunkten) wären je zwei X-Werte als Biegemomente längs und quer zur Dachachse anzubringen, wozu noch die aus den Lagerbedingungen folgenden X-Werte kämen.

Es wären also zahlreiche Gleichungen unter Anwendung hochwertiger mathematischer Hilfsmittel zu lösen und in Verbindung damit umfangreiche Zahlenrechnungen durchzuführen.

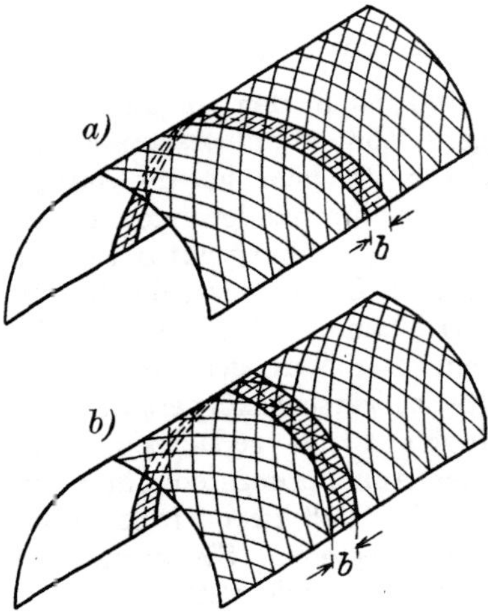

Abb. 287. Kraftebene.

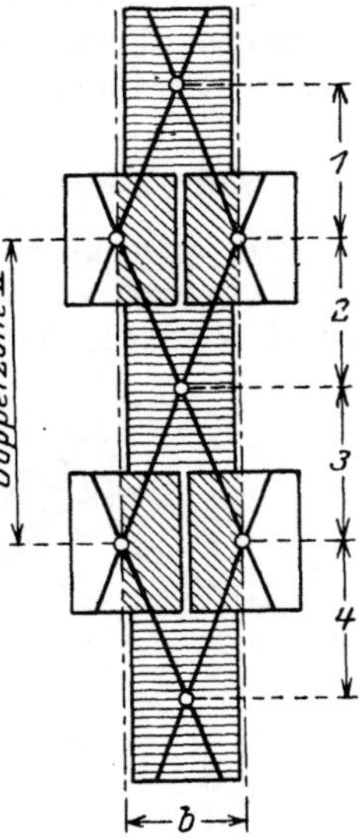

Abb. 288. Belastungsstreifen.

Eine soche scharfe Untersuchung käme daher nur in Ausnahmefällen in Frage, während für gewöhnliche Fälle das folgende, von Otzen angegebene Annäherungsverfahren vollkommen ausreicht.

Die statische Untersuchung wird für einen Einheitsstreifen von der Breite b senkrecht zur Dachachse (Abb. 287b) nach den üblichen Berechnungsmethoden, statisch bestimmt als Dreigelenkbogen oder statisch unbestimmt als Zweigelenkbogen oder eingespannter Bogen durchgeführt. Die Zerlegung der Kräfte in einer durchlaufenden Lamellenrichtung (Abb. 287a) ist unzweckmäßig.

Es ist zu beachten, daß in der Nähe der Giebel infolge der festen, unelastischen Lagerung der Netzknoten ein anderer Spannungs- und Formänderungszustand herrschen wird als in Dachmitte.

Auf jeden Netzknoten des Belastungsstreifens senkrecht zur Dachachse etwa von der Rautenbreite b entfallen die in Abb. 288 dargestellten Belastungsanteile.

Biegemomente M_a. Die Biegespannungen sind für die Standsicherheit maßgebend. Sie betragen auf Grund zahlreicher Untersuchungen im Durchschnitt 90 bis 95 % der Gesamtspannungen. In jeder Einheitszone des Belastungsstreifens (Abb. 286 und 288) wird nur ein Lamellenquerschnitt als tragend eingesetzt.

Die Rechnung wird also zunächst angenähert an einem biegefesten Stabzug (Abb. 289) mit dem Querschnitt einer Lamelle durchgeführt. Die Schräglage der Lamellen zur Kraftebene wird berücksichtigt durch $M_a' = \frac{M_a}{\cos\frac{\alpha}{2}}$.

Längskräfte N. Die Längskräfte verteilen sich im Belastungsstreifen auf beide Lamellen. Nach Abb. 290 ist $S = \frac{N}{2\cos\frac{\alpha}{2}}$.

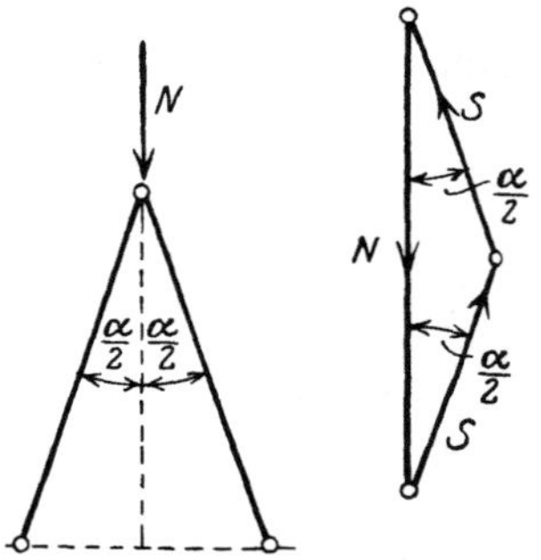

Abb. 290. Längskräfte.

An der Stelle der größten Momente beträgt der Anteil der Spannung aus Längskraft durchschnittlich 5 bis $10^0/_0$.

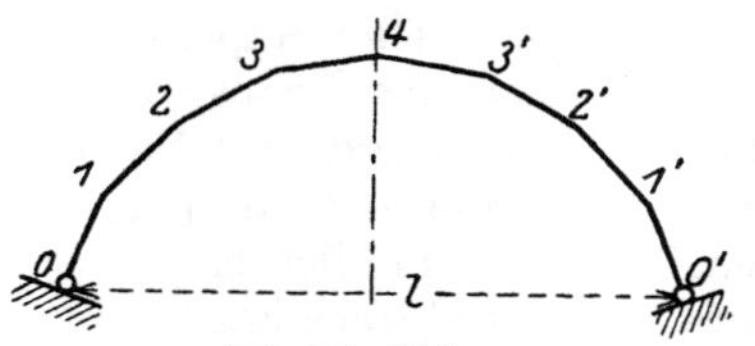

Abb. 289. Stabzug.

Querkräfte. Durch Versuche, die in Dresden und Hannover durchgeführt sind, ist nachgewiesen, daß die Knotenpunkte bei normaler Ausbildung auf Grund einfacher Kraftzerlegung bei Belastungen, deren Biegemomente zum Bruch der Lamellen führen, nicht gefährdet sind. Die rechnerische Verfolgung des Einflusses der Querkräfte ist demnach nur in Ausnahmefällen erforderlich.

c) Annäherungsrechnung und Wirklichkeit (Steifigkeitsziffer).

Die angenähert errechneten Momente M_a sind nach den vorstehenden Ausführungen zu hoch ermittelt. Das Maß dieses Momentenüberschusses ist durch Versuche festgestellt. Der Grundgedanke der Versuche beruht darauf, daß die Größe der Formänderungen in gesetzmäßigem Zusammenhang mit der Größe der Momente steht. Die Einflüsse der Längs- und Querkräfte können dabei außer Betracht bleiben. Der Vergleich der Formänderungen δ des Versuchskörpers mit den Formänderungen Δ des gedachten Stabzuges, der der Annäherungsrechnung zugrunde liegt, zeigt, daß zwei Grade räumlicher Steifigkeit bestehen. Sie werden als „Steifigkeitsziffern" bezeichnet.

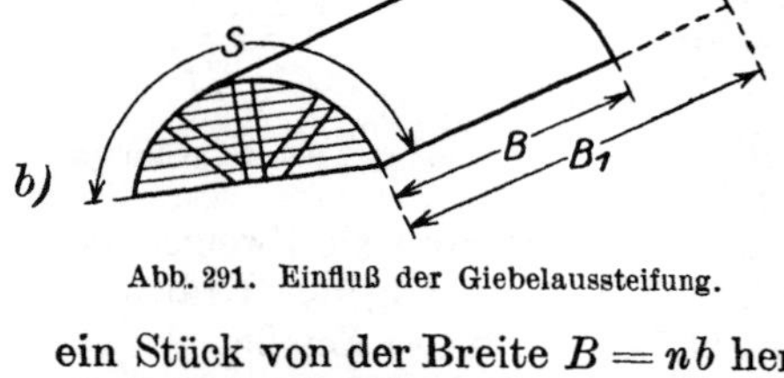

Abb. 291. Einfluß der Giebelaussteifung.

Der erste Grad der Steifigkeit (ohne Giebelversteifung, Abb. 291a) ergibt sich wie folgt.

Aus einem unendlich langen Dach wird ein Stück von der Breite $B = nb$ herausgeschnitten. Die Giebelseiten des Daches sind nur in den Kämpfern normal gelagert, die Zwischenknoten *1* bis *1'* (Abb. 289) sind nicht gestützt.

Aus den Belastungszuständen q^{I}, q^{II}, q^{III} folgen die Formänderungen δ_0^{I}, δ_0^{II}, δ_0^{III}, wobei δ_0 die Formänderung ohne Giebelversteifung ist; hieraus folgt

$$\varrho_0 = \frac{M_a}{M_0} = \text{Steifigkeitsziffer ohne Giebelversteifung.}$$

Der zweite Grad der Steifigkeit (mit Giebelversteifung, Abb. 291b) ergibt sich wie folgt.

Der Dachausschnitt mit der Breite B erhält Giebelversteifung durch feste Lagerung der Zwischenknoten 1 bis $1'$. Aus den Belastungszuständen q^{I}, q^{II}, q^{III} folgen die Formänderungen δ_m^{I}, δ_m^{II}, δ^{III}, wobei δ_m die Formänderung mit Giebelversteifung ist; hieraus folgt

$$\varrho_m = \frac{M_0}{M_m} = \text{Steifigkeitsziffer mit Giebelversteifung.}$$

Diese letzteren Werte sind abhängig vom Abstand der Giebelwände B und dem Verhältnis der Länge der abgewickelten Dachfläche S zu B. Die Kurve der ϱ_m-Werte muß dem in Abb. 292 veranschaulichten Gesetz folgen. Zwei Punkte dieser Kurve sind durch Versuche mit den Verhältniszahlen $\frac{B}{S} = 1$ und $1,5$ festgelegt.

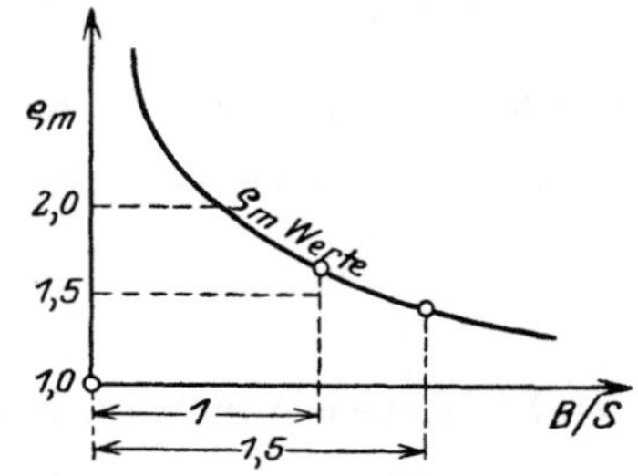

Abb. 292. Kurve der Steifigkeitsziffer.

d) Die Versuchsanordnung.

Der Einfluß der elastischen Kraftübertragung im System auf den aus dem Verbande gelösten Stabbogen wurde auf Grund von Formänderungsversuchen an größeren Dächern festgestellt. Aus den hierbei gemessenen Formänderungen ist die theoretische Systemsteifigkeit durch praktischen Versuch nachgewiesen.

Die ersten Versuche wurden 1922 an Holzdächern natürlicher Größe in Berlin, Dresden und Hannover vorgenommen.

Um die praktischen Schwierigkeiten von Belastung und Messung für die zahlreichen weiteren Versuchsreihen, ferner die Kosten der weiteren Versuchsdurchführung zu verringern, wurden eiserne Versuchsmodelle aus Rundeisen von rd. 7 mm Durchmesser mit Segmentquerschnitt von 1,88 m Stützweite und 0,74 m Pfeilhöhe hergestellt. Die Länge der Versuchskörper betrug $B = 10\,b = 2{,}50$ m bzw. $B = 15\,b = 3{,}75$ m, und zwar wurde immer je ein Modell ohne und eines mit Giebelaussteifung hergestellt.

Die Belastung erfolgte immer einseitig.

In der Dachhaut liegen in jeder Zone des Belastungsstreifens je zwei Lamellen. In der Annäherungsberechnung (M_a und Δ) ist aber nur das Widerstandsmoment der einen durchlaufenden Lamelle eingesetzt. Da die Knotenpunktverbindung je nach Ausführung der Konstruktion eine gewisse Einspannung der anschließenden Lamelle bedingt, so muß die Stoßstelle ein größeres Widerstandsmoment haben als der Querschnitt der durchlaufenden Lamelle allein.

Bei dem Eisenmodell ergibt das Endresultat eine Steifigkeitsziffer $\varrho_0 = 1{,}33$, also ist durch die gewählte Anordnung ein Einspannungsgrad von $33\,^0/_0$ erreicht. Im Holzbau muß mindestens die Flächeneinspannung wirken, d. h. $\frac{N}{F} = \frac{M}{W}$ sein. Da σ_N etwa 5 bis $10\,^0/_0$, σ_M etwa 95 bis $90\,^0/_0$ der Spannung beträgt, so ist der Durchschnittswert

$$\text{rd. } \frac{19 + 10}{2} \cong 14\,^0/_0.$$

e) Die Steifigkeitsziffern.

Die leitenden Gesichtspunkte zur Ermittelung der Steifigkeitsziffern waren:

α) die Annäherungsberechnung für den einfachen Stabzug unter Berücksichtigung der Schräglage der Lamellen liefert die zu großen Werte M_a und Δ,

β) der Maßstab für die Größe der Abweichung wird in den Steifigkeitsziffern $\varrho = \frac{M_a}{M} = \frac{\Delta}{\delta}$ gefunden, wobei M und δ allgemein einem der durchgeführten Versuche an dem Modell entsprechen.

Im besonderen vergleicht die Steifigkeitsziffer

$$\varrho_0 = \frac{M_a}{M_0} = \frac{\Delta}{\delta_0}$$

den Stabbogen (Annäherungsrechnung) mit dem System ohne Giebelversteifung und die Ziffer $\varrho_m = \frac{M_0}{M_m}$ die Systeme mit und ohne Giebelversteifung (Versuche mit $\frac{B}{S} = 1$ und 1,5). Gegenüber dem Stabbogen ergibt sich die Steifig-

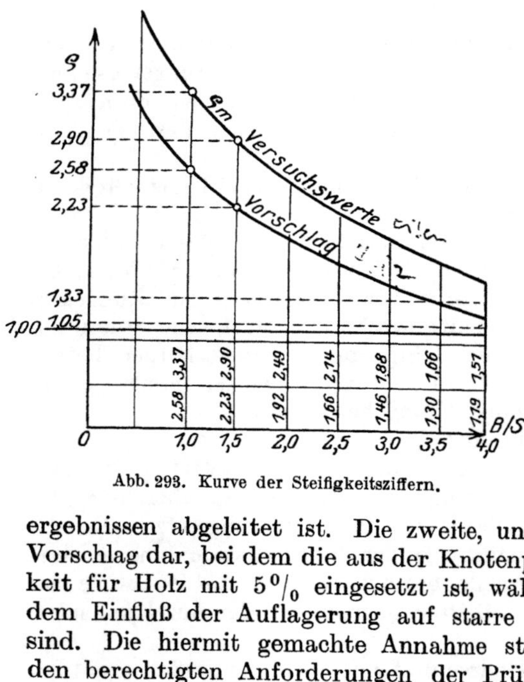

Abb. 293. Kurve der Steifigkeitsziffern.

keitsziffer

$$\varrho = \varrho_0 \cdot \varrho_m = \frac{M_a}{M_0} \cdot \frac{M_0}{M_m} = \frac{M_a}{M_m}$$

wie folgt:

Kurzes Dach $\frac{B}{S} = 1$

$$\varrho = \varrho_0 \cdot \varrho_m = 1{,}33 \cdot 2{,}53 = 3{,}37$$

Langes Dach $\frac{B}{S} = 1{,}5$

$$\varrho' = \varrho_0 \cdot \varrho'_m = 1{,}33 \cdot 2{,}18 = 2{,}90;$$

hierbei sind 1,33, 2,53 und 2,18 die an dem Versuchsmodell ermittelten Durchschnittswerte für je drei Belastungen.

In Abb. 293 ist eine obere Kurve gezeichnet, die aus den Versuchsergebnissen abgeleitet ist. Die zweite, untere Kurve stellt einen praktischen Vorschlag dar, bei dem die aus der Knotenpunktverbindung stammende Steifigkeit für Holz mit 5% eingesetzt ist, während von den Werten, die sich aus dem Einfluß der Auflagerung auf starre Giebel ergeben, 75% aufgetragen sind. Die hiermit gemachte Annahme stellt einen Mittelweg dar, zwischen den berechtigten Anforderungen der Prüfungsbehörden und der Berücksichtigung der inneren Vorzüge der Konstruktion, denen bei der Annahme einzelner aus dem Verbande gelöster Stabbogen, wie sie die erste Annäherungsrechnung der Sicherheit wegen vorsehen muß, nicht Rechnung getragen wird.

F. Hallenbauten und Tribünen.

I. Hallenbauten.

Die Hallenbauten bestehen der Hauptsache nach aus Längswänden und Dach, wozu noch die vordere und hintere Abschlußwand, die Giebelwände, hinzukommen. Unter Umständen werden noch Querwände angeordnet, die die Halle unterteilen, oder auch sonstige Einbauten an irgendwelchen Stellen ausgeführt.

Die Seitenwände, die zuweilen ziemlich hoch sein können, bis 10 m und mehr, sind bei Höhen von mehr als etwa 4 m für sich meist nicht standfest, da es unwirtschaftlich sein würde, ihnen, Mauerwerk vorausgesetzt, eine solche Stärke zu geben, daß sie lediglich infolge ihres Gewichtes gegen Winddruck Widerstand zu leisten vermögen[1]).

Um die erforderliche Standfestigkeit zu erreichen, sind daher besondere Maßnahmen nötig. Das gilt besonders bei Eisen- und Holzkonstruktionen, bei welchen das Eigengewicht nur einen geringen Anteil an der Sicherung der Standfestigkeit hat.

Bei Stockwerkbauten ist es meist nicht erforderlich, auf die Belastung

[1]) Vgl. Gesteschi, Th.: Die Standfestigkeit von Hallenwänden gegen Winddruck. Zentralbl. Bauverw. 1919, S. 417.

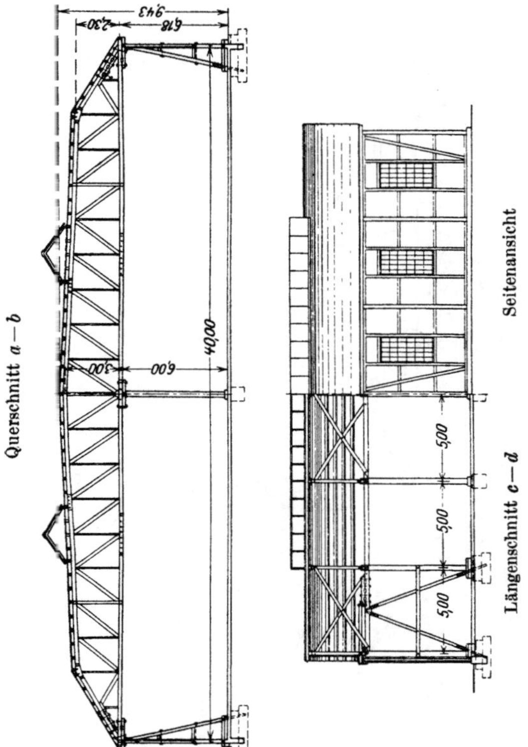

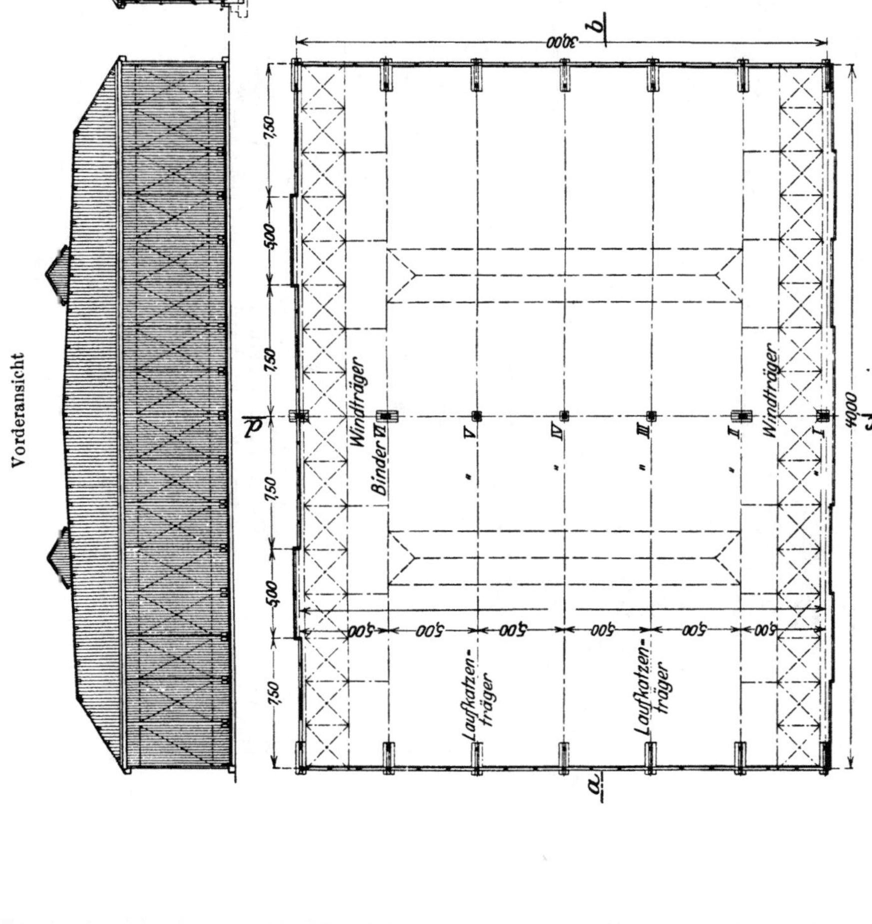

Abb. 294. Allgemeine Anordnung der Bauhalle für die Pabstwerft in Cöpenick bei Berlin. (Ausführung: Ambi-Werke, Berlin.)

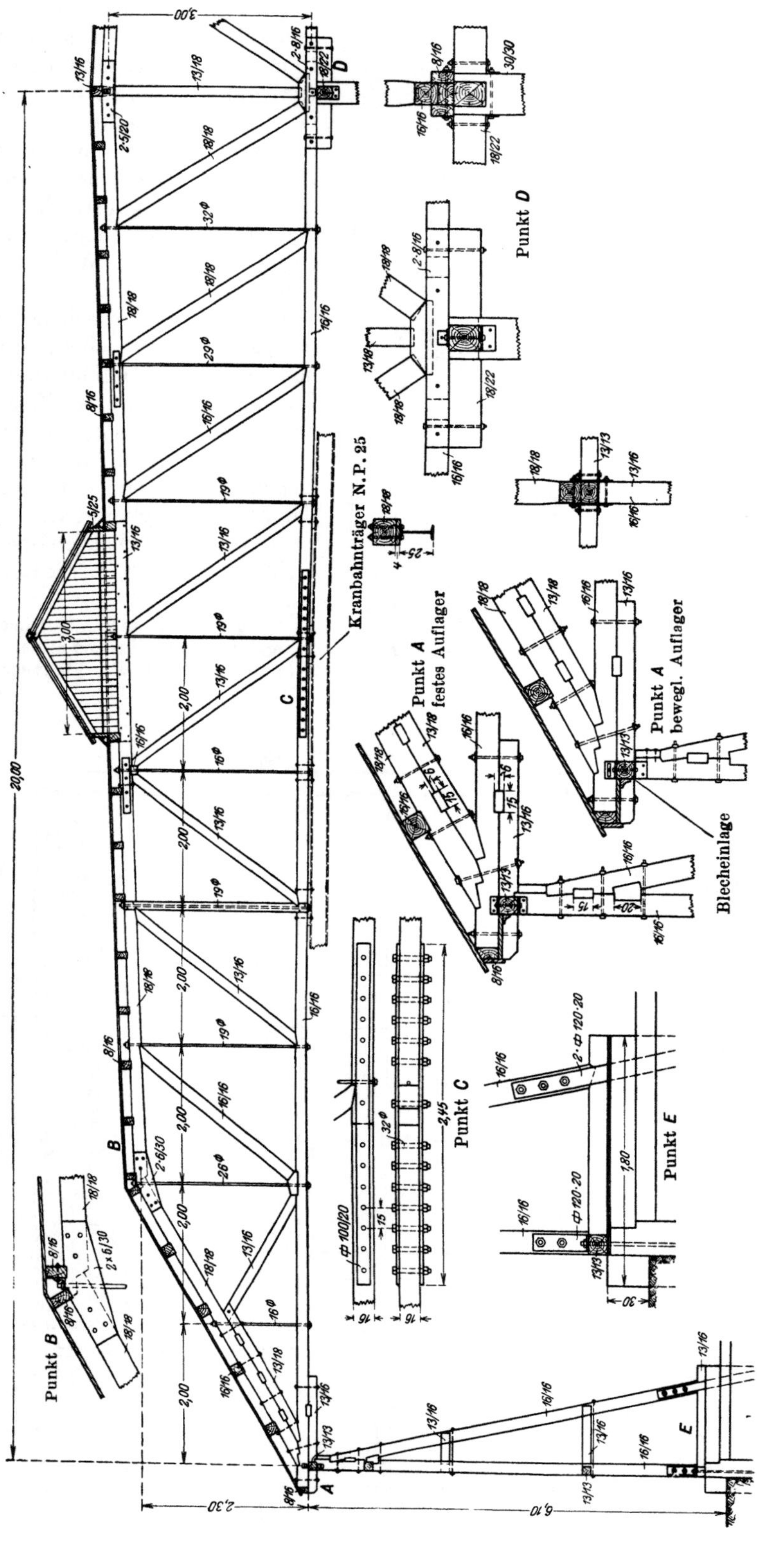

Abb. 295. Ausbildung der Binder und Stützen der Pabstwerft samt Einzelheiten.

durch Wind Rücksicht zu nehmen, da hier die Wände schon aus baulichen Gründen (Belastung durch Dach, Decken und Eigengewicht) von vornherein ausreichende Stärken erhalten und außerdem durch eine genügende Anzahl von Zwischenwänden der ganze Bau ausgesteift wird. Die Decken wirken ferner hierbei als Windträger, die die Seitenkräfte auf Giebel- und Zwischenwände übertragen; letztere besitzen aber wegen ihrer verhältnismäßig großen Länge eine beträchtliche Standfestigkeit.

Die Wirkung des Winddrucks auf die Standfestigkeit von Wänden ist deshalb so ungünstig, weil sein Hebelarm, bezogen auf die Standsohle, sehr groß ist und Wände im Verhältnis zur Höhe meist eine schmale Fundamentbreite haben, weil außerdem der Winddruck aus Sicherheitsgründen erheblich größer in die Rechnung eingeführt werden muß, als er in Wirklichkeit auftritt.

Bei Bindern mit bis zur Erdoberfläche hinabgehenden Auflagern (Bogen- und Portalbinder) liegen die Verhältnisse viel günstiger, da die wagerechten Seitenkräfte der Fußgelenke bzw. Auflager nur an einem kleinen Hebelarm angreifen und deshalb die Fundamente viel günstiger beansprucht werden. Die Windkräfte auf die Längswände werden in diesem Falle von den Bindern aufgenommen und von ihnen in die Fundamente geleitet. Bei solcher Ausbildung lehnen sich die Längswände gewissermaßen an die Binder, werden also durch letztere gestützt.

Beispiele dieser Art zeigen die bei den Bogenbindern behandelten Anordnungen Abb. 251 u. 252 (S. 198 u. 199).

Falls Balkenbinder zur Ausführung gelangen, so müssen entweder die Längswände für sich standfest gemacht werden oder sie sind durch besondere Maßnahmen (s. später) gegen Umkippen zu sichern. Bei nicht zu hohen, gemauerten Wänden ist die Standfestigkeit oft durch entsprechend reichliche Mauerstärken oder durch Anordnung von Vorlagen an den Binderauflagern zu erreichen. Bei dünnen Wänden, z. B. Fachwerkwänden, sind die Binderstützen im Fundament einzuspannen, gleichgültig ob sie aus Eisen, Eisenbeton oder Holz bestehen. In letzterem Falle ist die Anordnung von äußeren oder inneren Wandböcken oft zweckmäßig, vorausgesetzt, daß die räumlichen Verhältnisse dies zulassen.

Bei mehrschiffigen Hallen ist die Standfestigkeit leichter zu erreichen, da die Zwischenstützen Gelegenheit bieten, feste Punkte gegen Windkräfte zu schaffen. Ist es nicht möglich, die Längswände für sich standfest zu machen, so müssen in Höhe der Traufe wagerecht liegende Windträger ange-

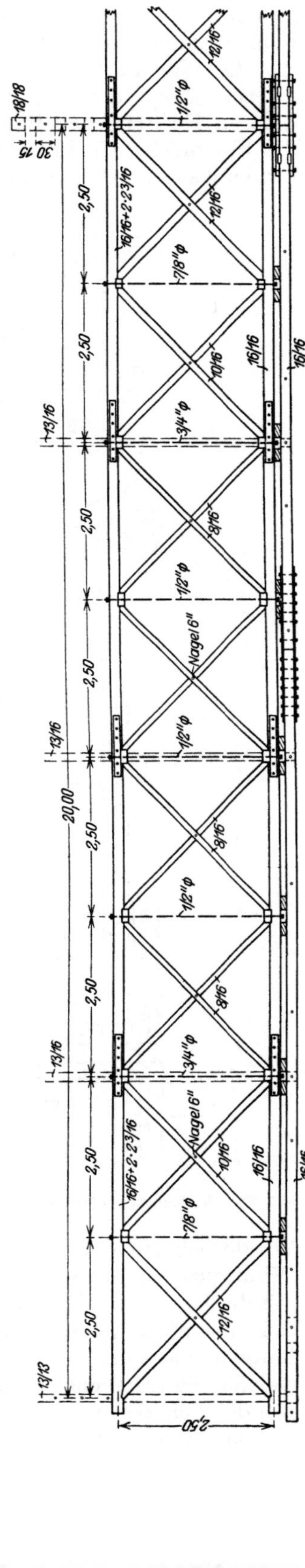

Abb. 296. Ausbildung der Windträger hinter den Giebelwänden (vgl. Abb. 294).

ordnet werden, die den Winddruck auf Giebel- oder Querwände übertragen. Fehlen letztere, so können auch besondere Windportale angeordnet werden, die die Windkräfte in die Erde leiten.

Bisher war nur von der Standfestigkeit der Hallen in der Querrichtung, d. h. in Richtung der Binderebenen die Rede. Ebenso wichtig ist aber auch die Standfestigkeit in der Längsrichtung der Halle, also senkrecht zu den Binderebenen. Die Standfestigkeit in der Längsrichtung wird durch den

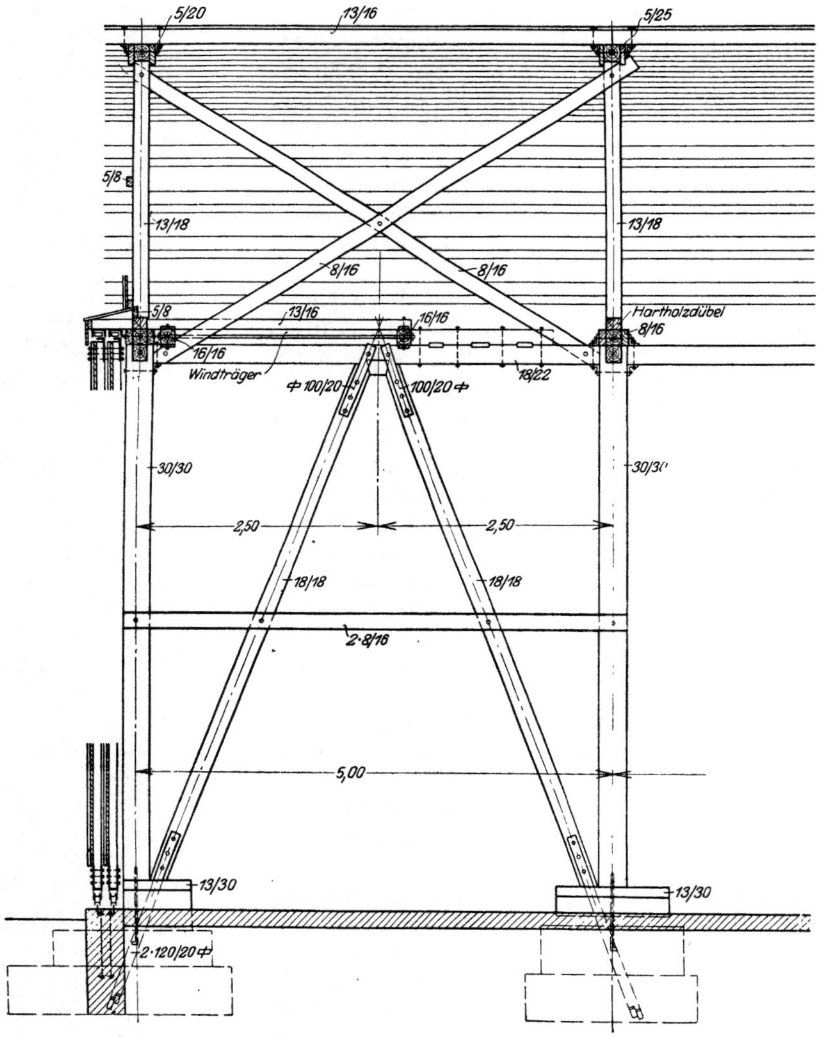

Abb. 297. Ausbildung der Windportale zwischen den Mittelstützen. (Vgl. auch Abb. 294, Längenschnitt *c — d.*)

Winddruck auf die Giebelwände, bei geschlossenen Hallen, gefährdet. Dieser Winddruck ist häufig ungünstiger als der in der Querrichtung, da die Giebelwände höher als die Längswände sind. Auch die Giebelwände können für sich standfest gemacht werden und zwar in der gleichen Weise wie die Längswände, oder es müssen auch hier Windträger angeordnet werden, gegen welche sich die Giebelwände lehnen und welche den Winddruck auf die Längswände und, bei mehrschiffigen Hallen, auch auf die Mittelstützenreihen übertragen. Reichen letztere zur Aufnahme dieser Windkräfte nicht aus, so sind je zwei Stützen an einer oder an mehreren Stellen zu Windportalen zu vereinigen. Bei niedrigen Hallen kann das Dach als Windträger angesehen werden. In diesem Falle sind unter die Sparren oder Pfettern Windstreben (Windrispen) zu legen, welche mit ihnen fest zu verbinden sind; hierdurch wird die Dachplatte ausreichend versteift. Diese Anordnung empfiehlt sich insbesondere bei sehr flachen Dächern, bei welchen deshalb in vielen Fällen besondere Windträger gespart werden können.

Ein Beispiel einer Hallenkonstruktion mit Balkenbindern, Wandböcken, Windträgern und Windportalen zeigt Abb. 294, welche die allgemeine Anordnung einer Bauhalle für die Pabstwerft in Cöpenick bei Berlin dargestellt. Das Bauwerk wurde im Jahre 1921 von der Firma Ambi, Berlin, ausgeführt. Die Halle ist zweischiffig; jede Öffnung besitzt eine Stützweite von 20,0 m; die Tiefe bzw. Länge der Halle mißt 30 m. Der Binderabstand beträgt 5,0 m. Die Eindeckung ist als Klebepappdach mit 23 mm starker, rauher und gespundeter Schalung hergestellt. Die Binder sind nach

Abb. 298. Ausführung der Bauhalle der Pabstwerft in Cöpenick.

Howescher Bauart mit gedrückten Streben und gezogenen Pfosten aus Rundeisen ausgeführt (Abb. 295). Die Längswände sind durch Böcke gestützt, welche den Winddruck auf die Fundamente übertragen. Sie haben eine untere Breite von 1,60 und sind mit den 3 m in der Grundfläche langen Fundamenten durch je zwei Flacheisen 120·20 mit Bolzen von 32 mm Durchmesser verankert (Abb. 295). Die Windträger der Giebelwände (Abb. 294 u. 296) sind 2,50 m hoch und besitzen die gleiche Feldweite; sie werden in jedem zweiten Knotenpunkt durch zwischen erstem und zweitem Binder liegende Hölzer 13/16 in ihrer wagerechten Lage gehalten, indem sie an diese Hölzer angebolzt sind; letztere ruhen auf den Untergurten von Binder *I* und *II*. Die Windträger finden ihr Auflager einerseits auf den $\frac{1}{2}$ Stein ausgemauerten Längswänden und andererseits auf besonderen Windböcken, welche in den beiden Feldern an den Giebeln zwischen den Mittelstützen angeordnet sind (Abb. 297).

Der Giebel ist so eingerichtet, daß die Halle jederzeit verlängert werden kann. Die vordere Giebelseite wird, auf der ganzen Breite von 40 m, durch Tore, und zwar 16 einzelne Tortafeln von je 2,50 m Breite und 6 m Höhe, geschlossen. Der hintere Giebel besitzt zwei Schiebetore von je 5 m Breite. Wie Abb. 297 erkennen läßt, laufen die Tore unten mittels Rollen auf den Flanschen eines als Schiene dienenden ⊔-Eisens und sind oben mittels wagerechter Rollen gleichfalls zwischen ⊓-Eisen geführt. An den Bindern

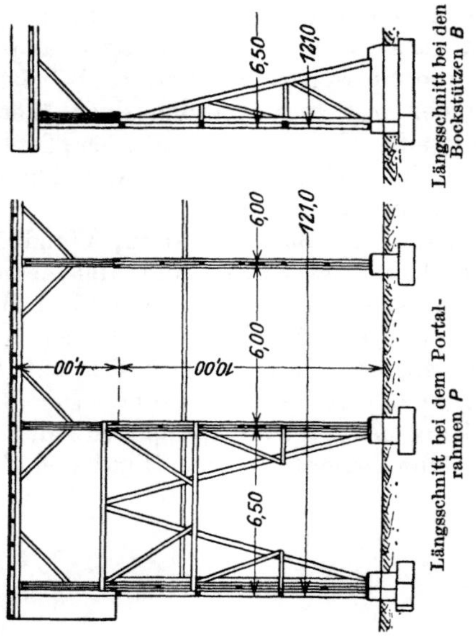

ist ferner ein Kranträger befestigt (Abb. 295). Abb. 295 bis 297 lassen die weiteren Einzelheiten der Konstruktionen erkennen, während Abb. 298 die Ausführung der Halle mit Bindern, Windböcken, Windportalen usw. zeigt.

Die in Abb. 299 in allgemeiner Anordnung dargestellte **Lagerhalle der Maschinenfabrik Augsburg-Nürnberg, A.-G., Werk Nürnberg**, ausgeführt 1922 von der Firma **Karl Kübler A.-G.**, Stuttgart, zeigt gleichfalls eine zweischiffige Halle mit über drei Stützen durchlaufenden Bindern.

Bemerkenswert ist die Anordnung von Laufkranen mit 17,10 m Stützweite und 20 t Tragkraft. Die Stütz-

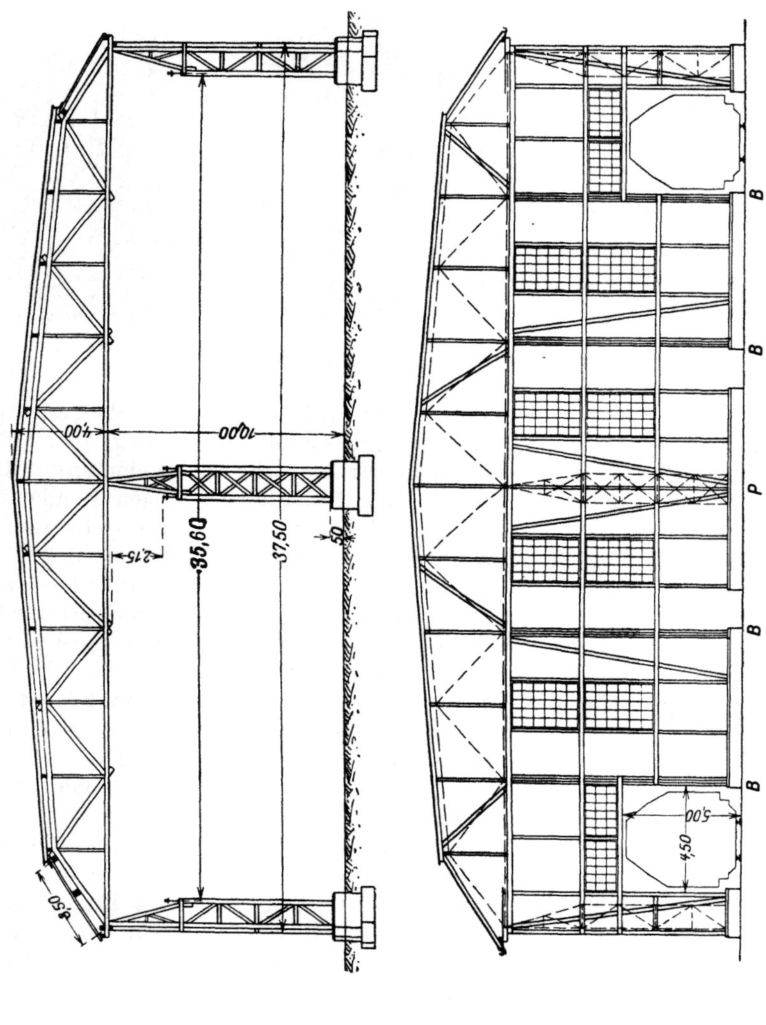

Abb. 299. Allgemeine Anordnung der Lagerhalle der Maschinenfabrik Augsburg-Nürnberg A.-G., Werk Nürnberg. (Ausführung: Karl Kübler A.-G., Stuttgart.)

weiten der beiden Schiffe betragen je 18,75 m, also die Weite der ganzen Halle 2·18,75 = 37,50 m. Der Abstand der Binder mißt 6,0 m, die Länge der Halle 121 m. Die Einzelausbildung der Binder zeigt Abb. 300. In den ersten beiden Feldern, die mit Glas eingedeckt sind, steigt der Obergurt unter einem Winkel von 30° an und geht dann bis zur Hallenmitte in eine ganz flache Neigung, die mit Doppelpappe eingedeckt ist, über. Die Außenwände bestehen aus verschaltem Holzfachwerk. Die Stabanschlüsse und Stoßverbindungen sind mittels der Küblerschen Kegeldübel ausgeführt.

Abb. 301 und 302 lassen die Ausbildung der Wandstützen erkennen. Da diese zugleich Kranbahnstützen sind und deshalb eine gewisse Breite erhalten mußten, war Gelegenheit gegeben, sie, gemeinschaftlich mit den Mittelstützen, zur Aufnahme des Winddrucks auf die Längswand heranzuziehen. Sie sind im Fundament fest eingespannt und zwar durch nachstellbare Verankerungen. Die Riegel der Längswände sind gegen die Stützen durch wagerechte Büge abgesteift, wodurch sich gegen Windbelastung sprengwerkartige Konstruktionen ergeben (Abb. 302). Die Giebelwände sind in Traufhöhe durch Windverbände von 19 m Länge und 2,65 m Systemhöhe gestützt (Abb. 303). Der hintere Gurt (Untergurt) des Windverbandes ist in jedem Knotenpunkt durch Rundeisen 13 mm Durchmesser an dem Dach aufgehängt. Außen wird der Auflagerdruck der Windträger durch die Längswände aufgenommen, während in der Reihe der Mittelstützen in den Endfeldern besondere Windportale eingebaut worden sind (Abb. 304).

Der statischen Berechnung der Holzkonstruktion sind folgende zulässige Beanspruchungen für Nadelholz zugrunde gelegt:

Zug	100 kg/cm²,
Druck // Faser	70 „ ,
„ ⊥ „	20 „ ,
Abscherung // Faser . .	10 „ ,
„ ⊥ „ . .	30 „ ,
Biegung	90 „ .

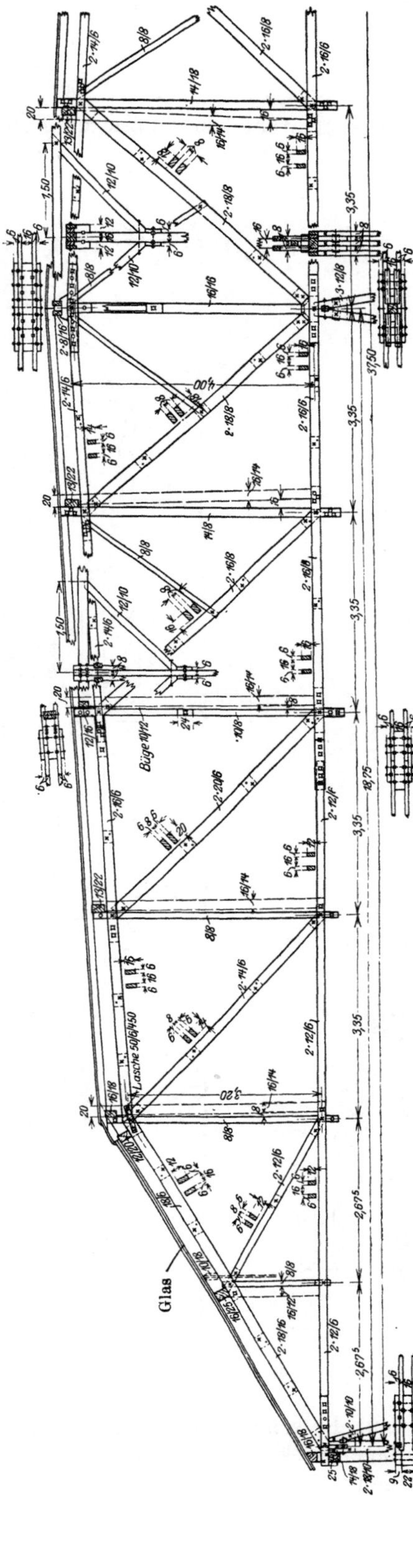

Abb. 300. Bauliche Ausbildung der Binder der Lagerhalle samt Einzelheiten.

Die Druckstäbe sind nach der Formel

$$F = \frac{P}{\sigma_d}\left(1 + \frac{0{,}0002 \cdot l^2 \cdot F}{J}\right)$$

unter Einhaltung der zulässigen Druckbeanspruchung bemessen.

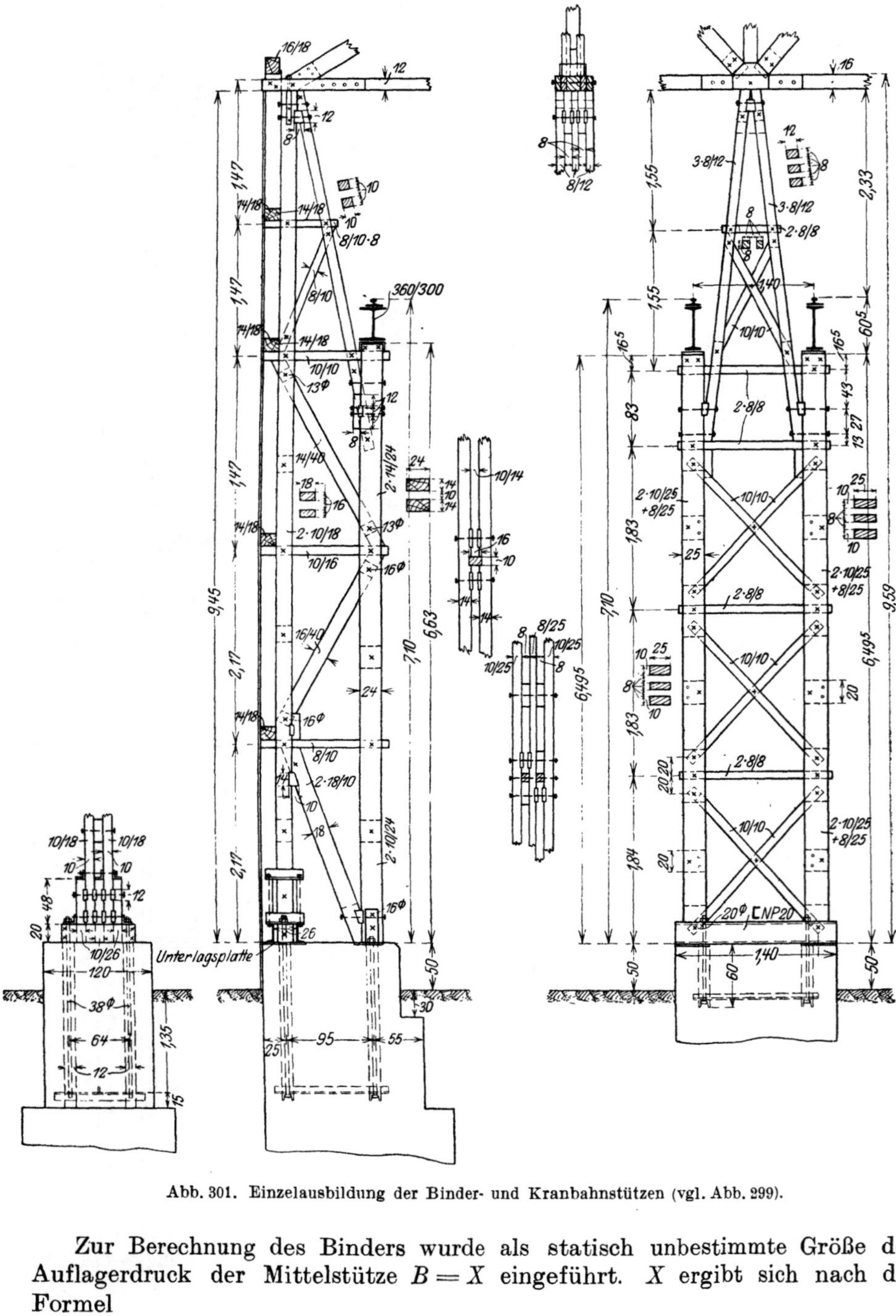

Abb. 301. Einzelausbildung der Binder- und Kranbahnstützen (vgl. Abb. 299).

Zur Berechnung des Binders wurde als statisch unbestimmte Größe der Auflagerdruck der Mittelstütze $B = X$ eingeführt. X ergibt sich nach der Formel

$$X = \frac{\sum S_0 S' \frac{s}{F}}{\sum S'^2 \frac{s}{F}},$$

wo S_0 die Stabkräfte im statisch bestimmten Hauptsystem (Zustand $X = 0$) und S' die Stabkräfte für den Zustand $X = +1$ sind. Die wirklichen Stabkräfte ergeben sich dann zu

$$S = S_0 + S' X.$$

Mittels Kräfteplänen für Eigengewicht, Schnee links und Wind links, sowie die Kraft $X = 1$

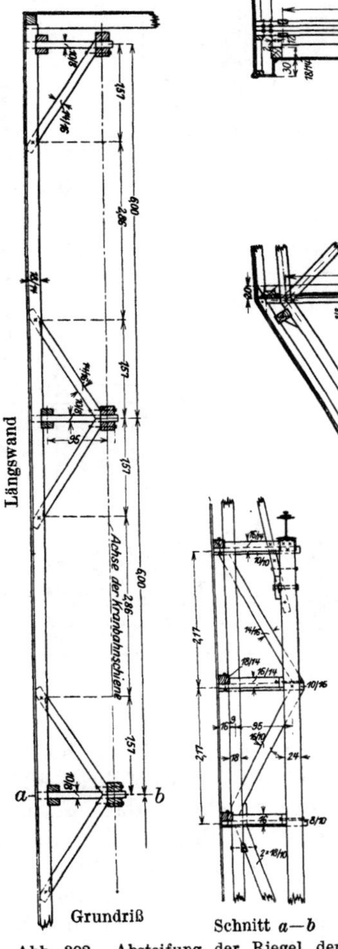

Abb. 302. Absteifung der Riegel der Längswände gegen die Gitterstützen durch Büge.

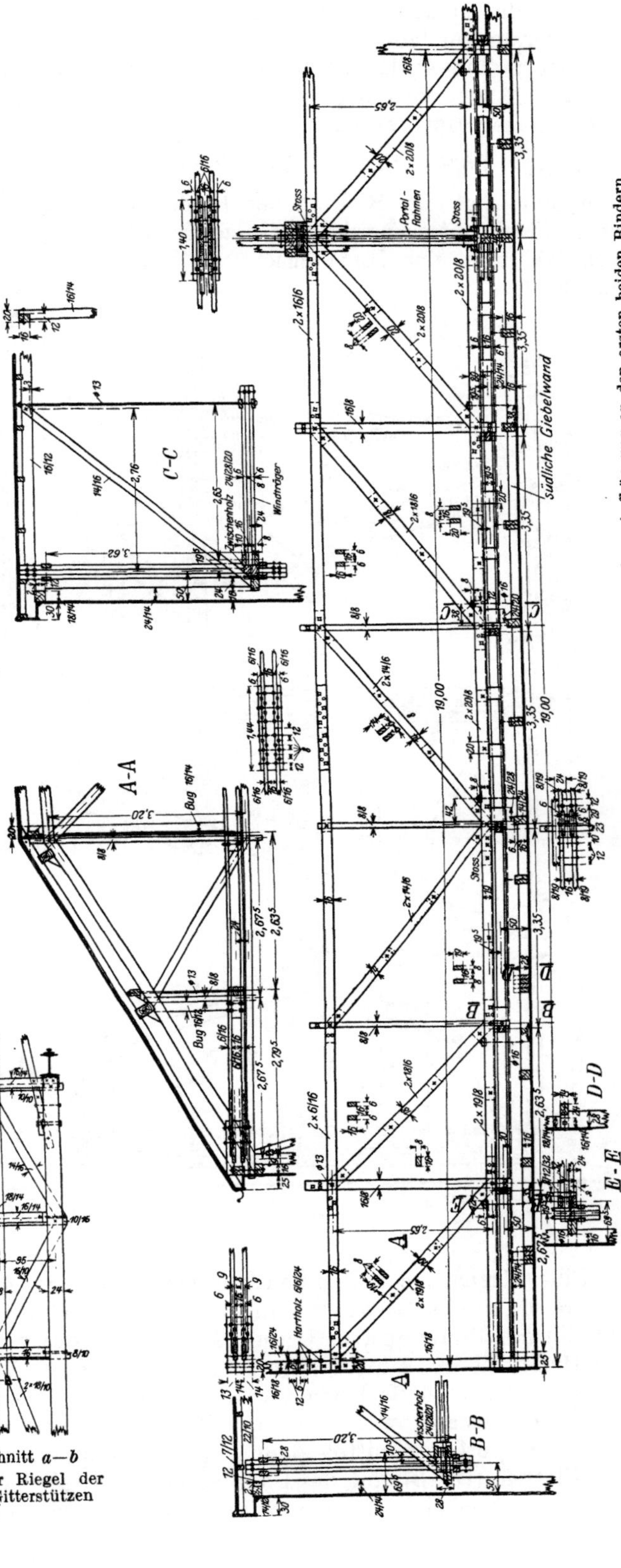

Abb. 303. Ausbildung des Windträgers an den Giebelwänden samt Einzelheiten der Lagerung bzw. Aufhängung an den ersten beiden Bindern.

wurden die größten Stabkräfte durch Zusammenstellung der ungünstigsten Kraftwirkungen tabellarisch ermittelt.

Der größte Auflagerdruck des 20-t-Krans für einen Stiel der Mittelstütze beträgt 25,0 t, wozu noch infolge Wind 16,5 t und vom Eigengewicht 0,5 t kommt, insgesamt ist also

$$B_{\max} = 25{,}0 + 16{,}5 + 0{,}5 = 42{,}0 \text{ t}.$$

Abb. 305 zeigt das Richten der Binder in einem Stück mittels zweier Hebelbäume und Abb. 306 gibt eine Innenansicht der fertigen Halle.

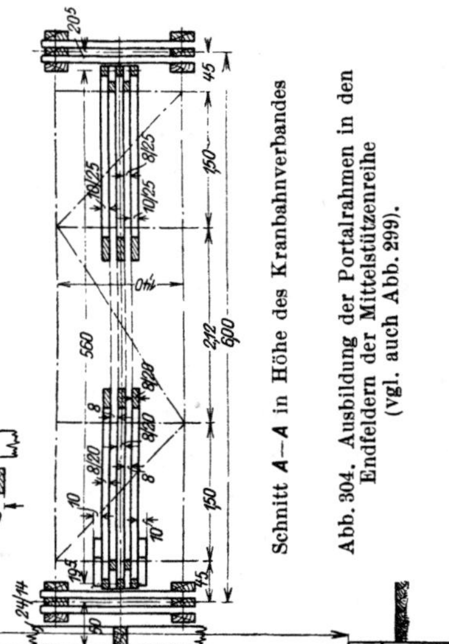

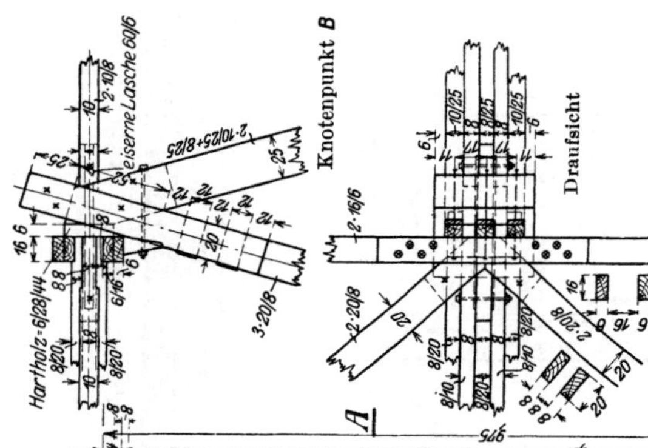

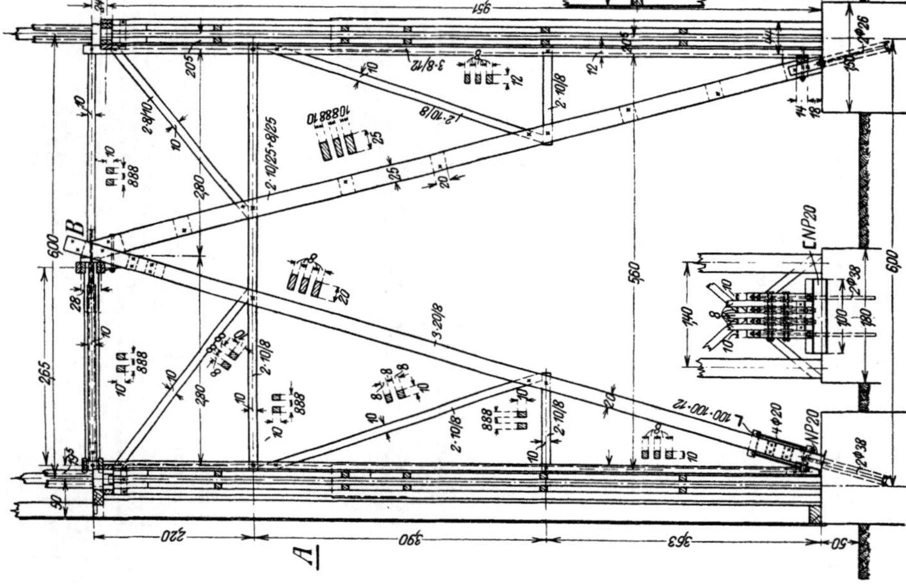

Abb. 304. Ausbildung der Portalrahmen in den Endfeldern der Mittelstützenreihe (vgl. auch Abb. 299).

Eine eigenartige Hallenkonstruktion stellt die **Ausstellungshalle für die Handwerks-Gewerbeschau 1925 in Altona**, ausgeführt 1925 von der Firma **Christoph & Unmack A.-G. Niesky**, O.-L., dar (Abb. 307). Die Halle, die 40,44 m breit und 80,44 m lang ist, ist dreischiffig; die Stützweite des Mittelschiffs beträgt 19,60 m, die der beiden Seitenschiffe je 10,0 m, der Binderabstand mißt 5,0 m. Die Eindeckung der sehr flachen Dächer ($\alpha = 2^0\,20'$) erfolgte mittels doppelt gelegter Pappe auf 23 mm starker Schalung und Pfetten. Die Binder des Hauptschiffes sind als fachwerkartige Zweigelenkbogen mit Zugband, die der Seitenschiffe als Dübelbalken ausgeführt. Auch

Abb. 305. Hochziehen der Binder in einem Stück mittels zweier Hebebäume.

Abb. 306. Innenansicht der fertigen Lagerhalle der Maschinenfabrik Augsburg-Nürnberg A.-G. in Nürnberg.

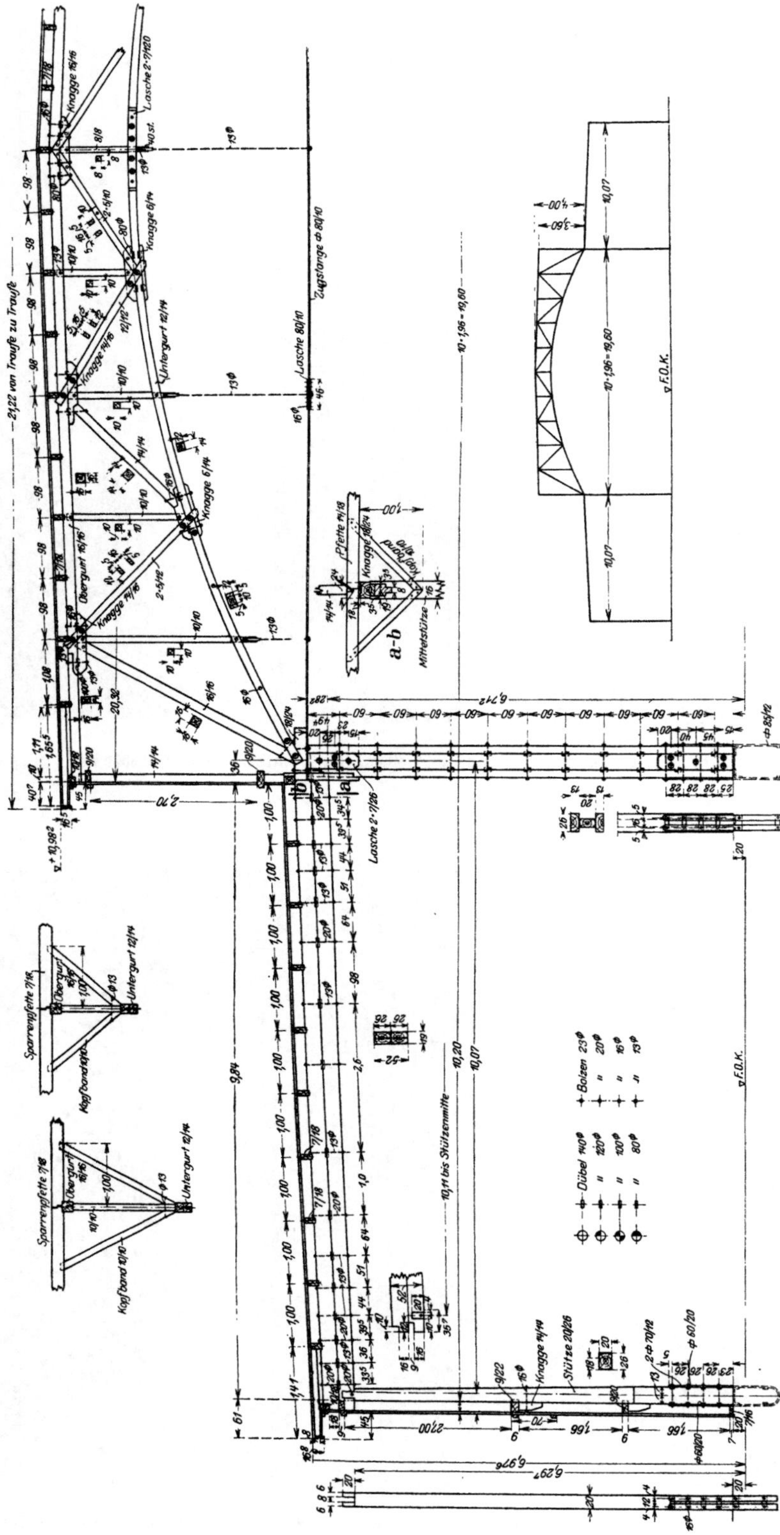

Abb. 307. Querschnitt durch die Ausstellungshalle der Stadt Altona.
(Ausführung: Christoph & Unmack A.-G., Niesky, O.-L.)

die Mittelstützen sind aus verdübelten Hölzern in I-Form hergestellt, während die Außenstützen aus einfachen Hölzern bestehen. Die Systemhöhe der Außenstützen ist 6,30 m, die der Mittelstützen 6,70 m. Sämtliche Stützen sind unten eingespannt, so daß sie alle entsprechend ihrer elastischen Nachgiebigkeit an der Übertragung der Windkräfte auf die Längswand teilnehmen. Die Verdübelung der Dübelbalken erfolgte durch Tellerdübel (s. S. 126).

Als zulässige Beanspruchungen sind zugelassen (Kiefernholz):

Zug und Biegung	100 kg/cm²,
Druck	60 „ ,
Abscheren	10 „ ,
Druck ⊥ zur Faser	25 „ ,
Druck und Biegung $\sigma_{zul} = \frac{60\,\sigma_d + 100\,\sigma_b}{\sigma_d + \sigma_b} \geqq \sigma_d + \sigma_b$.	
Knickstäbe nach Euler	$J \geqq 80\,Pl^2$,
Flußeisen	1200 kg/cm²,
Pressung der Betonfundamente an den Stützen; Mischung oben 1:4	35 „ .

Die Berechnung der Seitenschiffbinder ergibt folgendes:

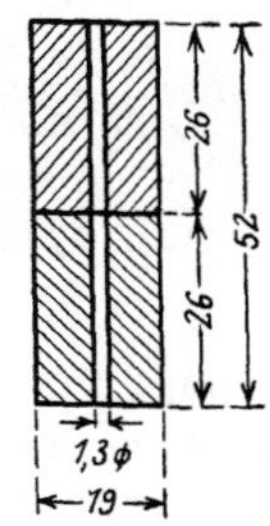

Abb. 308. Querschnitt der Seitenschiffbinder.

Belastung durch Dachplatte, Schnee und Bindergewicht

$$39 + 75 + 13 = 127 \text{ kg/m}^2$$

$$Q = 5{,}0 \cdot 10{,}0 \cdot 127 = 6350 \text{ kg},$$

$$M = \frac{6350 \cdot 10}{8} = 7938 \text{ kgm}.$$

Gewählt Dübelbalken 19/52 cm (Abb. 308) mit

$$J = 19\,\frac{52^3}{12} = 222\,629 \text{ cm}^4, \qquad J_n = 17{,}7\,\frac{52^3}{12} = 207\,407 \text{ cm}^4,$$

$$W_n = 7977 \text{ cm}^3, \qquad F = 19 \cdot 52 = 988 \text{ cm}^2, \qquad F_n = 17{,}7 \cdot 52 = 920 \text{ cm}^2,$$

$$S = \frac{988}{2} \cdot 13 = 6422 \text{ cm}^3, \qquad \sigma = \frac{793\,800}{7977} = 99{,}5 \text{ kg/cm}^2.$$

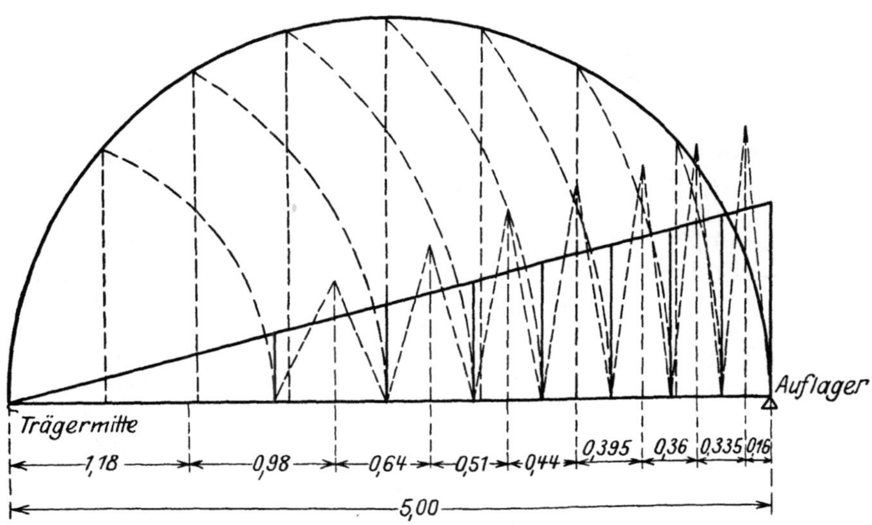

Abb. 309. Zeichnerische Ermittlung der Dübelteilung der Seitenschiffbinder.

Abb. 310. Innenansicht der Ausstellungshalle in Altona.

Die Verdübelung erfolgt durch Tellerdübel von 14 cm ∅, welche eine zulässige Kraft von 3130 kg (vgl. Zahlentafel S. 127) übertragen können. Die erforderliche Stückzahl ergibt sich für eine Trägerhälfte zu

$$n = \frac{793\,800 \cdot 6422}{222\,629 \cdot 3130} = 7{,}3 \text{ bzw. } 8 \text{ Stück.}$$

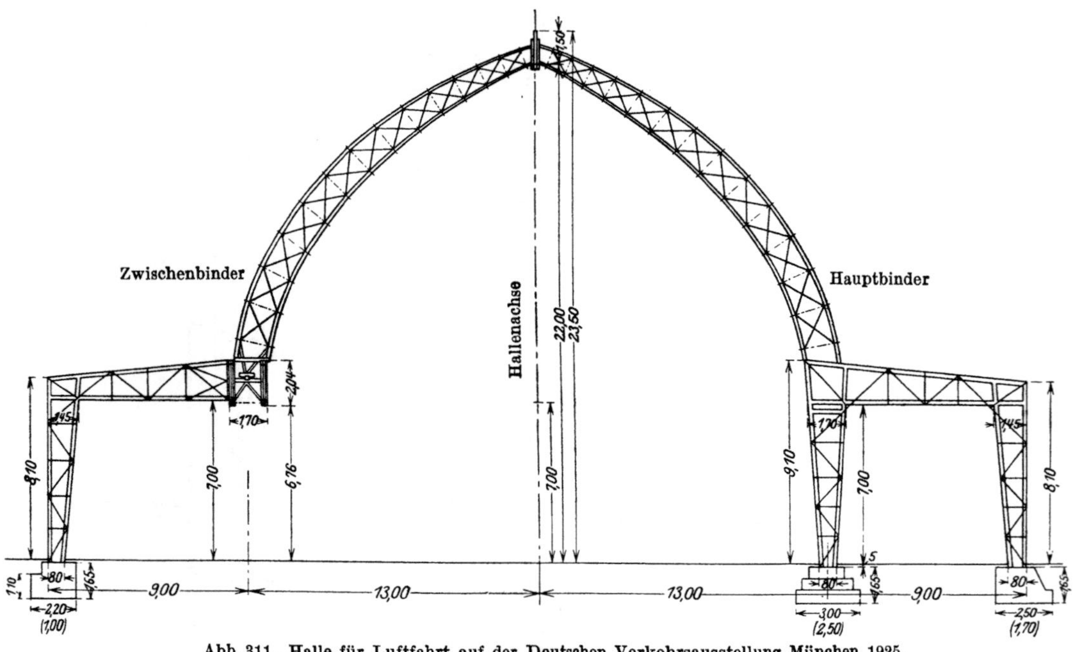

Abb. 311. Halle für Luftfahrt auf der Deutschen Verkehrsausstellung München 1925. (Ausführung: Dehall, Deutsche Hallenbau-Aktien-Gesellschaft, München.)

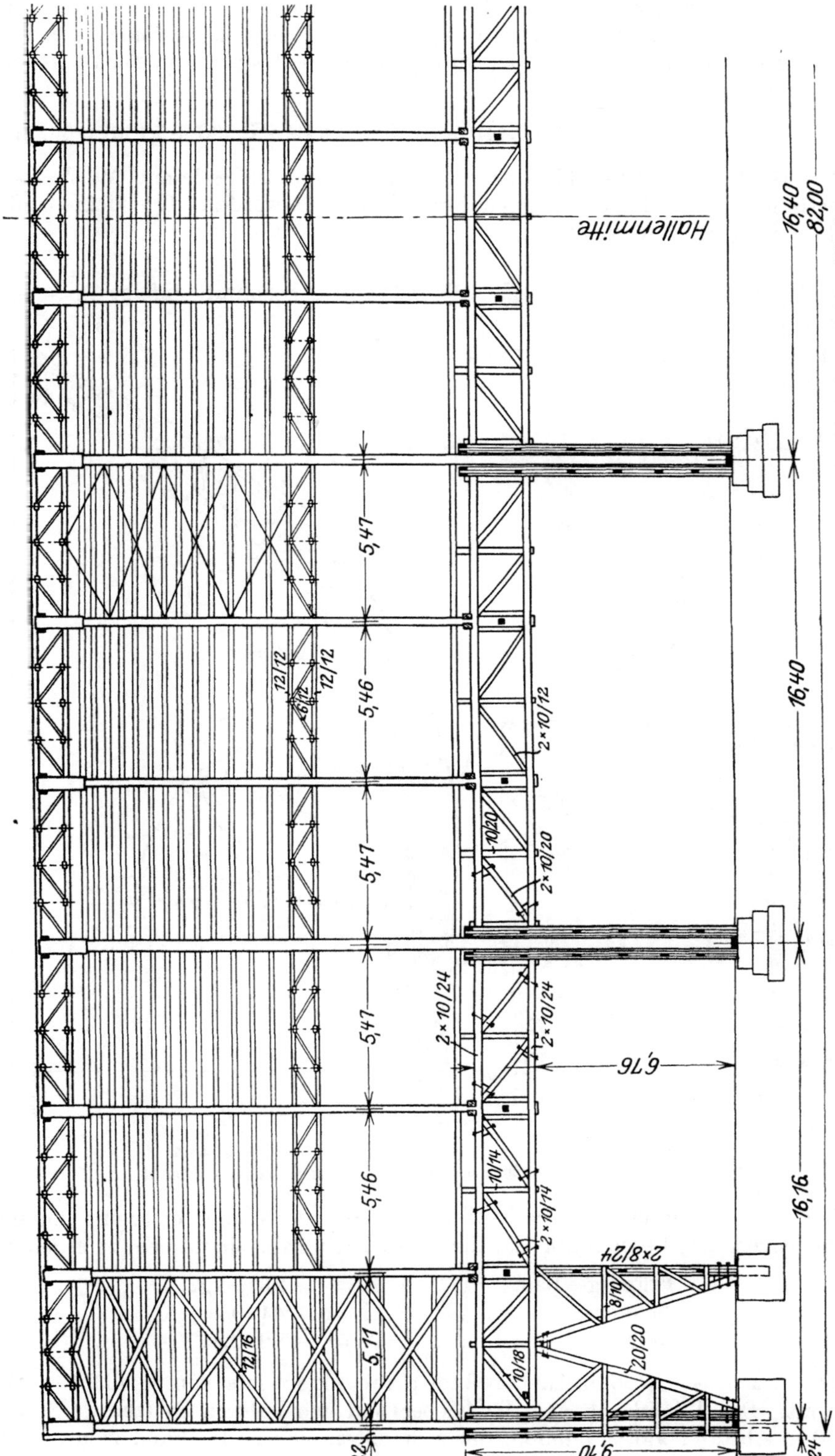

Abb. 312. Längenschnitt durch die Hallenachse (Mittelschiff) der Halle für Luftfahrt auf der Deutschen Verkehrsausstellung München.

Die Einteilung der Dübel geschieht nach einem zeichnerischen Verfahren, ähnlich wie beim Eisenbeton, wo die Eisenabbiegungen bestimmt werden, wie in Abb. 309 dargestellt. Die Dübelabstände betragen, von der Auflagermitte gemessen,

$$0{,}160+0{,}335+0{,}360+0{,}395+0{,}440+0{,}510+0{,}640+0{,}980+1{,}180=5{,}00\,\text{m}.$$

Die Binder des Mittelschiffs sind einfach statisch unbestimmt. Als statisch unbestimmte Größe ist die Zugbandkraft X gewählt worden. Irgendeine Stabkraft kann gesetzt werden

$$S = S_0 - X \cdot \overline{S},$$

wenn S_0 die Stabkraft infolge $X = 0$ und $\overline{S}$ die Stabkraft infolge $X = -1$ bedeuten.

Die Nachgiebigkeit der Stützweite bzw. des Zugbandes ist

$$\Delta = \sum S \cdot \overline{S} \cdot \frac{s}{EF}$$

$$= \sum \frac{S_0 \overline{S} s}{EF} - X \sum \frac{\overline{S}^2 s}{EF} = 0$$

oder

$$X = \frac{\sum \frac{S_0 \overline{S} s}{EF}}{\sum \frac{\overline{S}^2 s}{EF}},$$

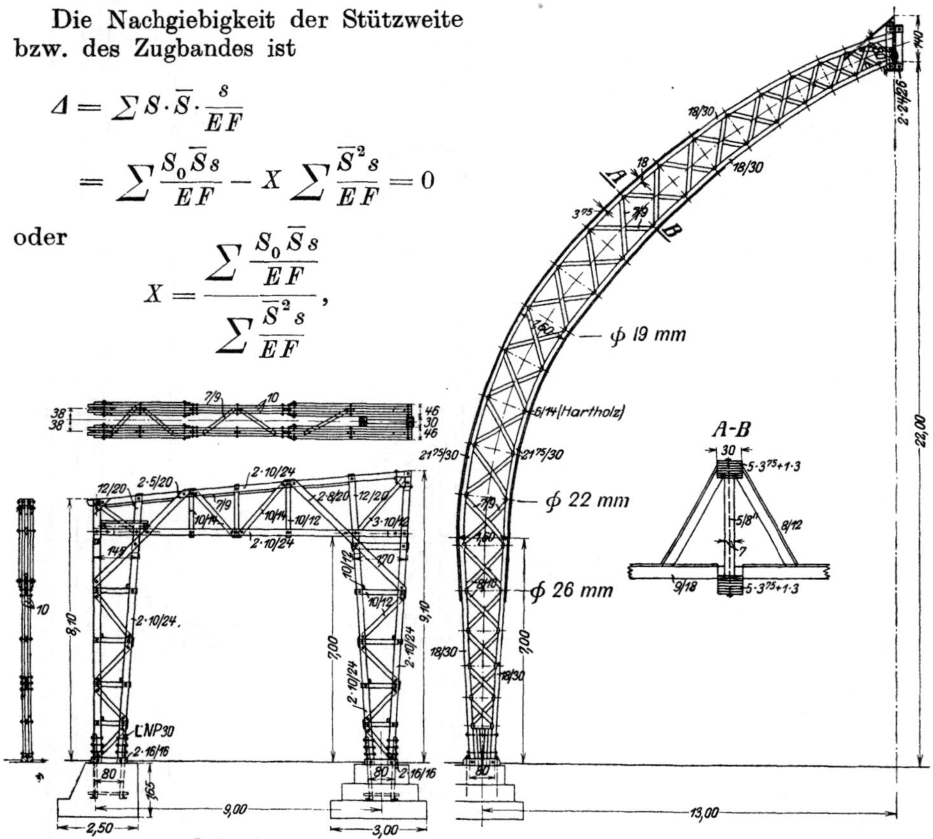

Abb. 313. Bauliche Ausbildung der Hauptbinder der Halle für Luftfahrt.

hierbei ist der Einfluß des Zugbandes, welcher im Nenner erscheint, zu berücksichtigen. Die Berechnung hat für die statisch unbestimmte Größe ergeben:

Ständige Last	$X =$	2910 kg,
Schnee	$X =$	4140 „ ,
Wind	$X =$	— 928 kg.

Das Dach ist an den Giebelwänden auf eine Tiefe von je 10,22 m abgewalmt. Der Winddruck auf die Giebelwand wird durch Stützen 21/28 cm in 5,0 m Abstand aufgenommen, die sich unten gegen das Fundament, oben gegen die Binder des Walmes, welche durch einen Verband versteift sind, legen. Abb. 310 zeigt einen Blick in die fertige Halle, welcher auch die Beleuchtung derselben erkennen läßt.

Eine dreischiffige Halle, dessen Mittelschiff durch seine besondere Höhe hervortritt, zeigt die Halle für Luftfahrt auf der Deutschen Verkehrsausstellung München 1925, ausgeführt 1925 von der Firma Dehall (Deutsche Hallenbau-Aktien-Gesellschaft), München. Die Breite der Halle mißt 9,0 + 26,0 + 9,0 = 44,0 m (Abb. 311), die Länge 5 · 16,4 = 82,0 m (Abb. 312). Die Hauptbinder der Halle (Abb. 311 rechts u. 313) stehen demnach in Abständen von 16,40 m und sind so angeordnet, daß die als Dreigelenkbogen ausgebildeten Binder des Mittelschiffs als einfache Tragwerke bis zum Erdboden durchgehen, während die als Rahmen konstruierten Binder der Seitenschiffe zweiteilig sind und mit ihren inneren Rahmenständern den Hauptbinder umfassen. Die Felder von 16,40 m sind durch je zwei Zwischenbinder (Abb. 312 u. 314) in Abständen von $\frac{16{,}40}{3}$ untergeteilt, in der Weise, daß die Zwischenbinder auf Längsunterzügen gelagert sind. Letztere sind zweiwandig ausgebildet und lassen einen Querdurchgang von 6,76 m lichter Höhe frei. Die Zwischenbinder des Hauptschiffs sind deshalb um etwa 7,8 m niedriger als die Hauptbinder

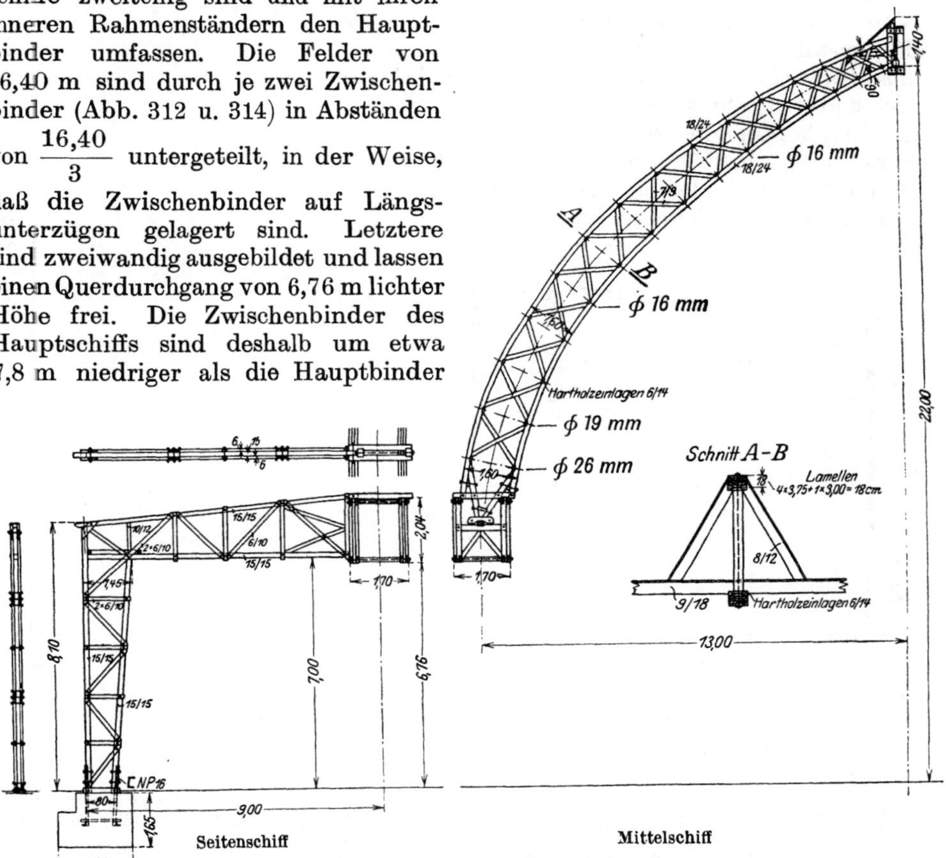

Abb. 314. Bauliche Ausbildung der Zwischenbinder.

und die Zwischenbinder der Seitenschiffe sind winkelförmig gestaltet, indem der innere Rahmenständer bei ihnen fortgelassen ist. Die Pfetten der Haupthalle liegen auf dem Binderuntergurt und tragen die Dachschalung (Abb. 315), so daß die Binder der Haupthalle außen liegen und seitlich gegen die Pfetten mit ihrem Obergurt durch Streben 8/12 (Abb. 313 u. 314) mit Schalung abgesteift sind. Die Binder der Haupthalle treten somit in der Außenfläche als spitz zulaufende Rippen in Erscheinung. Die Binder der Seitenhallen besitzen eine innere und äußere Schalung, die auf Pfetten 9/18 cm befestigt sind (Abb. 315).

Die Ausbildung der Binder geht aus den Abb. 313 und 314 hervor. Die Binder des Mittelschiffs besitzen Gurte aus flach übereinanderliegenden Brettlamellen, die Pfosten bestehen aus Rundeisen und die Streben sind gekreuzt angeordnet, indem sie sich gegen Hartholzdübel 6/14 cm legen; sie gehen in 7 cm Stärke ungeschwächt nebeneinander vorbei. Die Binder der Seitenschiffe sind, wie bereits bemerkt, zweiteilig und bestehen ganz aus Holzfachwerk. Der früher erwähnte Längsunterzug zwischen Seiten- und Mittelschiff ist als zweiwandiger Fachwerkträger ausgebildet (Abb. 316). Von der Anordnung eines Fußgelenks der Hauptbinder des Mittelschiffs ist abgesehen; sie sind vielmehr stumpf auf das Fundament aufgesetzt und verankert (Abb. 317). Die beiden seitlich stehenden Ständer der Binder der Seitenschiffe

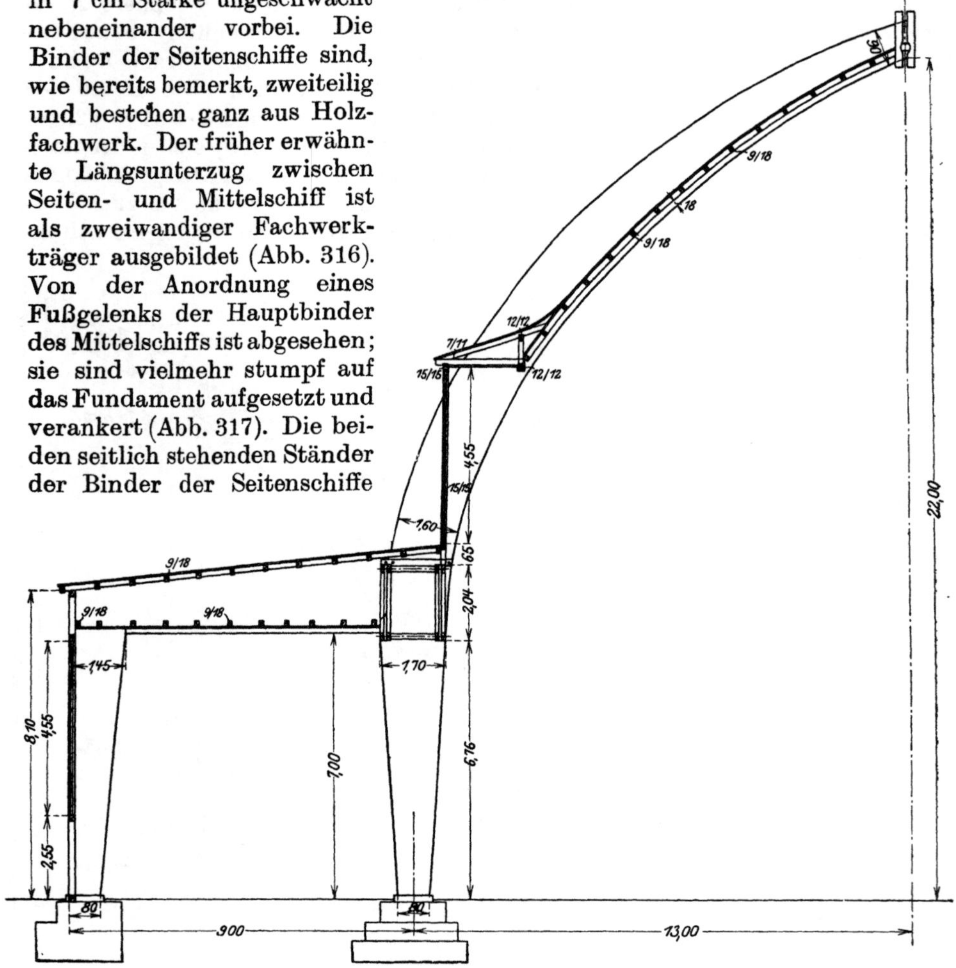

Abb. 315. Anordnung der Pfetten und Schalung der Binder.

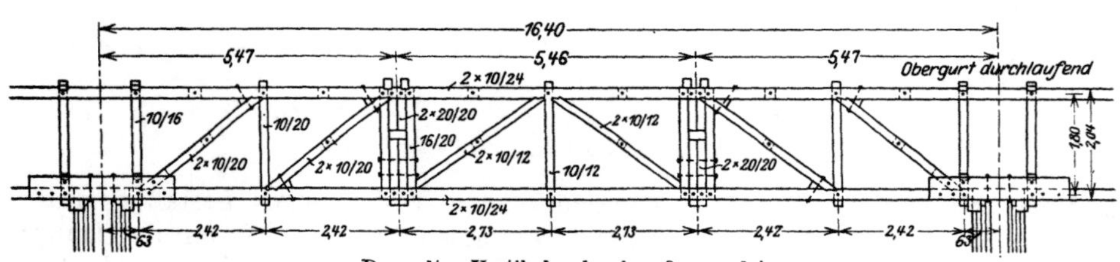

Doppelter Vertikalverband, außen und innen

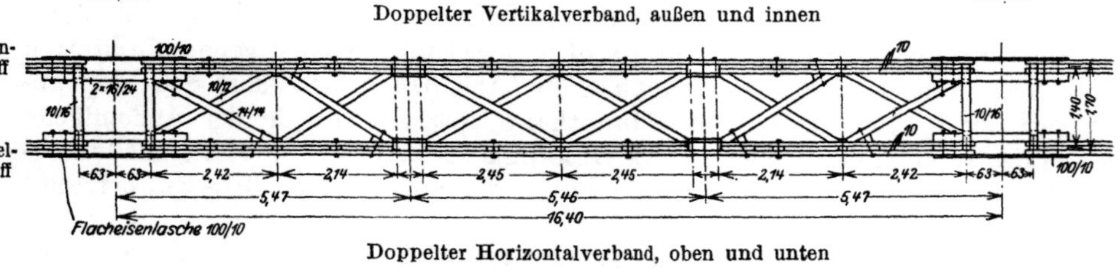

Doppelter Horizontalverband, oben und unten

Abb. 316. Längsunterzug zwischen Seiten- und Mittelschiff (Fachwerk-Kastenträger).

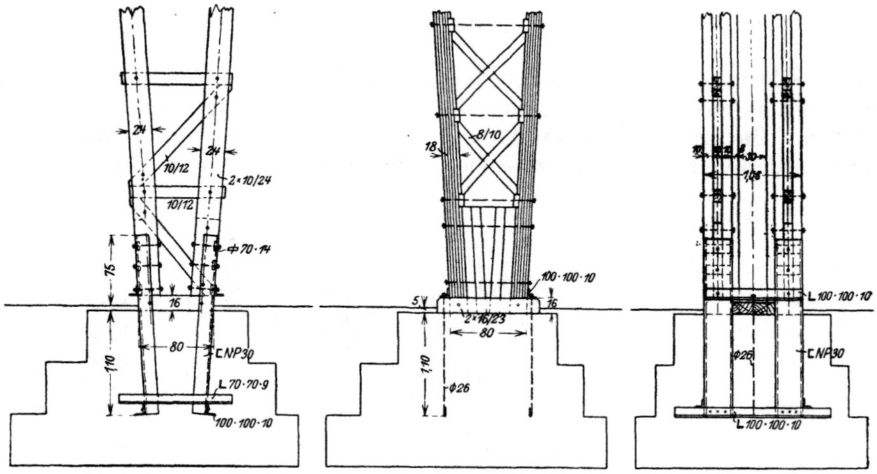

Seitenschiffbinder Hauptbinder Seitenansicht

Abb. 317. Verankerung der Binderfüße in den Mittelfundamenten.

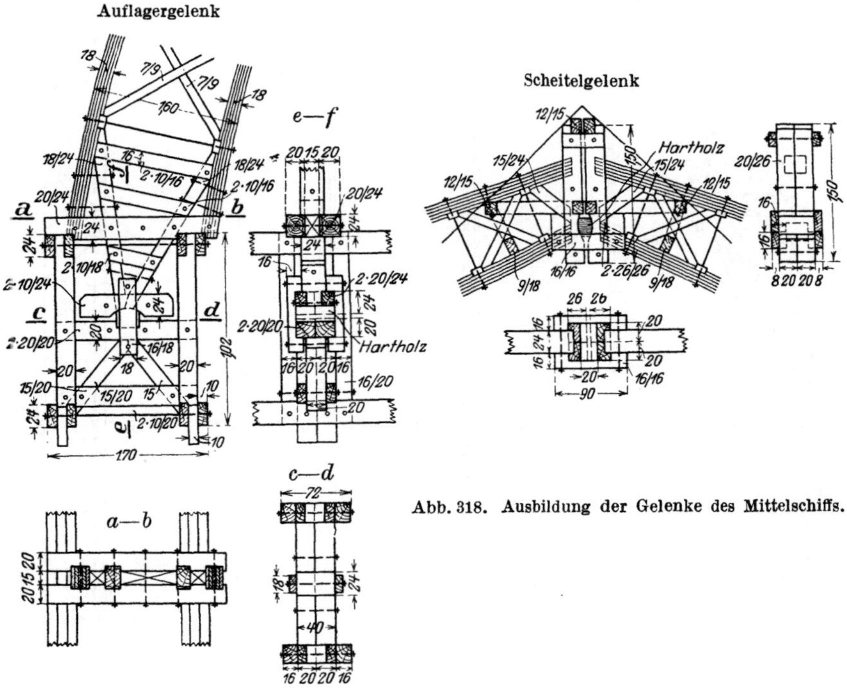

Abb. 318. Ausbildung der Gelenke des Mittelschiffs.

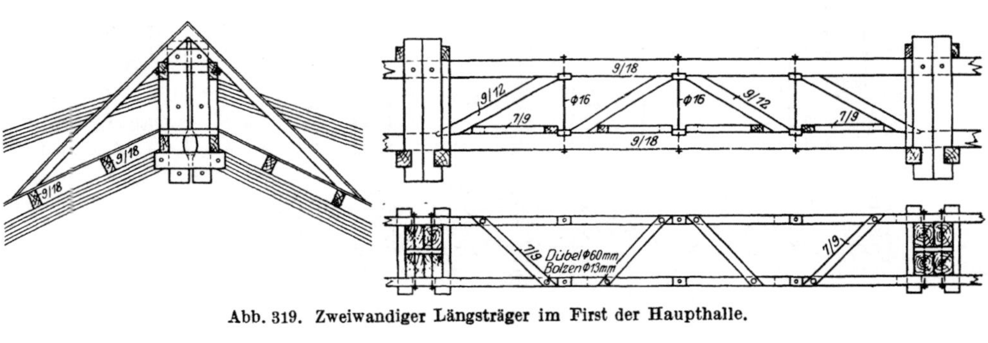

Abb. 319. Zweiwandiger Längsträger im First der Haupthalle.

wurden unter Verwendung von [-Eisen und ∠-Eisen fest im Fundament eingespannt.

Das Scheitelgelenk der Binder der Haupthalle ist unter Verwendung eines Gelenkbolzens aus Hartholz, gegen den sich entsprechend bogenförmig ausgearbeitete Backen legen, hergestellt (Abb. 318). Ähnlich ist auch das hochliegende Kämpfergelenk der Zwischenbinder ausgeführt; auch hier ist ein

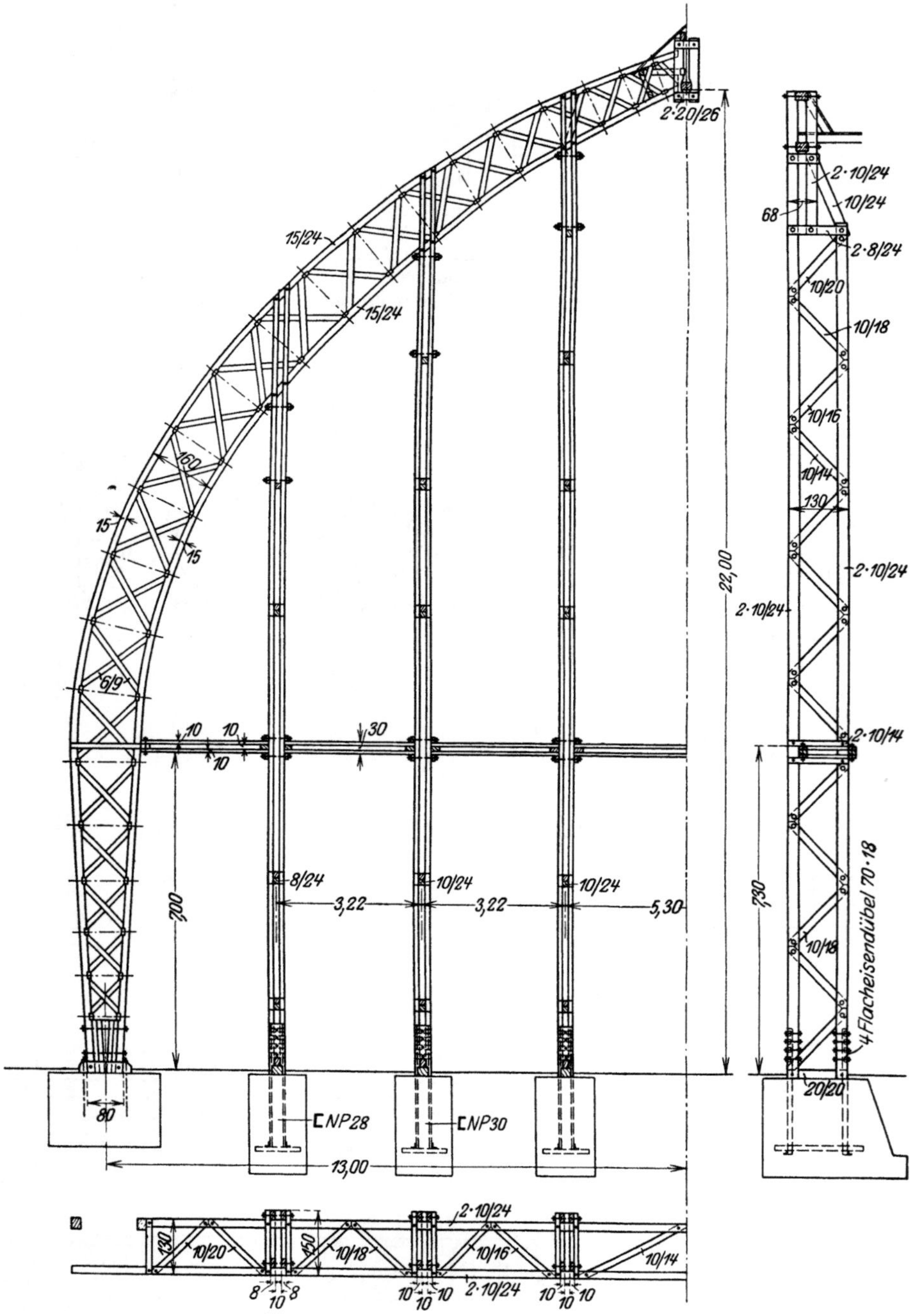

Abb. 320. Ausbildung der Giebelwand der Haupthalle an der Nordseite.

Gelenkzapfen aus Hartholz verwendet worden, auf welchem sich ein zweiteiliger oberer Lagerkörper abwälzen kann (Abb. 318). Die Binder der Haupthalle sind im First durch einen zweiwandigen gitterförmigen Firstträger verbunden (Abb. 319), wodurch eine Versteifung der Halle in der Längenrichtung erzielt wird.

Die Giebelwand wird durch lotrecht stehende Gitterträger, die sich gegen Fundament und Dachkonstruktion stützen, gegen Winddruck versteift (Abb. 320). Diese Gitterträger werden in 7 m Höhe durch einen wagerecht liegenden Fachwerkträger, der sein Auflager an den bereits erwähnten Längsträgern zwischen Seiten- und Mittelschiff hat, noch einmal gestützt. Weitere Einzelheiten siehe Abb. 320.

Abb. 321 zeigt die Halle während der Aufstellung der Binder.

Abb. 321. Halle für Luftfahrt während der Aufstellung.

Gleichfalls eine dreischiffige Halle, jedoch in größeren Abmessungen und in anderer Form stellt die Ausstellungshalle Ludwigshafen a. Rh., ausgeführt 1925 von der Firma Karl Kübler, Akt.-Ges., Stuttgart, dar. Das Bindernetz mit Hauptabmessungen zeigt Abb. 322.

Das Mittelschiff besitzt eine Stützweite von 30 m, die beiden Seitenschiffe eine solche von je 10 m. Der Binderabstand beträgt 12,5 m, die ganze Länge der Halle 125 m (Abb. 323). Die Dachplatte, bestehend aus einfacher Pappe, Schalung und Sparren in 0,90 m Abstand, wird durch Gitterpfetten, die in Entfernungen von 3,0 m bzw. 3,3 m, dem Bindersystem entsprechend, angeordnet sind, getragen. Ausbildung und Anschluß der Gitterpfetten an die Binder geht aus den Abb. 324 und 326 hervor. Abb. 324 zeigt insbesondere die Konstruktion der Binder. Die Binder des Mittelschiffs sind als Dreigelenkbogen ausgebildet, die der beiden Seitenschiffe als Parallelträger. Die Seitenbinder ruhen außen auf einer Pendelstütze und besitzen am Dreigelenkbinder ein festes Auflager. Abb. 325 zeigt die Einzelausbildung des Fußpunktes des Dreigelenkbinders. Der auf die Giebelwände der Haupthalle wirkende Winddruck wird durch Gitterstützen (Abb. 323 und 327) einerseits auf die Fundamente und andrerseits auf unter der Dachhaut liegende Windverbände übertragen und von letzteren auf zwei Windportale, die in den Mittelstützenreihen stehen, abgegeben. Die Windportale haben auch den anteiligen Winddruck von den Seitenschiffen aufzunehmen. Die Gitterstützen sind in jedem zweiten Feld, also in 6 m Abstand, angeordnet.

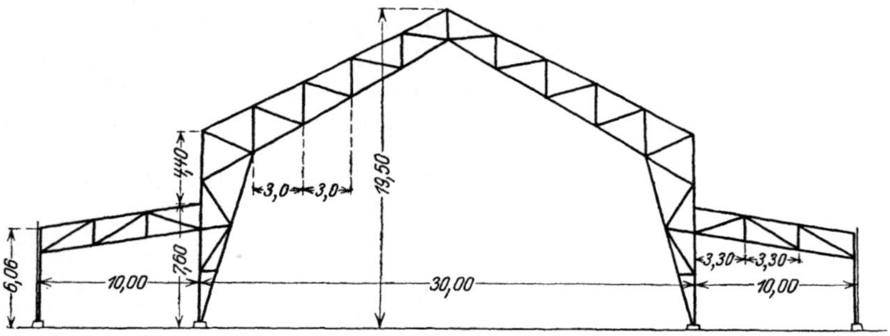

Abb. 322. Bindernetz der Ausstellungshalle Ludwigshafen.
(Ausführung: Karl Kübler, A.-G., Stuttgart.)

Der statischen Berechnung wurden folgende für Bayern gültigen Beanspruchungen für Nadelholz zugrunde gelegt.

Zug	100 kg/cm²,
Druck // Faser . . .	70 „ ,
„ ⊥ - „ . . .	20 „ ,
Abscherung	10 „ ,
Biegung	90 „ .

Die Druckstäbe sind nach der Formel

$$F = \frac{P}{\sigma}\left(1 + \frac{0{,}0002 \cdot F \cdot l^2}{J}\right)$$

berechnet, bei Einhaltung der angeführten Druckbeanspruchungen.

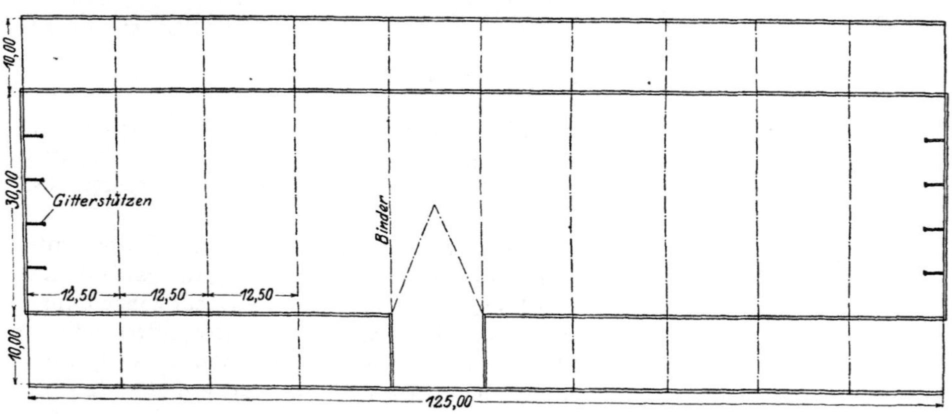

Abb. 323. Grundriß der Ausstellungshalle Ludwigshafen.

Der Wind wurde mit 150 kg/m² senkrecht getroffener Fläche in Rechnung gestellt.

Die Berechnung der Binder, Pfetten, Gitterstützen und Portale ist mittels Kräfteplänen durchgeführt. Die Einzelheiten der Konstruktion sind aus den Abbildungen ersichtlich. Die Gurtungen der Bogenbinder sind ebenso wie

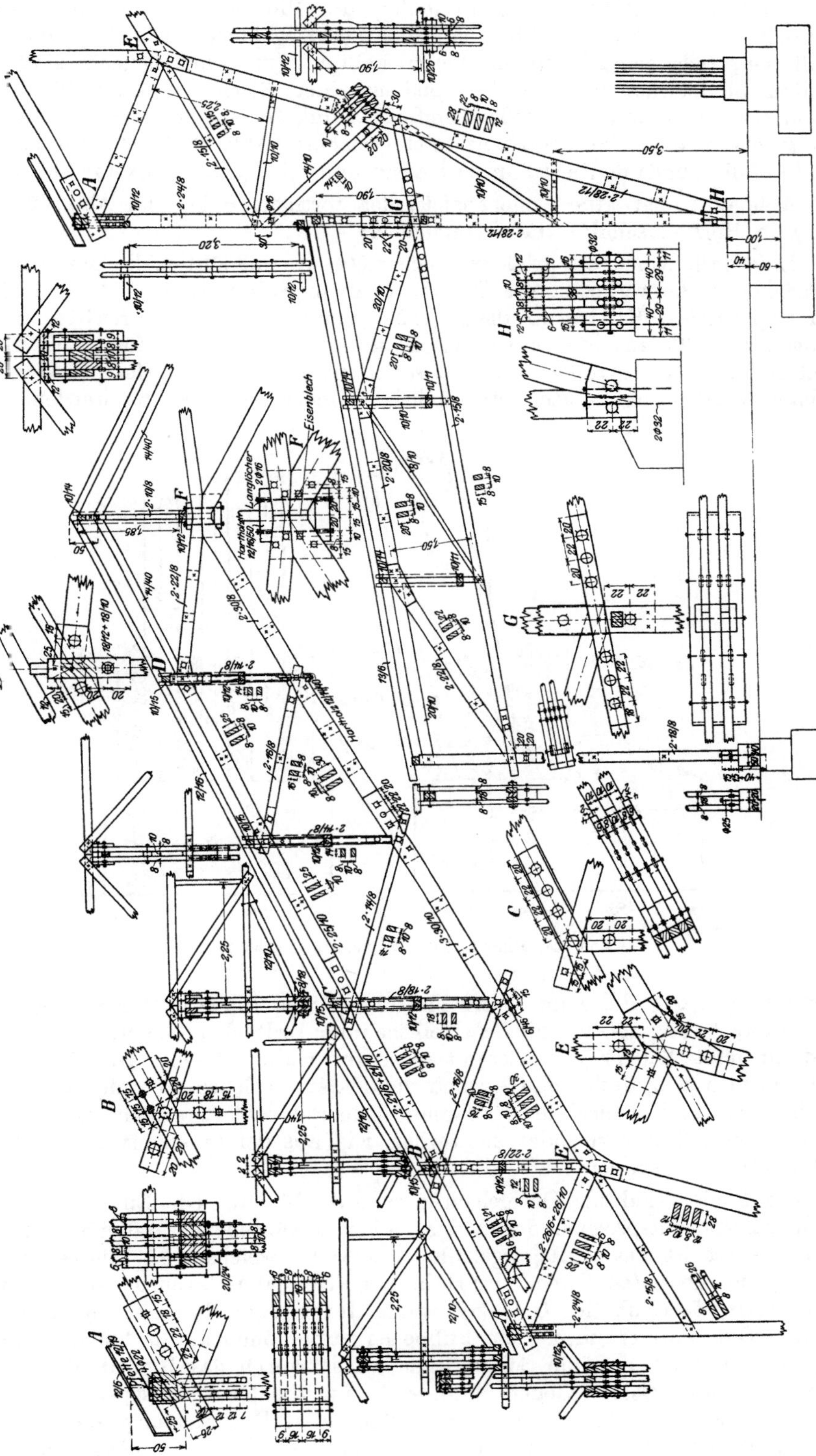

Abb. 324. Ausbildung der Binder für die Mittel- und Seitenhalle der Ausstellungshalle Ludwigshafen samt Einzelheiten.

die Streben im stärksten Teil dreiteilig, die Pfosten zweiteilig ausgebildet (Abb. 324). Die Stabanschlüsse sind mittels Kegeldübel (s. S. 130) teils aus Gußeisen, teils aus Eichenholz bewerkstelligt. Im Scheitelgelenk sind die beiden Binderschenkel unter Verwendung einer Blechverkleidung für beide Teile stumpf zusammengestoßen und der Punkt oben und unten durch mit Langlöchern angebolzte Hartholzsattel gesichert (Abb. 324). Die Binderfüße sind auf die Fundamente stumpf aufgesetzt und mit ihnen verankert (Abb. 325).

Abb. 328 zeigt eine Innenansicht der fertigen Halle und Abb. 329 die ganz in Holz verschalte Halle von außen.

Eine Halle von weit größerer Spannweite wie die Mittelhalle des eben beschriebenen Bauwerks ist die **Festhalle zum Schwäbischen Sängerfest im Juli 1925 in Eßlingen**, die gleichfalls von der Firma **Karl Kübler A.-G.**, Stuttgart, 1925 ausgeführt wurde. Diese Halle sollte nur für ganz kurze Zeit ihren Zweck erfüllen und ist sofort nach dem Sängerfest wieder abgebaut worden, um später für ähnliche Zwecke vermietet zu werden. Die

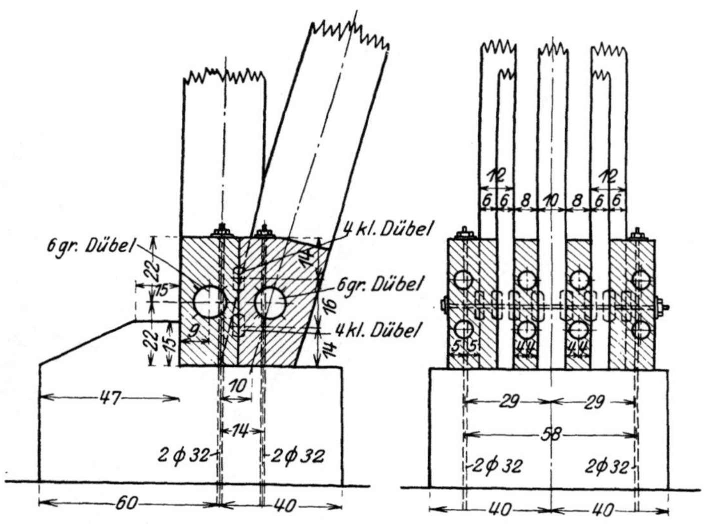

Abb. 325. Einzelheit des Fußpunktes *H* (Abb. 324).

Abmessungen der Halle im Querschnitt zeigt das Bindernetz Abb. 330. Die Stützweite beträgt 60 m, die Scheitelhöhe über Erdboden 23,5 m. Der Binderabstand mißt 13,0 m, die Gesamtlänge der Halle 92,0 m. Die Halle war mit Zelttuch eingedeckt und seitlich verkleidet, welches so weit lichtdurchlässig war, daß hierdurch die Halle natürliche Beleuchtung erhielt, es brauchte also gar kein Glas verwendet zu werden, wie aus der Innenansicht der Halle (Abb. 331) zu erkennen ist.

Die Binder sind als Dreigelenkbogen ausgebildet. Die Einzelheiten der Konstruktion entsprechen denen des vorher beschriebenen Hallenbaues. Bemerkenswert ist das Auflagergelenk (Abb. 332), welches mit Rücksicht auf den vorübergehenden Zweck der Halle auf Eisenbahnschwellen gesetzt wurde. Der Horizontalschub des Gelenkes wurde durch zwei Rundeisenanker von je 28 mm Durchmesser unter dem Fußboden aufgenommen; die Standfestigkeit gegen Winddruck auf die Seitenwände wurde durch das Bindersystem ohne weiteres gewährleistet. Gegen Winddruck auf die Giebelwand waren jedoch, mit Rücksicht auf das Fehlen der versteifenden Dachschalung und auf die Holzfundamente ohne Verankerungen, besondere Sicherungen nötig, die darin

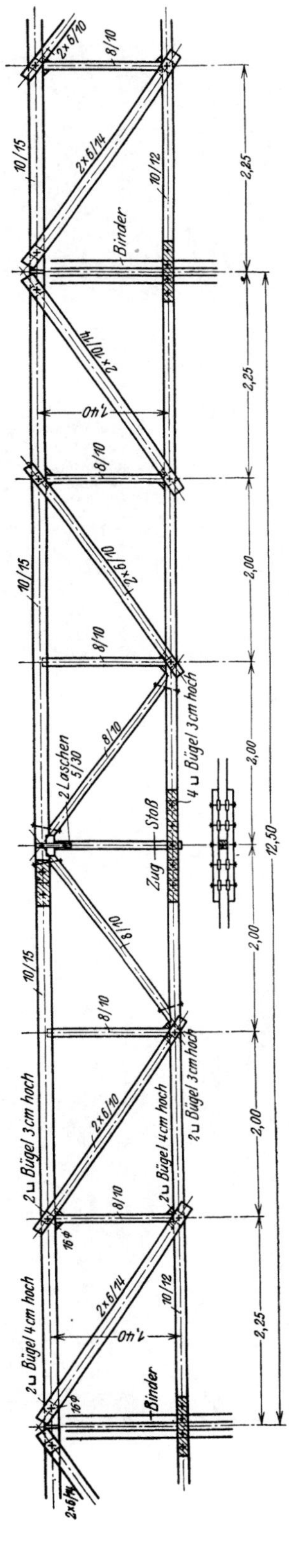

Abb. 326. Ausbildung der Gitterpfetten für die Mittelhalle.

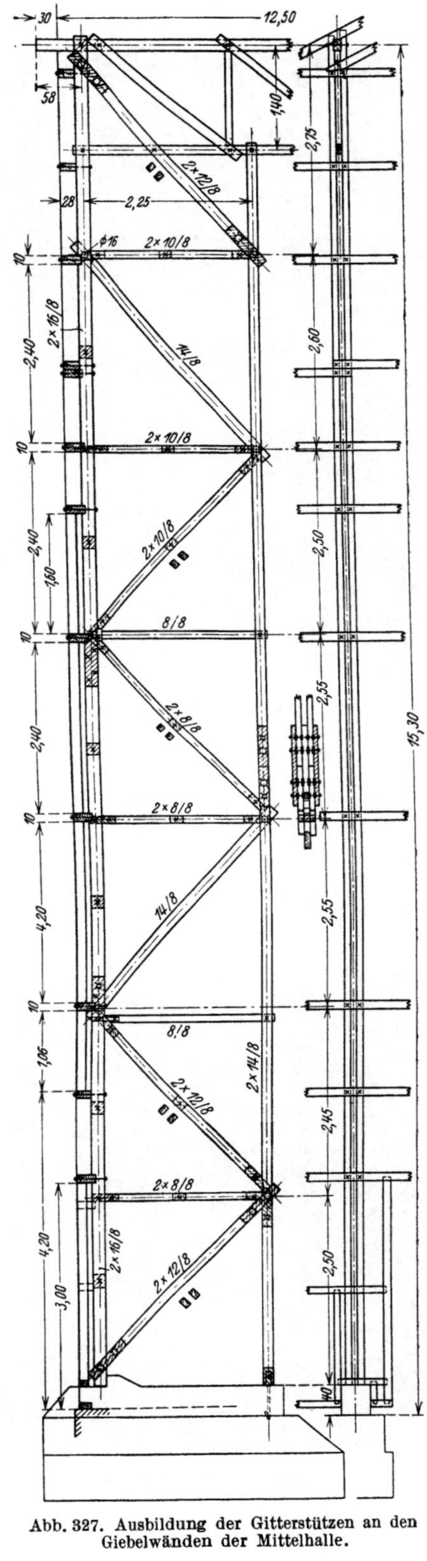

Abb. 327. Ausbildung der Gitterstützen an den Giebelwänden der Mittelhalle.

Abb. 328. Innenansicht der Ausstellungshalle Ludwigshafen a. Rh.

Abb. 329. Ansicht der Ausstellungshalle Ludwigshafen a. Rh. von außen.

bestanden, daß man die Binder durch Drahtseile nach außen gegen den Erdboden abspannte.

Abb. 333 zeigt die Aufstellung der Binder mit den Gitterpfetten und Fachwerkstützen der Giebelwand, die den Winddruck auf Fundamente und Binder zu übertragen hatten.

Neben den geschlossenen Hallen, die bisher behandelt wurden, haben auch die offenen Hallen Bedeutung, und zwar vornehmlich im Eisenbahnwesen, wo sie für ein- und zweistielige Bahnsteighallen in Betracht kommen.

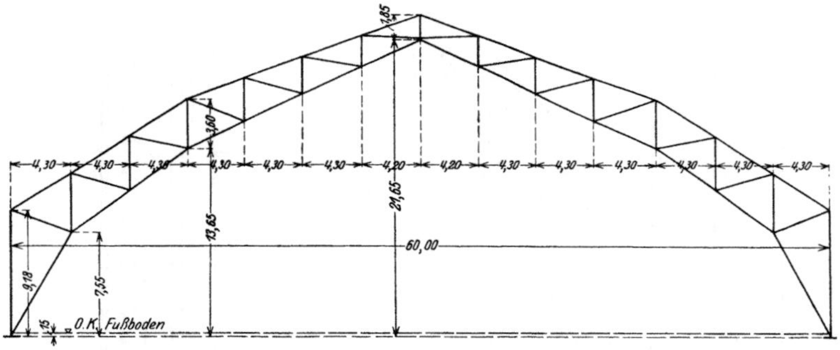

Abb. 330. Bindernetz der Festhalle zum Schwäbischen Sängerfest in Eßlingen 1925. (Ausführung: Karl Kübler, A.-G., Stuttgart.)

Ein bemerkenswertes Beispiel dieser Art stellen die Bahnsteighallen auf Bahnhof Schulzendorf bei Berlin dar, die von der Firma Christoph & Unmack, Akt.-Ges., Niesky O.-L., im Jahre 1925 ausgeführt wurden. Den Entwürfen lagen die Musterentwürfe der Reichsbahndirektion Breslau

Abb. 331. Innenansicht der Festhalle zum Schwäbischen Sängerfest in Eßlingen 1925.

zugrunde. Die Binderentfernung beträgt 9,0 m. Die Gleisentfernungen sind, da die Gleise zum Teil in einer Kurve liegen, nicht überall gleich. Alle zweistieligen Binder, mit Ausnahme desjenigen bei der Treppenüberdachung, sind gleich, die einstieligen Binder sind für die größte und kleinste Auskragung berechnet und mit ihren Querschnitten und Halbmessern für die Untergurte gleich ausgeführt. Die Dachkanten liegen 1,57 m von Gleismitte entfernt und 4,64 m über S.O. Die Binder besitzen die in Abb. 334 angegebenen Hauptabmessungen. Durch die Einspannung der Binderstiele infolge

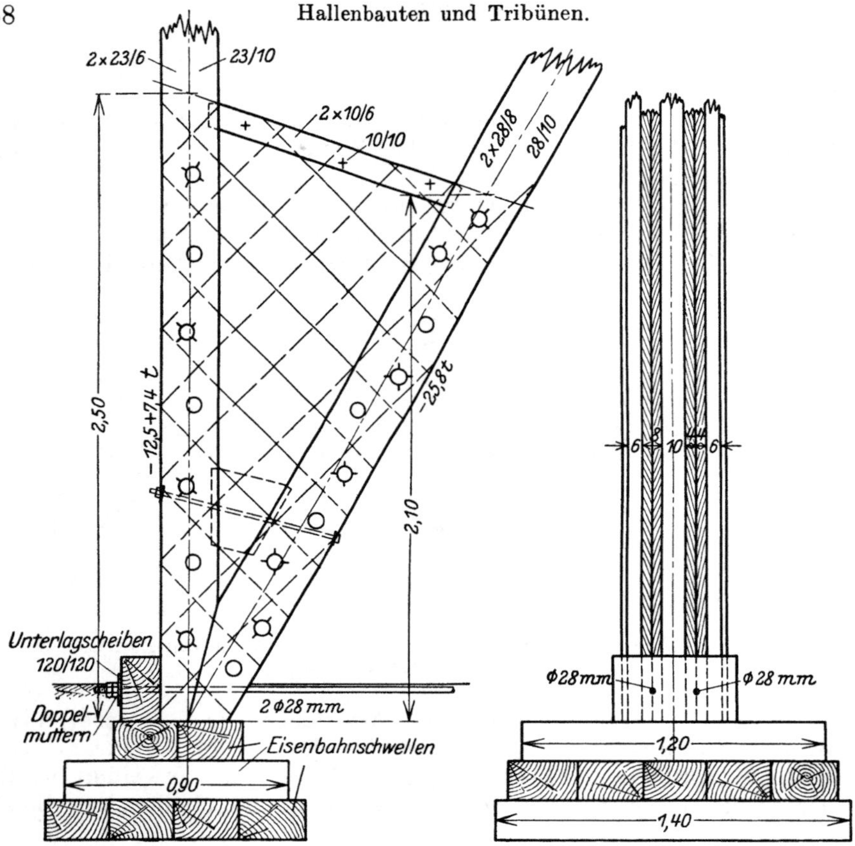

Abb. 332. Auflagerpunkt der Dreigelenkbinder der Sängerfesthalle.

Abb. 333. Binder, Gitterpfetten und Giebelstützen während der Ausführung der Sängerfesthalle.

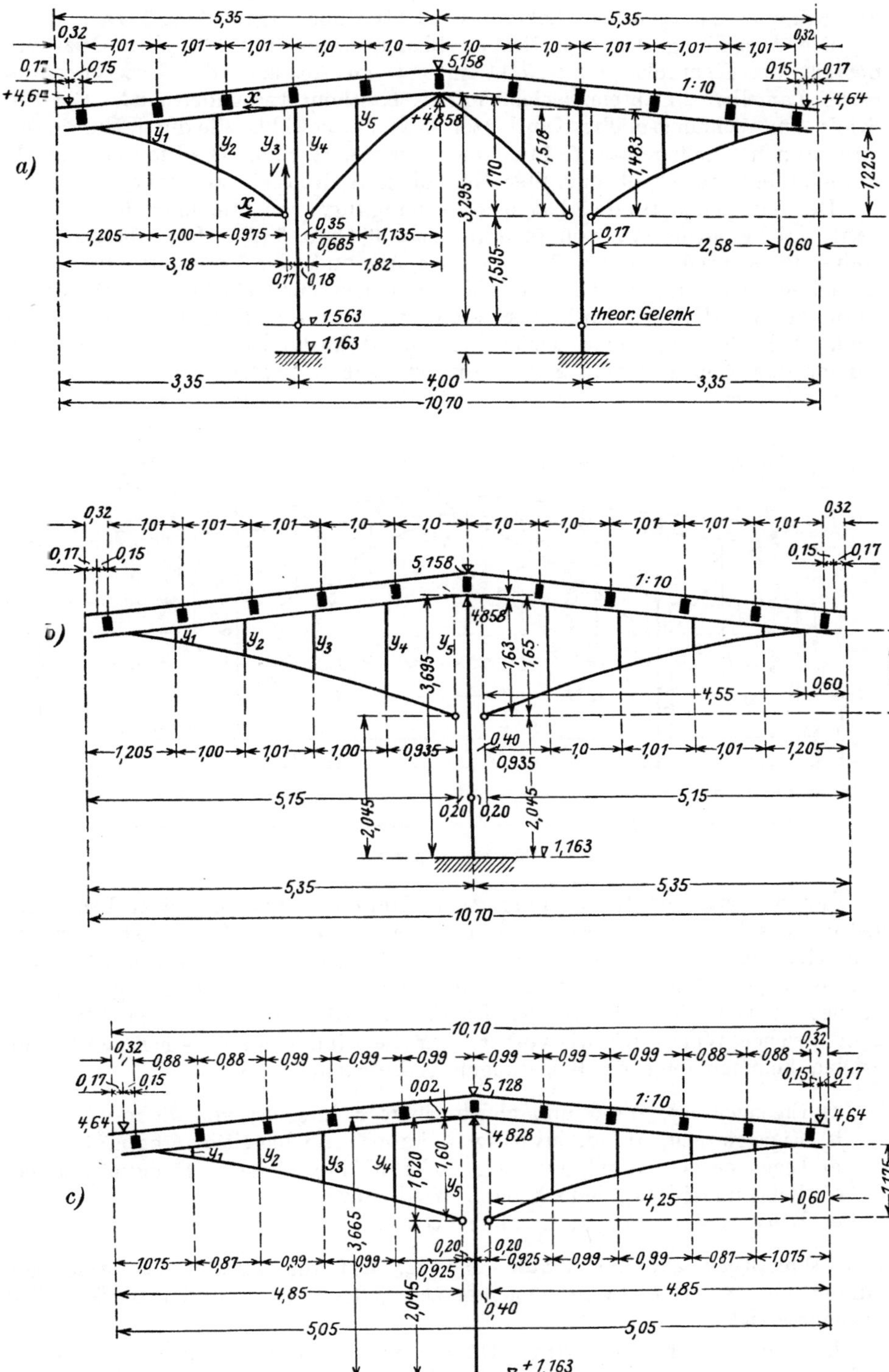

Abb. 334. Hauptabmessungen der einzelnen Bindertypen der Bahnsteighallen auf Bahnhof Schulzendorf bei Berlin (s. S. 260).

der Verankerung kann für die zweistieligen Binder angenommen werden, daß die Kämpfergelenke 40 cm höher als die Stielfüße liegen (Abb. 334a u. d).

Die Ausbildung des zweistieligen Binders zeigt Abb. 335. Der Obergurt besteht aus Kanthölzern 2 × 7/14 cm in 6 cm Abstand, der Untergurt aus sechs Lamellen 20/1,6 cm, welche mittels Kaltleim verbunden sind. Für die Stiele sind rechnungsmäßig Kanthölzer 22/26 cm gewählt, die durch Rundeisen von 20 mm Durchmesser im Fundament verankert sind. Die Pfetten sind als durchlaufend berechnet und über den Bindern dreiteilig ausgebildet.

Der einstielige Binder hat eine Auskragung, von Stielmitte bis Außenkante Rinne gemessen, von 5,35 m (Abb. 334b u. 336). Der Obergurt besteht aus Kanthölzern 2 × 7/16 in 8 cm Abstand, der Untergurt aus sieben Lamellen 26/1,7 cm, welche mittels Kaltleim zusammengeklebt sind. Die Stiele sind aus zwei Hölzern 19/25 hergestellt, welche durch Tellerdübel verbunden sind. Abb. 337 zeigt eine Teilansicht der Bahnsteighalle mit zweistieligem Binder und Abb. 338 eine solche mit einstieligen Bindern.

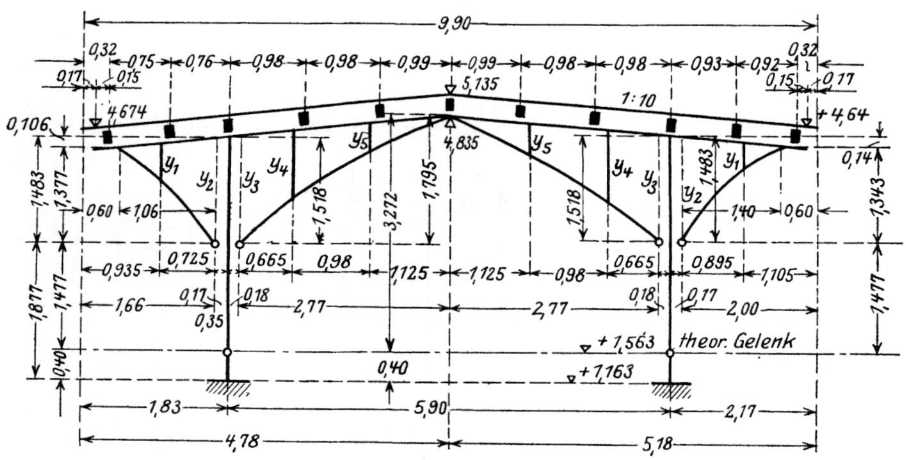

Abb. 334 *d* (zu Abb. 334).

Für die statische Berechnung dieser Hallen kommt in erster Linie Belastung durch Schnee in Frage. Für die Kragarme der Binder ist entweder eine gleichmäßig verteilte Schneelast von 75 kg/m² mit Wind von 125 $\sin^2 \alpha$ senkrecht getroffener Fläche angenommen, oder eine trapezförmig verteilte Schneelast von 50 kg/m² an der Traufe und 100 kg/m² über dem Stiel mit dem gleichen Winddruck wie vorher. Für die Binderteile zwischen den beiden Stielen kommen folgende Belastungen in Betracht:

a) Eigengewicht, Wind und gleichmäßige Schneelast von 75 kg/m²;
b) Eigengewicht, Wind, luvseitig 45 kg/m² und leeseitig 75 kg/m² Schnee;
c) Eigengewicht, Wind, luvseitig 75 kg/m² und leeseitig 45 kg/m² Schnee;
d) Belastungsfall a), jedoch ohne Wind, und
e) Belastungsfall a), jedoch ohne Schnee.

Der Winddruck auf die Traufe und der auf die Pfetten des leeseitigen Binderteiles ist zu 75 kg/m² angenommen, jedoch ist er auf den Binder selbst vernachlässigt.

Eine Ausführung der Firma Otto Hetzer, A.-G., Weimar, die in das Jahr 1921 fällt, zeigt Abb. 339; sie stellt die Bahnsteigüberdachung auf Bahnhof Essen-Nord dar. Binder und Pfosten bestehen aus zusammengeleimten Brettlamellen in I-Form. Die Dachflächen steigen nach den Traufen

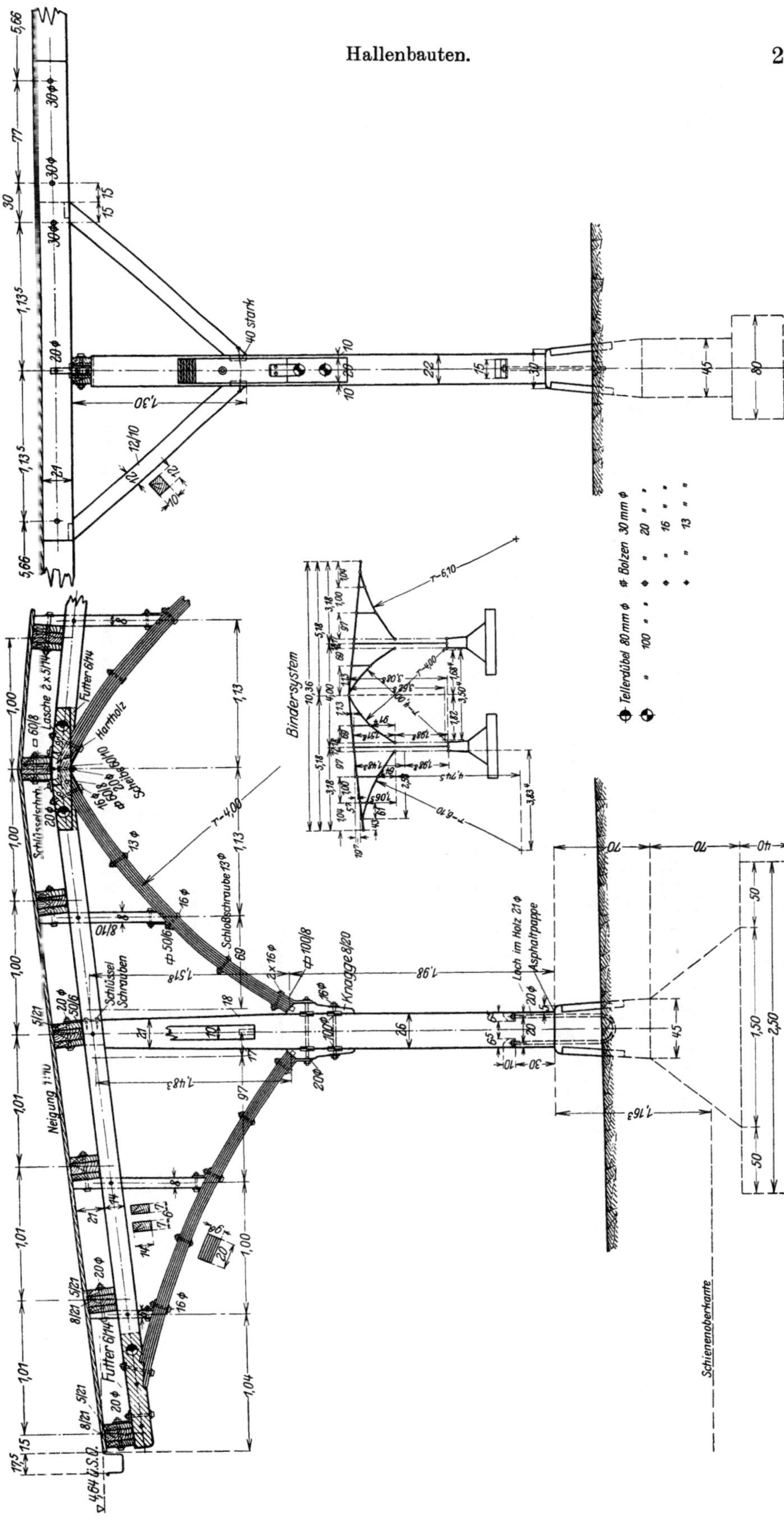

Abb. 335. Ausbildung der zweistieligen Binder der Bahnsteighallen auf Bahnhof Schulzendorf. (Ausführung: Christoph & Unmack, Niesky, O.-L.)

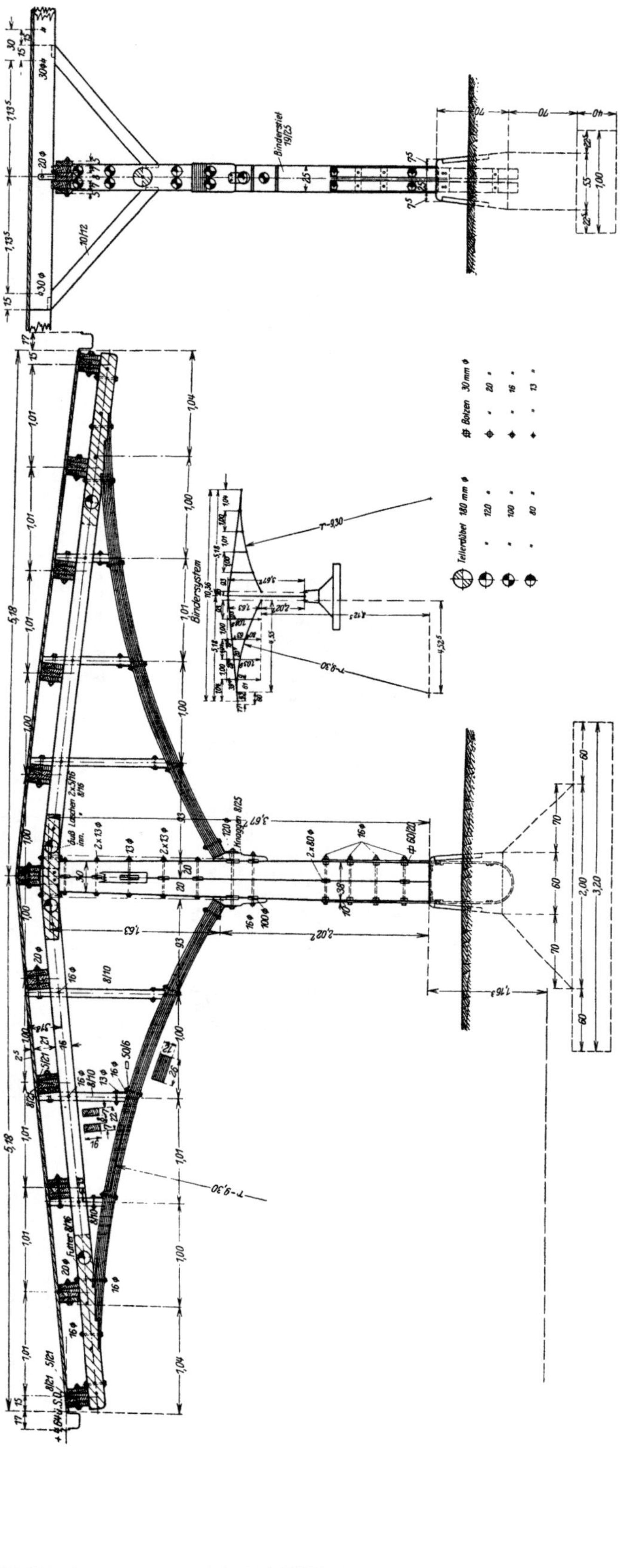

Abb. 336. Ausbildung der einstieligen Binder der Bahnsteighallen auf Bahnhof Schulzendorf.

Abb. 337. Schaubild des zweistieligen Binders der Bahnsteighallen Schulzendorf.

Abb. 338. Schaubild des einstieligen Binders der Bahnsteighallen Schulzendorf.

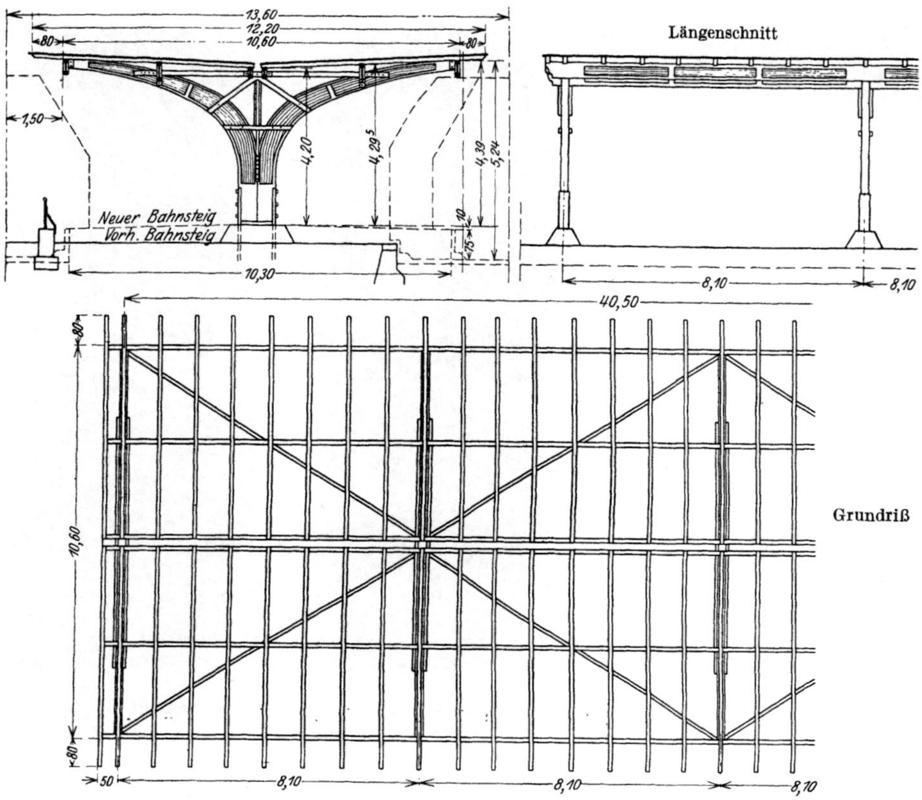

Abb. 339. Bahnsteigüberdachung auf Bahnhof Essen-Nord. (Ausführung: Otto Hetzer A.-G., Weimar.)

Abb. 340. Bahnsteigüberdachung auf Bahnhof Essen-Nord während der Ausführung.

zu an; über den Stützen ist eine Dachrinne angeordnet, die das Wasser in der Längsrichtung abführt. Die Einspannung der Binder ist mittels angebolzten [-Eisen erfolgt, die in den Fundamenten einbetoniert sind. Die Holzkonstruktion beginnt erst 0,10 m über dem Bahnsteig und ist so von Schnee und Wasser möglichst frei. Die Überdachung besteht aus fünf Feldern von je 8,10 m, besitzt also eine Gesamtlänge von 40,50 m. Die Unverschieblichkeit der Dachhaut wird durch unter die Sparren genagelte Windrispen gesichert.

Abb. 340 zeigt die Halle während der Ausführung.

II. Tribünen.

Eine besondere Art von Bauten stellen die Tribünen dar, die die Aufgabe haben, einer großen Zahl von Zuschauern Sitzgelegenheit in der Weise zu bieten, daß von jedem Platz aus das ganze in Frage kommende Gelände zu übersehen ist. Deshalb müssen die Sitzreihen auf einer schrägen Ebene aufgebaut werden. Die Schräge des Tribünenunterbaues muß sich nach dem zu übersehenden Gelände richten. Je näher letzteres zur Tribüne liegt, desto mehr muß sie ansteigen. Zuweilen soll die Tribüne auch Schutz gegen Regen und Wind bieten. Hiernach ist zu unterscheiden zwischen offenen und gedeckten Tribünen. Die Tribünen dienen manchmal nur vorübergehenden Zwecken, z. B. Paraden oder sonstigen Festlichkeiten, oder zu dauernder Benutzung, wie z. B. an Rennbahnen oder Sportplätzen. In ersteren Fällen, wo die Tribünen oft nur wenige Tage in Verwendung sind, wird man ungedeckte Bauwerke verwenden, während in den letzteren Fällen oft gedeckte Bauwerke am Platze sind. Auch ist bei ersteren Ausführungen darauf zu achten, daß das Holz nach Abbruch in möglichst verwendbarem Zustand wiedergewonnen, daß also der Verschnitt möglichst vermieden wird.

Ein Beispiel einer Tribüne für vorübergehende Zwecke, die bei Gelegenheit einer militärischen Veranstaltung für 6000 Personen errichtet wurde, zeigt Abb. 341.

Wie der Gesamtgrundriß (Abb. 341 unten) erkennen läßt, gelangen die Zuschauer durch sechs je 1,6 m breite Treppen t nach den Bänken, die in 12 Reihen hintereinander stehen. Die Sitzbreite der Bänke ist 35 cm, die Gangbreite zwischen ihnen 65 cm. Die Last wird von 21/21 cm starken, etwa 1 m tief eingegrabenen Stielen getragen, die in fünf hintereinander stehenden Längsreihen angeordnet sind. Die 30/21 cm starken Rahmhölzer sind nicht aufgezapft, sondern durch seitlich angenagelte Brettstücke und Eisenklammern mit den Stielen verbunden. Um auch die eigentlichen Deckenbalken nicht durch den Ausschnitt von Aufklauungen für spätere andere Verwendung ungeeignet zu machen, und ihnen doch ein festes Auflager auf den Rahmhölzern zu sichern, sind, wie bei K ersichtlich ist, kleine Keile fest untergetrieben und mit Nägeln angeheftet. Eine feste, jedwedes Schwanken verhütende Auflagerung ist von großer Wichtigkeit, um dem Publikum nicht das Gefühl der Sicherheit zu nehmen. Ebenso notwendig erweist sich aus diesem Grunde eine sehr ausgiebige Versteifung des Unterbaues. Die Längsverstrebung durch Kopfbänder und der Querverband durch Schwerter ist in den Zeichnungen angegeben. Alle diese Hölzer sind nicht verzapft, sondern nur seitlich angenagelt. Auch die Stützen der Bänke sind durch seitlich an den Deckenbalken befestigte Brettstücke gebildet. Vorder- und Rückwand jeder Bank ist durch Verbretterung geschlossen und dadurch der Längsverband zwischen jenen Brettstücken bewirkt. Der Fußboden folgt nur bei den Treppenaufgängen der Neigung der Deckenbalken, ist aber in den Gängen zwischen den Bänken durch Vermittelung von keilförmigen Aufsattelungen s

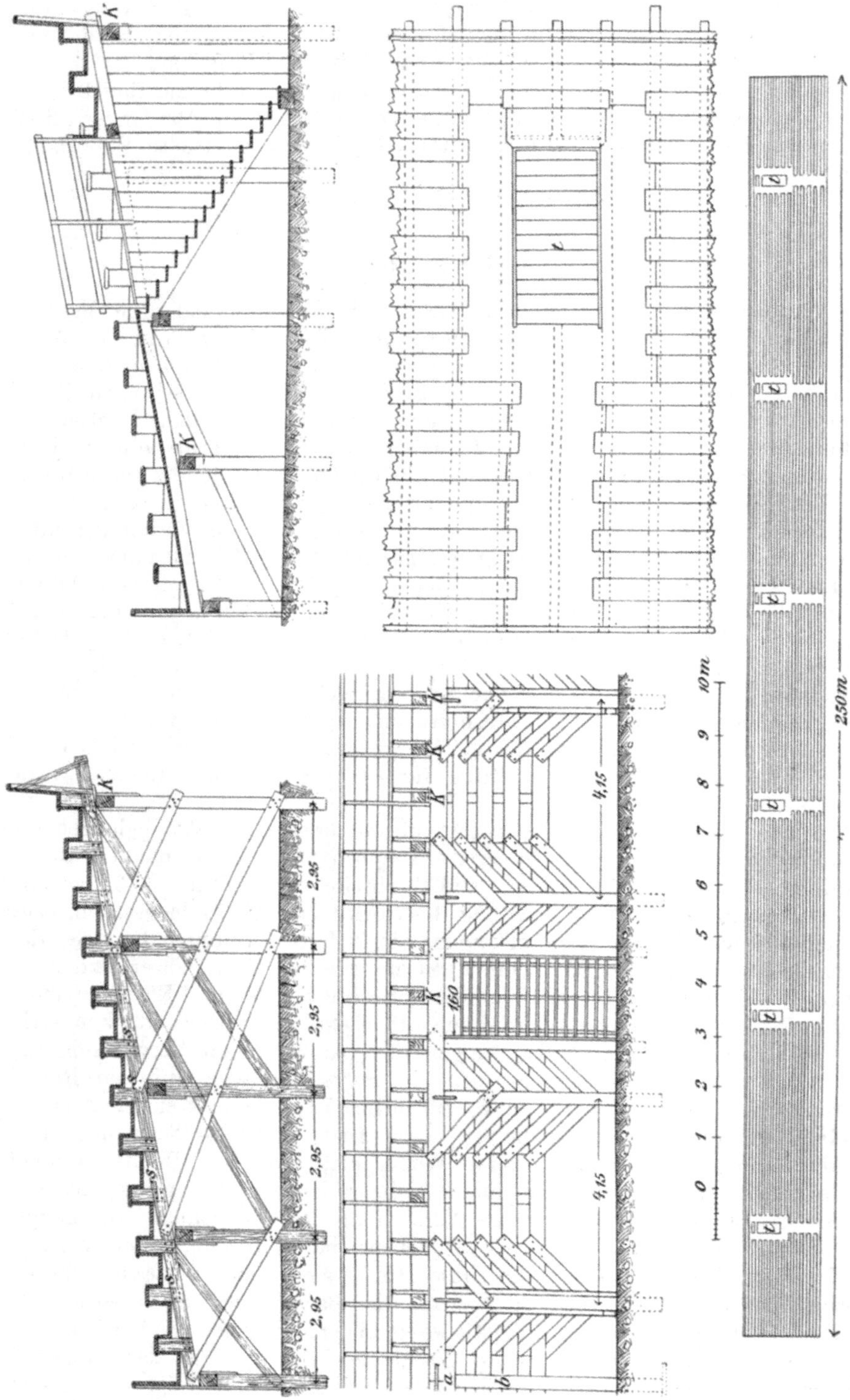

Abb. 341. Tribüne für vorübergehende Zwecke in behelfsmäßiger Ausführung.

wagerecht gelegt. Diese Aufsattelungen und die Keile K sind eigentlich die einzigen Teile, bei denen Holz durch Verschnitt verloren ging. Die starken Rahmhölzer sind stumpf mit schwebendem Stoß aneinandergefügt (siehe bei a) und dort durch kurzen untergelegten Sattel mit besonderer Tragstütze b gesichert.

Eine Tribüne für dauernde Zwecke mit Überdachung ist in Abb. 342 im Grundriß und Aufriß und in Abb. 343 im Querschnitt gezeigt. Es handelt sich um die von der Firma Adolf Sommerfeld, Berlin, im Jahre 1921 ausgeführte Tribüne *H* der Automobilstraße Berlin in Nikolassee (Avus). Das Bauwerk hat 980 Sitzplätze. Die Überdachung besteht aus senkrecht zur Front laufenden Bindern in $\frac{11,0}{3}$ m Abstand, die hinten auf der Rückwand und vorn auf einem Frontunterzug, über welchen sie rd. 1,5 m vorkragen, gelagert sind. Letzterer ruht auf 11,0 m entfernten Holzstützen 22/22 cm. Die ganze Tribüne ist 77 m lang und ohne Dachauskragungen 7,5 m breit. Die Standfestigkeit gegen Winddruck auf die Hinterwand erhält die Tribüne durch die unter den hinteren Auflagern der Binder angeordneten Doppelstützen mit Dübelzwischenlagen, die im Unterbau, der mit der Stütze ein Dreieck bildet, eingespannt sind. Das Tragwerk des Unterbaues ist in gleicher Weise wie die Dachkonstruktion gegliedert.

Stützen und Fundamente des Unterbaues stehen in den Binderebenen und tragen

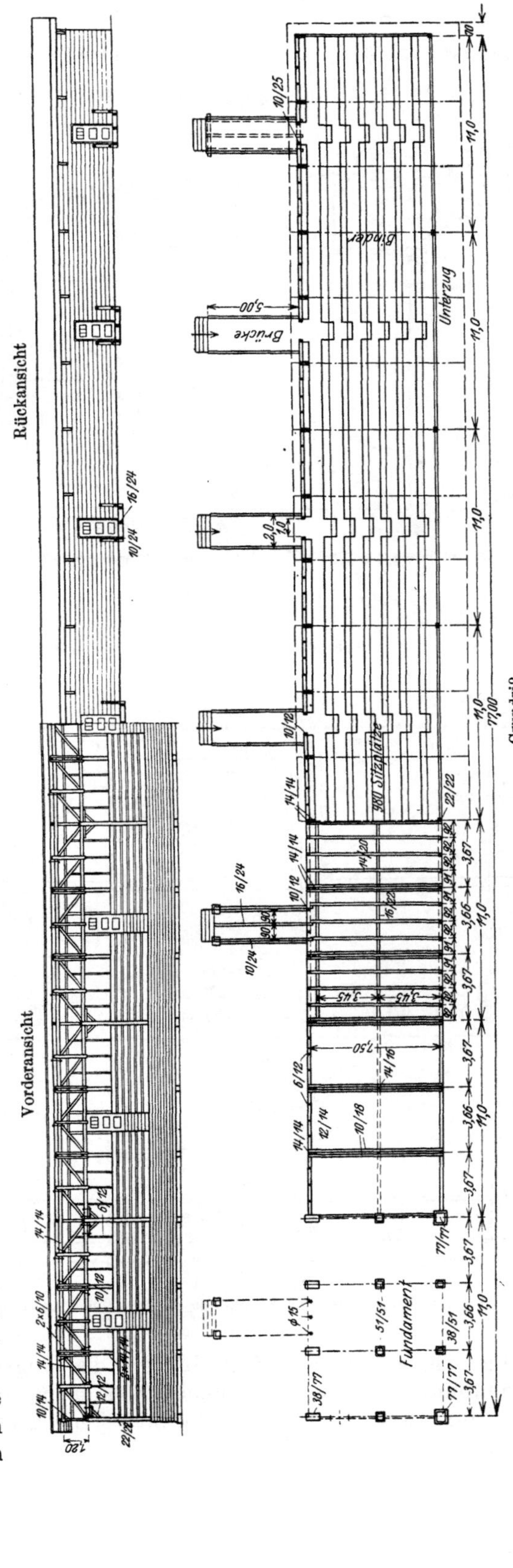

Abb. 342. Allgemeine Anordnung der Tribüne *H* an der Automobilstraße Berlin. (Ausführung: Adolf Sommerfeld, Berlin.)

Längsunterzüge, deren Stützweite von $\frac{11,0}{3}$ m noch durch Kopfstreben verkürzt ist (Abb. 344). Die die Sitzreihen tragenden Schrägbalken 14/20 cm sind in $\frac{11,0}{12} = 0,92$ m Abstand angeordnet und tragen mittels dreieckförmiger aus

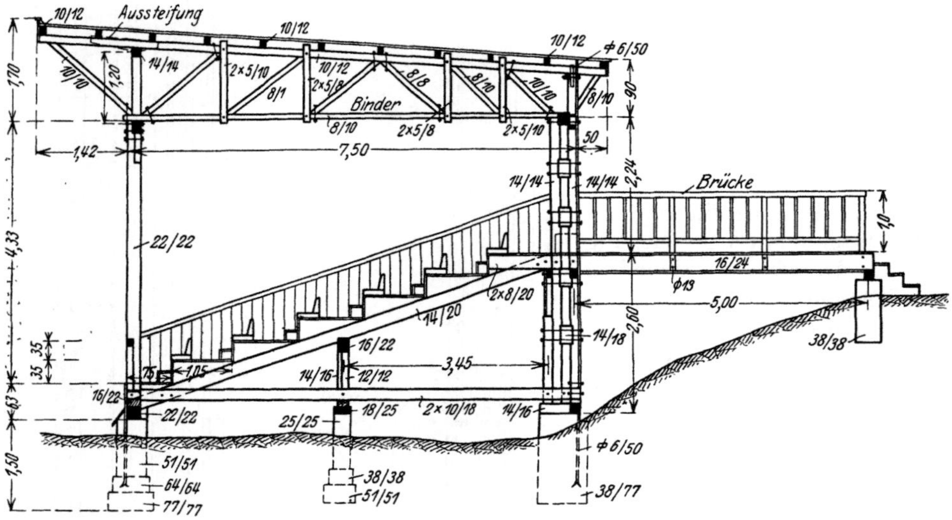

Abb. 343. Querschnitt der Tribüne *H* der Automobilstraße Berlin.

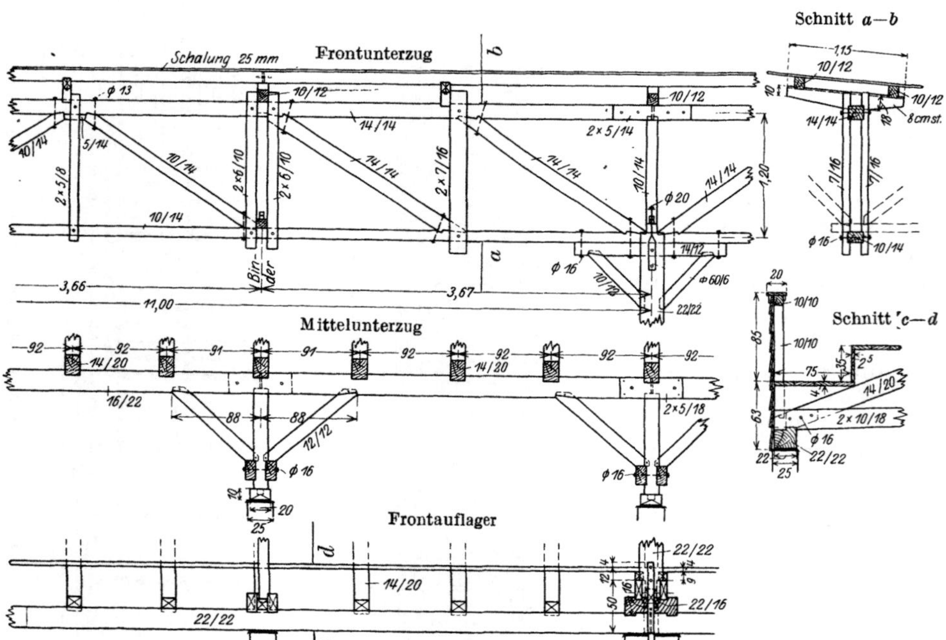

Abb. 344. Einzelheiten zur Ausbildung des Frontunterzugs und der Sitzkonstruktion der Tribüne *H*. (Vgl. Abb. 343.)

Bohlen hergestellter Aufsattelungen die längslaufenden 4 cm starken Fußbodenbretter; der so entstehende keilförmige Hohlraum ist nach vorn durch eine lotrechte 2,5 cm starke Verbretterung geschlossen. Weitere Einzelheiten zeigt Abb. 344. Der Zugang zur Tribüne erfolgt von einer an der Hinterseite laufenden Fahrstraße aus durch sieben Brücken von 2,0 m Breite und etwa 5,0 m Länge. (Abb. 342 und 343.)

Die der statischen Berechnung der Unterkonstruktion der Sitzreihen zugrunde gelegte Nutzlast beträgt 500 kg/m² Grundfläche; das Eigengewicht des Tragwerks beträgt 85 kg/m² Grundfläche. Der Winddruck ist mit 100 kg/m² senkrecht getroffener Fläche in die Rechnung eingeführt.

Abb. 345 zeigt eine Innenansicht der Tribüne.

Gleichfalls an der Automobilstraße Berlin und zwar an der Nordschleife in Charlottenburg liegt die Tribüne *A*, deren Neubau auch von der Firma Adolf Sommerfeld, Berlin, 1922 ausgeführt worden ist. Die Gesamtanlage der Tribüne geht aus den Abb. 346 und 347 hervor. Es handelt sich

Abb. 345. Innenansicht der Tribüne *H* in Nikolassee.

hier um einen teilweisen Umbau, indem eine bestehende Tribüne mitverwendet und zugleich erhöht werden mußte. Das geschah in der Weise, daß der über den Sitzreihen liegende Teil, einschließlich der letzteren, auf einen neuen Unterbau gesetzt wurde (Abb. 348). Die Hauptstützen wurden verlängert und auf neue Fundamente gestellt; die in der Hinterwand in Abständen von 11,0 m angeordnete Doppelstütze wurde insbesondere in eine nach unten anzuschließende Fachwerkstütze *C* geschoben und bildet so mit dem gegenüberliegenden Fachwerkbock *AB*, von welchem sich in jedem Feld von 11,0 m drei befinden, das Haupttragewerk zur Aufnahme des Winddruckes. (Vgl. auch Abb. 346, Schnitt *A—B*, und Abb. 347.) Die infolge Winddruck entstehenden wagerechten Auflagerkräfte werden in der Vorderwand (damit soll die der Rennbahn zugekehrte Seite bezeichnet werden) und zwar durch die erwähnten in Abständen von $\frac{11,0}{3} = 3,67$ m stehenden Fachwerkböcke aufgenommen, während die lotrechten Auflagerkräfte durch die vorderen Stiele *B D* und die hinteren Stützen *C E* (Abb. 348) in die Fundamente geleitet werden. Zur Übertragung der Windkräfte ist die hintere Wand genügend steif ausgebildet; die negativen Auflagerdrücke infolge Wind werden hier nur an den 11 m entfernten Hauptstützen aufgenommen, die mit den Fundamenten verankert sind. Der vordere Teil der Tribüne ist

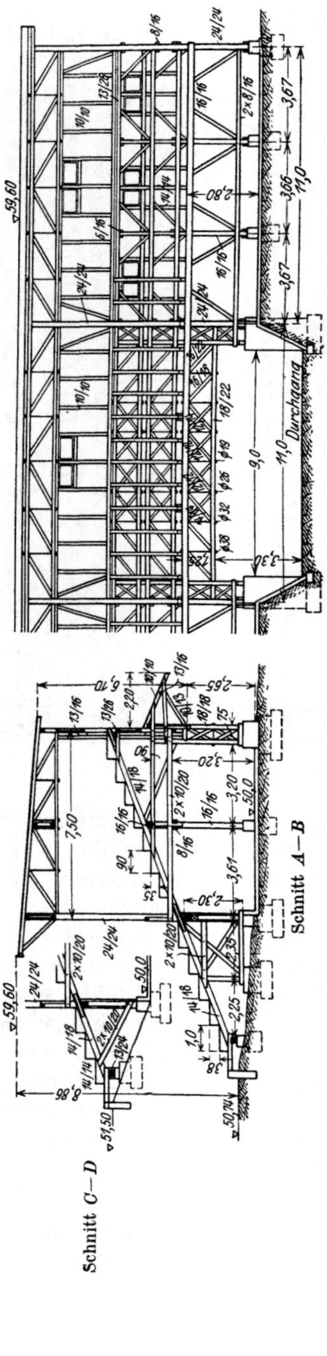

Längenschnitt

Schnitt A—B

Schnitt C—D

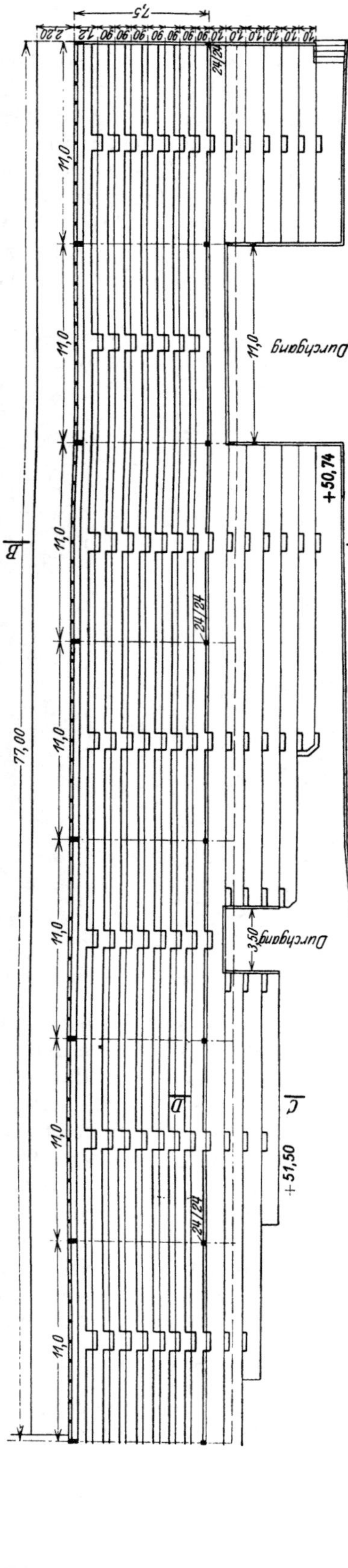

Grundriß mit Anordnung der Sitzplätze

Abb. 346. Allgemeine Anordnung der Tribüne *A* an der Automobilstraße Berlin. (Ausführung: Adolf Sommerfeld, Berlin.)

ungedeckt und wird z. T. von den genannten Fachwerkböcken und besonderen Fundamenten getragen. Bemerkenswert ist ferner der Teil der Tribüne, der über einen Durchgang von 9,0 m Lichtweite liegt (Abb. 346 und 347). Er wird durch drei Gitterträger von 9,60 m Stütz-

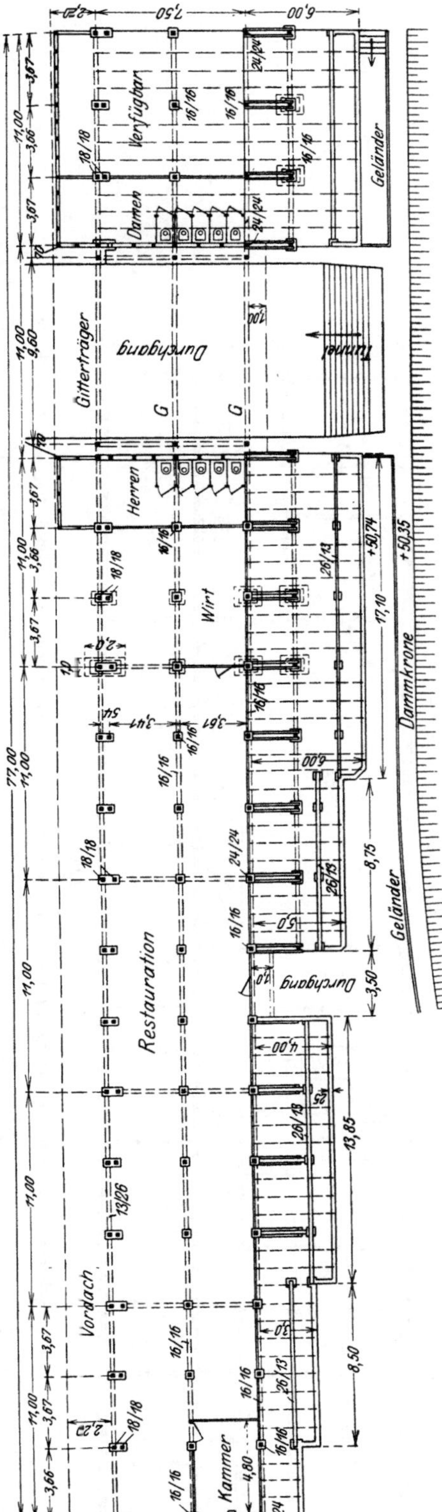

Abb. 347. Grundriß des Untergeschosses der Tribüne A.

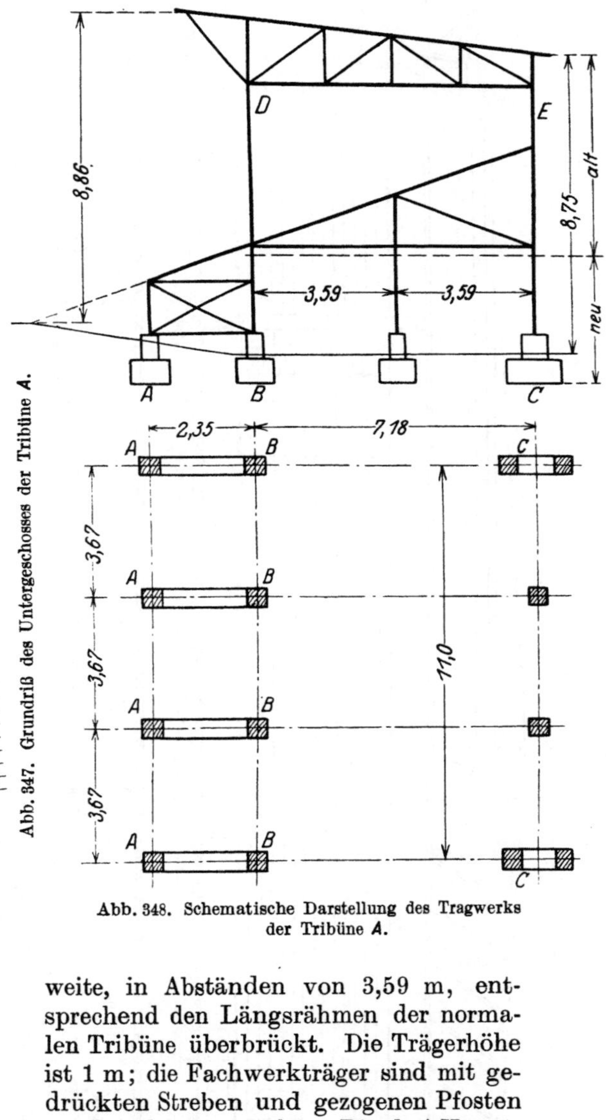

Abb. 348. Schematische Darstellung des Tragwerks der Tribüne *A*.

weite, in Abständen von 3,59 m, entsprechend den Längsrähmen der normalen Tribüne überbrückt. Die Trägerhöhe ist 1 m; die Fachwerkträger sind mit gedrückten Streben und gezogenen Pfosten aus Rundeisen versehen. Die drei Hauptträger sind fast gleich belastet. Der Obergurt besteht aus Kanthölzern 22/24 cm, der Untergurt aus solchen 22/18 cm und die Streben aus Hölzern 22/16 bis 12/12 cm, die Pfosten aus Rundeisen von 38 mm bis 19 mm äußerem Gewinde-

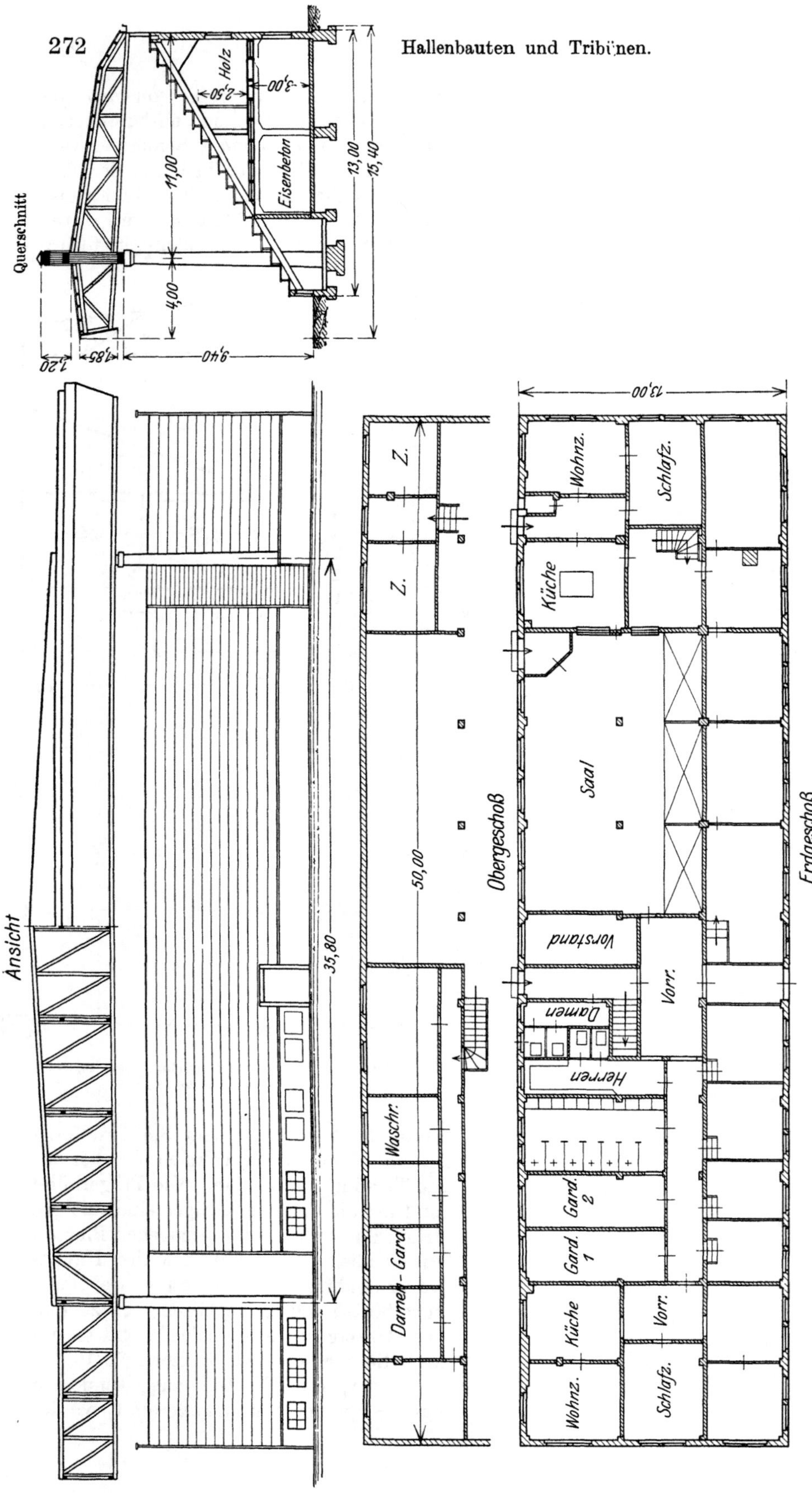

Abb. 349. Allgemeine Anordnung der Tribüne für den Sportverein München von 1860. (Ausführung: Dehall, München.)

durchmesser mit großen Unterlagsplatten, so daß die Pressung des Holzes quer zur Faser 30 kg/m² nicht übersteigt.

Die Anordnung der Dachkonstruktion entspricht im übrigen der vorher beschriebenen Tribüne. Als Nutzlast wurde auch hier 500 kg/m² Grundfläche angenommen.

Die Tribüne faßt 1420 Sitzplätze. Unter diesen befinden sich Restaurationsräume, Garderoben usw. (Abb. 347).

Die statische Berechnung sowie konstruktiven Angaben dieser und der vorher beschriebenen Tribüne *H* stammen vom Verfasser.

Ein anderes Beispiel einer Tribüne stellt die von der Firma Dehall, Deutsche Hallenbau-Aktien-Gesellschaft, München, im Jahre 1925 ausgeführte Tribüne für den Sportverein München von 1860 dar. Die allgemeine Anordnung des Bauwerkes zeigt Abb. 349.

Der Unterbau der Sitzreihen besteht teils aus Holz (oberer Teil), teils aus Eisenbeton (unterer Teil); er enthält ein Erdgeschoß und ein Obergeschoß mit Gesellschafts-, Garderobe-, Wohn- und Büroräumen. Die Sitzreihen sind auf Schrägbalken aufgebaut, die auf Längsunterzügen ruhen; letztere sind auf dem massiven Unterbau abgestützt.

Die Dachkonstruktion besteht aus senkrecht zu den Sitzreihen angeordneten Bindern von 11,0 m Stützweite, die auf der Rückwand und dem vorderen Längsunterzug ruhen und über letzteren 4,0 m vorkragen. Der Binderabstand beträgt 3,50 m, nur im Mittelfeld 4,30 m. Der Längsunterzug, der auf Eisenbetonstützen ruht, besitzt die beträchtliche Stützweite von 35,80 m; er ist auf der einen Seite 7,0 m, auf der anderen Seite 6,8 m ausgekragt. Die Einzelheiten seiner Ausbildung zeigt Abb. 350. Die Gurtungen sind dreiteilig, die Füllglieder zweiteilig. Die Stabanschlüsse sind mittels Ringflügeldübeln (s. S. 125) ausgeführt. In Abb. 351 ist die Halle während der Ausführung zu sehen; die Sitzreihen sind noch nicht aufgebaut.

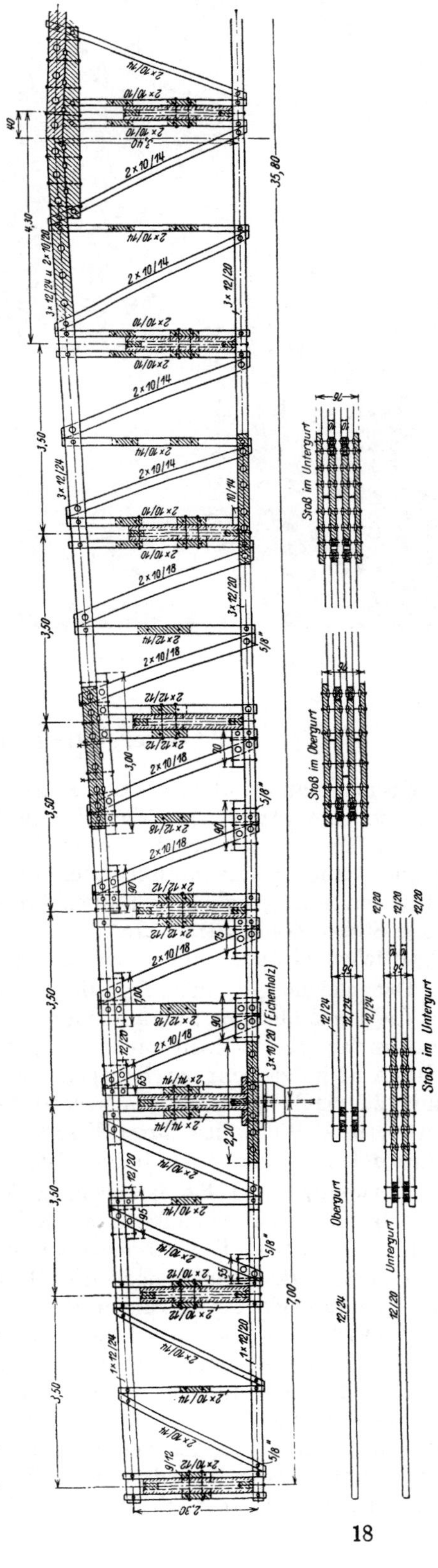

Abb. 350. Ausbildung des Frontunterzugs (Längsunterzugs) für die Tribüne des Sportvereins München von 1860.

Abb. 351. Tribüne für den Sportverein München von 1860 während der Ausführung.

G. Speicherbauten.

Speicherbauten dienen zur Lagerung und Aufbewahrung von Vorräten verschiedener Art. Da hierbei die Räume möglichst ausgenutzt werden müssen, kommen in der Regel große Lasten in Frage, die besonders schwere Decken- und Stützenkonstruktionen erfordern. Den Deckenbalken wird man, um mit gangbaren Balkenstärken möglichst auszukommen, keine zu große Stützweite geben können, um so mehr als man ihren Abstand aus wirtschaftlichen Gründen nicht viel kleiner als 1 m annehmen wird.

Das gleiche gilt auch für die Unterzüge, die noch viel größere Lasten als die Deckenbalken aufzunehmen haben. Hierbei ist zu bedenken, daß die Entfernung der Stützen meist so groß als möglich erwünscht ist, um die Räume nicht zu sehr zu beengen. Ein Mittel, die Unterzüge möglichst tragfähig zu machen, ist, sie aus verdübelten Balken herzustellen, ein zweites Mittel, ihre Stützweite durch Kopfstreben (Kopfbänder) zu verringern; unter Umständen können auch beide Mittel gemeinsam angewendet werden.

Verwendet man Kopfstreben, so legt man unter das Auflager der Unterzüge oft noch ein Sattelholz, an welches die Kopfstreben mit Versatz angeschlossen werden. Die Kopfstreben sind meist noch erforderlich, um in das ganze Tragwerk einen Längs- bzw. Querverband zu bringen, der zur Sicherung der Standfestigkeit des ganzen Gebäudes erforderlich ist.

Endlich sind noch die Stützen wichtige Bauglieder der Speichergebäude, da sie sämtliche Lasten auf die Fundamente zu übertragen haben. Sie bilden in Gemeinschaft mit den Unterzügen das Haupttragwerk des Gebäudes.

Die Auflagerung der Unterzüge auf den Stützen kann in einfachster Art nach Abb. 352 geschehen, indem die Stütze in den Unterzug eingezapft wird. Diese Anordnung wird nur für untergeordnete Bauwerke und bei geringen Belastungen in Frage kommen, da die Unterzüge wegen der freien Auflagerung nur kleine Spannweiten erhalten können. Der Unterzug wird hier quer zur Faser stark belastet und daher nur einen geringen Auflagerdruck übertragen können. Schließlich fehlt wegen der freien Auflagerung der Querverband vollständig. Eine Verbesserung der Auflagerung wird schon erzielt durch Anordnung von Sattelhölzern, ferner durch seitliche Knaggen zur Vergrößerung der Druckfläche quer zur Faser (Abb. 353). Der Längs- bzw. Querverband muß in diesem Falle an eine andere Stelle, wie z. B. an die Gebäudeenden, gelegt werden.

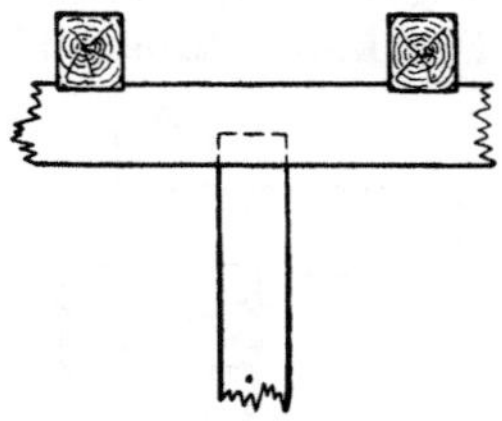

Abb. 352. Auflagerung des Unterzuges auf der Stütze mittels Zapfen.

Die Verbindung der Stütze mit dem Unterzug wird, wie bereits erwähnt, meist noch durch Sattelhölzer mit Kopfstreben (Bügen) verstärkt (Abb. 354). Das Sattelholz hat meist gleiche Breite wie der Unterzug und wird mit diesem durch Dübel und Schraubenbolzen unverschieblich verbunden. Das Sattelholz erhöht die Tragfähigkeit des Unterzugs. Bei einem über mehrere Stützpunkte durchlaufenden Balken liegen die am meisten gefährdeten Stellen über den mittleren Auflagern.

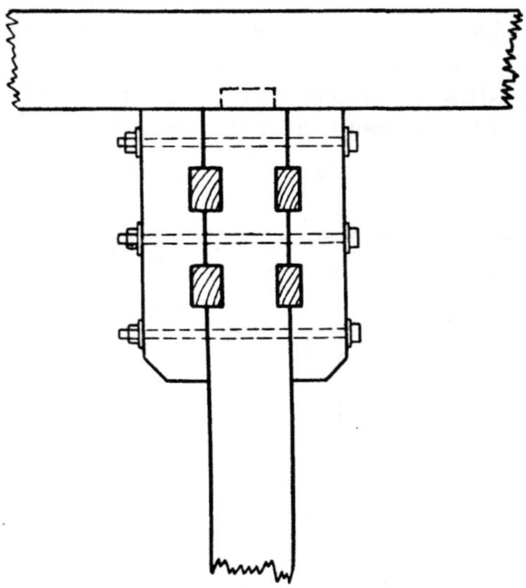

Abb. 353. Auflagerung des Unterzuges unter Verwendung seitlicher angedübelter Knaggen.

Bei der in Abb. 352 gezeigten Anordnung wird der Stützendruck, wie bereits bemerkt, in einem Punkt übertragen und überdies ist der Balken gerade an dieser Stelle noch durch das Zapfenloch geschwächt.

Beide Übelstände werden bei Anwendung des Sattelholzes mit Kopfbügen vermieden. Durch die Verdübelung wird überdies die Biegefestigkeit des Unterzugs an der Auflagerstelle wesentlich vergrößert. Durch die Kopfstreben werden neue Stützpunkte des Unterzuges geschaffen und hierdurch die Möglichkeit gegeben, die Stützen in größeren Entfernungen voneinander anzuordnen.

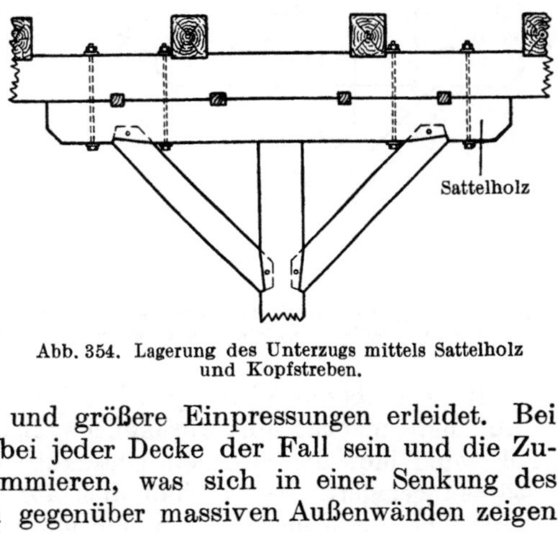

Abb. 354. Lagerung des Unterzugs mittels Sattelholz und Kopfstreben.

Die geschilderten Anordnungen sind nur anwendbar, wenn die Stützen nur eine Decke zu tragen haben. Sobald die Stützen in mehreren Stockwerken übereinander liegen, ist eine andere Anordnung der Tragglieder notwendig. Die Stütze eines oberen Stockwerkes darf nicht auf dem Unterzug stehen, da dieser dann quer zur Faser belastet wird und größere Einpressungen erleidet. Bei mehreren Stockwerken würde dies bei jeder Decke der Fall sein und die Zusammenpressungen würden sich summieren, was sich in einer Senkung des mittleren Teiles der oberen Decken gegenüber massiven Außenwänden zeigen würde.

In solchen Fällen müssen die Stützen ohne Vermittlung von Balken oder Unterzügen durch die Geschosse in einem Stück durchgehen oder, falls Stöße erforderlich werden, sind die einzelnen Stützen unmittelbar, Hirnholz auf Hirnholz, aufeinander zu stellen. Hierbei verwendete man früher häufig Zwischenlagen aus Blei-, Zink oder Eisenblech, um das Ineinanderpressen der Holzfasern zu verhüten, die aber nach neueren Versuchen wertlos sind. Falls hierbei nur eine Stütze verwendet wird, sind die Unterzüge aus zwei Balken herzustellen und seitlich der Stützen anzuordnen durch Verwendung von Knaggen nach Abb. 355; die Knaggen können auch nach 353 angedübelt werden. Hierbei sind jedoch die Beanspruchungen in den Knaggen- bzw. Dübeleinschnitten zu untersuchen. Da hier nur schmale Druckübertragungsflächen zur Verfügung stehen, wird bei großen Lasten diese Übertragung oft nicht ausreichen.

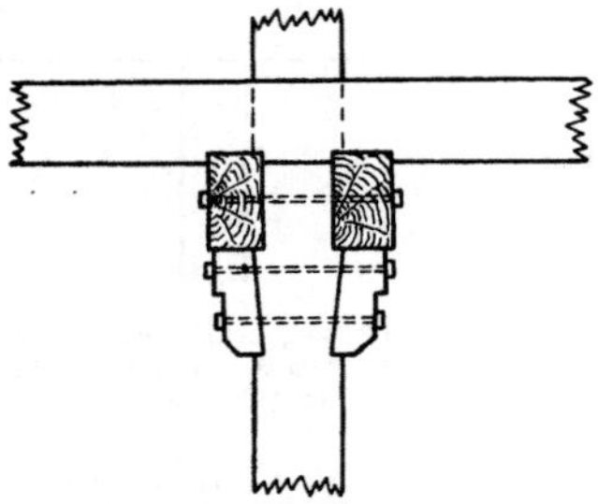

Abb. 355. Durchgehende Stütze bei Anordnung zweier Unterzüge auf Knaggen.

Am zweckmäßigsten ist daher in solchen Fällen die Verdopplung der Stützen. Indem man sie aus zwei nebeneinander gestellten Kanthölzern bildet, gewinnt man gleichzeitig die Möglichkeit, sie in beliebig großer Höhe herzustellen, wenn die Stöße der übereinander gestellten Hölzer gegeneinander abwechseln und beide Teile durch Verdübelung zu einem einheitlich wirkenden Ganzen verbunden werden. Der Unterzug wird ungeschwächt durch einen Ausschnitt zwischen den beiden Stützenhölzern hindurchgeführt. Eine weitere Verstärkung durch ein Sattelholz ist hierbei ebenso leicht möglich, wie die wohl nie fehlende Anbringung von Kopfstreben (Abb. 356).

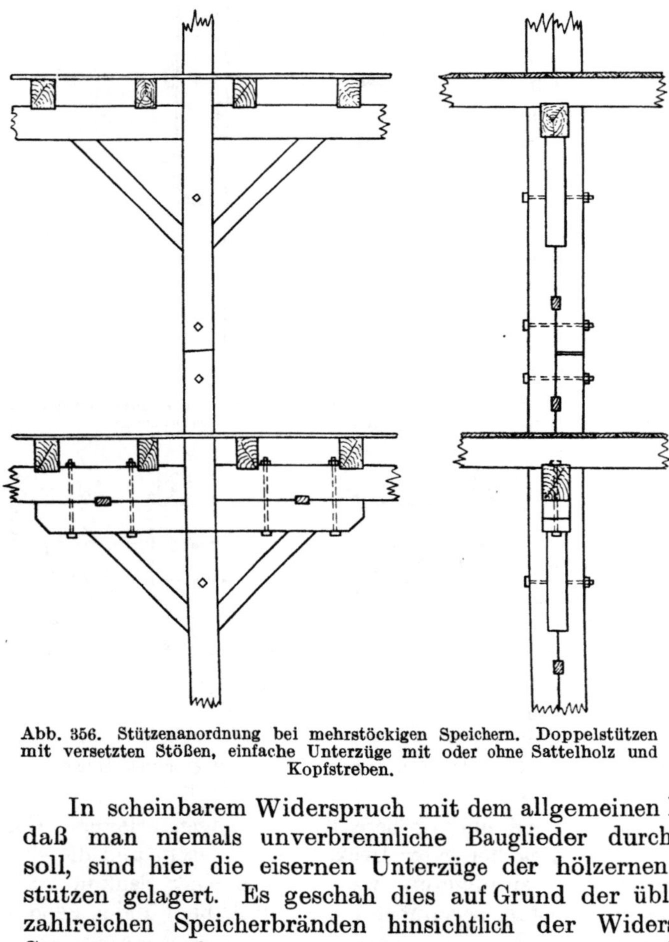

Abb. 356. Stützenanordnung bei mehrstöckigen Speichern. Doppelstützen mit versetzten Stößen, einfache Unterzüge mit oder ohne Sattelholz und Kopfstreben.

Ein bemerkenswertes älteres Beispiel einer Stützenanordnung bietet ein im Freihafengebiet zu Bremen erbauter Warenspeicher (Abb. 357).

In scheinbarem Widerspruch mit dem allgemeinen Konstruktionsgrundsatz, daß man niemals unverbrennliche Bauglieder durch verbrennliche stützen soll, sind hier die eisernen Unterzüge der hölzernen Balkenlagen auf Holzstützen gelagert. Es geschah dies auf Grund der üblen Erfahrungen, die bei zahlreichen Speicherbränden hinsichtlich der Widerstandsfähigkeit eiserner Stützen gemacht waren und in der Erwägung, daß Holzstützen, wenngleich aus brennbarem Stoff, doch in vielen Fällen dem Feuer länger stand hielten als Eisenstützen. Auf diese bemerkenswerte Erscheinung soll an dieser Stelle noch etwas näher eingegangen werden. Ist sie doch geeignet, das Mißtrauen, das den Holzbauten wegen ihrer großen Feuergefährlichkeit entgegengebracht wird, wenigstens in einigen Punkten zu widerlegen.

Die Richtung der Flammen und namentlich die Richtung, in der sie ihre zerstörende Wirkung äußern, ist im allgemeinen nach oben gerichtet. In einem brennenden, von Flammen erfüllten Raum nimmt die lotrechte Stütze

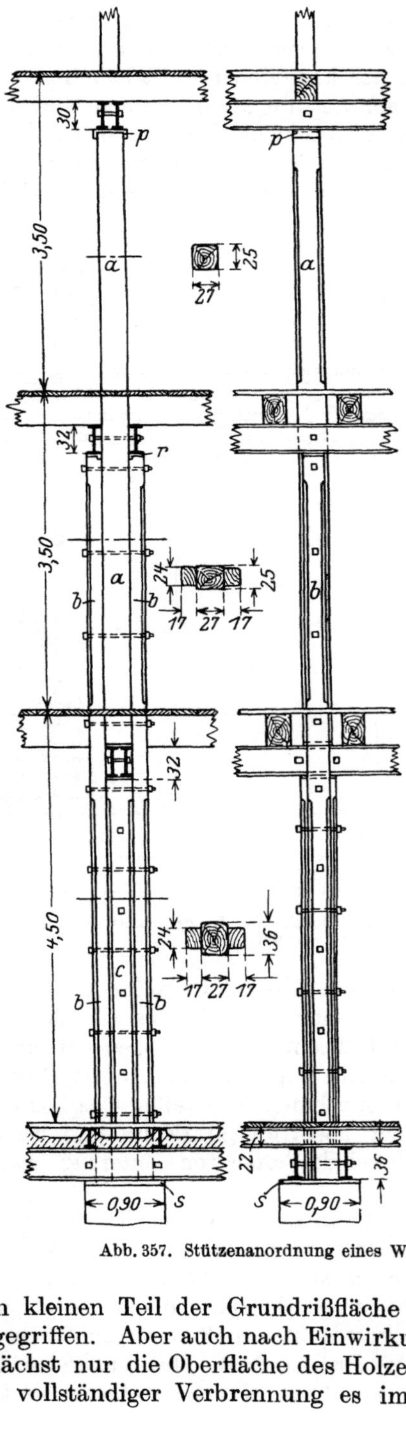

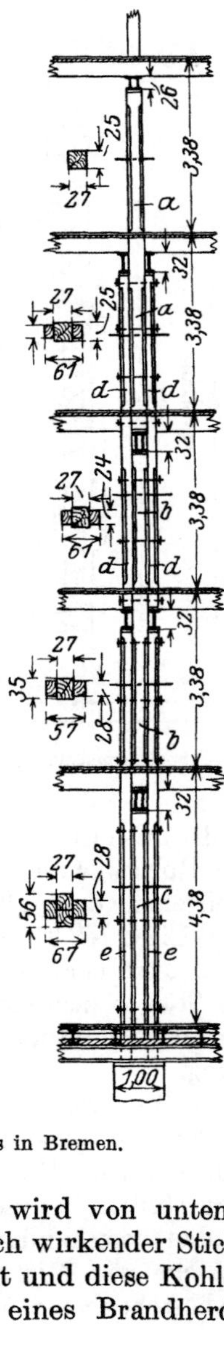

Abb. 357. Stützenanordnung eines Warenspeichers in Bremen.

nur einen kleinen Teil der Grundrißfläche ein und wird von unten her gar nicht angegriffen. Aber auch nach Einwirkung seitlich wirkender Stichflammen wird zunächst nur die Oberfläche des Holzes verkohlt und diese Kohlenschicht, zu deren vollständiger Verbrennung es im Innern eines Brandherdes meist an genügender Sauerstoffzuführung mangelt, bildet einen sehr wirksamen Schutz für den inneren Kern des Holzes.

Sobald daher Holzstützen von solchen Stärkeabmessungen gewählt werden, daß diese auch nach Zerstörung der Oberfläche auf einige Zentimeter noch genügende Tragfähigkeit gewährleisten, ist die Feuersicherheit solcher Säulen nicht gering anzuschlagen. Ganz besonders ist dies der Fall bei Verwendung von kernigem Eichenholz, das schwerer entflammbar und auch schwerer in Brand zu halten ist, als das Holz der harzreicheren Nadelhölzer.

Bei der hier in Betracht gezogenen Ausführung in Bremen sind die Stützen aus Eichenholz hergestellt. Im untersten Stockwerk bestehen sie aus drei Hölzern, von denen das mittelste *c* (Abb. 357 links) 36/27 cm stark ist und nur bis zum Unterzug der ersten Balkenlage reicht, der aus zwei T-Eisen NP 32 bestehend

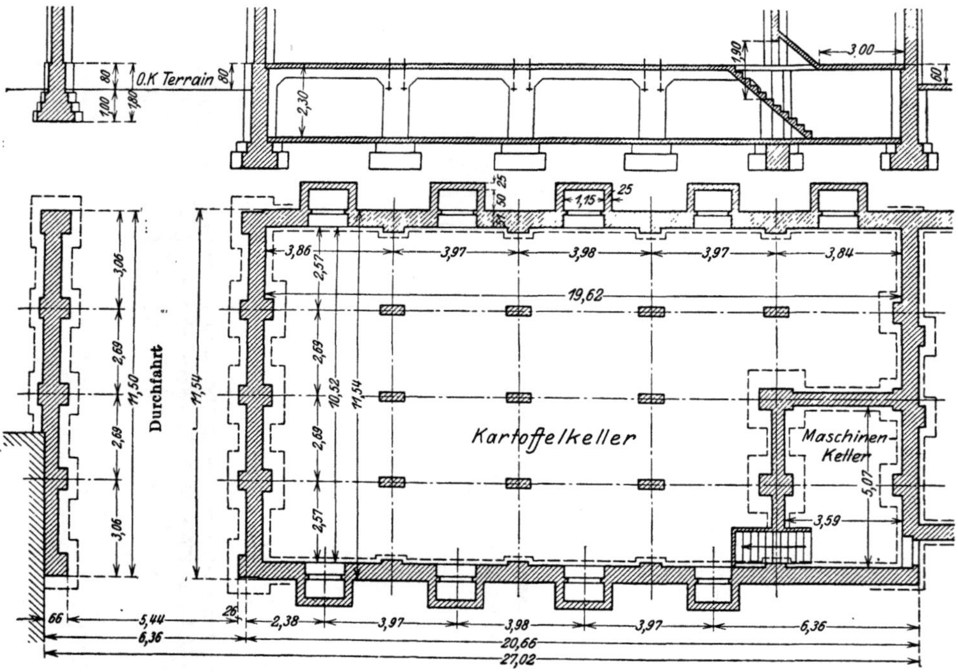

Abb. 358. Speichergebäude Rittergut Kampehl. Grundriß und Längenschnitt des Kellergeschosses. (Ausführung: Ambi, Berlin.)

auf einer das mittelste Holz abschließenden Eisenplatte aufliegt. Zu beiden Seiten sind zwei Holzsäulen *b* von 24/17 cm angebolzt, die bis zur nächsten Balkenlage durchgehen, dort gleichfalls mit Eisenplatten *r* abgedeckt sind und den aus zwei I-Eisen NP 32 bestehenden Unterzug über dem zweiten Geschoß tragen. Die beiden letztgenannten Holzsäulen nehmen im zweiten Geschoß einen neuen mittleren Stiel *a* zwischen sich, der 25/27 cm stark ist und bis zur Decke über dem dritten Stockwerk reichend den obersten Unterzug, zwei I-Eisen NP 30 trägt.

In Abb. 357 ist rechts die Stützenanordnung der Tabakspeicher gezeichnet, die auf gleichen Grundsätzen beruhend aus der Abbildung leicht verständlich wird. Der Zeichnungsmaßstab ist halb so groß, wie bei den links dargestellten Stützen. Die kiefernen Holzbalken der eigentlichen Decke sind in den verschiedensten Geschossen 32 cm, 30 cm und 28 cm hoch und liegen 75 cm von Mitte zu Mitte auseinander. Die Fußböden im Tabakspeicher bestehen aus zwei Lagen von 3 cm starken kiefernen Brettern übereinander, zwischen denen Asbestpapier eingelegt ist. Ein solcher Fußboden hat sich bei den angestellten Versuchen als besonders widerstandsfähig gegen ein Durchbrennen erwiesen. Balkenholz und Stützen sind glatt gehobelt und die Ecken der letzteren abgefast, wodurch sie weniger leicht entflammen.

Ein neueres Beispiel eines Speichergebäudes stellt der von der Firma **Ambi, Arthur Müller Bauten und Industriewerke**, Berlin, im Jahre 1924 ausgeführte **Kornspeicher für das Rittergut Kampehl** dar (Abb. 358 und 359). Die Anordnung des Gebäudes im Grundriß geht aus Abb. 358 hervor. Das Kellergeschoß, die Decke über der Durchfahrt, ferner die Außenwände sind massiv ausgeführt, die Decken und Stützen des eigentlichen Speichers, ferner das mit Falzziegeln eingedeckte Dach sind in Holz hergestellt.

Die Deckenbalken 13 zu 21 cm sind in Abständen von rd. 0,8 m angeordnet und ruhen auf den 2,69 m entfernten Unterzügen. Letztere sind als Sprengwerke ausgebildet und bestehen im mittleren Teil aus je zwei verdübelten Balken 18/18 cm. Der obere Balken geht über die Stützen durch und trägt immer die Stütze des darüber befindlichen Geschosses, eine Anordnung, die nach dem Gesagten im allgemeinen nicht zu empfehlen ist. Die Stützen des ersten

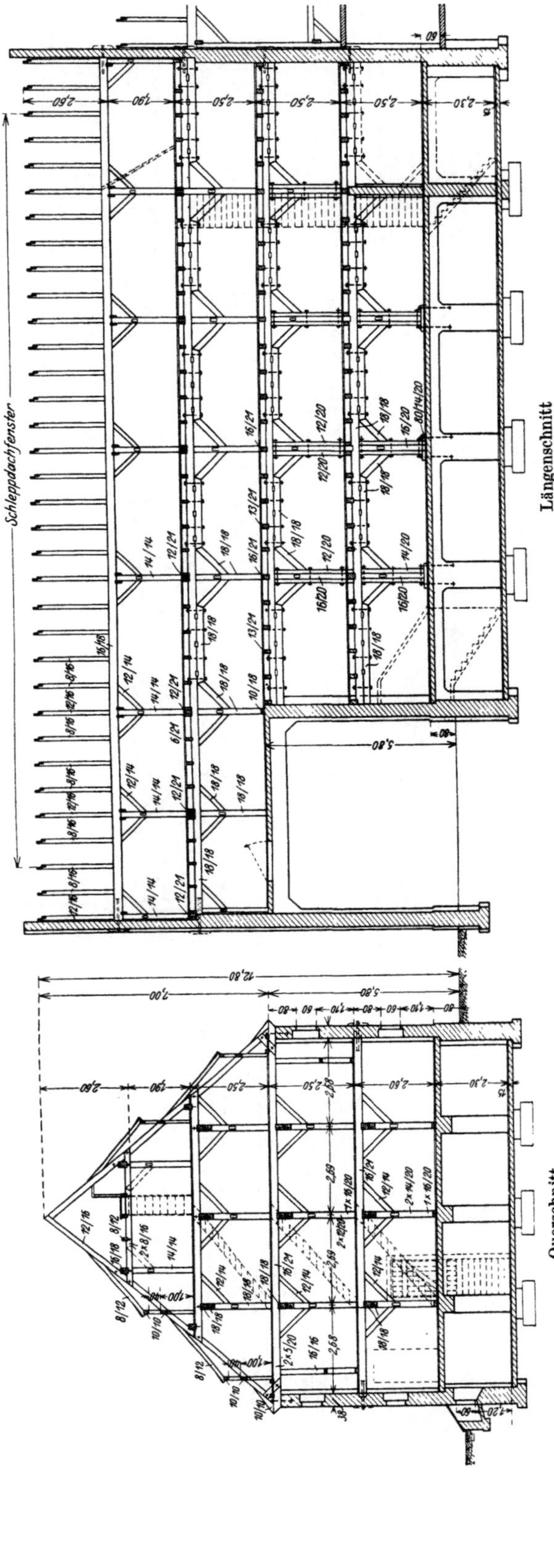

Abb. 359. Querschnitt und Längenschnitt durch das Speichergebäude mit Einzelheiten des Tragwerks.

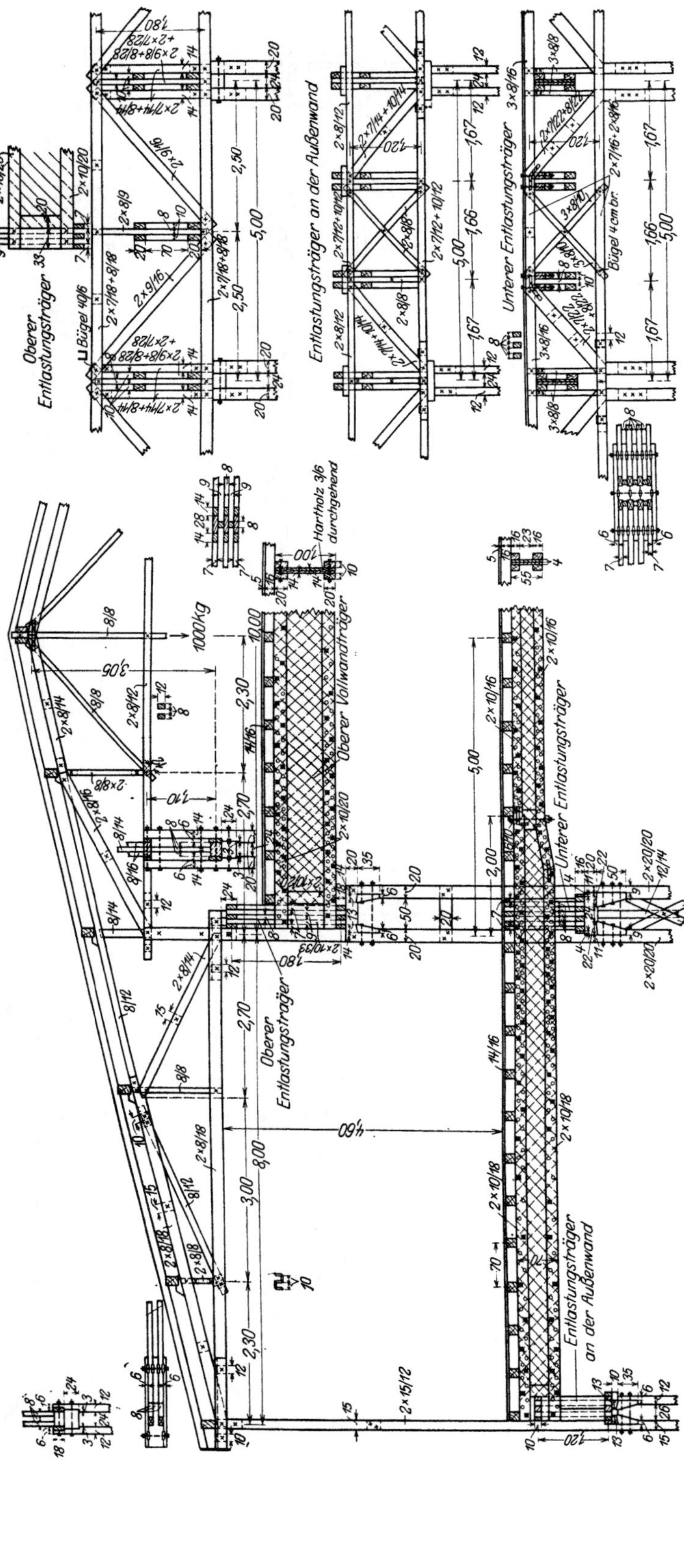

Querschnitt

Längskonstruktion mit Anordnung der Fachwerkunterzüge (Entlastungsträger)

Abb. 360. Querschnitt und Längskonstruktion des Holzspeichers von Leopold Cassella in Mainkur. (Ausführung: Karl Kübler, A.-G., Stuttgart.)

und zweiten Obergeschosses bestehen aus je drei Hölzern $2 \times 14/20 + 16/20$ bzw. $2 \times 12/20 + 16/20$. Die Stützen im dritten und vierten Obergeschoß, die zugleich im Dachraum liegen, bestehen aus einfachen Hölzern 18/18 bzw. 14/14. Die Stützen des zweiten Dachgeschosses (s. Abb. 359, Querschnitt) sind gegenüber den Stützen des darunter liegenden Geschosses verschoben. Die Stützen besitzen sowohl nach der Quer- als auch Längsrichtung des Gebäudes Kopfstreben; die Kopfstreben der Längsrichtung sind in den drei Obergeschossen Bestandteile der früher bezeichneten Sprengwerke. Durch die Kopfstreben wird das Gebäude nach beiden Richtungen ausgesteift. Die Deckenbalken bestehen aus Kanthölzern 13/21 cm.

Die Nutzlast ist für sämtliche Decken zu 1250 kg/m² angenommen, wozu noch das Eigengewicht für Belag, Balken und Unterzüge mit 100 kg/m² kommt.

Das folgende Beispiel ist dadurch bemerkenswert, daß es eine Ausführungsweise mit vollwandigen Unterzügen neuerer Bauweise zeigt, die zum Teil auf Fachwerkunterzügen ruhen, welche wieder auf Außen- bzw. Innenstützen gelagert sind.

Dieser Speicher stellt die Holzlagerhalle von Leopold Cassella in Mainkur dar und ist im Jahre 1921 von der Firma Karl Kübler, Akt.-Ges., Stuttgart, entworfen und ausgeführt worden. Wie die Abb. 360 und 364 zeigen, ist dieser Speicher in Hallenform ausgebildet, indem er ein Mittelschiff von 10,0 m und zwei Seitenschiffe von je 8,0 m Stützweite aufweist. Das Mittelschiff besitzt zwei, die beiden Seitenschiffe je eine Decke. Der Abstand der Stützen beträgt 5,0 m, der Abstand der oberen Unterzüge $\frac{5,0}{2}$, der der unteren Unterzüge $\frac{5,0}{3}$ m. Dementsprechend mißt auch der Binderabstand der Dachkonstruktion 5,0 m.

Als Nutzlast der oberen Decke des Mittelschiffs sind 1000 kg/m² angenommen, ihr Eigengewicht beträgt 200 kg/m Deckenunterzug. Den Querschnitt des oberen vollwandigen Unterzugs zeigt Abb. 361.

Seine Belastung für 1 m Trägerlänge ist

$$q = 1000 \cdot 2,5 + 200 = 2700 \text{ kg/m},$$

somit

$$M_{\max} = \frac{2700 \cdot 10^2}{8} = 33800 \text{ kgm},$$

$$J = \frac{28 \cdot 100^3}{12} - \frac{20 \cdot 56^3}{12} = 2037000 \text{ cm}^4,$$

Biegebeanspruchung

$$\sigma = \frac{3380000 \cdot 50}{2037000} = 83 \text{ kg/cm}^2.$$

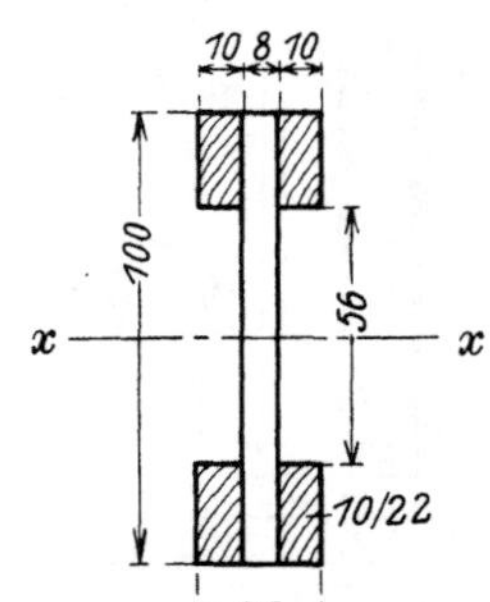

Abb. 361. Querschnitt des oberen vollwandigen Unterzugs.

Der Anschluß der Gurthölzer an den aus kreuzweise übereinander genagelten Brettern bestehenden Steg erfolgt durch gußeiserne Kegeldübel, deren jeder bis 1000 kg belastet werden darf. Wird die Schubkraft, welche in der Längsrichtung der Gurthölzer wirkt, mit T_1 für die Längeneinheit bezeichnet, so beträgt sie für die Entfernung e der beiden Querschnitte, zwischen welchen sie wirkt,

$$T = \frac{Q \cdot S_x}{J} e,$$

wo S_x das statische Moment des Querschnitts bezogen auf die Nullachse $x - x$ bedeutet.

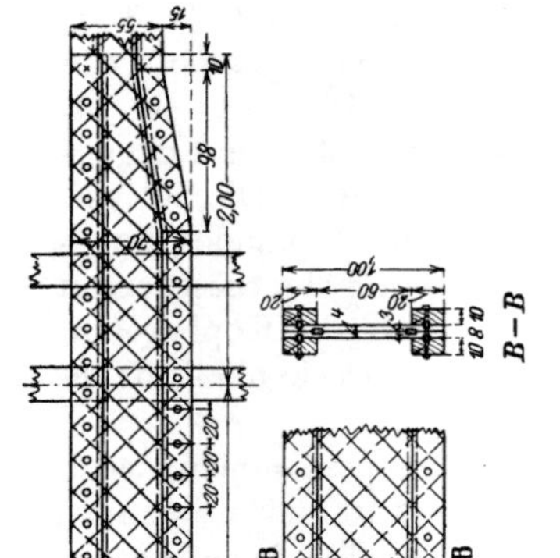
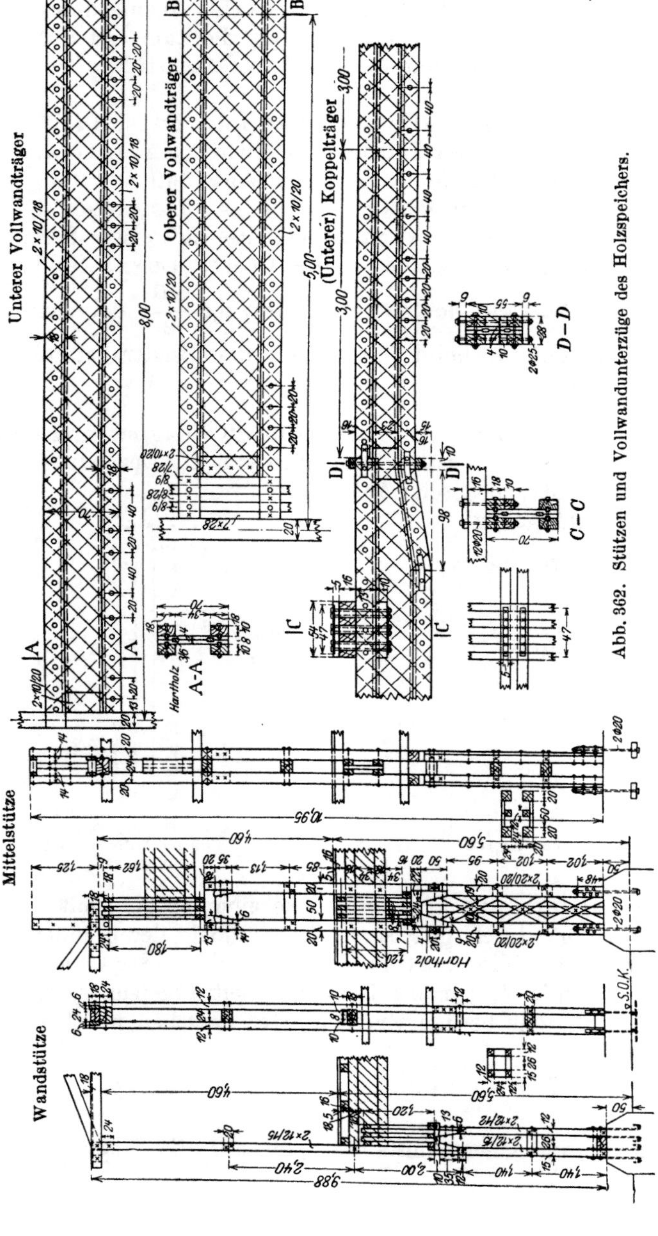

Abb. 362. Stützen und Vollwandunterzüge des Holzspeichers.

$$S_x = 2 \cdot 10 \cdot 22\,(50 - 11) = 17\,200 \text{ cm}^3$$

für $e = 100$ cm ist

$$\frac{S_x}{J} \cdot e = \frac{17\,200 \cdot 100}{2\,037\,000} = 0{,}84.$$

Die Querkräfte Q ergeben sich für Vollbelastung zu:

am	Auflager	$5 \cdot 2{,}7 = 13{,}5$ t
bei	1,0 m	$4 \cdot 2{,}7 = 10{,}8$ „
„	2,0 „	$3 \cdot 2{,}7 = 8{,}1$ „
„	3,0 „	$2 \cdot 2{,}7 = 5{,}4$ „
„	4,0 „	$1 \cdot 2{,}7 = 2{,}7$ „

Mit diesen Querkräften ergibt sich

$$T = Q \cdot 0{,}84,$$

also

vom Auflager bis 1,0 m:

$$13{,}5 \cdot 0{,}84 = 11{,}5 \text{ t},$$

erforderliche Dübelzahl 12,

von 1,0 bis 2,0 m:

$$10{,}8 \cdot 0{,}84 = 9{,}2 \text{ t},$$

erforderliche Dübelzahl 10,

von 2,0 bis 3,0 m:

$$8{,}1 \cdot 0{,}84 = 6{,}9 \text{ t},$$

erforderliche Dübelzahl 7,

von 3,0 bis 4,0 m:

$$5{,}4 \cdot 0{,}84 = 4{,}6 \text{ t},$$

erforderliche Dübelzahl 5,

von 4,0 bis 5,0 m:

$$2{,}7 \cdot 0{,}84 = 2{,}3 \text{ t},$$

erforderliche Dübelzahl 3.

Da die Dübel paarweise gegenüber sitzen, sind hierzu 6, 5, 4, 3 u. 2 Schraubenbolzen erforderlich.

Die Schubspannung in der Balkenachse ist

$$\tau = \frac{Q \cdot St}{J \cdot b},$$

wo St das statische Moment des über $x-x$ liegenden Querschnitteils bezogen auf $x-x$ und b die Stegbreite bedeuten.

$$St = 2 \cdot 10 \cdot 22 \cdot 39 + 8 \cdot 50 \cdot 25 = 27\,200 \text{ cm}^3,$$

$$b = 8 \text{ cm},$$

$$\frac{St}{J \cdot b} = \frac{27200}{2037000 \cdot 8} = \frac{17}{10185}.$$

Die Schubspannung ist am Auflager am größten,

$$Q_{\max} = 13{,}5 \text{ t},$$

somit ist

$$\tau = \frac{13\,500 \cdot 17}{10185} = 22{,}5 \text{ kg/cm}^2.$$

Zur Verminderung derselben werden an den erforderlichen Stellen Laschen am Steg angebracht, wodurch die Stegbreite b auf das nötige Maß gebracht wird.

Bei den übrigen Vollwandträgern ist die Berechnung in gleicher Weise durchgeführt.

Die Unterzüge der unteren Decke sind als Gerberträger ausgebildet, indem sie von den Seitenschiffen je 2 m in das Mittelschiff vorkragen. Die Nutzlast der unteren Decke beträgt in den Seitenschiffen 1200 kg/m², in dem Mittelschiff 1000 kg/m² Grundfläche. Der Abstand der Unterzüge beträgt, wie schon erwähnt, $\frac{5{,}0}{3} = 1{,}67$ m.

Der Steg sämtlicher Vollwandträger besteht aus zwei Lagen je 4 cm starker unter 45° geneigter und sich rechtwinklig kreuzender Bretter. Die Vollwandträger können somit in

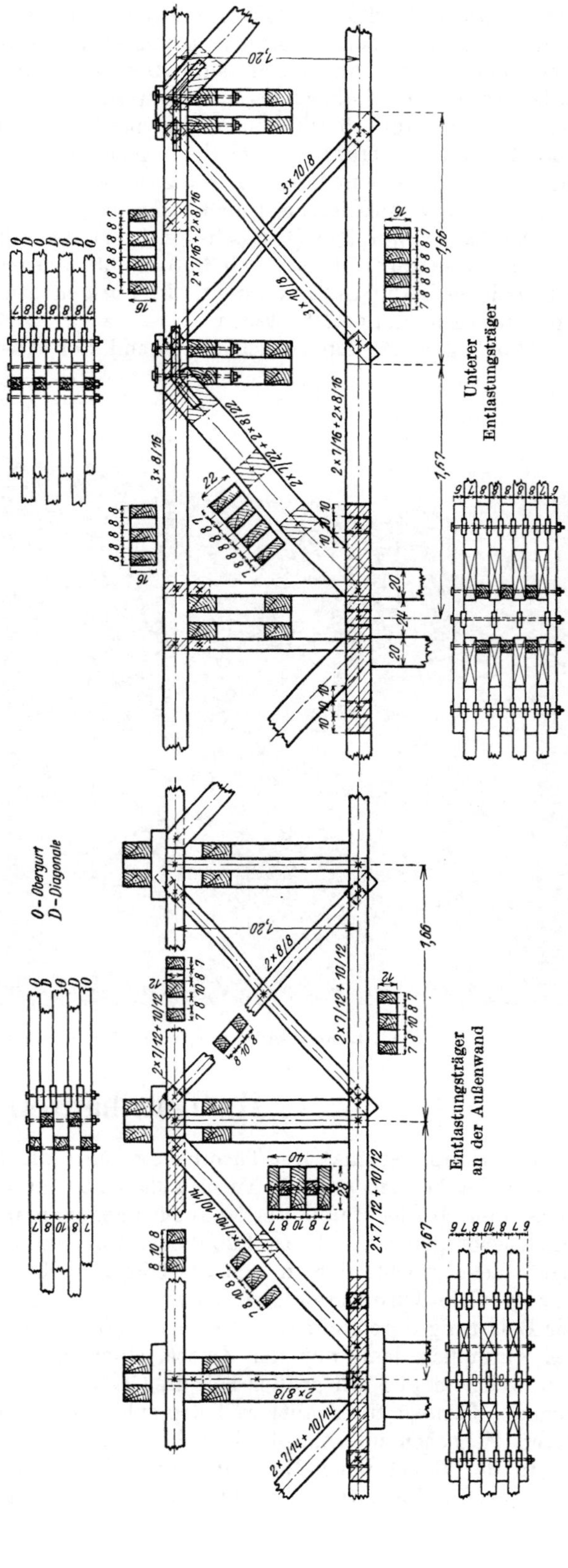

Abb. 363. Einzelheiten der Entlastungsträger (Längsunterzüge) des Holzspeichers.

ihrer statischen Wirkung auf Fachwerkträger mit mehrfacher Diagonalverstrebung zurückgeführt werden. Um jede gegenseitige Bewegung der Bretterschichten gegeneinander zu verhindern, sind diese in kleinen Zwischenräumen miteinander vernagelt. Außerdem sind zum Ausgleich der lotrechten Seitenkräfte sämtliche Bretter durch einen durchlaufenden Hartholzstab entsprechend Abb. 360 u. 362 (Trägerquerschnitte) gegeneinander verdübelt. Die zwischen Gurthölzern und dem Steg auftretenden Schubspannungen werden, wie schon erwähnt, durch gußeiserne Dübel aufgenommen.

Die Längsunterzüge (Entlastungsträger) der Mittel- und Außenwände sind als Fachwerkträger nach Abb. 360 u. 363 ausgebildet, ebenso die unteren Mittelstützen (Abb. 362), während die übrigen Stützen aus einzelnen Hölzern mit Querverbindungen bestehen.

Abb. 364 zeigt den Speicher während der Ausführung.

Abb. 364. Holzspeicher von Leopold Cassella während der Ausführung.

H. Turmbauten.

Das Hauptmerkmal der Turmbauten sind die Stiele oder Pfosten, die die Lasten des Turmes auf die Turmfundamente zu übertragen haben. Die Stiele werden durch Riegel und Verstrebungen gegeneinander abgesteift und zugleich knicksicher gemacht. Diese Füllglieder werden hauptsächlich durch den Winddruck beansprucht, der in den als Träger wirkenden Turmwänden Querkräfte erzeugt. Die Turmlasten sind zuweilen sehr gering, indem sie oft nur aus der Belastung durch einzelne Menschen (Beobachtungstürme u. dgl.) bestehen. Der Turm hat dann nur den Zweck, einen hochgelegenen Punkt zu schaffen, von welchem aus ein großer Teil des Geländes zu übersehen ist. Bei Leitungstürmen, Türmen für drahtlose Telegraphie usw. wird der Turm für gewöhnlich durch Menschen überhaupt nicht betreten.

In der Regel wird die Standfestigkeit der Türme durch Einspannung in den Turmfundamenten erreicht, wozu Verankerungen in den massiven Fun-

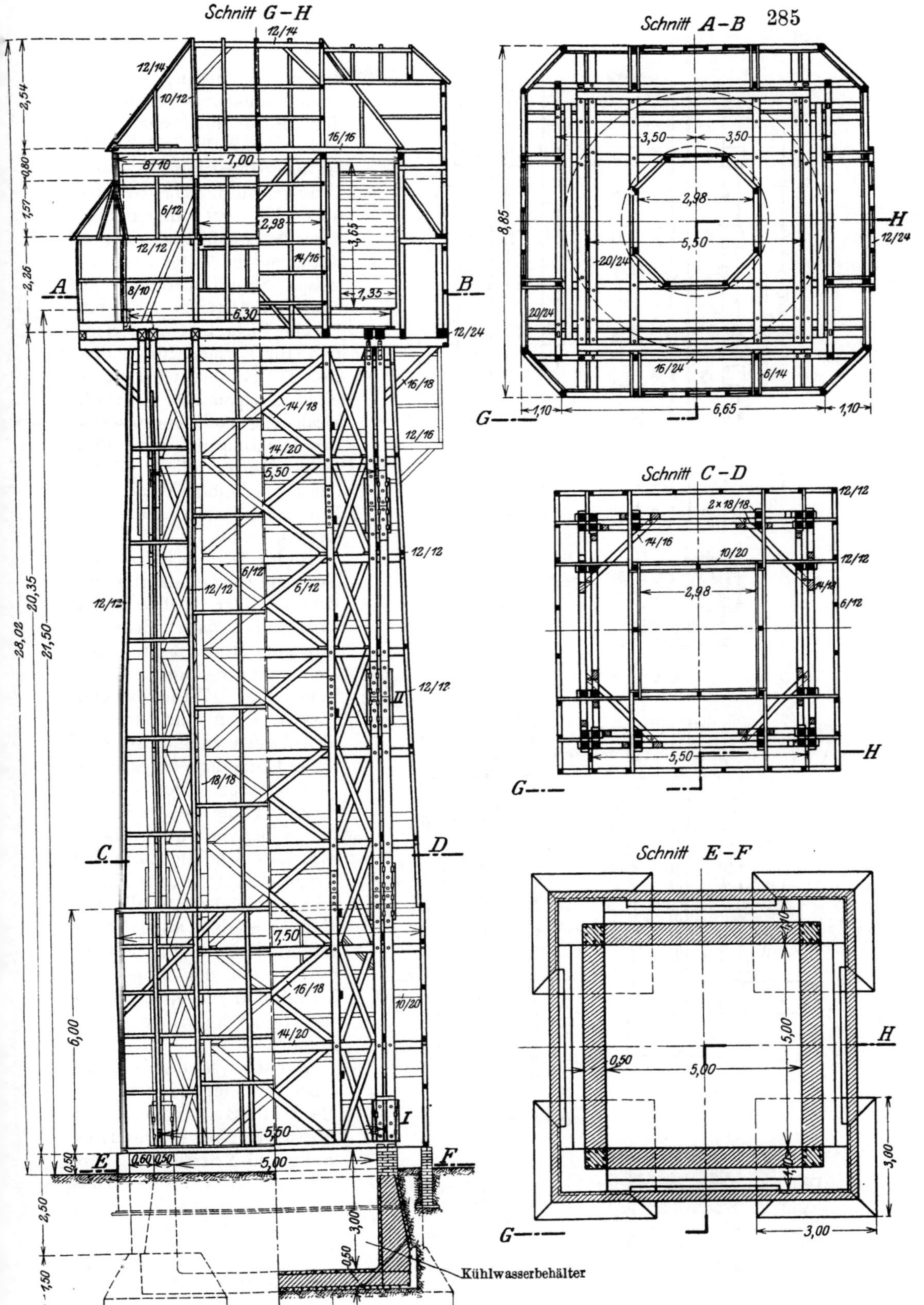

Abb. 365. Allgemeine Anordnung des Wasserturms der Berlin-Borsigwalder Metallwerke.
(Ausführung: Adolf Sommerfeld, Berlin.)

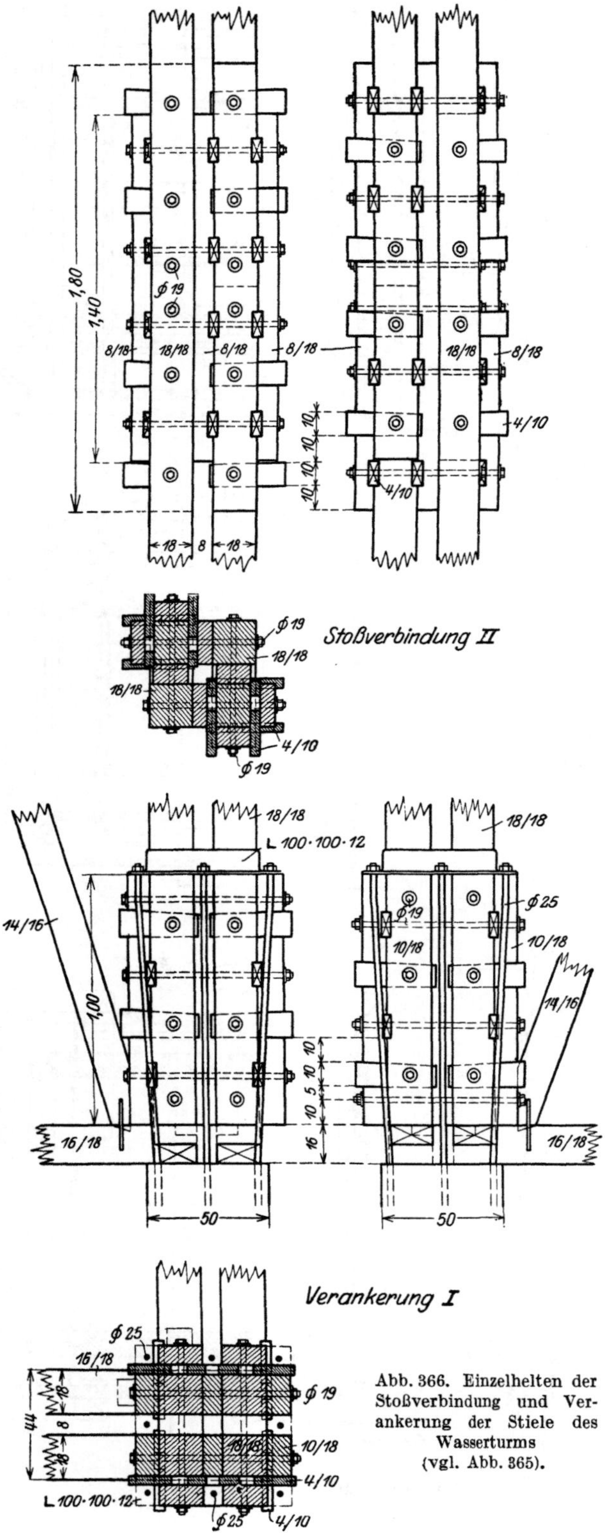

Abb. 366. Einzelheiten der Stoßverbindung und Verankerung der Stiele des Wasserturms (vgl. Abb. 365).

damenten (Beton, Eisenbeton, Mauerwerk) erforderlich sind. Je höher der Turm und je schmaler sein Fuß ist, desto kräftigere Verankerungen sind nötig. Gegenüber der rechnungsmäßig, unter den ungünstigsten Belastungsverhältnissen, ermittelten Standfestigkeit ist eine mindestens 1,5- bis 2 fache Sicherheit erforderlich. Bei Türmen für drahtlose Telegraphie wird auch eine Abspannung durch Drahtseile nach mindestens drei Richtungen (unter 60^0) vorgesehen, in welchem Falle der Turm (infolge Wind) der Hauptsache nach axiale Belastung erhält.

In der Regel erhalten die Türme in Holz einen quadratischen oder rechteckigen Querschnitt, da er dann in statischer Hinsicht am klarsten zu übersehen ist. Bei irgendeiner Windrichtung wirken dann die zu ihr gleichlaufenden Seitenwände als im Erdboden eingespannte Freiträger. Auch sind in diesem Falle die Verbände bzw. Füllglieder am einfachsten an die in Richtung der Tragwände stehenden Kanthölzer (Stiele) anzuschließen. Endlich ist dann auch der erforderliche Raum vorhanden, um die in der Regel im Turminnern hochzuführende Treppe unterbringen zu können.

Zunächst sei das Beispiel eines Wasserturmes der Berlin-Borsigwalder Metallwerke in Grüneberg a. d. Nordbahn, hergestellt 1920 durch die Firma Adolf Sommerfeld, Berlin, angeführt (Abb. 365)[1]). Der

[1]) Vgl. auch Gesteschi, Th.: Bemerkenswerte Industriebauten in Holz. Bauing. 1921, H. 1, S. 10.

Turm steht auf einem in Eisenbeton hergestellten Kühlwasserbehälter, dessen Wände 50 cm über den Erdboden emporragen, so daß erst hier die Holzkonstruktion beginnt. Der Hochbehälter, der mit seiner Unterkante 21,5 m über Erdoberfläche steht und 80 cm^3 faßt, ist als Ringbehälter von 3,65 m Höhe in Eisen konstruiert. Seine Last wird durch vier Randträger I NP. 45 bzw. $47^1/_2$ auf je zwei Balken 20/24 gebracht, die unmittelbar von den vier Eckstielen des Turmes getragen werden (Abb. 367). Der Hochbehälter ist überdacht, wobei über dem Kühlwasserbehälter ein mittlerer Schacht, der Kühlschacht, durch den oberen Behälter ins Freie geführt wird. In dem unteren Teil des Kühlschachtes ist eine Rückkühlanlage eingebaut.

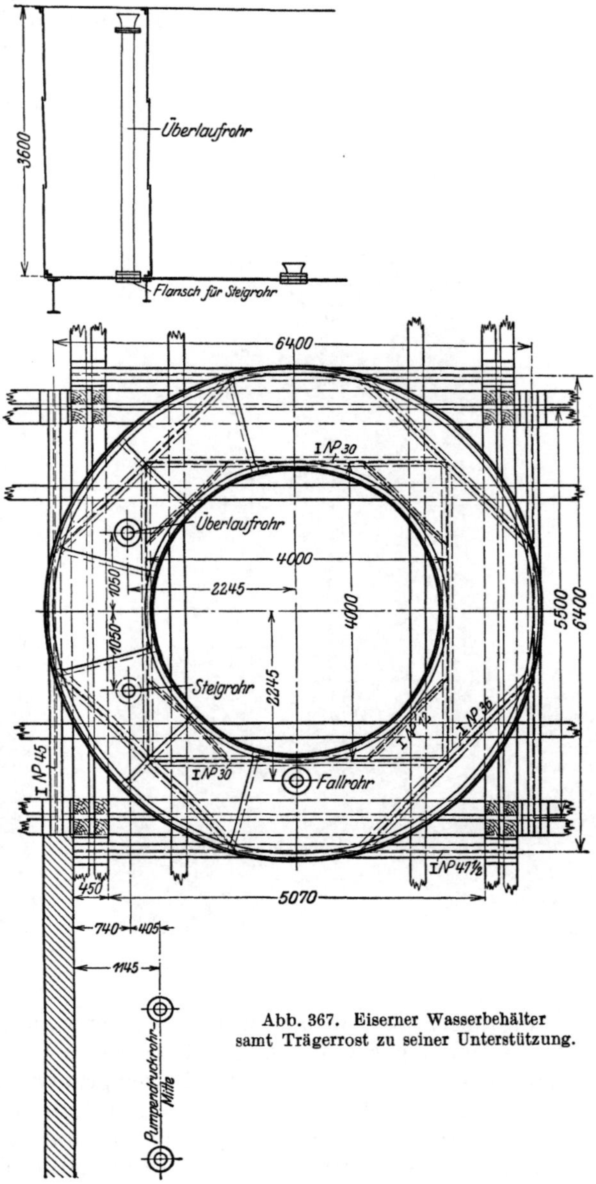

Abb. 367. Eiserner Wasserbehälter samt Trägerrost zu seiner Unterstützung.

Das Turmgerüst ist außen verschalt, ebenso ist der vorerwähnte Kühlschacht ausgeschalt.

Die Eckstiele bestehen aus je vier Kanthölzern 18/18, die auf etwa 10 m mittlerer Länge ungestoßen durchlaufen. Je zwei diagonal liegende Kanthölzer sind an einer Stelle gestoßen und die Stöße mit denen der anderen beiden diagonal liegenden Hölzer versetzt. Die Stoßverbindung ist in Abb. 366 (Stoßverbindung II) dargestellt. Für jeden Stiel sind vier Stoßlaschen 8/18 verwendet, die durch Dübel und Bolzen mit dem Hauptholz verbunden sind. Die Stiele haben Druck und Zug (bei Winddruck) aufzunehmen. Um ein Anziehen der etwa locker gewordenen Hartholzdübel zu ermöglichen, sind die Bolzenlöcher in den Dübeln als Langlöcher hergestellt. Über den Fundamenten sind die Stiele mit den Rundeisen der Fundamente verbunden; diese Verankerung (Verankerung I in Abb. 366) tritt bei Windbelastung des Turmes in Wirkung. Sie ist nachstellbar, indem die Rundeisen, die mit Gewinde versehen worden sind, durch Winkeleisen hindurchgesteckt und mit Muttern gefaßt sind. Die Winkeleisen bilden einen Rahmen, dessen Teile in den Ecken zusammengeschweißt sind. Sie leiten den von den Ankern auf sie ausgeübten Druck mittels Dübel in die Stiele über. Die Dübel haben aus dem gleichen Grunde wie früher wieder Langlöcher erhalten. Die Zwischenstiele haben keine besonderen Lasten aufzunehmen, sondern sind nur zur Aufteilung der Turmwände eingefügt worden. Die Turmwände sind gegen Winddruck durch Andreaskreuze verstrebt, die ohne Rücksicht auf die mitwirkende Verschalung bemessen sind. Die Diagonalen sind durch zwischengelegte Keile anspannbar (Abb. 365). Auch in den wagerechten Ebenen der Riegel sind Eckverstrebungen angeordnet, soweit sie die Durchführung des Kühlschachtes nicht stören, und zwar in jedem zweiten Stockwerk.

Abb. 368. Wasserturm während der Aufstellung.

Abb. 369. Wasserturm nach Vollendung. (Rechts das Pumpenhaus.)

Im Innern des Turmes, zwischen innerer Schachtwand und äußerer Wand, ist eine Holztreppe eingebaut, auf welcher man bequem bis zum Hochbehälter gelangen kann. Das Dach ist mit graugrünem Ruberoid eingedeckt.

Weitere Einzelheiten gehen aus den Abbildungen hervor.

Der statischen Berechnung sind die ministeriellen Bestimmungen vom 31. Januar 1910 zugrunde gelegt. Der Winddruck ist zu 150 kg/m^2 senkrecht getroffener Fläche angenommen.

Die größte Belastung eines Stieles ergibt sich wie folgt:

80 m^3 Wasser		80 t
Eiserner Behälter einschließlich Träger . .	rd.	20 t
Turmgewicht		80 t
Gesamtlast bis O.K. Kühlwasserbehälter		180 t.

Größte Belastung eines Stieles

$$\frac{180}{4} = 45 \text{ t.}$$

Größter Druck bzw. Zug im Stiel infolge Wind

$$D = Z = 41 \text{ t.}$$

Größter Stieldruck

$$P_{\max} = 45 + 41 = 86 \text{ t.}$$

Größter Stielzug

$$P_z = 41 - \frac{20 + 80}{4} = 16 \text{ t.}$$

Die Ausführung des Turmes ist aus Abb. 368 zu ersehen; Abb. 369 zeigt den fertigen Turm, der einen Anstrich mit Karbolineum erhalten hat und daher einen angenehm gelblich-braunen Ton besitzt.

Statische Berechnung und Entwurf samt Angaben der konstruktiven Einzelheiten stammen vom Verfasser.

Der nachstehend beschriebene Turm stellt einen Zelluloseturm für die Papierfabrik Paul Steinbock A.-G., Frankfurt a. O. dar[1]). Der Entwurf sowie sämtliche Ausführungszeichnungen samt allen Einzelheiten wurden im Büro des Verfassers angefertigt. Die Ausführung erfolgte 1922 durch die Firma Friedrich Hauptstein & Söhne, Ziebingen.

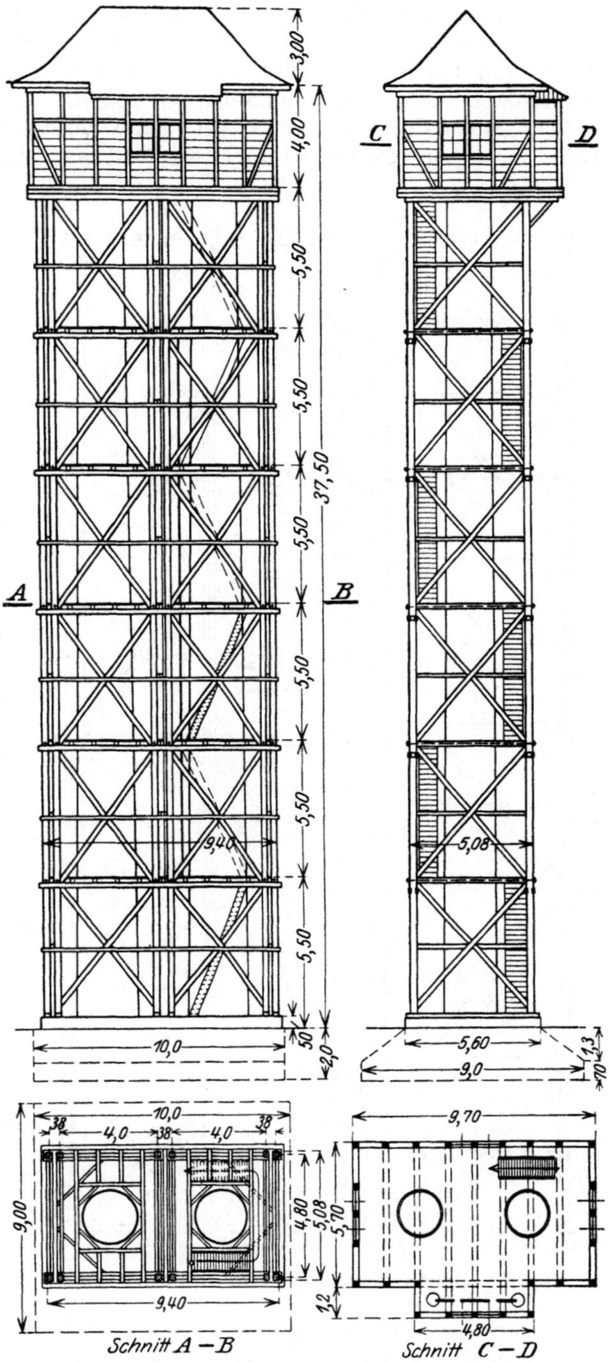

Abb. 370. Allgemeine Anordnung des Zelluloseturmes für die Papierfabrik Paul Steinbock A.-G., Frankfurt a. O. (Ausführung: Friedrich Hauptstein & Söhne, Ziebingen.)

Der Turm dient zur Aufstellung zweier Faßschläuche, das sind lotrechtstehende Rohre aus Lärchenholz von 34 m Höhe, 1,60 m (oben) bis 2,20 m (unten) lichtem Durchmesser und 13 cm Wandstärke, die mit je 100000 kg Kalksteinen gefüllt werden (Abb. 370). Durch Überrieselung der Kalksteine von oben mit

[1]) Vgl. auch: Bautechnik 1923, Heft 37, S. 349.

Wasser wird unten die für die Papierfabrikation erforderliche Lauge gewonnen. Der Turm ist nur im obersten Stockwerk zum Schutz des Bedienenden gegen Wind und Regen verschalt wobei oben ein 1 m hoher Schlitz zum Abzug der entstehenden Schwefeldämpfe gelassen ist.

Die Höhe des Turmes beträgt von Oberkante Geländer bis zur Spitze 40,5 m, bis zur Traufe 37,5 m. Er steht auf einem Betonsockel von 0,5 m Höhe und ist von diesem ab in sechs Stockwerke von je 5,5 m Höhe geteilt, worauf ein siebentes Stockwerk von 4,0 m Höhe folgt. In jedem Stockwerk befindet sich ein Umgang, so daß die Schläuche von allen Seiten leicht zugänglich sind, damit insbesondere die an den Stoßstellen (in Höhen von je 5,5 m) angeordneten Eisenringe erforderlichenfalls nachgezogen werden können.

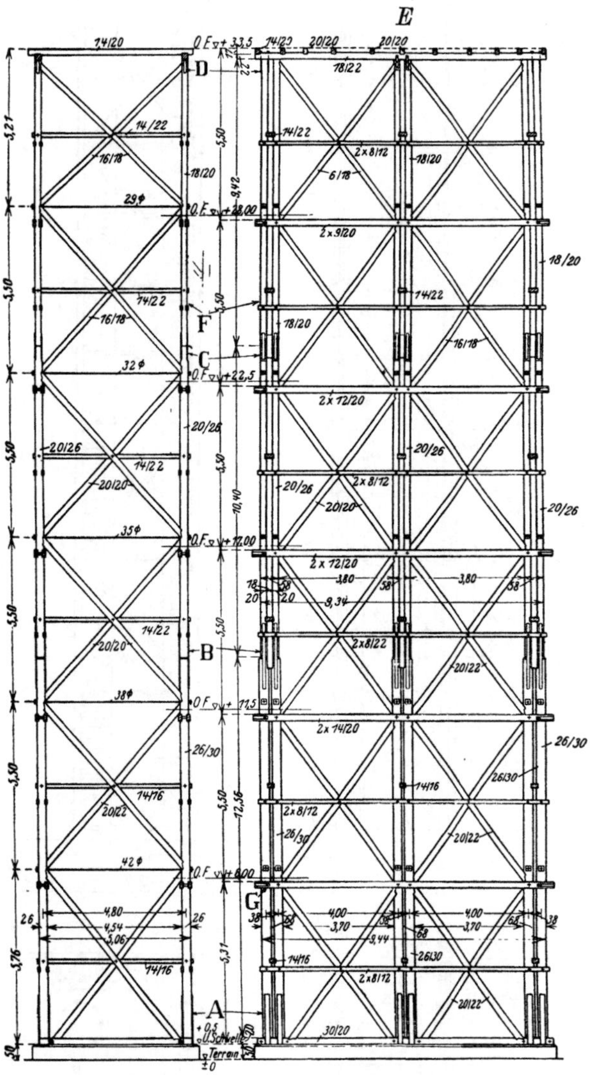

Abb. 371. Ausbildung der Turmwände (siehe Abb. 372).

Wie erwähnt, besitzt der Turm zwei Faßschläuche. Dementsprechend ergab sich für den Schaft eine rechteckige Grundrißform von 5,08 × 9,40 m Seitenlänge; der Kopf hat des besseren Aussehens wegen eine geringe Ausladung erhalten.

Der Teilung in einzelne Stockwerke entspricht auch die Ausbildung des Tragwerks, das aus einzelnen im Fundament eingespannten Fachwerkträgern besteht. Wie aus Schnitt $A-B$ in Abb. 370 zu ersehen ist, ist der Turm, entsprechend den beiden Windangriffsflächen, aus zwei Scharen von Trägern gebildet. Gleichlaufend zur Schmalseite des Turmes stehen sechs Parallelträger von 4,80 m Systemhöhe, paarweise in 0,38 m Abstand. Diese Träger haben neben der lotrechten Belastung durch Eigengewicht, Schnee und Menschenlast den Winddruck auf die Breitseite des Turmes aufzunehmen. Zur Aufnahme des Winddrucks auf die Schmalseite dienen vier Parallelträger von je 4 m Systemhöhe, die in Richtung der Breitseite paarweise hintereinander stehen, also in den Breitseiten des Turmes liegen. Die Gurtungen dieser Windträger (Turmstiele) sind, mit Ausnahme der äußeren Träger an den Schmalseiten des Turmes, beiden Trägerscharen gemeinschaftlich. Die Ausfachung beider Trägerscharen besteht aus gekreuzten Schrägen, die, je nachdem der Winddruck von der einen oder anderen Seite kommt, abwechselnd auf Druck in Wirkung treten. Zwecks Anspannbarkeit der Schrägen sind bei den Trägern in Richtung der Schmalseite des Turmes (wagerecht verlaufende) Rundeisenpfosten mit beiderseitigen Muttern angeordnet, die etwa in Podesthöhe der einzelnen Stockwerke liegen (Abb. 371). Die vier

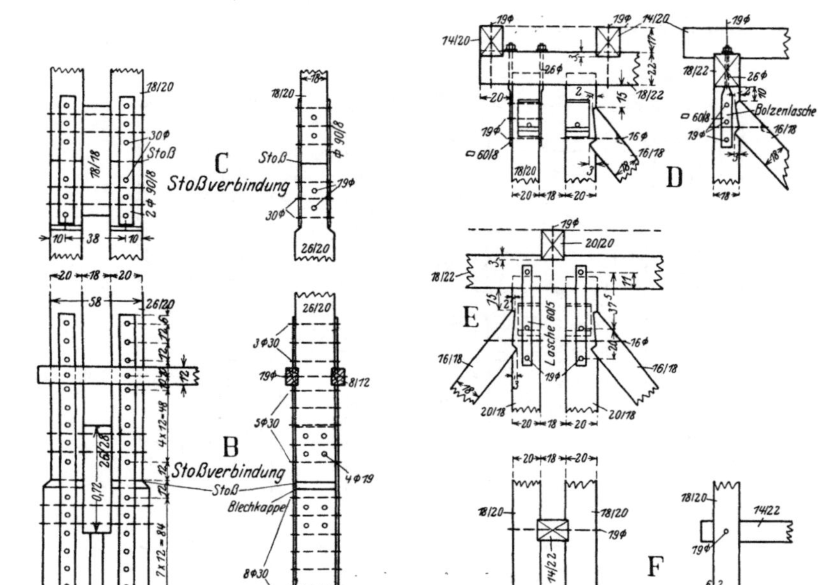

Abb. 372. Ausbildung der Turmwände. Einzelheiten zu Abb. 371.

Fachwerkträger an den Breitseiten haben Pfosten, bestehend aus je zwei Zangen, die zugleich die Hauptriegel des Turmes bilden. Hier geschieht die Anspannung der Streben durch Hartholzkeile, die an den Zangenenden zwischen Zangen und Gurtungen (Stiele) getrieben werden (Abb. 372), wodurch die Streben Druck erhalten und so eine Lockerung der Anschlüsse verhindert wird. Die Zangen, die zwecks Anspannbarkeit an die Gurtungen mit Bolzen und Langlöchern angeschlossen sind, dienen außerdem zur Aufnahme der

Deckenbalken. Zur Halbierung der Knicklängen der Gurtungen (Stiele) sind ferner Zwischenpfosten (Riegel) eingebaut. Die Anordnung der Balkenlagen und wagerechten Verbände in den einzelnen Stockwerken geht aus Abb. 373 hervor. Die Turmstiele werden im Betonfundament durch Flacheisen und Bolzen verankert (Abb. 374). Die Flacheisen sind im Beton durch Splinte gesichert. Das Fundament wird durch eine 2,5 m starke Betonplatte von 10×9 m Grundfläche gebildet.

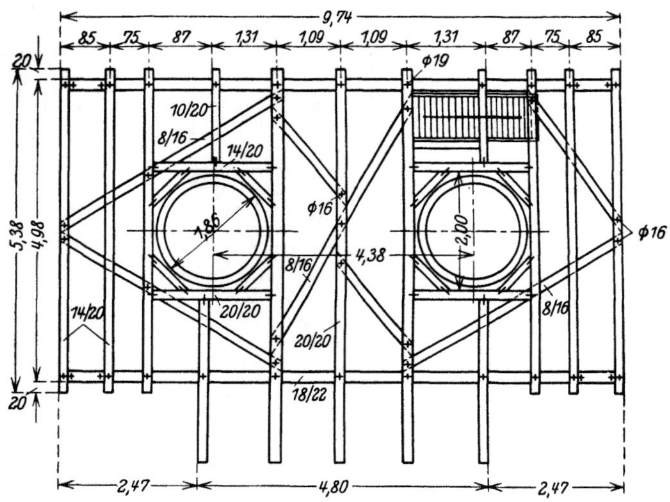

Balkenlage im Dachgeschoß

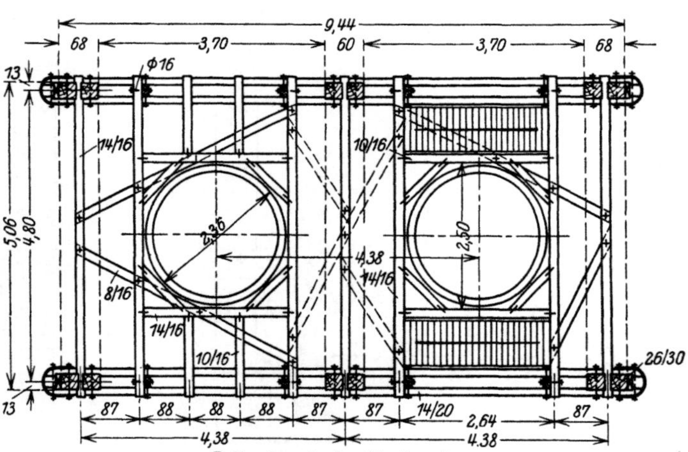

Balkenlage in den Stockwerken

Abb. 373. Anordnung der Balkenlagen und Horizontalverbände.

Bezüglich weiterer Einzelheiten der Konstruktion möge noch auf Abb. 371 bis 374 verwiesen werden.

Als Bauholz ist Kiefernholz, und zwar lufttrockenes Kernholz bester Qualität, zur Verwendung gelangt.

Entsprechend den ministeriellen Bestimmungen vom 24. Dezember 1919 sind folgende Beanspruchungen zugelassen worden:

für Druck	60 kg/cm²,	
„ Zug und Biegung	100 „	,
„ Abscherung	10 „	;

für Druck senkrecht zur Faser infolge der Unterlagsplatten der Zugbolzen wurden 30 kg/cm² zugelassen; die Zugbolzen sind im Kernquerschnitt bis 1000 kg/cm² beansprucht. Gegen Knicken wurde für die Druckstäbe nach Euler eine $8^1/_2$ fache Sicherheit angenommen ($J_{\min} = 85\ P\ l^2$).

Der Winddruck ist mit 150 kg/m² senkrecht getroffener Fläche eingeführt. Das oberste Feld ist hierbei voll gerechnet und von der durch die Schläuche unverdeckten Aufrißfläche $^3/_4$ in Rechnung gestellt; dabei sind die Schlauchflächen ohne Rücksicht auf die Rundung voll gerechnet.

Die Aufstellung des Turmes geschah stockwerkweise; dementsprechend sind auch die Stöße der Stiele eingerichtet, die sämtlich in gleicher Höhe gestoßen wurden. Die größte durchgehende Stiellänge beträgt (bei den stärksten Hölzern von 26 × 30 cm Querschnitt) 12,56 m. Nachdem das

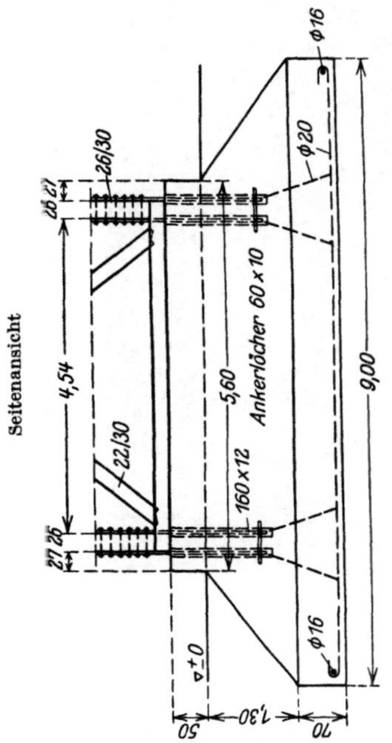

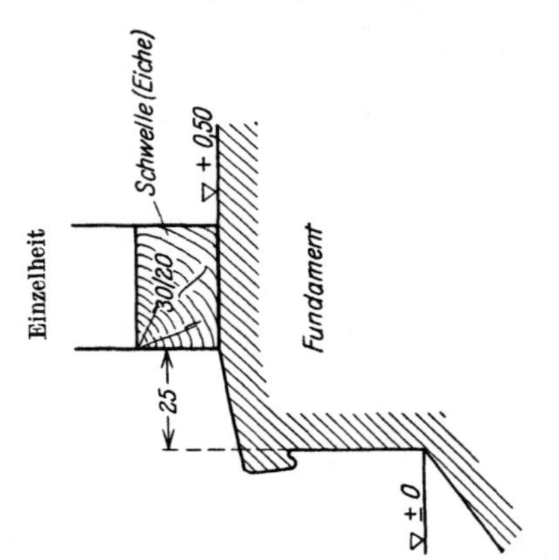

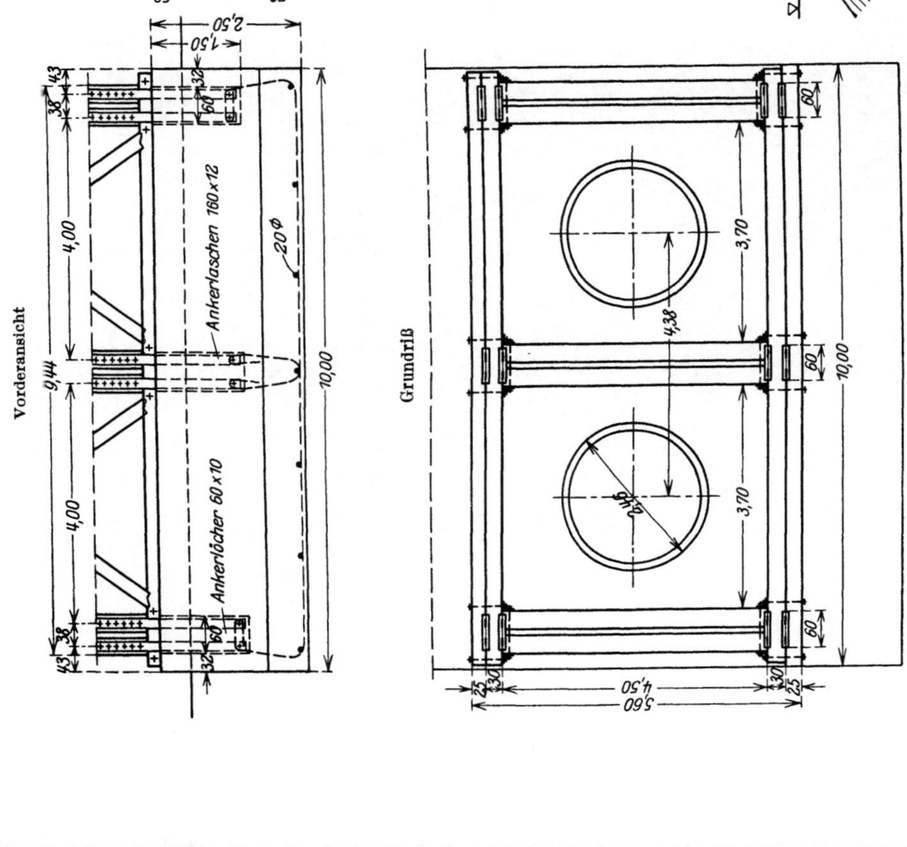

Abb. 374. Anordnung der Fundamente mit Schwellenlage und Verankerungen.

Abb. 375. Aufstellung des untersten Stockwerks des Zelluloseturms.

Abb. 376. Zelluloseturm in vollendetem Zustand (rechts der alte Turm).

unterste Stockwerk aufgestellt war, wurden die Stiele für das nächste Stockwerk hochgezogen und mit den Riegeln und Streben zusammengebaut usw. Die Aufstellung des Turmes dauerte $7^1/_2$ Wochen und verlief ohne jeden Unfall.

Abb. 375 zeigt die Aufstellung des untersten Stockwerkes.

Das Turmfundament besteht, wie bereits bemerkt, aus einer 2,5 m starken Betonplatte, die leicht bewehrt wurde. Der Beton wurde zwischen Spundwänden gestampft, im unteren Teil wegen des Grundwassers geschüttet.

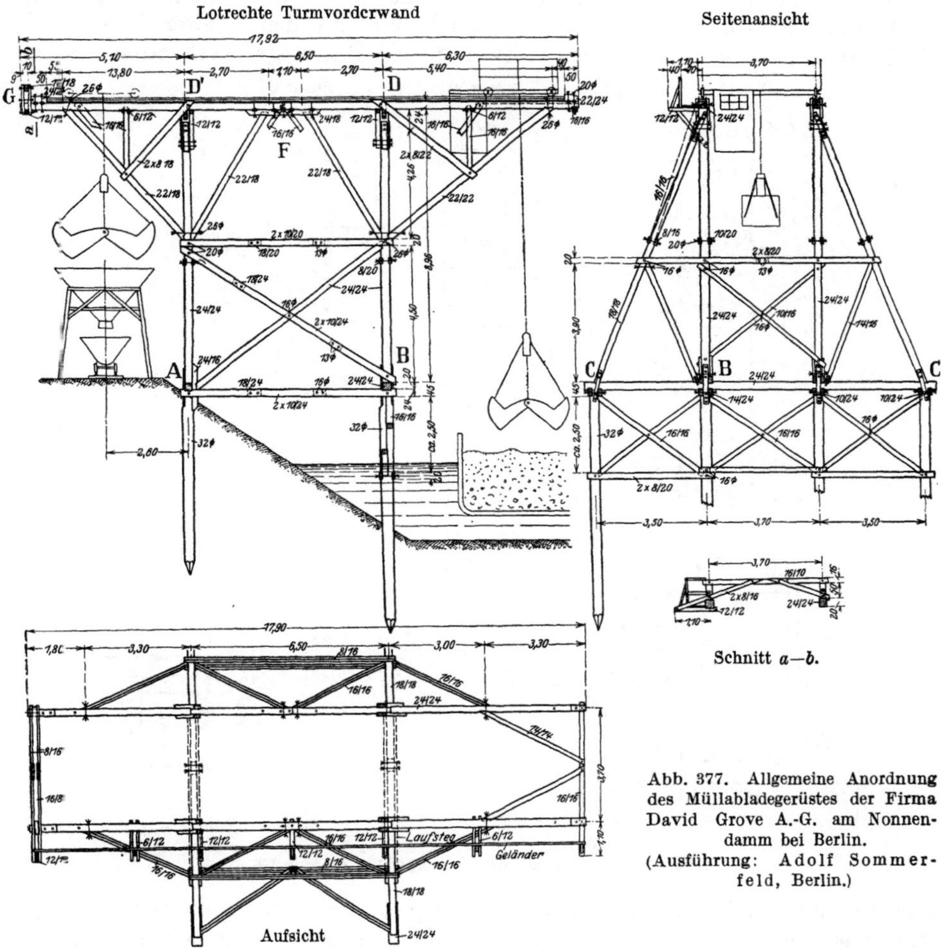

Abb. 377. Allgemeine Anordnung des Müllabladegerüstes der Firma David Grove A.-G. am Nonnendamm bei Berlin. (Ausführung: Adolf Sommerfeld, Berlin.)

In Abb. 376 ist der fertige Turm zu sehen. Rechts von diesem steht ein alter Turm mit Rundholzstielen, der nach 30 Jahren Bestand durch eine Eisenkonstruktion bis zu etwa $^3/_4$ seiner Höhe abgestützt werden mußte, da er sich bedenklich nach der Seite zu neigen begann.

An Baustoffen wurden verbraucht:

122 m³ Kantholz (Kiefer) — hierzu 250 m² Fußboden in den einzelnen Stockwerken,
93 m² Wandschalung und 100 m² Dachschalung,
54 m² Deckenschalung im Dachgeschoß,
5430 kg eiserne Bolzen und Laschen,
185 m³ Beton des Fundaments.

Einen anderen Turmbau stellt das nachstehend besprochene Müllabladegerüst der Firma David Grove A.-G. am Nonnendamm dar, welches von der Firma Adolf Sommerfeld, Berlin, 1924 ausgeführt wurde. Das Gerüst, dessen allgemeine Anordnung Abb. 377 zeigt, dient zur Entladung von Müll, der auf Kähnen ankommt, mit Greifern aufgenommen und durch eine Laufkatze nach den landseitig haltenden Loren gebracht wird; in diese Loren wird er mittels eines Schütttrichters eingefüllt, auf Schmalspurgleisen abgefahren und zur Auffüllung des benachbarten Geländes benutzt (s. Abb. 380).

Der Turm besteht aus zwei Haupttragwänden, die beiderseitig ausgekragt sind und im oberen Teil zwischen sich Raum für den Greifer lassen; sie sind oben nur an den beiden Enden durch Querriegel verbunden, haben

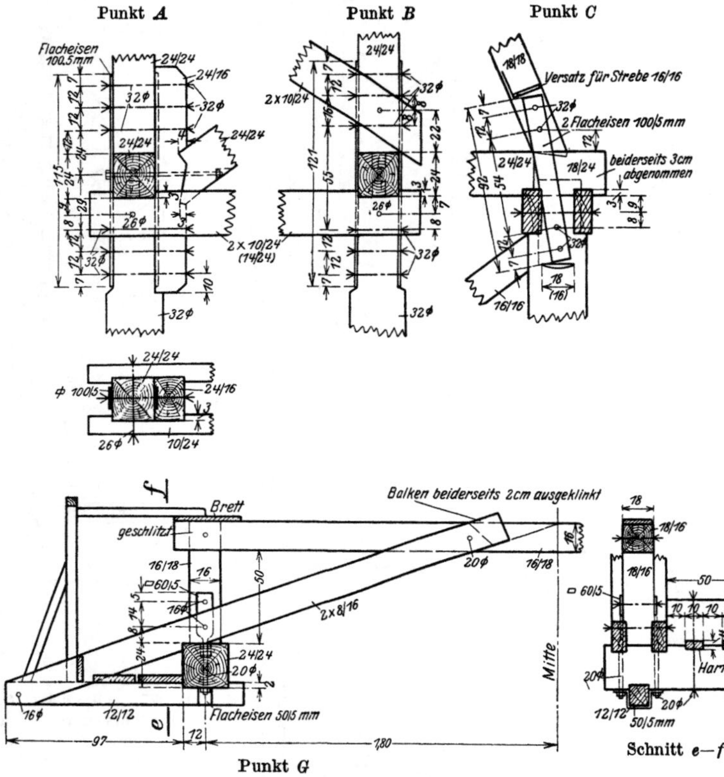

Abb. 378. Einzelheiten der Knotenpunkte in Abb. 376.

aber im unteren Stockwerk Querverstrebungen (vgl. auch Abb. 380). Um die Standfestigkeit quer zur Fahrtrichtung der Laufkatze zu erreichen, sind von den oberen Enden der Stiele ab in der Querrichtung (in Abb. 380 nach vorn und hinten) Streben angeordnet, die durch **K**-förmige Verbände versteift sind. Die inneren Tragwände besitzen unten gekreuzte, oben **K**-förmig angeordnete Streben. Das Gerüst steht auf Rammpfählen, die an der Wasserseite verstrebt sind. Die Einzelheiten der Konstruktion gehen aus Abb. 377 bis 379 hervor. Die Laufkatze wird elektrisch durch eine Dynamomaschine bewegt, die durch einen Benzinmotor angetrieben wird. Die maschinelle Anlage ist in einem Maschinenhaus, welches in das Turmgerüst eingebaut ist (Abb. 379, Schnitt *c–d*), untergebracht. Abb. 380 zeigt das fertige Turmgerüst, in welchem das Maschinenhaus noch fehlt.

Als Belastung war eine Laufkatze mit Greifer nach Abb. 381 vorgeschrieben mit einer Spurweite von 3,7 m und einem Radstand von 2,0 m.

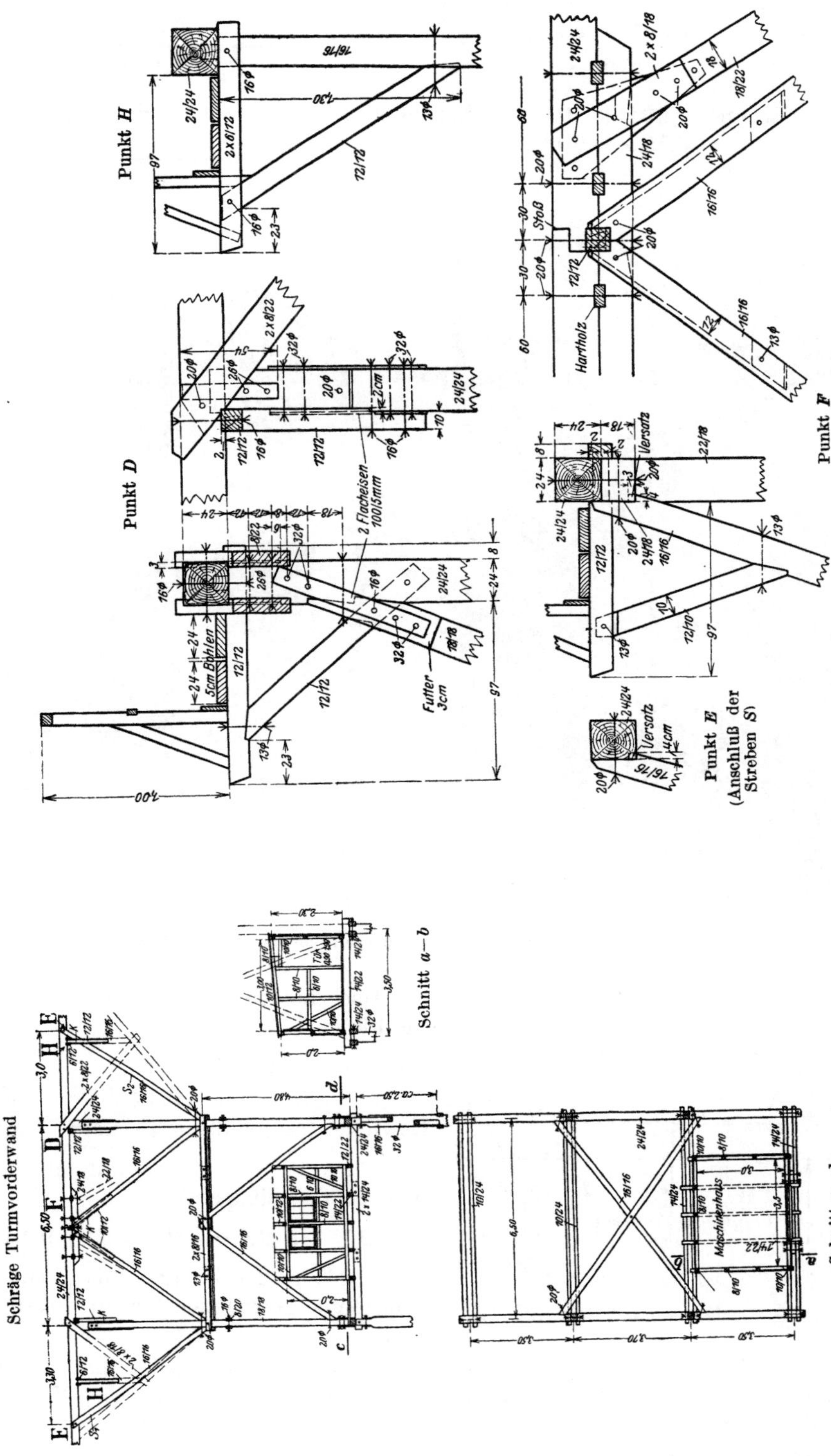

Abb. 379. Einzelheiten des Müllabladegerüstes mit eingebautem Maschinenhaus (vgl. auch Abb. 377).

Die größten Raddrücke sind:

Links:	1,15 t + 10% Stoßzuschlag	1,27 t
	0,55 t + 50% „	0,83 t
		$R_l = 2{,}10$ t.
Rechts:	1,60 t + 10% Stoßzuschlag	1,76 t
	0,55 t + 50% „	0,83 t
		$R_r =$ rd. 2,60 t.

Abb. 380. Müllabladegerüst nach Vollendung, jedoch noch ohne eingebautem Maschinenhaus.

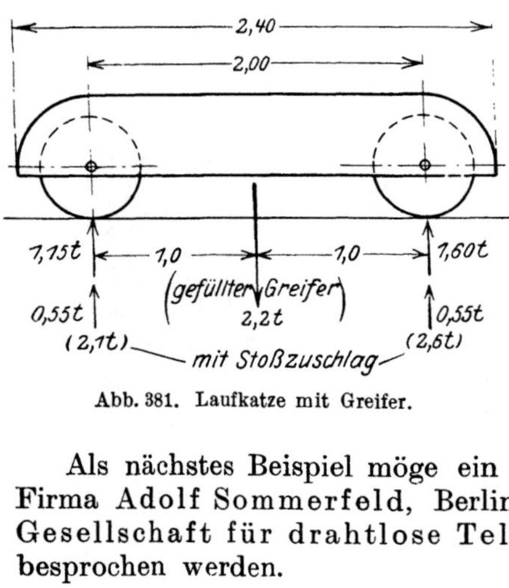

Abb. 381. Laufkatze mit Greifer.

Also bewegliche Last **ohne** Stoßzuschläge:

Raddrücke ohne Greifer

$$2 \cdot 1{,}15 + 2 \cdot 1{,}60 = 5{,}5 \text{ t}$$

Gewicht des gefüllten Greifers 2,2 t

zusammen 7,7 t;

mit Stoßzuschlägen:

$$2 \cdot 2{,}1 + 2 \cdot 2{,}6 = 4{,}2 + 5{,}2 = 9{,}4 \text{ t}.$$

Der Winddruck wurde mit 100 kg/m² senkrecht getroffener Fläche angenommen.

Als nächstes Beispiel möge ein vom Verfasser entworfener und von der Firma Adolf Sommerfeld, Berlin, 1918 ausgeführter Funkturm für die Gesellschaft für drahtlose Telegraphie m. b. H. in Seehof bei Berlin besprochen werden.

Die Abmessungen gehen aus Abb. 382 und der nachstehend wiedergegebenen statischen Berechnung hervor.

Der der Berechnung zugrunde gelegte Winddruck beträgt 150 kg/m² senkrecht getroffener Fläche. Als von Wind getroffene Fläche ist die ganze 1,25 m breite Fläche des eigentlichen Turmes angenommen, womit die hintereinanderliegenden Holzteile des Turmes und der Streben genügend berücksichtigt sind (Abb. 383). An der Spitze war ferner ein wagerechter Zug von 300 kg in der Windrichtung vorgeschrieben.

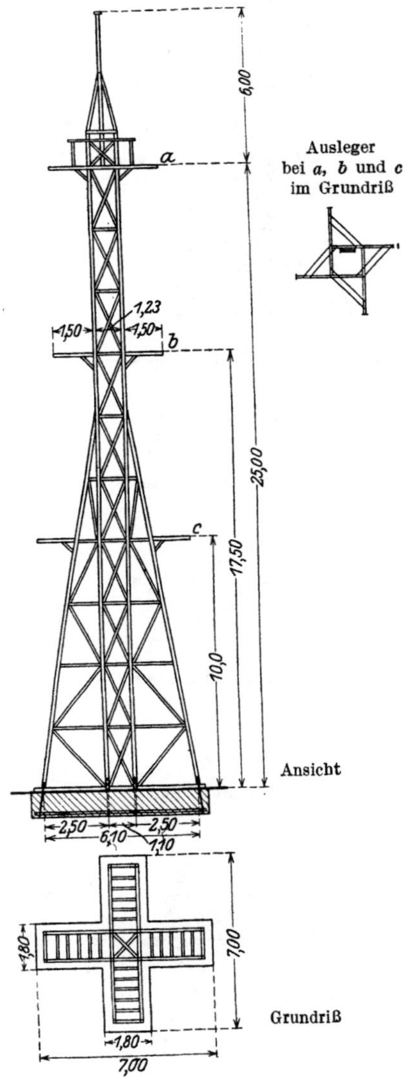

Abb. 382. Allgemeine Anordnung des Funkturmes in Seehof bei Berlin. (Ausführung: Adolf Sommerfeld, Berlin.)

Der Winddruck beträgt somit für die Turmhöhe:

$$W = 0{,}15 \cdot 1{,}25 = 0{,}188 = \text{rd. } 0{,}2\ \text{t/m}.$$

Querschnitt I—I (Abb. 384).

Stiele:

Die lotrechten Lasten können vernachlässigt werden.

$$M = 0{,}3 \cdot 10{,}0 + \frac{0{,}2 \cdot 10{,}0^2}{2} = 3{,}0 + 10{,}0$$

$$= 13{,}0\ \text{tm};$$

$$\text{Stieldruck } S = \frac{13{,}0}{2 \cdot 1{,}1} = 5{,}9\ \text{t};$$

$$J_{\text{erf}} = 80 \cdot 5{,}9 \cdot 2{,}5^2 = 2950\ \text{cm}^4.$$

Verwendet □ 14/14 mit $J = 3201\ \text{cm}^4$.

Diagonalen:

$$\text{Querkraft } Q = (0{,}3 + 0{,}2 \cdot 8{,}75)\frac{1}{2} = 1{,}0\ \text{t};$$

$$\text{Knicklänge } l = \sqrt{1{,}1^2 + 2{,}5^2} = 2{,}7\ \text{m};$$

$$D = \frac{1{,}0 \cdot 2{,}7}{1{,}1} = 2{,}5\ \text{t}.$$

$$J_{\text{erf}} = 80 \cdot 2{,}5 \left(\frac{2{,}7}{2}\right)^2 = 365\ \text{cm}^4.$$

Verwendet □ 7/13 mit $J = 372\ \text{cm}^4$.

Querschnitt II—II (Abb. 384 u. 385).

$$M = 0{,}3 \cdot 25{,}0 + \frac{0{,}2 \cdot 25{,}0^2}{2} = 7{,}5 + 62{,}5$$

$$= 70{,}0\ \text{tm}.$$

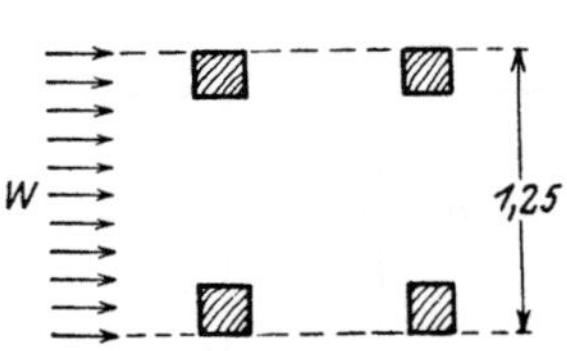

Abb. 383. Querschnitt durch den Turmschaft.

Für eine Strebe ist

$$Z = D = \frac{70{,}0}{2 \cdot 6{,}1} = 5{,}8\ \text{t};$$

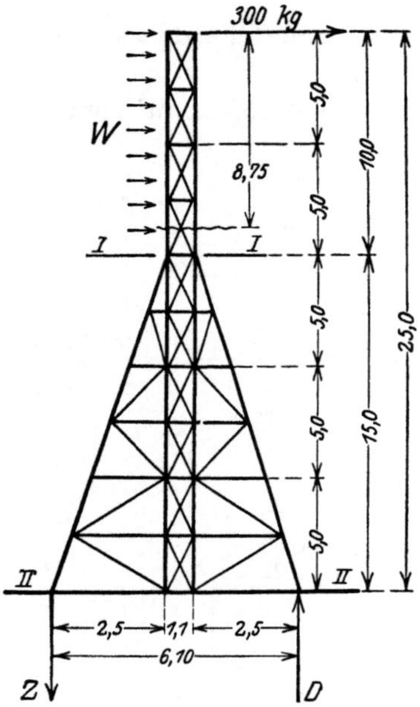

Abb. 384. System des Turmes.

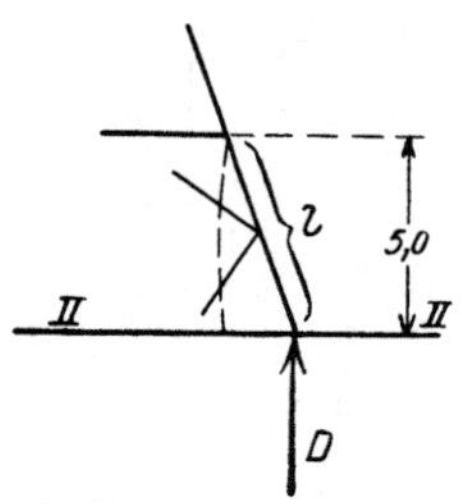

Abb. 385. Fußpunkt.

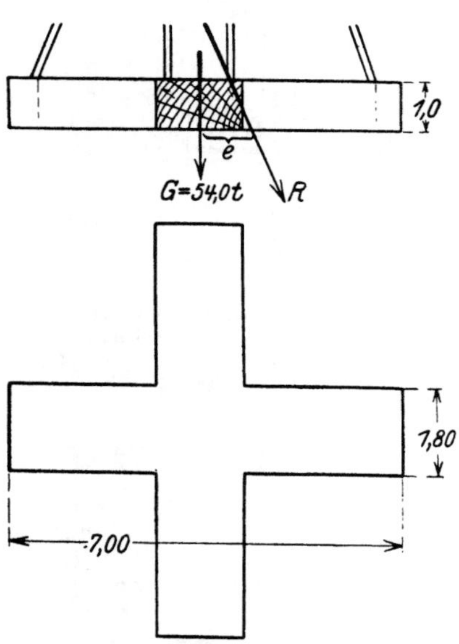

Abb. 386. Fundament des Funkturmes.

$$l = \frac{1}{3}\sqrt{2{,}5^2 + 15{,}0^2} = \frac{15{,}2}{3} = 5{,}1 \text{ m};$$

$$\frac{l}{2} = \text{rd. } 2{,}6 \text{ m};$$

$$J_{\text{erf}} = 80 \cdot 5{,}8 \cdot 2{,}6^2 = 3130 \text{ cm}^4.$$

Verwendet $\square$ 14/14 mit $J = 3201 \text{ cm}^4$.

Fundament (Abb. 386).

Kippmoment:

$$M = 0{,}3 \cdot 26{,}0 + 0{,}2 \cdot 25\,(12{,}5 + 1{,}0)$$
$$= 7{,}8 + 67{,}5 = 75{,}3 \text{ tm};$$

Fundamentgewicht (Beton):

$$G_1 = 1{,}8 \cdot 1{,}0\,(7{,}0 + 5{,}2) \cdot 2{,}2 = 48{,}4 \text{ t}$$

Turmgewicht . . . . 5,6 t

$G = 54{,}0$ t.

Ausschlag der Resultante von Fundamentmitte:

$$e = \frac{75{,}3}{54{,}0} = 1{,}4 \text{ m};$$

Abstand von der Kippkante:

$$c = 3{,}5 - 1{,}4 = 2{,}1 \text{ m};$$

Pressung des Baugrundes:

$$\sigma = \frac{2 \cdot 54\,000}{3 \cdot 210 \cdot 180} = 1{,}0 \text{ kg/cm}^2.$$

In das Fundament sind kreuzweise je zwei Eisenbahnschienen eingelegt.

Verankerung.

Anker für jede Strebe:

Zwei Flacheisen 80·8 $2 \cdot 8{,}0 \cdot 0{,}8 = 12{,}8 \text{ cm}^2$

Ab Bolzenloch (⌀ 2,6 cm)

$2{,}6 \cdot 2 \cdot 0{,}8 = 4{,}2$ „

$F = 8{,}6 \text{ cm}^2$;

$$\sigma = \frac{5800}{8{,}6} = 670 \text{ kg/cm}^2.$$

Anzahl der Bolzen.

Tragkraft eines Bolzens von 26 mm äußerem Durchmesser und $W = 1{,}72 \text{ cm}^3$ (s. S. 111)

$$Q = \frac{12 \cdot 1200 \cdot 1{,}72}{14} = 1770 \text{ kg},$$

somit Anzahl der erforderlichen Bolzen $n = \frac{5800}{1770} = 4$.

Lochwanddruck: $\sigma_l = \frac{2 \cdot 5800}{4 \cdot 14 \cdot 2{,}6} = 80\ \text{kg/cm}^2$.

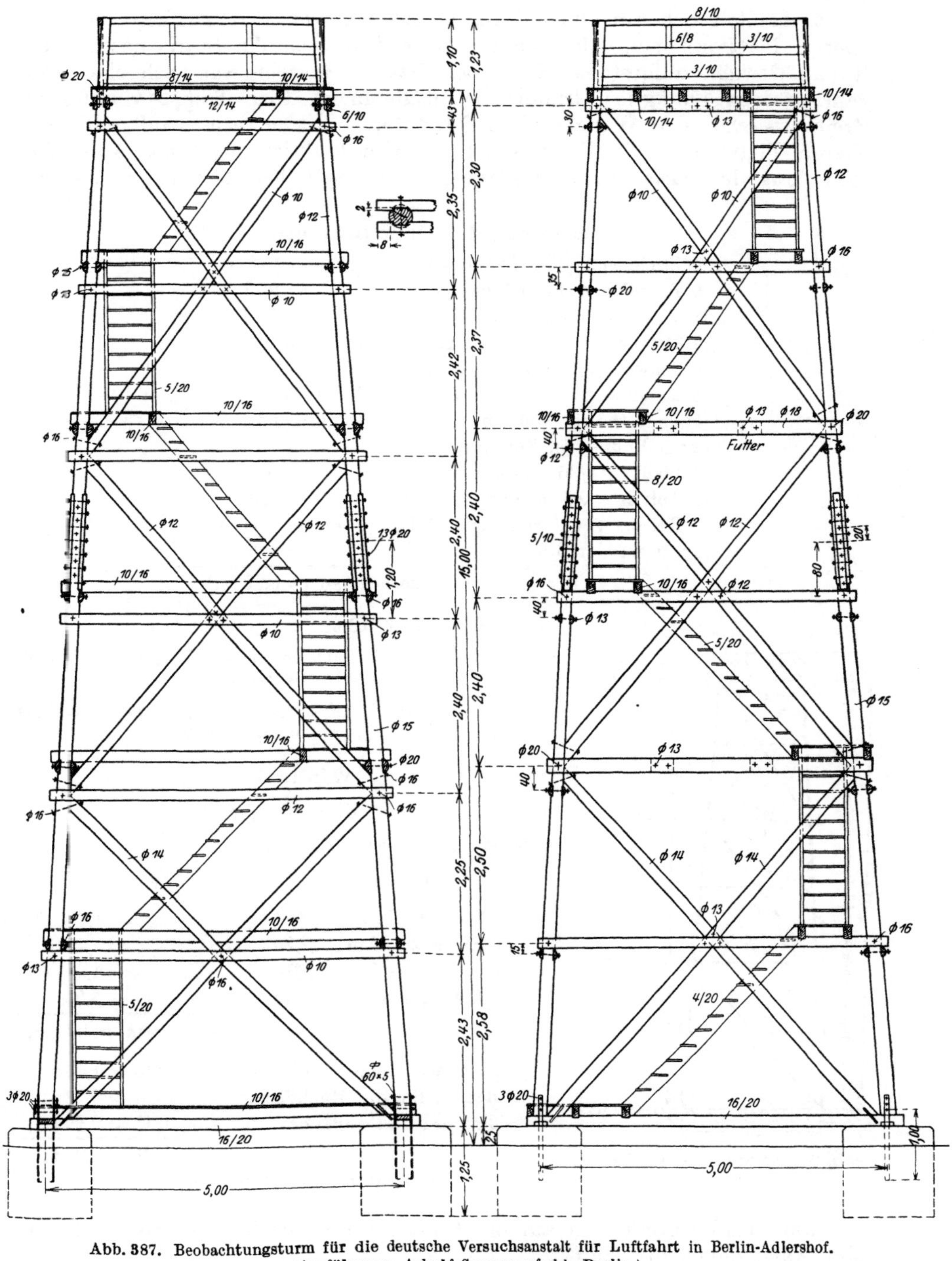

Abb. 387. Beobachtungsturm für die deutsche Versuchsanstalt für Luftfahrt in Berlin-Adlershof. (Ausführung: Adolf Sommerfeld, Berlin.)

Ein Beispiel eines aus Rundholz hergestellten Turmes, der auf dem Gelände der **Deutschen Versuchsanstalt für Luftfahrt**, E. V. in Berlin-Adlershof von der Firma **Adolf Sommerfeld**, Berlin, im Jahre 1925 ausgeführt worden ist, ist nachstehend wiedergegeben. Nur die Grundschwellen und die Traghölzer für die Plattform sind aus Kantholz angefertigt (Abb. 387).

Es handelt sich um einen Beobachtungsturm von 15,0 m Höhe, mit einer oberen Plattform von 3,5 × 3,5 m, auf welcher ein Windstärkemesser von 100 kg Gewicht aufgestellt ist. Neben diesem Gewicht war noch eine Verkehrslast von 125 kg/m² Grundfläche anzunehmen. Eine Treppe von 60 cm Breite zwischen den Wangen ohne Setzstufen führt in sechs Läufen bis zur oberen Plattform. Die Einzelheiten der Konstruktion gehen aus Abb. 387, sowie aus der nachstehend wiedergegebenen statischen Berechnung hervor.

Ermittlung des Turmgewichts.

4	Stiele von 16 m Länge, ∅ 16	= 1,28 m³
6	Riegel von 4 m Länge, ∅ 20	= 0,76 „
18	„ von 4,25 m Länge, ∅ 14	= 1,18 „
24	Diagonalen von 6 m Länge, ∅ 14	= 2,22 „
4	Schwellen von 5,50 m Länge, ∅ 16/18	= 0,64 „
6	Traghölzer von 3,50 m Länge, ∅ 10/14	= 0,30 „
5	Podesthölzer von 4 m Länge, ∅ 10/16	= 0,32 „
12	qm Fußboden, 3 cm stark	= 0,36 „
12	Wangen 5/26 von 3 m Länge	= 0,47 „
75	Auftritte 0,6 m lang, 4/22 cm	= 0,40 „
6	Kreuze von 6 m Länge, ∅ 14	= 0,55 „
60	m Geländer 6/8	= 0,29 „
	zusammen	= 8,77 m³

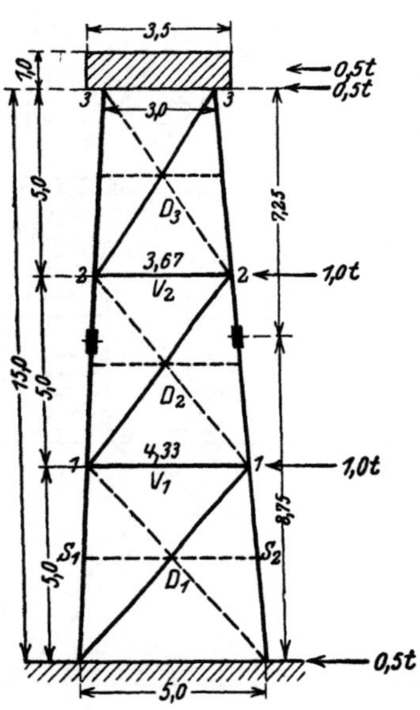

Abb. 388. Verteilung der Windkräfte.

$8{,}77 \cdot 0{,}7 = 6112$ t

Gewicht G_{max} = rd. 8,0 t bei nassem Holz einschließlich Nutzlast,

G_{min} = rd. 4,0 t bei ganz ausgetrocknetem Holz ohne Nutzlast.

Windkräfte.

$W = 150$ kg/m².

Oben ein 1,0 m hohes Band

$W = 1{,}0 \cdot 3{,}5 \cdot 0{,}15 =$ rd. 0,50 t,

2 Stiele zu	15 m,	∅16	= 4,80 m²,
3 Riegel zu	4 m,	∅20	= 2,40 „ ,
3 „ „	4,3 „	∅14	= 1,95 „ ,
6 Diagon. „	6,0 „	∅14	= 5,05 „ ,
		zusammen	14,20 m²,

da runde Hölzer: $W = 0{,}67 \cdot 14{,}2 \cdot 0{,}15 = 1{,}43$ t,

dazu $\frac{1}{2}$ für die Rückflächen $= 0{,}72$ t,

Treppen und Geländer $0{,}7 \cdot 15 \cdot \frac{1}{2} \cdot 0{,}15 = 0{,}80$ t,

$W = 2{,}95$ t,

abgerundet auf $W = 3{,}0$ t.

Der Wind verteilt sich auf die Knotenpunkte nach Abb. 388. Auf eine Tragwand davon die Hälfte.

Untersuchung der Stiele.

a) Stiel S_1 bei Wind von rechts:

$$S_1 = \frac{M_1}{4{,}33} = \frac{0{,}5\,(10{,}0 + 10{,}5) + 1{,}0 \cdot 5{,}0}{2 \cdot 4{,}33} = -\,1{,}76 \text{ t}$$

dazu lotrechte Last: . . . . . . $\frac{8{,}0}{4} = -\,2{,}00$ „

Druck $= -\,3{,}76$ t

Knicklänge: $l = 2{,}5$ m,

$$J_{erf} = 80 \cdot 3{,}76 \cdot 2{,}5^2 = 2760 \text{ cm}^4.$$

Verwendet Rundholz ⌀ 16 mit $J = 3217 \text{ cm}^4$: $F = 201 \text{ cm}^2$
ab für Verschwächung . . . . $^1/_3 = 67$ „

$F_n = 134 \text{ cm}^2$

$$\sigma = \frac{3760}{134} = 28 \text{ kg/cm}^2.$$

b) Stiel S_2 bei Wind von rechts:

$$S_2 = \frac{M_0}{5{,}0} = \frac{0{,}5\,(15{,}5 + 15{,}0) + 1{,}0\,(10{,}0 + 5{,}0)}{2 \cdot 5{,}0} = +\,3{,}0 \text{ t}$$

dazu lotrechte Last . . . . $= -\,1{,}0$ „

Zug $= +\,2{,}0$ t

Verankerung mit zwei Flacheisen $60 \cdot 5$ mm, 20 mm Bohrung:

$$F = 2\,(6 - 2)\,0{,}5 = 4 \text{ cm}^2,$$

$$\sigma = \frac{2000}{4{,}0} = 500 \text{ kg/cm}^2.$$

Zur Kraftübertragung im Stoß dienen Bolzen von 20 mm ⌀ mit $W = 0{,}79 \text{ cm}^3$. Bei Annahme dreieckförmiger Lastverteilung ergibt sich die Tragkraft eines Bolzens (s. S. 111) zu $= \frac{12\,\sigma_{zul} \cdot W}{b}$, worin $\sigma_{zul} = 1400 \text{ kg/cm}^2$ gesetzt werden kann:

$$Q = \frac{12 \cdot 1400 \cdot 0{,}79}{16} = 0{,}83 \text{ t}.$$

Es sind $n = \frac{2{,}0}{0{,}83} = 3$ Bolzen erforderlich.

Lochwanddruck: $\sigma_l = \frac{2 \cdot 2000}{3 \cdot 2{,}0 \cdot 16} = 42 \text{ kg/cm}^2$,

erf. Bolzenabstand: $e = \frac{2000}{3 \cdot 2 \cdot 16 \cdot 10} = 2{,}1$ cm,

ausgeführt $e = 8$ cm.

Untersuchung der Fundamente.

a) Größter Druck: $N = \frac{0{,}5\,(16{,}5 + 16{,}0) + 1{,}0\,(11{,}0 + 6{,}0)}{2 \cdot 5{,}0} = 3{,}33$ t

dazu lotrechte Last . . . . $= 2{,}00$ „

$N_{max} = 5{,}33$ t

$$H = \frac{3{,}5}{2 \cdot 2} = 0{,}90 \text{ t}$$

b) Größter Zug . . . . $= 3{,}33$ t
ab lotrechte Last . . . . $= 1{,}00$ „

$Z_{max} = 2{,}33$ t

Bei 1,5 facher Sicherheit muß das Fundament ein Gewicht von $1{,}5 \cdot 2{,}33 = 3{,}5$ t haben, bei Vernachlässigung der Reibung zwischen Fundamentkörper und Erdreich: Gewählt $1{,}2 \cdot 1{,}2 \cdot 1{,}2 = 1{,}73$ cm³ (Abb. 389):

$$G = 1{,}73 \cdot 2{,}2 = 3{,}8 \text{ t}.$$

Pressung des Baugrundes: $M = 0{,}9 \cdot 1{,}2 = 1{,}08$ tm.

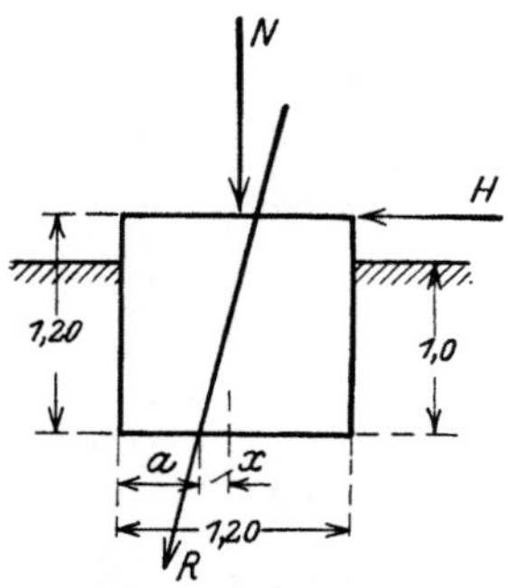

Abb. 389. Fundament.

Ausschlag der Resultante:

$$x = \frac{1{,}08}{5{,}33} = 0{,}2 \text{ m (geht durch den Drittelpunkt)}$$

bzw.

$$x = \frac{1{,}08}{4{,}33} = 0{,}25 \text{ m}, \qquad a = 60 - 25 = 35 \text{ cm},$$

$$\sigma = \frac{2 \cdot 5330}{120 \cdot 120} = 0{,}74 \text{ kg/cm}^2$$

bzw.

$$\sigma' = \frac{2 \cdot 4330}{2 \cdot 35 \cdot 120} = 1{,}03 \text{ kg/cm}^2.$$

Füllstäbe (Abb. 388).

a) Riegel:

$$V_1 = 0{,}5 + 2 \cdot 0{,}25 = +1{,}0 \text{ t}.$$

Verwendet 2 ∅ 12 cm, an den Stielen 2 cm eingeklinkt (Abb. 390).

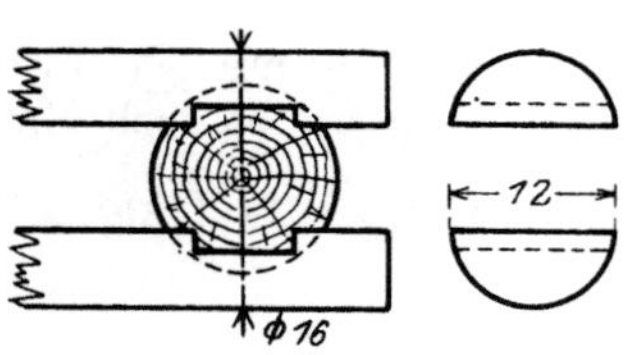

Abb. 390. Anschluß der Riegel.

Pressung des Langholzes der Stiele:

$$\sigma = \frac{1000}{2 \cdot 2 \cdot 12} = 21 \text{ kg/cm}^2,$$

erf. Überstand:

$$a = \frac{1000}{2 \cdot 12 \cdot 10} = 4{,}2 \text{ cm},$$

ausgeführt $a = 10$ cm.

Alle übrigen Riegel, auch die Zwischenriegel, 2 ∅ 12.

b) Streben:

$$D_1 = \frac{2\,(0{,}5 + 0{,}25)}{\sin\varphi} = \frac{1{,}5}{\sin\varphi},$$

$$l = \sqrt{4{,}67^2 + 5{,}0^2} = 6{,}85 \text{ m},$$

$$\sin\varphi = \frac{4{,}67}{6{,}85} = 0{,}704,$$

$$D_1 = \frac{1{,}5}{0{,}704} = -2{,}13 \text{ t}.$$

Knicklänge:

$$l' = \frac{l}{2} = 3{,}43 \text{ m},$$

$$J_{erf} = 80 \cdot 2{,}13 \cdot 3{,}43^2 = 2000 \text{ cm}^4.$$

Verwendet ∅ 15 mit $J = 2485$ cm⁴.

An der Kreuzungsstelle mit der Gegenstrebe überblattet und verbolzt und durch den Zwischenriegel gehalten.

$$F = \frac{176}{2} = 88\ \text{cm}^2,$$

$$\sigma = \frac{2130}{88} = 24\ \text{kg/cm}^2.$$

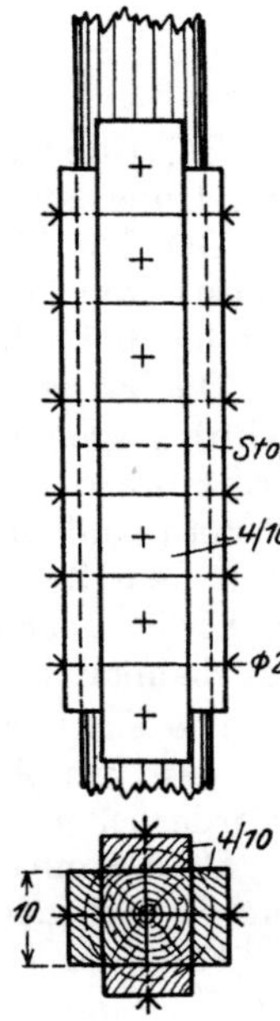

Abb. 391. Stoßverbindung der Stiele.

Exzentrizität rd. 3 cm:

$$M = 2130 \cdot 3 = 6390\ \text{kgcm},$$

$$W = 80\ \text{cm}^3,$$

$$\sigma_{max} = 24 + \frac{6390}{80} = 104\ \text{kg/cm}^2,$$

$$D_2 = \frac{2 \cdot 0{,}25 + 0{,}50}{\sin\varphi} = \frac{1{,}0}{\sin\varphi},$$

$$l = \sqrt{4{,}0^2 + 5{,}0^2} = 6{,}40\ \text{m},$$

$$\sin\varphi = \frac{4{,}0}{6{,}4} = 0{,}625,$$

$$D_2 = \frac{1{,}0}{0{,}625} = -1{,}6\ \text{t}; \quad l' = 3{,}2\ \text{m},$$

$$J_{erf} = 80 \cdot 1{,}6 \cdot 3{,}20^2 = 1310\ \text{cm}^4.$$

Verw. ⌀ 13 mit $J = 1402$ cm.

$$D_3 = \frac{0{,}5}{\sin\varphi}; \quad l = \sqrt{3{,}33^2 + 5{,}0^2} = 6{,}0\ \text{m},$$

$$\sin\varphi = \frac{3{,}33}{6{,}0} = 0{,}56; \quad l' = 3{,}0\ \text{m},$$

$$D_3 = \frac{0{,}5}{0{,}56} = -0{,}90\ \text{t},$$

$$J_{erf} = 80 \cdot 0{,}9 \cdot 3{,}0^2 = 650\ \text{cm}^4.$$

Verw. ⌀ 12 cm mit $J = 1018\ \text{cm}^4$.

Stoßverbindung der Stiele (Abb. 391.)

Die Stiele werden zwischen den Knotenpunkten 1 und 2 (vgl. Abb. 388) gestoßen.

Die Zugkraft beträgt an dieser Stelle:

$$Z = \frac{M_1}{4{,}33} = \frac{0{,}5\,(10 + 10{,}5) + 1 \cdot 5{,}0}{2 \cdot 4{,}33} = -1{,}76\ \text{t}$$

$$\text{ab lotrechte Last} \quad \ldots \frac{4{,}0}{4}\,\frac{7{,}25}{16{,}0} = 0{,}46\ \text{„}$$

$$Z = 1{,}30\ \text{t}$$

Verwendet vier Stoßlaschen 4 cm stark und etwa 10 cm breit, ferner Bolzen von 20 mm ⌀.

Tragkraft genügend genau:

$$Q = \frac{12 \cdot 1400 \cdot 0{,}79}{10 + 4} = 0{,}95\ \text{t}.$$

Verwendet für jede Verlaschung drei Bolzen auf einer Seite des Stoßes.

J. Brücken.

I. Allgemeines.

Bei jeder Brücke unterscheidet man zwei Hauptteile: den Überbau und den Unterbau.

Der Überbau umfaßt die Fahrbahn (bei Fußgängerbrücken die Gehbahn), welche unmittelbar den Verkehr aufnimmt, und die Hauptträger, welche die Fahrbahn stützen und ihrerseits auf dem Unterbau ruhen.

Die Fahrbahn wird je nach dem Verkehr (Straße, Fußweg oder Eisenbahn) ausgebildet und besteht im allgemeinen aus der Fahrbahndecke, der Fahrbahntafel und dem Fahrbahnrost, d. h. Längs- und Querträger; letztere sind an die Hauptträger angeschlossen bzw. auf diesen gelagert. Je nach dem Zweck und der Art der Brücke können die Längsträger, zuweilen auch die Querträger, also der Fahrbahnrost, fehlen; in diesem Fall ruht die Fahrbahntafel unmittelbar auf den Hauptträgern.

Die Fahrbahntafel besteht bei hölzernen Straßen- oder Fußgängerbrücken aus dem zur Aufnahme der Fahrbahndecke (Bohlenbelag oder Beschotterung) erforderlichen (zweiten) Bohlenbelag.

Bei Eisenbahnbrücken tritt an Stelle der Fahrbahndecke und -tafel das Gleis mit den Schwellen, welche außer den Schienen noch einen Bohlenbelag tragen.

Falls die Fahrbahntafel mit den Längs- und Querträgern zur Versteifung des Überbaues gegen seitliche Kräfte (Winddruck, Seitenstöße und Fliehkräfte von Eisenbahnfahrzeugen) nicht ausreicht, sind besondere (wagerechte) Verbände, bzw. portalartige (lotrechte) Aussteifungen erforderlich.

Sehr zweckmäßig für den Schutz einer Holzbrücke gegen Nässe ist eine Überdachung und seitliche Verschalung; zuweilen werden nur die Hauptträgerobergurte überdacht.

Der Unterbau überträgt die Hauptträgerlasten auf den Baugrund und wird im besonderen bezeichnet als Pfeiler und zwar, je nach der Lage zu den Hauptträgern, als Mittel-, End- oder Landpfeiler bzw. Widerlager.

Außer Straßen-, Fußgänger- und Eisenbahnbrücken kommen auch noch Brücken vor, welche Leitungen (für Gas und Wasser), Kranbahnen (für Laufkatzen oder Laufkrane) oder Förderwagen, die auf Schmalspurgleisen laufen, aufzunehmen haben.

II. Die Fahrbahn.

1. Straßenbrücken.

Die Fahrbahn der Straßenbrücken besteht, wie schon erwähnt, aus der Fahrbahndecke, der Fahrbahntafel und dem aus Längs- und Querträgern gebildeten Fahrbahnrost. Die Fahrbahntafel, die die Fahrbahndecke trägt, wird fast immer aus starken Bohlen hergestellt, die in Abständen von 0,6 bis 1,0 m durch die Längs- oder Querträger zu unterstützen sind.

Als Fahrbahndecke wird häufig ein Bohlenbelag von 5 bis 8 cm Stärke genommen, der quer zur Fahrtrichtung dicht verlegt wird. Liegen die Bohlen in der Fahrtrichtung, so haben die Pferde schlechten Halt und es bilden sich leicht Spurrinnen, die das Ausweichen der Fahrzeuge erschweren. Abb. 392 zeigt eine Fahrbahn mit doppeltem Bohlenbelag und anschließendem Fußweg. Der obere Bohlenbelag (Fahrbohlen) ist der Abnutzung ausgesetzt und dient nur zum Schutze der unteren Tragbohlen. Ist er an einzelnen Stellen zu sehr ausgefahren, so wird er dort ausgewechselt. Für die oberen Fahrbohlen wird hauptsächlich Eichen-, Buchen- und Kiefernholz verwendet. Eichen- und Buchenholz sind fest und hart, letzteres reißt aber leicht bei Wechsel von Nässe und Trockenheit und wird leicht glatt. Kiefernholz splittert und ist daher nur bei schwachem Verkehr zu empfehlen. Für die unteren Tragbohlen eignet sich Kiefern- und Eichenholz, in der Regel wird wohl ersteres, da es erheblich billiger ist, zur Anwendung kommen. Ihre Stärke ist etwa 10—16 cm. Die Tragbohlen werden entweder dicht oder wegen der besseren Austrocknung mit etwa 2 cm Fuge verlegt. Es empfiehlt sich, unteren und oberen Bohlenbelag in Fahrbahnmitte zu stoßen, um Auswechselungen schadhafter Bohlen ohne Störung des Verkehrs, immer auf einer Seite der Fahrbahn, vornehmen zu können.

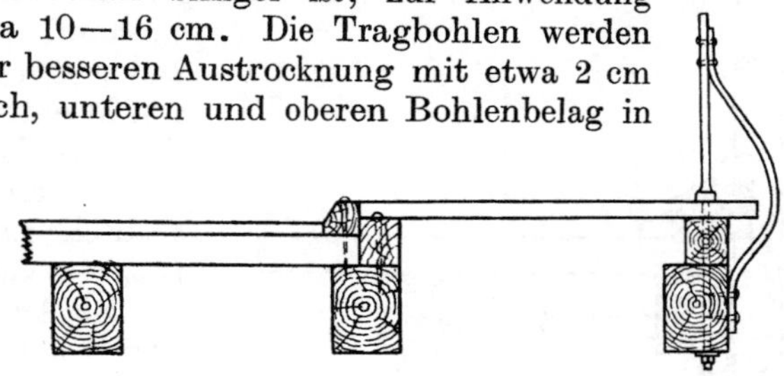

Abb. 392. Fahrbahn mit doppeltem Bohlenbelag und anschließendem Fußweg mit einfachem Belag.

Bei der Auflagerung des Bohlenbelages auf den Längs- und Querbalken ist es zweckmäßig, zur Trockenhaltung der Balken Luftklötze mit Deckbrettern zu verwenden (Abb. 393). Werden keine Luftklötze verwendet, so sind die Balken zum Schutz gegen das durch den Bohlenbelag dringende Wasser mit Dach-

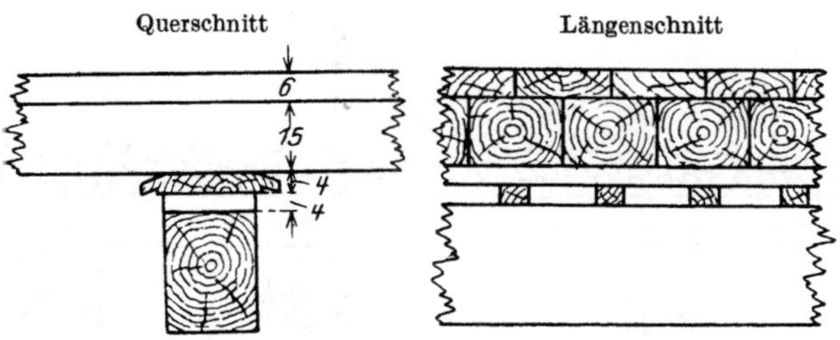

Abb. 393. Fahrbahn mit Luftklötzen und Deckbrettern.

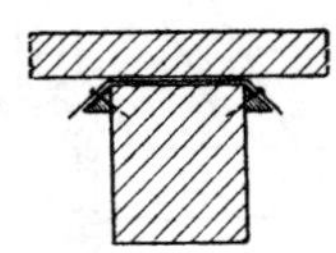

Abb. 394. Abdeckung der Balken gegen Nässe.

pappe, Asphaltfilz oder Zinkblech abzudecken (Abb. 394). Zur Entwässerung der Fahrbahn nach den beiden Seiten ist ein Quergefälle von mindestens 1 : 70 erforderlich.

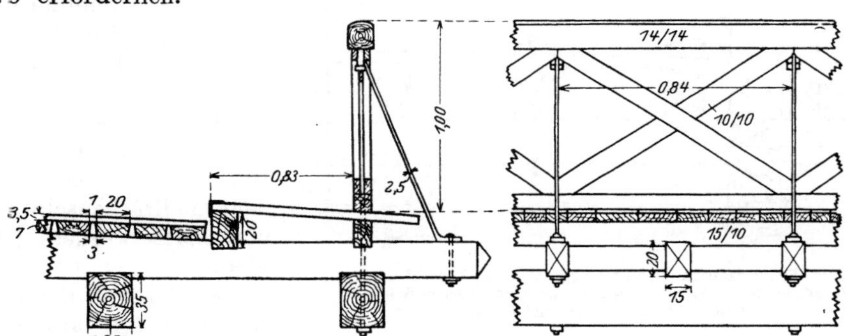

Abb. 395. Fahrhahn mit Tragbohlen in der Fahrtrichtung. Fußweg auf Querbohlen mit Außengefälle.

Werden die Tragbohlen in die Fahrtrichtung gelegt (Abb. 395), so ist dieses Quergefälle leicht herzustellen.

Bei untergeordneten Bauwerken (mit schwachem Verkehr) wird nur ein Bohlenbelag angeordnet, wobei die Tragbohlen zugleich Fahrbohlen sind. Abb. 396 zeigt eine Fahrbahn mit einfachem Bohlenbelag und ohne Fußweg. Die Enden der Bohlen werden durch eine hölzerne Bordschwelle, die mit dem Längsbalken verbolzt ist, festgeklemmt und im übrigen werden die Bohlen durch Nägel an den Längsbalken befestigt.

Zweckmäßig für Landstraßenbrücken ist auch eine im Mittel 16 bis 20 cm starke Beschotterung über den Tragbohlen, die in 3 bis 4 cm Abstand verlegt werden (Abb. 397). Nachteilig ist nur das hohe Eigengewicht, ferner der Umstand, daß bei Auswechselung angefaulter Tragbohlen ein Teil der Schotterschicht entfernt werden muß. Es empfiehlt sich, die Tragbohlen, die lufttrocken sein müssen, mit einem doppelten heißen Teeranstrich zu versehen, oder mit Asphaltpappe abzudecken.

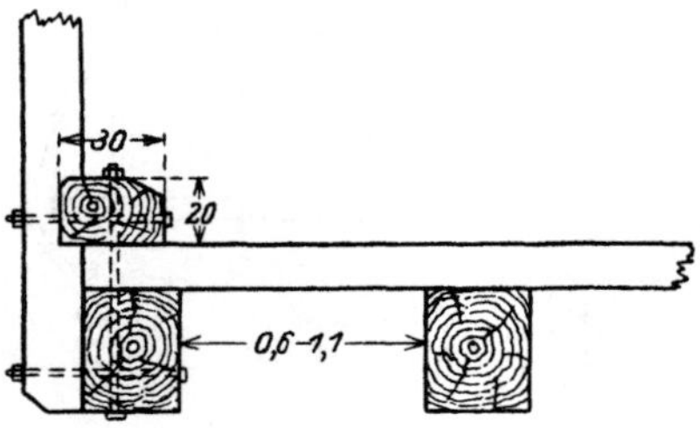

Abb. 396. Fahrbahn mit einfachem Bohlenbelag ohne Fußweg.

Die Anordnung der Fußwege und Geländer geht aus den Abb. 392 und 395 bis 398 hervor.

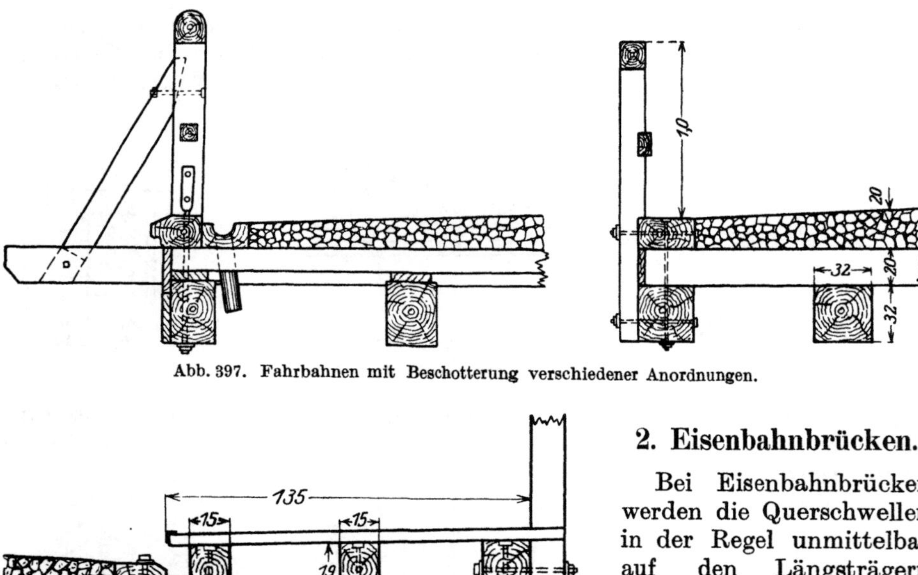

Abb. 397. Fahrbahnen mit Beschotterung verschiedener Anordnungen.

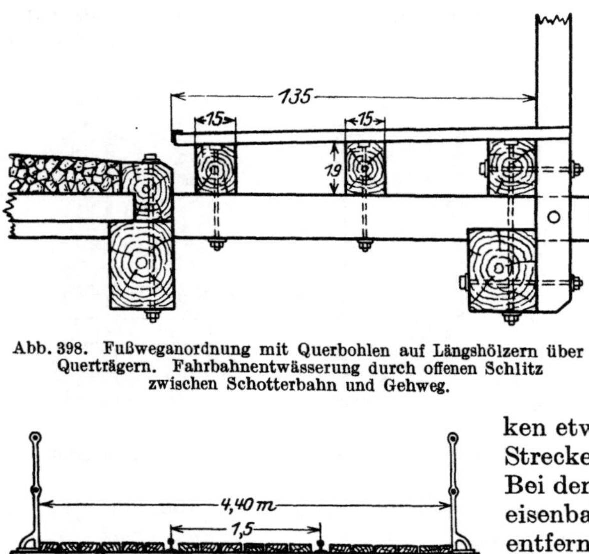

Abb. 398. Fußweganordnung mit Querbohlen auf Längshölzern über Querträgern. Fahrbahnentwässerung durch offenen Schlitz zwischen Schotterbahn und Gehweg.

2. Eisenbahnbrücken.

Bei Eisenbahnbrücken werden die Querschwellen in der Regel unmittelbar auf den Längsträgern (Hauptträger) gelagert, wobei besonders lange und starke Schwellen, sogenannte Brückenschwellen, verwendet werden (Abb. 399).

Der Abstand der Querschwellen soll auf Brükken etwas geringer sein als auf freier Strecke und 60 bis 80 cm betragen. Bei den früheren preußischen Staatseisenbahnen ist als größte Mittenentfernung 60 cm vorgeschrieben, da bei diesem Maß die Räder entgleister Fahrzeuge nur wenig zwischen zwei Schwellen einsinken können. An Stößen liegen die Schwellen näher

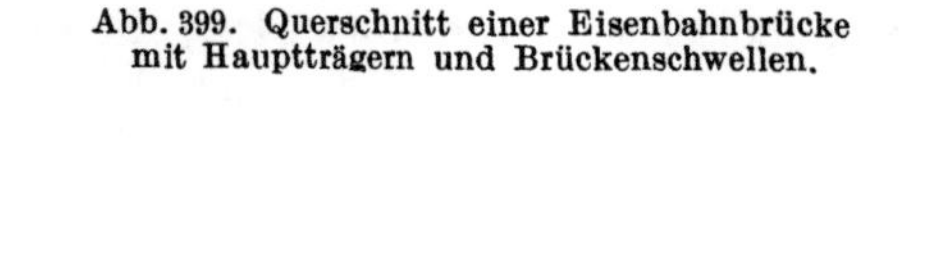

Abb. 399. Querschnitt einer Eisenbahnbrücke mit Hauptträgern und Brückenschwellen.

und zwar 42 bis 60 cm. Bei Brücken bis 16 m Stützweite sind Schienenstöße ganz zu vermeiden, nötigenfalls durch Anwendung 18 m langer Schienen. Zur Aufnahme des Fußweges wird jede zweite Schwelle ein- oder beiderseitig verlängert.

Abb. 400. Brücke mit vier Längsträgern.

Reicht unter jeder Schiene je ein Längsträger nicht aus, so ordnet man deren mehrere, je zwei oder drei, an; jedoch empfiehlt es sich nicht, unmittelbar unter der Schiene einen Längsträger zu legen, da das Fahren bei Biegebeanspruchung der Schwellen elastischer ist (Abb. 400).

Über die Anordnung des Geländers bei Eisenbahnbrücken vgl. Abb. 401.

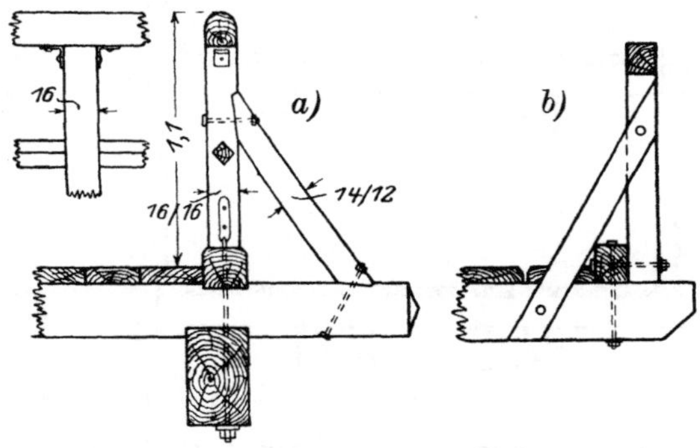

Abb. 401. Anordnung des Geländers: *a)* mit Außenstreben, *b)* mit Innenstreben.

III. Die Hauptträger.

1. Einfache Balkenbrücken.

Unter einfachen Balkenbrücken versteht man die Brücken kleinerer Spannweiten, bei welchen man noch mit einfachen Hölzern (Kant- oder Rundhölzern) auskommt, die meist unmittelbar die Fahrbahntafel tragen, so daß besondere Längs- und Querträger entbehrt werden können.

Die beiden äußeren Randbalken heißen Ortbalken. Diese einfachen Hölzer (Brückenbalken, Tramen, Ennsbäume), die die Hauptträger der Brücke darstellen, werden entweder vollkantig (20/24 bis 30/36 cm), baumkantig (Abb. 402 a) oder als beschlagene bzw. beschnittene Rundhölzer bis 45 cm größtem Durchmesser (Abb. 402 b und c) verwendet.

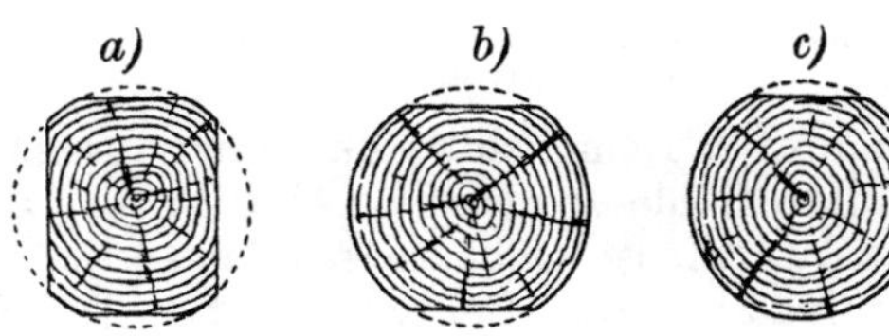

Abb. 402. Querschnitte von Brückenbalken.

Für Dauerbauten werden meist vollkantige Balken, für Hilfsbauten Rundhölzer, beschlagen oder unbeschlagen, benutzt. Letztere sind wegen ihrer größeren Tragfähigkeit billiger.

Der Balkenabstand beträgt bei Straßenbrücken 0,7 bis 1,5 m. Unter den Fußwegen können die Balken in größerem Abstand angeordnet werden.

Je nach der Belastung lassen sich bei Straßenbrücken mit rechteckigen Balken Spannweiten bis etwa 6 m, mit runden Balken solche bis etwa 8 m überdecken. Bei Eisenbahnbrücken reichen sie bei Hauptbahnen bis zu einer Spannweite von etwa 3 m.

Je nach der Spannweite und nach dem Lastenzug werden für ein Gleis, wie schon oben angedeutet, zwei bis sechs Tragbalken (bei den preußischen Notbrücken acht bis zwölf Balken) angeordnet (Abb. 403).

Bei Wahl von zwei Trägern legt man sie am zweckmäßigsten in einem Mittenabstand gleich der 1,5fachen Spurweite, also $1{,}5 \cdot 1{,}5 = 2{,}25$ m, da dann die Verbindungsbolzen zwischen Schwelle und Träger ohne Störung durch die Schienenbefestigung eingezogen werden können.

Die Tragbalken werden auf Schwellen (Eichenholz) gelagert, die bei Dauerbrücken auf gemauerten Widerlagern, bei Hilfsbrücken auf Jochen ruhen, wobei die Schwellen im letzteren Falle jeweils den Holm der Joche, die Joch-

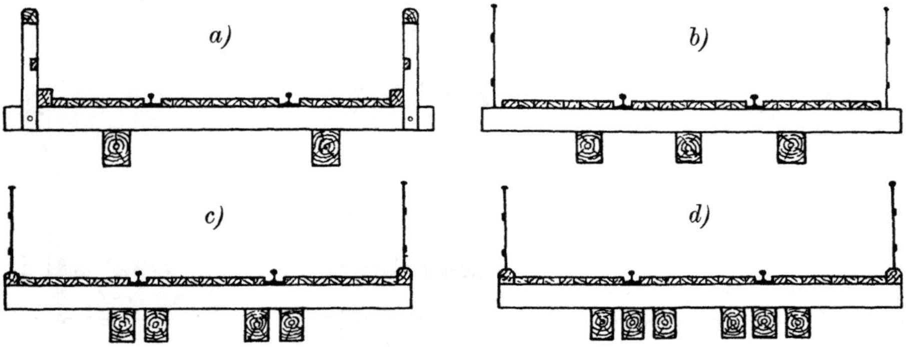

Abb. 403. Anordnung der Hauptträger bei Eisenbahnbrücken.

schwelle, bilden. Tragbalken und Jochschwelle werden 2 bis 3 cm ineinander eingeblattet, damit Längs- und Querverschiebungen verhindert werden.

Falls die Tragbalken auf Jochen ruhen, so umgibt man am besten die Balkenköpfe mit einer Kiesschüttung (Abb. 404), damit das Tagewasser leicht

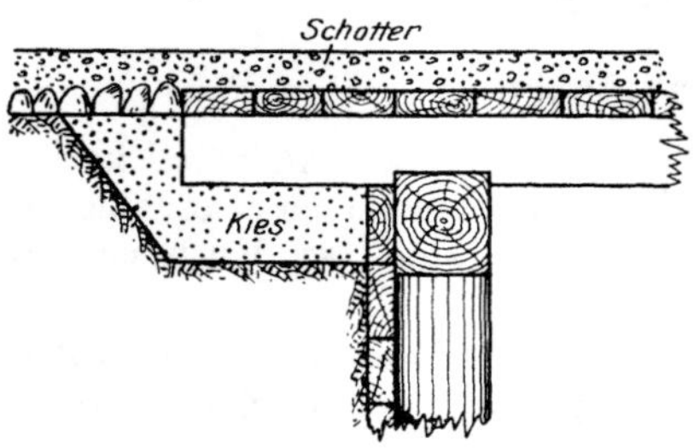

Abb. 404. Tragbalken, auf einem Joch gelagert, mit Kiesschüttung.

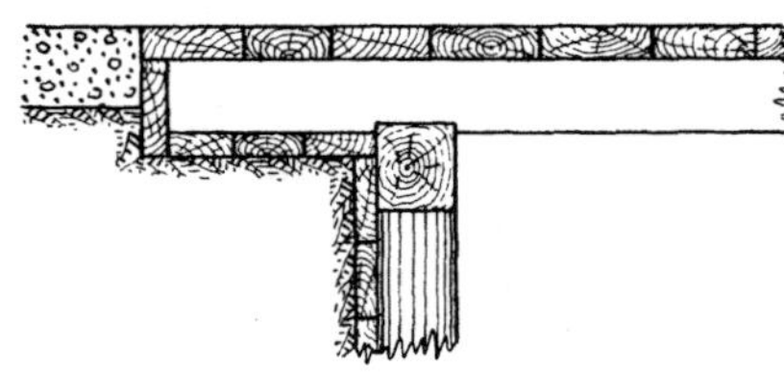

Abb. 405. Tragbalken mit Bohlenverkleidung.

abläuft. Es empfiehlt sich ferner, gegen das Hirnholz des Balkens eine getränkte Bohle zu nageln (Abb. 405). Das Bestreichen der Balkenköpfe mit Teer u. dgl. ist nicht zu empfehlen, da hierdurch das Austrocknen des Holzes verhindert wird. Bei gemauerten Widerlagern läßt man vor den Balken-

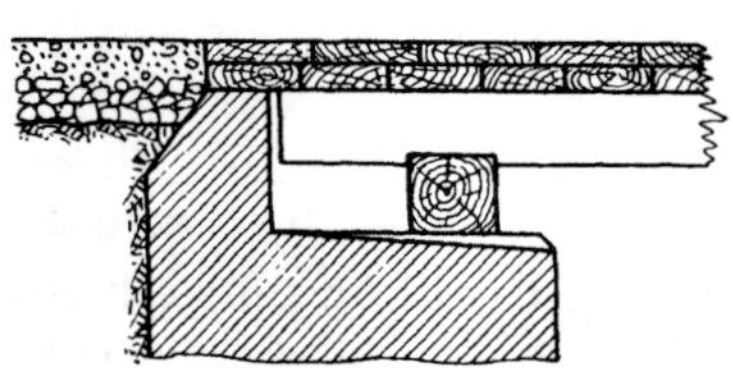

Abb. 406. Tragbalken auf massivem Widerlager mit Luftschlitz vor den Balkenköpfen.

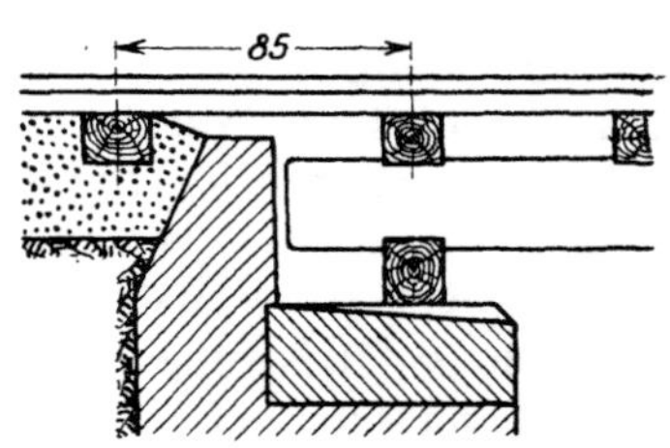

Abb. 407. Anschluß des Tragwerks an das massive Widerlager bei Eisenbahnbrücken.

köpfen etwa 5 cm Luft, wodurch die Austrocknung am zweckmäßigsten erfolgt (Abb. 406).

Bei Eisenbahnbrücken ist die letzte Schwelle vor der Brücke in Schotter zu legen und zwar so, daß der Schwellenabstand über dem Auflager nicht mehr als 85 cm beträgt (Abb. 407).

Bei den Notbrücken der früheren preußischen Staatseisenbahnen geschieht die Unterstützung der Hauptträger durch zwei Querbalken (Abb. 408), welche bei festem Boden auf Schwellen gelegt werden, die entweder dicht oder zu je 6 bis 7 Stück angeordnet sind. Die Länge der Unterlagschwellen beträgt 1,3 bis 2,6 m, wobei die Bodenpressung etwa 0,5 kg/cm² nicht überschreiten soll.

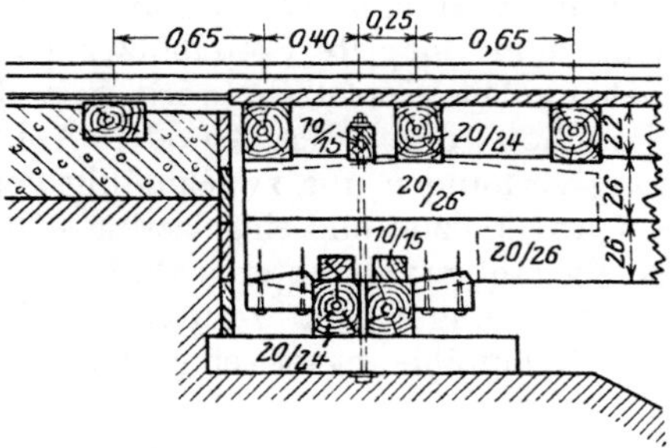

Abb 408. Auflagerung der Hauptträger bei den Notbrücken der preußischen Staatseisenbahnen.

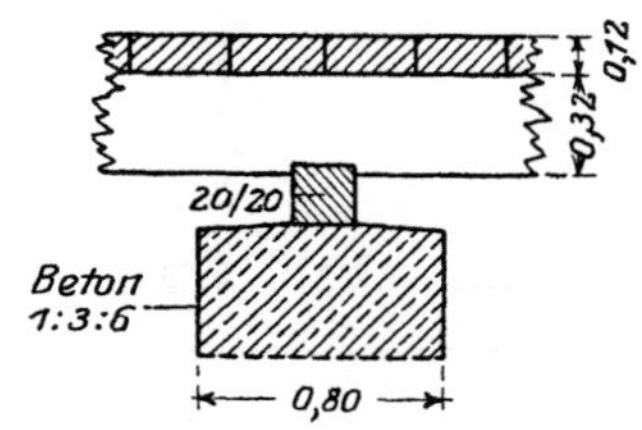

Abb. 409. Auflagerung auf einer Mauerschwelle.

Die Auflagerung auf Mittelpfeilern aus Stein, Beton oder Holz erfolgt bei durchlaufenden Tragbalken mittels einer Mauerschwelle (Abb. 409) oder einer Jochschwelle (Holm, Abb. 410) mit teilweiser Überblattung.

Sind die Hauptträger über dem Mittelpfeiler gestoßen, so werden zwei Schwellen verwendet. Abb. 411a zeigt die Auflagerung auf einem Massivpfeiler und Abb. 411b die Auflagerung auf einem zweiteiligen Pfahljoch. Bei einem einfachen Joch kann die Auflagerung nach Abb. 411c ausgeführt werden. Hier ist eine schräge Überblattung zweckmäßig, da die Balkenenden am wenigsten geschwächt werden. Man kann natürlich auch über den Mittelpfeilern die Balkenden nebeneinender legen, indem die Balken zweier benachbarter Felder um eine Balkenbreite gegeneinander verschoben werden (Abb. 412).

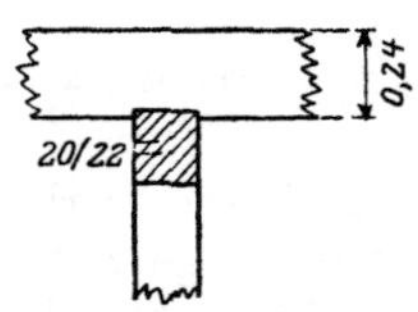

Abb. 410. Auflagerung auf einer Jochschwelle.

Zwecks Verstärkung des Auflagers kann auch ein Sattelholz verwendet werden (Abb. 413), welches bei Stoßverbindungen mit den beiden Balkenenden

a)

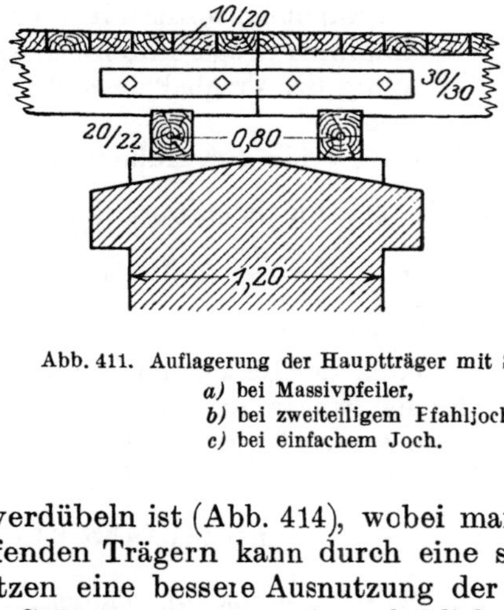

b)

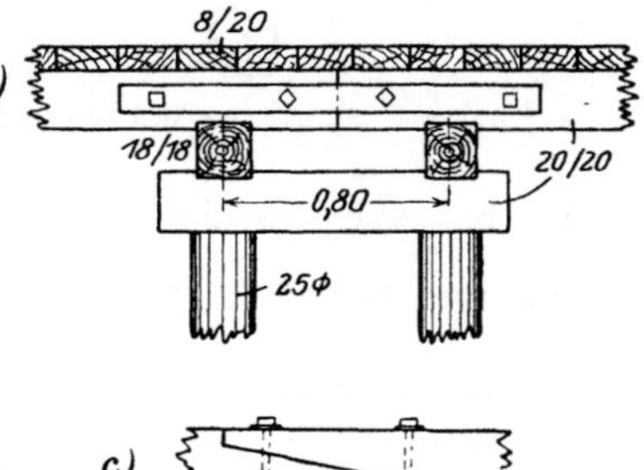

c)

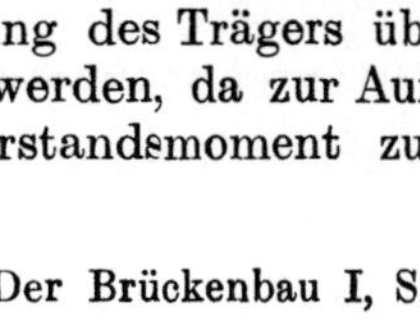

Abb. 411. Auflagerung der Hauptträger mit Stoßverbindung:
a) bei Massivpfeiler,
b) bei zweiteiligem Pfahljoch,
c) bei einfachem Joch.

zu verdübeln ist (Abb. 414), wobei man ungefähr $h_1 = 0{,}8\,h$ wählt. Bei durchlaufenden Trägern kann durch eine solche Verstärkung des Trägers über den Stützen eine bessere Ausnutzung der Balken erzielt werden, da zur Aufnahme des Stützenmomentes ein erheblich größerer Widerstandsmoment zur Verfügung steht[1]).

[1]) Über die Berechnung der Sattelhölzer vgl. Melan: Der Brückenbau I, S. 153.

Eine bessere Wirkung wird durch Anordnung eines Sattelholzes mit **Kopfstreben**, auch **Kopfbänder** oder **Kopfbüge** genannt, erreicht (Abb. 415). Das Sattelholz ist mit dem Tragbalken zu verbolzen, nötigenfalls noch zu verdübeln (s. vorher).

Das untere Ende der Kopfstreben soll über Hochwasser liegen, andernfalls sind doppelte Sattelhölzer vorzuziehen. Die Kopfstrebe wird mit dem Sattelholz durch Versatz oder Anblattung verbunden und zweckmäßig gegen ein angebolztes und eingelassenes Querholz gestoßen; am unteren Ende werden zur Stützung Zangen verwendet, die in die Jochpfähle etwas eingelassen und mit diesen verbolzt sind (Abb. 415). Zuweilen werden unter die Zangen Knaggen gesetzt, um ein Abbiegen derselben zu verhüten (Abb. 416).

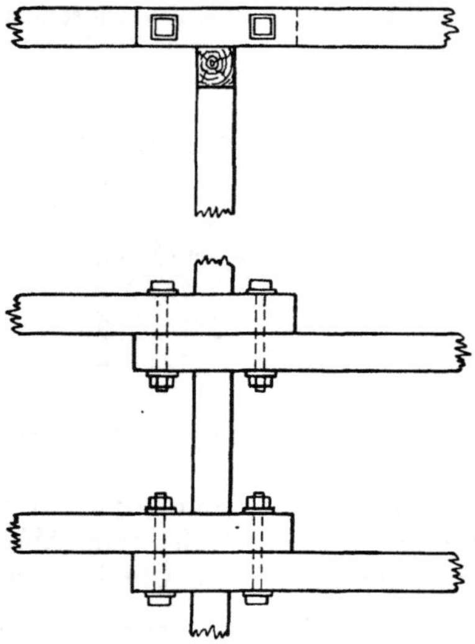

Abb. 412. Auflagerung der Hauptträger nebeneinander.

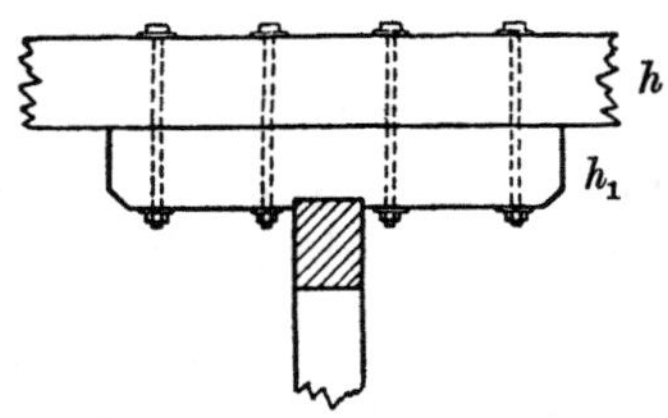

Abb. 413. Auflagerung mittels Sattelholz.

Durch Sattelholz und Kopfstreben wird eine gewisse Einspannung der Tragbalken an den Jochpfeilern erzielt (Abb. 417), jedoch kann man wegen der Biegung des Sattelholzes in Verbindung mit einem etwaigen Nachgeben der Joche oder einer Lockerung der Verbindungsbolzen mit einer vollkommen wagerechten Einspannung der Tragbalken nicht rechnen.

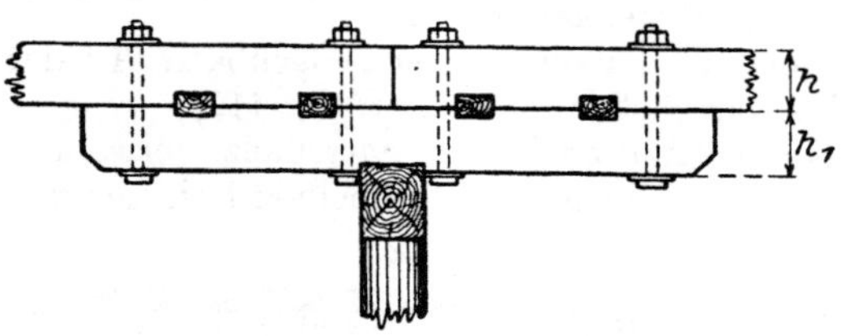

Abb. 414. Auflagerung mit Stoßverbindung.

Ist bei einer gleichmäßig verteilten Belastung q für 1 m Balkenlänge das Einspannungsmoment $M = \frac{q\,l^2}{12}$, so empfiehlt **Melan** höchstens mit einem Moment $M = \frac{q\,l^2}{10}$ (teilweise Einspannung) zu rechnen[1]).

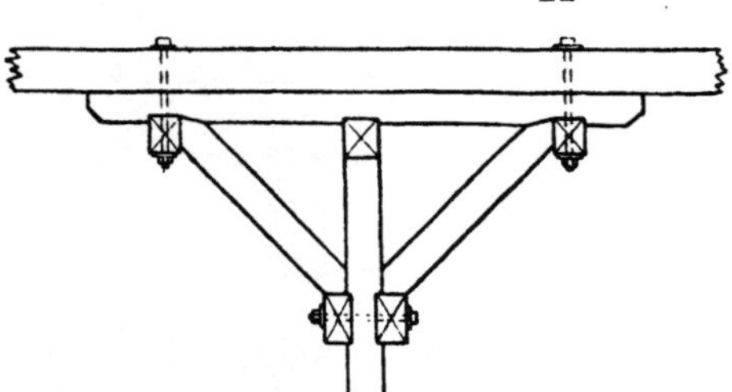

Abb. 415. Auflagerung mittels Sattelholz u. Kopfstreben.

Falls der Balken im Endfeld die gleiche Stärke erhalten soll, so ist seine freie Länge, bei Fehlen einer Kopfstrebe am Endauflager, etwa $l_1' = \frac{5}{6}\,l_1$ zu machen (Abb. 418).

Melan empfiehlt jedoch, von einer Berücksichtigung der Einspannung überhaupt abzusehen und den Tragbalken als freiaufliegend mit der Stützweite l_1 zu berechnen (Abb. 417).

---

[1]) **Melan**: Der Brückenbau I, S. 159.

Ist g die Belastung infolge Eigengewicht auf 1 m Balkenlänge und M_p das größte Moment infolge Verkehrslast für die Stützweite l_1, so ist das größte Balkenmoment für ein Mittelfeld (Abb. 417)

$$M = M_p + \frac{1}{8} g l_1^2 - \frac{1}{2} g a^2.$$

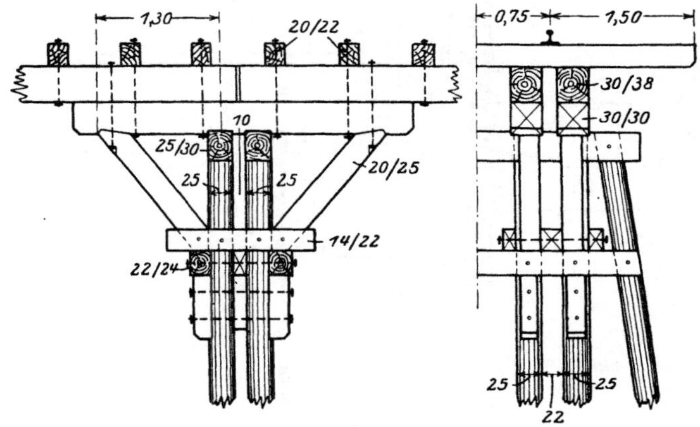

Abb. 416. Oberer Teil des Mitteljochs einer Eisenbahnbrücke.

Die Länge des Sattels a wählt man zweckmäßig

$$a = 0{,}15\, l \text{ bis } 0{,}20\, l.$$

Der Strebendruck D ergibt sich ohne Berücksichtigung des Biegewiderstandes des Sattelholzes zu (Abb. 419)

$$S = \frac{A}{\cos\alpha},$$

worin A der größte Auflagerdruck am Strebenkopf ist.

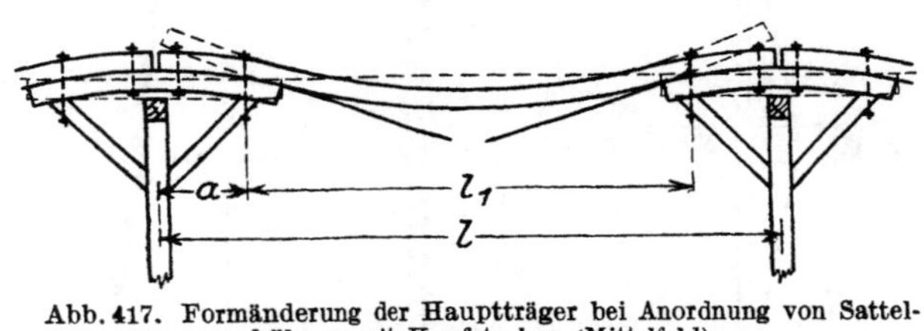

Abb. 417. Formänderung der Hauptträger bei Anordnung von Sattelhölzern mit Kopfstreben (Mittelfeld).

Melan bestimmt den Strebendruck unter Berücksichtigung der Entlastung durch das Sattelholz aus der Formänderungsarbeit des Sattelholzes und der Strebe zu

$$S = \mu \frac{A}{\cos\alpha}.$$

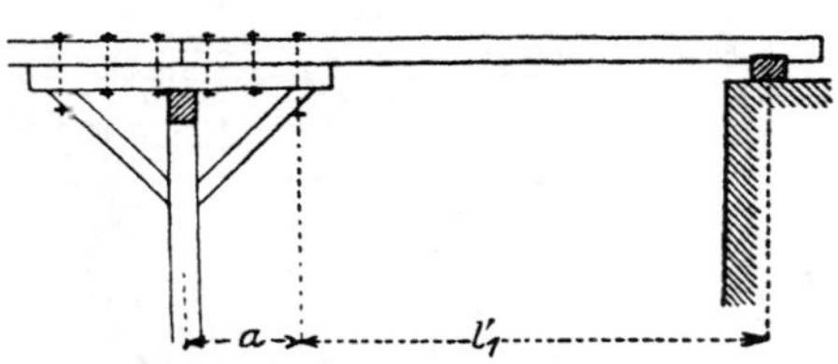

Abb. 418. Endfeld der Brücke nach Abb. 417.

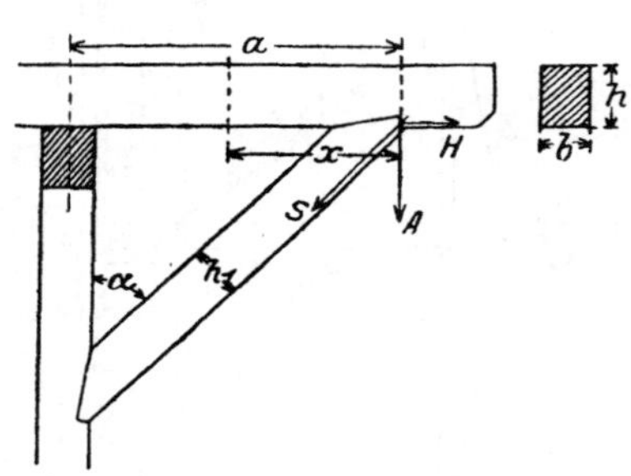

Abb. 419. Belastung der Strebe.

Die Strebe ist unter Berücksichtigung der Exzentrizität zu berechnen, wobei der Einfachheit halber S in der unteren Kante der Strebe wirkend angenommen werden kann. Dann ist die Längskraft $N = S$ und das Moment

$$M_1 = S \frac{h_1}{2}.$$

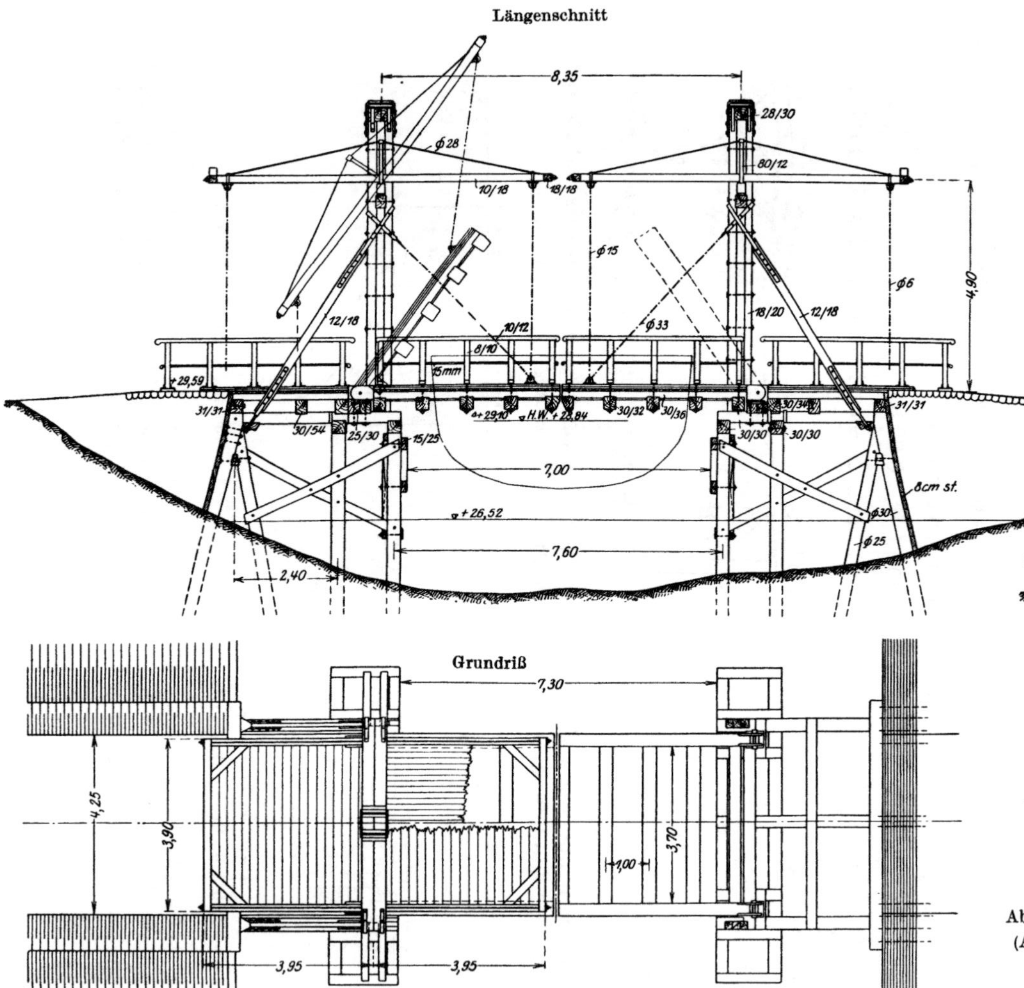

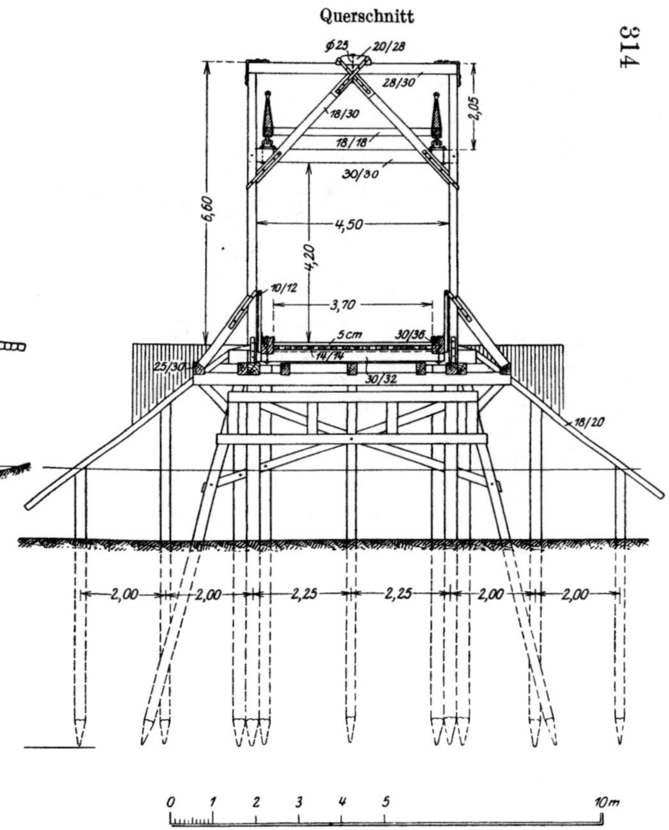

Abb. 420. Allgemeine Anordnung der Straßenbrücke bei Milow a. d. Havel. (Ausführung: Norddeutsche Tiefbaugesellschaft m. b. H., Berlin.)

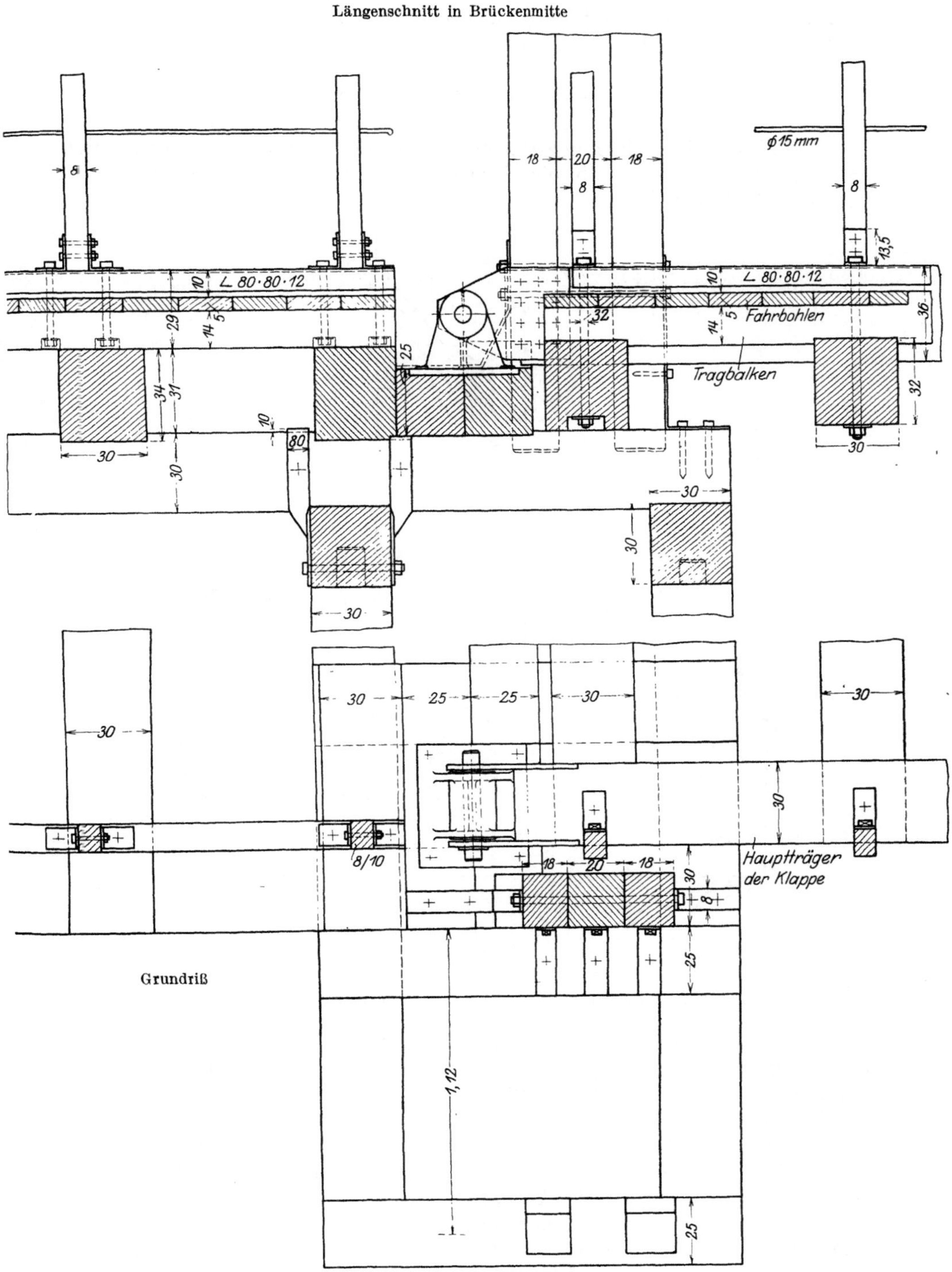

Abb. 421. Einzelheiten der Lagerung der Hauptträger und der Portale auf den Jochen.

Die Kraft $H = S \sin\alpha = \mu A \operatorname{tg}\alpha$ erzeugt im Sattelholz einen exzentrischen Zug, der zu berücksichtigen ist.

Das Moment im Sattelholz über der Stütze ist, da vom Auflagerdruck ein Teil μA durch die Strebe aufgenommen wird,

$$M = (1 - \mu) A \cdot a - \mu A \operatorname{tg}\alpha \cdot \frac{h}{2}.$$

Ein Beispiel einer einfachen Balkenbrücke, die deshalb Beachtung verdient, weil sie beweglich ist, stellt die Straßenbrücke über die Stremme bei Milow a. d. Havel dar[1]).

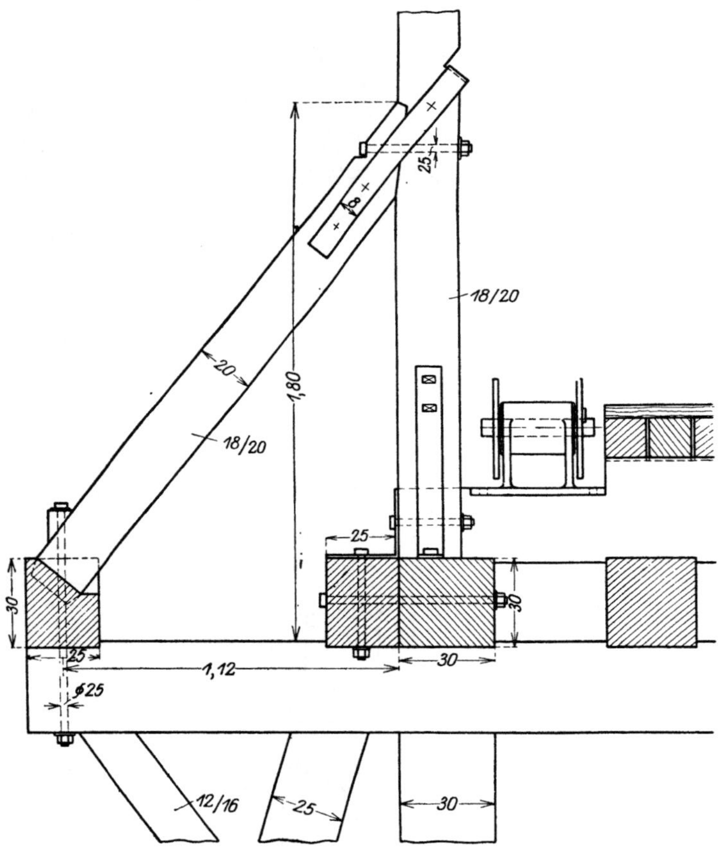

Abb. 422. Abstrebung des Portalständers nach außen (vgl. hierzu Abb. 421).

Das vom Verfasser entworfene Bauwerk wurde von der Norddeutschen Tiefbaugesellschaft m. b. H. (jetzt: Aktiengesellschaft für Tiefbauunternehmungen), Berlin, im Jahre 1921 ausgeführt.

Die lichte Durchfahrtweite der Brücke beträgt 7,0 m (Abb. 420), die wegen der geringen Durchfahrthöhe durch einen beweglichen Teil überbrückt werden mußte. Die beiderseitigen Pfeiler bilden mit den Bollwerken feste Joche, die die Portale zur Lagerung der Ziehbäume tragen.

Die Breite der Brückenfahrbahn beträgt 3,70 m, die lichte Weite der beiden Portale, die die Ziehbäume stützen, 4,50 m (Abb. 421 u. 422). Die Hauptträger der beiden Klappen bestehen aus Balken von 30/36 cm; in geschlos-

[1]) Bauing. 1922, H. 2, S. 45.

senem Zustande der Brücke ruhen sie einerseits mittels ihres Endquerträgers auf den Jochen, so daß das Drehgelenk entlastet wird, und andererseits hängen sie an der Tragkette. Die Hauptträger stellen einseitig ausgekragte Balken von 3,5 m Stützweite dar mit einem nach der Brückenmitte vorgekragten Teil von nur 0,5 m. In geschlossenem Zustande bleibt zwischen den Klappen ein Schlitz von etwa 3 cm, womit vermieden werden soll, daß die Hauptträger infolge gegenseitiger Abstützung unendlich große Achsialkräfte erhalten, die leicht eine Verschiebung und damit Lockerung der Drehpunkte zur Folge haben könnten. Die Gesamtlänge der Hauptträger, von Brückenmitte bis Drehpunkt, beträgt rd. 4,5 m. Der Drehpunkt wird durch ein scharnierartiges Bolzenlager (Abb. 421 u. 422) aus Gußeisen gebildet. Die aus 33 mm starken Gliedern bestehende Tragkette ist an dem Portal durch Flacheisen 100 · 10 mm nach Abb. 420 angeschlossen. Die letzteren sind nach den Enden zu in Augen ausgeschmiedet, durch welche ein 40 mm starker Stahlbolzen geführt ist, der andererseits durch das erste Kettenglied geht. An der gleichen Stelle greift die Rückhaltstrebe an, die gleichfalls durch Flacheisen mit Bolzen einerseits mit dem Portal, andererseits mit dem Joch verbunden ist. Die unteren Flacheisen sind an den Enden rund geschmiedet und mit Gewinden versehen, so daß die Streben nachgestellt werden können. Auf diese Weise können die Portale nach hinten gezogen werden, falls die Tragketten samt Anschlußstellen etwa nachgeben sollten und die Klappenenden deshalb in eine höhere Ruhelage gebracht werden müssen.

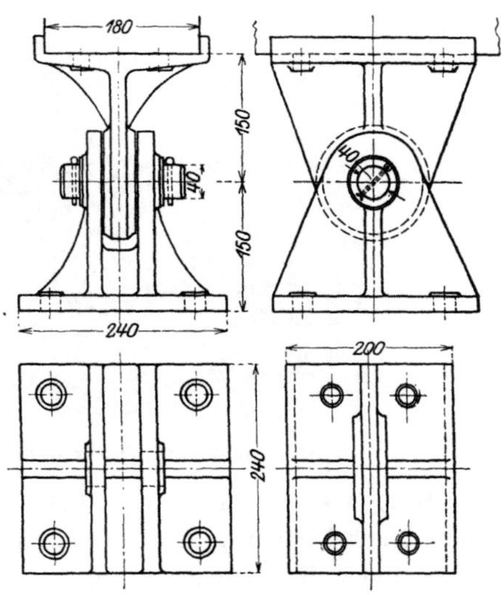

Abb. 423. Gußeisernes Auflager der Ziehbäume.

Die Querträger besitzen einen Abstand von 1,0 m und sind mittels Bolzen unter die Hauptträger gehängt; um den Hauptträgerabstand zu sichern, sind sie an diese 5 cm angeblattet (Abb. 420 u. 421). Der Querschnitt der Querträger ist 30/32 cm; ihre Stützweite von Mitte bis Mitte Hauptträger mißt 4,0 m, ihre Gesamtlänge beträgt 4,3 m. Die Fahrbahnlasten werden mittels parallel zur Brückenachse laufenden, fast dicht liegenden Kanthölzern 14/14 auf die Querträger übertragen, auf welche sie 2 cm aufgesattelt sind. Quer zu ihnen sind schließlich die 5 cm starken Fahrbohlen gelegt und mit ihnen vernagelt. Die Ausbildung der Schrammkanten mittels eines Winkeleisens und die Befestigung des Geländers geht aus den Abbildungen hervor. Bemerkenswert ist noch der Brückenverschluß, ein Rundeisenriegel, der durch eine Schelle mit Vorhängeschloß gegen unbefugte Eingriffe gesichert werden kann.

Die Hebevorrichtung besteht aus dem eingangs erwähnten zweiteiligen Ziehbaum oder Hebebaum, einem gleicharmigen Hebel, der im Schwerpunkt auf dem Portalriegel mittels zweier gußeiserner Bolzenlager (Abb. 423) ruht. Der Hebebalken von 18/18 cm Querschnitt ist durch ein Rundeisen von 28 mm Durchmesser nach oben abgespannt, so daß er nur achsiale Kräfte erhält. In 3,5 m Abstand vom Drehpunkt greift die 15 mm starke Hebekette an, die nur das Eigengewicht der Klappe von rd. 4,5 m Länge = 3,2 t zu heben hat. Auf jede der beiden Ketten kommen also je 1,6 t, welche durch das Gegengewicht auszugleichen waren. Das Gegengewicht wird durch Schrott gebildet, welches in je einem von beiden Hebebäumen getragenen Holzkasten untergebracht ist. Da anfangs beim Öffnen der Klappen erhebliche Reibungswiderstände zu beseitigen waren, hat es sich als zweckmäßig erwiesen, einen Teil dieser Reibungswiderstände durch Erhöhung der Gegengewichte auf je etwa 1,90 t aufzuheben. Dieses Gewicht wurde durch Ausprobieren ermittelt.

Für das Öffnen jeder Klappe sind zwei Mann erforderlich, die an je einer an jedem Hebelende befestigten 6 mm starken Ketten ziehen müssen und der Hauptsache nach die noch vorhandenen Reibungswiderstände zu überwinden haben.

Abb. 424 zeigt die Brücke in fertigem Zustande, aber ohne Hinterfüllung der Bollwerke, und zwar bei hochgezogenen Klappen.

Abb. 424. Fertige Brücke in geöffnetem Zustande (ohne Hinterfüllung).

Als Belastung war vorgeschrieben ein Lastwagen von 12 t Gewicht, daneben Menschengedränge von 400 kg/m² Grundfläche.

An Baustoffen wurde verbraucht:

a) Holz

rd. 20,6 m³	Rundpfähle der Joche und Bohlwände,
32,9 „	Kantholz und Bohlen der Joche u. Bohlwände,
11,9 „	„ „ „ des beweglichen Überbaues (Klappen),
12,4 „	„ der Portale und Geländer
77,8 m³	gesamter Holzbedarf.

b) Eisen

615 kg	Gußeisen für die Lager,
494 „	Flußeisenketten,
1581 „	Saumwinkel, Flacheisen, Rundeisen usw.,
650 „	Bolzen
3340 kg	Guß- und Flußeisen, außerdem

rd. 3,8 t Schrott für die Gegengewichte.

Das ganze Bauwerk wurde mit Karbolineum gestrichen.

Der Preis des Bauwerks in Holz stellte sich zu $\frac{1}{2,7}$ des Preises in Eisenkonstruktion mit massiven Pfeilern.

2. Balkenbrücken mit zusammengesetzten Hauptträgern.

Die zusammengesetzten Träger (verzahnter, verdübelter und verklötzelter Balken) sind schon auf S. 137 u. f. allgemein behandelt worden.

Die nachstehenden Übersichten von Winkler[1]) geben einen Anhaltspunkt über die Verwendung von zusammengesetzten Trägern zu Straßen- und Eisenbahnbrücken, wobei allerdings zu berücksichtigen ist, daß die heutigen Verkehrslasten erheblich größer sind als die den Übersichten zugrunde gelegten. Für Kanthölzer ist eine größte Höhe von 35 cm, für Rundhölzer ein größter Durchmesser von 45 cm angenommen. Die Angaben beziehen sich ferner auf dauernde Straßenbrücken und vorläufige Eisenbahnbrücken. Die Hauptträger sind als frei aufliegend (ohne Sattelhölzer) vorausgesetzt.

Bei Anwendung von Sattelhölzern und Kopfstreben lassen sich die Spannweiten um 2 bis 3 m vergrößern.

Straßenbrücken.

Nr.	Konstruktion	Maximalspannweite leichte Wagen	Maximalspannweite schwere Wagen	Maximalspannweite sehr schwere Wagen
1	Verzahnte Träger mit 2 Balken	9,5	8,8	7,7
2	Verdübelte Träger mit 2 Balken	11,3	10,4	8,6
3	Klötzelholzträger mit 3 Balken; 2 Träger			
	4 Meter breit	9,7	8,9	7,8
	6 Meter breit	7,8	7,2	6,2

Eisenbahnbrücken.

Nr.	Konstruktion	Größtstützweite Hauptbahnen	Größtstützweite Normalspurige Nebenbahnen	Größtstützweite 1 m Spur	Größtstützweite 0,75 m Spur
4	Verzahnte Träger aus 2 Balken				
	2 Träger	4,4	5,5	6,6	7,6
	4 Träger	7,4	8,4	9,5	10,6
5	Verzahnte Träger aus 3 Balken				
	2 Träger	6,7	7,8	8,8	9,9
	4 Träger	10,5	11,8	13,2	14,5
6	Verdübelte Träger aus 2 Balken				
	2 Träger	5,2	6,5	7,8	9,9
	4 Träger	8,8	10,0	11,3	14,5
7	Verdübelte Träger aus 3 Balken				
	2 Träger	8,0	9,3	10,5	11,8
	4 Träger	12,5	14,1	15,7	17,3
8	Verdübelte Träger aus 4 Balken				
	2 Träger	12,5	14,1	15,7	17,3
	4 Träger	17,1	19,6	22,0	24,5
9	Klötzelholzträger aus 2 Balken				
	2 Träger	7,2	9,0	10,8	13,7
	4 Träger	12,1	13,8	15,6	20,0
10	Klötzelholzträger aus 4 Balken				
	2 Träger	14,1	15,9	17,7	19,5
	4 Träger	19,3	22,1	24,9	27,7

[1]) Winkler: Hölzerne Brücken, S. 189 u. 190.

Bei Straßenbrücken mit zusammengesetzten Hauptträgern wird der lichte Trägerabstand größer als bei einfachen Balkenbrücken angenommen und zwar etwa 1,0 bis 1,3 m.

Bei Eisenbahnbrücken gilt das gleiche; die Trägerentfernung ist hier so groß zu wählen, daß hinreichend starke Querverstrebungen eingebaut werden können; hierbei ist zu berücksichtigen, daß die Stärke der Querschwellen noch ausreicht.

Bei zwei oder vier außerhalb des Gleises liegenden Hauptträgern kann man mit dem lichten Trägerabstand bis etwa 2,8 m gehen. Werden zwischen den beiden Schienen Träger angeordnet, so können die äußeren Hauptträger so weit nach außen gelegt werden, daß das Geländer an ihnen angebolzt werden kann (Abb. 425).

Zur Querversteifung gegen seitliche Kräfte (Winddruck) genügt bei kleinen Spannweiten eine Verbindung der Hauptträger durch Querhölzer bzw. Schwellen, die an die Hauptträger anzublatten und anzubolzen sind.

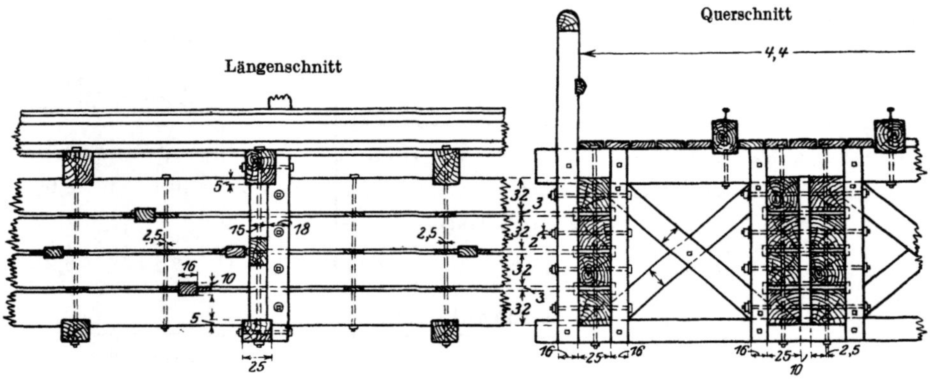

Abb. 425. Eisenbahnbrücke mit vier verdübelten Hauptträgern.

Die unteren Querhölzer können durch Andreaskreuze zu einem Windverband ausgestaltet werden. Werden drei oder vier Einzelbalken verwendet, so sind zwischen diese besondere Querkreuze einzubauen (Abb. 425), die insbesondere eine gemeinsame Wirkung der Hauptträger gewährleisten sollen. Diese Querkreuze sind besonders über den Pfeilern und Widerlagern wichtig. Bei Eisenbahnbrücken sind solche Querkreuze in Abständen von 2 bis 4 m anzubringen.

3. Häng- und Sprengwerkbrücken.

a) Hängwerkbrücken.

Die Häng- und Sprengwerke sind bereits S. 151 u. 155 allgemein erörtert worden, wo auch die baulichen Einzelheiten besprochen worden sind.

Das einfache Hängwerk, also das Hängwerk mit einem Hängpfosten, ist je nach Brückenbreite und Belastung für Spannweiten von etwa 5 bis 10 m verwendbar, da bei größeren Weiten die beiden Streben mit dem Spannbalken einen zu spitzen Winkel einschließen würden, wodurch die Gefahr des Ausschlitzens des letzteren sehr groß wird. Damit dies nicht der Fall ist, soll der Winkel nicht kleiner als 25° sein.

Das zweifache Hängwerk, also das Hängwerk mit zwei Hängepfosten, kann für Spannweiten von etwa 10 bis 20 m ausgeführt werden. Das mittlere Rechteckfeld ist hierbei durch gekreuzte Streben auszusteifen.

Über die Verbindung der Streben mit dem Spannbalken ist auf S. 153 Näheres mitgeteilt worden. Diese Verbindungen können für Dächer und

Brücken in gleicher Weise ausgebildet werden; die Abmessungen der Einzelteile richten sich nach den zu berücksichtigenden Belastungen.

Beim einfachen Hängwerk trägt die Hängesäule oder der Hängepfosten einen Querträger (Unterzug), der die Längsträger nochmals in der Mitte stützt (Abb. 426). Der Hängepfosten wird seitlich gegen den verlängerten Querträger abgesteift (in Abb. 426 nicht gezeichnet). Das Geländer wird an dem Hängepfosten bzw. an besonderen Stielen befestigt.

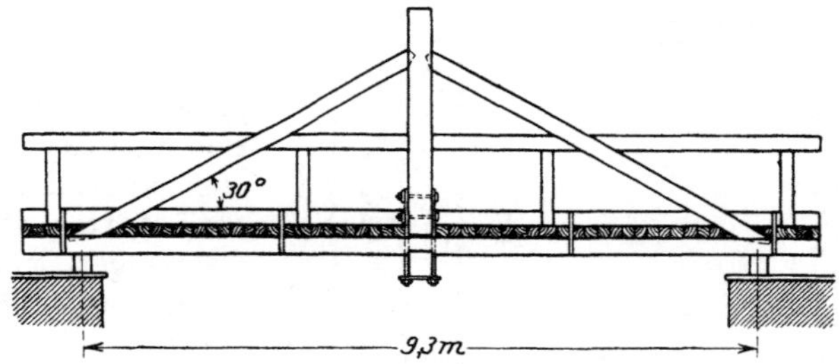

Abb. 426. Brücke mit einfachem Hängwerk.

Abb. 427 zeigt das Beispiel einer Brücke mit doppeltem Hängwerk von 19,8 m Stützweite. Die beiden Querträger sind mittels Flacheisen mit rund geschmiedeten Enden, Gewinden und Muttern an den Hängepfosten durch Querbolzen aufgehängt.

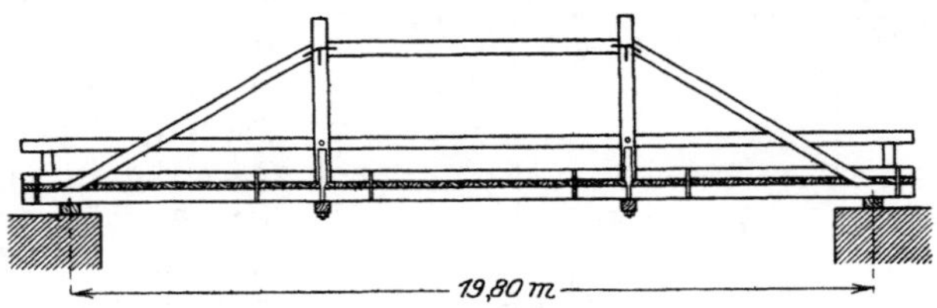

Abb. 427. Brücke mit doppeltem Hängwerk.

Bei diesem Beispiel ist für die Steifigkeit des doppelten Hängwerks die Steifigkeit des Spann- oder Streckbalkens maßgebend. Würde man wie beim Fachwerk sämtliche Knotenpunkte gelenkig annehmen, so wäre das System

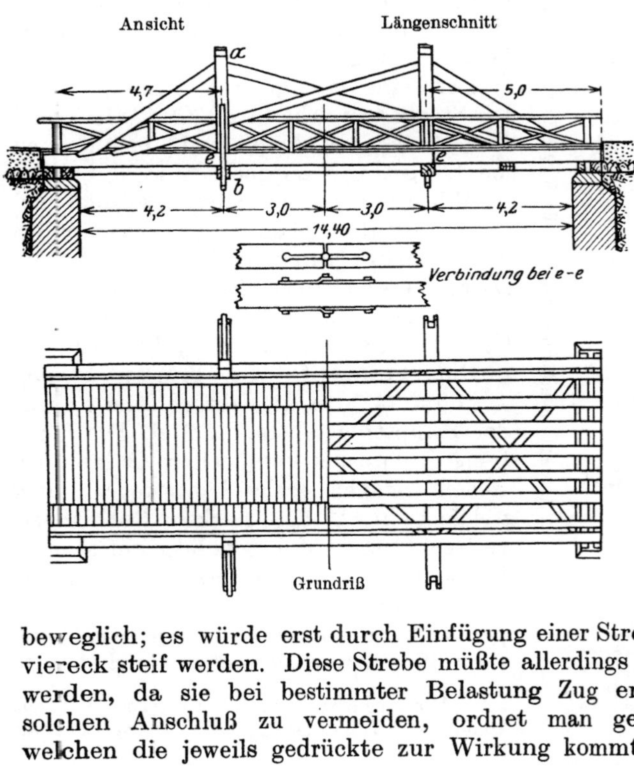

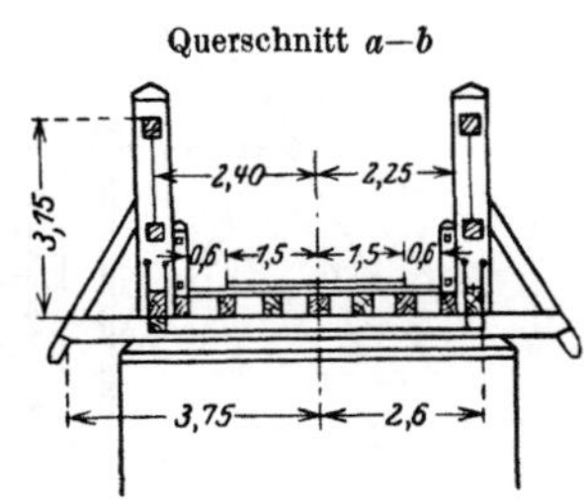

Abb. 428. Brücke mit steifem doppeltem Hängwerk nach Heinzerling.

beweglich; es würde erst durch Einfügung einer Strebe in das mittlere Gelenkviereck steif werden. Diese Strebe müßte allerdings auch zugfest angeschlossen werden, da sie bei bestimmter Belastung Zug erhalten würde. Um einen solchen Anschluß zu vermeiden, ordnet man gekreuzte Streben an, von welchen die jeweils gedrückte zur Wirkung kommt.

Bemerkenswert ist das von Heinzerling ausgebildete steife doppelte Hängwerk, dessen Tragwände mit je zwei ungleich langen Streben hergestellt werden[1]) (Abb. 428). Die beiden längeren Streben kreuzen sich in Brückenmitte, wo sie halb überblattet sind, und sind, wie die kürzeren Streben, mit Zapfen und Versatz an den Kopf des doppelten Hängepfostens angeschlossen. Die Querträger sind mittels Hängeisen an die Hängepfosten angehängt. Letztere sind seitlich gegen die verlängerten Querträger abgesteift. Diese Querträger tragen die Spannbalken und die Längsträger mit dem doppelten Bohlenbelag. Da das Hängwerk wegen der Strebenverbindung an sich steif ist, braucht der Spannbalken nicht in einem Stück durchzugehen; es können also kürzere Hölzer, die leichter zu beschaffen sind, verwendet werden. Der Spannbalken ist über den Querträgern gestoßen und wirkt zwischen den Aufhängungen als Balken auf zwei Stützen; die Zugkraft wird durch eine Stoßverbindung (Abb. 428) auf die drei Teile des Spannbalkens übertragen, und zwar so, daß diese Teile kleine Drehungen in lotrechter Richtung gegeneinander ausführen können. Die Geländerpfosten sind in die Spannbalken eingezapft und tragen einen Holm sowie die durch Streben gebildete Füllung.

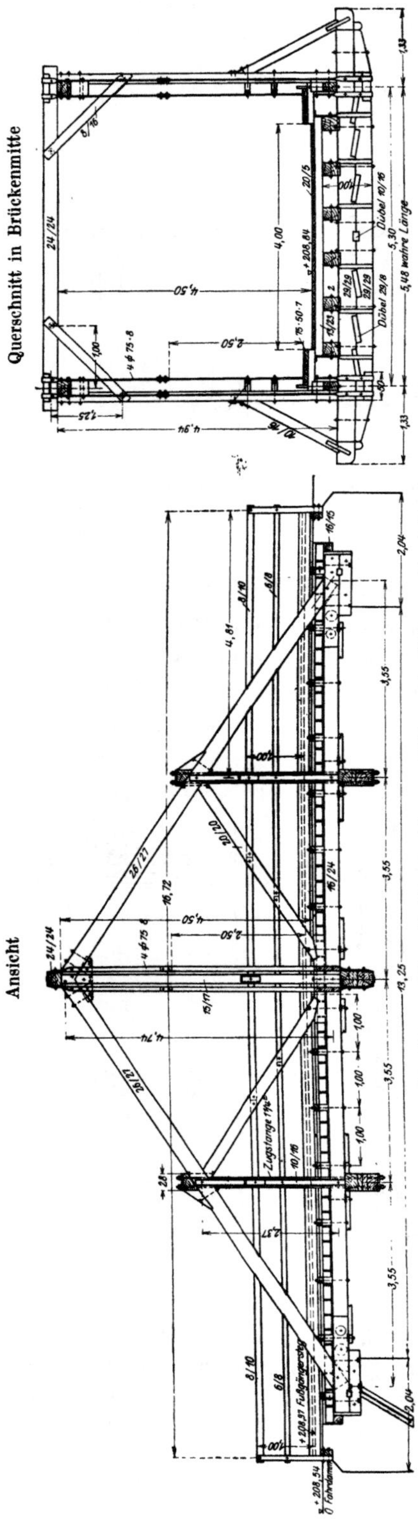

Abb. 429. Wegüberführung über die Strecke Dernau—Liblar. (Ausführung: Carl Tuchscherer, A.-G., Breslau.)

Der Windverband besteht aus gekreuzten Streben, welche in die Querträger und Mauerbalken eingezapft und von unten an die Längsträger angebolzt sind.

Abb. 429 zeigt ein anderes Beispiel und zwar eines dreifachen Hängwerks, nämlich die Wegüberführung über die Strecke Dernau-Liblar (Reichsbahndirektion Köln a. Rh.), ausgeführt von der Firma Carl Tuchscherer, A.-G., Breslau.

Die Stützweite der Brücke beträgt $4 \cdot 3{,}55 = 14{,}20$ m, die Fahrbahnbreite 4,0 m, der Hauptträgerabstand 5,3 m. Die Querträger, die aus verdübelten Balken bestehen, tragen sechs Längsträger, über welche ein 13 cm starker Bohlenbelag gestreckt ist. Auf diesem liegt ein zweiter, längslaufender Bohlenbelag von 5 cm Stärke. Die Querträger sind in den Viertelpunkten der Stützweite durch je zwei Rundeisen 32 mm Durchmesser, in Brückenmitte

[1]) Heinzerling, F.: Hölzerne Brücken. Handb. der Ing.-Wiss. II. Teil. Der Brückenbau. 2. Bd.

durch je vier Flacheisen 75 · 8, die um die abgerundeten Querträger bzw. den oberen Querriegel gelegt sind, in den oberen Knotenpunkten aufgehängt. Die Stabverbindungen sind im übrigen mit Ringdübeln hergestellt, insbesondere ist auch der Windverband zwischen Untergurten und Querträgern mit Ringdübeln angeschlossen.

b) Sprengwerkbrücken.

Die Sprengwerkbrücken sind mit den Hängwerkbrücken verwandt. Bei ersteren liegt das Tragwerk unter der Fahrbahn, welche unmittelbar durch dasselbe gestützt wird. Der Spannbalken oder Streckbalken, der hier keinen Horizontalschub erhält, liegt über dem Tragwerk; der Schub wird durch die Streben unmittelbar in die Widerlager geleitet. Das aus zwei Streben gebildete Dreiecksprengwerk ist starr, während das doppelte oder Trapezsprengwerk bei unsymmetrischer Belastung nur durch einen Versteifungsbalken, der durch den Spannbalken gebildet wird, standsicher wird. Der Biegewiderstand des Streckbalkens sowie sein Widerstand gegen Längsverschiebung hindern die beiden Knotenpunkte, in denen der Streckbalken durch die Streben gestützt wird, am Ausweichen.

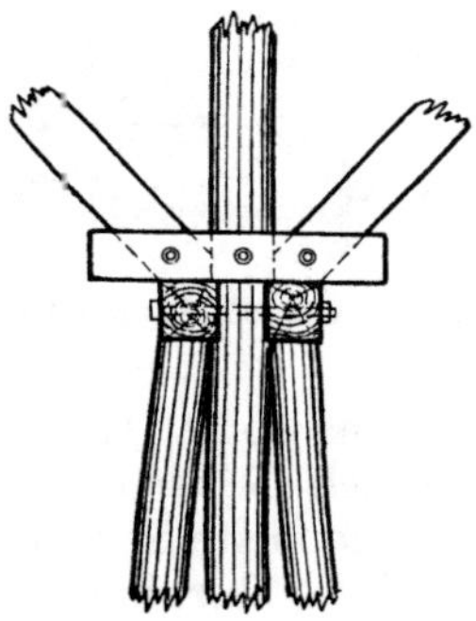

Abb. 430. Hölzernes Joch einer Sprengwerkbrücke.

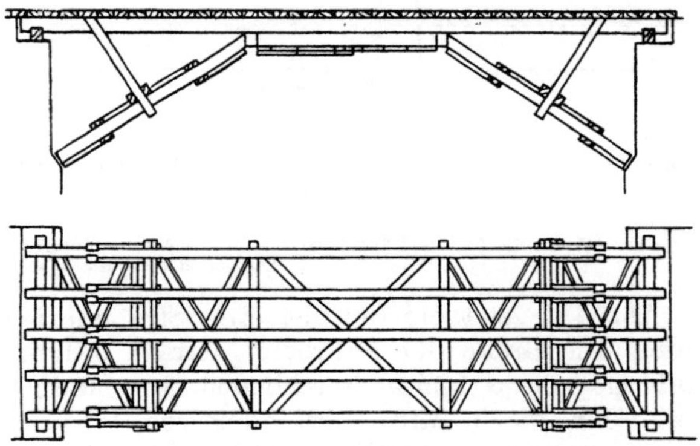

Abb. 431. Anordnung des Windverbandes und von Knickversteifungen bei einer Sprengwerkbrücke.

Voraussetzung für die Ausführung von Sprengwerken ist eine ausreichende Bauhöhe, da die Streben den Raum unter der Fahrbahn versperren. Der Spannbalken ist, wie bei den mehrfachen Hängwerken, ein durchlaufender Träger auf elastisch senkbaren Mittelstützen. Die Stützendrücke dieses statisch unbestimmten Systems sind aus den Formänderungen zu bestimmen[1]).

Das einfache Sprengwerk kann bei Straßenbrücken bis etwa 12 m, das doppelte Sprengwerk bis etwa 20 m ausgeführt werden; bei Eisenbahnbrücken kommen für Spannweiten über 15 m meist schon mehrfache Sprengwerke zur Anwendung. Die Grenze der Sprengwerkbrücken liegt bei etwa 30 m.

Bei größeren Brücken wird fast stets eine wagerechte Verbindung der Strebenköpfe unter dem Spannbalken durch den Spann- oder Sprengriegel angeordnet, während der Spannbalken ohne Schwächung durchgeht. Nur bei kleinen Spannweiten werden die Streben unmittelbar an den Spannbalken angeschlossen, indem ein besonderer Spannriegel nicht eingebaut wird. Soll der Spannriegel den mittleren Teil des Spannbalkens verstärken, so ist er mit diesem zu verdübeln.

Über die Eckverbindungen vgl. S. 156 u. f.

Der Anschluß der Streben an hölzerne Joche erfolgt mittels gußeiserner Schuhe oder unter Verwendung von Querhölzern (Gurthölzern), die noch durch Pfähle lotrecht gestützt werden (Abb. 430).

[1]) Über die Berechnung der Sprengwerke vgl. Melan: Hölzerne Brücken, S. 201.

Die Auflagerung der Spannbalken auf den Mittelpfeilern geschieht meist mittels Sattelhölzern ohne oder mit Kopfstreben.

Der Windverband wird entweder in der Mitte zwischen die Spannriegel gelegt und an den Streben nach den Widerlagern hinabgeführt (Abb. 431), oder er wird wagerecht über die ganze Länge des Spannbalkens durchgeführt und die Zwischenpunkte der Streben durch Querkreuze gehalten. Abb. 431 zeigt außer dem Windverband noch Verbindungen der Mittenpunkte der Streben mit dem Spannbalken sowie untereinander; diese Verbindungen bezwecken eine Halbierung der Knicklänge der Streben.

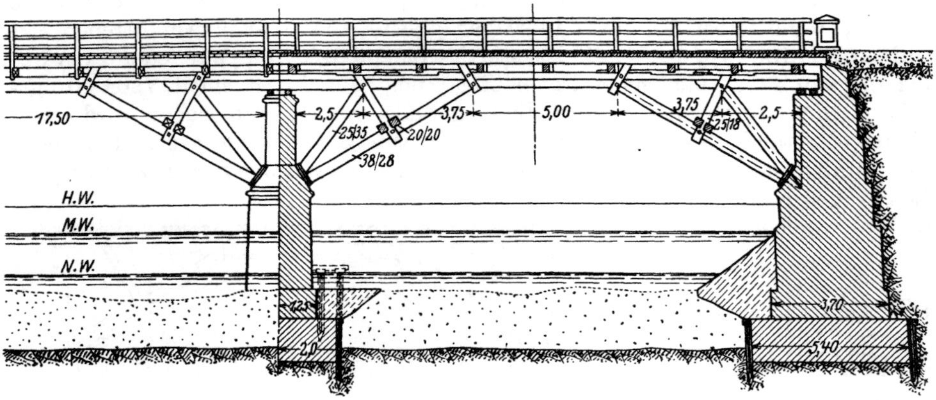

Abb. 432. Straßenbrücke mit Hauptträgern aus doppelten Sprengwerken und auf Sattelholz mit Kopfstreben gelagerten Spannbalken.

Abb. 432 zeigt ein Beispiel einer Straßenbrücke von 17,50 m oberer Lichtweite. Die Breite der Fahrbahn beträgt 5,0 m, an welche sich beiderseitige Fußwege von je 1,25 m anschließen. Die Hauptträger stellen doppelte Sprengwerke dar, die in Mittenabständen von 1,8 m angeordnet sind. Der Spannbalken ist mittels Sattelholz und Kopfstreben auf den Pfeilern gelagert, so daß das Tragsystem auch als vierfaches Sprengwerk angesehen werden kann. Die Sprengwerke tragen mittels Quer- und Längsträgern die Fahrbahntafel aus doppeltem Bohlenbelag.

Der Windverband besteht aus gekreuzten Streben, die zwischen die Spannbalken gelegt und an die Querträger von unten angebolzt sind. Die Strebenmitten sind nach beiden Richtungen durch Schrägzangen bzw. Querhölzer, die an die Streben angeblattet sind, abgesteift.

Zu erwähnen ist noch das steife doppelte Sprengwerk von Heinzerling, welches entsprechend dem steifen doppelten Hängwerk (s. S. 322) ausgebildet ist[1]).

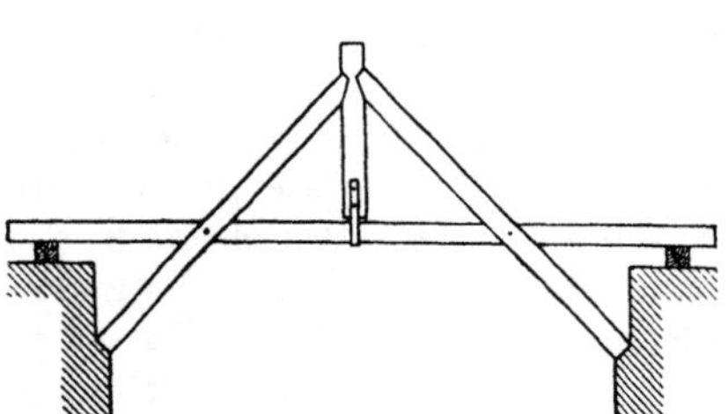

Abb. 433. Einfaches Hängesprengwerk.

c) Hängesprengwerkbrücken.

Die Hängesprengwerke (vereinigte Häng- und Sprengwerke) erhält man aus den Sprengwerken, wenn man die Streben über die Fahrbahn verlängert und die Strebenköpfe zusammenführt oder durch Sprengriegel verbindet. Hierdurch entsteht das einfache (Abb. 433) und doppelte (Abb. 434) Hängesprengwerk. Das Hängesprengwerk erfordert geringere Bauhöhe als das Sprengwerk, da die Strebenfüße höher gelegt werden können. Damit

[1]) Vgl. Handb. d. Ing.-Wiss. II. Teil, 2. Bd., S. 69.

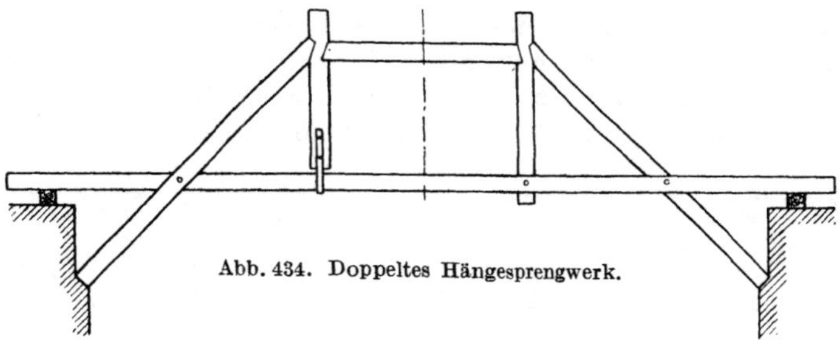

Abb. 434. Doppeltes Hängesprengwerk.

der Spannbalken ungestoßen durchgehen kann, werden die Streben doppelt angeordnet (Abb. 434, links); man kann aber auch die Streben einfach und den Spannbalken aus zwei Hölzern ausbilden (Abb. 434, rechts).

Die Verbindungen entsprechen naturgemäß den bei den Häng- und Sprengwerken erörterten Anordnungen (s. S. 153 u. 156).

Ein besonderes System bildet das **steife doppelte Hängesprengwerk von Heinzerling** (Abb. 435), welches in seiner Ausbildung dem S. 322 besprochenen steifen doppelten Hängwerk entspricht.

Die mittlere Unterstützung der Fahrbahn erfolgt hier durch je zwei Querträger und doppelte Hängepfosten, an welche die Unterzüge durch gewöhnliche Hängeisen angehängt sind. Die Hängepfosten umschließen zugleich die längeren Streben unterhalb der Brückenbahn. Die zur Querversteifung dienenden Streben der Hängepfosten sind zwischen die doppelten verlängerten Querträger geführt und dort verbolzt. Die Spannbalken liegen hier nicht in der lotrechten Tragebene, da die Streben im Wege sind, sondern sie liegen neben dem eigentlichen Tragwerk. Sie dienen zugleich zur Aufnahme der Geländerpfosten, die eingezapft sind. Die Längsträger, die den doppelten Bohlenbelag tragen, ruhen einerseits auf den Mauerschwellen und andererseits auf den Querträgern. Die Köpfe der Hängepfosten sind durch Zinkkappen gegen eindringendes Wasser in das Hirnholz geschützt.

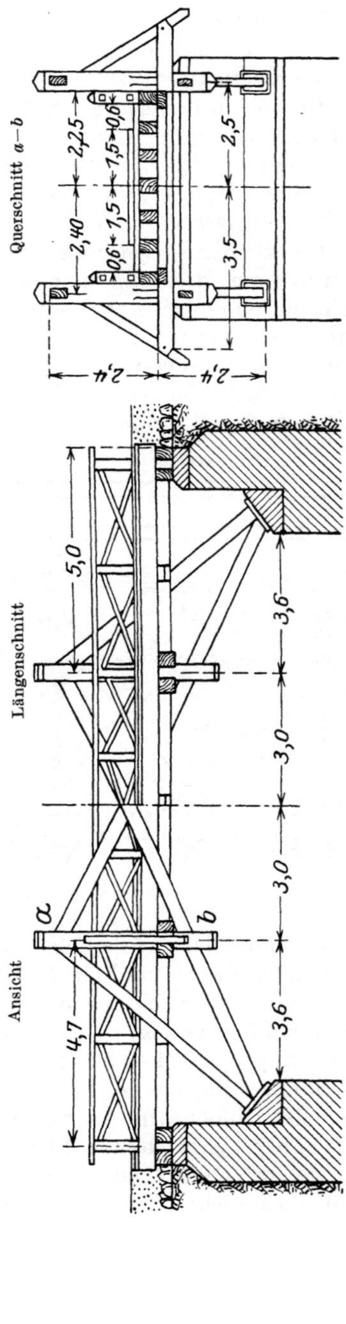

Abb. 435. Steifes doppeltes Hängesprengwerk nach Heinzerling.

4. Balkenbrücken mit Fachwerkträgern.

a) Brücken mit Howesschen Trägern.

Die Entstehung der Fachwerkbrücken geht auf den Amerikaner **Long** zurück, der Parallelträger mit gekreuzten Streben und hölzernen Pfosten verwendete; letztere wurden durch Keile angespannt, wodurch in den Streben Druck entstand. **Howe** nahm (1840) statt der hölzernen Pfosten Rundeisen mit beiderseitigen Gewinden und Muttern, da er erkannte, daß die Anspannung mit Keilen ein schwacher Punkt der Konstruktion ist. Es entstand der unter dem Namen Howescher Träger bekannte Fachwerkträger, der auf S. 158 u. f. schon allgemein erörtert worden ist.

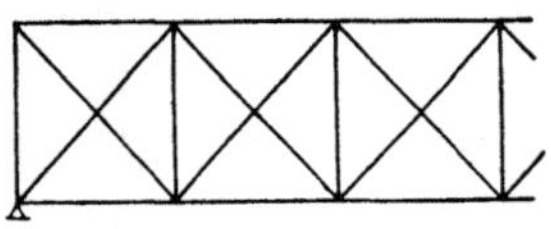

Abb. 436. Howescher Träger mit einfacher Felderteilung.

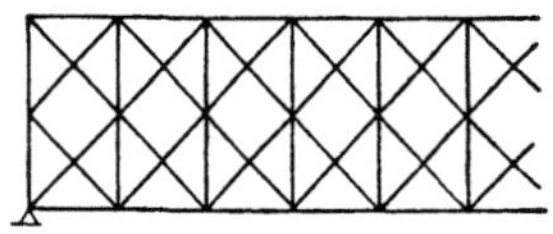

Abb. 437. Howescher Träger mit doppelter Felderteilung.

Der Howesche Träger wird mit einfacher Feldverteilung (Abb. 436) bis etwa 30 m, mit doppelter Feldverteilung bzw. Ausfachung (Abb. 437) für noch größere Spannweiten ausgeführt.

Bei der Anwendung des Howeschen Trägers für Straßen- und Eisenbahnbrücken, wo es sich um große Belastungen handelt, werden die Gurte und Füllglieder meist mehrfach nebeneinander angeordnet und für die Strebenanschlüsse Druck- oder Stemmklötze (Eichenholz) verwendet, die in die Gurte eingelassen werden.

Bei kleineren Spannweiten werden die Gurtungen zweiteilig, bei größeren Spannweiten dreiteilig hergestellt (Abb. 438). Die Gurtbalken liegen nicht dicht nebeneinander, sondern lassen Raum für die zwischen ihnen liegenden Rundeisenpfosten (Spannstangen), die durch Durchbohrungen der Stemmklötze gehen. Die Hauptstreben (s. S. 159) werden doppelt angeordnet, und zwar in der Ebene der beiden Außenbalken, während die Gegenstreben nur einfach zwischen die Mittelbalken eingefügt werden (Abb. 438). Die Einlassungstiefe

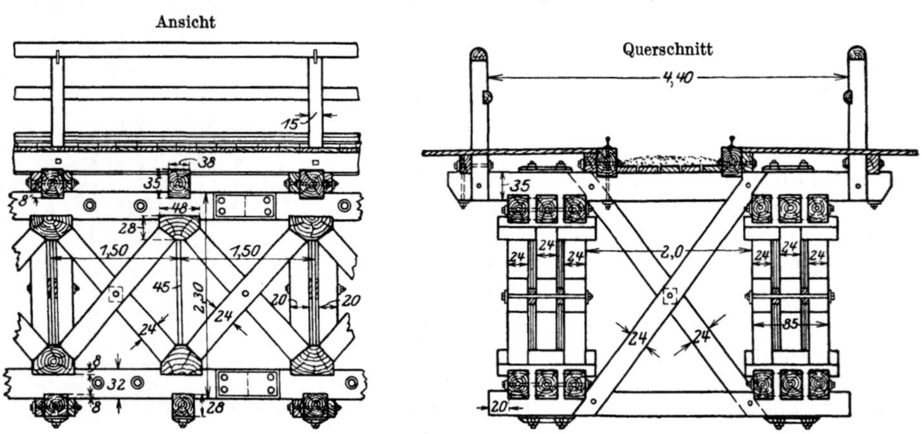

Abb. 438. Eisenbahnbrücke mit dreiteiligen Hauptträgern Howescher Art.

der Stemmklötze in die Gurtungen soll wenigstens 4 cm betragen. Die Streben werden in die Stemmklötze, die manchmal aus zwei oder drei Teilen bestehen, mit Zapfen oder eisernem Dorn eingesetzt (Abb. 439). Statt der hölzernen Stemmklötze werden auch gußeiserne Schuhe verwendet (Abb. 440), die mit Seitenrippen in die Gurtungen eingreifen und in einer Mittelrippe zur Durchführung der Zugstangen durchbohrt sind; die Strebenköpfe bzw. -füße sind durch seitliche Rippen am Ausweichen gehindert. Die gußeisernen Schuhe besitzen gegenüber den eichenen Stemmklötzen den Vorzug größerer Dauerhaftigkeit, da sie nicht wie letztere den Einwirkungen der Feuchtigkeit ausgesetzt sind und auch nicht so große Formänderungen erleiden.

Die aneinander vorbeigehenden Streben sind an den Kreuzungsstellen unter Verwendung von Füllstücken zu verbolzen. Bei Anordnung eines Mittelfeldes (oder beim zweifachen System) werden die Gegenstreben im Mittelfeld überblattet. Die Überblattungen sind durch Flacheisenlaschen zu decken.

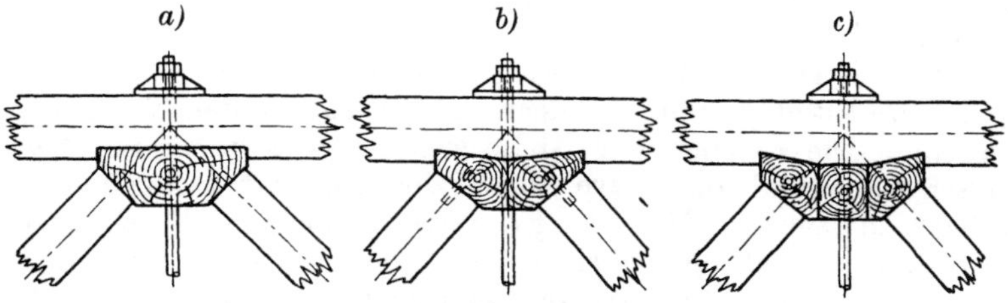

Abb. 439. Anordnung der Druckklötze: *a)* einteiliger Druckklotz, Strebenanschluß mit Zapfen; *b)* zweiteiliger Druckklotz, Strebenanschluß mit eisernem Dorn; *c)* dreiteiliger Druckklotz, Strebenanschluß wie bei *a)*.

Über dem Auflager ist ein Endpfosten anzuordnen, und zwar entweder zweiteilig zwischen den Gurtbalken mit nebenliegendem Stemmklotz und Spannstangen (Abb. 441a) oder dreiteilig und bündig mit den Gurtbalken und zwischenliegenden Spannstangen, wobei die Pfosten auf dem Stemmklotz stehen (Abb. 441b). Hierbei muß so viel Luft gelassen werden, daß die Spannstangen angezogen werden können. Bei zweiteiligen Gurtungen ist die Anordnung entsprechend mit einem bzw. zwei Endpfosten zu wählen.

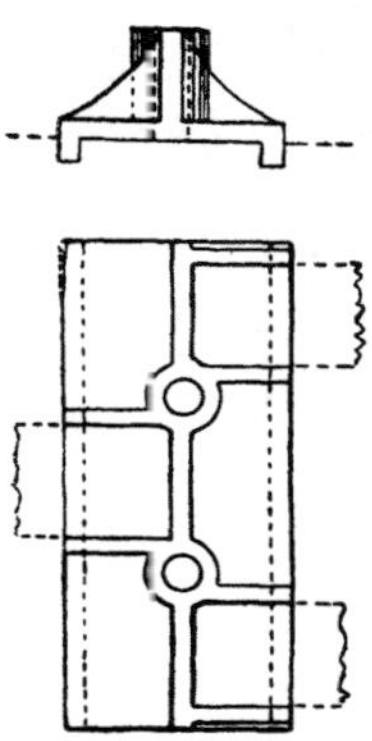

Abb. 440. Gußeiserner Schuh.

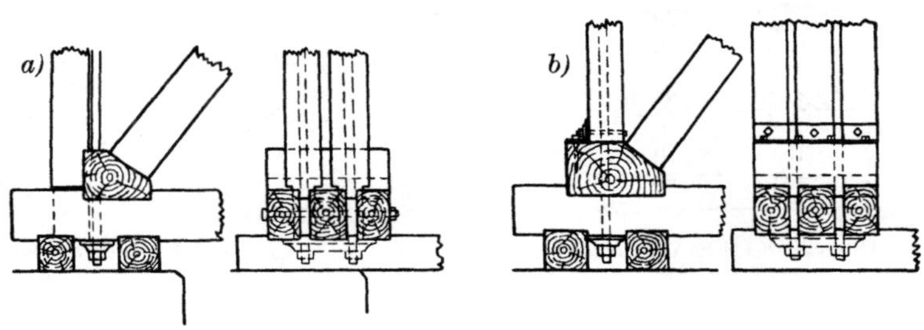

Abb. 441. Ausbildung des Auflagerpunktes: *a)* mit doppeltem Endpfosten, *b)* mit dreifachem Endpfosten.

Da die Gurtbalken fast stets aus mehreren Stücken bestehen, sind die Balken zu stoßen, und zwar so, daß in einem Querschnitt immer nur ein Balken gestoßen ist (Abb. 442). Der Stoß im gezogenen Untergurt erfolgt am besten durch Flacheisenlaschen mit angenieteten Rippen, die in das Holz eingreifen (Abb. 442a, vgl. auch S. 115). Anzahl der Rippen und Bolzen sind durch Rechnung zu bestimmen. Die neben der Stoßstelle liegenden Bolzen gehen durch sämtliche Gurthölzer durch, wobei Futterbohlen bzw. Dübeleinlagen zu verwenden sind. Für den Stoß des gedrückten Obergurtes genügt meist eine einseitige Stoßdeckung (Abb. 442b) mit

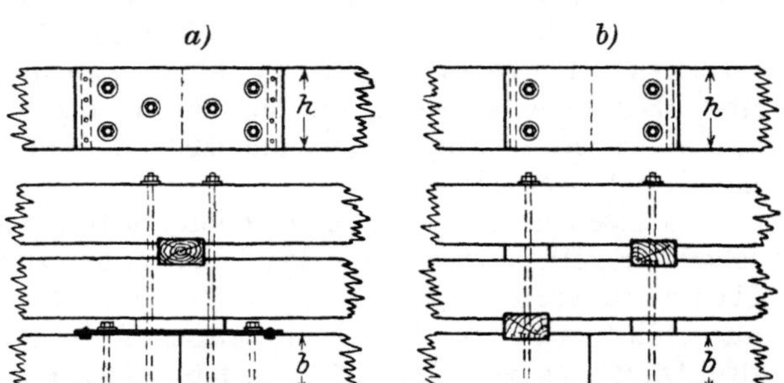

Stoß des Zuggurts Stoß des Druckgurts.

Abb. 442. Stoßverbindung der Gurtungen.

je zwei durchgehenden Bolzen zu beiden Seiten der Stoßfuge. In letztere legt man hier wegen der sicheren Druckübertragung häufig eine Blei- oder Blechplatte. Um die Gurthölzer zum gemeinsamen Tragen heranzuziehen, sind seitliche Verbindungen der Gurtbalken in Abständen von etwa 1,5 bis etwa 2 m anzubringen. Die Dübel sind hierbei zu versetzen, damit die einzelnen Balken nicht zu sehr geschwächt werden (Abb. 443).

Der Querverband wird bei obenliegender Fahrbahn durch Andreaskreuze (Abb. 438) bewerkstelligt, die in jedem oder jedem zweiten Knotenpunkt anzuordnen sind. Die Streben der Andreaskreuze werden an die Querträger bzw. Querschwellen und an untere Querhölzer angeblattet. Bei unten liegender Fahrbahn müssen die Hauptträger, falls sie nicht hoch genug sind, um eine obere Querversteifung anbringen zu können, gegen die verlängerten Querträger oder besondere Querhölzer, ähnlich wie bei den Häng- und Sprengwerken, abgesteift werden (vgl. Abb. 428 u. 435).

Die Streben des Windverbandes, die an den Kreuzungsstellen zu überblatten sind, werden entweder durch Versatz an die Gurtung (Abb. 444a) oder an Querriegel (Abb. 444b) angeschlossen.

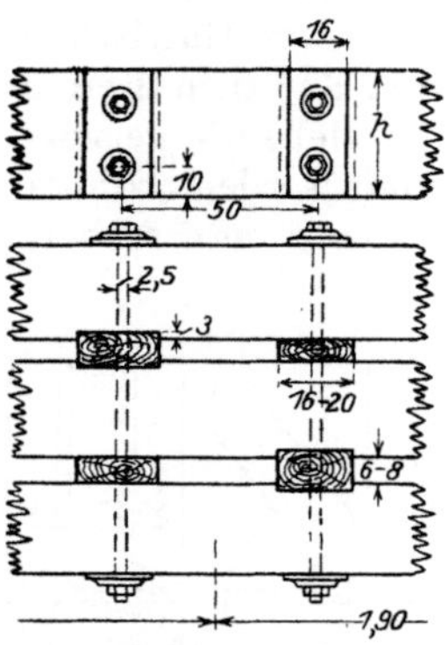

Abb. 443. Seitliche Verbindung der Gurthölzer.

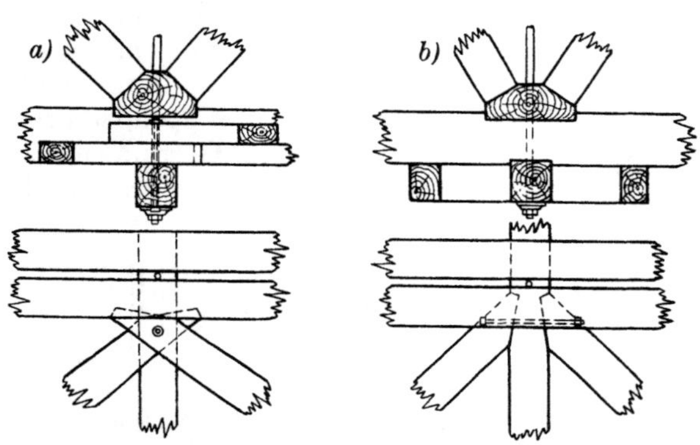

Abb. 444. Anschluß der Windstreben: *a)* an die Gurtung, *b)* an den Querriegel.

Die Windverstrebungen können auch als Howesche Flachträger, also mit nachspannbaren Rundeisenpfosten und gekreuzten gedrückten Streben, ausgeführt werden.

Von anderen Fachwerkbrückenarten, die jedoch wegen der Schwierigkeit ihrer Ausführung und dem großen Holzverbrauch weniger Bedeutung haben, seien noch die in Galizien ausgeführten Fachwerkbrücken nach System Ibjanski, Pintowski und Rychter erwähnt[1]). Die beiden ersten Arten sind als Strebenfachwerk, die letztere Art als Ständerfachwerk ganz in Holz, also ohne eiserne Zugstangen, ausgebildet. Die Anspannung der Stäbe erfolgt hier durch Keilvorrichtungen.

Nachstehend mögen einige neuere Ausführungen von Brücken mit Howeschen Trägern erörtert werden, und zwar zunächst die Birsbrücke bei Münchenstein unweit Basel, die 1915 von den schweizerischen Genietruppen ausgeführt wurde[2]). Die Hauptträger (Abb. 445) gehen kontinuierlich über drei Öffnungen von $9{,}0 + 24{,}0 + 9{,}0 = 42{,}0$ m Gesamtlänge durch. Die Konstruktion der Brücke ist aus den Abb. 445 und 446 zu ersehen.

---

[1]) Thullie, M.: Hölzerne Gitterbrücken in Galizien. Z. öst. Ing.-V. 1897, Nr. 23. — Handbuch der Ing.-Wiss. II. Teil, 2. Bd., S. 42. — Melan: Hölzerne Brücken, 3. Aufl., S. 262.

[2]) Schweiz. Bauzg. Bd. 65, Nr. 18, vom 1. Mai 1915.

Wie Abb. 446 erkennen läßt, sind die Hauptträger außen bis Geländerhöhe verschalt.

Als größte Verkehrslast kamen schwerste Motorlastwagen in Betracht. Die Aufstellung der Hauptträger erfolgte auf einem Gerüst, auf welchem die Untergurte in ganz genaue Lage gebracht wurden; von ihnen ausgehend wurden Haupt- und Querträger allmählich zusammengebaut. Zum genauen Anspannen der Zugstangen wurden Mantelsche Spannungsmesser benutzt. Es wurde je ein Apparat an drei aufeinanderfolgenden Pfosten angebracht, um den Einfluß der künstlichen Anspannung des Mittelpfostens auf die Nachbarpfosten zu prüfen. Dieser Einfluß war durchweg, jedoch nicht überall in gleicher Größe, bemerkbar; es hängt diese Unregelmäßigkeit mit der natürlichen Unvollkommenheit selbst der bestens abgebundenen Holzverbände zusammen. Die Anwendung nur eines Apparates, besonders beim anzuspannenden Pfosten, hat sich überdies im Verlauf der Arbeit als unzulänglich erwiesen, da sich sekundäre Verbiegungen der Pfosten einstellten, die trotz genauer Zimmerarbeit hauptsächlich auf ein unregelmäßiges Anliegen der Muttern zurückgeführt werden müssen. Es wurde daher später die anzuspannende Stange mit zwei Spannungs-Messern versehen und ein Nebenpfosten, zur angenäherten Nachprüfung des Einflusses der Anspannnung seines Nachbarpfostens, mit dem dritten Apparat kontrolliert. Es hat sich bei diesen sehr bemerkenswerten Messungen gezeigt, wie insbesondere örtliche Widerstände im Innern einzelner Knotenpunkte und Unregelmäßigkeiten in den Rei-

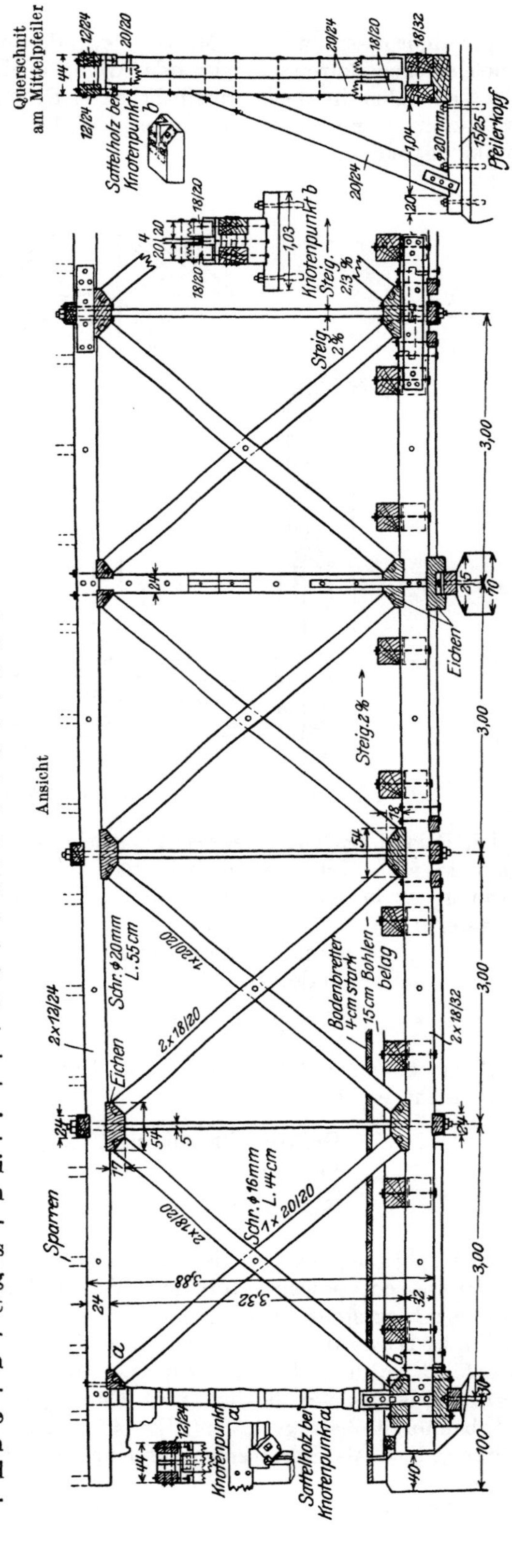

Abb. 445. Birsbrücke bei Münchenstein. Hauptträger.

bungsverhältnissen zwischen Mutter, Gewinde und Unterlagsplatten, die zum Anziehen solcher Bolzen zu leistende Arbeit beeinflussen können, und wie sehr man sich daher in der vermeintlichen Wirkungsweise solcher Pfosten beirren lassen kann, wenn deren Anspannung lediglich nach sogenanntem „praktischen Gefühl" geschieht.

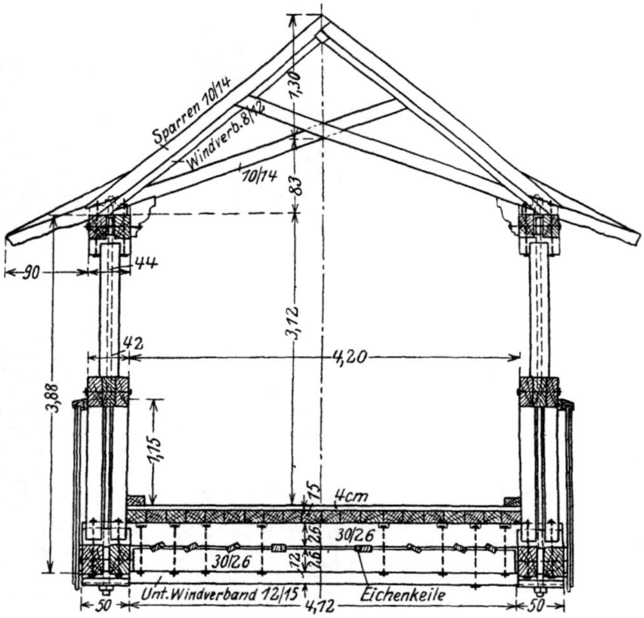

Abb. 446. Querschnitt der Birsbrücke bei Münchenstein.

Die Belastungsprobe fiel recht günstig aus. Zuerst wurde die Brücke von einem leeren Motorwagen befahren, um die ganze Konstruktion erst in Spannung zu bringen; dabei wurden in Brückenmitte folgende Durchbiegungen festgestellt:

Größte Einsenkung	. . . . . .	1,0 mm
Federnde „	. . . . . .	0,5 „
Bleibende „	. . . . . .	0,5 mm.

Beim ersten Befahren mit dem belasteten Kraftwagen von 10 t Gesamtgewicht ergab sich:

Größte Einsenkung	. . . . . .	3,5 mm
Federnde „	. . . . . .	3,0 „
Bleibende „	. . . . . .	0,5 mm.

Das folgende Beispiel ist dadurch bemerkenswert, daß die Haupttragkonstruktionen, soweit Holz zur Verwendung gelangte, aus beschlagenem Rundholz hergestellt wurden. Es handelt sich hierbei um eine Strombrücke im Verwaltungsbezirk Warschau, die während des Krieges im Jahre 1917 ausgeführt wurde[1]). Der Entwurf stammt von Baurat Dr.-Ing. Karl Bernhard, Berlin. Die Brücke besitzt fünf Öffnungen von je 30 m Stützweite; die Fahrbahnbreite beträgt 4,5 m (Abb. 447). Die Fahrbahn sollte vorläufig in Holz, später jedoch als Schotterfahrbahn unter Zuhilfenahme von Walzträgern ge-

[1]) Bernhard, K.: Ersatz für Eisenbauten. Z. V. d. I. 1917, S. 585.

bildet werden. Das Tragwerk ist in Abb. 447 dargestellt. Die Hauptträger nach Howescher Bauart in 6,75 m Abstand sind mit 150 mm Überhöhung zusammengebaut und bestehen aus dreifachen Gurten, in jedem Felde einander ungeschwächt kreuzenden einfachen und doppelten Schrägen, die sich gegen Druck-

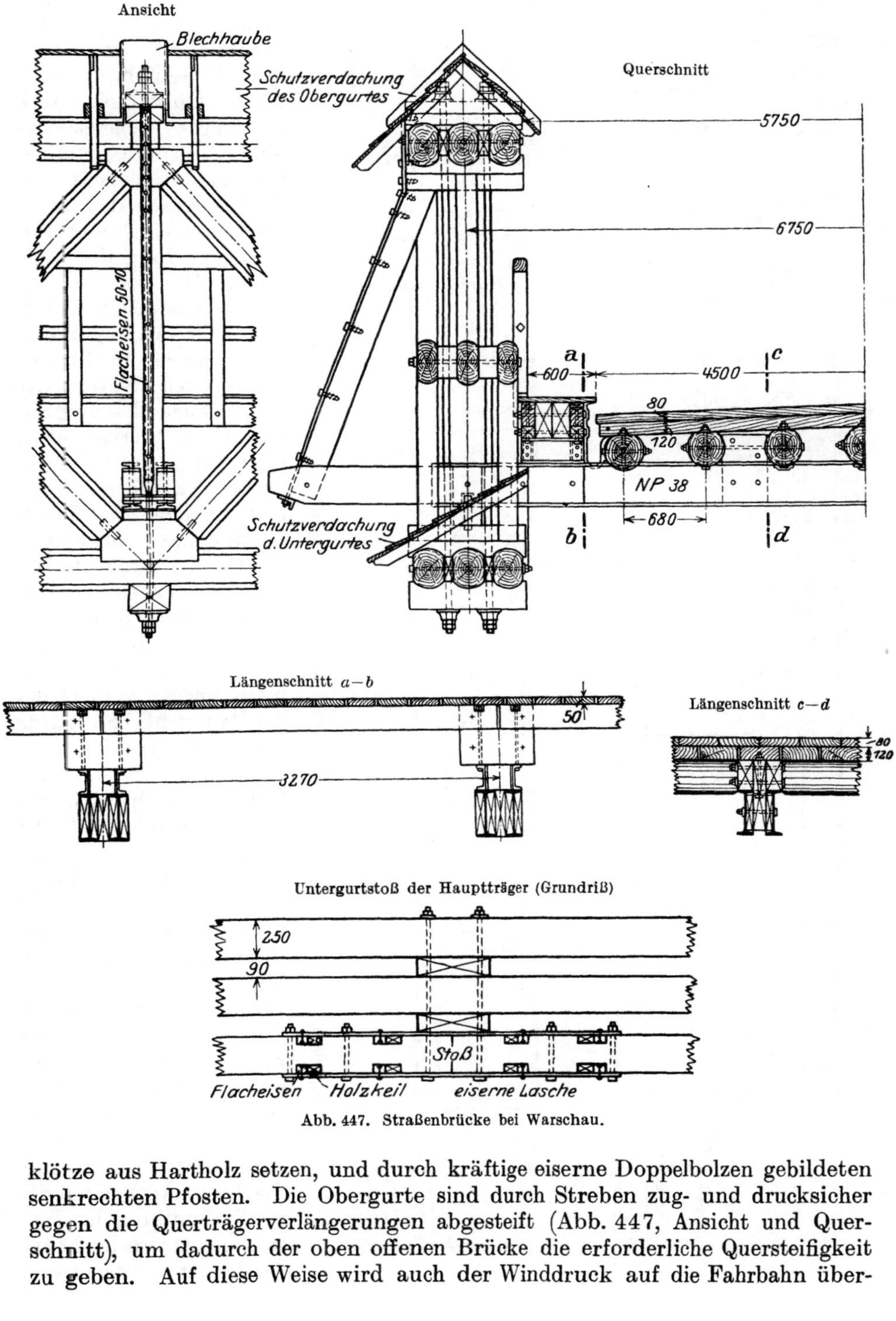

Abb. 447. Straßenbrücke bei Warschau.

klötze aus Hartholz setzen, und durch kräftige eiserne Doppelbolzen gebildeten senkrechten Pfosten. Die Obergurte sind durch Streben zug- und drucksicher gegen die Querträgerverlängerungen abgesteift (Abb. 447, Ansicht und Querschnitt), um dadurch der oben offenen Brücke die erforderliche Quersteifigkeit zu geben. Auf diese Weise wird auch der Winddruck auf die Fahrbahn über-

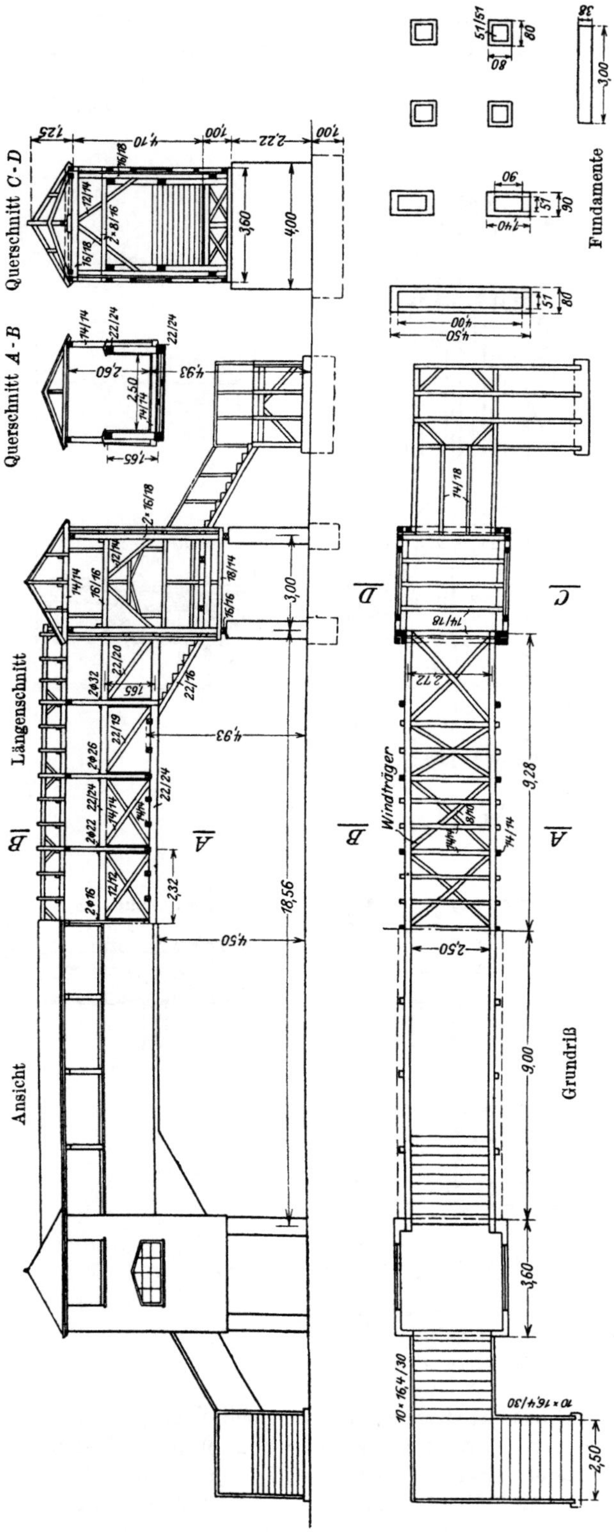

Abb. 448. Allgemeine Anordnung der Fußgängerbrücke über die Automobilstraße Berlin in Nikolassee. (Ausführung: Junge & Dabelstein, Berlin.)

tragen, die als Flachverband wirkt. Die Querträger stützen sich auf ein mittleres Sattelstück, derart, daß zentrische Belastung der Hauptträger gewährleistet und seitliche Verschiebung zwischen Hauptträger und Querträger ausgeschlossen ist. Die Gurtstöße sind mit Rücksicht auf die Möglichkeit des Nachspannens ausgebildet. Die Stoßverbindung des Zuggurtes (Abb. 447, unten) besteht aus eisernen Laschen, die mit angenieteten Flacheisen in die entsprechenden Nuten der Holzbalkenenden eingreifen. Diese Vierkanteisen legen sich gegen eingetriebene senkrechte Holzkeile, welche die Kraftübertragung vermitteln. Die Obergurtstöße haben lediglich der Druckübertragung zu dienen; demgemäß ist zwischen den Balkenenden eine Eisenplatte eingelegt, durch die ein Dorn geht. Es wurde Rücksicht darauf genommen, daß die Hauptträger für sich allein zusammengebaut und die Fahrbahnträger nachher eingesetzt und befestigt werden konnten. Zum Schutze der hölzernen Hauptträger gegen die Einflüsse der Witterung sind die Gurtungen auf Wunsch der Verwaltung verdacht. An den Stellen, wo die senkrechten Doppelzugstangen mit ihrem Unterlagholz den Obergurt überragen, ist eine Blechhaube eingesetzt, die zur Nachprüfung der Zugstangenmuttern leicht abgeschraubt werden kann.

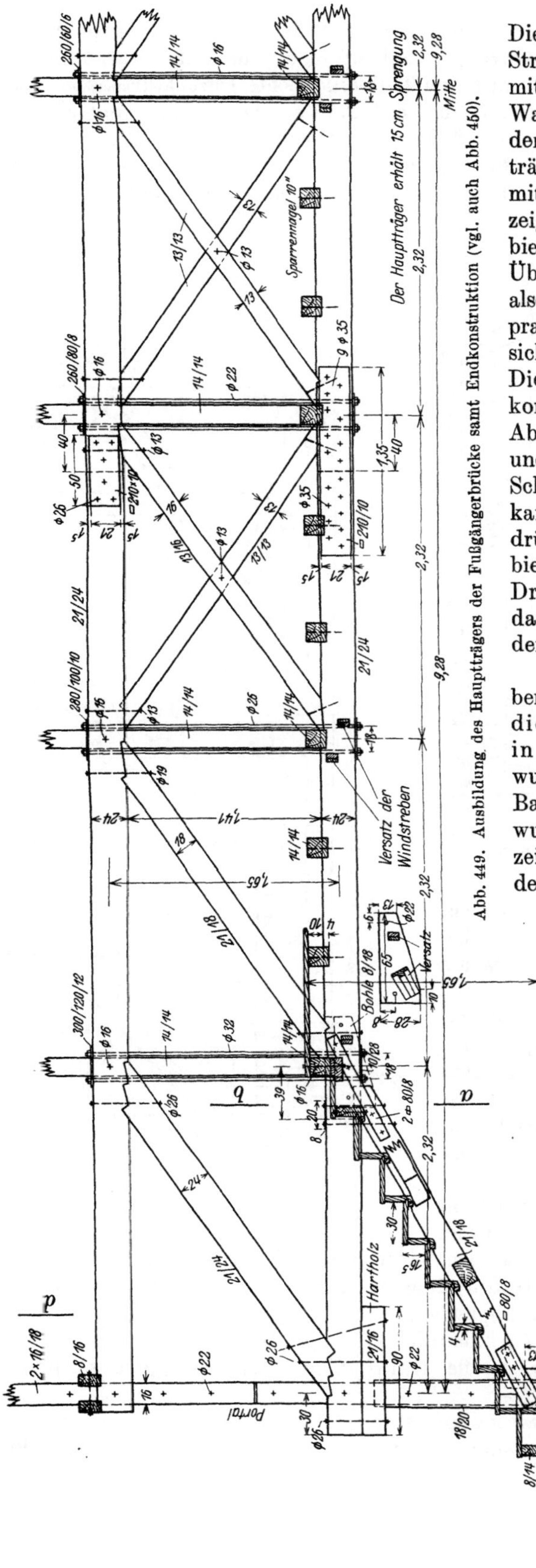

Abb. 449. Ausbildung des Hauptträgers der Fußgängerbrücke samt Endkonstruktion (vgl. auch Abb. 450).

Schnitt *a—b* siehe Abb. 451.
Schnitt *c—d* siehe Abb. 450.

Die Berechnung ist für schweren Straßenverkehr und Kraftwagen mit 4,75 t Einzelradlast bei 12,9 t Wagengewicht durchgeführt. Bei der Probebelastung eines Hauptträgers auf dem Zimmerplatze mit voller und einseitiger Last zeigte sich eine bleibende Durchbiegung von 70 bis 80 mm. Eine Überhöhung von 100 mm hätte also schon ausgereicht. Eine praktische Voraussetzung erwies sich dabei als undurchführbar. Die senkrechten Spannstangen konnten nämlich bei den großen Abmessungen nicht so gespannt und verkürzt werden, daß alle Schrägen hinreichend Druck bekamen, so daß sich die nicht gedrückten Streben bei der Durchbiegung des Trägers von den Druckklötzen in einer Fuge, die dann mit Blechen ausgefüllt worden ist, trennten.

Bei der nachstehend beschriebenen Fußgängerbrücke über die Automobilstraße Berlin in Nikolassee (Südschleife) wurde gleichfalls die Howesche Bauart angewendet. Der Entwurf samt allen Ausführungszeichnungen wurden im Büro des Verfassers hergestellt; die Ausführung erfolgte 1923 durch die Firma Junge & Dabelstein, Berlin.

Die allgemeine Anordnung des Bauwerks zeigt Abb. 448. Die Brücke dient zur Aufrechterhaltung des Fußgängerverkehrs über die Südschleife während des Rennens. Der Zugang zur eigentlichen Brücke wird beiderseits durch Treppen vermittelt. Die Hauptträger besitzen eine Stützweite von 18,56 m (Lichtweite = 18,0 m) und im mittleren Teil eine lichte Durchfahrtshöhe von 4,50 m. Die nutzbare Gehwegbreite beträgt 2,50 m. Die Brücke, einschließlich der beiden Endtürme, ist zum Schutz der Holzkonstruktion gegen Regen überdacht, so daß eine lichte Durchgangshöhe von 2,6 m vorhanden ist und aus dem gleichen Grunde sind die Hauptträger in 20 mm Stärke außen

Querschnitt in Brückenmitte

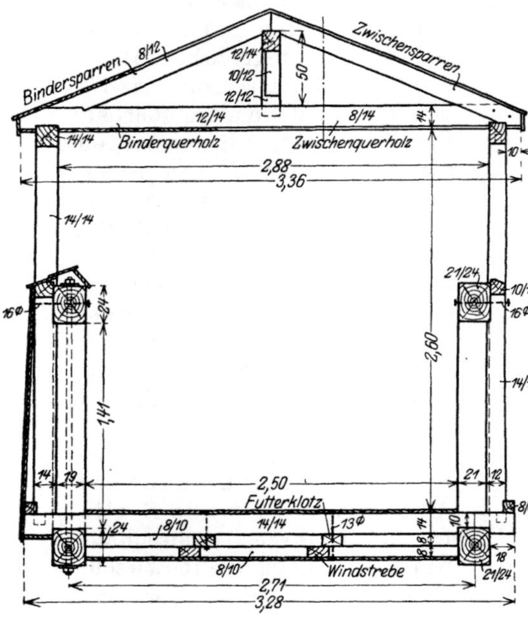

Endportal: Schnitt c—d in Abb. 449.

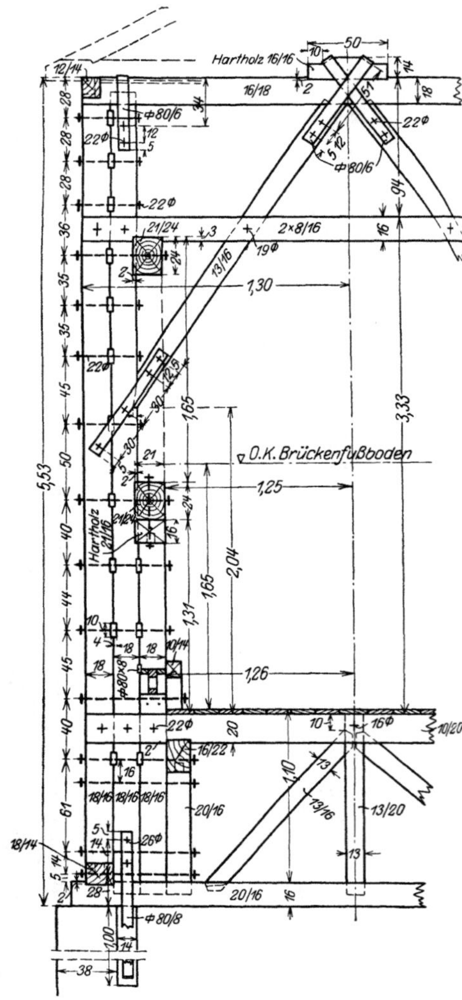

Abb. 450. Querkonstruktion der Fußgängerbrücke.

verschalt. Die Dacheindeckung besteht aus Ruberoid auf 20 mm starker Schalung; auch die Unterseite des Daches ist in gleicher Stärke verschalt.

Die Hauptträger sind als Fachwerkträger mit parallelen Gurtungen, gedrückten Streben und gezogenen Pfosten ausgebildet, und zwar besitzen nur die vier mittleren Felder mit Rücksicht auf einseitige Belastung Gegenstreben (Abb. 449).

Die Pfosten sind aus Rundeisen mit beiderseitigen Gewinden und Muttern angefertigt. Zur Stützung des Daches sind neben den Rundeisenpfosten besondere Stiele außen an die Hauptträger angebolzt, die sich oben gegen das Dach, welches als Windträger angesehen werden kann, und unten gegen die als Windträger ausgebildete Fahrbahntafel stützen (Abb. 450 und 451). Diese Stiele haben ferner die Aufgabe, die Hauptträgerobergurte gegen seitliches Ausknicken zu sichern.

Die Fahrbahn besteht aus 28 mm starken Bohlen, die auf 77 cm entfernten Querträgern befestigt sind. Letztere sind auf die Untergurte der

Hauptträger aufgeblattet und mit diesen verbolzt. Die Windstreben sind zwischen die Hauptträgeruntergurte eingebaut, so daß letztere die Windgurtungen und die Querträger in den Knotenpunkten die Windpfosten bilden. Die Streben sind unter den Querträgern und zwar gekreuzt angeordnet; von ihnen tritt immer nur die jeweils gedrückte in Wirkung. Sie sind überblattet und an die Zwischenquerträger angebolzt (Abb. 451). Der obere Windverband, der durch die Überdachung (mit Windrispen unter den Sparren) gebildet wird, ist auf Endportalen gelagert, welche den Winddruck in die gemauerten Pfeiler leiten. Der untere Windverband geht mit den Treppenwangen zu den Portalfüßen hinab, die seinen Auflagerdruck aufnehmen und gleichfalls an die Pfeiler bzw. Fundamente weitergeben. Weitere Einzelheiten gehen aus den Abb. 449 bis 451 hervor.

Als Verkehrslast ist eine gleichmäßig verteilte Belastung von 500 kg/m² Grundfläche angenommen, zugleich ist Belastung der Überdachung mit Schnee (75 kg/m²) vorausgesetzt. Der Winddruck ist mit 150 kg/m² senkrecht getroffener Fläche in Rechnung gestellt. Für die zulässigen Beanspruchungen sind die in den ministeriellen Bestimmungen vom 24. Dez. 1919 angegebenen Werte zugrunde gelegt. Die Rundeisenpfosten sind mit 1000 kg/cm² für den Kernquerschnitt beansprucht. Unter den Unterlagsplatten entsteht eine Beanspruchung quer zur Faser des Holzes von höchstens 30 kg/cm².

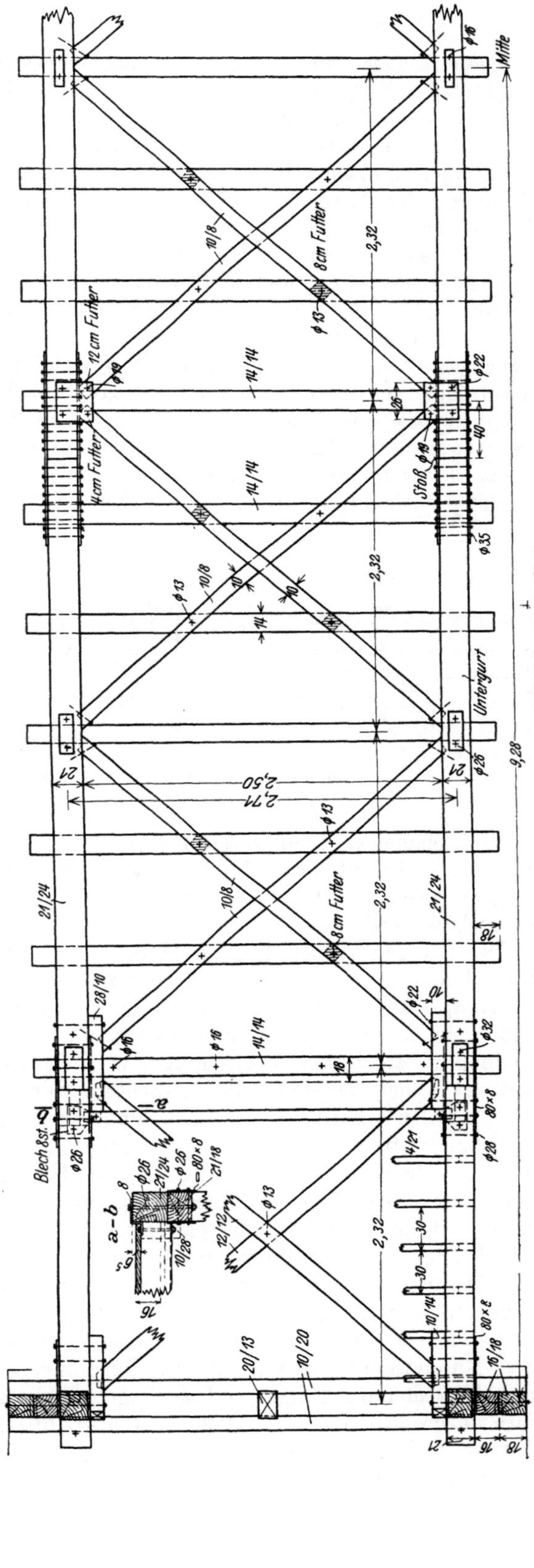

Abb. 451. Unteransicht der Brücke mit Windträger.

b) Brücken mit neuartigen Hauptträgerformen.

Diese Trägerformen zeigen als Hauptmerkmal den zug- und druckfesten Anschluß der Füllglieder durch neuartige Dübeleinlagen, die bereits Seite 122 u.f. besprochen worden sind. Damit verbunden ist die Aufteilung der Fachwerkstäbe, also der Gurte und Füllglieder, in schwächere Einzelstäbe, so daß sich durch wechselseitiges Ineinanderschieben dieser Stäbe Berührungsflächen zur Einfügung der Dübeleinlagen ergeben. Die Konstruktionsgrundsätze sind etwa die gleichen, wie die bei den neuartigen Dachbinderarten erörterten.

Zuweilen werden ältere Bauarten mit neueren zugleich angewendet, je nachdem ein vorliegender Fall eine solche Kombination empfehlenswert erscheinen läßt. So werden z. B. Zugglieder bei neuartigen Trägerformen aus Rundeisenbolzen mit Muttern hergestellt, die ein bequemes Anspannen der Stäbe gestatten. Ferner werden die Querträger von Brücken neuerer Bauweisen aus verdübelten Balken mit Hartholzdübeln ausgeführt (vgl. spätere Beispiele) usw. Welche Bauart am zweckmäßigsten ist, muß der Erfahrung des entwerfenden Ingenieurs überlassen werden, wenn nicht andere Gründe, wie z. B. besondere Eile in der Fertigstellung des Bauwerks oder die Verwendung vorhandener Baustoffe, maßgebend sind.

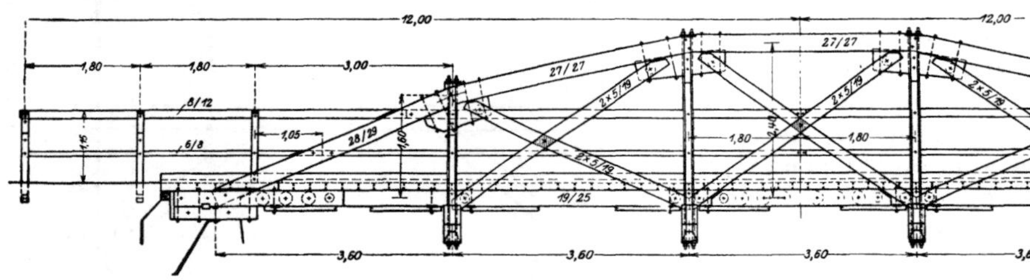

Abb. 452. Wegeüberführung der Strecke Isenbüttel—Wieren. (Ausführung Carl Tuchscherer, A.-G., Breslau.)

Als Beispiel einer neueren Fachwerkbrücke möge die Wegüberführung in km 49,5 der Strecke Isenbüttel — Wieren (Reichsbahndirektion Magdeburg), ausgeführt 1921 von der Firma Carl Tuchscherer, A.-G., Breslau, besprochen werden (Abb. 452).

Die Stützweite der Brücke beträgt $5 \times 3{,}6 = 18{,}0$ m, der Hauptträgerabstand 5,43 m, die nutzbare Brückenbreite zwischen den Geländern 5,0 m. Der Hauptträgerobergurt ist vieleckig; die Hauptträgerhöhe beträgt in Brückenmitte 2,40 m. Der Obergurt besteht aus Kanthölzern 27/27, die in den Knotenpunkten unter Verwendung von Sattelhölzern 17/34 gestoßen sind; letztere dienen zugleich zum Anschluß der Streben $2 \times 5/19$ mittels Ringdübel an den Obergurt. Der Anschluß an den Untergurt 19/25 erfolgt unmittelbar mittels je eines Paares Ringdübel von 16 cm Durchmesser. Die Fahrbahn besteht aus einem quer zur Brückenachse liegenden Bohlenbelag von 11 cm Stärke, der mit 1 cm Fuge verlegt ist. Er ruht auf den in 90 cm Mittenabstand verlegten Längsträgern 21/25, die auf die Querträger 2 cm aufgeblattet und mit ihnen durch Flacheisen verbunden sind.

Die Querträger bestehen aus je zwei verdübelten Balken 25/27; sie sind nach außen verlängert, wo sie zur Absteifung der Hauptträger mittels Streben herangezogen werden. Die Querträger sind an den Hauptträgern durch je zwei Rundeisenbolzen von 29 mm Durchmesser mit beiderseitigen Gewinden und Muttern aufgehängt, und zwar gehen diese Hängestangen bis zum Obergurt durch, wo eine Unterlagsplatte $100 \cdot 250 \cdot 10$ angeordnet ist; die gleiche Unterlagsplatte ist auch unten verwendet. Zwischen den Rundeisen steht der Hauptträgerpfosten 10/26.

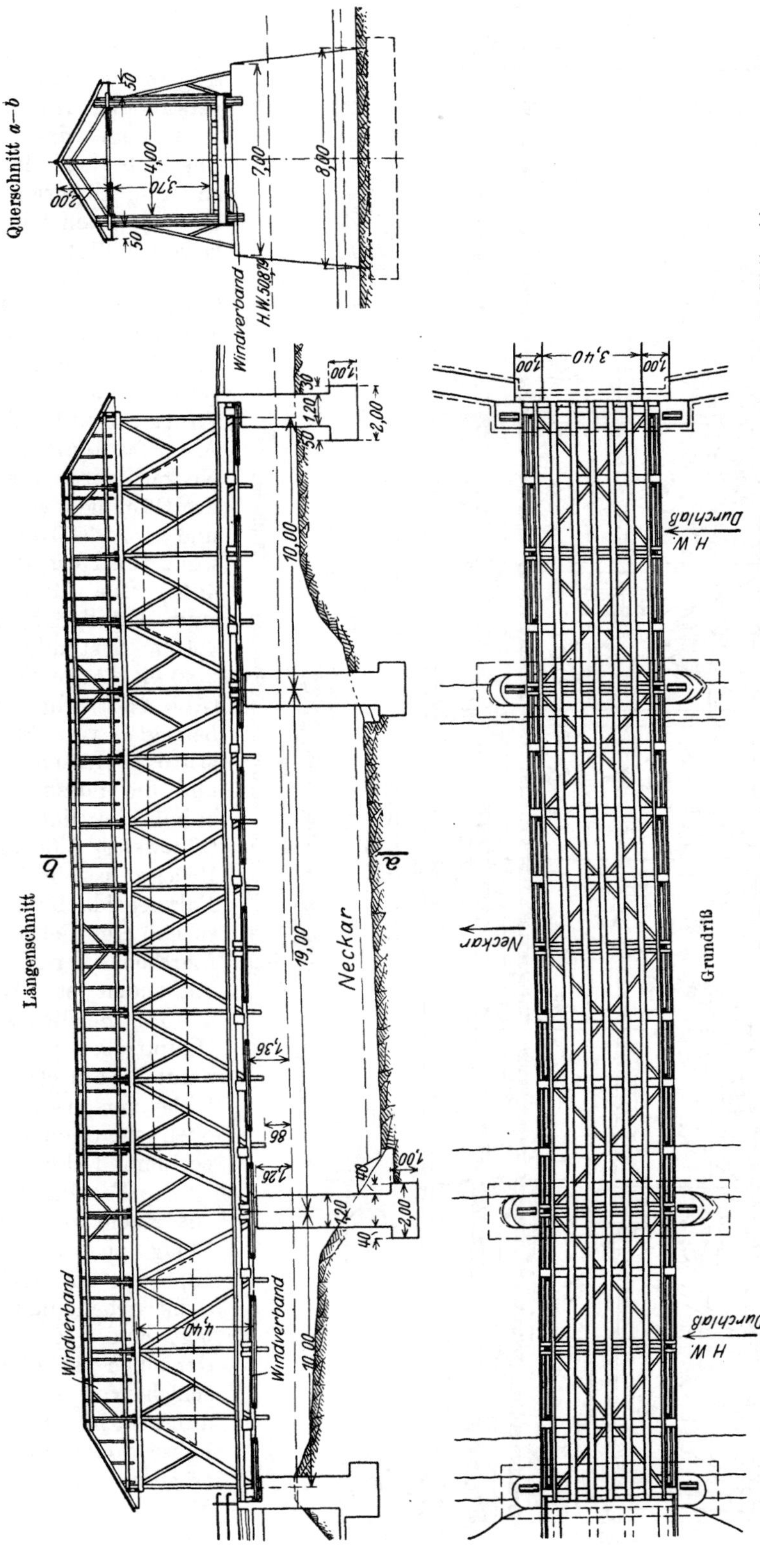

Abb. 453. Allgemeine Anordnung der Straßenbrücke über den Neckar bei Thalhausen. (Ausführung: Karl Kübler A.-G., Stuttgart.)

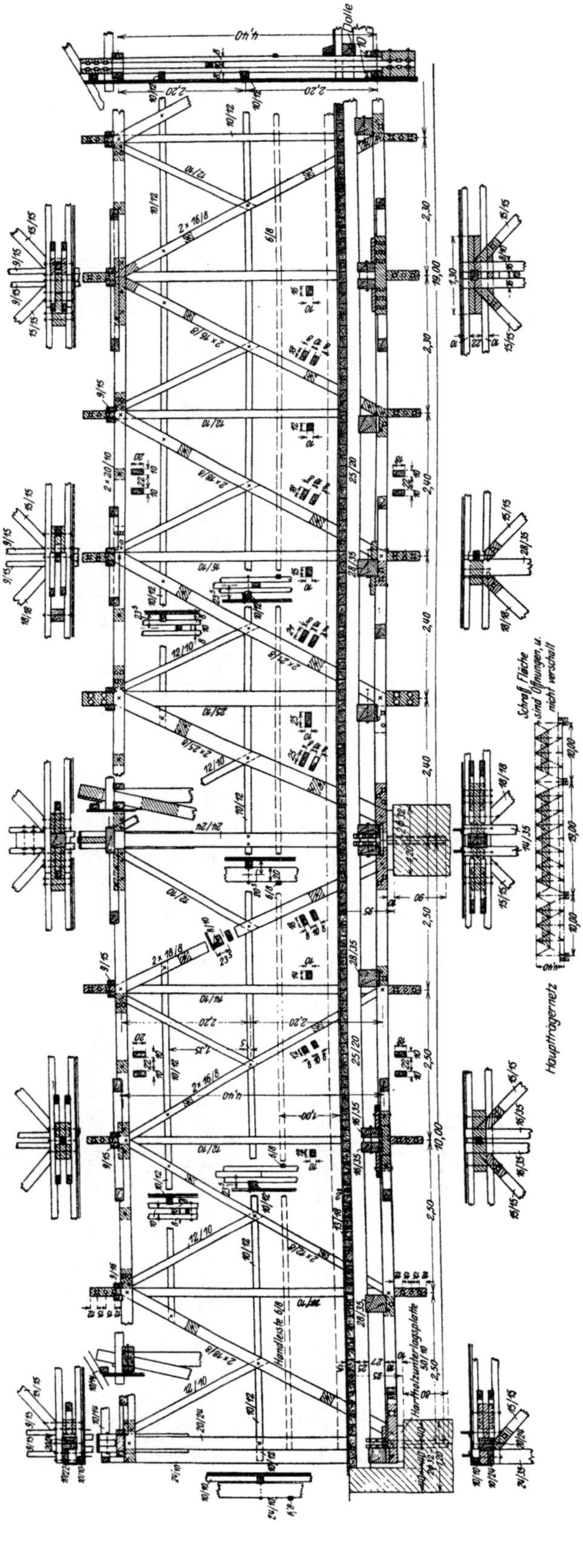

Abb. 454. Ausbildung der Hauptträger der Neckarbrücke bei Thalhausen.

Unter Hauptträgeruntergurten und Längsträgern ist eine Windverstrebung aus Hölzern 15/6 angeordnet. Der Anschluß der letzteren an die Untergurte ist durch je einen Ringdübel bewerkstelligt.

Eine andere Straßenbrücke neuerer Bauart stellt die **Neckarbrücke bei Thalhausen**, ausgeführt 1924 von der Firma **Karl Kübler** A.-G., Stuttgart, dar. Der Neckar wird hier mit drei Öffnungen von 19,0 m und 2 × 10,0 m Stützweite überbrückt (Abb. 453). Die Hauptträger sind Parallelträger von 4,40 m Systemhöhe und 2,30 bis 2,50 m Feldweite (Abb. 454); ihr Abstand beträgt, von Mitte zu Mitte gemessen, 4,26 m und die nutzbare Fahrbahnbreite (lichte Durchfahrtweite) 4,00 m. Die Brücke ist mit einem Falzziegeldach überdeckt, so daß eine lichte Durchfahrthöhe von rd. 3,70 m vorhanden ist (Abb. 453 u. 455). Seitlich sind die Hauptträger von Unterkante bis auf etwa 2,30 m Höhe verschalt, so daß oben ein offener Streifen verbleibt (Abb. 459).

Die Fahrbahn besteht aus einem querlaufenden Belag aus Kanthölzern 18/13 (13 cm hoch), die dicht nebeneinander verlegt sind. Zum Schutz derselben ist eine Kiesschicht von 2 cm Stärke aufgebracht. Die Beläghölzer ruhen auf Längsträgern 20/25 in 0,64 m Mittenabstand, die auf die 28/35 cm starken

Querträger 3 cm aufgeblattet und aufgedollt sind. Die Querträger liegen auf den Hauptträgeruntergurten in den Knotenpunkten, neben den Hauptträgerpfosten. Sie sind auf die Untergurte mit 5 cm Einschnitt aufgeblattet und zugleich in die Pfosten 2 cm eingeschnitten, wodurch eine Querverschiebung verhindert wird.

Der Obergurt der Hauptträger besteht aus zwei Hölzern 10/20 in 22 cm Lichtabstand, der Untergurt aus zwei Hölzern 10/18 gleichfalls in 22 cm Lichtabstand. Die Streben sind gleichfalls zweiteilig von je 8 cm Stärke; der Abstand der beiden Hölzer beträgt 10 cm. Die Pfosten bestehen aus einem Holz von 10 cm Stärke, so daß sie sich zwischen die Streben schieben können. Die Streben werden hauptsächlich auf Druck beansprucht; ihre Knicklänge ist durch Halbdiagonalen in der Trägerebene halbiert. In den Mittelfeldern, wo sie auch auf Zug beansprucht werden, sind sie mittels eiserner Laschen und gußeiserner Halbdübel auch auf Zug angeschlossen.

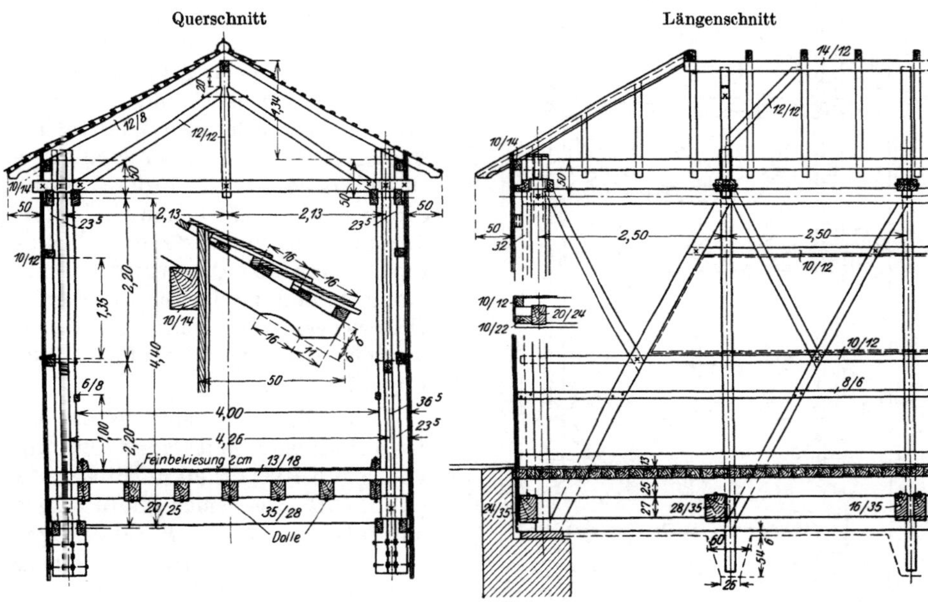

Abb. 455. Querschnitt und Teillängenschnitt der Neckarbrücke.

Die Pfosten werden gezogen und sind deshalb mit je zwei Überhölzern von je 16 cm Stärke versehen (Abb. 454).

Die Standfestigkeit der beiden Hauptträger in der Querrichtung wird durch je einen oberen und unteren Windverband erreicht. Der obere Windverband (Abb. 456) ist über den Pfeilern auf Bockstützen gelagert, die den Winddruck auf die Pfeiler übertragen (Abb. 457 u. 458). Oberer und unterer Windverband sind ganz gleich ausgebildet; die Hauptträgergurte sind zugleich Gurtungen der entsprechenden Windträger.

Abb. 459 zeigt das fertige Bauwerk.

Der statischen Berechnung ist ein Lastwagen von 7,0 t Gesamtgewicht zugrunde gelegt, und zwar kommen auf die beiden Vorderräder zusammen 2,0 t und auf die beiden Hinterräder zusammen 5,0 t; der Achsstand beträgt 3,0 m und der Radstand 1,4 m.

Neben dem Wagen, im Abstand von je 1,5 m von Vorder- und Hinterrad, war ferner Menschengedränge von 250 kg/m² anzunehmen (Abb. 460).

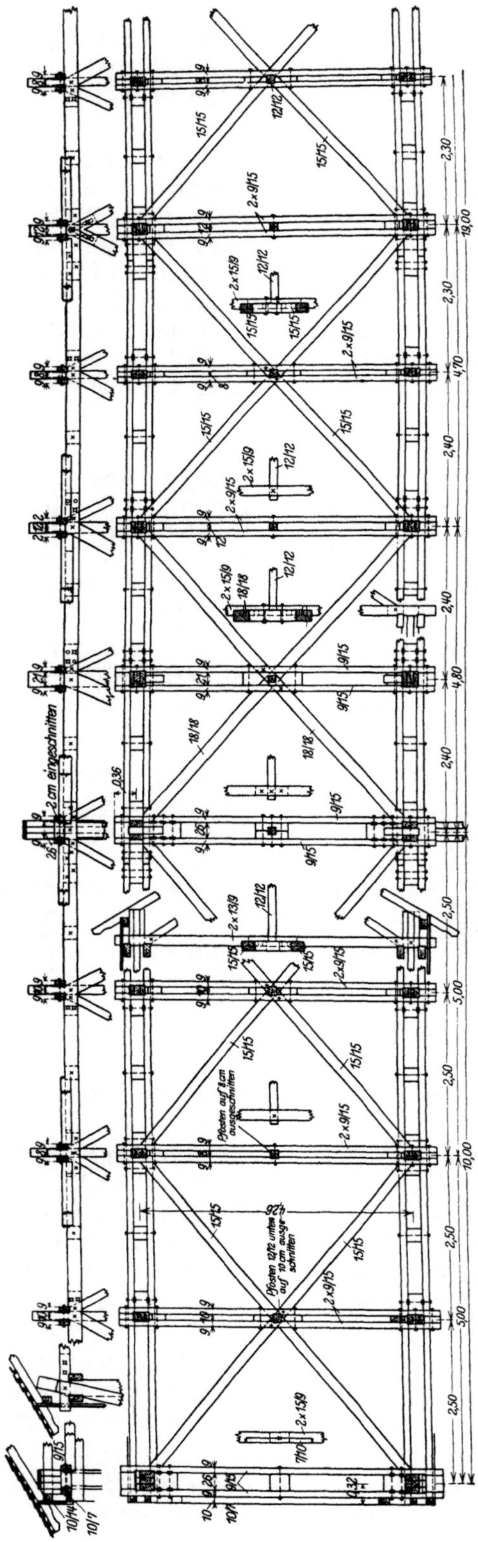

Abb. 456. Oberer Windverband der Neckarbrücke.

Alle zulässige Beanspruchungen waren für die Berechnung vorgeschrieben:

Zug // Faser . . .	90 kg/cm²,	
Druck // Faser . .	50	„ ,
„ ⊥ „ . .	20	„ ,
Biegung	90	„ ,
Abscherung // Faser	10	„ .

Ein bemerkenswertes Bauwerk für vorübergehende Zwecke ist nachstehend beschrieben, nämlich die **Engstligenbrücke** am Ausgangspunkt der **Dienstbahn von Frutigen nach Kandersteg**[1]), welche die Aufgabe hatte, die zum Bau des Lötschbergtunnels erforderlichen Hilfsmittel und Baustoffe von der nächstgelegenen Bahnstation Frutigen bis zum Tunneleingang (Kandersteg) zu befördern. Auf dieser Strecke mit einem Gleis von 75 cm Spur verkehrte eine Lokomotive von 25 t Dienstgewicht mit einer Anzahl zweiachsiger, offener Güterwagen. Das ganze Anhängegewicht des Zuges belief sich auf ungefähr 30 t.

Diese Brücke überschreitet den Engstligenbach mit einer Öffnung von $6 \times 5{,}70 = 34{,}20$ m Stützweite (Abb. 461). Die beiden Hauptträger sind als Trapez- bzw. Parallelträger von 6,0 m Systemhöhe in einem Mittenabstand von 4,00 m angeordnet; die Durchfahrthöhe beträgt rd. 3,5 m über S.O. Bei dieser Brücke sind, dem vorübergehenden Zweck entsprechend, Rund- und Halbrundhölzer, daneben Walzeisenprofile verwendet worden. Die Druckstreben bestehen aus Rundholz, die Zugstreben aus ⊏- bzw. ∠-Eisen. Die vier äußeren Druckstreben jedes Hauptträgers sind durch angebolzte und gesprengte ⊏-Eisen gegen seitliches Ausknicken gesichert. Der Anschluß der eisernen Zugstreben ist durch Knotenbleche bewirkt. Die Stoßverbin-

[1]) Schweiz. Bauzg., Bd. 50, Nr. 21 vom 23. Nov. 1907, S. 261.

dungen sind mittels [-Eisenlaschen und Bolzen gebildet. Die Pfosten sind aus je zwei Halbrundhölzern zusammengesetzt. Der zugfeste Anschluß an die Gurte erfolgt mittels Füllhölzern, mit denen die beiden Halbrundhölzer verbolzt

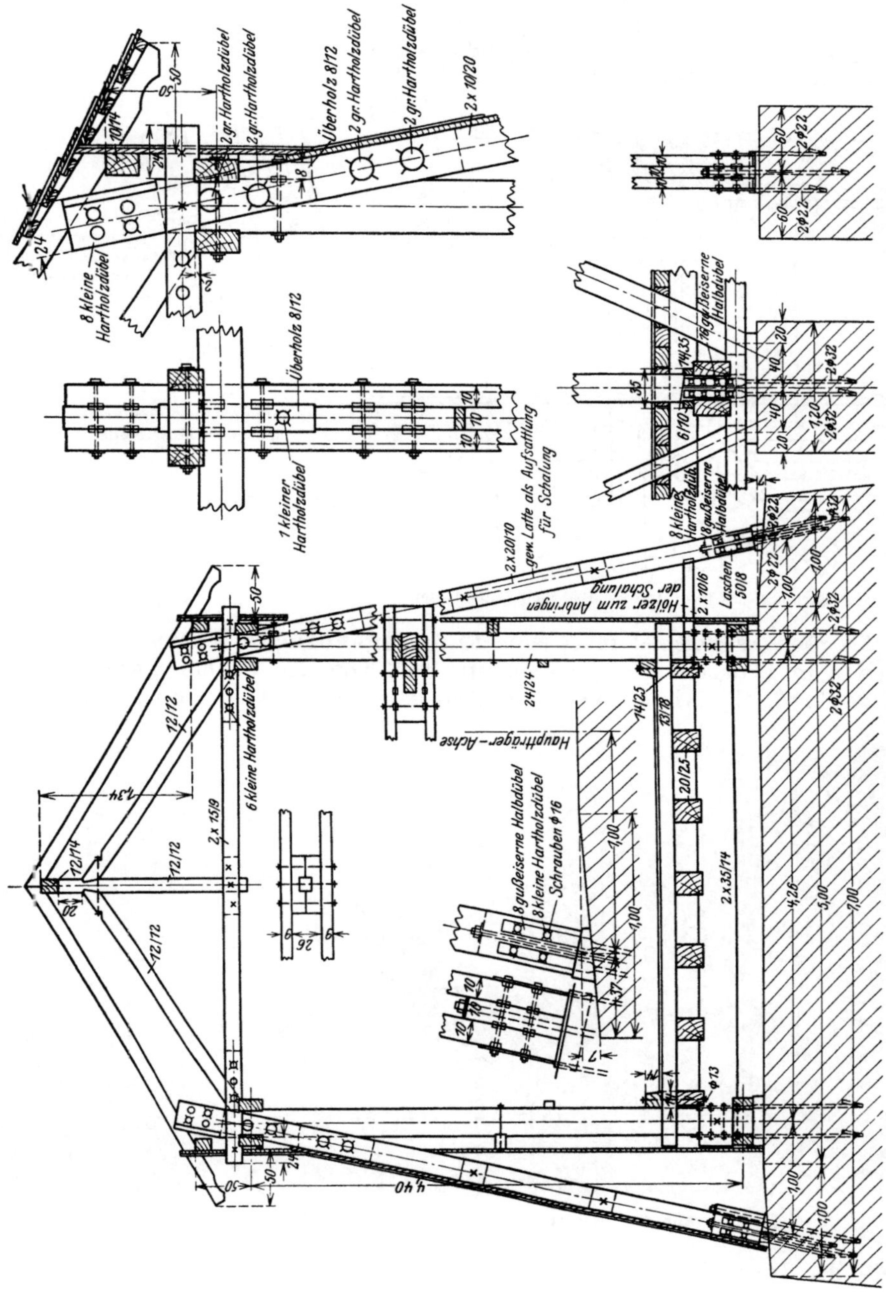

Abb. 457. Windbock über den beiden Mittelpfeilern.

sind. Die Pfosten sind oben portalartig verbunden, ferner ist oben und unten je ein Windverband angeordnet, wodurch die Standfestigkeit gegen Winddruck gewährleistet ist.

Die Querträger bestehen aus I-Eisen NP 45; sie ruhen auf den unteren

Stemmklötzen, die zum Anschluß der Druckstreben an die Gurte angedübelt sind. An die Querträger sind die beiden Längsträger I NP 38, die hölzerne Querschwellen tragen, angeschlossen.

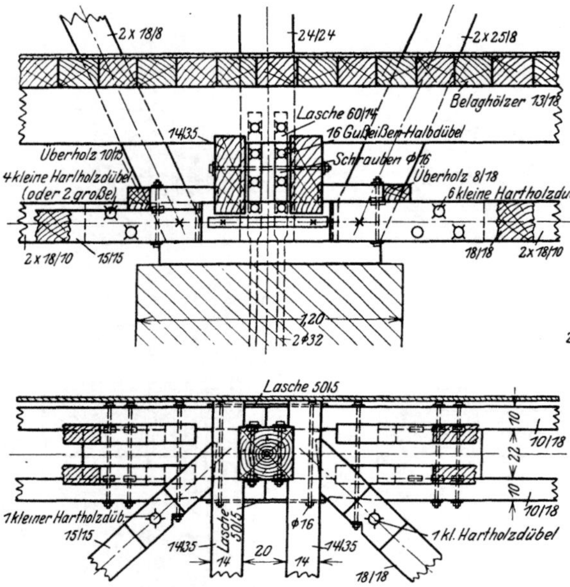

Auflagerpunkt des Hauptträgers über dem Mittelpfeiler

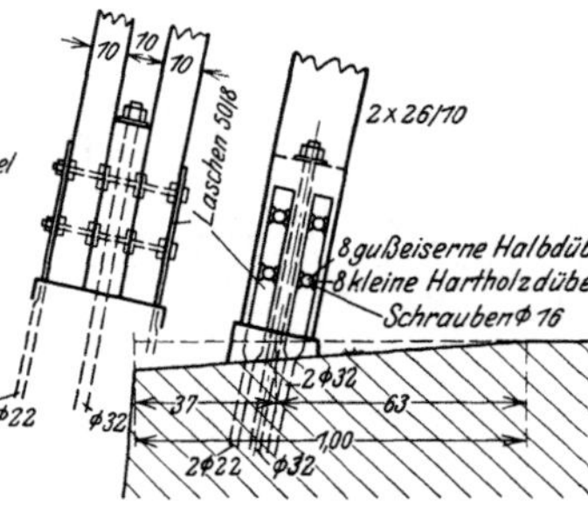

Fußpunkt des Windbocks über dem Mittelpfeiler

Abb. 458. Einzelheiten zu Abb. 454 und 457.

Als nächstes Beispiel möge eine Fußgängerbrücke über den Untergraben in Wurzen i. Sa., ausgeführt 1922 von der Firma Christoph & Unmack, A.-G., Niesky O.-L., behandelt werden (Abb. 462). Die Stütz-

Abb. 459. Neckarbrücke bei Thalhausen nach Vollendung.

weite der Brücke beträgt $8 \times 2{,}425 = 19{,}40$ m, der Hauptträgerabstand 2,9 m; die nutzbare Brückenbreite mißt 2,7 m. Die Hauptträger besitzen Trapezform mit 2,50 m Systemhöhe.

Ober- und Untergurt sind dreiteilig, die Füllstäbe zweiteilig, der Anschluß der letzteren erfolgt durch Tellerdübel (s. S. 126) und Bolzen, bei den gezogenen Stäben zum Teil unter Verwendung von Laschen.

Die Fahrbahn besteht aus einem längslaufenden Bohlenbelag von 6 cm Stärke, der mit 2 cm Fugen verlegt ist, auf Querträgern 12/20 in 0,81 m Mittenabstand.

Die Querträger liegen auf den Hauptträgeruntergurten und sind über ihre Auflager hinaus zwecks Abstrebung der Hauptträgerobergurte verlängert; sie sind auf gewölbten Holzsattel gelagert (vgl. Einzelheit in Abb. 462).

Unter den Querträgern ist ein **K**-förmiger Windverband

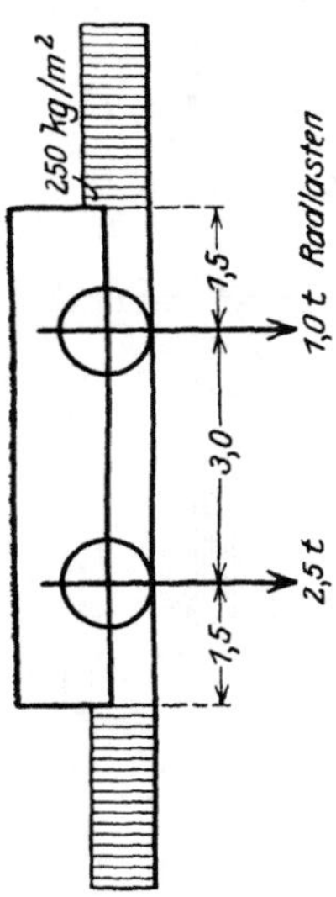

Abb. 460. Belastungsschema des Lastwagens von 7,0 t Gewicht.

mit Streben 10/8 angeordnet, der mit sämtlichen Querträgern verbolzt ist.

Als Nutzlast ist 500 kg/m² Grundfläche angenommen bei einer Verkehrsbandhöhe von 2,0 m. Außer dieser Nutzlast ist noch eine Schneelast von 75 kg/m² berücksichtigt. Der Winddruck ist für belastete Brücke mit 150 kg/m² für unbelastete Brücke mit 250 kg/m² senkrecht getroffener Fläche in die Berechnung eingeführt.

Für den 6 cm starken Bohlenbelag sind mit Rücksicht auf die Abnutzung nur

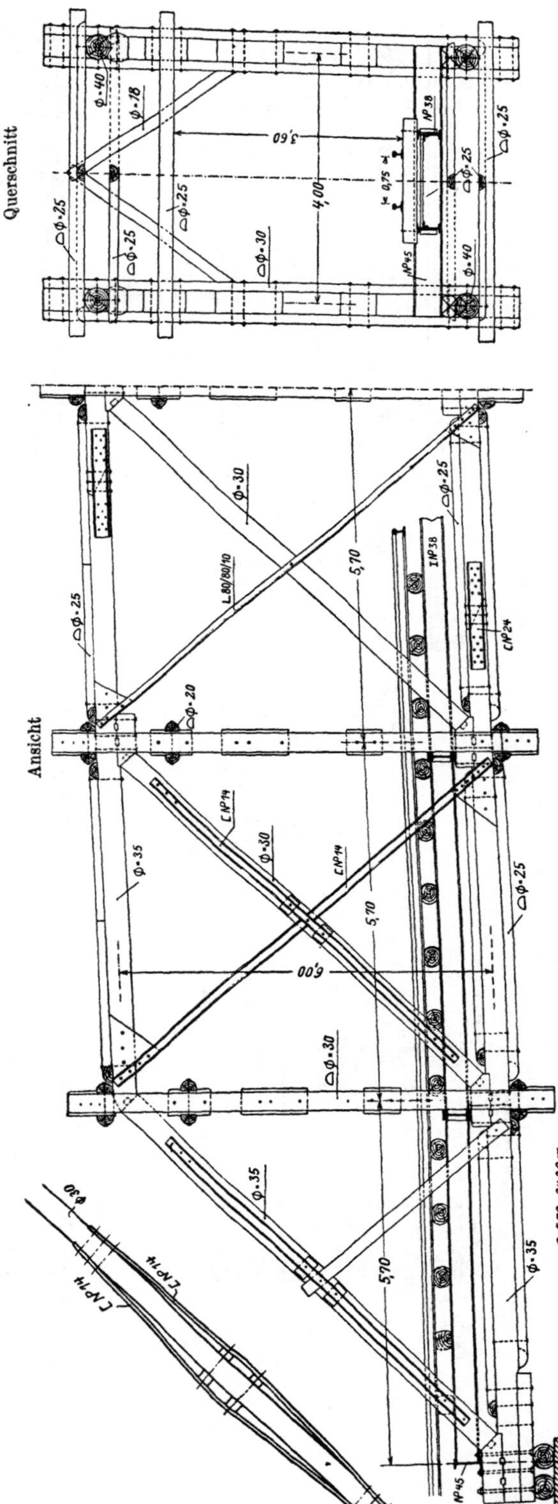

Abb. 461. Engstligenbrücke der Dienstbahn von Frutigen nach Kandersteg.

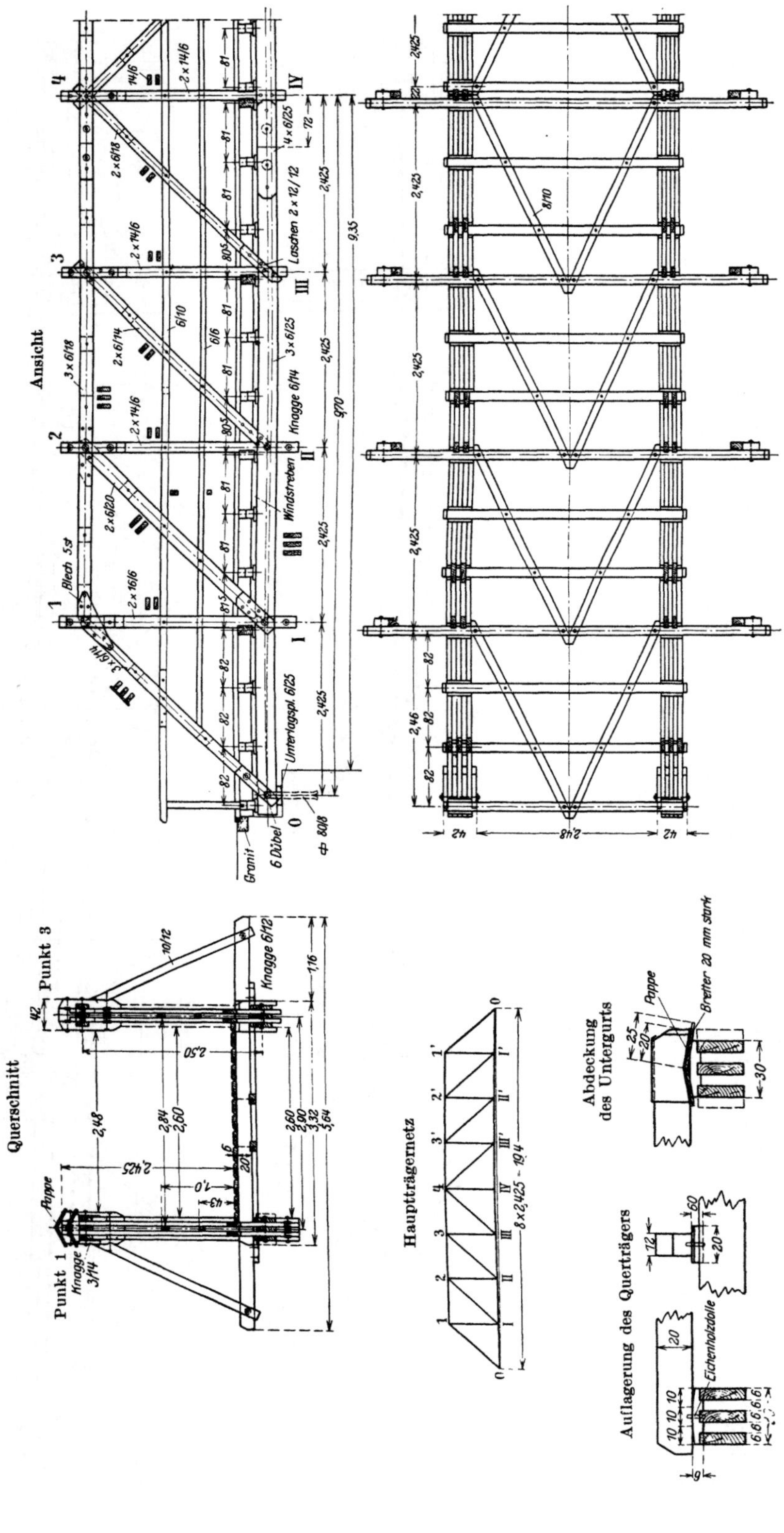

Abb. 462. Fußgängerbrücke über den Untergraben in Wurzen i. Sa. (Ausführung: Christoph & Unmack A.-G., Niesky O.-L.)

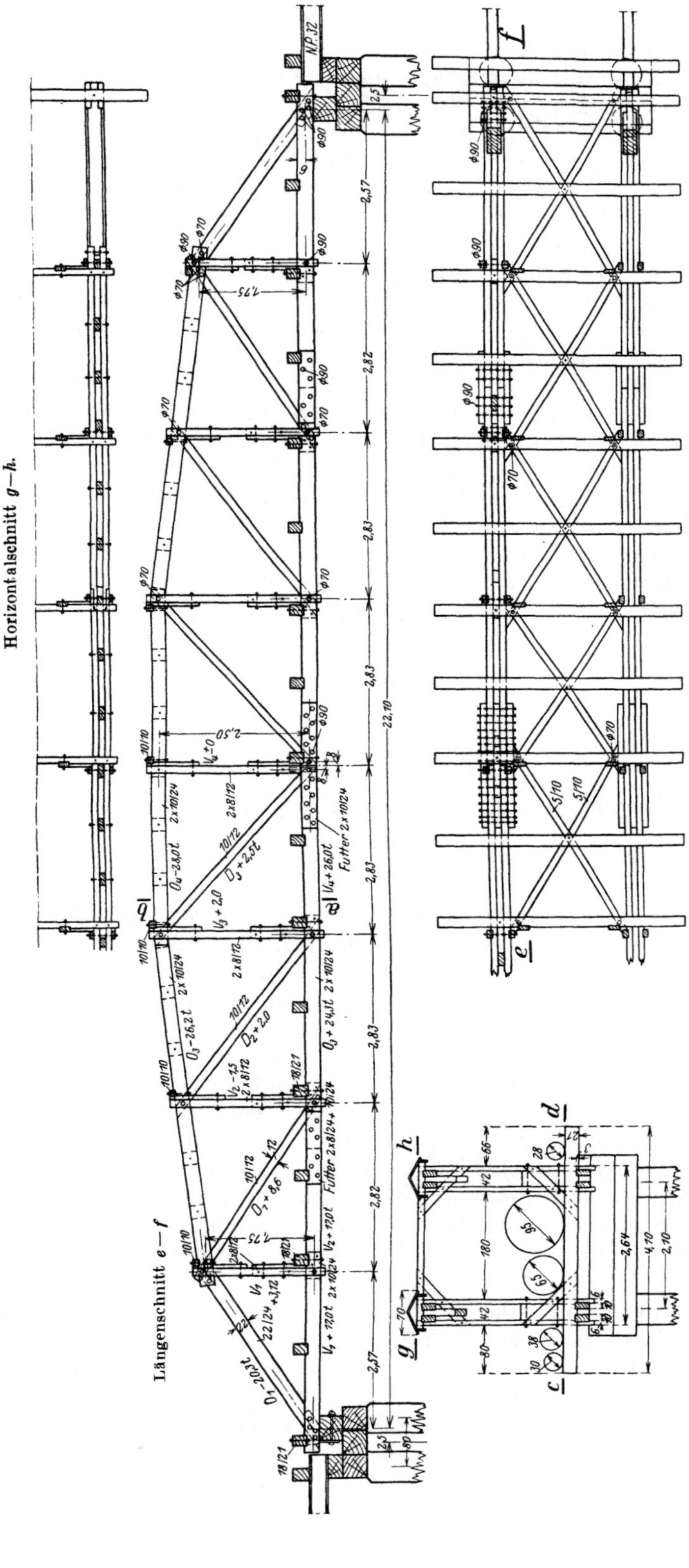

Abb. 463. Rohrbrücke zum Umbau der Berliner Brücke in Spandau. (Ausführung: Metzke & Greim, Berlin.)

4 cm als tragend angenommen und die Bohlen für eine Einzellast von 100 kg in Bohlenmitte berechnet.

Die Stabkräfte der Wandglieder der Hauptträger sind mittels Einflußlinien ermittelt worden.

Das folgende Beispiel zeigt die Rohrbrücke der Berliner Brücke in Spandau, ausgeführt 1925 von der Firma Metzke & Greim, Berlin (Abb. 463). Sie führt über die Havel und soll bis zum Umbau der Berliner Brücke sämtliche Rohrleitungen aufnehmen. Die Pfeiler sind aus hölzernen Rammpfählen hergestellt.

Ihre Stützweite beträgt 22,10 m, der Hauptträgerabstand, von Mitte zu Mitte gemessen, 2,22 m, die gesamte Nutzbreite 4,10 m. Die Hauptträger besitzen in Brückenmitte eine größte Systemhöhe von 2,50 m und sind mit vieleckigem Obergurt ausgeführt. Ober- und Untergurt sind zweiteilig ($2\times10/24$), die Pfosten ebenfalls zweiteilig ($2\times8/12$) und die Streben einfach ($10/12$). Der Anschluß der Füllglieder wie die Stoßverbindungen sind mittels Krallenscheibendübel (s. S. 128) hergestellt. Zur Übertragung des Winddrucks auf die Pfeiler ist unter den Querträgern ein Windverband eingebaut. Der Winddruck auf die Hauptträger wird durch die rahmenartigen Aussteifungen in den Ebenen der Pfosten (Abb. 463) auf den Windverband übertragen. Die Windstreben 5/10 sind mittels Scheibendübel an die Querträger angeschlossen und in den Kreuzungspunkten mit ihnen verbolzt.

Die Gewichte der Rohre, die auf den Querträgern ruhen, sind:

lichter Durchmesser	750 mm	850 kg/m
„ „	450 „	330 „
„ „	200 „	90 „
„ „	200 „	90 „
„ „	150 „	40 „

Neben diesen Lasten ist noch Schnee von 75 kg/m^2 Grundfläche berücksichtigt.

5. Bogenbrücken.

Die älteren Bogenbrücken wurden teils aus Bohlen, teils aus gebogenen Balken hergestellt. Die Bohlen wurden, ähnlich wie bereits S. 161 u. f. allgemein besprochen, entweder lotrecht nebeneinander gestellt oder flach übereinander gelegt und mit eisernen Bändern und Bolzen miteinander verbunden. Die erstere Bauart (System Funk und de l'Orme) hat sich wegen des Eindringens der Nässe in die zahlreichen lotrechten Fugen als unzweckmäßig erwiesen und die zweite Bauart (System Wiebeking und Emy) zeigte geringen Widerstand gegen Formänderungen (Verbiegungen). Die Bogenträger aus gebogenen Balken besitzen den Nachteil der Schwierigkeit der Herstellung der gebogenen Form und ferner den Nachteil der durch das Biegen entstehenden Vorspannungen. Die größte Bedeutung hat die zuletzt gekennzeichnete Bauart gewonnen, insbesondere bei größeren Spannweiten und reichlich zur Verfügung stehender Bauhöhe, ferner bei Vorhandensein natürlicher fester Widerlager (Felsen).

Der Krümmungspfeil der Balken soll hierbei nicht größer sein als etwa $^1/_{20}$ seiner Länge, damit seine Festigkeit nicht unter der Biegung leidet.

Wesentlich für solche Bogenbrücken ist eine wirksame Aussteifung und zwar um so mehr, je größer die Spannweite ist. Die Aussteifung des Bogens kann entweder in einer Aussteifung der Bogenzwickel oder in einer Versteifung des Bogens selbst bestehen. Letzteres wird erreicht durch Vergrößerung seines Querschnitts oder durch Anordnung eines Bogens mit zwei Gurtungen, die miteinander durch Gitterwerk verbunden sind, also durch Ausbildung eines Fachwerkbogens. Die Fahrbahnlasten werden dann durch besondere lotrechte Pfosten auf den Bogen übertragen, wobei der Spannbalken, die Pfosten und der Bogen durch radial gestellte Zangen verbunden werden (vgl. Abb. 468); hierdurch wird eine wirksame Versteifung der Tragwand erzielt.

Bei den Eisenbahnbrücken wurden zwei bis vier (s. Abb. 468), bei den Straßenbrücken meist mehrere gleichweit voneinander entfernte Tragwände angeordnet.

Zur näheren Erläuterung des Gesagten mögen einige Beispiele älterer Bogenbrücken kurz besprochen werden.

Eine Brücke mit Bogenträgern aus übereinanderliegenden zusammengeschraubten Bohlen (Bauweise Emy) ist in Abb. 464 dargestellt. Es handelt sich um eine finnische Straßenbrücke (in Uleåborg), die 1868 aus Kiefernholz erbaut, im Jahre 1911 noch bestand.

Der Bogen ist (am Auflager) aus 13 Lagen flach übereinanderliegenden Bohlen zusammengesetzt, die durch Flacheisenbänder nach Abb. 464 (links unten) zusammengehalten werden. Die Zwickel sind durch ein Fachwerk nach Howescher Art ausgefüllt, so daß die Zugstangen durch Bogen und Streckbalken gehen und so die Streben in Druckbeanspruchung bringen.

Die Auflagerung der Bogen erfolgt in gußeisernen Schuhen (Abb. 464, rechts unten), so daß jede Bohle auf eine senkrecht zum Bogen stehende Rippe zu stehen kommt.

Zum Schutz gegen eindringende Feuchtigkeit sind die Bogen seitlich verschalt. Die beiden Bogen sind zur Versteifung in der Querrichtung noch durch eine gleichfalls bogenförmig verlaufende Windverstrebung verbunden (Abb. 464, Querschnitt).

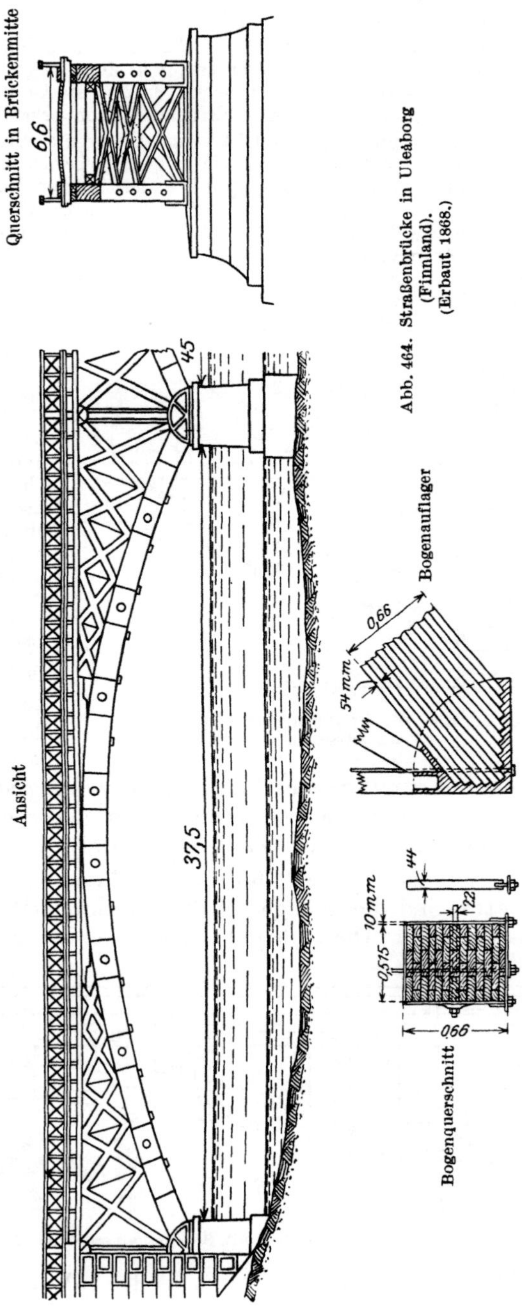

Abb. 464. Straßenbrücke in Uleåborg (Finnland). (Erbaut 1868.)

Eine Eisenbahnbrücke von 24,85 m Spannweite gleicher Bauart ist die 1884 begonnene und 1887 in Betrieb genommene Fachwerkbogenbrücke, die in der Nähe der australischen Bundeshauptstadt den Queenbeyanfluß in fünf Öffnungen mit der genannten Weite und 3,70 m Pfeilhöhe überführt und erst jetzt, zusammen mit der nur vier

Öffnungen aufweisenden, aber sonst ganz ähnlichen und gleich alten Brücke über den Molonglo erneuert werden soll. Damit hat die Brücke etwa 40 Jahre dem Verkehr auf einer Hauptstrecke der Eisenbahnen von Neu-Süd-Wales genügt und einen so bemerkenswerten Beitrag für die Brauchbarkeit hölzerner Brücken geliefert.

Jeder der fünf Überbauten besteht aus drei Bogenträgern, die am Widerlager aus 12, im Scheitel aus 8 wagerecht übereinander gelegten Bohlen von 38,1 × 7,6 cm Querschnitt zusammengesetzt und durch 36 32 mm starke Bolzen miteinander verbunden sind. Die Gesamthöhe der Bogenträger verjüngt sich sonach von etwa 90 auf 60 cm. In der Querrichtung werden sie durch sechs 38 mm starke Bolzen gehalten, die gleichzeitig durch die eisernen Laschen der senkrechten Fachwerkstäbe (Pfosten) gehen.

Die Verbindung von Ober- und Untergurt wird durch 12 Pfosten gebildet, die durch Diagonalen miteinander sowie mit den beiden Gurtungen (Bogen- und Spannbalken) verstrebt sind; die Knotenpunkte der unteren Gurtung sind durch eiserne Schuhe gesichert. Der wagerechte Obergurt hat einen Querschnitt von 30,5 × 30,5 cm und ist ebenso wie der Bogen des Untergurts durch starke eiserne Knotenbleche mit den Fachwerkstäben verbunden; die ganze Holzkonstruktion ist außerdem durch starke eiserne lotrechte und wagerechte Anker in der Querrichtung versteift. Die Übertragung der auf die Fahrbahn wirkenden Eisenbahnlasten von den 35,5 × 20 cm starken Fahrbahnträgern auf die Hauptträger geschieht durch 30,5 × 17,8 cm starke Querträger.

Strompfeiler und Endwiderlager sind in Ziegelmauerwerk ausgeführt und auf tragfähigen Fels gegründet. Für Berechnung und Entwurf war seinerzeit ein Lokomotivgewicht von 75 t einschließlich Tender zugrunde gelegt, doch hat die Brücke bis zuletzt auch die schweren Lokomotiven der „K“-Klasse mit 127,5 t Gesamtgewicht und in einem Falle sogar die Last eines 139 t wiegenden, auf zwei Loren gesetzten Geschützes ohne Nachteil ausgehalten[1]).

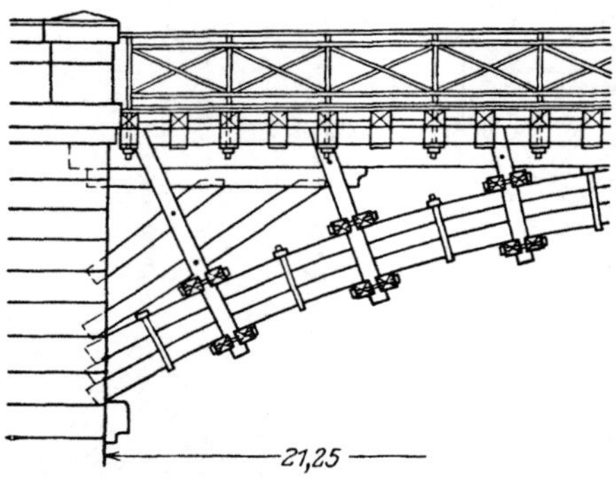

Abb. 465. Brücke mit Hauptträgern aus gebogenen Balken.

Abb. 465 zeigt eine Brücke von 21,25 m Lichtweite mit Tragbogen aus Balken, die durch eiserne Bänder zusammengehalten werden. Die Fahrbahn ist außerdem durch Sattelholz mit Streben unterstützt, ferner ist der Spannbalken (Streckbalken) durch radial gestellte Zangen mit dem Bogen verbunden. Zur Querversteifung sind außerdem zwischen den Bogen in jedem Knotenpunkt je vier Zangen angeordnet.

Bei der in Abb. 466 dargestellten Straßenbrücke von 32 m Lichtweite sind die gebogenen Balken verdübelt. Die Zwickel sind durch Streben ausgesteift. Die Fahrbahnlasten werden durch aufeinanderliegende Balken, die zugleich eine Querversteifung der Bogen darstellen, auf letztere übertragen. Die Tragwände sind außen verschalt.

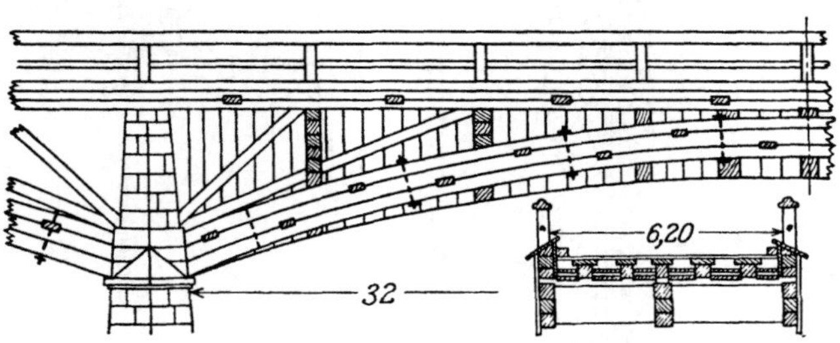

Abb. 466. Straßenbrücke mit Bogen aus verdübelten Balken.

In ähnlicher Weise wurden Bogen mit verzahnten Balken ausgeführt.

Im folgenden Beispiel (Abb. 467) ist der Bogen aus drei Balken zusammengesetzt, die in einem bestimmten Abstand voneinander, ähnlich wie die geradlinigen Klötzelträger (S. 140), mit Klötzeleinlagen gleicher Höhe versehen sind. Die Bogen sind

[1]) Railway Engineer vom April 1926, ferner: Die Bautechnik, Heft 19, vom 30. April 1926.

durch radiale Zangen mit dem Streckbalken verbunden (Bauart Burr). Das Bauwerk stellt eine Eisenbahnbrücke dar.

Abb. 468 zeigt die ehemalige Cascadebrücke der Erie-Eisenbahn in Nordamerika mit Fachwerkbogen nach Bauart Brown, bestehend aus zwei parallelen, aus mehreren Balken zusammengesetzten Gurten und gekreuzten Streben, und mit einem System von lotrechten Ständern und radialen Zangen als Füllung der Bogenzwickel. Diese Brücke war mit 83,9 m Lichtweite eine der weitest gespannten Holzbrücken, die je zur Ausführung gekommen sind[1]).

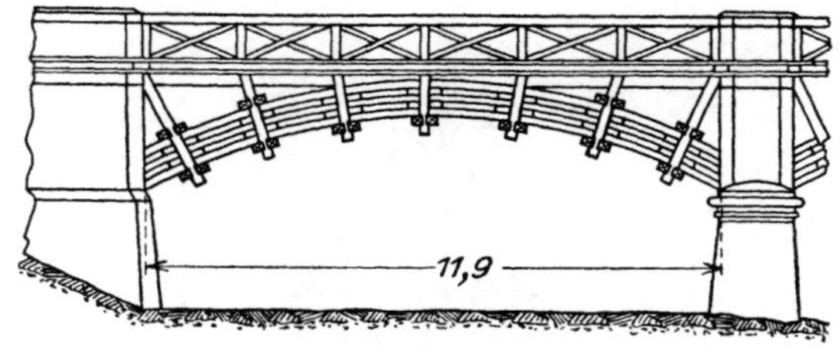

Abb. 467. Eisenbahnbrücke mit gebogenen Klötzelträgern.

Auch bei neueren Bogenbrücken findet sich die Verwendung von Hauptträgern aus flach übereinanderliegenden Bohlen, die auf verschiedene Weise miteinander verbunden sind.

Ein Bauwerk dieser Art ist die Fußgängerbrücke über die Wiese bei Basel, ausgeführt 1910 nach Bauart Hetzer von der Firma Terner & Chopard, Zürich (Abb. 469). Die Stützweite dieser Brücke beträgt 10·3,3 = 33,0 m, die Fahrbahnbreite 2,40 m. Der Hauptträger ist ein Zweigelenkbogen mit eiserner Zugstange von 5,0 m Pfeilhöhe. Die Bogenträger bestehen nach Bauweise Hetzer (s. S. 168) aus zusammengeleimten Bohlen.

Der Achsabstand der beiden Hauptträger mißt 2,80 m; jede der zangenförmig ausgebildeten Bogengurte besteht aus einem Rippenpaar von 14 cm

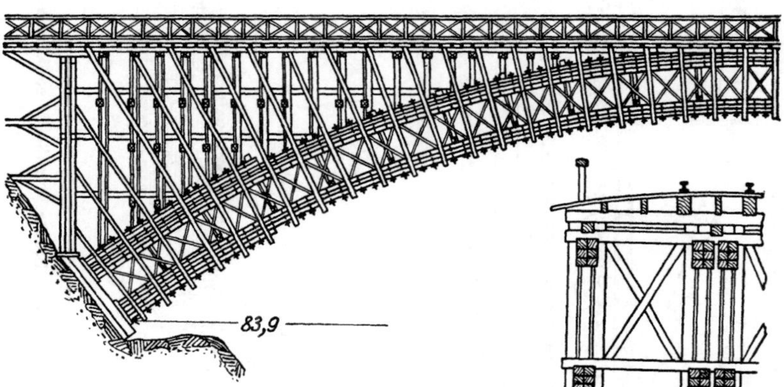

Abb. 468. Ehemalige Cascadebrücke der Erie-Eisenbahn (Nordamerika) mit Fachwerkbogen.

Breite und 60 cm Höhe, in deren 12 cm breiten Zwischenraum in Abständen von 3,3 m die Hängepfosten zur Aufhängung der Fahrbahn eingeführt und verbolzt sind. Zur Abhaltung des Regenwassers erhielten die imprägnierten und zweimal mit Karbolineum gestrichenen Bögen einen oberen Abschluß aus galvanisiertem Eisenblech. Die Herstellung der Bogen geschah in zwei Teilen, die beim Richten im Scheitel verlascht wurden. Von den Auflagern ist das eine fest, das andere beweglich; die Bogen ruhen in eisernen Auflagerschuhen.

Die Brücke besitzt einen oberen und unteren Windverband; ersterer reicht

---

[1]) Über andere ältere Ausführungsformen vgl. M. Struckel: Brückenbau. I. Teil, H. 2, S. 258 und Atlas, Tafel 8.

nur bis zur zweiten Hängestange, so daß dort eine lichte Höhe über Fahrbahn von etwa 3,0 m verbleibt.

Der Berechnung wurde eine Verkehrslast von 350 kg/m² Grundfläche zugrunde gelegt.

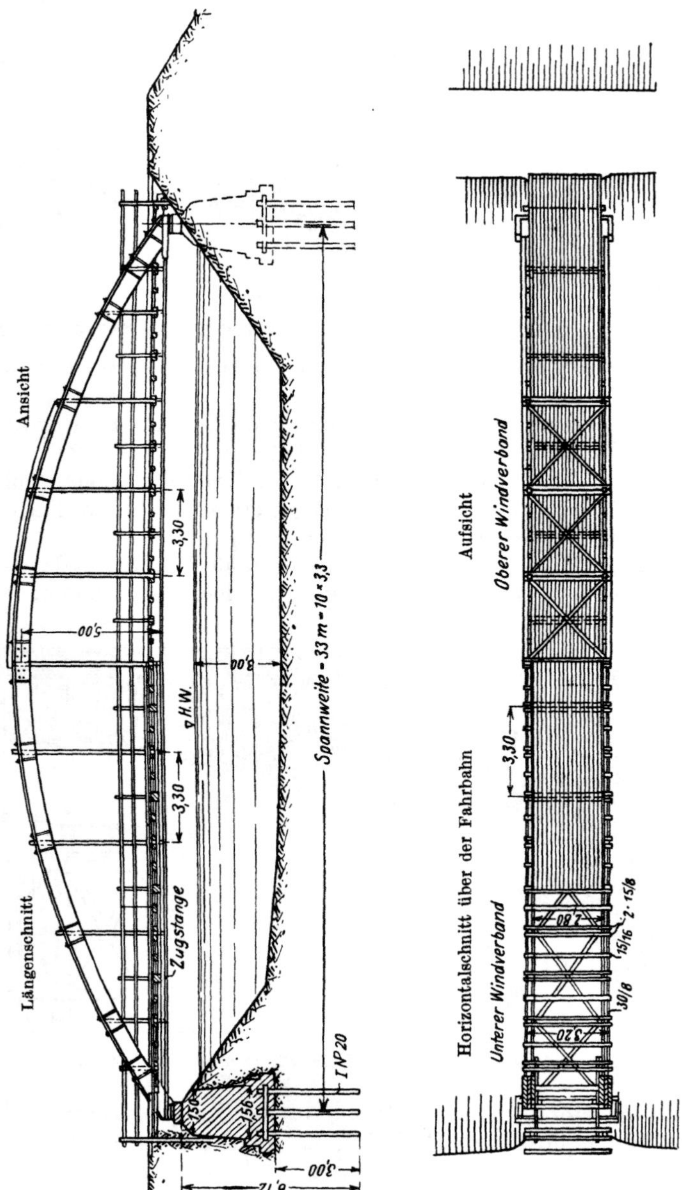

Abb. 469. Brücke über die Wiese bei Basel. (Ausführung: Terner & Chopard, Zürich.)

Bei Vollbelastung ergeben sich die größten Druckkräfte zu 31 t am Auflager und 26 t im Scheitel; bei einseitiger Belastung ist im Bogenviertel das größte Biegemoment rd. $\pm$ 8200 kgm und die größte Beanspruchung der Hauptträger 66 kg/cm². In den beiden Zugbändern aus Flußeisen von 54 mm Durchmesser erreicht die größte Spannung unter Berücksichtigung der Wärmeänderungen rd. 1200 kg/cm².

Die Kosten der Brücke betrugen 6200 Fr., d. i. etwa die Hälfte des für eine entsprechende Eisenkonstruktion verlangten Betrages.

Das nächste Beispiel, die **Fußwegüberführung bei Richterich** in km 8,72, ausgeführt 1921 von der Firma Carl Tuchscherer A.-G., Breslau, zeigt ebenfalls Bohlenbögen (Abb. 470). Die Brücke besitzt drei Öffnungen

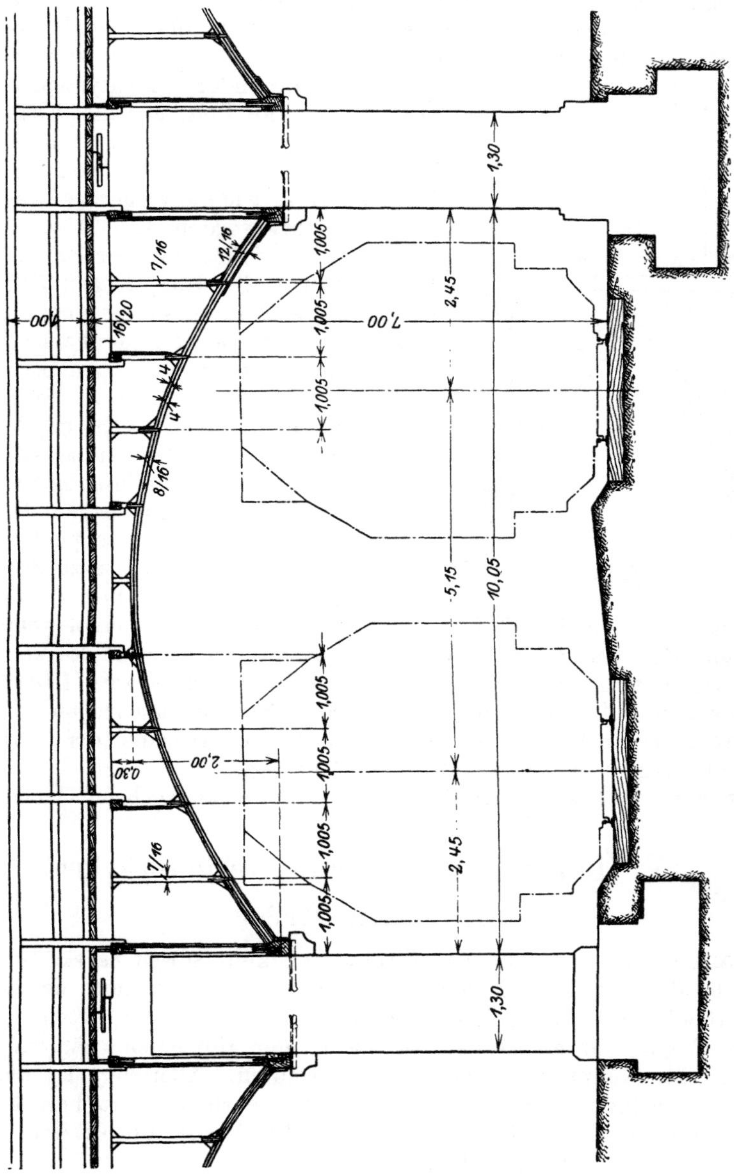

Abb. 470. Fußwegüberführung bei Richterich. Ausführung: Carl Tuchscherer A.-G., Breslau.)

von 7,00, 10,05 und 10,065 m Lichtweite. Die beiden Hauptträger bestehen aus je zwei Bohlen 4/16 cm mit Verstärkungen an den Kämpfern durch eine obere untere Bohle von je 2 cm Stärke; in der kleinen Öffnung ist die untere Verstärkung fortgelassen. Der Hauptträgerabstand beträgt von Mitte zu Mitte 1,40 m, die Gehwegbreite 2,10 m (Abb. 471).

Die Fahrbahndecke besteht aus einem 4 cm starken querlaufenden Bohlenbelag, der auf den beiden 16/20 cm starken Streckbalken liegt. Letztere sind auf die Querträger aufgeblattet, in welche die Fahrbahnstützen 7/16 eingezapft sind, bzw. ruhen in jedem zweiten Knotenpunkt unmittelbar auf den Fahrbahnstützen. Das Geländer ist an dem Bohlenbelag sowie an den Querträgern befestigt (Abb. 471).

In statischer Hinsicht stellen die Hauptträger einen Bogen dar, der durch den Streckbalken (Versteifungsbalken) bei einseitiger Belastung versteift wird. Zur Aussteifung gegen Winddrurk ist unter dem Bohlenbelag ein Windverband, ferner sind zwischen den Pfosten einzelne Querversteifungen angeordnet.

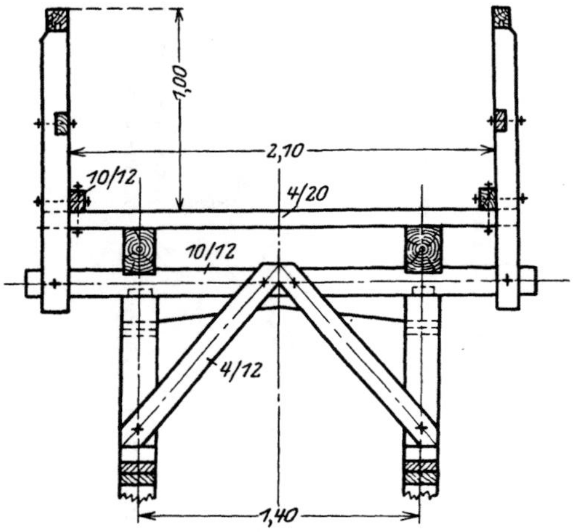

Abb. 471. Querschnitt an dem zweiten Stützpfosten (s. Abb. 470.)

Ein anderes Tragsystem stellt das folgende Beispiel, die Fußgängerbrücke über den Flöhafluß in Flöha i. Sa. dar, die von der gleichen Firma, wie die vorherige Brücke, ausgeführt worden ist[1] (Abb. 472).

Die Stützweite der Brücke beträgt 25,0 m. Die Hauptträger, die in 1,80 m Mittenabstand angeordnet sind, stellen Bogen versteift durch Fachwerkbalken dar. Die beiden Bogen bestehen aus je zwei Bohlen 6,5/30 cm mit einer Systemhöhe von 3,132 m. Die Bogen sind bis zu den Auflagern hinabgeführt. Der Versteifungsbalken von rd. 1,0 m Systemhöhe ist an dem Bogen in sämtlichen Knotenpunkten angehängt. Im Gegensatz zu dem vorhergehenden Beispiel liegen also hier die Hauptträger über der Fahrbahn; sie sind in jedem zweiten Knotenpunkt gegen die verlängerten Querträger abgesteift, die an den Untergurt des Versteifungsträgers angebolzt sind. Die Querträger nehmen ferner zwei Längsträger in 1,0 m Abstand auf, die einen 4 cm starken Bohlenbelag tragen. Unter den Längsträgern ist ein Windverband angeordnet. Der Anschluß der Füllstäbe des Versteifungsträgers ist mittels Ringdübel erfolgt.

Über weitere Beispiele ähnlicher Art vgl. die angegebene Quelle.

IV. Hölzerne Pfeiler und Gerüstbrücken.

1. Hölzerne Pfeiler.

Im allgemeinen werden für hölzerne Brücken, soweit es sich um Dauerbauten handelt, massive Pfeiler und Widerlager ausgeführt, da diese eine größere Gewähr für dauernden Bestand als hölzerne Joche bieten und außerdem die Möglichkeit vorhanden ist, die Pfeiler für einen späteren Überbau in Eisen oder Eisenbeton wieder zu verwenden. Allerdings ist dieser Umstand, wenn möglich, schon bei der Entwurfsbearbeitung zu berücksichtigen.

Für einstweilige Brücken wird man in der Regel mit hölzernen Jochen, die sich erheblich billiger stellen, auskommen.

Unter Jochen versteht man im allgemeinen aus Pfählen bestehende Pfeiler, die durch Holme, Zangen und Verstrebungen, insbesondere im oberen Teil, standfest gemacht sind. In seitlicher Richtung wird die Standsicherheit, wo Gelegenheit geboten ist, durch Anordnung von Schrägpfählen erhöht. Die Verstrebungen lassen sich naturgemäß in der Regel nur über Niedrigwasser anbringen.

[1] Lewe: Neuere Brückenbauten in Holz. Bauing. 1921, H. 17, S. 463.

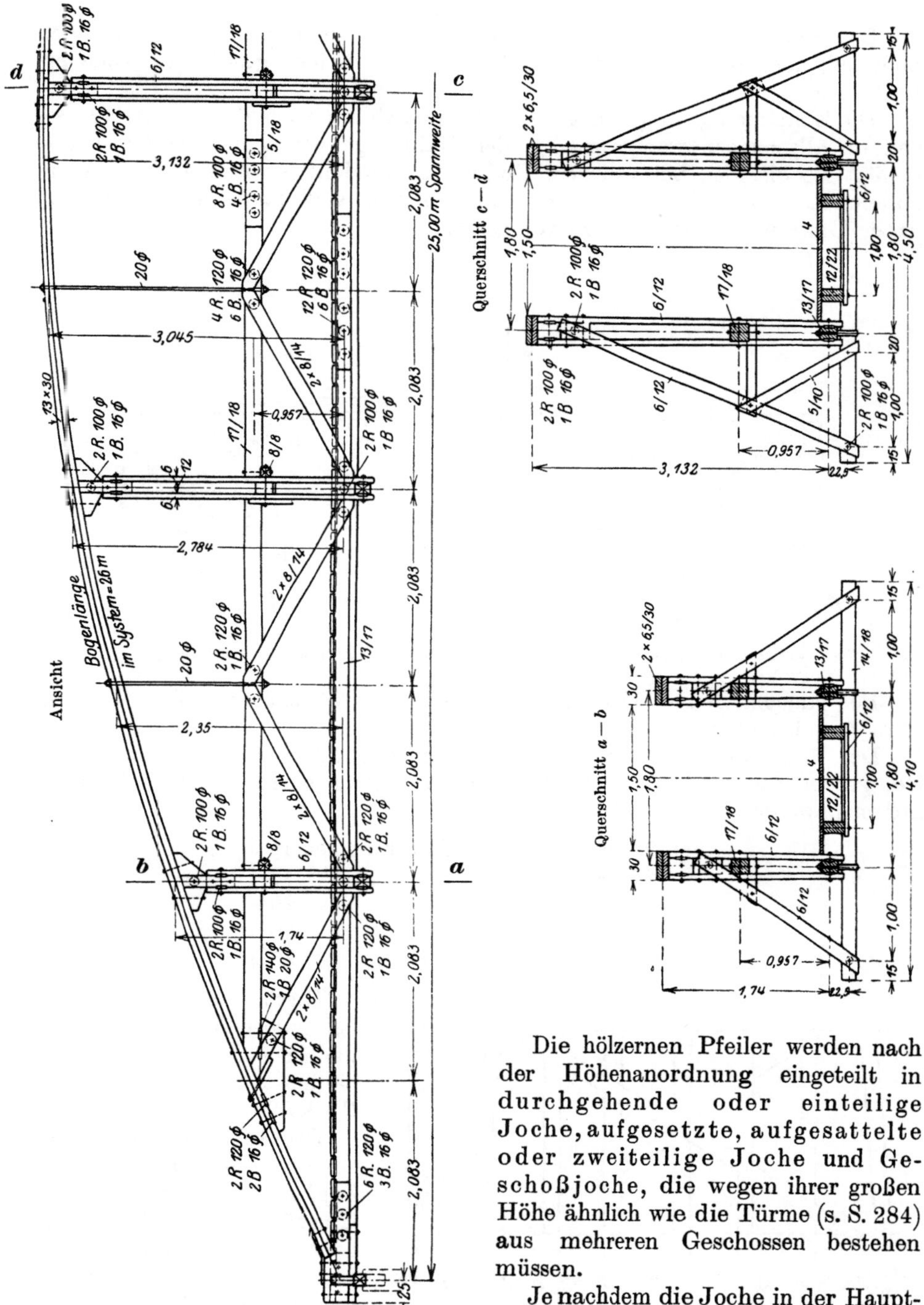

Abb. 472. Fußgängerbrücke über den Flöhafluß in Flöha i. S. (Ausführung: Carl Tuchscherer A.-G., Breslau.)

Die hölzernen Pfeiler werden nach der Höhenanordnung eingeteilt in durchgehende oder einteilige Joche, aufgesetzte, aufgesattelte oder zweiteilige Joche und Geschoßjoche, die wegen ihrer großen Höhe ähnlich wie die Türme (s. S. 284) aus mehreren Geschossen bestehen müssen.

Je nachdem die Joche in der Hauptsache nur lotrechte Kräfte oder bei Auflagerung durch Sattelholz mit Kopfstreben (bei einseitiger Verkehrslast) seitliche Kräfte erhalten, können sie aus einer bzw. zwei oder mehreren Pfahlreihen gebildet sein.

Die durchgehenden oder einteiligen Joche bestehen aus Pfählen, welche bis zum Brückenauflager in einem Stück durchgehen. Die Pfahllänge, die hier in Frage kommt, ist im allgemeinen 12 bis 15 m, höchstens 20 m.

Bei Aufpfropfungen muß die Stoßstelle sich genügend tief im Erdreich befinden, auch ist eine kräftige Verbindung der beiden gestoßenen Teile erforderlich.

Die Einrammungstiefe richtet sich hauptsächlich nach dem Baugrund; sie soll im allgemeinen wenigstens $^1/_3$ der Pfahllänge betragen. Bei Kiesboden genügt 1,5 bis 2 m, bei weichem Boden (Sandboden) ist etwa 4 bis 5 m anzunehmen. Zur Sicherung gegen Auskolkungen sind Steinschüttungen und unter Umständen Spundwände vorzusehen.

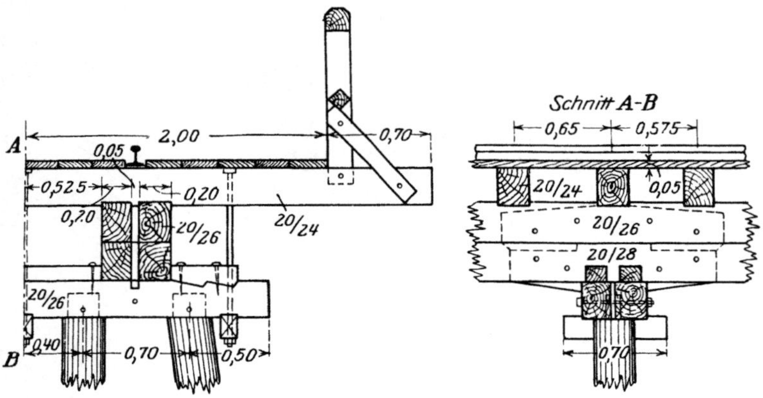

Abb. 473. Pfahljoch einer Notbrücke der früheren preußischen Staatseisenbahnen.

Für einfache Joche wird die freie Länge im allgemeinen nicht mehr als etwa 7 m betragen.

Der Pfahldurchmesser richtet sich nach der auf ihn entfallenden Last. Bei gutem Baugrund kann erfahrungsgemäß etwa eine Tragfähigkeit angenommen werden von:

bei	20 cm	mittlerem	Durchmesser	12 t
„	25 „	„	„	18 „
„	30 „	„	„	25 „
„	35 „	„	„	30 „
„	40 „	„	„	35 „

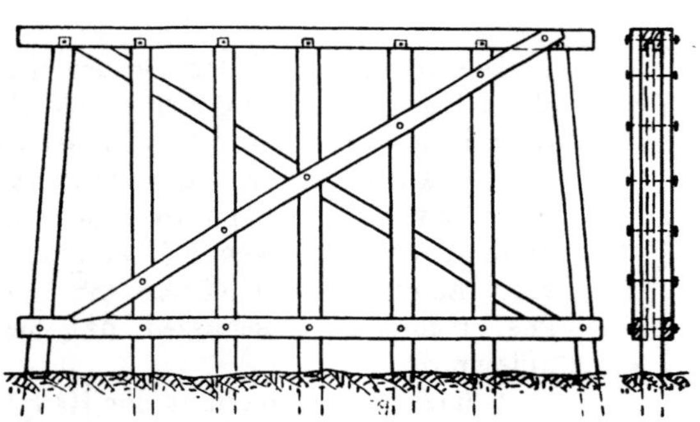

Abb. 474. Einreihiges Pfahljoch mit Holm und Versteifungen aus Zangen und Diagonalen.

Hierbei ist, insbesondere bei großer freier Länge, auf die Knicksicherheit, unter Annahme unterer Einspannung, Rücksicht zu nehmnn.

Der Holm wird mit einem etwa 8 bis 10 cm langen Zapfen aufgezapft und durch Holznägel, eiserne Klammern oder Bänder befestigt, u. U. werden auch zwei Holme, wie bei der in Abb. 473 veranschaulichten Notbrücke der früheren preußischen Staatseisenbahnen, verwendet.

Außer den Holmen werden noch etwa in Höhe von N.W. wagerechte Zangen- oder Gurthölzer, ferner Diagonalversteifungen (Schwerter) angebracht (Abb. 474), die mit den Pfählen, ohne Schwächung der letzteren, verbolzt werden. Damit die Schräghölzer nicht zu flach liegen und so unwirksam werden, sind erforderlichenfalls in wagerechter oder lotrechter Richtung je zwei Paar Schrägzangen anzubringen.

Die **Stromjoche** erhalten zum Schutz gegen Eisgang, Schiffshaken usw. eine Bohlenverkleidung (von N.W. bis H.W.), zwecks Luftzutritt mit etwa

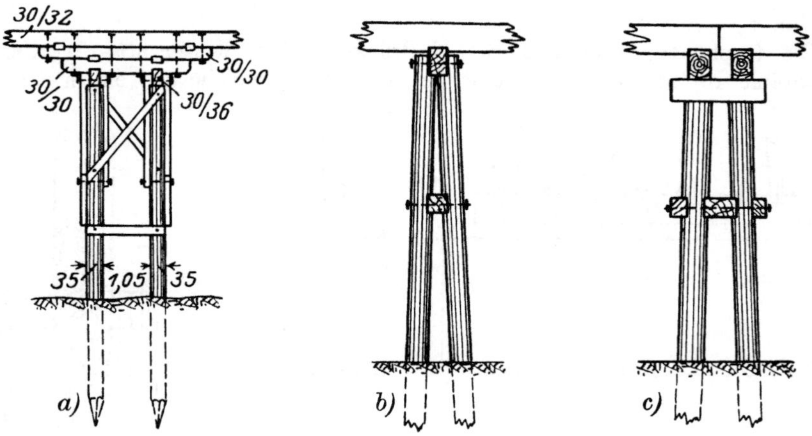

Abb. 475. Anordnung von zweireihigen Pfahljochen.

3 cm weiten Fugen oder Streichbalken (8/12 bis 14/20) in etwa 10 bis 15 cm Entfernung.

Bei **doppelten** oder **zweireihigen** Pfahljochen werden die einzelnen Pfahlreihen entweder lotrecht (Abb. 475a) oder schräg gestellt (Abb. 475b u. c);

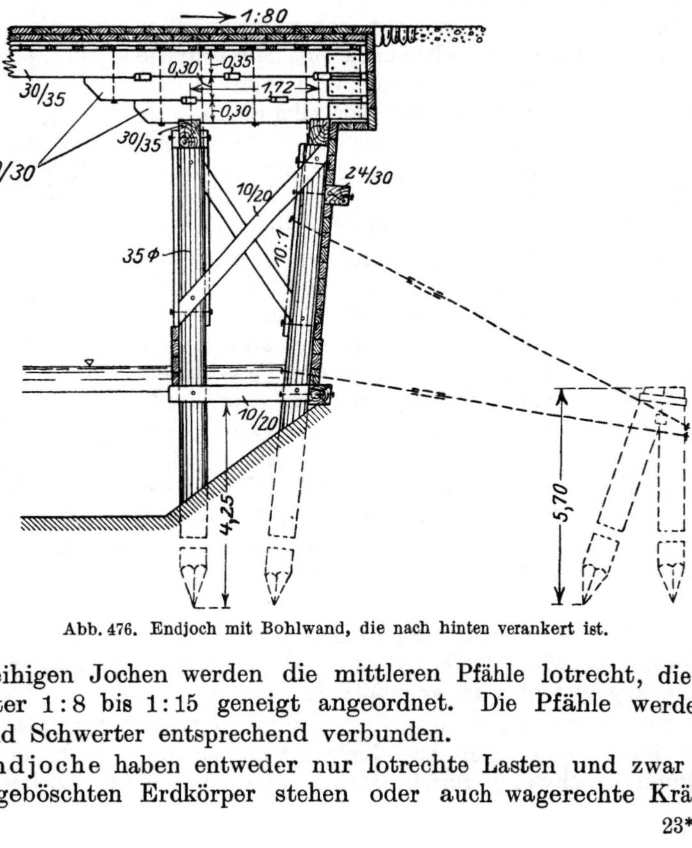

Abb. 476. Endjoch mit Bohlwand, die nach hinten verankert ist.

bei mehrreihigen Jochen werden die mittleren Pfähle lotrecht, die äußeren Pfähle unter 1 : 8 bis 1 : 15 geneigt angeordnet. Die Pfähle werden durch Zangen und Schwerter entsprechend verbunden.

Die **Endjoche** haben entweder nur lotrechte Lasten und zwar wenn sie in einem geböschten Erdkörper stehen oder auch wagerechte Kräfte (Erddrücke) aufzunehmen. Letzteres ist der Fall, wenn die Landpfeiler mit einer Bohlwand in Verbindung gebracht werden müssen, die das Erdreich des anschließenden Ufers zu halten hat. Der Landpfeiler wird dann meist nach hinten verankert (Abb. 476) und erforderlichenfalls gegen Eisgang durch eine Verschalung oder durch Streichbalken geschützt (vgl. auch den Landpfeiler in Abb. 420, S. 314).

Bei trockenem Boden, z. B. bei Brücken über Einschnitte, werden die Jochpfähle in eine eichene Schwelle eingezapft, welche auf einem massiven

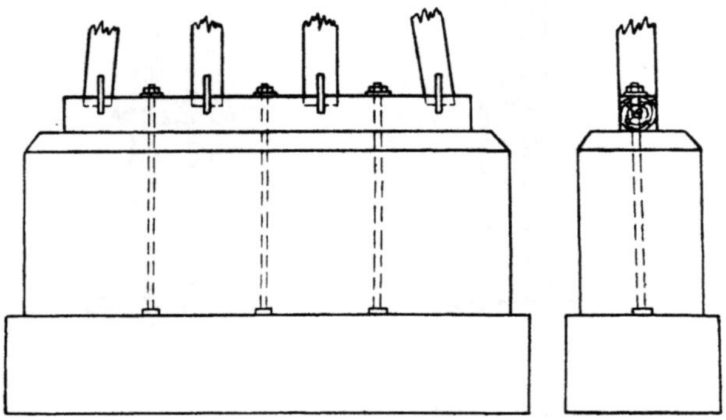

Abb. 477. Massives Fundament mit aufgesetztem Joch.

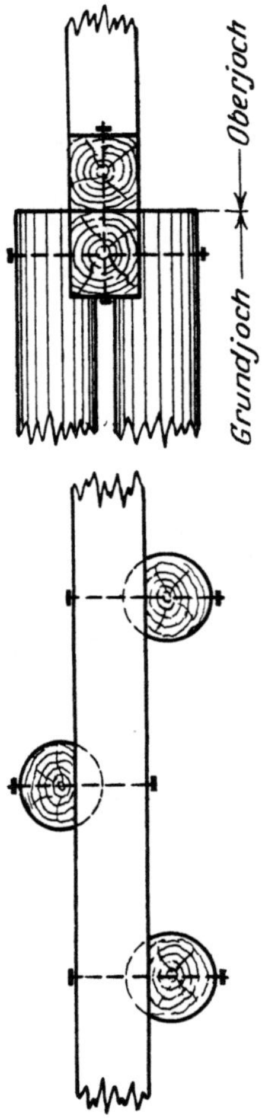

Abb. 478. Verbindung der Grundjochschwelle mit den Pfählen.

Fundament gelagert wird. Die Schwelle ist mit dem Mauerwerk zu verankern (Abb. 477).

Bei einstweiligen Brücken wird die Grundschwelle bei gutem Baugrund meist auf den gewachsenen Boden, nach Entfernung der Humusschicht, gelegt und seitlich durch Pfähle vor dem Verschieben gesichert. Bei schlechtem Baugrund wird zur Druckverteilung ein Schwellenrost in ein- oder mehrfacher Lage hergestellt und als Fundament für die Jochpfähle benutzt.

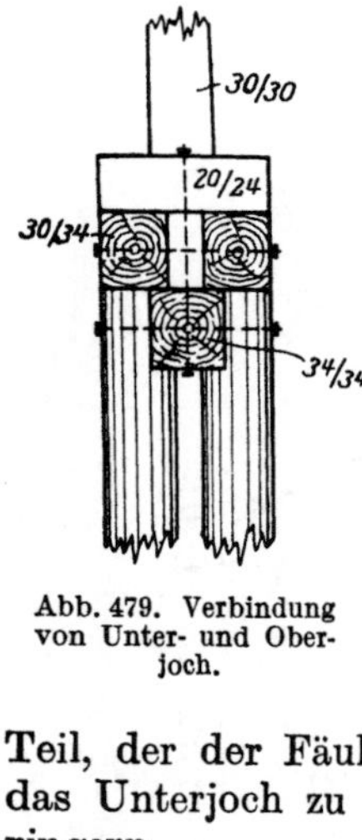

Abb. 479. Verbindung von Unter- und Oberjoch.

Wenn ein Teil des Joches immer im Wasser steht, also unbegrenzte Dauer besitzt, so empfiehlt es sich, bei einer freien Jochhöhe von mehr als 7 m das Joch aus zwei Teilen herzustellen und zwar aus einem G r u n d j o c h, welches bis N.W. reicht, und aus einem O b e r j o c h, welches auf das Grundjoch aufgesetzt oder aufgesattelt wird. Hierdurch wird es möglich, den oberen Teil, der der Fäulnis ausgesetzt ist, teilweise oder ganz auszuwechseln, ohne das Unterjoch zu schädigen, also die Unterhaltungskosten wesentlich zu verringern.

Die Pfähle des meist zweireihigen Grundjochs werden oben an die G r u n d j o c h s c h w e l l e oder K a p p s c h w e l l e, die noch etwa 30 cm unter N.W. liegen soll, angeblattet und angebolzt (Abb. 478).

Eine gute Verbindung von Unter- und Oberjoch kann man durch Verwendung eines übergelegten Sattelholzes, welches mit dem Holm des Grundjochs (Grundjochschwelle) durch Bolzen verbunden wird, erzielen (Abb. 479).

Abb. 480 zeigt ein einreihiges Joch, welches in der Tiefenrichtung aus zwei Teilen für sich besteht, die an den Mittelständern verbolzt sind. Bei einer Auswechslung des Oberjochs kann hier die Brücke zur Hälfte gesperrt werden, so daß der Verkehr immer aufrechterhalten wird.

Bei sehr hohen Jochen werden die Ständer gestoßen und durch Riegel und Verstrebungen in verschiedenen Höhen verbunden. Es entstehen dann die sog. Geschoßjoche, deren Ausbildung ähnlich wie die der Turmbauten ist, die Seite 284 u. f. bereits besprochen worden sind. Die Geschoßjoche gelangen namentlich bei den Gerüstbrücken (s. später) zur Verwendung.

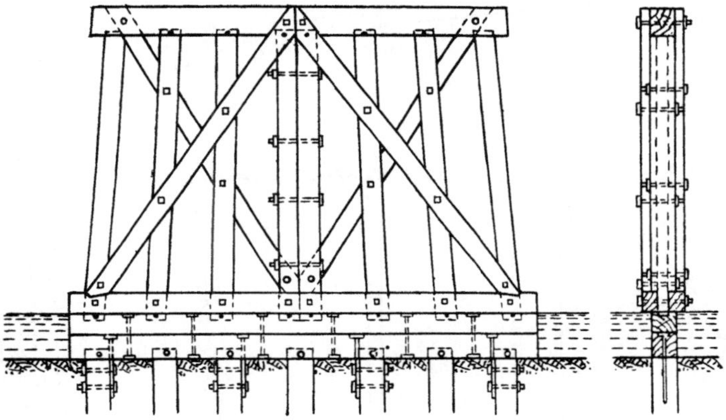

Abb. 480. Einreihiges Pfahljoch aus zwei Teilen bestehend.

2. Gerüstbrücken.

Die Gerüstbrücken kommen namentlich bei sehr hochliegender Fahrbahn zur Anwendung, z. B. bei Talübergängen, und zwar dann, wenn der Raum unter der Brücke durch Joche verbaut werden kann (Abb. 481). Die Joche, die als Geschoßjoche ausgebildet werden, werden dann in Abständen von etwa 6 bis 10 m angeordnet, so daß der Überbau mit einfachen oder verdübelten Trägern, nötigenfalls unter Anwendung von Sprengwerken, hergestellt werden kann. Die Jochpfähle werden entweder gerammt oder auf Grundschwellen, oft mit gemauerten Banketten, aufgesetzt. Die Joche sind in der Längs- und Querrichtung durch Zangen und Streben zu versteifen. In Höhe der wagerechten Zangen werden die Jochständer nötigenfalls gestoßen.

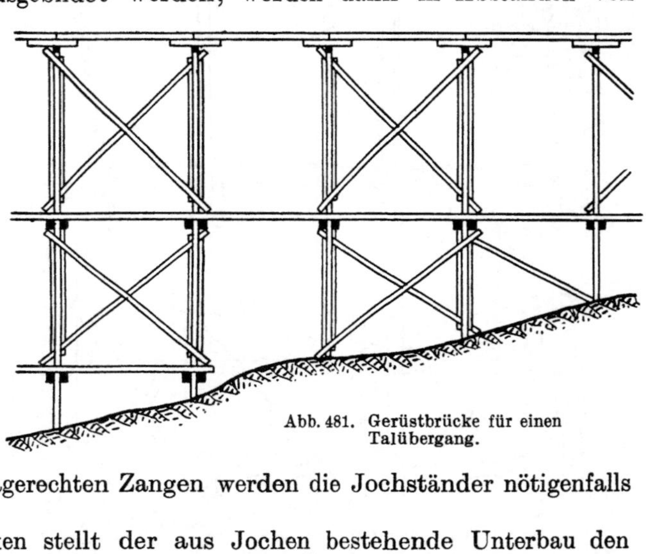

Abb. 481. Gerüstbrücke für einen Talübergang.

Bei den Gerüstbrücken stellt der aus Jochen bestehende Unterbau den Hauptbestandteil der Brücke dar, während der Überbau, der aus möglichst einfachen Teilen angefertigt wird, in den Hintergrund tritt.

Zu dieser Art von Brücken gehören auch die für Förderanlagen und

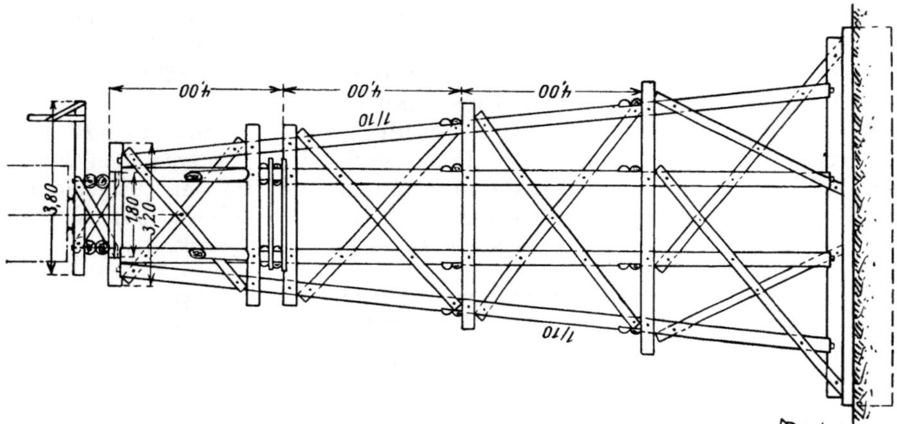

Querschnitt an einem viergeschossigen Joch

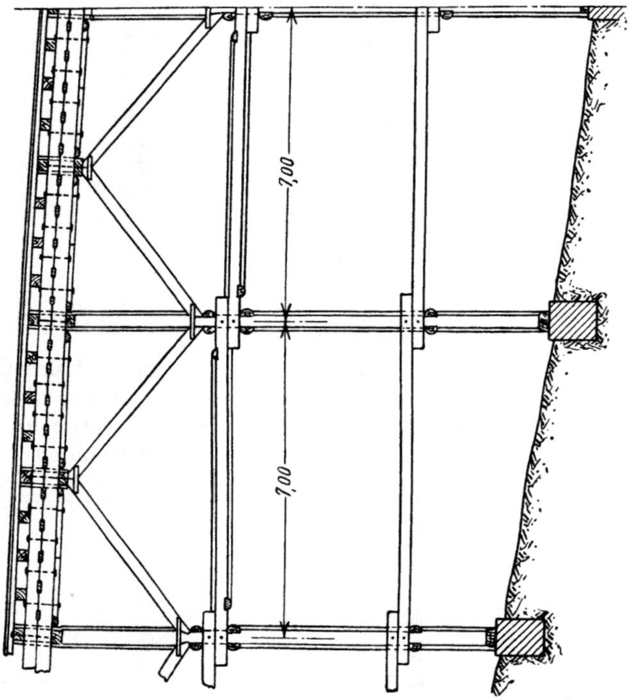

Längenschnitt

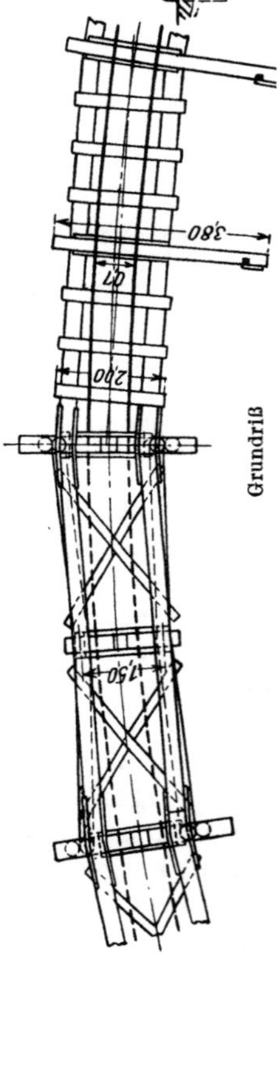

Grundriß

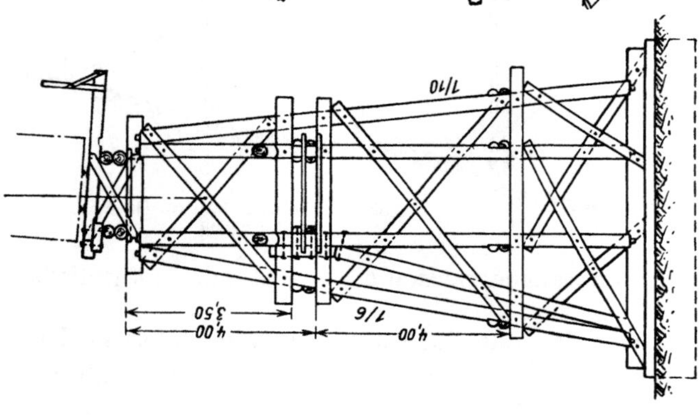

Querschnitt an einem dreigeschossigen Joch

Kranbahnen hergestellten Bauwerke (s. später), die, da die Nutzlasten nur gering sind, als einfache Gerüstbrücken ausgeführt werden können.

Bemerkenswerte Beispiele von Bauwerken besprochener Art stellen die Gerüstbrücken der Dienstbahn von Frutigen nach Kandersteg dar[1]). Wie bereits Seite 340 erwähnt wurde, handelt es sich um eine vorübergehende Anlage, die zum Bau des Lötschbergtunnels ausgeführt werden mußte.

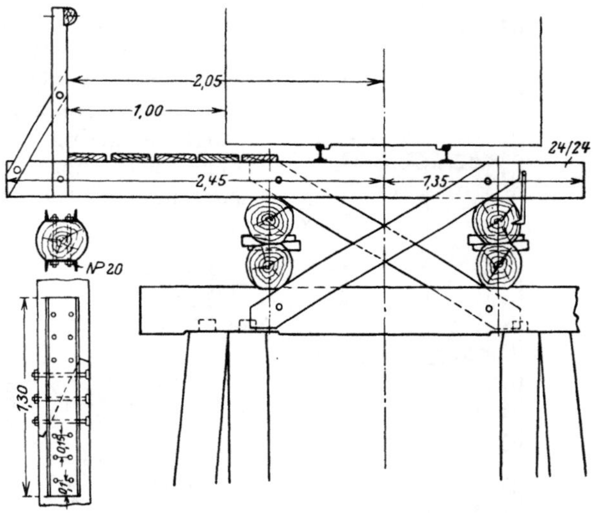

Abb. 483. Querschnitt durch die Fahrbahn und Stoßverbindung der Fahrbahnlängsträger der Gerüstbrücken.

Diese Gerüstbrücken, die nach amerikanischer Art gebaut wurden, bestehen aus Fichtenstämmen von 25 bis 30 cm Durchmesser. Ihre Ausbildung ist aus den Abb. 482 u. 483 ersichtlich. Die Fundamente sind aus Mörtelmauerwerk hergestellt. Das Joch links in Abb. 482 zeigt die Ausführung in Kurven mit zwei Streben an der Außenseite. Die Fahrbahnlängsträger bestehen aus zwei verdübelten Balken, deren Stoßverbindung in Abb. 483 dargestellt ist. Der Gehweg ist in der Breite von 1 m stets einseitig angeordnet. Der Abstand der Joche beträgt 7,0 m. Abb. 482 links zeigt ein dreigeschossiges, rechts ein viergeschossiges Joch.

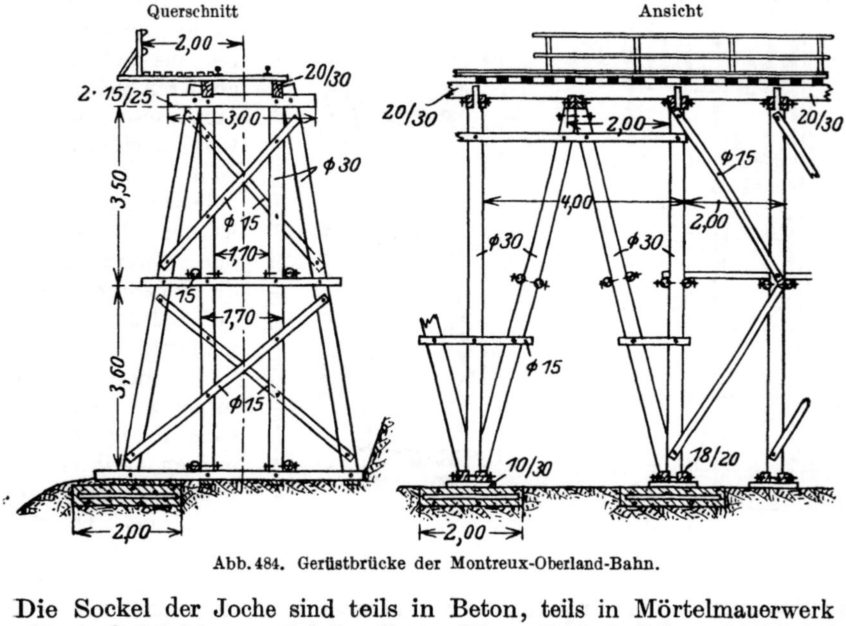

Abb. 484. Gerüstbrücke der Montreux-Oberland-Bahn.

Die Sockel der Joche sind teils in Beton, teils in Mörtelmauerwerk hergestellt und 0,8 bis 1 m tief fundiert. Diese Gerüstbrücken kamen überall

[1]) Vgl. Quellenangabe (Fußnote) S. 340.

da zur Anwendung, wo nicht beschränkte Bauhöhe im Verein mit großer Spannweite die Ausführung eiserner Überbauten erforderte.

Ein anderes Beispiel einer Gerüstbrücke ist die 1910 erbaute Notbrücke der Montreux-Oberland-Bahn (Abb. 484), deren Bau infolge einer Dammrutschung erforderlich wurde[1]). Infolge des namentlich an der Stelle der tiefsten Einsenkung wenig tragfähigen kiesigen Untergrundes war man genötigt, die Bodenbelastung möglichst gering zu machen. Diese konnte an den Enden der Brücke durch engere Jochstellung und breite Fundamente auf rechnerisch 1,3 kg/cm² gebracht werden (Abb. 484, Ansicht, rechts). In Brückenmitte ersetzte man je das zweite Joch durch zwei schräg gestellte Joche ohne senkrechte Mittelpfosten, deren äußere Streben die Neigung 1:6 haben und zu den Auflagern der links und rechts benachbarten Joche geführt sind, wie es Abb. 484 (Ansicht, links) zeigt. Die hier gruppenweise vereinigten Pfosten ruhen auf 0,40 m starken Fundamentplatten aus Beton, die zur größeren Sicherheit mit kreuzweise angeordneten Eiseneinlagen (Rundeisen und alte Rollbahnschienen) versehen wurden. Diese Anordnung ermöglichte es, die Bodenpressung hier auf 0,2 kg/cm² zu ermäßigen.

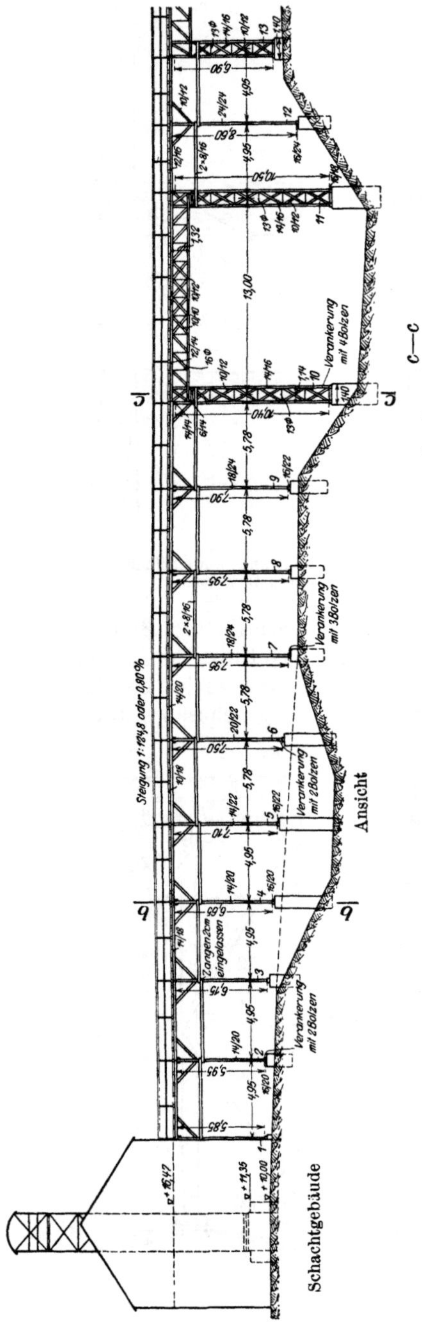

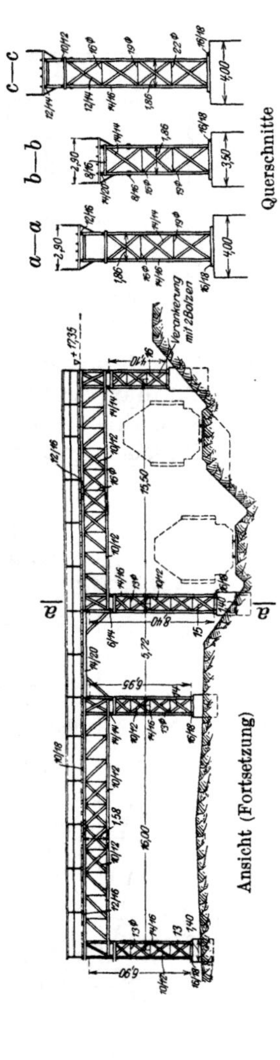

Abb. 485. Kettenbahnbrücke für die Gewerkschaft Wentzelzeche in Ilfeld. (Ausführung: Adolf Sommerfeld, Berlin.)

Bei der Belastungsprobe wurde als größte Einsenkung 3,5 mm gemessen, während seitliche Schwankungen, auch bei Durchfahrt eines Zuges, nicht zu beobachten waren. Die ganze Notbrücke wurde aus Rundhölzern hergestellt, mit Ausnahme der Längsträger 20/30 cm, der oberen Querringel 2 × 15/25 und der Grundschwellen 2 × 18/20 cm. Der Bau der Notbrücke erforderte 10 Tage.

[1]) Schweiz. Bauzg. Bd. 55, Nr. 15 vom 9. April 1910, S. 202.

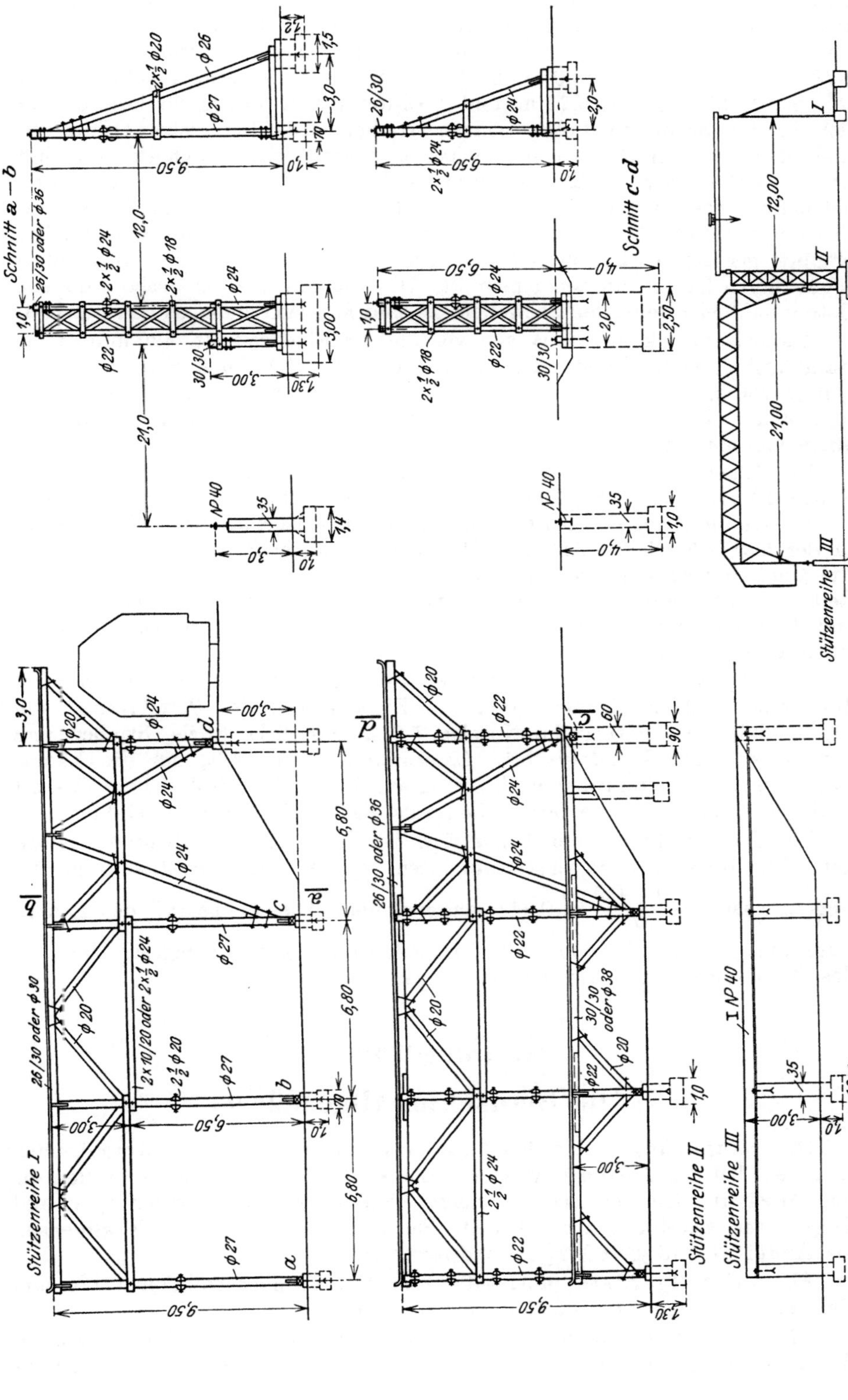

Schematischer Querschnitt durch die Anlage

Abb. 486. Kranbahnanlage für das Sägewerk Schlenkhoff G. m. b. H., Herne i. W. (Ausführung: Sägewerk Schlenkhoff G. m. b. H., Herne i. W.)

Das folgende Beispiel betrifft eine Förderbrücke, nämlich die Kettenbahnbrücke für die Gewerkschaft Wentzelzeche in Ilfeld (Südharz), ausgeführt 1922 von der Firma Adolf Sommerfeld, Berlin (Abb. 485). Das Bauwerk besteht aus 4 Öffnungen von je 4,95 m, 5 Öffnungen von je 5,78 m, 1 Öffnung von 13,0 m, 2 Öffnungen von je 4,95 m, 1 Öffnung von 16,0 m, 1 Öffnung von 5,72 m und 1 Öffnung von 15,5 m Stützweite, die sich in der genannten Folge aneinanderreihen. Die drei großen Öffnungen überschreiten einen Fluß, eine Chaussee und einen Bahneinschnitt und sind durch Parallelträger auf Turmpfeilern überbrückt. Die Breite der Fahrbahn beträgt zwischen den Geländern 2,90 m, die Systembreite der in der Tiefenrichtung bzw. in beiden Richtungen als Fachwerk ausgebildeten Joche 1,7 m. Die Hauptträger der Gerüstbrücke bestehen aus Sprengwerken, deren Horizontalschub durch Zangen ausgenommen ist. Die Fundamente der Joche sind aus Beton; die Joche stehen auf Schwellen und sind mit den Fundamenten verankert.

Als Belastung kommen Wagen von 350 kg Eigengewicht, 420 mm Achsstand und 600 mm Radstand (= Spurweite), die eine Nutzlast (Braunkohle) von je 750 kg fassen, in Frage; also Gesamtlast eines Wagens 350 + 750 = 1100 kg. Die Entfernung der Wagen hintereinander beträgt 10 m, der Mittenabstand der beiden Gleise 1,10 m.

Das folgende Beispiel zeigt eine Kranbahnanlage für das Sägewerk Schlenkhoff G. m. b. H., Herne i. W., entworfen vom Verfasser, ausgeführt 1922 durch die Firma Schlenkhoff. Die Gesamtanlage des Bauwerks, welches zu der hier behandelten Art gezählt werden kann, geht aus Abb. 486 hervor. Die Gerüstbrücke besteht aus den Stützenreihen *I* und *II*, wozu noch eine Reihe *III* mit Betonpfeilern und eiserner Kranschiene kommt. Stützenreihe *I* und *II* haben einen Laufkran und Stützenreihe *II* (unterer Teil) und *III* einen Portalkran zu tragen.

Das Eigengewicht des Laufkranes von 12,0 m Stützweite beträgt 3,0 t, die Nutzlast (Baumstämme) 4,0 t, das Eigengewicht des Portalkranes von 21,0 m Stützweite 10,0 t, die Nutzlast 5,0 t. Sämtliche Stiele, Streben und Zangen sind aus Rundholz bzw. Halbrundholz hergestellt, nur die Längsträger unter den Kranschienen bestehen aus Kantholz. Die Joche der Reihe *I* sind als Bockstützen, die der Reihe *II* als Fachwerkstützen ausgebildet.

Für die Berechnung der Längsträger ist in wagerechter Richtung, neben dem Winddruck, für Seitenschwankungen $^1/_7$ der durch die Laufkatze bewegten Last $= \frac{4{,}0 + 0{,}5}{7} = 0{,}64$ t angenommen. Die Bremskraft des ganzen Laufkrans in der Fahrtrichtung wird durch Endportale, die zugleich die Last des Kragarmes aufzunehmen haben, unwirksam gemacht.

K. Baugerüste.

I. Die Gerüste im allgemeinen.

Die Baugerüste oder Rüstungen dienen stets zu vorübergehenden Zwecken; bei der Ausführung oder Ausbesserung von Hochbauten sollen sie den Arbeitern einen sicheren Standort schaffen und das Heranbringen und Lagern von Baustoffen ermöglichen. Sie werden in diesem Falle allgemein als Arbeits- und Fördergerüste bezeichnet.

Als Aufstellgerüste unterstützen sie die Eisenkonstruktionen bis zum Zusammenbau und zur vollständigen Vernietung.

Als Lehrgerüste dienen sie zur Unterstützung von Gewölben, während der Ausführung und als Schalgerüste haben sie die Schalung für Betonarbeiten zu tragen und abzusteifen. Daneben gibt es noch Gerüste untergeordneter Art, Hilfsgerüste, Nietrüstungen usw.

Je nach dem Zweck und Dauer der Benutzung einer Rüstung ist sie mehr oder minder sorgfältig auszuführen. Für bestimmte Aufgaben, für welche sehr hohe Rüstungen nötig sind, oder bei deren Erledigung sehr schwere Lasten gehoben und weiterbewegt werden müssen, ist jedoch eine besonders sorgfältige Ausbildung der Holzkonstruktionen nötig, die auf Grund eingehender statischer Untersuchungen vorzunehmen ist.

Die Aufstell- und Lehrgerüste sind im Zusammenhang mit der vorgesehenen Ausführungsweise der Eisen-, Stein-, Beton- oder Eisenbetonbrücken zu entwerfen und erfordern eine besondere Bauart. Das gleiche gilt auch bezüglich der Eisen- und Eisenbetonkonstruktionen des Hochbaues.

Eine wichtige Regel für die Ausführung von Gerüsten ist die, die Holzverbindungen so anzuordnen, daß sie leicht lösbar sind, damit die Gerüsthölzer möglichst ohne große Verschwächungen und möglichst ohne Verschnitt wieder verwendet werden können; unter diesen Voraussetzungen gestaltet sich die Herstellung der Rüstungen erheblich wirtschaftlicher, als wenn bei jeder neuen Aufstellung des Gerüstes eine große Zahl der Hölzer immer wieder erneuert werden muß. Am zweckmäßigsten hat sich deshalb die Verbindung durch Schraubenbolzen (Baubolzen), eiserne Bänder mit Bolzen u. dgl. gezeigt.

Bei den einfachen Rüstungen im Hochbau, oft nur aus Rundhölzern hergestellt, können zu den Verbindungen u. U. auch Klammern, Hanf- oder Drahtseile, Ketten od. dgl. verwendet werden.

Eine Anzahl von Rüstungen, die verschiedene Namen führen und bei untergeordneten Neubauten, insbesondere aber zu Ausbesserungsarbeiten benutzt werden, können wegen ihrer geringen Höhe und Belastung oder der Möglichkeit, an vorhandenen Bauwerken befestigt zu werden, auf einfache Weise ausgeführt und zuweilen aus fertigen Teilen zusammengesetzt werden. Solche Rüstungen gehören meist zu den Inventaren des betreffenden Handwerksmanns und werden von diesem selbst vorgehalten.

Zu diesen Rüstungen gehören z. B. die Bockgerüste, die dem Arbeiter nur einen wenig erhöhten Standpunkt, etwa bis 2 m Höhe über dem Erdboden oder über einem festen Gerüst, geben sollen. Sie bestehen aus einfachen Böcken, auf welche die 3 bis 4 cm starken Rüstbretter aufgelegt werden. Die Bockgerüste können auch in mehreren Reihen, übereinandergestellt, benutzt werden. Ferner gehören hierher die Leitergerüste, die von Gerüstverleihern vorrätig gehalten werden, also nur aufgestellt zu werden brauchen.

Auch die hängenden Gerüste oder Fahrzeuge sind zu den von dem betreffenden Unternehmer vorrätig gehaltenen Rüstgerätschaften zu rechnen, stellen also keine Gerüste im engeren Sinne dar.

Zu den eigentlichen Baugerüsten des Hochbaues, die also von Fall zu Fall aus Rund- oder Kanthölzern aufgebaut und in den Knotenpunkten besonders verbunden werden müssen, gehören die Stangengerüste, die abgebundenen Gerüste und die beweglichen Gerüste oder Rollgerüste. Eine besondere Art der abgebundenen Gerüste sind die fliegenden Gerüste, die nicht vom Erdboden aus aufgebaut werden, sondern erst in einer bestimmten Höhe eines fertigen Gebäudes beginnen. Sie werden naturgemäß nur zu Ausbesserungsarbeiten benutzt, während die anderen genannten Gerüste sowohl für Neubauten als auch für Wiederherstellungsarbeiten verwendet werden.

Die beweglichen Gerüste sind bezüglich ihrer Ausbildung gleichfalls zu den abgebundenen Gerüsten zu rechnen, nur daß ihre Auflagerpunkte nicht, wie im allgemeinen bei den abgebundenen Gerüsten, fest auf dem Erdboden stehen, sondern auf bewegliche Rollenvorrichtungen, Wagen u. dgl. gesetzt werden, die meist auf Schienen oder Feldbahngleisen laufen.

Zur Ausführung der Brücken kommen, wie bereits erwähnt, der Hauptsache nach Aufstellgerüste (Montagegerüste) für eiserne Brücken, Schalgerüste für Eisenbetonbalkenbrücken und Lehrgerüste für gewölbte Stein-, Beton- oder Eisenbetonbrücken in Betracht. Diese Gerüste werden zusammen als Hauptgerüste bezeichnet. Außer ihnen werden noch Neben- oder Hilfsgerüste verwendet, zu denen in erster Linie die Fördergerüste (Transportgerüste), Versetzgerüste oder Krangerüste, auch Dienstbrücken gehören, die hauptsächlich zum Heranbringen der Baustoffe dienen, ferner die Fahrbahn der Versetzkrane (für steinerne Brücken) und Aufstell- oder Montagekrane (für eiserne Brücken) zu tragen haben. Hierzu kommen noch Gerüste untergeordneter Art, wie fliegende Gerüste (vgl. auch S. 363), Nietrüstungen, Aufzugsgerüste usw.

Die Bezeichnungen für Gerüste dieser Art weichen vielfach voneinander ab.

Die für eiserne Brücken erforderlichen Aufstellgerüste werden häufig von anderen Unternehmern (Subunternehmer) ausgeführt als die, die die Eisenkonstruktion anfertigen (Hauptunternehmer). Dagegen werden die Schal- und Lehrgerüste stets von dem Hersteller der Brücke selbst aufgerichtet, da ihre sachgemäße Ausführung für die Güte der Maurer- bzw. Betonarbeiten sehr wesentlich ist und besondere Erfahrung erfordert.

Die Beton- und Eisenbetonbrücken bedürfen außer dem eigentlichen Schal- bzw. Lehrgerüst noch der Schalung, die auf ersterem aufgebaut wird und dem Überbau die eigentliche Form verleiht.

Im Hochbau spielen die Gerüste insofern eine untergeordnete Rolle, als sie keinen notwendigen Teil des Bauentwurfs bilden, vielmehr erst bei der Bauausführung selbst, den örtlichen Verhältnissen gemäß, nach bekannten und bewährten Regeln und Systemen aufgestellt werden.

Im Brückenbau hingegen kommt den Gerüsten eine hervorragende Bedeutung zu, da, wie schon angedeutet, die Ausführung des Gerüstes in engem Zusammenhang mit der Ausführung des Überbaues steht; deshalb ist in Verbindung mit dem Entwurf der Brücke auch ein solcher für das Aufstell- bzw. Lehrgerüst anzufertigen, für welches Holzstärken, Verbindungen und Gründung statisch nachzuweisen sind.

II. Die Gerüste im Hochbau.

1. Stangengerüste.

Die Stangengerüste werden entweder bei der Ausführung von Neubauten aus Ziegeln oder kleineren Bruchsteinen oder für Putzerneuerungen, Anstreicherarbeiten und anderen Ausbesserungen verwendet. Ihre Aufstellung geschieht gewöhnlich durch den Maurer. Sie bestehen aus längeren und kürzeren von der Rinde befreiten Rundstämmen; die längeren sind etwa 10 bis 12 m lang und besitzen am Stammende eine Stärke von 15 bis 20 cm und am Zopf eine solche von etwa 10 cm, die kürzeren Rüsthölzer sind etwa 12 bis 15 cm stark. Zur Verbindung dienen Hanfstricke, Draht, Drahtseile, Ketten, Klammern und eine große Zahl von meist patentierten Gerüsthaltern, die aus Verbindungen von Spitzklammern mit Ketten oder Drahtseilen bestehen.

Bei Neubauten ist der Hauptbestandteil der Gerüste eine lotrechte Stangenreihe, die Rüst-, Spieß- oder Standbäume, die etwa 1 m tief in den Boden eingegraben und auf Bohlenstücke, Schwellen oder große Steinplatten gestellt werden. Die Entfernung dieser Stangenreihe vom Neubau ist etwa 2 bis 3 m, die Entfernung der Stangen unter sich nicht über 3,5 m.

Bei Ausbesserungsarbeiten stellt man nicht selten zwei Stangenreihen auf, d. h. außer der vorhin erwähnten noch eine zweite ebensolche Reihe dicht vor dem Hause, da man nicht, wie bei Neubauten, das Mauerwerk zur Auflagerung der Rüsthölzer in besonders einstweilen belassenen Maueröffnungen, **Rüstlöchern**, benutzen kann. Kommen die Stangen auf die Bürgersteige zu stehen, so werden sie zwischen zwei Kanthölzer gesetzt, die miteinander verbolzt (Abb. 487a) oder durch aufgenagelte Bohlenstücke (Abb. 487b) verbunden werden.

Sind bei hohen Gebäuden die Stangen zu verlängern (aufzupfropfen), so müssen die Enden beider Stangen auf eine Länge von wenigstens 2 m übergreifen und durch Hanf- oder Drahtseile und Klammern (Abb. 488) fest miteinander verbunden werden.

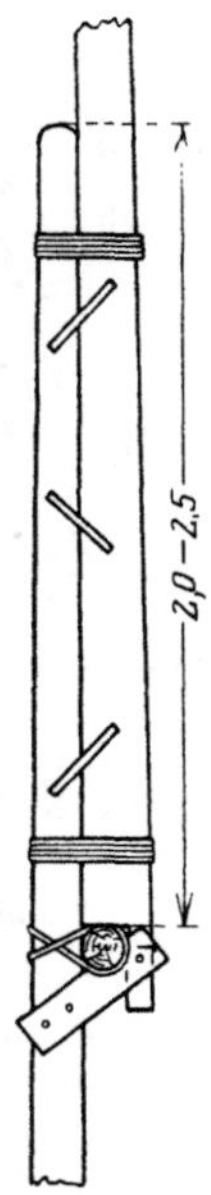

Abb. 488. Verlängerung der Rüststangen.

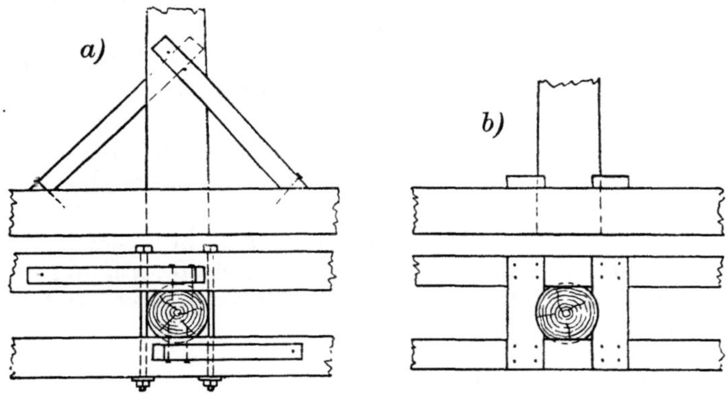

Abb. 487. Anordnung des Fußpunktes der Rüststangen.

Der aufgesetzte Rüstbaum muß auf einer in wagerechter Richtung befestigten Stange aufruhen, welche durch starke Bohlenknaggen zu stützen ist.

Die Rüstbäume sind gegen das zu errichtende Gebäude etwas geneigt zu stellen.

Die Stangen einer Reihe werden in Höhenabständen von 2,5 bis 3 m durch wagerechte, parallel zu den Frontwänden laufende Stangen, den sog. **Streichstangen**, miteinander verbunden. An manchen Orten lagern die Streichstangen auf besonderen Steifen (**Beiständern, Bolzen**), kurzen Stempeln aus Rundholz, die neben den Hauptstangen aufgestellt und auf der ganzen Länge mit ihnen verklammert werden.

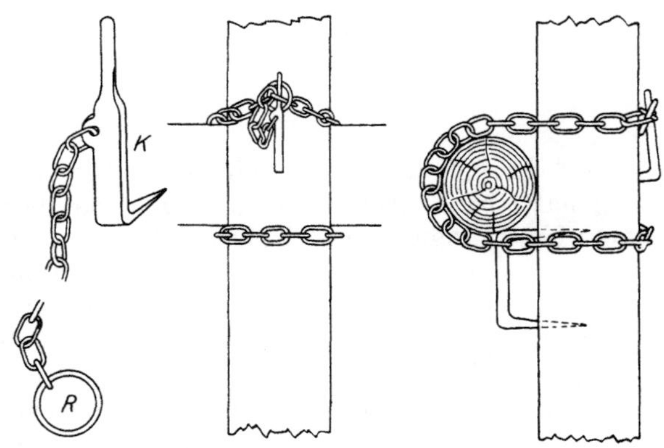

Abb. 489. Ringklammerkette.

Die Befestigung der Streichstangen an den Rüstbäumen erfolgt, wenn keine Beiständer verwendet werden, durch Hanf- und Drahtseile oder durch die erwähnten meist gesetzlich geschützten **Gerüstverbinder** (Gerüsthalter), von denen einige Arten in Abb. 489 bis 491 dargestellt sind[1]).

[1]) Vgl. Opderbecke, A.: Der Zimmermann, 6. Aufl., S. 288.

Bei der „Ringklammerkette“ (Abb. 489) wird nach erfolgter Umschlingung der Hölzer mit der Kette die letztere mitsamt der Klammer *K* (die Spitze voraus) durch den Ring *R* hindurchgezogen, so kurz als möglich eingehakt und durch Emporschieben und Einschlagen der Klammer gespannt und festgelegt.

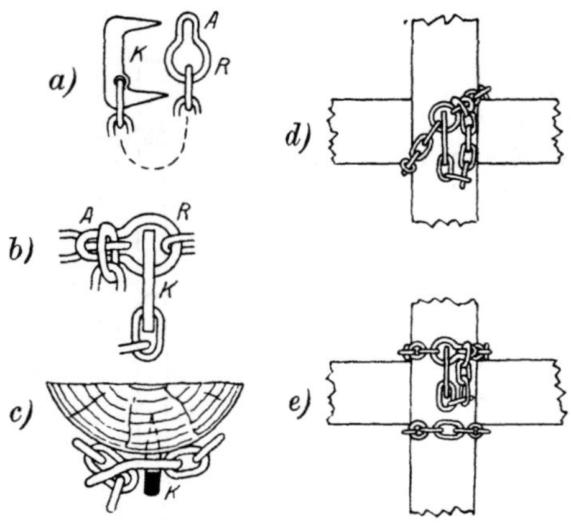

Abb. 490. Ringknebelkette.

Die „Ringknebelkette“ (Abb. 490) besteht aus dem Ringknebel *R* mit der Ausbiegung *A*, der Klammer *K* und der am Knebel und an der Klammer befestigten Kette (490a). Nach erfolgter Umschlingung der Hölzer, gleichviel ob im Diagonalverband nach Abb. 490d oder im Parallelverband nach Abb. 490e, wird die Kette mitsamt der Klammer durch den Ring *R* hindurchgezogen, so kurz als möglich eingeknebelt (Abb. 490b) und, nachdem dieselbe bis zum Straffsein emporgeschoben ist, durch Einschlagen der Klammer am Rüstbaum festgelegt (490c). Der so erzielte, durchaus sichere Verband ist mit dem Entfernen der Klammer noch nicht wieder gelöst, sondern erst lösbar gemacht, so daß die Kette auch nach Beseitigung der Klammer infolge der durch die Kettenglieder entstehenden starken Reibung am Rüstbaum noch festhält.

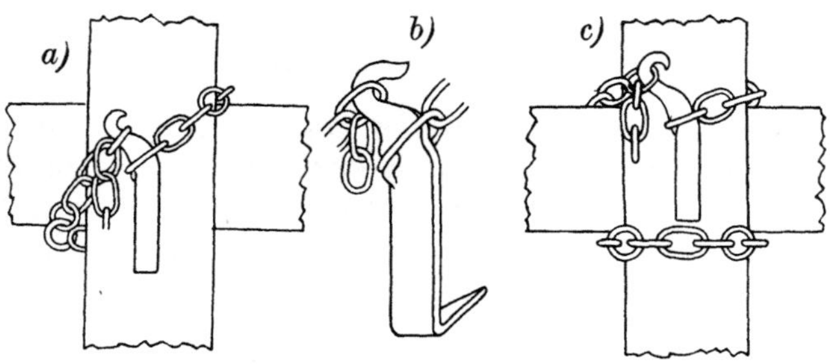

Abb. 491. Kettengerüsthalter.

Mit dem „Kettengerüsthalter“ (Abb. 491) läßt sich ebenfalls sowohl Diagonalverband (Abb. 491a) als auch Parallelverband (Abb. 491c) herstellen. Nach Umschlingung der Hölzer mit der Kette wird diese möglichst kurz eingehakt und mit dem Hebel gespannt. Durch Einschlagen der Klammerspitze in den Rüstbaum geschieht hierauf die Befestigung.

Über andere Verbinder vgl. die S. 365 (Fußnote) angegebene Quelle.

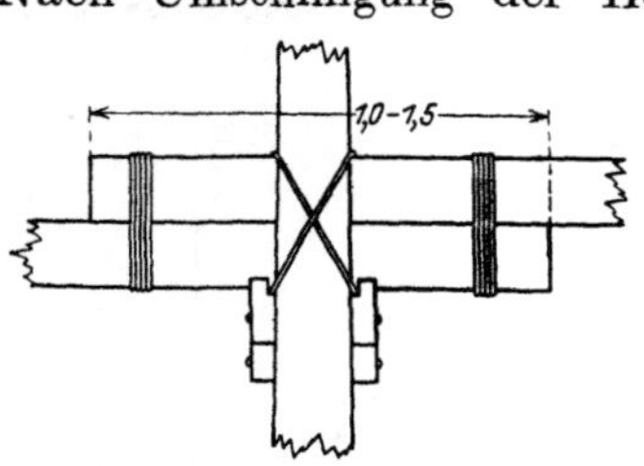

Abb. 492. Stoß der Streichstangen.

Sollen die Streichstangen gestoßen werden, so muß dies an einem Rüstbaum mit einer Überdeckungslänge von 1,0 bis 1,5 m geschehen (Abb. 492). Die Sicherung erfolgt durch zweimaliges Verbinden der Holzenden mittels verzinkten Eisendrahtes oder durch Hanfseile.

Auf den Streichstangen liegen mit dem einen Ende die Netzriegel oder Schoßriegel senkrecht zur Frontwand, in Abständen von 1,0 bis 1,6 m, etwa mit 10 cm Gefälle gegen das Gebäude, damit das Gewicht der Baustoffe und Arbeiter nicht gegen die Rüststangen schiebt. Mit ihrem anderen Ende, das entsprechend behauen ist, liegen sie in Rüstlöchern des neuen Mauerwerks oder, wenn sie in eine Fensteröffnung zu liegen kommen, auf besonderen in diesen errichteten Böcken. Bei zwei Stangenreihen liegen beide Enden der Netzringel auf Streichstangen. Eine Längsverschiebung der Gerüste wird durch Bohlen oder Stangen, welche in schräger Richtung an die Rüstbäume zu nageln bzw. anzubinden sind, verhindert (Abb. 493). Die Querverschiebung

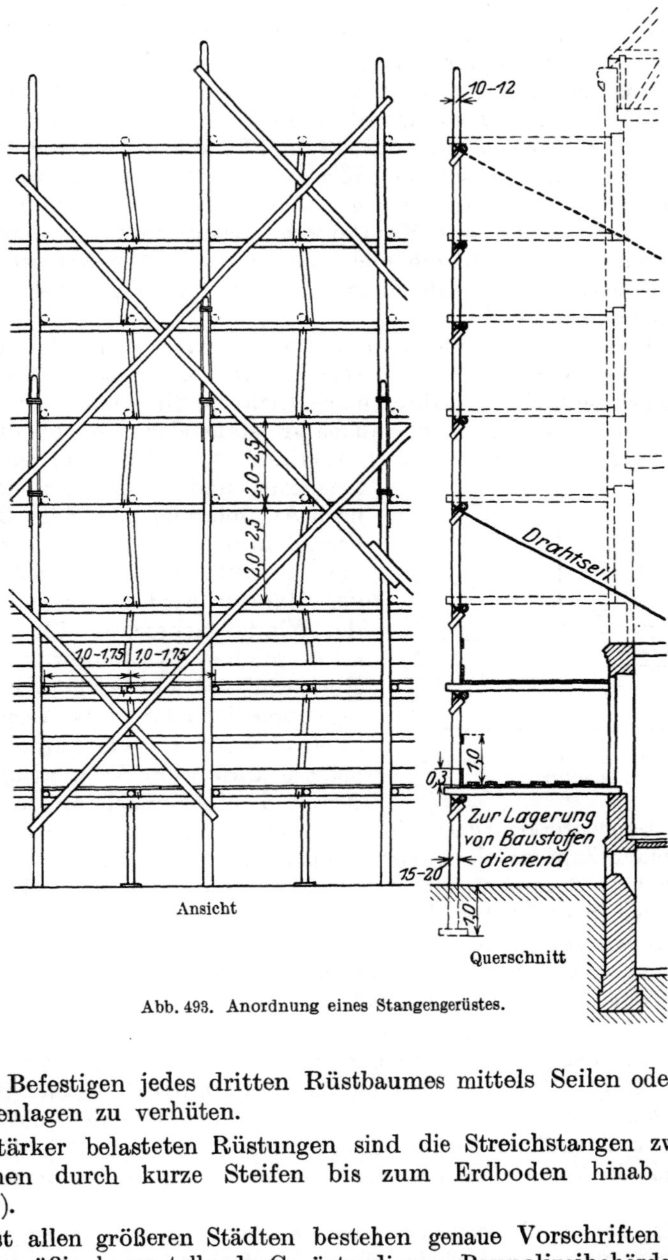

Abb. 493. Anordnung eines Stangengerüstes.

ist durch Befestigen jedes dritten Rüstbaumes mittels Seilen oder Bohlen an den Balkenlagen zu verhüten.

Bei stärker belasteten Rüstungen sind die Streichstangen zwischen den Rüstbäumen durch kurze Steifen bis zum Erdboden hinab zu stützen (Abb. 493).

In fast allen größeren Städten bestehen genaue Vorschriften über solche handwerksmäßig herzustellende Gerüste, die von Baupolizeibehörden oder Baugewerksberufsgenossenschaften herrühren, aber in vielen Einzelheiten voneinander abweichen.

2. Abgebundene Gerüste.

Die abgebundenen Gerüste werden vom Zimmermann nach einem für den Einzelfall gezeichneten Entwurf hergestellt und sind entweder fest auf dem Erdreich gegründete Standgerüste oder fliegende Gerüste, wenn sie an fertigen Bauwerken, in größerer Höhe über dem Erdboden beginnend, befestigt werden (s. S. 363).

Abgebundene Gerüste finden Verwendung, wenn die aufzunehmende Last der zu hebenden und zu bewegenden Bauteile eine Festigkeit des Gerüstes erfordert, wie sie die einfachen Stangengerüste nicht besitzen, also namentlich bei Neubauten, deren Mauern ganz oder zum größten Teil aus Quadern bestehen. Die Rüstungen werden dann nicht wie bei den Stangengerüsten erst während des Mauerns und mit diesen allmählich wachsend, sondern von vornherein fertig und in solcher Höhe aufgestellt, wie dies zum Versetzen der obersten Teile des Baues nötig ist. Auch bei der Herstellung der abgebundenen Gerüste, die aus Kanthölzern zusammengebaut werden, walten große Verschiedenheiten ob, die nicht immer durch Abmessungen und Eigenart des Gebäudes, sondern oft auch durch die jeweiligen behördlichen Bestimmungen bedingt sind.

Gemeinsame Erfordernisse sind vor allem die genügende Tragfähigkeit gegenüber den vorkommenden Belastungen und ausreichende Festigkeit und Starrheit gegen seitliche Angriffe, namentlich durch Wind. Vor der Errichtung des Mauerwerks sind die hohen freistehenden Gerüste, die in ihrem Holzverbande dem Sturm sehr viel Angriffsflächen darbieten, ganz besonders gefährdet und es machen sich daher je nach Ausdehnung und Höhe der Rüstung besonders im Anfang starke Verankerungen und Aussteifungen nötig. Nach Vollendung der Mauern wird an diesen die Gewalt des Windes gebrochen. Eine weitere, bei allen solchen Rüstungen zu nehmende Rücksicht bezieht sich auf möglichste Schonung der Hölzer, also Vermeidung von Zapfenlöchern und Verblattungen, die eine spätere anderweite Verwendung ausschließen und die Herstellung der Rüstungen somit verteuern würden. Das Hilfsmittel, an Stelle der in die Balken *c* (Abb. 494) zu stemmenden Zapfenlöcher starke Bohlenstücke *a* aufzunageln und in diese die Löcher einzustemmen, ist an manchen Orten (Berlin) polizeilich nicht gestattet, aber in Süddeutschland und Sachsen üblich.

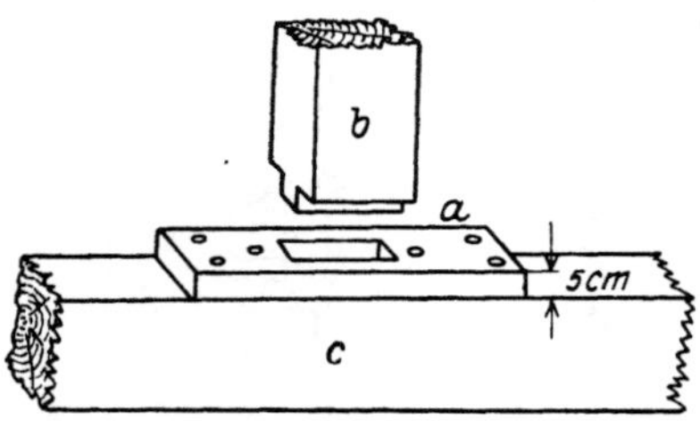

Abb. 494. Herstellung eines Zapfenloches mittels aufgenagelter Bohle.

Die abgebundenen Standgerüste bestehen zur Ausführung von Frontmauern fast stets aus zwei 4 bis 5 m voneinander entfernten Wänden, die oben auf ihren Rahmhölzern je eine Laufschiene tragen, so daß eine von Wand zu Wand reichende Brücke auf ihnen bewegt werden kann, die dann, wiederum auf einem Schienengleis verschiebbar, die eigentliche Aufzugsvorrichtung, die Bockwinde, trägt. Durch Aufwinden einer Last mittels letzterer in lotrechter Richtung, durch Fortbewegen der Winde auf der Brücke, rechtwinkelig zur Mauerfront und endlich durch Bewegen der Brücke selbst in Richtung der Mauer, sind alle Verschiebungen der Last nach den drei Raumrichtungen zu bewirken.

Von den beiden Wänden wird die eine meist im Innern der zu errichtenden Gebäude, etwa 1 m von der Mauer entfernt, angeordnet, die andere in solcher Entfernung (3 bis 4 m) von der Mauer, daß Raum genug für das Fortbewegen von Lasten auf den Gerüstböden, sowie für die Aufstellung der nötigen kleinen Zwischengerüste verbleibt. Letztere aus Böcken oder kurzen Stangen hergestellt, vermitteln die notwendigen Höhen der Arbeitsplätze zwischen den Hauptzwischenböden der gezimmerten Rüstung.

Bei Ausbesserungsgerüsten sind naturgemäß beide Hauptwände vor der Front aufzustellen.

Die Tragwände der Gerüste werden auf in der Mauerrichtung liegende Schwellen verzapft, die auf besondere Schwellstücke gelegt sind. Diese Unterlagen müssen lang genug sein, um den Druck auf den Boden, der meist von den Gründungsarbeiten her noch locker ist, genügend zu verteilen.

In Abb. 495 ist ein abgebundenes Standgerüst mit oberem Laufkran in Ansicht, Schnitt und Grundriß dargestellt. Links unten ist noch ein Grundriß des Laufkrans hinzugefügt. Bei leichten Ausführungen verwendet man nur einfache Balkenhölzer, 20/20 bis 24/24 cm als Stiele. Die an ihnen zu befestigenden Unterzüge werden dann zweckmäßig aus Doppelhölzern gebildet, die den Stiel zangenartig umfassen, mit ihm verbolzt sind und auch wohl noch auf seitlichen, am Stiel befestigten Knaggen, ein weiteres Auflager finden. Bei schwer zu belastenden Gerüsten werden dagegen meist Doppelstiele verwendet, wie in der vorliegenden Abbildung. Sie haben abgesehen von größerer Tragfähigkeit den Vorteil, daß aus nicht zu langen Stücken die Stiele doch in jeder gewünschten Höhe durch wechselndes Aufpfropfen errichtet werden können. Zwischen die Stöße werden dann, wie in der Abb. 495 I bei a ersichtlich, die Unterzüge eingelegt. Die Doppelstiele, deren beide Hölzer durch Bolzen oder aufgenagelte Laschen zu einem Ganzen verbunden werden müssen, können entweder, wie in der Abbildung, so gestellt werden, daß ihre beiden Hälften in Richtung senkrecht zur Front hintereinander liegen, also auch doppelte Schwellen *b* nötig werden, oder sie werden nebeneinander in eine Schwelle gezapft. Beides hat seine Vorteile und Nachteile, und je nach den an das Gerüst zu stellenden Anforderungen wird die eine oder andere Anordnung den Vorzug verdienen. Für die Festigkeit und Steifigkeit der Rüstung ist die in der Abbildung angegebene Stellung vorteilhafter. Die Entfernung der Stiele in einer Wand ist von der Achsenteilung der Fenster abhängig, denn sowohl alle wagerechten Querbalken *d*, wie auch die schrägen Verstrebungen *e*, die den Querverband zwischen den Hauptwänden darstellen, müssen stets in die freizuhaltenden Fensteröffnungen zu liegen kommen. In vorliegendem Beispiel liegen die Hauptunterzüge *a* parallel zur Front, die darauf gelagerten Querbalken *d* also senkrecht dazu, und da deren Entfernung wegen der weiten Fensterachsen bis 2,7 m beträgt, so werden weitere Streckhölzer *c* in 1 bis 1,2 m Abstand notwendig, um die kleinen Zwischengerüste zwischen den 3,8 m übereinanderliegenden Stockwerken des Hauptgerüstes aufbauen oder, je nach Bedarf, Gerüstbretter lagern zu können.

Dem Vorteil besserer Aussteifung bei der hier angenommenen Stellung der beiden die Doppelstiele bildenden Hölzer steht also ein Mehrverbrauch an Rüstmaterial gegenüber.

Ständen die Hölzer nebeneinander, so könnten die Querbalken *d* als Unterzüge zwischen die Stöße der Stiele eingelegt werden und man hätte alsdann nur noch die Streckhölzer *c* nötig.

Beim Versetzen schwerer Quadern auf den Mauern ist die Beweglichkeit der Kranbrücke mit der tief hinabreichenden Kette immer auf ein Gerüstfeld zwischen den die Wände abspreizenden Hölzern *e* beschränkt. Das Werkstück muß also entweder gleich vom Boden aus in dem Gerüstfeld hochgezogen werden, in dem es versetzt werden soll, oder wenn es an anderer Stelle bis zur richtigen Stockwerkhöhe gehoben ist, auf einem dort hergestellten genügend festen Bodenbelag, häufig unter Benutzung kleiner Gleiswagen, seitwärts verschoben werden. An der Verwendungsstelle wird es dann

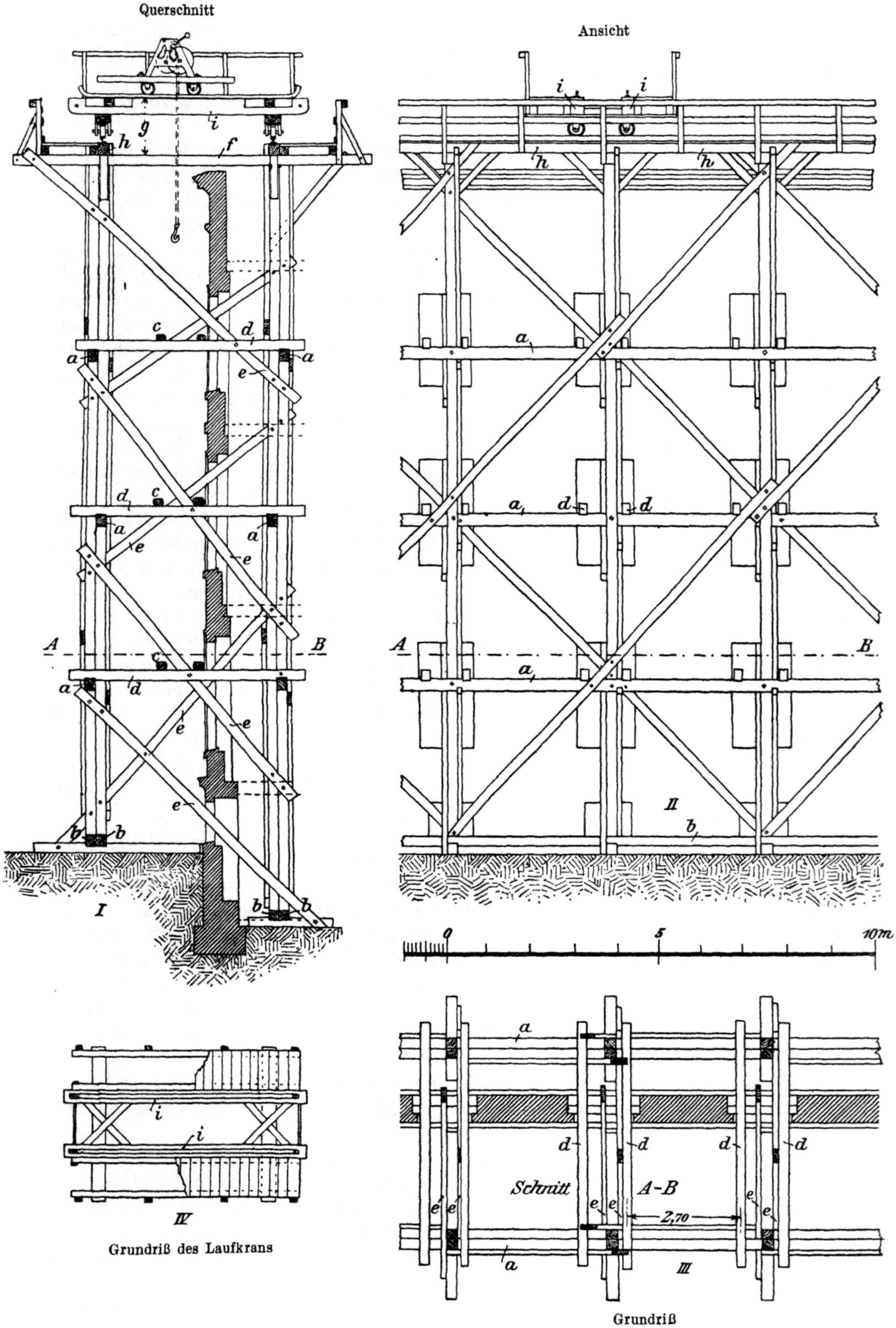

Abb. 495. Abgebundenes Standgerüst mit oberem Laufkran.

von neuem durch den Kranwagen gefaßt. Namentlich bei den oberen Teilen der Gebäude, wenn die Werkstücke ohnehin zu bedeutender Höhe gehoben werden müssen, ist es einfacher, sie gleich am Kran hängend über die ganze Frontlänge fort zur richtigen Stelle schaffen zu können. Sie müssen dann über die oberste Verbindung *f* gehoben werden und deren Abstand *g* von der Kranbrücke muß hinreichend bemessen sein, um den Durchgang der vorkommenden Quadern usw. zu gestatten.

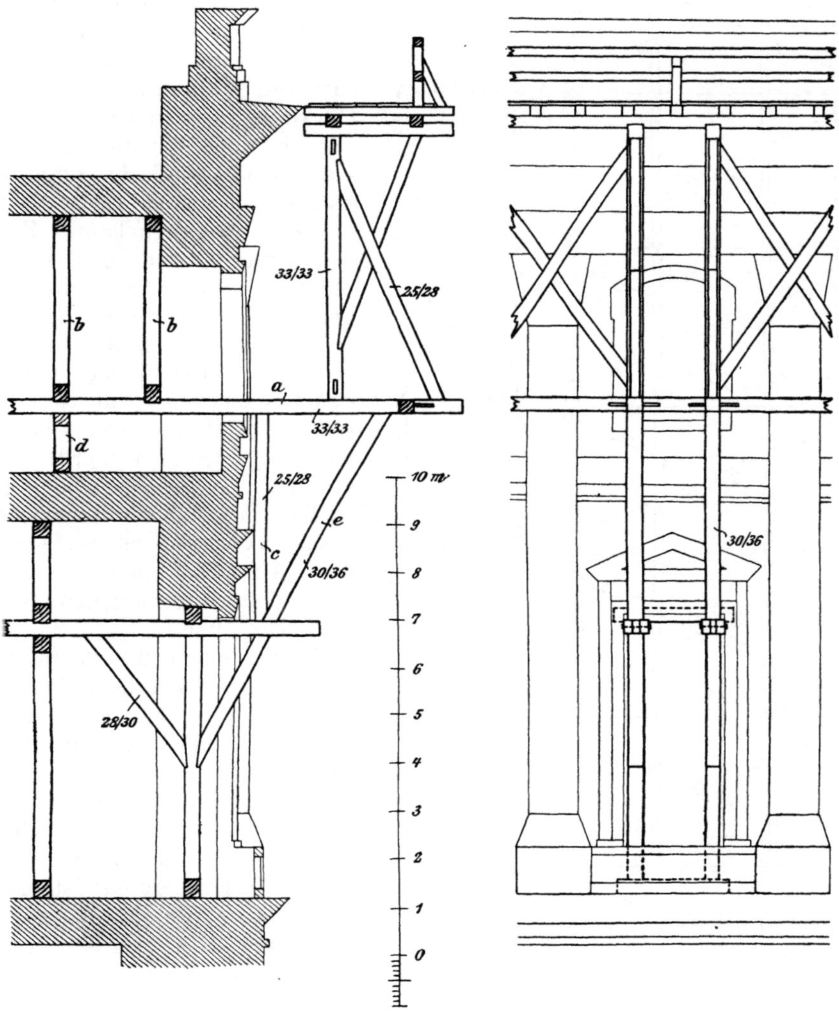

Abb. 496. Fliegendes Gerüst.

Der oberste Querbalken *f*, nach beiden Seiten vorspringend, um die Laufbühnen zur Bedienung der Kranbrücke zu bilden, ist auf die Doppelstiele aufgezapft. Der starke Längsbalken *h* ist zur Aufnahme der Schienen und der schweren Brücke durch kräftige Kopfbänder verstärkt. Die Hauptbrückenbalken *i* werden nicht selten in der aus Abb. 158 bis 160 ersichtlichen Weise mit Eisen bewehrt. In vorliegendem Falle sind sie aus sehr starken Hölzern hergestellt und ihre bedeutende Höhe von etwa 38 cm kommt der ausreichenden Bemessung des Abstandes *g* zugute.

Abb. 496 zeigt ein fliegendes Gerüst. Bei diesem ist der wesentlichste Bestandteil ein wagerecht nach außen vorgestreckter Balken *a*, der entweder auf der Mauer der Fensterbrüstung oder einer besonderen Unterstützung sein Auflager findet und im Innern des Gebäudes gegen ein Aufkippen durch starke Abspreizungen *b* nach der Decke oder andere feste über ihm liegende Stützpunkte gesichert sein muß. Im hier vorliegenden Fall wird das vordere Auflager durch einen vor der Front auf einem unteren ausgekragten Gerüst aufgestellten Stiel *c* gebildet. Der Balken *a* ist außer den Spreizen *b* noch durch die untergestellten kleinen Rüstwände *d* so abgesteift, daß er an seinem Ende als fest eingespannt gelten kann. Zumal bei weiter Ausladung des wagerechten Hauptbalkens einer fliegenden Rüstung werden noch ausladende Streben (in diesem Falle *e*) zu seiner Unterstützung angeordnet und entweder auf tiefer liegende Brüstungen oder genügend tragfähige Gesimsvorsprünge gestützt.

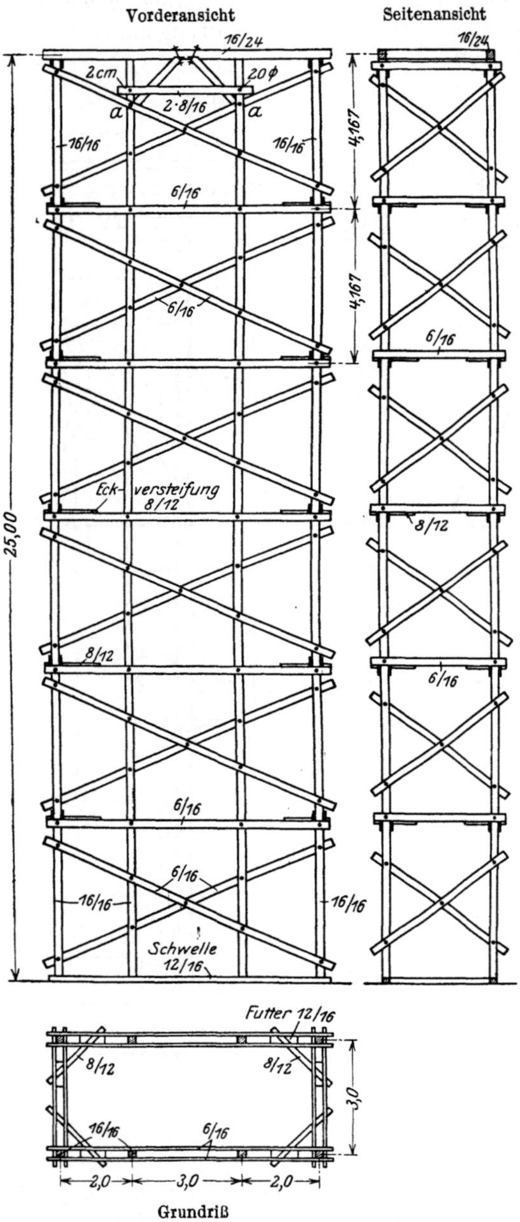

Abb. 497. Gerüst zum Umbau des Gloriapalastes in Berlin.

Das nachstehend beschriebene, vom Verfasser entworfene Gerüst (Abb. 497) diente zum Umbau des Gloriafilmpalastes in Berlin 1925.

Durch einen die 25 m hoch liegende Oberfläche bestreichenden Laufkran von 3,0 m Radstand mußten eiserne Träger und andere Baustoffe im Innern des Turmgerüstes hochgezogen werden. Ein zweites nur 22 m hohes Gerüst wurde in gleicher Weise ausgebildet. Das höhere Gerüst erhielt 6 Geschosse von je 4,167 m, das niedrigere 5 Geschosse von je 4,40 m. Das Gesamtgewicht (einschließlich Nutzlast) des Laufkrans betrug 2 t, wozu noch 100% Erschütterungszuschlag gerechnet wurde.

An den Breitseiten wurde das Gerüst mit dem bestehenden Gebäude verbunden, so daß Verdrehungen ausgeschlossen waren; außerdem wurden kleine Eckversteifungen (s. Abb. 497, Grundriß) angeordnet, wobei der Innenraum möglichst frei bleiben konnte. Die Stiele sind einfach; sie sind durch 2 cm eingeblattete Doppelzangen in wagerechter Richtung gehalten, ferner in den vier Turmflächen durch Verstrebungen versteift. Der

Stoß der Stiele erfolgte stumpf, unter Sicherung durch in beiden Richtungen angebolzte Holzlaschen.

Die Kranschienen lagen auf den auf die Stiele aufgezapften und mit ihnen verlaschten Längsträgern 16/24, die im Mittelfeld zur Halbierung der Stützweite noch abgesprengt wurden.

Querschnitt durch die Halle

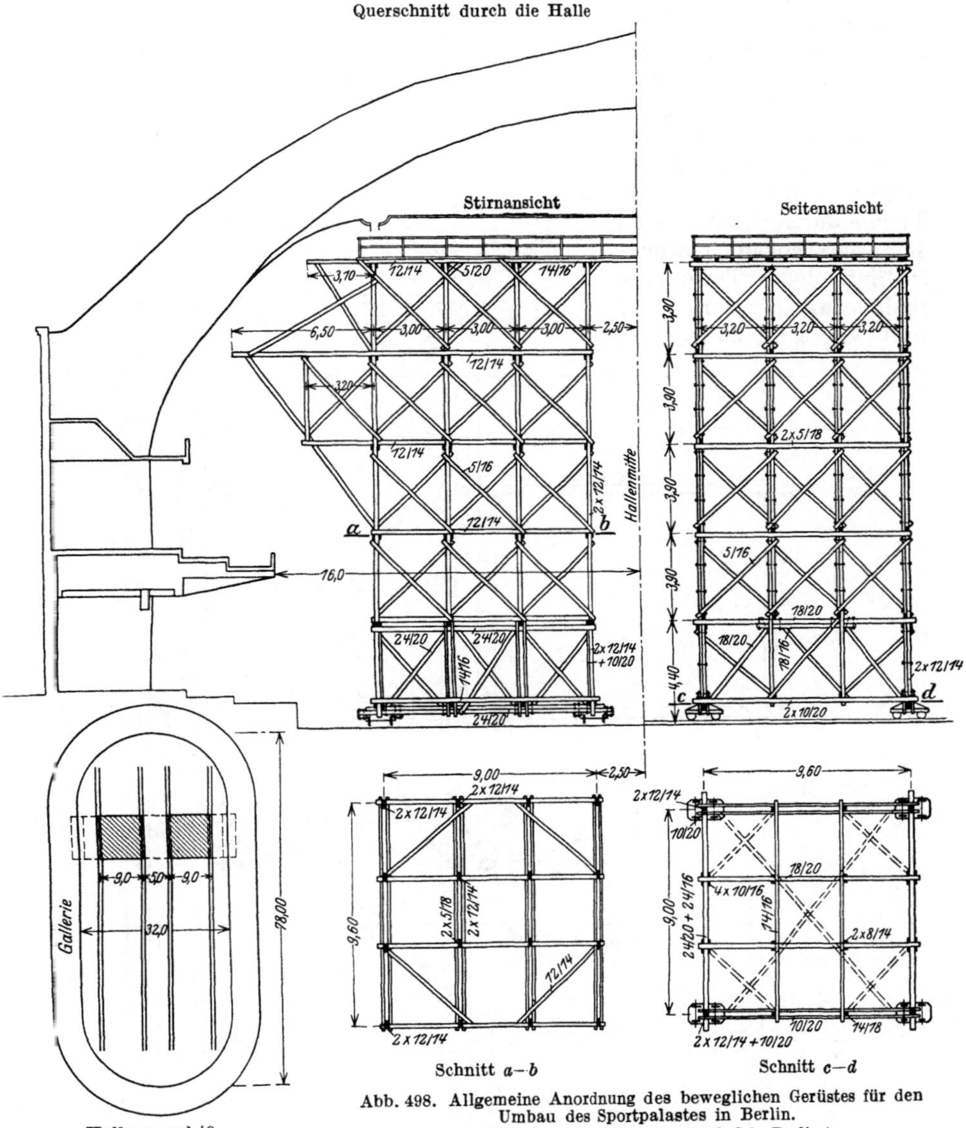

Abb. 498. Allgemeine Anordnung des beweglichen Gerüstes für den Umbau des Sportpalastes in Berlin. (Ausführung: Adolf Sommerfeld, Berlin.)

Im folgenden Beispiel ist ein bewegliches Gerüst beschrieben, welches beim Umbau des Sportpalastes in Berlin 1925 verwendet wurde (Abb. 498). Dieses Gerüst, welches von der Firma Adolf Sommerfeld, Berlin, ausgeführt wurde, diente zur Ausbesserung der inneren Putzdecke, ferner zu Anstricharbeiten. Es war also nötig, daß man vom oberen Teil des fahrbaren Gerüstes an alle Stellen der gewölbten Decke herankam, was durch Auskragungen erreicht wurde.

Das Gerüst bestand aus zwei Türmen von je 9,0 × 9,6 m, also nahezu quadratischer Grundfläche und 20,2 m Höhe über Erdboden (Abb. 498). Sie liefen in 5,0 m Lichtabstand auf Feldbahngleisen von 60 cm Spur, indem ihre vier Eckstiele auf vierrädrige Feldbahnuntergestelle von je 6 t Tragkraft gesetzt waren. Die Länge der Gleise betrug etwa 60 m. Die Bewegung wurde durch zwei am Kopfende der Halle aufgestellte Winden, welche die beiden Türme durch Drahtseile zu sich heranzogen, bewerkstelligt. Jeder Turm enthielt etwa 35 cbm Holz und wog etwa 25 t.

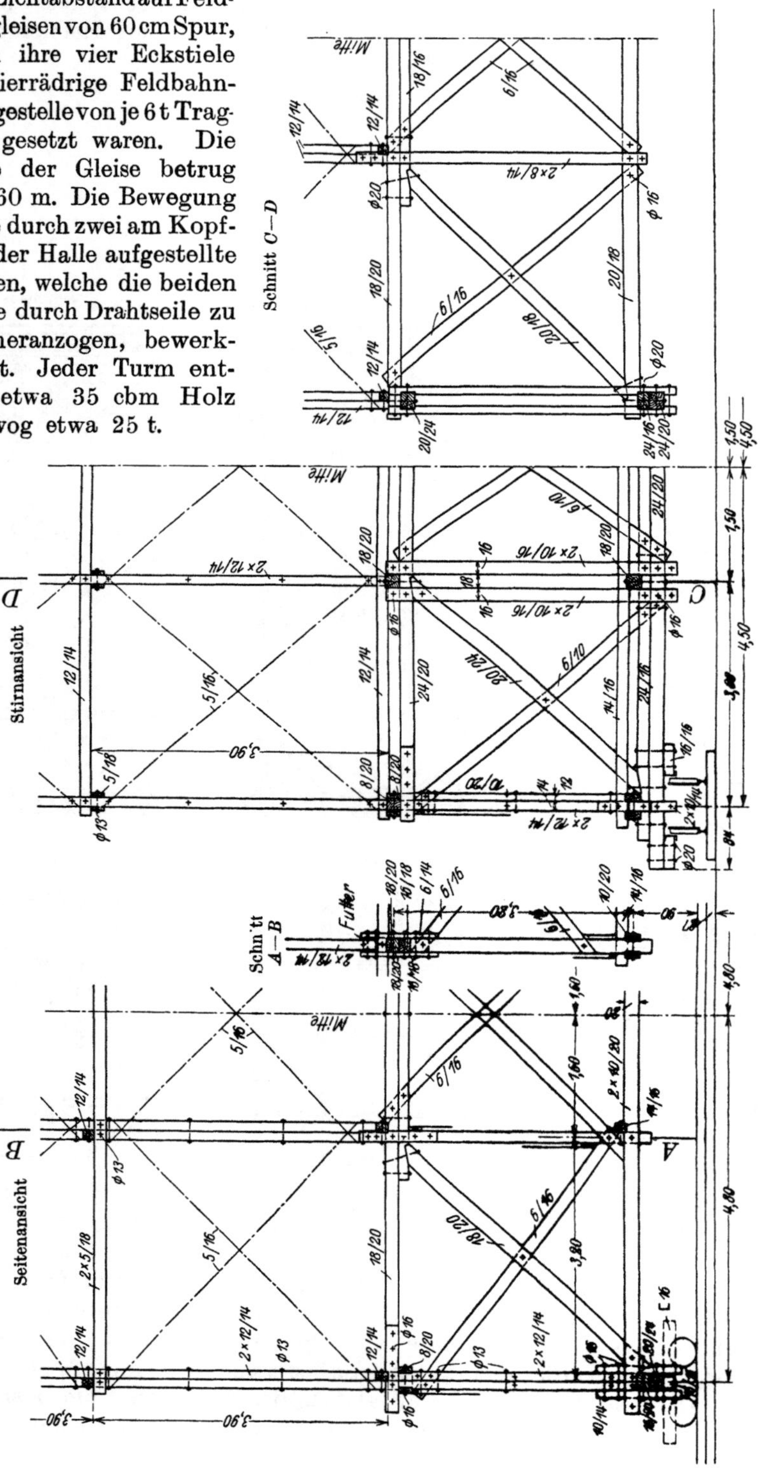

Abb. 499. Konstruktionseinzelheiten des beweglichen Gerüstes für den Sportpalast.

In 16 m Höhe waren seitliche Plattformen etwa 6,5 m ausgekragt; die obersten Plattformen der beiden Türme waren durch eine Brücke in ganzer Tiefe verbunden.

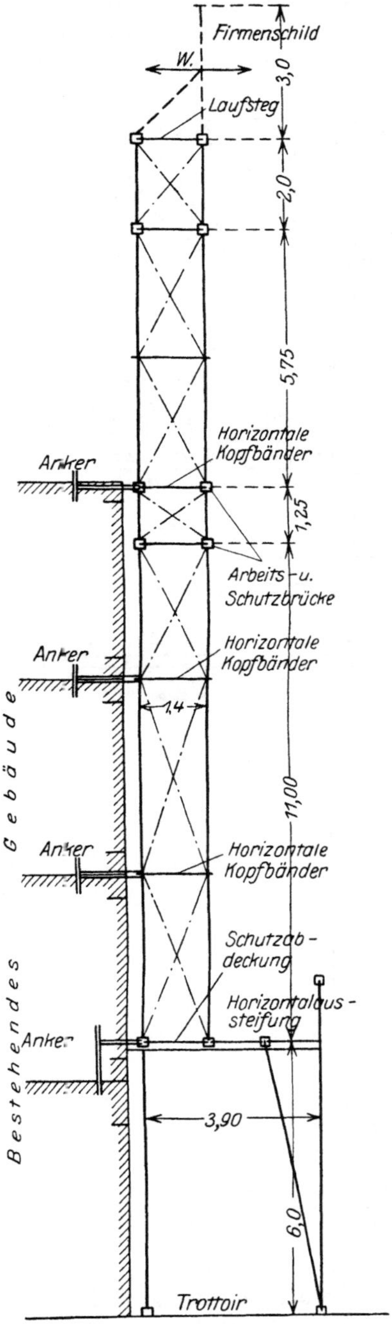

Abb. 500. Allgemeine Anordnung der Stützen der Frontberüstung für die Aufstockung des Geschäftshauses C. A. Herpich Söhne in Berlin.

(Ausführung: Schruth & Heins, Berlin.)

Als Nutzlast wurde für die Plattformen 125 kg/m² Grundfläche angenommen.

Die Einzelheiten der Konstruktion gehen aus den Abb. 498 und 499 hervor.

Häufig wird in Großstädten die Aufgabe gestellt, für Ausbesserungs- und Anstricharbeiten, ferner für Aufstockungen von Geschäftshäusern Rüstungen in der Weise herzustellen, daß die Belichtung der Verkaufsräume und der Ausstellungsfenster im Erdgeschoß nicht beeinträchtigt, daß ferner die Front des Geschäftshauses durch die Hölzer der Berüstung möglichst wenig verunstaltet wird und daß schließlich der Fußgänger-

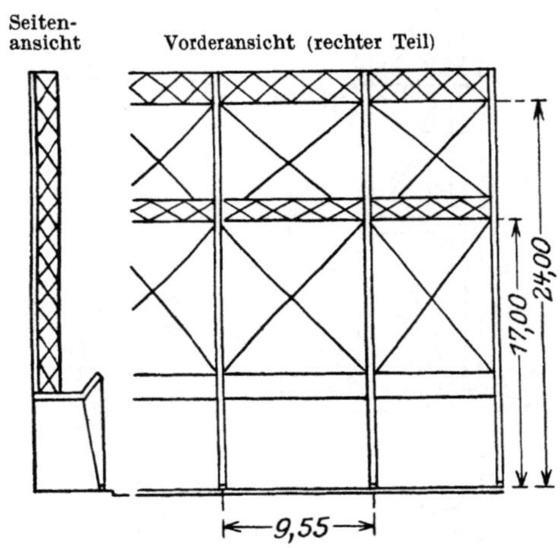

Abb. 501. Gesamtanordnung der Frontberüstung.

verkehr vor dem Geschäftshause, insbesondere wenn es sich um Hauptverkehrsstraßen handelt, nicht erheblich gestört und eingeengt wird.

Dieser Fall lag auch bei dem nachstehend beschriebenen Gerüstbau vor, bei welchem es sich um die 1925 ausgeführte **Aufstockung des Geschäftshauses C. A. Herpich Söhne in Berlin, Leipziger Straße,** handelte. Die Frontberüstung wurde von der Firma **Schruth & Heins**, Berlin, hergestellt.

Das Haupttragwerk der Rüstung besteht aus vier Fachwerkstützen (Abb. 500) in 9,55 m größtem Abstand, die auf einem Winkelrahmen von 4 m Breite und 6 m Höhe ruhen; durch letzteren wird der Bürgersteig fast vollständig für den Verkehr freigehalten. Die Abmessungen dieser Hauptpfeiler, die natürlich vor den Wandpfeilern des bestehenden Gebäudes aufgestellt wurden, gehen aus Abb. 500 hervor. Sie sind immer in Deckenhöhe mit dem bestehenden Gebäude verankert und ragen über das Gebäude, auf welches noch drei Stockwerke aufzusetzen waren, fast 11 m empor. Die Hauptstützen werden in 17 m und 24 m Höhe durch je zwei Parallelträger in 1,4 m Abstand (entsprechend der Stützenbreite) verbunden; die untere der beiden so entstehenden

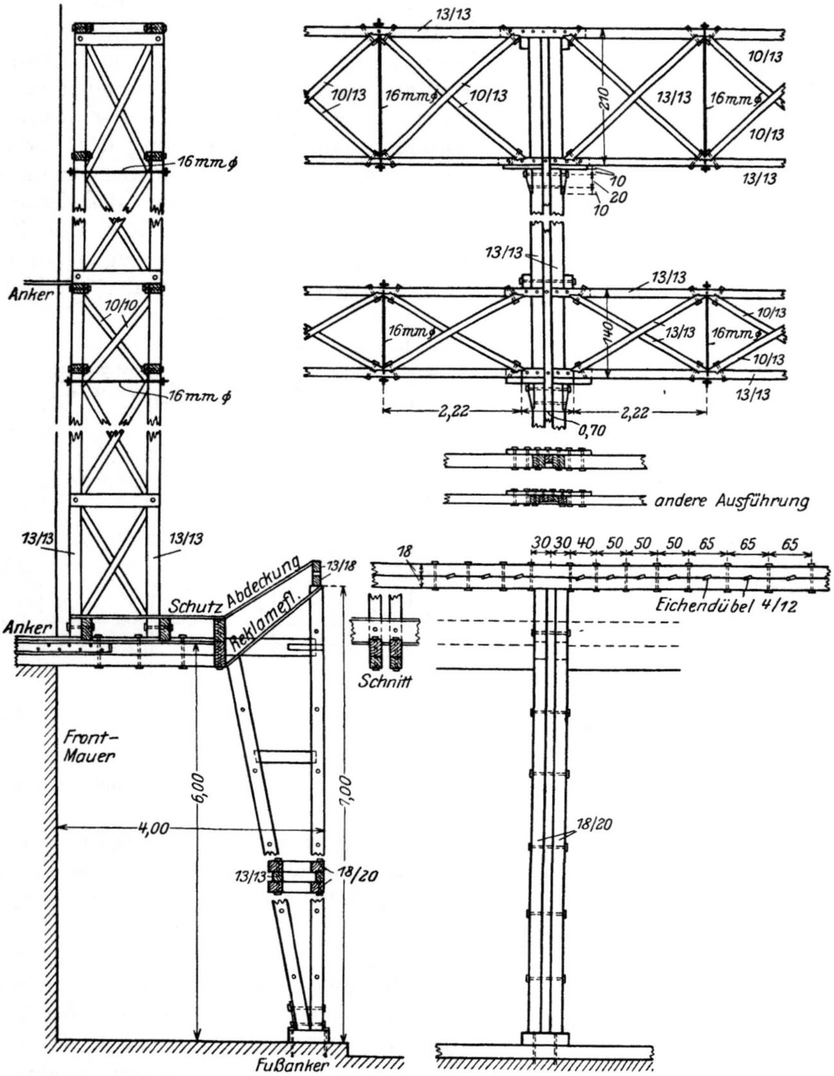

Schnitt senkrecht zur Gebäudefront

Ansicht der Stütze mit anschließenden Gitterträgern und verdübelten Balken

Abb. 502. Einzelheiten der Ausbildung des Tragwerks der Frontberüstung.

Brücken dient als Arbeitsbühne und die obere als Laufsteg und zur Aufnahme eines 3 m hohen Firmenschildes. Wie die Gesamtanordnung, Abb. 501, zeigt, sind die durch Fachwerkstützen und wagrechte Gitterträger gebildeten Rechtecke in der Vorderfläche des Tragwerks noch durch Rundeisen, 26 mm Durchmesser, mit Spannschlössern diagonal verstrebt.

Abb. 502 zeigt Einzelheiten der Konstruktion. Die Fachwerkstützen bestehen aus Pfosten 13/13, die durch Rundeiseniegel 16 mm Durchmesser und gekreuzte Streben 10/10 cm nach Howescher Art verbunden sind, und zwar sind diese Fachwerkstützen doppelwandig, mit 40 cm Mittenabstand, angeordnet. Der Riegel des Winkelrahmens ruht mit dem einen Ende in einer Maueröffnung der Frontwand, wo er fest verankert ist, und mit dem anderen Ende ist er mit dem sprengbockartigen Ständer steif verbunden. Der lotrechte Stiel des Sprengbocks ist höher geführt und bildet das Auflager für einen verdübelten Balken, der zur Befestigung der schrägen Schutzdecke dient; letztere gestattet den Lichteinfall zu den Schaufenstern und bildet zugleich Reklameflächen. Auch der Winkelrahmen ist, der Stütze entsprechend, zweiteilig ausgebildet. Die Abmessungen der Brückenträger gehen aus Abb. 502 hervor. Die Endstützen sind außen verschalt und gestrichen, ebenso sämtliche Sprengböcke (Ständer) der Winkelrahmen. Die Brücken sind mit einer Nutzlast von 100 kg/m² und einem Eigengewicht von 50 kg/m² Grundfläche berechnet.

Die Förderung der Baustoffe ist vom Hof her erfolgt.

III. Die Gerüste im Brückenbau.

1. Aufstellgerüste (Montierungsgerüste) für eiserne Brücken.

Bei der Aufstellung (Montage) eiserner Brücken handelt es sich darum, Walzträger, Blechträger oder Fachwerkträger im ganzen oder in einzelnen Teilen an die Stelle zu bringen und bis zur Vernietung dort festzuhalten, wo sie im endgültigen Bauwerk zu liegen kommen. Da diese Teile sich selbst und noch kleine Auflasten (Bohlenbelag, Geräte usw.) zu tragen vermögen, so genügt es meist, sie nur in einzelnen Punkten zu unterstützen, die später noch nach Bedarf durch untergelegte Holzklötze, kleine Träger oder Eisenplatten unter Verwendung von Winden oder sonstigen Hebezeugen höher oder erforderlichenfalls durch Entfernung der oberen Gerüstteile tiefer gelegt werden können. Weil nach dem Gesagten bei den Aufstellgerüsten ein viel größerer Spielraum als bei den später zu beschreibenden Schal- und Lehrgerüsten der massiven Brücken vorhanden ist, so erfordern erstere nicht die gleiche Genauigkeit und Sorgfalt als letztere. Selbstverständlich müssen die Stützpunkte des Gerüstes selbst in ihrer Höhenlage vollkommen sicher gehalten werden, d. h. der Unterbau des Gerüstes (Holzschwellen oder -stapel, Pfähle, gemauerte oder betonierte Sockel) muß so bemessen werden, daß er beim Aufbringen der Eisenträger usw. nicht sackt. Das gilt insbesondere für die Stützpunkte in der Nähe der Auflager (Pfeiler), da diese oft, um den Auflagern die vorgeschriebene Lage zu geben, noch kurz vor Beendigung der Aufstellung samt einem großen Teil des Brückeneigengewichts angehoben werden müssen. Das Aufstellgerüst trägt ein oder mehrere Arbeitsböden, bestehend aus je einem Bohlenbelag, auf welchen die Arbeiter, ferner Werkzeuge, Geräte und erforderlichenfalls ein Aufstellkran, der auf einem Gleis läuft, Platz finden können.

Den oberen Teil des Gerüstes, auf dem unmittelbar die Eisenkonstruktion aufgelegt wird, und der zugleich einen oder mehrere Arbeitsböden trägt, bezeichnet man als Obergerüst, während der untere Teil, also der in der Nähe des Erdbodens oder der Wasseroberfläche gelegene Teil, als Untergerüst bezeichnet wird; falls das Gerüst im Wasser oder auf schlechtem Baugrund (Moorboden, aufgeschüttetem Boden usw.) steht, kommt noch ein Pfahlrost hinzu, der allerdings auch in bestimmten Fällen durch Prahme oder einen Schwellenrost und schließlich durch massive Einzelpfeiler ersetzt werden kann.

Die Form des Obergerüstes richtet sich nach der Form des eisernen Überbaues der Brücke.

Liegt die Fahrbahn über oder zwischen den Hauptträgern (Balken- oder Bogenbrücken), so wird der unterste oder für jeden Hauptträger je ein Arbeitsboden der Form des Hauptträgeruntergurts folgen, wobei er nur je die Breite zu haben braucht, die für die Ausführung der Nietungen an den Hauptträgern nötig ist; ein weiterer, höher liegender Arbeitsboden, der aber unter Umständen (bei kleinen Brücken) auch gespart werden kann, dient zum Auslegen der Quer- und Längsträger. Liegt die Fahrbahn unter den Hauptträgern bzw. die Hauptträger über der Fahrbahn (Balkenbrücken großer Stützweiten, Bogen- und Hängebrücken), so beginnt man die Aufstellung meist mit dem Auslegen der Quer- und Längsträger und des Zugbandes, wenn ein solches vorhanden ist, auf dem Hauptarbeitsboden; letzterer ist dann fast wagerecht, indem er nur das Längsgefälle der zukünftigen Fahrbahn erhält. An den Querträgerenden werden nunmehr die Hauptträgerpfosten bzw. die Hängepfosten oder -stangen aufgestellt und mit ihnen verbolzt bzw. vernietet und an die Pfosten oben die Hauptträgergurte und Streben zunächst angebolzt, um, nachdem die Hauptträger über die ganze Stützweite gestreckt sind, endgültig mit den Knotenblechen vernietet zu werden. Für die letzteren Arbeiten genügen schmale Arbeitsböden (Nietrüstungen), die unter Ober- und Untergurt an den Hauptträgerpfosten bzw. Hängestangen befestigt (angebolzt) werden. Natürlich kommen auch, wenn nötig, kleinere Hilfsgerüste, Arbeitsbühnen usw. zur Anwendung. Das Hochheben der Hauptträgerteile geschieht in der Regel mittels eines Portalkranes, der über die höchste Stelle des Hauptträgerobergurtes reicht und auf Schienen des Hauptarbeitsbodens läuft, so daß er die ganze Brückenöffnung bestreichen kann.

Die Hauptstützpunkte des Aufstellgerüstes, also die Gerüststiele, werden naturgemäß möglichst unter den Knotenpunkten der Eisenkonstruktion bzw. unter den Querträgern anzuordnen sein; diese Hauptstützpunkte werden erforderlichenfalls auf Keillagern oder Schraubenwinden gelegt.

Wenn Durchfahrten freizuhalten sind, sind die betreffenden Knotenpunkte durch Streben (Sprengwerke) oder durch hölzerne oder eiserne Träger, die nicht zu große Durchbiegungen erfahren dürfen, zu stützen. Diese Hilfsträger sollen nicht zu lang sein (nicht über 30 m), da sonst ihr Einbau zu viel Schwierigkeiten macht (Einfahren auf Pontons). Bei großen Weiten wird man in der Regel eiserne Hilfsträger verwenden. Die sicherste Lagerung erhält ein Stützpunkt dann, wenn ein Gerüststiel unmittelbar unter ihm angeordnet wird.

Erwähnt soll nur werden, daß vielfach, insbesondere bei Kragträgerbrücken, die Aufstellung ohne größeres Gerüst durch Vorkragen größerer oder kleinerer Trägerteile, die am Lande verankert werden, erfolgt. Der Arbeitsboden wird dann gleichfalls am bereits fertiggestellten Trägerende vorgekragt oder u. U. auf einem Ponton aufgebaut; es sind in diesem Falle somit nur kleinere Hilfsgerüste erforderlich (Eisenbahnhochbrücke bei Rendsburg 1912).

Die Gerüste können entweder durchgehende Ständergerüste sein, indem über die ganze Öffnung unter dem zukünftigen Tragwerk Ständer bzw. Stiele mit Verstrebungen angeordnet werden, oder sie können, ähnlich wie die Gerüstbrücken (s. S. 357) als Pfeilergerüste ausgeführt werden (bei Talbrücken), indem einzelne Joche oder Fachwerkpfeiler aufgestellt und zwischen ihnen Sprengwerke oder Fachwerkträger (Howesche Träger), manchmal auch eiserne Träger eingebaut werden. Zuweilen wird auch ein einziger Turm in Mitte Öffnung (bei tiefen Tälern) aufgestellt, von dem aus die Eisenkonstruktion durch freien Vorbau nach den beiden Auflagern hin ausgeführt wird (Sitterbrücke der Bodensee-Toggenburg-Bahn[1])).

[1]) Ackermann, F.: Die Montierung der Sitterbrücke der Bodensee-Toggenburgbahn. Der Eisenbau 1910, Nr. 11, S. 419.

Endlich kommen auch schwimmende Gerüste zur Verwendung, wenn der Einbau einer Rüstung in Gewässer nicht tunlich ist. Das Gerüst wird dann (am Ufer) auf Prahmen aufgebaut, hierauf die Eisenkonstruktion aufgestellt und an Ort und Stelle eingefahren, oder die Eisenkonstruktion wird erst, nachdem das Gerüst in die Öffnung eingefahren ist, aufgestellt. Die Prahme können durch Ein- und Auslassen von Wasser gesenkt oder gehoben werden.

Ein Beispiel eines Aufstellgerüstes für eine Balkenbrücke, nämlich die Talbrücke über den Rosenbach im Zuge der Eisenbahnlinie Klagenfurt—Rosenbach zeigt Abb. 503[1]), ausgeführt 1904 von der Grazer Brückenbauanstalt der Akt.-Ges. R. Ph. Waagner, L. u. J. Biró und A. Kurz.

Das Gerüst ist als Ständergerüst hergestellt mit Trapezsprengwerken im obersten Geschoß, wodurch zwischen den Ständerentfernungen von 10,80 m noch zwei Stützpunkte geschaffen wurden. Der Arbeitsboden liegt, den Hauptträgeruntergurten entsprechend, wagerecht. Die Ständerwände bestehen aus fünf Rundhölzern in Stärken von 30 bis 24 cm Durchmesser, nach oben ab-

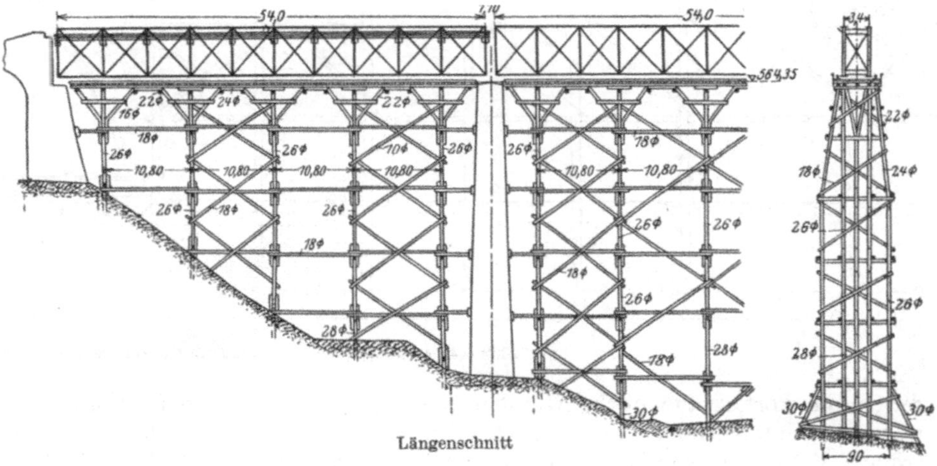

Abb. 503. Aufstellgerüst der Talbrücke über den Rosenbach. Querschnitt in Brückenmitte

nehmend. Sie sind in sich und gegeneinander durch Rundhölzer von 18 cm Durchmesser abgesteift. Bei diesem Gerüst findet ausschließlich Rundholz und baumkantiges Holz Verwendung, selbst die Stöße der Stiele sind durch Rundhölzer verlascht. Da die in Abb. 503 nicht dargestellte dritte Öffnung ein ähnliches Talprofil wie die erste Öffnung besaß, konnte das Gerüst der ersten Öffnung nach Fertigstellung des Überbaues der ersten Öffnung für die Aufstellung des Überbaues der dritten Öffnung wieder verwendet werden.

Ein Beispiel für das Aufstellgerüst einer Bogenbrücke ist in Abb. 504 dargestellt. Es handelt sich um das Gerüst der 80 m weit gespannten vierten Öffnung der 1910 ausgeführten Weichselbrücke in Warschau[2]), die nach dem gleichen System wie das vorherige Beispiel hergestellt ist. Der Überbau ist 21,4 m breit. Bei diesem Gerüst ist nach Möglichkeit jeder Knotenpunkt des Bogenuntergurts durch Stiele unterstützt. Letztere bestehen aus Rund-

[1]) Schönhöfer, R.: Haupt-, Neben- und Hilfsgerüste im Brückenbau, Seite 28. Berlin: Wilhelm Ernst & Sohn, 1911.

[2]) Kozierski, St.: Die neue Straßenbrücke über die Weichsel in Warschau. Eisenbau, 1910, Nr. 5, S. 186. — Schönhöfer, R.: Haupt-, Neben- und Hilfsgerüste im Brückenbau, S. 36.

hölzern von 23 cm Durchmesser; sie werden durch wagerechte bzw. schräge Zangen 9/18 bzw. 6/13 längs und quer versteift. In der Mitte ist eine Öffnung von 8 m freigelassen, welche mit einem Trapezsprengwerk überspannt ist. In diese Öffnung wurden die Eisenteile mittels Prahmen eingefahren und

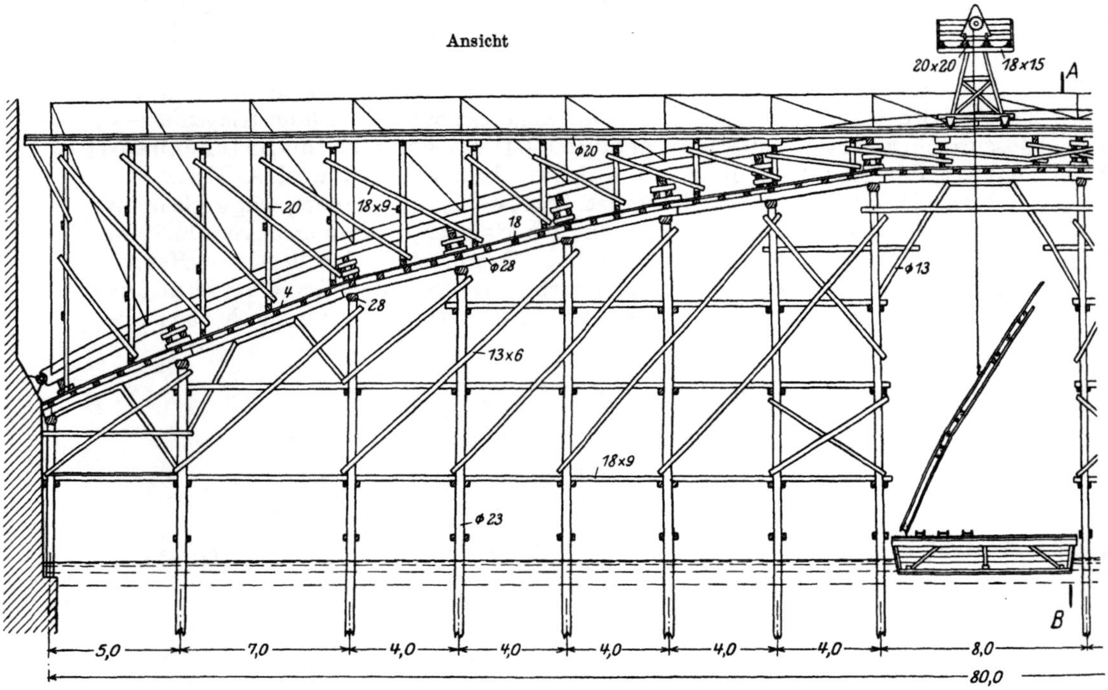

Abb. 504. Aufstellgerüst der Öffnung *D* der Weichselbrücke in Warschau.

durch die Portalkrane hochgewunden, um zur Verwendungsstelle gebracht zu werden. Unter jedem der in Abständen von 3,06 m angeordneten Hauptträger ist im Querschnitt ein Stiel gestellt. Ein unterer Arbeitsboden läuft parallel zum Hauptträgeruntergurt und trägt mittels verstrebter Stiele einen oberen wagerechten Arbeitsboden (Abb. 504), auf welchem die Gleise für die Aufstellkrane liegen.

Ein bemerkenswertes Beispiel stellt ferner das in den Jahren 1905 und 1906 von der Bauunternehmung E. Gaertner und der Brückenbauanstalt L. und J. Biró und A. Kurz, beide in Wien, ausgeführte Aufstellgerüst für die Marienbrücke über den Donaukanal in Wien (Abb. 505) dar[1]. Der Überbau dieser Brücke ist eine flachgespannte Auslegerbogenbrücke. Zur Aufrechterhaltung der Schiffahrt war eine freie Durchfahrtöffnung von 18 m Weite und 5 m Höhe in der Mitte und eine solche von 9,5 m Weite auf der einen Seite vorgeschrieben. Wegen der Schiffahrt war ferner die Breite der Joche beschränkt, so daß man sich entschloß, die Aufstellung des eisernen Tragwerks in zwei Teilen vorzunehmen. Der erste, flußaufwärts gelegene Teil wurde während der Hauptschiffahrtzeit im Sommer und der zweite Teil nach Ablauf derselben im Winter aufgestellt. Für die Aufstellung des ersten Teils mußten die erwähnten Öffnungen vollständig freigehalten werden. In der Mitte stand hierbei nur eine geringe Bauhöhe zur Verfügung, so daß man zur Überspannung der mittleren Schiffahrtöffnung

[1]) Schönhöfer, R.: Haupt-, Neben- nnd Hilfsgerüste im Brückenbau, S. 41. — Ferner Brenner: Die Bauausführung der Marienbrücke in Wien. Z. öst. Ing.-V. 1907.

vier Howesche Träger wählte, von denen die beiden äußeren, höher gelegenen, das Gleis für den eisernen Aufstellkran trugen (Abb. 505, Querschnitt links).

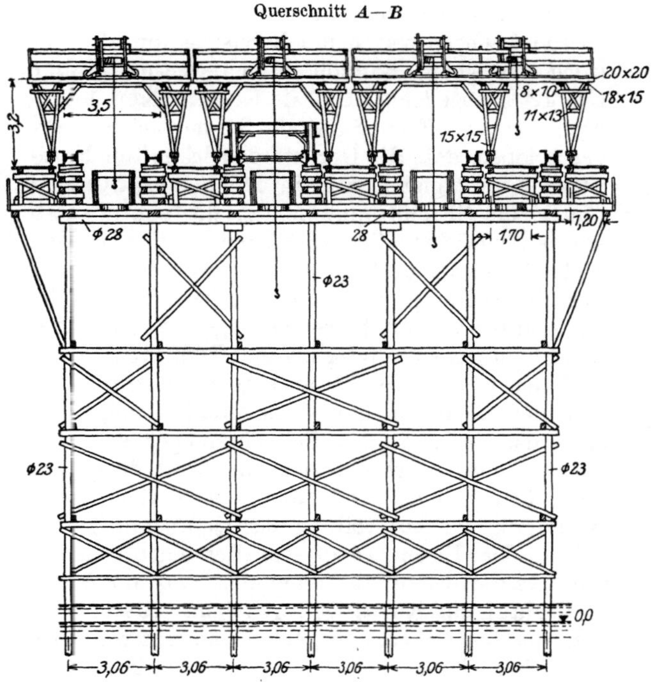

Der Arbeitsboden hat, entsprechend der Form des eisernen Tragwerks, in der Mittelöffnung eine trapezförmige Gestalt, während er in den Seitenöffnungen vieleckig und parallel zu den Untergurten der Kragarme verläuft. Über der seitlichen Schiffahrtöffnung stützt er sich auf ein Trapezsprengwerk mit einem verdübelten Streckbalken. Solche verdübelte Balken sind auch zur Unterstützung der Krangleise im Anschluß an die Howeschen Träger benutzt worden.

Für die Aufstellung des übrigen Überbaues während der Schiffahrtspause konnte durch Aufrichten eines Mitteljochs von der Verwendung der Howeschen Hilfsträger Abstand genommen werden.

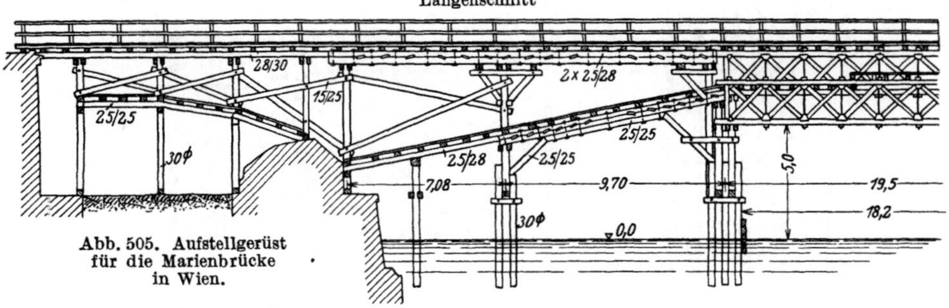

Abb. 505. Aufstellgerüst für die Marienbrücke in Wien.

Das nachfolgend beschriebene Gerüst diente zur Aufstellung des Überbaues einer Straßenbrükke, der **Treskowbrücke** über die Spree in Berlin-Oberschöneweide (Abb. 506)[1], ausgeführt 1904 von der Firma **Beuchelt & Co.**, Grünberg in Schlesien.

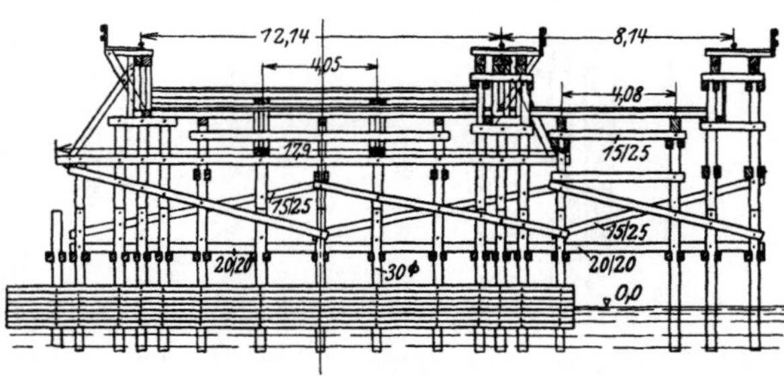

Querschnitt

[1]) **Bernhard, K.**: Die Treskowbrücke zu Oberschöneweide bei Berlin. Z. V. d. I. 1905. (Erweiterter Sonderdruck.)

Die Brücke hat drei Öffnungen von 78,00 + 2 · 37,50 m Stützweiten. In der Mittelöffnung waren nach Vorschrift der Stromverwaltung zwei symmetrisch zur Strommitte gelegene Durchfahrten von 14 m normaler Breite und 4 m Mindesthöhe über dem Normalwasser freizuhalten. Diese Öffnungen waren mit Rücksicht auf die geringe verfügbare Bauhöhe durch eiserne Träger NP. $42^1/_2$ abgedeckt, die als Gerberbalken angeordnet waren. Ferner hat die Strombehörde vorgeschrieben, daß die Gerüste den lebhaften Flußverkehr nicht gleichzeitig in den Seitenöffnungen und in der Mittelöffnung hindern dürften, deshalb wurden zunächst die Rüstungen in den beiden Seitenöffnungen und neben den Strompfeilern in der Mittelöffnung je ein Joch aufgestellt, um die Überbauten in den Seitenöffnungen vorerst über den Strompfeiler hinweg bis zum Punkt 15 bzw. 15′ (auf der rechten Seite) auskragend herzustellen. Wie der Querschnitt a—b in Abb. 506 zeigt, besteht das Gerüst in den Seitenöffnungen aus zwei Teilen, einem unteren, der zur Aufstellung der Hauptträger dient, und einem oberen von 7,50 m Breite für die Aufstellung der Quer- und Längsträger. Das Eisen wurde von der einen (Niederschönweider) Seite aus zugeführt und am Landpfeiler auf die Rüstungen gehoben. Zuerst wurden die Querträger aufgelegt und entsprechend der Überhöhung unterklotzt, dazwischen dann die Längsträger gelegt und mit ersteren verbolzt. Gleichzeitig wurde auf dem entsprechend geformten Untergerüst der Untergurt in der

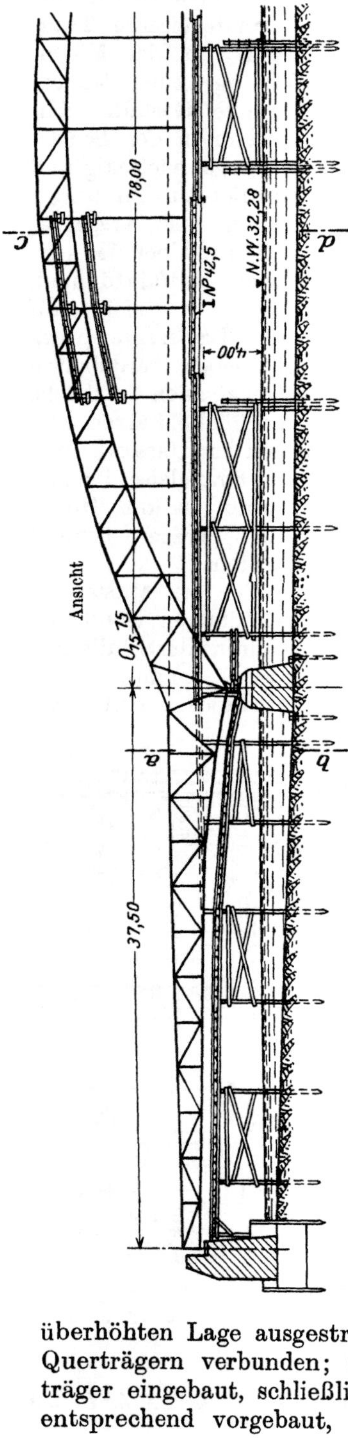

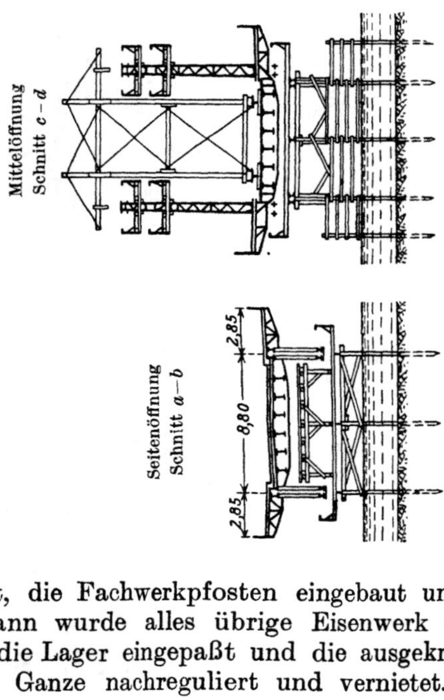

Abb. 506. Aufstellgerüste für den Überbau der Treskowbrücke in Berlin-Oberschöneweide.

überhöhten Lage ausgestreckt, die Fachwerkpfosten eingebaut und mit den Querträgern verbunden; sodann wurde alles übrige Eisenwerk der Hauptträger eingebaut, schließlich die Lager eingepaßt und die ausgekragten Teile entsprechend vorgebaut, das Ganze nachreguliert und vernietet. In einer dem Baubetrieb angepaßten Aufeinanderfolge gleichartiger Arbeiten wurde dann in gleicher Weise der Überbau in der rechten Seitenöffnung, gleichfalls über den Strompfeiler überkragend, hergestellt, und zwar durch Übersetzen

Abb. 507. Aufstellgerüst der Mittelöffnung der Treskowbrücke und Beginn der Aufstellung der ersteren.

des erforderlichen Eisens vom linken Ufer aus mittels Prahmen. Nach vollständiger Fertigstellung der Eisenkonstruktion in den Seitenöffnungen wurden die Rüstungen entfernt, diese Öffnungen dem Schiffsverkehr wieder freigegeben und mit dem Einbau der Rüstung in der Mittelöffnung vorgegangen.

Abb. 508. Überbau der Treskowbrücke kurz vor Vollendung. Vernietung der Bogen von Nietrüstungen aus.

Die Abdeckung (Arbeitsboden) dieser Rüstung lag unter dem Zugbande. Es wurde auch hier mit dem Auslegen der Querträger, jedoch ohne Hängepfosten, begonnen, die Längsträger verlegt und verschraubt, dann das Zugband in der vorgeschriebenen Höhenlage ausgelegt und mit den Querträgern verbunden. Hierauf wurden die Hängepfosten an Masten neben den Querträgern aufgerichtet und mit den Querträgern vernietet. Mittels des im Querschnitt *c—d* (Abb. 506) dargestellten Versetzkranes wurden dann die Gurthälften des Bogenuntergurts an die Pfosten gelegt und mit diesen verbolzt, darauf in gleicher Weise die Füllstäbe und Obergurtteile. Abb. 507 zeigt das Aufstellgerüst der Mittelöffnung und den Beginn der Montage des Überbaues derselben. Das Schaubild (Abb. 508) stellt die weitere Aufstellung dar. Nachdem das Ganze reguliert war, begann die Vernietung, und zwar die des Bogenfachwerks von zwei Nietrüstungen aus, welche an den Pfosten befestigt waren (s. Abb. 506 u. 508). Nach Fertigstellung der Mittelöffnung wurden die stützenden Bockschrauben gelüftet und die Lager des Tragwerks über den Strompfeilern in ihrer Höhenlage genau eingestellt.

2. Schalgerüste für Eisenbetonbalkenbrücken[1]).

Die Schalgerüste für Eisenbetonbalkenbrücken bestehen aus der aus Brettern oder Bohlen und Kanthölzern zusammengefügten Schalung (Einschalung, Verschalung), die den noch weichen Beton die Form geben soll und dem Stützgerüst, welches die Lasten der Schalung auf den Baugrund oder feste Stützpunkte der Pfeiler und Widerlager zu übermitteln hat. Letzteres bleibt so lange in Verwendung, als der Beton noch nicht erhärtet und imstande ist, sich selbst mit den etwaigen Auflasten zu tragen. Hieraus folgt, daß das Stützgerüst so fest sein muß, daß es möglichst geringe Formänderungen erleidet, da damit das Eisenbetontragwerk gleichfalls diese Formveränderungen annehmen würde. Es muß also viel sorgfältiger als die Aufstellgerüste für Eisenbrücken ausgeführt werden, da bei letzteren immer noch ein Anheben durch Bockwinden usw. und ein Ausrichten möglich ist, solange sie nicht vernietet sind, während der starre Eisenbetonbalken dies nicht gestattet.

Der in erlaubten Grenzen zu erwartenden Durchbiegung des Überbaues wird durch eine entsprechende Überhöhung, die man dem Gerüst gibt, begegnet. Um die Schalung nach Fertigstellung des Tragwerks lösen zu können, sind Ausrüstungsvorrichtungen erforderlich, die an geeigneten Stellen eingebaut werden. Da es sich hier meist um geringe Spannweiten handelt, genügen in der Regel Keilvorrichtungen.

Für Schalgerüste werden Rund- und Kanthölzer benutzt, ersteres, weil es billiger ist; jedoch besitzt Kantholz den unstreitbaren Vorzug, daß es sich besser und genauer abbinden läßt. Für die möglichste Verringerung von Durchbiegungen ist unmittelbare Unterstützung durch Stiele und Streben zu empfehlen, also Vermeidung von auf Biegung beanspruchten Balken; ferner sind die Stiele möglichst ungestoßen durchzuführen und Unterbrechungen durch Balken, wegen deren Beanspruchung quer zur Faser, zu vermeiden. Die Beanspruchungen quer zur Faser des Holzes sind jedenfalls gering zu bemessen (vgl. S. 70 u. f.) und erforderlichenfalls Unterlagen aus Hartholz, Blech oder Walzträgerstücke zu empfehlen.

Je nachdem der Raum unter der zukünftigen Brücke verbaut werden kann oder freigehalten werden muß, unterscheidet man feste oder freitragende bzw. teilweise freitragende Schalgerüste.

Für die festen oder Ständergerüste werden, wie für die Aufstellgerüste eiserner Brücken, durchgehende Stiele oder Ständer verwendet, die durch Verstrebungen gegeneinander abgesteift werden. Über Stöße der Stiele vgl. S. 108 und 109. Zur Freihaltung von Öffnungen werden ein- oder mehrfache Spreng-

[1]) Vgl. auch Handbibliothek IV. Teil, 3. Bd.: Der Massivbau (bearb. v. R. Otzen), S. 402.

und Hängwerke, verdübelte Balken oder auch eiserne Hilfsträger verwendet. In der Tiefenrichtung erhalten die Gerüstbinder gewöhnlich einen Abstand von 1 bis 1,5 m.

Ein Beispiel eines Schalgerüstes für eine über mehrere Öffnungen durchlaufende Balkenbrücke zeigt Abb. 509, welche die Überführung der Hoferstraße bei Stein am Bahnhof Ölsnitz i. V. darstellt. Dieses Bauwerk wurde 1912 von der Firma Johann Odorico, Dresden, ausgeführt. Die Balkenbrücke, die drei Öffnungen von je 10,0, 12,3 und 8,5 m Stützweite besitzt, schließt an eine bogenförmige Hauptöffnung von 26,0 m Lichtweite an, deren Lehrgerüst in Abb. 513 gezeigt ist. In den beiden linken Öffnungen war an drei Stellen das Normalprofil für den unter der Brücke durchgehenden Bahnverkehr freizuhalten, was durch Anordnung von doppelten Sprengwerken erreicht wurde. In den übrigen Teilen beträgt der Abstand der Stiele 1,40

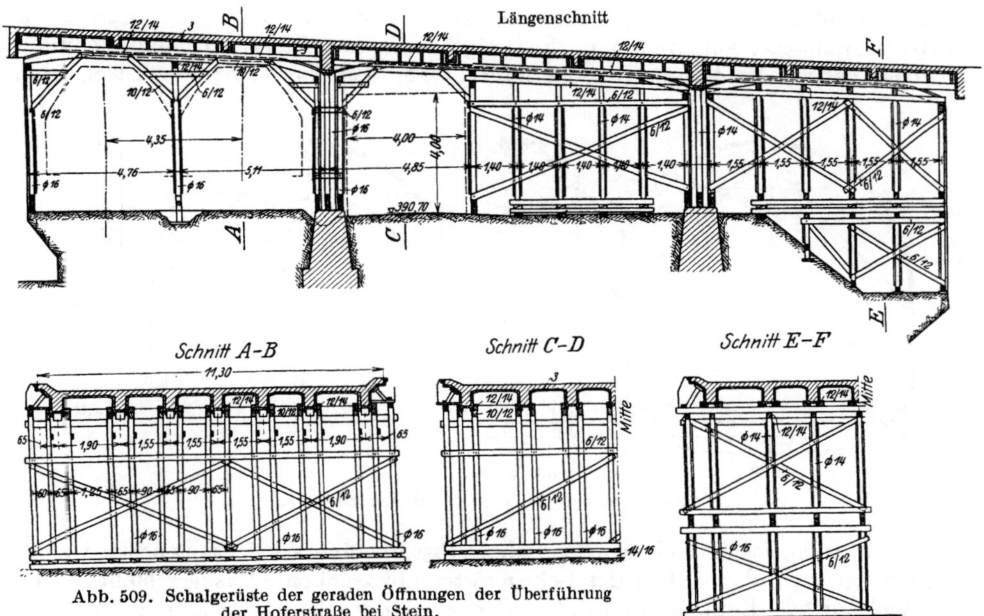

Abb. 509. Schalgerüste der geraden Öffnungen der Überführung der Hoferstraße bei Stein.
(Ausführung: Johann Odorico, Dresden.)

bzw. 1,55 m. Im Querschnitt ist der Binderabstand des Stützgerüsts ungleich, und zwar sind die Stiele paarweise unter die längslaufenden Rippen gestellt, die mit der Fahrbahnplatte Plattenbalken bilden und die Hauptträger des Überbaues darstellen. Über den Pfeilern sind Queröffnungen freigelassen, die durch Eisenbetonbalken, an welche die längslaufenden Plattenbalken anschließen, überdeckt werden. Die Schalung dieser Querträger wird durch Rundstiele von 16 cm Durchmesser gestützt; im übrigen sind für die Stiele Rundhölzer von 14 cm Durchmesser verwendet, die in die Längs- bzw. Querbalken eingezapft sind. Für die übrigen Holzteile sind Kanthölzer und Bohlen benutzt. Die Lüftung des Gerüstes erfolgt durch Doppelkeile, die zwischen Schwellen gelegt sind. Die Stützung auf den Baugrund geschieht durch Schwellen und untergelegte Bohlen.

3. Lehrgerüste.

Lehrgerüste kommen bei gewölbten Brücken zur Anwendung, die Stein-, Beton- oder Eisenbetonbrücken sein können und allgemein als „Bogenbrücken" bezeichnet werden. Hierzu gehören auch die mit einzelnen Bogenträgern ausgeführten Überbauten der Eisenbetonbrücken, die, ähnlich wie die eisernen Brücken, Quer- und Längsträger besitzen und mittels Stütz- oder Hängepfosten ihre Lasten auf die bogenförmigen Hauptträger abgeben,

Die Lehrgerüste können fest unterstützt oder fest sein, wenn der Bogenkranz auf Stielen oder Ständern, die über die ganze Öffnung verteilt sind, ruht, oder freitragend, wenn das Gerüst zur Unterstützung des Bogenkranzes nur auf einzelnen Stützpunkten gelagert ist, also freitragende Binder darstellt. Natürlich können einzelne Teile des Lehrgerüstes fest und einzelne Teile freitragend angeordnet werden.

Die allgemeinen Grundsätze für die Anordnung der Lehrgerüste, sowie die einzelnen Systeme des Haupttragwerks sind im IV. Teil, 3. Band (Der Massivbau), Seite 392 u. f., von R. Otzen besprochen.

Die Lehrgerüste sollen dem Bogen die Form geben und haben, solange das Gewölbe noch nicht geschlossen, bzw. der Beton noch nicht erhärtet ist, die Gewölbelast aufzunehmen. Sie müssen so ausgebildet sein, daß sie möglichst geringe Formänderungen erleiden. Um das Gewölbe auszurüsten, bzw.

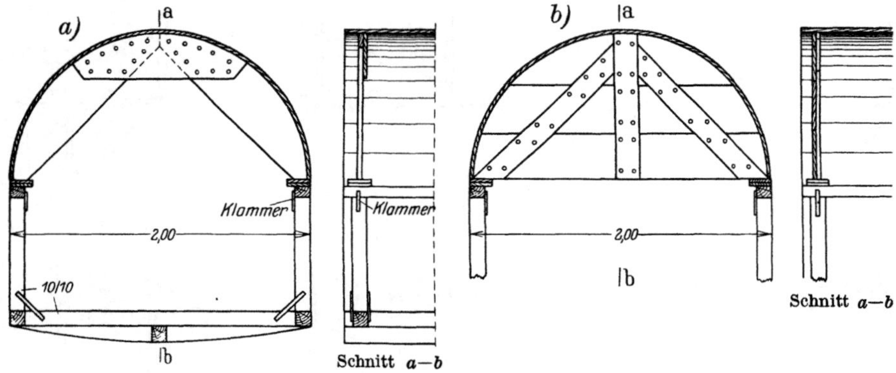

Abb. 510. Lehrbögen aus einfachen Bohlen zusammengesetzt.

auszuschalen, ist ähnlich wie bei Schalgerüsten, eine Vorrichtung nötig, welche gestattet, den oberen Teil des Lehrgerüstes abzusenken. Das geschieht in der Regel mittels Keilen, Sandtöpfen (früher Sandsäcken), Senkschrauben oder Bügelhölzern[1]).

Die Schalung wird gewöhnlich 4 bis 8 cm stark gemacht; sie muß sich von Lehrbogen zu Lehrbogen frei tragen. Sie ruht auf den Kranzhölzern (Felgen), die aus krumm geschnittenen Bohlen oder Kanthölzern bestehen.

Bei kleinen Spannweiten wird der Kranz (Lehrbogen) aus einfachen Bohlen (Abb. 510) oder aus mehreren Bohlenlagen (Abb. 511) zusammengesetzt. Bei größeren Spannweiten fügt man den Kranz aus stärkeren Hölzern, den Kranzhölzern, zusammen. Bei starker Krümmung wird der Kranz oft aus zwei übereinanderliegenden Teilen gebildet, einem unteren geraden und einem oberen krumm geschnittenen Teil (Abb. 516, 517, 529).

Die Verbindung des Bogenkranzes mit den Stielen oder Ständern, bzw. Streben erfolgt auf verschiedene Weise. Abb. 512a zeigt eine Verbindung, bei welcher der Stiel an beiden Außenseiten schwalbenschwanzförmig zugeschnitten und die beiden Kranzhölzerenden angepaßt sind. Die Verbindungs-

[1]) Diese von J. Zuffer ersonnene Vorrichtung wurde zum ersten Male bei der Wölbbrücke über den Krenngraben im Zuge der Eisenbahnlinie Klaus—Steyrling—Selztal 1905 angewendet. Vgl.: Die Ausrüstung der großen Wölbbrücken im Zuge der neuen Alpenbahnen. Z. öst. Ing.-V. 1908, Nr. 11, S. 174.

stelle wird außerdem durch Klammern oder durch Flacheisenbänder mit Schrauben gesichert. Bei der in Abb. 512b dargestellten Lösung besitzt der Stiel einen Zapfen, der in Nuten der beiden Kranzhölzerenden eingreift; die Sicherung kann wie vorher geschehen. In Abb. 512c sind die beiden Enden des zweiteiligen Kranzholzes in den Stiel eingelassen und die Verbindung

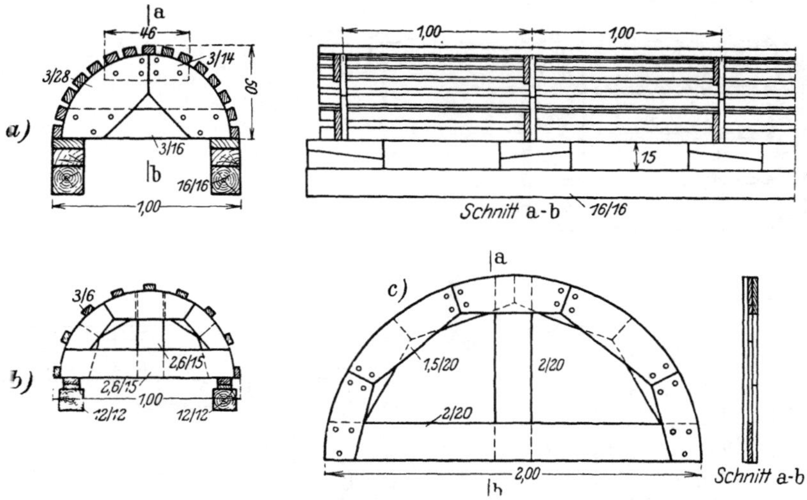

Abb. 511. Lehrbögen aus mehreren Bohlenlagen zusammengesetzt.

durch Eisenlaschen mit Bolzen verstärkt. Bestehen die Ständer aus zwei Hölzern, so werden sie am besten an den Bogenkranz angeblattet und in der Nähe der Verbindung verbolzt (Abb. 512d). Eine Anordnung mit Pfetten, bei welcher also nicht unter jedem Bogenkranz Stiele angeordnet zu werden

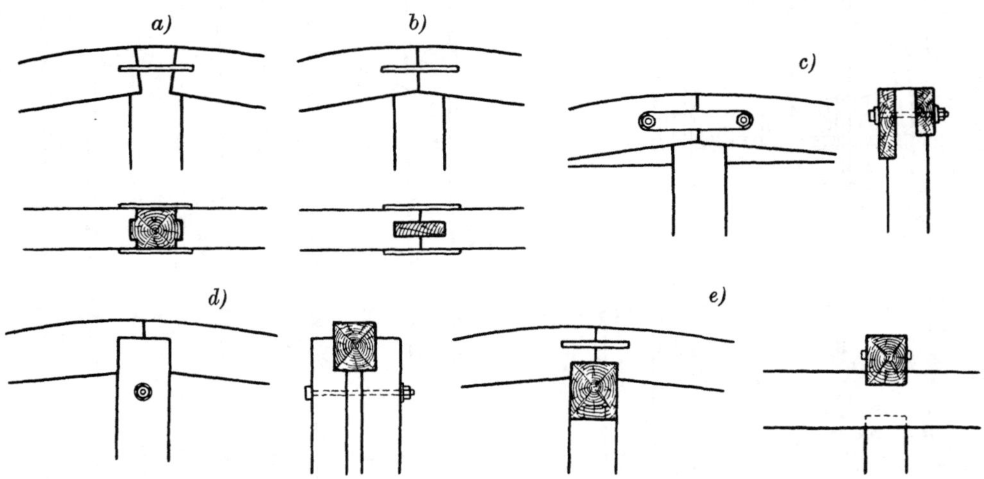

Abb. 512. Verbindung der Kranzhölzer mit den Stielen bzw. Streben.

brauchen, zeigt Abb. 512e. Die Kranzhölzer sind in diesem Falle mit der Pfette überschnitten; durch diese Anordnung erhalten die einzelnen Lehrbogen eine wirksame Verbindung untereinander. Die Stiele sind in die Pfetten eingezapft.

Ein Beispiel eines festen Lehrgerüstes für eine Eisenbetonbrücke von 26,0 m Lichtweite ist in Abb. 513 dargestellt. Es handelt sich um die von der

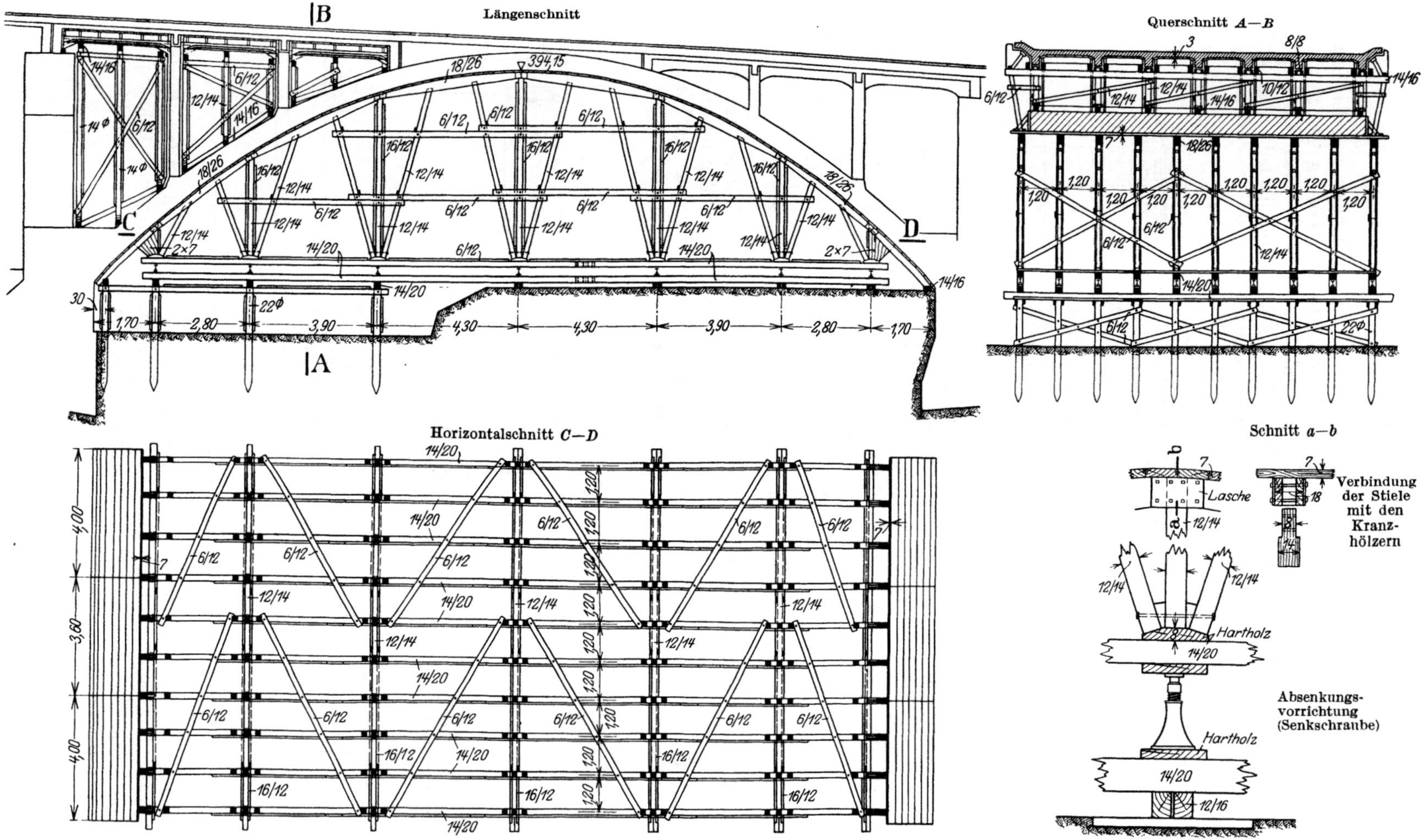

Abb. 513. Lehrgerüst der Bogenöffnung der Überführung der Hoferstraße bei Stein. (Ausführung: Johann Odorico, Dresden.)

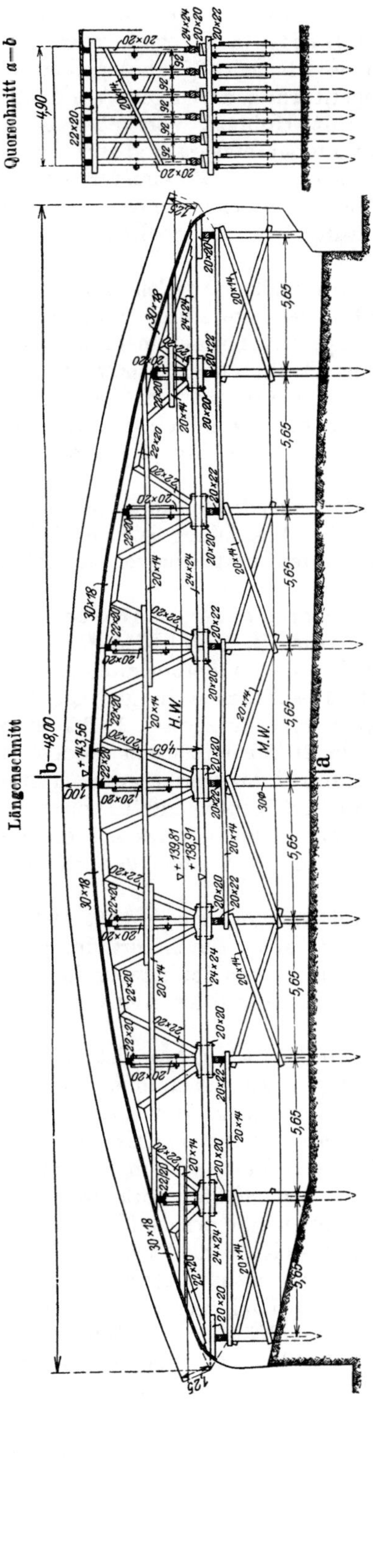

Abb. 514. Lehrgerüst der 48 m-Öffnung der Saarbrücke bei Wiltingen ohne Schiffahrtsöffnung. (Ausführung: B. Liebold & Co., Holzminden.)

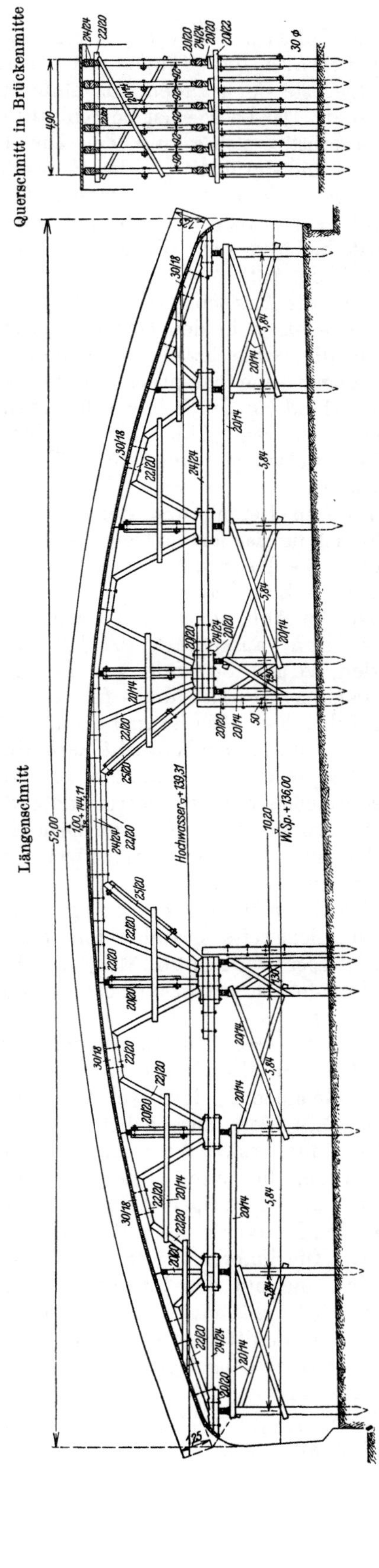

Abb. 515. Lehrgerüst der 52 m-Öffnung der Saarbrücke bei Wiltingen mit Schiffahrtsöffnung.

Firma Johann Odorica, Dresden, 1912 ausgeführte Überführung der Hoferstraße bei Stein am Bahnhof Ölsnitz i. V., von welcher die Schalgerüste der geraden Anschlußöffnungen bereits Seite 385 besprochen worden sind. Das Lehrgerüst besteht aus dem bogenförmigen Obergerüst und einem Untergerüst, welches zum Teil aus Pfählen mit Holmen, Verstrebungen aus Zangen und darüberliegenden Schwellen zusammengesetzt ist, und zum Teil aus Schwellen, die mittels querlaufender Kanthölzer und Bohlenunterlagen unmittelbar auf dem gewachsenen Boden ruhen. Zwischen Unter- und Obergerüst befindet sich die Absenkungsvorrichtung, die aus Senkschrauben besteht (Abb. 513).

Die aus Kanthölzern 18/26 gebildeten Kranzhölzer werden durch Stiele und Streben je in den Drittelpunkten gestützt; letztere laufen unten an den durch die Senkschrauben gestützten Knotenpunkten zusammen, indem sie sich gegen eine entsprechend zugeschnittene Bohle aus Hartholz stemmen. Die Verbindung der Stiele oder Ständer mit den Kranzhölzern, die hier verlascht sind, zeigt Abb. 513; die Streben sind in letztere eingezapft. Nach beiden Richtungen sind die Hölzer durch wagerechte bzw. schräge Zangen abgesteift.

Das zur Betonierung der Fahrbahn in den Zwickeln erforderliche Schalgerüst ist auf das fertige Gewölbe aufgebaut; seine Ausbildung geht aus Abb. 513 hervor. Die Fahrbahn besteht aus längslaufenden Plattenbalken auf Einzelstützen in Eisenbeton.

Die in Abb. 514 u. 515 dargestellten Lehrgerüste der Saarbrücke bei Wiltingen, ausgeführt 1911/12 von der Firma B. Liebold & Co., Holzminden, zeigen Beispiele von Lehrgerüsten für flache Betongewölbe, wie sie die genannte Firma auch für eine Anzahl Moselbrücken in gleicher Weise ausgeführt hat. Die Kranzhölzer 18/30 ruhen hier auf Pfetten 22/20, die unmittelbar unter den Kranzhölzern durch Stiele 20/20 unterstützt werden. Die Zwischenpunkte der Kranzhölzer werden durch Trapezsprengwerke gestützt, deren Streben mit den betreffenden Stielen in den Knotenpunkten zusammenlaufen, wo sie sich auf einen Druckklotz setzen. Hier befindet sich die Senkvorrichtung, bestehend aus zwei Keilen, die auf dem Holm der Pfähle des Untergerüstes liegen.

Die Stromöffnung der im ganzen aus drei Öffnungen von 30,0, 48,0 und 52 m Lichtweite bestehenden Brücke besitzt eine Durchfahrtöffnung von 10,2 m Lichtweite (Abb. 515), die durch ein vierfaches Sprengwerk überdeckt ist; im übrigen entspricht die Ausbildung des Lehrgerüstes dem der übrigen Öffnungen.

Ein weiteres bemerkenswertes Beispiel stellt das Lehrgerüst der Talbrücke bei Martinsfuhren der zweigleisigen Eisenbahnlinie Tongern—Visé—Gemmenich dar, welche 1915/16 von der Firma Wayss & Freytag A.-G., Düsseldorf, ausgeführt wurde[1]). Das Bauwerk ist in Eisenbeton hergestellt und besitzt elf Öffnungen von je 15,0 m und eine Öffnung von 30,80 m Lichtweite, die durch einen Dreigelenkbogen von 30,20 m Stützweite überdeckt ist; die übrigen Gewölbe sind als eingespannt ausgebildet. Abb. 516 zeigt das Lehrgerüst der 15-m-Öffnung, welches sich auf die Pfeilerfundamente stützt. Die inneren Stiele des Untergerüstes sind deshalb etwas nach außen geneigt und mit den lotrechten Außenstielen zu Fachwerken vereinigt. Das Obergerüst ruht mittels Sandtöpfen auf den vier Köpfen der Rundholzstiele und zwar unmittelbar auf dem Hirnholz, wodurch Zusammenpressungen der häufig dazwischengelegten Schwellen verhindert werden. Es besteht aus zwei

---

[1]) Gesteschi, Th.: Bogenbrücken und Überwölbungen. Handb. f. Eisenbetonbau Bd. 7, 3. Aufl., S. 353. Berlin: Wilhelm Ernst & Sohn, 1921.

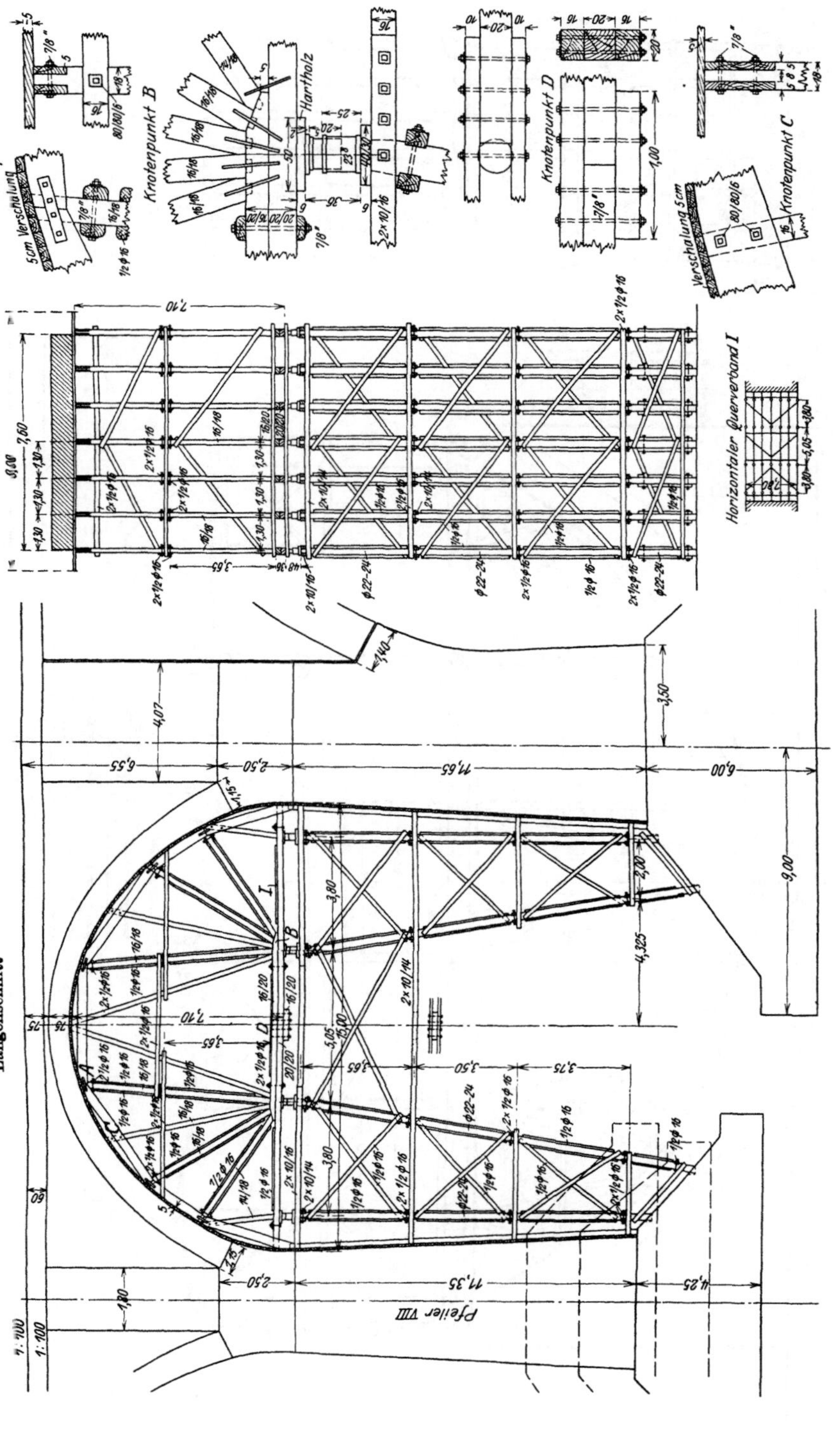

Abb. 516. Lehrgerüst der 15 m-Öffnung der Talbrücke bei Martinsfuhren. (Ausführung: Wayss & Freytag A.-G., Düsseldorf.)

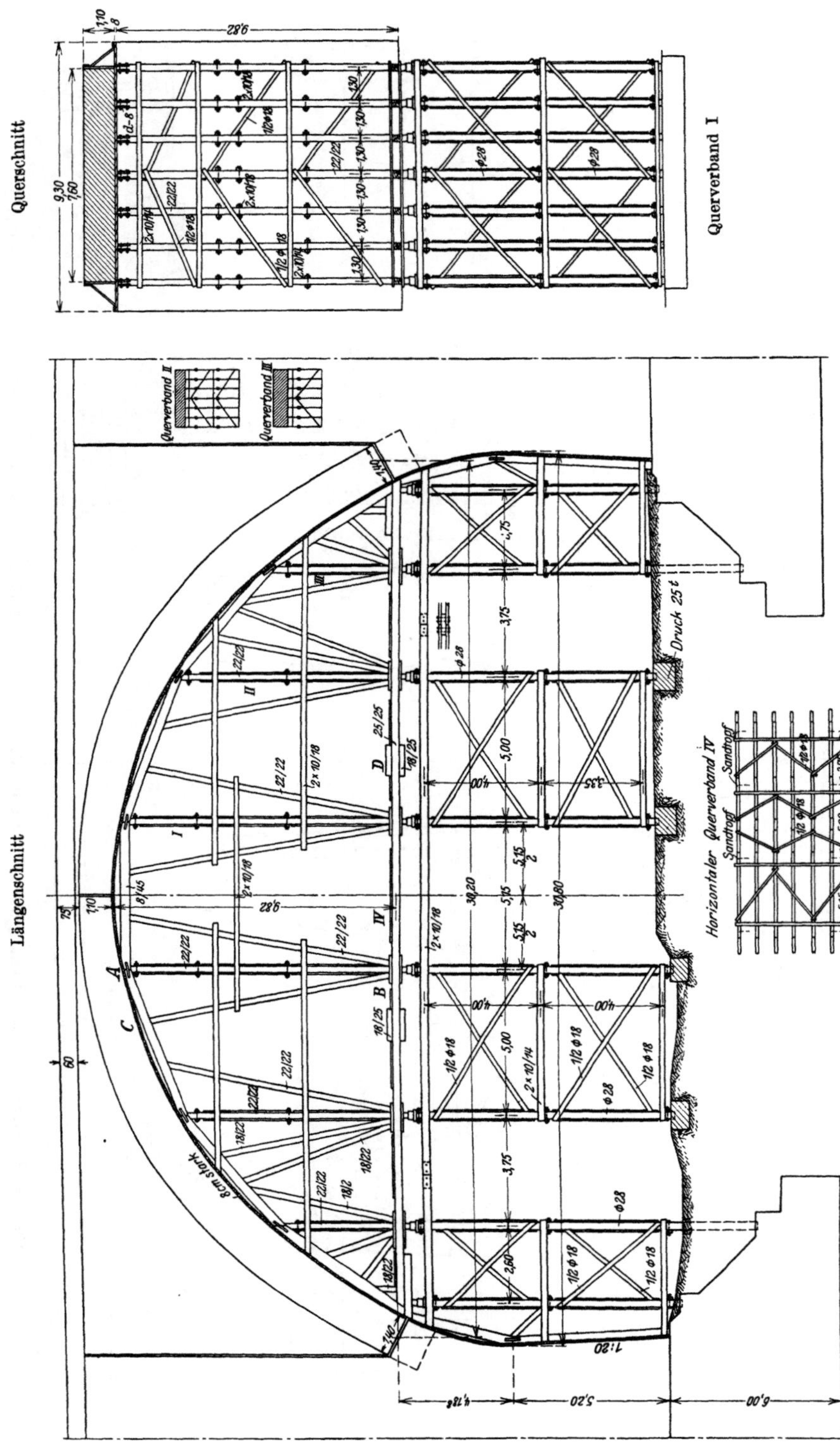

Abb. 517. Lehrgerüst der 30 m-Öffnung der Talbrücke bei Martinsfuhren.

Systemen von Streben, die die Kranzhölzer gegen die beiden inneren Stützpunkte absteifen. Die Ausbildung dieser Punkte *B* mit Einzelheiten ist aus Abb. 516 zu ersehen. Die Kranzhölzer bestehen aus einem unteren fast geraden Teil, der aus zwei 5 cm starken Bohlen gebildet wird, und einem oberen segmentförmig zugeschnittenen Teil, der gleichfalls aus zwei 5 cm starken Bohlen besteht und auf den unteren Bohlen liegt. Die Verbindung der Streben mit dem Bohlenkranz erfolgt in der Weise, daß erstere mit einem 8 cm starken Blatt zwischen die beiden Kranzholzteile geschoben und mit diesen, unter Verwendung von Eisenlaschen in den Knickpunkten, verbolzt werden (Abb. 516). Für die Ständer des Untergerüsts sind Rundhölzer, 22 bis 24 cm Durchmesser, für den größten Teil der Verschwertungen Halbrundhölzer, 16 cm Durchmesser, und sonst Kanthölzer verwendet.

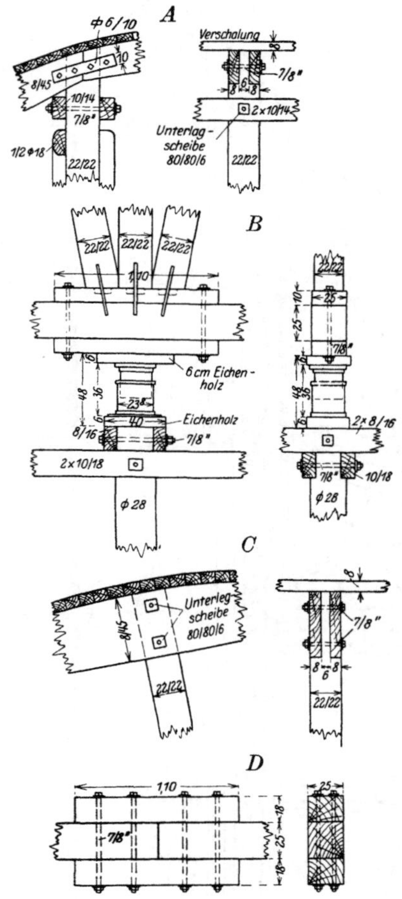

Abb. 518. Einzelheiten der Knotenpunkte des Lehrgerüstes der 30 m-Öffnung (vgl. Abb. 517).

Das Lehrgerüst der großen Öffnung (Abb. 517) ist anders ausgebildet. Die Stiele des Untergerüsts stehen lotrecht und sind paarweise verstrebt. Die vier äußeren Stiele stehen auf den Pfeilerfüßen, während die vier inneren Stiele besondere Betonfundamente erhalten haben. Über den Stielköpfen befinden sich die Sandtöpfe, die mittels einer Eichenbohle ihren Druck unmittelbar auf das Hirnholz des Stieles abgeben. Die Einzelheiten dieses Knotenpunktes *B* sind aus Abb. 518 zu ersehen. Die Kranzhölzer sind in den Drittelpunkten durch Streben gestützt, die mit den lotrechten Stielen des Obergerüsts in den unteren Knotenpunkten über den Sandtöpfen zusammenlaufen. Die Verbindung der Stiele und Streben mit den Kranzhölzern, die auch hier zwei- bzw. vierteilig sind, geht aus Abb. 518 (*A* u. *C*) hervor. Bezüglich der statischen Berechnung dieses Gerüsts sei auf die unten angegebenen Quellen verwiesen[1]).

Das nächste Beispiel bringt ein Lehrgerüst für eine Eisenbetonbrücke mit angehängter Fahrbahn, bei welcher das Haupttragwerk aus zwei 70 cm breiten und im Scheitel 1 m hohen Bogenträgern besteht. Es handelt sich um das Lehrgerüst der von der Firma Wayss & Freytag A.-G., München, 1910 ausgeführten Haferlbrücke über die Traun bei Traunstein (Abb. 519)[2]). Die beiden Bogen des 35,0 m weit gespannten Überbaues sind in den Widerlagern eingespannt und tragen mittels 4,25 m entfernten Hängestangen die Querträger, zwischen welchen in Abständen von 1,30 m Plattenbalken gespannt sind.

---

[1]) Handb. f. Eisenbetonbau Bd. 2, 3. Aufl. (bearbeitet von A. Nowak), S. 365. Berlin 1921; ferner Arm. Beton 1918, S. 22 bis 27.

[2]) Gesteschi, Th.: Bogenbrücken und Überwölbungen. Handb. f. Eisenbetonbau Bd. 7, 3. Aufl., S. 528.

Das Lehrgerüst besteht aus einem Unter- und Obergerüst, die, da sie durch die Fahrbahn unterbrochen werden, in gewissem Sinne unabhängig voneinander sind. Unter- und Obergerüst besitzen ihre eigene Auslösungsvorrichtung aus Keilen. Das Untergerüst besteht aus Pfählen, 20 cm Durchmesser, die in Längs- und Querrichtung durch Riegel und Schrägen verstrebt sind; die Pfahlreihen stehen unter den Querträgern und stützen letztere mittels Quer- und Längsschwellen in einzelnen Punkten, die unter den Längsrippen der Fahrbahn liegen. Auf den gleichen Längsschwellen, 26/28 bzw. 24/30, sind die Längsrippen abgestützt; überall sind Doppelkeile als Unterlage verwendet. Die Schalung ist, wie aus Abb. 519 hervorgeht, unter Verwendung kleiner Sprieße und Unterlagen zwischen die Hauptstützpunkte gespannt. Unter

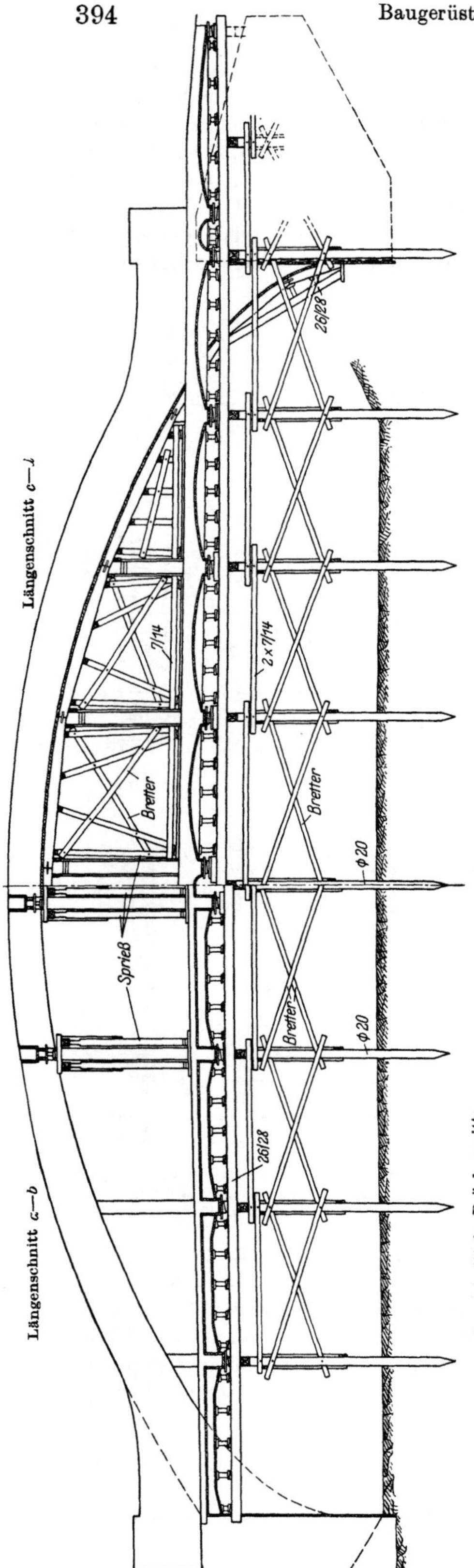

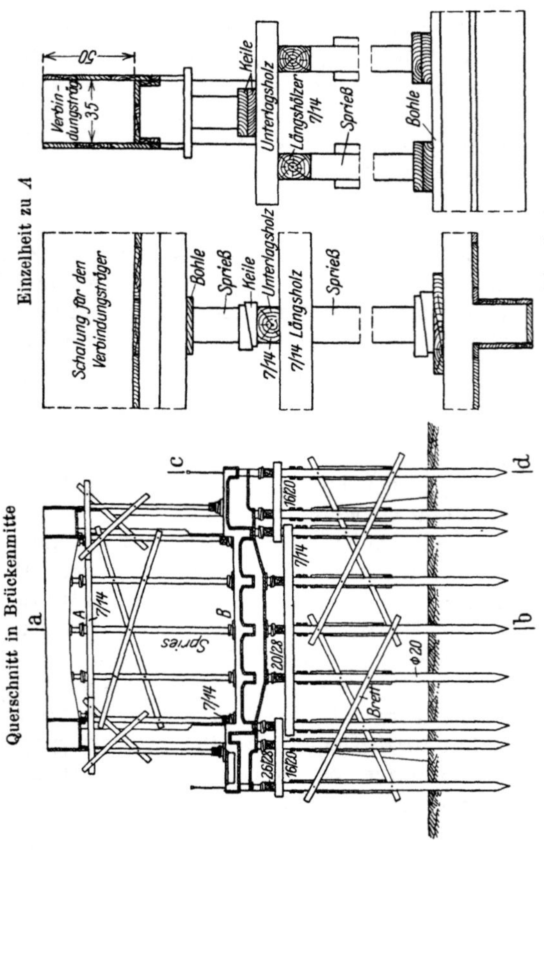

Abb. 519. Lehrgerüst der Haferlbrücke bei Traunstein. (Ausführung: Wayss & Freytag A.-G., München.)

dem rechten Fußweg mußten, da hier die Fahrbahnplatte gewölbt ist, rund geschnittene Bohlen als Lehrbögen verwendet werden (s. Längenschnitt *c—d*). Das Untergerüst bildet also gewissermaßen das Schalgerüst für die Fahrbahn, erhält aber während der Betonierung noch die Lasten der beiden Hauptträger. Letzteren entsprechend zerfällt das Obergerüst in zwei Teile; jeder dieser Teile besteht aus zwei unter den Bogen verlaufenden Stielreihen, die die Schalung für die Bogen tragen. Unter den Querverbindungen der Hauptträger sind gleichfalls Stiele zur Aufnahme der Schalung für diese Quersteifen angeordnet. Einzelheiten der oberen und unteren Stützpunkte dieser Stiele mit Keilvorrichtungen zeigt Abb. 519.

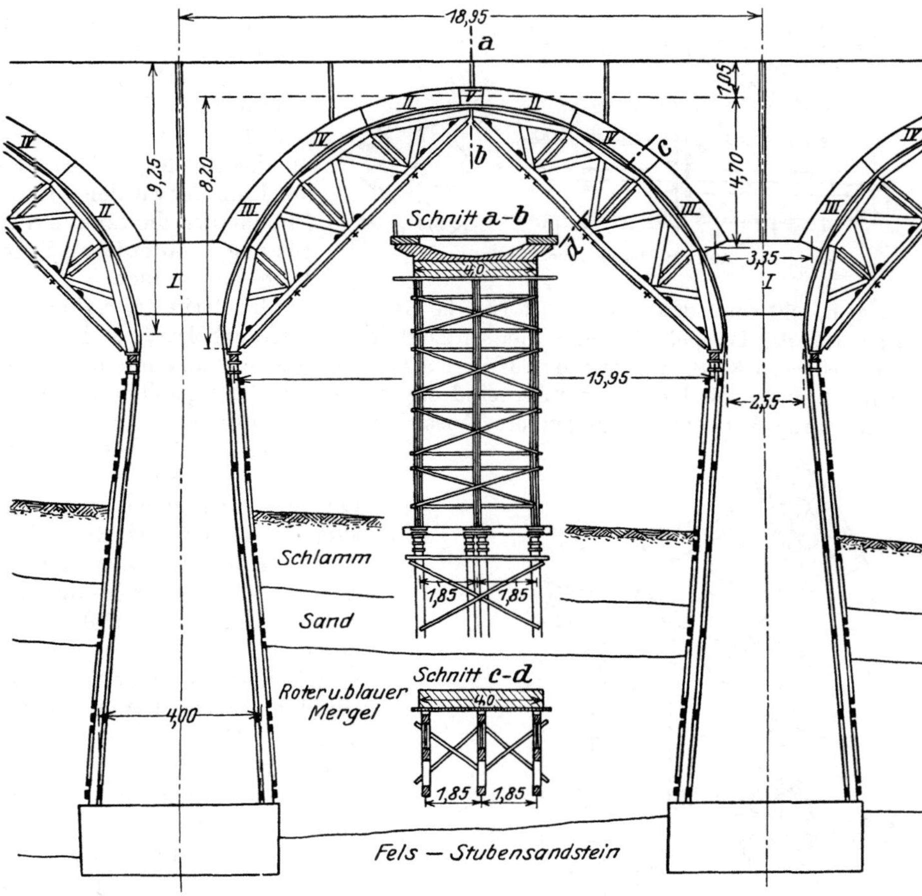

Abb. 520. Lehrgerüst der Leinfelder Talbrücke.

In neuerer Zeit sind verschiedene **freitragende** Lehrgerüste hergestellt worden, die nach den neuesten Regeln des Holzfachwerkbaues ausgebildet sind und hier Erwähnung finden mögen[1]).

Das erste Beispiel dieser Ausführungen betrifft das Lehrgerüst der Hochbrücken der Nebenbahn Leinfelden—Waldenbuch in Württemberg. Hier mußte ein freitragendes Lehrgerüst gewählt werden, da die obersten Erdschichten bis zu einer Tiefe von 5,0 m aus Schlamm bestanden und so ein

[1]) Pichl, E.: Lehrgerüste in Holzfachwerkkonstruktion. Festschrift aus Anlaß des 50jährigen Bestehens der Wayss & Freytag A.-G., Stuttgart 1925. Verlag von Konrad Wittwer. S. 190 usf.

unmittelbares Absprießen der Gerüste auf dem Erdboden nicht gestatteten. Außerdem sollten die Lehrgerüste mehrfach benutzt werden und waren daher so auszubilden, daß sie ohne Schwierigkeiten abgenommen, befördert und wieder aufgestellt werden konnten. Es wurden daher Dreigelenkbogenbinder gewählt, deren Binderhälften in sich vollständig abgebunden wurden und beim Aufstellen nur durch die Verbindung im Scheitelgelenk die Lehrbogengespärre bildeten.

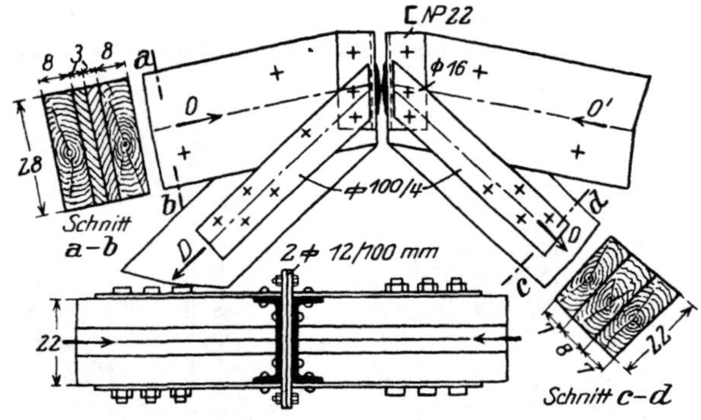

Abb. 521. Scheitelknoten.

Unter den 4,0 m breiten Gewölben wurden drei Binder in Abständen von 1,85 m angeordnet (Abb. 520), die sich in den Kämpfern auf Pfahlwände abstützten, welche auf den obersten Fundamentabsätzen der Pfeiler aufgestellt waren. Unter den durchlaufenden Schwellen der Kämpfer wurden auf den Pfahlköpfen die für die Ausrüstung erforderlichen Sandtöpfe angeordnet.

Abb. 520 zeigt das Lehrgerüst für die Leinfelder Talbrücke. Die Obergurtstäbe der Dreigelenkbogen dienten zugleich als Kranzhölzer; sie bestehen aus 2 Hölzern 8/28, die durch 2 Hölzer 3/28 ausgefüttert und mit ihnen gut verbolzt sind. Die Untergurtstäbe sind aus 2 Hölzern 7/20 gebildet, die durch 8 cm starke Futterhölzer gegen ein Ausknicken der Einzelhölzer miteinander verbunden sind. Die Streben bestehen aus Hölzern 22/22 cm. Die nur auf Zug beanspruchten Pfosten wurden aus Rundeisen, 28 mm Durchmesser, hergestellt und zur Versteifung bei der Aufstellung durch zwei Hölzer 8/16 verstärkt.

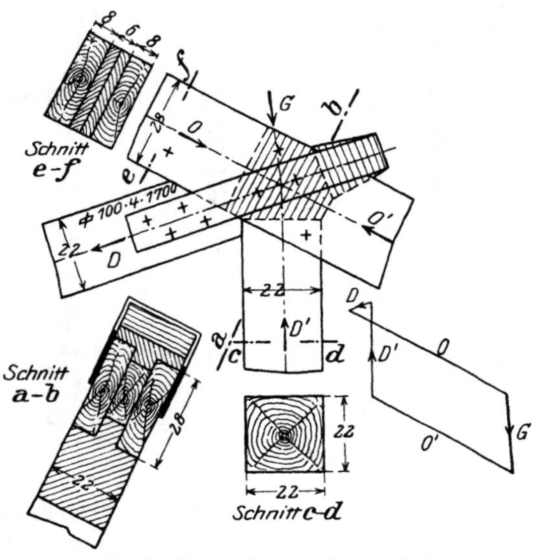

Abb. 522. Obergurtknoten mit zwei Streben.

Die geringe Zugkraft des ersten Untergurtstabes im Scheitelknoten (Abb. 521) wird durch zwei an den Untergurt angeschlossene Flacheisen auf ein [-Eisen übertragen, das den zugehörigen ersten Obergurtstab umfaßt und die Zugkraft als Druck in letzteren überleitet. Das Scheitelgelenk ist durch zwei senkrecht zur Binderebene stehende Flacheisen gebildet, die an dem der jeweiligen Binderhälfte zugehörigen [-Eisen festgenietet sind; ihre gegenüberliegenden Oberflächen sind durch flache Abschrägungen etwas gewölbt, wodurch eine Gelenkwirkung erzielt wird. Zur Erleichterung der Aufstellung und zur Sicherung gegen Abgleiten sind diese Flacheisen beiderseits durch je zwei Bolzen verbunden, die nach erfolgter Aufstellung ein wenig gelöst wurden, um die Gelenkwirkung nicht zu behindern.

Der Obergurtknoten mit dem Anschluß zweier Streben ist in Abb. 522 dargestellt. Die Kraftübertragung der in diesem Knotenpunkt zusammenstoßenden beiden gedrückten Obergurtstäbe, der gedrückten und gezogenen Strebe, wird durch ein im Anschlußpunkt eingelegtes Druckstück aus Hartholz vermittelt; durch diese Anordnung wird ein Auftreten ungünstiger Nebenspannungen verhütet. Die Ausbildung des gegenseitigen Anschlusses und der sich dadurch ergebende Kräfteausgleich ist in seinen Einzelheiten aus der

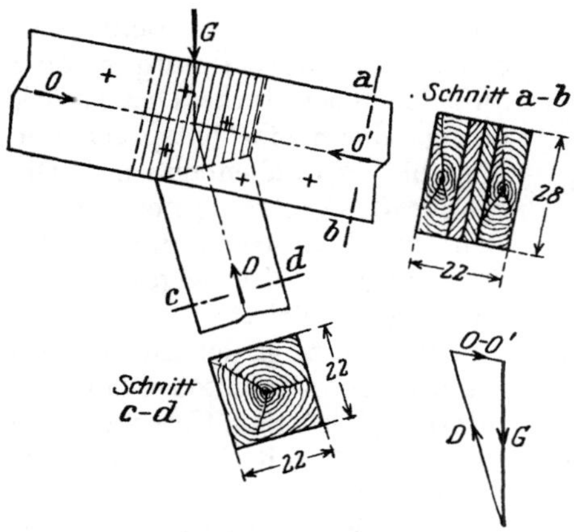

Abb. 523. Obergurtknoten mit einer (gedrückten) Strebe.

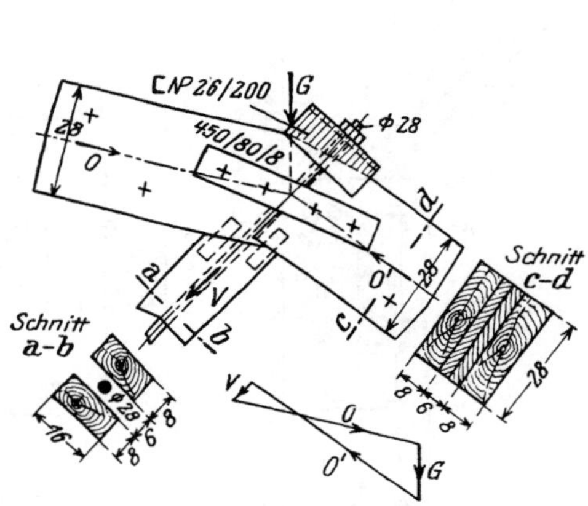

Abb. 524. Obergurtknoten mit einem (gezogenen) Pfosten.

Abbildung zu ersehen. Das 6 cm starke Druckstück liegt zwischen den beiden äußeren, über den Knotenpunkt durchlaufenden Obergurthölzern. Die Obergurtfutter stoßen dicht an das Hartholz und übertragen in den Stoßflächen den Kräfteunterschied der beiden Obergurtstabkräfte. Die Stabkraft der gedrückten Strebe, die mittels eines angeschnittenen Zapfens zwischen die beiden Obergurtstäbe geführt ist, wirkt unmittelbar auf das Einlageholz. Die Übertragung der Stabkraft der gezogenen Strebe erfolgt mittelbar durch ein keilförmiges Hartholzstück als Druckkraft auf das Einlageholz und die Zugkraft wird auf das Keilstück selbst mittels eines über dasselbe gezogenen Flacheisens, das an die Strebe durch Schraubenbolzen angeschlossen ist, übertragen.

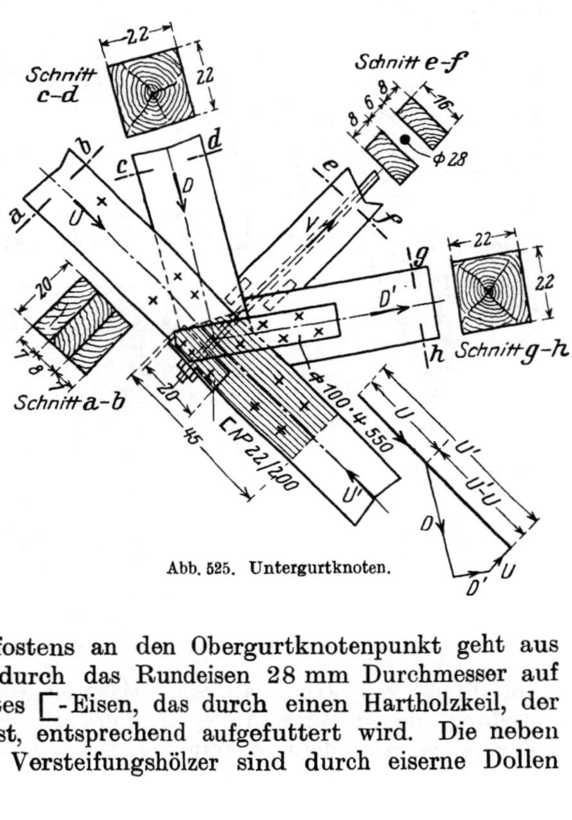

Abb. 525. Untergurtknoten.

Abb. 523 zeigt den Anschluß einer gedrückten Strebe an den Obergurt mittels eines Druckstücks in ganz ähnlicher, nur entsprechend vereinfachter Weise.

Der Anschluß eines Zugpfostens an den Obergurtknotenpunkt geht aus Abb. 524 hervor. Er erfolgt durch das Rundeisen 28 mm Durchmesser auf ein über den Obergurt gelegtes [-Eisen, das durch einen Hartholzkeil, der gegen ein Gleiten gesichert ist, entsprechend aufgefuttert wird. Die neben dem Rundeisen angeordneten Versteifungshölzer sind durch eiserne Dollen mit dem Obergurt verbunden. In diesem Knotenpunkt werden die Obergurtstäbe gestoßen und der Stoß mit Flacheisen verlascht.

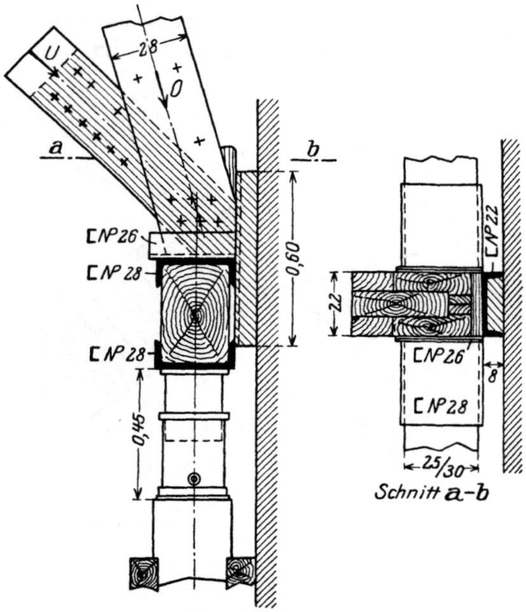

Abb. 526. Kämpferpunkt.

Den beschriebenen Einzelheiten entsprechend ist auch der Untergurtknotenpunkt, Abb. 525, ausgebildet. Die Übertragung des Kräfteunterschieds der beiden zusammenstoßenden Untergurtstäbe auf das 8 cm starke Druckstück erfolgt durch eine entsprechende Anzahl Schraubenbolzen. Die Stabkraft der gezogenen Strebe wird durch Laschen, die an das übergelegte ⊏-Eisen angeschlossen sind, weitergeleitet.

Abb. 526 zeigt den Zusammenschluß des gedrückten Obergurtmit dem gedrückten Untergurtstab im Kämpfer mittels eines Hartholzfutters, dessen Größe durch die zur Kraftübertragung erforderliche Bolzenzahl bedingt ist. Zur Übertragung des auftretenden Horizontalschubes auf die Brückenpfeiler wurde zwischen Lehrgerüst

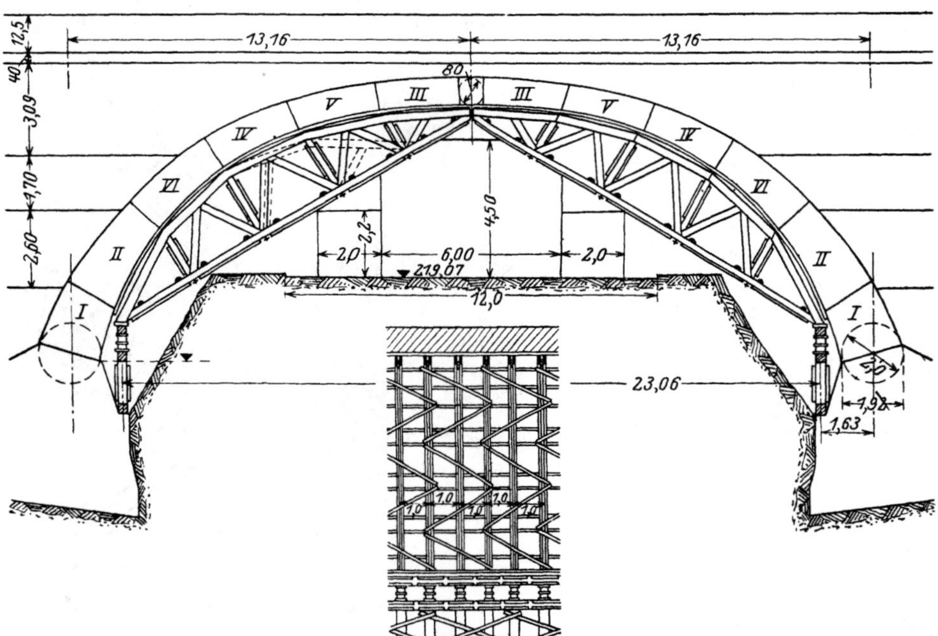

Abb. 527. Lehrgerüst der Karlstraßenunterführung.

und Pfeiler ein 60 cm langes ⊏-Eisen eingeschoben, das nach erfolgter Aufstellung, um ein sattes Anliegen zu ermöglichen, mit Beton ausgegossen wurde. Von einer besondern Ausbildung eines Kämpfergelenkes wurde abgesehen, da kleine Kämpferdrehungen ihren Ausgleich in kleinen Bewegungen der Auflagerung auf den Sandtöpfen finden konnten.

Die Lehrgerüste der Leinefelder Talbrücke wurden später für die Ausführung der Karlstraßenunterführung in Cannstatt verwendet, bei welcher die Freihaltung des Straßenverkehrs vorgeschrieben war (Abb. 527). Mit Rücksicht auf die wesentlich schwereren Lasten des 24,40 m frei gespannten Gewölbes dieser Unterführung gegenüber denen der Leinefelder Talbrücke wurden die Lehrgespärre auf eine Entfernung von 1,0 m zusammengerückt und dadurch die Möglichkeit geschaffen, für die auftretenden Stabkräfte die vorhandenen Abmessungen der Hölzer und Verbindungsteile ohne weitere Spannungsüberschreitung beizubehalten. Die beiden ersten, dem Kämpfer zu gelegenen Felder der Leinefelder Lehrgerüste konnten ohne jede Änderung belassen werden, die übrigen Felder wurden auseinandergenommen

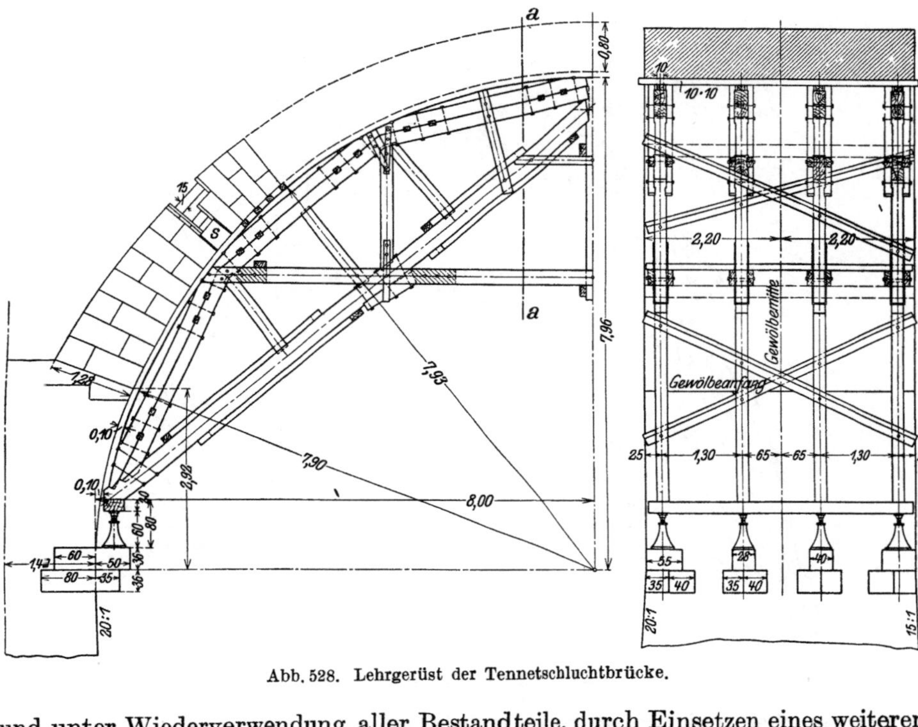

Abb. 528. Lehrgerüst der Tennetschluchtbrücke.

und unter Wiederverwendung aller Bestandteile, durch Einsetzen eines weiteren Mittelfeldes zu den neuen Lehrgerüstbindern zusammengebaut. (In Abb. 527 links ist die alte Binderform strichliert eingezeichnet.) Die Abstützung der Gerüste erfolgte auf Stielwänden, auf denen die Sandtöpfe angeordnet waren.

Ein anderes freitragendes Lehrgerüst stellt das Lehrgerüst der Tennetschluchtbrücke im Zuge der Bahnlinie Weisenbach—Forbach (Murgtalbahn) in Baden dar, welche 1909 bis 1910 ausgeführt wurde[1]). Es wurde für eineinhalbfache äußere Last unter Vernachlässigung des Eigengewichts als Zweigelenkfachwerkbogen berechnet und ausgeführt (Abb. 528 und 529). Das Schalholz wurde für einfache Last berechnet und 10/10 cm angenommen. Der Binderabstand beträgt 1,30 m. Die Kranzhölzer bestehen aus zwei Balken 22/20 und 20/20 cm, welche durch je vier Dübel 8/12 und sechs Schraubenbolzen 20 mm Durchmesser zu einem einheitlichen Tragglied verbunden sind.

[1]) Gaber, E.: Bau und Berechnung gewölbter Brücken und ihrer Lehrgerüste. Berlin: Julius Springer 1914.

Die Bogenkrümmung wird durch ein Futterholz hergestellt (Abb. 529). Bezüglich der statischen Berechnung vgl. die Seite 399 unten angegebene Quelle. Die Einzelheiten der Knotenpunkte zeigt Abb. 529.

Der Stoffaufwand für ein Lehrgerüst beträgt:

Schalholz	3,25 m³,
Kantholz	21,52 „
Hartholz	0,08 „
Zusammen	24,85 m³,
Eisen (ohne Spindeln) . .	1044 kg.

Ein Lehrgerüst erforderte im Mittel an Tagschichten für Abbinden 80, Aufstellen 32, Abrüsten 11 Tagschichten. Beim Aufstellen des Gerüstes ist die Anfuhr von Holz und Eisen zur Baustelle und das Aufbringen der Schalhölzer nicht eingerechnet. Auch die Wegfuhr von Holz und Eisen nach dem

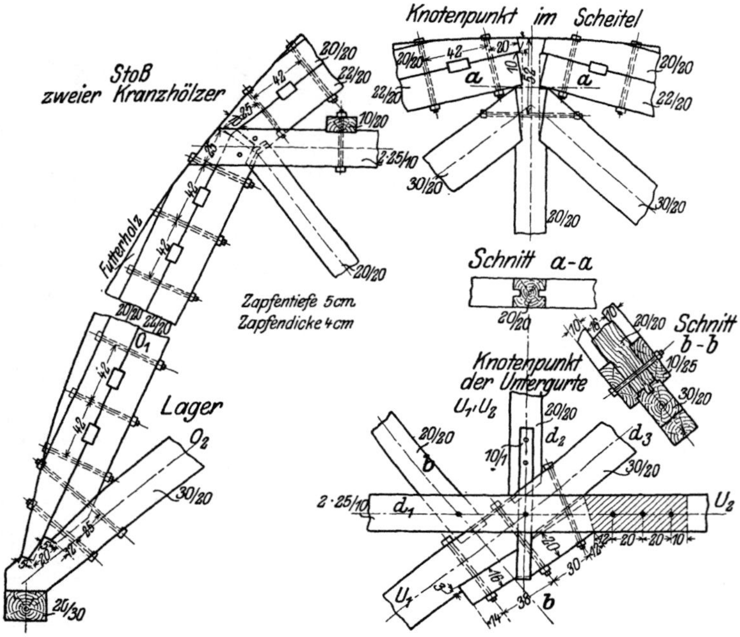

Abb. 529. Einzelheiten des Lehrgerüstes der Tennetschluchtbrücke (vgl. Abb. 528).

Abrüsten blieb außer Betracht. Da jedes Lehrgerüst dreimal verwendet wurde (es wurden drei Lehrgerüste für neun Bögen hergestellt), beträgt der auf ein Gewölbe bezogene Arbeitsaufwand: Abbinden 27, Aufstellen 32, Abrüsten 11 Tagschichten.

Über die Kosten von Lehrgerüsten vgl. die unten angegebene Quelle[1]).

4. Fördergerüste[2]).

Fördergerüste, Fahr- und Krangerüste, Arbeitsgerüste, bei Steinbrücken auch Versetzgerüste genannt, da von ihnen aus die Quadern versetzt werden, werden im Zusammenhang mit den Lehrgerüsten ausgeführt. Während letztere

[1]) Gesteschi, Th.: Der wirtschaftliche Wettbewerb von Eisen und Eisenbeton im Brückenbau. Berlin: Wilhelm Ernst & Sohn 1918.

[2]) In Bergbaugegenden ist die Bezeichnung „Fördergerüste" für (meist eiserne) Turmgerüste üblich, welche als Führungsgerüste für die Förderkörbe dienen und zugleich am oberen Ende die Seilscheiben für die Förderseile aufnehmen.

zur Herstellung des Gewölbes oder Bogens benutzt werden, dienen erstere der Anfuhr der Baustoffe und Geräte sowie dem Verkehr zur Arbeitsstelle überhaupt. Auch die „Dienstbrücken“ werden zum Heranschaffen der Baustoffe und zum Verkehr benutzt, zuweilen auf längere Strecken, wie das

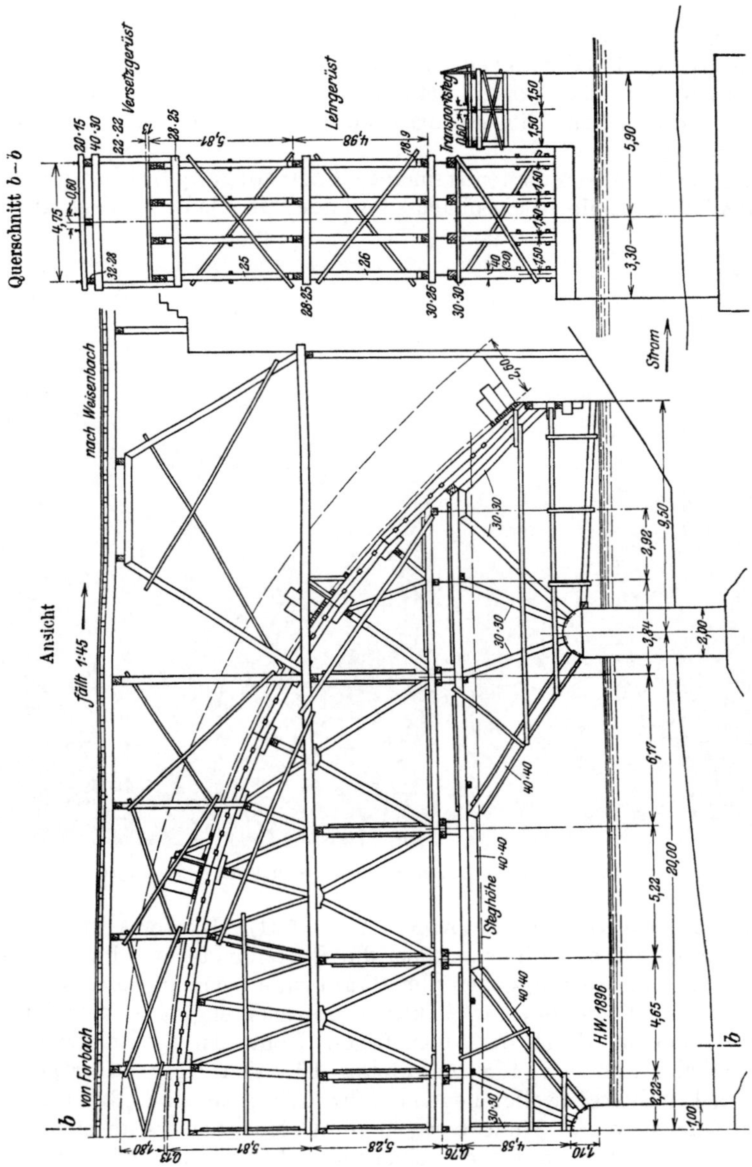

Abb. 530. Lehr- und Versetzgerüst für den Hauptbogen des Talüberganges bei Langenbrand.

Seite 340 u. 359 angegebene Beispiel der Dienstbahn Frutigen-Kandersteg, welche allerdings für einen Tunnelbau angelegt war, zeigt.

Die Fördergerüste werden entweder unveränderlich neben oder über der zukünftigen Brücke hergestellt oder sie verändern ihre Lage mit dem Fortschreiten des Baues, indem die vollendeten Bauwerkteile als Stützpunkte für das Gerüst benutzt werden (fliegende Gerüste). Zuweilen werden auch nur die Förderbahnen allmählich gehoben, während das übrige Gerüst fest bleibt.

Das Fördergerüst kann mit dem Lehrgerüst vereinigt werden, indem der Unterbau des Lehrgerüstes mit dem des Fördergerüstes verbunden und beide Gerüste gemeinschaftlich hochgeführt werden oder aber jedes Gerüst wird für sich besonders hergestellt. In letzterem Falle werden die Schwankungen und Stöße, die im Versetzgerüst durch die Bauaufzüge erzeugt werden, nicht auf das Lehrgerüst und damit auf das Gewölbe übertragen. Die Trennung der beiden Gerüste erfordert aber größeren Holzaufwand und beeinträchtigt die Standfestigkeit der Gesamtrüstung. Die Vereinigung der beiden Gerüste hat den Vorteil, daß bei der größeren Masse des Gesamtgerüstes die schädlichen Einwirkungen der Stöße ohne schädlichen Einfluß auf das Gewölbe bleiben.

Bei dem 1908/9 ausgeführten steinernen Talübergang bei Langenbrand der Murgtalbahn (Linie Weisenbach—Forbach) in Baden[1]) liegt das Ver-

Abb. 531. Talübergang bei Langenbrand nach Schluß des ersten Ringes.

setzgerüst über dem Lehrgerüst (Abb. 530 u. 531). Letzteres ist freitragend als Sprengwerkgerüst ausgeführt, indem die Stützpunkte auf drei Pfeilern im Murgbett sowie auf Auskragungen der Hauptwiderlager angeordnet sind. Es sind zwei große Mittel- und zwei kleine Seitensprengwerke gebildet. Das Versetzgerüst hat in Höhe der zukünftigen Bahn ein 60 cm breites Gleis für die Rollbahn und ein 475 cm breites für den Kran zu tragen. Die 20/15 cm starken Gleisschwellen liegen auf drei Längsbalken 28/32 cm und diese wieder auf Querschwellen 30/30 bzw. 30/40, welche beiderseits mit je einem Ständer 22/22 bzw. 22/24 auf den auskragenden Pfetten des Lehrgerüstes abgestützt sind. In Kämpfernähe wird die Fahrbahn von einem 13 m weit gespannten Sprengwerk getragen, dessen Streben 25/20 cm stark sind (Abb. 530).

In der Berechnung wurde eine bewegliche Last von vier mit je einem 1,6 t schweren Wölbquader beladenen Plattwagen von 1,75 m Länge und eines Kranes von 3,3 t angenommen. Das Holz wurde bis 80 kg/cm² auf Druck beansprucht.

---

[1]) Gaber, E.: Bau und Berechnung gewölbter Brücken und ihrer Lehrgerüste, S. 76.

Das Gerüst wurde ganz aus Kantholz hergestellt und verbrauchte 68,4m^3 Holz und 360 kg Eisen. Jeder Aufbau der drei Portalkrane verschlang 5,2 cbm Holz und 28 kg Eisen. Das Versetzgerüst wurde in 16 Arbeitstagen aufgeschlagen und erforderte folgenden Arbeitsaufwand:

Abbinden	62	Tagschichten
Aufstellen	132	„
Abrüsten	55	„
Zusammen	249	Tagschichten

Etwa 1,5 km oberhalb des Talüberganges bei Langenbrand befindet sich die Tennetschluchtbrücke, die etwa zu gleicher Zeit ausgeführt wurde. Zur Anfuhr der Steine und des Mörtels für Pfeiler und Gewölbe ist ein Versetzgerüst einfacher Art, das aus vier Stockwerken gebildet war, auf der Bergseite des Bauwerks aufgestellt worden (Abb. 532). Zwei Reihen, etwa 3,0 m voneinander abstehende Stiele mit Beistielen stellen das Haupttragelement dar. Zu ihrer Verbindung und als Auflager für drei Längsträger mit den daraufliegenden Schwellen *a* waren die Querträger *c* eingezogen. Auf die Schwellen sind die Schienen des Gleises und Abdeckdielen aufgenagelt worden. Auf jedem Stockwerk war ein Gleis von 60 cm Spurweite, das durch eine Drehscheibe mit dem Aufzug in Verbindung stand, im untersten Stockwerk außerdem Anschluß an den Bremsberg und im obersten an das Baugleis der freien Strecke hatte.

Die Lehrgerüste, die bereits Seite 399 behandelt wurden, sollten über den in Höhe des Bogenmittelpunktes in den Pfeilerschäften eingemauerten Kragsteinen über die 16 m jeder Öffnung freitragend aufgestellt werden. Für den Arbeitsvorgang entschloß man sich zur Anschaffung von drei Lehrgerüsten, so daß die neun Bogen in drei Gruppen gewölbt werden konnten und nur einer der gleich stark ausgebildeten, hohen Pfeiler einen einseitigen Schub auszuhalten hatte. Auf dem 60 cm weiten Gleis des Versetzgerüstes verkehrten Plattwagen mit folgenden Lasten, die von Hand verschoben wurden und die in Abb. 532 angegebenen Abmessungen hatten.

Eigengewicht des Wagens	200 kg
Auflast 1,75, 0,80, 0,55, 2,4	1800 kg
Gesamtlast	2000 kg
Achsdruck	1000 kg
Raddruck	500 kg

Als größte Zug- und Druckspannung des Holzes wurde 80 kg/cm^2, als Knicksicherheit eine mindestens fünffache angenommen. Die Verkehrslast wurde mit ihrem einfachen Betrag eingeführt. Für die nur aus Rundhölzern bestehenden Tragstützen ergaben sich folgende Stärken (Abb. 532):

	Durchmesser	Spannung
Schwelle *a*	15 cm	49 kg/cm^2
Längsträger *b*	30 cm	66 kg/cm^2
Quertäger *c*	32 cm	80 kg/cm^2
Strebe *d*	12 cm	10 kg/cm^2
Ständer *e*	20 cm	20 kg/cm^2

Jeder Ständer besteht aus zwei Rundhölzern, wovon abwechselnd eines den Querträger aufnimmt und das andere als Beiständer zur Stoßdeckung durchgeht. Sie sind durch Stricke und in regelmäßigem Strebenzug eingeschlagene Klammern zu einem einheitlichen Tragglied verbunden. Jede Ständerwand wird durch schräg über zwei Felder reichende Rundstangen unverschieblich gemacht. In den beiden oberen Stockwerken sind um einige Ständer, welche neben den Pfeilern stehen, Rundeisen geschlungen, die einge-

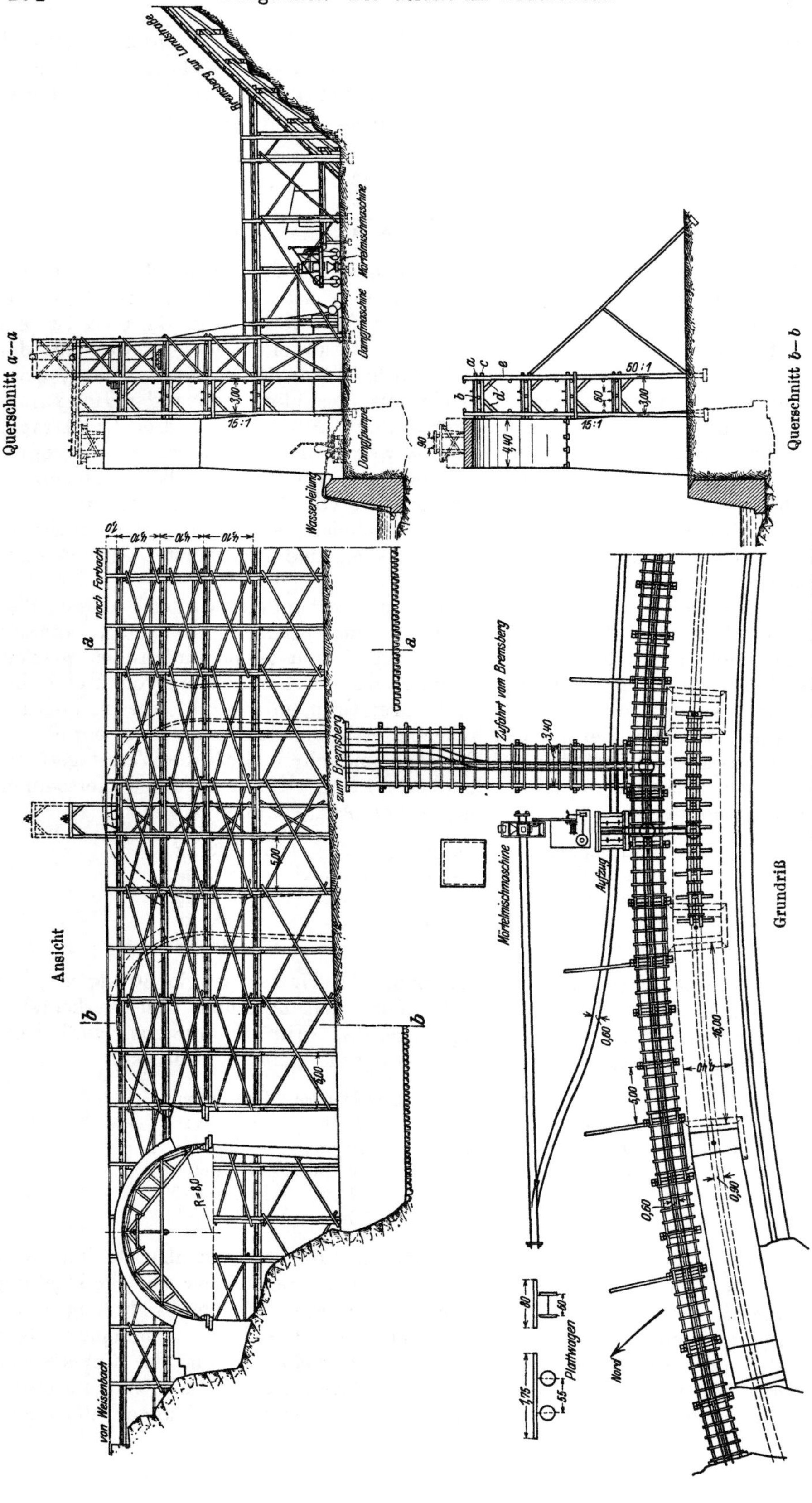

Abb. 532. Die Baueinrichtung der Tennetschluchtbrücke.

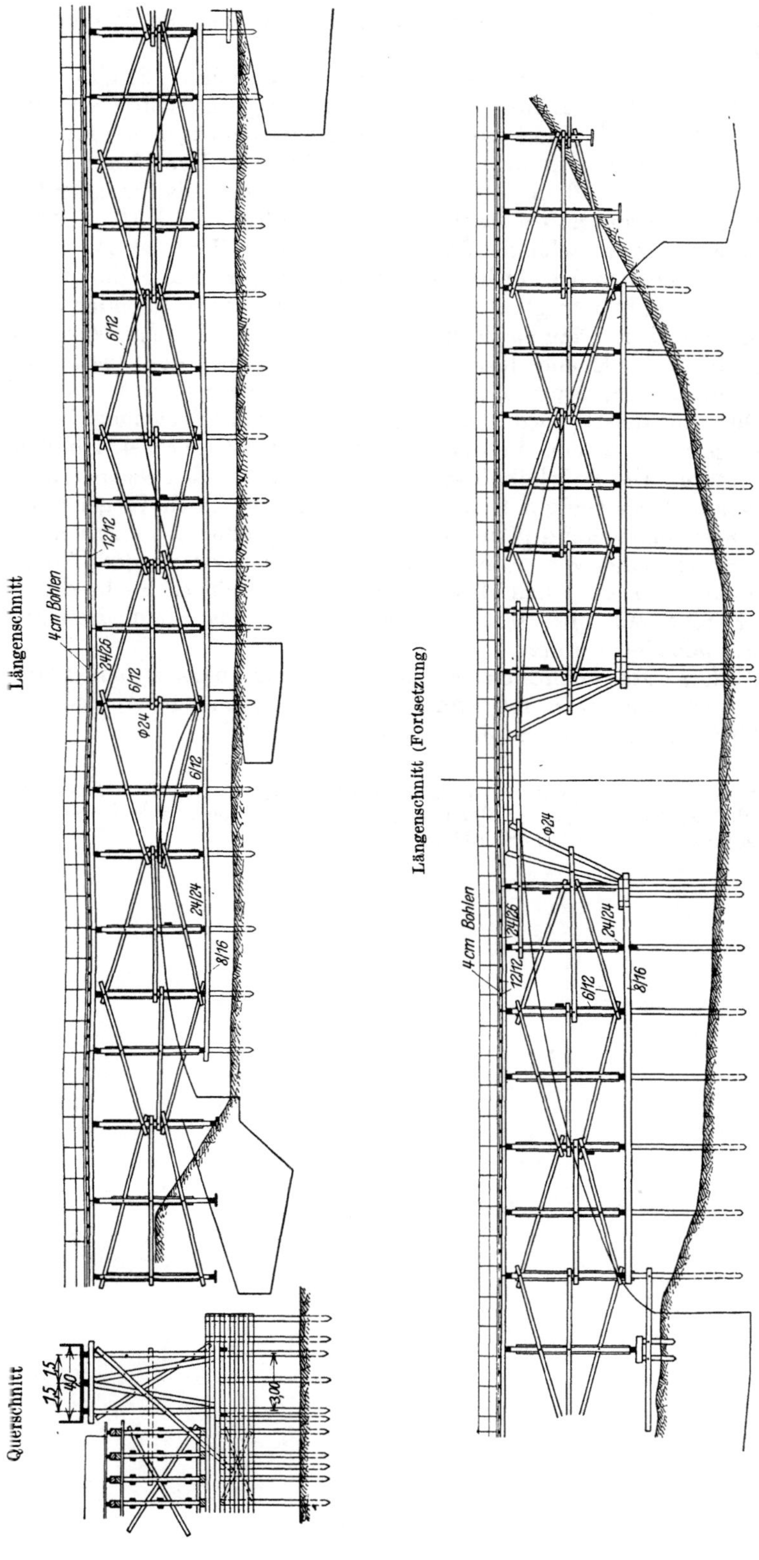

Abb. 533. Fördergerüst der Saalebrücke bei Dürrenberg. (Ausführung: Rudolf Wolle, Leipzig.)

mauert sind; sie sichern im Verein mit einigen Streben die Standfestigkeit in der Querrichtung.

Bei der Saalebrücke bei Dürrenberg[1]), ausgeführt 1913/14 von der Firma Rudolf Wolle, Leipzig, steht das Fördergerüst neben der Brücke (Abb. 533). Letztere ist eine Betonbrücke ohne Eiseneinlagen von rund 140 m Länge und besitzt drei Öffnungen von 21,60, 35,00 und 58,00 m Lichtweite; ihre Breite beträgt 10,20 m. Die drei Öffnungen sind als Dreigelenkbogen ausgeführt. Das Fördergerüst steht auf zwei Pfahlreihen in 3,0 m Abstand; je zwei hintereinander stehende Pfähle tragen einen Holm 24/24. Der Abstand der so entstehenden Joche, die in der Längsrichtung durch Zangen 8/16 verbunden sind, beträgt etwa 3—4 m. Auf dem so gebildeten Unterbau stehen über den Pfählen Rundstiele von 24 cm Durchmesser, die im verein mit in ihrer Ebene liegenden inneren Streben die Querträger der Fahrbahn stützen; letztere tragen, über ihren Auflagerpunkten, drei Längsträger 24/26. Auf diesen liegt die eigentliche Fahrbahnabdeckung, bestehend aus Querhölzern 12/12 cm, in etwa 80 cm Abstand, darüber Längsbohlen von 4 cm Stärke. Die Fahrbahnbreite beträgt zwischen den Geländern 4,0 m. Die Längs- und Quersteifigkeit der Förderbrücke ist durch Riegel und Verstrebungen 6/12 ausreichend gesichert. In der Hauptöffnung der Brücke mußte eine Durchfahrtöffnung von 10 m Lichtweite freigelassen werden (Abb. 533). Dieser entsprechend ist auch das Fördergerüst an dieser Stelle durch ein vierfaches Sprengwerk unterstützt, dessen Streben aus Rundhölzern 24 cm Durchmesser gebildet werden.

Das Fördergerüst erforderte einen Holzbedarf, bezogen auf 1 m^3 Gewölbemauerwerk, von 0,16 m^3 und an Arbeitslöhnen für Abbinden, Aufstellen, Abbrechen für 1 m^3 Holz 11 Mark.

---

[1]) Gesteschi, Th.: Bogenbrücken und Überwölbungen. Handb. f. Eisenbetonbau Bd. 7, 3. Aufl., S. 295. — Ferner Dt. Bauzg. 1915, Mitteilungen über Zement-, Beton- und Eisenbetonbau Nr. 18 u. 19, S. 137 u. 145.

Literaturverzeichnis.

Bach, C. u. R. Baumann: Elastizität und Festigkeit. 9. Aufl. Berlin: Julius Springer 1924.

— — Festigkeitseigenschaften und Gefügebilder der Konstruktionsmaterialien. 2. Aufl. Berlin: Julius Springer 1921.

Baumann, R.: Die bisherigen Ergebnisse der Holzprüfungen in der Materialprüfungsanstalt an der Technischen Hochschule Stuttgart. Forschungsarbeiten auf dem Gebiete des Ingenieurwesens. Herausgegeben vom Verein deutscher Ingenieure. Heft 231. Berlin: Verlag des Vereins Deutscher Ingenieure 1922. Für den Buchhandel: Berlin: Julius Springer.

Böhm, Th.: Handbuch der Holzkonstruktionen. Berlin: Julius Springer 1911.

Breymann, G. A.: Allgemeine Baukonstruktionslehre. Bd. II. Die Konstruktionen in Holz. 6. Aufl. Bearb. von O. Warth. Leipzig: J. M. Gebhardt 1900.

Förster, M.: Lehrbuch der Baumaterialienkunde. Heft III: Das Holz. Leipzig: Wilhelm Engelmann 1911.

Gaber, E.: Bau und Berechnung gewölbter Brücken und ihrer Lehrgerüste. Berlin Julius Springer 1914.

Gayer, K. u. L. Fabricius: Die Forstbenutzung. 12. Aufl. Berlin: Paul Parey 1921.

Gesteschi, Th.: Hölzerne Dachkonstruktionen, ihre Ausbildung und Berechnung. 3. Aufl. Berlin: Wilhelm Ernst & Sohn 1923.

— Holzkonstruktionen nach Bauweise Metzke & Greim. Berlin 1923. Im Selbstverlage der Firma Metzke & Greim.

— Bogenbrücken und Überwölbungen. Handb. für Eisenbetonbau 7. Bd., 3. Aufl. Berlin: Wilhelm Ernst & Sohn 1921.

Gottgetreu, R.: Lehrbuch der Hochbaukonstruktionen. II. Teil: Die Arbeiten des Zimmermanns. Berlin: Wilhelm Ernst & Sohn 1882.

Großmann, J.: Gewerbekunde der Holzbearbeitung. Bd. I: Das Holz als Rohstoff. 2. Aufl., Leipzig u. Berlin: B. G. Teubner 1922. — Bd. II: Die Werkzeuge und Maschinen der Holzbearbeitung. 2. Aufl. Leipzig u. Berlin: B. G. Teubner 1924.

Heinzerling, F.: Hölzerne Brücken. Handb. d. Ing.-Wiss. II. Teil: Der Brückenbau. 2. Bd. Leipzig: Wilhelm Engelmann 1904.

Hinrichs, W.: Ausführung und Unterhaltung der eisernen Brücken. Handb. d. Ing. Wiss. 2. Bd., 6 Abt., XVI. Kap. 3 Aufl. Leipzig: Wilhelm Engelmann 1903.

Hufnagl, L.: Handbuch der kaufmännischen Holzverwertung und des Holzhandels. 9. Aufl. Berlin: Paul Parey 1922.

Jackson, A.: Ingenieur-Holzbau. Stuttgart: Konrad Wittwer 1921.

Kersten, C.: Freitragende Holzbauten. Berlin: Julius Springer 1921.

Kirchner, H.: Rüstungsbau. Berlin: Wilhelm Ernst & Sohn 1924.

Krais, P.: Gewerbliche Materialienkunde. I. Bd.: Die Hölzer. Stuttgart: Felix Krais 1910.

Lang, G.: Zur Entwicklungsgeschichte der Spannwerke des Bauwesens. Riga: N. Kymmel 1890.

— Das Holz als Baustoff, sein Wachstum und seine Anwendung zu Bauverbänden. Wiesbaden: C. W. Kreidel 1915.

Laskus, A.: Hölzerne Brücken. 2. Aufl. Berlin: Wilhelm Ernst & Sohn 1922.

Mehrtens, G.: Herstellung und Unterhaltung der steinernen Bogenbrücken. Handb. der Ing. Wissenschaften. II. Teil, I. Bd., III. Kap. 5. Aufl. Leipzig: Wilhelm Engelmann 1917.

Melan, J.: Der Brückenbau. I. Bd.: Einleitung und hölzerne Brücken. 3. Aufl. Leipzig u. Wien: Franz Deuticke 1922.

— Der Brückenbau. II. Bd.: Steinerne Brücken und Brücken aus Beton und Eisen. 2. Aufl. Leipzig und Wien: Franz Deuticke 1920.

Nowak, A.: Schalung und Rüstung für Wölbtragewerke. Im Handb. für Eisenbetonbau Bd. II, 3. Aufl. Berlin: Wilhelm Ernst & Sohn 1921.

Opderbeke, A.: Der Zimmermann. 6. Aufl. Leipzig: Bernh. Friedr. Voigt 1921.
Rappold, O.: Schalung bei Balkenbrücken. Im Handb. für Eisenbetonbau Bd. II, 3. Aufl. Berlin: Wilhelm Ernst & Sohn 1921.
Schächterle, K.: Ingenieurholzbauten bei der Reichsbahndirektion Stuttgart. Berlin: Wilhelm Ernst & Sohn 1925.
Schau, A.: Der Brückenbau. I. Teil: Hölzerne Brücken. 2. Aufl. Leipzig und Berlin: B. G. Teubner 1914.
Schönhöfer, R.: Die Haupt-, Neben- und Hilfsgerüste im Brückenbau. Berlin: Wilhelm Ernst & Sohn 1911.
Seitz, H.: Grundlagen des Ingenieurholzbaues. Berlin: Julius Springer 1925.
Strukel, M.: Der Brückenbau. I. Teil: Hölzerne Brücken. Leipzig: A. Twietmeyer 1911.
Troschel, E.: Handbuch der Holzkonservierung. Berlin: Julius Springer 1916.
Tschertou, F.: Der Brückenbau. Wiesbaden: C. W. Kreidel 1907.
Vespermann, H.: Bauhölzer und ihre Verbreitung im Welthandel. Leipzig u. Berlin: Wilhelm Engelmann 1914.
Winkler, E.: Vorträge über Brückenbau. Hölzerne Brücken. I. Heft: Balkenbrücken. 2. Aufl. Wien: Carl Gerolds Sohn 1887.

Statische Berechnungen und Zeichnungen haben folgende Firmen zur Verfügung gestellt:

Ambi, Arthur Müller Bauten und Industriewerke, Berlin.
Broda-Hallendach-Gesellschaft m. b. H., Breslau.
Christoph & Unmack A.-G., Niesky O.-L.
Dehall, Deutsche Hallenbau-Aktien-Gesellschaft, München und Essen.
Europäisches Zollbau-Syndikat zu Hamburg, Geschäftsstelle Berlin W 50.
Otto Hetzer A.-G., Weimar.
Karl Kübler A.-G., Stuttgart.
Metzke & Greim, Berlin.
Schruth & Heins, Berlin.
Adolf Sommerfeld, Berlin.

Sachverzeichnis.

Der Bauingenieur

Zeitschrift für das gesamte Bauwesen

Organ des Deutschen Eisenbau-Verbandes, des Deutschen Beton-Vereins, der Deutschen Gesellschaft für Bauingenieurwesen, des Beton- und Tiefbau-Wirtschaftsverbandes und des Beton- und Tiefbau-Arbeitgeberverbandes für Deutschland

mit Beiblatt:

Die Baunormung

Mitteilungen des N D I

Herausgegeben von

Prof. Dr.-Ing. e. h. M. Foerster-Dresden, Prof. Dr.-Ing. W. Gehler-Dresden, Prof. Dr.-Ing. E. Probst-Karlsruhe, Dr.-Ing. W. Petry-Oberkassel, Dipl.-Ing. W. Rein-Berlin

Erscheint wöchentlich

Vierteljährlich RM 7.50 zuzüglich Porto; Einzelheft RM 0.80

Der Bauingenieur, der sich durch die gemeinschaftliche Arbeit der Deutschen Gesellschaft für Bauingenieurwesen, des Deutschen Beton-Vereins und des Deutschen Eisenbau-Verbandes, deren offizielles Organ er ist, zu der führenden Zeitschrift für das gesamte Bauingenieurwesen entwickelt hat und im In- und Auslande reiche Anerkennung fand, behandelt sämtliche Gebiete der Bauwissenschaften unter Berücksichtigung folgender Gesichtspunkte: Planmäßige Erzeugung und wirtschaftliche Ausnützung der Baustoffe, Sparsamkeit und Wirtschaftlichkeit bei der Herstellung von Bauwerken des Hochbau- und Bauingenieurwesens mit gleichzeitiger Sicherheit und befriedigender äußerlicher Gestaltung, Zusammenarbeit von Bauingenieuren und Architekten, Erhöhung der Wirtschaftlichkeit durch Normung der Einzelteile.

Mitglieder des Deutschen Eisenbau-Verbandes, des Deutschen Beton-Vereins, sowie der Deutschen Gesellschaft für Bauingenieurwesen erhalten bei direkter Bestellung beim Verlag einen Vorzugspreis.

Berichtigung.

Bereits im Vorwort meines Buches „Der Holzbau“ habe ich darauf verwiesen, daß ich in ihm die Dachkonstruktionen kürzer fassen konnte, da ich sie in meinem im Jahre 1923 in 3. Auflage erschienenen Buch „Hölzerne Dachkonstruktionen, ihre Ausbildung und Berechnung“ (Verlag von Wilhelm Ernst & Sohn, Berlin W 8) ausführlich behandelt habe. Ich habe ferner bemerkt, daß ich an einzelnen Stellen, wie z. B. bei der Berechnung der Bolzenverbindungen und der Erörterung einiger anderer Holzverbindungen, dem in den „Hölzernen Dachkonstruktionen“ eingeschlagenen Gedankengang gefolgt bin. Die aus den „Hölzernen Dachkonstruktionen“ entnommenen Abbildungen habe ich im Vorwort genannt und im Text die Quellenangaben wiederholt.

Ich habe mich für berechtigt gehalten, aus meinem eigenen Buch, den „Hölzernen Dachkonstruktionen“, auch eine Reihe von Textseiten wortgetreu zu übernehmen und, abgesehen von der Bemerkung im Vorwort, hierbei geglaubt, auf die Quellenangabe verzichten zu können, einmal weil es sich um meine eigene geistige Arbeit handelt, sodann weil die beigefügten Abbildungen den Quellenhinweis enthalten. Ich hole die Quellenangabe hiermit nach.

Es entsprechen

S.	108—120	des Holzbau	=	S.	23— 37	der Hölzernen Dachkonstruktionen.
„	121—122	„ „	=	„	37— 38	„ „ „
„	123—125	„ „	=	„	126—129	„ „ „
„	131—132	„ „	=	„	119—121	„ „ „
„	132—134	„ „	=	„	137—140	„ „ „
„	152—158	„ „	=	„	44—47, 50—52	„ „
„	184—185	„ „	=	„	79— 81	„ „ „

Berlin, im November 1926.

Dr.-Ing. Th. Gesteschi